MODERN PHYSICS for Scientists and Engineers

현대물리학

FIFTH EDITION

CENGAGE

***Modern Physics for Scientists and Engineers*, 5th Edition**

Stephen T. Thornton
Andrew Rex
Carol E. Hood

Original edition © 2021 Brooks Cole, a part of Cengage Learning.
Modern Physics for Scientists and Engineers, 5th Edition
by Stephen T. Thornton, Andrew Rex, Carol E. Hood
ISBN: 9781337919456

This edition is translated by license from Brooks Cole a part of Cengage Learning, for sale in Korea only.

ISBN-13: 979-11-9001-715-2

Cengage Learning Korea Ltd.
14F YTN Newsquare 76 Sangamsan-ro
Mapo-gu Seoul 03926 Korea
Tel: (82) 2 330 7000
Fax: (82) 2 330 7001

Cengage Learning is a leading provider of customized learning solutions
with office locations around the globe, including Singapore, the United Kingdom, Australia, Mexico, Brazil, and Japan. Locate your local office at: **www.cengage.com**

Cengage Learning products are represented in Canada by Nelson Education, Ltd.

To learn more about Cengage Learning Solutions, visit **www.cengageasia.com**

Printed in Korea
Print Number: 01 Print Year: 2022

Stephen T. Thornton | Andrew Rex | Carol E. Hood

MODERN PHYSICS for Scientists and Engineers

현대물리학

FIFTH EDITION

곽진석 김종렬 김학린 유건호 유창재 최윤석 공역

CENGAGE (주)한티에듀

Andover • Melbourne • Mexico City • Stamford, CT • Toronto • Hong Kong • New Delhi • Seoul • Singapore • Tokyo

역자 소개

곽진석	영남대학교 물리학과 교수	(4, 11장)
김종렬	세종대학교 전자정보통신공학과 교수	(12, 13장)
김학린	경북대학교 전자공학부 교수	(5, 6, 9장)
유건호	경희대학교 물리학과 교수	(2, 14장)
유창재	한양대학교 융합전자공학부 교수	(3, 7장)
최윤석	한밭대학교 전자공학과 교수	(1, 8, 10장)

현대물리학 제5판

발 행 일 2022년 2월 28일 초판 1쇄
지 은 이 Stephen T. Thornton, Andrew Rex, Carol E. Hood
옮 긴 이 곽진석 김종렬 김학린 유건호 유창재 최윤석
펴 낸 이 김준호
펴 낸 곳 (주)한티에듀 | 서울시 마포구 동교로 23길 67 Y빌딩 3층
등 록 제2018-000145호 2018년 5월 15일
전 화 02) 332-7993~4 | **팩 스** 02) 332-7995
I S B N 979-11-90017-15-2 (93420)
가 격 37,000원

마 케 팅 노호근 박재인 최상욱 김원국 김택성
편 집 김은수 유채원
관 리 김지영 문지희
인 쇄 우일미디어

이 책에 대한 의견이나 잘못된 내용에 대한 수정정보는 아래의 한티미디어 홈페이지나 이메일로 알려주십시오.
독자님의 의견을 충분히 반영하도록 늘 노력하겠습니다.

홈페이지 www.hanteemedia.co.kr | **이메일** hantee@hanteemedia.co.kr

---

차례
Contents

Chapter 7

수소 원자 265

Chapter 8

원자물리학 297

Chapter 9

통계물리 325

Chapter 10

분자와 고체 371

Chapter 11

반도체 이론과 소자 427

Chapter 12

Chapter 13

Chapter 14

15, 16장은 한티미디어 홈페이지 자료실을 통해 다운로드할 수 있습니다.
http://www.hanteemedia.co.kr

저자 서문

Preface

이 책을 집필한 목적은 물리학 또는 공학 전공 학생을 위한 한 학기 또는 두 학기 현대물리학 강좌를 위한 교재를 만드는 것이었다. 이러한 강좌는 일반적으로 학부 1, 2학년을 위한 1년 동안의 미적분학 기반의 물리학 입문 강좌로 개설된다. 매 개정 전에 우리는 출판사로 하여금 현대물리학 교재 사용자들에게 수정 또는 추가할 내용에 대해 설문지를 돌리도록 하였다. 대부분의 사용자는 교재를 있는 그대로 좋아했으며 특히 초기 양자이론, 물리학의 하위 범주, 일반상대성이론과 우주론 및 천체물리학과 같은 주제를 광범위하게 다루는 것을 좋아하는 것으로 나타났다. 이 책은 한 학기 또는 두 학기용 현대물리학 강좌의 교재로 계속 유용하다. 이번 판에서 마지막 두 장의 주제를 재정렬하고 확장한 것 외에는 주제의 순서에 큰 변화는 없다.

범위

이 책의 초판은 현대 과학의 흥미롭고 번성하며 변화하는 분야에 대한 동향을 현대적 접근을 통해 확립했다. 지난 세기 전환기의 물리학 상황에 대한 간단한 소개 후에, 현대물리학의 모든 연구의 기초가 되는 상대성이론과 양자이론을 다룬다. 과학의 거의 모든 영역은 양자이론과 실험물리학적 방법론에 의존한다. 양자 관계를 강조하기 위해 두 장(5장과 6장)의 제목에 양자역학이라는 단어를 포함시켰다. 책의 후반부는 물리학의 하위 범주(원자, 응집물질, 핵, 입자)와 우주론 및 천체물리학의 흥미로운 분야를 다룬다. 우리의 경험에 따르면 과학과 공학 전공자들은 고전역학, 열역학, 전기학, 자기학 및 광학에 대한 때때로 힘든 공부 후에, 현대물리학 공부에 흥미를 갖게 된다. 수학 수준은 대부분의 영역에서 어렵지 않으며 학생들은 마침내 물리학의 최전선에 다가서고 있다는 것을 느낄 것이다. 현대물리학의 학습에 생명력을 불어넣기 위해 나노과학, 고온 초전도체, 양자 원격이동, 중성미자 질량 및 진동, 중력파, 우주의 암흑 질량 및 에너지 누락, 감마선 폭발, 홀로그래피, 양자점, 그리고 핵융합과 같은 오늘날 물리학 분야의 많은 응용 및 도전에 대해 소개하였다. 현대물리학에 대한 내용은 최근의 발전이 반영되도록 주기적으로 수정되어야 한다. 현대적 응용을 강조했지만, 상급 또는 대학원 과정의 물리학 전공자에게 필요할 양자이론에 대한 온전한 이론적 기초를 제공한다.

5판의 개정 내용

이 책은 여전히 대학 2, 3학년 학생을 위한 현대물리 분야에서 가장 완벽한 최신 교재이다. 현대물리학을 배우는 학생들에게 도움이 되고자 5판에서는 여러 가지 변화를 주었다.

에미 뇌터(Emmy Noether), 로절린 앨로(Rosalyn Yalow)를 비롯하여 많은 여성 과학자들의 물리학에 대한 중요한 공헌에 대한 내용을 추가했다.

해당 분야의 지식을 발전시키는 데 있어 개인의 독창성의 중요성을 설명하기 위해 물리학자들의 간략한 전기를 수록하여 역사 전반에 걸쳐 물리학자들의 업적을 강조했다. 마찬가지로 본문 전반에 걸쳐 물리학의 역사에 대한 초점은 인간적 관점을 제공하고 학생들이 과학적 발전이 이루어진 맥락을 이해하는 데 도움을 준다.

중력파에 대한 논의는 최근의 탐지 및 후속 전자기 탐지를 포함하도록 크게 확대되었으며 암흑 물질 및 암흑 에너지에 대한 논의는 최신 관측 및 이론을 포함하도록 수정되었다.

히그스 보손(boson)에 대한 최근 정보는 학생들에게 물리학 연구와 이론의 중요한 연구 영역에 대한 최신 정보를 제공한다.

우주의 나이에 대한 최근 연구와 최신 정보가 추가되었다.

'Special Topic'은 물리학자나 공학자가 흥미를 가질 만한 최신 응용분야이다. 이러한 기능을 통해 현대물리학과 현실 세계의 관련성을 보여 주고, 학생들이 외계 행성, 지구의 나이, 중성미자 탐지 및 주사 탐침 현미경과 같은 특별히 흥미로운 주제를 더 깊이 있게 살펴볼 수 있게 한다.

마지막으로 각 장 끝부분에 있는 '요약'은 해당 장에서 다룬 주제에 대한 빠른 개요를 제공한다.

강의 제안

이 책의 1~4판은 우리 기관의 강좌에 널리 사용되었다. 버지니아대학의 물리 및 공학 전공 학생을 위한 한 학기 강좌, 퓨젓사운드대학의 물리학과 공학 예비전공 학생을 위한 두 학기 강좌, 샌버너디노 소재 캘리포니아주립대학의 1/4 강좌에 활용되었다. 이는 한 학기 또는 두 학기 현대물리학 강좌의 대표적인 예이다. 한 학기 또는 두 학기 강좌 모두 몇몇 예외는 있지만 8장의 주기율표 완성까지를 포함한다. 강의자의 선호도를 고려하여 절의 선택 여부를 표시하지는 않았지만, 처음 9개의 장에서 2.4, 4.2, 6.4, 6.6, 7.2, 7.6, 8.2, 8.3절은 연속성의 손실 없이 생략해도 무방하다. 한 학기 또는 두 학기 강좌용(3, 4학점) 강의 제안은 다음과 같다.

한 학기용: 1~9장과 강의자가 선택한 다른 자료

두 학기용: 1~14장과 학생 과제를 포함한 필요한 보충 자료

특징

각 장 끝의 연습문제

생각을 자극하는 각 장 끝의 연습문제의 디지털 버전은 WebAssign을 통해 다양한 형식으로 할당할 수 있다. Marllin Simon과 Matthew Kohlmyer가 만든 WebAssign 전용 향상된 콘텐츠를 가진 이 판에서는 대규모 문제 저장소가 더욱 향상되었다. 다양한 질문을 통해 강사는 문제를 반복하지 않고 해마다 다른 과제를 부여할 수 있다. 이전 4판 사용자의 경우 온라인 강사 리소스를 통해 상관관계 안내를 이용할 수 있다.

해설집

강의자용 해설집의 PDF 파일이 강사 리소스 센터 홈페이지(또는 Cengage 영업 담당자에게 문의)를 통해 제공된다. 해설집은 각 장 끝의 연습문제에 대한 (최소 두 명의 물리학 교수가 확인한) 풀이가 포함되어 있다. 선택된 홀수 번호 문제의 답은 책의 끝부분에 수록했다.

예제

예제는 학생들이 각 장 끝의 연습문제, 즉 수치적 문제풀이를 시도하기 전에 개념적인 이해와 전략을 개발할 수 있을 것이라고 기대되는 방식으로 기술되고 제시된다. 문제해결, 특히 여러 단계를 필요로 하는 문제(즉, 단순히 하나의 방정식에 숫자를 대입하는 것이 아닌)는 대부분의 학생들에게 쉽지 않다. 다양한 난이도의 많은 예제들이 학생들에게 많은 도움을 줄 것으로 기대한다.

Special Topic

이용자들로부터 우리는 'Special Topic'을 계속 유지할 것을 권유받았다. 'Special Topic'이 물리학의 흥미진진한 부분에 대한 통찰력과 상세한 내용을 수록하고 있기 때문에 학생과 교수 모두에게 흥미로울 것으로 생각된다. 최신 상태를 유지하기 위해 내용을 업데이트했다.

역사

많은 학생들이 관심 있어 하고 또 어떤 이들은 지나칠 수 있는 현대물리학의 역사적인 측면을 포함시켰다. 우리는 현대물리학에 공헌한 과학자들의 사진과 전기를 수록해 오고 있는데 이것이 내용에 활기를 불어넣고 인간답게 만들 것이라 믿는다.

감사의 글

이 책에 도움을 준 많은 분들에게 감사의 마음을 전한다. 여기에 열거된 많은 분들에게 이전의 네 판본에 도움을 받았으며, 이 책의 출간은 그분들 없이는 불가능했을 것이다. 이번 5판을 유용하고 대중적이며 매력적인 교재로 만드는 데 도움을 준 Cengage 전문가들에게 감사드린다. 여기에는 교재 관리자 Nate Thibeault와 Spencer Arritt, 학습 디자이너 Micheal Jacobs, 주제 전문가 Matthew Kohlmyer, 콘텐츠 관리자 Micheal Lepera, 교재 보조 관리자 Kyra Kruger와 Tim Biddick이 포함된다. Lori Hazzard와 MPS사의 동료들이 이 5판 제작에 도움을 준 것에 대해 감사드린다.

이 5판의 제작 전과 작업하는 동안에 일반적인 현대물리학 과정 및 특히 우리 책에 대해 강사들에게 설문조사를 실시했다. 우리는 많은 통찰력 있는 의견을 받았으며 피드백과 제안에 대해 다음 분들에게 감사드린다.

Franz Rueckert	Wentworth Institute of Technology
Aaron Wade	University of West Florida
Thelma Berquo	Concordia College
Alexey Yamilov	Missouri University of Science and Technology
Elena Flitsiyan	University of Central Florida
Dan Gibson	Denison University
Tatiana Allen	UT-Chattanooga
Ethan Deneault	University of Tampa
Stanley Hirschi	Central Michigan University
Suman Neupane	Middle Tennessee State University
Sreerenjini Nair	University of the Incarnate Word
Alok Kumar	SUNY Oswego
Robert Walch	University of Northern Colorado
Anatoliy Pinchuk	University of Colorado, Colorado Springs
Pei-Chun Ho	California State University, Fresno
Emily Maher	Massachusetts College of Liberal Arts
William Laing	Southern Adventist University
Beth Parks	Colgate University
Yong Joe	Ball State University
Angela Biselli	Fairfield University
Elena Roxana Margine	Binghamton University – SUNY
Roman Holovchak	Austin Peay State University
Shane Catledge	University of Alabama at Birmingham

우리는 4판에 대해 폭넓게 논평한 Auburn대학의 故 Marllin Simon과 Georgia Institute of Technology의 Andrew Zangwill에게 그들의 통찰력과 권고에 대해 감사를 전한다.

Stephen T. Thornton
University of Virginia
Charlottesville, Virginia
stt@virginia.edu

Andrew Rex
University of Puget Sound
Tacoma, Washington
rex@ups.edu

Carol E. Hood
California State University
San Bernardino
San Bernardino, California
chood@csusb.edu

역자 서문

Preface

현대물리학은 대학 교과과정 중에서 일반물리학을 이수한 학생들이 수강하고 있지만, 고등학교 물리와 대학의 일반물리학에서 다루는 고전물리학과는 개념체계가 다르고 수학적 표현이 복잡하여 일반적으로 어려운 교과목으로 여겨집니다. 또한 오랜 세월 동안 학문적 체계가 확립된 기존의 고전물리학과는 달리 현대물리학은 현재진행형인 물리학 분야이기 때문에 최신 연구결과나 새로운 이론에 대한 지속적인 첨삭이 필요한 교과목입니다. 그러므로 낯선 전문용어와 외국어로 기술된 교재를 통해 현대물리학의 개념을 정립하기란 쉬운 일이 아닙니다. 하지만 지난 19세기 전환기에 현대물리학과 관련된 일련의 현상을 이해하기 위해 역사적으로 행해진 논리적 추론과 검증 과정에 대한 통찰은 한 단계 발전된 공부를 준비하는 대학생들에게 동기를 부여할 수 있을 것으로 생각됩니다.

이 책은 Stephen T. Thornton, Andrew Rex, Carol E. Hood 세 명의 교수가 저술한 *Modern Physics for Scientists and Engineers* 5판을 번역한 것입니다. 이번 판에는 특히 중력파 및 히그스 입자에 관한 최신정보가 포함되었고, 천체물리학과 일반상대성이론 및 우주론에 대한 최근 연구결과를 반영하여, 계속 발전하는 현대물리학에 대해 학생들이 더욱 흥미를 가질 수 있도록 했습니다. 학생들에게는 각 장 끝에 있는 연습문제를 통해 다양한 복습 기회가, 가르치는 강사에게는 다양한 형태의 시험문제가 제공됩니다. 본문에 설명된 현상 및 이론을 개념적으로 이해하고 정량적으로 확인할 수 있는 다양한 예제들에는 해당 문제를 해결하기 위한 전략이 제시되어 있어서 학생들의 문제해결 능력을 높일 수 있습니다. 현대물리학을 기술하기 위한 복잡한 수식의 유도 과정을 최소화하여 수학에 대한 부담감을 줄이고 현대물리학의 개념적인 틀을 이해할 수 있도록 기술되어 있으며, 현대물리학에 대한 학습에 생명력을 불어넣기 위해 나노과학, 고온 초전도체, 양자 원격이동, 중성미자 질량 및 진동, 중력파, 우주의 암흑 질량 및 에너지 누락, 감마선 폭발, 홀로그래피, 양자점, 그리고 핵융합과 같은 오늘날의 여러 응용들과 물리학적 도전에 대해 소개하고 있습니다. 또한 현대물리학 발전에 공헌한 많은 여성 물리학자와 하버드 천문대와 NASA의 컴퓨터 전문가의 기여에 대한 소개가 추가되었습니다.

원서의 의미를 훼손하지 않으면서 독자들이 쉽게 이해할 수 있도록 많은 노력을 기울였지만 미흡한 부분이 있을 수 있고, 특히 공동 번역에 따른 각 번역자의 표현 방식의 미묘한 차이로 인해 독자들이 다소 혼란스러울 수 있다는 점이 염려가 됩니다. 이러한 부족한 부분에 대해서는 주저 없이 조언과 충고를 해 주시기를 기대하며, 어려운 가운데서도 이 책이 출간될 수 있도록 여러 가지로 많은 수고를 해 주신 한티에듀 편집자 여러분께 진심으로 감사를 드립니다.

2022년 2월
유창재

1 CHAPTER

현대 물리학의 탄생

The Birth of Modern Physics

물리학의 중요한 기본 법칙들과 사실들은 이미 모두 발견되었다. 그리고 이 체계는 매우 확고히 수립되어 있기 때문에, 새로운 발견이 일어나게 될 가능성은 매우 제한적이다. 아마도 앞으로의 발견은 소수점 아래 여섯째 자리를 채우는 것이 될 것이다.

앨버트 에이브러햄 마이컬슨, 1894

지금 물리학에서 발견할 수 있는 것은 아무것도 없다. 남아 있는 것은 더욱더 정확한 측정을 하는 것뿐이다.

윌리엄 톰슨(켈빈 경), 1900

그리스의 학자 아리스토텔레스와 에라토스테네스가 오늘날 우리가 물리학이라고 부르는 측정과 계산들을 한 적이 있지만, 물리학의 기초 체계는 갈릴레오와 뉴턴 및 16세기와 17세기 과학혁명 시기의 여러 연구자들의 연구에서 기원을 찾을 수 있다. 이러한 물리학적 지식과 실험 방법들은 또 다른 혁명이 일어나기 전 200~300년간 꾸준히 성장했으며, 이 책의 주제는 바로 그 새로운 혁명이다. 물리학에서는 1895년 이전의 발견을 *고전 물리학*으로, 1895년 이후의 발견을 *현대 물리학*으로 구분한다. 정확한 연도가 중요하지는 않으며, 일반적으로 1900년을 전후하여 물리학에서 기념비적인 변화가 일어났다고 본다.

이 장에서는 뉴턴의 법칙, 맥스웰의 방정식, 그리고 열역학 법칙을 포함하여 1895년 무렵의 물리학의 상황을 간략하게 살펴볼 것이다. 이 결과들은 100여 년 전과 마찬가지로 오늘날에도 중요한 역할을 한다. 실험 데이터의 해석을 통해 200년 전에 해결되었다고 여겨졌던 빛의 파동과 입자 모델에 대한 과학자들의 논쟁이 20세기에 다시 제기되었다. 지금 다시 보면 19세기 후반에 밝혀진 증거들만으로는 당시에 물질의 원자론에 대한 타당성을 의심할 수 없었다. 1895년 당시에는 중력, 전기 및 자기의 기본 상호작용들을 잘 이해하고 있었다고 생각했다. 물리학자들은 20세기 동안 자연의 기본 법칙에 대한 이해를 목표로 지속적인 연구를 해 왔다. 일례로 자연계의 기본 힘에 새로운 것들(특히 핵력 및 약력)이 추가되었고, 특별한 경우에는 (이상하게 보일 수도 있지만) 다양한 힘이 결합될 수 있다는 사실이 증명되었다. 성배를 찾는 것에 비유될 수 있는 기본적인 상호작용 힘을 찾기 위한 연구는 오늘날까지도 계속되고 있다.

우리는 1900년 바로 이전의 물리학의 상황에 대해 기술하면서 이 장을 마친다. 당시 이해되지 않던 일부 문제들은 21세기로 연결되어 수십 년간 지속적으로 유익한 연구와 발견들을 가능하게 하는 기초가 되었다.

1.1 1890년대의 고전물리학

19세기 후반의 과학자들과 엔지니어들은 정말 의기양양했다. 그들은 모든 것들이 안정적으로 제어되고 있다고 생각했다(이 장의 시작 부분에 있는 마이컬슨과 켈빈의 인용문 참조). 당시 최고의 과학자들은 높은 평가와 많은 보상을 받았고, 공개 강의도 빈번히 이루어졌다. 일부 과학자들은 정치가들과도 밀접한 관계를 유지했는데, 이는 과학과 공학이 전쟁 무기를 만드는 데 유용할 뿐만 아니라 사회적으로도 유용한 기술적 발전을 이끌었기 때문이다. 기초 연구 또한 상업적, 군사적 응용의 기반으로 인식되어 중요하게 간주되었다. 비록 1895년에는 초기 자동차만 있었고 비행기도 없었지만, 교통수단들이 곧 빨리 발전될 것으로 여겨졌다. 일부 사람들은 이미 전화기를 가지고 있었고, 전기 배전 시스템을 광범위하게 구축하는 것에 대한 계획도 진행 중이었다.

우리가 현재 거시적이고 고전적인 결과라고 부르는 기존의 물리학적 성공을 바탕으로, 과학자들은 충분한 시간과 자원이 있다고 생각했고 거의 모든 것에 대해 설명할 수 있다고 느꼈다. 또한 그들은 여전히 해결되지 않은 몇 가지 어려운 의문점들을 인정했다. 예를 들어, 그 당시 과학자들은 집중적인 연구에도 불구하고 물질의 구조에 대해 정확하게 이해하지 못하고 있었다. 그럼에도 불구하고, 거시적으로는 효율적인 엔진을 만드는 방법을 알고 있었고, 배들은 전 세계의 호수와 바다, 대양을 항해했다. 유럽 국가 간의 여행은 기차로 쉽게 이동할 수 있어 빈번하고 쉬웠다. 많은 과학자들이 한 국가에서 태어나 한 가지 또는 두 가지 교육을 받고, 다른 나라에서 일하는 것이 흔했다. 새로운 아이디어가 핵심적 연구그룹들끼리 비교적 빠르게 공유될 수 있었다. 일부 고립된 과학자를 제외하고 새로운 발견들은 쉽고 빠르게 공유되었고, 아인슈타인이 가장 대표적인 예라고 할 수 있다. 과학 저널들도 쉽게 읽혀지고 있었다.

고전물리학의 아이디어는 19세기 말과 마찬가지로 오늘날에도 중요하고 유용하다. 예를 들어, 이를 이용하여 지금의 자동차를 만들고 전기를 생산할 수 있다. 에너지 보존 법칙, 선운동량, 각운동량 및 전하 보존 법칙은 다음과 같이 정리할 수 있다.

고전 보존 법칙들

에너지 보존 법칙: 에너지 총합은(모든 형태) 모든 상호작용에서 보존된다.

선운동량 보존 법칙: 외력이 없으면 선운동량은 모든 상호작용에서 보존된다(벡터 관계).

각운동량 보존 법칙: 외부 회전력이 없으면 각운동량은 모든 상호작용에서 보존된다(벡터 관계).

전하 보존 법칙: 전하는 모든 상호작용에서 보존된다.

19세기 과학자들은 이 목록에 **질량 보존 법칙**(conservation of mass)을 추가했지

Science History Images/Alamy Stock Photo

갈릴레오 갈릴레이(Galileo Galilei, 1564~1642)는 이탈리아에서 태어나 교육을 받았다. 이 그림에서 갈릴레이가 경사진 평면에 공을 굴려 실험을 수행하는 것을 볼 수 있는데, 정교한 실험 덕분에 종종 '물리학의 아버지'로 불린다. 갈릴레이는 운동에 대한 여러 실험, 망원경 개발, 그리고 수많은 천체 실험으로 유명하다. 지동설에 대한 신념으로 가톨릭교회와 마찰을 빚었고 사후 350년 후인 1992년, 교황 요한 바오로 2세에 의해 이단 판정이 취소되었다.

만, 오늘날에는 이것이 유효하지 않다는 것을 알고 있다(2장에서 설명할 예정). 이러한 보존 법칙들은 역학, 전자기학 및 열역학 법칙들에 반영된다. 수백 년 동안 독립적인 연구 주제였던 전기와 자기는 제임스 클러크 맥스웰(James Clerk Maxwell, 1831~1879)의 네 개의 방정식을 통해 결합되었다. 맥스웰은 광학이 전자기학의 특별한 경우임을 보여 주었다. 파동은 역학과 광학 해석에 사용할 수 있으며, 자연계의 중요한 요소이다. 많은 자연 현상들은 물리 법칙이 적용된 파동운동으로 설명될 수 있다.

역학

역학 법칙들은 수백 년에 걸쳐 많은 연구자에 의해 발전되었다. 특히 천체에 큰 관심이 있는 천문학자들에 의해 중요한 연구 결과들이 얻어졌다. 갈릴레이는 훌륭한 최초의 실험가라고 할 수 있다. 그의 실험과 관찰들은 이후 200년 동안 연구된 중요한 발견들의 초석이 되었다.

뉴턴은 당대 최고의 과학자 중 한 사람이자, 이전에는 없었던 뛰어난 과학자이다. 그의 발견은 수학, 천문학, 물리학 분야에서 이루어졌으며 중력, 광학, 운동, 힘을 포함한다.

우리는 뉴턴 덕분에 운동에 대해 이해할 수 있게 되었다. 그는 위치, 변위, 속도 및 가속도 간의 관계를 명확하게 이해하고 있었다. 그는 어떻게 물체의 운동이 가능한지 이해했으며, 정지한 물체가 일정한 속력을 갖는 물체의 특별한 경우에 불과하다는 것을 이해하였다. 오늘날의 우리에게는 매우 정확하지는 않을 수 있지만, 태양 주위의 행성 운동이 나무에서 사과가 떨어지거나 축구공을 골대로 향해 차는 것과 같은 지구에서의 운동 법칙에 의해 이해될 수 있다고 밝힌 것(뉴턴의 대통합 논리)도 중요한 업적이다. 뉴턴은 힘과 가속도 사이의 관계를 주의 깊게 설명할 수 있었고, 그의 개념은 오늘날 자신의 이름을 딴 세 가지 법칙에 명시되어 있다.

뉴턴의 법칙

뉴턴의 제1법칙: *어떤 외부의 힘이 작용하지 않는다면 물체는 일정한 속도로 계속해서 움직일 것이다.* 정지해 있는 물체는 뉴턴의 제1법칙에서 속도가 0인 특별한 경우

Public Domain

아이작 뉴턴(Isaac Newton, 1642~1727)은 위대한 영국의 물리학자이자 수학자로, 그가 다닌 케임브리지대학에서 대부분의 업적을 남겼고 수학과의 루카시안 교수가 되었다. 그는 운동의 법칙에 대한 연구뿐만 아니라 광학의 설립자로도 잘 알려져 있다. 그가 남긴 유용한 연구들을 여기에 나열하기엔 너무 많지만 연금술, 신학 그리고 영적 세계에 대해 많은 연구를 수행했다는 것은 언급할 만하다. 이 주제들에 대한 그의 글들은 매우 특이하며 그에게는 매우 소중하다. 이 그림에서 뉴턴은 빛에 대한 실험을 수행하는 중이다.

이다. 뉴턴의 제1법칙은 종종 *관성의 법칙*이라고 불리며 관성 기준틀을 설명하는 데 사용된다.

뉴턴의 제2법칙: *물체의 가속도 $\vec{a}$는 외력 $\vec{F}$에 비례하고 물체의 질량 m에 반비례한다. 이것은 다음과 같이 수학적으로 표시된다.*

$$\vec{F} = m\vec{a} \tag{1.1a}$$

보다 더 일반적인 표기*로, 힘은 선운동량 $\vec{p}$의 시간에 대한 변화율로 표현할 수 있다.

$$\vec{F} = \frac{d\vec{p}}{dt} \tag{1.1b}$$

뉴턴의 제3법칙: *물체 1에 의해 물체 2에 가해지는 힘은 물체 2에 의해 물체 1에 가해지는 힘과 크기가 같고 방향이 반대이다.* 물체 1에 의해 물체 2에 가해지는 힘이 $\vec{F}_{21}$로 표시된 경우 뉴턴의 제3법칙은 다음과 같이 표시된다.

$$\vec{F}_{21} = -\vec{F}_{12} \tag{1.2}$$

이것은 종종 *작용과 반작용의 법칙*이라고 불린다.

이 세 가지 법칙들로부터 힘의 개념이 도출된다. 속도 $\vec{v}$, 가속도 $\vec{a}$, 선운동량 $\vec{p}$, 회전(각속도 $\vec{\omega}$, 각가속도 $\vec{\alpha}$), 각운동량 $\vec{L}$의 개념과 함께 이 법칙들을 이용하면 물체의 복잡한 운동을 설명할 수 있다.

전자기학

전자기학은 오랜 시간에 걸쳐 발전하였다. 중요한 연구들은 샤를 쿨롱(1736~1806), 한스 크리스티안 외르스테드(1777~1851), 토마스 영(1773~1829), 앙드레 앙페르(1775~1836), 마이클 패러데이(1791~1867), 조지프 헨리(1797~1878), 제임스 클러크 맥스웰(1831~1879), 하인리히 헤르츠(1857~1894) 등에 의해 이루어졌다. 맥스웰은 전기와 자기가 밀접하게 연결되어 있으며 동일 관성계 내의 변화를 통해 연관된다는 것을 보였다. 그의 연구를 통해 빛과 광학은 특별한 경우의 전자기복사로 이해할 수 있게 되었다. 맥스웰의 네 가지 방정식[식 (1.3)~(1.6)]과 로런츠 힘의 법칙[식 (1.7)]은 전자기학의 많은 부분을 설명한다.

맥스웰 방정식

전기장에 대한 가우스의 법칙 $$\oint \vec{E} \cdot d\vec{A} = \frac{q}{\epsilon_0} \tag{1.3}$$

자기에 대한 가우스의 법칙 $$\oint \vec{B} \cdot d\vec{A} = 0 \tag{1.4}$$

*뉴턴이 제2법칙을 $\vec{F} = m\vec{a}$가 아니라 우리가 운동량이라 부르는 형태의 $\vec{F} = d(m\vec{v})/dt$로 쓴 것은 매우 주목할 만한 일이다. 이들은 유체역학과 로켓추진에 응용된다.

패러데이의 법칙
$$\oint \vec{E}\cdot d\vec{s} = -\frac{d\Phi_B}{dt} \tag{1.5}$$

일반화된 암페어의 법칙
$$\oint \vec{B}\cdot d\vec{s} = \mu_0\epsilon_0\frac{d\Phi_E}{dt} + \mu_0 I \tag{1.6}$$

로런츠 힘 법칙
$$\vec{F} = q\vec{E} + q\vec{v}\times\vec{B} \tag{1.7}$$

로런츠 힘 법칙

맥스웰의 방정식은 전하와 전류가 각각 전기장과 자기장을 생성할 수 있고, 또한 이 두 장(field)은 서로를(즉, 자기장과 전기장) 각각 만들어 낼 수 있음을 나타낸다.

열역학

열역학은 어떤 계의 온도 T, 열 Q, 일 W, 그리고 내부 에너지 U를 다룬다. 열역학에서 사용되는 개념들(압력 P, 부피 V, 온도, 열평형, 열, 엔트로피, 특히 에너지)은 이해하기 쉽지 않다. 기계적 특성인 압력과 부피의 개념은 쉽게 이해할 수 있지만, 온도라는 개념은 신중하게 고려해야 한다. 상호작용하지 않는 점질량들을 가진 어떤 계의 내부 에너지는 오직 온도에만 의존한다.

벤자민 톰슨(Benjamin Thompson, 1753~1814, 일명 럼퍼드 백작), 사디 카르노(1796~1832), 제임스 줄(James Joule, 1818~1889), 루돌프 클라우지우스(Rudolf Clausius, 1822~1888), 윌리엄 톰슨(William Thomson, 1824~1907, 일명 켈빈 경) 등에 의해 열역학에 대한 중요한 연구들이 이루어졌다. 열역학의 기본 결과는 두 가지 법칙으로 설명할 수 있다.

열역학 법칙

열역학 제1법칙: *계의 내부 에너지의 변화 ΔU는 그 계에 추가된 열 Q와 계에 행해진 일 W와 같다.*

$$\Delta U = Q + W \tag{1.8}$$

열역학 제1법칙은 에너지 보존을 열을 포함하여 일반화시킨 것이다.

열역학 제2법칙: *다른 변화가 없다면 열을 일로 완전히 전환하는 것은 불가능하다.* 같은 의미의 제2법칙으로 어떤 에너지 과정이 일어날 수 있거나 일어날 수 없는지를 설명하는 다른 표현도 존재한다. 예를 들면, "완벽한 엔진이나 냉장고를 만들 수 없다" 혹은 "영구 운동 기관을 만드는 것은 불가능하다"라고 할 수도 있다. 열은 다른 변화가 발생하지 않으면 차가운 물체에서 뜨거운 물체로 자발적으로 흐르지 않는다. 제2법칙에 따르면 이러한 모든 일은 생기지 않는다.

열역학의 두 가지 다른 법칙도 가끔 언급된다. 하나는 제0의 법칙이라고 하며 온도를 이해하는 데 유용하다. *두 개의 열 시스템이 세 번째 시스템과 열역학적 평형상태에 있다면, 이 두 시스템은 서로 평형상태에 있다*는 것이다. 간단히 말하자면, *두 시스템이 세 번째 시스템과 같은 온도에 있다면 두 시스템은 같은 온도이다.* 이 개념은 20세기가 되어서야 분명하게 언급되었다. 열역학 제3법칙에 따르면 *절대온도 0도를 달성하는 것은 불가능하다.*

1.2 기체의 운동론

지금의 우리는 기체가 빠르게 움직이는 원자와 분자로 구성되어 있고 벽 또는 서로 간에 충돌하면서 운동한다는 사실을 이해하지만, 1890년대에는 이 개념이 막 받아들여지고 있었다. 기체의 운동론은 열역학 및 1.5절에서 논의할 물질의 원자 이론과 관련이 있다. 기체에 대한 실험은 비교적 쉬운데, 아일랜드의 화학자 로버트 보일(Robert Boyle, 1627~1691)은 1662년경에 일정한 온도에서 기체의 압력과 부피의 곱은 일정하다는 것을 보여 주었다. 관계 PV = 상수(일정온도 T에 대하여)를 이제 *보일의 법칙*이라고 부른다. 프랑스의 물리학자 자크 샤를(Jacques Charles, 1746~1823)은 V/T = 상수(일정한 압력에서)임을 발견했고, 이를 *샤를의 법칙*이라고 부른다. 조셉 루이스 게이뤼삭(Joseph Louis Gay-Lussac, 1778~1850)도 나중에 같은 결과를 얻었으며, 때때로 그의 이름도 법칙에 언급된다. 이 두 가지 법칙을 결합하면 이상기체 방정식을 얻을 수 있다.

이상기체 방정식

$$PV = nRT \tag{1.9}$$

여기서 n은 몰수이고 R은 이상기체 상수 8.31 J/mol · K이다. 이상기체 방정식은 $PV = NkT$로도 작성된다. 여기서 N은 분자수이고 k는 볼츠만 상수이다.

1811년 이탈리아 물리학자 아메데오 아보가드로(Amedeo Avogadro, 1776~1856)는 같은 온도와 압력에서 같은 부피의 기체가 같은 수의 분자를 포함한다고 제안했다. 이 추측은 시대를 너무 앞서서 수년 동안 받아들여지지 않았다. 유명한 영국의 화학자 존 돌턴(John Dalton)도 원자와 분자의 차이를 잘못 이해했기 때문에 이 생각에 반대했다. 그 시대의 물질에 대한 원자 이론이 초보적인 수준이었다는 것을 고려하면 이는 놀라운 일이 아니다.

다니엘 베르누이(Daniel Bernoulli, 1700~1782)는 1738년에 기체 운동 이론을 발표했지만 그의 결과는 일반적으로 무시되었다. 뉴턴, 라플라스, 데이비, 헤라파스, 워터스톤을 포함한 많은 과학자들이 1850년까지의 기체 운동 이론 발전에 기여했다. 이 기간 동안의 이론적인 계산들은 실험과 비교되었고, 1895년에 이르러 기체의 운동 이론은 널리 인정되었다. 열역학의 통계적 해석은 19세기 후반에 맥스웰, 오스트리아 물리학자 루트비히 볼츠만(Ludwig Boltzmann, 1844~1906), 그리고 미국 물리학자 조사이아 윌러드 기브스(J. Willard Gibbs, 1839~1903)에 의해 이루어졌다.

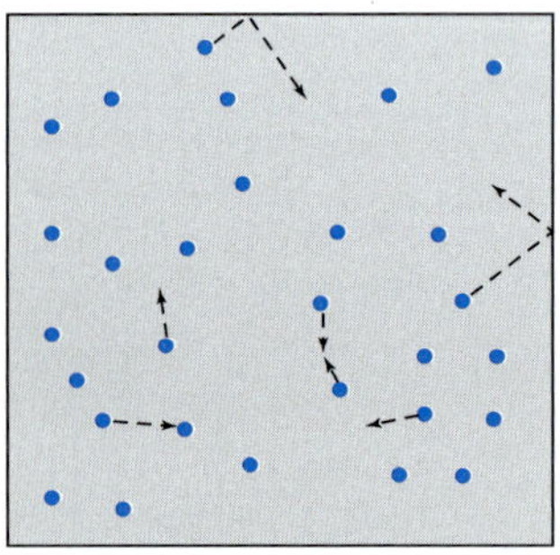

그림 1.1 밀폐된 용기 내부의 분자들은 벽 및 다른 분자와 충돌하고 있음을 보여 준다. 몇 개의 분자 움직임을 화살표로 표시하였다.

기초 물리학 수업에서, 기체의 운동 이론은 일반적으로 분자가 다른 분자 및 벽과 충돌하는 과정에 뉴턴의 법칙을 적용하여 가르친다. 충돌하는 몇몇 분자들에 대한 표현이 그림 1.1에 나타나 있다. 간단한 이상기체 모델에서는 탄성 충돌만 고려한다. 많은 분자들의 충돌에 평균을 취함으로써 이상기체 법칙, 식 (1.9)가 도출되었다. 분자들의 평균 운동에너지는 온도에 선형적으로 비례하며 내부 에너지 U는 다음과 같다.

통계열역학

$$U = nN_A\overline{K} = \frac{3}{2}nRT \tag{1.10}$$

여기서 n은 기체의 몰수, N_A는 아보가드로수, $\overline{K}$는 분자의 평균 운동에너지, R은 이상기체 상수이다. 이 관계식은 회전 및 진동과 같은 비병진운동의 분자 에너지에 대한 기여를

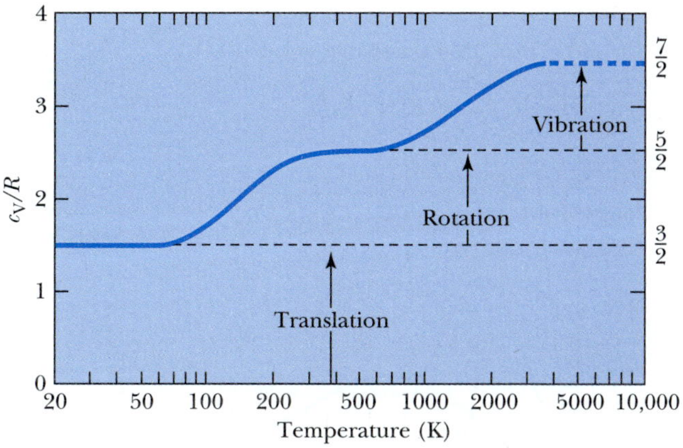

그림 1.2 수소 기체의 일정한 부피에서 몰열용량(c_V)을 R로 나눈 값(c_V/R은 단위가 없음)을 온도의 함수로 표시했다. 온도가 상승함에 따라 회전과 진동 모드가 중요해지고 있다. 이 실험 결과는 각 자유도에 대하여 분자당 $kT/2$ 에너지(몰당 $RT/2$)가 더해진다는 균등분배법칙과 일치한다.

무시한다.

그러나 에너지는 병진운동만으로는 표현되지 않는다. 회전과 진동을 포함한 모든 *자유도*가 에너지를 포함할 수 있다는 것이 분명해졌다. 에너지 *등분배법칙*에 의하면 각 분자 하나의 자유도는 $kT/2$의 평균 에너지를 갖는다. 여기서 k는 볼츠만상수($k = R/N_A$)이다. 병진운동은 세 개의 자유도를 가지며 회전 및 진동 모드 또한 더 높은 온도에서 여기될 수 있다. 자유도 f가 있는 경우 식 (1.10)은 다음과 같다.

등분배법칙

$$U = \frac{f}{2}nRT \tag{1.11}$$

내부 에너지

이상기체에서 일정한 부피의 몰($n = 1$) 열용량 c_V는 온도 변화에 대한 내부 에너지 변화율로 다음과 같이 주어진다.

$$c_V = \frac{fR}{2} \tag{1.12}$$

열용량

그림 1.2에 수소의 온도에 대한 실험값 c_V/R을 나타내었다. 비율 c_V/R은 병진운동에너지만 고려되는 낮은 온도에서는 3/2이지만 H_2의 회전이 발생하는 300 K에서는 5/2로 상승하고 더 높은 온도에서는 H_2 분자가 해리되기 직전까지 발생하는 진동으로 인해 최종적으로 7/2에 도달한다.

1850년대에 맥스웰은 기체에 있는 분자의 속력분포에 대한 관계를 도출했다. 속력 $f(v)$의 분포는 다음 방정식과 같이 속력과 온도의 함수로 주어진다.

$$f(v) = 4\pi N\left(\frac{m}{2\pi kT}\right)^{3/2} v^2 e^{-mv^2/2kT} \tag{1.13}$$

맥스웰의 속력분포

여기서 m은 분자의 질량이고 T는 온도이다. 질소 분자의 300 K, 1000 K, 4000 K의 온도에 대한 이 결과를 그림 1.3에 표시하였다. 각 분포에서 봉우리는 주어진 온도에서 기체 분자의 가장 빈번한 속력이다. 1895년의 측정은 맥스웰의 분포를 확인할 만큼 정확하지는 않았고 1921년까지 실험적으로 확인되지 않았다.

1895년까지 볼츠만은 맥스웰의 계산을 더 엄밀하게 수행하였고, 이 일반적인 관계

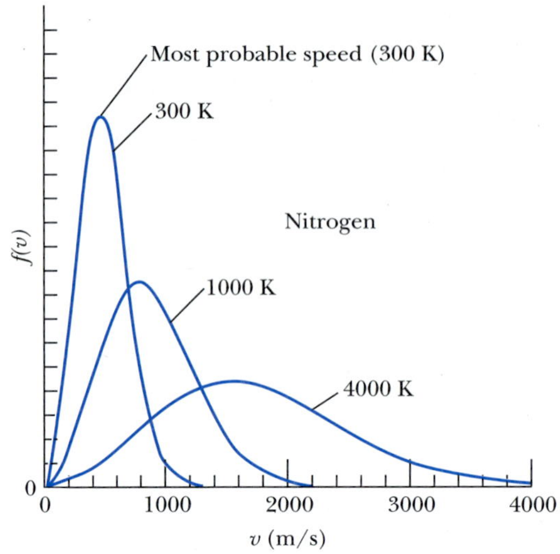

그림 1.3 질소에서 분자 속력의 맥스웰 분포 $f(v)$는 세 가지 온도에 따른 속력의 함수로 표시된다.

를 *맥스웰·볼츠만 분포*라고 한다. 이 분포는 *제곱평균제곱근* 속도 v_{rms}를 구하는 데 사용할 수 있다.

$$v_{\text{rms}} = \sqrt{\overline{v^2}} = \sqrt{\frac{3kT}{m}} \tag{1.14}$$

이 식은 다음과 같이 이상기체의 온도와 에너지 간의 관계를 보여 준다.

$$U = nN_{\text{A}}\overline{K} = nN_{\text{A}}\frac{m\overline{v^2}}{2} = nN_{\text{A}}\frac{3mkT}{2m} = \frac{3}{2}nRT \tag{1.15}$$

이것은 식 (1.10)의 결과이다.

1.3 파동과 입자

우리는 기초 물리학에서 질량이 한 점에 집중된 입자를 사용하여 속도, 가속도, 힘, 운동량, 그리고 에너지의 개념을 배웠다. 실제 자연 현상을 적절히 기술하기 위해서는 2차원, 3차원 물체 및 회전과 진동을 추가해야 한다. 그럼에도 불구하고 물리학의 많은 현상들은 물체를 단순한 입자인 것처럼 가정해도 된다. 특히 움직이는 입자의 운동에너지는 한 곳에서 다른 곳으로 에너지를 이동시킬 수 있는 좋은 방법이다.

그러나 우리는 많은 자연 현상들이 에너지를 수송하며 이동하는 '*파동*'만으로도 설명될 수 있다는 것을 알았다. 이 해석에는 진행파들의 중첩상태인 정상파를 포함한다. 물결파나 음파와 같은 대부분의 파동은 이동할 수 있는 탄성 매질이 필요하다. 신기하게도 물질은 파동과 함께 이동하지 않지만 에너지는 파동으로 이동된다. 질량은 진동할 수 있지만 실제로 파동과 함께 전달되지는 않는다. 두 가지 예를 들면, 물 위에 떠 있는 코르크와 보트이다. 물결파가 지나가면 코르크는 에너지를 얻어 위아래로 이동하고, 파동 통과 후에도 코르크는 남는다. 보트도 파동에 반응하지만 보트에 고정되지 않은 물건들을 주변으로 던지며, 주로 앞뒤로 흔들린다. 보트는 파동으로부터 상당한 운동에너지를 얻는다.

파동과 입자는 빛의 본질에 대한 두 가지 경쟁적인 이론이 있었던 17세기 초에는 불일치한다고 여겨졌다. 뉴턴은 빛이 알갱이(입자)로 구성된다는 개념을 지지했다. 그는 오랫동안 빛에 대해 다양한 실험을 수행했고 마침내 1704년에 그의 책 「광학」을 출판했다. *기하광학*은 반사와 굴절과 같은 친숙한 현상을 설명하기 위해 곧고, 입자와 같은 궤적을 갖는 '광선'이라는 개념을 사용했다. 또한 기하광학은 명백하게 관찰할 수 있는 선명한 그림자 현상을 설명할 수 있었다. 당시 빛을 파동현상으로 간주하는 경쟁 이론이 존재했다. 이 이론을 가장 강력히 지지한 사람은 네덜란드 물리학자 크리스티안 호이겐스(Christian Huygens, 1629~1695)로, 그는 1678년에 자신의 이론을 발표했다. 파동 이론도 반사와 굴절을 설명할 수 있었지만 관찰된 선명한 그림자는 설명할 수 없었다. 1600년대와 1700년대의 실험물리학 결과로는 두 경쟁 이론을 구별할 수 없었다. 호이겐스는 열악한 건강과 기타 업무로 인해 1678년 이후에는 광학 분야에서 일할 수 없었다. 뉴턴은 그의 입자 이론에 대해 강하게 확신하지는 않았지만, 그의 명성 때문에 18세기 내내 거의 100년 이상 동안 그의 이론이 받아들여졌다.

마침내 1802년에 영국의 의사 토마스 영(Thomas Young, 1773~1829)은 빛이 파동처럼 행동한다는 두 개의 슬릿 간섭 실험 결과를 발표했다. 그러나 이 발표 이후에도 입자 이론은 많은 지지를 받았다. 이후 수년 동안 영과 오귀스탱 프레넬(Augustin Fresnel, 1788~1827)은 각각 독자적으로, 빛이 파동처럼 행동한다는 것을 분명히 보여 주는 몇 가지 실험을 수행했다. 뉴턴이 빛에 대한 첫 번째 실험을 수행한 지 약 150년 후인 1830년이 되어서야 대부분의 물리학자들은 파동 이론을 믿게 되었다.

마지막 실험은 입자 이론이 받아들이기 어렵다는 것을 보여 주었다. c를 진공에서 빛의 속도라고 하고, v를 다른 매질에서 빛의 속력이라고 하자. 빛이 입자처럼 행동한다면 굴절을 설명하기 위해서는 빛은 밀도가 더 높은 물질을 통과할 때 속도가 빨라야 한다($v > c$). 호이겐스의 파동 이론은 정확히 반대($v < c$)를 예측한다. 다양한 매질에서의 빛의 속도 측정은 서서히 정확도가 향상되었고, 마침내 1850년에 레옹 푸코(Léon Foucault)는 *빛이 공기보다 물에서 더 천천히 진행한다*는 것을 보여 주었다. 이제 입자 이론은 잘못된 것으로 보였다. 뉴턴은 아마도 자신의 입자론에 대한 약한 믿음이 오래 지속되었다는 사실에 놀랐을 것이다. 현재의 우리는 빛의 파장이 빛이 마주치는 장애물 혹은 지나는 구멍의 크기보다 훨씬 작은 경우에만 기하광학이 정확하다는 것을 알고 있다.

그림 1.4는 빛이 날카로운 모서리에 도달할 때의 '그림자' 또는 *회절패턴*을 보여 준다. 그림 1.4a에서 면도날의 모든 가장자리 주위에 검은색과 흰색 선이 번갈아 나타나는 것을 볼 수 있다. 그림 1.4b는 날카로운 가장자리에서 나온 회절무늬를 크게 확대한 사진이다. 밝은 영역과 어두운 영역은 빛이 입자가 아닌 파동인 경우에만 이해할 수 있다.

1860년대에 맥스웰은 전자기파가 전기장과 자기장의 진동으로 구성되어 있음을 보여 주었다. 가시광선은 전체 전자기파 스펙트럼상의 좁은 범위에 해당되며 모든 전자기 복사는 자유 공간에서 빛의 속도 c로 이동하며 다음과 같이 주어진다.

$$c = \frac{1}{\sqrt{\mu_0 \epsilon_0}} = \lambda f \tag{1.16}$$

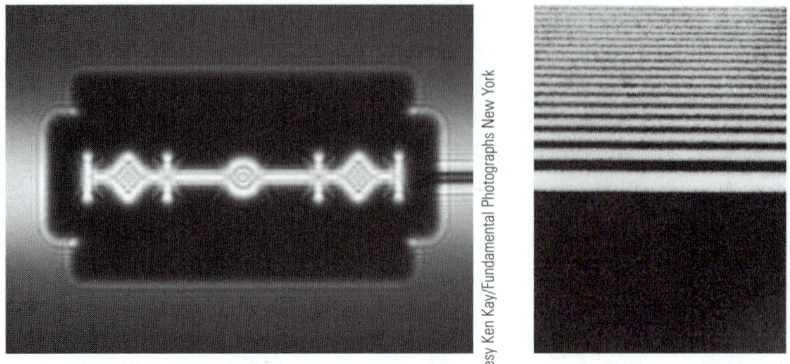

(a) (b)

Courtesy Ken Kay/Fundamental Photographs New York

The Atlas of Optical Phenomena by Michael Cagnet, Mauric Francon, and Jean Claude Thrierr p. 32 © 1962 Springer-Verlag New York.

그림 1.4 과학자들이 17세기에 생각했던 것과는 달리 그림자는 날카롭지 않고 인상적인 회절무늬를 보여 준다. (a) 면도날, (b) 확대한 날카로운 가장자리.

여기서 λ는 파장이고 f는 진동수이다. 기본 상수 μ_0와 ϵ_0는 전기와 자기로부터 정의되며, 빛의 속도와 전자기파의 관계를 보여 준다. 1887년 독일의 물리학자 하인리히 헤르츠(Heinrich Hertz, 1857~1894)는 가시광 영역보다 훨씬 긴 파장($\lambda \approx 5$ m)의 전자기파를 발생시키고 검출하는 데 성공하였다. 이 파동의 속성은 맥스웰이 예측한 대로였다. 그의 결과는 케이블TV, 휴대전화, 레이저, 광섬유, 무선인터넷 등 현대 통신 분야에 커다란 영향을 끼쳤다.

1890년대에 전자기파에 대해 몇 가지 해결되지 않은 문제는 결국 두 가지 위대한 현대 이론 중 하나인 *상대성이론*으로 이어졌다(1.6절 및 2장을 보라). 파동은 위대한 현대 물리학의 이론인 *양자역학*(때때로 *파동역학*이라 불리기도 한다)에서 가장 중요하고 필수적인 역할을 한다. 5장에서 파동의 특성을 학습한다.

1.4 보존 법칙 및 기본적인 힘들

보존 법칙들은 물리학의 기본 원리이다. 몇 가지 법칙을 응용하면 방대한 양의 물리적 현상을 설명할 수 있다. 고전물리학의 보존 법칙들은 1.1절에 나온다. 보존 법칙들에는 에너지, 선운동량, 각운동량, 그리고 전하가 포함되어 있다. 이들 각각은 기초 물리학에서 매우 중요하다. 충돌을 연구할 때는 선운동량을 사용하고, 역학을 연구할 때는 보존 법칙을 사용한다. 에너지 보존의 개념은 변화되어 왔다. 처음에는 외력이 없을 때의 운동에너지 보존을 다루었다. 그다음 위치에너지를 추가하고, 역학적 에너지 보존 법칙을 만들었다. 열역학 연구를 통해 내부 에너지를 추가했다. 회로상의 각 교차점에서의 전하 흐름 보존 및 모든 회로 요소에서의 에너지 보존 법칙을 통해 전기 회로가 더 쉽게 이해될 수 있다.

현대물리학 연구로 질량이 에너지 보존에 추가되었고, 그 결과로 비록 에너지 보존 법칙이라는 용어가 여전히 충분하고 일반적으로 사용되지만, 때로는 *질량·에너지 보존 법칙*으로 사용해야 한다는 것을 알게 될 것이다. 기본 입자들을 연구할 때는 중입자의 보존과 경입자의 보존을 추가할 것이다. 보존 법칙과 밀접하게 연관되는 것은 불변의 법칙이다. 일부 매개변수는 어떤 상호작용이나 특정 시스템에서 불변하지만 다른 매개변수에서는 그렇지 않을 수도 있다. 예를 들면 시간 역전, 패리티, 그리고 거리가 있다. 우리는

표 1.1 기본 힘

상호작용		상대 강도*	범위
강력		1	짧다. ~10^{-15} m
전자기약력	전자기력	10^{-2}	길다. $1/r^2$
	약력	10^{-9}	짧다. ~10^{-15} m
중력		10^{-39}	길다. $1/r^2$

*이 강도는 중성자 및 인접한 양성자에 적용된다.

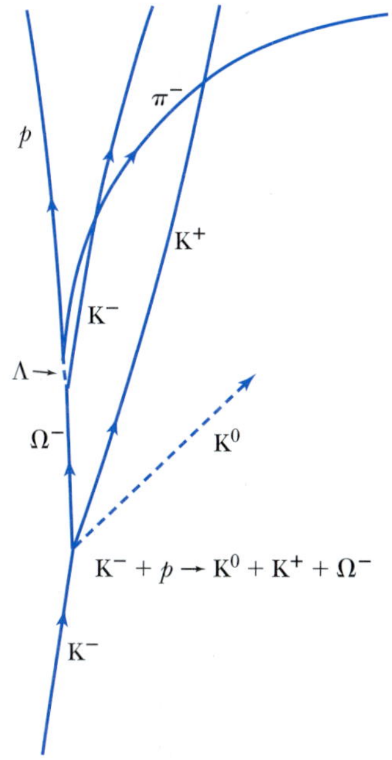

그림 1.5 운동량과 에너지의 보존 법칙은 거품 챔버에서 5 GeV의 K^- 중간자가 정지상태의 양성자와 반응하여 Ω^-를 생성하는 것과 같은 복잡한 입자 반응을 푸는 데에 매우 유용하다. 대전되지 않은 K^0은 관찰되지 않는다. 자기장하에서 대전된 입자들의 곡선 경로들을 주목하자. 이러한 반응들은 14장에 설명되어 있다.

먼저 뉴턴 또는 갈릴레오의 불변 법칙을 공부한 뒤, 상대성이론 연구를 위해 부족함이 무엇인지 볼 것이다. 새로운 불변의 법칙이 필요하다. 핵 및 소립자에 대한 연구에서 보존 법칙과 불변 법칙은 종종 사용된다(그림 1.5를 보라).

기본적인 힘

기초 물리학에서 우리는 종종 힘에 대한 학습을 용수철 끝에 달린 질량을 가진 물체의 반응을 통해 연구한다. 이는 용수철의 힘을 쉽게 조정할 수 있기 때문이다. 그다음으로 장력, 마찰력, 중력, 표면력, 전기 및 자기력에 대해 배운다. 힘은 겉보기에 복잡한 배열임에도 불구하고, 현재 단지 세 가지의 기본적인 힘이 있다고 믿는다. 다른 모든 힘은 이 세 가지의 기본적인 힘에서 파생되었다. 세 가지의 힘은 **중력**, **전자기약력**, 그리고 **강력**이다. 일부 물리학자들은 힘들의 통합이 매우 높은 에너지에서만 발생하기 때문에 전자기약력을 전자기력과 약력으로 구분하여 언급하기도 한다. 세 가지 기본 힘의 대략적인 강도와 범위는 표 1.1에 나열되어 있다. 기본 힘들을 언급할 때 물리학자들은 때때로 *상호작용*이라는 용어를 사용한다. 왜냐하면 우리의 관심 대상은 계를 구성하는 요소들의 전체적인 상호작용이기 때문이다.

중력은 가장 약하다. 중력은 질량 사이의 상호 인력의 힘이며 뉴턴에 의하면 다음의 식으로 주어진다.

중력 상호작용

$$\vec{F}_g = -G\frac{m_1 m_2}{r^2}\hat{r} \tag{1.17}$$

여기서 m_1과 m_2는 두 점질량, G는 중력 상수, r은 질량 사이의 거리, $\hat{r}$은 두 점질량 사이의 연결선 방향의 단위벡터이다(인력). 중력은 거시적인 규모에서만 유효하지만, 매우 중요한 의미를 가지고 있다. 중력은 생명 에너지의 근원인 태양의 주위를 지구가 공전하게 하고, 인간과 대기를 지면에 묶어 놓는 역할을 한다. 중력은 $1/r^2$로 감소하는 원거리 힘이다.

약한 상호작용

전자기약력의 주요 구성요소는 *전자기력*이다. 다른 구성요소는 핵의 베타 붕괴와 관련된 *약한* 상호작용이다. 1970년대에 셸던 글래쇼(Sheldon Glashow), 스티븐 와인버그(Steven Weinberg), 압두스 살람(Abdus Salam)은 전자기력과 약력은 사실상 같은 힘의 양면이라고 생각했다. 그들의 이론은 1983년에 발견된 W와 Z 보손(boson)이라고 하는 새로운 입자의 존재를 미리 예측했다. 보손과 그 실험에 대해서는 14장에서 논의하기로 한다. 대부분의 일반적인 경우, 약한 상호작용은 10^{-15} m 이상 크기의 핵의 크기를 다룰 때 유효하다. 매우 높은 에너지를 다룰 때를 제외하고 물리학자들은 대부분 자연에서 전자기력과 약한 상호작용이 분리된 것으로 취급한다. 그러므로 종종 *네 가지* 기본 힘(중력, 강력, 전자기력, 약력)으로 기술한 것들을 볼 수 있다.

전자기 상호작용

전자기력은 원자들의 결합, 마찰, 접촉힘, 장력, 전기 및 광학 신호의 근원이다. 또한 세포 구조와 신경 전달 과정을 포함한 모든 화학적, 생물학적 과정과도 관련이 있다. 이 목록이 긴 이유는 전자기력은 우리가 경험하는 중력과 관계없는 거의 대부분의 현상들과 관계되기 때문이다. 거리 r만큼 떨어져 있는 두 전하 q_1과 q_2 사이의 정전기력 또는 쿨롱 힘은 다음과 같이 표시된다.

쿨롱 힘

$$\vec{F}_C = \frac{1}{4\pi\epsilon_0}\frac{q_1 q_2}{r^2}\hat{r} \tag{1.18}$$

식에서 벡터 방향을 기억하는 가장 쉬운 방법은 같은 전하들끼리는 밀어내고 다른 전하들끼리는 끌어당긴다는 것을 기억하는 것이다. 움직이는 전하는 자기장을 생성하거나 자기장과 상호작용하기도 한다[식 (1.7)을 보라].

강한 상호작용

세 번째 기본 힘인 강력은 핵을 하나로 묶고 있는 힘이다. 강력은 모든 힘들 중 가장 강한 힘이지만 10^{-15} m 정도의 짧은 거리에서만 효과가 있다. 강력은 너무 강해서, 좁은 공간에 대한 반발력이 크더라도 핵 내부에 있는 두 개의 양성자를 쉽게 묶을 수 있다. 강력은 전기력의 반발이 핵붕괴를 일으킬 정도로 강해지기 전까지 핵 내부에 수십 개의 양성자들을 포함시킬 수 있다. 강력에 대해 이 책에서는 중성자와 양성자는 *쿼크*로 구성되어 있고, 쿼크 사이에는 강력의 일부인 *색력*(color force)이라는 특이한 이름의 힘이 작용한다는 것을 배우게 된다.

물리학자들은 힘들을 더 기본적인 것들로 결합하려고 노력한다. 수세기 전에는 마찰, 접촉, 그리고 인장에 필요로 한 힘이 모두 다른 것으로 믿었다. 오늘날 우리는 그것들이 모두 전자기약력의 일부라는 것을 알고 있다. 200년 전 과학자들은 전기력과 자기력이 독립적이라고 생각했지만, 일련의 실험을 거친 후 물리학자들은 점차 그 힘들의 관련성을 알아내기 시작했다. 이것은 1860년대에 맥스웰의 업적에서 절정을 이루었다. 맥스웰은 그것들이 한 힘의 일부에 불과함과 동시에 빛과 다른 전자기복사를 설명할 수 있다는 것을 분명히 보여 주었다. 그림 1.6은 시대가 지남에 따라 힘들이 통합되는 과정을 나타낸 다이어그램이다. 뉴턴은 분명히 나무에서 떨어지는 사과로부터 행성 운동 통합의 영감을 얻었음에 틀림없다. 15장에서는 아인슈타인이 중력을 공간 및 시간과 연결하는 것을 살펴볼 것이다.

힘의 통합

힘의 통합은 현재 가장 연구가 활발한 분야 중 하나이다. *대통일이론*(grand unified theory, GUT)을 통해 전기약력과 강력을 통합하기 위한 노력들이 이루어지고 있다. 대표적인 대통일이론은 수학적으로 매우 복잡한 *끈 이론*이다. 이 이론들에 대한 몇 가지 예측(예를 들어, 양성자의 불안정성과 자기 홀극의 존재)들은 아직 실험적으로 검증되지 않았다. 대통합이론(theory of everything)에서는 입자물리학의 표준 모델(14장) 및

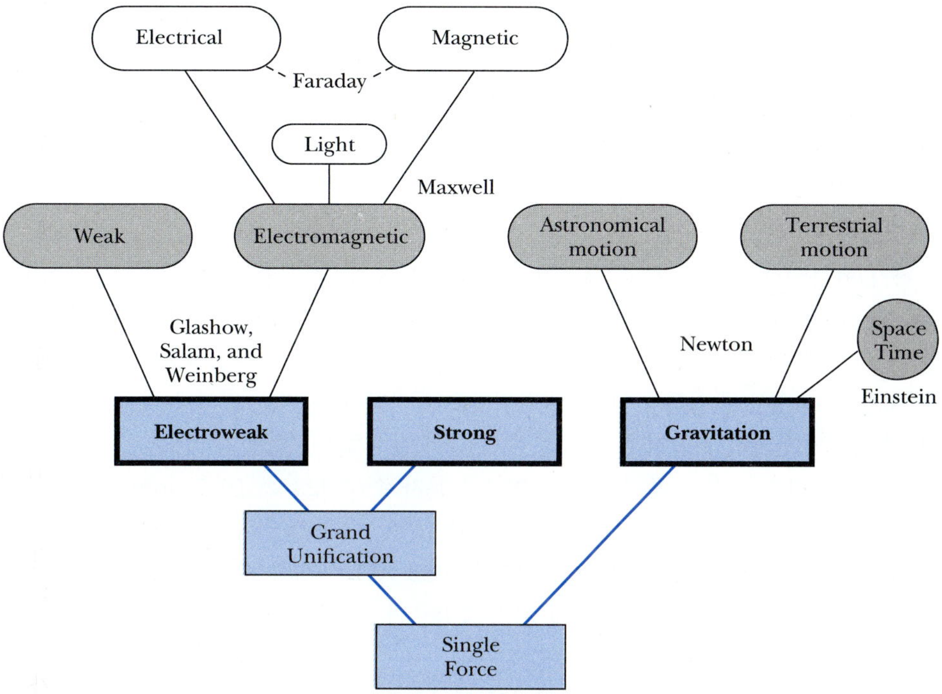

그림 1.6 세 기본 힘(두꺼운 상자로 표시)은 한때 기본적으로 여겨졌던 힘들의 통합이다. 현재의 연구(파란색 선)는 더 나아가 기본 힘들을 하나의 힘으로 통합하는 과정('대통합 이론'이라고 불림)에 있다.

우주론의 표준 모델(16장)을 활용하여, 양자 이론과 중력을 결합하여 양자 중력이라고 한다. 이 주제들은 현대 연구의 최전선에 있기 때문에, 이 책을 통해 현재 연구되고 있는 흥미로운 연구 분야의 일부를 소개할 것이다.

1.5 물질의 원자 이론

오늘날 물질이 *원자*라고 하는 작은 입자로 구성되어 있다는 생각은 초등학교 및 이후의 교육을 통해 배운다. 그리스 철학자 데모크리토스와 레우키포스가 이미 기원전 450년에 원자의 개념을 제안하였다. 더 이상 쪼갤 수 없는 가장 작은 물질 조각을 '나누어지지 않는'을 의미하는 그리스어 atomos를 따서 *원자*(atom)라고 명명하였다.

과학자들이 기체의 특성과 법칙을 이해하기 시작한 17세기까지는 아직 원자에 대한 새로운 아이디어가 많이 제안되지 않았다. 보일, 샤를, 게이뤼삭의 연구는 기체 내의 작은 입자들의 상호작용을 전제로 이루어졌다. 화학자와 물리화학자들은 많은 중요한 진보를 이루었다. 1799년에 프랑스 화학자 조셉 프루스트(Joseph Proust, 1754~1826)는 두 개 또는 그 이상의 원소가 결합하여 화합물을 형성할 때 원소들 간의 무게(또는 질량) 비율은 항상 동일하다는 *일정 성분비의 법칙*을 제안했다. 물(H_2O)은 항상 수소 1, 산소 8의 질량비로 구성된다.

영국의 화학자 존 돌턴(John Dalton, 1766~1844)은 현대의 물질의 원자론을 창시한 공로를 인정받는다. 1803년에 그는 원소가 원자로 구성되어 있다면 일정한 질량비의 법칙을 설명할 수 있다는, 물질의 원자론을 제안했다. 각 원소들은 물리적, 화학적으로 특징이 있는 원자들을 가지고 있다. 원자량(혹은 질량)의 개념은 원자론의 핵심이다.

1811년 이탈리아 물리학자 아메데오 아보가드로(Amedeo Avogadro)는 개개의 혹은 결합된 원자들로 구성된 분자의 존재를 제안했다. 그는 *모든 기체는 같은 온도와 압력에서 같은 부피에는 같은 수의 분자들이 포함되어 있다*는 것을 증명 없이 언급했다. 아보가드로의 아이디어는 같은 종류의 원자가 결합할 수 있다는 것을 상상할 수 없었던 돌턴과 다른 사람들에게 조롱을 받았다. 이러한 일이 일어날 수 있다면, 기체의 모든 원자들은 결합하여 액체를 형성할 것이라고 그들은 주장했다. 분자와 원자의 개념은 실제로 상상하기 어려웠지만, 마침내 1858년에 이탈리아 화학자 스타니슬라오 칸니차로(Stanislao Cannizzaro, 1826~1910)가 이 문제를 해결하고 아보가드로의 아이디어가 원자 질량을 찾는 데 어떻게 사용될 수 있는지 보여 주었다. 오늘날 우리는 원자를 특정한 원소로 식별할 수 있는 물질의 가장 작은 단위라고 생각한다. 분자는 같거나 다른 요소로 된 두 개 이상의 원자의 조합이다. 분자는 수천 개의 원자들로 구성될 수 있다.

아보가드로수

1그램분자량을 갖는 특정 원소의 원자나 분자 수(6.023×10^{23} molecules/mol)를 아보가드로수(N_A)라고 한다. 예를 들어, 수소(H_2) 1몰의 질량은 약 2 g이고 탄소 1몰의 질량은 약 12 g이다. 각 물질의 1몰은 6.023×10^{23}개의 원자로 구성된다. 아보가드로의 수는 1865년까지는 측정조차 되지 않았으며, 이 절의 끝에서 설명하겠지만 페랭(Perrin)에 의해 마침내 정확하게 측정되었다.

1800년대 중반에 기체의 운동 이론이 성공적으로 연구되었고, 이는 원자의 개념을 바탕으로 했기 때문에 원자론에 타당성을 부여했다. 비열의 실험 결과, 맥스웰 속력분포 및 수송현상(1.2절의 논의를 보라)에 대한 모든 실험 결과들은 모두 원자론의 개념을 지지했다.

1827년에 영국의 식물학자 로버트 브라운(Robert Brown, 1773~1858)은 현미경으로 물에 떠 있는 작은 꽃가루 알갱이의 움직임을 관찰했다. 꽃가루는 물이 잔잔한 동안 무작위로 움직이며 춤을 추는 것처럼 보였다. 처음에는 운동(지금은 *브라운 운동*으로 불림)이 대류나 유기물에 의한 것으로 여겨졌지만, 결국에는 액체에 부유하는 작은 입자에서 공통적으로 발생한다는 것이 관찰되었다. 원자론에 따른 설명은 액체의 분자들이 지속적으로 작은 입자에게 충격을 준다는 것이다. 이에 대한 만족스러운 설명은 20세기가 되어서야 아인슈타인에 의해 제시되었다.

앞선 논의에 따르면 물질의 원자론이 19세기 말까지 보편적으로 받아들여진 것처럼 보일 수 있지만, 사실은 그렇지 않았다. 대부분의 물리학자들은 그것을 믿었지만 여전히 반대가 있었다. 원자론에 반대하는 주요 지도자는 유명한 오스트리아 물리학자 에른스트 마하(Ernst Mach)였다. 마하는 그저 자신이 감각을 통해 느낄 수 있는 사실만 믿는 절대적 실증주의자였다. 그의 추론을 간단히 말하면, 우리가 원자를 본 적이 없기 때문에, 그 실체에 대해 아무 말도 할 수 없다는 것이다. 노벨상을 수상한 독일의 물리화학자 빌헬름 오스트발트(Wilhelm Ostwald)는 마하의 철학을 지원할 뿐 아니라, 그의 편에서 실용적인 논쟁을 벌였다. 1900년에는 방사능, x선, 이산 스펙트럼 선 및 원자가 분자와 고체를 형성하는 방법 등을 이해하는 데 어려움이 있었다. 따라서 오스트발트는 원자를 화학반응을 기록하는 데 유용한 가상적인 구조로 생각해야 한다고 주장했다.

Courtesy of International Business Machines.

그림 1.7 'stadium corral'이라고 불리는 이 주사 터널링 현미경 사진은 구리 표면에 76개의 철 원자들이 개별적으로 배치되어 있는 것을 보여 준다. IBM 연구진은 양자 'corral' 내부의 전자들을 에워싸서 물결 패턴으로 관찰된 전자 밀도를 변형하고 포함하려 했다. 결국 연구진은 전자의 양자 거동을 연구할 수 있었다. 6장의 Special Topic '주사 탐침 현미경'을 보라.

반면 원자론을 믿는 사람들도 많았다. 양자 이론의 창시자인 막스 플랑크(Max Planck)는 자신의 복사 이론에 초미세 양자들의 존재가 필요하기 때문에, 마지못해 물질의 원자론을 받아들였다. 볼츠만은 원자가 반드시 존재해야 한다고 확신했는데, 그 이유는 주로 원자가 그의 통계역학에 필요했기 때문이다. 오늘날 우리는 원자론의 타당성을 아직 확신하지 못한 채 1916년에 사망한 마하조차 의심할 여지 없이 확신했을 원자 사진(그림 1.7)을 가지고 있다.

원자의 존재에 대한 확실한 증거가 20세기의 첫 10년에 마침내 제시되었다. 먼저, 아인슈타인은 1905년에 발표한 세 개의 유명한 논문 중 하나(다른 논문은 특수상대성이론과 광전효과에 관한 것이다)에서 거의 80년 전에 로버트 브라운이 관찰한 브라운 운동에 대한 설명을 제시했다. 아인슈타인은 분자 운동의 관점에서 운동을 설명하고 '무작위 걷기' 문제에 대한 이론적 계산을 제안했다. '무작위 걷기'는 많은 무작위의 분자 충돌 후에 작은 입자가 초기 위치에서 얼마나 멀리 떨어져 있는지를 결정하는 통계적인 과정이다. 아인슈타인은 실험 데이터로부터 원자와 분자의 대략적인 질량과 크기를 결정할 수 있었다.

마침내 1908년에 프랑스 물리학자 장 페랭(Jean Perrin, 1870~1942)은 아인슈타인의 예측과 일치하는 운동 이론을 사용하여 설계된 실험의 데이터를 발표했다. 페랭의 실험은 다양한 크기의 많은 입자를 관찰하는 고전적인 작업이었으며, 1926년 노벨 물리학상을 수상했다. 그의 실험은 네 가지 유형의 측정을 사용했다. 각각은 원자론과 일치했으며 아보가드로수를 정량적으로 제시했는데, 이는 최초의 정확한 측정이었다. 1908년부터 원자론은 잘 받아들여졌다.

Wellcome Images CC/DIOMEDIA

윌리엄 톰슨(William Thomson, 1824~1907, 일명 켈빈 경)은 아일랜드의 벨파스트에서 태어났다. 열 살이 되던 해에 그의 아버지가 수학과 교수로 일하던 스코틀랜드의 글래스고대학에 들어갔다. 그는 케임브리지대학을 졸업하고 22세에 글래스고대학의 자연철학(나중에 물리학으로 불림)과 학과장이 되어 1899년 75세의 나이로 사임할 때까지 걸출한 53년의 경력을 쌓았다. 켈빈 경의 19세기 과학에 대한 기여는 광범위하여 전기, 자기, 열역학, 유체역학, 그리고 지구물리학 분야에 큰 공헌을 했다. 대서양 횡단 케이블의 성공적인 설치에도 참여했다. 그는 분명히 19세기 후반의 가장 뛰어난 과학자 중 한 명이다. 특히 그는, 비록 나중에 그 예측이 부정확함이 밝혀졌지만, 지구의 나이를 예측한 것으로 유명하다(12장을 보라).

1.6 1895년의 해결되지 않은 질문들과 새로운 지평선

1895~1897년에 이루어진 발견들에 기초하여, 고전물리학과 현대물리학의 시대를 구분하기 위해 우리는 임의로 1895년을 기점으로 선택하기로 하였다. 1895년에 살았던 1000여 명 정도의 물리학자들은 자신들의 직업이 갖는 지위를 당연히 자랑스러워했다. 정확한 실험 방법들이 비로소 확고히 구축되었다. 또한 많은 관찰된 현상들을 설명할 수 있는 이론들이 있었다. 대부분 과학자들은 측정을 통해 비열, 밀도, 압축률, 저항률, 굴절률, 투과율과 같은 물리적 매개변수들을 측정하고 이해하느라 바빴다. 충분한 시간이 주어지면 물리학의 주의 깊은 사고와 실험적 기법을 적용하여, 자연의 모든 현상들이 이해될 수 있다고 생각했다. 역학 분야는 특히 좋은 상황을 유지했으며, 그 적용으로 기체 운동 이론과 통계적 열역학이 놀라운 성공을 거두었다.

지금은 돌이켜보면, 이 성공의 행복감은 거시적 세계에만 적용된다는 것을 알 수 있다. 자동차, 증기기관, 비행기, 전화기, 전등과 같은 인간 차원의 물체는 이미 존재했거나 곧 나타날 것이며 과학 기술의 승리를 나타냈다. 그러나 물질의 원자론은 아직 보편적으로 받아들여지지 않았고, 무엇이 원자를 구성하는지는 순전히 추측만 존재하였다. 물질의 구조 문제는 여전히 미궁이었다.

지평선 위의 구름

물리학자들이 해결할 수 없는 문제가 확실히 있었다. 깊이 있는 몇몇 학자들만 그것들을 고민하는 것처럼 보였다. 켈빈 경은 1900년 왕립 연구소 연설에서 '지평선에 있는 두 개의 구름'을 언급했다. 이들은 전자기파의 매질 및 흑체 복사를 설명하는 데 실패한 고전물리학을 말했다. 이 절에서는 이 문제 및 다른 문제들을 다루도록 한다. 이들에 대한 해결책은 이제까지 기록된 인류 역사상의 가장 위대한 두 가지 혁신 성과인 양자물리학 이론과 상대성 이론을 끌어냈다.

전자기파의 매질. 물리학자들에게 잘 알려진 파동은 모두 이를 전파하기 위한 매질을 가지고 있다. 물결파는 물속에서 진행하고, 음파는 어떤 매질에서도 전파된다. 19세기 물리학자들은 전자기파도 어떤 매질을 통해 전파된다고 믿었고, 이 매질을 *에테르*라고 불렀다. 앨버트 마이컬슨에 의해 수행된 가장 유명한 실험을 포함한 몇 가지 실험들을 통해 에테르를 검출하는 방법을 모색했으나 실패했다. 1887년에 수행한 마이컬슨과 몰리의 극히 정교한 실험은 매우 섬세하여 에테르의 영향을 관측할 수 있어야 했으나 그렇지 않았다. 다른 가능성을 확인하기 위한 후속 실험 또한 부정적이었다. 1895년에 일부 물리학자들은 찾기 힘든 에테르가 감지되지 않을 수도 있다고 의심했다. 또 다른 설명은 없는 것인가?

전기동역학. 맥스웰의 전자기 이론이 갖는 또 다른 어려움은 움직이는 물체에 의해 보여지고 느껴질 수 있는 전기장 및 자기장과 관련이 있다. 어떤 기준계에서 전기장으로 나타나는 것이 이 계를 기준으로 움직이는 다른 계에서는 자기장으로 나타날 수 있다. 전기장과 자기장 사이의 관계가 맥스웰의 방정식을 사용하여 이해될 듯하지만, 갈릴레이 변환[식 (2.1)과 (2.2)를 보라]에서는 방정식이 동일한 형식을 유지하지 않는다. 이는 헤

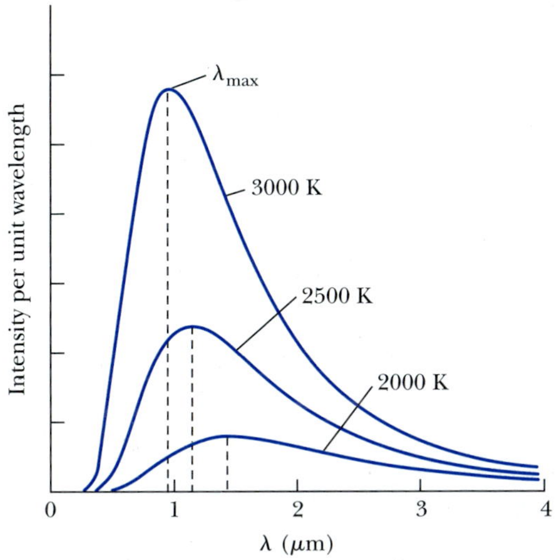

그림 1.8 흑체에서 방출되는 복사선의 방출 스펙트럼을 복사 파장의 함수로 나타내었다. 다른 곡선들은 서로 다른 온도에 따라 얻어진 것이며 흑체 공동의 종류와는 무관하다. 세기의 봉우리는 λ_{max}로 표시하였다.

르츠와 로런츠 둘 다에게 영향을 미쳤다. 헤르츠는 불행하게도 1894년에 36세의 젊은 나이로 사망했으며 현대 물리학적 혁명을 경험하지 못했다. 반면에 네덜란드 물리학자 헨드릭 로런츠(Hendrik Lorentz, 1853~1928)는 전기역학 문제를 해결하기 위해 공간이 물체가 움직이는 방향에 따라 수축한다는 급진적인 아이디어를 제안했다. 아일랜드의 조지 피츠제럴드(George FitzGerald)도 독자적으로 동일한 개념을 제안했다. 1892년에 제안된 로런츠·피츠제럴드 가설은 1905년에 제시된 아인슈타인 이론에 앞선 선구적인 것이었다(2장을 보라).

흑체 복사. 1895년의 열역학은 단단한 기초를 바탕으로 많은 성공을 거두었다. 열역학에서 흥미로운 실험 중 하나는 전자기 복사의 전체 스펙트럼을 흡수하는 *흑체*라고 불리는 물체이다. 작은 구멍이 있는 닫힌 물체(enclosure)는 구멍으로 들어가는 모든 복사를 흡수하기 때문에 흑체 역할을 한다. 흑체도 복사를 방출하며 방출 스펙트럼은 단위 면적당 방출된 전자기 전력을 나타낸다. 방출된 복사는 모든 진동수 영역을 포함하며, 각각에서 고유의 세기를 갖는다. 그림 1.8에 나타낸 흑체 복사의 스펙트럼을 얻기 위해 정확한 측정이 이루어졌다. 흑체 복사 스펙트럼은 흑체 자체와 무관한 방출 스펙트럼이기 때문에, 근본적인 문제이며, 이는 모든 흑체들에 공통적인 특징이다.

키르히호프, 스테판, 볼츠만, 루벤스, 프링스하임, 루머, 빈, 레일리 경, 진스, 플랑크를 비롯한 많은 물리학자들이 이 문제를 연구했다. 낮은 진동수 영역과 높은 진동수 영역의 스펙트럼을 각각 이해하는 것이 가능했지만 전체 스펙트럼을 설명하는 단일 이론은 없었다. 그 시대의 가장 최신이었던 이론(공동에서의 정상파에 적용되는 에너지 균등 분배)이 문제에 적용되었을 때의 결과는 높은 진동수에서의 *무한대의* 방출률(또는 에너지 밀도)로 이어졌다. 이 이론의 실패 결과를 '자외선 파국'이라고 불렀다. 1900년에 막스 플랑크가 이 문제를 해결하면서 물리학의 근본을 뒤흔들었다.

자외선 파국

지평선에서

1895~1897년 사이의 네 가지 발견을 통해 원자에 대한 더 깊은 이해가 필요하게 되었다. 첫 번째는 1895년 11월 독일 물리학자 빌헬름 뢴트겐(Wilhelm Röntgen, 1845~1923)이 x선을 발견한 것이다. 그다음은 프랑스 물리학자 앙리 베크렐(Henri Becquerel, 1852~1908)이 신중하게 포장한 사진 건판 옆에 놓아둔 우라늄 염을 통해 우연히 발견한 방사능이다. 사진 건판이 현상되었을 때에 우라늄 염의 윤곽이 뚜렷하게 나타났는데 이는 투과성이 강한 선의 존재를 나타내는 증거였다.

x선의 발견

방사능의 발견

세 번째 발견은 전자와 관련된 것으로, 여러 물리학자들이 수년에 걸쳐 수행한 것이다. 마이클 패러데이(Michael Faraday)는 일찍이 1833년에 전자의 증거인 기체 방전 발광(glow)을 관찰했다. 다음 몇 년 동안은 여러 과학자들이 *음극선*이라고 하는 입자가 음극에서 방출된다는 증거를 발견했다. 1896년에 페랭은 음극선이 음전하를 띠고 있음을 증명했다. 그러나 일반적으로 전자의 발견은 영국의 물리학자 조지프 존 톰슨(J. J. Thomson, 1856~1940)의 공로로 인정되며, 그는 1897년에 전자(음극선)를 분리하고 전자의 속도와 질량에 대한 전하의 비율을 측정했다.

전자의 발견

이 기간의 마지막 중요한 발견은 네덜란드 물리학자 피터 제이만(Pieter Zeeman, 1865~1943)에 의해 이루어졌는데, 그는 1896년에 시편이 자기장에 놓였을 때 단일 스펙트럼 라인이 때때로 두세 개의 라인으로 분리된다는 것을 발견했다. (일반) *제이만 효과*는 곧바로 로런츠에 의해 원자 내부의 전자 운동에 의해 방출되는 빛의 결과로 설명되었다. 제이만과 로런츠는 전자기학의 고전적인 법칙에 따라 빛의 진동수가 자기장에 의해 영향을 받는다는 것을 보여 주었다.

제이만 효과의 발견

1895년의 해결되지 않은 문제들과 1895~1897년의 중요한 발견이 우리를 이 책의 주제인 *현대물리학*으로 이끌었다. 1900년에 막스 플랑크는 자신의 복사 법칙을 완성하여 흑체 문제를 해결했지만, 에너지를 양자화 하는 것이 필요하다는 것을 알았다. 1905년에 아인슈타인은 브라운 운동, 광전 효과, 특수 상대성 이론에 대한 세 가지 중요한 논문을 발표했다. 플랑크와 아인슈타인의 연구는 19세기 물리학자들의 문제들을 해결할 수 있었을 뿐만 아니라, 물리학의 지평을 넓히고, 후대의 물리학 활성화에 기여했다.

요약 _Summary

1890년대의 물리학자들은 자연의 거의 모든 것은 정교한 실험 방법과 지적 사고의 적용으로 설명될 수 있다고 느꼈다. 예를 들면, 역학을 기체의 운동 이론과 통계적 열역학에 적용하여 큰 성공을 거두었다.

위대한 뉴턴이 약하게나마 지지한 덕분에 빛의 입자 이론은 100년 이상 유지되었으나, 1800년대 초에 들어 파동 이론을 통해 빛의 본질이 해석되었다. 1860년대 맥스웰의 전자기파 이론은 가시광 영역보다 훨씬 넓은 주파수 영역의 전자기복사를 예측했다. 20세기에 파동론 대 입자론의 논쟁이 다시 일어났다.

에너지, 운동량, 각운동량, 그리고 전하의 보존 법칙은 잘 확립되어 있다. 세 가지 기본적인 힘은 중력, 전자기약력, 강력이다. 수년에 걸쳐 많은 힘들이 이 세 가지로 통합되었다. 물리학자들은 이 세 가지 힘을 둘 또는 심지어 하나의 기본 힘으로 통합하려는 시도를 적극적으로 추구하고 있다.

물질의 원자론에서 원자는 특성 원소(element)로 규정되는 물질의 가장 작은 단위라고 가정한다. 분자는 여러 개의 다른 원소들로 구성될 수 있는 원자들로 이루어진다. 기체의 운동론은 원자론이 옳다는 가정하에, 두 이론이 함께 발전되었다. 물질의 원자론은 아인슈타인이 브라운 운동을 설명하고 페랭이 압도적인 실험적 증거를 제시함에 따라 1910년이 되어서야 완전히 받아들여지게 되었다.

1895년에는 소수의 물리학자들만 걱정하는 것처럼 보이는 몇 가지 해결되지 않은 문제가 있었다. 이 문제들은 전자기파의 매질을 찾을 수 없다는 것과, 움직이는 물체의 전기동역학을 이해하기 어렵다는 것, 그리고 흑체 복사를 이해하기 어렵다는 것이었다. 1895~1897년 사이에 있었던 네 가지 중요한 발견, 즉 x선, 방사능, 전자, 스펙트럼 선의 분할(제이만 효과) 들은 원자 시대를 알리는 것이었다. 이 문제들에 대한(그리고 다른 많은 것들에 대한) 이해와 발견이 이 현대물리학 책의 목적이다.

2 CHAPTER

특수상대성이론

Special Theory of Relativity

상대론은 당신이 일상의 경험으로부터 쌓아 온 기본 직관에 도전한다. 상대론은 시간에 대한 당신의 경험이 당신이 그렇다고 생각하는 대로가 아니고 시간이 늘어날 수 있다고 말한다. 공간에 대한 당신의 경험도 당신이 그렇다고 생각하는 대로가 아니고, 공간은 늘어날 수도 줄어들 수도 있다.

Brian Greene, *The Elegant Universe*, 1999

물리학의 위대한 이론 중 하나가 20세기 초반에 나타났는데 바로 아인슈타인(Albert Einstein)이 1905년에 발표한 특수상대성이론이다. 기초 물리학에서 배우듯이 뉴턴의 운동 법칙은 어떤 기준틀에 대해 상대적으로 측정되어야 한다. 어떤 기준틀에서 뉴턴의 운동 법칙이 성립하면 그 기준틀을 **관성 기준틀**이라고 부른다. 예를 들어 외력이 작용하지 않는 물체가 등속 직선 운동을 하는 좌표계는 관성 기준틀이다. 뉴턴의 운동 법칙이 하나의 기준틀에서 성립하면 그 기준틀에 대해 상대적으로 등속 운동을 하는 기준틀에서도 성립하게 되는데 이를 **뉴턴의 상대성 원리**(Newtonian principle of relativity) 혹은 **갈릴레이 불변성**(Galilean invariance)이라고 한다.

관성 기준틀

갈릴레이 불변성

뉴턴은 어떤 실험으로도 공간에서의 절대 운동을 정할 수는 없다는 것을 보이고는 상대 운동을 사용하기로 하였다. 또한 뉴턴 역학에서의 시간과 공간의 개념은 완전히 분리할 수 있는 것이다. 그림 2.1에서처럼 두 관성 기준틀 K와 K′이 있고 각각 x와 x'축을 따라서 일정한 상대 속도 $\vec{v}$로 움직인다고 생각하자. 이 그림에서 K계는 고정되어 있거나

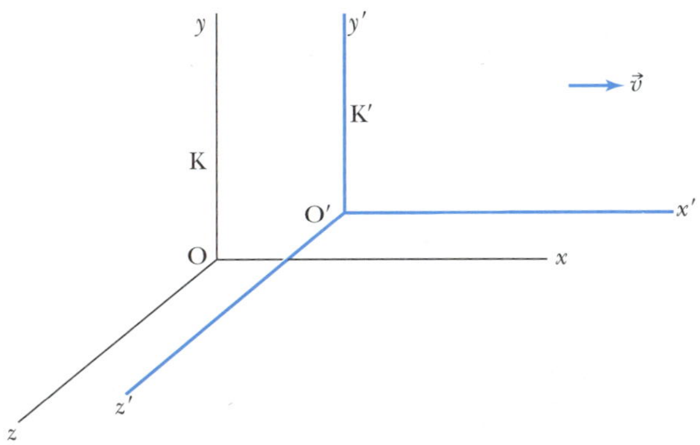

그림 2.1 x축을 따라 상대 속력 v로 움직이는 두 개의 관성계. 정지한 K계와, K계에 대해 상대적으로 v의 속력으로 움직이는 K′계가 있다.

정지해 있고, K′계는 K계에 대해 오른쪽으로 속도 $\vec{v}$로 움직이고 있다. 상대론의 결과 중의 하나는, 고정된 절대 기준틀은 없다는 것이다. 여기서 *고정되었다*는 말은 행성, 별 혹은 우주선과 같은 특정한 물체에 고정된 계를 가리키는 것인데, 이 특정한 물체 자체는 우주 공간을 움직이고 있다. 한 점의 좌표를 하나의 계에서 다른 계로 변환하는 식은

$$\begin{aligned} x' &= x - vt \\ y' &= y \\ z' &= z \end{aligned} \tag{2.1}$$

이다. 비슷하게 그 역변환은

$$\begin{aligned} x &= x' + vt \\ y &= y' \\ z &= z' \end{aligned} \tag{2.2}$$

로 주어지는데, 뉴턴은 시간이 절대적이라고 보았기 때문에 $t = t'$을 사용하였다. 식 (2.1)과 (2.2)는 **갈릴레이 변환**(Galilean transformation)이라고 한다. 뉴턴의 운동 법칙은 갈릴레이 변환에 대해 불변이다, 즉, K와 K′ 계에서 같은 형태를 보인다.

갈릴레이 변환

19세기 말에 아인슈타인은 뉴턴의 운동 법칙은 갈릴레이 변환에 대해 같은 형태를 보이지만 맥스웰의 방정식은 그렇지 않다는 사실에 관심을 가졌다. 아인슈타인은 맥스웰 방정식에 대해 강하게 신뢰하고 있었기 때문에 우리가 뉴턴의 상대성 원리를 이해하는 방식에 심각한 문제가 있다고 생각했다. 1905년에 그는 물리학과 과학의 근본 기초를 흔드는 생각을 발표했다. 그는 공간과 시간이 분리된 것이 아니며 뉴턴의 법칙은 근사일 뿐이라고 제안했다. 바로 이 특수상대성이론과 그로부터 파급된 결과가 이 장의 주제이다. 먼저 역사적으로 어떤 문제가 있었으며 그 문제를 해결하기 위해 어떤 일을 했었는지에 대한 실험적인 상황을 소개한다. 그리고 특수상대성이론의 근거가 되는 아인슈타인의 두 개의 가설에 대해 논의한다. 공간과 시간의 상관관계를 논의하고 새 이론이 도출하는 놀랍고 획기적인 예견 몇 가지를 소개한다.

일상적인 연구 개발에서 상대성의 개념을 더 자주 사용함에 따라 운동량, 힘과 에너지의 변환을 이해하는 것이 꼭 필요하다. 여기서 우리는 상대론적 동역학 및 질량과 에너지의 관계를 공부하게 되는데, 그 결과 물리학에서 가장 유명한 식 중의 하나와 새로운 질량·에너지 보존 법칙을 만나게 될 것이다. 끝으로 전자기학에서의 상대론의 효과를 살펴본다. 맥스웰의 방정식은 고칠 필요가 없고 전기와 자기 효과는 관찰자에 따라 상대적임을 알게 된다. 15장에 가서는 아인슈타인의 일반상대성이론을 논의한다.

2.1 에테르의 명백한 필요성

영국의 물리학자이자 의사였던 영(Thomas Young)은 1802년에 빛의 간섭에 관한 유명한 실험을 했다. 10년 후 프랑스의 물리학자이자 공학자였던 프레넬(Augustin Fresnel)은 간섭, 회절과 편광을 자세히 설명하는 계산 결과를 발표했다. (빛을 제외한) 모든 알

려진 파동은 전파하는 데 매질이 필요했으므로(예를 들어, 물결파에는 물이 필요하고 음파에는 공기가 필요한 것처럼), 빛이 진공에서 외계로 이동할 수 있다는 것이 분명했음에도 불구하고, 빛도 매질이 필요하다고 자연스럽게 가정하였다. 이 매질은 *발광 에테르*, 혹은 짧게 **에테르**(ether)라고 불렸는데, 몇 가지 놀라운 성질을 가지고 있어야만 했다. 에테르는 아주 밀도가 낮아서 행성들이 에테르 중에서 움직여도 거의 영원히 공전 궤도에 눈에 띄는 변화가 없어야 했다. 또한 에테르의 탄성은 매우 커서 믿을 수 없을 만큼 빠른 속력으로 파동을 전달할 수 있어야 했다.

에테르의 개념

스코틀랜드의 수리물리학자 맥스웰(James Clerk Maxwell)이 1860년대에 만든 빛의 전자기 이론은 서로 다른 매질에서의 빛의 속도는 그 매질의 전기적 성질과 자기적 성질에 의해서만 결정된다는 것을 보여 준다. 진공 중에서 빛의 속도는 $v = c = 1/\sqrt{\mu_0\epsilon_0}$로 주어지는데, 여기서 μ_0와 ϵ_0는 각각 빈 공간의 투자율과 유전율이다. 맥스웰이 1873년에 제안한 대로, 에테르의 성질은 전자기 이론과 부합해야 했고, 충분히 감도가 높은 실험을 하면 에테르의 여러 가지 성질을 알아낼 수 있을 것으로 여겨졌다. 에테르의 개념은 1880년까지는 잘 받아들여졌다.

맥스웰이 전자기 이론을 발표했을 때 과학자들은 고전물리학의 법칙을 아주 신뢰하고 있었기 때문에 맥스웰의 이론 중 고전물리학의 법칙과 모순이 되는 측면을 즉시 연구하였다. 그 연구 결과 자연에 대해 새롭고 깊게 이해하게 되었다. 맥스웰 방정식으로부터 진공 중에서의 빛의 속도가 c임을 예측할 수 있다. 움직이는 K′계에서 섬광 전구의 빛이 출발하면 K′계의 관찰자가 측정한 빛 펄스의 속력은 c가 된다. 그렇지만 K′계와 K계의 상대 속력이 v인 K계에서 측정한 속력은, 두 계에서의 속력 관계식 (2.1)을 사용하면 $c + v$가 된다. 그러나 맥스웰의 방정식은 이 두 계를 구별하지 않는다. 19세기 말의 물리학자들은 에테르가 정지하고 있는 하나의 우선 관성 기준틀이 존재하는 것이 틀림없으며 이 우선 기준틀에서의 빛의 속도가 c라고 생각했다. 다른 계에서의 빛의 속도는 기준계의 상대적인 속도에 영향을 받을 것으로 생각했다. 알려진 빛의 속도는 3×10^8 m/s라는 아주 큰 값이었으므로 당시에는 상대 속력 v의 효과를 구별해 낼 수 있는 실험은 없었다. 에테르계가 바로 절대 기준계가 될 것이었고, 이 계로부터 다른 측정들을 행할 수 있으리라 믿었다. 과학자들은 에테르의 효과를 알아내려고 하기 시작했다.

2.2 마이컬슨 · 몰리 실험

지구는 약 $10^{-4}c$의 빠른 공전 속력으로 태양 주위를 공전하고 있으므로, 에테르 속에서 지구가 움직이는 효과를 찾아내는 것은 명백히 좋은 실험이다. 비록 태양이 에테르 속에서 얼마나 빨리 움직이는지는 모르지만, 지구의 궤도 속력이 거의 일정하더라도 그 방향이 바뀌기 때문에 지구의 궤도 속도는 1년 동안 상당히 달라진다. 즉, 에테르 중에서 움직이는 지구의 속도는 여름과 겨울에 반대 방향일 것이다.

마이컬슨은 아마도 1800년대 미국의 물리학 실험 중 가장 중요한 실험을 하였다. 노벨 물리학상(1907)을 탄 첫 번째 미국 시민이었던 마이컬슨은 영리한 과학자로, 두 광파의 위상차를 측정하는 *간섭계*라는 아주 정밀한 장치를 만들었다. 마이컬슨은 간섭계를 사용해 에테르 속에서 서로 다른 방향으로 지나가는 빛의 속력의 차이를 측정하였다. 그 시카고 대학의 실험실에 있는 **앨버트 에이브러햄 마이컬슨**(Albert A. Michelson, 1852~1931). 그는 프러시아에서 태어났지만, 두 살 때 미국에 왔다. 미국 해군사관학교에서 교육받았고 나중에 교수진으로 돌아왔다. 마이컬슨은 몇몇 미국 대학의 직을 가지고 있었는데, 1883년 클리블랜드의 케이스 응용과학대학, 1890년 매사추세츠주 우스터의 클라크 대학, 1892년부터 1929년 은퇴할 때까지의 시카고 대학 등이다. 1차 세계대전 중에는 미국 해군으로 돌아와 배의 거리계를 개발하였다. 은퇴 후에는 캘리포니아주 패서디나에서 생활하며 윌슨산에서 계속하여 빛의 속력을 측정했다.

림 2.2에 기본적인 방법이 나와 있다. 처음에 간섭계 팔 중 하나(AC)가 에테르 속에서의 지구의 운동 방향과 나란하다고 가정한다. 빛은 광원 S를 떠나 A의 유리판을 통과한다. A의 뒷면이 은도금이 부분적으로만 되어 있어서 빛의 일부는 반사되어 D의 거울로 가

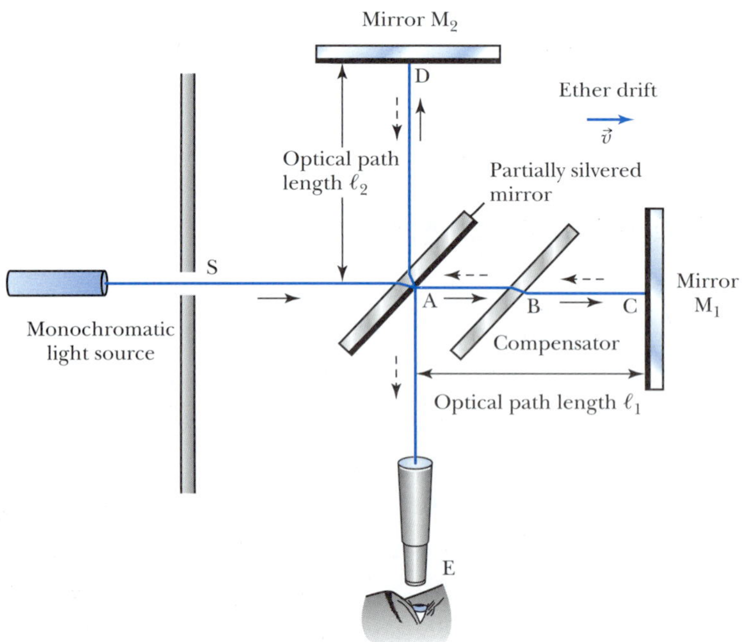

그림 2.2 마이컬슨의 간섭계 실험의 개략도. 단파장 빛이 A의 유리에 의해 일부 반사되고 일부 투과된다. 그다음으로 C와 D의 거울에 의해 반사되고, A에서 다시 반사되거나 투과된 다음 E의 망원경에 들어간다. E의 관찰자에게 간섭무늬가 보인다.

고, 다른 일부는 A를 투과하여 C의 거울로 간다. 빛은 거울 C와 D에서 반사되어 부분 은도금 거울 A로 되돌아오고, 각각의 빛의 일부는 E에 있는 망원경과 눈으로 들어간다. 보정기를 B에 놓아 두 경로의 빛이 같은 두께의 유리를 통과하도록 한다. 나트륨과 같은 밝은 광원을 사용하고 단색광이 되도록 필터를 사용하면 간섭무늬를 볼 수 있으며, E에서 빛의 세기가 최대가 되도록 장치를 조정한다. 만약 장치를 90° 돌려서 팔 AD가 에테르 속의 지구의 운동과 나란하게 되고 팔 AC가 수직으로 되게 하면 간섭무늬가 이동해야 한다.

AC와 AD의 광경로 길이를 각각 ℓ_1과 ℓ_2라고 한다. 관측된 간섭무늬는 밝고 어두운 띠가 교대로 나타나는데, 각각 보강 간섭과 소멸 간섭에 해당한다(그림 2.3). 보강 간섭의 경우 (거울들까지와 거울들로부터의) 두 경로 길이의 차이가 파장의 정수배가 된다. 즉, λ가 빛의 파장이고 n이 정수일 때, $2(\ell_1 - \ell_2) = n\lambda$이다.

간섭무늬의 이동 예상값은 두 경로의 시간 차이를 결정하면 계산할 수 있다. 빛이 A에서 C로 이동할 때, 에테르가 빛과 같은 방향으로 움직이기 때문에, 갈릴레이 변환에 따른 빛의 속도는 $c + v$이다. C에서 A로 돌아올 때는 빛이 에테르와 반대 방향으로 움직이기 때문에 속도는 $c - v$이다. 거울 M_1까지의 총 왕복 시간 t_1은

$$t_1 = \frac{\ell_1}{c+v} + \frac{\ell_1}{c-v} = \frac{2c\ell_1}{c^2 - v^2} = \frac{2\ell_1}{c}\left(\frac{1}{1 - v^2/c^2}\right)$$

이다. 이제 거울 M_2에 의해 반사되는 빛에 대해 생각해 보자. 빛이 D점을 곧장 향하고 있다면, 바람이 화살의 비행에 영향을 미치듯이, 에테르가 빛을 이동시킬 것이므로 빛은 거울에서 빗나갈 것이다. (잔잔한 물에서 속력 v_2로 헤엄칠 수 있는) 수영인(수영하는 사람)이 빠르게 움직이는(속력 v_1) 강을 건너려면, 수영인은 상류를 향해 출발해야만 한다. 그러면 물이 수영인을 하류 쪽으로 이동시키기 때문에 수영인은 곧장 강을 건너게 된다. 잘 계산해 보면 강을 건너는 동안 수영인의 속도는 $\sqrt{v_2^2 - v_1^2}$이 된다(연습문제 4). 그러므로 빛이 D에 있는 거울 M_2에 갔다가 돌아오는 데 걸리는 시간 t_2는

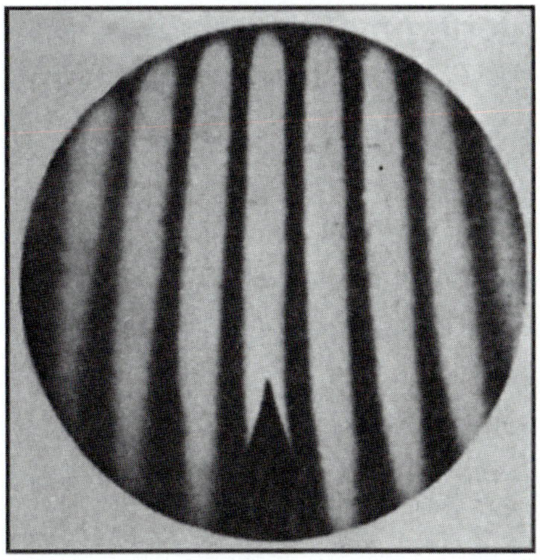

From L. S. Swenson, Jr., Invention and Discovery 43 (Fall 1987).

그림 2.3 마이컬슨·몰리 실험에서 대안렌즈에 나타났을 간섭무늬

$$t_2 = \frac{2\ell_2}{\sqrt{c^2 - v^2}} = \frac{2\ell_2}{c}\frac{1}{\sqrt{1 - v^2/c^2}}$$

이다. 두 경로의 시간차 Δt는

$$\Delta t = t_2 - t_1 = \frac{2}{c}\left(\frac{\ell_2}{\sqrt{1 - v^2/c^2}} - \frac{\ell_1}{1 - v^2/c^2}\right) \tag{2.3}$$

이다. 이제 실험 장치를 90° 돌려서 에테르가 거울 M_2까지의 거리 ℓ_2를 따라 이동한다고 하자. 새로운 상황에서의 물리량들에 프라임 부호를 붙이고 방금 한 것과 비슷한 분석을 하면, 시간차 $\Delta t'$은 이제

$$\Delta t' = t_2' - t_1' = \frac{2}{c}\left(\frac{\ell_2}{1 - v^2/c^2} - \frac{\ell_1}{\sqrt{1 - v^2/c^2}}\right) \tag{2.4}$$

이다. 마이컬슨은 실험 장치가 90° 도는 동안의 간섭무늬의 이동을 관측하고자 했다. 시간 차이는

$$\Delta t' - \Delta t = \frac{2}{c}\left(\frac{\ell_1 + \ell_2}{1 - v^2/c^2} - \frac{\ell_1 + \ell_2}{\sqrt{1 - v^2/c^2}}\right)$$

이다. $c \gg v$이므로 v^2/c^2을 포함하는 항을 이항 전개*를 사용하여 전개하고 가장 낮은 차수만을 살리면

$$\begin{aligned}\Delta t' - \Delta t &= \frac{2}{c}(\ell_1 + \ell_2)\left[\left(1 + \frac{v^2}{c^2} + \cdots\right) - \left(1 + \frac{v^2}{2c^2} + \cdots\right)\right] \\ &\approx \frac{v^2(\ell_1 + \ell_2)}{c^3}\end{aligned} \tag{2.5}$$

이다. 마이컬슨은 1880년에 미국 해군사관학교를 떠나 유럽의 최고 물리학자들, 특히 베를린에 있던 헬름홀츠(Hermann Helmholtz)와 함께 대학원 과정을 공부하기 위해 유럽에 갈 때 간섭계를 가지고 갔다. 여러 차례의 실패 후에 그는 마침내 1881년 (베를린 근처의) 포츠담에서 측정에 성공했다. 식 (2.5)를 사용하여 시간차를 예측하기 위해 태양 주위를 도는 지구의 공전 속력 3×10^4 m/s가 사용되었다. 마이컬슨의 장치에서 $\ell_1 \approx \ell_2 \approx \ell = 1.2$ m이었다. 식 (2.5)에 의한 시간차는 8×10^{-17} s이다. 이 시간은 아주 작은 시간이지만, 가시광선 영역의 파장 6×10^{-7} m의 경우 주기는 $T = 1/f = \lambda/c = 2 \times 10^{-15}$ s이므로, 8×10^{-17} s의 시간은 간섭무늬의 0.04 무늬에 해당한다. 마이컬슨은 최소한 이 값의 반은 관측되어야 한다고 추론했지만, 아무것도 관측하지 못했다. 마이컬슨은 정지해 있는 에테르를 가정하는 것은 틀렸다는 결론을 내렸다.

유럽에서의 마이컬슨

마이컬슨의 실험 결과는 아주 놀라웠기 때문에 몇몇 저명한 물리학자들이 실험을 반복해 달라고 요청했다. 1882년 마이컬슨은 그 당시 새로운 학교였던 클리블랜드의 케이

*이항 전개에 관해서는 부록 3을 보라.

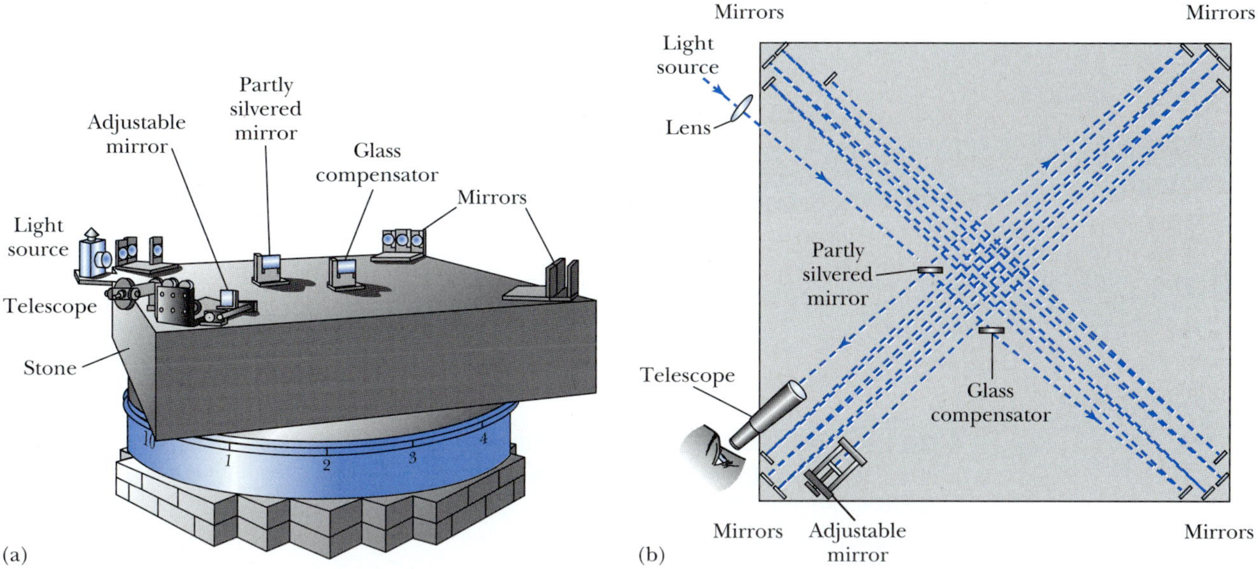

그림 2.4 마이컬슨과 몰리의 논문[A. A. Michelson and E. M. Morley, *Philosophical Magazine* **190**, 449 (1887)]에서 따온 1887년의 실험 장치. (a) 실험 장치의 투시도. 진동을 줄이기 위해 모서리 길이가 1.5 m이고 두께가 0.3 m인 무거운 활석 위에서 실험을 했다. 이 활석은 그 밑에 보이는 원형의 용기에 담긴 수은에 떠 있는 나무 위에 놓였고, 실험 장치 전체는 벽돌 받침대 위에 놓였다. (b) 입사 광선은 렌즈에 의해 초점이 모여 부분 은도금 거울에 의해 투과되거나 반사된다. 조정 가능한 거울로 간섭무늬를 미세하게 조정할 수 있다. 활석은 에테르가 간섭에 미치는 영향을 보기 위해 수은 위에서 일정한 속도로 천천히 돌려졌다.

스 응용과학대학의 교수직을 받았다. 근처의 웨스턴 리저브 대학의 화학과 교수이면서 마이컬슨의 실험 결과에 흥미를 갖게 된 몰리(Edward Morley, 1838~1923)와 함께 마이컬슨은 그림 2.4에 그려진 보다 세련된 실험 장치를 만들었다. 새 실험 장치에서는 빛을 반사시켜 여덟 번의 왕복 운동을 하게 해서 광경로의 길이가 11 m가 되었다. 또한 새 실험 장치는 진동을 없애기 위해 수은에 떠 있는 활석 위에 설치되었고 아주 정밀해서, 마이컬슨과 몰리는 0.005 간섭무늬에 해당하는 작은 이동도 관측할 수 있을 것으로 믿었다. 새 실험 장치에서 그들은 에테르가 0.4 간섭무늬 정도의 이동을 일으키리라 예상했다. 그들은 1887년에 어떤 효과도 관측할 수 없었고 *간섭무늬의 이동은 0*이었다고 보고했다. 에테르는 존재하지 않는 것처럼 보인다. 이것이 *마이컬슨·몰리 실험*이라고 일컬어지는 아주 유명한 실험이다.

마이컬슨·몰리 실험

이 실험은 광범위한 믿음을 깨뜨렸기 때문에 그 결과를 설명하기 위해 여러 제안이 만들어졌다. 실험할 때 지구가 에테르에 대해 움직이지 않았던 것은 아닌가? 마이컬슨과 몰리는 1년 중 여러 계절에 걸쳐 밤과 낮에 실험을 반복하였다. 이 많은 실험을 하는 중 내내 지구가 에테르 중에서 움직이지 않았을 가능성은 별로 없다. 마이컬슨과 몰리는 산꼭대기로 실험 장치를 옮겨서 혹시 에테르의 효과가 다르게 나타날까 보려고 하였으나 차이는 없었다.

에테르의 효과가 나타나지 않는 것을 설명하는 여러 이론 중에 가장 진지하게 고려되었던 것은 *에테르 끌림* 가설이었다. 몇몇 과학자들이 지구가 자전하고 태양 주위를 공전하면서 어떻게든 에테르를 끌고 다닌다는 가설을 세웠다. 그러나 이 에테르 끌림 가설

에테르 끌림

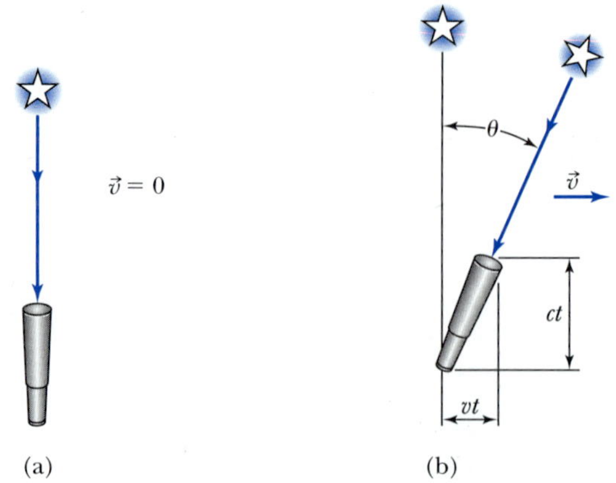

그림 2.5 별 수차의 효과. (a) 망원경이 정지하고 있으면 먼 별에서의 빛은 곧장 망원경으로 들어온다. (b) 그렇지만 망원경이 (태양 주위를 움직이는 지구에 붙어 있으므로) v의 속도로 움직이면 별빛이 망원경에 들어오게 하려면 망원경을 약간 기울여야 한다. 그 결과 지구가 1년 동안 태양 주변을 돌 때, 망원경에 의해 관측된 별은 원운동을 하는 것처럼 보이게 된다.

별 수차

은 몇 가지 실험 결과와 모순되었는데, 그 실험 중 하나가 1728년 영국 천문학자 브래들리(James Bradley)가 발견한 *별 수차*였다. 브래들리는 별들의 겉보기 위치가 1년의 주기로 원운동을 하는 것처럼 보인다는 것을 발견했다. 지구에 대한 이 원운동의 각 지름은 41초의 호를 이룬다. 이 효과는 다음과 같은 비유로 이해할 수 있다. 폭풍우 중에 차에 앉아 있는 사람이 볼 때, 차가 정지해 있으면 빗방울은 수직으로 떨어지는 것으로 보이지만, 차가 앞으로 움직일 때는 앞 유리를 향해 기울게 떨어지는 것처럼 보인다. 지구 공전 궤도면에 수직 위에 있는 별에서 빛이 들어올 때도 같은 효과가 나타난다. 망원경과 별이 에테르에 대해 정지해 있다면 별빛은 그림 2.5a와 같이 망원경에 들어온다. 그러나 지구가 공전하고 있으므로 별의 겉보기 위치는 그림 2.5b와 같이 θ의 각을 이룬다. 망원경은 바로 머리 위에 있는 별의 빛을 관측하기 위하여 θ의 각으로 기울어져 있어야 한다. 시간 t 동안에 별빛은 수직으로 ct의 거리를 움직이고 망원경은 수평으로 vt의 거리를 움직이므로 각 θ의 탄젠트는

$$\tan \theta = \frac{vt}{ct} = \frac{v}{c}$$

로 주어진다. 지구의 공전 속력은 약 3×10^4 m/s이므로 각 θ는 10^{-4}라디안, 즉 20.6초이고, 지구가 공전하면서 총 열린 각은 $2\theta = 41$초가 되어 브래들리의 관측값과 일치한다. 지구가 태양 주위를 공전하면서 수차는 6개월마다 방향을 바꾸고 결과적으로 별의 위치가 원운동을 하게 된다. 이러한 관측은 지구가 에테르를 끌고 다닌다는 가설과 모순이 된다. 만약 지구가 에테르를 끌고 다닌다면 망원경을 기울일 필요가 없다! 마이컬슨·몰리 실험에서 아무것도 관측되지 않은 것과 별 수차의 관측은 에테르가 존재한다는 것을 반박하는 충분한 증거가 되었다. 지금까지 이 결론을 확인해 주는 다른 많은 실험이 수행되었다.

에테르를 관측할 수 없다는 사실은 맥스웰의 전자기 방정식의 불변 형태를 설명하는

데 심각한 타격을 주었다. 빛의 속도가 c가 되는 하나의 기준 관성계는 존재하지 않는 것처럼 보인다. 로런츠(H. A. Lorentz)와 피츠제럴드(G. F. FitzGerald)는 독립적으로, v가 운동 방향의 속력일 때 길이가 운동 방향으로 $\sqrt{1-v^2/c^2}$ 인자만큼 수축한다면 마이컬슨·몰리 실험의 결과를 설명할 수 있다고 제안했다. 이 경우 운동 방향에 있는 길이 ℓ_1은 $\sqrt{1-v^2/c^2}$ 인자만큼 줄어들지만, v에 수직인 ℓ_2는 줄어들지 않는다. 식 (2.3)에서 t_1은 추가로 $\sqrt{1-v^2/c^2}$을 갖게 되어 Δt는 정확히 0이 되고, 마이컬슨의 관측과 같아진다. *로런츠·피츠제럴드 수축*으로 알려진 이 수축 가설은 맥스웰 방정식을 사용한 제일 원리로부터 증명되지는 않았다. 이 가설의 참된 중요성은 몇 년이 지나서 아인슈타인의 설명이 있고서야 이해되었다. 로런츠·피츠제럴드 수축의 분명한 문제점은 직접 검증될 수 없는 임기응변의 가정이라는 것인데, 어떤 측정 장치도 같은 인자로 수축할 것이기 때문이었다.

Keystone Press/Alamy Stock Photo

롱아일랜드 해협에서 보트를 타고 있는 **앨버트 아인슈타인**(Albert Einstein, 1879~1955). 아인슈타인은 독일에서 태어나 뮌헨과 취리히에서 공부하였다. 학문 분야 직장을 찾기 어려웠던 아인슈타인은 베른의 스위스 특허 사무소에서 7년간(1902~1909) 일했고, 이 기간에 그의 가장 좋은 업적 중의 일부를 이루었다. 그는 1905년 취리히 대학에서 박사 학위를 얻었다. 높아진 명성으로 취리히, 프라하, 다시 취리히, 1914년엔 베를린에서 직장을 얻었다. 1933년 히틀러가 권력을 잡은 후에 아인슈타인은 프린스턴 대학의 고등연구소로 옮겼고 1940년에 미국 시민이 되었으며 1955년 사망할 때까지 그곳에 머물렀다. 아인슈타인이 물리학에 이바지한 모든 업적에 비길 수 있는 것은 뉴턴의 업적뿐이다.

2.3 아인슈타인의 가설

20세기에 들어오면서 마이컬슨·몰리 실험은 맥스웰 방정식에서의 우선 관성계를 찾자는 생각을 잠재웠지만, 역학 법칙에 대해서는 잘 맞는 갈릴레이 변환이 맥스웰 방정식에 대해서는 맞지 않았다. 이 궁지가 물리학의 전환점이 되었다.

마이컬슨이 에테르의 존재를 알아내기 위한 실험에서 아무것도 관측하지 못했다고 발표했을 때 아인슈타인은 두 살이었다. 아인슈타인은 16살에 움직이는 관성계에서의 맥스웰 방정식의 형태를 생각하기 시작했다고 말했으며, 26살이던 1905년에 상대성 원리에 대한 놀라운 제안*을 발표했는데, 그는 이 상대성 원리가 근본적이라고 믿었다. 몇몇 친구 외의 다른 학자들과는 토론하지 않는 환경에서 연구했기 때문에 아인슈타인은 마이컬슨·몰리 실험에서 아무것도 관측되지 않은 것에 대한 사람들의 관심을 알지 못한 것으로 보인다.† 그 대신 아인슈타인은 형식적인 면에서 문제를 바라보고 맥스웰의 방정식이 모든 관성계에서 성립해야 한다고 믿었다. 꿰뚫는 통찰력과 천재성으로 아인슈타인은 두 개의 가설(아인슈타인은 가설이라고 불렀지만, 지금은 법칙으로 부른다)을 세워 역학과 전자기학의 법칙에서 모순으로 보이는 결과를 조화롭게 하는 데 성공하였다. 두 가설은 다음과 같다.

아인슈타인의 가설

1. **상대성 원리:** 물리학의 법칙은 모든 관성계에서 같다. 절대 운동을 관측하는 방법은 없고 우선 관성계는 존재하지 않는다.
2. **광속의 불변성:** 모든 관성계의 관찰자에게 진공 중에서의 빛의 속도는 같은 값이다.

*독일 학술잡지 *Annalen der Physik* 17, No. 4 (1905)에서 아인슈타인은 세 편의 놀라운 논문을 발표했다. 첫 번째는 빛의 양자성에 관한 것으로 광전 효과를 설명했다. 두 번째는 분자의 통계적인 성질에 관한 것으로 브라운 운동에 대한 설명을 포함하고 있다. 세 번째는 특수상대성이론에 관한 것이었다. 세 논문 모두에 예측이 있었고 이 예측들은 나중에 실험적으로 확인되었다.

†아인슈타인이 자신의 특수상대성이론을 발표하기 전에 마이컬슨 • 몰리 실험의 결과를 알고 있었는지는 다소 불확실하다. J. Stachel, "아인슈타인과 에테르 유동 실험," *Physics Today* (1987년 5월), p. 45를 보라.

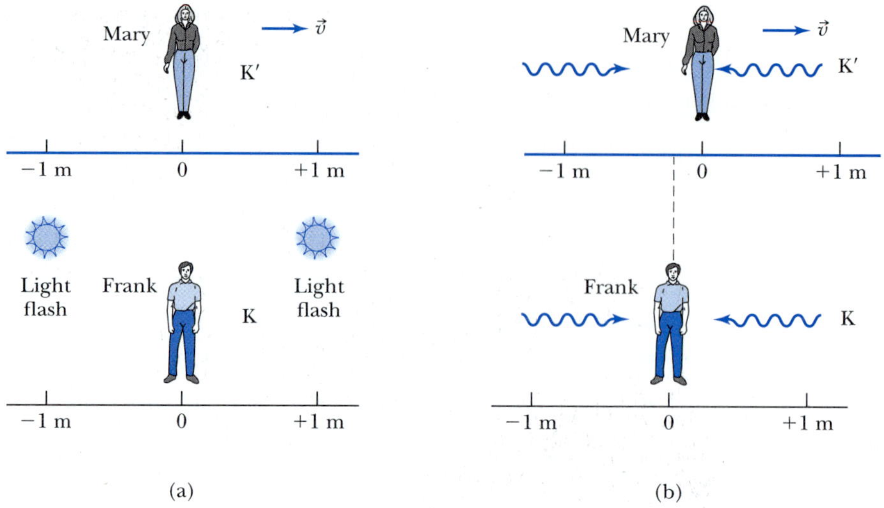

그림 2.6 동시성의 문제. (a)의 K계에서 프랭크의 양쪽으로 1 m 떨어진 두 섬광 전구에서 빛이 동시에 출발한다. (b)에서 프랭크는 두 빛을 동시에 보게 된다. 하지만 오른쪽으로 v의 속력으로 움직이는 K′계에서 있는 메리는 빛이 출발했을 때 프랭크의 옆에 있었음에도 불구하고 두 빛을 동시에 보지 않는다. 빛이 1 m를 움직이는 유한한 시간 동안 메리는 조금 움직이는데, (b)에서는 이를 과장해서 그렸다.

첫째 가설은 물리학 법칙이 서로 일정한 상대 속도로 움직이는 모든 좌표계에서 같다는 것을 나타낸다. 아인슈타인은 둘째 가설이 실제로는 첫째 가설로부터 나온다는 것을 보였다. 아인슈타인은 뉴턴이 채택한 상대성 원리로 돌아갔는데, 뉴턴의 원리는 역학 법칙에만 적용되었지만 아인슈타인은 그것을 전자기 법칙을 포함한 모든 물리학 법칙을 포함하도록 확장하였다. 이제 앞에서 정의했던 *관성 기준틀을 모든 물리 법칙*이 성립하는 기준틀로 수정할 수 있다.

관성 기준틀

아인슈타인의 해법을 따르자면 시간에 대해 자세히 살펴봐야 한다. 그림 2.1에 있는 두 계로 돌아가서, 우리가 $t = t'$이라고 가정했었던 것을 기억하자. 우리는 K′계와 K계에서 일어나는 모든 사건이 쉽게 동시화될 수 있다고 가정했다. 아인슈타인은 각 계에는 자기 자신의 시계와 자를 가진 관찰자가 있어야 한다는 것을 깨달았다. *어떤 계에서의 사건은 공간과 시간 좌표를 모두 써서 기술해야 한다.* 그림 2.6a에서 보인 것과 같이 K계에 고정된 두 전구의 번쩍임을 생각하자. 전구가 번쩍일 때 [움직이는(**M**oving) 계인] K′계에 있는 메리(**M**ary)가 [고정된(**F**ixed) 계인] K계에 있는 프랭크(**F**rank) 옆에 있다. 그림 2.6b에서 보듯이 K계에서는 두 빛 펄스가 같은 거리를 움직이므로 프랭크에게 *동시에* 도달한다. 즉, 프랭크는 두 전구가 동시에 번쩍거리는 것을 본다. 하지만 K′계가 오른쪽으로 움직이므로, 섬광이 메리에게 도달하는 시간에 메리는 오른쪽 전구에 가깝게 움직였기 때문에, 두 빛 펄스는 메리에게 동시에 도달하지 않는다. 왼쪽에서 오는 왼쪽 섬광이 메리에게는 나중에 도달할 것이다. 메리는 자기의 계에서 정지해 있고 양쪽 빛은 c의 속력으로 접근해 오므로, 메리는 오른쪽 빛이 왼쪽 빛보다 먼저 번쩍했다고 판단한다. 우리는 다음과 같은 결론을 얻는다.

동시성

하나의 기준틀(K)에서 동시에 일어난 두 사건은 이 기준틀에 대해서 움직이고 있는 다른 기준틀(K′)에서 반드시 동시에 일어나지는 않는다.

우리는 상대적으로 움직이는 두 계의 같은 사건을 비교할 때 주의해야 한다. 한 관찰자로부터 다른 관찰자로 빛 신호를 보내 시간을 비교할 수 있지만, 이 정보는 유한한 빛의 속도로만 전달될 수 있다. 각 계에 동시화된 시계를 가진 관찰자가 있으면 가장 좋은데, 어떻게 그렇게 만들까? 주어진 계의 여러 곳에 시계를 가진 관찰자들을 놓는데, 이들이 한자리에 모였을 때 시계가 일치하면 이 시계들은 **동시화**되었다고 한다. 그렇지만 이 시계들의 위치를 바꿀 때 시계는 서로 상대적으로 움직여야 하고 이 움직임은 동시화에 영향을 미칠지도 모른다. 정지한 두 시계 쌍마다 중간에서 전구를 번쩍거리게 해서 펄스가 두 시계에 동시에 도달하도록 하는 것이 더 좋은 방법이다. 이렇게 하려면 많은 것을 측정해야 하지만 시계를 동시화하는 안전한 방법이다. 멀리 떨어진 곳에서 일어난 사건의 시간을 알려면 그 사건이 일어난 위치에 정지한 시계를 가진 동료에게 그 사건이 일어난 시간을 재서 문자 메시지나 이메일 또는 전화로 그 결과를 보내 달라고 하면 된다. 내 시계와 동료 시계가 맞는지 확인하려면 거리를 아는 상태에서 미리 정한 시간에 서로 빛 신호를 보내면 된다.

시계의 동시화

다음 절에서 관성 기준틀 사이에서 물리 법칙이 불변이 되게 하는 바른 변환인 **로런츠 변환**(Lorentz transformation)을 유도할 것이다. 그림 2.1에 묘사된 두 좌표계를 생각하자. $t = t' = 0$일 때 두 좌표계의 원점이 일치하도록 하고 K′계가 K계에 대해 x와 x'축을 따라 이동한다. 이 특별한 경우의 로런츠 변환은

$$
\begin{aligned}
x' &= \frac{x - vt}{\sqrt{1 - v^2/c^2}} \\
y' &= y \\
z' &= z \\
t' &= \frac{t - (vx/c^2)}{\sqrt{1 - v^2/c^2}}
\end{aligned}
\tag{2.6}
$$

로런츠 변환 방정식

이다. 보통 다음과 같은 기호 β와 *상대론적 인자* γ를 사용하여 긴 표현을 대신하는데,

상대론적 인자

$$\beta = \frac{v}{c} \tag{2.7}$$

$$\gamma = \frac{1}{\sqrt{1 - v^2/c^2}} \tag{2.8}$$

이다. 이 기호들을 사용하면 로런츠 변환을 다음과 같이 간결하게 쓸 수 있다.

$$
\begin{aligned}
x' &= \gamma(x - \beta ct) \\
y' &= y \\
z' &= z \\
t' &= \gamma(t - \beta x/c)
\end{aligned}
\tag{2.6}
$$

$\gamma \geq 1$($v = 0$일 때 $\gamma = 1$)임을 유의하라.

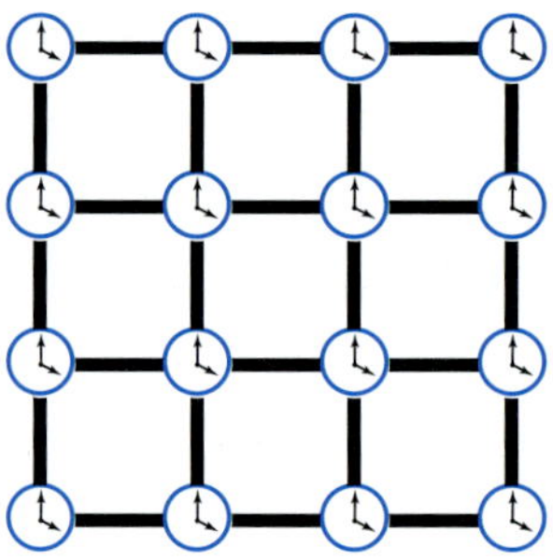

그림 2.7 사건을 정확히 측정하기 위해 계 전체에 동시화된 시계와 균일한 측정자가 놓여 있다.

2.4 로런츠 변환

이 절에서는 아인슈타인의 두 가설을 사용하여 뉴턴의 역학 법칙과 맥스웰의 전자기 법칙을 포함한 모든 물리 법칙이 같은 형태를 가지도록 하는 두 관성계 사이의 변환 법칙을 알아내도록 한다. 그림 2.1의 고정된 계 K와 움직이는 계 K′을 사용하고, $t = t' = 0$일 때 두 좌표계의 원점이 일치하며, K′계는 x축을 따라 오른쪽으로 이동한다. $t = t' = 0$일 때 원점에서 섬광 전구의 빛이 출발한다. 가설 2에 따라 두 계에서 빛의 속도는 c이며, 두 계에서 본 파면은 구면으로 다음 식에 의해 표현된다.

$$x^2 + y^2 + z^2 = c^2t^2 \tag{2.9a}$$

$$x'^2 + y'^2 + z'^2 = c^2t'^2 \tag{2.9b}$$

이 두 식은 갈릴레이 변환과는 모순이 되는데, 이 변환으로는 두 계 중 한 계가 다른 계에 대해 속도 v로 움직일 때 두 계 중 한 계에서만 파면이 구면이 될 수 있기 때문이다. 이에 반해 로런츠 변환은 두 계 모두에서 파면이 원점에 중심을 둔 구면이 *되도록 정한다*.

갈릴레이와 뉴턴 물리학과의 뚜렷한 다른 차이는 $t = t'$이라고 가정하지 않는 것이다. 각 계는 그림 2.7의 2차원 계에서 보인 것처럼 각자의 시계와 자를 가지고 있어야 한다. 계는 x축 방향으로만 움직이기 때문에, 두 계의 관찰자들은 직접적인 관측을 통해 다음과 같이 동의한다.

$$y' = y$$

$$z' = z$$

갈릴레이 변환 $x' = x - vt$는 틀린 것을 알았지만, 바른 변환은 무엇일까? K계의 사건이 K′계의 사건과 일대일 대응을 하려면 선형 변환이어야 하고, 가장 간단한 *선형* 변환은 다음의 형태를 갖는다.

$$x' = \gamma(x - vt) \tag{2.10}$$

이제 이 변환이 충분한지 살펴보자. 이 변환이 선형이려면 도움 변수 γ는 x나 t의 함수가 아니어야 하고, 뉴턴의 운동 법칙이 많은 관측에서는 옳으므로 $v \ll c$인 경우에는 γ는 1에 가까워야 한다. K′계의 관찰자에게도 비슷한 논의를 적용하면 식 (2.10)과 비슷한 식을 얻는다.

$$x = \gamma'(x' + vt') \tag{2.11}$$

가설 1에 의해 물리 법칙이 두 계에서 같아야 하므로 $\gamma' = \gamma$이어야 한다. 식 (2.10)과 (2.11)의 차이는 프라임이 있고 없음이 바뀐 것과 $v \to -v$인데, 후자는 각 계의 관찰자가 보았을 때 다른 관찰자는 앞쪽이나 뒤쪽으로 움직이고 있으므로 합리적이다.

가설 2에 따라 두 계 모두에서 광속은 c이므로 각 계에서 x축상의 섬광 펄스의 파면 위치는 $x = ct$와 $x' = ct'$이어야 하는데, 이를 식 (2.10)과 (2.11)에 대입하면 다음과 같이 된다.

$$ct' = \gamma(ct - vt) \tag{2.12a}$$

$$ct = \gamma(ct' + vt') \tag{2.12b}$$

이 두 식을 c로 나누면 다음 식을 얻는다.

$$t' = \gamma t\left(1 - \frac{v}{c}\right) \tag{2.13}$$

$$t = \gamma t'\left(1 + \frac{v}{c}\right) \tag{2.14}$$

식 (2.14)에서 얻은 t 값을 식 (2.13)에 대입한다.

$$t' = \gamma^2 t'\left(1 - \frac{v}{c}\right)\left(1 + \frac{v}{c}\right) \tag{2.15}$$

이 식을 γ^2에 대해 풀면

$$\gamma^2 = \frac{1}{1 - v^2/c^2}$$

즉,

$$\gamma = \frac{1}{\sqrt{1 - v^2/c^2}} \tag{2.16}$$

이 된다. 시간 t'에 대한 변환식을 얻으려면 식 (2.13)을

$$t' = \gamma\left(t - \frac{vt}{c}\right)$$

로 쓰고, 빛 펄스에 대한 식 $t = x/c$를 대입하면

$$t' = \gamma\left(t - \frac{vx}{c^2}\right) = \frac{t - vx/c^2}{\sqrt{1 - \beta^2}}$$

을 얻게 된다. 이제 완성된 로런츠 변환식을 다음과 같이 쓸 수 있다.

$$\begin{aligned} x' &= \frac{x - vt}{\sqrt{1 - \beta^2}} \\ y' &= y \\ z' &= z \\ t' &= \frac{t - (vx/c^2)}{\sqrt{1 - \beta^2}} \end{aligned} \tag{2.17}$$

역변환식은 앞서 논의한 것처럼 v를 $-v$로 바꾸고 프라임의 있고 없음을 바꾸어 얻을 수 있다.

역 로런츠 변환 방정식

$$
\begin{aligned}
x &= \frac{x' + vt'}{\sqrt{1-\beta^2}} \\
y &= y' \\
z &= z' \\
t &= \frac{t' + (vx'/c^2)}{\sqrt{1-\beta^2}}
\end{aligned}
\tag{2.18}
$$

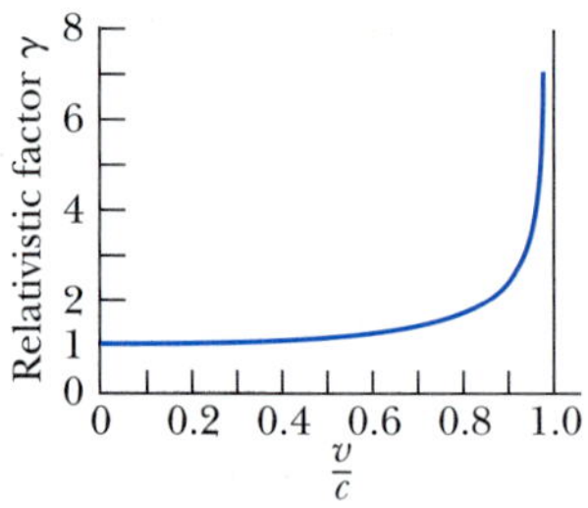

그림 2.8 상대론적 인자 γ를 속력 v/c의 함수로 그린 그림인데, v가 c에 가까워지면서 γ가 급격히 커지는 것을 보여 준다.

식 (2.17)과 (2.18)은 $v \ll c$일 때 갈릴레이 변환과 같아짐을 주목하라. 로런츠 변환식이 갈릴레이 변환식과 상당히 달라지는 것은 속도가 광속에 가까워질 때뿐이다. 역학을 공부할 때는 보통 그런 빠른 속도가 나오지 않으므로 이전에 공부한 것을 고칠 필요가 없다. 뉴턴이 정립한 역학의 법칙은 역학이 응용되는 범위에서 여전히 타당하다. 지구가 태양 주위를 공전하는 속도 30 km/s에서도 상대론적 인자 γ의 값은 1.000000005이다. 그림 2.8에 γ를 속력의 함수로 그렸는데, 속력이 $0.1c$에 도달해야 0.5%의 차이(즉, $\gamma \approx 1.005$)가 생긴다. 사람마다 다를 수 있지만, 이 책에서는 속력이 $0.1c$보다 클 때 상대론적 식을 사용할 것이다.

마지막으로 로런츠 변환이 함축하는 의미를 살펴보자. 선형 변환식이기 때문에 한 계에서의 하나의 사건은 다른 관성계에서도 하나의 사건으로 기술되게 된다. 하지만 시간과 공간은 분리되지 않는다. K′계에서의 x의 위치를 표시할 때, x'과 t'의 값을 주어야 한다. 또한 로런츠 변환에서는 c보다 큰 속력을 허용하지 않는데, 이 경우에는 상대론적 인자 γ가 허수가 되어 버린다. 이 장의 뒷부분에서 질량이 있는 어떤 물체도 c보다 큰 속력을 가질 수 없음을 알게 된다.

2.5 시간 팽창과 길이 수축

로런츠 변환은 바로 서로 다른 관성계에 있는 관찰자들이 측정한 시간과 길이에 중요한 결과를 낳는다. 먼저 시간과 길이의 측정을 따로 다루고 그다음에 그 둘이 어떻게 관련되는지 살펴본다.

시간 팽창

그림 2.9a에 보인 것과 같이 두 계 K와 K′, 즉 고정된 계 K와 x축을 따라 속도 $\vec{v}$로 움직이는 계 K′을 다시 한번 생각하자. 프랭크는 K계의 위치 x_1에서 폭죽에 불을 붙인다. 폭죽 옆에 있는 시계를 보면 폭죽에 불이 붙었을 때의 시각이 t_1이고 불이 꺼졌을 때의 시각이 t_2이다(그림 2.9b). 폭죽이 타는 시간 T_0는 $T_0 = t_2 - t_1$이다. 어느 계의 같은 위치에서 일어난 두 사건의 시각차를 그 계에 정지해 있는 시계로 측정한 것을 **고유 시간**(proper time)이라고 한다. 이 책에서는 고유 시간을 나타내기 위해 시각차 T_0에 아래첨자 0을 붙인다.

고유 시간

이제 지나가고 있는 (그렇지만 자기의 계 K′에서는 정지해 있는) 메리가 측정한 시간은 얼마일까? 두 계에 있는 모든 시계는 두 계가 서로에 대해 정지해 있을 때 동시화되어 있었다. 메리에게는 (폭죽에 불이 붙고 꺼지는) 두 사건이 같은 장소에서 일어나지 않

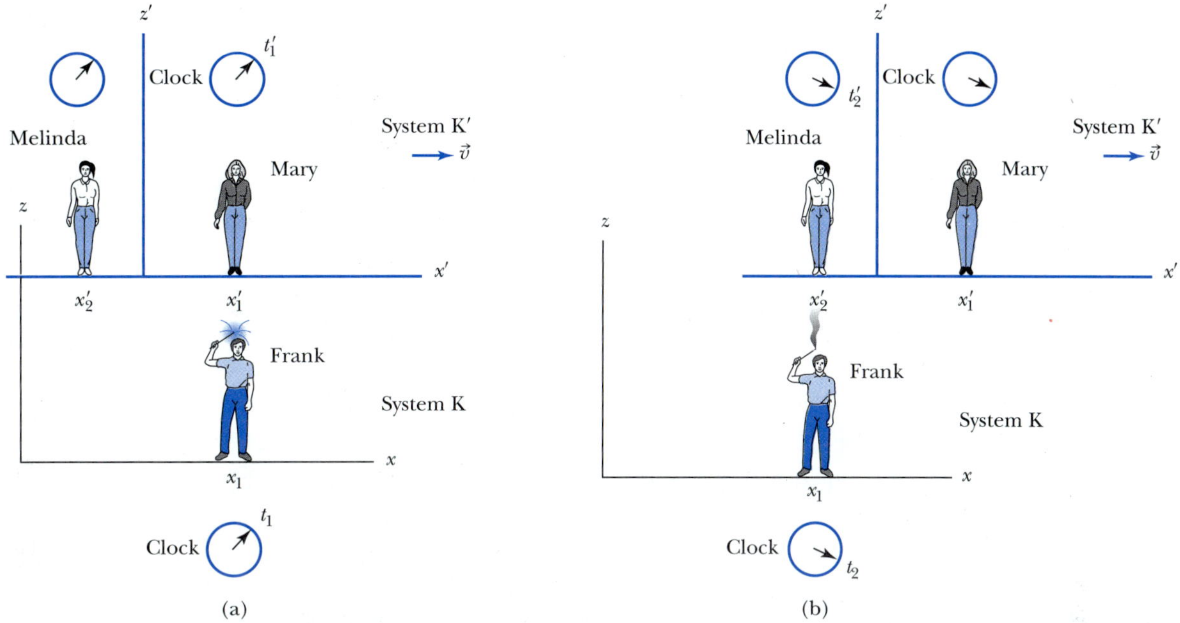

그림 2.9 프랭크는 폭죽에 불이 붙어 있는 동안 고유 시간을 잰다. 폭죽이 (a)에서 불이 붙고 (b)에서 꺼지는 동안 K계에 있는 프랭크의 시계는 같은 위치에 있다. 움직이는 K′계에 있는 메리는 (a)에서 폭죽에 불이 붙을 때 폭죽의 위치 x_1'에 있었지만, (b)에서 불이 꺼질 때는 움직여 다른 곳에 있다. (b)에서 불이 꺼질 때의 K′계의 시각은 x_2'의 위치에 있는 멀린다가 잰다.

았다. 메리는 폭죽에 불이 붙을 때는 그 옆에 있었지만, 폭죽이 꺼질 때는 폭죽에서 멀리 떨어져 있다(그림 2.9b). 메리의 친구 멀린다도 K′계에서 정지해 있고 폭죽이 꺼질 때 폭죽 옆에 있었다. 메리와 멀린다가 K′계에서 폭죽이 켜지고 꺼지는 시간을 각각 t_1'과 t_2'으로 측정하였다. 로런츠 변환에 의하면 이 시간은 K계의 시간과 다음의 관계를 갖는다.

$$t_2' - t_1' = \frac{(t_2 - t_1) - (v/c^2)(x_2 - x_1)}{\sqrt{1 - v^2/c^2}}$$

K계에서는 시계가 x_1에 고정되어 있었으므로 $x_2 - x_1 = 0$이다. 즉, 두 사건은 같은 위치에서 일어났다. 시간 $t_2 - t_1$은 고유 시간 T_0이고, 시간 $t_2' - t_1' = T'$은 움직이는 K′계에서 측정된 시간이다.

$$T' = \frac{T_0}{\sqrt{1 - v^2/c^2}} = \gamma T_0 \qquad (2.19)$$

시간 팽창

따라서 움직이는 K′계에서 측정한 시간 간격은 폭죽이 정지해 있는 K계에서 측정한 시간 간격보다 크다. 이 효과를 **시간 팽창**(time dilation)이라고 하는데, 아인슈타인의 두 가설의 직접적인 결과이다. K′계에서 메리와 멀린다가 측정한 시간 간격은 T_0보다 상대론적 인자 γ ($\gamma > 1$)만큼 더 길다. K′계에서는 폭죽에 불이 붙고 꺼지는 두 사건이 같은 위치에서 일어나지 않았다($x_2' \neq x_1'$). (그림 2.9b를 보라.) 이것은 동시성이 없어서 생긴 결과이다. 이 사건들은 두 계에서 같은 공간과 같은 시간 좌표에서 일어나지 않았다.

이 경우 시간을 측정하기 위해 K계에서는 하나, K′계에서는 두 개 등 모두 세 개의 시계가 필요하다.

움직이는 시계는 늦게 간다

시간 팽창은 종종 *움직이는 시계는* γ^{-1} 인자만큼 *늦게 간다*고 해석되고, 그렇게 해석하는 것이 이 효과를 기억하는 좋은 방법이 되기도 한다. 이 경우 움직이는 시계는 어떤 종류의 시계여도 된다. 모래가 모래시계를 흘러내리는 시간일 수도 있고, 폭죽에 불이 붙어 있는 시간일 수도 있고, 심장이 뛰는 사이 시간일 수도 있고, 시계가 똑딱거리는 시간일 수도 있고, 수업 시간일 수도 있다. 이 모든 경우에 움직이는 시계의 실제 시간 간격은 정지한 시계로 측정한 고유 시간보다 크다. 고유 시간은 언제나 두 사건의 시간 간격 중 가장 작은 시간 간격이다.

각자는 다른 (움직이는) 계의 시계가 늦게 간다고 주장하게 된다. 만약 메리가 그녀가 정지해 있는 K′계에 폭죽을 가지고 있다면, (K계에 고정된) 프랭크는 K계의 자기 시계로 더 긴 사건을 측정하게 될 것인데, 폭죽이 자기의 계에 대해 움직이고 있기 때문이다.

예제 2.1

폭죽이 K′계에 대해 고정되어 있다면, K계에 있는 프랭크도 시간 팽창이 일어남을 관측하게 됨을 보여라.

전략 폭죽이 K계에 고정되어 있을 때의 논의와 비슷한 방법으로 나가야 한다. 이 경우에는 움직이는 K′계에 있는 메리가 폭죽에 불을 붙인다. 폭죽에 불이 붙어 있는 시간 간격은 $T'_0 = t'_2 - t'_1$이 되고, 폭죽의 위치는 $x'_1 = x'_2$이므로 $x'_2 - x'_1 = 0$이다. 이 경우에는 T'_0이 고유 시간이다. 로런츠 변환식 (2.18)을 사용하여 프랭크와 그 친구들의 시계에 의해 측정되는 시간 간격 $T = t_2 - t_1$을 결정할 수 있다.

풀이 식 (2.18)을 사용하여 $T = t_2 - t_1$을 구하면

$$T = t_2 - t_1 = \frac{(t'_2 - t'_1) + (v/c^2)(x'_2 - x'_1)}{\sqrt{1 - v^2/c^2}}$$

$$= \frac{T'_0}{\sqrt{1 - v^2/c^2}} = \gamma T'_0$$

이다. 시간 간격은 여전히 폭죽이 정지해 있는 계에서 더 짧다.

앞의 결과는 당연히 이상해 보인다. 상대론에서는 실제 실험을 하기가 다소 비현실적이기 때문에 사고(독일어로 'gedanken') 실험을 종종 한다. 다음과 같은 사고 실험을 해 보자. 움직이는 K′계에서 메리는 원점에서 y' 방향으로 빛을 번쩍인다(그림 2.10). 빛은 거리 L을 이동하고는 거울에 반사되어 돌아온다. 메리는 이 왕복 운동에 걸린 총시간은 $T'_0 = t'_2 - t'_1 = 2L/c$라고 말한다. 메리 곁에 있는 K′계의 시계가 정지해 있으므로 이것이 곧 고유 시간이다.

사고 실험

K계에 있는 프랭크와 그 밖의 관찰자들은 무엇을 측정하게 될까? K계에서 빛이 x축으로 되돌아오는 데 걸리는 시간을 T라 하자. 두 계의 원점이 일치할 때 폭죽이 번쩍한다. K′계에서 시각 $T/2$에 빛이 거울에 도착했을 때, K′계는 x축을 따라 $vT/2$만큼 움직일 것이다. 빛이 x축으로 되돌아왔을 때 프랭크로부터 vT만큼 떨어져 있으므로 프랭크는

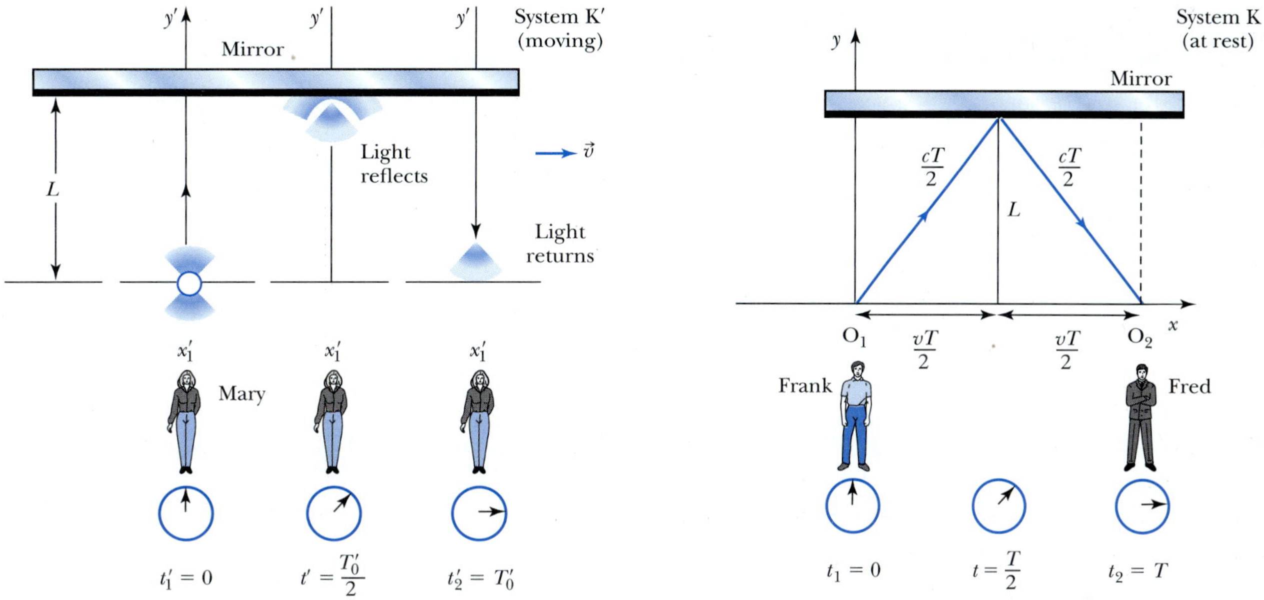

그림 2.10 K′계의 메리는 y'축을 따라 빛을 쏘고 빛이 되돌아오는 데 걸리는 고유 시간 $T_0' = 2L/c$을 잰다. K′계가 움직이고 있으므로, K계에서 프랭크는 그 빛이 x축 방향으로도 움직이는 것을 보고, 프레드가 빛이 돌아올 때의 시각을 잰다. 프랭크와 프레드가 잰 시간 간격 T는 고유 시간과 $T = \gamma T_0'$의 관계를 갖는다.

빛이 돌아온 것을 보지도 못한다. 빛이 돌아온 자리에는 프레드가 있는데, 프랭크와 프레드의 시계는 이전에 동시화되어 있으므로 그들은 빛이 반사되어 되돌아오는 데 걸리는 총시간을 측정할 수 있다. K계에 있는 관찰자들에게는 빛이 이동한 총거리는 (그림 2.10에서 보듯이) $2\sqrt{(vT/2)^2 + L^2}$이다. 가설 2에 의해 빛은 광속으로 이동하므로, K계에서 걸린 총시간은

$$T = \frac{\text{distance}}{\text{speed}} = \frac{2\sqrt{(vT/2)^2 + L^2}}{c}$$

이다. 위에서 살펴본 대로 $L = cT_0'/2$이므로

$$T = \frac{2\sqrt{(vT/2)^2 + (cT_0'/2)^2}}{c}$$

인데, 이것은

$$T = \frac{T_0'}{\sqrt{1 - v^2/c^2}} = \gamma T_0'$$

으로 간략하게 쓸 수 있다. 이 결과는 앞의 결과와 같다. 이 경우에는 $T > T_0'$이고 고유 시간은 언제나 가장 짧은 시간 간격이다. 메리가 있는 K′계의 시계가 '천천히 간다'.

예제 2.2

2150년 마침내 유엔 우주연합은 우주선의 연료로 사용할 반양성자 저장고를 완성했다.(반양성자는 양성자의 반입자인데 3장에서 논의될 것이다.) 약 4.30광년 떨어진 항성계 알파 켄타우리의 세 별 중 하나를 공전하고 있는 행성에 유인 우주선을 보낼 계획이 진행 중이다. 총 16년간 견딜 수 있는 식량을 실을 예정인데, 이 식량이 남아 있도록 하려면 우주선의 속도는 얼마이어야 하는가? 가속, 반환, 방문 시간 등은 총 여행 시간에 비해 아주 짧으므로 무시하고 계산한다.

전략 식량이 떨어지지 않을 시간이 16년이므로 우주선에 타고 있는 우주비행사가 측정한 시간은 16년 이하이어야 한다. 한편, 지구에서 보면 우주선은 지구에 대해 빠른 상대 속력 v로 움직이기 때문에, 별까지의 거리가 L일 때, 정지한 계 K에 있는 우리 시계로 이 여행은 $T = 2L/v$의 시간이 걸린다.

우주선에 실려 있는 식량이 16년 동안만 남아 있으므로 우리는 K′계에서의 고유 시간 T'_0을 16년으로 놓는다. 지구에서 측정한 시간 T와 고유 시간 T'_0 사이의 시간 팽창의 결과를 사용하면

$$T = \frac{2L}{v} = \frac{T'_0}{\sqrt{1 - v^2/c^2}} \tag{2.20}$$

이므로, 이 식을 풀어 원하는 속력 v를 구하면 된다.

풀이 광년은 먼 거리를 측정하는 데 편리한 단위이다. 빛이 1년간 움직인 거리로, ly로 표시하며

$$1\ \text{ly} = \left(3.00 \times 10^8\ \frac{\text{m}}{\text{s}}\right)(1\ \text{year})\left(365\ \frac{\text{days}}{\text{year}}\right)\left(24\ \frac{\text{h}}{\text{day}}\right)\left(3600\ \frac{\text{s}}{\text{h}}\right)$$
$$= 9.46 \times 10^{15}\ \text{m}$$

로 주어진다. 1광년의 거리는 빛의 속도 c에다 1년의 시간을 곱한 것이고 길이의 단위를 갖는다. 이 경우에는 4.30 ly $= c(4.30\ \text{y}) = 4.07 \times 10^{16}$ m이다.

식 (2.20)에 알맞은 수를 대입하면

$$\frac{2(4.30\ \text{ly})(9.46 \times 10^{15}\ \text{m/ly})}{v} = \frac{16\ \text{y}}{\sqrt{1 - v^2/c^2}}$$

를 얻는다. 이 식의 풀이는 $v = 0.473c = 1.42 \times 10^8$ m/s이다. 지구상에서 측정한 시간은 $\gamma T'_0 = 18.2$ y이다. 우주비행사는 16살의 나이를 먹는데(우주비행사의 시계가 늦게 간다), 지구에 남아 있던 친구들은 18.2살을 먹는 것을 주목하라. 이것이 정말 사실일까? 2.8절에서 이 문제를 다시 다룰 것이다.

길이 수축

이제 상대론에서 물체의 길이에 어떤 일이 일어나는지 생각해 보자. K계와 K′계의 관찰자가 각각 자기의 계에 정지해 있는 미터자를 가지고 있다. 각 관찰자들은 자를 x축 방향으로 들고 있으며, 자의 왼쪽 끝은 x_ℓ (혹은 x'_ℓ)에 있고 오른쪽 끝은 x_r (혹은 x'_r)에 있다. 따라서 K계의 프랭크는 자의 길이를 $L_0 = x_r - x_\ell$로 측정하고, K′계의 메리는 정지해 있는 자기 자를 $L'_0 = x'_r - x'_\ell$으로 측정한다. 각 관찰자는 자기의 계에서 정지해 있는 자가 같은 길이 즉 $L'_0 = L_0 = 1$ m라고 측정한다. 정지한 상태에서 측정된 길이를 **고유 길이**(proper length)라고 한다.

고유 길이

K계가 정지해 있고, K′계가 속도 v로 x축 방향으로 움직이고 있다고 하자. K계에 정지해 있는 프랭크가 K′계의 움직이는 막대의 길이를 재는데, 어려운 점은 막대의 두 끝을 동시에 재야 한다는 것이다. 프랭크가 막대의 양 끝을 동시에 잰다면 $t = t_r = t_\ell$이고, 사건을 (x, t)로 나타낼 때 양 끝을 재는 사건은 (x_ℓ, t)와 (x_r, t)이다. 식 (2.17)을 사용하면

$$x'_r - x'_\ell = \frac{(x_r - x_\ell) - v(t_r - t_\ell)}{\sqrt{1 - v^2/c^2}}$$

이다. 미터자는 K′계에서 정지하고 있으므로, $x'_r - x'_\ell$은 고유 길이 L'_0이다. 프랭크가 잰 길이를 $L = x_r - x_\ell$이라 하고, t_r과 t_ℓ은 같아야 하므로 $t_r - t_\ell = 0$으로 놓는다. 메리가 자기의 계에서 측정하는 시간 t'_ℓ과 t'_r은 *같지 않음*을 주목하라. 메리가 자기의 계에서 측정할 때는 막대가 정지해 있으므로 t'_ℓ과 t'_r은 같든 같지 않든 차이가 없다. 그렇지만 프랭크에게는 측정 시간의 같고 다름이 큰 차이를 낳는데, 프랭크에 대해 막대는 v의 속도로 움직이고 있기 때문이다. 측정은 동시에 이루어져야 하며 그 결과

$$L'_0 = \frac{L}{\sqrt{1 - v^2/c^2}} = \gamma L$$

이고, $L'_0 = L_0$이므로

$$L = L_0\sqrt{1 - v^2/c^2} = \frac{L_0}{\gamma} \tag{2.21}$$

길이 수축

이다. $L_0 > L$이므로 프랭크가 볼 때 움직이는 미터자는 수축하는 것에 유의하라. 이 효과는 **길이 수축**(length contraction) 혹은 **공간 수축**(space contraction)으로 알려져 있으며, 상대적인 운동의 특징이다. 이 효과는 또한 *로런츠·피츠제럴드 수축*이라고도 하는데, 로런츠와 피츠제럴드가 독립적으로 전기역학의 문제를 해결하기 위해 제안했었기 때문이다. 시간 팽창과 마찬가지로 이 효과 또한 역으로도 성립한다. 각 관찰자는 움직이는 다른 계의 막대가 짧다고 말한다. 하지만 $y' = y$이고 $z' = z$이기 때문에, 상대 운동 방향에 수직인 방향으로는 길이 수축이 일어나지 않는다. 두 계의 관찰자들은 운동 방향에 수직인 자들이 서로 스쳐 갈 때 다른 미터자의 길이를 확인해 보고, 두 미터자 모두 1 m 길이라는 것에 동의할 것이다.

또 하나의 *사고* 실험을 통해 같은 결론에 도달할 수 있다. 이번에는 움직이는 K′계의 x축 방향으로 미터자를 놓는다(그림 2.11a). 두 계 K와 K′은 $t = t' = 0$일 때 정렬한다. 미터자의 끝에 거울이 달려 있고, $t = t' = 0$일 때 원점에서 섬광 전구가 켜져 빛 펄스가 x 방향으로 가다가 거울에 반사되어 돌아온다. K′에서 메리는 막대가 정지해 있음을 보고 고유 길이 L_0를 측정한다.(이 길이는 물론 1 m이다.) 메리는 $x' = 0$에 고정된 같은 시계를 사용하여 시간을 측정한다. 정지계 K에 있는 프랭크에게는 막대가 v의 속도로 움직이다. 섬광 전구가 켜지고 원점이 정렬하였을 때 $x = x' = 0$에 있는 두 시계는 모두 0을 가리킨다. K계의 상황을 보면(그림 2.11b), 빛이 거울에 도달했을 때 막대 전체는 vt_1의 거리를 움직였고, 빛이 반사되어 막대의 앞 끝으로 되돌아왔을 때 막대는 총거리 vt_2를 움직였다. 여기서 길이 수축의 개념을 이용하여 해를 구하는 것은 연습문제 18로 남긴다.

운동 방향으로 길이가 수축함에 따라 2차원 내지 3차원 물체의 모양이 많이 달라질 수 있다. 우리는 빛이 그 물체들을 떠날 때가 아니라 그 빛이 우리 눈에 도달할 때 물체들을 본다. 따라서 물체가 빨리 움직이면 정지할 때의 모양과 달라진다. 그림 2.12는 몇몇 물체가 움직일 때의 모양을 보여 주는데, 수평선이 수축할 뿐만 아니라 수직선도 쌍곡선이 된다. 그림 2.13은 $v = 0.9c$의 속도로 움직이는 막대의 배열을 보여 주는데, 아주 놀라운 결과이다.

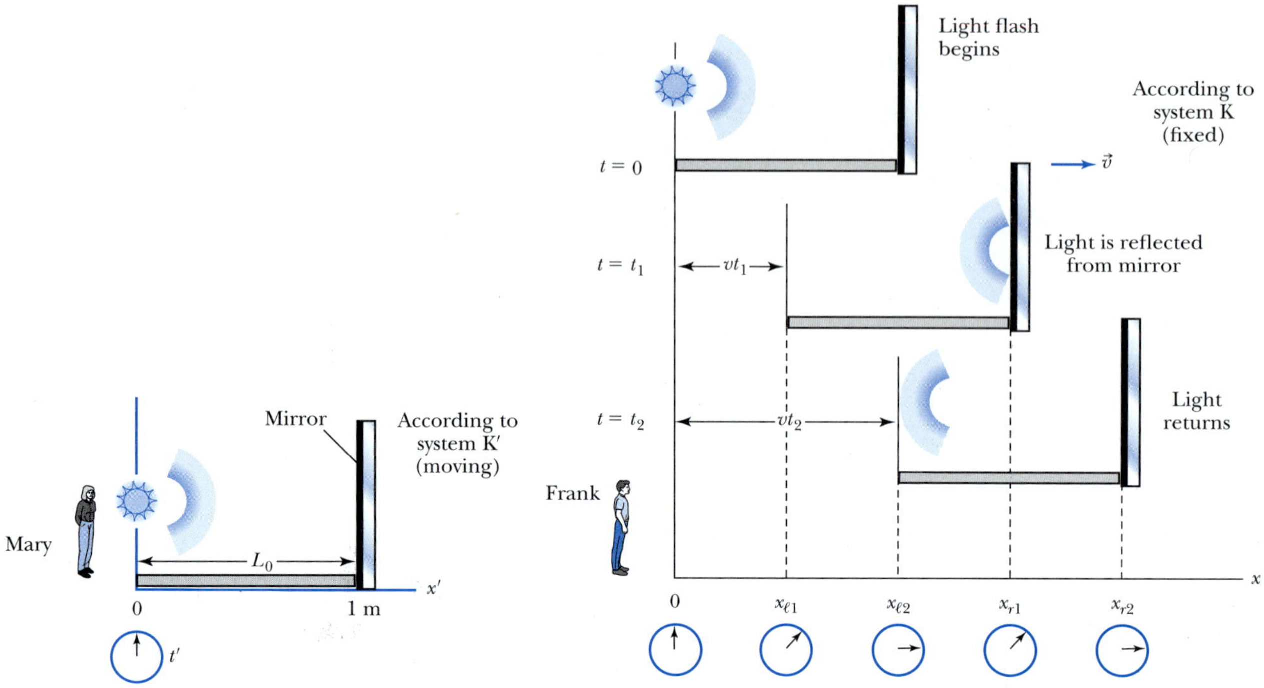

그림 2.11 (a) K′계의 메리는 자기의 계에 정지해 있는 길이 L_0의 막대를 따라 x'축 방향으로 빛을 쏘는데, 이 길이 L_0는 고유 길이이다. 빛이 막대를 따라 갔다 돌아오는 데 걸리는 시간 간격은 $2L_0/c$이다. (b) K계의 프랭크는 막대가 움직이는 것을 본다. 빛이 반사될 때 거울은 vt_1의 거리를 움직였고, 빛이 막대의 앞으로 되돌아왔을 때 막대는 총거리 vt_2를 움직였다. 시간을 비교하면 움직이는 막대의 길이가 $L = L_0\sqrt{1 - v^2/c^2}$으로 수축하였음을 보일 수 있다.

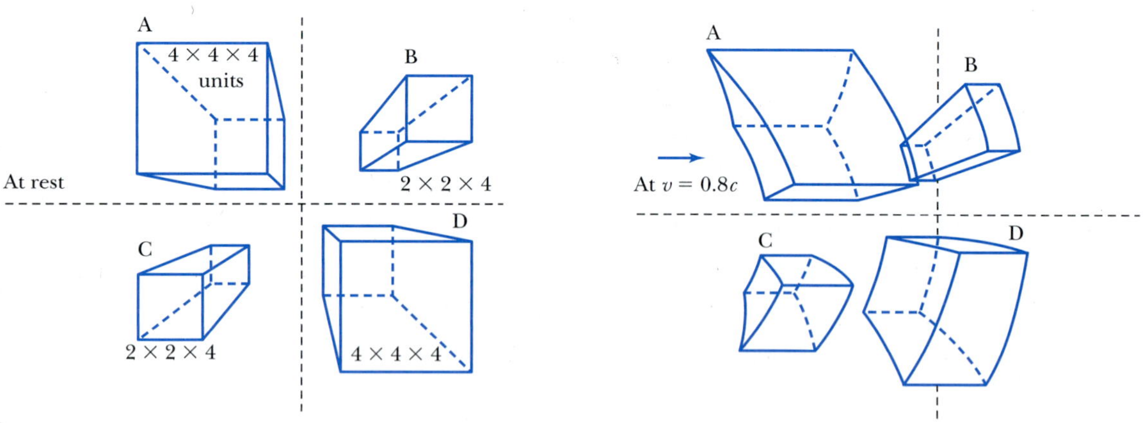

그림 2.12 컴퓨터 시뮬레이션에서 관찰자가 밑면의 원점으로부터 곧바로 위이고 상자들의 윗면이 이루는 평면으로부터 5단위 위에 있을 때 본 직육면체 상자들을 그렸다. 상자들이 왼쪽 그림에서는 정지해 있고, 오른쪽에서는 $v = 0.8c$의 속도로 오른쪽으로 움직이고 있다. 수평선은 수축하고, 수직선은 쌍곡선이 되는 것을 주목하여 보라. 물체들은 공간에서 약간 회전된 것처럼 보인다. 원점에서 멀리 떨어져 있는 물체들은 빛이 사진기(혹은 눈)에 도달할 때까지 더 오랜 시간이 걸리고 더 이른 시간에 사진이 찍혔기 때문에 더 일찍 나타난다. G. D. Scott and M. R. Viner, *American Journal of Physics* **33**, 534 (1965)의 허락을 받고 사용함. © 1965 미국물리교사협회.

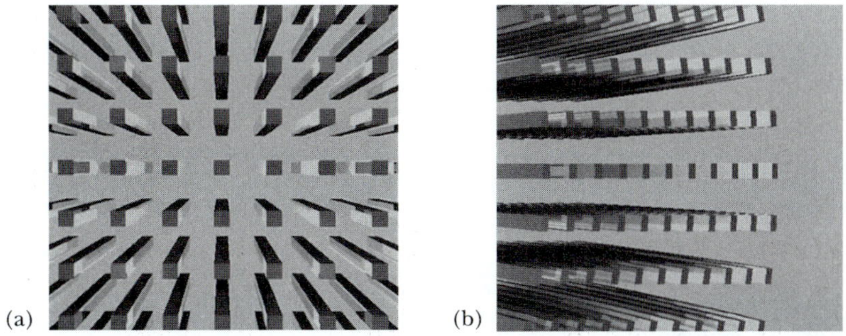

그림 2.13 (a) 정지해 있는 직각 막대의 배열을 위에서 본 그림. (b) 막대들이 오른쪽으로 $v = 0.9c$의 속도로 움직이면, 막대들은 수축하고 회전한 것처럼 보인다. P.-K. Hsuing and R. H. P. Dunn, *Science News* **137**, 232 (1990)을 인용함.

예제 2.3

예제 2.2의 풀이를 길이 수축의 관점에서 생각해 보라.

전략 우주비행사들은 16년 동안 여행할 식량밖에 가지고 있지 않기 때문에 편도 8년 동안 여행하리라고 예상한다. 항성계 알파 켄타우리가 4.30광년 떨어져 있다면 여행에 성공하기 위해 $0.5c$의 속도로 여행을 해야 할 것이다. 이 예제를 우주비행사들이 정지한 계에서 보면 알파 켄타우리가 그들을 향해 움직일 것이고 별까지의 거리가 수축하므로 비행사들이 측정하는 거리는 4.30광년보다 작을 것이다.

풀이 우주비행사들의 움직임 때문에 수축된 거리는 $(4.30\ \text{ly})\sqrt{1 - v^2/c^2}$이다. 이 여행을 하는 데 필요한 속도는 이 수축한 거리를 8년으로 나눈 것이다.

$$v = \frac{\text{distance}}{\text{time}} = \frac{(4.30\ \text{ly})\sqrt{1 - v^2/c^2}}{8\ \text{y}}$$

이 식을 c로 나누면

$$\beta = \frac{v}{c} = \frac{(4.30\ \text{ly})\sqrt{1 - v^2/c^2}}{c(8\ \text{y})} = \frac{(4.30\ \text{ly})\sqrt{1 - v^2/c^2}}{(8\ \text{ly})}$$

$$8\beta = 4.30\sqrt{1 - \beta^2}$$

이 되어

$$\beta = 0.473$$

$$v = 0.473c$$

를 얻는데, 이는 앞의 예제에서 얻은 결과와 같다. 시간 팽창의 효과와 길이 수축의 효과는 같은 결과를 준다.

2.6 속도 덧셈

우주정거장에서 발사된 우주선(그림 2.14)이 정거장에 대해 $0.60c$의 순항 속도에 빠르게 도달했을 때 우주선의 정면으로 소행성의 무리가 보인다. 선장 메리는 신속하게 대응하여 파국적인 충돌을 피하려고 승무원들에게 양성자 총으로 소행성을 격파하도록 명령한다. 정거장의 제독 프랭크는 소행성이 나중에는 그의 정거장도 부서뜨릴 것을 염려하여 그 통신을 걱정스럽게 듣고 있다. $0.99c$의 속력을 갖는 고에너지 양성자가 소행성을 잘 격파하여 우주선과 정거장을 구할 수 있을 것인가? 양성자의 속력 $0.99c$가 우주선에 대한 것이라면, 프랭크가 관측하는 양성자의 속도는 얼마일까?

여러 좌표계에서 측정한 물체의 속력을 문자 u로 나타낸다. 이 경우 (정거장에 고정되어 정지한 K계에 있는) 프랭크가 측정한 양성자의 속도는 u이고, 우주선(움직이는 K′계)의 선장 메리가 측정한 속도는 $u' = 0.99c$이다. 문자 v는 서로에 대해 움직이는 좌표

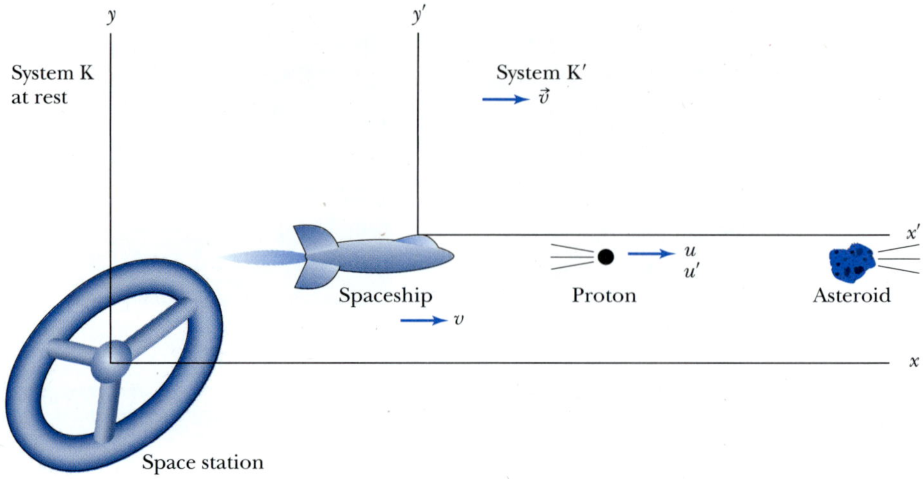

그림 2.14 우주정거장은 K계의 원점에 정지해 있다. 우주선은 우주정거장에 대해 오른쪽으로 속력 v로 움직이고 있고 K′계에 있다. 소행성은 우주선과 우주정거장이 있는 왼쪽으로 움직이고 있어서, 우주선의 선장인 메리는 양성자 총으로 양성자를 쏘아 소행성을 파괴하라고 명령한다. 양성자의 속도는 K와 K′계에 대해 각각 u와 u'이다.

계의 속도를 나타내는 데 쓴다. 우주정거장에 대한 우주선의 속도는 $v = 0.60c$이다.

뉴턴 역학에 따라 우주정거장에 대한 양성자의 속력을 구하려면 우주선의 정거장에 대한 속력 $0.60c$에다 양성자의 우주선에 대한 속력 $0.99c$를 더하면 되고, $u = v + u' = 0.60c + 0.99c = 1.59c$의 결과를 얻는다. 하지만 이것은 로런츠 변환의 결과와 맞지 않는다. x가 우주선(과 고속 양성자)의 운동 방향이라고 하면, 식 (2.18)의 미분을 취하여 다음 식을 얻는다.

$$\begin{aligned} dx &= \gamma(dx' + v\,dt') \\ dy &= dy' \\ dz &= dz' \\ dt &= \gamma[dt' + (v/c^2)\,dx'] \end{aligned} \tag{2.22}$$

속도는 $u_x = dx/dt$, $u_y = dy/dt$, $u'_x = dx'/dt'$ 등으로 정의되므로, u_x는

상대론적 속도 덧셈

$$u_x = \frac{dx}{dt} = \frac{\gamma(dx' + v\,dt')}{\gamma[dt' + (v/c^2)\,dx']} = \frac{u'_x + v}{1 + (v/c^2)u'_x} \tag{2.23a}$$

가 되고, 비슷하게 u_y와 u_z도

$$u_y = \frac{u'_y}{\gamma[1 + (v/c^2)u'_x]} \tag{2.23b}$$

$$u_z = \frac{u'_z}{\gamma[1 + (v/c^2)u'_x]} \tag{2.23c}$$

이 된다. 식 (2.23)은 **로런츠 속도 변환**(Lorentz velocity transformation)으로 불린다. K계와 K′계의 상대 운동은 x축을 따라서 일어나지만 y와 z 방향의 속도도 영향을 받는다는 것을 주목하라. 이것은 로런츠 변환에서 $y' = y$이고 $z' = z$인 것과 대조되는 결과이다. y와 z 방향의 속도의 차이는 v와 x'에 의존하는 시간의 변환에 의한 것이므로, u_y와 u_z의

변환은 v와 u'_x에만 의존한다. u'_x, u'_y, u'_z을 구하기 위한 역변환은 프라임이 있는 변수와 없는 변수를 바꾸고 v를 $-v$로 바꾸어서 간단히 얻을 수 있는데, 그 결과는 다음과 같다.

$$u'_x = \frac{u_x - v}{1 - (v/c^2)u_x}$$

$$u'_y = \frac{u_y}{\gamma[1 - (v/c^2)u_x]} \tag{2.24}$$

$$u'_z = \frac{u_z}{\gamma[1 - (v/c^2)u_x]}$$

식 (2.17)에 대응하는 속도 변환을 얻기 전에, 역 로런츠 변환인 식 (2.18)에 대응하는 상황에서의 속도 변환식을 먼저 얻었음에 유념하라.

우주정거장에 대한 양성자의 바른 속력은 얼마인가? $u'_x = 0.99c$와 $v = 0.60c$를 사용하면 식 (2.23a)의 결과는

$$u_x = \frac{0.990c + 0.600c}{1 + \dfrac{(0.600c)(0.990c)}{c^2}} = 0.997c$$

인데, 속력을 유효숫자 세 자리까지 알 수 있다고 가정하였다. 이 속력은 c보다 약간 작다. 로런츠 변환은 물체가 c보다 큰 속력을 갖는 것을 허용하지 않으며, 빛과 같이 질량이 없는 입자만이 c의 속력을 가질 수 있다. 우주선의 승무원이 소행성을 충분히 일찍 발견하였다면 빨리 반응하여 엄청나게 빠르게 움직이는 소행성을 쏘아 떨어뜨려 우주선과 우주정거장을 구할 수 있을 것이다.

질량을 가진 입자 중 c보다 빠르게 에너지를 실어 나를 입자는 없지만, 신호는 c보다 빠르게 전달되는 것을 생각할 수 있다. 다음과 같은 *사고* 실험을 해 보자. 그림 2.15에서 보듯이, 지구 상공의 우주정거장에 놓인 커다란 투광 조명등이 100 Hz로 회전하고 있다고 하자. 조명등에서 나온 빛이 c의 속력으로 지름 방향으로 퍼져 나간다. 달의 표면에서 빛은 c보다 훨씬 큰 속력으로 쓸고 지나간다(연습문제 36). 하지만 빛 자체는 c보다 빠르게 달에 도달하지는 않으며, 달 표면에 지나가는 빛과 함께 에너지가 지나가지는 않는다. 에너지(와 선운동량)는 우주정거장에서 달까지 지름 방향으로만 전달된다.

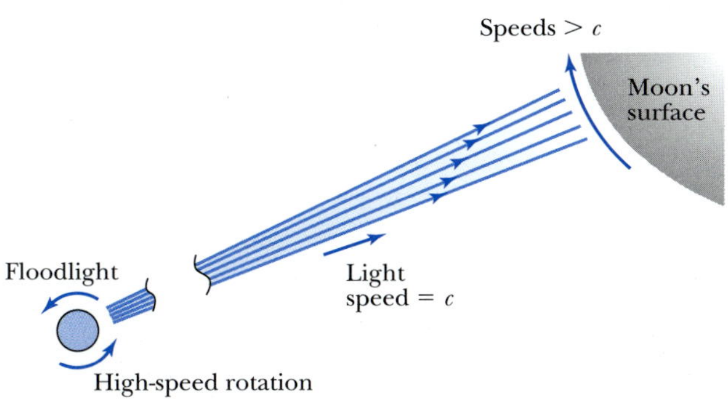

그림 2.15 빠르게 회전하는 투광 조명등의 빛은 달의 표면을 c보다 빠르게 지나갈 수 있지만, 빛의 속도는 여전히 c를 넘지 않는다.

예제 2.4

방금 논의한 우주선 선장 메리는 하급 장교에게 사격 연습을 시키는데, 우주선이 지나갈 때 옆에 있는 작은 소행성과 우주 잔해에 (우주선의 운동 방향과 수직으로) 양성자를 쏘아 치우게 한다. 우주정거장에 있는 관찰자가 측정한 양성자의 속력은 얼마인가?

전략 앞에서 한 대로 좌표계와 우주선 및 양성자 총의 속력을 사용하지만, 여기서는 양성자의 방향이 우주선의 방향에 수직인 y' 방향이다. 우주선의 K′계에서 $u'_y = 0.99c$, $u'_x = u'_z = 0$이고 K′계(우주선)는 우주정거장에 대해 $v = 0.60c$로 움직이고 있다는 것을 알고 있다. 식 (2.23)을 사용하면 u_x, u_y, u_z를 얻을 수 있고 마지막으로 속력 u를 얻을 수 있다.

풀이 K계에서의 속력을 얻기 위해 γ를 먼저 계산한다.

$$\gamma = \frac{1}{\sqrt{1 - v^2/c^2}} = \frac{1}{\sqrt{1 - 0.600^2}} = 1.25$$

그다음으로 $\vec{u}$의 성분들을 계산한다.

$$u_x(\text{protons}) = \frac{0 + 0.600c}{[1 + (0.600c)(0c)/c^2]} = 0.600c$$

$$u_y(\text{protons}) = \frac{0.990c}{1.25\,[1 + (0.600c)(0c)/c^2]} = 0.792c$$

$$u_z(\text{protons}) = \frac{0}{1.25\,[1 + (0.600c)(0c)/c^2]} = 0$$

$$u(\text{protons}) = \sqrt{u_x^2 + u_y^2 + u_z^2} = \sqrt{(0.600c)^2 + (0.792c)^2}$$

$$= 0.994c$$

여기서도 속도를 유효숫자 세 자리까지 알 수 있다고 가정하였다. 메리와 하급 장교는 양성자가 우주선의 운동에 수직인 방향으로 움직이는 것을 본다. 그러나 (우주정거장에 있는) 프랭크는 u_x와 u_y가 0이 아니기 때문에 양성자가 x축과 y축 모두에 대해 각을 이루고 움직이는 것을 보게 된다.

예제 2.5

1800년대 초에 빛이 액체를 통과할 때 느려지는 것을 보여 주는 실험이 있었다. 프레넬(A. J. Fresnel)은 1818년에 빛이 지나가고 있는 매질이 빛을 부분적으로 끌어당긴다고 제안하였다. 프레넬의 제안은 지구가 에테르에 대해 정지하고 있다면 별 수차의 문제를 설명할 수 있었다. 피조(H. L. Fizeau)는 1851년의 유명한 실험에서 빛이 흐르는 물과 반대 방향으로 지나갈 때의 '에테르' 끌림 계수를 측정하였다. 움직이는 계 K′이 흐르는 물에 고정되어 있고, K에 고정된 관찰자에 대해 물이 흐르는 속력이 v라고 하자(그림 2.16). 정지한 물에서의(즉, K′계에서의) 빛의 속력은 u'이고 K에서 측정한 빛의 속력은 u이다. 물의 굴절률이 n일 때 피조는 실험적으로

$$u = u' + \left(1 - \frac{1}{n^2}\right)v$$

임을 발견하였는데, 이는 프레넬이 예견한 것과 일치했다. 이 결과는 에테르의 개념을 지지하는 것으로 생각되었고, $1 - 1/n^2$ 인자는 *프레넬의 끌림 계수*로 알려졌다. 이 결과가 *에테르의 개념을 도입하지 않고도* 상대론적 속도 덧셈으로 설명될 수 있음을 보여라.

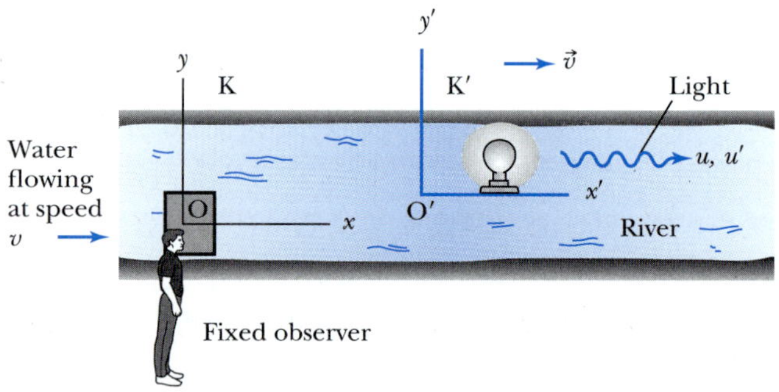

그림 2.16 정지한 계 K는 강변에 고정되어 있고 움직이는 계 K′은 강을 따라 속력 v로 떠내려간다. K′계의 물속에 있는 광원에서 나온 빛은 K와 K′계에서 각각 u와 u'의 속력을 갖는다.

전략 기초 물리학에 의하면 굴절률이 n인 매질에서의 빛의 속도는 $u' = c/n$이다. 식 (2.23a)를 사용하여 u를 풀면 된다.

풀이 x 방향의 속력만 계산하면 되므로 아래첨자는 떼고 한다. 식 (2.23a)를 쓰면

$$u = \frac{u' + v}{1 + u'v/c^2} = \frac{c/n + v}{1 + v/nc} = \frac{c}{n}\frac{\left(1 + \dfrac{nv}{c}\right)}{\left(1 + \dfrac{v}{nc}\right)}$$

이다. 이 경우 $v \ll c$이므로 분모를 전개하여 $(1 + x)^{-1} = 1 - x + \cdots$로 쓰고 $x = v/c$의 가장 낮은 차수까지만 남긴다. 위의 식은

$$\begin{aligned} u &= \frac{c}{n}\left(1 + \frac{nv}{c}\right)\left(1 - \frac{v}{nc} + \cdots\right) \\ &= \frac{c}{n}\left(1 + \frac{nv}{c} - \frac{v}{nc} + \cdots\right) \\ &= \frac{c}{n} + v - \frac{v}{n^2} = u' + \left(1 - \frac{1}{n^2}\right)v \end{aligned}$$

가 되어 피조의 실험 결과 및 앞에 있는 프레넬의 예측식과 같아진다. 이 상대론적 계산은 특수상대성이론의 놀라운 성공 중의 하나로, 에테르의 존재를 고려할 필요가 없다는 것을 보여 준다.

2.7 실험적인 검증

우리는 특수상대성이론을 사용하여 몇 가지 특이한 현상을 기술하였다. 특수상대성이론은 길이 수축, 시간 팽창, 속도 덧셈에 관한 놀라운 예측을 하였다. 이 절에서는 특수상대성이론을 검증하기 위해 행해진 여러 실험 중에서 몇 가지를 다루도록 한다.

뮤온 붕괴

*우주선*이라고 불리는 고에너지 입자들이 외계로부터 지구의 대기에 들어오면 대기 상층부에서 입자들과 상호작용을 하여(그림 2.17을 보라) *우주 소나기*라는 추가 입자들을 만든다. 우주 소나기 중의 많은 입자가 *파이 중간자*(파이온)인데 이것은 또 다른 불안정한 입자인 *뮤온*으로 붕괴된다. 뮤온의 성질은 나중에 핵과 입자물리학을 논의할 때 설명할 것이다. 뮤온은 불안정하므로 다음의 방사능 붕괴 법칙에 따라 붕괴한다.

$$N = N_0 \exp\left(-\frac{(\ln 2)t}{t_{1/2}}\right) = N_0 \exp\left(-\frac{0.693t}{t_{1/2}}\right)$$

방사능 붕괴 법칙

이 식에서 N_0와 N은 시간 $t = 0$일 때와 $t = t$일 때의 뮤온의 수이고 $t_{1/2}$은 뮤온의 반감기인데, 반감기란 이 $t_{1/2}$시간 동안 뮤온의 반이 다른 입자로 붕괴한다는 뜻이다. 뮤온의

NASA

그림 2.17 우주선 중의 뮤온에 대한 지식 중 많은 부분은 정교한 검출기를 싣고 있는 풍선의 비행으로부터 얻어진 것이다. 미국 항공우주국의 초장기 풍선 프로그램에서 최장 100일 동안 임무를 수행하기 위한 풍선을 띄우려고 준비하고 있다. 탑재물은 풍선 아래 수 미터에 매달리게 된다. 헤스(Victor Hess)는 1912년(그가 우주선을 발견한 해)에 처음으로 이와 같은 풍선 비행을 시작했고, 오늘날에도 세계 각처에서 우주선, 대기, 태양과 우주를 연구하기 위해 개량된 풍선을 띄우고 있다.

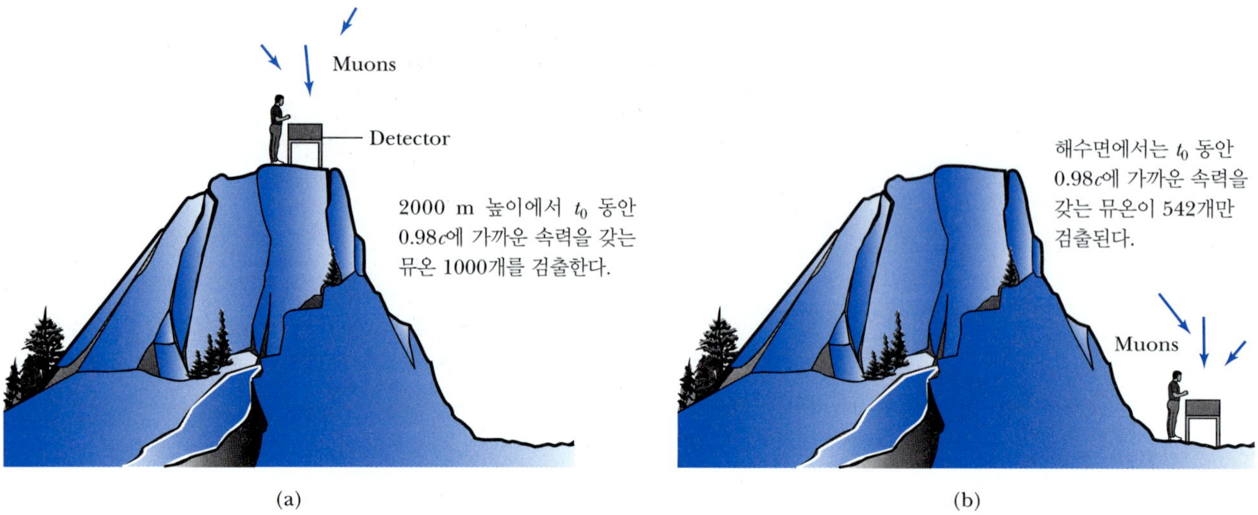

그림 2.18 0.98c에 가까운 속력을 갖는 뮤온의 숫자는 뮤온이 붕괴하기 때문에 (a) 산꼭대기에서와 (b) 해수면에서 많이 다르다. 실험 결과는 시간 팽창식과 잘 일치한다.

반감기(1.52×10^{-6} s)는 충분히 길어서 뮤온은 살아서 대기 중을 여행하여 지구 표면에 도달한다.

2000 m 높이의 산꼭대기에 뮤온 검출기를 설치하고 $v = 0.98c$에 가까운 속력으로 움직이는 뮤온의 숫자를 세는 실험을 하여(그림 2.18a) 주어진 시간 t_0 동안 1000개의 뮤온을 센다고 하자. 그 후 뮤온 검출기를 해수면 높이로 옮기면(그림 2.18b) 실험적으로 약 540개의 뮤온이 붕괴하지 않고 검출된다. 중간에 뮤온이 없어지는 다른 상호작용들은 무시한다.

고전적으로는 0.98c의 속력을 갖는 뮤온은 2000 m를 여행하는 데 6.8×10^{-6} s가 걸리므로, 방사능 붕괴 법칙에 따르면 여행 후에 45개의 뮤온만이 살아남는다. 실험에서는 고전적인 계산의 예측값보다 12배 많은 뮤온을 관측하므로 고전적인 계산에 문제가 있음이 분명하다.

고전적인 계산이 실험 결과와 일치하지 않으므로 상대론적 계산을 해 봐야 한다. 뮤온은 지구에 대해 0.98c의 속력으로 움직이므로 시간 팽창의 효과는 아주 클 것이다. 뮤온이 정지한 계에서 뮤온이 2000 m를 움직이는 데 걸리는 시간은 (산에 고정된 시계로 측정했을 때) 식 (2.19)로 계산하면, $v = 0.98c$일 때 $\gamma = 5.0$이므로, $(6.8/5.0) \times 10^{-6}$ s이다. 방사능 붕괴 법칙에 따르면 $t = 1.36 \times 10^{-6}$ s 동안 538개의 뮤온이 살아남게 되는데, 이는 관측값과 일치한다. 이와 비슷한 실험이 1941년 뉴햄프셔의 워싱턴산에서 로시(B. Rossi)와 홀(D. B. Hall)*에 의해 수행되었다.

뮤온과 함께 여행하는 관찰자의 관점에서 뮤온 붕괴를 검토해 보는 것도 유익하다. 이 관찰자는 2000 m 산꼭대기에서 해수면까지의 거리를 2000 m로 측정하지 않고, 이

*B. Rossi and D. B. Hall, *Physical Review* **50**, 223 (1941). 좀 오래되긴 했지만, 이 실험을 재현하는 좋은 영화(D. H. Frish와 J. H. Smith가 만든 '시간 팽창—뮤온을 사용한 실험')를 인터넷에서 찾을 수 있다. D. H. Frisch and J. H. Smith, *American Journal of Physics* **31**, 342 (1963)도 참고하기 바란다.

거리가 줄어들어서 (2000 m)/5.0 = 400 m라고 말하게 된다. 뮤온에 대해 정지한 시계에 따르면 400 m의 거리를 움직이는 데 걸리는 시간은 $(400\ \text{m})/0.98c = 1.36 \times 10^{-6}$ s이다. 뮤온과 함께 여행하는 관찰자는 방사능 붕괴 법칙에 따라 538개의 뮤온이 살아남는다고 예측할 것이다. 따라서 시간 팽창을 생각하든 공간 수축을 생각하든 같은 결과를 얻게 되고, 둘 다 실험과 일치하여, 특수상대성이론을 확인해 준다.

원자시계 측정

원자시계에서는 ^{133}Cs 원자의 잘 정의된 전이(f = 9,192,631,770 Hz)를 사용하여 시간을 아주 정확하게 측정할 수 있다. 1971년 두 미국 물리학자 헤펠레(J. C. Hefele)와 키팅(Richard E. Keating)(그림 2.19)은 시간 팽창 효과를 시험하기 위해 네 개의 세슘 원자시계를 사용하였다. 그들은 네 개의 이동 가능한 세슘 원자시계를 동쪽과 서쪽으로 전 세계를 정기적으로 운행하는 상업 제트 비행기에 실어 나르고는, 워싱턴시에 있는 미국 해군 천문대에 정지해 있는 기준 원자시계의 시간과 비교했다(그림 2.20).

동쪽 여행은 41.2시간의 비행을 포함하여 65.4시간이 걸렸고, 1주일 뒤의 서쪽 여행은 48.6 비행시간을 포함하여 80.3시간이 걸렸다. 특수상대성이론과의 비교는 지구의 회전과 일반상대성이론에서의 중력 효과로 인해 복잡하다. 시간 차이에 대한 실제 상대성이론의 예측값과 실험적인 관측값*은 아래 표와 같다.

그림 2.19 헤펠레와 키팅이 특수상대론을 시험하기 위해 세계 일주 여행 중 1971년 10월 독일 프랑크푸르트에 잠시 머무를 때 비행기에 실린 원자시계와 전자기구 옆에 앉아 있다.

*J. C. Hefele and R. E. Keating, *Science* **177**, 166-170 (1972)

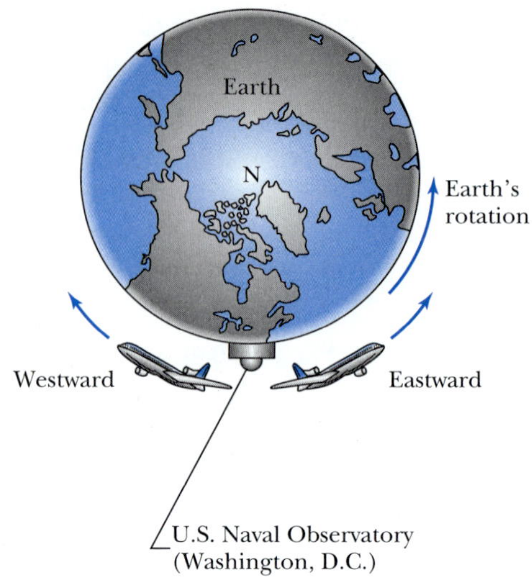

그림 2.20 비행기 두 대가 (서로 다른 시간에) 미국 해군 천문대가 있는 워싱턴시를 이륙하여 자전하고 있는 지구 주변을 동쪽과 서쪽으로 여행하였다. 비행기에 실려 있는 원자시계들을 천문대에 있는 비슷한 시계들과 비교하면, 비행기에 실려 움직이는 시계가 천천히 가는 것을 볼 수 있다.

여행	예측값	관측값
동쪽 여행	-40 ± 23 ns	-59 ± 10 ns
서쪽 여행	275 ± 21 ns	273 ± 7 ns

음의 시간은 움직이는 시계의 시간이 기준 시계보다 적다는 것을 뜻한다. 움직이는 시간은 동쪽 여행 동안 시간을 잃었고(천천히 갔다), 서쪽 여행 동안에는 시간을 얻었다(빨리 갔다). 이것은 지구의 자전 때문에 일어나며 움직이는 시계는 지구상의 기준 시계보다 빠르거나 늦게 똑딱거린다. 특수상대성이론은 실험 오차 범위 내에서 검증되었다.

예제 2.6

1985년 우주왕복선 '챌린저'가 세슘 시계를 싣고 비행한 후 지구상의 고정 시계와 시간을 비교했다. 왕복선은 지구로부터 330 km 상공을 7712 m/s(~17,250 mph)의 속력으로 공전했다. (a) 움직이는 시계가 초당 잃은 시간을 계산하고 측정값 -295.02 ± 0.29 ps/s와 비교하라. 이 측정값에는 일반 상대론에 의해 예측된 값 35.0 ± 0.06 ps/s가 포함되어 있다. (b) 7일 동안 계속된 왕복선의 전체 비행시간 동안 움직이는 시계가 특수 상대론만에 의해 잃은 시간은 얼마인가?

전략 이 문제는 시간 팽창 효과의 직접적인 응용 문제이지만, 우주왕복선이 (지구 주위를 공전하는) 비관성계에서 움직인다는 점 때문에 복잡하다. 지금은 이 점을 고려하지 않고, 간단하게 우주왕복선이 지구에 대해 직선 운동을 한다고 가정하고, 계산에서 두 사건은 왕복선이 시작점(발사)과 끝점(착륙)을 통과하는 것으로 잡는다. 일반 상대론의 효과는 고려하지 않는다.

왕복선의 지구에 대한 공전 속도를 알고 있으므로 β와 상대론적 인자 γ를 결정할 수 있다. 지구에 고정된 시계가 측정한 시간을 T라 하면, 식 (2.19)의 시간 팽창 효과를 사용하여 우주왕복선에 있는 시계가 측정한 고유 시간 T'_0을 결정할 수 있다. 시간 차이는 $\Delta T = T - T'_0$인데, $T'_0 = T\sqrt{1-\beta^2}$이므로 $\Delta T = T - T'_0 = T(1-\sqrt{1-\beta^2})$이다. (b)에서는 7일 동안 움직이는 시계가 잃은 총시간을 계산한다.

풀이 (a) $\beta = v/c = (7712 \text{ m/s})/(2.998 \times 10^8 \text{ m/s}) = 2.572 \times 10^{-5}$이다. β가 아주 작은 값이므로 제곱근 $\sqrt{1-\beta^2}$을 멱급수로 전개하여 ΔT를 계산할 때 β^2의 가장 낮은 차수까지만 남긴다.

$$\Delta T = T\left[1 - \left(1 - \frac{\beta^2}{2} + \cdots\right)\right] = \frac{\beta^2 T}{2}$$

이제

$$\frac{\Delta T}{T} = \frac{\beta^2}{2} = \frac{1}{2}(2.572 \times 10^{-5})^2 = 330.76 \times 10^{-12}$$

이다. 이 경우 ΔT는 양수인데, 우주왕복선의 시계가 이 시간을 잃는 것을 뜻하고, 움직이는 시계는 초당 330.76 ps를 잃는다.

이 계산 결과가 측정된 시간과 어떻게 비교되는가? 측정된 총 시간은 295.02 ± 0.29 ps/s를 잃는 것인데, 특수 상대론의 효과만을 얻으려면 측정값에 일반 상대론의 예측값 35.0 ± 0.06 ps/s를 더해야 한다. 따라서 측정된 특수 상대론 값은 330.02 ps/s에 가깝고, 위에서 계산한 결과와 0.2%밖에 차이가 나지 않는다.

(b) 7일의 총 임무 수행 시간은 6.05×10^5 s이므로 두 시계 사이의 총시간 차이는 $(330.76 \times 10^{-12}) \times (6.05 \times 10^5 \text{ s}) = 0.2$ ms이며, 이 시간 차이는 세슘 시계로 쉽게 검출할 수 있다.

속도 덧셈

알페거(T. Alväger)와 동료들*은 스위스와 프랑스의 국경에 있는 세른(CERN)의 핵 및 입자물리 연구시설에서 속도 덧셈 관계식에 대한 재미있는 시험을 했다. 그들은 거의 20 GeV (20×10^9 eV)의 양성자 빔으로 과녁을 때려 6 GeV 이상의 에너지를 갖는 중성 파이온(π^0)을 만들었다. $\pi^0(\beta \approx 0.99975)$는 반감기가 아주 짧아 곧 두 개의 γ선으로 붕괴하는데, π^0가 정지한 계에서는 두 γ선은 반대 방향으로 날아간다. 실험실에서 앞쪽으로(실제로는 6°이지만, 별 차이가 없으므로 계산상 0°라고 가정한다) 가는 γ선의 속도를 측정하는 실험을 한다. 갈릴레이 변환에 따르면 γ선의 속도는 $u = 0.99975c + c = 1.99975c$인데, π^0가 정지한 계에서의 γ선의 속도가 이미 c이기 때문이다. 그렇지만 상대론적 속도 덧셈에서는 실험실에 대해서 π^0가 정지한 계의 속도로 $v = 0.99975c$를 쓰고 π^0가 정지한 계에서의 γ선의 속도로 $u' = c$를 쓰면 식 (2.23a)는

$$u = \frac{c + 0.99975c}{1 + \frac{(0.99975c)(c)}{c^2}} = c$$

가 된다. 30 m 떨어지게 놓은 두 검출기 사이를 γ선이 움직이는 데 걸리는 시간을 측정하는 실험을 했는데, 실험 결과는 상대론적 예측과는 아주 잘 일치했지만 갈릴레이 변환과는 일치하지 않았다. 우리는 또 한 번 특수상대성이론이 필요하다는 결정적인 증거를 얻게 되었다.

로런츠 대칭성 시험

이제까지 우리는 세 가지 흥미로운 실험만 언급하였지만, 핵 및 입자 가속기로 실험하는 물리학자들은 수천 가지 실험을 통해 여기에서 논의된 개념들이 옳다는 것을 검증하였다. 양자전기역학(quantum electrodynamics, QED)은 그 체계 안에 특수 상대론을 포함하고 있는데, 이 양자전기역학은 10^{12}분의 1의 정확도까지 검증받았다.

로런츠 대칭성은 물리학의 법칙이 모든 관찰자에게 똑같아야 한다는 것을 말하고, 기본 입자와 힘을 기술하는 기본 토대로서 매우 중요하다. 이 책의 나머지 많은 부분에서 토의되는 양자역학의 원리와 더불어 로런츠 대칭성은 상대론적 양자장론의 뼈대를 이룬

*T. Alväger, F. J. M. Farley, J. Kjellman, and I. Wallin, *Physics Letters* **12**, 260 (1964)를 보라. 또한 J. M. Bailey의 논문 *Arkive Fysik* **31**, 145 (1966)도 참고하라.

다. 현재로서 가장 좋은 물리 이론들(예를 들면, 14장의 표준 모형)에 추가될 수도 있었던 많은 상호작용이 로런츠 대칭성에 어긋나 배제되었다. 최근 수십 년 동안 물리학자들은 로런츠 대칭성을 시험하기 위해 많은 실험을 고안하여 수행하였지만, 현재까지 로런츠 대칭성은 깨지지 않았다. 예를 들어 전자에 대한 실험에서는 10^{32}분의 1의 정확도까지, 중성자 실험에서는 10^{31}분의 1의 정확도까지, 그리고 양성자 실험에서는 10^{27}분의 1의 정확도까지 깨지지 않았다. 이 숫자들은 놀라운 정확도이지만, 현재도 더 많은 실험을 수행 중이고, 더 많은 실험을 계획하고 있다. 최근 몇 년간 몇몇 물리학자들은 일부 양자 중력 이론에서 로런츠 대칭성이 깨진다는 것을 제안했는데, 10^{-35} m 정도의 아주 작은 거리에서 깨질 수 있다는 것이다. 지금은 그처럼 작은 거리에서의 직접적인 실험이 가능해졌는데, 필요한 에너지가 엄청나게 크지만(10^{28} eV), 외계에서 아주 에너지가 높은 사건에서 그와 같은 효과를 관측할 수 있다. 지금까지 로런츠 대칭성이 깨지는 것을 입증한 실험은 없지만, 로런츠 대칭성의 깨짐에 관한 관심은 여전히 높다.*

2.8 쌍둥이 역설

상대론에서 가장 재미있는 화제 중의 하나가 쌍둥이(또는 시계) 역설이다. 1905년 아인슈타인의 유명한 논문이 발표되었을 때부터 내내 이 화제는 많은 주목을 받았고 여러 변종이 존재한다. 이 역설을 요약하면 다음과 같다. 쌍둥이인 메리와 프랭크는 다른 진로를 택해 메리(움직이는 쌍둥이)[Mary (the **M**oving twin)]는 우주비행사가 되고 프랭크(고정된 쌍둥이)[Frank (the **F**ixed twin)]는 증권 중개인이 되었다. 30살에 메리는 지구로부터 8광년 떨어진 별을 공부하기 위해 우주선을 타고 출발하여, 매우 빠른 속도로 날아서 별에 도착한 다음 살아서 돌아온다. 프랭크가 특수 상대론을 이해한 바에 의하면, 메리의 생체 시계는 프랭크의 시계보다 천천히 가고, 메리가 돌아올 때 자기보다 젊다고 주장한다. 비슷한 논의로 메리도 자기에 대해 빠른 속도로 움직이는 것은 프랭크이므로 메리가 돌아왔을 때 프랭크가 더 젊을 것이라고 주장한다는 것이 역설이다. 이 역설을 더 복잡하게 하는 것은, 메리와 프랭크가 둘 다 옳을 수는 없으며 대칭성에 의해 두 쌍둥이는 여전히 같은 나이일 것이라고 주장할 수도 있다는 것이다. 이 중 어느 것이 바른 풀이인가?

쌍둥이 중 누가 더 젊을까?

바른 답은 메리가 더 젊은 쌍둥이로 여행에서 돌아온다는 것이다. 프랭크에 따르면, 메리의 우주선은 지구에서 출발하여 곧 비행 속도 $0.8c$에 도달한다. 메리는 별까지 8광년을 여행하고 속도를 낮춰서 빨리 돈 다음 같은 속도로 지구로 돌아온다. 가속(양의 가속과 음의 가속)하는 시간은 지구와 별 사이의 총 여행 시간에 비하면 무시할 수 있다. 프랭크에 따르면, 메리가 별까지 여행하는 시간은 10년[$(8\text{ ly})/0.8c = 10\text{ y}$]이고 돌아오는 시간도 10년이어서 총 여행 시간은 20년이므로, 메리가 돌아올 때 프랭크의 나이는 $30 + 10 + 10\text{ y} = 50$살이다. 하지만 메리의 시계는 더 천천히 가므로 별까지 가는 데 걸리는 시간은 단지 $10\sqrt{1 - 0.8^2}\text{ y} = 6$년이다. 프랭크는 자기의 정지한 시계에 대해 메리가 돌아올 때 메리의 나이는 $30 + 6 + 6\text{ y} = 42$살이라고 계산한다.

*_Physics Today_ (2004년 7월) p. 40에 Maxim Pospelov와 Michael Romalis가 쓴 "시험대에 오른 로런츠 불변성"을 보라. _Scientific American_ (2004년 9월)의 "아인슈타인 이후" 특집호도 보기 바란다.

여기서 중요한 사실은 프랭크의 시계는 여행 내내 하나의 관성계*에 있지만, 메리의 시계는 그렇지 않다는 것이다. 메리가 일정한 속도로 프랭크로부터 멀어질 때는, 둘 다 상대편이 나이를 덜 먹는다는 데 동의한다. 그러나 메리가 돌기 위해 속도를 낮출 때 메리는 자기의 처음 관성계를 떠나게 되고 결국 돌아올 때는 완전히 다른 관성계에 있게 된다. 메리는 같은 관성계에 있지 않으므로, 프랭크가 더 젊다는 메리의 주장은 타당하지 않다. 누가 하나의 관성계에 있는지도 의심의 여지가 없다. 메리의 여행 내내 프랭크는 가속을 느끼지 못하지만, 메리는 방향을 바꿀 때 가속을 분명히 느끼게 되는데, 자동차가 멈출 때 발에 힘을 주어야 하므로 가속을 느끼는 것과 마찬가지다. 메리가 여행을 시작할 때의 가속과 끝낼 때의 감속은 거의 문제가 되지 않는데, 둘 다 메리가 프랭크 옆을 스쳐 지나간다고 하면 고정된 시계와 움직이는 시계를 비교할 수 있기 때문이다. 메리가 별에서 가속한다는 것이 핵심이다. 특수 상대론의 두 가설을 떠올린다면 역설은 없다. 메리의 시계의 순간 변화율은 메리의 순간 속력에 의해 결정이 되지만, 메리는 그녀가 방향을 바꿀 때의 가속 효과를 고려해야만 한다. 가속을 포함하여 특수 상대론으로 메리의 여행 전체를 조심스럽게 분석하면 메리가 더 젊다는 프랭크의 계산과 일치하게 된다. 메리가 지구로 돌아올 때 그녀는 유명할 뿐만 아니라 부유하기도 한데, 주식 중개인인 프랭크가 메리의 봉급을 20년 동안(그동안 메리는 12년만 일했다!) 현명하게 투자했기 때문이다.

메리는 더 젊고 부유하다

프렌치(A. P. French)의 우수한 책「특수 상대론」에서 쌍둥이 역설을 분석한 내용을 표 2.1에 옮긴다. 메리와 프랭크 모두 (각자 자기 시계로 측정된 대로) 진동수 f로 신호를 보낸다. 표에는 집에 머문 쌍둥이 프랭크에게 한 열, 여행을 다녀온 쌍둥이 메리에게 한 열을 할애하여, 여행의 중요 시점과 여행 중 받은 신호의 수가 기록되어 있다. (지구에서 측정한) 메리의 우주선의 속도는 v이고, 이것으로부터 상대론적 인자 γ를 계산하며, (지구에서 측정한) 메리의 우주선이 방향을 전환하기까지 여행한 거리는 L이다. 이 표의 많은 부분은 시공간(2.9절)과 도플러 효과(2.10절)를 사용하여 분석하면 가장 좋다.

2.9 시공간

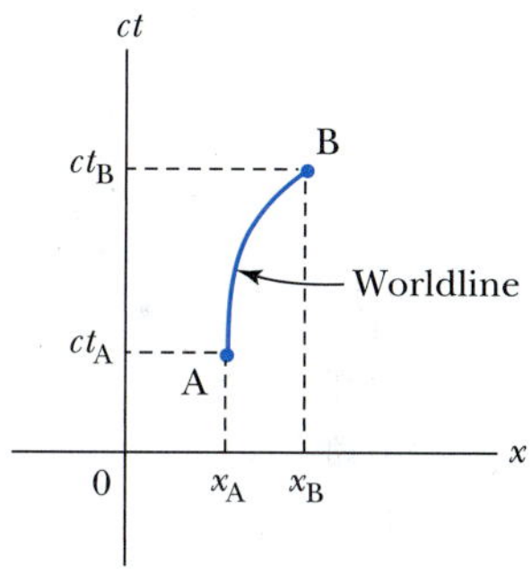

그림 2.21 사건을 명시하기 위해 시공간 도표를 사용한다. 사건 A로부터 사건 B까지의 경로를 나타내는 세계선이 그려져 있다.

상대론에서 사건을 기술할 때 그림 2.21에서와 같은 **시공간**(spacetime) 도표 위에 사건을 나타내는 것이 편리할 때가 있다. 편의상 공간 좌표는 x 하나만 사용하고 이 1차원에서 위치를 표시한다. 시간 대신 ct를 사용하는데, 이렇게 하면 두 좌표가 모두 길이의 차원을 갖는다. 시공간 도표는 1908년 민코프스키(H. Minkowski)에 의해 처음 사용되어서 종종 **민코프스키 도표**(Minkowski diagram)라고 불린다. 상대론에서는 사건을 명시하기 위해 공간과 시간 모두를 표시해야 한다는 것을 이미 배웠는데, 이것이 시간을 *네 번째 차원*이라고 부르는 이유이다. 그림 2.21에서 사건 A와 B는 각각 좌표 (x_A, ct_A)와 (x_B, ct_B)로 표시된다. 사건 A와 B를 연결하는 선이 A로부터 B까지의 경로이며 **세계선**(worldline)이라고 불린다. 속도 v로 $x = 0$, $ct = 0$에서 발사된 우주선은 그림 2.22에서와 같은 세계선을 갖는데, 시공간 도표에서 기울기가 c/v인 직선이다. 예를 들어 원점에서 속력 c로 보낸 빛 신호는 시공간 도표에서 기울기가 $c/c = 1$인 직선으로 표현되는

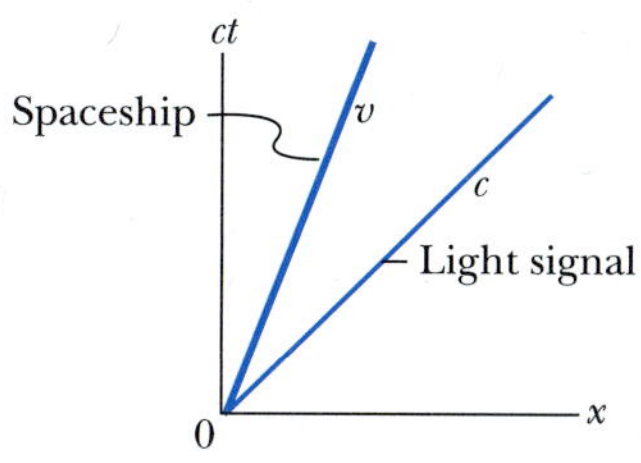

그림 2.22 시공간 도표에서 빛 신호는 45°의 기울기를 갖는다. x축을 따라 속력 v로 움직이는 우주선은 시공간 도표에서 기울기가 c/v인 직선이다.

*자전도 하고 공전도 하는 지구는 근사적으로만 관성계이다.

표 2.1 쌍둥이 역설의 분석

항목	(지구에 머무는) 프랭크의 측정	(여행하는 우주비행사인) 메리의 측정
총 여행 시간	$T = 2L/v$	$T' = 2L/\gamma v$
보낸 신호의 총수	$fT = 2fL/v$	$fT' = 2fL/\gamma v$
여행 초기에 받는 신호의 진동수 f'	$f\sqrt{\dfrac{1-\beta}{1+\beta}}$	$f\sqrt{\dfrac{1-\beta}{1+\beta}}$
메리의 방향 전환을 측정하는 시각	$t_1 = L/v + L/c$	$t'_1 = L/\gamma v$
f'의 비율로 받은 신호의 수	$f't_1 = \dfrac{fL}{v}\sqrt{1-\beta^2}$	$f't'_1 = \dfrac{fL}{v}(1-\beta)$
남은 여행 시간	$t_2 = L/v - L/c$	$t'_2 = L/\gamma v$
여행의 끝에 받는 신호의 진동수 f''	$f\sqrt{\dfrac{1+\beta}{1-\beta}}$	$f\sqrt{\dfrac{1+\beta}{1-\beta}}$
f''의 비율로 받은 신호의 수	$f''t_2 = \dfrac{fL}{v}\sqrt{1-\beta^2}$	$f''t'_2 = \dfrac{fL}{v}(1+\beta)$
받은 신호의 총수	$2fL/\gamma v$	$2fL/v$
다른 쌍둥이가 측정한 시간에 대한 결론	$T' = 2L/\gamma v$	$T = 2L/v$

A. French, *Special Relativity*, New York: Norton (1968), p. 158에서 인용.

데, x 및 ct 축과 모두 45°의 각을 이루는 선이다. 시공간 도표에서 실제 운동은 기울기가 1보다 작을(x축과의 각 < 45°) 수는 없는데, 만약 기울기가 1보다 크다면 운동 속력이 c보다 커지기 때문이다. 로런츠 변환은 c보다 큰 속력을 허용하지 않는다.

같은 시간($ct = 0$)에서 서로 다른 위치 x_1과 x_2에서 일어나는 두 사건을 생각하자. 사건을 (x, ct)로 표시하면 이 사건들은 $(x_1, 0)$과 $(x_2, 0)$으로 표시되며, 그림 2.23에서 원점이 $x = 0$과 $ct = 0$에 고정된 관성계에 표시되어 있다. 이 두 사건이 서로 다른 곳에서 일어났다면 어떻게 이 사건들이 동시에 일어났다는 것을 확신할 수 있을까? 우리는 두 사건이 동시에 일어났다는 것을 실험적으로 결정하는 방법을 고안해 내야 한다. x_1과 x_2의 위치에 시계를 놓고 x_1과 x_2의 중간인 x_3에 섬광 전구를 놓는데, 두 시계는 이전에 동시화되었기 때문에 같은 시각을 나타낸다. 시간 $t = 0$에서 섬광 전구가 터져 x_3로부터 빛이 나간다. 빛 신호는 그림 2.23에 보인 세계선을 따라 진행하고, 시공간 도표에 보인 대로 같은 시각 t에 x_1과 x_2에 도달한다. 이와 같은 방법으로 관성 기준틀에서 두 사건이 동시에 일어났다는 것을 확신할 수 있다.

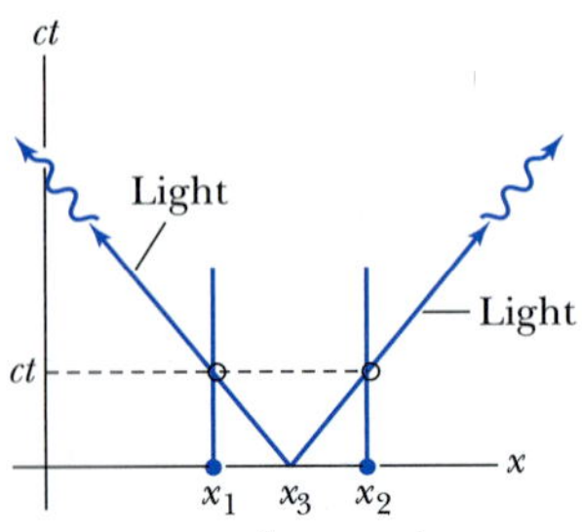

그림 2.23 x_1과 x_2에 놓인 시계는 그 중간인 x_3에서 빛을 보냄으로써 동시화할 수 있다. 빛 신호는 같은 시각 t에서 x_1과 x_2의 세계선을 만난다.

그렇지만 다른 관성 기준틀에 대해서는 어떤가? 우리의 (x, ct)계에 대해 속력 v로 움직이는 기준틀 K′에서는 두 사건은 동시에 일어나지 않는다. 두 사건의 공간 좌표가 x_1과 x_2로 다르므로, 로런츠 변환을 하면 움직이는 계에서 두 사건은 같은 t'에서 동시에 일어나지 않게 된다. 이것을 보기 위해 속도 v로 움직이는 우주선에서 사건 1, 2, 3이 일어났다고 하자. x_1과 x_2에 대한 세계선은 그림 2.24에서 x_1과 x_2에서 출발하는 기울어진 두

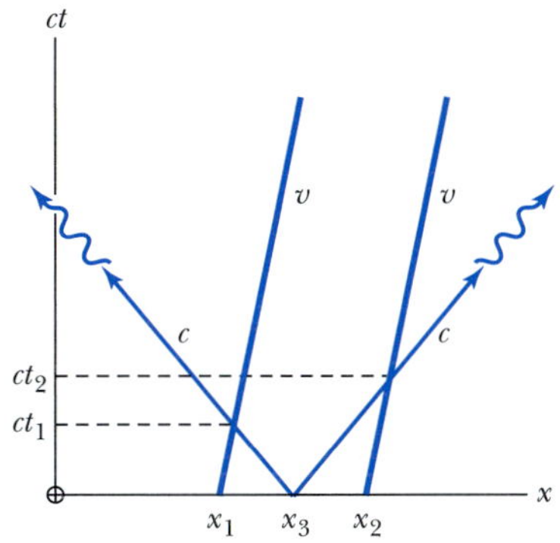

그림 2.24 섬광 전구가 켜질 때 이전 그림의 두 위치 $x_1(= x_1')$과 $x_2(= x_2')$이 움직이는 K′계에 있었다면, x_1'과 x_2'에 대한 세계선이 기울어져 있으므로, K계에서는 시간이 동시에 나타나지 않는다.

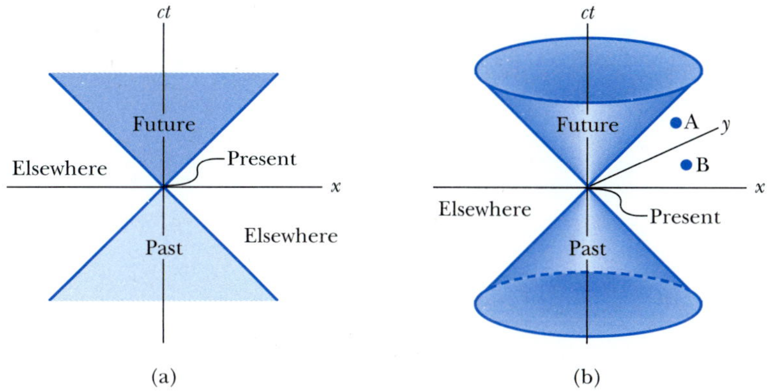

그림 2.25 (a) 시공간 도표를 사용하여 과거, 현재, 미래를 나타낼 수 있다. 짙은 영역에 놓일 사건들만 인과 관계를 갖는다. $t = 0$ 밑의 짙은 영역 밖의 사건은 현재에 영향을 줄 수 없다. (b) 또 하나의 공간 좌표 y를 더하면 공간 원뿔을 그릴 수 있다. 현재는 사건 A에 영향을 줄 수 없지만, 사건 B는 영향을 미칠 수 있다.

직선이다. 섬광 전구가 켜지면 x_3로부터의 빛 신호는 (x, ct) 기준틀에서 여전히 45°로 진행한다. 빛 신호는 x_1과 x_2에서 출발하는 세계선을 서로 다른 시간에 만나므로 움직이는 계에서는 두 사건이 동시에 일어나지 않음을 알 수 있다. 시공간 도표는 이와 같은 현상을 보이는 데 유용하다.

$t = 0$보다 일찍 일어난 모든 것을 *과거*라고 부르고 $t = 0$ 이후에 일어나는 모든 것을 *미래*라고 부른다. 그림 2.25a의 시공간 도표에는 과거와 미래가 그려져 있는데, $t = 0$ 밑의 짙은 영역에서 일어난 사건만이 현재에 영향을 줄 수 있음을 유의하라. 이 영역 밖의 사건들은 $v \le c$의 제한 때문에 현재에 영향을 미치지 못하는데, 이 영역을 *딴곳*이라고 부른다. 비슷하게 역시 빛의 속도의 제한 때문에 현재는 $t = 0$ 위의 짙은 영역 밖에서 일어나는 사건에 영향을 미칠 수 없다. 시공간 좌표계에 또 하나의 공간 좌표 y를 더하면 그림 2.25b에 보인 것과 같은 원뿔을 갖게 되는데, 이것을 **빛원뿔**(light cone)이라고 한 빛원뿔
다. 현재 $(x = 0, ct = 0)$과 인과 관계가 있는 모든 사건은 이 빛원뿔 안에 있어야 한다. 그림 2.25b에서 현재 $(x = 0, ct = 0)$에 일어나는 어떤 사건도 위치 A의 사건에 영향을 줄 수 없다. 그렇지만 사건 B는 쉽게 사건 A에 영향을 줄 수 있는데, A는 B로부터 나오는 빛 신호의 범위에 들어 있기 때문이다.

불변량(invariant quantity)은 모든 관성계에서 같은 값을 갖는다. 불변량은 한 좌 불변량
표계로부터 다른 좌표계로 갈 때 변하지 않으므로 물리학에서 특별한 역할을 한다. 예를 들어 빛의 속도 c는 불변량이다. 거리를 나타낼 때 우리는 $d^2 = x^2 + y^2 + z^2$을 사용하는데, 유클리드 기하학에서는 모든 관성 기준틀에서 같은 결과를 얻는다. 특수 상대론에서 d^2과 비슷한 불변량이 있을까? 식 (2.9)를 보면 K계와 K′계에서 비슷한 식이 있다.

$$s^2 = x^2 - (ct)^2 \tag{2.25a}$$

으로 정의된 s^2과

$$s'^2 = x'^2 - (ct')^2 \tag{2.25b}$$

을 자세히 살펴보자. x와 t에 로런츠 변환을 사용하면 $s^2 = s'^2$임을 알 수 있으므로 s^2은 *불변량이다*. 이 관계식을 두 개의 공간 좌표 y와 z를 더하여 확장하면*

$$s^2 = x^2 + y^2 + z^2 - (ct)^2 \tag{2.26}$$

이 된다. 우리는 간편하게 계속해서 하나의 공간 좌표 x만을 사용할 것이다.

두 사건이 있다면 두 사건 사이에

$$\Delta s^2 = \Delta x^2 - c^2\ \Delta t^2 \tag{2.27}$$

인 양 Δs^2을 결정할 수 있고, 이것은 어느 관성계에서나 불변임을 알 수 있다. 이 양 Δs를 두 사건의 **시공간 간격**(spacetime interval)이라고 부르는데, 이 불변량 Δs^2에는 다음 세 가지 가능성이 있다.

시공간 간격

1. $\Delta s^2 = 0$: 이 경우에는 $\Delta x^2 = c^2 \Delta t^2$이고 두 사건은 빛 신호에 의해서만 연결될 수 있다. 이 사건들은 **빛꼴**로 분리되어 있다고 한다.
2. $\Delta s^2 > 0$: 여기서는 $\Delta x^2 > c^2 \Delta t^2$이므로 두 사건을 연결하도록 충분히 빠르게 전달할 신호가 없다. 두 사건은 인과 관계를 갖지 않으며 **공간꼴**로 분리되어 있다고 한다. 이 경우 c보다 작은 속도로 움직이고, 두 사건이 시간상 동시에 일어나고 공간상으로는 분리되어 있는 관성계가 언제나 하나는 있게 된다.
3. $\Delta s^2 < 0$: 여기서는 $\Delta x^2 < c^2 \Delta t^2$이고 두 사건 사이에 인과 관계가 있을 수 있다. 이 간격은 **시간꼴** 간격으로 불린다. 이 경우 c보다 작은 속도로 움직이고, 두 사건이 서로 다른 시간이지만 공간상으로는 같은 위치에서 일어나는 관성계가 언제나 하나는 있게 된다. 이 두 사건은 결코 동시에 일어날 수 없다.

빛꼴

공간꼴

시간꼴

*몇몇 저자들은 식 (2.26)의 표현에 음의 부호를 붙인 것을 사용한다.

예제 2.7

2.8절에서 논의한 쌍둥이의 운동을 시공간 도표에 그려라. 각 쌍둥이가 1년에 한 번씩 보내는 신호를 그리고, 각 쌍둥이가 다른 쌍둥이로부터 받는 빛 신호의 개수를 세어라.

전략 메리가 원점 $(x, ct) = (0, 0)$에서 지구를 출발한다고 하자. 메리는 $ct = 20$ ly가 지난 시간에 $x = 0$에서 지구로 돌아온다. 메리의 세계선은 기울기가 $+c/v$와 $-c/v$인 두 직선으로 표시되고, 프랭크의 세계선은 $x = 0$에 고정되어 있다. 프랭크와 메리가 보낸 신호는 시공간 도표에서 기울기가 ± 1이다. 프랭크와 메리가 보낸 빛 신호가 언제 상대방의 세계선에 도착하는지 잘 살핀다.

풀이 그림 2.26에 시공간 도표가 그려져 있다. 메리의 여행을 나타내는 선은 별로 가는 여행에서는 기울기가 $c/0.8c = 1.25$이고 돌아오는 여행에서는 -1.25이다. 별로 가는 여행에서 메리는 별에 도착해서야 프랭크가 보낸 두 번째 연례 빛 신호를 받는데, 빛 신호가 메리를 따라잡는 데 상당한 시간이 걸리기 때문이다. 그렇지만 돌아오는 여행에서 메리는 프랭크의 빛 신호를 빠른 비율로 받고, 막 돌아왔을 때 마지막(스무 번째) 신호를 받는다. 메리의 시계가 천천히 가기 때문에 고정된 계에서의 시공간 도표에서는 빛 신호를 덜 자주 보내게 된다. 메리는 별에 도착했을 때 여섯 번째 연례 신호를 보내지만, 프랭크는 18년째가 되어서야 그 신호를 받는다. 하지만 마지막 2년 사이에 프랭크는 메리의 신호를 빠른 비율로 받고, 결국 모두 열두 개를 받는다. 프랭크는 단지 2년의 기간에 뒤 여섯 개 신호를 받게 되는 것이다.

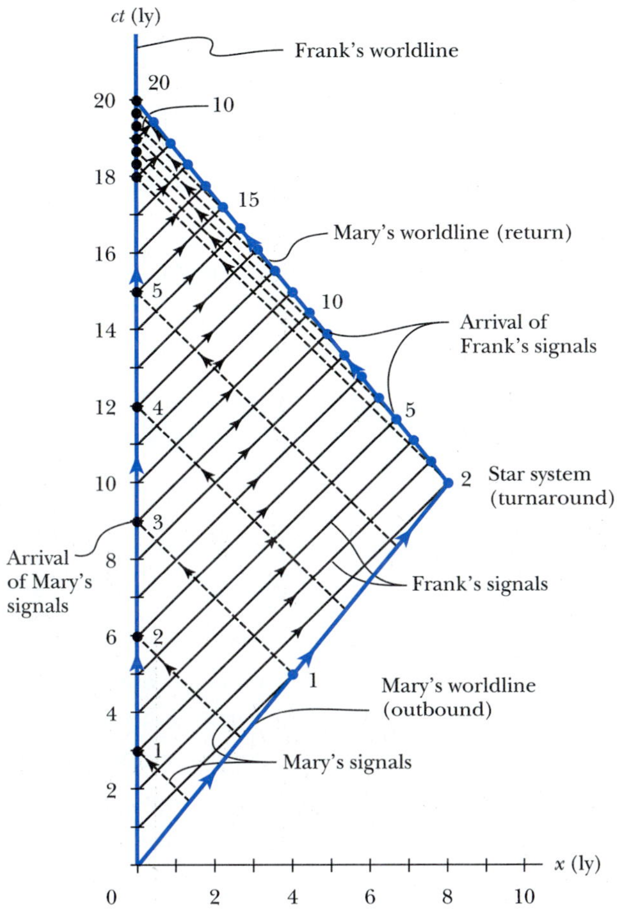

그림 2.26 메리가 별에 갔다 돌아오는 여행을 그린 시공간 도표. 프랭크의 세계선은 $x = 0$의 수직선이고 메리의 두 세계선은 c/v의 올바른 크기의 기울기를 갖고 있음을 유의하라. 검은 점선은 메리가 프랭크에게 1년에 한 번씩 보낸 빛 신호이고, 검은 실선은 프랭크가 메리에게 보낸 것이다. 속이 찬 점은 빛 신호가 도달한 시간이다.

3-벡터 $\vec{R}$은 3차원 유클리드 공간에서 데카르트 좌표 x, y, z를 사용하여 정의할 수 있다. 또 하나의 데카르트 좌표계에서 그 계의 x', y', z'을 써서 또 다른 3-벡터 $\vec{R}'$을 결정할 수 있다. 지금까지 초급 물리학에서 이 두 계 사이에서의 축의 병진과 회전에 대해 논의해 왔다. 뉴턴 시공간에는 두 개의 기하가 있음을 배웠다. 그 하나는 공간 간격이 $d\ell^2 = dx^2 + dy^2 + dz^2$으로 주어지는 3차원 유클리드 기하이고 다른 하나는 시간 간격이 dt로 주어지는 1차원 기하이다. 민코프스키는 로런츠 변환에서 공간과 시간 모두 그 자체로는 충분하지 않고 그 둘의 연합체만이 독립적이고 유용하다는 것을 지적했다.

우리는 네 성분 x, y, z와 ict를 사용하여 4차원 벡터, 혹은 4-벡터를 만들 수 있다. 식 (2.27)에 대응하는 식은 다음과 같다.

$$\begin{aligned} ds^2 &= dx^2 + dy^2 + dz^2 - c^2dt^2 \\ ds'^2 &= dx'^2 + dy'^2 + dz'^2 - c^2dt'^2 \\ ds^2 &= ds'^2 \end{aligned} \tag{2.28}$$

앞에서 ds^2(실제는 Δs^2)이 양수, 음수, 혹은 0이 될 수 있다는 것을 보았다. 4-벡터 형식에서는 공간과 시간의 분리된 기하가 아니라 하나의 *시공간* 기하만을 갖는다. 시공간 간격 $ds^2 = ds'^2$은 로런츠 변환에서 불변이다. 2.12절에서 입자의 에너지와 운동량이 어떻게 연관되는지를 배울 것이다. 시공간 4-벡터와 비슷하게 에너지·운동량 4-벡터가 있고 그에 대응하는 불변량은 질량이다.

4-벡터 형식에서 적당한 로런츠 변환에서 형태가 변하지 않는 양을 만드는 식을 얻을 수 있다. 이 형식을 쓰면 상대론적 물리학을 수학적으로 기술하기가 조금 쉽다. 그러나 불이익도 있는데, 우리가 여기서 멈추고 행렬 대수와 *텐서* 그리고 *스피너*에 대해 배워야 한다는 것이다. 지금 이 시점에서는 상대론을 이해하는 데 얻을 것이 거의 없다. 또 4-벡터를 사용하는 데 또 하나의 불리한 점은 여러 저자들이 용어를 통일되게 사용하지 않는다는 것이다. 어떤 때는 ict가 x, y, z를 1, 2, 3 성분으로 부르는 4-벡터(ict, x, y, z)의 0 성분으로 표시되기도 하고, 어떤 때는 (x, y, z, ict)의 4 성분으로 표시되기도 한다. 어떤 4-벡터 형식에서는 허수 $i = \sqrt{-1}$이 사용되지 않기도 한다. 우리는 4-벡터를 사용하지 않기로 한다.

2.10 도플러 효과

여러분은 아마도 이미 기초 물리학에서 소리에서의 도플러 효과에 대해서 배웠을 것이다. (기적을 울리고 있는) 기차와 같은 음원이 (우리의 고막과 같은) 수신기에 가까이 오면 진동수가 커지고 음원이 멀어지면 진동수가 줄어드는 현상이다. 음원이 고정되어 있고 수신기가 움직여도 음파 진동수의 변화가 일어난다. 음파 진동수의 변화는 음원이 움직이느냐 수신기가 움직이느냐에 따라 달라진다. 얼핏 생각하면 음파에서의 도플러 효과는 상대성 원리를 위반하는 것처럼 보이지만, 음파에 있어서는 실제로 특별한 기준틀이 있다. 음파는 전파되기 위하여 공기, 물, 또는 강철판과 같은 매질이 필요하다. 그러나 빛에는 매질이 필요하지 않고, 광원과 수신자의 상대적인 운동만이 중요하므로, 음파에 대한 보통의 도플러 효과와 광파에 대한 상대론적 도플러 효과 사이에 차이가 있으리라 예상할 수 있다. 진공 중에서 광원이 빛보다 빨리 달리는 것은 불가능하지만, 음원이 소리보다 빨리 달릴 수는 있다. 비슷하게 빛이 c보다 느린 속도로 달리는 물과 같은 매질에서는 광원이 빛의 속도보다 빨리 달릴 수 있다.

광원(예를 들면, 별)과 수신자(천문학자)가 상대 속도 v로 서로 다가간다고 생각하자. 먼저 수신자가 K계에 고정되어 있고(그림 2.27a) K′계의 광원이 속도 v로 수신자에게 다가가는 경우를 생각한다. 광원은 시간 간격 T 동안에 n개의 파를 방출한다. 광속은 언제나 c이고 광원은 속도 v로 움직이고 있으므로 시간 간격 T 동안에 방출된 파열의 앞과 뒤 사이의 거리는

$$\text{파열의 길이} = cT - vT$$

이다. 이 시간 동안 n개의 파가 방출되었으므로 파장은

$$\lambda = \frac{cT - vT}{n}$$

이어야 하고, 진동수 $f = c/\lambda$는

$$f = \frac{cn}{cT - vT} \tag{2.29}$$

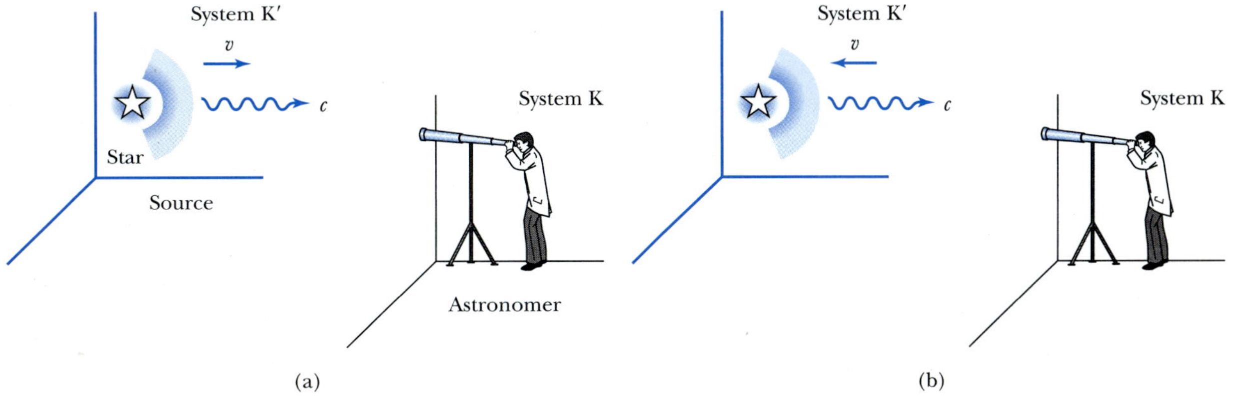

그림 2.27 (a) 광원(별)이 수신자(천문학자)에게 속도 v로 다가가면서 속력 c의 빛을 방출한다. (b) 여기서는 광원과 관측자가 속도 v로 멀어진다. 빛에 대한 도플러 효과는 소리에 대한 것과 다른데, 상대론의 적용을 받고 광파를 전달하는 매질이 없기 때문이다.

이다. 광원은 그것이 정지한 계에서 고유 시간 T_0' 동안 진동수 f_0의 파 n개를 방출한다.

$$n = f_0 T_0' \tag{2.30}$$

움직이는 계에서 정지하고 있는 시계로 측정한 고유 시간 T_0'은 K계의 수신자에 대해 고정된 시계로 측정한 시간 간격 T와 다음과 같은 관계를 갖는데,

$$T_0' = \frac{T}{\gamma} \tag{2.31}$$

여기서 γ는 식 (2.16)의 상대론적 인자이다. 광원과 같이 움직이는 시계는 파동의 시작과 끝에 함께 존재하므로 고유 시간을 측정하게 된다.

식 (2.31)의 고유 시간 T_0'을 식 (2.30)에 대입하여 파의 수 n을 구하고, 식 (2.29)에 대입하면 진동수를 구할 수 있는데,

$$\begin{aligned} f &= \frac{cf_0 T/\gamma}{cT - vT} \\ &= \frac{1}{1 - v/c}\,\frac{f_0}{\gamma} = \frac{\sqrt{1 - v^2/c^2}}{1 - v/c}\,f_0 \end{aligned}$$

이며, 이 식에 γ의 값을 대입하였다. $\beta = v/c$를 사용하면 위 식을 다음과 같이 바꿔 쓸 수 있다.

$$f = \frac{\sqrt{1+\beta}}{\sqrt{1-\beta}}\,f_0 \quad \text{광원과 수신자가 가까워질 때} \tag{2.32}$$

식 (2.32)가 광원이 고정되어 있고 수신자가 속도 v로 광원에 다가갈 때도 타당하다는 것을 쉽게 보일 수 있다. 중요한 것은 물론 상대 속도 v이다(연습문제 49).

그러나 광원과 수신자가 속도 v로 멀어질 때는 어떤 일이 일어날까?(그림 2.17b를 보라.) 유도 과정은 앞과 비슷하지만, 광원과 수신자가 가까워지는 대신 멀어지기 때문에

파열의 시작과 끝 사이의 거리는

$$\text{파열의 길이} = cT + vT$$

가 된다. 이 부호의 변화는 유도 과정 끝까지 반영되어(연습문제 50), 최종 결과는

$$f = \frac{\sqrt{1-\beta}}{\sqrt{1+\beta}} f_0 \quad \text{광원과 수신자가 멀어질 때} \tag{2.33}$$

가 된다.

광원과 수신자가 서로 다가갈 때 $\beta(+v/c)$의 부호를 +로 하고, 멀어질 때 $\beta(-v/c)$의 부호를 −로 하면 식 (2.32)와 (2.33)을 하나의 식으로 묶을 수 있다. 최종 식은

$$f = \frac{\sqrt{1+\beta}}{\sqrt{1-\beta}} f_0 \quad \text{상대론적 도플러 효과} \tag{2.34}$$

이다. 도플러 효과는 천문학, 원자물리학 및 핵물리학을 포함한 과학의 여러 분야에서 유용하다. 많은 응용 중의 하나가 비행기의 위치와 속력을 알아내기 위한 효과적인 레이더이다.(Special Topic '도플러 효과의 응용'을 보라.)

빨강 쏠림

원소들은 특별한 원자 준위의 존재로 인해 특정한 진동수의 빛을 흡수하거나 방출하는데, 뒤에서 이에 대해 배울 것이다. 과학자들은 별빛에서 이 특정한 진동수를 관측했고 이 진동수가 이동했다는 것을 관측했다. 진동수가 이동한 이유 중 하나는 도플러 효과이고 이 진동수의 변화로 빛을 내는 물체가 우리에 대해 움직이는 속도를 결정할 수 있다. 이것이 우리에게서 멀어지는 물체에 의해 생기는 별빛의 **빨강 쏠림**(redshift)의 원인이다. 이런 자료로부터 우주가 팽창한다는 사실을 확신하게 되었는데, 별이 더 멀수록 빨강 쏠림이 더 크기 때문이다. 이러한 관측으로부터 섀플리(Harlow Shapley)와 허블(Edwin Hubble)은 우주가 대폭발*로 시작되었다고 생각하게 되었다.

지금까지 이 절에서는 광원이나 수신자가 직접 가까워지거나 멀어지는 경우만을 생각했는데, 물론 이 둘이 그림 2.28에서와 같이 서로에 대해 각을 이루면서 움직일 수 있다. 여기에서는 유도[†]는 하지 않고 결과만 서술한다. 각 θ와 θ'이 빛 신호가 K와 K′계에서 x축과 이루는 각이라면 다음의 관계를 만족한다.

$$f\cos\theta = \frac{f_0(\cos\theta' + \beta)}{\sqrt{1-\beta^2}} \tag{2.35}$$

$$f\sin\theta = f_0\sin\theta' \tag{2.36}$$

일반화된 도플러 쏠림식은 다음과 같이 된다.

$$f = \frac{1+\beta\cos\theta'}{\sqrt{1-\beta^2}} f_0 \tag{2.37}$$

*훌륭한 참고문헌으로 Paul Hodge, *American Scientist* **72**, 474 (1984)의 "우주 거리 척도"와 S. Weinberg, *Science* **230**, 15 (1985)의 "기원"을 보라. 대폭발은 16장에서 논의한다.

†Robert Resnick, *Introduction to Special Relativity*, New York: Wiley (1968)

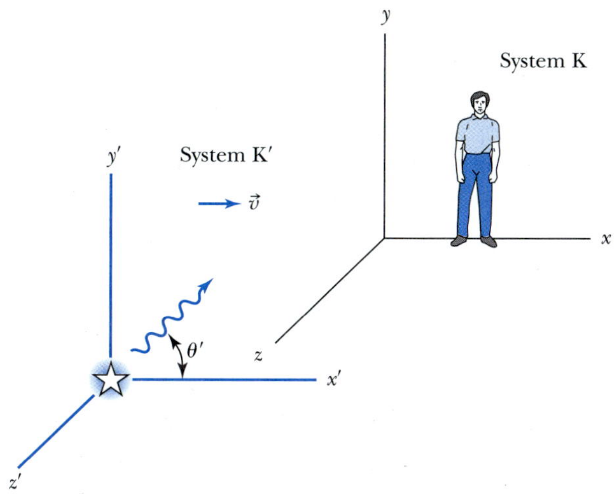

그림 2.28 K′계에서 빛 신호는 $x'y'$ 평면 내에서 x'축으로부터 θ'의 각으로 방출된다.

식 (2.37)은 $\theta' = 0$(광원과 수신자가 가까워진다)일 때 식 (2.32)가 되고, $\theta' = 180°$(광원과 수신자가 멀어진다)일 때 식 (2.33)이 되는데, 이런 경우들을 *평행 도플러 효과*라고 한다.

$\theta = 90°$일 때 빛은 운동 방향에 대해 수직이 되며 *수직 도플러 효과*가 일어나는데, 이는 고전적으로는 일어나지 않는 순수한 상대론적 효과이다. 수직 도플러 효과는 시간 팽창의 직접적인 결과인데 실험적으로 검증되었다. 식 (2.35)~(2.37)을 이용하여 별 수차도 이해할 수 있다.

예제 2.8

2.8절에서 우주선을 타고 있는 메리가 지구상에 머무는 쌍둥이 형제 프랭크로부터 멀어지면 어떤 일이 생기는지 논의했다. 상대론적 도플러 효과를 사용하여 프랭크와 메리가 보낸 빛 신호를 분석하라.

전략 가는 여행과 돌아오는 여행에 대해 식 (2.34)를 사용하여 보내고 받은 빛 신호의 진동수를 분석한다. 가는 동안 광원(프랭크)과 수신자(메리)는 멀어지므로 $\beta = -0.8$이고, 돌아오는 동안에는 $\beta = +0.8$이다. 프랭크가 보내는 신호의 진동수는 f_0이고 메리가 받는 신호의 진동수는 f이다.

풀이 먼저 메리가 프랭크로부터 받는 빛 신호의 진동수를 분석한다. 식 (2.34)를 사용하면

$$f = \frac{\sqrt{1 + (-0.8)}}{\sqrt{1 - (-0.8)}}\, f_0 = \frac{f_0}{3}$$

인데, 프랭크는 매년 신호를 보내기 때문에 메리는 3년마다 신호를 받는다. 그러므로 별까지 가는 6년 동안 메리의 계에서 메리는 단지 두 개의 신호를 받는다.

돌아오는 여행에서는 $\beta = 0.8$이고 식 (2.34)에 의하면

$$f = \frac{\sqrt{1 + 0.8}}{\sqrt{1 - 0.8}}\, f_0 = 3f_0$$

이므로, 메리는 매년 세 개의 신호를 받아 돌아오는 동안 모두 18개의 신호를 받는다. 메리는 프랭크로부터 매년 보내는 신호를 총 20개 받으므로 자기가 여행하는 동안 프랭크는 20살을 먹었다는 결론을 내린다.

이제 메리가 프랭크에게 보내는 신호를 분석하자. 가는 동안 프랭크가 메리로부터 받는 신호의 진동수도 $f_0/3$가 된다. 프랭크의 시계로 메리가 별까지 가는 10년 동안 프랭크는 10/3 신호—세 개의 신호와 다음 신호를 받기까지의 시간의 1/3—를 받는다. 프랭크는 메리로부터 다음 8년간 계속해서 $f_0/3$의 비율로 신호를

Special Topic

도플러 효과의 응용

도플러 효과는 상대론의 특이한 결론일 뿐 아니라 실제적인 많은 응용이 있는데, 그중의 세 가지를 여기서 다루고 나머지는 본문의 여러 곳에서 언급한다.

천문학

아마도 가장 잘 알려진 응용은 천문학에서 알려진 원자 전이 진동수의 도플러 쏠림으로부터 천체들의 우리에 대한 상대 속도를 결정하는 것이다. 이 측정 방법은 퀘이사(엄청난 양의 빛을 내고 믿을 수 없을 만큼 질량이 큰 천체; 15장을 보라)와 같은 특이한 천체까지의 거리를 결정하는 데 오늘날도 여전히 사용되고 있다. 도플러 효과는 천문학에서 또 다른 효과를 알아내는 데도 쓰이는데, 예를 들어 금성의 자전 속도를 결정하거나 금성이 지구와는 반대 방향으로 자전한다는 사실, 즉 태양은 금성의 서쪽에서 뜬다는 사실을 알아낸다. 이것은 그림 A에서처럼 금성의 양쪽에서 반사된 빛이 한편에서는 파랑 쏠림이 일어나고 반대편에서는 빨강 쏠림이 일어나는 것을 관측함으로써 알 수 있다. 같은 방법으로 별들의 자전 속도를 결정해 왔다.

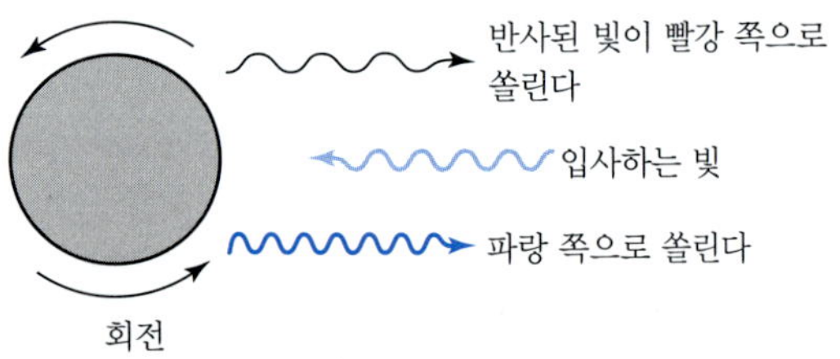

그림 A

행성과 별의 회전뿐만 아니라 은하의 회전을 결정하는 데도 같은 방법을 사용해 왔다. 1970년대 루빈(Vera Rubin)은 천문학자 포드(Kent Ford)와 함께 많은 은하에 대해 도플러 쏠림을 사용하여 은하 중심으로부터의 거리의 함수로 회전 곡선 즉 은하의 회전율을 측정했다. 그 결과 모든 은하의 바깥쪽 끝이 현재의 지식으로 설명할 수 있는 것보다 빨리 회전한다는 것을 알게 되었다. 이 차이가 결국은 암흑 물질이라고 알려진, 은하 내의 많은 양의 보이지 않는 질량을 측정하는 간접적인 방법이 되었다.(16장에서 암흑 물질에 대해 더 자세히 논의한다.) 천문학계의 많은 사람들이 오래전부터 루빈의 업적이 노벨상을 받을 만하다고 믿었지만, 불행히도 그녀는 과학자의 최고의 영예를 얻기 전 2016년 12월에 사망하였다.

레이더

레이더에서만큼 도플러 효과가 중요한 곳은 없다. 전자기파인 레이더 신호가 움직이는 목표물에서 반사될 때, 이른바 *메아리* 신호는 도플러 효과에 의해 진동수가 바뀐다. 메아리 신호와 기준 신호의 맥놀이 진동수를 검사하여 아주 작은 진동수의 변화를 결정할 수 있다. 이 진동수의 변화는 목표물의 속도의 지름 방향 성분에 비례한다. 항해 레이더는 상당히 복잡한데, 여러 레이더 빔을 사용하여 목표물의 위치와 속도를 결정하는 정교한 방법이 사용되고 있다. 펄스 도플러 레이더를 사용하면 불필요한 반사상인 정지한 표적과 움직이는 표적을 구분해 낼 수 있다.

도플러 레이더는 기상학에서도 광범위하게 사용된다.

받는데, 8년은 메리가 보낸 여섯 번째 신호가 지구에 도달하기까지 걸리는 시간이다. 따라서 프랭크는 자기의 시계로 메리가 여행하는 처음 18년간 18/3 = 6개의 신호를 받는다. 프랭크는 진동수 $3f_0$의 신호를 받을 때까지는 메리가 방향을 바꿔 돌아오고 있는지 알지 못한다. 메리가 돌아오는 동안 프랭크는 $3f_0$의 진동수로, 즉 1년에 세 개씩의 신호를 받는다. 그러나 프랭크의 계에서는 메리의 여섯 번째 신호를 받고 메리가 돌아온다는 사실을 안 후 2년 후에 메리가 돌아온다. 이 2년 동안 프랭크는 여섯 개의 신호를 더 받으므로 프랭크는 메리가 총 12살밖에 먹지 않았다고 결론을 내린다.

이러한 분석이 그림 2.26에 있는 시공간 도표와 완전히 일치하지만 약간 더 쉽다는 것에 주목하라. 시공간 도표와 같은 기하학적 방법이 종종 유용하긴 하지만, 분석적인 계산이 보통은 더 쉽다.

기류의 수직 이동, 빗방울의 크기와 운동, 폭풍우의 운동, 바람의 자세한 분포 등을 도플러 레이더로 연구해 왔다.

움직이는 원자나 핵에서 방출되는 엑스선과 감마선도 도플러 효과에 의해 진동수가 바뀌게 된다. 이 같은 현상 때문에 정지한 원자들과 핵들에서 방출된 복사 진동수가 커지거나 작아져서 관측된 스펙트럼의 폭이 자연스럽게 넓어지게 된다.

레이저 냉각

원자물리학에서 기본적인 측정을 하기 위해서는 열운동의 효과를 줄이고 원자 하나를 고립시키는 것이 좋다. 도플러 효과를 이용하는 방법으로 중성 원자의 속력을 줄여 마침내 고립시킬 수 있다. 뜨거운 가마에서 방출된 원자들은 어떤 평균값 주위로 퍼진 속력을 가지고 있다. 이 원자들이 그림 B에서처럼 빔을 이루고, 오른쪽에서 레이저 빔을 쏘면 운동량을 전달함으로써 원자들의 속도를 줄일 수 있다.

원자들은 특정한 진동수의 복사를 흡수하거나 방출하도록 하는 특징적인 에너지 준위를 가지고 있다. 레이저 빔에 대해 움직이는 원자들은 도플러 효과 때문에 레이저 진동수의 변화를 '보게' 된다. 예를 들어 레이저 빔을 향해 움직이는 원자들은 높은 진동수의 레이저를 만나고, 레이저 빔으로부터 멀어지는 원자들은 낮은 진동수의 레이저를 만난다. 원자 빔 안에서 같은 방향으로 움직이는 원자들도 원자마다의 속도에 따라 약간 다른 진동수를 보게 된다. 이제 레이저 빔의 진동수가 속도가 빠른 원자에서 복사를 흡수하여 들뜨도록 빠른 원자가 보는 정확한 진동수에 맞춰진다면, 이 빠른 원자들은 레이저 복사의 운동량을 흡수하여 느려질 것이다. 더 늦은 원자들은 복사를 흡수하는 데 필요한 것보다 더 낮은 진동수로 도플러 쏠림이 일어난 레이저 빔을 '보게' 되어, 레이저 빔을 흡수하지 않을 것이다. 전체 결과는 원자들 전체로서 *속도가 느려지고 속도 분포의 폭은 줄어든다*는 것이다.

원자들의 속도가 느려지면 레이저의 도플러 쏠림이 일어난 진동수가 바뀐 것을 보게 되고, 더 이상 레이저 복사를 흡수하지 않게 되어서, 느려진 속도와 속도 분포를 유지하게 된다. 도플러 냉각으로 얻을 수 있는 저온의 한계는 원자에 따라 다르지만, 보통 수백 마이크로켈빈 정도이다. 도플러 냉각은 보통 서로 다른 각도에서 레이저 빔을 교차하게 만들어서 일어나는데, 원자들이 실질적으로 잡혀 있는 '광학 당밀'을 만들 수 있다. 더 이상 냉각하려면 다른 방법들이 사용되는데 '시시포스(Sisyphus)'나 증발 냉각 등이 그것이다. 여러 과학자가 행한 일련의 주목할 만한 실험에서 원자들은 10^{-10} K의 온도까지 냉각되었다. 이 방법들로 추(Steven Chu), 코엔타누지(Claude Cohen-Tannoudji)와 필립스(William Phillips)가 1997년 노벨 물리학상을 받았다. 레이저 냉각은 원자시계에서도 중요하게 사용된다. 9장에서 레이저 냉각으로 어떻게 보스·아인슈타인 응축물이라는 물질의 초냉각 상태를 만드는지를 논의할 것이다.

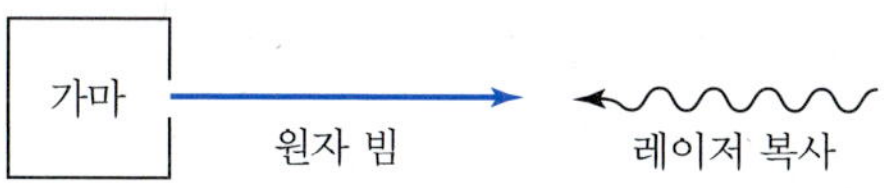

그림 B

2.11 상대론적 운동량

뉴턴의 제2법칙인 $\vec{F} = d\vec{p}/dt$는 갈릴레이 변환을 하면 모양이 변하지 않지만 로런츠 변환을 하면 그렇지 않으리라는 것을 예상할 수 있다. 선운동량과 에너지 보존 법칙에도 비슷한 변환 문제가 있다. 우리는 선운동량에 관한 이전의 정의를 자세히 살펴서 그것이 높은 속도에서도 타당한지 보려고 한다. 예를 들어 뉴턴의 제2법칙을 따르면 이미 아주 높은 속도로 움직이는 입자를 가속하면 광속보다 빠른 속도를 갖게 된다. 이것은 로런츠 변환과 모순이 되므로 뉴턴의 제2법칙은 높은 속도에서는 어떻게든 수정되어야 한다.

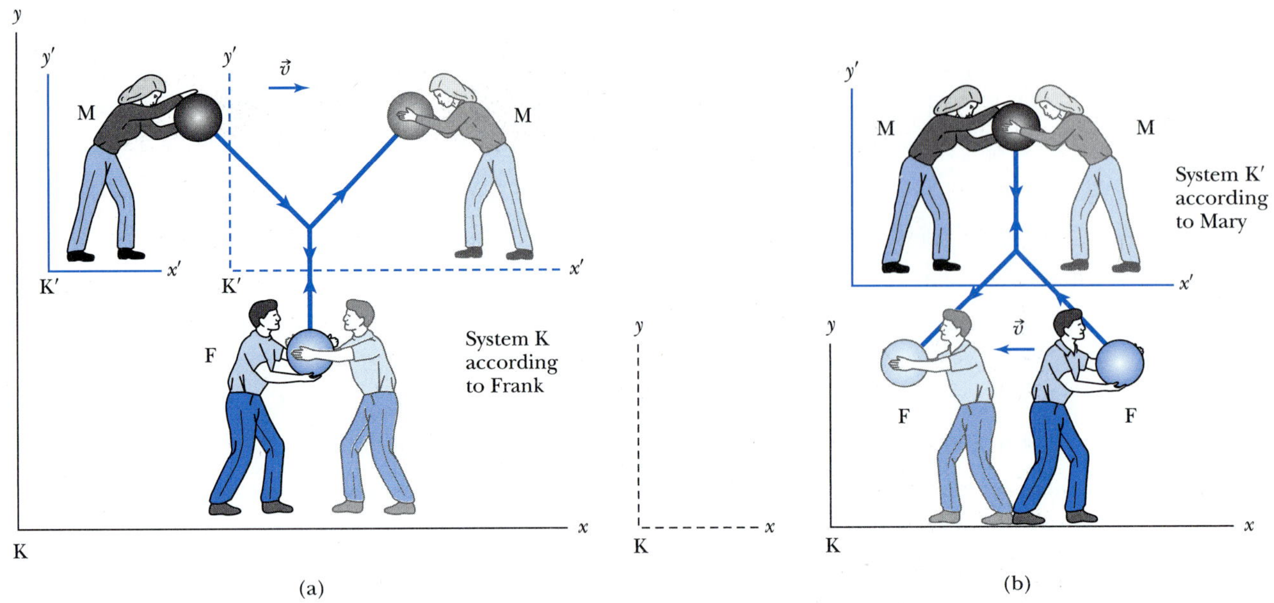

그림 2.29 프랭크는 고정된 K계에 있고 메리는 움직이는 K′계에 있다. 프랭크는 자기의 $+y$축을 따라 공을 던지고, 메리는 자기의 $-y'$축을 따라 공을 던져서 두 공은 충돌한다. 이 사건을 (a)에서는 프랭크의 계에서 그렸고, (b)에서는 메리의 계에서 그렸다.(공을 잡을 때의 쌍둥이를 그리는 것이 어색해서, 그때는 돌아선 모습을 희미하게 그렸다.)

물리학자들은 선운동량 보존 법칙이 근본적인 법칙이라고 생각하기 때문에, 먼저 외력이 작용하지 않는 충돌을 생각한다. 프랭크(고정된 계 또는 정지한 계)[Frank(**F**ixed or stationary system)]은 K계에서 질량 m의 공을 들고 정지해 있다. 메리(움직이는 계)[Mary(**M**oving system)]는 그림 2.29a에서처럼 K계에 대해 속도 v로 x 방향으로 움직이는 K′계에서 비슷한 공을 들고 있다. 프랭크는 y축을 따라 공을 던지고 메리는 자기의 y'축의 음의 방향으로 똑같은 속도로 공을 던진다. 두 공은 완전 탄성 충돌을 하고 각자는 튀어 돌아온 자기 공을 잡는다. 두 쌍둥이는 각자 충돌 전후의 자기 공의 속도를 u_0로 측정한다.

두 관찰자가 본 충돌을 그림 2.29에 그렸다. 프랭크가 K계에서 본 운동량 보존을 생각해 보자. 프랭크가 던진 공의 속도는 K계에서 다음의 성분을 갖는다.

$$\begin{aligned} u_{Fx} &= 0 \\ u_{Fy} &= u_0 \end{aligned} \tag{2.38}$$

운동량의 정의로 $\vec{p} = m\vec{v}$를 사용하면 프랭크가 던진 공의 운동량은 완전히 y 방향으로 있다.

$$p_{Fy} = mu_0 \tag{2.39}$$

완전 탄성 충돌을 했기 때문에 공은 $-y$축을 따라 u_0의 속도로 프랭크에게 돌아온다. 프랭크가 K계에서 관측한 자기 공의 운동량의 변화는

$$\Delta p_F = \Delta p_{Fy} = -2mu_0 \tag{2.40}$$

이다.

운동량 보존 법칙을 확인하기 위해서는 *프랭크가 측정한* 메리의 공의 운동량의 변화를 정해야 한다. 메리가 측정한 속도를 프라임을 가진 속도로 하고 프랭크가 측정한 속도를 프라임이 없는 속도로 표시한다.(u_0는 예외로 쌍둥이가 각자의 계에서 측정한 공의 속력이다.) 메리는 공을 자기의 $-y'$축을 따라 던졌기 때문에, 자기 공의 처음 속도가 $u'_{Mx} = 0$과 $u'_{My} = -u_0$라고 측정한다. 식 (2.23)의 속도 변환식을 사용하여 프랭크가 측정한 메리의 공의 속도를 결정한다. 금방 논의한 속도들의 값을 대입하면

$$\begin{aligned} u_{Mx} &= v \\ u_{My} &= -u_0\sqrt{1 - v^2/c^2} \end{aligned} \tag{2.41}$$

을 얻는다.

충돌 전 프랭크가 측정한 메리의 공의 운동량은

$$\begin{aligned} \text{Before} \quad p_{Mx} &= mv \\ \text{Before} \quad p_{My} &= -mu_0\sqrt{1 - v^2/c^2} \end{aligned} \tag{2.42}$$

이고, 완전 탄성 충돌을 한 후의 운동량은

$$\begin{aligned} \text{After} \quad p_{Mx} &= mv \\ \text{After} \quad p_{My} &= +mu_0\sqrt{1 - v^2/c^2} \end{aligned} \tag{2.43}$$

이다. 프랭크에 따르면 메리의 공의 운동량의 변화는

$$\Delta p_M = \Delta p_{My} = 2mu_0\sqrt{1 - v^2/c^2} \tag{2.44}$$

이다.

선운동량 보존을 만족하려면 충돌에서의 총운동량의 변화량 $\Delta p_F + \Delta p_M$은 0이어야 하지만, 식 (2.40)과 (2.44)를 더하면 0이 되지 않는 것이 분명하다. *고전물리학에서 정의된 운동량을 사용하면 특수상대성이론의 속도 변환식을 사용하더라도 선운동량은 보존되지 않는다.* x 방향으로는 문제가 없지만, 각 계에서 공이 던져진 방향인 y 방향으로는 문제가 있다.

고전 선운동량의 난제

선운동량 보존 법칙을 버리기보다는 이 보존 법칙과 뉴턴의 제2법칙을 유지하도록 운동량의 정의를 수정해 보도록 하자. 로런츠 변환을 유도했을 때와 비슷하게, 운동량 보존 법칙을 만족할 가장 간단하고 합리적인 정의의 변화를 가정한다. 즉, 고전적인 운동량의 $m\vec{u}$에 속도의 함수인 인자가 곱해진다고 가정하고, 그 인자를 $\Gamma(u)$라고 한다. 이제 운동량의 정의로

$$\vec{p} = \Gamma(u)m\vec{u} \tag{2.45}$$

를 시험해 본다.

예제 2.9에서 $\Gamma(u)$의 값이

$$\Gamma(u) = \frac{1}{\sqrt{1 - u^2/c^2}} \tag{2.46}$$

이면 금방 다룬 충돌에서 운동량이 보존된다는 것을 볼 수 있다. 식 (2.46)의 *형태*는 로런츠 변환에서 나왔던 것과 같으므로 $\Gamma(u)$를 같은 기호로 쓴다: $\Gamma(u) = \gamma$. 그렇지만 $\Gamma(u)$는 입자의 속도 u를 포함하는 반면 로런츠 변환에서의 γ는 두 관성 기준틀 사이의 상대 속도 v를 포함한다는 점에서 서로 다르다. 혼동을 일으킬 수 있으므로 이 구분을 기억하고 있어야 한다. $\Gamma(u)$를 γ로 쓰는 것이 물리학자들 사이에 흔하므로 이 책에서도 두 가지 뜻으로 γ를 쓰지만, 혼동의 여지가 있을 때는 $\Gamma(u)$는 $1/\sqrt{1 - u^2/c^2}$으로 풀어 쓰고, 로런츠 변환을 위해서는 $\gamma = 1/\sqrt{1 - v^2/c^2}$을 쓴다. 혼동을 피하고자 종종 $1/\sqrt{1 - u^2/c^2}$을 풀어 쓸 것이다.

속도를 정할 때 전에 논의한 고유 시간을 사용하면 선운동량의 바른 형태를 설득력 있게 정할 수 있다. 선운동량은

$$\vec{p} = m\frac{d\vec{r}}{d\tau} = m\frac{d\vec{r}}{dt}\frac{dt}{d\tau} \tag{2.47}$$

로 정한다. $\vec{r}$이 위치 벡터일 때 속도는 고전적으로 쓸 때와 같이 $\vec{u} = d\vec{r}/dt$로 한다. $d\vec{r}/dt$의 값은 여러 관찰자에게 다르지만, $d\tau$가 움직이는 K′계에서의 고유 시간일 때 $d\vec{r}/d\tau$의 값은 모든 관찰자에게 같다. 움직이는 (메리의) 기준틀과 고정된 (프랭크의) 기준틀 사이의 상대 속도를 나타내기 위해 γ의 식에 u를 쓰면 식 (2.31)에서 $dt/d\tau$ $(=\gamma)$의 값을 얻는다.

식 (2.47)로부터 **상대론적 운동량**(relativistic momentum)의 정의는 다음과 같다.

$$\vec{p} = m\frac{d\vec{r}}{dt}\gamma$$

$$\vec{p} = \gamma m\vec{u} \quad \text{상대론적 운동량} \tag{2.48}$$

인데, 여기서

$$\gamma = \frac{1}{\sqrt{1 - u^2/c^2}} \tag{2.49}$$

이다. u/c가 작은 값일 때 상대론적 운동량의 결과는 고전적인 결과로 환원된다. 고전적인 운동량의 표현은 $u < 0.14c$일 때 1% 이내로 정확하다. 그림 2.30에는 상대론적 운동량과 고전적인 운동량이 그려져 있다.

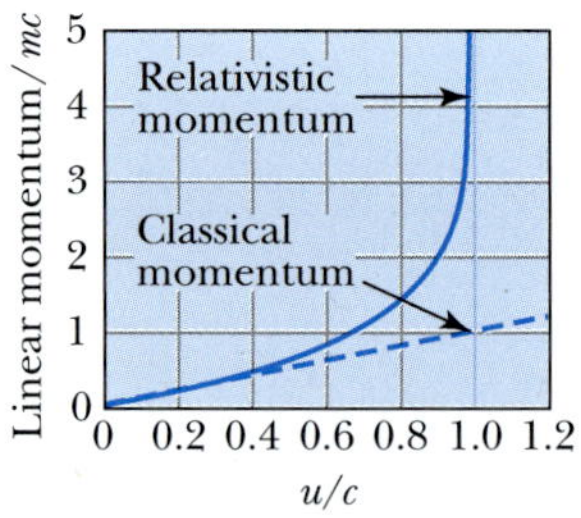

그림 2.30 질량 m인 입자의 선운동량을 고전적 운동량과 상대론적 운동량에 대해 속도 u/c의 함수로 그렸다. $u \to c$일 때 상대론적 운동량은 아주 커지지만, 고전적인 운동량은 계속해서 선형으로 커진다. 상대론적 운동량이 맞는 것이다.

정지 및 상대론적 질량

어떤 물리학자들은 식 (2.48)에서의 질량을 정지 질량 m_0라고 하고 $m = \gamma m_0$를 *상대론적 질량*이라고 부른다. 이렇게 하면 운동량의 고전적인 형태 $m\vec{u}$가 유지되고, 질량은 높은 속력에서 증가한다. 대부분의 물리학자는 질량을 불변량, 물체의 고유 성질로 두기를 더 좋아한다. 이 책은 두 번째 입장을 택해서 *정지 질량*을 의미할 때만 *질량*이란 용어를 사용한다. *질량*과 *정지 질량*을 동의어로 사용하고 *상대론적 질량*이란 용어는 사용하지 않는다. 상대론적 질량을 사용하면 그것이 적용되지 않는 고전적인 식에 그것을 대입하는 실수를 학생들이 너무 자주 하게 된다.

예제 2.9

조금 전에 논의하고 그림 2.29에 보인 충돌에서 선운동량이 보존되는 것을 보여라.

전략 프랭크와 메리가 던진 공의 운동량에 대해 얻은 식들을 상대론적 운동량을 사용하여 수정한다. 그다음에 프랭크의 입장에서 운동량이 보존되는지 확인한다. 메리의 계에서 운동량이 보존되는지의 문제는 연습문제 62로 남긴다.

풀이 식 (2.39)로부터 프랭크가 던진 공의 운동량은

$$p_{Fy} = \gamma m u_0 = \frac{m u_0}{\sqrt{1 - u_0^2/c^2}}$$

가 된다. 완전 탄성 충돌에서 이 공의 운동량의 크기는 충돌 전후에 같다. 충돌 후의 운동량은 충돌 전의 운동량에 음의 부호를 붙인 것이므로, 운동량의 변화는 식 (2.40)으로부터

$$\Delta p_F = \Delta p_{Fy} = -2\gamma m u_0 = -\frac{2 m u_0}{\sqrt{1 - u_0^2/c^2}} \qquad (2.50)$$

가 된다.

이제 프랭크가 측정한 메리의 공의 운동량을 생각하자. x 방향의 운동량에 추가로 γ 인자를 붙여도 여전히 $\Delta p_{Mx} = 0$이다. Δp_{My}를 더 주의 깊게 살펴야 하는데, 먼저 프랭크가 측정한 메리가 던진 공의 속도를 알아본다. 식 (2.41)을 사용하면

$$u_M = \sqrt{u_{Mx}^2 + u_{My}^2} = \sqrt{v^2 + u_0^2(1 - v^2/c^2)} \qquad (2.51)$$

이고, 이 경우 운동량에 사용할 상대론적 인자 γ는

$$\gamma = \frac{1}{\sqrt{1 - u_M^2/c^2}}$$

이다. 이제 이 γ의 값을 사용하면 Δp_{My}의 값은 수정된 식 (2.42)에 의해

$$p_{My} = -\gamma m u_0 \sqrt{1 - v^2/c^2} = \frac{-m u_0 \sqrt{1 - v^2/c^2}}{\sqrt{1 - u_M^2/c^2}}$$

이다. 식 (2.51)의 u_M의 값을 이 식에 대입하면

$$p_{My} = \frac{-m u_0 \sqrt{1 - v^2/c^2}}{\sqrt{(1 - u_0^2/c^2)(1 - v^2/c^2)}} = \frac{-m u_0}{\sqrt{1 - u_0^2/c^2}} \qquad (2.52)$$

를 얻는다. 충돌 후의 운동량은 이 값에 음의 부호를 붙인 것이므로 운동량의 변화는

$$\Delta p_M = \Delta p_{My} = \frac{2 m u_0}{\sqrt{1 - u_0^2/c^2}} \qquad (2.53)$$

이다. 프랭크에 의해 측정된 두 공의 운동량의 변화는 식 (2.50)과 (2.53)의 합이다.

$$\Delta p = \Delta p_F + \Delta p_M = 0$$

그러므로 프랭크는 정말로 운동량이 보존된다는 것을 발견한다. 메리도 선운동량이 보존된다는 것을 밝힐 수 있어야 한다(연습문제 62).

2.12 상대론적 에너지

이제 에너지와 힘의 개념으로 가 보자. 상대론과 양자역학에서의 새로운 이론을 만들 때, 물리학자들은 절대적으로 필요한 경우가 아니면 고전역학에서 잘 받아들여진 생각을 바꾸지 않았다. 이런 정신으로 우리도 고전물리학의 정의를 가능한 한 그대로 두기로 하고 실험적으로 옳지 않다는 것이 밝혀질 때만 바꾸기로 한다. 실제로 힘의 개념은 뉴턴의 운동 법칙에서 쓰인 대로에서 가장 잘 정의되므로, 뉴턴의 제2법칙에서 쓰인 고전적인 힘의 정의를 그대로 쓴다. 앞 절에서 우리는 운동량의 개념을 살펴서 식 (2.48)의 상대론적 표현을 이끌어 냈다. 그러므로 뉴턴의 제2법칙을 수정하여 선운동량의 새로운 정의를 사용하면 힘은

상대론적 힘

$$\vec{F} = \frac{d\vec{p}}{dt} = \frac{d}{dt}(\gamma m\vec{u}) = \frac{d}{dt}\left(\frac{m\vec{u}}{\sqrt{1-u^2/c^2}}\right) \tag{2.54}$$

가 된다. 연습문제에서 이 힘의 여러 양상을 검토한다(연습문제 55~58).

기초 물리학에서 운동에너지는 알짜 힘에 의해 입자에 행해진 일로 나타나는데, 여기서도 운동에너지와 일을 같은 방법으로 정의한다. 입자를 위치 1에서 경로 $\vec{s}$를 따라 위치 2로 움직일 때 작용한 힘 $\vec{F}$가 한 일 W_{12}는

$$W_{12} = \int_1^2 \vec{F}\cdot d\vec{s} = K_2 - K_1 \tag{2.55}$$

으로 정의되는데, 여기서 K_1은 위치 1에서의 입자의 운동에너지이다.

문제를 간단히 하기 위해 입자가 정지한 상태에서 힘 $\vec{F}$를 받아 움직이기 시작했다고 하고 일이 끝난 다음 최종 운동에너지를 계산하자. 힘은 식 (2.54)에 의해 일과 운동에너지와 연관이 되며, 일 W와 운동에너지 K는

$$W = K = \int \frac{d}{dt}(\gamma m\vec{u})\cdot \vec{u}\,dt \tag{2.56}$$

인데, 여기서 적분은 미분 경로 $d\vec{s} = \vec{u}dt$를 따라 수행된다. 질량은 불변량이기 때문에 적분 밖으로 나올 수 있고, 상대론적 인자 γ는 u에 의존하기 때문에 적분 밖으로 나올 수 없다. 식 (2.56)은

$$K = m\int dt\,\frac{d}{dt}(\gamma\vec{u})\cdot\vec{u} = m\int u\,d(\gamma u)$$

가 된다. 적분의 양 끝은 처음 값 0에서부터 나중 값 γu까지이다.

$$K = m\int_0^{\gamma u} u\,d(\gamma u) \tag{2.57}$$

식 (2.57)의 적분은 부분 적분의 방법을 사용하면 쉽게 할 수 있다. 그 결과는 *상대론적 운동에너지*라고 불리는 다음 양이다.

상대론적 운동에너지

$$K = \gamma mc^2 - mc^2 = mc^2\left(\frac{1}{\sqrt{1-u^2/c^2}} - 1\right) = mc^2(\gamma - 1) \tag{2.58}$$

식 (2.58)은 운동에너지의 고전적인 결과인 $K = \frac{1}{2}mu^2$을 닮지 않은 것처럼 보인다. 그렇지만 만약 옳다면 낮은 속도에서 고전적인 결과로 환원될 것이라 예상할 수 있는데, 정말 그런지 살펴보자. $u \ll c$인 속도에서 γ를 이항 급수로 전개한다.

$$\begin{aligned} K &= mc^2\left(1 - \frac{u^2}{c^2}\right)^{-1/2} - mc^2 \\ &= mc^2\left(1 + \frac{1}{2}\frac{u^2}{c^2} + \cdots\right) - mc^2 \end{aligned}$$

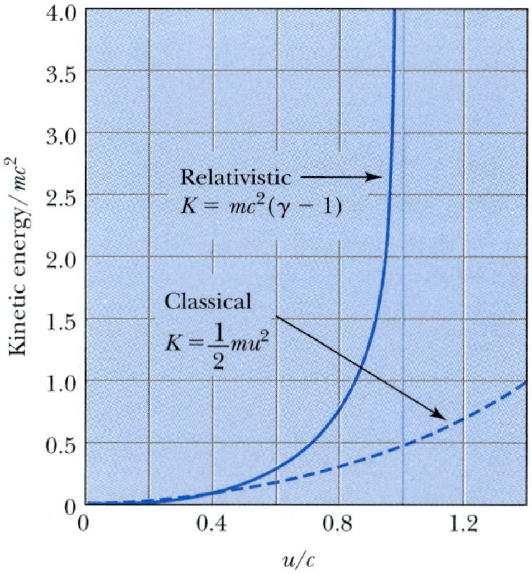

그림 2.31 고전적 계산과 상대론적 계산을 하여, 질량 m인 입자의 운동에너지를 정지에너지로 나눈 값(K/mc^2)을 속도(u/c)의 함수로 그렸다. 상대론적 결과가 옳으며, 운동량과 마찬가지로 운동에너지도 $u \to c$일 때 매우 빨리 증가한다.

위 식에서 $u \ll c$이므로, $(u/c)^4$ 항과 그보다 높은 차수의 항을 무시하였다. 낮은 속도에서 상대론적 운동에너지는

$$K = mc^2 + \frac{1}{2}mu^2 - mc^2 = \frac{1}{2}mu^2 \tag{2.59}$$

이 되는데, 예상대로 고전적인 결과와 같다. 그림 2.31에는 상대론적 운동에너지와 고전적 운동에너지를 그렸는데, $0.6c$보다 높은 속도에서 둘의 차이는 상당히 벌어진다.

학생들이 상대론을 처음 공부할 때 흔히 하는 실수는 상대론적 운동에너지로 $\frac{1}{2}mu^2$이나 $\frac{1}{2}\gamma mu^2$을 쓰는 것인데, *상대론적 운동에너지로 식 (2.58)만을 쓰는 것이 중요하다.* 식 (2.58)이 고전적인 결과와는 많이 달라 보이지만, 그것만이 옳은 결과이고, *$\frac{1}{2}mu^2$이나 $\frac{1}{2}\gamma mu^2$은 바른 상대론적 결과가 아니다.*

식 (2.58)은 고속으로 가속된 입자들을 다룰 때 특히 유용하다. 예를 들어, 미국에서 가장 빠른 속도는 스탠퍼드 선형 가속기 연구소의 3 km 길이의 전자 가속기에서 만들어진 것인데, 이 가속기는 8×10^{-9} J(50 GeV) 즉 50×10^9 eV의 운동에너지를 갖는 전자를 만들어 낸다. 이 전자들은 광속에 아주 가까운 속도를 갖기 때문에 c로부터의 작은 차이는 직접 측정하기 어렵다. 전자의 속도는 식 (2.58)의 상대론적 운동에너지로부터 $0.99999999995c$로 추정되는데, 이와 같은 계산은 유효숫자의 제한 때문에 계산기로 하기 어렵다. 따라서 광속에 가깝게 움직이는 입자의 운동을 표현할 때 운동에너지나 운동량을 사용하고 속도는 거의 사용하지 않는다.

개념 예제 2.10

질량을 가진 물체가 빛의 속도를 가질 수 있는지 결정하라.

풀이 식 (2.58)을 보면 $u \to c$일 때 운동에너지는 $K \to \infty$임을 알 수 있다. 무한한 양의 에너지는 존재하지 않으므로 질량을 가

진 물체는 광속을 가질 수 없다는 것에 동의한다. 그림 2.32에 전자의 고전적인 속도와 상대론적 속도를 운동에너지의 함수로 그렸다. 물리학자들은 실험적으로 질량을 가진 물체에 아무리 에너지를 주어도 그 속도는 c에 미치지 못한다는 것을 발견했다.

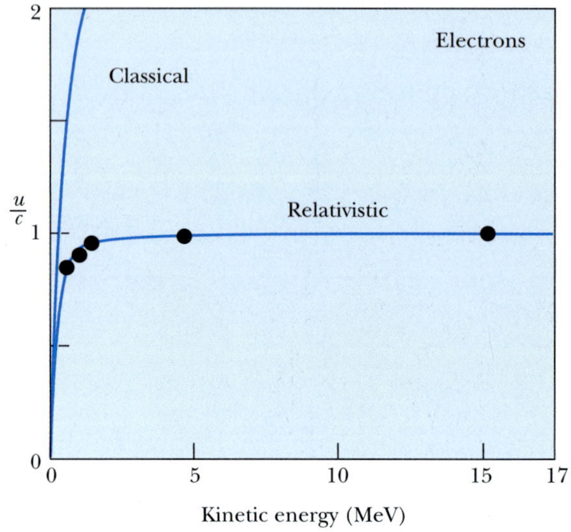

그림 2.32 고전적인 (옳지 않은) 계산과 상대론적 계산을 하여, 전자의 속도(u/c)를 운동에너지의 함수로 그렸다. 실험적으로 측정한 데이터 점들은 상대론적 결과와 일치한다. W. Bertozzi, *American Journal of Physics* **32**, 551 (1964)의 데이터를 허가를 받고 옮겼다. © 1964 미국물리교사협회.

예제 2.11

의학용 엑스선을 만드는 데 쓰이는 전자는 정지 상태로부터 25,000볼트의 전위차에 의해 가속되어 금속 과녁에 부딪힌다. 전자의 속도를 계산하고 고전적인 에너지를 사용했을 때의 오차를 정하라.

전략 운동에너지로부터 속도를 계산하되, 고전적인 방법과 상대론적 방법으로 하고 결과를 비교한다. 전자의 옳은 속도를 계산하려면 식 (2.58)에 의해 상대론적으로 바른 운동에너지를 계산해야 한다. 전위차 V에 걸쳐 전자를 가속하기 위해 한 일은, 전자의 전하를 q라 할 때, qV이다. 정지 상태에서 전자를 가속하기 위해 한 일이 전자의 최종 운동에너지 K이다.

풀이 운동에너지는 다음과 같이 주어진다.

$$K = W = qV = (1.6 \times 10^{-19}\ \text{C})(25 \times 10^3\ \text{V})$$
$$= 4.0 \times 10^{-15}\ \text{J}$$

먼저 식 (2.58)에 의해 γ를 정하고 그로부터 속력을 정한다.

$$K = (\gamma - 1)mc^2 \tag{2.60}$$

이므로, 이 식에서 γ를 계산하면

$$\gamma = 1 + \frac{K}{mc^2} \tag{2.61}$$

이다. 전자의 mc^2은

$$mc^2(\text{electron}) = (9.11 \times 10^{-31}\ \text{kg})(3.00 \times 10^8\ \text{m/s})^2$$
$$= 8.19 \times 10^{-14}\ \text{J}$$

이므로 상대론적 인자는 $\gamma = 1 + [(4.0 \times 10^{-15}\ \text{J})/(8.19 \times 10^{-14}\ \text{J})] = 1.049$이다. 식 (2.8)에서 $\beta = u/c$인 β^2을 γ^2의 함수로 구하면

$$\beta^2 = \frac{\gamma^2 - 1}{\gamma^2} = \frac{(1.049)^2 - 1}{(1.049)^2} = 0.091 \tag{2.62}$$

이다. β의 값이 0.30이므로 옳은 속도 $u = \beta c$의 값은 0.90×10^8 m/s이다.

비상대론적 식으로부터 속도를 구하여 고전적인 결과를 사용할 때의 오차를 정한다. 비상대론적 식은 $K = \frac{1}{2}mu^2$이고, 속도는 다음과 같이 주어진다.

$$u = \sqrt{\frac{2(4.0 \times 10^{-15}\ \text{J})}{9.11 \times 10^{-31}\ \text{kg}}}$$
$$= 0.94 \times 10^8\ \text{m/s} \quad \text{(nonrelativistic)}$$

(옳지 않은) 고전적인 속력은 (옳은) 상대론적 속력에 비해 약 4% 크다. 이와 같은 오차는 상당해서 전자 장치를 설계하고 시험 측정을 하는 데 큰 영향을 미친다. 상대론적 계산은 전자의 경우에 특히 중요한데, 질량이 작아서 쉽게 c에 가까운 속력으로 가속될 수 있기 때문이다.

총에너지와 정지에너지

식 (2.58)은 다음과 같이 다시 쓸 수 있다.

$$\gamma mc^2 = \frac{mc^2}{\sqrt{1 - u^2/c^2}} = K + mc^2 \tag{2.63}$$

mc^2 항은 **정지에너지**(rest energy)라고 불리며 E_0로 나타낸다.

$$E_0 = mc^2 \tag{2.64}$$

정지에너지

운동에너지와 정지에너지의 합은 입자의 **총에너지**(total energy)로 해석할 수 있다. 총에너지는 E로 표시하며, 다음과 같다.

$$E = \gamma mc^2 = \frac{mc^2}{\sqrt{1 - u^2/c^2}} = \frac{E_0}{\sqrt{1 - u^2/c^2}} = K + E_0 \tag{2.65}$$

총에너지

질량과 에너지의 등가성

위의 마지막 몇 개 식은 질량과 에너지가 동등하다는 것을 암시하는데, 아인슈타인이 처음 생각한 개념이다. 에너지 = mc^2의 결과는 물리학에서 가장 유명한 식 중 하나이다. 입자가 정지해서 운동에너지가 없을지라도 그 입자는 질량을 통해 $E_0 = mc^2$의 에너지를 갖는다. 핵반응은 질량과 에너지가 동등하다는 확실한 증명이다. 운동을 *운동에너지*로 기술한다는 개념은 상대론에서도 그대로이지만, 운동하지 않는 입자도 질량을 통해 에너지를 갖는다.

질량과 에너지의 등가성이 성립하도록 하려면 고전물리학에서 배운 두 보존 법칙을 수정해야 한다. 질량과 에너지는 더 이상 두 개의 따로 보존되는 양이 아니므로 둘을 묶어 하나의 **질량·에너지 보존**(conservation of mass-energy) 법칙으로 만들어야 한다. 이 책의 나머지 부분에서 이 기본적인 보존 법칙이 타당하다는 많은 증거를 볼 것이다.

질량·에너지 보존

종종 "에너지가 질량으로 바뀐다", "질량이 에너지로 변환된다" 혹은 "질량과 에너지는 서로 바꿀 수 있다"라고 말하지만, 우리가 의미하는 것은 질량과 에너지는 *동등하다*는 것이고 이것을 이해하는 것이 중요하다. 질량은 에너지의 한 형태이고 *질량·에너지*와 *에너지*라는 용어는 서로 바꿔 쓸 수 있다. 에너지에 대한 우리의 이해를 바꾸는 것은 이것이 처음은 아니다. 18세기 후반에 열이 에너지의 한 형태라는 것이 분명해졌고, 줄(James Joule)의 19세기 실험은 열을 잃거나 얻는 것이 일과 연관된다는 것을 보여 주었다.

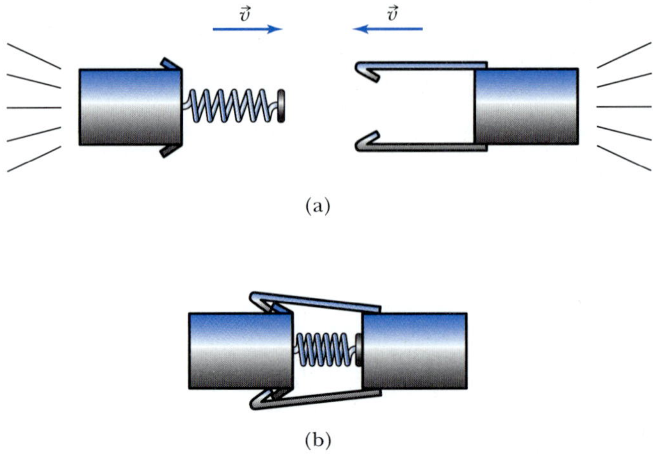

그림 2.33 (a) 질량 m이고 한쪽에는 용수철이 달린 두 나무토막이 같은 속력 v와 운동에너지 K로 다가와 정면으로 충돌한다. (b) 두 토막이 충돌하면서 용수철을 수축하고 용수철은 수축한 상태로 고정된다. 운동에너지가 용수철의 퍼텐셜에너지로 바뀌면서 이 계의 질량은 $M = 2m + 2K/c^2$으로 증가한다.

각각 질량이 m이고 운동에너지가 K인 두 나무토막이 그림 2.33에서처럼 서로 다가오는 경우를 생각하자. 두 나무토막이 충돌하면서 둘 사이에 놓인 용수철이 수축한 상태에서 고정된다. 이 경우 질량·에너지의 보존을 생각해 보자. 충돌 전의 에너지는

$$\text{Mass–energy before:} \qquad E = 2mc^2 + 2K \tag{2.66}$$

이고, 충돌 후의 에너지는

$$\text{Mass–energy after:} \qquad E = Mc^2 \tag{2.67}$$

인데, M은 이 계의 (정지) 질량이다. 에너지가 보존되므로 $E = 2mc^2 + 2K = Mc^2$이고, 새로운 질량 M은 개별 질량 $2m$보다 크다. 운동에너지는 용수철을 수축하는 데 들어갔고, 용수철의 퍼텐셜에너지는 증가했다. 운동에너지가 질량으로 바뀌었으므로, 결과적으로 용수철의 퍼텐셜에너지로 인해 계는 더 큰 질량을 갖게 되었다. 질량 차 ΔM을 구하기 위해 앞의 두 식을 같게 놓고 $\Delta M = M - 2m$을 계산한다.

$$\Delta M = M - 2m = \frac{2K}{c^2} \tag{2.68}$$

이 경우 질량의 증가율은 아주 작고 $f_r = \Delta M/2m$으로 주어진다. 식 (2.68)을 사용하면

$$f_r = \frac{M - 2m}{2m} = \frac{2K/c^2}{2m} = \frac{K}{mc^2} \tag{2.69}$$

이다.

나무토막의 전형적인 질량과 운동에너지의 값에 대해서는 이 질량 증가율은 너무 작아서 측정할 수 없다. 예를 들어 10 m/s로 움직이는 질량 0.1 kg의 나무토막의 경우에는, 식 (2.69)의 값은

$$f_r = \frac{\frac{1}{2}mv^2}{mc^2} = \frac{1}{2}\frac{v^2}{c^2} = \frac{1}{2}\frac{(10\ \text{m/s})^2}{(3 \times 10^8\ \text{m/s})^2} = 6 \times 10^{-16}$$

인데, 여기서는 속도가 아주 낮으므로 운동에너지를 고전적인 식을 써서 계산했다. 이 아주 작은 숫자는 서로 부딪히는 나무토막이나 자동차와 같은 거시적인 물체에서 질량 증가는 고려할 필요가 없다는 것을 보여 주며, 그만한 작은 증가는 측정할 수조차 없다. 그러나 다음 절에서 우리는 두 고속 양성자의 충돌을 살펴보는데, 추가 질량을 만들어 낼 충분한 에너지가 있으므로, 그와 같은 반응에서는 질량·에너지 관계식을 쓰는 것이 필수적이다.

에너지와 운동량의 관계식

물리학자들은 선운동량이 운동에너지보다 더 기본적인 개념이라고 믿는다. 운동에너지는 보존되지 않지만, 우리가 아는 한 고립계에서의 운동량 보존 법칙이 깨지지 않는다. 식 (2.65)의 총에너지에 대한 더욱 기본적인 결과는 운동에너지 대신 운동량으로 표현되어야 할 수도 있으므로, 더 유용한 결과를 얻도록 해 보자. 상대론적 운동량의 크기만을 표현한 식 (2.48)에서 시작한다.

$$p = \gamma mu = \frac{mu}{\sqrt{1 - u^2/c^2}}$$

이 식을 제곱하고 c^2을 곱한 다음 정리하면

$$\begin{aligned} p^2c^2 &= \gamma^2 m^2 u^2 c^2 \\ &= \gamma^2 m^2 c^4 \left(\frac{u^2}{c^2}\right) = \gamma^2 m^2 c^4 \beta^2 \end{aligned}$$

이다. 식 (2.62)의 β^2을 대입하면

$$\begin{aligned} p^2c^2 &= \gamma^2 m^2 c^4 \left(1 - \frac{1}{\gamma^2}\right) \\ &= \gamma^2 m^2 c^4 - m^2 c^4 \end{aligned}$$

이 된다. 우변의 첫 항은 바로 E^2이고 두 번째 항은 E_0^2이므로, 위 식은

$$p^2c^2 = E^2 - E_0^2$$

이 된다. 이 식을 재배열하여 우리가 원하던 결과를 얻으면, 다음과 같이 에너지와 운동량의 관계식을 얻는다.

$$E^2 = p^2c^2 + E_0^2 \tag{2.70}$$

운동량·에너지 관계식

이 식은 다음과도 같다.

$$E^2 = p^2c^2 + m^2c^4 \tag{2.71}$$

식 (2.70)은 입자의 총에너지와 운동량의 관계를 나타내 주는 유용한 식이다. $(E^2 - p^2c^2)$과 m은 불변량이다. 입자의 속도가 0이면 운동량도 0이고, 식 (2.70)은 입자의 총

에너지로서 바른 값 E_0를 주는 것을 유의하라.

무질량 입자

식 (2.70)은 질량이 0인 입자의 총에너지를 결정하는 데에도 사용할 수 있다. 예를 들어 식 (2.70)에 의해 광자의 총에너지가

$$E = pc \qquad \text{광자} \tag{2.72}$$

임을 예측할 수 있다. 광자의 에너지는 완전히 운동에 의한 것이며 정지에너지는 전혀 없다.

앞의 상대론적 식들로부터 광자의 속력이 광속 c이어야 함을 보일 수 있다. 광자의 총에너지를 식 (2.65)와 (2.72)로 쓰고, 이 두 식을 같다고 놓으면

$$E = \gamma mc^2 = pc$$

이다. 식 (2.48)의 상대론적 운동량의 값을 대입하면 다음과 같다.

$$\gamma mc^2 = \gamma muc$$

질량이 없는 입자는 광속으로 움직여야 한다

이 식에서 $m \to 0$과 $\gamma \to \infty$의 과정을 주의 깊게 하면 바로 $u = c$의 결과가 나온다.

$$u = c \qquad \text{Massless particle} \tag{2.73}$$

개념 예제 2.12

*타키온*은 광속보다 빠른 가상 입자이다.[타키온(tachyon)이란 말은 '빠르다'는 뜻의 그리스 말 타쿠스(tachus)에서 유래하였다.] 타키온은 1960년대에 진지하게 제안되고 연구되었다. 이 장에서 배운 것으로부터 타키온이 가지고 있을 성질에 대해 논의하라.

풀이 먼저 식 (2.65)의 에너지를 검토하자.

$$E = \gamma mc^2 = \frac{mc^2}{\sqrt{1 - u^2/c^2}} \tag{2.65}$$

$u > c$이므로 질량이 실수이면 에너지는 허수이어야 하고, 반대로 에너지가 실수라면 허수 질량을 가져야 한다. 논의를 계속하기 위해 에너지가 실수이고 타키온의 질량이 허수라고 하자. 보통의 물질이 항상 c보다 작은 속도로 움직여야 하고 빛은 항상 광속으로 달려야 한다는 것을 기억하면 타키온은 항상 c보다 큰 속도로 움직여야 한다. 식 (2.65)에 따르면 타키온의 속력을 줄이려면 *더 많은* 에너지를 주어야 한다. 타키온의 속도를 c로 줄이려면 에너지는 무한대가 된다. 타키온은 에너지가 줄어들면 속도가 커진다!

타키온이 c보다 빨리 달리기 때문에 인과율에 문제가 생긴다. 시각 $t = 0$에 지구를 떠나서 시각 T에 먼 은하에 도착하는 타키온을 생각하자. 지구로부터 은하까지 c보다 늦은 속도로 움직이는 우주선에서는 타키온이 지구를 떠나기 전에 은하에 도착한 것을 보게 될 수도 있다!

고속 입자들의 충돌이나 우주선에서 타키온이 생길 수 있다는 제안이 있었지만, 이를 확인하는 증거는 아직 없다. 타키온이 전하를 가지고 있다면 *체렌코프 복사*로부터 관측할 수 있을 것이다. 속도 c는 항상 진공 중에서의 속도이고, 매질 속에서의 빛의 속도는 c보다 적다. 매질 속에서의 입자가 빛보다 빠르게 움직이면 특성 전자기 복사가 방출된다. 수영장 핵 반응로의 청색 글로 효과가 이 체렌코프 복사에 의한 것이다.

2.13 현대물리학에서의 계산

기초 물리학에서는 과학과 공학의 계산을 할 때 국제단위계를 사용하는 것이 좋다고 배운다. 이것은 일반적으로는 맞지만, 현대물리학에서 원자의 척도나 원자보다 작은 척도를 다룰 때는 좀 달라서 더 편리한 단위들이 종종 사용된다. 이 절에서는 몇몇 새로운 단위를 도입하고 몇 가지 예를 통해 그것들이 실제적임을 보인다. 전위차에 걸쳐서 전하를 가속할 때 한 일은 $W = qV$로 주어짐을 기억하라. 전하 $e = 1.602 \times 10^{-19}$ C인 양성자를 1 V의 전위차에 걸쳐서 가속할 때 한 일은

$$W = (1.602 \times 10^{-19})(1\ \text{V}) = 1.602 \times 10^{-19}\ \text{J}$$

이다. 현대물리학의 계산에서 고려하게 되는 전하의 양은 거의 언제나 전자의 전하의 몇 배인데, 원자나 핵들은 모두 전자 전하의 정수 배의 전하를 갖는다.(혹은 전기적으로 중성이다.) 몇 가지 예를 들면, 양성자($+e$), 전자($-e$), 중성자(0), 파이온(0, $\pm e$), 한 번 이온화된 탄소 원자($+e$) 등이다. 양성자를 1 V의 전위차에 걸쳐서 가속할 때 한 일은

$$W = (1\ e)(1\ \text{V}) = 1\ \text{eV}$$

로도 쓸 수 있는데, 여기서 e는 전자의 전하이다. 따라서 '전자볼트'라고 읽는 eV도 에너지의 단위이다. 앞의 두 식을 비교하면 eV는 국제단위계(Système International, SI)의 줄과 다음의 관계가 있다.

에너지의 단위 전자볼트

$$1\ \text{eV} = 1.602 \times 10^{-19}\ \text{J} \tag{2.74}$$

현대물리학에서 eV 단위는 국제단위계의 J보다 더 자주 쓰이고, 종종 국제단위계의 접두어와 같이 쓰인다. 예를 들어 원자물리학이나 고체물리학에서는 eV 자체가 가장 많이 사용되지만, 핵물리학에서는 MeV(10^6 eV, *메가*전자볼트)와 GeV(10^9 eV, *기가*전자볼트)가 훨씬 많이 쓰이고, 입자물리학에서는 GeV와 TeV(10^{12} eV, *테라*전자볼트)가 쓰인다. 입자가 얼마의 에너지를 가졌다고 얘기할 때 보통은 운동에너지를 말한다. 6 GeV의 양성자는 6 GeV의 총에너지를 가지고 있는 것이 아니고 6 GeV의 운동에너지를 가지고 있다. 양성자의 정지에너지는 약 1 GeV이기 때문에, 이 양성자의 총에너지는 약 7 GeV이다.

에너지의 국제단위와 마찬가지로 질량의 국제단위인 킬로그램도 현대물리학의 계산에서는 매우 큰 질량 단위인데, 예를 들어 양성자의 질량은 고작 1.6726×10^{-27} kg이다. 현대물리학에서는 두 개의 다른 질량 단위가 흔히 사용된다. 우선, 정지에너지 E_0는 식 (2.64)에 의해 mc^2으로 주어진다. 양성자의 정지에너지는

$$E_0(\text{proton}) = (1.67 \times 10^{-27}\ \text{kg})(3 \times 10^8\ \text{m/s})^2 = 1.50 \times 10^{-10}\ \text{J}$$
$$= 1.50 \times 10^{-10}\ \text{J}\ \frac{1\ \text{eV}}{1.602 \times 10^{-19}\ \text{J}} = 9.38 \times 10^8\ \text{eV}$$

이다. 기본 입자들의 정지에너지는 보통 MeV나 GeV로 표시한다.(유효숫자를 다섯 자리로 표시하면, 양성자의 정지에너지는 938.27 MeV이다.) $E_0 = mc^2$이므로 질량은 보

질량의 단위 MeV/c^2

통 MeV/c^2으로 표시되는데, 예를 들어 양성자의 질량은 938.27 MeV/c^2이다. 이 질량 단위 MeV/c^2이 아주 유용하다는 것을 곧 알게 된다. 몇몇 기본 입자들의 질량이 부록 7에 나와 있다. 이 책에서는 그렇게 하지 않을 것이지만, 물리학자들은 종종 질량을 그냥 eV(혹은 MeV 등)로 표시하기도 한다.

원자 질량 단위

흔히 쓰이는 다른 질량의 단위는 (통일된) **원자 질량 단위**(atomic mass unit)이다. 원자 질량 단위를 u라 할 때* 이 단위는 중성 탄소-12(^{12}C)의 질량이 정확히 12 u라는 정의에 기반을 둔다. 킬로그램과 원자 질량 단위 u 사이의 변환은 ^{12}C 원자 하나의 질량을 비교해서 얻을 수 있다.

$$\begin{aligned} \text{Mass}\,(^{12}\text{C atom}) &= \frac{12\ \text{g/mol}}{6.02 \times 10^{23}\ \text{atoms/mol}} \\ &= 1.99 \times 10^{-23}\ \text{g/atom} \qquad (2.75) \\ \text{Mass}\,(^{12}\text{C atom}) &= 1.99 \times 10^{-26}\ \text{kg} = 12\ \text{u/atom} \end{aligned}$$

그러므로 (여섯 개 유효숫자까지 제대로 하면) 변환식은

$$1\ \text{u} = 1.66054 \times 10^{-27}\ \text{kg} \tag{2.76}$$

$$1\ \text{u} = 931.494\ \text{MeV}/c^2 \tag{2.77}$$

인데, 완성도를 위해 원자 질량 단위를 MeV/c^2으로 바꾸는 식도 덧붙였다.

식 (2.70)과 (2.72)에서 운동량의 편리한 단위는 에너지를 광속으로 나눈 eV/c임을 알 수 있고, 적절한 때에 운동량의 단위로 eV/c를 쓸 것이다. 또한 종종 $\beta(=v/c)$를 속도로 쓰는데, 이때 c 자체가 적절한 속도의 단위가 된다.

*속도와 원자 질량 단위 사이의 혼동을 피하고자 질량 단위 u와 속도 변수 u를 혼동할 가능성이 있을 때 속도로는 v를 사용할 것이다.

예제 2.13

2.00 GeV의 양성자가 다른 2.00 GeV의 양성자와 정면으로 충돌하였다. (a) 충돌 전 양성자 각각에 대해 v, β, p, K, E를 계산하라. (b) 운동에너지는 어떻게 변하는가?

전략 (a) 앞에서 설명한 대로 2.00 GeV의 양성자는 2.00 GeV의 운동에너지를 갖는다. 식 (2.65)를 사용하여 총에너지를 구하고, 총에너지를 알면 식 (2.70)을 사용하여 운동량을 정한다. β와 v를 구하려면 식 (2.65)를 이용하여 먼저 상대론적 인자 γ를 구하는 것이 좋으며, γ를 구한 후 식 (2.62)로 β와 v를 구한다. 이 계산들은 모두 상대론적 계산을 할 때 하는 전형적인 계산이다.

풀이 (a) K = 2.00 GeV와 양성자의 정지에너지 938 MeV를 사용하여 식 (2.65)에서 총에너지를 구한다.

$$E = K + E_0 = 2.00\ \text{GeV} + 938\ \text{MeV} = 2.938\ \text{GeV}$$

식 (2.70)에서 운동량이 결정된다.

$$\begin{aligned} p^2c^2 = E^2 - E_0^2 &= (2.938\ \text{GeV})^2 - (0.938\ \text{GeV})^2 \\ &= 7.75\ \text{GeV}^2 \end{aligned}$$

운동량은

$$p = \sqrt{7.75(\text{GeV}/c)^2} = 2.78\ \text{GeV}/c$$

로 계산된다. 이 계산에서 GeV/c의 단위가 자연스럽게 나옴을 유의하라.

β를 구하기 위해 먼저 상대론적 인자 γ를 구하는데, γ를 구하는 몇 가지 방법이 있다. 하나는 정지에너지와 총에너지를 비교하

는 방법인데, 식 (2.65)에서

$$E = \gamma E_0 = \frac{E_0}{\sqrt{1 - u^2/c^2}}$$

$$\gamma = \frac{E}{E_0} = \frac{2.938 \text{ GeV}}{0.938 \text{ GeV}} = 3.13$$

이 된다. 식 (2.62)를 사용하여 β를 정하면

$$\beta = \sqrt{\frac{\gamma^2 - 1}{\gamma^2}} = \sqrt{\frac{3.13^2 - 1}{3.13^2}} = 0.948$$

이다. 2.00 GeV의 양성자의 속도는 $0.948c$ 즉 2.84×10^8 m/s 이다.

(b) 두 양성자가 정면충돌할 때의 상황은 두 나무토막이 정면충돌할 때와 비슷하지만 하나의 중요한 예외가 있다. 두 양성자가 상호작용을 하는 시간은 10^{-20} s 미만이다. 두 양성자가 순간적으로 정지한다면 두 양성자 계의 정지 질량은 식 (2.68)에 의해 주어지는 양 $2K/c^2$ 즉 4.00 GeV/c^2만큼 증가할 것이고, 그 결과 계는 아주 높게 들뜰 것이다. 실제로 양성자 간의 충돌은 아주 빨리 일어나며 그 결과는 몇 가지로 나타난다. 두 양성자는 그대로 있거나 사라지고, 새로운 입자들이 생겨날 수 있는데, 그중 두 가지는 다음과 같다.

$$p + p \rightarrow p + p + p + \overline{p} \tag{2.78}$$

$$p + p \rightarrow \pi^+ + d \tag{2.79}$$

여기에서 기호는 p(양성자), $\overline{p}$(반양성자), π(파이온), d(중수소)이다. 나중에 핵과 입자물리학을 배울 때 반응 가능성에 대해 더 많이 배울 것이다. 어떤 일이 일어나든 전하, 에너지, 운동량과 앞으로 배울 다른 보존 법칙들은 만족하여야 한다. 입자물리학에서 이런 실험들은 일상적으로 수행되는데, 이 실험들을 분석할 때 질량과 에너지의 등가성은 당연하게 받아들여진다.

결합 에너지

개별 입자들로부터 만들어지는 원자나 핵과 같은 계의 결합 에너지를 공부할 때 질량과 에너지의 등가성은 분명해진다. 예를 들어, 수소 원자는 양성자 하나와 전자 하나가 전기(쿨롱) 힘으로 결합하여 만들어진다. 중수소는 핵력에 의해 함께 묶인 양성자와 중성자이다. 계를 함께 묶어 두는 힘과 연관된 퍼텐셜에너지를 **결합 에너지**(binding energy) E_B라고 부른다. 결합 에너지는 입자들을 결합 계 밖으로 끌어내어 분리된 정지 자유 입자들로 만드는 데 필요한 일이다. 에너지 보존 법칙은

$$M_{\text{bound system}}c^2 + E_B = \sum_i m_i c^2 \tag{2.80}$$

으로 쓸 수 있는데, m_i는 자유 입자들의 질량이다. 결합 에너지는 *개별 입자들의 정지 질량과 그들이 결합한 결합 계의 정지 질량의 차이*이다.

$$E_B = \sum_i m_i c^2 - M_{\text{bound system}}c^2 \tag{2.81}$$

최종 두 입자의 질량이 m_1과 m_2라면 다음 식이 성립하는데

$$E_B = (m_1 + m_2 - M_{\text{bound system}})c^2 = \Delta M c^2 \tag{2.82}$$

여기서 ΔM은 나중과 처음 질량의 차이이다.

두 입자가 합성체를 만들 때, 각 입자의 정지 질량 일부가 없어져 계의 결합 에너지가 되고, 합성 계의 정지 질량은 그만큼 줄어든다. 중수소가 좋은 예인데, 입자들의 정지 에너지는 다음과 같다.

$$\text{양성자} \quad E_0 = 1.007276c^2 \text{ u} = 938.27 \text{ MeV}$$

$$\text{중성자} \quad E_0 = 1.008665c^2 \text{ u} = 939.57 \text{ MeV}$$

$$\text{중수소} \quad E_0 = 2.01355c^2 \text{ u} = 1875.61 \text{ MeV}$$

식 (2.81)로부터 계산한 결합 에너지 E_B는

$$E_B(\text{deuteron}) = 938.27 \text{ MeV} + 939.57 \text{ MeV} - 1875.61 \text{ MeV} = 2.23 \text{ MeV}$$

이다.

개념 예제 2.14

핵의 질량을 결정할 때 양성자와 전자의 결합 에너지 13.6 eV는 무시할 수 있지만, 양성자와 중성자의 결합 에너지는 그렇지 않은 이유가 무엇인가?

풀이 수소 원자에서 양성자와 전자의 결합 에너지는 13.6 eV에 지나지 않아 양성자와 중성자의 정지에너지 1 GeV에 비해 아주 작으므로 질량을 정할 때 무시할 수 있다. 그러나 중수소의 결합 에너지 2.23 MeV는 정지에너지의 훨씬 큰 부분을 차지해 아주 중요하다. 우라늄과 같은 무거운 핵의 결합 에너지는 1000 MeV 이상인데, 그처럼 큰 결합 에너지도 우라늄이 붕괴하여 가벼운 핵이 되는 것을 막을 만큼 충분히 크지는 않다. 무거운 핵에서의 많은 양성자 사이의 쿨롱 척력이 핵을 불안정하게 만든다. 핵의 안정성은 12장에서 다룬다.

예제 2.15

식 (2.79)의 $p + p \rightarrow \pi^+ + d$의 반응에서 양의 전하를 가진 파이온과 중수소를 만들기 위해 정면충돌하는 양성자들이 가져야 하는 운동에너지의 최소값은 얼마인가? π^+의 질량은 139.6 MeV/c^2이다.

전략 운동에너지 K가 필요한 최소값일 때, 최종 입자들의 정지에너지를 만들 수 있는 만큼만의 에너지가 있게 된다. 파이온과 중수소의 최종 운동에너지는 0으로 놓는다. 정면충돌이므로 충돌 전후의 운동량은 0이기 때문에, 파이온과 중수소는 정말로 운동에너지가 없이 정지하게 된다. 에너지 보존 법칙을 사용하여 운동에너지를 정한다.

풀이 에너지 보존을 따르면

$$m_p c^2 + K + m_p c^2 + K = m_d c^2 + m_{\pi^+} c^2$$

이다. 양성자와 중수소의 정지에너지는 이 절에서 주어졌으므로, 위 식을 운동에너지에 대해 푼다.

$$\begin{aligned} K &= \tfrac{1}{2}(m_d c^2 + m_{\pi^+} c^2 - 2m_p c^2) \\ &= \tfrac{1}{2}[1875.6 \text{ MeV} + 139.6 \text{ MeV} - 2(938.3 \text{ MeV})] \\ &= 69.3 \text{ MeV} \end{aligned}$$

이와 같은 핵실험은 보통 정면충돌이 아니라 고정 과녁을 사용해 수행하는데, 그 경우에는 선운동량도 보존되어야 하므로 69.3 MeV보다 훨씬 큰 에너지가 필요하다.

예제 2.16

^{4}He 원자의 원자 질량은 4.002603 u이다. ^{4}He 핵의 결합 에너지는 얼마인가?

전략 이 문제는 식 (2.81)을 곧장 응용하는 문제이고, 원자 질량을 결정해야 한다.

풀이 식 (2.81)은 다음 식을 준다.

$$E_B(^4\text{He}) = 2m_pc^2 + 2m_nc^2 - M_{^4\text{He}}\,c^2$$

나중에 이 같은 경우의 원자 질량을 다루지만, 여기서는 ^{4}He 핵의 질량을 구하기 위해 ^{4}He의 원자 질량에서 두 전자의 질량을 뺀다. 전자의 질량과 양성자 및 중성자의 질량은 부록 1에 있다.

$$M_{^4\text{He}}(\text{nucleus}) = 4.002603\ \text{u} - 2(0.000549\ \text{u})$$
$$= 4.001505\ \text{u}$$

^{4}He 핵의 결합 에너지는 다음과 같이 구한다.

$$E_B(^4\text{He}) = [2(1.007276\ \text{u}) + 2(1.008665\ \text{u}) - 4.001505\ \text{u}]c^2$$
$$= 0.0304\,c^2\text{u}$$

$$E_B(^4\text{He}) = (0.0304\,c^2\text{u})\,\frac{931.5\ \text{MeV}}{c^2\ \text{u}} = 28.3\ \text{MeV}$$

^{4}He 핵의 결합 에너지는 커서, 정지에너지의 약 1%에 가깝다.

예제 2.17

분자의 결합 에너지는 *해리 에너지*라고 하는데, 분자 안의 원자들을 분리하는 데 필요한 에너지이다. NaCl 분자의 해리 에너지는 4.24 eV인데, NaCl로 함께 결합해 있지 않을 때 Na 원자와 Cl 원자의 질량 증가율을 결정하라. 1몰의 NaCl에서 질량의 증가는 얼마인가?

전략 결합 에너지는 핵, 원자, 분자 등등의 여러 종류의 결합체에 적용되는 개념이다. 이 문제의 경우 식 (2.82)를 사용하여 질량의 변화 ΔM을 결합 에너지 E_B/c^2으로 구하면 된다. 그다음에 ΔM을 M으로 나누어 질량 증가율을 결정한다.

풀이 식 (2.82)로부터 분자와 분리된 원자 사이의 질량 차이로 $\Delta M = E_B/c^2$(결합 에너지를 c^2으로 나눈 것)을 구한다. NaCl의 질량은 58.44 u이므로, 질량 증가율은

$$f_r = \frac{\Delta M}{M} = \frac{E_B/c^2}{M} = \frac{4.24\ \text{eV}/c^2}{58.44\ \text{u}}\,\frac{c^2\ \text{u}}{931\ \text{MeV}}\,\frac{1\ \text{MeV}}{10^6\ \text{eV}}$$
$$= 7.8 \times 10^{-11}$$

이다. NaCl 1몰의 질량은 58.44 g이므로 NaCl의 몰당 질량 감소는 $f_r \times 58.44$ g 즉 4.6×10^{-9} g밖에 되지 않는다. 이처럼 작은 질량은 직접적으로 측정할 수 없다. 화학반응에서는 질량 보존이 깨지는 경우가 관측되지 않는 이유는 질량의 변화가 너무 작기 때문이다.

예제 2.18

입자물리학 실험에서 생긴 양으로 대전한 시그마 입자(기호 Σ^+)는 매우 빠르게 중성자와 양의 전하를 띤 파이온으로 붕괴하기 때문에 그 에너지나 운동량을 측정할 수 없다. 중성자와 파이온은 각각 4702 MeV/c와 169 MeV/c의 운동량을 가지고 원래 Σ^+가 움직이던 방향과 같은 방향으로 움직이는 것으로 관측되었다. Σ^+의 운동에너지와 질량은 얼마인가?

전략 이 붕괴 반응은

$$\Sigma^+ \rightarrow n + \pi^+$$

인데, n은 중성자이다. Σ^+의 질량이 n과 π^+의 질량의 합보다 큰 것이 분명한데, 그렇지 않다면 붕괴가 일어나지 않는다. 이 반응에서 총에너지와 운동량은 보존되어야 한다. 식 (2.70)을 사용하여 중성자와 양의 전하를 띤 파이온의 총에너지를 구한다. Σ^+의 정지에너지를 정하려면 운동량을 알아야 하는데, Σ^+의 운동량은 운동량 보존 법칙으로부터 구한다.

풀이 n과 π^+의 정지에너지는 각각 940 MeV와 140 MeV이다. $E = \sqrt{p^2c^2 + E_0^2}$으로부터 총에너지 E_n과 E_{π^+}는

$$E_n = \sqrt{(4702\ \text{MeV})^2 + (940\ \text{MeV})^2} = 4795\ \text{MeV}$$

$$E_{\pi^+} = \sqrt{(169\ \text{MeV})^2 + (140\ \text{MeV})^2} = 219\ \text{MeV}$$

이다. 이 에너지들의 합이 Σ^+의 붕괴 전후의 이 반응의 총에너지이고 4795 MeV + 219 MeV = 5014 MeV이다. 모든 운동량이 같은 방향이므로

$$p_{\Sigma^+} = p_n + p_{\pi^+} = 4702\ \text{MeV}/c + 169\ \text{MeV}/c$$
$$= 4871\ \text{MeV}/c$$

이어야 한다. 이것이 붕괴 전의 Σ^+의 운동량이므로 식 (2.70)으로부터 Σ^+의 정지에너지를 구할 수 있다.

$$E_0^2(\Sigma^+) = E^2 - p^2c^2 = (5014\ \text{MeV})^2 - (4871\ \text{MeV})^2$$
$$= (1189\ \text{MeV})^2$$

Σ^+의 정지에너지는 1189 MeV이고 질량은 1189 MeV/c^2이다.
식 (2.65)로부터 Σ^+의 운동에너지를 구하면

$$K = E - E_0 = 5014\ \text{MeV} - 1189\ \text{MeV} = 3825\ \text{MeV}$$

이다.

2.14 전자기학과 상대론

지금까지 우리는 엄격히 역학의 측면에서 특수상대성이론의 운동학 및 동역학적 양상에 주로 관심을 가져왔다. 하지만 아인슈타인은 전기와 자기를 통해 처음 상대론에 접근했었음을 기억하라. 그는 맥스웰의 방정식이 모든 관성계에서 불변이라는(같은 형태를 가진다는) 것을 확신했는데, 1952년에 다음과 같이 썼다.

전자기학에 대한 아인슈타인의 확신

내가 다소 직접적으로 특수상대성이론에 이르게 된 것은 자기장 안에서 운동하는 물체에 작용하는 전자기력은 단지 전기장일 뿐이라는 확신 때문이었다.

아인슈타인은 자기장이 다른 관성계에서는 전기장으로 보인다는 것을 확신했다. 그 결론이 전자기학과 상대론의 핵심이다.

맥스웰의 방정식과 로런츠 힘 법칙은 서로 다른 관성계에서 불변이다. 사실은 쿨롱의 법칙(정지한 전하 사이의 힘)과 더불어 (상대론에서의) 전기장과 자기장을 바르게 로런츠 변환함으로써 맥스웰의 방정식을 얻을 수 있다. 여기서 그 꽤 복잡한 수학적 작업을 수행하려고 하지도 않을 것이고 전기장과 자기장의 로런츠 변환을 하려고 하지도 않을 것이다. 이런 주제는 더 고급 물리학 강좌에서 다룰 성질의 것이다. 그렇지만 여기서는 한 관찰자가 보는 자기력은 다른 관성계에 있는 관측자에게는 단지 전기력임을 정성적으로 보일 것이다. 전기장은 전하로부터 생기고 자기장은 *움직이는* 전하로부터 생긴다.

자기와 전기는 상대적이다

전기와 자기는 1800년대 후반에 잘 이해되었다. 맥스웰은 모든 전자기파가 빛의 속도로 움직인다는 것을 예측했고, 전기, 자기와 광학을 하나의 성공적인 이론으로 묶었다. 이 고전 이론은 시간의 맹공격과 실험적인 검증을 잘 견디었다.* 그렇지만 서로 다른 갈릴레이 기준틀에서 보면 이 이론의 문제점이 나타났다. 1895년 로런츠는 지금 그의 이름으로 불리는 새로운 변환을 만들어서 갈릴레이 변환의 문제점을 '봉합했다'. 그렇지만 로런츠는 그가 한 일의 의미를 완전히 이해하지 못했다. 상대론과 전자기학을 완전히 합친

*전자기학과 양자역학이 엮인 *양자전자기학*(quantum electrodynamics, QED)*의 이론은* 물리학에서 가장 성공적인 이론 중 하나이다.

것은, 1905년 「움직이는 물체의 전기역학에 관하여」라는 논문을 발표한 아인슈타인이었다. 특수상대성이론의 기원으로 잡는 이 고전적인 1905년의 논문에서 아인슈타인은 유명한 마이컬슨·몰리 실험을 언급하지도 않았는데, 마이컬슨·몰리 실험은 그의 사고에 별 역할을 하지 않은 것으로 보인다. *맥스웰의 방정식은 어느 관성계에서나 전자기학을 기술한다*는 아인슈타인의 믿음이 아인슈타인이 로런츠 변환을 사용하게 한 핵심이었다. 모든 전자기파는 광속으로 움직인다는 맥스웰의 단언과 광속은 어느 관성계에서나 불변이라는 아인슈타인의 가설은 긴밀히 연관된 것으로 보인다.

이제 전기장과 자기장 및 그 힘들의 상대론적 측면을 정량적으로 논의해 보기로 하자. 그림 2.34a에서처럼 중성 전선의 바깥에서 속력 v로 오른쪽으로 움직이는 양의 시험 전하 q_0를 생각하자. 이 전선은 안의 양전하가 정지해 있고 음의 전자가 오른쪽으로 v의

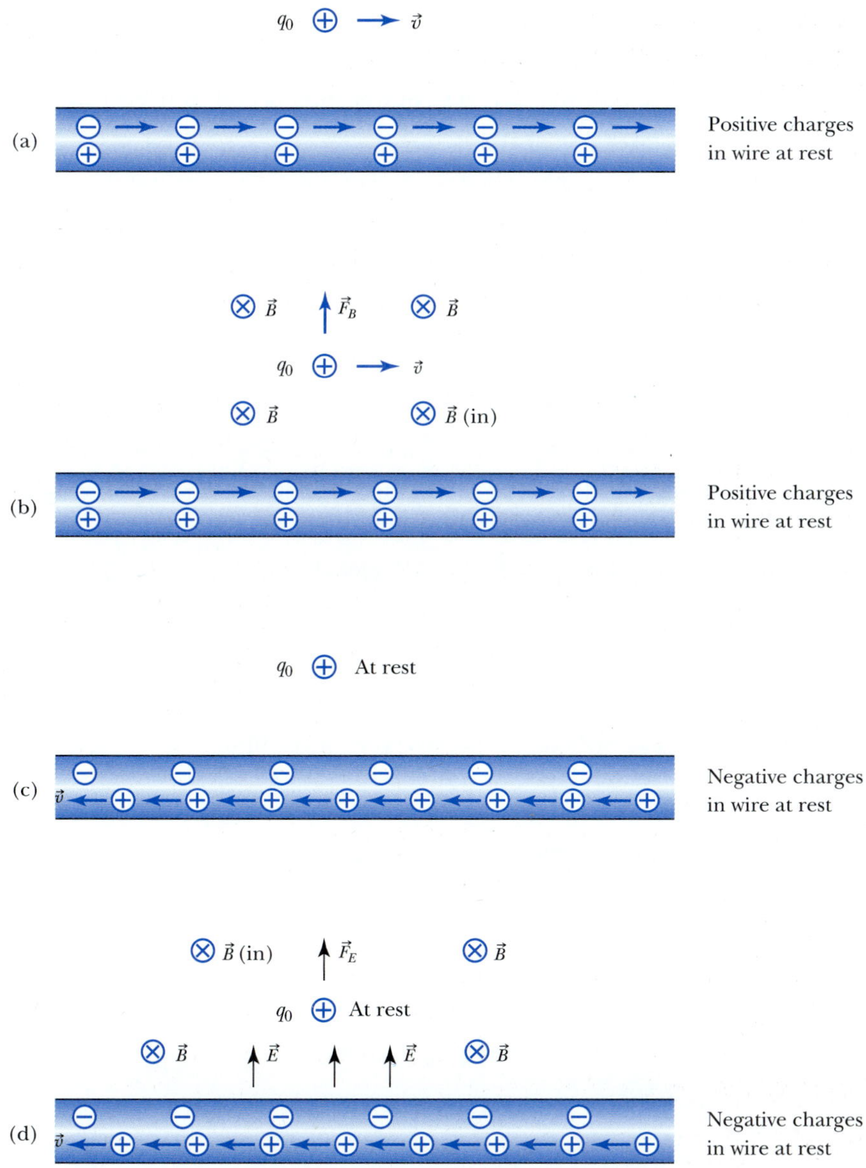

그림 2.34 (a) 양전하 q_0가 중성 전선의 밖에 놓여 있다. 이 그림은 전선 안의 양전하가 정지하고 있는 계에서 그렸다. 전하 q_0는 전자와 같은 속도를 가지고 있음을 유의하라. (b) 움직이는 전하는 자기장을 만들고 q_0에 힘 $\vec{F}_B$를 미친다. (c) 이 그림은 (a)와 비슷하지만, 이 그림에서는 전자가 정지해 있다. (d) 이제 길이 수축으로 양의 전하가 더 많아지고 그 결과로 생기는 전기장이 q_0를 밀친다. 자기장도 있긴 하지만, 이 계에서 정지하고 있는 q_0에 힘을 미치지는 않는다.

속력으로 움직이는 관성 기준틀 K에 있다. 긴 전선은 같은 수의 양이온과 전도 전자를 가지고 있다. 문제를 간단하게 하려고 전자와 양전하가 같은 속도를 가지고 있다고 했지만, 이 논의는 더 일반화할 수 있다.

전선 밖의 양의 시험 전하 q_0에 미치는 힘은 무엇인가? 총힘은 로런츠 힘

$$\vec{F} = q_0(\vec{E} + \vec{v} \times \vec{B}) \tag{2.83}$$

인데, 전기장이나 자기장 혹은 둘 다에 의한 힘일 수 있다. 전선 안에 있는 총전하가 0이므로 그림 2.34a에서 시험 전하 q_0에 미치는 전기력은 0이다. 그러나 기초 물리학에서 배운 대로 전선 안에서 움직이는 전자(전류)는 q_0가 있는 곳에 지면 안으로 들어가는(그림 2.34b) 자기장 $\vec{B}$를 만든다. 움직이는 전하 q_0는 전선의 자기장에 의한 자기력($q_0 \vec{v} \times \vec{B}$)에 의해 위로 밀리게 된다.

이제 시험 전하와 함께 오른쪽으로 속력 v로 움직이는 다른 관성계 K′에서는 어떤 일이 일어나는지 살펴보자. 이 K′계에서는 시험 전하 q_0와 전선 안의 음전하는 정지해 있다. 이 계에서 시험 전하 q_0에 있는 관찰자는 이전과 같은 밀도의 전선 안의 음전하를 관측한다. 하지만 이제 K′계에서는 양전하가 왼쪽으로 속력 v로 움직이고 있고, 길이 수축 때문에 K′계에 정지하고 있는 관찰자에게는 더 조밀하게 보인다. 양전하가 더 조밀하게 보이기 때문에 전선에는 음전하의 밀도보다 양전하의 밀도가 높고, 그 결과 그림 2.34d에 그린 전기장이 생긴다. 시험 전하 q_0는 이제 전기장 안에서 *밀리게* 된다. 자기장은 어떤가? 그림 2.34c의 움직이는 전하는 지면 안쪽으로 들어가는 자기장도 만들지만, 지금은 전하 q_0가 자기장에 대해 정지해 있으므로 자기력을 느끼지 않는다.

하나의 관성계에서(그림 2.34b) 자기력으로 나타났던 것이 다른 관성계에서는(그림 2.34d) 전기력으로 나타난다. 전기장과 자기장은 그들이 측정되는 좌표계에 대해 *상대적이다.* 움직이는 전하의 길이 수축이 그 차이를 설명한다. 이 예는 전자가 움직이는 두 전선에도 적용할 수 있고 비슷한 결과가 얻어진다(연습문제 86). 전류가 정의되는 것은 두 개의 나란한 전선 사이의 힘을 측정하는 이 실험에서이다. 전하가 전류를 사용하여 정의되기 때문에, 이 실험은 전하를 정의하는 기초가 되기도 한다.

특수상대성이론을 설명하면서 한 바퀴를 돌아 제자리에 왔다. 맥스웰 방정식으로 표현된 전자기 법칙은 물리학에서 특별한 위치에 있다. 이 방정식들 자체는 서로 다른 관성계에서 불변이고 전기장과 자기장으로서의 해석만이 상대적이다.

요약 _Summary

마이컬슨과 몰리의 노력으로 1887년에 포착하기 어려운 에테르는 존재하지 않거나 혹은 우리가 자연을 이해하는 데 심각한 문제가 있음이 틀림없다는 것이 증명되었다.

아인슈타인은 1905년에 두 개의 가설을 세워서 그 문제를 해결하였다.

1. 상대성의 원리: 물리학의 법칙은 모든 관성계에서 같다.
2. 광속의 불변성: 모든 관성계의 관찰자에게 진공 중에서의 빛의 속도는 같은 값이다.

아인슈타인의 두 가설을 사용하여 서로 다른 관성계에서 본 사건의 공간 및 시간 좌표를 연관시키는 로런츠 변환을 유도하였

다. K′계가 K계에 대해 $+x$축을 따라 속력 v로 움직이고 있다면, 두 계의 좌표는 다음과 같이 연관되어 있다.

$$\begin{aligned} x' &= \frac{x - vt}{\sqrt{1-\beta^2}} \\ y' &= y \\ z' &= z \\ t' &= \frac{t - (vx/c^2)}{\sqrt{1-\beta^2}} \end{aligned} \tag{2.17}$$

역변환은 프라임이 있는 양과 없는 양을 바꾸고 v를 $-v$로 바꾸어 얻을 수 있다.

어떤 계에서 정지한 시계로 측정한, 같은 위치에서 일어난 두 사건의 시간 간격을 고유 시간 T_0라고 한다. 움직이는 관찰자가 측정한 같은 두 사건의 시간 간격 T'은 시간 팽창 효과에 의해 T_0와 다음의 관계를 갖는다.

$$T' = \frac{T_0}{\sqrt{1 - v^2/c^2}} \tag{2.19}$$

우리는 움직이는 시계가 천천히 간다고 말하는데, 정지한 시계로 측정한 시간이 항상 가장 짧기 때문이다.

어떤 물체에 대해 정지해 있는 관찰자가 측정한 물체의 길이를 고유 길이 L_0라고 한다. 그 물체가 속력 v로 움직이고 있다고 보는 관찰자가 측정한 같은 물체의 길이 L은

$$L = L_0\sqrt{1 - v^2/c^2} \tag{2.21}$$

으로 주어진다. 이는 길이 수축 혹은 공간 수축이라고 알려져 있는데, 움직이는 물체의 길이가 운동 방향으로 줄어들어 있기 때문이다.

u와 u'이 각각 K와 K′계에서 측정한 물체의 속도이고 v가 K와 K′계 사이의 상대 속도라면 상대론적 속도 덧셈(로렌츠 속도 변환)은 다음과 같다.

$$\begin{aligned} u_x &= \frac{dx}{dt} = \frac{u'_x + v}{1 + (v/c^2)u'_x} \\ u_y &= \frac{u'_y}{\gamma[1 + (v/c^2)u'_x]} \\ u_z &= \frac{u'_z}{\gamma[1 + (v/c^2)u'_x]} \end{aligned} \tag{2.23}$$

위 식에서

$$\gamma = \frac{1}{\sqrt{1 - v^2/c^2}} \tag{2.8}$$

이다. 로런츠 변환은 100년간 시험을 거쳤지만, 아직 이 변환이 깨지는 일은 없었다. 그래도 물리학자들은 이 변환의 타당성을 계속 시험하고 있는데, 이 변환이 과학에서 가장 중요한 결과 중의 하나이기 때문이다.

시공간 도표는 사건을 기하학적으로 나타내는 데 편리한데, 시간은 일정한 목적으로 네 번째 차원으로 간주한다. 두 사건의 시공간 간격은 $\Delta s^2 = \Delta x^2 + \Delta y^2 + \Delta z^2 - c^2\Delta t^2$으로 정의되는데, 관성계 사이에서 불변량이다.

빛의 진동수 f에 대한 상대론적 도플러 효과는

$$f = \frac{\sqrt{1+\beta}}{\sqrt{1-\beta}} f_0 \tag{2.34}$$

로 주어지는데, β는 광원과 수신기가 서로 다가서면 양수이고 서로 멀어지면 음수이다.

선운동량의 고전적인 형태는 다음과 같은 특수 상대론의 형태로 대치된다.

$$\vec{p} = \gamma m\vec{u} = \frac{m\vec{u}}{\sqrt{1 - u^2/c^2}} \tag{2.48}$$

상대론적 운동에너지는 다음과 같다.

$$K = \gamma mc^2 - mc^2 = mc^2\left(\frac{1}{\sqrt{1 - u^2/c^2}} - 1\right) \tag{2.58}$$

총에너지 E는

$$E = \gamma mc^2 = \frac{mc^2}{\sqrt{1 - u^2/c^2}} = \frac{E_0}{\sqrt{1 - u^2/c^2}} = K + E_0 \tag{2.65}$$

로 주어지는데, $E_0 = mc^2$이다. 이 식은 질량과 에너지의 등가성을 나타내는데, 질량 보존 법칙과 에너지 보존 법칙은 질량·에너지 보존 법칙이라는 하나의 보존 법칙으로 통합된다.

에너지와 운동량의 관계는 다음과 같다.

$$E^2 = p^2c^2 + E_0^2 \tag{2.70}$$

무질량 입자(예를 들어 광자)의 경우 $E_0 = 0$이므로 $E = pc$이다. 무질량 입자는 광속으로 움직여야 한다.

eV로 표시되는 전자볼트는 1.602×10^{-19} J이다. 통일된 원자 질량 단위 u는 ^{12}C 원자의 질량을 사용하여 정의한다.

$$1\ \text{u} = 1.66054 \times 10^{-27}\ \text{kg} = 931.494\ \text{MeV}/c^2 \qquad (2.76,\ 2.77)$$

운동량은 종종 eV/c의 단위로 인용되고, 속도는 종종 $\beta(=v/c)$로 주어진다.

개별 입자의 정지 질량과 결합되어 속박된 계의 정지 질량의 차이를 결합 에너지라고 부른다.

맥스웰 방정식은 어느 관성 기준틀 사이에서의 변환에서도 불변이다. 전기장으로 보이느냐 자기장으로 보이느냐는 관찰자의 기준틀에 따라 달라진다.

질문 _Questions

1. 에테르의 효과를 결정하기 위해 마이컬슨은 태양 주위의 지구의 공전 운동을 사용했다. 1880년대에 마이컬슨이 사용할 수 있었을 더 빠른 속력의 더 편리한 실험이 있었겠는가? 오늘날에는 어떠한가?

2. 오늘날에 에테르의 효과를 알아내려고 한다면 어떤 실험 장치를 사용하겠는가? 그 실험 장치에 레이저가 들어가겠는가? 왜 그런가?

3. 무슨 이유로 마이컬슨과 몰리는 산꼭대기에서 실험을 반복하였는가? 왜 그들은 여름과 겨울에 실험하였는가?

4. 뉴턴의 운동 법칙은 특수상대성이론으로 수정되어야 하지만 맥스웰 방정식은 그렇지 않다는 사실이 맥스웰의 업적이 뉴턴의 업적보다 더 크고 중요하다는 것을 의미하는가? 그 이유를 설명하라.

5. 특수상대성이론은 오늘날 수행되는 측정에 어떤 영향을 미치는가? (a) 수정할 양이 무시할 만큼 작으므로 아무런 영향도 없다. (b) 물체가 광속에 가깝게 움직일 때 상대론의 효과를 고려할 필요가 있다. (c) 뉴턴의 법칙은 기본적으로 틀렸기 때문에 항상 상대론에 의한 수정을 해야 한다. (d) 상대론이 중요해지는 측정을 할 수 없으므로 아무 상관이 없다.

6. 특수 상대론을 발견하는 데 왜 그렇게 오랜 시간이 걸렸는가? 왜 뉴턴은 특수 상대론을 알아내지 못했는가?

7. 당신을 같은 날에 태어난 다른 사람들보다 더 늙게 만들 방법을 생각해 낼 수 있는가?

8. 지구에서 만든 미터자가 고속으로 움직이는 우주선에서 제대로 기능을 할 수 있는지 답하고 설명하라.

9. 당신과 당신에 대해 정지해 있는 세 동료의 시계가 너무 커서 움직일 수 없고 서로 수백 마일 떨어져 있을 때 시계들을 동시화시킬 수 있는 체계를 고안해 보라.

10. 세슘 시계를 지구 주위로 비행하게 하여 시간 팽창을 검증하는 실험에서, 지구의 중심에 고정되어 있고 돌지 않는 계에서의 네 시계의 속력의 순서는 무엇인가?

11. 길이 수축을 직접적으로 검증하는 실험을 생각할 수 있는가? 설명하라.

12. 지구 상공을 공전하는 우주왕복선에서 뮤온 붕괴를 실험하고 지구상의 뮤온의 숫자와 비교하기가 더 쉽겠는가? 설명하라.

13. 그림 2.25의 시공간 도표에서 $t = 0$의 위쪽에 있지만 짙은 영역에 있지는 않은 사건이 미래에 영향을 미칠 수 있는가? 설명하라.

14. 빛원뿔을 그릴 때 공간 좌표 z를 포함하지 않는 이유는 무엇인가?

15. $\Delta s^2 = 0$으로 연결된 두 사건을 일컫는 적당한 이름이 무엇이겠는가?

16. 상대론적 도플러 효과는 빛 파동에 대해서만 타당한가? 그것이 타당한 다른 상황을 생각할 수 있는가?

17. 그림 2.22에서 실제 세계선의 기울기가 1보다 작을 수 없는 이유는 무엇인가?

18. 쌍둥이 역설에서 가속 효과를 고려하지 않고 메리의 여행 시작과 끝에서 시계를 비교할 수 있도록 어떻게 조치할 수 있는지 설명하라.

19. 다음에 열거한 짝의 각각에서 어느 쪽이 질량이 큰가? 풀린 용수철과 압축된 용수철, 방전된 축전기와 충전된 축전기, 닫힌 피스톤·실린더와 열린 피스톤·실린더.

20. ^{235}U의 분열에서 최종 산물의 질량은 ^{235}U의 질량보다 작다. 이것이 사리에 맞는가? 질량에 무슨 일이 일어났는가?

21. 열핵반응을 일으키기 위한 중수소와 삼중수소 핵의 융합에서 생성되는 운동에너지는 어디에서 왔는가?

22. 우주인인 메리는 4.3광년 떨어진 알파 켄타우리 항성계에 가고자 한다. 그녀는 30번째 생일에 출발하여 알파 켄타우리에 가서 머물지 않고 바로 돌아와 35번째 생일날 블라디미르와의 결혼식에 늦지 않고자 한다. 다음 중 가장 일어남직한 것은? (a) 블라디미르는 메리가 여행을 마친 후 결혼할 것이므로 행복한 사람이다. (b) 메리는 결혼 드레스를 서둘러 입어야 하고 수십억 명이 그 결혼식을 지켜볼 것이다. (c) 메리가 계획한 대로 블라디미르와 결혼하려면 메리는 알파 켄타우리에 도착하지 않을 것이 확실하다. (d) 메리는 35번째 생일 이전에 알파 켄타우리에 도착하여 거기

서 블라디미르에게 시간에 맞춰 돌아가겠다는 전파 통지를 보낸다. 블라디미르는 결혼 날짜 이전에 전파 통지를 받고 안심한다.

23. 신호등 옆에 주차해 있던 경찰관에 따르면, 매우 빠른 속도로 차를 몰던 영업사원이 신호등이 빨간색인 동안 지나갔다고 체포되었다. 영업사원은 신호가 도플러 이동을 하여 자기가 보기에 녹색 신호였다고 말했는데, 무죄가 되겠는가? 설명하라.

연습문제 _Problems

참고: 고급 문제는 문제 번호에 파란색 음영으로 표시하였다. 문제 풀이에 유용한 상수, 변환 인자, 상수들의 조합이 부록 7에 제시되어 있다.

2.1 에테르의 명백한 필요성

1. 뉴턴의 제2법칙의 형태가 갈릴레이 변환에서 불변임을 보여라.

2. 선운동량의 정의 $p = mv$가 갈릴레이 변환을 하면 같은 형태 $p' = mv'$을 가짐을 보여라.

2.2 마이컬슨·몰리 실험

3. 2.2절의 t_2의 식이 그림 2.2에서 빛이 거울 D에 갔다 돌아오는 데 걸리는 시간을 나타냄을 보여라. 이 경우 빛은 에테르의 가상 방향에 수직이다. 빛이 에테르를 통해 지나간다면 거울에 의해 반사되기 위해 빛은 어느 방향으로 움직여야 하는가?

4. 수영하는 사람이 물이 $v_1 = 0.350$ m/s의 속력으로 흐르는 강을 곧장 건너려고 한다. 이 사람이 고요한 물에서 속력 $v_2 = 1.25$ m/s로 수영한다면, 강변으로부터 상류 쪽으로 얼마의 각을 겨냥해야 하며, 이 사람이 강을 건너는 속력은 얼마인가?

5. 마이컬슨 간섭계가 90° 회전하였을 때 식 (2.4)에 의해 주어지는 시간 간격 $\Delta t'$이 옳음을 보여라.

6. 마이컬슨과 몰리의 1887년 실험에서 각 팔의 길이는 11 m이었고 무늬 이동의 실험적 한계는 0.005 무늬였다. 간섭계에 나트륨등($\lambda = 589$ nm)이 사용되었다면, 아무것도 관측되지 않은 실험 결과로부터 에테르를 통해 움직이는 지구의 속도의 상한은 얼마로 설정되는가?

7. 길이가 운동 방향으로 $\sqrt{1-v^2/c^2}$ 인자로 수축한다면 식 (2.3)의 결과는 마이컬슨·몰리 실험의 결과에 맞게 $\Delta t = 0$이 되기에 필요한 인자를 갖게 됨을 보여라.

2.3 아인슈타인의 가설

8. 아인슈타인이 왜 광속의 불변성(가설 2)이 상대성 원리(가설 1)로부터 나온다고 주장했는지 설명하라.

9. 광속의 불변성(가설 2)이 갈릴레이 변환과 모순이 됨을 증명하라.

2.4 로런츠 변환

10. 식 (2.9)의 구형 파면을 사용하여 식 (2.17)의 로런츠 변환을 유도하되, 모든 단계를 써라.

11. 식 (2.17)과 (2.18) 모두가 $v \ll c$일 때 갈릴레이 변환으로 환원됨을 보여라.

12. 다음의 경우에 대해 $\beta(= v/c)$를 정하라: (a) 95 km/h로 달리는 자동차, (b) 240 m/s로 나는 상업용 제트 여객기, (c) 마하 2.3(마하수 $= v/v_{\text{sound}}$)으로 나는 초음속 비행기, (d) 27,000 km/h로 나는 우주정거장, (e) 25 cm를 2 ns에 움직이는 전자, (f) 0.35×10^{-22} s에 핵(10^{-14} m)을 가로지르는 양성자.

13. 관성계 K에서 다음의 두 사건이 일어난다.

Event 1: $x_1 = a,\ \ t_1 = 2a/c,\ y_1 = 0,\ z_1 = 0$
Event 2: $x_2 = 2a,\ t_2 = 3a/2c,\ y_2 = 0,\ z_2 = 0$

이 두 사건이 동시에 일어나는 계 K′은 무엇인지, K′계의 운동을 기술하라.

14. 연습문제 13에 있는 두 사건이 같은 위치에서 일어나는 K′ 틀이 있는가? 설명하라.

15. 연습문제 12의 각각에 대해 상대론적 인자 γ를 계산하라.

16. K′계에서 $x' = 2$ m, $y' = 3.5$ m, $z' = 3.5$ m, $t' = 0$에서 사건이 일어났다. K계와 K′계는 $t = t' = 0$일 때 좌표축들이 일치하고, K′계는 K계의 x축을 따라 $0.8c$의 속도로 움직이고 있다. K계에서 이 사건의 좌표는 얼마인가?

17. K계의 원점에서 $t = 0$에 $x = 3$ m, $y = 5$ m, $z = 10$ m인 점으로 빛 신호를 보냈다. (a) 신호를 받은 시각 t는 얼마인가? (b) K의 x축을 따라 $0.8c$의 속도로 움직이는 기준틀 K′에서 신호를 받는 (x', y', z', t')을 구하라. (c) (b)의 결과로부터 K′ 틀에서 측정해도 빛은 속력 c로 움직인다는 것을 증명하라.

2.5 시간 팽창과 길이 수축

18. 그림 2.11에 묘사되고 본문에서 논의된 실험으로부터 직접적으로 길이 수축을 유도할 수 있음을 보여라.

19. 승객을 실은 로켓이 뉴욕에서 로스앤젤레스까지 약 5000 km 거리를 가려고 발사된다. (a) 길이를 1% 줄이려면 로켓은 얼마나 빠른 속도로 가야 하는가? (b) 일반 상대론의 효과를 무시하고, 로켓이 로스앤젤레스에 도착했을 때 로켓의 시계와 땅 위의 시계 사이의 시간 차이를 계산하라.

20. 천문학자들이 20광년 떨어진 곳에 있는 우리 태양과 비슷한 별 주위를 공전하는 행성을 발견한다. 로켓을 탄 우주비행사의 시간으로 40년 이내로 왕복 여행을 하려면 로켓은 얼마나 빨리 가야 하는가? 지구에서 측정했을 때의 여행 시간은 얼마인가?

21. 입자물리학자들은 입자 궤적 검출기를 사용하여 수명이 짧은 입자들의 반감기를 측정한다. 평균 반감기 2.2 μs인 뮤온이 9.5 cm 길이의 궤적을 남긴 후 전자와 두 개의 뉴트리노로 붕괴하였다면, 뮤온의 속력은 얼마이었는가?

22. 아폴로 우주비행사들은 지구의 중력의 영향을 받으며 달에서 돌아와 지구에 대해 거의 25,000 mi/h의 속력에 도달했다. 달에서 지구까지의 여행 전체를 이 속도로 했다면(실제로 그렇지는 않다), 이 여행을 하는 동안 우주비행사의 시계와 지구상의 시계의 시간 차이는 얼마인가?

23. 우주선에 있는 시계가 지구상에 있는 비슷한 시계의 3/5의 속도로 가고 있는 것으로 관측된다면 우주선은 얼마나 빨리 움직이고 있는가?

24. 정지했을 때의 길이가 40 m인 우주선이 움직일 때 길이 20 m로 관측된다면 우주선은 얼마나 빨리 움직이고 있는가?

25. 콩코르드기가 북아메리카와 유럽에 있는 두 지점 사이의 8000 km를 평균 속력 375 m/s로 날았다. 편도 여행 중 비행기에 있는 원자시계와 지구상에 정지해 있는 비슷한 원자시계 사이의 시간 차이는 얼마인가? 시간 팽창만 고려하고 지구의 자전과 같은 다른 효과는 무시하라.

26. 지구상에서 레이저 무기를 탑재한 정지위성을 쏘아 떨어뜨리기 위한 메커니즘이 마침내 완성되어 골프공을 $0.94c$의 속력으로 나가게 한다.(정지위성은 지구 표면으로부터 3.58×10^4 km 위에 있다.) (a) 골프공 안에 놓은 검출기는 처음에 위성까지의 거리를 얼마로 측정하는가? (b) 지구의 기준틀에서 골프공이 위성까지 여행하는 데 걸리는 시간은 얼마인가? 골프공의 기준틀에서는 얼마인가?

27. 관성계 K에서 두 사건이 4 km 떨어진 곳에서 동시에 일어난다. 움직이는 계 K′에서 두 사건의 거리가 5 km로 측정이 된다면 두 사건의 시간 간격은 얼마로 측정되는가?

28. 다른 우주에서 빛의 속도가 겨우 100 m/s라고 상상해 보자. (a) 고속도로에서 120 km/h로 달리는 사람은 정지한 사람에 비해 얼마나 느리게 나이를 먹는가? (b) 이 사람이 고속도로에 정지해 있는 미터자를 지나친다면 미터자는 얼마의 길이로 보이는가?

29. 광속이 겨우 100 m/s인 다른 우주에서 정지 길이가 40 m인 비행기가 300 km/h로 비행하고 있을 때 정지한 사람에게는 얼마의 길이로 보이는가?

30. K′계가 x축을 따라 $0.8c$의 상대 속력으로 K계를 지나가고 있는데, 두 계의 원점이 일치했을 때 두 계의 시계를 $t = t' = 0$으로 동시화하였다. $t = 3$ ns일 때 (K계의) 프랭크가 양성자 총을 쏘아 양성자가 x축 방향으로 $0.98c$의 속력을 갖는다. 양성자는 $x = 1$ m에서 총을 떠나 120 m 떨어진 표적에 도달한다. 총을 발사하는 사건과 양성자가 표적에 도달하는 사건의 좌표 (x, t)에 대해 K와 K′계의 관찰자가 측정한 값을 정하라.

2.6 속도 덧셈

31. 우주선이 $0.84c$의 속력으로 정지한 관찰자에게서 멀어지고 있다. 우주선에 있는 소년이 양성자 총을 쏘아 양성자가 $0.62c$의 속력을 갖는다. 총을 (a) 관찰자에게서 멀어지는 방향으로 쏘았을 때와 (b) 관찰자를 향하여 쏘았을 때, 정지한 관찰자가 측정한 양성자의 속력은 얼마인가?

32. 양성자와 반양성자가 서로를 향해 움직여 정면충돌한다. 각각이 충돌 지점에 대해 $0.8c$의 속력을 갖는다면, 상대편에 대한 속력은 얼마인가?

33. 다른 우주에서 빛의 속도가 겨우 100 m/s라고 상상해 보자. 자동차 두 대가 고속도로에서 반대 방향으로 달리고 있는데, 사람 1은 110 km/h로 달리고 있고, 사람 2는 140 km/h로 달리고 있다. 사람 1이 측정한 사람 2의 속력은 얼마이고, 사람 2가 측정한 사람 1의 속력은 얼마인가?

34. 예제 2.5에서 설명한 피조의 실험에서 물이 5 m/s의 속력으로 흐르고 있다고 하자. 물과 같은 방향으로 가는 빛과 반대 방향으로 가는 빛의 속도 차이를 계산하라. 물의 굴절률은 $n = 1.33$으로 하라.

35. 세 은하가 한 축상에 A, B, C의 순서로 정렬해 있다. 가운데 있는 은하 B에 있는 관찰자가 은하 A와 C가 둘 다 $0.60c$의 속력으로 반대 방향으로 자기에게서 멀어지고 있음을 본다. 은하 A에 있는 누군가가 본 은하 B와 C의 속도는 얼마인가?

36. 2.6절에서 논한 *사고* 실험을 생각해 보는데, 여기서는 지구 표면으로부터 400 km 위에 있는 거대한 투광 조명등이 달

의 표면을 가로질러 빛을 비춘다. 달 표면에서 빛은 얼마나 빨리 움직이는가?

2.7 실험적인 검증

37. 일군의 과학자들이 해발 4205 m인 하와이의 마우나케아 망원경 관측소에서 뮤온 붕괴 실험을 반복하기로 하였다. 그들은 일정한 시간 동안 10^4개의 뮤온을 관측한다. 2.7절의 계산을 반복하여 해수면에서 예상되는 뮤온의 수에 대한 고전적인 결과와 상대론적 결과를 얻어라. 이 과학자들이 단지 10^3개가 아닌 10^4개나 되는 뮤온을 관측하기로 결정한 이유는 무엇인가?

38. 워싱턴시의 미국 해군 천문대에 있는 기준계를 생각하자. 세슘 원자시계를 실은 비행기 두 대가 워싱턴 덜레스 공항을 이륙하여 하나는 동쪽으로 가고 하나는 서쪽으로 간다. 위도 39°(워싱턴시)에서의 지구 둘레는 31,000 km이고 워싱턴은 지구 자전축 주위로 360 m/s의 속력으로 돌고 있다. 비행기들이 워싱턴에 돌아올 때, 천문대에 남겨진 시계와 (각각 300 m/s로 여행하던) 비행기의 두 시계의 시간 차이를 계산하라. 지구의 자전을 고려하되 일반 상대론적 효과는 고려하지 말라. 본문에 있는 예측과 비교하라.

2.8 쌍둥이 역설

39. 표 2.1에 있는 진동수 f'과 f''의 결과를 유도하라. 프랭크와 메리는 어떤 시간 동안 이 진동수의 신호를 받는가?

40. 표 2.1에 있는, 두 쌍둥이의 기준틀에서 본 총 여행 시간과 받은 신호의 수의 결과를 유도하라.

2.9 시공간

41. 로런츠 변환을 사용하여 $s^2 = s'^2$임을 증명하라.

42. 시간꼴 간격으로 분리된 두 사건은 결코 동시에 일어난다고 생각할 수 없음을 증명하라.

43. 공간꼴 간격으로 분리된 두 사건은 결코 공간상 같은 위치에서 일어날 수 없음을 증명하라.

44. 두 사건 (x_1, t_1)과 (x_2, t_2)가 주어졌을 때, 시공간 도표를 사용하여 두 사건이 동시에 일어나는 기준틀의 속도를 구하라. 이 경우 Δs^2의 값은 얼마인가?

45. (a) 시계들이 $t = t' = 0$에 동시화되었다면 움직이는 계에서 $t' = 0$에 일어나는 모든 사건을 표시하는 선을 고정된 계의 시공간 도표에 그려라. (b) 이 선의 기울기는 얼마인가? (c) $t'_4 < t'_3 < 0 < t'_2 < t'_1$일 때 t'_4, t'_3, t'_2, t'_1의 네 시각에 일어나는 사건들을 나타내는 선들을 그려라. (d) 이 네 선들은 기하학적으로 어떤 관계를 갖는가?

46. $t = t' = 0$에서 원점이 일치하고 시계가 동시화된 고정된 계와 움직이는 계를 생각하라. (a) 고정된 계의 시공간 도표에 $t' = 0$에 일어나는 모든 사건을 표시하는 선을 그려라. (b) 이 시공간 도표에 $x' = 0$에 일어나는 모든 사건을 표시하는 선을 그려라. (c) $t = t' = 0$을 통과하는 빛의 모든 세계선을 그려라. (d) x'축과 ct'축은 수직인지 말하고, 설명하라.

47. 이전 두 연습문제의 결과를 이용하여 한 계에서 동시에 일어나는 사건들은 그 계에 대해 움직이는 다른 계에서는 동시에 일어나지 않음을 보여라. 원점이 일치하도록 x, ct와 x', ct' 축을 시공간 도표에 그리고 $t = t' = 0$에서 시계가 동시화되었다고 하자. 고정된 계에서 동시에 일어나는 사건 1과 2는 움직이는 계에서 동시에 일어나는가?

2.10 도플러 효과

48. 우주비행사가 빨간 신호(λ = 650 nm)에 지나간 교통 법규 위반을 모면하기 위하여 판사에게 자기가 고출력 운송 기구를 타고 지나갈 때 신호는 녹색(λ = 540 nm)으로 보였다고 말했다고 한다. 이것이 사실이려면 우주비행사의 속도는 얼마였어야 하는가?

49. 광원이 고정되고 수신기가 v의 속도로 접근하는 경우에 식 (2.32)를 유도하라.

50. 광원과 수신기가 상대 속도 v로 멀어질 때 식 (2.33)을 상세하게 유도하라.

51. 태양계를 $0.95c$의 속력으로 벗어나고 있는 우주선이 1400 kHz의 비율로 신호를 보낸다. 우리는 어떤 비율로 그 신호를 받는가?

52. 전파 장치를 갖춘 배관 작업용 밴 세 대가 같은 진동수 f_0로 전파를 발사한다. 밴 1은 밴 2의 동쪽으로 v의 속력으로 움직이고, 밴 2는 정지해 있으며, 밴 3은 밴 2의 서쪽으로 v의 속력으로 움직인다. 다른 밴에서 수신하는 각 밴의 진동수는 얼마인가?

53. 전파 장치를 갖춘 배관 작업용 밴 세 대가 같은 진동수 f_0로 전파를 발사한다. 밴 1은 밴 2의 북쪽으로 v의 속력으로 움직이고, 밴 2는 정지해 있으며, 밴 3은 밴 2의 서쪽으로 v의 속력으로 움직인다. 밴 3이 밴 2와 밴 1로부터 듣는 진동수는 각각 얼마인가?

54. 우주선이 지구로부터 29.4 m/s^2(약 $3g$)의 가속도로 지름 방향으로 멀어지고 있다. 지구상의 나트륨 가로등(λ = 589 nm)이 (고성능 망원경을 가진) 우주인의 눈에 보이지 않을 때까지 걸리는 시간은 얼마인가? 가시광선의 파장 범위는 400~700 nm이다.

2.11 상대론적 운동량

55. 뉴턴의 제2법칙은 $\vec{F} = d\vec{p}/dt$로 주어진다. 힘이 항상 속도

에 수직이라면, $\vec{a}$가 가속도일 때, $\vec{F} = m\gamma\vec{a}$임을 보여라.

56. 앞 연습문제의 결과를 사용하여 입자의 경로에 수직인 자기장 안에서 속력 v로 움직이는 전하 q를 가진 입자의 원형 경로의 반지름이 $r = p/qB$임을 보여라. 사이클로트론에서처럼 속력이 커지면 반지름은 어떻게 되는가?

57. 뉴턴의 제2법칙은 $\vec{F} = d\vec{p}/dt$로 주어진다. 힘이 항상 속도에 평행이라면, $\vec{F} = \gamma^3 m\vec{a}$임을 보여라.

58. 양성자의 속도가 (힘과 같은 방향으로) (a) $0.01c$, (b) $0.1c$, (c) $0.9c$, (d) $0.99c$일 때 양성자에 10^{19} m/s^{2}의 가속도를 주는 데 필요한 힘을 구하라.

59. $0.92c$의 속력을 갖는 입자의 운동량이 10^{-16} kg·m/s라면 질량은 얼마인가?

60. 입자의 처음 속력이 $0.5c$라면 운동량이 (a) 1%, (b) 10%, (c) 100 % 증가하는 속도는 얼마인가?

61. 로런스 버클리 연구소에 있는 베바트론 가속기가 양성자를 운동에너지가 6.3 GeV가 되도록 가속했다. 이 양성자를 15.2 m의 원으로 돌게 하는 데 필요한 자기장은 얼마인가?(연습문제 56을 보라.)

62. 예제 2.9에서 메리가 측정한 선운동량이 보존됨을 보여라.

2.12 상대론적 에너지

63. $\frac{1}{2}m\gamma v^2$은 바른 운동에너지가 아님을 보여라.

64. 2 g의 질량을 더 얻기 위해 0°C에서 얼마나 많은 얼음이 녹아야 하며, 이 질량은 어디에서 오는가? 물의 융해열은 334 J/g이다.

65. 스탠퍼드 선형 가속기 연구소(SLAC)의 물리학자들은 B 중간자와 반B 중간자를 만들기 위해 9 GeV의 전자를 3.1 GeV의 양전자에 정면으로 쏘았다. 전자와 양전자가 충돌할 때 각각의 속도는 얼마였는가?

66. 시카고 교외의 페르미 국립 가속기 연구소(페르미 연구소)에 있는 테바트론 가속기는 콕크로프트·월턴(750 keV), 선형 가속기(400 MeV), 부스터(8 GeV), 주 고리 즉 주입기(150 GeV), 그리고 마지막으로 테바트론 자신(1 TeV)의 다섯 단계를 거쳐 양성자를 1 TeV(1000 GeV)까지 가속한다.(괄호 안의 숫자는 각 단계가 끝날 때의 총 운동에너지이다.) 각 단계의 끝에서 양성자의 속도는 얼마인가?

67. (a) $0.020c$, (b) $0.20c$, (c) $0.90c$의 속력으로 움직이는 전자의 운동량, 운동에너지와 총에너지를 구하라.

68. 물체의 총에너지가 정지에너지의 두 배라면 물체는 관찰자에 대해 얼마나 빠르게 움직이고 있는가?

69. 처음에 정지해 있던 80 kg의 물체에 8 N의 일정한 힘을 가하도록 장치를 만들었다. 이 힘으로 마찰이 없는 탁자에서 물체를 수평으로 밀고 있다. 질량·에너지를 25% 증가시키려면 얼마나 멀리 밀어야 하는가?

70. 운동에너지가 정지에너지의 두 배가 될 때 양성자의 속도는 얼마인가?

71. 운동에너지가 (a) 정지에너지의 10%일 때, (b) 정지에너지와 같을 때, (c) 정지에너지의 10배일 때 전자의 속력은 얼마인가?

72. 다음 식을 유도하라.

$$\beta = \frac{v}{c} = \sqrt{1 - \left(\frac{E_0}{E_0 + K}\right)^2}$$

73. $\beta = pc/E$를 증명하라. 이는 아주 에너지가 큰 입자의 속도를 계산할 때 유용한 식이다.

74. 대략의 경험 법칙으로는 고전적으로 계산한 운동에너지와 상대론적으로 계산한 운동에너지가 1% 이상 다를 때 상대론적 식을 쓴다. 이때의 (a) 전자 및 (b) 양성자의 속도를 구하라.

75. 0.1온스의 무게를 갖는 땅콩에 포함된 질량·에너지는 몇 J인가? 10온스의 땅콩을 먹으면 얼마의 질량·에너지를 얻는가? 이 질량·에너지를 땅콩의 식품 에너지량인 온스당 약 100 kcal와 비교하라.

76. 은하 간 공간을 탐험하기 위해 질량 10,000 kg의 우주선을 $0.3c$의 속력까지 가속하는 데 필요한 에너지를 계산하라. 이를 지구상에서 1년간 사용하는 에너지의 추정치 10^{21} J과 비교하라.

77. 상대론적 운동에너지의 식 (2.58)을 유도하되 모든 과정, 특히 부분 적분 과정을 보여라.

78. 고속으로 달리던 질량 1000 kg의 시험용 자동차가 벽에 충돌한다. 부서진 후에 차의 평균 온도가 0.5°C 올랐다면 차의 질량의 변화는 얼마인가? 이 질량의 변화는 어디에서 오는가?(자동차의 평균 비열은 강철의 비열인 0.11 cal·g^{-1}·°C^{-1}에 가깝다.)

2.13 현대물리학에서의 계산

79. 헬륨 핵은 4.001505 u의 질량을 가지고 있다. 결합 에너지는 얼마인가?

80. 자유 중성자는 불안정한 입자여서 전자를 방출하면서 양성자로 베타 붕괴를 한다. 이 붕괴에서 가능한 운동에너지는 얼마인가?

81. 유럽의 세른(CERN) 설비에 있는 대형 강입자 충돌 장치는 7.0 TeV(즉, 7.0 × 10^{12} eV)의 양성자를 만들도록 설계되었다. 이 양성자의 속력, 운동량, 총에너지를 계산하라.

82. (a) 40 GeV/c의 운동량을 갖는 전자와 (b) 40 GeV/c의

운동량을 갖는 양성자의 운동에너지는 얼마인가?

83. 뮤온의 질량은 106 MeV/c^2이다. 200 MeV 뮤온의 속력, 운동량, 총에너지를 계산하라.

84. ^{2}H + ^{2}H → n + ^{3}He(n은 중성자)의 반응은 핵융합을 통하여 에너지를 생산하는 데 유용한 반응 중 하나이다. (a) 중수소핵(^{2}H)들이 정지해 있다고 가정하고 부록 5의 원자 질량 단위로 표시된 질량을 사용하여 이 반응에서의 질량·에너지의 불균형을 계산하라.(주: 이 계산에서 전자의 질량이 상쇄되기 때문에 원자 질량 단위를 사용할 수 있다.) 이 양만큼의 에너지가 이 핵반응이 진행될 때 방출된다. (b) 처음 정지에너지의 몇 퍼센트가 방출되는가?

85. ^{2}H + ^{3}H → n + ^{4}He(n은 중성자)의 반응은 핵융합을 통하여 에너지를 생산하는 데 유용한 반응 중 하나이다. (a) 중수소핵(^{2}H)과 삼중수소핵(^{3}H)이 정지해 있다고 가정하고 부록 5의 원자 질량 단위로 표시된 질량을 사용하여 이 반응에서의 질량·에너지의 불균형을 계산하라. 이 양만큼의 에너지가 이 핵반응이 진행될 때 방출된다. (b) 처음 정지에너지의 몇 퍼센트가 방출되는가?

2.14 전자기학과 상대론

86. 2.14절에서 논의되었고 그림 2.34에 나타낸 것처럼 전선의 바깥에 양전하 하나가 있는 대신, 첫 번째 전선과 나란한 두 번째 전선을 생각하라. 두 전선은 양전하와 음전하를 가지고 있고 전기적으로 중성이다. 두 전선에서 양전하는 오른쪽으로 움직이고 음전하는 왼쪽으로 움직인다고 가정한다. (a) 전선 1의 음전하와 같이 움직이는 관성틀을 생각하라. 이 틀에서 두 번째 전선이 첫 번째 전선 쪽으로 끌리는 것을 보여라. (b) 이제 두 번째 전선의 양전하와 같이 움직이는 기준틀을 생각하고 첫 번째 전선이 두 번째 전선 쪽으로 끌리는 것을 보여라. (c) 이 논의를 이용하여 전기력과 자기력은 상대적이라는 것을 보여라.

일반적인 문제

87. Ω^- 입자는 정지에너지 1672 MeV와 평균 수명 8.2×10^{-11} s를 가지고 있다. 이 입자가 입자 궤적 검출기에서 생겼다가 붕괴하면서 24 mm 길이의 궤적을 남겼다. 이 Ω^- 입자의 총에너지는 얼마인가?

88. 힘이 속도에 평행하다고 가정하고, 다음 형태의 뉴턴의 제2법칙은 로런츠 변환을 만족함을 보여라.

$$F = m\frac{dv}{dt}\frac{1}{[1-(v^2/c^2)]^{3/2}}$$

89. 표 2.1의 결과를 사용하여 (a) 프랭크가 f'의 비율로 받은 신호의 개수와 메리가 방향을 바꾸는 것을 프랭크가 관측한 시간을 구하고, (b) 메리가 f'의 비율로 받은 신호의 개수와 메리가 방향을 바꿀 때 메리의 시계를 읽은 시각을 구하라. (c) 프랭크의 관점에서, (그가 메리가 방향을 바꾼 것을 관측한 후) 나머지 여행에 걸리는 시간, 그가 f''의 비율로 받은 신호의 개수, 그가 받은 신호의 총개수, 신호의 총개수로 판단한 메리의 나이를 구하라. (d) 메리의 관점에서, (그녀가 방향을 바꾼 후) 나머지 여행에 걸리는 시간, 그녀가 f''의 비율로 받은 신호의 개수, 그녀가 받은 신호의 총개수, 신호의 총개수로 판단한 프랭크의 나이를 구하라.

90. 2.8절에서 묘사된 쌍둥이 프랭크와 메리를 생각하자. 메리가 지구로부터 8광년 떨어진 별로 0.8c의 속력으로 편도 여행을 떠났다. 고정된 틀에서의 시공간 간격 s와 움직이는 틀에서의 s'을 계산하고, 그 결과를 비교하라.

91. 프랭크와 메리는 쌍둥이인데, 메리가 우주선을 타고 (4.30 광년 떨어진) 알파 켄타우리에 갔다 돌아온다. 메리는 지구에 대해 0.8c의 속력으로 여행하며 매주 한 번 라디오 신호를 보내고, 프랭크도 메리에게 매주 한 번 라디오 신호를 보낸다. (a) 메리가 방향 전환을 하기 전에 프랭크로부터 받는 신호는 몇 개인가? (b) 언제 프랭크가 받는 신호의 빈도가 갑자기 바뀌는가? 이때까지 프랭크가 받은 신호는 몇 개인가? (c) 전체 여행에서 프랭크와 메리가 받은 신호는 몇 개인가? (d) 여행에 걸린 총시간은 프랭크와 메리에게 각각 얼마인가? (e) 쌍둥이 각자는 상대편이 여행에 걸린 시간을 얼마로 측정할 것이라고 말하는가? 이 대답이 (d)의 대답과 일치하는가?

92. 경찰의 레이더 총은 10.5 GHz의 진동수로 작동한다. 고속도로 옆에 정지한 순찰차에 앉아 있던 경찰관이 순찰차로부터 80 mph의 속력으로 멀어지는 과속 차를 향해 레이더 빔을 쏘았다. 반사된 빔의 진동수는 처음 빔에 대해 얼마나 바뀌었는가?

93. 지구로부터 0.80c로 멀어지고 있는 우주선에서 미사일을 쏘았는데, 우주선에서 측정했을 때 이 미사일은 우주선의 운동 방향에 수직으로 0.80c의 속력으로 움직인다. 지구에서 측정한 미사일의 속도 성분과 속력을 구하라.

94. 전자가 정지에너지의 250배의 총에너지를 갖고 있다. (a) 운동에너지, (b) 속력, (c) 운동량을 구하라.

95. 양성자가 0.90c의 속력으로 움직이고 있다. (a) 이 양성자와 같은 운동량을 갖는 전자의 속력은 얼마인가? (b) 이 양성자와 같은 운동에너지를 갖는 전자의 속력은 얼마인가?

96. 고속 K^0 중간자가 0.90c의 속력으로 움직이다가 π^+ 중간자와 π^- 중간자로 붕괴한다. 중간자들이 가질 수 있는 가장 큰 속력과 가장 작은 속력은 얼마인가?

97. 프랭크와 메리는 쌍둥이인데, 메리가 우리에게서 가장 가까운 별인 (4.30광년 떨어진) 알파 켄타우리에 가고 싶어 한다. 메리는 30번째 생일에 떠나 52번째 생일에 돌아올 예정이다. (a) 메리의 우주선이 알파 켄타우리에서 멈추지 않고 돌아온다면 메리는 어느 속도로 여행해야 하는가? (b) 메리가 돌아왔을 때 프랭크는 몇 살인가?

98. 국제 우주 연합이 $0.995c$의 속력으로 운행할 수 있는 새 우주선을 만들고 있다. 우주비행사인 메리는 우주선을 타고 알파 켄타우리 다음으로 태양계로부터 두 번째로 가까운 별로서 5.98 ly 떨어져 있는 바너드별에 가고 있다. 바너드별에 도착한 후 우주선은 3년간 연구를 하면서 별 주위를 천천히 여행하다 지구로 돌아온다. (a) 메리의 여행에 걸린 시간은 얼마인가? (b) 메리가 돌아올 때 쌍둥이인 프랭크는 얼마나 더 나이를 먹었는가?

99. 지구의 강력한 레이저가 레이저 빔을 0.030 Hz의 진동수로 원 모양으로 회전시키고 있다. (a) 레이저가 달에 만드는 점은 달 표면에서 얼마나 빨리 움직이는가? (b) 레이저가 만드는 점이 달 표면에서 c의 속도로 움직인다면, 레이저의 회전 진동수는 얼마인가?

100. 록히드사의 SR-71 블랙버드는 지금까지의 연구용이 아닌 비행기 중 가장 빨라서 시속 2200마일(983 m/s)로 날았다. 1966년부터 1990년까지 운행했고, 길이는 32.74 m이다. (a) 이 비행기가 날고 있을 때 길이가 수축되어 보이는 비율은 얼마인가? (b) 이 비행기에 실려 3200 km를 여행한 원자시계와 지구상의 비슷한 시계 사이의 시간 차이는 얼마인가?

101. 당신이 국제 우주정거장에 있는데 우주선이 당신을 향해 곧장 날아온다. 당신은 우주선이 나트륨의 빛(파장 588.9950 및 589.5924 nm의 강한 노란색 이중선)을 비추고 있다고 듣는다. 당신은 가까이 붙어 있는 두 파장의 차이가 $\Delta\lambda > 0.55$ nm이면 두 파장을 분해해 낼 수 있는 기구를 가지고 있다. 당신이 우주선의 이중선을 겨우 분해할 수 있었다면, 우주선이 당신을 향해 오고 있는 속력은 얼마인가?

102. 퀘이사는 16장에서 논의되는 대로 우주에서 가장 먼 천체 중의 하나이며 매우 빠른 속도로 우리에게서 멀어지고 있다. 천체물리학자들은 그처럼 빨리 움직이는 천체의 빨강 쏠림을 정하기 위해 빨강 쏠림 변수 z를 사용한다. 지구상에서 알려진 파장의 스펙트럼 선 λ_{source}가 λ'으로 관측되면, 빨강 쏠림 변수는 $z = \Delta\lambda/\lambda_{\text{source}} = (\lambda' - \lambda_{\text{source}})/\lambda_{\text{source}}$로 정의된다. z 값이 1.9와 4.9인 두 퀘이사의 속력을 구하라.

103. 중성 케이온의 가능한 붕괴 방식 중 하나는 $K^0 \rightarrow \pi^0 + \pi^0$이다. K^0와 π^0의 정지에너지는 각각 498 MeV와 135 MeV이고 케이온은 붕괴하기 전에 정지해 있었다. (a) 이 붕괴에서 나오는 에너지는 얼마인가? (b) 두 중성 파이온(π^0)의 운동량과 상대적인 방향은 무엇인가?

104. 태양은 3.9×10^{26} W의 일률로 에너지를 복사한다. (a) 태양이 질량을 잃는 비율은 얼마인가? (b) 그 비율이 유지될 때, 태양의 연료 공급이 소진될 때까지 얼마의 시간이 걸리는가? 태양의 질량은 2×10^{30} kg이고, 에너지를 생산하는 반응은 0.7%의 효율을 갖는다고 가정한다. 얻어진 답을 태양의 남은 기대수명, 약 5 Gy와 비교해 보라.

105. 천문학자가 멀리 있는 별을 공전하는 '태양계 밖의' 행성을 알아내는 방법의 하나는 별과 행성이 그들의 질량 중심점 주위를 서로 공전한다는 사실 때문에 별의 스펙트럼에 빨강 쏠림과 파랑 쏠림이 생기는 것을 관측하는 것이다.(*Scientific American*, 2010년 8월, p. 41을 보라.) 태양(질량 $= 1.99 \times 10^{30}$ kg) 크기의 별과 반지름 7.79×10^{11} m, 주기 11.9년의 원형 궤도를 도는 목성(질량 $= 1.90 \times 10^{27}$ kg) 크기의 행성으로 이루어진 계를 생각하자. (a) 이 계의 질량 중심점을 도는 별의 속력을 구하라. (b) 지구가 행성의 공전 궤도면에 있어서, 궤도 위의 한 점에서는 별이 곧장 지구 쪽으로 다가오며 반대쪽 점에서는 곧장 지구로부터 멀어진다고 가정하자. 이 두 극점에서 550 nm의 빛은 얼마나 빨강 쏠림과 파랑 쏠림을 보이겠는가?

106. 태양 원판의 여러 부분을 측정하면 태양 스펙트럼의 파장이 약간 다르게 관측된다. 태양 적도의 양쪽—한쪽은 지구 쪽으로 다가오고 다른 쪽은 지구에서 멀어지는—에서 수소의 656 nm 선을 관측하면 0.0090 nm만큼 차이가 있다. 이 정보로부터 태양 적도의 회전 속도를 구하되, 답을 날(day)로 표시하라.(태양의 적도 반지름은 6.96×10^8 m이다.)

CHAPTER 3

양자 이론의 실험적 기초

The Experimental Basis of Quantum Physics

> 그것은 광전 분야, 즉 언젠가는 태양전지판으로 이어질 광전 효과에 대한 기초 연구였습니다. 결과적으로 컴퓨터 단층 촬영이 가능해진 것은 물리학에서의 기초 연구였습니다.
>
> 버락 오바마 대통령, 과학한림원 연설, 2009

1장에서 논의한 바와 같이, 1800년대의 마지막 수십 년 동안 과학자들은 오늘날 우리가 고전물리라고 부르는 물리 법칙으로 설명할 수 없는 현상들을 발견했다. 고전물리 법칙에 대한 확신에도 불구하고, 19세기 후반에 발견된 몇몇 고전물리 법칙의 예외적인 현상들은 1900년에서 1930년까지 30년에 걸쳐 물리 법칙에 대한 우리의 이해를 극적으로 변화시켰다. 그러한 예외 중의 하나가 1905년에 아인슈타인에 의해 도입되고 마이컬슨·몰리 실험으로 성공적으로 설명된 특수상대성이론이다. 또 다른 하나는 20세기 물리학의 위대한 개념적 진보인 양자 이론으로, 1900년에 플랑크(Max Planck)의 흑체 복사에 대한 설명으로부터 시작되었으며, 이 장의 주제이다.

이번 장은 뢴트겐(Wilhelm Röntgen)의 x선 발견과 톰슨(J. J. Thomson)의 전자 발견으로 시작한다. 이후에 밀리컨(Robert Millikan)은 전자의 전하량을 측정했다. 어떤 물리량이 양자화되어야 한다는 가정이 필수적이었지만 과학자들은 이러한 생각을 받아들이기 어려웠다. 우리는 흑체 복사를 고전물리를 통해 설명하는 어려움과, 어떻게 플랑크의 제안이 이 문제를 해결했는지에 대해 논의할 것이다. 마지막으로, 광전 효과에 대한 아인슈타인의 설명과 x선 산란 결과에 대한 콤프턴(Arthur Compton)의 해석이 양자 가설을 반박하기 어렵게 만들었다는 것으로 보일 것이다. 많은 어렵고 힘든 실험을 통해, 양자화는 필수적일 뿐만 아니라, 자연의 올바른 설명이라는 것이 명백해졌다.

3.1 x선과 전자의 발견

1890년대 과학자와 기술자에게 높은 전위차가 인가된 진공관 속의 금속 판으로부터 발생하는 '음극선'은 친숙한 것이었다. 이러한 음극선의 기원과 구성에 대해서는 알려진 바가 없었다. 물질의 원자 하부 구조에 대한 개념은 화학실험 결과를 설명하는 데 유용했기 때문에 널리 받아들여졌다. 그래서 음극선이 원자와 관련이 있다고 추측했다. 예를 들면,

음극선이 물질을 관통할 수 있다는 것이 알려져 있었고, 음극선의 특성이 큰 관심을 받아 1890년대에 집중적인 조사가 이루어졌다.

1895년에 뢴트겐은 다양한 물질을 통과한 음극선의 효과에 대해 연구하던 중 어두운 방에서 근처의 인광판에서 선명한 빛을 발견했다. 뢴트겐은 곧 자기가 자기장에 영향을 받지 않고 음극선보다 더 깊이 관통하는, 음극선과는 다른 새로운 종류의 광선을 관찰했다는 것을 직감했다. 그가 **x선**(x ray)이라고 부른 광선은 분명히 진공관의 유리벽을 때리는 음극선에 의해서 만들어졌다. 뢴트겐은 많은 물질을 이용해 x선의 투과도를 연구했으며, 그림 3.1에서 볼 수 있는 것처럼 x선이 손을 통과했을 때 뼈 영상을 얻을 수 있었다. 이 실험은 엄청난 반향을 일으켰으며 x선의 의학적 활용이 급속하게 발전되었다. 이 발견으로 뢴트겐은 1901년에 첫 번째 노벨 물리학상을 수상했다.

새로운 투과선: x선

Photo Researchers/Science History Images/Alamy Stock Photo

빌헬름 뢴트겐(Wilhelm Röntgen, 1845~1923)은 독일에서 태어나 네덜란드에서 자랐으며, 취리히대학에서 기계공학을 전공했다. 여러 대학에서 재직한 후 1900년에 뮌헨대학으로 옮겨 물리학과장으로 여생을 보냈다. 1895년 뷔르츠부르크대학 교수로 재직 당시에 저압 기체에서 전자의 흐름에 대한 연구 과정에서 x선을 발견했다. 그는 혼자 연구하는 것을 좋아했으며 대부분의 실험 기구를 손수 제작했다. 뢴트겐은 자신의 많은 발견으로 얻을 수 있는 이익을 거절했고 1차 세계대전 후 거의 파산 상태에서 생을 마감했다.

x선이 발견되기 여러 해 전에 케임브리지대학 실험물리학 교수였던 톰슨(J. J. Thomson, 1856~1940)은 기체의 전기 방전의 특성에 대해 연구하고 있었다. 톰슨의 실험 장치는 구조가 단순하기 때문에 뢴트겐과 다른 많은 과학자가 사용한 것과 유사했다(그림 3.2). 톰슨은 음극선이 입자일 것이라고 믿었지만, 헤르츠(Heinrich Hertz)와 같은 여러 훌륭한 독일 과학자들은 파동 현상이라고 믿었다.

1897년 톰슨은 가열된 음극에서 방출하는 전하를 띤 입자는 실제로 음극선과 같다는 것을 증명할 수 있었다. 톰슨 실험의 주요 특징을 그림 3.2의 실험 장치에 나타냈다. 음극에서 나온 광선은 구멍 A(양극)에 양전위 쪽으로 끌리고 구멍 B에 의해 더욱 집속되어 직선으로 날아가 진공관 뒤쪽의 형광판을 때려 섬광을 통해 관측할 수 있게 된다. 편향판에 전압을 인가하여 전기장에 의해 전하를 띤 입자를 편향시키게 된다. 이전에 헤르츠는 유사한 실험에서 편향 전압 때문에 음극선에 끼치는 영향을 관찰하지 못했다. 처음에 톰슨은 같은 결과를 얻었지만, 관의 진공도를 높여 광선의 편향을 관찰했으며, 음의 전하를 갖고 있다는 것을 확인했다. 낮은 진공도를 갖는 기존의 실험은 음극선이 잔류 기체와 상호작용하고 이온화되었기 때문에 실패했다. 또한 톰슨은 음극선에 대한 자기장의 영향에 대해 연구했고, 음극선이 전기장과 자기장에 대해 모두 음으로 대전된 입자(전자)로 역할한다는 것을 확인했으며, 그 공로로 1906년에 노벨 물리학상을 수상했다.

전자의 비전하 e/m을 측정하는 톰슨의 방법은 현재 표준화된 기술이고 그림 3.3과 같이 일반적으로 전기장과 자기장에 수직하게 통과하는 대전된 입자 연구에 활용된다. 자기장이 꺼지면, 판 사이 영역으로 들어오는 전자는 식 (3.1)과 같이 전기장에 의해 위쪽으로 가속된다.

$$F_y = ma_y = qE \tag{3.1}$$

여기서 m과 q는 각각 전자의 질량과 전하량이고, a_y는 전자의 가속도이다. 전자가 길이 ℓ인 편향판을 통과하는 데 걸리는 시간은 $t \approx \ell/v_0$이다. 전자의 출사 각도 θ는 다음과 같이 주어진다.

$$\tan\theta = \frac{v_y}{v_x} = \frac{a_y t}{v_0} = \frac{qE}{m}\frac{\ell}{v_0^2} \tag{3.2}$$

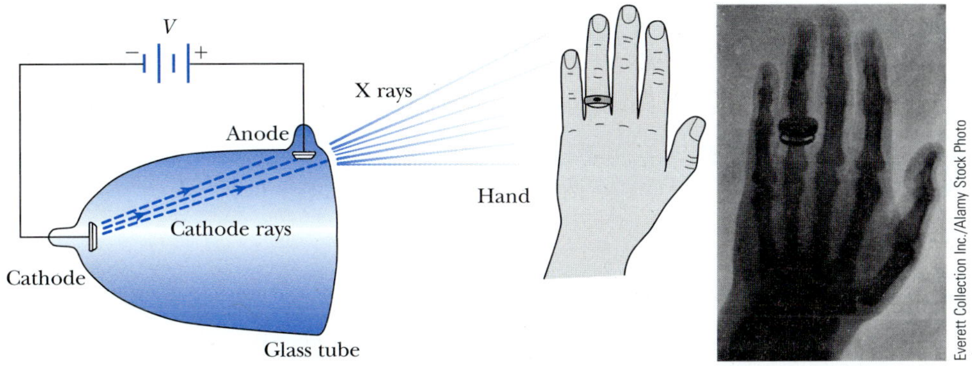

그림 3.1 뢴트겐 실험에서 'x선'은 양극 주변의 유리를 때리는 음극선(전자)에 의해 발생된다. 그는 x선이 다양한 물질을 관통하는 현상에 대해 연구했으며, 손을 유리관과 스크린 사이에 놓으면 손의 그림자에 비해 더 어두운 뼈의 그림자를 구별할 수 있다고 했다.

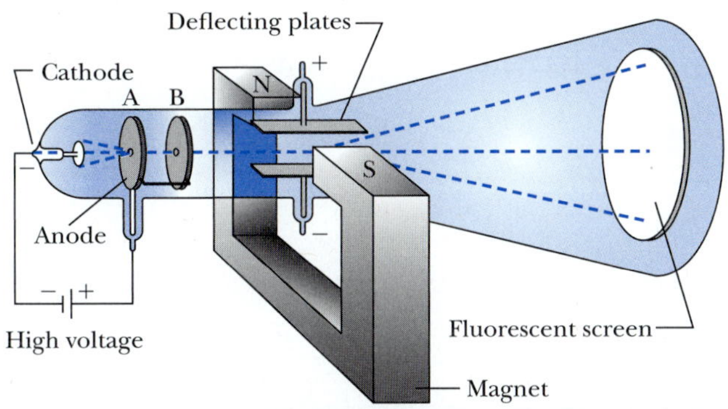

그림 3.2 톰슨의 음극선 실험 장치. 톰슨은 음극으로부터 튀어나오는 광선이 음의 전하(전자)라는 것을 전기장과 자기장에 의해 편향되는 것을 통해 증명했다. 이 실험의 핵심은 유리관을 진공으로 만드는 것이었다.

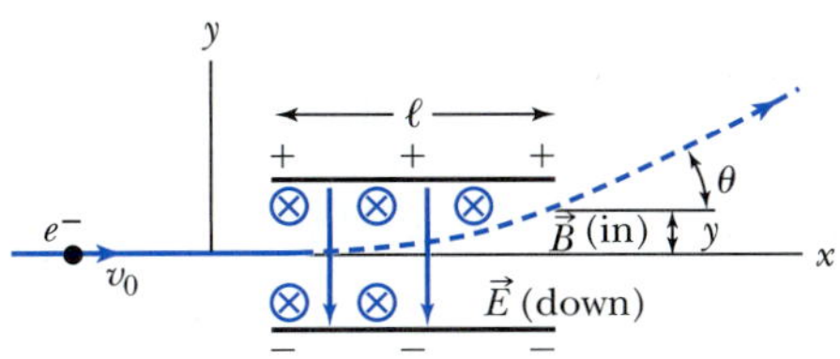

그림 3.3 톰슨이 전자의 비전하를 측정하는 방법은 전자를 전기장($\vec{E}$ 아래 방향)에 수직한 자기장($\vec{B}$ 책장 안쪽 방향) 영역을 통과시키는 것이다. 속력 $v = E/B$를 갖는 전자는 편향되지 않고 진행한다. 그런 다음 같은 에너지를 갖는 전자를 이용해서 자기장을 끄고 전기장으로 전자를 θ만큼 편향시킨다. 비전하 e/m은 $\vec{B}$, $\vec{E}$, θ, ℓ에 의해 결정된다. 여기서 ℓ은 전기장이 인가되는 거리이며 θ는 편향 각도이다. 식 (3.5)를 참조하라.

톰슨 경(Sir Joseph John Thomson, 1856~1940)은 보통 J. J.라고 불렸으며, 20세에 케임브리지대학에 간 후 평생을 그곳에서 보냈다. 톰슨은 50년이 넘는 기간 동안 캐번디시 연구소와 함께했으며, 1884년부터 러더퍼드(Ernest Rutherford)에게 후임을 맡긴 1918년까지 책임자로 있었다. 톰슨은 특별히 천부적인 실험가는 아니었지만, 실험 기구를 설계하고 문제를 진단하는 데 탁월했다. 그의 지도력은 50년 동안 캐번디시 연구소에서 그와 그의 동료들이 7번의 노벨 물리학상을 수상하는 데 도움을 주었다.

속도를 알면 비전하 e/m을 구할 수 있다. 자기장을 켜고 전자가 편향되지 않도록 자기장의 세기 $\vec{B}$를 조절하면 속도를 구할 수 있다. 편향이 일어나지 않는 조건은 전자에 작용하는 알짜 힘이 정확히 0이 될 때이다.

$$\vec{F} = q\vec{E} + q\vec{v} \times \vec{B} = 0 \tag{3.3}$$

결과적으로,

$$\vec{E} = -\vec{v} \times \vec{B}$$

여기서 $\vec{v}$와 $\vec{B}$는 서로 수직이므로, 전기장과 자기장의 세기는

$$|\vec{E}| = |v_x||\vec{B}|$$

따라서

$$v_x = \frac{E}{B} = v_0 \tag{3.4}$$

로 표현할 수 있다. 여기서 E는 전기장의 세기, B는 자기장의 세기를 나타낸 것이다. 속도 v_0 값을 식 (3.2)에 대입하면 비전하를 유도할 수 있다.

$$\frac{q}{m} = \frac{v_0^2 \tan\theta}{E\ell} = \frac{E\tan\theta}{B^2\ell} \tag{3.5}$$

예제 3.1

톰슨과 유사한 실험에서 우리는 전기장이 1.2×10^4 V/m인 길이 5.0 cm의 편향판을 이용한다. 자기장이 없을 때 30°의 편향 각도를 갖고, 8.8×10^{-4} T의 자기장에서 편향이 사라졌다. 전자의 초기 속도와 비전하 q/m은 얼마인가?

전략 편향이 되지 않을 때 E와 B를 알고 있기 때문에 전자의 속도 v_0를 결정하는 식 (3.4)를 활용할 수 있다. 그런 다음에 자기장이 없는 상황에서 q/m을 결정하는 식 (3.5)를 활용할 수 있다.

풀이 식 (3.4)에 E와 B를 대입한다.

$$v_0 = \frac{E}{B} = \frac{1.2 \times 10^4 \text{ V/m}}{8.8 \times 10^{-4} \text{ T}} = 1.4 \times 10^7 \text{ m/s}$$

E와 B의 단위가 SI 단위이므로, 속도 v_0의 단위는 m/s이다. 식 (3.5)로부터 q/m을 계산하면 다음과 같다.

$$\frac{q}{m} = \frac{E\tan\theta}{B^2\ell} = \frac{(1.2 \times 10^4 \text{ V/m})(\tan 30°)}{(8.8 \times 10^{-4} \text{ T})^2(0.050 \text{ m})}$$
$$= 1.8 \times 10^{11} \text{ C/kg}$$

톰슨의 실제 실험 결과는 예전의 예와 같이 현재 비전하로 알려진 1.76×10^{11} C/kg보다 약 35% 작게 측정되었다. 톰슨은 전자의 e/m이 예측보다 훨씬 큰 값이며 그 전에 수소 원자에 대해 측정된 e/m보다 1000배나 크다는 것을 알았다. 그는 m이 작거나 e가 클 것으로, 혹은 둘 다일 것으로 생각했고, '전하 나르개'는 크기 면에서 분명히 큰 원자나 분자보다 상당히 관통할 것으로 결론지었다.

3.2 전자 전하량 측정

톰슨의 e/m 측정과 음극선이 전하 나르개(*전자*로 불리는)라는 확신 이후 여러 연구가들은 1897년까지 거의 알려지지 않았던 전자의 전하량을 측정하고자 했다. 1911년 미국의 물리학자 밀리컨(Robert A. Millikan, 1868~1953)은 전자의 전하량을 정확히 결정할 수 있는 설득력 있는 증거를 발표했다. 밀리컨의 고전적인 실험은 1907년 시카고대학에서 시작되었다. 실험은 전기력과 중력의 영향하에서 대전되지 않거나, 양 또는 음으로 대전된 기름 방울의 운동을 시각적으로 관찰하는 것으로 구성되어 있었다. 실험 장치의 핵심을 그림 3.4에 나타냈다. 기름 방울이 노즐에서 분사되기 때문에, 때때로 마찰력이 기름 방울을 대전시킨다. 밀리컨 방법은 아래로 작용하는 중력과 위로 작용하는 전기력의 균형을 이루는 것이다.

기름 방울이 공기 중에서 아래로 떨어질 때 공기의 점성에 때문에 속도에 비례하는 마찰력 $\vec{F}_f$를 경험한다.

$$\vec{F}_f = -b\vec{v} \tag{3.6}$$

Courtesy of California Institute of Technology

세 명의 위대한 물리학자 마이컬슨, 아인슈타인, 밀리컨(앞줄 왼쪽부터, 1931년). 밀리컨(Robert A. Millikan)은 오벌린대학과 컬럼비아대학에서 학위를 받았으며, 1896년부터 1921년까지 시카고대학에 재직했고, 캘리포니아 공과대학교로 이직하여 1921년부터 1945년까지 최고운영위원회 위원장(사실상 총장)을 역임하면서 캘리포니아 공대가 선도적인 연구기관이 되도록 힘썼다. 그의 중요한 연구 업적으로는 전자의 전하량을 결정한 유명한 기름 방울 실험과, 아인슈타인의 광전 효과를 검증하고 플랑크 상수 h를 측정한 것, 브라운 운동에 대한 것 등이 있다. 밀리컨은 처음 두 가지 실험에 대한 공로로 1923년에 노벨 물리학상을 수상했다. 또한 그는 우주선 물리 분야에 중요한 작업을 수행했고 우주선이라는 이름으로 인정받았다. 인생 후반기에 교육에 특별한 관심을 보였으며 많은 교과서를 저술했다.

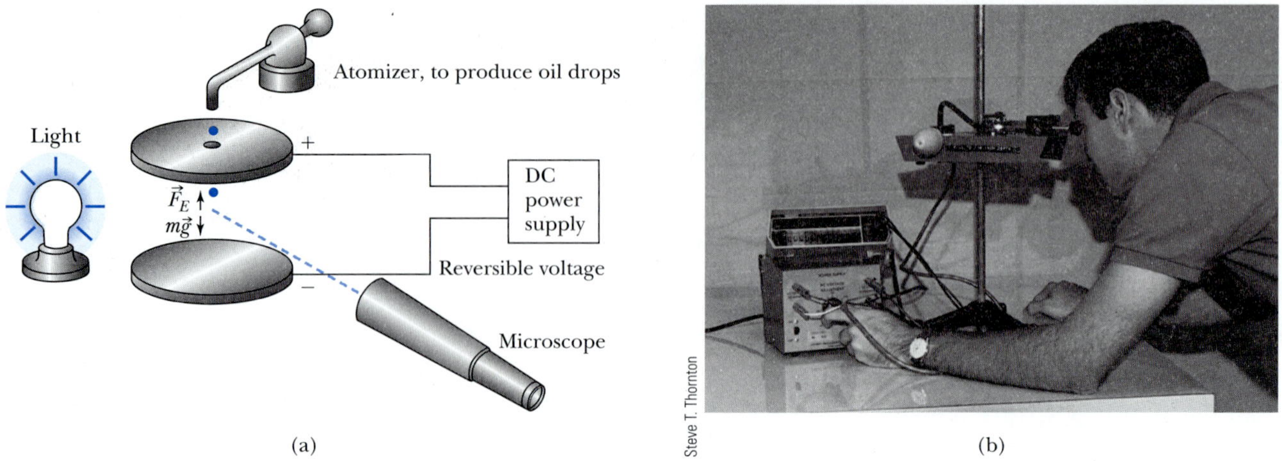

그림 3.4 (a) 전하량 측정을 위한 밀리컨의 기름 방울 실험 개념도. 분무기로부터 만들어진 기름 방울은 대전되고 전기장(전압)으로 양 또는 음으로 대전된 기름 방울을 천천히 아래 또는 반대로 움직이게 한다. (b) 현미경을 통해 학생이 두 판 사이에서 기름 방울로 쓰이는 작은 플라스틱 공이 천천히 떨어지도록 전압을 조정하고 있다.

항력은 항상 속도 방향의 반대로 작용하기 때문에 음의 부호를 갖는다. 상수 b는 스토크스 법칙으로 구할 수 있으며, 기름 방울의 반지름에 비례한다. 밀리컨은 저항 매질에서 작은 구의 운동을 기술하는 스토크스 법칙이 매질의 원자적 본질 때문에 작은 직경의 구에 대해서는 올바르지 않다는 것을 증명하고 적절한 보정 방법을 찾았다. 공기의 부력으로 인해 기름 방울은 위쪽 방향으로 힘이 작용하지만 이 효과는 1차 계산에서 무시할 수 있다.

기름 방울을 판 사이에 정지 상태로 유지시키기 위해, 위쪽 방향의 전기력은 아래쪽 방향의 중력과 같아야만 한다. 기름 방울의 속도가 0이 되기 때문에 마찰력은 0이 된다.

$$\vec{F}_E = q\vec{E} = -m\vec{g} \quad (\text{when } v = 0) \tag{3.7}$$

전기장의 세기 $E = V/d$이고 V는 d만큼 떨어진 평평한 판을 가로질러 인가된 전압이다. 전자 전하량 q의 크기는 다음과 같이 구해진다.

$$q = \frac{mgd}{V} \tag{3.8}$$

여기서 q를 구하기 위해 기름 방울의 질량 m을 알아야 한다. 밀리컨은 전기장을 끄고 기름 방울의 종단 속도를 측정하여 질량 m을 결정할 수 있었다. 스토크스 법칙에 따라 기름 방울의 반지름은 종단 속도와 관련이 있다(연습문제 7 참조). 그러면 기름 방울의 질량은, 반지름과 실험에 사용된 기름의 밀도를 이용해 결정할 수 있다.

$$m = \tfrac{4}{3}\pi r^3 \rho \tag{3.9}$$

만약 전압의 극성을 변경할 수 있고 전압의 세기를 조절할 수 있다면, 기름 방울을 의도적으로 실험 장치에서 위아래로 움직이게 할 수 있다. 밀리컨은 때때로 특정 기름 방울을

6시간 이상 관찰할 수 있었고 기름 방울의 전하량이 여러 번 변화했다고 보고했다.

밀리컨은 다른 기름 방울을 이용해 수천 번을 측정했으며, 양자화된 기본 전하량이 있다는 것을 확인했다. 밀리컨이 측정한 전하량 e는 현재 사용되는 1.602×10^{-19} C에 매우 근접한 값이었다. 전하량 e를 항상 양수로 사용해서 전자의 전하량은 $-e$로 표시한다.

전자의 전하량 측정

예제 3.2

학부 물리학 실험에서 밀리컨의 실험 절차 중에서 종종 두 가지 변화를 준다. 하나는 질량을 쉽고 정확하게 측정하기 위해 지름 1 μm의 플라스틱 공을 이용하는 것이다. 이것은 기름 방울의 종단 속도 측정과 스토크스 법칙의 의존성을 피할 수 있게 한다. 작은 플라스틱 공은 액체 속에서 분무기를 통해 분사되지만, 액체는 곧 공기 중으로 증발된다. 플라스틱 공은 현미경을 통해 관찰할 수 있다. 또 한 가지 개선 사항은, 때때로 두 판 사이에 방사성 물질로부터 발생하는 전자(베타입자)와 같은 전리 방사선을 쪼여 주는 것이다. 이 방사선은 공기를 이온화시키고 공의 전하를 쉽게 변화시킨다. 많은 측정을 통해 식 (3.8)로부터 결정된 전하량이 어떤 기본 전하의 배수인지를 알아낼 수 있다.

실제 학부 실험에서 공의 질량이 $m = 5.7 \times 10^{-16}$ kg이고 두 판 사이의 간격이 $d = 4.0$ mm이다. 그러므로 q는 식 (3.8)로부터

$$q = \frac{mgd}{V} = \frac{(5.7 \times 10^{-16}\ \text{kg})(9.8\ \text{m/s}^2)(4.0 \times 10^{-3}\ \text{m})}{V}$$

$$q = \frac{(2.23 \times 10^{-17}\ \text{V})}{V}\ \text{C}$$

이다. 여기서 V는 공이 정지했을 때 두 판 사이의 전압이다. 두 학생이 30개의 공을 관찰했고, x선과 같이 정지한 공에 대한 V값을 찾았다. 이 실험에서 전압 극성은 쉽게 변할 수 있고, 양의 전압은 양의 전하량을 지닌 공을 나타낸다. 두 부호의 전하량이 관찰되는 것을 주목하자.

그림 3.5(채워진 막대)에 $|q|$의 값을 $\Delta q = 0.2 \times 10^{-19}$ C 간격으로 막대 그래프로 나타냈다. 다른 학생에 의해 추가로 70번의 측정을 추가하면, 특별히 처음 세 영역에서 명확히 $q = nq_0$와 같은 양자화 형태로 발전된다. 막대 그래프의 영역은 다양한 n 값으로 분류될 수 있고, 각각의 측정에 대한 q_0값의 평균을 계산한다. 막대 그래프로부터 처음 30번의 측정에 대해 $q_0 = 1.7 \times 10^{-19}$ C, 총 100번의 측정에 대해 $q_0 = 1.6 \times 10^{-19}$ C라는 것을 알았다.

표 3.1 밀리컨 실험에서 학생의 측정값

입자	전압 (V)	q (× 10^{-19} C)	입자	전압 (V)	q (× 10^{-19} C)	입자	전압 (V)	q (× 10^{-19} C)
1	−30.0	−7.43	11	−126.3	−1.77	21	−31.5	−7.08
2	+28.8	+7.74	12	−83.9	−2.66	22	−66.8	−3.34
3	−28.4	−7.85	13	−44.6	−5.00	23	+41.5	+5.37
4	+30.6	+7.29	14	−65.5	−3.40	24	−34.8	−6.41
5	−136.2	−1.64	15	−139.1	−1.60	25	−44.3	−5.03
6	−134.3	−1.66	16	−64.5	−3.46	26	−143.6	−1.55
7	+82.2	+2.71	17	−28.7	−7.77	27	+77.2	+2.89
8	+28.7	+7.77	18	−30.7	−7.26	28	−39.9	−5.59
9	−39.9	−5.59	19	+32.8	+6.80	29	−57.9	−3.85
10	+54.3	+4.11	20	−140.8	+1.58	30	+42.3	+5.27

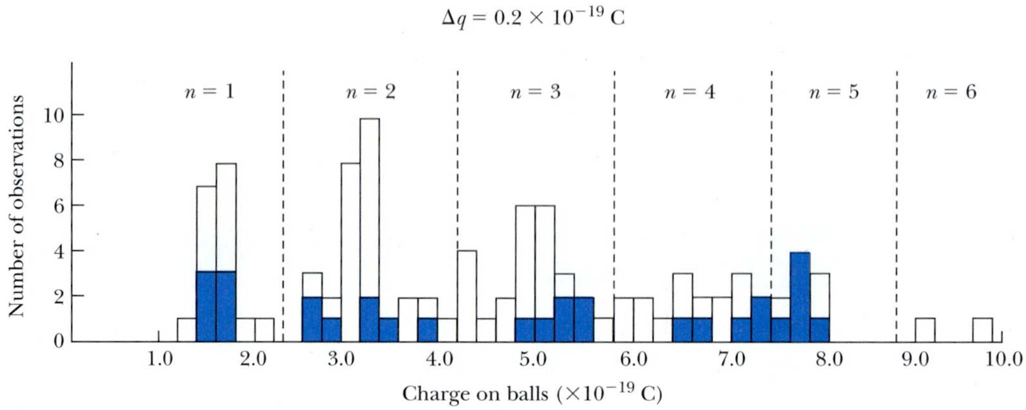

그림 3.5 밀리컨 실험에서 공에 대전된 전하를 관찰한 수의 막대 그래프. 막대 그래프는 $\Delta q = 0.2 \times 10^{-19}$ C 간격으로 그렸다. 채워진 막대 영역은 처음 30번 측정한 값이고, 속이 빈 막대 영역은 추가 70번 측정한 결과이다. 처음 세 영역(n = 1, 2, 3)에서 전자의 전하량 양자화를 나타내는 꼭지점들을 주목하라. 기본 전하량 q_0를 $q = nq_0$(n은 정수)로부터 찾을 경우, 100번의 관측으로부터 $q_0 = 1.6 \times 10^{-19}$ C로 결정되었다.

3.3 선 스펙트럼

열체에서 얻은 부드럽고 연속적인 복사 스펙트럼과는 달리, 화학 원소는 연소하거나 전기 방전에 의해 들뜬 경우에 특정 파장(색)을 방출한다는 것은 1800년대에 이미 알고 있던 사실이다. 프리즘은 초기 스펙트럼 연구에 사용되었으며, 1880년대 존스홉킨스대학의 롤런드*(Henry Rowland, 1848~1901)에 의해 회절격자의 현대적 발전 때문에 광학 분광법은 실험 물리의 중요한 영역이 되었다.

광학 스펙트럼을 관찰하기 위한 분광계의 한 예를 그림 3.6에 나타냈다. 전기 방전은 관 속에 있는 낮은 압력의 기체 원자를 들뜨게 한다. 집속된 빛은 센티미터당 수천 개의 규칙적인 선으로 이루어진 회절격자를 통과하고 회절된 빛은 파장에 따라 각도 θ로 분리

그림 3.6 광학 분광기의 개념. 유리관에서 고전압 방전에 의해 발생한 빛은 조준되어 회절격자를 통과하며 파장에 따라 편향된다. 식 (3.10)을 참조하라.

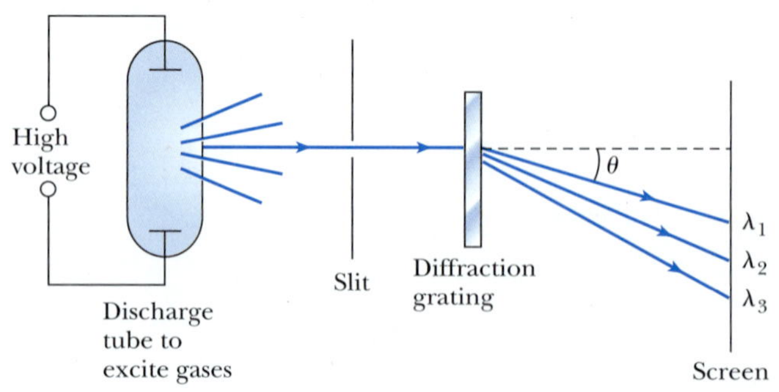

*롤런드는 1875년 존스홉킨스대학 설립을 위해 뽑힌 최초 여섯 명의 교수 중 하나였으며, 마이컬슨과 함께 19세기 후반의 가장 중요한 미국 물리학자 중의 한 명이었다. 롤런드는 미국 물리학회 창립자로, 1899년 초대 회장으로 선출되었다. 마이컬슨은 부회장이었는데, 둘 다 공식적으로 박사 학위를 취득하지 않았었다.

된다. 회절이 최대가 되는 관계식은 다음과 같다.

$$d \sin \theta = n\lambda \tag{3.10}$$

회절 최대 조건

여기서 d는 규칙적인 직선의 간격이고, n은 정수로 차수라고 부른다.(n = 1은 가장 강한 산란 세기를 갖는다.) 막에 비친 빛의 띠와 어두운 영역의 무늬를 *선 스펙트럼*이라고 한다. 1860년에 분젠과 키르히호프가 선 스펙트럼의 파장이 화학 원소와 화합물을 확인할 수 있다는 것을 알아냈다. 각 원소는 각자의 고유의 파장들을 갖고 있다는 것이 발견되었다(부록 9에 있는 예를 참고). 분광법 분야는 더 세밀하고 더 균일한 격자를 사용할 수 있게 되었기 때문에 번성했으며 개선된 실험 장치는 더 많은 스펙트럼 띠를 관찰하고 분류할 수 있게 되었다. 태양 빛의 기원을 이해하기 위해 태양의 스펙트럼 분석에 특별히 관심을 가졌다. 실제로 헬륨 원자는 지구상에서 알기 전에 태양의 선 스펙트럼 분석을 통해 발견되었다.(Special Topic '헬륨의 발견'을 보라.)

원소의 선 스펙트럼

많은 과학자들은 스펙트럼 띠의 증가가 원자의 복잡한 내부 구조를 반영하고, 많은 원소의 파장을 면밀히 분석하면 원자와 물질의 구조를 이해할 수 있을 것으로 믿었다. 결과적으로 이러한 믿음은 부분적으로 실현되었다.

19세기 오랜 기간 동안 과학자들은 선 스펙트럼의 고유 파장에 대해 어떤 간단한 질서를 찾기 위해 노력했다. 수소는 특별히 간단해 보이는 스펙트럼을 가지는 것처럼 보였으며, 몇몇 화학자들에 의해 수소 원자는 더 무거운 원자들의 구성 원소로 여겨졌기 때문에 수소는 집중적인 연구 대상이 되었다. 마침내 1885년 스위스의 교사였던 발머(Johann Balmer)가 수소 스펙트럼으로 알려진 네 개 띠와 백색 별에서 확인된 여러 자외선 띠의 파장들을 맞춰 간단한 실험 방정식을 얻는 데 성공했다. 이러한 일련의 띠를 *발머 계열*이라고 부르며, 그림 3.7에 나타냈다. 발머는 다음의 식

$$\lambda = 364.56 \frac{k^2}{k^2 - 4} \text{ nm} \tag{3.11}$$

발머의 실험식

으로 모든 수소의 가시광 띠를 맞췄다(k = 3, 4, 5, …; $k > 2$). 파장은 보통 나노미터(nm) 단위를 사용한다.*

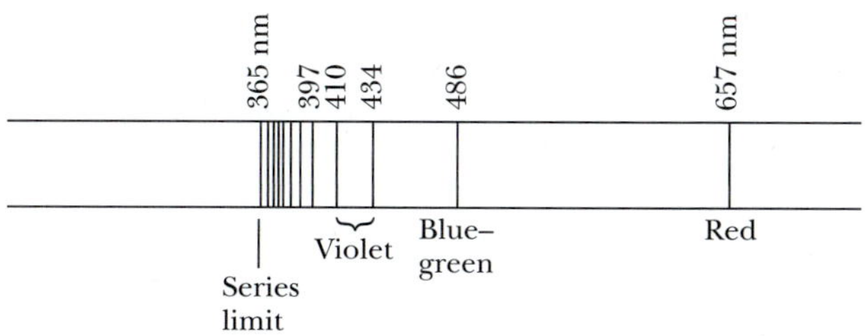

그림 3.7 나노미터 단위의 파장을 갖는 수소 원자의 선 스펙트럼 중 발머 계열. 네 개의 가시광선뿐만 아니라 발머 계열의 최하한까지 나타냈다.

*예전에 파장의 단위는, 수소의 네 개 가시광선의 파장을 관찰하고 측정한 최초의 사람들 중 한 명인 옹스트롬(Anders Ångstrom, 1817~1874)의 이름을 딴 옹스트롬(1 Å = 10^{-10} m)을 사용했었다.

헬륨의 발견

모든 원소 중 두 번째로 간단한 헬륨은 수 세기 이전에 발견되었을 것으로 보인다. 실제로 과학자들이 예상치 못한 결과를 이해하기 위해 경쟁하고 있었기 때문에 19세기 후반 여러 해에 걸쳐 발견되었다. 여기에서 기술하는 내용은 키섬(William K. Keesom)의 도서 「헬륨」을 토대로 했다.*

광학 분광기의 개념도를 그림 3.6에 나타냈다. 분광기는 1868년 8월 18일 일식 때 태양의 대기 관측을 위해 처음으로 이용되었다. 일식 지역인 인도와 말레이시아의 몇몇 사람들(P. J. C. Janssen, G. Rayet, C. T. Haig, J. Herschel을 포함하여)에 의해 스펙트럼에서 직간접적으로 색다른 노란 띠를 관측했다고 보고되었다. 훗날 이 노란 띠는 헬륨에 의한 것이라는 것이 증명되었다. 장센(J. C. Janssen)은 그 일식날 일식의 도움 없이도 태양의 스펙트럼을 직접 볼 수 있다는 것을 알았으며 며칠 후 분광기로 확인했다. 같은 생각은 로키어(J. N. Lockyer)가 먼저 했지만, 1868년 10월에서야 태양의 스펙트럼을 측정했다. 이 방법은 언제나 태양의 대기를 관측할 수 있는 중요한 발견이었으며, 장센과 로키어는 헬륨 발견의 발전을 위한 역할뿐만 아니라 태양의 대기 연구를 위한 방법으로서 탁월한 방법이라는 것을 알았다.

새로운 노란 띠가 잘 알려진 나트륨의 두 개의 노란 띠에 해당하는 파장과 매우 근접해 있었기 때문에 헬륨을 실제로 발견한 것은 늦어졌다. 헬륨과 나트륨의 원자 띠 스펙트럼은 부록 9에 나와 있다. 1868년 12월 로키어, 세키(A. Secchi), 장센이 각기 독자적으로 나트륨과 다른 노란 띠를 알아냈다.

D3로 불리는 새로운 노란 띠가 수소와 같이 몇몇 알려진 원소에서 기인하는 것이 아님을 증명해야 하는 또 다른 어려움이 있었다. 여러 해 동안 로키어는 D3가 수소와 관련 있다고 생각했고, 그와 프랭클랜드(F. Frankland)는 그의 논지를 증명하기 위해 성공하지 못한 여러 실험을 수행했다. 로키어는 1887년까지 D3는 수소에 의한 것이라고 썼었다. 로키어의 신념에도 불구하고, 켈빈 경(Lord Kelvin)은 1871년 영국 협회 회장단 연설 도중에 프랭클랜드와 로키어는 어떠한 지구상의 불꽃에서도 D3 띠를 찾을 수 없을 것이라고 보고했다. 켈빈은 프랭클랜드와 로키어가 (태양을 뜻하는 그리스 단어 'helios'에서 따온) 헬륨이라고 부르기로 한 새로운 물질을 나타내는 것이라고 보고했다.

헬륨은 1895년에서야 램지 경(Sir William Ramsay)에 의해 지구상에서 명확하게 관측되었다. 그는 힐브랜드(W. F. Hillebrand)가 묽은 황산에서 끓는 우라늄 광물(우라늄과 라듐의 원료광석)에서 질소 기체가 발생한다고 보고한 편지를 받았다. 램지는 그 결과를 의심했고 재현 실험을 했다. 소량의 질소와 예상치 못한 아르곤 기체를 발견한 이후, 그는 나트륨과 파장이 약간 다른 찬란한 노란 띠를 보고 아연실색했다. 크룩스 경(Sir William Crookes)은 파장을 측정하고 뒤이어 헬륨의 지구상에서의 존재를 증명하는 D3 띠라고 보고했다. 1895년 후반에 카이저(H. Kayser)는 독일 흑림 지역 온천에서 도출된 기체의 스펙트럼으로부터 헬륨 띠를 발견했다. 마침내 헬륨은 1898년 발리(E. C. Baly)에 의해 지구 대기 중에 존재하는 것이 확인되었다. 헬륨 발견의 명예를 인정받을 수 있는 한 사람은 없다.

액체 헬륨에 대한 의미 있는 특징에 대해서는 9.7절에서 논의한다.

*W. H. Keesom, *Helium*, Amsterdam, London, and New Yok: Elsevier (1942).

표 3.2 수소 계열 스펙트럼 선

발견자(연도)	파장	n	k
라이먼	자외선	1	>1
발머	가시광선, 자외선	2	>2
파셴	적외선	3	>3
브래킷	적외선	4	>4
푼트	적외선	5	>5

식 (3.11)의 역수로 표현하는 것이 더 편리하고 다음과 같은 꼴로 발머 공식을 쓸 수 있다.

$$\frac{1}{\lambda} = \frac{1}{364.56\ \text{nm}} \frac{k^2 - 4}{k^2} = \frac{4}{364.56\ \text{nm}} \left(\frac{1}{2^2} - \frac{1}{k^2}\right) = R_{\text{H}}\left(\frac{1}{2^2} - \frac{1}{k^2}\right) \quad (3.12)$$

여기서 R_{H}는 수소에 대한 *뤼드베리 상수*로, 정확한 값은 $1.096776 \times 10^7\ \text{m}^{-1}$이며, k는 2보다 큰 정수이다.

뤼드베리(Johannes Rydberg)와 리츠(Walther Ritz)의 노력으로 1980년에 파장을 계산하기 위한 더 일반화된 실험 방정식이 구해졌고 *뤼드베리 방정식*이라고 불리게 되었다.

$$\frac{1}{\lambda} = R_{\text{H}}\left(\frac{1}{n^2} - \frac{1}{k^2}\right) \quad (3.13)$$

뤼드베리 방정식

여기서 $n = 2$는 발머 계열을 나타내고, 항상 $k > n$인 관계를 이룬다. 발머의 공헌 이후 20년 동안 수소 원자 스펙트럼의 다른 계열이 발견되었고, 1925년까지 각기 다른 정수 n을 갖는 다섯 개의 계열이 발견되었다(표 3.2). 식 (3.13)의 뤼드베리 방정식의 이해와 수소의 불연속 스펙트럼은 20세기 초기 중요한 연구 주제였다.

예제 3.3

발머 계열의 가시광선이 쉽게 볼 수 있어 처음으로 관측되었다. *라이먼* 계열($n = 1$)과 파셴 계열($n = 3$)의 선 스펙트럼의 파장이 가시광선 영역에 존재하지 않는 것을 보여라. 네 개의 수소 원자 가시광선의 파장을 찾아라. 가시광선 영역의 파장은 $\lambda = 400 - 700$ nm로 가정하라.

전략 $n = 1, 2, 3$에 대해 파장을 결정하기 위해 식 (3.13)을 이용한다. 만약 파장이 400~700 nm 사이에 존재하면 가시광선으로 결론짓고 그렇지 않으면 가시광선으로 간주하지 않는다.

풀이 먼저 식 (3.13)을 이용해 라이먼 계열($n = 1$)을 조사한다.

$$\frac{1}{\lambda} = R_{\text{H}}\left(1 - \frac{1}{k^2}\right)$$

$$= 1.0968 \times 10^7\left(1 - \frac{1}{k^2}\right)\ \text{m}^{-1}$$

$$k = 2:\quad \frac{1}{\lambda} = 1.0968 \times 10^7\left(1 - \frac{1}{4}\right)\ \text{m}^{-1}$$

$$\lambda = 1.216 \times 10^{-7}\ \text{m} = 121.6\ \text{nm (Ultraviolet)}$$

$$k = 3: \quad \frac{1}{\lambda} = 1.0968 \times 10^7 \left(1 - \frac{1}{9}\right) \text{ m}^{-1}$$

$$\lambda = 1.026 \times 10^{-7} \text{ m} = 102.6 \text{ nm (Ultraviolet)}$$

k 값이 커짐에 따라 파장이 감소하기 때문에, 라이먼 계열의 모든 파장은 눈으로 볼 수 없는 자외선 영역에 있다.

발머 계열($n = 2$)에 대해서 계산하면

$$k = 3: \quad \frac{1}{\lambda} = 1.0968 \times 10^7 \left(\frac{1}{4} - \frac{1}{9}\right) \text{ m}^{-1}$$

$$\lambda = 6.565 \times 10^{-7} \text{ m} = 656.5 \text{ nm} \quad \text{(Red)}$$

$$k = 4: \quad \frac{1}{\lambda} = 1.0968 \times 10^7 \left(\frac{1}{4} - \frac{1}{16}\right) \text{ m}^{-1}$$

$$\lambda = 4.863 \times 10^{-7} \text{ m} = 486.3 \text{ nm} \quad \text{(Blue-green)}$$

$$k = 5: \quad \frac{1}{\lambda} = 1.0968 \times 10^7 \left(\frac{1}{4} - \frac{1}{25}\right) \text{ m}^{-1}$$

$$\lambda = 4.342 \times 10^{-7} \text{ m} = 434.2 \text{ nm} \quad \text{(Violet)}$$

$$k = 6: \quad \frac{1}{\lambda} = 1.0968 \times 10^7 \left(\frac{1}{4} - \frac{1}{36}\right) \text{ m}^{-1}$$

$$\lambda = 4.103 \times 10^{-7} \text{ m} = 410.3 \text{ nm} \quad \text{(Violet)}$$

$$k = 7: \quad \frac{1}{\lambda} = 1.0968 \times 10^7 \left(\frac{1}{4} - \frac{1}{49}\right) \text{ m}^{-1}$$

$$\lambda = 3.971 \times 10^{-7} \text{ m} = 397.1 \text{ nm} \quad \text{(Ultraviolet)}$$

결과적으로 $k = 7$이거나 더 크면 자외선 영역이 된다. 비록 410 nm($k = 6$)가 겨우 가시광 영역에 들고 세기가 약해서 보기 어렵지만, 발머 계열의 네 개의 선 $k = 3, 4, 5, 6$은 가시광선이다.

파셴으로 명명된 다음 계열($n = 3$)의 파장은

$$k = 4: \quad \frac{1}{\lambda} = 1.0968 \times 10^7 \left(\frac{1}{9} - \frac{1}{16}\right) \text{ m}^{-1}$$

$$\lambda = 1.876 \times 10^{-6} \text{ m} = 1876 \text{ nm} \quad \text{(Infrared)}$$

$$k = 5: \quad \frac{1}{\lambda} = 1.0968 \times 10^7 \left(\frac{1}{9} - \frac{1}{25}\right) \text{ m}^{-1}$$

$$\lambda = 1.282 \times 10^{-6} \text{ m} = 1282 \text{ nm} \quad \text{(Infrared)}$$

$$k = \infty: \quad \frac{1}{\lambda} = 1.0968 \times 10^7 \left(\frac{1}{9} - \frac{1}{\infty}\right) \text{ m}^{-1}$$

$$\lambda = 8.206 \times 10^{-7} \text{ m} = 820.6 \text{ nm} \quad \text{(Infrared)}$$

결과적으로 파셴 계열의 모든 파장은 적외선 영역에 존재한다. *계열 극한*은 각 계열에서 나타나는 가장 짧은 파장이다(연습문제 9 참조). 계열 극한은 $k = \infty$에서 계산되고 파셴 계열은 820.6 nm이다. 더 높은 계열($n \geq 4$)은 모두 가시광선보다 위쪽 파장을 가질 것이다.

3.4 양자화

물질은 더 이상 나눌 수 없는가?

1장에서 논의한 바와 같이, 초기 그리스 철학자들은 물질은 더 이상 나눌 수 없는 기본 단위들로 구성되어 있다고 믿었다. *원자*라는 단어는 '더 이상 나눌 수 없는'을 뜻한다. 오늘날 몇몇 과학자들은 고대 철학자가 그랬던 것처럼 물질은 결과적으로 더 나눌 수 없을 것이라고 믿는다. 그러나 우리가 새로운 실험적 사실을 접함에 따라 물질의 더 이상 나눌 수 없는 근본적인 '구성요소'에 대한 우리의 생각은 변했다. 기본 입자에 대해서는 14장에서 더 논의할 것이다.

물질의 기본 단위가 어떤 것으로 판명되든, 우리는 물질을 구성하는 질량·에너지의 몇몇 기본 단위가 있을 것으로 생각한다. 이러한 생각은 우리에게 낯선 것은 아니다. 우리는 밀리컨의 기름 방울 실험에서 전하가 양자화되어 있다는 것을 이미 알고 있다. 현대 이론은 전하가 **쿼크**(quark)라고 불리는 $\pm e/3$와 $\pm 2e/3$ 단위로 양자화되어 있다고 예측하지만, 아직까지 실험적으로 쿼크가 발견되지는 않았다. 직접적으로 관찰된 입자의 전하는 $\pm e$로 양자화되었다.

전하는 양자화되어 있다

자연계에서 양자화는 종종 일어난다

우리는 자연에서 양자화된 다른 예를 알고 있다. 측정된 원자량은 연속적이지 않다.

즉, 불연속적인 값이며 기본 질량의 정수 배에 가깝다. 분자는 원자의 정수 배로 구성되어 있다. 물 분자는 정확히 수소 원자 두 개와 산소 원자 한 개로 구성되어 있다. 오르간의 관이 배음을 갖는 하나의 기본 음표를 생성한다는 사실은 관 내부에서 음파의 정수(또는 분수)가 되도록 맞춰져 발생되는 양자화의 한 형태이다.

선 스펙트럼은 양자화의 대표적인 예이다. 우리는 수소 원자의 선 스펙트럼이 간단한 실험식으로 표현되는 정밀한 파장을 나타내고 있다는 것을 배웠다. 원자를 모형화하기 위한 새로운 양자 이론을 바탕으로 한 몇몇 간단한 가정을 사용하여 보어(Niels Bohr)가 이러한 파장을 예측한 것을 다음 장에서 배울 것이다. 19세기 말까지 복사 스펙트럼은 잘 연구되었다. 열체에서 방사되는 흑체 복사 스펙트럼에서 양자화 효과는 명확하게 관찰되지 않았다. 그러나 흑체 복사 스펙트럼에 대한 설명은 양자 물리의 발견에 지대한 영향을 끼쳤다.

3.5 흑체 복사

여러 세기 동안 물질을 가열하면 복사선이 방출된다는 것은 알려져 있었다. 전기난로의 가열부가 따뜻해짐에 따라 그곳에서 방출되는 열 복사를 느낄 수 있다. 가열부가 550°C에 이르면 색이 검붉은 색을 띠게 되고 700°C 근처에서는 선홍색을 띤다. 온도를 계속 증가시키면 색은 점차 오렌지색, 노란색, 마지막으로 흰색으로 변한다. 물질이 가열되면 넓은 파장의 스펙트럼이 방출된다는 것을 실험적으로 확인할 수 있다. 이러한 과정은 19세기 물리학자에게 매우 흥미로운 것이었다. 그들은 물질, 온도, 파장의 함수로 방출되는 복사 에너지를 측정했다.

복사선 방출과 흡수

모든 물체는 복사선을 방출하고 동시에 흡수한다. 물체의 온도가 시간에 대해 일정하면 물체는 주변에 대해 *열평형*에 있다고 한다. 온도가 일정하려면 물체는 열에너지를 방출하는 만큼 흡수해야 한다. 이것은 좋은 열 방출기가 역시 좋은 열 흡수기라는 것을 암시한다.

물리학자는 일반적으로 보다 복잡한 상황을 분석하기 위해 요구되는 통찰력을 얻기 위해 문제의 가장 간단한 또는 가장 이상적인 경우를 먼저 연구한다. 열 복사에 대한 가장 간단한 경우가, 입사하는 모든 복사선을 흡수하고 반사하지 않는 이상적인 특성을 갖는 **흑체**(blackbody)이다. 흑체를 만드는 가장 간단한 방법은 그림 3.8과 같이 속이 빈 용기 벽에 작은 구멍을 뚫는 것이다. 구멍으로 입사한 복사선은 용기 안쪽에서 반사되고 결국 흡수될 것이다. 입사한 복사선의 극히 일부만 구멍을 통해서 재방출될 것이다. 만약 흑체가 열평형에 있으면 역시 우수한 복사선 방출기일 것이다.

흑체 복사는 독특하다

흑체 복사(blackbody radiation)는 보편적인 특징 때문에 이론적으로 흥미롭다. 즉, 흑체(공진기)의 복사 특성은 용기를 만든 개별적인 물질과 무관하다. 물리학자들은 특정 원자에 의해 방출 혹은 흡수되는 구체적인 정보에 대해 고려하지 않고 앞서 언급한 것과 같은 고정된 온도에서 파장에 따른 복사 세기(*스펙트럼 분포*)에 대한 특성을 연구했다. 비록 위배되는 증거가 부족하여 전자기 복사라고 가정하기는 했지만(이는 사실로 판명되었다), 실제로 열 복사가 무엇으로 구성되는지에 대한 질문은 흥미로웠다.

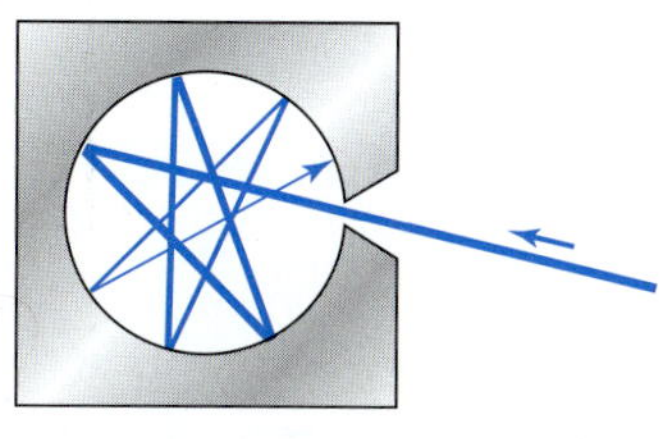

그림 3.8 흑체 복사. 작은 구멍으로 들어간 전자기 복사(예를 들면, 빛)는 결국 흡수되기 전까지 용기 안쪽에서 반사된다.

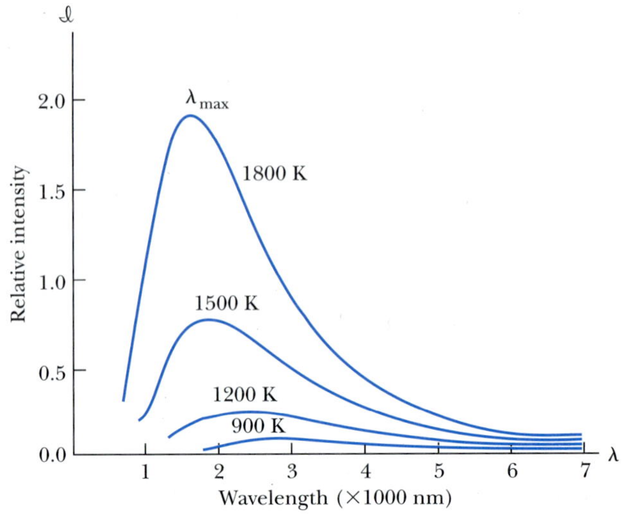

그림 3.9 서로 다른 흑체 온도에 대해 흑체로부터 방출되는 복사의 스펙트럼 분포.

복사 세기 $\mathscr{I}(\lambda, T)$는 주어진 온도에서 단위 파장과 단위 면적당 복사된 총에너지이다. 흑체 복사에서 $\mathscr{I}(\lambda, T)$의 측정값을 그림 3.9에 나타냈다. 두 가지 중요한 관찰 결과는 다음과 같다.

1. 온도가 높아짐에 따라 분포의 최대값은 단파장 쪽으로 이동한다.
2. 총 복사 에너지는 온도가 높아짐에 따라 증가한다.

첫 번째 관찰 결과는 **빈의 변위 법칙**(Wien's displacement law)으로 표현된다.

빈의 변위 법칙

$$\lambda_{max} T = 2.898 \times 10^{-3} \text{ m} \cdot \text{K} \tag{3.14}$$

여기서 λ_{max}는 주어진 온도에서 스펙트럼 분포에서 최고점에 해당하는 파장을 나타낸다. 그림 3.9에서 식 (3.14)가 규정한 것과 같이 λ_{max}의 위치가 온도에 따라 변하는 것을 확인할 수 있다. 빈(Wilhelm Wien, 1864~1928)은 복사와 관련된 일련의 발견으로 1911년 노벨상을 수상했다. 온도 T에서 단위 면적당 에너지를 구하기 위해 모든 파장에 대해 $\mathscr{I}(\lambda, T)$를 적분하여 두 번째 관찰 결과를 정량화할 수 있다.

$$R(T) = \int_0^\infty \mathscr{I}(\lambda, T)\, d\lambda \tag{3.15}$$

슈테판(Josef Stefan, 1835~1893)은 1879년에 실험적으로 $R(T)$의 온도 상관관계를 밝혔으며 몇 년 후 볼츠만(Ludwig Eduard Boltzmann, 1844~1906)은 이론적으로 입증했다.

슈테판·볼츠만 법칙

$$R(T) = \epsilon \sigma T^4 \tag{3.16}$$

이 식은 **슈테판·볼츠만 법칙**으로, 상수 σ는 실험적으로 5.6704×10^{-8} W/($\text{m}^2 \cdot \text{K}^4$)로

측정되었다. 슈테판·볼츠만 법칙의 수식은 방출률이 알려진 어떠한 물질에도 적용할 수 있다. 방출률 ϵ(이상적인 흑체의 경우 $\epsilon = 1$)은 단순히 이상적인 흑체의 복사 에너지에 대한 비율로 항상 1보다 작다. 그러므로 식 (3.16)은 현실적인 과학 및 공학적 연구에 유용하고 가치 있는 방정식이다.

예제 3.4

벽면의 온도가 1600°C인 난로가 있다. 문이 조금 열려 있을 때 방출되는 최대 세기의 파장은 얼마인가?

전략 문이 조금 열려 있는 난로를 흑체로 간주하여 식 (3.14)로부터 λ_{max}를 결정한다.

풀이 먼저 온도를 캘빈으로 변환한다.

$$T = (1600 + 273)\ \text{K} = 1873\ \text{K}$$

식 (3.14)로부터

$$\lambda_{max}(1873\ \text{K}) = 2.898 \times 10^{-3}\ \text{m} \cdot \text{K}$$

$$\lambda_{max} = 1.55 \times 10^{-6}\ \text{m} = 1550\ \text{nm}$$

최대 세기의 파장은 적외선 영역에 존재한다.

예제 3.5

태양 복사에서 최대 세기를 갖는 파장은 500 nm 근처에서 관측된다. 태양이 흑체라고 가정하고 (a) 태양의 표면 온도, (b) 태양 표면에서 방출하는 단위 면적당 일률 $R(T)$, (c) 태양으로부터 지구가 매일 받는 에너지를 계산하라.

전략 (a) 식 (3.14)의 λ_{max}를 이용해서 태양의 표면 온도를 구할 수 있다. (b) 태양을 흑체로 간주한다. 식 (3.16)의 온도 T를 이용하여 단위 면적당 일률을 구한다. (c) $R(T)$를 알기 때문에 매일 지구에 의해 가로막히는 태양의 에너지를 구할 수 있다.

풀이 (a) 식 (3.14)로부터 $\lambda_{max} = 500$ nm인 태양의 표면 온도를 구할 수 있다.

$$(500\ \text{nm})T_{sun} = 2.898 \times 10^{-3}\ \text{m}\cdot\text{K}\ \frac{10^9\ \text{nm}}{\text{m}}$$

$$T_{sun} = \frac{2.898 \times 10^6}{500}\ \text{K} = 5800\ \text{K} \tag{3.17}$$

(b) 태양에서 복사되는 단위 면적당 에너지 $R(T)$는

$$R(T) = \sigma T^4 = 5.67 \times 10^{-8}\ \frac{\text{W}}{\text{m}^2\cdot\text{K}^4}\ (5800\ \text{K})^4$$

$$= 6.42 \times 10^7\ \text{W/m}^2 \tag{3.18}$$

(c) 단위 표면적당 일률이므로, $4\pi r^2$을 곱해 태양의 표면적을 구한다. 태양의 반지름은 6.96×10^5 km이다.

$$\text{Surface area (sun)} = 4\pi(6.96 \times 10^8\ \text{m})^2 = 6.09 \times 10^{18}\ \text{m}^2$$

그러므로 태양 표면에서 방출하는 총 일률 P_{sun}은

$$P_{sun} = 6.42 \times 10^7\ \frac{\text{W}}{\text{m}^2}\ (6.09 \times 10^{18}\ \text{m}^2) = 3.91 \times 10^{26}\ \text{W} \tag{3.19}$$

지구에 도달하는 태양 복사의 비율 F는 복사가 퍼지는 총면적 비율에 의해 주어진다.

$$F = \frac{\pi r_E^2}{4\pi R_{Es}^2}$$

여기서 r_E = 지구 반지름 = 6.37×10^6 m이고, R_{Es} = 태양과 지구의 평균 거리 = 1.49×10^{11} m이다. 그러면

$$F = \frac{\pi r_E^2}{4\pi R_{Es}^2} = \frac{(6.37 \times 10^6\ \text{m})^2}{4(1.49 \times 10^{11}\ \text{m})^2} = 4.57 \times 10^{-10}$$

그러므로 태양으로부터 지구에 도달하는 복사는

$$P_{Earth}(\text{received}) = (4.57 \times 10^{-10})(3.91 \times 10^{26}\ \text{W}) = 1.79 \times 10^{17}\ \text{W}$$

그리고 하루에 지구에 도달하는 양은

$$U_{\text{Earth}} = 1.79 \times 10^{17} \frac{\text{J}}{\text{s}} \frac{60 \text{ s}}{\text{min}} \frac{60 \text{ min}}{\text{h}} \frac{24 \text{ h}}{\text{day}} = 1.55 \times 10^{22} \text{ J} \quad (3.20)$$

조사되는 지구의 단위 면적당 일률은

$$R_{\text{Earth}} = \frac{1.79 \times 10^{17} \text{ W}}{\pi (6.37 \times 10^6 \text{ m})^2} = 1400 \text{ W/m}^2 \quad (3.21)$$

이것이 지구상의 대부분의 에너지원이다. 지구 대기 밖에서 측정된 태양 복사량은 거의 1400 W/m^2로 우리의 계산과 거의 일치한다. 겉보기에 태양은 흑체처럼 작용하고, 지구에 도달하는 에너지는 주로 태양의 표면에서부터 온다.

흑체 스펙트럼 분포 곡선을 이해하고 기초 원리로부터 유도하려는 시도는 1890년대 내내 성공하지 못했으며 당대 최고의 과학자들에게도 심각한 딜레마였다. 이러한 딜레마의 본질은 통계 열역학과 함께 고전 전자기학으로 이해하려 했기 때문이다. 흑체에서 방출되는 복사는 공진기 내에서 다른 진동수를 갖는 전자기파의 중첩으로 표현된다. 다시 말해, 주어진 진동수의 복사는 공진기 내의 정지파로 표현된다. 열역학의 등분배 원리(9장)에서 각기 가능한 파는 동일한 평균 에너지 kT를 갖는다.

레일리 경(Lord Rayleigh)은 1900년 6월에 전자기학과 열역학의 고전 이론을 이용하여 그림 3.9에 보인 것처럼 단파장에서 실험적으로 완전히 일치하지 않는 흑체 스펙트럼 분포가 $1/\lambda^4$ 의존성을 갖는다는 것으로 보였다. 그 후 1905년 진스 경(Sir James Jeans)이 레일리를 도와 이러한 분포의 계수를 결정한 이후, 완전한 결과식을 다음과 같이 표현했다.

레일리·진스 공식

$$\mathscr{I}(\lambda, T) = \frac{2\pi ckT}{\lambda^4} \quad (3.22)$$

이 결과가 **레일리·진스 공식**으로, 고전 이론으로 흑체 복사를 기술할 수 있는 최고의 공식이다. 장파장에서 공진기 내에서 형성되는 정지파의 배위는 거의 없다. 그러나 파장이 짧아짐에 따라 정지파의 경우의 수가 증가하고, $\lambda \rightarrow 0$에 접근하면 가능한 배위의 수는 제한 없이 증가한다. 이는 각 정지파 배위가 0이 아닌 에너지 kT를 갖기 때문에 모든 배위의 총에너지가 무한대가 된다는 것을 의미한다. 그림 3.10은 실험과 비교한 레일리·진스 결과를 나타낸 것이다. 비록 이 예측은 장파장에서 실험 결과에 접근하지만, 단파장에서는 많이 벗어난다. 1911년 에렌페스트(Paul Ehrenfest)는 이러한 상황을 '자외선 파국(ultraviolet catastrophe)'이라 했고 이것이 고전물리학이 설명할 수 없는 대표적인 예외 중 하나라고 했다.

1880년대에 열역학 제2법칙의 전문가인 플랑크(Max Planck)는 볼츠만의 열역학의 통계적 설명을 거부했고 심지어 물질의 원자 이론 또는 '원자론'을 의심했다. 1889년에 플랑크는 베를린대학 물리학과 교수로 임용되었고, 그의 견해는 변하기 시작했다. 그는 원자론을 수용할 정도는 아니지만, 1895년에 복사 과정의 비가역성 실험을 시작했다. 그는 전자기 법칙들이 과거와 현재 사이를 구별짓는 것을 보였다고 생각했으나, 볼츠만이 1897년에 차이가 없음을 보였다. 그 후 플랑크는 흑체 복사를 고려하기 시작했다. 플랑크는 $\mathscr{I}(\lambda, T)$를 전 파장 범위에서 실험 결과를 맞출 수 있는 단일 함수를 찾을 때까지

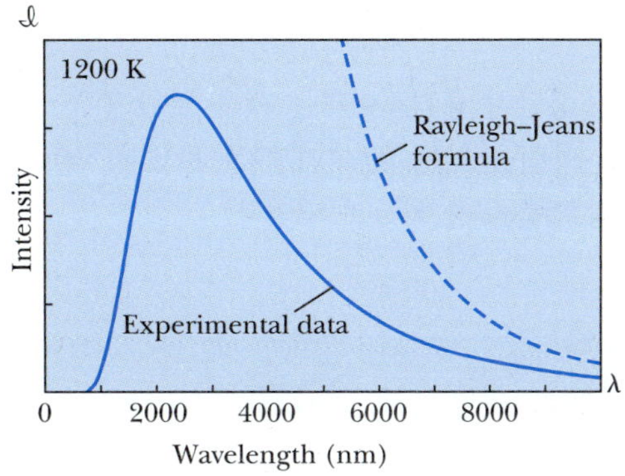

그림 3.10 레일리·진스 공식으로 계산된 스펙트럼 분포는 1200 K에서 흑체 복사 실험 결과와 대조된다. 이 공식은 장파장에서는 실험 결과에 접근하지만 단파장에서 일치하지 않는다.

SSPL/Getty Images

막스 플랑크(Max Planck, 1858~1947)는 그의 왕성한 시기의 대부분을 베를린대학의 교수로 보냈다(1889~1928). 플랑크는 초기 이론물리학자 중 하나로 광학, 열역학, 통계역학 분야를 연구했다. 그의 *운동의 양자론*은 서서히 받아들여졌다. 아인슈타인의 광전 효과 설명과 러더퍼드와 보어의 원자 모델 이후에, 마침내 플랑크의 기여가 환호를 받게 되었다. 플랑크는 1918년의 노벨 물리학상을 비롯해 많은 상을 수상했다.

다양한 파장과 온도의 함수를 시도했다. 플랑크가 심지어 레일리의 결과를 알고 있었는지 확실치는 않다. 플랑크는 이미 알려진 흑체 스펙트럼 분포를 맞출 수 있는 공식을 찾고 있었다. 플랑크는 1900년 10월에 공식을 보고했지만, 한 달 후 영감에 근거한 추측이라는 것을 깨달았다. 그 후 플랑크는 볼츠만의 견해를 수용했다. 플랑크는 맥스웰의 전자기파 존재를 확인하기 위해 진동자를 이용한 헤르츠(Hertz)의 연구를 따라했으며, 공진기 벽의 원자 조합에 대한 구체적인 정보가 부족하여 플랑크는 공진기 내에서 복사는 벽에 포함된 몇 종의 '진동자(oscillator)'들에 의해 방출(흡수)된다고 가정했다. 진동자의 에너지를 더할 때, (편의상) 각각의 진동자는 hf의 정수 배에 해당하는 에너지를 갖는다고 가정했다. 여기서 f는 진동파의 진동수를 나타내고 h는 상수이다. 그는 볼츠만이 제안한 기법을 적용했으며, 궁극적으로 모든 가능성을 포함하기 위해 궁극적으로 $h \to 0$인 극한을 취할 것을 예상했다. 그러나 그는 h는 0은 아닌 조건에서 $\mathcal{I}(\lambda, T)$를 표현하는 수식을 유도했다.

$$\mathcal{I}(\lambda, T) = \frac{2\pi c^2 h}{\lambda^5} \frac{1}{e^{hc/\lambda kT} - 1} \tag{3.23}$$

플랑크 복사 법칙

식 (3.23)이 1900년 12월에 발표된 **플랑크 복사 법칙**(Planck's radiation law)이다. 식 (3.23)의 유도는 매우 복잡해서 여기에서는 생략하고, 9장에서 다시 언급할 것이다. 플랑크가 무엇을 시도했든, 그는 고전 이론에서 두 가지 중요한 수정을 통해 실험 결과와 일치되는 결과를 도출했다.

1. 진동자(전자기 기원)는 $E_n = nhf$로 결정된 불연속적인 에너지만 가질 수 있다. 여기서 n은 정수, f는 진동수, h는 다음과 같은 값을 갖는 **플랑크 상수**(Planck's constant)이다.

$$h = 6.6261 \times 10^{-34}\ \mathrm{J \cdot s} \tag{3.24}$$

플랑크 상수 h

2. 진동자는 다음과 같이 주어진 에너지의 기본 양자의 불연속적인 배수로 에너지를 흡수하거나 방출한다.

$$\Delta E = hf \tag{3.25}$$

플랑크는 이러한 결과가 상당히 충격적이라는 것을 알았고 $h \to 0$으로 놓는 데 반하여 실험과 일치시키기 위한 방법을 찾는 데 여러 해를 보냈다. 각 시도는 실패했고, 플랑크 양자 결과는 현대 과학의 주춧돌 중 하나가 되었다.

예제 3.6

플랑크의 복사 법칙으로부터 빈의 변위 법칙을 증명하라.

전략 빈의 법칙인 식 (3.14)는 주어진 온도에서 세기가 최대가 되는 파장을 나타낸다. 미적분학으로부터 함수를 인수로 미분하고, 미분을 0으로 하여 인수에 대한 해를 구하면, 인수에 대한 함수의 최대값을 구할 수 있다.

풀이 결과적으로, 주어진 파장에 대한 플랑크 복사 법칙의 값을 구하기 위해 $d\mathcal{I}/d\lambda = 0$으로 놓고 λ에 대한 해를 구하면

$$\frac{d\mathcal{I}(\lambda, T)}{d\lambda} = 0 \qquad \text{for } \lambda = \lambda_{\text{max}}$$

$$2\pi c^2 h \frac{d}{d\lambda}\left[\lambda^{-5}(e^{hc/\lambda kT} - 1)^{-1}\right]\Big|_{\lambda_{\text{max}}} = 0$$

$$-5\lambda_{\text{max}}^{-6}(e^{hc/\lambda_{\text{max}}kT} - 1)^{-1} - \lambda_{\text{max}}^{-5}(e^{hc/\lambda_{\text{max}}kT} - 1)^{-2} \times \left(\frac{-hc}{kT\lambda_{\text{max}}^2}\right)e^{hc/\lambda_{\text{max}}kT} = 0$$

$\lambda_{\text{max}}^6(e^{hc/\lambda_{\text{max}}kT} - 1)$을 곱한 결과는

$$-5 + \frac{hc}{\lambda_{\text{max}}kT}\left(\frac{e^{hc/\lambda_{\text{max}}kT}}{e^{hc/\lambda_{\text{max}}kT} - 1}\right) = 0$$

x를

$$x = \frac{hc}{\lambda_{\text{max}}kT}$$

로 놓으면

$$-5 + \frac{xe^x}{e^x - 1} = 0$$

이고,

$$xe^x = 5(e^x - 1)$$

이다. 이것은 초월 방정식*으로, 수치 해석을 통해 구할 수 있으며, $x \approx 4.965$이므로

$$\frac{hc}{\lambda_{\text{max}}kT} = 4.965$$

$$\lambda_{\text{max}}T = \frac{hc}{4.965\,k} = \frac{1240\ \text{eV}\cdot\text{nm}}{4.965\left(8.617 \times 10^{-5}\ \dfrac{\text{eV}}{\text{K}}\right)}\ \frac{10^{-9}\ \text{m}}{\text{nm}}$$

결과적으로

$$\lambda_{\text{max}}T = 2.898 \times 10^{-3}\ \text{m}\cdot\text{K}$$

이는 경험적으로 결정된 빈의 변위 법칙이다.

*복잡한 수학 방정식을 풀기 위한 훌륭한 리소스는 WolframAlpha를 사용하는 것이다. www.wolframalpha.com을 참고하기 바란다.

예제 3.7

플랑크의 복사 법칙을 이용해 슈테판·볼츠만 법칙을 구하라.

전략 전 파장에 대해 $\mathcal{I}(\lambda, T)$를 적분하면 $R(T)$를 구할 수 있다.

풀이

$$R(T) = \int_0^\infty \mathcal{I}(\lambda, T)\,d\lambda$$

$$= 2\pi c^2 h \int_0^\infty \frac{1}{\lambda^5}\frac{1}{e^{hc/\lambda kT} - 1}\,d\lambda$$

x를

$$x = \frac{hc}{\lambda kT}$$

로 놓으면

$$dx = -\frac{hc}{kT}\frac{d\lambda}{\lambda^2}$$

이다. 이제 $R(T)$는

$$R(T) = -2\pi c^2 h \int_{\infty}^{0} \left(\frac{kT}{hc}\right)^6 x^5 \frac{1}{e^x - 1}\frac{1}{x^2}\left(\frac{hc}{kT}\right)^2 dx$$
$$= +2\pi c^2 h \left(\frac{kT}{hc}\right)^4 \int_0^{\infty} \frac{x^3}{e^x - 1} dx$$

부록 3D(또는 WolframAlpha를 이용)에서 적분을 참고하여 $\pi^4/15$ 혹은 6.4939라는 것을 알 수 있다.

$$R(T) = 2\pi c^2 h \left(\frac{kT}{hc}\right)^4 \frac{\pi^4}{15}$$

$$R(T) = \frac{2\pi^5 k^4}{15h^3c^2} T^4$$

식에 상수값 k, h, c를 대입하면

$$R(T) = 5.67 \times 10^{-8} T^4 \frac{\text{W}}{\text{m}^2 \cdot \text{K}^4}$$

예제 3.8

플랑크의 복사 법칙이 장파장에서 레일리·진스 공식과 동일함을 보여라.

전략 플랑크 복사 법칙에 대한 식 (3.23)을 이용하여, 지수함수를 포함한 항에 $\lambda \to \infty$로 놓고, 식 (3.22)와 일치하는지 확인한다.

풀이 전략에 따라, 장파장에서 지수함수를 포함한 항은

$$\frac{1}{e^{hc/\lambda kT} - 1} = \frac{1}{\left[1 + \frac{hc}{\lambda kT} + \left(\frac{hc}{\lambda kT}\right)^2 \frac{1}{2} + \cdots\right] - 1} \xrightarrow[\lambda\text{가 큰 경우}]{} \frac{\lambda kT}{hc}$$

이제 식 (3.23)은 다음과 같이 되고

$$\mathcal{I}(\lambda, T) = \frac{2\pi c^2 h}{\lambda^5}\frac{\lambda kT}{hc} = \frac{2\pi ckT}{\lambda^4}$$

이는 레일리·진스 공식[식 (3.22)]과 동일하다.

예제 3.9

플랑크의 복사 법칙이 *자외선 파국*을 해결함을 보여라.

전략 자외선 파국은 파장이 0으로 수렴함에 따라 공진기 내에 형성될 수 있는 정지파의 구성 가능한 경우의 수가 무한대가 되기 때문에 나타난다. 만약에 파장이 0으로 수렴할 때 $\mathcal{I}(\lambda, T)$에 무슨 일이 발생하는지 확인하고자 한다. 특히, 다수의 단파장 진동자에 대해 계의 전체 에너지를 조사하는 것이 필요하다.

풀이 식 (3.23)에서 파장이 0으로 수렴하면 $e^{hc/\lambda kT}$는 무한대로 발산한다. 파장이 0으로 수렴함에 따라 지수 항은 λ^5 항보다 지배적인 항이 되어 식 (3.23)의 분모는 무한대로 발산하게 되어 $\mathcal{I}(\lambda, T)$ 값은 0으로 수렴한다. 파장이 감소함에 따라 진동수는 증가하고($f = c/\lambda$), $hf \gg kT$가 된다. 0에서 hf의 에너지 차를 필요로 하는 그렇게 큰 에너지를 가질 수 있는 진동자는 거의 없을 것이다. 작은 파장(큰 진동수와 큰 에너지)을 갖는 상태를 점유할 확률은 무시할 만큼 작으며 전체 에너지는 여전히 유한한 값에 머물게 된다. 자외선 파국은 일어나지 않는다.

3.6 광전 효과

복사 에너지의 양자화에 대한 아마도 가장 설득력 있고 확실하게 가장 간단한 증거는 **광전 효과**(photoelectric effect)에 대해 유일하게 수용 가능한 설명에서 비롯될 것이다. 헤르츠(Heinrich Hertz)는 1887년 맥스웰의 빛에 대한 전자기파 이론을 확인하는 그의 유명한 실험을 수행하는 중에, 자외선이 금속 전극에 맞으면 검진기의 잎이 벌어져 전하가 생성된다는 것을 발견했다. 헤르츠는 광전 효과로 알려지게 될 발견을 인지했지만, 그러한 발견이 그에게 쓸모 있는 것이 아니라서, 이 효과에 대한 탐구를 다른 이들, 그중에서도 특히 레나르트(Philipp Lenard)에게 남겼다. 광전 효과는 전자가 물질로부터 방출될 수 있는 여러 가지 방법 중의 하나이다. 1900년대 초반까지 전자가 물질에 속박되어 있다는 것이 알려져 있었다. 금속에서 가전자(valence electron)들은 '자유롭다'— 가전자들은 원자와 원자 사이를 쉽게 움직일 수는 있으나, 그 물질의 표면을 떠날 수는 없다. 전자가 물질을 완전히 떠날 수 있는 지금까지 알려진 방법은 다음과 같다.

전자 방출 방식

1. 열전자 방출: 열을 가하면 전자가 탈출할 수 있는 충분한 에너지를 얻는다.
2. 이차 방출: 전자는 외부에서 빠른 속도로 물질을 때리는 입자로부터 전달되는 충분한 에너지를 얻는다.
3. 장방출: 강한 외부의 전기장은 전자를 물질 밖으로 방출한다.
4. 광전 효과: 물질에 조사된 빛(전자기 복사)이 탈출할 수 있는 에너지를 전자에 전달한다.

전자기 복사가 금속 내의 전자에 작용하여 전자의 운동에너지를 증가시키는 것은 놀라운 일이 아니다. 금속 내의 전자는 약하게 결합되어 있으므로, 빛이 전자에게 탈출할 수 있을 만큼 충분한 에너지를 줄 수 있을 것이라 기대할 수 있다. 이때 방출된 전자를 **광전자**(photoelectron)라고 한다. 전자가 물질을 탈출할 수 있도록 하는 최소의 여분의 운동에너지를 **일함수**(work function) ϕ라 부른다. 일함수는 전자가 물질에 속박되는 최소 결합 에너지이다.(여러 원소들의 일함수는 x선을 참조하라.)

광전자

일함수

표 3.3 일함수

요소	ϕ (eV)	요소	ϕ (eV)	요소	ϕ (eV)
Ag	4.64	K	2.29	Pd	5.22
Al	4.20	Li	2.93	Pt	5.64
C	5.0	Na	2.36	W	4.63
Cs	1.95	Nd	3.2	Zr	4.05
Cu	4.48	Ni	5.22		
Fe	4.67	Pb	4.25		

출처: CRC *Handbook of Chemistry and Physics,* 100th ed. Boca Raton, Fla.: CRC Press (2019–20), pp. 12–102.

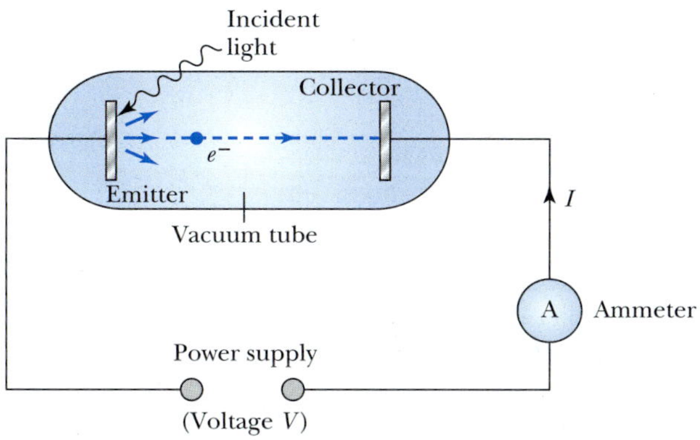

그림 3.11 광전 효과. 빛이 표면에 비칠 때 방출된 전자는 모아지고 광전류 I가 측정된다. 이미터에 대해 음의 전압이 컬렉터에 인가된다. 지연 전압이 충분히 클 때, 방출된 전자는 못 움직이게 되고 컬렉터로 가는 전류는 0으로 떨어지게 된다.

광전 효과의 실험적 결과

1990년경에 수행된 실험에서 광전자들은 가시광선이나 자외선이 깨끗한 금속 표면에 조사될 때 방출된다는 것이 알려졌다. 광전기는 그림 3.11에 나타낸 실험 장치를 이용하여 연구되었다. **이미터**(**광음극** 또는 **음극**)에 조사된 입사광이 전자를 튀어나오게 한다. 일부 전자는 전원 공급 장치에 의해 음(감속) 또는 양(가속)의 전압이 인가된 **컬렉터**(**양극**) 쪽으로 간다. 전류계는 이미터에서 컬렉터로 흐르는 광전자로부터 전류 I(광전류)를 측정한다. 이미터와 컬렉터가 같은 물질로 만들어져 있다고 생각하면 같은 일함수를 갖게 된다.

광전 효과에 대한 확실한 실험 결과들은 다음과 같다.

광전 효과의 실험 결과

1. 광전자의 운동에너지는 빛의 세기와 무관하다. 다시 말해, 그림 3.12에서 보듯이 *빛의 세기와 관계없이* 하나의 $-V_0$의 정지 퍼텐셜(걸어준 전압)로 모든 광전자를 정지시키기에 충분하다. 주어진 빛의 세기에서 인가 전압이 음에서 양으로 증가함에 따라 수렴하는 최대 광전류가 있다.
2. 주어진 이미터 물질에서 광전자의 최대 운동에너지는 빛의 진동수에만 의존한다. 다시 말해 다른 빛의 진동수에 대해(그림 3.13) 대부분의 광전자를 멈추게 할 수

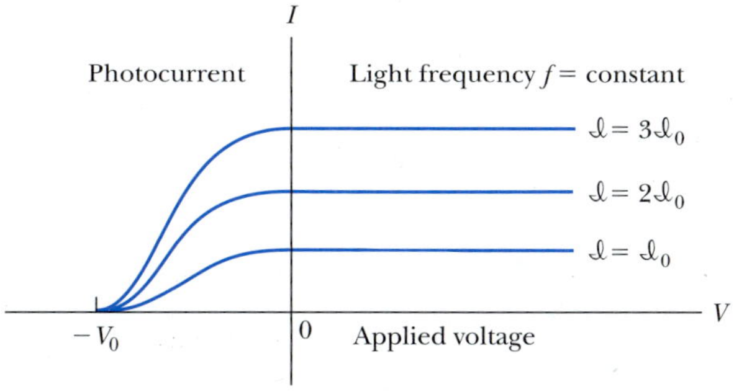

그림 3.12 주어진 진동수 f를 갖는 세 개의 서로 다른 빛의 세기에 대해 이미터와 컬렉터 사이의 전압의 함수로 표현한 광전 전류 I. 지연 전압 $-V_0$보다 낮은 지연 퍼텐셜에서 전류가 흐르지 않았으며, 광전 전류는 0 부근 또는 그 이상의 전위에서 상수라는 것에 주목하라.(광전자의 손실이 없는 이미터와 컬렉터가 매우 인접해 있거나 구면 구조인 경우를 가정한다.)

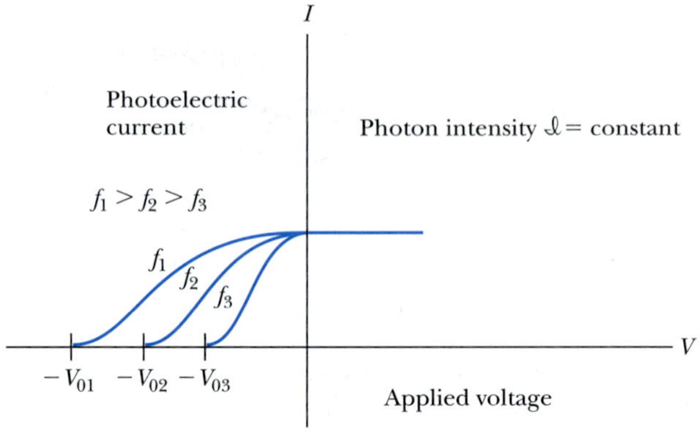

그림 3.13 세 개의 서로 다른 진동수를 갖는 빛에 대해 인가 전압의 함수로 표현한 광전 전류 I. 지연 퍼텐셜 $-V_0$는 f에 따라 각각 다르며, 큰 f에 대해 더 음의 값을 갖는다.

있는 다른 지연 퍼텐셜 $-V_0$가 필요하게 된다. V_0 값은 진동수 f에는 의존하지만 빛의 세기와는 무관하다(그림 3.12 참조).

3. 물질의 일함수 ϕ가 작을수록 광전자가 방출될 수 있는 빛의 문턱 진동수는 낮아진다. 문턱 진동수보다 낮은 진동수에서는 빛의 세기에 무관하게 광전자가 방출되지 않는다. 밀리컨의 실험 결과와 유사한 데이터를 그림 3.14에 나타내었다. 여기서 세 가지 금속의 문턱 진동수 f_0가 측정되었다.
4. 그러나 그림 3.15에 보이듯이 광전자가 방출되기만 하면 그 광전자의 수는 빛의 세기에 비례한다. 즉, 최대 광전류는 빛의 세기에 비례한다.
5. 광전자는 빛의 세기에 관계없이, 광음극에 조사되는 거의 즉시($\leq 3 \times 10^{-9}$ s) 방출된다.

5번을 제외한 위의 실험 결과는 헤르츠가 카를스루에에서 본으로 이사한 후 1892년 헤르츠의 조수였던 레나르트의 연구 덕택으로 1902년까지 기본적인 형태로 알려져 있었다. 광전 효과에 대해 광범위하게 연구했던 레나르트는 광전 효과와 전자의 속성 및 거동 연구에 대한 공로로 1905년 노벨 물리학상을 수상했다.

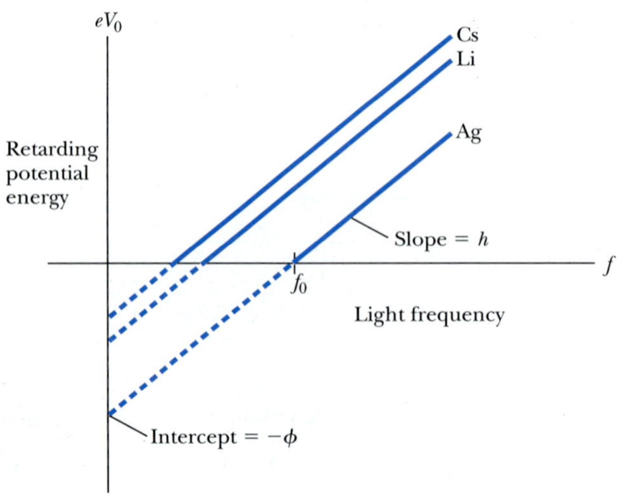

그림 3.14 세 개의 이미터 물질에 대해 빛의 진동수에 따른 지연 퍼텐셜 에너지 eV_0(최대 전자 운동에너지)

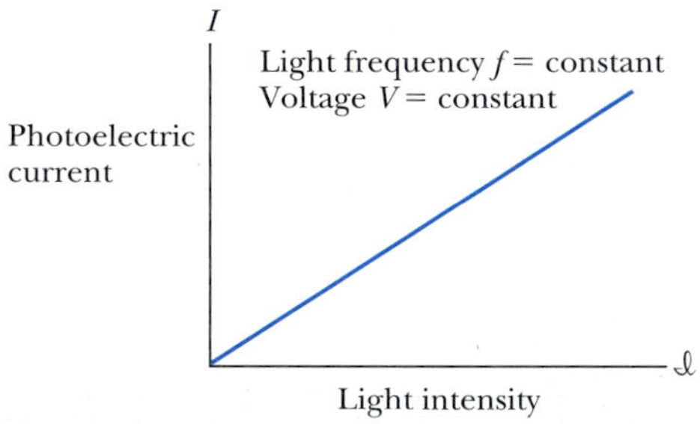

그림 3.15 광전 전류 I는 상수 f와 V에 대해 빛의 세기에 선형 비례한다.

고전적 해석

앞에서의 언급처럼, 고전 이론에서 전자기 복사가 물질로부터 광전자를 방출하게 한다. 그러나 고전 이론의 예측에 따르면 광파의 총에너지는 빛의 세기가 증가함에 따라 증가한다. 그러므로 고전 이론에 따르면 빛의 세기가 증가하면 전자는 더 큰 운동에너지를 가져야만 한다. 그러나 실험 결과 1과 그림 3.12에 따르면 빛의 세기에 무관하게 특정한 지연 퍼텐셜 $-V_0$로 주어진 빛의 진동수 f에 대해 모든 광전자를 멈추게 할 수 있다. 고전 전자기 이론으로는 이 결과를 설명할 수 없다. 마찬가지로 고전 이론으로 실험 결과 2도 설명할 수 없다. 왜냐하면 광전자의 최대 운동에너지는 빛의 진동수 f에만 의존하고 세기에는 무관하기 때문이다.

결과 3에서 보인 문턱 진동수의 존재는 고전 이론으로 절대로 설명할 수 없다. 고전 이론을 바탕으로 그림 3.14에 보이는 결과를 예측할 수 없다. 실험 결과 4인 방출되는 광전자의 수가 세기에 비례하여 증가한다는 것은 고전 이론으로도 예측할 수 있다.

마지막으로, 고전 이론의 예측에 따르면 극히 낮은 빛의 세기로 어떤 한 전자가 방출되기에 충분한 에너지를 갖게 하는 데는 매우 긴 시간이 필요했을 것이다. 그러나 광전자가 거의 순간적으로 방출된다는 것을 안다. 예를 들어 실험에 의하면 1000 km 떨어진 100 W의 백열전구에서 나온 빛이 면적 1 cm^2에 비추는 빛의 세기와 같은 매우 낮은 빛의 세기로도 1초 안에 광전자를 방출시키기에는 충분하다는 것이 확인되었다.

예제 3.10

광전자는 심지어 10^{-8} W/m^2의 빛 세기로도 나트륨(ϕ = 2.36 eV)에서 방출될 것이다. 1.00 eV의 운동에너지를 갖는 광전자를 방출시키기 위해 얼마나 오랜 시간 빛을 비추어야 하는지 고전 이론에 근거하여 계산하라.

전략 모든 빛이 표면의 첫 번째 원자층에서 흡수된다고 가정하자. 그러면 단일 원자층 두께에서 단위 면적당 나트륨 원자의 수를 계산할 수 있다. 단일 원자층에서 각각 원자는 동일한 에너지를 흡수하지만 이러한 원자 각각에서 하나의 전자가 모든 에너지를 흡수한다고 가정하자. 전자 방출에 필요한 에너지(2.36 eV + 1.00 eV = 3.36 eV)를 얻는 데 요구되는 시간이 얼마인지 계산할 수 있다.

풀이 먼저 단위 부피당 나트륨 원자의 수를 계산한다.

$$\frac{\text{Avogadro's number}}{\text{Na gram molecular weight}} \times \text{density} = \frac{\text{number of Na atoms}}{\text{volume}}$$

$$\frac{6.02 \times 10^{23}\ \text{atoms/mol}}{23\ \text{g/mol}} \times 0.97\ \frac{\text{g}}{\text{cm}^3}$$

$$= 2.54 \times 10^{22}\ \frac{\text{atoms}}{\text{cm}^3} = 2.54 \times 10^{28}\ \frac{\text{atoms}}{\text{m}^3} \qquad (3.26)$$

원자 한 층의 두께를 산출하기 위해, 정육면체 구조를 가정한다.

$$\frac{1 \text{ atom}}{d^3} = 2.54 \times 10^{28} \frac{\text{atoms}}{\text{m}^3}$$

$$d = 3.40 \times 10^{-10} \text{ m}$$

$$= \text{나트륨 원자 한 층의 두께}$$

만약 모든 빛이 원자의 첫 번째 층에서 흡수된다면, 단위 면적당 빛에 노출된 원자의 수는

$$2.54 \times 10^{28} \frac{\text{atoms}}{\text{m}^3} \times 3.40 \times 10^{-10} \text{ m} = 8.64 \times 10^{18} \frac{\text{atoms}}{\text{m}^2}$$

빛의 세기 10^{-8} W/m^{2}에서 각각 원자가 단위 시간당 받는 에너지는

$$1.00 \times 10^{-8} \frac{\text{W}}{\text{m}^2} \times \frac{1}{8.64 \times 10^{18} \text{ atoms/m}^2}$$
$$= 1.16 \times 10^{-27} \text{ W}$$
$$= 1.16 \times 10^{-27} \frac{\text{J}}{\text{s}} \times \frac{1}{1.6 \times 10^{-19} \text{ J/eV}}$$
$$= 7.25 \times 10^{-9} \text{ eV/s}$$

단일 원자가 7.25×10^{-9} eV/s의 에너지를 흡수한다면, 3.36 eV를 흡수하는 데 걸리는 시간 t를 계산할 수 있다.

$$t = \frac{3.36 \text{ eV}}{7.25 \times 10^{-9} \text{ eV/s}} = 4.63 \times 10^8 \text{ s} = 14.7 \text{ y}$$

고전적 계산에 근거해, 광전자가 방출되는 데 약 15년이 걸린다!

아인슈타인 이론

아인슈타인은 전자기복사는 양자화된 양만이 흡수되거나 방출된다는 플랑크의 가설에 흥미를 가지고 있었다. 아인슈타인은 플랑크의 아이디어를 한 발짝 더 발전시켜 "*전자기 복사 자체가 양자화되어 있다*" 그리고 "점광원으로부터 발산된 빛의 에너지는 늘어나는 공간에 연속적으로 분포되지 않고, 공간의 점들에 국한된 유한 개의 에너지 양자로 구성되어 있고, 이 에너지 양자는 쪼개짐이 없이 움직이며, 오직 완전한 단위의 개체로만 만들어지거나 흡수된다"라고 제안했다.* 우리는 이 에너지 양자를 **광자**(photon)라 부른다. 아인슈타인에 의하면 각각의 광자는 에너지 양자

광자

에너지 양자

$$E = hf \tag{3.27}$$

를 갖고 있다. 여기서 f는 빛에 해당되는 전자파의 진동수이고, h는 플랑크 상수이다. 식 (3.27)은 식 (3.25)에 표현된 에너지 양자에 대한 플랑크의 관계식과 동일하다. 광자는 진공 중에서 빛의 속도 c로 움직이고, 파장 λ는

$$\lambda f = c \tag{3.28}$$

로 주어진다.

다시 말하면, 아인슈타인은 간섭 현상에서 여실히 보여지는 잘 알려진 빛의 파동성 이외에 *빛은 입자성도 가지고 있어야만 한다*는 것을 제안했다. 아인슈타인은 광자(빛의 양자)가 물질 속의 단일 전자에 그의 전체 에너지 hf를 전달한다고 제안했다. 전자가 물질을 벗어나기 위해서는 물질에 결합된 에너지를 극복하기 위해 전자가 받은 에너지 중 ϕ만큼의 에너지를 잃어야만 한다. 아마도 전자는 표면으로 나오는 도중 다른 전자와의 상호작용으로 어느 정도의 에너지를 더 잃을 것이다. 얼마만한 에너지가 남든 간에 이미

*아인슈타인의 *Annalen der Physik* **17**, 132 (1905)에 대한 영어 번역은 A. B. Arons와 M. B. Peppard의 *American Journal of Physics* **33**, 367 (1965)를 참고하라.

터를 떠나는 순간의 전자의 운동에너지로 나타날 것이다. 에너지 보존 법칙에 의해

$$hf = \phi + \text{K.E.}(\text{전자}) \tag{3.29}$$

여기에서 취급되는 에너지는 모두 eV 정도의 값이므로, 전자의 운동에너지를 비상대론적인 식인 $\frac{1}{2}mv^2$으로 써도 된다. 전자의 운동에너지는 이미터 물질을 통과할 때 더 작아질 수도 있으므로, 엄격하게 말하면 전자 운동에너지의 최대값을 관측하기를 원한다.

$$hf = \phi + K_{\text{max}} \tag{3.30}$$

광전 효과에서 측정되는 지연 퍼텐셜은 에너지가 가장 큰 전자를 멈추게 하는 데 필요한 퍼텐셜이므로

$$eV_0 = \tfrac{1}{2}mv_{\text{max}}^2 \tag{3.31}$$

이다.

양자적 해석

우리는 아인슈타인의 양자 해석이 모든 데이터를 잘 설명하는지를 알기 위해 광전 효과의 실험 결과를 다시 고찰해야 한다. 첫 번째와 두 번째 실험 결과(광전자의 운동에너지는 빛의 진동수에 의존하지만, 빛의 세기에는 무관한)는 설명될 수 있다. 전자의 운동에너지 $K_{\text{max}} = hf - \phi$[식 (3.30)]는 빛의 세기에 결코 의존하지 않고 단지 빛의 세기와 물질의 일함수에만 의존한다.

$$K_{\text{max}} = eV_0 = hf - \phi \tag{3.32}$$

$-V_0$보다 양의 방향으로 조금 큰 퍼텐셜은 전자 모두를 밀어낼 수 없고, 양극과 이미터가 기하학적으로 가깝기 때문에, 지연 전압이 0 근처이면 실제적으로 거의 모든 전자가 애노드에 수집된다. 매우 큰 양의 퍼텐셜에서는 모든 전자들이 양극에 수집되고, 광전류는 그림 3.12에서 보듯 수평이 될 것이다. 만약 빛의 세기가 증가하면 단위 면적당 광전자 수가 많아지고, 따라서 더 많은 광전자가 방출되어 그림 3.12에서 보듯이 더 큰 광전류가 생길 것이다.

만약 f_2라는 다른 진동수의 빛이 사용되면 다른 정지 퍼텐셜에서 에너지가 가장 큰 전자가 멈추게 될 것이다[식 (3.32) 참조, 즉 $eV_{02} = hf_2 - \phi$]. 빛의 세기가 일정하면(더 정확하게, 일정한 광자의 수/면적/시간), 각각의 진동수 f에 대해 다른 정지 퍼텐셜 V_0가 필요하지만, 광전자의 수는 일정하기 때문에 최대 광전류는 변하지 않는다(그림 3.13). 양자론에서 광자의 수는 빛의 세기에 따라 선형적으로 증가하여 더 많은 광전자가 더 많은 광전류를 생성하기 때문에 그림 3.15를 쉽게 설명할 수 있다.

1905년 아인슈타인에 의해 제안된 식 (3.32)는 정지 퍼텐셜이 빛의 진동수에 선형 비례하며 기울기 h/e는 플랑크에 의해 발견된 같은 상수인 h라는 것을 알 수 있다. 이 기울기는 광음극에 사용된 금속의 종류와 무관하다. 식 (3.32)는 다시 다음과 같이 쓸 수 있다.

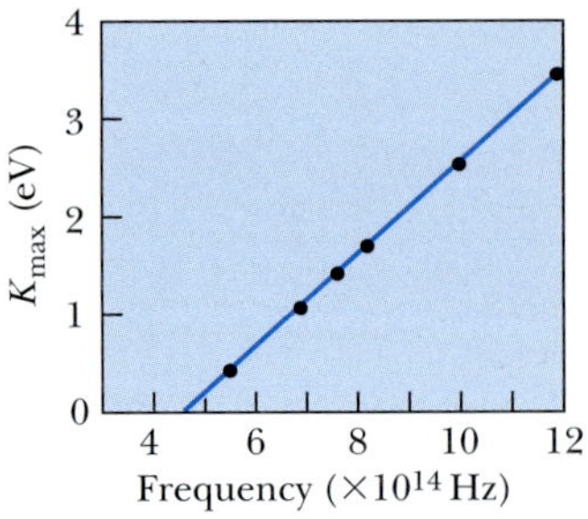

그림 3.16 밀리컨은 1916년에 광전 효과에 대한 실험 결과를 발표했다. 실험에서 그는 나트륨 전극에 진동수를 바꿔 가며 빛을 비췄고 광전자의 최대 운동에너지를 측정했다. 그는 진동수 4.39×10^{14} Hz 이하(혹은 683 nm 이상의 파장)에서는 광전자가 방출되지 않는 것을 발견했다. 이 결과는 빛의 세기와는 무관했으며 자료를 바탕으로 그린 직선의 기울기는 플랑크 상수 값으로 플랑크 이론과 정확하게 일치했다. 밀리컨의 공인된 실험 결과가 아인슈타인의 광전 효과 방정식의 충분한 증거였음에도 불구하고 밀리컨은 빛의 광자 개념과 양자 이론에서의 역할에 대해 납득할 수 없었다.

$$eV_0 = \tfrac{1}{2}mv^2_{\max} = hf - hf_0 = h(f - f_0) \tag{3.33}$$

여기서 $\phi = hf_0$는 y절편의 음수이다. 진동수 f_0는 광전 효과에서 문턱 진동수에 해당한다(즉, 전자의 운동에너지가 정확히 0일 때). 1905년 당시 아인슈타인의 이론을 증명하거나 반증할 수 있는 정확한 결과가 충분하지 못했으며, 이 이론에 회의적인 입장을 보인 많은 이들 중 플랑크조차도 마찬가지였다. 당시 시카고대학에 있던 밀리컨은 아인슈타인의 이론이 틀렸다는 것을 보이기 위한 매우 정밀한 일련의 실험을 거의 10년에 걸쳐 수행했다. 1916년에 밀리컨은 아인슈타인의 예측을 검증한 그림 3.16과 같은 결과를 발표했다. 밀리컨은 그림 3.16의 직선의 기울기로부터 상수 h 값이 4.1×10^{-15} eV·s이며, 플랑크의 흑체 복사에서 결정된 상수 h와 잘 맞는다는 것을 알아냈다. 1916년 이후부터 광전 효과에 대한 아인슈타인의 이론은 점차 받아들여지기 시작했다. 마침내 1922년에 아인슈타인은 광전 효과를 설명한 공로로 노벨상을 받았다.*

전자기복사장의 양자화

전자기복사장의 양자화에 대해 배운 것을 정리하면, 첫째 전자기 복사는 입자성(미립자성)을 지닌 광자로 구성되고, 각각의 광자는

$$E = hf = \frac{hc}{\lambda} \tag{3.34}$$

의 에너지를 갖는다. 여기서 f와 λ는 각각 빛의 진동수와 파장이다. 광선속(빛살)의 총에너지는 모든 광자의 에너지 합이며, 단일 파장의 빛의 경우에는 hf의 정수 배이다.(일반적으로 이 정수는 매우 큰 정수이다.)

이런 광자 해석은 라디오파로부터 가시광선, x선, 그리고 높은 에너지의 γ선에 걸친 모든 전자기 스펙트럼에서 참이어야 한다. 2장에서 보았듯이, 움직이는 계에서 관찰된 주어진 진동수의 광자는 계의 속도나 운동 방향에 따라 임의의 큰 양의 적색 또는 청색 편이가 일어날 수 있기 때문에 사실임이 분명하다. 나중에 이 가능성에 대해 조사할 것이다. 전자기 복사는 어떤 형태(가시광선, 엑스선, 감마선 등)이든 방출 또는 흡수하는 동안 광자들이 생성되거나 흡수되어야만 한다. 광자는 오직 하나의 속도를 가진다—빛의 속도(= 진공 중에서 c).

*밀리컨도 광전 효과에 대한 정밀한 연구 결과와 전자의 전하량 측정에 대한 연구 성과로 1923년에 노벨상을 받았다. 밀리컨의 수상은 광전 효과를 측정하고 이해하려는 기본 노력을 치하하는 18년간의 일련의 광전 효과에 대한 노벨상의 마지막 수상이었다.

예제 3.11

파장 400 nm의 빛이 리튬(ϕ = 2.93 eV)에 입사된다. (a) 광자의 에너지, (b) 저지 퍼텐셜 V_0를 계산하라.

전략 (a) 빛은 일반적으로 nm 단위로 표현하는데, 파장의 함수로 에너지를 계산하기 위한 방정식에 유용하다.

$$E = hf = \frac{hc}{\lambda}$$

$$= \frac{(6.626 \times 10^{-34}\,\text{J}\cdot\text{s})(2.998 \times 10^8\,\text{m/s})}{\lambda(1.602 \times 10^{-19}\,\text{J/eV})(10^{-9}\,\text{m/nm})}$$

$$E = \frac{1.240 \times 10^3\,\text{eV}\cdot\text{nm}}{\lambda} \tag{3.35}$$

(b) 진동수 f와 일함수 ϕ를 알기 때문에 저지 퍼텐셜을 결정하기 위해 식 (3.32)를 이용한다.

풀이 (a) 파장 $\lambda = 400$ nm에 대해 식 (3.35)를 이용해서 광자의 에너지를 계산하면

$$E = \frac{1.240 \times 10^3 \text{ eV}\cdot\text{nm}}{400 \text{ nm}} = 3.10 \text{ eV}$$

(b) 저지 퍼텐셜에 대해 식 (3.32)를 이용하면

$$eV_0 = hf - \phi = E - \phi = 3.10 \text{ eV} - 2.93 \text{ eV} = 0.17 \text{ eV}$$

$$V_0 = 0.17 \text{ V}$$

0.17 eV의 지연 퍼텐셜이 모든 광전자를 멈추게 할 것이다.

예제 3.12

(a) 리튬에 빛을 조사하여 3.00 eV의 운동에너지를 갖는 전자를 발생시키기 위해 필요한 빛의 진동수는 얼마인가? (b) 이 빛의 파장을 찾고 전자기파의 스펙트럼 중에서 어디에 있는지 논의하라.

전략 식 (3.30)으로부터 광자의 에너지를 결정하는 데 필요한 충분한 정보를 가지고 있고, 진동수는 $E = hf$로 결정할 수 있다.

풀이 식 (3.30)으로부터

$$\begin{aligned} hf &= \phi + K_{\text{max}} \\ &= \phi + \tfrac{1}{2} m v_{\text{max}}^2 \\ &= 2.93 \text{ eV} + 3.00 \text{ eV} = 5.93 \text{ eV} \end{aligned}$$

이제 광자의 진동수는

$$\begin{aligned} f = \frac{E}{h} &= \frac{(5.93 \text{ eV})(1.60 \times 10^{-19} \text{ J/eV})}{(6.626 \times 10^{-34} \text{ J}\cdot\text{s})} \\ &= 1.43 \times 10^{15} \text{ s}^{-1} = 1.43 \times 10^{15} \text{ Hz} \end{aligned}$$

(b) 빛의 파장은 $c = \lambda f$로부터 계산할 수 있다.

$$\lambda = \frac{c}{f} = \frac{3.00 \times 10^8 \text{ m/s}}{1.43 \times 10^{15} \text{ Hz}} = 2.10 \times 10^{-7} \text{ m} = 210 \text{ nm}$$

210 nm의 파장은 가시광선인 400~700 nm보다 낮은 영역에 존재하므로 자외선이다.

예제 3.13

예제 3.10의 빛의 세기 $\mathcal{I} = 10^{-8}$ W/m^{2}에 대해서 350 nm 파장이 이용되었다. 빛에서 단위 면적 단위 시간당 광자의 수는 얼마인가?

전략 먼저 광자 에너지를 구하고, 빛의 세기를 알고 있으므로 광자 플럭스를 구할 수 있을 것이다.

풀이 식 (3.35)로부터 광자 에너지는 E는

$$E = \frac{1.240 \times 10^3 \text{ eV}\cdot\text{nm}}{350 \text{ nm}} = 3.5 \text{ eV}$$

빛의 세기 $\mathcal{I}$는 광자 플럭스 N과 광자 에너지 E의 곱이므로

$$\begin{aligned} \text{Intensity } \mathcal{I} &= \left[N\left(\frac{\text{photons}}{\text{m}^2\cdot\text{s}}\right)\right]\left[E\left(\frac{\text{energy}}{\text{photon}}\right)\right] \\ &= NE\left(\frac{\text{energy}}{\text{m}^2\cdot\text{s}}\right) \end{aligned}$$

여기서 괄호 안에 N과 E의 단위를 표시해 두었다. N에 대해 풀면

$$\begin{aligned} N = \frac{\mathcal{I}}{E} &= \frac{1.0 \times 10^{-8} \text{ J}\cdot\text{s}^{-1} \text{ m}^{-2}}{(1.6 \times 10^{-19} \text{ J/eV})(3.5 \text{ eV/photon})} \\ &= 1.8 \times 10^{10} \frac{\text{photons}}{\text{m}^2\cdot\text{s}} \end{aligned}$$

결론적으로, 심지어 낮은 세기의 빛에서도 큰 광자 플럭스를 가지며, 매우 적은 수의 광자조차 광전류를 유도할 수 있다(비록 매우 적은 양이지만).

우리는 앞에서 컬렉터와 이미터의 재료가 같다고 가정했었다. 만약 다르다면, 다른 일함수 ϕ_C와 ϕ_E를 가질 것이다. 두 금속판 사이의 접촉 전위차 $\phi_E - \phi_C$가 있다. 그 결과 대부분의 교재에서 암시하는 것처럼 식 (3.30)에서 일함수 ϕ가 이미터의 일함수 ϕ_E가 아닌 컬렉터의 일함수 ϕ_C이다. 이러한 이유에 대한 더 자세한 설명은 문헌을 참고하기 바란다.*

광전 효과는 빛을 검출하는 다양한 응용에 이용되는데, 각각의 빛의 펄스를 셀 수 있는 광증배관(photomultiplier tube)이나 광 활성화 소자(문 열림 감지 및 침입 경보기와 같은)용 광전 셀(photoelectric cell), 태양전지 패널 등이 포함된다.

3.7 x선 생성

광전 효과에서 광자가 모든 에너지를 전자에게 제공하면 전자는 결합되어 있던 물질로부터 탈출할 수 있게 된다. 역과정도 일어날 수 있을까? 전자(또는 어떤 대전된 입자)는 자기의 에너지를 넘겨주고 광자를 생성해 낼 수 있을까? 답은 그렇다이지만 이 과정은 물리학의 다른 법칙과 일치해야 한다. 광자들은 단일체로서 생성되거나 흡수되어야 한다는 것을 상기하자. 하나의 광자는 자기가 가진 에너지의 절반을 줄 수 없고 모두를 주어야 한다. 만약에 어떤 물리적 과정에서 광자 에너지의 일부만이 필요하다면 나머지 에너지를 운반하기 위해 *새로운* 광자가 생성되어야만 한다.

광자와 달리 전자는 자신의 운동에너지 일부를 넘겨준다 해도 여전히 같은 전자로 남아 있을 것이다. 전자가 원자핵과 강한 전기장으로 상호작용하여 가속될 때 전자는 전자기 에너지를 방출한다. 고전 전자기학 이론에 따르면 전자기 에너지를 연속적으로 방출해야 한다. 양자론 입장에서 전자는 에너지가 변하는 일련의 광자를 방출한다고 생각해야 한다. 즉, 이 과정이 광전 효과의 역과정도 일어날 수 있는 유일한 방법이다. 물질을 통과하는 에너지를 가진 전자가 광자를 방출하고 운동에너지를 잃는다. 전자의 감속도에 의해서 광자가 방출되는 과정을 독일어 용어를 사용하여 **제동 복사**(bremsstrahlung)라고 한다. 그림 3.17은 핵의 전기장을 통과한 에너지 E_i인 전자가 가속되고 $E = hf$인 에너지의 광자를 생성하는 과정을 개념적으로 보여 주고 있다. 전자의 최종 에너지는 에너지 보존 법칙에 의해 식 (3.36)과 같다.

제동 복사

$$E_f = E_i - hf \tag{3.36}$$

선운동량 보존 법칙 때문에 핵은 매우 적은 에너지만을 흡수하거나 무시할 수 있다. 전자가 물질을 통과할 때 하나 이상의 광자는 이러한 방법으로 생성될 것이다.

3.1절에서 뢴트겐의 x선 발견에 대하여 언급했었다. x선은 그림 3.18에 도식적으로 나타낸 장치에서 제동 복사에 의해 발생된다. 필라멘트에 전류가 흐르면 열전자 방출에 의해 수많은 전자가 생성된다. 이들 전자들은 음극 구조에 의해 빔(beam)으로 집속되고 금속 양극 표면에 충돌할 때까지 수천 볼트의 전위차에 의해 가속되어 양극 물질에서 멈

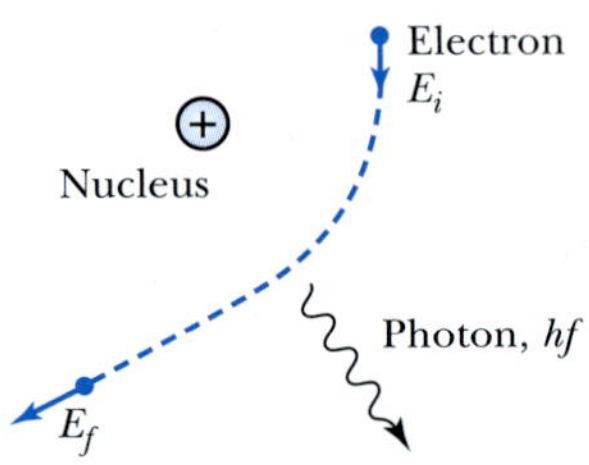

그림 3.17 제동 복사는 전자가 핵의 영향에 의해 가속되는 과정에 가속된 전자가 광자를 방출하는 과정이다.

*논문 *The photoelectric effect: experimental confirmation concerning a widespread misconception in the theory*, D. Wong, P. Lee, G. Shenghan, W. Xuezhou, H. Y. Qi, and F. S. Kit, *European Journal of Physics* **32**, 1059–1064 (2011) 및 관련 참고문헌을 보기 바란다.

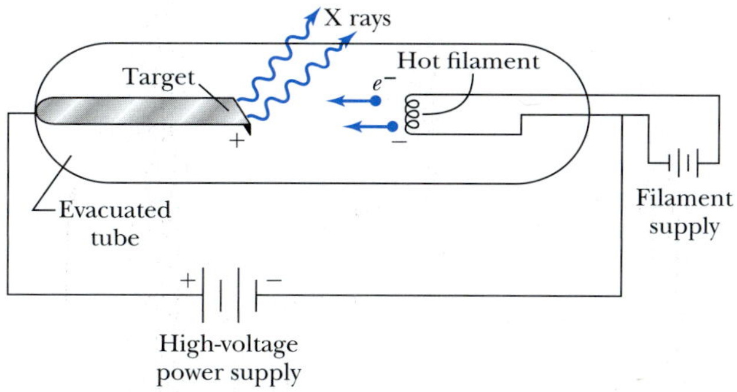

그림 3.18 x선관의 개념. x선은 활발한 전자의 제동 복사 과정에 의해 방출된다.

출 때 제동 복사(다른 과정들)에 의해 x선을 생성한다. 전자의 운동에너지의 대부분은 제동 복사보다는 양극을 가열하는 것에 의해 손실된다. x선관은 진공으로 되어 있어서 필라멘트와 양극 사이에서 전자들이 공기에 의해 산란되지 않는다. x선은 x선관의 측면을 통해 방출되고 의학용 진단과 치료, 결정과 액체의 구조에 대한 기초 연구, 그리고 대형 용접 및 주물의 공학적 결함 진단을 포함하여 널리 응용되고 있다.

표준 x선관에서 나온 x선은 여러 가지 파장의 광자들을 포함하고 있다. x선을 결정에 산란시켜 강하게 평행화된 단일 파장을 가지는 x선 선속(beam)을 생성할 수 있다. 가속 퍼텐셜이 35 kV인 x선관에서 생성된 초기 x선 스펙트럼을 그림 3.19에 나타냈다. 개별 x선관은 각각 텅스텐, 몰리브덴, 크롬 표적을 가지고 있었다. 매끈하고 연속적인 x

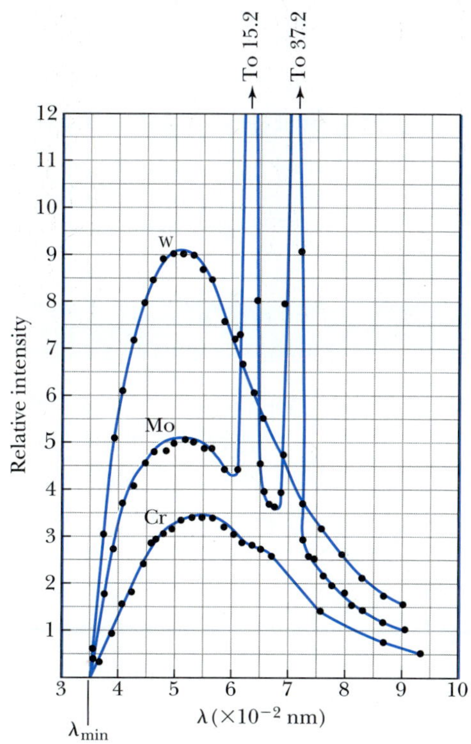

그림 3.19 35 kV의 가속 전압에 대해 x선관에서 방출되는 x선의 상대적인 세기. λ_{min}은 세 개의 다른 표적에 대해서 모두 같은 값을 갖는다. 출처: C. T. Ulrey, *Physical Review* **11**, 405 (1918)

선 스펙트럼은 제동 복사에 의해서 생성된 것이고, 날카로운 '특성 x선'은 원자의 들뜸에 의해서 생성된 것으로 4.6절에서 설명한다. 전형적인 x선 파장은 0.01~1 nm 정도 된다. 그러나 고에너지 가속기는 10^{-6} nm 정도로 짧은 파장의 x선을 생성할 수 있다.

그림 3.19에서 세 개의 표적에 대해 최소 파장 $\lambda_{\min}$이 모두 같다는 것을 주목하기 바란다. 이 최소 파장 $\lambda_{\min}$은 최대 진동수 $f_{\max}$에 대응된다. 만약 전자들이 V_0의 전압으로 가속되면 운동에너지는 eV_0가 된다. 전자가 자신의 모든 에너지를 넘겨주어 하나의 광자를 생성하면 최대 에너지의 광자가 된다.(그러나 상대적으로 잘 일어나지 않는 과정이다.) 이 과정이 **역광전 효과**(inverse photoelectric effect)이다. 에너지가 보존을 만족하기 위해서는 전자의 운동에너지와 광자의 최대 에너지가 같아야 한다.(여기서 일함수 ϕ는 eV_0에 비해 너무 작기 때문에 무시할 수 있다.)

$$eV_0 = hf_{\max} = \frac{hc}{\lambda_{\min}}$$

즉,

듀엔·훈트 규칙

$$\lambda_{\min} = \frac{hc}{e}\frac{1}{V_0} = \frac{1.240 \times 10^{-6}\ \mathrm{V\cdot m}}{V_0} \tag{3.37}$$

식 (3.37)은 실험적으로 처음 발견되었는데 **듀엔·훈트 규칙**(Duane-Hunt rule)(또는 **듀엔·훈트 한계**)이라고 알려져 있다. 양자 이론에 의한 1915년의 설명은 이제 아인슈타인의 광자 개념에 대한 추가적인 증거로 간주된다. $\lambda_{\min}$ 값은 가속 전압에만 의존하고 모든 표적에서 같은 값을 가진다.

양자 가설만이 모든 데이터들을 설명할 수 있다. 무거운 원소들은 더 강력한 핵전기장을 가지기 때문에 전자들을 가속시키는 데 더 효과적이며 복사를 더 잘하게 한다. x선의 세기는 표적 물질의 원자 번호의 제곱에 비례하여 증가한다. 또한 세기는 전자를 가속시키는 전압의 제곱에도 근사적으로 비례한다. 이것이 바로 x선 기기에 고전압과 텅스텐 양극이 주로 사용되는 이유이다. 특히 텅스텐은 녹는 온도가 매우 높고, 높은 전자-선속 전류에도 잘 견뎌 낸다.

개념 예제 3.14

어떻게 듀엔·훈트 규칙이 주사 전자 현미경 같은 소자의 전자 충격 에너지를 결정하는 데 활용될 수 있는지 설명하라.

풀이 식 (3.37)을 주의 깊게 보면, 가속 전압 V_0의 감소가 $\lambda_{\min}$ 값의 증가를 유도하는 것을 확인할 수 있다. 파장의 최소값의 분석 결과는 예측되는 전압 V_0와 일치해야 한다. 만약 $\lambda_{\min}$ 값이 예를 들어 전자빔의 흐름에 의존하여 시간에 따라 변하면, 이는 전자빔의 가속/전달계에서 비정상 전하 효과 때문일 것이다. 문제를 해결하기 위해 부단한 노력이 필요하고, 문제를 피하기 위해 더 낮은 전자빔 흐름을 이용하는 것과 같은 실험 조건을 잘 따라야 할 것이다.

예제 3.15

만약 텅스텐 양극(일함수 ϕ = 4.63 eV)과 35 kV의 전자 가속 전압이 있다면, 왜 식 (3.36)에서 필라멘트에서 전자의 초기 운동에너지와 필라멘트와 양극의 일함수를 무시할 수 있는가? x선의 최소 파장은 얼마인가?

전략 전자의 초기 운동에너지와 일함수는 수 전자볼트(eV)이지만 가속 전압 때문에 전자의 운동에너지는 35,000 eV이기 때문에 전자의 초기 운동에너지와 일함수는 무시할 수 있다. 모든 것을 무시한 eV_0는 매우 작다. 최소 파장은 식 (3.37)을 통해 구할 수 있다.

풀이 식 (3.37)의 듀엔·훈트 규칙을 이용하면

$$\lambda_{\text{min}} = \frac{1.240 \times 10^{-6}\ \text{V}\cdot\text{m}}{35.0 \times 10^{3}\ \text{V}} = 3.54 \times 10^{-11}\ \text{m}$$

그림 3.19의 자료와 일치한다.

3.8 콤프턴 효과

광자가 물질에 들어갈 때 광자는 원자의 전자들 중 하나와 상호작용을 하려 한다. 고전 이론에 따르면, 전자는 광자의 전자기장과 상호작용으로 인해 광자의 진동수에 따라 진동하게 될 것이며 같은 진동수에서 전자기복사선(광자)을 재방출할 것이다. 이를 **톰슨 산란**(Thomson scattering)이라고 부른다. 그러나 1920년대 초에 콤프턴(Arthur Compton)이 일찍이 그레이(J. A. Gray)가 관측한 사실을 실험적으로 재확인했는데, 특히 후방 산란에서 방출된 복사선[**변조파**(modified wave)라고 함]의 파장이 본래 입사파[**비변조파**(unmodified wave)]의 파장보다 길어진다는 사실을 재확인하였다. 고전 전자기 이론으로는 이 변조파를 설명하지 못한다. 콤프턴은 이 현상을 이론적으로 이해하려고 시도했는데, 그는 *아인슈타인의 빛이 입자라는 개념은 올바르며* 이것만이 이 현상을 설명할 수 있다는 것을 알았다. 이 산란 과정을 그림 3.20에 나타내었다.

톰슨 산란

콤프턴은 1923년에 광자는 물질 내부에 있는 모든 전자들로부터 산란되는 것이 아니고 그중 하나만의 전자로부터 산란된다고 제안했으며 에너지와 운동량 보존 법칙을 이 두 입자 사이의 탄성 충돌에 적용했다. 2장에서 배운, 빛의 속도로 운동하는 입자(광자)의 운동량을 상기하면 다음과 같다.

$$p = \frac{E}{c} = \frac{hf}{c} = \frac{h}{\lambda} \tag{3.38}$$

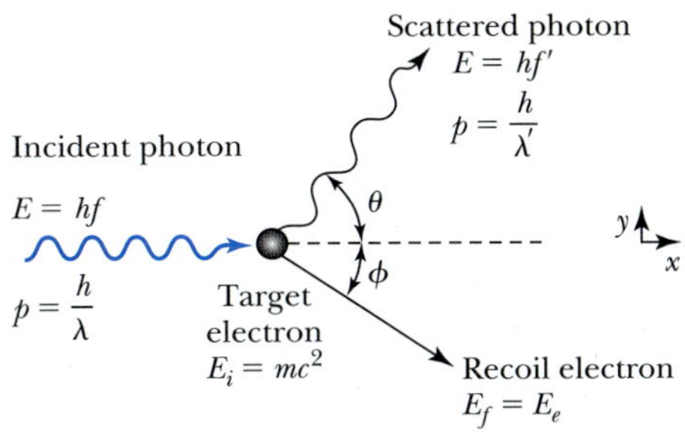

그림 3.20 기본적으로 정지된 전자에 의한 빛의 콤프턴 산란

아서 콤프턴(Arthur Compton, 1892~1962)이 대기 중의 우주선에 대한 연구를 위해 설계한 이온화 상자를 들여다보는 1931년도 사진이다. 콤프턴은 우스터대학과 프린스턴대학에서 학위를 받았다. 그는 대부분의 이력을 세인트루이스의 시카고대학과 워싱턴대학에서 쌓았다. 1927년 노벨 물리학상을 수상하게 한 x선에 대한 초기 연구 이후에, 우주선 연구를 바탕으로 고에너지 물리학 분야의 선구자가 되었다. 또한 콤프턴은 2차 세계대전 중 원자폭탄 개발 계획인 맨해튼 프로젝트 설립을 주도했으며, 이후에 원자력 발전 분야를 선도했다.

우리는 광자를 일정한 에너지와 운동량을 가지는 입자로 취급한다. 산란은 그림 3.20의 xy평면 안에서 일어난다. 선운동량의 벡터 속성 때문에 x, y 성분 모두 보존되어야 한다. 충돌 전후의 에너지와 운동량은 아래와 같이 주어진다.(상대론적으로 취급했다.) 입사 및 산란 광자의 진동수는 각각 f와 f'이다. 튀어나간 전자는 에너지 E_e와 운동량 p_e를 가진다.

마지막 계에서 전자의 총에너지는 식 (2.70)에 의해 아래와 같이 전자의 운동량과 관계된다.

$$E_e^2 = (mc^2)^2 + p_e^2c^2 \tag{3.39}$$

이제 우리는 보존 법칙들을 다음과 같이 쓸 수 있다.

$$\text{Energy} \qquad hf + mc^2 = hf' + E_e \tag{3.40a}$$

$$p_x \qquad \frac{h}{\lambda} = \frac{h}{\lambda'}\cos\theta + p_e\cos\phi \tag{3.40b}$$

$$p_y \qquad \frac{h}{\lambda'}\sin\theta = p_e\sin\phi \tag{3.40c}$$

파장의 변화 $\Delta\lambda = \lambda' - \lambda$를 광자의 산란 각도 θ의 관계식으로 나타낼 것이다. 먼저 식 (3.40b)와 (3.40c)를 제곱한 뒤 더해서 되튐각 ϕ를 소거하면 다음 결과를 얻는다.

$$p_e^2 = \left(\frac{h}{\lambda}\right)^2 + \left(\frac{h}{\lambda'}\right)^2 - 2\left(\frac{h}{\lambda}\right)\left(\frac{h}{\lambda'}\right)\cos\theta \tag{3.41}$$

그다음에 식 (3.40a)에서 E_e를, 식 (3.41)에서 P_e를 구해서 식 (3.39)에 대입한다($\lambda = c/f$ 관계를 사용).

$$[h(f-f') + mc^2]^2 = m^2c^4 + (hf)^2 + (hf')^2 - 2(hf)(hf')\cos\theta$$

좌변의 제곱을 구한 뒤 정리하면

$$mc^2(f-f') = hff'(1 - \cos\theta)$$

표 3.4 콤프턴 산란의 결과

에너지 또는 운동량	초기 계	최종 계
광자 에너지	hf	hf'
x 방향 광자 운동량(p_x)	$\frac{h}{\lambda}$	$\frac{h}{\lambda'}\cos\theta$
y 방향 광자 운동량(p_y)	0	$\frac{h}{\lambda'}\sin\theta$
전자 에너지	mc^2	$E_e = mc^2 + \text{K.E.}$
x 방향 전자 운동량(p_x)	0	$p_e\cos\phi$
y 방향 전자 운동량(p_y)	0	$-p_e\sin\phi$

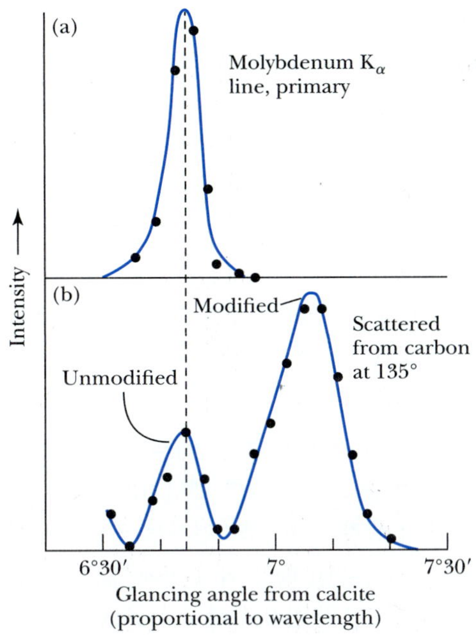

그림 3.21 (a) 몰리브덴으로부터 산란되지 않은 기본 x선과 (b) 변조파와 비변조파가 모두 보이는 135°에서 탄소로부터 산란된 스펙트럼을 나타낸 콤프턴의 원본 자료. Arthur H. Compton, *Physical Review* **22**, 409-413 (1923)을 인용함.

를 얻고, 이 식을 다시 정리하면

$$\frac{h}{mc^2}(1-\cos\theta)=\frac{f-f'}{ff'}=\frac{\dfrac{c}{\lambda}-\dfrac{c}{\lambda'}}{\dfrac{c^2}{\lambda\lambda'}}=\frac{1}{c}(\lambda'-\lambda)$$

혹은

$$\Delta\lambda=\lambda'-\lambda=\frac{h}{mc}(1-\cos\theta) \qquad (3.42)$$

콤프턴 효과

를 얻는다. 이 식은 1923년에 콤프턴이 발견한 산란된 광자의 파장이 길어지는 것을 나타내는 식이다.

콤프턴은 이 이론의 타당성을 검증하기 위해 0.071 nm의 파장을 가진 x선이 탄소에서 산란되는 것을 여러 각도에서 측정하는 실험을 매우 주의 깊게 실행하였고, 측정된 변조 파장은 그가 예견했던 것과 잘 일치하는 것을 알았다.* 그의 데이터 일부를 그림 3.21에 나타내었는데, 변조파(λ')와 비변조파(λ) 둘 다 나타나 있다.

튀어나간 전자의 운동에너지와 산란 각도도 역시 계산할 수 있다. 튀어나간 전자들을 탐지하는 실험이 곧 뒤따라 수행됨으로써 콤프턴 이론은 완전히 검증되었다. 전자들로부터 광자가 탄성 산란하는 과정을 이제 **콤프턴 효과**(Compton effect)라고 부른다. 파장의 차이 $\Delta\lambda = \lambda' - \lambda$는 상수 h와 c, 그리고 전자의 질량 m_e와 산란 각도 θ에만 의

*콤프턴의 발견에 대한 흥미로운 개인적인 설명은 A. H. Compton, *American Journal of Physics* **29**, 817-820 (1961)에서 찾을 수 있다.

콤프턴 파장

존한다는 것을 주목하기 바란다. $\lambda_c = h/m_e c = 2.426 \times 10^{-3}$ nm를 전자의 **콤프턴 파장**(Compton wavelength)이라고 부른다. 파장이 λ_c와 같은 자릿수이거나 더 짧을 때만 $\Delta\lambda/\lambda$의 값이 커진다. 가시광선의 경우는 파장이 λ = 500 nm 정도이므로 $\Delta\lambda/\lambda$의 최대값은 10^{-5} 정도가 되어 $\Delta\lambda$를 탐지하기가 매우 어렵다. 가시광선에서 콤프턴 효과가 일어나는 확률 역시 매우 작다. 그러나 콤프턴 실험에 사용된 파장이 0.071 nm인 x선에서는 $\Delta\lambda/\lambda$의 비가 ~0.03 정도 되므로 $\Delta\lambda$를 쉽게 관측할 수가 있다. 그러므로 콤프턴 효과는 x선 또는 γ선 광자들에서만 매우 중요하고 가시광선에는 그렇게 중요하지 않다.

콤프턴 효과의 물리학적 과정을 다음과 같이 설명할 수 있다. 광자는 물질 내부의 어느 하나의 자유 전자와 탄성 산란을 한다.(여기서 광자의 에너지는 대부분의 자유 전자의 결합 에너지보다 훨씬 크므로, 결합 에너지는 무시할 수 있다.) 새롭게 생성된 산란 광자는 파장이 더 긴 광자로 변조된다. 만약에 단단하게 결합된 내부 전자로부터 광자가 산란된다면 어떤 일이 일어날까? 그러면 결합 에너지는 무시할 수 없게 되고 전자는 떨어져 나올 수 없게 된다. 결국 원자 전체 (핵+전자들)와의 산란에 관한 문제가 된다. 그러면 식 (3.42)에서 질량은 m_e의 수천 배가 되어 이에 대응하는 $\Delta\lambda$는 그만큼 작게 된다. 단단하게 결합된 전자에 의한 산란은 비변조 광자 산란($\lambda \approx \lambda'$)이 되는데, 그림 3.21에서도 볼 수 있다. 따라서 양자론적 생각은 이미 언급한 바 있는 고전 이론(톰슨 산란)에 의해서 예견된 비변조 파장의 존재도 역시 설명할 수 있다.

콤프턴 이론의 성공은 양자 개념과 광자의 입자성의 올바름에 신빙성을 더하였다. 광자가 전자로부터 산란할 때 광자를 입자로 취급하여 에너지와 운동량의 보존 법칙을 적용해야 한다는 새로운 현대물리학의 타당성을 결국 대부분의 과학자들이 믿게 되었다. 콤프턴은 이러한 발견에 대해 1927년에 노벨 물리학상을 받았다.

예제 3.16

파장 0.050 nm의 x선이 금 표적으로부터 산란되었다. (a) 이 x선이 62 keV로 속박되어 있는 전자로부터 콤프턴 산란이 가능한가? (b) 관측될 수 있는 산란된 광자의 가장 긴 파장은 얼마인가? (c) 가장 활성화된 되튐 전자의 운동에너지는 얼마이고, 어떤 각도에서 나타나는가?

전략 먼저 전자를 쫓아내기에 충분한 에너지인지 아닌지 확인하기 위해 x선 에너지를 결정한다. 산란된 광자의 파장을 구하기 위해 원자와 전자의 질량에 대해 식 (3.42)를 이용한다. 되튐 전자의 운동에너지를 구하기 위해 에너지 보존을 이용한다.

풀이 식 (3.35)로부터 x선의 에너지는

$$E_{\text{x ray}} = \frac{1.240 \times 10^3 \text{ eV}\cdot\text{nm}}{0.050 \text{ nm}} = 24{,}800 \text{ eV} = 24.8 \text{ keV}$$

그러므로 x선은 62 keV로 속박된 안쪽 전자를 쫓아내기에 충분한 에너지를 갖지 못한다. 이 경우 식 (3.42)에서 원자 질량을 이용해야만 하고 파장에서 약간의 변화가 일어난다(톰슨 산란).

산란은 외곽 전자로부터 여전히 일어날 수 있어, 전자 질량을 이용해 식 (3.42)를 검토한다. 가장 긴 파장 $\lambda' = \lambda + \Delta\lambda$는 $\Delta\lambda$가 최대이거나 $\theta = 180°$일 때 나타난다.

$$\lambda' = \lambda + \frac{h}{m_e c}(1 - \cos 180°) = \lambda + \frac{2h}{m_e c}$$

$$= 0.050 \text{ nm} + 2(0.00243 \text{ nm}) = 0.055 \text{ nm}$$

산란된 광자의 에너지는 최소가 되고 값은

$$E'_{\text{x ray}} = \frac{1.240 \times 10^3 \text{ eV}\cdot\text{nm}}{0.055 \text{ nm}} = 2.25 \times 10^4 \text{ eV} = 22.5 \text{ keV}$$

초기와 최종 광자의 에너지 차는 전자의 운동에너지와 같아야 한다(결합 에너지는 무시). 최종 광자가 후방($\theta = 180°$)이면 운동량을 보존하기 위해 되튐 전자는 전방 $\phi = 0°$로 산란되어야만 한다. 그러면 전자의 운동에너지는 최대가 된다.

$$E_{\text{x ray}} = E'_{\text{x ray}} + \text{K.E. (electron)}$$

$$\text{K.E. (electron)} = E_{\text{x ray}} - E'_{\text{x ray}}$$

$$= 24.8 \text{ keV} - 22.5 \text{ keV} = 2.3 \text{ keV}$$

$\Delta\lambda$는 λ와 λ'에 무관하기 때문에, 전방에서 전자의 운동에너지를 관찰하는 것만으로 입사 광자의 파장(에너지)을 구할 수 있다(연습문제 60 참조).

3.9 쌍 생성과 소멸

자연의 일반적인 규칙은 아닐지라도 과학적인 조사의 기본 원칙은, 어떤 과정이 절대적으로 금지(에너지, 운동량, 전하 보존 법칙 등에 의해)되어 있지 않다면, 우리는 그러한 일이 결국에는 일어날 것이라고 기대할 것이다. 우리는 지금까지 광전 효과, 제동 복사, 콤프턴 효과 등에서 광자와 전자와의 에너지 교환에 대해 공부해 왔다. 이것으로 에너지 교환이 가능한 반응을 모두 취급한 것일까? 예를 들어 광자의 운동에너지가 입자의 질량으로 변환될 수는 없을까? 혹은 그 반대는? 만약 어떠한 보존 법칙도 위반하지 않는다면 그러한 과정은 가능해야 한다.

먼저, 광자의 에너지가 질량으로 바뀌는 것을 생각해 보자. 질량($m = 0.511 \text{ MeV}/c^2$)을 가지는 전자는 원자 안에서 가장 가벼운 입자이다. 만약 광자가 전자를 생성한다면, 전하 보존 법칙을 유지하기 위해 양의 전하도 역시 생성되어야 한다. 1932년에 앤더슨(C. D. Anderson, 1936년에 노벨 물리학상 수상)이 우주선 중에서 양의 전하를 가진 전자(e^+)를 발견했다. **양전자**(positron)로 불리는 입자는 수년 전에 이미 디랙(P. A. M. Dirac, 1933년에 노벨 물리학상 수상)이 그 존재를 예측했었다. 양전자는 전자와 같은 질량을 가지고 전하량은 전자와 정반대로 양의 전하를 가진다. 양전자는 고에너지 감마선(광자)이 물질을 지나갈 때도 관측되었다. 실험에서 광자의 에너지가 아래의 반응으로 완전히 전자와 양전자로 바뀔 수 있음을 보았다.

양전자

$$\gamma \rightarrow e^+ + e^- \tag{3.43}$$

그러나 이 반응은 닫힌 계에서 일어날 때 에너지 보존과 운동량 보존을 동시에 만족시키지 못하므로 광자가 물질 속을 지날 때에만 일어난다. 운동량 보존에 필요한 부족한 운동량을 물질 속의 핵과 같이 주변의 무거운 물체와 상호작용으로부터 제공받아야 하기 때문이다.

예제 3.17

그림 3.22a에서처럼 자유 공간에서 광자가 전자-양성자 쌍을 생성할 수 없음을 보여라.

전략 쌍 생성이 자유 공간에서 일어날 수 있는지 없는지 보기 위해 운동량과 에너지 보존을 주의 깊게 살펴봐야 한다.

풀이 전자와 양성자의 총에너지와 운동량을 각각 E_-, p_- 그리고 E_+, p_+로 놓자. 그러면 보존 법칙은

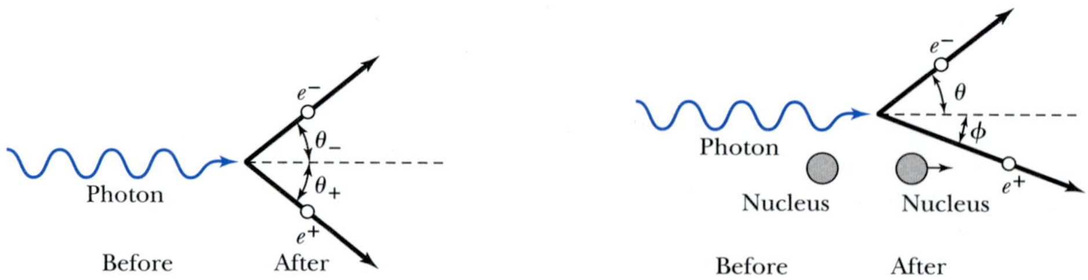

(a) Free space (**cannot occur**) (b) Beside nucleus

그림 3.22 (a) 자유 공간에서 전자-양전자 쌍은 광자로 소멸하지 않지만, (b) 핵이 가까이 있으면, 핵이 충분히 큰 선운동량을 흡수해서 이러한 과정이 가능하도록 한다.

에너지 $$hf = E_+ + E_- \tag{3.44a}$$

운동량 p_x $$\frac{hf}{c} = p_- \cos\theta_- + p_+ \cos\theta_+ \tag{3.44b}$$

운동량 p_y $$0 = p_- \sin\theta_- - p_+ \sin\theta_+ \tag{3.44c}$$

식 (3.44b)는 다음과 같이 쓸 수 있다.

$$hf = p_- c\cos\theta_- + p_+ c\cos\theta_+ \tag{3.45}$$

만약 $E_\pm^2 = p_\pm^2 c^2 + m^2c^4$을 식 (3.44a)에 대입하면

$$hf = \sqrt{p_+^2c^2 + m^2c^4} + \sqrt{p_-^2 c^2 + m^2c^4} \tag{3.46}$$

식 (3.45)로부터 hf의 최대값은

$$hf_{\text{max}} = p_-c + p_+c$$

한편, 식 (3.46)으로부터 다음과 같은 관계식을 알고 있다.

$$hf > p_-c + p_+c$$

식 (3.45)와 (3.46)은 일관되지 못하며 동시에 유효할 수 없다. 그러므로 식 (3.44)는 가능한 반응이 아니다. 에너지와 운동량이 동시에 보존되지 않으므로 그림 3.22a에 보인 반응은 불가능하다.

쌍 생성

핵의 전기장이 강하게 작용하는 원자 내부에서의 광자가 전자와 양전자[**쌍 생성**(pair production)이라 불림]로의 변환을 생각하자. 핵은 튀어나가면서 무시할 만한 양의 에너지를 흡수하지만 상당한 양의 운동을 흡수한다. 이제 에너지 보존 법칙은

$$hf = E_+ + E_- + \text{K.E.}(\text{핵}) \tag{3.47}$$

이 되고 그림 3.22b는 이 반응 과정을 나타낸다. 광자의 에너지는 전자와 양전자를 생성하기 위해 적어도 $2m_ec^2$이 되어야 한다.

$$hf > 2m_ec^2 = 1.022 \text{ MeV}(\text{쌍 생성}) \tag{3.48}$$

쌍 생성이 일어날 확률은 광자의 에너지가 높아질수록 또는 원자의 원자 번호 Z가 높아질수록 급격하게 증가하는데, 그 이유는 반응을 매개하는 전기장이 그만큼 강해지기 때문이다.

다음은 새로운 입자인 양전자에 관한 이야기이다. 왜 이 입자는 자연에서 일상적으로 발견되지 않을까? 우리는 또한 앞에서 제기된 문제(질량은 에너지로 변환될 수 있는가?)에 대해 답할 필요가 있다.

양전자는 자연에서 발견된다. 양전자는 우주 복사선이나 몇몇 방사성 물질의 방사능 부산물로 발견된다. 그러나 양전자는 전자와의 상호작용 때문에 수명이 아주 짧다. 전자와 양전자가 아주 짧은 순간이나마 서로 가까이 있게 되면 광자를 생성하면서 두 입자는

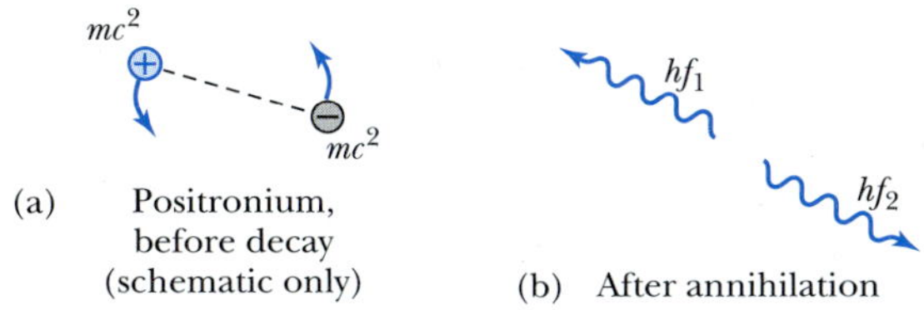

그림 3.23 두 개의 광자를 방출하는 (전자과 양전자로 구성된) 포지트로늄 원자의 소멸

소멸되어 버린다. 양전자가 물질 속을 지나가면 원자와 충돌하여 빠르게 운동에너지를 잃어버리고 전자와 소멸된다. 양전자의 속력이 늦어지면 정전기 인력에 의해 전자를 끌어당겨 공통의 질량 중심 주변으로 궤도 운동을 하여 원자와 같은 형태를 이루는데 이를 **포지트로늄**(positronium)이라고 한다. 결국에는 둘은 전자기 복사(광자)를 방출하면서 소멸된다(보통 10^{-10}초 내에). 이 과정 $e^+ + e^- \rightarrow \gamma + \gamma$를 **쌍 소멸**(pair annihilation)이라고 한다. 쌍 소멸

자유 공간에서 정지된 포지트로늄 '원자'를 생각해 보자. 에너지와 운동량이 동시에 보존되기 위하여 적어도 두 개의 광자를 방출해야 한다. 그런데 만약 이 포지트로늄 소멸 과정이 핵 주위에서 일어나면 쌍 생성 과정에서처럼 부족한 운동량이 핵의 되튐에 의해 제공되기 때문에 광자 하나만 방출하는 과정도 가능하다. 경우에 따라서는 조건이 맞으면 세 개의 광자를 내놓는 반응도 가능할 것이다. 두 개의 광자를 방출하는 반응이 절대적으로 우세하므로 그림 3.23에 나타낸 이 과정을 살펴보자. $(e^+e^-)_{\text{원자}} \rightarrow \gamma + \gamma$ 과정의 보존 법칙은(대략 6.8 eV 정도 되는 원자의 결합 에너지는 무시하기로 한다)

$$\text{에너지} \qquad 2m_ec^2 \approx hf_1 + hf_2 \tag{3.49a}$$

$$\text{운동량} \qquad 0 = \frac{hf_1}{c} - \frac{hf_2}{c} \tag{3.49b}$$

가 되는데, 식 (3.49b)에 따라 진동수는 동일하여 결국 $f_1 = f_2 = f$가 된다. 따라서 식 (3.49a)는

$$2m_ec^2 = 2hf$$

로 되고, 또는

$$hf = m_ec^2 = 0.511 \text{ MeV} \tag{3.50}$$

가 된다. 달리 말하면, 포지트로늄이 소멸되면서 나온 두 광자는 서로 반대 방향으로 0.511 MeV의 에너지를 가지고 방출되며 실험을 통하여 관측한 결과와 일치한다.

0.5 MeV가 넘는 에너지를 가지고 반대 방향으로 방출되는 광자의 존재는 양전자가 있다는 특유한 신호이기 때문에 유용한 응용 분야를 가지고 있다. **양전자 방출 단층촬영** (positron emission tomography, PET)은 의학에서 표준적인 진단 기술이 되고 있다. 양전자를 방출하는 방사성 화학물질(^{15}O, ^{11}C, ^{13}N이나 ^{18}F 등의 핵을 포함한)을 몸속에 투입시키면 생리학적 과정으로 화학물질이 집중된 곳에서 이 양전자가 소멸되면서 이 두 PET 주사

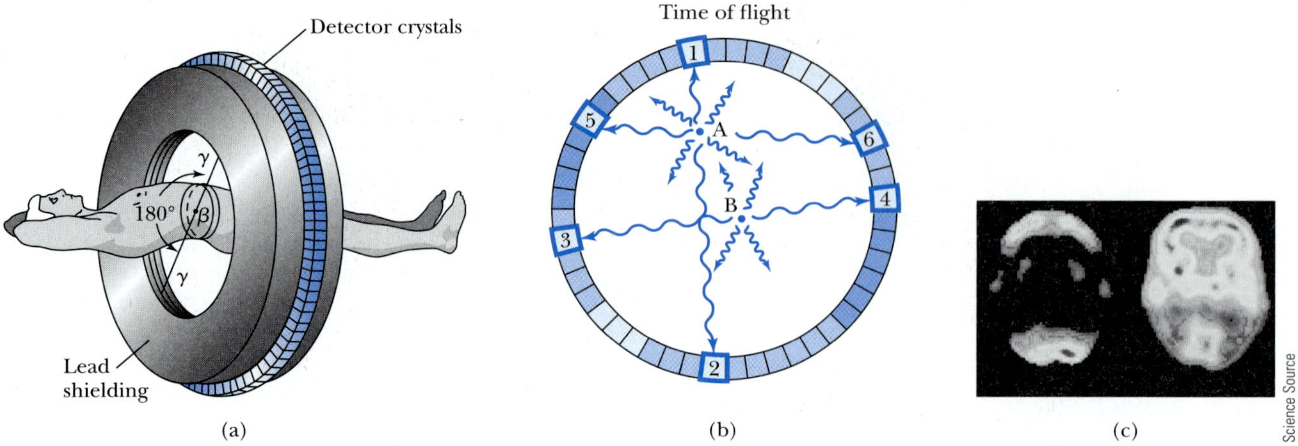

그림 3.24 양전자 방출 단층촬영(PET)은 인체에서 양전자 방출 방사성 의약품의 경로와 위치를 연구하는 데 유용한 의학 진단 도구이다. (a) 검사할 영역에서 생리적 과정에 의해 농축되는 적당한 방사성 의약품을 선택한다. (b) 양전자는 수 밀리초 동안만 있다가 소멸하여 두 개의 광자를 방출하는데, 이로부터 양전자의 위치를 검출할 수 있다. (c) 일반적인 뇌의 PET 영상. (a)와 (b)는 G. L. Brownell et al., *Science* **215**, 619 (1982) 이후이다.

개의 특유한 광자 신호를 내보내게 된다. 광자가 발생하는 신체의 위치는 그림 3.24와 같이 동시에 감지된 정확한 에너지의 두 감마선 광자의 방향을 측정하여 식별한다. 이 방법을 이용한 뇌에서의 피의 흐름의 측정은 뇌졸중, 뇌종양 및 다른 종류의 뇌 장애를 평가하는 데 필요한 진단에 응용하는 예이다.

개념 예제 3.18

플루오르-18은 방사성 핵종으로 e^+를 방출하고 뇌 장애 연구를 위한 뇌내 혈류로 이용된다. 양전자 방출 단층촬영(PET) 영상은 검출기 반대편에서 발생되는 감마선(광자)에 의존한다. 어떻게 감마선이 동시에 반대 방향으로 방출되는 것이 가능한가?

풀이 플루오르-18이 e^+를 방출하면 e^+는 곧 전자와 결합하여 상대적으로 낮은 에너지와 선운동량을 갖는 포지트로늄을 형성한다. 소멸하면 1.022 MeV가 사용 가능하고 에너지와 선운동량이 보존되어야 한다. 처음에 선운동량이 0이기 때문에 운동량을 보존하기 위해 광자(감마선)가 동일한 에너지를 갖고 서로 정확히 반대 방향으로 방출된다.

반입자

양전자에 대한 이야기를 끝내기 전에 간단하게 **반입자**(antiparticle)에 대해 알아보자. 양전자는 전자의 반입자로, 전하는 반대이나 질량은 같다.* 1959년에 노벨 물리학상을 수상한 세그레(E. G. Segrè)와 체임벌린(O. Chamberlain)은 1955년에 반양성자(antiproton)를 발견했고 지금까지 많은 반입자들이 알려졌다. 물리학자들은 자연에서 대칭성을 찾고 싶어 한다. 현재 우리는 모든 입자들은 반입자들이 있다고 믿는다. 광자나

*다른 입자 특성들(예를 들면, 스핀)에 대해서는 나중에 설명되며(특히 7장과 14장에서) 또한 고려되어야 한다.

중성 파이 중간자처럼 몇몇 경우에서 입자와 반입자가 동일하나 대부분의 입자들은 입자와 반입자가 서로 구별된다. 예를 들면, 중성자와 양성자는 반중성자와 반양성자라는 반입자가가 있다.

물질과 반물질은 운명적으로 소멸하기 때문에 세상에 동존할 수 없다는 것을 알고 있다. 그러나 우리의 사고를 자유롭게 확장시켜 보자! 대칭성을 믿는다면, 혹시 다른 은하에 반입자로 만들어진 또 다른 세상이 없다고 할 수 있겠는가? 은하계는 서로 너무 멀리 떨어져 있기 때문에 소멸 반응도 거의 일어나지 않을 것이다. 그러나 막대한 양의 반입자 물질이 지구에 충돌이라도 하면 대칭적인 우주론을 다시 이야기하게 될 것이다. 그러나 연습문제 59에서 보듯 이러한 일이 일어나면 안타깝게도 지구상에는 노벨상을 탈 수 있게 살아남는 사람이 한 명도 없을 것이다.

요약 _Summary

뢴트겐이 1895년에 x선을 발견했고, 뒤이어 1897년에 톰슨은 전자의 존재를 증명하고 전하 대 질량비도 측정하였다. 마침내 정확한 전하값 측정이 1911년에 밀리컨에 의해 발표되었다. 실험적 연구의 결과로 수소 원자의 스펙트럼의 파장을 결정하는 경험식인 뤼드베리의 식

$$\frac{1}{\lambda} = R_H\left(\frac{1}{n^2} - \frac{1}{k^2}\right) \quad k > n \tag{3.13}$$

을 얻었다. 여기서 $R_H = 1.096776 \times 10^7\ \text{m}^{-1}$이다.

1900년에 플랑크는 흑체 복사를 설명하기 위해 복사의 양자론을 제안했고 이것은 곧 현대물리의 지평을 여는 신호탄이 되었다. 플랑크 이론으로부터 빈의 변위 법칙, 즉

$$\lambda_{max}T = 2.898 \times 10^{-3}\ \text{m} \cdot \text{K} \tag{3.14}$$

를 얻을 수 있고, 슈테판·볼츠만 법칙

$$R(T) = \epsilon\sigma T^4 \tag{3.16}$$

도 유도된다.

플랑크의 복사 이론에 의하면 흑체가 단위 면적당 한 파장이 내놓는 일률이

$$\mathcal{I}(\lambda, T) = \frac{2\pi c^2 h}{\lambda^5}\frac{1}{e^{hc/\lambda kT} - 1} \tag{3.23}$$

로 주어진다.

전자기복사장의 진동자는 외부와 에너지를 교환할 때는 항상 양자화된 에너지와 $\Delta E = hf$씩 주고받는다. 여기서 $h = 6.6261 \times 10^{-34}\ \text{J}\cdot\text{s}$이고, 이를 플랑크 상수라 한다.

고전 이론으로 설명되지 않던 광전 효과는 1905년 아인슈타인이 전자기복사장 자체가 양자화되어 있다고 제안한 것에 의해 설명이 가능하게 되었다. 입자성을 지닌 양자화된 빛을 *광자*라 부르며, 광자는 $E = hf$만큼의 에너지와 $p = h/\lambda$ 크기의 운동량을 갖는다. 광전 효과는 한 광자가 전자 한 개와 반응한다고 생각하면 쉽게 설명이 가능하다. 에너지 변환식은

$$hf = \phi + K_{max} \tag{3.30}$$

로 되고, 여기서 ϕ는 이미터의 일함수이다. 전자를 멈추게 하는데 필요한 지연 퍼텐셜(retarding potential)은 광자의 주파수에만 의존하여 $\phi = hf_0$라 하면

$$eV_0 = \tfrac{1}{2}mv_{max}^2 = hf - hf_0 \tag{3.33}$$

가 된다. 밀리컨은 1916년에 실험적으로 아인슈타인의 이론이 맞는다는 것을 입증하였다.

제동 복사(x선)는 전하를 띤 입자(예를 들면, 전자)가 물질 속을 지나가며 핵력에 의해 가속될 때 방출된다. 이렇게 제동 복사로 나오는 x선의 경우, 전자가 전압 V_0에 의해 가속되어 표적과 충돌할 때 이 x선이 가질 수 있는 최소 파장은

$$\lambda_{min} = \frac{hc}{eV_0} \tag{3.37}$$

으로 주어진다.

광자가 전자에 의해 산란되면 콤프턴 효과에 의해 새로운 광자가 만들어지고 전자는 되튄다. 산란 전과 산란 후의 광자의 파

장을 각각 λ, λ'이라 하면 파장의 변화는

$$\Delta\lambda = \lambda' - \lambda = \frac{h}{mc}(1 - \cos\theta) \tag{3.42}$$

로 주어지는데, 산란된 광자는 입사된 광자의 방향에 대해 θ의 각도를 갖는다. 전자의 콤프턴 파장은 $\lambda_c = h/m_e c = 2.426 \times 10^{-3}$ nm이다. 1923년의 콤프턴의 성공적인 이론은 빛의 입자성을 신빙성 있게 잘 보여 준다.

끝으로 광자 에너지는 쌍 생성(pair production)에서 질량으로 변환할 수 있다.

$$\gamma \rightarrow e^+ + e^- \tag{3.43}$$

여기서 e^+는 양전자로, 전자의 반입자이다. 같은 방법으로 입자와 반입자는 쌍 소멸(pair annihilation)이라 부르는 반응을 거쳐 파국적으로 소멸된다.

$$e^+ + e^- \rightarrow \gamma + \gamma$$

질문 _Questions

1. 어떻게 음극선에 의한 가스의 이온화가 헤르츠가 전자의 진정한 특성을 발견하는 것을 막았을까?
2. 톰슨의 e/m 실험에서, 통과하는 전자가 먼저 전기장과 상호작용하는지, 또는 자기장과 상호작용하는지, 혹은 둘 다 동시에 상호작용하는지가 중요한가? 설명하라.
3. 1890년대 후반에 여성들은 새로운 뢴트겐 x선의 오용 가능성에 대해 두려워했다. 그들은 어떤 용도를 상상했다고 생각하는가?
4. 1890년대 후반에 많은 사람들이 x선으로 몸을 촬영했다. 1940년대 후반과 1950년대 초반에는 x선 기계가 신발가게에서 사람들이 자신의 신발이 얼마나 잘 맞는지 검사하는 데 일반적으로 쓰였다. 소비자는 자신의 뼈 사진을 보는 것을 즐겼다. 이러한 사업의 안전성에 대해 논하라.
5. 부모는 자녀에게 텔레비전 화면 가까이에 앉지 말라고 말한다. 오래된 음극선관 형태의 텔레비전에서 x선이 생성될 수 있을까? 설명하라.
6. 예제 3.2의 밀리컨 전자 전하 실험에서 여러 개의 공으로 이루어진 클러스터를 관찰하는 것에 왜 관심을 가져야 하는가?
7. 그림 3.5에서, 왜 전하가 증가함에 따라 막대 그래프의 정점을 확인하기가 어려운가?
8. 예제 3.2에서 플라스틱 공이 어떻게 양전하와 음전하를 갖는 것이 가능한가? 무슨 일이 생기는가?
9. 밀리컨이 왜 기름 방울 실험을 위해 H_2O 및 Hg뿐만 아니라 여러 종류의 오일을 시도한 것 같은가?
10. 예제 3.2의 실험에서 어떻게 $q = 0.8 \times 10^{-19}$ C라는 실험 결과를 설명할 수 있었을까?
11. 왜 과학자들이 더 좋은 회절격자를 만들기 위해 열심히 연구한다고 생각하는가?
12. 왜 헬륨은 지구상에서 관찰되기 전에 태양의 스펙트럼에서 발견되었는가? 왜 수소는 지구에서 먼저 관찰되었는가?
13. 파셴 계열(1908) 및 푼트 계열(1924)의 파장과 발견된 날짜 사이에 어떤 관계가 있다고 생각하는가? 설명하라.
14. 정확히 일치하는 두 개의 눈 결정은 없다고 하지만, 우리는 눈 결정이 복잡한 결정 구조이지만 매우 규칙적이라는 것을 알고 있다. 이것이 어떻게 양자화 거동 때문일 수 있는지 논의하라.
15. 왜 물체의 기본 단위 또는 '구성요소'는 질량만이라기보다는 질량·에너지의 기초 단위이어야만 하는가?
16. 왜 같은 물질의 적색 열 물체가 백색 열 물체보다 차가운가?
17. 왜 과학자들은 간단한 10센트 동전과 같이 얇고 속이 채워진 기둥 모양이 아니라 속이 빈 용기와 같이 복잡한 모양으로부터의 흑체 복사를 연구했는가?
18. 왜 태양 복사 방출이 흑체 복사와 대등한가?
19. 천문학자들은 다른 진동수들에서 별의 밝기를 측정하여 별의 표면 온도를 결정한다. 천문학자들이 어떻게 표면 온도를 얻기 위해 플랑크 복사 법칙을 이용할 수 있는지 설명하라.
20. 전형적인 광전 효과 실험에서, 금속 음극 대신 기체로 바꾸는 경우를 고려하라. 무엇이 다를 것으로 예측되는가?
21. x선의 일함수는 금속의 특성에 대해 무엇을 말해 주는가? 어떤 것이 가장 세게 또는 가장 느슨하게 전자들이 결합되어 있는가?
22. 왜 높은 가속 전압을 갖는 또한 전자 흐름을 견딜 수 있는 x선관을 만드는 것이 중요한가?
23. 주어진 빔 전류와 표적의 두께에 대해, 왜 몰리브덴 또는 크롬 표적보다 텅스텐 표적이 더 센 x선을 방출할 것으로 예측하는가?

24. 이 장에서 논의된 광자와 전자 사이에 알려진 가능한 모든 상호작용을 나열하라. 더 생각해 볼 수 있는가?

25. 왜 가시광선으로 콤프턴 효과를 관찰하는 것이 어려운지 논의하라.

26. 뇌종양 진단에 쓰이는 양전자 방출 방사성 핵종의 최적 생존시간은 얼마라고 생각하는가?

연습문제 _Problems

참고: 고급 문제는 문제 번호에 파란색 음영으로 표시하였다. 문제 풀이에 유용한 상수, 변환 인자, 상수들의 조합이 부록 7에 제시되어 있다.

3.1 x선과 전자의 발견

1. 그림 3.2에서 요구되는 정확한 자기장을 생성하는 장치의 설계 특징을 기술하라.

2. 2.5×10^5 V/m인 전기장에 대해 전자가 편향 없이 2.2×10^6 m/s의 속도로 통과하려면 얼마의 자기장의 세기가 필요한가? 이것이 일어날 수 있는 서로 수직 방향인 $\vec{v}$, $\vec{E}$, $\vec{B}$의 방향으로 그려라.

3. 속도 $v = 1.8 \times 10^7$ m/s에 도달하기 위해 전자가 가속되어야 하는 전위차는 얼마인가? 문제를 비상대론적으로 또 상대론적으로 모두 풀고 결과를 비교하라.

4. 그림 3.2와 3.3에서처럼, 톰슨의 e/m 장치에 입사하는 전자의 초기 속도는 (수평방향으로) 4.0×10^6 m/s이다. 실험실에는 당신이 사용하고자 하는 세기 12 mT의 영구 말굽 자석이 있다. (a) 전자들이 장치를 통과할 때, 편향되지 않도록 하기 위해 얼마의 전기장이 필요한가? (b) 전기장과 자기장이 인가되는 거리는 2.0 cm이다. 자기장을 끄고 전기장은 그대로 켜 놓았을 때, 수직 방향으로 전자빔은 이 거리 동안 얼마나 편향되는가?

3.2 전자 전하량 측정

5. 밀리컨의 실험에서 기름 방울에 작용하는 힘(중력, 전기, 마찰, 부력)을 고려하라. (a) 전기장이 꺼지고 기름 방울이 자유낙하할 때와 (b) 전기장이 기름 방울을 위로 올라가게 할 때 기름 방울에 작용하는 힘을 나타내는 그림을 그려라.

6. 기름 방울에 작용하는 부력을 무시하고, b가 기름 방울이 자유낙하할 때의 마찰 계수일 때, 기름 방울의 종단 속도가 $v_t = mg/b$임을 보여라.(마찰력은 $\vec{F}_f = -b\vec{v}$이고 속도는 벡터임을 기억하라.)

7. 스토크스의 법칙에서 마찰 계수 b는 기름 방울의 반지름 r과 기름 방울이 통과하는 매질의 점도 η와 관련이 있다. 즉, $b = 6\pi\eta r$이다. 종단 속도 v_t(연습문제 6 참조), η, g와 기름의 밀도의 함수로 기름 방울의 반지름이 $r = 3\sqrt{\eta v_t/2g\rho}$임을 보여라.

8. 밀리컨의 기름 방울 실험에서, 기름 방울의 종단 속도는 1.3 mm/s로 관찰된다. 기름의 밀도 $\rho = 900$ kg/m^3, 공기의 점도 $\eta = 1.82 \times 10^{-5}$ kg/m·s이다. 연습문제 7, 8의 결과를 이용해서 (a) 기름 방울의 반지름, (b) 기름 방울의 질량, (c) 마찰 계수를 계산하라.

3.3 선 스펙트럼

9. (a) 라이먼 계열과 (b) 발머 계열의 계열 극한(가장 짧은 파장)은 얼마인가?

10. 슬릿에서 나온 빛이 스크린으로부터 3.0 m 떨어진 400 line/mm의 투과 회절격자를 통과한다. 스크린상에서 세 개의 밝은 가시광(1차) 수소 띠의 (산란되지 않은 슬릿 영상으로부터) 거리는 얼마인가?

11. 420 line/mm의 투과 회절격자는 다른 차수(n)의 빛의 세기 연구에 이용된다. 스크린은 격자로부터 2.8 m에 위치되어 있다. 스크린상에서 수소에서 세 개의 밝은 빨간 선들의 위치는 어디인가?

12. 수소에 대한 브래킷(Brackett) 계열과 푼트(Pfund) 계열의 가장 큰 파장을 계산하라.

13. 프라운호퍼(Josef von Fraunhofer)는 1821년에 첫 회절격자를 만들었고, 그 격자를 이용하여 태양 스펙트럼의 어두운 띠뿐만 아니라 특정한 색들의 파장을 측정하였다. 그의 첫 번째 회절격자는 262개의 평행한 선들로 구성되었다. 그 선들이 각각 0.20 mm 떨어져 있고, 프라운호퍼는 두 스펙트럼 선이 각도로 0.50분 떨어져 있도록 분해할 수 있을 것으로 가정했다. 이 격자를 사용하여 400 nm 파장에 가까운 두 1차 스펙트럼 선을 분해할 수 있는 최소 분해 파장은 얼마인가?

14. 새로운 우주망원경은 400~700 nm 가시광선의 파장을 탐지할 수 있다고 가정하자. (a) 이 범위에서 수소 원자의 모든 파장과 계열 이름을 열거하라. (b) 수소 때문이라고 여겨지는 537.5 nm, 480.1 nm, 453.4 nm의 가시광선의 길이를 측정했다. 왜 알려진 모든 수소의 가시광선이 관측

되지 않는가? (c) 스펙트럼을 방출하는 항성들의 속도를 계산하기 위해 이 데이터를 이용하라. 항성이 회전하지 않는다고 가정한다. 왜 회전이 문제가 될 수 있는가?

15. 제임스 웹 우주망원경은 적외선 복사를 감지할 것이다. 망원경의 특정 기기가 파장 0.6~5마이크론의 적외선에 민감하다고 가정한다. 천문학자들은 주어진 은하에서 방출되는 복사선을 감지하기를 원하고 수소 원자의 파셴 계열의 파장에 집중하기로 결정한다. (a) 이 파장 영역에서 알려진 파장은 얼마인가? (b) 이 장비는 파셴 계열로 추정되는 파장 1334.5, 1138.9, 1046.1 nm의 빛을 감지한다. 왜 이러한 파장이 (a)에서 발견된 파장과 다른가? (c) 은하는 우리에 대해 얼마나 빨리 움직이는가?

3.4 양자화

16. 쿼크는 $\pm e/3$와 $\pm 2e/3$의 전하를 갖는다. 어떤 세 개의 쿼크 조합으로 (a) 양성자 (b) 중성자를 만들 수 있는가?

3.5 흑체 복사

17. (a) 액체 헬륨(4.2 K), (b) 상온(293 K), (c) 강철로(2500 K), (d) 푸른별(9000 K)에 대해 흑체 복사에 대한 λ_{max}를 구하라.

18. 스펙트럼 분포 최대값이 (a) 감마선, $\lambda = 1.50 \times 10^{-14}$ m; (b) x선, 1.50 nm; (c) 붉은 빛, 640 nm; (d) TV 방송파, $\lambda = 1.00$ m; (e) AM 라디오파, $\lambda = 204$ m일 때 흑체 온도를 계산하라.

19. (a) 흑체의 온도가 900 K에서 2300 K로 증가되었다. 어떠한 요인에 의해 단위 면적당 총 복사 일률이 증가하는가? (b) 만약 본래 온도가 다시 900 K라고 가정하면, 일률이 두 배가 되기 위해서 최종 온도는 얼마가 되어야 하는가?

20. (a) 얼마의 파장에서 인체는 최대 복사를 방출하는가? (b) 중간 정도의 체구를 지닌 사람으로부터 나오는 총 복사 일률을 추정하라(높이 175 cm, 반지름 13 cm인 원통으로 가정). (c) (b)의 답을 이용하여, 하루에 섭취량이 2000 kcal인 사람이 복사하는 에너지와 비교하라.

21. 백색 왜성의 표면 온도는 200,000°C 정도로 관측된다. 이 별로부터 나오는 최대 세기의 파장은 얼마인가?

22. 5800 K(태양 표면의 온도)에 대해, 플랑크와 레일리·진스 결과에 의해 계산된 스펙트럼의 분포가 5% 오차를 보이는 파장을 구하라.

23. 일반적인 백열등의 텅스텐 필라멘트는 온도 3000 K에서 동작한다. 빛의 세기가 최대일 때 파장은 얼마인가?

24. 컴퓨터를 사용하여 일반적인 백열등의 텅스텐 필라멘트 온도인 3000 K일 때 플랑크 복사 법칙을 계산하라. 빛의 세기와 파장 관계를 그래프로 그려라. (a) 자외선과 적외선을 비교하면 가시광선 범위(400~700 nm)에서 일률은 얼마인가? (b) 최대 세기를 갖는 파장에 대해 400 nm와 700 nm에서의 세기의 비율은 얼마인가?

25. 플랑크 복사 법칙으로 파장이 0으로 수렴함에 따라 극한 세기 $\mathcal{I}(\lambda, T)$를 계산하여 단파장($\lambda \to 0$)에서 자외선 파국을 피할 수 있음을 보여라.

26. (a) 20°C의 농구공과 (b) 사람의 인체(온도는 37°C로 가정)에서 복사되는 일률을 예측하라.

27. 인체에서 방출되는 방사선의 최대 파장은 얼마인가?(온도는 37°C로 가정하라.)

28. 1차원 상자 안에 $x = 0$과 $x = L$(L은 상자의 길이)에서 파동 변위 $\Psi(x, t) = 0$인 파동을 가정하면

$$\frac{1}{c^2}\frac{\partial^2\Psi}{\partial t^2} - \frac{\partial^2\Psi}{\partial x^2} = 0 \qquad \text{(파동 방정식)}$$

해는 다음의 형태임을 보이고,

$$\Psi(x, t) = a(t)\sin\left(\frac{n\pi x}{L}\right) \qquad (n = 1, 2, 3, \ldots)$$

여기서 $a(t)$는 다음의 (조화 진동자) 방정식을 만족함을 보여라.

$$\frac{d^2a(t)}{dt^2} + \omega_n^2 a(t) = 0$$

여기서 $\omega_n = n\pi c/L$은 각진동수 $2\pi f$이다.

29. 변의 길이가 L인 3차원 상자에서 파동의 각진동수는 모든 n이 정수로 다음과 같이 일반화되면

$$\omega = \frac{\pi c}{L}(n_x^2 + n_y^2 + n_z^2)^{1/2}$$

진동수 $f(= \omega/2\pi)$와 $f + \Delta f$ 사이(f가 매우 클 때)에서 구별되는 상태의 수가 다음과 같음을 보여라.

$$dN = 4\pi\frac{L^3}{c^3}f^2 df$$

30. 온도 T인 흑체 내에서 진동수 f와 $f + df$ 사이의 에너지 밀도를 $dU(f, T)$라고 하자. 면적 ΔA의 작은 홈을 통해 방출되는 일률이 다음과 같음을 보여라.

$$\frac{c}{4}dU(f,T)\Delta A$$

31. 흑체에 의해 방출되는 플랑크 복사 법칙을 유도하라. 빛은 두 개의 편광을 갖고 조화 진동자의 모둠임을 유념하라.

3.6 광전 효과

32. 98.1 MHz FM 라디오 방송에서 50,000 W의 신호를 송출한다. 시간당 얼마나 많은 광자가 방출되는가?

33. (a) 1100 kHz의 AM 라디오 기지국, (b) 8.0 nm x선, (c) 4.0 MeV 감마선에서 총 일률이 180 W인 전자기 복사 빔에 얼마나 많은 시간당 광자가 포함되어 있는가?

34. 리튬(ϕ = 2.93 eV)에서 광전 효과에 대한 문턱 진동수는 얼마인가? 입사한 빛의 파장이 380 nm이면 정지 퍼텐셜은 얼마인가?

35. 은(ϕ = 4.64 eV)으로부터 광전자가 방출될 수 있는 입사 빛의 최대 파장은 얼마인가? 파장이 절반이 되면 광전자의 최대 운동에너지는 얼마인가?

36. 2.0 mW의 초록색 레이저(λ = 532 nm)를 세슘(ϕ = 1.95 eV) 광음극에 비춘다. 여기서 광전자 발생 효율은 10^{-5}으로 가정하여(즉, 10^5의 입사 광자에 하나의 광전자가 방출된다) 광전류를 구하라.

37. 실험자는 빛의 파장이 270 nm보다 작지 않으면 텅스텐에서 광전자가 방출되지 않는 것을 안다. 실험에서 최대 운동량 2.0 eV의 광전자가 필요하다. 텅스텐에 조사되어야 하는 빛의 진동수는 얼마인가?

38. 사람의 눈은 100개의 광자를 포함한 빛의 펄스에 반응한다. 파장이 610 nm인 오렌지 빛에서 펄스에 얼마나 많은 에너지가 포함되어 있는가?

39. 광전자 실험에서 입사 빛의 파장이 260 nm인 경우 모든 전자들을 멈추기 위한 정지 퍼텐셜은 1.00 V이고 207 nm인 경우 2.30 eV라는 것을 안다. 이 결과로부터 플랑크 상수와 금속의 일함수를 구하라.

40. 텅스텐에서 최대 속도 1.4×10^6 m/s의 전자를 방출시키기 위한 입사 빛의 파장을 구하라.

3.7 x선 생성

41. 30 kV에서 동작하는 치과용 x선 기계에서 만들어지는 최소 x선 파장은 얼마인가?

42. 스탠퍼드 선형 가속기는 전자를 50 GeV(50×10^9 eV)까지 가속할 수 있다. 이 장비가 제동 복사에 의해 만들어 낼 수 있는 광자의 최소 파장은 얼마인가? 이 광자는 여전히 x선이라고 할 수 있는가?

43. 주사 전자 현미경에서 사용하는 음극선관은 25 keV에서 작동한다. 전자가 표적에 부딪힐 때 만들어지는 연속 x선 스펙트럼의 λ_{min}은 얼마인가?

44. 그림 3.19에 있는 세 원소의 λ_{min}을 계산하라. 텅스텐의 일함수는 x선의 값을 이용하고 그림 3.19의 데이터를 이용하는 듀엔·훈트 규칙에 대한 일함수는 무시한 백분율 오차를 계산하라.

45. 그림 3.19의 몰리브덴의 스펙트럼에서 두 개의 극대는 몰리브덴 *고유의* 스펙트럼 선이다. 하나의 x선관에서 이 두 선을 방출하기 위해 전자 가속에 필요한 최소 전위차는 얼마인가?

3.8 콤프턴 효과

46. 파란 빛(λ = 480 nm)의 콤프턴 산란에서 $\Delta\lambda/\lambda$를 계산하라. 이것이 쉽게 관측될 수 있는가?

47. 40 keV를 갖는 광자가 정지한 자유 전자에 의해 산란된다. 전자가 얻을 수 있는 최대 에너지는 얼마인가?

48. 만약 7.0 keV의 광자가 정지한 자유 양성자에 의해 산란되어 90°로 되튀면 광자의 파장 변화는 얼마인가?

49. 수소 기체에서 양성자로부터 콤프턴 산란과 유사한 산란이 가능한가? 이 양성자의 콤프턴 파장은 얼마인가? 이 파장을 갖기 위해서 광자는 얼마의 에너지를 가지고 있어야 하는가?

50. 분해능이 $\Delta\lambda/\lambda$ = 0.40%인 장비가 있다. 산란각 (a) 30°, (b) 90°, (c) 170°에 대해 변조되고 비변조 산란 광자를 분해하기 위해 사용되는 입사 광자의 파장은 얼마인가?

51. 전자의 되튐 운동 에너지의 관계와 콤프턴 산란에서 되튐각 ϕ를 유도하라.

$$\text{K.E. (electron)} = \frac{\Delta\lambda/\lambda}{1 + (\Delta\lambda/\lambda)} hf$$

$$\cot \phi = \left(1 + \frac{hf}{mc^2}\right) \tan \frac{\theta}{2}$$

52. 전자로부터 650 keV의 감마선 콤프턴 산란이 일어난다. 110°에서 산란되는 광자의 에너지, 산란된 전자의 운동에너지, 전자의 되튐각을 구하라.

53. 파장이 2.0 nm인 광자가 전자로부터 90°로 콤프턴 산란이 일어난다. 변조된 파장과 비율 변화 $\Delta\lambda/\lambda$는 얼마인가?

3.9 쌍 생성과 소멸

54. 양성자-반양성자 쌍을 생성하기 위해 필요한 광자의 에너지는 얼마인가? 그런 높은 에너지의 광자는 어디서 오는가?

55. 광자가 (a) 정지한 자유 전자, (b) 정지한 양성자와 충돌할 때 $e^- - e^+$ 쌍을 생성하기 위해 필요한 최소 광자 에너지는 얼마인가?

일반적인 문제

56. 콤프턴 산란에서 30.0 keV 전자를 만들기 위한 광자의 파장은 얼마인가?

57. 일반적인 사람은 최소 4.0×10^{-11} W/m^2 세기의 빛을 감지할 수 있다. 이 밝기와 λ = 550 nm인 빛에 대해 지름 9.0 mm의 동공이 열렸을 때 매 초당 얼마나 많은 광자가 눈에 들어오는가?

58. 고 전류가 흐르는 구리 전선은 녹기 직전 1085°C에서 붉은색으로 빛난다. (a) 복사되는 빛의 정점 파장은 얼마인가? (b) (a)의 결과가 왜 붉은색으로 보이는가?

59. 지구의 질량이 M_E일 때, 지구의 중력은 근사적으로 $0.5(GM_E^2/R_E)$이다. 이 값은 근사적으로 행성을 작은 파편들(소행성 크기)로 날려 버리는 데 필요한 에너지이다. 니켈-철의 밀도($\rho \approx 5 \times 10^3$ kg/m^3)의 반물질 운석이 지구와 충돌하여 지구를 날려 버리려면 반지름이 얼마나 커야 하는가? 입자-반입자 소멸에 관련된 에너지를 계산하고 전세계 핵무기[5000 megaton(MT), 1 MT = 4.2×10^{15} J]의 총에너지와 비교하라.

60. 콤프턴 산란에서 되튐 전자의 최대 운동에너지가 다음과 같음을 보여라.

$$\text{K.E.}_{\text{max}}\ (\text{electron}) = hf\,\frac{\dfrac{2hf}{mc^2}}{1+\dfrac{2hf}{mc^2}}$$

이는 어떤 θ와 ϕ에서 일어나는가? 100 keV의 전자가 ϕ = 0°에서 관찰되면 산란된 광자의 에너지는 얼마인가?

61. 빈의 변위 법칙을 사용하여 최대 파장(10^{-8} m에서 10^{-2} m까지) 대 온도(10^0 K에서 10^5 K까지)의 로그·로그 그래프를 만들어라. 가시광선, 자외선, 적외선 및 마이크로파 파장의 영역을 그래프에 표시하라. 태양(5800 K), 용광로(1900 K), 상온(300 K), 우주의 배경 복사(2.7 K)를 선 위에 표시하라. 이러한 에너지원 각각에서 방출되는 전자기 복사에 대해 논의하라. 말이 되는가?

62. (a) 콤프턴 후방산란 x선의 가능한 최대 에너지는 얼마인가(θ = 180°)? 입사하는 광자의 파장인 파장 λ로 표현하라. (b) 입사하는 광자의 에너지가 100 keV일 때 수치적으로 계산하라.

63. 밤하늘에서 맨눈으로 6등성의 항성을 볼 수 있다. 쌍안경으로는 9등성을 볼 수 있다. 지구에서 태양의 밝기는 1400 W/m^{2}이다. 허블 우주망원경은 약 2×10^{-20} W/m^{2}의 밝기인 30등성을 관측할 수 있다. (a) 허블 우주망원경의 검출 면적은 0.30 m^{2}라고 하자. 486 nm(청록) 수소 빛은 30등성으로부터 단위 시간당 얼마나 많은 광자가 망원경에 도달하는가? (b) 한 단계 등성이 증가하면 밝기는 $100^{1/5}$배 감소한다. 6등성의 별에서 동공이 6.5 mm인 눈에 들어오는 단위 시간당 광자의 수는 얼마인지 추정하라.

64. 아인슈타인의 양자 설명을 확인한 밀리컨의 중추적 광전 실험의 원본 데이터가 그림 3.16에 나와 있다[R. A. Millikan, *Physical Review* 7, 362 (1916)]. 나트륨은 광음극이었다. 데이터를 사용하여 나트륨의 일함수와 플랑크 상수를 구하라.

65. 2010년에 시험된 시제품 레이저 무기는 대기 중에서 상당히 투명한 1.06 μm의 적외선 파장을 가진 레이저를 사용했다. 레이저의 연속 출력은 25 kW이었다. 초당 몇 개의 광자가 생성되었겠는가?

66. 폭발물의 연소와 같은 특정 화학반응은 연료 1 kg당 5 MJ의 에너지를 방출한다. 현재 태양의 에너지 생산 비율에 의하면 태양은 얼마나 오래 남아 있겠는가? 그 답을 태양의 추정 수명인 100억 년과 비교하라.

67. 밝은 별인 시리우스 A는 직경이 태양의 1.6배이고 표면 온도는 9600 K이다. (a) 표면에서 방사되는 빛의 정점 파장은 얼마인가?(시리우스 A는 육안으로 볼 때 독특한 푸른 색조를 띠고 있다.) (b) 시리우스 A의 표면에서 나오는 총 일률을 구하고 태양과 비교하라.

68. 식 (3.36) 유도 과정에서, 되튀는 핵을 무시할 수 있다고 했다. 35 keV의 전자들이 텅스텐에 충돌할 때 예제 3.15에 묘사된 x선관을 다시 고려하라. 전자는 핵과의 산란 현상으로 무시할 정도의 각도로 꺾이고 운동에너지는 30 keV로 감소한다고 하자. 핵이 초기에 정지해 있다고 가정할 때, 운동량 보존 법칙을 이용하여 되튀는 핵의 운동에너지를 구하고 결과에 대해 논하라.

69. 2008년에 발사된 페르미 감마선 우주망원경은 에너지 10 keV에서 300 MeV 사이의 감마선을 탐지할 수 있다. 각각의 에너지 극단에서 감마선에 의해 생긴 전자-양전자 쌍 중 전자의 속력과 운동에너지를 구하라. 전자는 감마선의 에너지의 절반을 갖고 있다고 가정하라.

70. 앞 문제에 나온 감마선 검출기는 흔히 감마선 에너지를 측정하기 위해 열량 측정법을 이용한다. 질량 2.5 kg과 비열 430 J/(kg·K)의 표적에 100 MeV의 감마선이 입사된다고 가정하자. 물체의 온도를 10 mK 올리는 데 얼마만큼의 감마선이 필요한가?

71. 우리는 3.6절의 끝부분에서 이미터와 컬렉터 재료가 동일하지 않다면 광전 효과의 아인슈타인 해석을 위한 방정식이 다르다고 언급했었다. 그것들이 각각 일함수가 ϕ_E와 ϕ_C인 다른 금속이라고 가정하자. 식 (3.32)가 $eV_0 = hf - \phi_C$가 됨을 보여라. 즉, 정지 퍼텐셜은 이미터가 아니라 광자의 주파수와 컬렉터의 일함수에 의존한다.

72. 광전 실험은 254 nm의 파장을 가진 빛과 아연 이미터(ϕ_{Zn} = 3.8 eV), 니켈 컬렉터(ϕ_{Ni} = 5.1 eV)를 사용하여 수행된다. (a) 정지 퍼텐셜이 인가되지 않은 경우 광전류가 있는가? 설명하라. (b) 전자를 감지할 수 있는 시작 퍼텐셜은 얼마인가?

CHAPTER 4 원자구조

Structure of the Atom

> 보어는 다르다. 그는 미식축구 선수이다.
>
> **어니스트 러더퍼드가 이론물리학자인 닐스 보어에게 한 그답지 않은 찬사**

19세기말 원자를 직접 관측한 적은 없었지만 대부분의 물리학자와 화학자들은 물질이 원자로 구성되어 있다는 원자론을 믿고 있었다(몇 가지 주목할 만한 예외를 제외하고). 원자론의 근원은 원자가 형태 없이 단단한 구로 되어 있다고 생각했던 그리스의 철학자들로 거슬러 올라간다. 19세기 후반에 원자와 같이 작은 것을 볼 수 있는 기술은 없었지만 과학자들은 원자가 내부 구조를 가지고 있는 복합 구조체라고 믿었다. 19세기 후반에 물리학자들이 원자론을 설명하는 방법과 소립자를 전공한 물리학자들이 물질의 구성요소의 근원적인 구조를 설명하는 방법에는 상당한 유사성이 있다.

여기서 우리는 1900년대에 물리학자와 화학자들이 원자가 물질의 기본 단위가 아니라는 것을 보여 주기 위하여 노력해 왔던 세 가지 증거에 대하여 언급한다. 첫째는, 너무 많은 원자의 종류가 있다는 것이며, 각 원자들은 뚜렷한 화학적 성질을 가지고 있다는 것이다. 그리스 철학자들은 원자가 흙, 공기, 물, 불의 네 가지 형태로 되어 있으며, 우리가 관측하는 다양한 종류의 물질이 이들에 의해 만들어진다고 생각하였다. 그러나 화학의 발전은 적어도 70종류 이상의 원자들이 있다는 것을 분명하게 했고, 이것은 원자가 물질의 궁극의 기본 구성성분이 되기에는 너무나 많은 것이다.

두 번째는, 원자들과 전자기적 현상들이 매우 밀접한 관계가 있음이 실험적으로 밝혀졌다. 예를 들면, 분자들이 전기분해에 의해 그들의 구성성분인 원자들로 분해될 수 있다는 것이다. 어떤 원자들은 자성체를 형성하기도 하고, 또 어떤 원자들은 전기적으로 도체와 절연체들을 형성하기도 한다. 모든 종류의 원자들은 방전뿐만 아니라 열에 의해서도 빛을 방출한다.(빛은 사실상 전자기파이다.) 자유 원자들에 의해 방출되는 가시광은 연속적인 진동수를 가지는 것이 아니라 특정한 색깔들을 함유한 불연속적인 진동수를 가지기 때문에 물질들에서 방출되어 나오는 불꽃 색깔의 스펙트럼을 분석하여 물질의 구성성분을 알 수 있다. 이런 특징적인 스펙트럼(3.3절)의 존재는 원소들을 구분할 수 있는 특정한 내부 구조들이 존재할 것임을 암시하였다.

세 번째는 **원자가**(valence)의 문제였다. 왜 어떤 원소들은 같은 원소들뿐 아니라 다른 원소들과도 결합하고, 그들이 결합할 때 왜 원자들의 원자가에 의해 결정되는 다양한 결합 비율로 결합하는가이다. 원자가의 특성들은 원자들 사이의 힘이 사실상 분명히 존재하며, 이것은 내부 원자구조가 암시하는 특성임을 시사한다.

마지막으로 원자에 대하여 더 이상 분할할 수 없는 기본 입자라고 생각했던 이전의 개념과는 상반되게 방사능과 x선, 그리고 전자가 발견되었다. 원자가 내부 구조를 가지고 있다고 하는 감질나게 하는 이런 간접적인 단서들 때문에 20세기 초반 많은 열정적인 과학의 선구자들이 원자와 원자의 내부 구성요소를 연구하는 사태로 발전하였다.

이 장의 주제는 양자역학의 출발과 양자역학이 원자적 구조에 대한 첫 번째 결합이론과 어떻게 연관성을 가지는가이다. 그 당시 과학자들에게 유용했던 초기 실험들을 이해함에 있어서, 현재는 보다 완전한 이론적 뼈대를 갖추고 있다고 하더라도, 역사적인 흥미와 함께 잘 정립된 과학적 사고들을 미지의 분야에 적용하고 확장하려는 노력을 통해 과학이 어떻게 진전되어 왔는가를 설명하기 위하여 과학자들의 몇몇 추론을 아는 것은 가치가 있다.

이 장에서는 톰슨과 러더퍼드의 원자 모형들에 대하여 다루고 러더퍼드는 어떻게 α 입자 산란 실험을 통해 원자의 구조를 정확히 알 수 있었는지를 배운다. 그리고 뤼드베리(Rydberg) 식을 정확하게 도출하는 새로운 양자 개념에 기초한 보어(Bohr)의 수소 원자 모형을 다루고 보어 이론의 성공과 실패를 살펴본다. 또한 특성 x선의 근원과 원자수의 개념에 대해서도 배운다. 끝으로 전자 산란[프랑크·헤르츠 실험(Franck-Hertz experiment)]은 원자의 양자화된 구조를 확인해 준다.

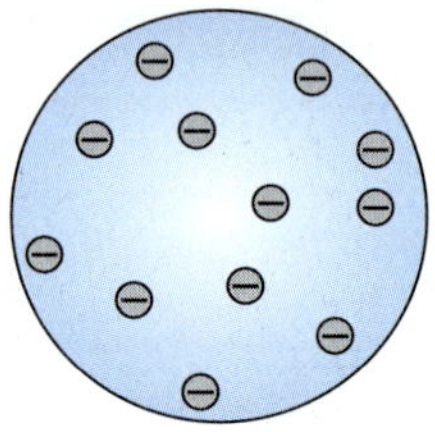

그림 4.1 원자에 대한 톰슨 모형의 구성도(후에 옳지 않은 것으로 판명되었다). 전자들은 자두 푸딩 속의 건포도와 같이 균일하게 양으로 대전된 질량(빵)에 박혀 있다. 전자에 작용하는 전기력은 0이므로 전자들은 주위를 빠르게 움직이지 않는다. 전자들의 진동은 전자기복사를 발생시킨다.

4.1 톰슨과 러더퍼드의 원자 모형

1897년에 톰슨이 전자를 발견한 후 수년간 톰슨과 많은 사람들은 원자구조의 미스터리를 풀기 위하여 노력하였다. 과학자들은 전자들이 원자들보다 훨씬 질량이 작으며, 전자들의 수는 원자 질량을 표현하는 수의 반(半)보다 같거나 약간 작다는 것을 알고 있었다. 핵심 의문은 "전자들이 어떻게 정렬이 되어 있느냐? 그리고 원자를 전기적으로 중성으로 만들 양전하는 어디에 있느냐?"였다.(그 때 양성자는 아직 발견되지 않았다.) 톰슨은 양전하들은 원자 크기인 구 전체에 균일하게 퍼져 있고 전자들은 그 균일한 양전하 구 안에 박혀 있는 원자 모형을 제안하였다. 자두 푸딩 안의 건포도들로 비유되었던 그의 모형의 간단한 개념도를 그림 4.1에 나타냈다. 전하들의 배열은 안정한 평형상태에 있어야 했다. 톰슨의 관점에서 보면, 원자가 열을 받았을 때 전자들은 그들의 평형 위치에서 진동할 수 있고, 그래서 전자기복사를 생성시킬 수 있다. 이런 복사에서 방출되는 전자기파의 진동수가 양전하로 구성된 구의 지름이 원자의 근사적인 크기인 10^{-10} m 정도라면 가시광 영역에 해당될 것이다. 그러나 톰슨이 수년 동안 시도했음에도 불구하고 그는 그의 모형을 사용하여 수소에서 방출되는 빛의 스펙트럼을 계산할 수 없었다.

톰슨의 '자두 푸딩' 원자 모형

너무 작은 크기의 원자이기에 직접적으로 그들의 내부 구조를 보는 것은 불가능하였다. 원자구조에 대하여 해석적으로 큰 진전을 나타내기 위해서 새로운 접근이 요구되었다. 그 새로운 방향은 이미 방사능에 대한 연구로 노벨상을 받아 유명했던 어니스트 러더퍼드(Ernest Rutherford)에 의해 제시되었다. 러더퍼드는 매우 작은 입자들을 얇은 물체에 조사하였고, 그들 중 몇몇은 물체의 원자들과 충돌한 후 다양한 각으로 튀어나갔다. 한스 가이거(Hans Geiger)의 도움을 받은 러더퍼드는 방사성 물질에서 에너지를 가지며 방출되는 α입자*들을 얇은 물체의 원자들로부터 산란시켜 물질의 구조를 조사하는 새로운 기법을 고안하였다. 러더퍼드 실험실에서 연구하고 있던 어니스트 마스든(Ernest Marsden)이라는 젊은 학생과 함께 가이거는 1909년에 놀랍게도 많은 α입자들이 얇은 금박으로부터 90°보다 더 큰 각으로 후방 산란된다는 것을 보여 주었다(그림 4.2).

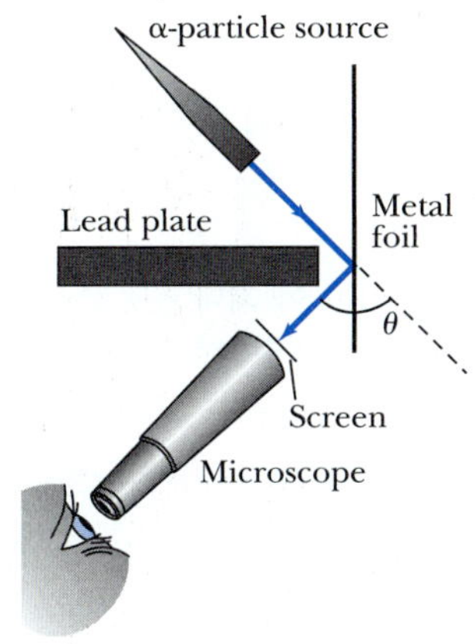

그림 4.2 가이거와 마스든이 90° 이상으로 산란되는 α입자를 관측하기 위하여 사용한 장치에 대한 개념도. "금속판에 부딪힌 α입자들 중 일부가 입사방향 측으로 뒤로 다시 나오는 것과 같은 정도로 방향을 바꾸었다." 산란된 α입자가 스크린에 부딪힐 때 현미경을 통해 관측될 수 있도록 빛을 내는 스크린을 사용하였다. 출처: H. Geiger and E. Marsden, *Proceedings of Royal Society (London)* **82**, 495 (1909)

수년 동안 러더퍼드는 원자의 구조에 대하여 깊이 생각했었다. 그는 조국인 뉴질랜드에서 대학을 졸업한 후 1895년에서 1898년까지 연구조교로서 캐번디시 연구소에서 톰슨을 위하여 일했기 때문에 톰슨의 모형을 잘 알고 있었다. 러더퍼드는 톰슨을 매우 존경했지만, 톰슨의 모형이 분광실험이나 최근 α입자에 대한 가이거의 실험과 일치하지 않는 것을 알 수 있었다.

가이거와 마스든의 실험은 러더퍼드의 모형을 개발하는 데 가장 주된 역할을 하였다. 얇고 검은 상자에 발사된 22구경의 라이플 총알에 관한 간단한 사고 실험은 그 문제를 이해하는 하나의 모형이다. 만일 상자가 톰슨의 자두 푸딩 모형처럼 나무나 물 같은 균일한 물질로 채워져 있다면 총알은 발사 경로 그대로 그 상자를 통과하든지 아니면 아주 조금 정도 경로를 벗어나 상자를 통과할 것이다. 그러나 상자 안에 몇 개의 질량이 큰 강철 볼베어링이 들어 있다면 가이거와 마스든이 α입자들의 산란을 관측했던 것과 유사하게 총알은 이따금씩 후방으로 튕겨져 나올 수 있을 것이다.

*러더퍼드는 이미 α입자가 이온화된 헬륨 원자임을 보였다.

예제 4.1

가이거와 마스든은 1909년에 고에너지의 α입자들을 6.0×10^{-7} m 정도의 얇은 금박에 입사시켰을 때 입자들이 후방으로($\alpha \geq 90°$) 산란되는 것을 관찰하였다. 입자가 금박 내의 한 전자에 의해 산란된다고 가정하면, 최대 산란각은 얼마인가?

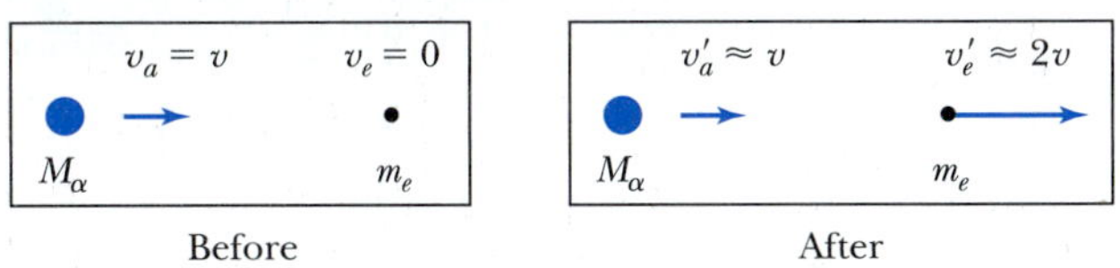

그림 4.3 처음에 정지해 있던 한 전자와 정면충돌하는 속도가 $v = v_\alpha$이고 질량이 M_α인 α입자의 개념도. α입자는 전자에 비해 훨씬 무겁기 때문에 α입자의 속도는 거의 감소되지 않는다.

전략 금박 내의 전자와 입사 α입자 간의 충돌을 탄성 충돌로 생각하자. 충돌 과정은 운동량 보존 법칙과 에너지 보존 법칙을 따라야 한다. 여기서 α입자에 대한 최대 운동량 변화에 대응하는 최대 산란각을 구해야 한다. 입사 α입자의 질량은 M_α, 속도는 v_α, 전자의 질량은 m_e라 하면, 운동량이 최대로 전달되는 것은 그림 4.3에 보이는 것처럼 α입자가 (정지한) 전자에 정면충돌할 때이다.

풀이 비상대론적으로 운동량 보존 법칙은

$$M_\alpha \vec{v}_\alpha = M_\alpha \vec{v}\,'_\alpha + m_e \vec{v}\,'_e$$

이다. α입자의 질량이 전자보다 매우 크기 때문에($M_\alpha / m_e \approx 4 \times 1837 \approx 7000$) α입자의 속도는 거의 영향을 받지 않아 $v'_\alpha \approx v_\alpha$이다. 이와 같이 서로 다른 질량을 가진 입자들 간의 탄성 충돌에, 에너지와 운동량이 보존되기 위해서는 $v'_e \approx 2v_\alpha$이어야 한다(연습문제 3을 보라). 따라서 α입자의 최대 운동량 변화는 단순히

$$\Delta\vec{p}_\alpha = M_\alpha\vec{v}_\alpha - M_\alpha\vec{v}'_\alpha = m_e\vec{v}'_e$$

혹은 그림 4.3에 보이는 정면충돌인 경우에는

$$\Delta p_{\max} = 2m_e v_\alpha$$

이다. 비록 이 최대 운동량 변화는 α입자의 운동 방향을 따르지만, 그림 4.4에 나타낸 것처럼 운동 방향에 수직하도록 $\Delta p_{\max}$를 놓음으로써 벗어남각 θ에 대한 상한값을 결정하도록 하자.(우리가 계산한 Δp_α는 정면충돌에 대한 것이며, 빗겨난 충돌에서는 Δp_α가 더 작아야 하므로 θ의 값은 실제 관측할 수 있는 값보다 더 크다.) 따라서

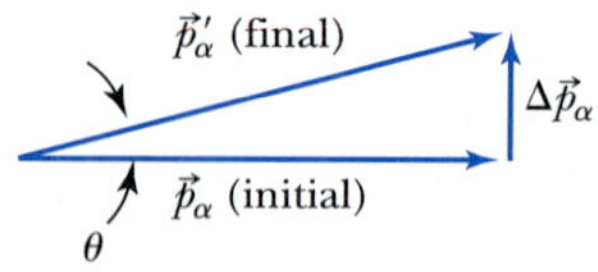

그림 4.4 전자와 충돌한 후 α입자의 운동량 변화 $\Delta\vec{p}_\alpha$를 나타낸 벡터 도식

$$\theta_{\max} = \frac{\Delta p_\alpha}{p_\alpha} = \frac{2m_e v_\alpha}{M_\alpha v_\alpha} = \frac{2m_e}{M_\alpha} = 2.7 \times 10^{-4}\ \text{rad} = 0.016°$$

가 되고, 따라서 α입자가 한 개의 전자와 1회 충돌에 의해 큰 각으로 벗어나는 것은 불가능하다.

전자들에 의한 다중 산란

만일 α입자가 표적 내에 있는 *많은* 전자들에 의해 산란된다면 어떤 일이 발생할 것인가? 다중 산란은 실제로 가능하며 N개의 전자들로부터 불규칙적인 다중 산란에 대한 계산은 결국 평균산란각 $\overline{\theta}_{\text{total}} \approx \sqrt{N}\,\theta$로 도출된다. α입자는 각각의 충돌에 대하여 α입자 방향의 측면에서 산란되는 만큼 다른 측면에서도 산란이 될 것이다. 우리는 가이거와 마스든이 사용한 두께가 6×10^{-7} m인 얇은 금박층을 가로지르는 두께 방향으로의 원자수를 계산할 수 있다.

$$\frac{\text{분자의 수}}{\text{cm}^3} = \left(6.02 \times 10^{23}\ \frac{\text{분자수}}{\text{mol}}\right)\left(\frac{1\ \text{mol}}{197\ \text{g}}\right)\left(19.3\ \frac{\text{g}}{\text{cm}^3}\right)$$

$$= 5.9 \times 10^{22}\ \frac{\text{분자수}}{\text{cm}^3} = 5.9 \times 10^{28}\ \frac{\text{분자수}}{\text{m}^3}$$

만일 단위 체적당 원자의 개수가 5.9×10^{28} 원자수/m^{3}이면 원자 하나는 $(5.9 \times 10^{28})^{-1}$ m^{3}의 공간을 차지하게 된다. 원자들 사이 거리가 같다고 가정하면 원자 중심 사이의 거리는 $(5.9 \times 10^{28})^{-1/3}$ m $= 2.6 \times 10^{-10}$ m이다. 그러면 금박 내에는 α입자의 진행 경로를 따라 N개의 원자가 있다.

$$N = \frac{6 \times 10^{-7}\ \text{m}}{2.6 \times 10^{-10}\ \text{m}} = 2300\ \text{atom}$$

우리가 α입자가 각 원자 내의 하나의 전자들과만 상호작용한다고 가정하면, 그때 평균산란각은

$$\overline{\theta}_{\text{total}} = \sqrt{2300}(0.016°) = 0.8°$$

가 된다. 여기서 우리는 예제 4.1로부터 $\theta_{\max}$에 대한 결과를 사용하였다. 만약 α입자가 금의 각 원자 내에 있는 79개의 모든 전자들과 산란한다 하더라도 평균산란각 $\overline{\theta}_{\text{total}} =$ 6.8° 정도이다.

1911년에 러더퍼드는 톰슨이 제안한 원자구조에 대한 모형과 α입자 산란에 대한 실

험 결과들이 일치하지 않았기에 "α입자가 큰 산란각으로 튕겨 나가는 것은 단일 원자와 부딪힘에 기인한다고 가정하는 것이 합리적으로 보인다"고 발표하였다.* 러더퍼드는 원자는 대부분 빈 공간이며 중심에 양전하 혹은 음전하를 가지고 있다고 제안하였다. 러더퍼드는 1911년에 "총괄적으로 그 증거를 고려하면, 원자는 아주 작은 공간에 분포된 중심전하를 포함하고 있으며, 큰 각도로 산란되는 α입자는 이 중심전하에 기인하는 것이고 구성요소에 의한 것은 아니라고 생각하는 것이 가장 간단하다"라고 썼다. 러더퍼드는 산란각, 물질의 두께, 입자의 속도, 그리고 전하의 함수로 α입자의 예측되는 산란에 대하여 연구하였다. 가이거와 마스든은 러더퍼드의 생각을 즉시 실험적으로 살펴보기 시작했으며, 1913년에 "우리는 러더퍼드 교수에 의해 제안된 그 이론을 완전히 증명하였다"고 보고하였다.† 같은 해에 러더퍼드는 원자 중심에 대전된 코어를 처음으로 **핵**(nucleus)이라는 단어로 사용했는데 그것이 원자 질량의 대부분을 차지하고 양전하를 띠고 있으며 음전하인 전자들에 둘러싸여 있음을 분명하게 확정하였다.

러더퍼드의 원자 모형

핵

종종 그림 4.5와 같이 묘사되는 오늘날 원자에 대한 대중적인 개념은 러더퍼드로부터 기인한다. 양으로 대전된 매우 작은 핵이 그 주위를 아주 빠른 속력으로 날고 있는 음으로 대전된 전자에 쿨롱 인력을 제공한다—이것이 '태양계 모형' 또는 '행성 모형'이다. 현재는 핵은 양으로 대전된 양성자와 이것과 거의 같은 질량을 가지고 있으나 전기적으로 중성인 중성자로 구성되어 있음을 그리고 전자들은 앞서 기술한 궤도 경로를 따르지 않는다는 것을 알고 있다.

그림 4.5 원자의 태양계 혹은 행성 모형. 러더퍼드는 원자 중심에 양의 전하를 가진 매우 무거운 핵이 있다고 제안하였다. 보어에 따르면 전자들은 핵 주위를 돈다. 비록 일반적인 그림이지만, 이 개념도가 지금 봐서는 극도로 단순화되어 있다는 것을 알 수 있다.

4.2 러더퍼드 산란

러더퍼드의 '핵의 발견'은 오늘날 많은 원자 및 핵 산란 실험의 기초를 세웠다. 러더퍼드와 그의 제자들이 행한 것과 같은 개념의 산란 실험을 수단으로 하여 과학자들은 원자의 전자 구조, 핵의 내부 구조, 그리고 심지어 핵 구성 물질인 양성자와 중성자의 내부 구조까지 밝혀냈다. 러더퍼드의 계산 과정들은 물리와 생물의 많은 영역에서 응용성이 있기 때문에 상세히 공부할 가치가 충분히 있다.

기본적인 산란 실험

산란 실험은 너무 작아서 측정할 수 없는 원자 크기에서 물질 연구를 할 수 있도록 한다. 연구될 물질에 매우 선명하고 잘 집속된 입자빔을 매우 빠른 속도(예를 들면, 가이거와 마스든이 사용한 α입자와 같이 5~8 MeV 정도)로 충돌시킨다. 여기서의 논의는 하전된 입자빔에 제한되지만, 일반적인 과정은 중성자와 같은 중성입자에도 또한 적용되고, 단지 입자빔과 표적물질 간의 상호작용만이 다르게 된다.

물질에서 하전된 입자의 산란이 오직 쿨롱 힘만이 중요한 저에너지에서 일어날 때 이것을 **쿨롱 산란**(Coulomb scattering) 또는 **러더퍼드 산란**(Rutherford scattering)이라 부른다. 빔 에너지가 더 높아지면 또 다른 힘(예를 들면, 핵 상호작용)이 중요하게 될지도 모른다. 전형적인 산란 실험이 그림 4.6에 도시되어 있다. 질량 m, 전하 Z_1e, 속도 v_0를 가진 입자가 표적물질 내의 전하량이 Z_2e인 산란체에 입사된다. 거리 b를 고전적인

쿨롱 산란 또는 러더퍼드 산란

*E. Rutherford, *Philosophical Magazine* **21**, 669 (1911)

†Hans Geiger and Ernest Marsden, *Philosophical Magazine* **25**, 604 (1913)

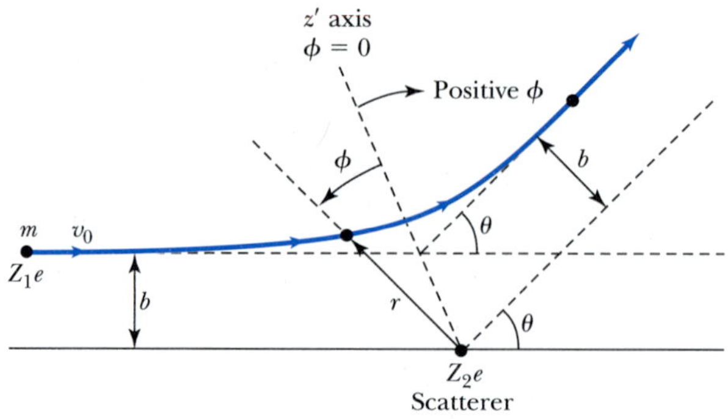

그림 4.6 쿨롱 산란 또는 러더퍼드 산란의 묘사. 질량 m, 전하 Z_1e를 가진 입사하는 입자가 전하 Z_2e를 가진 정지해 있는 입자로부터 산란된다. 입사 입자의 궤도를 설명하는 변수 r과 ϕ가 그림에 정의되어 있다. 각 $\phi = 0$은 입사 입자가 가장 근접한 지점에서의 각에 해당한다. 충격 변수 b와 산란각 θ도 역시 그림에 표시되어 있다.

충격 변수(impact parameter)라 하는데, 이는 빔 입자가 직선을 따라 똑바로 표적에 다가온다면 빔 입자가 산란체에 가장 가까이 접근하는 거리이다. 입사 빔 방향과 산란된 입자의 방향 사이의 각 θ를 *산란각*이라 부른다. 보통 다양한 산란각에서 검출기의 작은 원뿔 모양의 입체각으로 들어가는 산란된 입자들의 개수를 세기 위하여 여러 검출기를 여러 산란각의 위치에 설치하는 것이 좋다(그림 4.7을 보라).

산란각

입사 입자와 산란체 사이의 상호작용에 대한 함수 형태에 따라, 충격 변수 b와 산란각 θ 사이에는 하나의 특수한 관계식이 있을 것이다. 양으로 대전된 α입자와 양으로 대전된 핵 사이의 쿨롱 산란의 경우 궤적은 그림 4.7과 유사하다. 충격 변수가 작을 경우 가장 가까이 접근하는 거리 $r_{\rm min}$은 작고, 쿨롱 힘은 크다. 따라서 산란각은 크게 되고 입사 입자는 후방으로 튕겨 나갈 수 있다. 역으로 충격 변수가 큰 경우 입자들은 서로 가까이 접근하지 않게 되고, 그래서 쿨롱 힘은 작고 또한 산란각도 작다.

어떤 상호작용에 대하여 중요한 것은 b와 θ 사이의 관계이다. 우리는 쿨롱 힘에 대하여 이 관계를 구하기를 원한다. 러더퍼드의 가정을 고려해 보자.

산란의 가정들

1. 산란체는 질량이 매우 커서 충돌 시 변화가 거의 없다. 그러므로 α입자의 초기 운동에너지와 충돌 후 운동에너지는 실제적으로 같다.
2. 표적은 매우 얇아서 단지 한 번만 산란이 일어난다.
3. 충돌하는 입자와 표적 내의 산란체들은 매우 작아서 이들은 점질량과 점전하로 취급된다.
4. 오직 쿨롱 힘만이 유효한 힘이다.

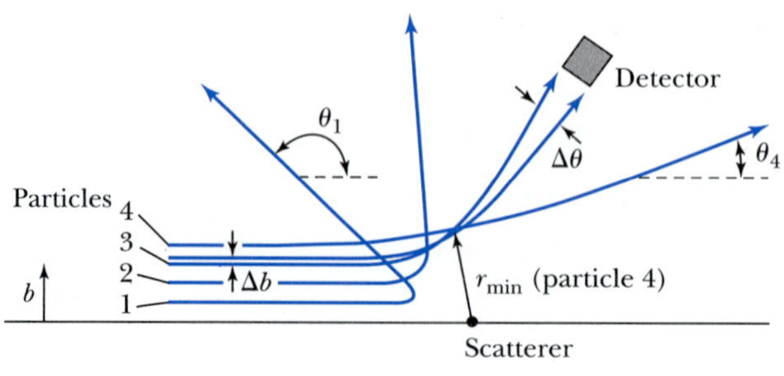

그림 4.7 충격 변수 b와 산란각 θ 사이의 관계를 설명하는 그림. 작은 충격 변수를 가진 입자들은 핵에 가장 가깝게($r_{\rm min}$) 접근하며, 가장 큰 각으로 산란된다. 충격 변수 Δb 영역 안에 드는 입자들은 $\Delta\theta$의 범위 안에서 산란될 것이다.

가정 1은 α입자에 대해서 $K = \text{K.E.}_{초기} \approx \text{K.E.}_{최종}$임을 의미한다. 쿨롱 힘과 같은 중심력에 대해서는 각운동량 mv_0b도 역시 보존되는데 여기서 v_0는 입자의 초기속도이다 (연습문제 52를 보라). 이것은 산란된 입자의 궤도가 같은 평면에 놓여 있다는 것을 의미한다.

그림 4.6에 보이는 것처럼 우리는 입자의 순간위치를 힘 중심에서의 거리 r과 각 ϕ로 정의한다. 여기서 거리 r이 최소일 때 $\phi = 0$(z'축을 의미)이다. 운동량의 변화는 충격량과 같다.

$$\Delta \vec{p} = \int \vec{F}_{\Delta p}\, dt \tag{4.1}$$

여기서 $\vec{F}_{\Delta p}$는 $\Delta\vec{p}$ 방향으로의 힘이다. 질량이 큰 산란체는 조금의 운동에너지라도 얻는 (되튐이 없음) 것 없이 단지 매우 약간의 운동량 변화만을 흡수한다. 다음의 식 (4.2)를 이해하기 위하여 그림 4.8을 이용하면 용이하다.

$$\Delta \vec{p} = \vec{p}_f - \vec{p}_i \tag{4.2}$$

여기서 첨자 i와 f는 입사 입자의 운동량의 초기값과 최종값을 각각 의미한다. $p_f \approx p_i = mv_0$이기 때문에 $\vec{p}_f$, $\vec{p}_i$, 그리고 $\Delta\vec{p}$로 만들어지는 삼각형은 이등변삼각형이다. 각 θ를 이등분하는 선을 보여 주는 삼각형을 그림 4.8b에 다시 그렸다. 벡터 Δp의 크기 $\Delta\vec{p}$는

$$\Delta p = 2mv_0 \sin\frac{\theta}{2} \tag{4.3}$$

이다. $\Delta\vec{p}$의 방향은 z'축($\phi = 0$)이고, 그래서 식 (4.1)에서 z' 방향과 일치하는 $\vec{F}$의 성분이 필요하다. 쿨롱 힘 $\vec{F}$는 위치벡터 $\vec{r}$(단위벡터 $\hat{e}_r$)의 순간 방향이다.

$$\vec{F} = \frac{1}{4\pi\epsilon_0}\frac{Z_1Z_2e^2}{r^2}\hat{e}_r \tag{4.4}$$

그리고

$$F_{\Delta p} = F\cos\phi \tag{4.5}$$

이다. 여기서 $F_{\Delta p}$는 우리가 필요로 하는 $\Delta\vec{p}$ 방향의 힘 $\vec{F}$의 성분이다.

식 (4.3)과 (4.5)에서의 크기들을 z'축($\phi = 0$)을 향하는 식 (4.1)에 대입하면

$$\Delta p = 2mv_0\sin\frac{\theta}{2} = \int F\cos\phi\ dt = \frac{Z_1Z_2e^2}{4\pi\epsilon_0}\int\frac{\cos\phi}{r^2}\,dt$$

이다. 순간 각운동량이 보존되어야 한다. 따라서

$$mr^2\frac{d\phi}{dt} = mv_0b$$

이다. 그리고

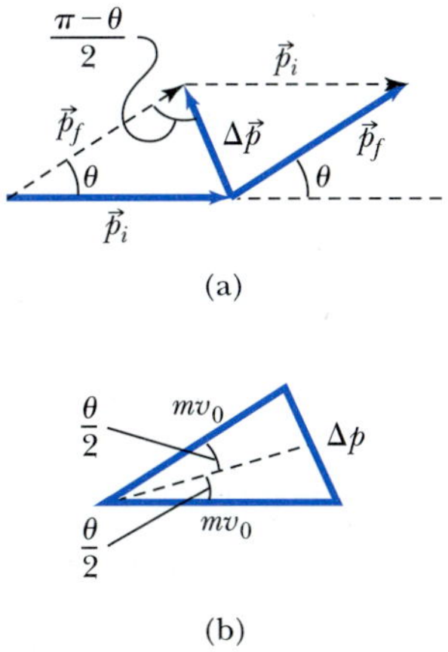

그림 4.8 (a) 산란각 θ와 운동량 변화 $\Delta\vec{p}$는 α입자의 초기 운동량과 최종 운동량에 의해 결정된다. (b) 그리고 $\vec{p}_f$, $\vec{p}_i$, $\vec{p}$는 거의 정확하게 이등변삼각형을 이루기 때문에 각 θ를 이등분하고 각 $\theta/2$를 마주보는 변의 길이로부터 $\Delta\vec{p}$를 결정할 수 있다.

Special Topic

넬슨의 남작 러더퍼드

어니스트 러더퍼드(Ernest Rutherford)*는 1871년 8월 30일 뉴질랜드의 넬슨이란 마을에서 태어났다. 러더퍼드는 스코틀랜드 출신 부모님에게서 태어난 11명의 아이들 중 하나로, 뉴질랜드 기독교대학에서 1894년에 학사학위와 석사학위를 받았다. 그는 벽을 통해 60피트 거리에서도 전자기파를 감지할 수 있는 자기검출기를 만들었는데 이는 당시 대단한 업적이었다.

1895년에 러더퍼드는 영국 대학들의 인재 모집 경쟁에서 선발되어 케임브리지대학 내 캐번디시 연구소의 유명한 교수인 톰슨(J. J. Thomson)에게 가서 연구하게 되었다. 톰슨은 '무선파(wireless wave)'의 투과와 검출에 대하여 연구하던 러더퍼드에게 감명을 받아서 그의 연구 결과들을 출간할 것과 과학학회에 발표할 것을 독려하였다. 러더퍼드는 또한 다양한 기체들 안에 우라늄에서 생성된 x선 복사의 효과들을 톰슨과 함께 추적하기 시작하였다. 1898년에는 캐나다 몬트리올에 있는 맥길대학교 물리학 교수로 지원하여 교수로 임명되었다. 겨우 27세의 나이에 그는 맥도날드 물리연구소에서 그의 새로운 임무들을 시작하기 위하여 1898에 몬트리올에 도착하였다. 방사능에 대한 연구들을 지속하면서 러더퍼드는 종종 해외 과학자들과 서신을 교환하였고 때로는 해외의 과학자들을 방문하기도 하였다. 1900년 초, 그는 *알파, 베타, 감마*로 이름 붙인, 토륨과 우라늄에서 방출되는 세 가지 형태의 방사선에 관한 논문을 「Philosophical Magazine」에 게재하였다. 러더퍼드는 1900년에 옥스퍼드대학의 젊은 화학자 프레데릭 소디(Frederick Soddy)에게 도움을 요청하여 맥길대학으로 오도록 하였다. 러더퍼드와 소디는 1902년에 그 때까지 불변하다고 생각했던 원소들이 실제 다른 원소들로 붕괴한다는 것을 발견하였다. 그 후 수년간 러더퍼드는 α입자들과 라듐, 토륨, 우라늄의 방사능 연쇄 붕괴를 추적하였다.

1907년에 러더퍼드는 영국으로 돌아와 맨체스터대학의 물리학 교수로 재직했는데 여기에서 그는 가장 위대한 업적을 이루었다. 그의 첫 번째 업적은 α입자가 사실은 헬륨이온이라는 것을 증명한 것이다. 1908년에 러더퍼드는 그와 소디가 했던 연구로 노벨상을 수상했다. 러더퍼드는 이런 연구가 물리학적이 아니라 화학적이라는 것을 알고 놀랍고 재미있어 했다.

이후 몇 년 동안 러더퍼드는 핵의 발견과 함께 최고조에 이른 원자의 본성에 대하여 연구를 수행하였다. 1912년, 러더퍼드는 동료에게 다음과 같은 글을 썼다 "덴마크 사람 보어가 내가 케임브리지로 가는 것을 막고 여기에 나타나서 방사능 연구에 대한 나의 경험들을 들었다." 그 중요한 여행이 '러더퍼드·보어 원자'를 탄생시켰다. 맨체스터에서 한스 가이거(Hans Geiger), 어니스트 마스든(Ernest Marsden), 헨리 모즐리(Henry Moseley)와 함께

*This account is taken from A. S. Eve, *Rutherford*, New York: Macmillan (1939); and H. A. Boorse and L. Motz, eds., *The World of the Atom*, New York: Basic Books (1966).

$$r^2 = \frac{v_0 b}{d\phi/dt}$$

이다. 그러므로

$$2mv_0 \sin\frac{\theta}{2} = \frac{Z_1 Z_2 e^2}{4\pi\epsilon_0}\int \frac{\cos\phi}{v_0 b}\frac{d\phi}{dt}\,dt$$

$$= \frac{Z_1 Z_2 e^2}{4\pi\epsilon_0 v_0 b}\int_{\phi_i}^{\phi_f} \cos\phi\, d\phi$$

했던 러더퍼드의 연구는 극적인 결과들을 만들어 냈다. 러더퍼드는 단단한 α입자들을 수소와 질소에 충돌시켰을 때 생성되는 단단한 수소핵을 설명하기 위하여 *양성자*라는 말을 사용하였다.

1차 세계대전으로 인해 맨체스터에서 연구하고 있던 연구생들은 가족들과 헤어지는 아픔을 겪었다. 1919년에 러더퍼드는 케임브리지에서 제안한 캐번디시 교수직을 받아들였다. 이 자리는 톰슨의 결원으로 생긴 자리였고, 톰슨은 트리니티 칼리지의 학장을 지내고 있었다. 맥스웰, 레일리, 톰슨의 계승자가 되는 것은 작은 일이 아니었고, 러더퍼드는 그가 1937년 66세의 나이로 사망할 때까지 중요한 연구를 계속하였다. 러더퍼드는 1914년에 기사 작위를 서임받았고 1931년에 남작이 되었는데 호칭은 그의 어린 시절 집 근처 넬슨 마을을 선택하여 '넬슨의 남작 러더퍼드'가 되었다. 그는 당대 최고의 실험물리학자였다. "그는 한 명의 적도 만들지 않았고, 한 명의 친구도 잃지 않았다"라고 아직도 회자되고 있다.

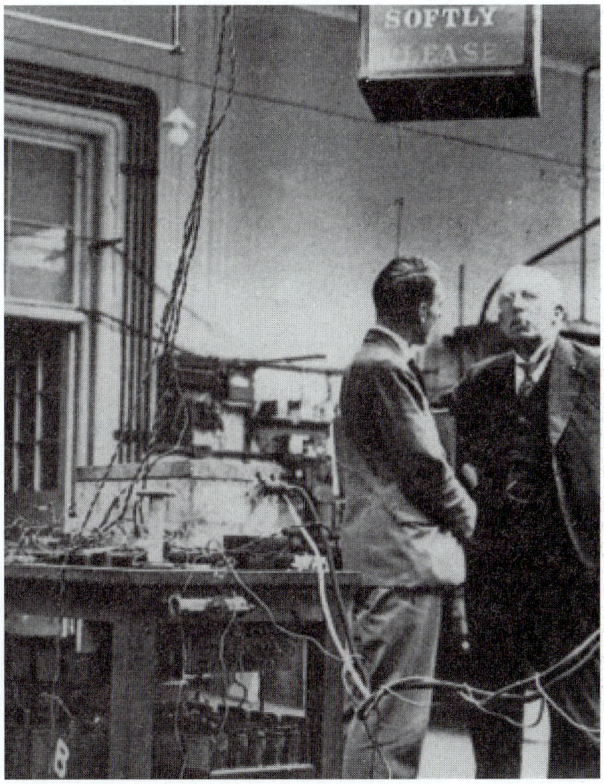

Pictorial Press Ltd./Alamy Stock Photo

그림 A 사진의 오른쪽이 러더퍼드로 1936년에 캐번디시 연구소에서 랫클리프(J. A. Ratcliffe)와 이야기하고 있는 장면이다. 러더퍼드 위로 보이는 표지판에 "부드럽게 이야기하세요"라고 적혀 있는데 이것은 실험에 사용되고 있는 검출기가 진동과 잡음에 매우 민감했기 때문이었다. 다른 사람들의 목소리보다 훨씬 검출기를 혼란스럽게 할 수 있는 울리는 목소리를 가진 러더퍼드는 이 경고 문구에 자신은 적용되지 않는다고 생각했던 것 같다. 이 사진이 찍힐 당시에도 러더퍼드는 큰 소리로 대화하고 있었다.

이다. 이제 ϕ_i는 z'축(그림 4.6에서 $\phi = 0$)의 음의 쪽, 그리고 ϕ_f는 양의 쪽에 있다고 하자. 그러면 $\phi_i = -\phi_f$ 그리고 $-\phi_i + \phi_f + \theta = \pi$이고, 따라서 $\phi_i = -(\pi - \theta)/2$이고 $\phi_f = +(\pi - \theta)/2$이다.

$$\frac{8\pi\epsilon_0 m v_0^2 b}{Z_1 Z_2 e^2} \sin\frac{\theta}{2} = \int_{-(\pi-\theta)/2}^{+(\pi-\theta)/2} \cos\phi \, d\phi = 2\cos\frac{\theta}{2}$$

이제 이 식을 충격 변수 b에 대하여 풀면

$$b = \frac{Z_1 Z_2 e^2}{4\pi\epsilon_0 m v_0^2} \cot\frac{\theta}{2}$$

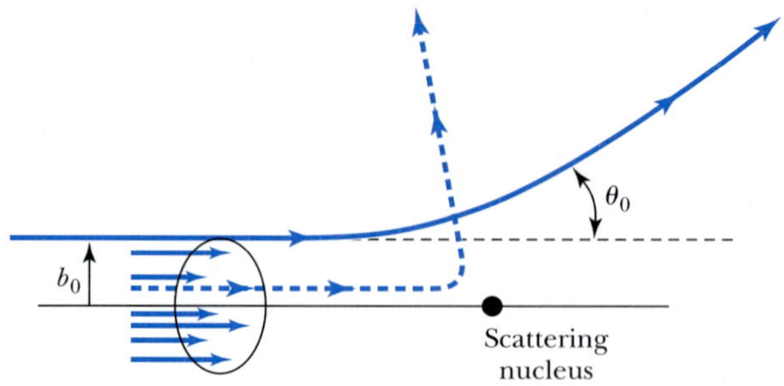

그림 4.9 충격 변수가 b_0보다 작은 입자들은 모두 θ_0보다 더 큰 각으로 산란할 것이다.

이며, 이 식은

b와 θ의 관계

$$b = \frac{Z_1 Z_2 e^2}{8\pi\epsilon_0 K} \cot \frac{\theta}{2} \tag{4.6}$$

가 된다. 여기서 $K = mv_0^2/2$는 입사하는 입자의 운동에너지이다. 이 식이 우리가 찾고자 한 쿨롱 실험에 대한 충격 변수 b와 산란각 θ 사이의 기본 관계식이다.

실험에서 우리는 개개의 충격 변수 b를 선택할 수는 없다. 우리가 검출기를 특정한 각 θ에 둘 때 충격 변수 영역 Δb에 대응하는 유한한 각 $\Delta\theta$에 해당하는 범위를 검출하게 된다. 그림 4.9에 보이는 것과 같이 입사 입자는 산란중심 주위에서 여러 충격 변수로 입사한다. 충격 변수가 b_0보다 작은 모든 입자들은 모두 θ_0보다 더 큰 각으로 산란될 것이다. 면적이 πb_0^2인 원(반지름 b_0) 안쪽에 들어 있는 충격 변수를 가진 어떤 입자들도 비슷하게 산란할 것이다. 쿨롱 산란인 경우에 단면적을 기호 σ로 표시한다. 그러면

$$\sigma = \pi b^2 \tag{4.7}$$

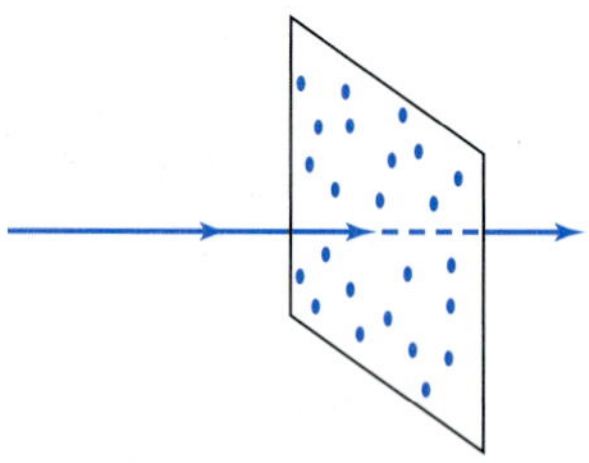

그림 4.10 표적이 매우 얇아서 모든 핵이 충돌 입자에 노출되어 있다고 가정한다. 핵 뒤에 숨어 있는 다른 핵이 없다.

이고, 이는 각 θ 혹은 그 이상으로 산란하는 데 대한 단면적이다. 단면적 σ는 입자가 핵에 의해 산란될 *확률*과 관련이 있다. 만일 표적 금박이 두께가 t이고 단위 체적당 n개의 원자를 가진다면 단위 면적당 표적 핵의 수는 nt이다. 그림 4.10과 같이 표적은 충분히 얇은 박막이어서 면적 A에 있는 모든 핵이 노출된다고 가정했으므로, 표적 핵의 수는 간단히 ntA이다. n의 값은 밀도 $\rho(\text{g/cm}^3)$와 아보가드로수 N_A(분자수/mol), 그리고 분자당 원자의 수 N_M을 곱한 것을 그램분자량 M_g(g/mol)로 나눈 것이다.

$$n = \frac{\rho\left(\frac{\text{g}}{\text{cm}^3}\right) N_A \left(\frac{\text{분자수}}{\text{mol}}\right) N_M \left(\frac{\text{원자}}{\text{분자수}}\right)}{M_g\left(\frac{\text{g}}{\text{mol}}\right)} = \frac{\rho N_A N_M}{M_g} \frac{\text{원자}}{\text{cm}^3} \tag{4.8}$$

단위 면적당 산란되는 핵의 수는 nt이다.

$$nt = \frac{\rho N_A N_M t}{M_g} \frac{\text{원자}}{\text{cm}^2} \tag{4.9}$$

만일 박막의 면적이 A이면 표적 핵의 수 N_s는

$$N_s = ntA = \frac{\rho N_A N_M tA}{M_g} \text{ 원자} \tag{4.10}$$

이다. 입자가 산란될 확률은 노출된 모든 핵의 총면적을 표적의 총면적 A로 나눈 것과 같다. 만일 각 핵에 대한 단면적이 σ라면 $ntA\sigma$가 표적 핵에 의해 노출된 총면적이 된다. 따라서 입사 입자들이 각 θ 혹은 그 이상으로 산란되는 비율은

$$f = \frac{\text{산란중심에 의해 노출된 표적}}{\text{표적의 총면적}} = \frac{ntA\sigma}{A}$$

$$= nt\sigma = nt\pi b^2 \tag{4.11}$$

$$f = \pi nt\left(\frac{Z_1Z_2e^2}{8\pi\epsilon_0 K}\right)^2 \cot^2\frac{\theta}{2} \tag{4.12}$$

이다.

그러나 그림 4.11에 보인 것과 같이 실제 실험에서의 유한한 크기의 검출기는 각 θ에서 $\theta + \Delta\theta$ 사이의 범위에 놓이게 될 수밖에 없다. 따라서 우리는 그림 4.12에 표시된 것과 같이 충격 변수가 b에서 $b + db$에 해당하는 입사 입자에 대응하는 각 θ와 $\theta + d\theta$ 사이로 산란하는 입자의 수를 알 필요가 있다.

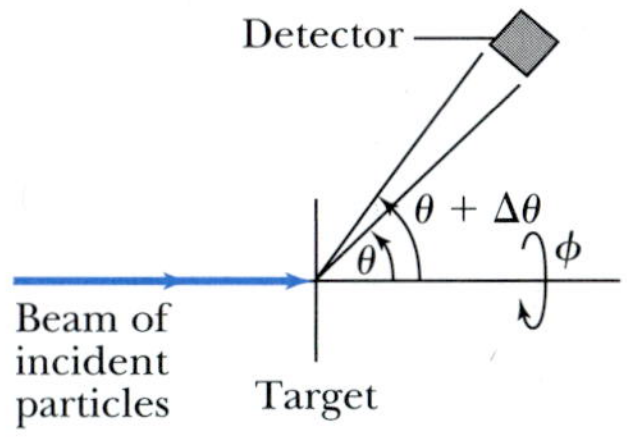

그림 4.11 대부분의 실험에서, 정지된 상태의 검출기는 θ에서 $\theta + \Delta\theta$ 사이의 작은 영역만 담당한다. 그래서 측정은 검출기를 움직여 각 θ를 변화시켜 가면서 이루어진다. 또한 검출기는 ϕ에 대해서도 작은 범위의 각(입사 빔 방향 주위의 각)만을 담당하지만 보통 빔의 축 주위에 대한 대칭성이 있기 때문에, 측정에서 ϕ는 변화시키지 않는다.

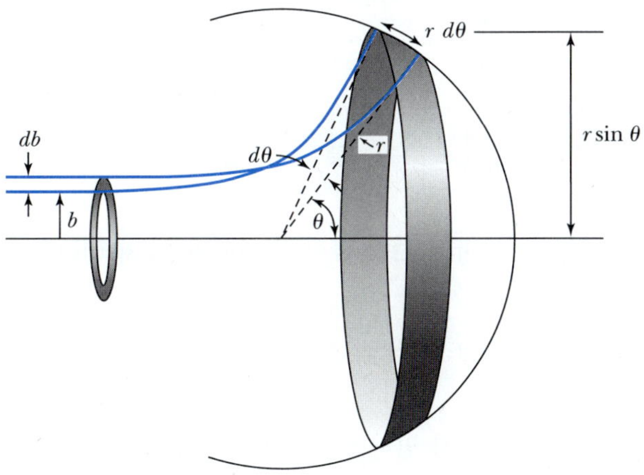

그림 4.12 충격 변수가 b에서 $b + db$ 사이에 있는 입자는 각 θ에서 $\theta + d\theta$의 범위로 산란된다.(db가 양이면 $d\theta$는 음이다.)

예제 4.2

에너지가 7.7 MeV인 α입자들이 두께 10^{-6} m인 금박에 충돌하여 90° 혹은 그 이상의 각으로 벗어나는 비율을 구하라.

전략 비율을 구하기 위해서 식 (4.12)를 사용할 수 있지만, 먼저 식 (4.8)을 이용하여 cm^3당 원자수 n을 계산할 필요가 있다.

풀이 금의 밀도는 19.3 g/cm^{3}이고 원자량은 197 u이다. n을 구하기 위하여 식 (4.8)을 사용하자.

$$n = \frac{\left(19.3\,\frac{\text{g}}{\text{cm}^3}\right)\left(6.02\times10^{23}\,\frac{\text{molecules}}{\text{mol}}\right)\left(1\,\frac{\text{atom}}{\text{molecule}}\right)}{197\text{ g/mol}}$$

$$= 5.90\times10^{22}\,\frac{\text{atoms}}{\text{cm}^3} = 5.90\times10^{28}\,\frac{\text{atoms}}{\text{m}^3}$$

이고, 이 값을 식 (4.12)에 대입하여, 그 비율

$$f = \pi\left(5.90 \times 10^{28}\,\frac{\text{atoms}}{\text{m}^3}\right)(10^{-6}\text{ m})$$
$$\times\left[\frac{(79)(2)(1.6\times10^{-19}\text{ C})^2(9\times10^9\text{ N}\cdot\text{m}^2/\text{C}^2)}{2(7.7\text{ MeV})(1.60\times10^{-13}\text{ J/MeV})}\right]^2$$
$$\times(\cot 45°)^2$$
$$= 4\times10^{-5}$$

을 구한다. 25,000 중 한 개의 α입자가 90° 이상으로 벗어난다.

각 θ와 $\theta + d\theta$ 사이에서 산란되는 입사 입자의 비율은 df이다. 식 (4.12)를 미분하면

$$df = -\pi nt\left(\frac{Z_1 Z_2 e^2}{8\pi\epsilon_0 K}\right)^2 \cot\frac{\theta}{2}\csc^2\frac{\theta}{2}\,d\theta$$

이다. 만일 입사하는 입자의 총수가 N_i이면 고리의 각폭이 $d\theta$인 고리 안으로 산란된 입자의 수는 약 $N_i|df|$이다. 입자들이 산란해 들어가는 고리의 면적 dA는 $(r\,d\theta)(2\pi r\sin\theta) = 2\pi r^2 \sin\theta\, d\theta$이다. 그러므로 산란각 θ에 있는 고리 속으로 산란하는 단위 면적당 입자의 수 $N(\theta)$는

$$N(\theta) = \frac{N_i|df|}{dA} = \frac{N_i\pi nt\left(\frac{Z_1 Z_2 e^2}{8\pi\epsilon_0 K}\right)^2}{2\pi r^2\sin\theta\, d\theta}\cot\frac{\theta}{2}\csc^2\frac{\theta}{2}\,d\theta$$

러더퍼드 산란 공식

$$N(\theta) = \frac{N_i nt}{16}\left(\frac{e^2}{4\pi\epsilon_0}\right)^2\frac{Z_1^2 Z_2^2}{r^2 K^2\sin^4(\theta/2)} \tag{4.13}$$

이다. 이 식이 그 유명한 **러더퍼드 산란 공식**(Rutherford scattering equation)이다. 요점은 다음과 같다.

1. 산란은 입사 입자의 원자 번호(Z_1)와 산란 표적 원자의 원자 번호(Z_2) 모두의 제곱에 비례한다.
2. 산란되는 입자의 수는 입사 입자의 운동에너지 K의 제곱에 반비례한다.
3. 산란각이 θ일 때 산란은 $\sin(\theta/2)$의 4제곱에 반비례한다.
4. 얇은 표적인 경우 산란은 표적의 두께에 비례한다.

1911년에 러더퍼드에 의한 매우 특별한 이 예측들은 1913년에 가이거와 마스든에 의해 실험적으로 확인되었다. 그림 4.13에 나타낸 실제 실험 데이터에서 볼 수 있는 것처럼 그 산란각에 대한 의존성이 특별한 특징이며 시설이 잘 갖추어진 학부 물리실험실에서도 확증될 수 있다.

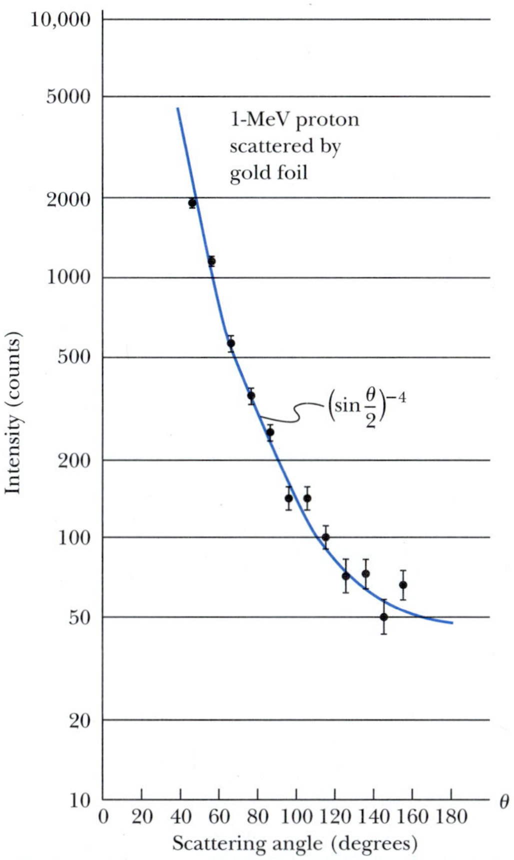

그림 4.13 1 MeV의 양성자를 금박 시료에 산란시킨 학부 과정 실험실에서의 실험 결과. 그림에서 실선은 실험 데이터가 산란된 입자의 $1/\sin^4(\theta/2)$에 비례하는 각 의존성을 나타냄을 보이는 것으로, 러더퍼드의 계산 결과를 확인하였다.

예제 4.3

두께 2.1×10^{-7} m인 금박으로부터 45°로 산란되는 7.7 MeV의 α입자들의 표적으로부터 1 cm 떨어진 곳에서 단위 mm^2당 산란되는 비율을 계산하라.

전략 단위 면적당 비율 $N(\theta)/N_i$를 구하기 위하여 식 (4.13)을 사용한다. 예제 4.2에서 $n = 5.90 \times 10^{28}$ 원자/m^3임을 이미 계산한 바 있다.

풀이 이 값을 식 (4.13)에 대입하면

$$\frac{N(\theta)}{N_i} = \frac{\left(5.90 \times 10^{28}\,\frac{\text{atoms}}{\text{m}^3}\right)(2.1 \times 10^{-7}\text{ m})\left[(1.6 \times 10^{-19}\text{ C})^2\left(9 \times 10^9\,\frac{\text{N}\cdot\text{m}^2}{\text{C}^2}\right)\right]^2}{16}$$

$$\times \frac{(2)^2(79)^2}{(1.0 \times 10^{-2}\text{ m})^2\left(7.7\text{ MeV} \times \frac{10^6\text{ eV}}{\text{MeV}} \times \frac{1.6 \times 10^{-19}\text{ J}}{\text{eV}}\right)^2}\;\frac{1}{\sin^4(45°/2)}$$

$$\frac{N(\theta)}{N_i} = 3.2 \times 10^{-1}\,\text{m}^{-2} = 3.2 \times 10^{-7}\,\text{mm}^{-2}$$

를 구할 수 있다. 이것이 러더퍼드 계산의 명확성을 검토하기 위하여 1913년에 가이거와 마스든이 행한 실험에 대한 이론적인 기초이다. 실험 오차를 고려할 때 우리가 계산한 이 결과는 그들이 실험에서 얻은 결과인 $3.7 \times 10^{-7}\ \text{mm}^{-2}$과 잘 일치한다.

개념 예제 4.4

입사 충돌 입자와 표적 산란자 사이의 가장 근접한 거리를 어떻게 구할 수 있는가?

풀이 주어진 운동에너지 K와 충격 변수 b에 대하여 가장 근접 거리를 구할 수 있다. 최소거리는 정면충돌할 때이다. 이때 입사 입자는 되돌아 180°로 후방 산란된다. 그 입자가 되돌는 순간에 입자의 운동에너지는 전부 쿨롱 퍼텐셜에너지로 전환되므로 $r = r_{\text{min}}$일 때 최대 운동에너지가 쿨롱 퍼텐셜에너지와 같다고 놓을 수 있고, 그때 우리는 r_{min}을 구할 수 있다. K를 충돌 입자의 원래 운동에너지 또는 최대 운동에너지라고 놓으면

$$K = \frac{(Z_1 e)(Z_2 e)}{4\pi\epsilon_0 r_{\text{min}}} \tag{4.14}$$

가 되고, 이 식을 r_{min}에 대하여 정리하면

$$r_{\text{min}} = \frac{Z_1 Z_2 e^2}{4\pi\epsilon_0 K} \tag{4.15}$$

이 된다.

예제 4.5

러더퍼드는 7.7 MeV의 α입자($Z_1 = 2$)를 알루미늄($Z_2 = 13$)에 산란시켰을 때 후방 각에서 그가 만든 식 (4.13)과 편차가 있음을 알았다. 그는 α입자가 아주 근접하게 핵에 접근하여 생긴 영향일 것이라고 의심하였다. 이러한 데이터를 기반으로 핵의 크기를 추측하라.

전략 우리는 단지 정면충돌 또는 180°의 산란각이 발생하는 경우에 대하여 가장 근접해 있는 α입자의 거리를 결정해 왔다. 이 경우 r_{min}은 α입자(^{4}He 핵)의 반경과 알루미늄 핵의 반경의 합과 유사하다는 것을 제안한다. 그래서 r_{min}을 구함에 의해 각각의 핵의 반경의 값을 유추할 수 있다.

풀이 알루미늄에 입사하는 α입자의 경우에 대하여 r_{min}을 구하기 위해서 알루미늄과 α입자의 원자 번호 값들을 식 (4.15)에 넣으면

$$\begin{aligned} r_{\text{min}} &= \frac{Z_1 Z_2 e^2}{4\pi\epsilon_0 K} \\ &= \frac{(2)(13)(1.60 \times 10^{-19}\ \text{C})^2(8.99 \times 10^9\ \text{N}\cdot\text{m}^2\cdot\text{C}^{-2})}{(7.7\ \text{MeV})(1.60 \times 10^{-13}\ \text{J/MeV})} \\ &= 4.9 \times 10^{-15}\ \text{m} \end{aligned}$$

가 되어, ^{4}He와 알루미늄 반경의 합이 대략 5×10^{-15} m라는 것을 알 수 있다.

알루미늄 핵의 반경이 ^{4}He 반경의 대략 두 배 정도 크다는 것과, 우리의 근사값은 현대 데이터와 꽤 일치하고 있다는 것을 12장에서 보게 될 것이다. 우리는 지금 핵의 반경이 원자에 따라 1×10^{-15}에서 8×10^{-15} m 정도라는 것을 알고 있다. 그러므로 α입자가 알루미늄으로부터 산란될 때, 어떤 α입자는 핵력에 의해 영향을 받을 정도로 매우 가까이 핵에 근접한다(12장을 보라).

4.3 고전 원자 모형

1911년에 러더퍼드가 대전입자의 산란에 대한 계산을 하여 제시하고 1913년에 그의 실험그룹에서 그것을 실험적으로 증명한 후, 원자는 작고 질량이 크고 양전하로 된 핵과 이 주위를 돌고 있는 전자로 구성되어 있다는 것이 일반적으로 받아들여졌다. 톰슨의 '자두 푸딩' 모형은 실험 자료들에 의해 완전히 배제되었다. 실제로는 톰슨도 이전에 태양계(행성들이 태양 주위를 타원 궤도로 돌고 있는)와 유사한 행성 모형을 생각했었으나 비록 만유인력과 쿨롱인력이 거리의 제곱에 반비례하여 변하지만 행성들은 태양 주위를 공전할 때 서로가 *인력*을 미치나 전자들은 서로 *척력*을 미치기 때문에 이 모형을 철수하였다.

톰슨은 행성이론에 대한 자신의 지식에 근거하여 이 척력은 치명적인 결함이라 생각하였다.

행성 모형의 실패를 점검하기 위하여 가장 단순한 수소 원자를 생각해 보자. 우리는 문제를 단순화하기 위하여, 보다 일반적인 타원 궤도보다는 전자가 원형 궤도를 돈다고 가정한다. 핵(전하 = $+e$)이 전자에 미치는 인력은

$$\vec{F}_e = \frac{-1}{4\pi\epsilon_0}\frac{e^2}{r^2}\hat{e}_r \tag{4.16}$$

음의 부호는 인력을 의미하고 $\hat{e}_r$은 핵에서 전자로의 방향에서 단위벡터를 의미한다. 이 정전기적 힘은 전자가 일정한 속력으로 원형 궤도를 움직이도록 하는 구심력을 제공한다. 그것의 구심가속도는

$$a_r = \frac{v^2}{r} \tag{4.17}$$

여기서 v는 전자의 접선속도이다. 뉴턴의 제2법칙을 사용하면 다음 식이 주어진다.

$$\frac{1}{4\pi\epsilon_0}\frac{e^2}{r^2} = \frac{mv^2}{r} \tag{4.18}$$

그리고

$$v = \frac{e}{\sqrt{4\pi\epsilon_0 mr}} \tag{4.19}$$

예제 4.6

수소 원자 안의 전자의 속도에 대하여 비상대론적으로 취급해도 정당한가?

전략 전자의 속도를 계산하기 위하여 식 (4.19)를 사용하자. 전자가 빛의 속도의 1% 미만이라면 비상대론적으로 취급해서 사용해도 정당하다. 한 가지 어려운 것은 수소 원자의 반경을 아는 것인데, 원자의 크기는 대략 10^{-10} m 정도로 생각된다. 그래서 전자의 속도를 계산하기 위하여 반경을 $r = 0.5 \times 10^{-10}$ m로 둔다.

풀이 그러면 식 (4.19)에 의해

$$v \approx \frac{(1.6\times10^{-19}\ \mathrm{C})(9\times10^{9}\ \mathrm{N\cdot m^2/C^2})^{1/2}}{(9.11\times10^{-31}\ \mathrm{kg})^{1/2}(0.5\times10^{-10}\ \mathrm{m})^{1/2}}$$

$$\approx 2.2\times10^{6}\ \mathrm{m/s} < 0.01c$$

로 되고 이것은 수소 원자 내의 전자 속도의 비상대론적인 취급을 정당화한다.

여기서 m은 입자의 질량이지만 보다 정확하게 표현하기 위하여 m 대신 m_e로 쓸 수 있다.

계의 운동에너지는 전자에 기인하므로 $K = mv^2/2$이다. 핵은 전자와 비교해 매우 무거워서($m_{\text{proton}} = 1836m$) 핵은 거의 정지하고 있는 것으로 고려된다. 전기적 위치에

너지 V는 간단히 $-e^2/4\pi\epsilon_0 r$이기에 총 역학적 에너지는

$$E = K + V = \frac{1}{2}mv^2 - \frac{e^2}{4\pi\epsilon_0 r} \tag{4.20}$$

이다. 만약 식 (4.19)의 속력 v를 식 (4.20)에 대입하면 총 역학적 에너지는 다음과 같이 된다.

$$E = \frac{e^2}{8\pi\epsilon_0 r} - \frac{e^2}{4\pi\epsilon_0 r} = \frac{-e^2}{8\pi\epsilon_0 r} \tag{4.21}$$

여기서 총에너지는 구속된 상태를 의미하는 음이 된다.

지금까지는 고전적 원자 모형은 그럴듯하게 보인다. 문제는 전자가 핵 주위 원형운동에 기인하여 가속하고 있을 때 발생한다. 우리는 고전적 전자기이론으로부터, 가속하고 있는 대전된 전하는 전자기복사 형태로 연속적으로 에너지를 방출한다는 것을 안다. 전자가 에너지를 방출하고 있다면, 계의 총에너지 E 즉 식 (4.21)은 연속적으로 감소해야 한다. 이럴 때 반지름 r은 감소해야 한다. 전자의 궤도가 보다 작아지고 작아져 결국 핵에 충돌할 때까지 전자는 연속적으로 에너지를 방출할 것이다. 그림 4.14에 나타낸 이 과정은 약 10^{-9}초 안에 발생할 것이다(연습문제 18을 보라).

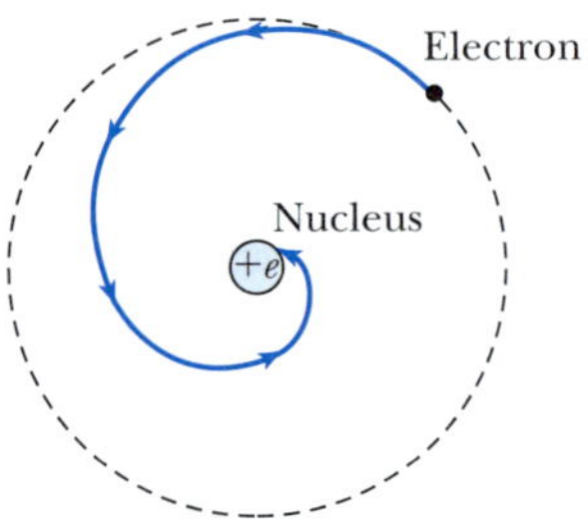

그림 4.14 원자의 행성 모형에서는 핵 주위를 돌고 있는 전자의 전자기복사에 기인하여, 전자는 안쪽으로 향하는 나선궤도를 그리면서 마침내 핵과 충돌하게 될 것이다.

그래서 러더퍼드가 α입자 산란에 대한 해석과 또 이것에 의해 핵의 발견을 가능하게 했던 뉴턴과 맥스웰의 고전이론이 원자에 대한 행성 모형의 적용에 대해서는 실패로 끝났다. 물리학은 복사의 양자적 행동에 대한 플랑크의 혁명적 가설과 함께 1900년에 직면했던 것처럼 결정적인 전환점을 맞고 있었다. 그러나 우리가 다음 장에서 볼 것이지만, 그 해답은 오랜 시간이 걸리지 않았고 1910년대 초반에 나왔다.

4.4 수소 원자의 보어 모형

1911년 코펜하겐대학에서 박사학위를 받은 직후, 나이 26세의 덴마크 물리학자 보어(Niels Bohr)는 톰슨과 함께 연구하기 위하여 케임브리지대학으로 갔다. 그리고 1912년에 맨체스터대학에 가서 수개월 동안 원자에 대한 새로운 러더퍼드 모형에 대한 신비로움을 가지고 러더퍼드와 함께 연구하였다. 보어는 1912년 여름 원자구조에 대한 많은 의문점을 가지고 코펜하겐대학으로 돌아왔다. 여러 다른 과학자들과 같이 보어는 원자의 크기에 대한 기본적인 길이인 10^{-10} m는 원자 모형을 위하여 필요한 것이라 믿었다. 이 기본적인 길이는 플랑크의 새로운 상수 h와 어떻게든 관련이 되어 있을지 모른다. 보어가 수소 스펙트럼의 새로운 정밀한 측정법과 수소 스펙트럼을 설명하는 실험식에 대하여 배우고 있을 1912~1913년 가을과 겨울에 결국은 이 관련성에 대한 의문들을 품기 시작하였다. 그는 발머 공식[식 (3.12)], 뤼드베리 방정식[식 (3.13)], 그리고 리츠의 결합원리(연습문제 19)를 유도하는 가장 기초적인 근거를 발견하는 일에 착수하였다.

보어는 복사의 양자적 성질을 탐구했던 플랑크의 연구에 매우 정통하였다. 아인슈타인과 마찬가지로 보어도 양자론이 단지 흑체 복사 스펙트럼에만 아니라 더 많은 현상을 설명할 것이라 믿었다. 그는 아인슈타인이 광전 효과와 고체의 비열(9장을 보라)에 양자

론을 적용하는 것에 크게 감명을 받았고 양자론이 어떻게 원자구조에 영향을 미치는지 궁금했다.

1912년에서 1913년 사이에 러더퍼드와의 몇 가지 토의에 따라 보어는 1913년에 「원자와 분자의 구성에 관하여」라는 논문*을 발표하였다. 그는 그의 '가정들'과 그에 따라 예측되는 결과들을 다시 다듬고 기술한 여러 편의 다른 논문을 계속적으로 발표하였다. 대부분 우리의 논의는 보어의 논문에 근거할 것이다.

보어는 전자가 무겁고 양으로 대전된 핵 주위를 돌고 있다고 가정하였다. 단순화를 위하여 우리는 (보어가 처음 한 것처럼) 전자의 궤도는 타원 궤도보다는 원형 궤도이고 핵의 질량은 전자의 질량보다 너무 커서 무한대로 취급해도 된다고 가정할 것이다. 전자는 $-e$의 전하와 질량 m을 가지고 반지름 a인 원 안에서 $+e$의 전하를 가진 핵 주위를 돌고 있다. 핵의 크기는 원자의 반지름 a에 비해 매우 작다.

보어의 모형은 그의 1915년 논문에 나와 있는 '일반 가정들'에 잘 요약되어 있다.

보어의 일반 가정들

A. 어떤 '정상상태들'이 원자 안에 존재하는데, 이 상태들에서는 회전하는 전자가 전자기파를 계속적으로 복사하지 않는다는 점에서 고전적인 안정상태와 다르다. 정상상태는 정해진 총에너지를 가지는 상태이다.

B. 전자기복사의 방출이나 흡수는 두 정상상태들 사이의 전이와 관련해서만 일어날 수 있다. 방출 또는 흡수 복사선의 진동수는 두 정상상태(1과 2)의 에너지 차에 비례한다.

$$E = E_1 - E_2 = hf$$

여기서 h는 플랑크상수이다.

C. 정상상태에서 계의 동역학적 평형은 고전적인 물리법칙의 지배를 받으나 이들 고전적인 물리법칙들은 정상상태들 사이의 전이에는 적용되지 않는다.

D. 전자와 핵으로 이루어진 계의 운동에너지의 평균값은 $K = nhf_{\text{orb}}/2$로 주어지는데, 여기서 f_{orb}는 회전진동수이다. 한 원형 궤도에 대하여 보어는 이 가정이 정상상태에 있는 계의 각운동량이 $h/2\pi$의 정수 배가 된다는 것과 동등하다는 것을 지적하였다.[이 결합된 두 상수들의 표현($h/2\pi$)은 너무나 자주 나타나기 때문에 다른 기호 $\hbar \equiv h/2\pi$로 표시되며 'h bar'로 발음한다.]

이 네 가지 가정들은 보어가 뤼드베리 공식을 유도하기 위하여 필요한 모든 것이었다. 보어는 원자들이 안정하기 때문에 가정 A와 C는 자명하다고 믿었다. 원자들은 존재하며 계속적으로 에너지를 방출하지 않는다.(그러므로 가정 A는 자명하다.) 또한 고전적인 물리법칙은 관측된 원자의 거동을 설명할 수 없는 것같이 보인다.(그러므로 가정 C는 자명하다.)

보어는 후에(1915년) 가정 B는 "실험 사실들을 설명하기 위하여 필요한 것처럼 보인다"고 말했다. 가정 D는 보어 반대자들이 받아들이기 가장 어려운 것이었다. 이 가정은 기본적인 상수들로 수소 원자의 결합 에너지를 유도하는 데 핵심 사항이다. 그래서 보

PUBLIC DOMAIN

닐스 보어(Niels Bohr, 1885~1962)는 현대 물리 이론의 창시자 이상의 의미를 지닌다. 그는 대학교수의 아들로 덴마크에서 태어났으며, 플랑크가 자신의 연구 결과들을 발표할 무렵에 고등학교에 입학하였다. 덴마크에서 교육을 받은 후 보어는 영국으로 건너가서 처음에는 톰슨과, 나중에는 러더퍼드와 연구하였다. 보어는 노벨상을 받기 전, 1921년에 코펜하겐에서 설립한 그의 이론물리학 연구소(지금은 닐스 보어 연구소라 불림)에서 많은 젊은 이론물리학자들을 양성하였다.

*Niels Bohr, *Philosophical Magazine* **26**, 1 (1913) and **30**, 394 (1915)

어는 그의 논문에서 여러 방법으로 이를 다시 설명하였고 옹호했다. 우리는 여기서 가정 D의 각운동량 측면에서의 양자화를 중요시하는데 이것은 뤼드베리 공식을 아주 간단하게 유도하게 한다.

실험적 데이터를 설명하기 위하여 필요했던 보어의 새로운 아이디어들(네 가지 가정들)은 고전물리를 가능한 한 많이 유지한 선택이었다. 어떤 새로운 것이 필요하다는 보어의 인식과 그 가정들과 플랑크의 양자가설과 관련시키려는 그의 시도는 심지어 아인슈타인의 광전 효과 이론보다 위대하고 아마 과학적 이해에 있어 하나의 진보를 상징하는 것이라 할 수 있다.

이제 보어의 가정을 사용하여 뤼드베리의 공식을 유도하는 과정을 거쳐 보자. 수소 원자의 총에너지(운동에너지와 퍼텐셜에너지)는 앞서 식 (4.21)에서 이미 유도하였다. 원운동인 경우 전자의 각운동량 L의 크기는

$$L = |\vec{r} \times \vec{p}| = mvr$$

이다. 가정 D는 이것이 $n\hbar$와 같아야 한다는 것을 말한다.

$$L = mvr = n\hbar \tag{4.22a}$$

주양자수

여기서 n은 정수이고 **주양자수**(principal quantum number)라 부른다. 위 식을 속도에 대한 방정식으로 나타내면 다음 식을 얻는다.

$$v = \frac{n\hbar}{mr} \tag{4.22b}$$

식 (4.19)는 v와 r 사이의 독립적인 관계를 야기한다. 식 (4.19)와 식 (4.22b)에서 각각 v^2에 대해서 정리한 후 같다고 놓으면, 다음과 같이 된다.

$$v^2 = \frac{e^2}{4\pi\epsilon_0 mr} = \frac{n^2\hbar^2}{m^2r^2} \tag{4.23}$$

식 (4.23)에서 n에 의해 반지름 r의 특정한 값들만이 존재할 수 있다.

$$r_n = \frac{4\pi\epsilon_0 n^2\hbar^2}{me^2} \equiv n^2 a_0 \tag{4.24}$$

여기서 a_0는 **보어반지름**(Bohr radius)으로 다음과 같다.

$$a_0 = \frac{4\pi\epsilon_0 \hbar^2}{me^2}$$

$$= \frac{(1.055 \times 10^{-34}\ \mathrm{J\cdot s})^2}{\left(8.99 \times 10^9\ \frac{\mathrm{N\cdot m^2}}{\mathrm{C^2}}\right)(9.11 \times 10^{-31}\ \mathrm{kg})(1.6 \times 10^{-19}\ \mathrm{C})^2}$$

보어반지름

$$= 0.53 \times 10^{-10}\ \mathrm{m}$$

수소 원자의 가장 작은 지름은 수소 원자의 추정되는(지금은 확실히 알고 있지만) 크기로 $2r_1 = 2a_0 \approx 10^{-10}$ m임을 주목하라! 보어는 기본 상수들인 ϵ_0, h, e, m으로 설명되

는 기본적 길이 a_0를 구했다. 이 기본적인 길이는 $n = 1$일 때의 반지름이다. 식 (4.24)에서 원자의 반지름이 양자화되어 있음을 주목하라. 다양한 물리량의 양자화는 주양자수 n 때문에 발생한다. $n = 1$은 가장 낮은 에너지 상태('바닥'상태라고 부른다)에 대응하는 수소 원자의 반지름을 부여한다. $n > 1$은 수소 원자가 '여기'상태 또는 '들뜬'상태로 불리는데 다른 가능한 수소 원자의 반지름들을 결정한다.

이제 정상상태에서의 에너지들은 식 (4.21)과 (4.24)로부터 결정될 수 있다.

양자화된 에너지 상태

$$E_n = -\frac{e^2}{8\pi\epsilon_0 r_n} = -\frac{e^2}{8\pi\epsilon_0 a_0 n^2} \equiv -\frac{E_0}{n^2} \tag{4.25}$$

가장 낮은 에너지 상태($n = 1$)는 $E_1 = -E_0$이다. 여기서 E_0는

$$E_0 = \frac{e^2}{8\pi\epsilon_0 a_0} = \frac{e^2}{(8\pi\epsilon_0)}\frac{me^2}{4\pi\epsilon_0 \hbar^2} = \frac{me^4}{2\hbar^2(4\pi\epsilon_0)^2} = 13.6 \text{ eV} \tag{4.26}$$

이것은 실험적으로 측정된 수소 원자의 이온화 에너지이다. 보어의 가정 C와 D는 그림 4.15의 **에너지 준위도**(energy-level diagram)에 나타낸 것처럼 원자는 명백하게 양자화된 에너지 E_n을 갖는 '정상상태들'에서만 존재할 수 있다는 것을 암시한다. 광양자의 방출은 원자가 여기상태(양자수 $n = n_u$)에 있다가 보다 낮은 에너지 상태($n = n_\ell$)로 붕괴할 때에 일어난다. 두 에너지 준위 사이의 전이가 그림 4.15에 도식적으로 설명되어 있다. 가정 B에 따르면

$$hf = E_u - E_\ell \tag{4.27}$$

이고, 여기서 f는 방출된 광양자(광자)의 진동수이다. $\lambda f = c$이므로

$$\frac{1}{\lambda} = \frac{f}{c} = \frac{E_u - E_\ell}{hc}$$

$$= \frac{-E_0}{hc}\left(\frac{1}{n_u^2} - \frac{1}{n_\ell^2}\right) = \frac{E_0}{hc}\left(\frac{1}{n_\ell^2} - \frac{1}{n_u^2}\right) \tag{4.28}$$

이 되고, 여기서

$$\frac{E_0}{hc} = \frac{me^4}{4\pi c\hbar^3(4\pi\epsilon_0)^2} = R_\infty \tag{4.29}$$

이다. 상수 R_∞는 **뤼드베리상수**(Rydberg constant) (핵이 무한대의 질량이라 가정할 때)라 부른다. 식 (4.28)은

$$\frac{1}{\lambda} = R_\infty\left(\frac{1}{n_\ell^2} - \frac{1}{n_u^2}\right) \tag{4.30}$$

이 되고 이 식은 식 (3.13)의 뤼드베리 공식과 비슷하다. 식 (4.29)로부터 계산된 $R_\infty = 1.097373 \times 10^7 \text{ m}^{-1}$ 값은 3장에 나온 실험값과 잘 일치하며, 다음 절에서 보다 정확한 결과를 얻게 될 것이다.

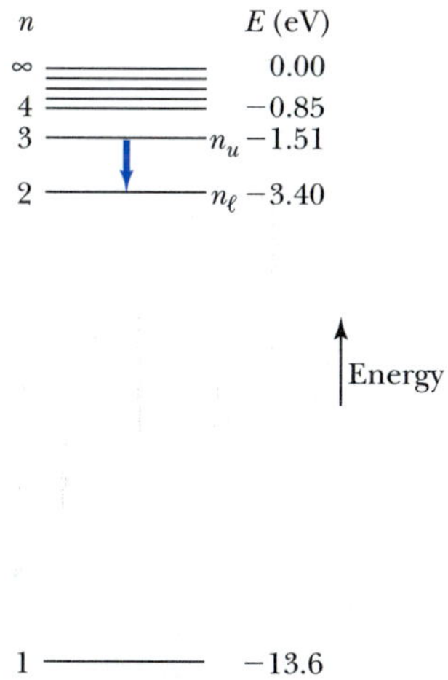

그림 4.15 수소 원자의 에너지 준위도. 주양자수 n은 왼쪽에, 각 준위의 에너지는 오른쪽에 나타내었다. 바닥상태의 에너지는 −13.6 eV이다.(음의 총에너지는 속박되고 인력이 작용하는 계임을 의미한다.) 원자가 여기상태(예를 들면, $n_u = 3$)에서 보다 낮은 정상상태(예를 들면, $n_\ell = 2$)로 전이하게 되면, 수소 원자는 이들 두 상태의 에너지 차에 해당하는 에너지를 광자를 생성시키는 전자기파 형태로 방출해야만 한다.

보어의 모형으로부터 수소 원자에서의 가능한 모든 전이에 대한 진동수(또는 파장)를 예측한다. 몇 가지 계열들을 그림 4.16에 보였다. 라이먼 계열(Lyman series)은 가장 낮은 상태인 $n_\ell = 1$인 상태로 전이할 때 나타나는 스펙트럼이고, 발머 계열(Balmer series)은 $n_\ell = 2$인 정상상태로 전이한 결과이고, 파셴 계열(Paschen series)은 $n_\ell = 3$으로의 전이를 보여 준다. 3.3절에서 언급했던 것과 같이, 모든 계열들이 1913년까지 실험적으로 알려지지는 않았지만 보어가 그때까지 알려진 수소 스펙트럼선을 성공적으로 설명했다는 것은 분명하다.

흡수 스펙트럼과 방출 스펙트럼

원소에서 방출되는 스펙트럼에서 광자들의 진동수는 정상상태들 간의 에너지 차이에 직접적으로 비례한다. 백색광(모든 가시영역의 광자 진동수를 구성하고 있는 빛)을 원자 상태의 수소 기체에 통과시키면 특정 진동수의 빛들이 없어져 검은 부분이 나타나는 것을 발견한다. 이런 검은 선들의 패턴을 **흡수 스펙트럼**(absorption spectrum)이라 부른다. 사라진 진동수는 **방출 스펙트럼**(emission spectrum)에서 관측되는 스펙트럼선의 진동수와 정확히 같은 값을 가진다. 원자에 에너지를 주어 전자를 낮은 정상상태(ℓ)에서 보다 높은 정상상태(u)로 이동하도록 하기 위하여 어떤 특정한 광자들이 흡수된다. 식 (4.27)과 (4.30)은 흡수된 광자의 진동수와 파장을 나타내기도 한다. 여기된 원자는 보다 낮은 정상상태로 되돌아가면서 광자를 방출하기 전에 아주 짧은 시간(10^{-10} s 정도) 동안만 여기상태에 머무를 것이다. 그래서 보통 온도에서는 실제로 모든 수소 원자들은 가장 낮은 가능한 에너지 상태 즉 $n = 1$인 상태에만 존재하여 라이만 계열의 흡수 스펙트럼선만이 보통 관측된다. 그러나 이런 스펙트럼선들은 가시광 영역에 있지 않다. 태양은 가시광 영역을 포함한 광범위한 파장대의 전자기복사를 한다. 태양빛이 그 주위를 둘러싸고 있는 수소를 포함하고 있는 대기를 통과할 때 수소 원자들은 발머 계열의 파

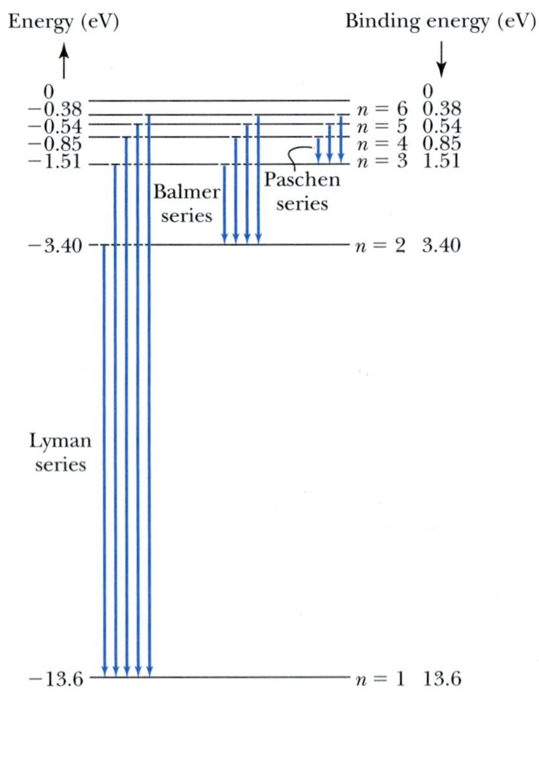

그림 4.16 수소 원자의 여러 정상상태들 사이의 전이가 표시되어 있다. 높은 상태들에서 $n = 1$인 상태로의 전이(자외선 방출)를 라이만 계열이라 부른다. $n = 2$인 상태로의 전이(발머 계열)는 가시광 영역에 있기 때문에 최초로 발견되었다. 파셴 계열($n = 3$인 상태로의 전이)은 적외선 영역에 있다. 결합 에너지와 함께 각 상태들의 에너지가 표시되어 있다.

장들을 흡수하는데, 그래서 흡수 스펙트럼은 발머 계열의 파장들에서 검은 선들을 나타낸다.

우리는 식 (4.22b)와 (4.23)과 함께 하는 보어 모형에서 전자의 속도를 다음과 같이 결정할 수 있다.

$$v_n = \frac{n\hbar}{mr_n} = \frac{n\hbar}{mn^2 a_0} = \frac{1}{n}\frac{\hbar}{ma_0} \tag{4.31}$$

또는

$$v_n = \frac{1}{n}\frac{e^2}{4\pi\epsilon_0\hbar}$$

v_1의 값은 $\hbar/ma_0 = 2.2 \times 10^6$ m/s이고 이것은 빛의 속력(3×10^8 m/s)의 1%도 안 된다. 차원이 없는 v_1과 c의 비를 α로 정의하면

$$\alpha \equiv \frac{v_1}{c} = \frac{\hbar}{ma_0 c} = \frac{e^2}{4\pi\epsilon_0\hbar c} \approx \frac{1}{137} \tag{4.32}$$

미세구조 상수

이 되고, 이 비를 **미세구조 상수**(fine structure constant)라고 부른다. 이것은 원자구조 계산에서 종종 사용된다.

이 시점에서 주의해야 할 것을 말하면, 양자화된 에너지 준위들에 대한 보어의 원자 모형은 원자구조의 과학적 이해에 있어 앞으로 향하는 하나의 중요한 걸음을 보여 주었다. 비록 보어 모형이 많은 성공을 거두었다 할지라도 오늘날 우리는 그것이 원리적으로는 틀렸다는 것을 안다. 다음 절에서 이 모형의 성공과 실패에 대하여 논의하고 6장에서 정확한 양자론을 토의할 것이다. 그런 실패에도 불구하고 보어의 원자 모형은 원자의 구조를 이해하는 데 있어 인류의 첫 번째 시도라도 점에서 매우 유용하다.

예제 4.7

수소의 파셴 계열에서 관찰된 가장 길고 가장 짧은 파장을 구하라. 어느 파장이 가시광인가?

전략 파장을 결정하기 위하여 식 (4.30)을 사용한다. 가장 낮은 에너지 상태 n_ℓ(그림 4.16)은 3이다. 가장 긴 파장과 가장 짧은 파장을 얻기 위해서 $n_u = 4$와 ∞에 대해서 파장을 계산한다.

풀이 주양자수 $n_u = 4$와 ∞의 값들과 뤼드베리상수를 식 (4.30)에 넣으면, 먼저 $n_u = 4$에 대하여

$$\frac{1}{\lambda_{\text{max}}} = (1.0974 \times 10^7\,\text{m}^{-1})\left(\frac{1}{3^2} - \frac{1}{4^2}\right) = 5.335 \times 10^5\,\text{m}^{-1}$$

$$\lambda_{\text{max}} = 1875\text{ nm}$$

를 얻게 되고 이것은 파셴 계열의 가장 긴 파장(1875 nm)으로 가시광 영역이 아니며 적외선 영역에 있다. 그리고 $n_u = \infty$에 대하여

$$\frac{1}{\lambda_{\text{min}}} = (1.0974 \times 10^7\,\text{m}^{-1})\left(\frac{1}{3^2} - \frac{1}{\infty}\right) = 1.219 \times 10^6\,\text{m}^{-1}$$

$$\lambda_{\text{max}} = 820\text{ nm}$$

를 얻게 되고 이것은 파셴 계열의 가장 짧은 파장(820 nm)인데 이 또한 가시광이 아니며 적외선 영역에 있다. 결국 파셴 계열은 가시광을 포함하고 있지 않다.

대응원리

1900년대 초기의 물리학자들은 이미 잘 알고 잘 이해하고 있는 고전물리학의 결과들과 새로운 양자론적 결과들을 서로 조화롭게 연결시키는 데 어려움을 겪었다. 때로는 몇몇 결과들이 고전역학과 양자역학 각 영역에서 서로 확고하게 따로 해석되었다. 예를 들면 두 가지 복사법칙이 있는데, 그 하나는 가속된 전하에서 나오는 복사의 성질을 설명하는 데는 고전전자기학을 사용하였고, 다른 하나는 보어의 원자 모형으로 설명되었다. 물리학자들은 새로운 현대적 결과들을 고전적 결과들과 연결시키기 위하여 다양한 종류의 대응원리를 제안하였다. 보어는 1913년 그의 논문에서 물리학자들이 새로운 이론을 개발하는 데 지침이 될 수 있는 아마도 가장 나은 *대응원리*(correspondence principle)를 제안하였다. 이 원리는 그 후 몇 년간에 걸쳐 여러 번 다듬어졌다.

보어의 대응원리

고전론과 양자론이 일치해야 하는 한계범위에서는 양자론은 고전론의 결과로 환원시켜야 한다.

이 원리를 설명하기 위하여, 두 복사법칙에서 예측되는 것을 검토하기로 하자. 수소 원자에 대한 보어 모형에서 원자 내의 전자에 의해 방출되는 복사선의 진동수는 유한 값을 가진 플랑크상수가 중요하지 않은 영역 즉 양자 효과가 극소화되는 매우 큰 양자수에 대해서는 고전 전자기학으로 예측되는 진동수와 일치해야 한다. 이 대응원리가 어떻게 작동하는가를 알기 위하여 고전적으로는 방출된 복사선의 진동수는 핵 주위를 돌고 있는 전자의 궤도진동수 f_{orb}와 같다는 것을 상기하자.

$$f_{\text{classical}} = f_{\text{orb}} = \frac{\omega}{2\pi} = \frac{1}{2\pi}\frac{v}{r} \tag{4.33a}$$

여기서 원운동에 대하여, 각속도는 $\omega = v/r$이다. 식 (4.19)에서 v를 식 (4.33a)에 대입하면

$$f_{\text{classical}} = \frac{1}{2\pi}\left(\frac{e^2}{4\pi\epsilon_0 m r^3}\right)^{1/2} \tag{4.33b}$$

이 된다. 여기서 우리는 식 (4.24)의 궤도반경 r을 식 (4.33b)에 대입함으로써 보어 모형과 연결고리를 만들고, 그때 다음의 식에서처럼 고전적 진동수가 기초상수들과 주양자수 n에 의해 표현될 수 있다는 것을 안다.

$$f_{\text{classical}} = \frac{me^4}{4\epsilon_0{}^2 h^3}\frac{1}{n^3} \tag{4.34}$$

보어 모형에서 연속적인 복사가 일어날 수 있는 가장 흔한 경우는 계단폭포와 같이 주양자수가 $n + 1$인 준위에서 바로 그다음으로 에너지가 낮은 준위로 그리고 또 바로 그다음 준위로 등등 계속해서 전이가 일어나는 다음의 경우이다.

$$n + 1 \rightarrow n \rightarrow n - 1 \rightarrow \cdots$$

$n + 1 \rightarrow n$의 전이는

$$f_{\text{Bohr}} = \frac{E_0}{h}\left[\frac{1}{n^2} - \frac{1}{(n+1)^2}\right]$$

$$= \frac{E_0}{h}\left[\frac{n^2+2n+1-n^2}{n^2(n+1)^2}\right] = \frac{E_0}{h}\left[\frac{2n+1}{n^2(n+1)^2}\right]$$

n이 클 때 위 식은

$$f_{\text{Bohr}} \approx \frac{2nE_0}{hn^4} = \frac{2E_0}{hn^3}$$

가 된다. 식 (4.26)에서 E_0를 위 식에 대입하면

$$f_{\text{Bohr}} = \frac{me^4}{4\epsilon_0{}^2h^3}\frac{1}{n^3} = f_{\text{classical}} \tag{4.35}$$

보어 진동수와 고전 진동수의 일치

이 되어, 양자수 n이 클 때, 방출된 에너지의 진동수는 고전 이론과 보어 모형이 일치함을 알 수 있다. 보어의 대응원리는 고전물리와 양자물리가 일치하는 큰 궤도들에 대하여 타당하다.

1915년까지 보어의 모형이 광범위하게 인정을 받게 됨으로써, 양자 개념에 대한 비판가들은 그들의 비판을 들어 줄 사람이 없음을 알았다. 그 당시 보어는 원자구조를 이해하는 데 플랑크 양자상수의 필요성을 보여 주었고 아인슈타인의 광전 효과에 대한 개념도 또한 일반적으로 받아들여졌다. 각운동량($L_n = n\hbar$)이 양자화되어 있다는 가정을 통해 다른 물리량들 r, v, E의 양자화를 이끌어 낼 수 있었다. 참고로 여기에 세 방정식을 정리한다.

궤도반지름 $$r_n = \frac{4\pi\epsilon_0\hbar^2}{me^2}n^2 = n^2a_0 \tag{4.24}$$

속도 $$v_n = \frac{n\hbar}{mr_n} \tag{4.22b}$$

에너지 $$E_n = -\frac{e^2}{8\pi\epsilon_0 a_0 n^2} \tag{4.25}$$

4.5 보어 모형의 성공과 실패

앞 절에서 언급한 것처럼, 보어의 원자 모형은 원자구조를 이해하는 첫 걸음이었다. 우리는 6장에서 양자이론을 소개한 후 7장에서 수소 원자에 대한 바른 설명을 토의할 것이다. 수소 원자의 스펙트럼에 대한 파장 측정은 정밀한데 이 결과들은 이미 소개된 보어 모형 결과들과는 약간의 불일치를 보여 준다. 이러한 불일치들은 원래 가정들을(예를 들면, 핵의 질량이 무한히 크다라는 가정) 보다 신중하게 다시 살펴봄으로써 보정될 수 있다.

환산질량 보정

사실 그림 4.17에서 보는 바와 같이 전자와 수소핵은 그들의 질량중심 주위로 돈다. 이것은 두 물체 문제로 이전의 분석과 같이 단지 한 물체 운동에서처럼 r만으로 단순화된 것이 아니라 r_e와 r_M으로 구분되어야 한다. 고전역학으로부터 유도된 간단한 분석에 의하면 이 두 물체 문제는 질량이 μ_e인 하나의 물체가 질량중심 주위 구심력장에서 움직이는 등가의 한 물체(equivalent one-body) 문제로 환원될 수 있다는 것을 보여 준다. 4.4절의 결과들에 필요한 유일한 변화는 전자의 질량 m_e가 **환산질량**(reduced mass) μ_e로 대체되어야 한다는 것이다. μ_e는 다음과 같이 정의될 수 있다.

환산질량

$$\mu_e = \frac{m_e M}{m_e + M} = \frac{m_e}{1 + \dfrac{m_e}{M}} \tag{4.36}$$

여기서 M은 핵의 질량이다(연습문제 53을 보라). 수소 원자의 경우에 M은 양성자의 질량이 되고, 수소 원자에 대한 환산질량은 $\mu_e = 0.999456\ m_e$인데 이 차이는 실험적으로 측정될 수 있다. 핵질량이 무한하다고 가정하여 식 (4.29)에서 정의된 뤼드베리상수 R_∞는 아래 식으로 정의되는 R로 대체되어야 한다.

$$R = \frac{\mu_e}{m_e} R_\infty = \frac{1}{1 + \dfrac{m_e}{M}} R_\infty = \frac{\mu_e e^4}{4\pi c \hbar^3 (4\pi\epsilon_0)^2} \tag{4.37}$$

수소에 대한 뤼드베리 상수 $R_H = 1.096776 \times 10^7\ m^{-1}$이다.

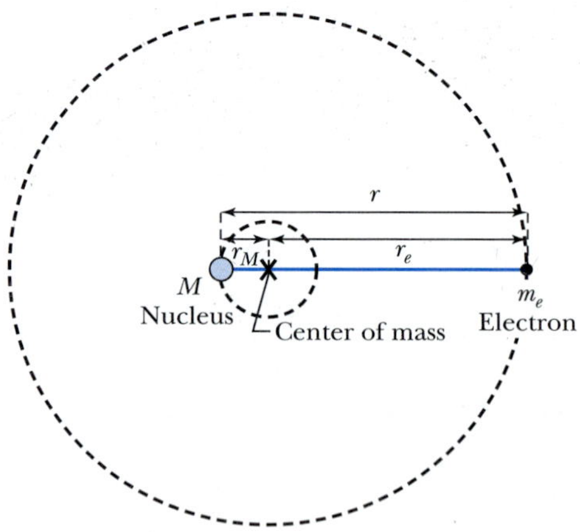

그림 4.17 핵의 질량이 실제로는 무한대가 아니기 때문에 전자와 핵 모두는 핵에 매우 가까이 위치한 질량중심 주위로 회전한다. 이 그림은 수소 원자를 극단적으로 단순화한 것이다.

예제 4.8

수소, 중수소, 삼중수소 원자에 대하여 $n_u = 3 \to n_\ell = 2$인 전이(H_α선)에 대한 파장을 계산하라.

전략 R_∞를 식 (4.37)에 표현된 뤼드베리상수로 대체하여 식 (4.30)을 적용한다. 식 (4.37)을 사용하기 위하여 수소, 중수소, 삼중수소의 질량이 필요하다.

풀이 다음의 각 질량은 부록 5에 나와 있는 원자 질량에서 전자의 질량을 빼서 구한 것이다.

$$\text{양성자} = 1.007276\ \text{u}$$

$$\text{중성자} = 2.013553\ \text{u}$$

$$\text{삼중양성자(삼중수소의 핵)} = 3.015500\ \text{u}$$

전자의 질량은 $m_e = 0.0005485799$ u이다. 그러면 뤼드베리상수는

$$R_\text{H} = \frac{1}{1 + \dfrac{0.0005486}{1.00728}} R_\infty = 0.99946 R_\infty \qquad \text{수소}$$

$$R_\text{D} = \frac{1}{1 + \dfrac{0.0005486}{2.01355}} R_\infty = 0.99973 R_\infty \qquad \text{중수소}$$

$$R_\text{T} = \frac{1}{1 + \dfrac{0.0005486}{3.01550}} R_\infty = 0.99982 R_\infty \qquad \text{삼중수소}$$

가 된다. H_α선에 대하여 계산된 파장은

$$\frac{1}{\lambda} = R\left(\frac{1}{2^2} - \frac{1}{3^2}\right) = 0.13889R$$

$$\lambda(\text{H}_\alpha, \text{수소}) = 656.47\ \text{nm}$$

$$\lambda(\text{H}_\alpha, \text{중수소}) = 656.29\ \text{nm}$$

$$\lambda(\text{H}_\alpha, \text{삼중수소}) = 656.23\ \text{nm}$$

이다. 1932년에 656.4 nm 근처 수소 스펙트럼 부근에서 매우 가깝게 위치한 두 개의 선이 관측됨으로써 중수소가 발견되었다. 이 두 개의 선은 수소 원자와 중수소 원자의 선으로 판명되었다.

보어의 모형은 핵의 전하가 양성자 한 개의 전하(+e)보다 더 크다 하더라도 예를 들면 He^+, Li^{++}와 같은 임의의 단일 전자(수소 같은) 원자에 적용할 수 있을 것이다. 이 경우 단지 변경되는 것은 쿨롱 힘을 계산하는 경우인데 핵의 전하가 $+Ze$이므로 e^2 대신에 Ze^2로 대치하면 된다. 식 (4.30)의 뤼드베리 공식은 이제

$$\frac{1}{\lambda} = Z^2 R\left(\frac{1}{n_\ell^{\,2}} - \frac{1}{n_u^{\,2}}\right) \tag{4.38}$$

과 같이 되는데 여기서 뤼드베리상수는 식 (4.37)로 주어진다. 보어는 그의 모형을 1가 헬륨 이온에 적용하였다. 우리는 여기서 식 (4.38)은 단지 단일전자를 가지는 원자들(H, He^+, Li^{++} 등)에만 적용되고 다른 원자들(예를 들면, He, Li, Li^+)에는 적용되지 않는다는 것을 강조한다. He^+, Li^+, Li^{++}같이 전하를 띤 원자를 *이온*이라 부른다.

1913년 보어는 원논문에서 연구실에서 아직 확인도 되지 않았던 He^+의 스펙트럼선을 예언하였다. 그는 피커링(Pickering)에 의해 관측된 항성에서 나온 스펙트럼선과 파울러(Fowler)에 의해 관측된 수소와 헬륨이 들어간 진공관에서 나오는 어떤 특정 스펙트럼선들(일반적으로 수소에 기인한 것으로 생각되었음)이 1가로 이온화된 헬륨에 기인한다는 것을 보여 주었다. 보어는 He^+가 수소의 파장들 사이에 *추가적인 선*들을 가지는 것을 제외하면 $n_\ell = 4$인 He^+의 예측되는 파장들과 $n_\ell = 2$인 H의 파장들이 거의 유사함을 보였다(연습문제 35를 보라). 이 사실에 대한 보어의 정확한 설명은 그의 모형에 신빙성을 더했다.

예제 4.9

Li^{++} 이온에서 방출될 수 있는 가장 짧은 파장을 계산하라.

전략 가장 짧은 파장의 방출은 전자가 가장 높은 상태(속박되지 않은 상태, 즉 $n_u = \infty$)에서 가장 낮은 에너지 상태($n_\ell = 1$)로 전이할 때이다. 파장을 구하기 위하여 식 (4.38)을 이용한다.

풀이 식 (4.38)은 다음과 같이 되고

$$\frac{1}{\lambda} = (3)^2 R\left(\frac{1}{1^2} - \frac{1}{\infty}\right) = 9R$$

$$\lambda = \frac{1}{9R} = 10.1 \text{ nm}$$

여기서, $n_u = \infty$로 둘 때에 *계열 한계*(series limit)라 알려진 것을 얻는데, 이는 각 계열에서 방출될 수 있는 것 중에서 가장 짧은 파장이다.

그 밖의 다른 한계들

분광학에서 정밀도 수준이 증가함에 따라 원래 단일 선이라 믿었던 각 스펙트럼선을 실제로 **미세구조**(fine structure)로 알려진 둘 혹은 둘 이상으로 분리될 수 있다는 것이 관측되었다. 아르놀트 조머펠트(Arnold Sommerfeld)(몇몇 전자궤도들은 타원이라 가정함)는 보어의 가정에 특수상대성이론을 적용하여 스펙트럼선의 갈라짐을 어느 정도 설명할 수 있었다. 계속해서 다른 요인들(특히 전자의 *스핀*, 혹은 *고유 각운동량*)도 또한 스펙트럼선의 미세구조에 영향을 미친다는 것이 밝혀졌다.

미세구조

이어서 곧 복사하는 원자에 가해진 외부자기장(제이만 효과)과 외부전기장(슈타르크 효과)이 스펙트럼선에 영향을 끼쳐 스펙트럼선을 갈라지게 하거나 스펙트럼선폭을 넓게 퍼지게 하는 것이 관측되었다. 비록 고전 전자기이론으로 (정상) 제이만 효과를 정량적으로 설명할 수 있지만(7장을 보라) 슈타르크 효과는 설명할 수 없었다. 이를 설명하기 위해서는 보어와 조머펠트의 양자론이 필요하였다.

보어의 모형이 매우 작은 원자의 이해를 위하여 새로운 양자론을 적용하는 데 있어 앞을 향한 큰 걸음이었지만, 얼마 지나지 않아 이 모형이 한계를 가지고 있음이 분명히 드러났다.

보어 모형의 한계

1. 오직 단일전자 원자(H, He^+, Li^{++} 등)에만 성공적으로 적용될 수 있었다.
2. 스펙트럼선의 강도나 미세구조를 설명할 수 없었다.
3. 보어의 모형은 분자에서 원자들의 결합을 설명할 수 없었다.

7장에서는 이 모든 현상을 설명할 수 있는 수소 원자에 대한 완전한 양자역학적 이론을 다루게 된다. 보어 모형은 수소 스펙트럼선을 설명하기 위한 임시변통의 이론이다. 비록 이 이론이 양자물리의 초창기에는 유용했지만 오늘날 우리는 보어 모형이 원자를 바르게 기술하지 않는다는 것을 알고 있다. 그러나 모형의 결함에도 불구하고 보어 모형의 업적을 낮게 평가해서는 안 된다. 이 모형은 원자를 순전히 고전적으로 기술하는 것에서부터 보정된 양자론적 설명으로까지 가는 첫걸음이었다. 이런 거대한 사고 전환의 과정에서 보통 나타나는 것처럼 보어의 모형은 너무 많은 고전적 개념을 유지하려다가 충분히 멀리 나아가지는 못했다. 여러 해 후에 아인슈타인은 보어의 업적은 나에게 기적처럼 보였고 심지어 오늘에도 기적으로 보인다라고 언급하였다.*

4.6 특성 x선 스펙트럼과 원자 번호

보어의 모형이 발표되던 1913년까지 다전자 원자의 구조를 이해하는 데 있어 진전이 거의 없었다. 보어·러더퍼드 원자의 일반적인 특성이 모든 원자에 대하여 적용될 수 있을 것이라고 믿어졌다. 3.7절에서 전자빔에 의해 충돌된 여러 물질에서 x선이 발생하는 것에 대하여 토의하였다. 주어진 원소로 만들어진 양극을 가진 x선관은 진동수 스펙트럼에서 그 양극 원소의 특성을 보여 주는 중첩된 몇 개의 봉우리들을 나열하는 제동 복사 x선의 연속 스펙트럼을 발생시킴을 알고 있다(그림 3.19).

특성 x선 파장들

우리는 지금 보어의 *전자껍질* 가설을 도입함으로써 이런 **특성 x선 파장**들을 이해할 수 있다. 보어의 모형은 반지름 r_n에 기초한 전자껍질은 각 주양자수 n과 관련될 수 있다는 것을 제안한다. 보다 작은 n 값을 가지는 전자들은 큰 n 값을 가지는 전자보다 핵에 더 단단히 구속되어 있다. 전자의 궤도반지름의 크기는 n^2에 비례하여 증가한다[식 (4.24)]. 특정 에너지는 n과 연관되어 있다. 완전히 이온화된 다전자 원자에 전자들을 더해 주면 안쪽 껍질(작은 n 값)들이 바깥쪽 껍질보다 먼저 채워진다고 가정할 수 있다. 우리는 각 껍질이 얼마나 많은 전자를 포함하고 있는지 그리고 전자들이 왜 껍질을 형성하려는 경향이 있는지에 대해서는 아직 토의하지 않았다. 역사적으로 껍질들은 문자 이름이 부여되었다. $n = 1$인 껍질을 K껍질이라 부르고, $n = 2$인 껍질은 L껍질이라 부르는 등이다. 그림 4.18은 원자의 껍질 구조를 나타낸 것이다. 많은 전자를 가진 무거운 원자에서는 많은 껍질들이 전자들을 포함하고 있다고 가정할 수 있다. x선관에서 고에너지의 전자가 표적 원자에 있는 K껍질의 전자들(우리는 이 전자를 *K전자*라고 부를 것이다) 중 한 전자와 충돌한다면 어떤 일이 일어날 것인가? 만일 그 원자로부터 K전자를 떼어 낼 수 있을 만큼 충분한 에너지가 K전자에 전달된다면 그 원자는 K껍질에 빈자리를 남길 것이다. 원자는 가장 낮은 에너지 상태 즉 *바닥상태*에 있을 때 가장 안정하다. 그래서 이 경우 높은 껍질에 있던 전자 중 하나가 상태를 바꾸면서 에너지가 낮은 내부껍질의 빈자리를 채울 것이다. 이때 전자가 높은 에너지 상태에서 낮은 에너지 상태로 상태를 바꿀 때 복사 에너지(빛)를 발생시킨다. 이것이 무거운 원자에서 발생하게 되면 방출되는 전자기복사를 *x선*이라 부르며 그 에너지는 다음과 같다.

$$E(\text{x ray}) = E_u - E_\ell \tag{4.39}$$

이 과정은 여기된 수소 원자에서 일어나는 과정과 아주 유사하다. 전자가 L각에서 K각으로 떨어질 때 생성되는 광자를 K_α x선이라 부르며, 전자가 M각에서 K각으로 떨어질 때 생성되는 광자를 K_β x선이라 부른다. 이와 같이 x선의 명명에 대한 개념이 그림 4.18에 도시되어 있다. 여러 껍질들 간의 에너지 준위 차가 각 원소들마다 상대적으로 다르다. 그래서 결국 원소의 고유 x선의 에너지는 단순히 껍질들 간의 에너지 차이에 해당한다. 그림 3.19의 몰리브덴 스펙트럼에 나타난 두 개의 강한 피크는 K_α x선과 K_β x선이다.

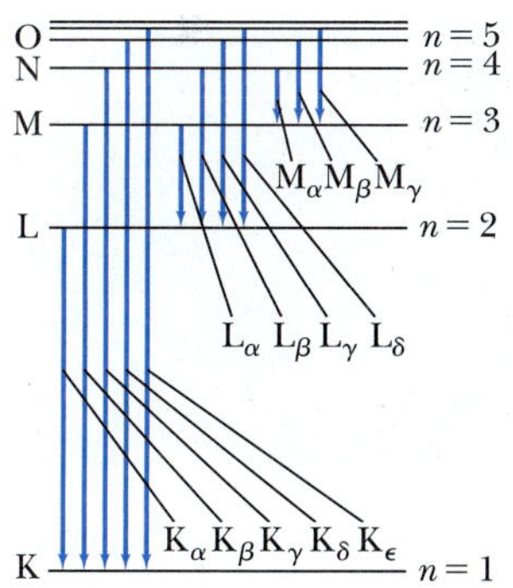

그림 4.18 역사적으로 정상상태들은 문자로 정의되기도 한다. 즉, K껍질($n = 1$), L껍질($n = 2$), M껍질($n = 3$) 등이다. 원자의 에너지 상태가 변할 때 방출되는 x선은 처음 상태와 최종 상태에 따라 다른 이름이 붙여진다. 그리스 문자로 된 아래 첨자는 Δn의 값을 나타내고 로마 문자는 최종 상태에 대한 n의 값을 나타낸다.

*P. A. Schillp, ed., *Albert Einstein, Philosopher-Scientist*, La Salle, IL: The Open Court, 1949

나중에 7장과 8장에서 진보된 양자역학적인 방법으로 수정되겠지만 전자껍질에 대한 이런 단순한 설명조차도 1913년 초까지는 이해되지 않았다. x선 검출에 대한 실험 분야가 번창하기 시작했고(3.3절을 보라), 특성 x선의 파장에 대한 정확한 정의가 가능하였다. 1913년에 러더퍼드의 맨체스터 연구실에서 연구하고 있던 모즐리는 일련의 원소들에 대한 특성 x선 스펙트럼의 목록을 작성하기 위하여 일하고 있었다. 그는 x선관에서 발생하는 K껍질과 L껍질 x선에 중점을 두었다. 이 당시 러더퍼드의 맨체스터 연구실의 물리학자들은 확고한 실험적 증거를 가지고 있지는 않았지만 이미 원자 번호에 대한 개념을 전적으로 수용하고 있었다. 대다수의 유럽 물리학자들은 여전히 **원자량**(atomic weight) A가 중요한 요소라고 믿었고 그래서 이 당시 원소에 대한 주기율표는 이것에 따라 구성되어 있었다. **원자 번호**(atomic number) Z는 핵 속에 있는 양성자의 수이다. 그 당시에는 핵의 구성요소가 정확히 알려져 있지 않았으므로 Z는 핵 속의 양전하와 관련되어 있었다.

원자 번호의 중요성

모즐리는 특성 x선의 진동수와 그 당시에는 추측만 되던 원소의 원자 번호를 비교한 후 측정된 진동수의 제곱근과 원자 번호에 대한 관계를 그림 4.19와 같은 그래프로 그려본 결과 놀랄 만한 직선성이 있음을 경험적으로 발견하였다. 이 실험식은 다음과 같다.

$$f_{K_\alpha} = \frac{3cR}{4}(Z-1)^2 \tag{4.40}$$

이 결과는 K_α x선에 대하여 성립하며, 유사한 결과가 L껍질에 대해서도 발견되었다. 그림 4.19에 보이는 데이터는 *모즐리 도표*로 알려져 있다. 모즐리는 1913년에 맨체스터에서 연구를 시작했고 1913년 후반에 옥스퍼드로 옮긴 후 1914년 초에 그 연구를 마쳤다. 비록 보어와 모즐리가 물리학을 토론하고 심지어 보어가 코펜하겐으로 떠난 후에도 교류가 있었던 것이 분명하다 할지라도 모즐리는 그의 1914년 논문에 보어의 모형을 언급하지 않았다. 그래서 보어의 아이디어들이 모즐리의 연구에 어떤 영향을 끼쳤는지에 대해서는 알 수가 없다.

1910년에 옥스퍼드대학의 베일리올 트리니티 연구소에서 연구하고 있던 **헨리 모즐리**(Henry G. J. Moseley, 1887~1915)는 다양한 관심을 가진 총명한 젊은 실험 물리학자였다. 불행하게도 그는 영국의 다르다넬스 해협으로의 원정 도중에 27세의 젊은 나이로 전사하였다. 모즐리는 러더퍼드를 비롯한 다른 사람들의 만류에도 불구하고 1차 세계대전 참전의 의무를 주장하면서 전쟁에 자원입대하였다.

보어의 모형을 이용하여 우리는 모즐리의 경험적인 결과식인 식 (4.40)을 이해할 수 있다. 만일 한 개의 빈자리가 K껍질에 생긴다면, K껍질에는 전자가 여전히 한 개 남아 있다.(우리는 8장에서 K껍질에는 많아도 두 개의 전자만 채워질 수 있다는 것을 알게 될 것이다.) 정상적으로 L껍질의 궤도는 K껍질의 궤도에 비해 바깥쪽에 있기 때문에 L껍질에 있는 한 전자는 K껍질에 남아 있는 다른 전자로부터 $-e$ 전하 그리고 핵으로부터는 $+Ze$의 전하를 느껴 전체적으로 $(Z-1)e$의 유효전하를 느끼게 될 것이다. K껍질 바깥에 있는 다른 전자들은 그 L껍질 전자에 거의 영향을 미치지 않는다. $n = 2$에서 $n = 1$로 전이될 때 발생되는 x선의 파장은 식 (4.38)로부터 다음 식에 의해 결정된다.

$$\frac{1}{\lambda_{K_\alpha}} = R(Z-1)^2\left(\frac{1}{1^2}-\frac{1}{2^2}\right) = \frac{3}{4}R(Z-1)^2 \tag{4.41}$$

또는

$$f_{K_\alpha} = \frac{c}{\lambda_{K_\alpha}} = \frac{3cR}{4}(Z-1)^2 \tag{4.42}$$

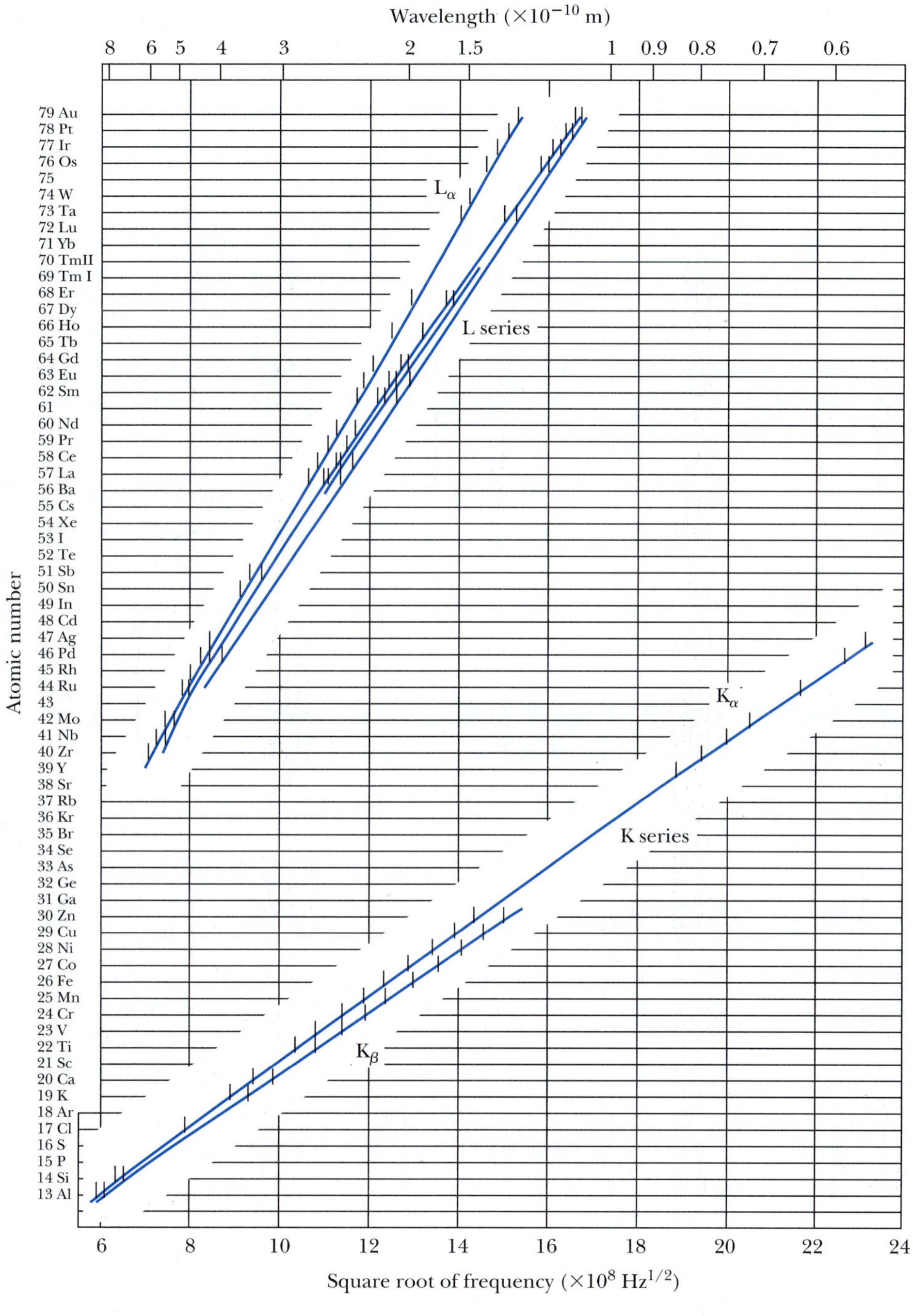

그림 4.19 원자 번호 Z와 특성 x선의 진동수 사이의 관계를 보여 주는 모즐리의 원데이터. 그 당시 아직 정의되지 않았던 $Z = 43, 61, 75$인 원소가 빠져 있는 것에 주의하라. 원소들의 원자 번호 표시에 약간의 잘못이 있다.

이 식은 모즐리가 K_α껍질 x선을 설명하기 위하여 발견한 식 (4.40)과 정확하게 일치한다. 우리는 식 (4.41)을 K껍질로 떨어지는 x선 파장들에 대한 보다 일반적인 수식 형태로 바꾸어 쓸 수 있다.

$$\frac{1}{\lambda_K} = R(Z-1)^2\left(\frac{1}{1^2} - \frac{1}{n^2}\right) = R(Z-1)^2\left(1 - \frac{1}{n^2}\right) \tag{4.43}$$

모즐리는 원자 번호 Z가 주기율표의 순서에 대하여 결정적인 요소라고 제대로 결론지었고, 이 재배열한 주기율표가 원자량에 기초한 배열보다 원소의 화학적인 특성과 더 잘 일치하였다. 원자 번호에 의한 표에는 원자량에 의한 표와는 반대로 원자량이 작은 칼륨($Z = 19$, $A = 39.10$)이 원자량이 큰 아르곤($Z = 18$, $A = 39.95$) 다음에 오게 된다. 모즐리는 한 원소의 원자 번호는 핵 속에 있는 양전하의 단위 수(즉, 양성자의 수)에 따라 정의되어야 한다고 결론지었다. 그는 Al($Z = 13$)과 Au($Z = 79$) 사이에 있는 모든 원자 번호를 표로 만들었으며 여전히 발견되지 않은 세 개의 원소($Z = 43, 61, 75$)가 있다고 지적하였다. 세 개 중 원소 프로메튬($Z = 61$)이 마지막으로 1940년경에 발견되었다.

모즐리의 연구는 원자에 대한 러더퍼드·보어 모형이 확고히 입지를 다지도록 도왔다. 그것은 단지 수소 원자뿐 아니라 모든 원소들에서 전자껍질들의 중요성을 분명히 하였다. 또한 그것은 주기율표의 순서에서 중요한 요소는 원자량이 아니라 원자 번호라는 것을 보여 주었다.

예제 4.10

모즐리는 L_α 스펙트럼선의 진동수를 기술하는 다음 식을 실험적으로 발견하였다.

$$f_{L_\alpha} = \frac{5}{36}cR(Z-7.4)^2 \tag{4.44}$$

보어 모형으로 이 식을 어떻게 설명할 수 있겠는가? 그리고 L계열 파장 λ_L에 대한 일반적인 형태는 무엇인가?

전략 식 (4.42)를 구하기 위하여 사용했던 일반적인 과정을 따른다. L_α x선은 전자가 M껍질($n_u = 3$)로부터 L껍질($n_\ell = 2$)로 전이할 때 발생한다. M껍질에서 L껍질로 전이하는 전자는 L껍질에 여러 전자와 K껍질에 두 개의 전자에 의해 핵전하 $+Ze$가 미치는 효과를 차폐당한다. 전자가 느끼는 유효전하를 $+Z_{\text{eff}}e$라고 가정하자. 그러면 Z_{eff}와 λ_L계열 파장들에 대한 일반적인 형태는 식 (4.38)을 사용하여 구할 수 있다.

풀이 식 (4.38)에서 Z 대신에 Z_{eff}를 사용하면

$$f_{L_\alpha} = \frac{c}{\lambda_{L_\alpha}} = cRZ_{\text{eff}}^2\left(\frac{1}{2^2} - \frac{1}{3^2}\right)$$
$$f_{L_\alpha} = \frac{5cRZ_{\text{eff}}^2}{36} \tag{4.45}$$

을 얻는다. 모즐리의 데이터에 따르면 유효전하 Z_{eff}는 $Z - 7.4$이어야 한다. 이 결과는 수소와 같은 원자들에 우선적으로 적용되는 보어 모형의 영감 안에 있다.

전 계열에 대하여 λ_L을 결정하기 위하여 식 (4.45)를 다시 적으면

$$\frac{1}{\lambda_L} = RZ_{\text{eff}}^2\left(\frac{1}{2^2} - \frac{1}{n^2}\right) = R(Z-7.4)^2\left(\frac{1}{4} - \frac{1}{n^2}\right) \tag{4.46}$$

이 된다.

4.7 전자에 의한 원자의 여기

지금까지 토의한 양자이론에 대한 모든 증거들은 전자기복사의 양자적인 기술(광자)을 포함해 왔다. 특히 보어 모형은 특정 원자에서 관측되는 광학적 스펙트럼을 설명하였다. 분광학 실험들은 전형적으로 원소를 적당히 여기시키는 방법, 예를 들어 고전압 방전관으로 원소를 여기시켜 그 때 방출 스펙트럼을 관측하는 방법 등을 사용하여 실험이 수행되었다.

독일의 물리학자 프랑크와 헤르츠는 이온화 현상을 연구하기 위하여 기체상의 증기에 전자를 충돌시키는 방법으로 연구를 하기로 결정하였다. 그들은 1914년에 전자 운동에너지의 일부를 원자에 전달할 가능성을 연구하기 위하여 명시적으로 연구에 착수하였다. 그것이 가능하다면, 그들의 측정들이 원자구조를 연구하는 데 하나의 특별한 새로운 기술을 제공할 수도 있었을 것이었다.

프랑크와 헤르츠가 사용한 것과 유사한 실험구조를 그림 4.20에 보였다. 이 특별한 구조는 전형적인 학부 과정의 실험실에서 실제로 사용되는 것들 중 하나이다. 전자들이 가열된 음극(필라멘트)에서 열전자 형태로 방출되면 가변 전원(0~45 V)에 의해 세기가 조절되는 전기장에 의해 가속된 후 금속그물로 된 그리드를 지나게 된다. 그리드를 통과한 후에 전자들은 그리드와 양극(컬렉터) 사이에서 감속전압(보통 1.5 V)에 의해 영향을 받게 된다. 만일 전자들이 그리드를 통과한 후에도 1.5 eV보다 더 큰 에너지를 가지고 있다면 이들은 양극에 충분히 도달하게 될 것이고 그것은 극히 감도가 좋은 *전류계*(electrometer)에서 전류로 기록되어질 것이다. 전압계는 가속전압 V를 측정한다. 이 실험에서는 V의 함수로 전류계에서의 전류 I를 측정하는 것으로 구성된다.

가속된 전자들은 수은(Hg) 증기(단원자 기체)가 포함된 영역을 통과한다. 프랑크와 헤르츠는 가속전압이 약 5 V 이하(즉, 전자의 최대 운동에너지가 5 eV 이하)에 있는 한 전자들은 분명히 에너지를 잃지 않는 것을 발견하였다. 전류계에 기록되는 전자에 의한 전류는 V가 증가함에 따라 계속 증가하였다. 그러나 가속전압이 5 V 약간 위에서 전류가 갑자기 감소하였다.(그림 4.21을 보라. 이것은 이 실험을 수행한 학생이 얻은 데이터를

picture alliance/Getty Images

제임스 프랑크(James Franck, 1882~1964, 사진의 왼쪽)가 1962년에 독일 린다우에서 구스타프 헤르츠와 함께 있는 사진. 프랑크는 1935년에 나치의 박해를 피해 미국으로 온 후 많은 실험물리학자를 양성한 중요한 미국의 과학자가 되었다. 구스타프 헤르츠(Gustav Hertz, 1887~1975)는 전자기파를 발견한 하인리히 헤르츠(Heinrich Hertz)의 조카로 1945년에 소비에트연방으로 가기 전까지 독일의 대학과 산업연구소에서 일하였다. 이들은 1925년에 프랑크·헤르츠 실험(나중에 붙여짐)으로 노벨 물리학상을 받았다.

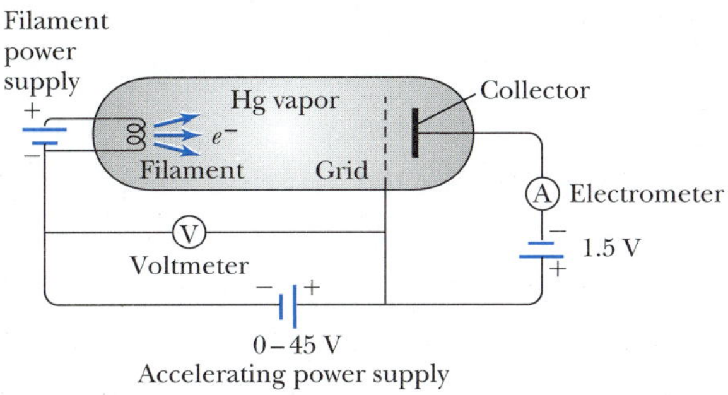

그림 4.20 프랑크·헤르츠 실험을 위한 학부 과정 물리실험실에서 사용한 장치의 개념도. 가열된 필라멘트에서 방출된 전자들은 수은 증기를 통과하거나 부딪히면서 그리드 쪽으로 가속되어 간다. 그리드와 양극(집속전극) 사이에 걸린 감속전압으로 인하여 전자의 에너지가 어떤 최소 에너지 이상이 아니면 전류계에 전류가 검출되지 못한다.

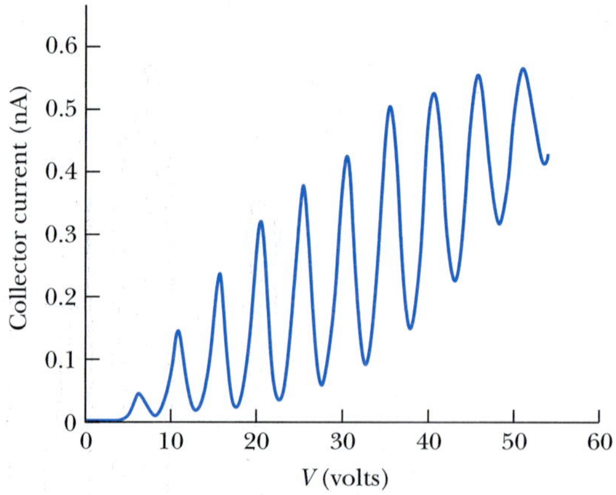

그림 4.21 그림 4.20에 보이는 장치와 유사한 장치를 이용하여 학부 과정의 프랑크·헤르츠 실험에서 얻은 데이터. 봉우리(피크) 사이의 전압은 약 5 V이지만, 첫째 봉우리는 필라멘트와 그리드에 사용한 금속들의 일함수 차이 때문에 5 V에서 생기지 않는다.

사용한 것이다.) 가속전압을 5 V 이상에서 다시 연속적으로 증가시키자 전류는 다시 계속적으로 증가하였으며 10 V 약간 위에서 다시 갑자기 전류는 감소하였다. 처음에 프랑크와 헤르츠는 Hg 원자의 이온화의 개시, 즉 Hg 원자 내의 전자가 가속된 전자로부터 충분한 에너지를 받아 Hg 원자에 결합되어 있던 전자가 떨어져 나가 Hg 원자가 이온으로 된다고 해석하였다. 그들은 나중에 Hg 원자가 사실 첫 번째 여기상태로 여기된다는 것을 깨달았다.

우리는 보어의 *양자화된 원자 에너지 준위*의 개념 안에서 프랑크와 헤르츠의 실험 결과를 설명할 수 있다. 원자 에너지 상태들의 가장 대중적인 표현에서, 원자 내 모든 전자들이 확률적으로 가장 낮은 에너지 상태에 있을 때 원자는 **바닥상태**(ground state)에 있다고 말한다. 이 에너지 $E_0 = 0$을 영점 에너지라고 정의한다. 바닥상태 바로 위의 첫 번째 양자화된 에너지 상태를 첫 번째 여기상태라 부르고 그것은 E_1 에너지를 가진다. 그리고 첫 번째 여기상태와 바닥상태와의 에너지 차이, 즉 $E_1 - 0 = E_1$을 상태 E_1의 **여기 에너지**(excitation energy)라고 한다. 우리는 수은 Hg의 바닥상태와 첫 번째 여기상태에 대하여 그림 4.22의 에너지 준위 도표에서 한 전자의 위치를 보여 준다. Hg의 첫 번째 여기상태는 4.88 eV의 여기 에너지에 있다. 가속되는 전자의 운동에너지가 4.88 eV 이하인 경우 Hg 원자로 전달될 수 있는 에너지는 없다. 왜냐하면 Hg의 전자를 위의 에너지 준위로 여기시킬 만한 충분한 에너지가 아니기 때문이다. Hg 원자는 가속되는 전자보다 훨씬 무겁기 때문에 Hg 원자와의 충돌에서 전달되는 운동에너지는 거의 없다(그것은 *탄성* 충돌이다). 가속전자는 단지 Hg 원자에 의해 튕겨지고 같은 운동에너지를 가지고 새로 경로를 따라 계속 진행한다. 만약 가속전자가 가속전위로부터 적어도 4.88 eV를 가지고 있다면 그 가속전자는 Hg 원자 내의 한 전자에게 4.88 eV의 에너지를 전달할 수 있고 그 원자 내 전자는 첫 번째 여기상태로 여기된다. 이 충돌은 *비탄성* 충돌이 된다. 이 비탄성 충돌에서 에너지를 잃은 충돌 가속전자는 충돌 후 너무나 작은 운동에너지를 가지기 때문에 그리드를 통과하여 양극에 도달할 수가 없다. 4.88 eV 약간 위에서 전류

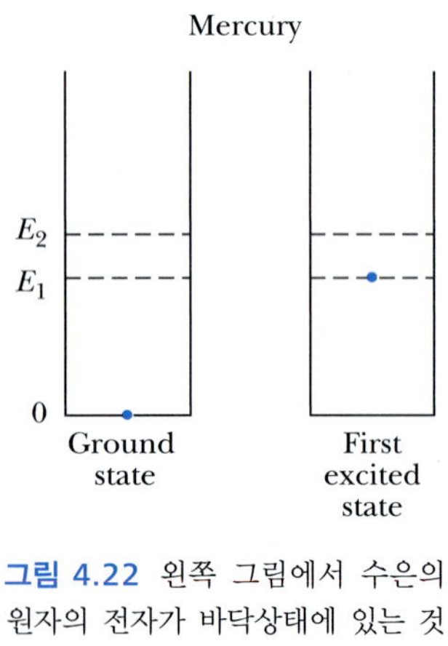

그림 4.22 왼쪽 그림에서 수은의 원자의 전자가 바닥상태에 있는 것이 보인다. 오른쪽 그림은 입사 전자가 수은 원자에 비탄성적으로 충돌한 후 수은 원자의 전자가 첫 번째 여기상태로 올라간 상태를 보여 준다.

가 급격히 감소하는 것은 이렇게 비탄성 충돌에 의해 산란된 가속전자들이 양극에 더 이상 도달하지 않기 때문이다.

가속전압이 7 V 또는 8 V로 증가하게 되면 비록 이미 비탄성 충돌을 한 가속전자들이라도 양극에 도달할 만큼 충분한 여분의 에너지를 가지게 된다. 일단 다시 전류는 전압에 따라 증가한다. 그러나 가속전압이 9.8 V에 도달하면 가속전자들은 두 번의 연속적인 비탄성 충돌을 일으켜 두 개의 Hg 원자들을 여기시키기에 충분한 에너지를 가지게 된다(각 원자에 4.88 eV이고 두 개의 원자는 2×4.88 eV $= 9.76$ eV). 전류는 다시 급격하게 감소한다. 그림 4.21에 보이는 것과 같이 학생들이 사용하는 간단한 장치를 가지고도 가속전압을 증가시키면서 여러 번의 계속적인 여기를 관측하는 것이 가능하다. 피크 사이의 에너지 차는 전형적으로 4.9 eV인 것에 주목하라. 첫 번째 피크는 양극과 음극에 유사하지 않은 금속이 사용되어서 일함수의 차이 때문에 4.9 eV에서 발생하지 않았다. 비탄성 충돌에 의해 Hg이 첫 번째 여기상태가 아닌 더 높은 상태로 여기될 수도 있지만 높은 상태로 여기시킬 확률은 첫 번째 여기상태로의 여기보다 매우 작다. 그러나 프랑크와 헤르츠는 그 상태들을 관측할 수 있었다.

프랑크·헤르츠 실험은 원자의 전자 에너지 준위들이 양자화되어 있다는 것을 확실하게 증명하였다. 충돌하는 전자의 운동에너지는 수은 원자의 원자 에너지 준위에 의해 결정되는 특정한 불연속적인 에너지 값에서만 변할 수 있다. 그들은 여러 다른 기체상태의 원소들에 대해서도 실험을 진행하였고 유사한 결과를 얻었다.

개념 예제 4.11

전자 충돌에 의해 발생한 수은의 첫 번째 들뜬상태로부터 방출된 복사를 실험적으로 관찰하는 것이 가능한가?

풀이 수은 원자와 충돌하는 전자의 충돌이 탄성 충돌이라면 수은은 바닥상태에 머물러 있을 것이다. 그러나 충돌이 비탄성 충돌이면 수은 원자는 4.9 eV의 여기상태에 있을 것이다(그림 4.22). 수은 원자는 그 첫 번째 여기상태에 오래 머물 수 없기 때문에 다시 바닥상태로 빠르게($\sim 10^{-8}$ s) 떨어질 것이다. 프랑크와 헤르츠는 이러한 가능성을 고려하여 x선의 발생을 예측하였다. 그들은 전자의 운동에너지가 약 5 V일 때는 방출되는 복사를 확인할 수 없었지만, 전압이 5 V를 넘어서자마자 수은의 여기상태를 보여주는 전류의 감소가 발생하였고, 여기서 254 nm 파장의 방출선이 검출되었다. 프랑크와 헤르츠는 $E = 4.88 \text{ eV} = hf = (hc)/\lambda$라 두고 이 식에서 주어진 $\lambda = 254$ nm로부터 계산된 h 값이 다른 방법으로 구한 플랑크상수와 잘 일치한다는 것을 보여 주었다.

요약 _Summary

러더퍼드는 원자들은 전자들과 이 전자들에 의해 둘러싸인 질량이 매우 크고, 작으며(원자의 크기에 비해), 양으로 대전된 핵으로 구성되어 있다는 원자 모형을 제안하였다. 그의 조수인 가이거와 마스든은 고에너지 α입자로 산란 실험을 수행하였고, 후방으로 산란되는 α입자들의 수를 생각할 때 결국 러더퍼드의 모형이 옳아야만 설명이 가능하다는 것을 보였다. 쿨롱 산란인 경우 충격변수 b와 산란각 θ 사이의 관계는 다음 식과 같다.

$$b = \frac{Z_1 Z_2 e^2}{8\pi\epsilon_0 K} \cot \frac{\theta}{2} \quad (4.6)$$

각 θ로 산란된 α입자의 수에 대한 러더퍼드의 공식은

$$N(\theta) = \frac{N_i nt}{16}\left(\frac{e^2}{4\pi\epsilon_0}\right)^2 \frac{Z_1^2 Z_2^2}{r^2 K^2 \sin^4(\theta/2)} \quad (4.13)$$

이며, 이때 입자수의 전하 $Z_1 e$와 $Z_2 e$, 운동에너지 K, 표적의 두께 t, 산란각 θ에 대한 의존성은 실험적으로 확증되었다. 고전적인 행성 모형과 같은 원자 모형은 전자의 가속도에 의한 전자기복사 때문에 급속한 원자의 소멸을 예언한다.

보어는 '일반 가정들'을 사용하여 수소의 광학 스펙트럼에서 파장에 대한 뤼드베리의 실험식을 유도할 수 있었다. 이 가정은 수소 원자에서 반경 $r_n = n^2 a_0$(여기서 $a_0 = 0.53 \times 10^{-10}$ m), 에너지 $E_n = -E_0/n^2$(여기서 $E_0 = 13.6$ eV)와 같은 물리 매개변수들이 양자화되어 있는 것을 말해 준다.

뤼드베리 공식

$$\frac{1}{\lambda} = R\left(\frac{1}{n_\ell^2} - \frac{1}{n_u^2}\right)$$

은 파장에 대한 정보를 준다. 여기서 n_ℓ과 n_u는 각각 아래쪽과 위쪽의 정상상태에 대한 양자수이다. 보어 모형은 He^+나 Li^{++} 같은 수소와 같은 원자의 광학적 스펙트럼은 설명할 수 있으나, 다전자 원자의 특성에 대해서는 설명할 수 없었다. 이는 이 모형이 완전치 못하며 근사적인 것임을 지적한다. 보어의 대응원리는 양자수가 매우 클 때, 양자론과 고전론이 일치하는 결론을 도출시키도록 연결시켜 준다.

화학 원소들의 특성 x선 스펙트럼을 조사함으로써 모즐리는 원자 번호의 근본적인 중요성을 증명하였다. 우리는 경험적인 모즐리의 관계식

$$f_{K_\alpha} = \frac{3cR}{4}(Z-1)^2 \quad (4.40)$$

을 수소와 같은 원자의 에너지 준위에 맞는 보어 모형과 러더퍼드가 제안한 원자구조를 사용하여 유도할 수 있다.

원자구조를 연구하는 또 다른 방법은 광자나 혹은 광학적인 방법 이외에 전자의 산란을 이용하는 방법이다. 프랑크와 헤르츠는 원자구조가 양자화되어 있다는 것을 확인할 수 있었고, 다른 방법에서 얻어진 플랑크상수 h의 값과 잘 일치하는 값을 구할 수 있었다.

질문 _Questions

1. 톰슨 자신이 아마 '자두 푸딩'으로 언급되는 모형에 대한 가장 큰 반대자였을지 모른다. 그는 몇 년 동안 그 모형이 성공하도록 노력하였다. 그런데 그는 어떤 실험적 데이터를 예측할 수 없었던 것일까? 톰슨은 왜 러더퍼드·보어의 행성 모형을 만들 수 없었을까?

2. 원자구조의 비밀을 푸는 연구주제에 대하여 많은 공헌을 한 물리학자들(톰슨, 러더퍼드, 보어, 가이거, 모즐리)은 영국에서 함께 또는 아주 가까이에서 연구를 했다는 것이 그냥 우연의 일치일까? 왜 우리는 이 연구주제에 대하여 유럽의 다른 나라들 또는 미국에서 연구하고 있었던 물리학자의 이름을 들어보지 못한 것일까?

3. 90° 이상으로 산란되는 α입자들의 러더퍼드 산란이 반경이 10^{-15} m의 부피에 모여 있는 전자들(즉, 100 e^-)에 α입자가 입사할 때도 발생할 수 있는가?

4. 수소 원자에 강력하게 충돌하는 전자의 경우 상당한 전자기복사가 모든 방향으로 생성된다. 당신은 어느 방출선(파장)이 가장 강하다고 생각하는가? 왜 그런가?

5. 왜 프랑크·헤르츠 실험에서 보다 높은 여기상태들로의 전이에 기인한 봉우리(피크)들은 잘 관측되지 않는가?

6. 프랑크·헤르츠 실험에서 전압을 5 V 이상으로 증가시키면, 왜 전류가 5 V 아래에서 가졌던 높은 값으로 갑자기 증가하지 않는가?

7. 프랑크·헤르츠 실험에서 수은 가스를 사용할 때, 첫 번째 봉우리에 대하여 기대되는 대강의 전압 영역은 얼마인가? 설명하라.

8. 프랑크·헤르츠 실험에서 언제 광자들이 방출되기 쉬운가?

9. 한 전자가 H, He^+, Li^{++} 중에서 가장 강하게 결합되어 있는 것은 무엇인지 설명하라.

10. 보통 우리는 원자들이 '바닥' 또는 '정상' 상태에 있는 것처럼 말하는가? '여기된' 상태라는 것은 무엇을 의미하는가?

11. 수소에 대한 흡수 스펙트럼에서 어떤 선들이 나타나지 않는가? 수소에 대한 방출 스펙트럼에서 어떤 파장들이 나타나지 않는가?

12. 왜 보어 모형은 중성인 헬륨 원자에는 적용될 수 없는가? 헬륨에 대하여 보어가 그의 모형을 수정하는 데 겪었던 어려움들이 무엇이라고 생각하는가?

13. 어떻게 수소 원자는 13.6 eV보다 작은 에너지의 광자를 흡수할 수 있는지를 설명하라. 9.8 eV의 광자가 흡수될 수 있는 과정을 설명하라. 15.2 eV의 광자는 어떤가?

연습문제 _Problems

참고: 고급 문제는 문제 번호에 파란색 음영으로 표시하였다. 문제 풀이에 유용한 상수, 변환 인자, 상수들의 조합이 부록 7에 제시되어 있다.

4.1 톰슨과 러더퍼드의 원자 모형

1. 톰슨의 자두 푸딩 모형에서 탄소 원자 장치는 양의 전하($+6e$)로 대전된 푸딩 같은 물질 속에 마치 건포도처럼 박혀 있는 여섯 개의 음전하로 이루어져 있다. 대전된 입자들이 안정된 평형상태에서 움직이는 계를 구성하라.

2. 7.7 MeV의 에너지를 가진 입자의 속도를 비상대론적으로 취급할 경우, 상대론적 속도에 비해 얼마나 큰 오차(퍼센트로 계산할 것)가 발생하는가?

3. 예제 4.1에서 에너지와 선운동량이 보존되기 위해서는 전자 속도가 되어야 함을 보여라.

4. 톰슨은 다중 산란에 대하여 많은 계산을 하였다. 만약 입자의 평균 산란 각도가 1°라면, 다중 산란에 의해 α입자가 80°로 산란될 확률은 얼마인가? 큰 각 산란의 확률은 $\exp(-(\theta/\bar{\theta})^2)$이다. 가이거와 마스든은 8000개 입자들 중에 한 개 비율로 90° 이상으로 산란되는 것을 발견하였다. 다중 산란은 가이거와 마스든의 실험 결과를 설명할 수 있는가? 설명하라.

4.2 러더퍼드 산란

5. 금이 7.7 MeV의 α입자를 산란할 때 산란각이 (a) 1°와 (b) 90°일 때, 각각 충격 변수를 계산하라.

6. 8.0 MeV α입자들의 빔이 금박으로부터 산란된다. α입자들이 2°보다 더 큰 각으로 산란된 입자수에 대하여 1°보다 더 큰 각으로 산란되는 입자수의 비를 구하라.

7. 단위 면적당 핵 입자와 산란 입자 수와 같아지는 각에서, 알루미늄($Z = 13$) 타깃에 대한 금($Z = 19$) 타깃의 α입자 산란 비를 구하라.

8. 5 MeV α입자가 두께 10^{-8} m인 금박 호일($Z = 79$, $d = 19.3\ \mathrm{g/cm^3}$)에 대하여 8°보다 더 큰 각으로 산란되는 입자의 비율을 구하라.

9. 금박 호일에 대하여 5.5 MeV α입자의 산란 실험으로부터 학생들은 10,000 α입자들이 50°보다 더 큰 각으로 산란된다는 것을 알 수 있다. (a) 얼마나 많은 입자들이 90°보다 더 큰 각으로 산란되는가? (b) 70°에서 80° 사이로 산란되는 입자는 얼마나 되는가?

10. 학생들이 금박 호일로부터 산란하는 5.5 MeV α입자들을 사용하여 산란 실험을 구성하고자 한다. 50°에서 초당 한 개의 입자를 측정하기를 원한다. 그러나 검출기는 초당 최대 2000개의 입자들만 셀 수 있도록 제한되어 있다. 이 검출기는 작은 각에서 만족된다. 만일 측정하고자 하는 각이 6°이면 이 장치를 변조함 없이 산란 실험이 가능한가? 설명하라.

11. 알루미늄과 금의 핵 반경이 근사적으로 각각 $r = 3.6$ fm과 7.0 fm이다. 양성자와 α입자의 반경은 각각 1.3 fm과 2.6 fm이다. (a) α입자가 핵 표면에 정면충돌(단지, 핵 표면과 접촉)하기 위하여 필요한 α입자의 에너지는? (b) 이때 양성자의 경우 필요한 에너지는 얼마인가?[(a)와 (b) 모두, 알루미늄과 금에 대하여 각각 계산하라.]

12. 톰슨의 자두 푸딩 모형에서 양으로 대전된 부분으로부터 α입자의 산란을 고려하라. 비상대론적으로, α입자의 운동에너지를 K로, 원자 반경을 R로 두자. (a) α입자의 최대 가로(transverse) 쿨롱 힘이 시간 $\Delta t = 2R/v$(여기서 v는 α입자의 초기속도) 동안 작용한다고 가정하면, 단일 원자로부터 기대할 수 있는 최대 산란각이 아래 식과 같음을 보여라.

$$\theta = \frac{2Z_2e^2}{4\pi\epsilon_0 KR}$$

(b) 반경이 0.135 nm인 금 원자로부터 산란되는 8.0 MeV α입자의 산란각(θ)을 계산하라.

13. 앞 문제의 결과를 이용하여 (a) 톰슨 모형에서 양으로 대전된 부분을 생각하여 금 원자($R \approx 10^{-10}$ m)로부터 산란된 10 MeV α입자의 평균 산란각을 구하라. (b) 이 평균 산란각을 전자들로부터 산란되는 경우와 비교하라.

4.3 고전 원자 모형

14. 수소 핵 반경이 약 1.2×10^{-15} m라고 알려져 있다. (a) 한 전자가 그 반경에서 그 핵 주위로 회전한다면, 행성 모

형에 따르면 그 전자의 속도는 얼마인가? (b) 총 역학적 에너지는? (c) 이 값들은 합리적인가?

15. 핵이 전자들로 이루어져 있고 양성자들은 그 전자들 밖에 있다고 (옳지는 않지만) 가정하라. (a) 원자의 크기가 10^{-10} m라면, 양성자의 속도는 얼마인가? (b) 총 역학적 에너지는? (c) 이 모형은 무엇이 잘못되었나?

16. 수소 원자의 바닥상태 전자에 대하여 속도와 구심가속도를 계산하라. He^+ 이온과 Li^{++} 이온에 대해서도 이 값들을 구하라.

17. 반경이 5.3×10^{-11} m로 가정하고, 고전적인 수소 원자에서 정전기력과 중력을 계산하고 서로 비교하라.

18. 수소 원자의 전자가 에너지를 방출하고 핵에 충돌한다. 고전법칙으로 그 시간을 계산하라. [힌트: 방출능(P)은 $(1/4\pi\epsilon_0)(2Q^2/3c^3)(d^2\vec{r}/dt^2)^2$이 된다. 여기서 Q는 전하, c는 빛의 속도, $\vec{r}$은 원자의 중심으로부터 전자의 위치 벡터이다.]

4.4 수소 원자의 보어 모형

19. 리츠의 결합 규칙은 관측된 진동수와 광방출 스펙트럼 사이의 관계로 표현된다. 더욱 중요한 것 중의 하나인 다음을 증명하라.

$$f(K_\alpha) + f(L_\alpha) = f(K_\beta)$$

여기서 K_α와 K_β는 라이만 계열이고 L_α는 수소 원자의 발머 계열이다(그림 4.18).

20. (a) 수소 원자의 기저상태 전자궤도에 대하여 각운동량 ($kg \cdot m^2/s$)을 계산하라. 그 결과와 플랑크상수 h를 비교하라. (b) 수소 원자의 $n = 2$인 상태에 대하여 (a)를 다시 계산하라.

21. ϵ_0, h, m, e는 알려진 값을 사용하여, 다음 다섯 개의 중요한 수치를 계산하라: hc(eV · nm), $e^2/4\pi\epsilon_0$(eV · nm), mc^2(keV), a_0(nm), E_0(eV).

22. H, He^+, Li^{++} 원자에 대하여, 바닥상태 전자의 총 역학적 에너지는 어떻게 되는가? 그 전자가 가장 강하게 구속되어 있는 것은 어느 원자인가? 이유는?

23. 한 여기상태에서 수소 원자가 410 nm 파장의 광자를 흡수한다. 그 수소 원자의 처음과 최종 상태는 어디인가?

24. 여기상태에서 수소 원자가 95 nm 파장을 방출한다. 수소 원자의 처음과 최종 상태를 구하라.

25. (a) 중수소, (b) He^+, (c) Be^{+++}의 각 바닥상태 전자의 구속 에너지를 구하라.

26. 스펙트럼선의 **동위원소 변이**(isotope shift)는 주어진 원소들의 다른 동위원소 질량으로 인해 파장(또는 진동수)의 변이로 나타낸다. 수소 원자와 비교해 중수소와 삼중수소의 네 개의 가시광 영역의 발머 계열 파장에 대하여 각 동위원소 변이를 찾아라.

27. 수소 원자의 바닥상태와 비교해 중수소와 삼중수소의 바닥상태의 에너지에 대한 동위원소 변이(연습문제 26 참조)를 구하라. 답은 eV로 표시하라.

28. (a) 수소 원자와 (b) 이온화된 헬륨 He^+에 대하여 가시광 흡수 스펙트럼을 설명하라.

29. 수소 원자는 전형적으로 10^{-8} s 동안 여기상태로 존재한다. 에너지 방출 전에 $n = 3$인 상태에서 전자가 얼마나 많은 순환(공전)을 하는가?

30. 397 nm 파장으로 방출하는 Nd:Yag 레이저 빔이 안정된 $n = 2$ 상태를 가진 수소 원자에 조사된다. 이 수소 원자를 여기시킬 수 있는 가장 높은 상태는 무엇인가?

31. 뮤온 원자는 전자 대신 뮤온(질량 $m = 106\ \text{MeV}/c^2$과 전하 $q = -e$)으로 구성된다. 수소 원자에서 전자 대신 뮤온이 있다면, 바닥상태 뮤온의 (a) 가장 작은 반경과 (b) 결합 에너지를 구하라. (c) 그 입자의 첫 세 계열에서 생길 수 있는 가장 짧은 파장과 긴 파장을 계산하라.

32. 포지트로늄(positronium)은 전자와 양전자(질량 $m = m_e$, 전하 $q = +e$)로 구성된 하나의 원자이다. 포지트로늄의 가장 낮은 에너지 상태의 에너지와 전자와 양전자 사이의 거리를 계산하라. [힌트: 두 입자들의 환산질량(reduced mass) 얼마인가? 연습문제 53을 보라.]

33. (a) 앞 문제에서 언급한 포지트로늄 원자의 보어반지름을 구하라. (b) 포지트로늄의 $n_u = 2$에서 $n_\ell = 1$로 전이하는 동안 파장을 구하라.

34. 다양한 보어반지름에서 (a) r_1과 r_2의 차이, (b) r_5와 r_6의 차이, (c) r_{10}과 r_{11}의 차이를 구하라. (d) *뤼드베리 원자*(8장에서 논의되는, 큰 n의 수인 수소 원자)에서 연속 붙어 있는 반경의 차가 근사적으로 $2na_0$임을 보여라.

4.5 보어 모형의 성공과 실패

35. 이온화된 헬륨 원자 이온 He^+에 대하여 $n_\ell = 4$인 계열과 수소 원자의 발머 계열을 비교하라. 수소 원자의 L_α와 L_β 선의 파장들 사이의 차와 He^+의 $n_u = 6$과 8 사이의 파장 차는 어떻게 되는가? He^+의 $n_\ell = 4$인 계열의 파장 값과 유사한 발머 계열의 파장이 존재하는가? 설명하라.

36. 헬륨, 칼륨, 우라늄의 단일 전자(수소 같은) 이온들에 대하여 뤼드베리상수를 계산하라. R_∞와 위의 값들을 각각 비교하고 그 퍼센트 차를 구하라.

37. 1896년에 피커링(Pickering)은 지상에서 관측되지 않았던 별 Zeta Puppis에서 스펙트럼선들을 발견하였다. 보어

는 1913년에 이 스펙트럼선들이 He^+에 의한 것이라는 것을 보였다. 이 파장에 대한 식이

$$\frac{1}{\lambda} = R\left(\frac{1}{n_\ell^2} - \frac{1}{n_u^2}\right)$$

임을 보여라. 이 경우 뤼드베리상수 R 값은 얼마를 가져야 하는가?

4.6 특성 x선 스펙트럼과 원자 번호

38. 모즐리(Moseley)는 누락된 $Z = 43, 61, 75$ 원소에 대하여 L_α선의 어떤 파장을 예측하였는가?(예제 4.10을 보라.)

39. 분광사진(spectrograph)의 해상도가 $\Delta\lambda = 10^{-12}$ m라면, 납과 비스무스의 K_α선을 분리할 수 있는가? 설명하라.

40. 모즐리가 측정한 K_β 진동수를 설명할 수 있는 정확한 식을 구하라. K_α 진동수에 대하여 모즐리 식과 앞의 식을 비교하라. 이 결과는 그림 4.19에 보인 데이터와 일치하는가? 설명하라.

41. He과 Li에 대하여, K_α와 K_β 파장을 계산하라.

42. (a) 우라늄과 탄소 원자의 K_α 파장의 비를 계산하라. (b) 백금과 칼슘에 대한 L_α 파장의 비를 계산하라.

43. 몰리브덴 원자의 가장 긴 세 파장과 가장 짧은 파장을 계산하라.

44. 미지의 원소가 x선관의 표적으로 사용되었다. 가장 긴 두 파장, 0.155 nm와 0.131 nm의 특성 스펙트럼선이 측정되었다. 이 미지의 원소는 무엇인가?(힌트: 연습문제 40의 답이 유용할 것이다.)

4.7 전자에 의한 원자의 여기

45. 45 eV의 전자가 정지해 있는 Hg 원자와 정면충돌한다면, Hg 원자의 반동에 의한 운동에너지는 얼마인가? 탄성 충돌로 가정하라.

46. 프랑크·헤르츠 실험(Franck-Hertz experiment)에서, 그리드와 컬렉터 판 사이에 왜 작은 퍼텐셜 차가 유용한지 그 이유를 설명하라. 그 작은 지연 퍼텐셜이 없으면 데이터가 어떻게 나타날지 그림 4.21의 데이터 그림을 다시 그려라.

47. 수은 증기를 이용하여 254 nm 자외선 파를 관측하였다면, 프랑크와 헤르츠에 의해 결정된 플랑크상수 값을 계산하라.

48. 프랑크·헤르츠 실험에서, 한 가스로서 3.6 eV와 4.6 eV에서 여기된 상태를 가진 한 원소를 고려하자. 물질들의 일함수들은 서로 상쇄시킬 수 있다고 가정하라. 18 V까지 전자를 가속시켜서, 전자 산란으로 관측 가능한 모든 피크를 나열하라.

일반적인 문제

49. 마그네슘과 철에 대한 스펙트럼의 적색이동 측정은 먼 은하를 이해하는 데 중요하다. 마그네슘과 철에 대한 K_α와 L_α 파장을 구하라.

50. 1960년대 초, 큰 라디오 신호를 생성했던 별과 같은 물체들에서 나온 이상한 광방출선들이 과학자들을 혼란스럽게 하였다. 결국 1963년에 팔로마 천문대(Mount Palomar Observatory)의 마틴 슈미트(Maarten Schmidt)는 그 광 스펙트럼들은 단지 수소 원자에서 발생한 것이고 지구에 대하여 엄청난 속도로 움직이는 그 물체 때문에 적색편이가 발생했음을 발견하였다. 그 물체는 50,000 km/s 속도로 지구로부터 멀리 움직이고 있었다. 수소 원자의 K_α와 K_β 선들의 정상 파장과 적색편이 스펙트럼선과 비교하라.

51. 8.0 MeV α입자들의 빔이 0.32 μm 두께의 금박 호일로부터 산란된다. (a) 1.0°에서 2.0° 사이에 산란되는 α입자들의 비를 구하라. (b) 1°보다 더 큰 각으로 산란된 입자수 대 10°보다 더 큰 각으로 산란되는 α입자 수의 비는 얼마인가? 90°보다 더 큰 산란각으로 산란되는 입자들의 수는?

52. 러더퍼드 산란에서 각운동량은 보존된다는 것을 주목하라. 표적 핵에 대한 입사 α입자의 각운동량은 mv_0b이다.(여기서 m은 질량, v_0는 α입자의 초기속도, b는 충돌 변수이다.) 일단 $\vec{L} = \vec{r} \times \vec{p}$로 시작하여 각운동량은 보존됨을 보이고, 그 크기는 금 핵으로부터 쿨롱 힘에 의해 α입자가 산란되는 동안 그 입자의 전 경로에서 mv_0b가 됨을 또한 보여라.

53. 수소 원자에서 양성자(질량 M)와 전자(질량 m)는 실질적으로 그림 4.17처럼 질량중심으로 회전한다. 그 거리 $r = r_e + r_M$은 여전히 전자-핵 사이의 거리로 정의된다. 식 (4.24)가 단지 질량 m 대신

$$\mu = \frac{m}{1 + m/M}$$

으로 수정됨을 보여라.

54. 보어의 가정 D에서, 그는 전자-핵 시스템의 평균 운동에너지 K는 $nhf_{\text{orb}}/2$로 가정하였다. 여기서 f_{orb}는 핵 주위를 회전하는 궤도진동수이다. 다음 방법에서 바닥상태의 f_{orb}를 계산하라. (a) 식 (4.34)에 $f_{\text{classical}}$를 사용하라. (b) 먼저 v와 r을 결정하고, 식 (4.33a)를 사용하라. (c) 그 평균값 K는 전자-핵 시스템의 총에너지의 절대값과 동일하고 이것은 13.6 eV임을 보여라. 위에 언급한 K에 대한 관계식으로부터 f_{orb}를 결정하기 위하여 이 K 값을 사용하라.

55. 각운동량 $L = n\hbar$의 양자화는 보어의 가정 D(전자-핵 시스템의 평균 운동에너지 K는 $nhf_{\text{orb}}/2$로 주어진다)에 따름을

보여라. 원형 궤도로 가정하라.

56. (a) 포지트로늄의 가장 에너지가 낮은 세 상태들의 에너지를 계산하라. (b) K_α, K_β, L_α, L_β 전이의 파장들을 결정하라.

57. 먼 은하 빛 측정으로부터 수소 원자의 라이먼 계열에서 관측된 가장 긴 파장이 137.15 nm를 보였다. 만약 그 은하가 관측자로부터 직접적으로 멀어진다면, 그 은하의 속도는?

58. 전하 $+Ze$인 핵 주위 궤도를 선회하는 두 전자가 서로 핵의 반대편에 멀리 떨어져 있고, 동일한 반경 r의 보어 궤도를 따라 회전하는 두 개의 전자를 가진 원자를 고려하라.

(a) 각 전자의 알짜 힘은 핵 쪽으로 향하고, 그 크기는 다음과 같음을 보여라.

$$F = \frac{e^2}{4\pi\epsilon_0 r^2}\left(Z - \frac{1}{4}\right)$$

(b) 이것이 구심력이라는 사실을 이용하여, 각 전자의 궤도 속력 v의 제곱이 다음과 같음을 보여라.

$$v^2 = \frac{e^2}{4\pi\epsilon_0 mr}\left(Z - \frac{1}{4}\right)$$

(c) 바닥상태에서 두 전자의 각운동량이 $L = \hbar$라는 보어 규칙을 따르는 (b)의 결과를 사용하여, 반경 r이 다음과 같음을 보여라.

$$r = \frac{\epsilon_0 h^2}{\pi m e^2\left(Z - \frac{1}{4}\right)}$$

(d) 그 원자의 총에너지(운동에너지 + 퍼텐셜에너지)가 다음과 같음을 보여라.

$$E = -\frac{me^4}{8\epsilon_0^2 h^2}\left(2Z - \frac{1}{2}\right)\left(Z - \frac{1}{4}\right)$$

(e) 두 전자를 제거하기 위하여 필요한 에너지는 (d)의 결과에 음의 부호를 붙이면 된다. 헬륨의 두 전자를 떼어 내기 위하여 필요한 에너지를 계산하라. 그다음에 Li^+에 대해서도 되풀이하라. 계산한 결과를 실험값(헬륨: 79.0 eV, 리튬 1가 양이온: 198 eV)과 비교하라.

59. 수소 원자의 반경이 단지 기본상수 h, e, 정전기력 상수 $k = 1/4\pi\epsilon_0$와 m(전자의 질량)에 의존해야 한다는 것은 이론적 근거에 의해 논의될 수 있을지 모른다. 차원 해석(dimensional analysis)을 이용하여, 이런 인자들의 결합으로 도출되는 길이 차원의 한 결과가 h^2/kme^2임을 보여라. 이 결과는 식 (4.24)와 관련이 있음을 논의하라.

60. 뤼드베리 원자(8장에서 상세히 논의한다)는 큰 주양자수 n을 가진 단일 전자 원자이다. 뤼드베리 상태들은 에너지들이 서로 굉장히 가까이 붙어 있다(그림 4.15). 그러므로 인접한 뤼드베리 상태 사이에 전이는 장파장 광자를 만든다. 수소 원자에서 $n + 1$인 상태에서 n 상태로의 전이를 고려하자. (a) 식 (4.30)에서 시작하여 이항전개를 사용하면, 이 전이가 근사적으로 $n^3/2R$인 파장을 가진 광자를 방출함을 보여라. (b) 식 (4.25)에서 dE/dn의 계산을 하여, (a)에서와 동일한 결과를 얻어라. 전이는 $\Delta n = 1$이고 방출된 광자는 $\Delta E = hc/\lambda$가 되는 경우에 대하여 그 결과 (dE/dn)는 근사적으로 $\Delta E/\Delta n$로 될 수 있다. (c) (a)와 (b)에서 유도한 근사 표현을 이용하여, 수소 원자에서, $n = 101$에서 $n = 100$으로 전이에 대한 파장을 계산하라.(R_∞를 이용하고 환산질량 보정은 무시하라.) 당신의 답과 식 (4.30)에 의해 계산된 이 전이의 정확한 파장과 비교하라.

61. (a) 몰리브덴에 대하여 K_α와 K_β x선 파장을 계산하고 그림 3.19의 그래프에 보인 그 값과 비교하라. (b) 왜 L계열 x선들은 그 그래프에 나타나지 않는가?

물질의 파동적 특성과 양자역학 I

Wave Properties of Matter and Quantum Mechanics I

5

CHAPTER

나는 연구 끝에 다음과 같은 최종적인 개념에 도달하게 되었다. 물질과 복사현상을 모두 설명하기 위해서는, 특히 빛을 설명하기 위해서는 입자적 개념과 파동적 개념을 동시에 도입해야 한다.

루이스 드브로이, 1929

우리는 양자역학이 더 이상의 수정 없이 기초물리학적 가정과 수학적 가정을 동시에 설명할 수 있다는 점에서 완벽한 이론이라고 생각한다.

베르너 하이젠베르크와 막스 본, 솔베이 회의에 제출된 논문, 1927

3장에서 광전 효과와 콤프턴 산란과 같은 현상을 설명하기 위해서는 빛(또는 전자기복사)은 입자로 분명히 설명될 필요가 있음을 보았다. 원자 내에서의 광자의 방출과 흡수 현상은 수소 원자의 분광 스펙트럼을 이해하도록 해 준다.

이 장에서는 매우 새로우면서도 놀라운 많은 결과들에 대해 차례로 논의할 것이며, 이에 대하여 간략히 소개하면 다음과 같다. 예를 들어, 우리는 광자들은 전자기복사로서 파동적 특성을 지니고 있음을 이미 알고 있다. 실험적으로 관찰된 결과들을 이해하는 유일한 방법은 파동적 특성은 물질의 '입자'와 같은 특성을 동시에 가지는 것으로 이해하는 것이다. 이번 장에서는 x선 형태의 광자가 결정을 통과할 때 파동성을 가짐을 증명한 실험을 논의하면서 시작할 것이다. 입자들 또한 파동성을 가질 수 있다는 드브로이(De Broglie)의 제안은 데이비슨(Davisson)과 거머(Germer)의 전자 산란 실험을 통해 확인되었다.

또한 이번 장에서는 입자의 국소화된 현상을 여러 파동의 집합으로 표현할 수 있음을 보이면서 여러 가지 파동현상에 대한 간단한 소개를 하고자 한다. 20세기 초 물리학자들은 파동 및 입자와 같은 특성이 어떻게 동시에 존재할 수 있는지를 이해하기가 상당히 어려웠다. 각 장의 논의를 진행해 나감에 따라 이제 우리는 지금 같은 문제에 직면하게 되었다. 닐스 보어(Niels Bohr)의 상보성 이론은 매질(전자, 양자, 기타 등등)과 복사(광자)의 물리적 현상을 명확히 설명하기 위해서는 파동적 특성과 입자적 특성을 *모두* 도입해야 함을 설명해 준다. 이번 장에서 또한 우리는 특정 물리적 관측가능량들은 파동함수 $\Psi(x, t)$에 의하여 결정되는 확률로만 표현될 수 있음을 볼 것이다. 하이젠베르크

Public Domain

막스 폰 라우에(Max von Laue, 1879~1960)는 독일에서 태어나 학업 과정, 직장 생활 등 그의 인생의 대부분을 독일에서 지냈다. 슈트라스부르크, 괴팅겐, 뮌헨에서 교육 과정을 밟은 후, 베를린대학에서 막스 플랑크(Max Planck)의 지도하에 1903년에 박사학위를 받았다. 이후 독일의 여러 대학에서 연구를 수행하였으며, 뮌헨에서의 x선 회절현상에 대한 연구를 인정받아 노벨상을 수상하였다. 그는 연구 인생 대부분을 이론물리학자로서 베를린에서 활동하였으며, 독일의 과학 연구 발전에 지대한 영향을 미쳤다.

(Heisenberg)의 불확정성 원리는 입자적 특성과 파동적 특성을 이해함에 있어 중요한 역할을 한다. 불확정성 원리에 의하면 운동량과 위치 또는 에너지와 시간을 동시에 정확하게 알아내는 것이 불가능하다. 입자적 특성과 파동적 특성이 *동시에* 존재함을 이해하기 위해 실험적 증명 없이도 가능함을 또한 볼 것이다. 비록 현대 양자론은 원자 수준에서 주로 적용되지만 양자역학적 현상을 이해할 수 있는 거시적 사례도 많이 존재한다.

5.1 x선 산란

1895년 뢴트겐의 x선 발견 이후, 새롭게 발견된 투과성 방사선의 본질과 근원을 알아내고자 하는 많은 노력들이 이어졌다. 찰스 바클라(Charles Barkla, 노벨상 수상, 1917)는 1900년대 초 리버풀대학교에서 수많은 x선 계측 실험을 수행하였고, 원소들이 각각 특정 파장의 x선을 방출한다는 것과 x선이 편광 특성을 지님을 발견하였다.

1912년이 되어서는 x선도 전자기복사의 일종이라는 점과 반드시 파동성을 띤다는 것이 확실해졌다. 하지만 가시광선과는 달리 x선의 경우 굴절이나 회절 현상을 입증하기가 어려웠으며, x선의 파장은 반드시 가시광 대역의 파장보다 매우 짧은 것으로 예상되었다. 이 당시 뮌헨대학교에는 뢴트겐과 함께 원자구조의 이해에 있어서 훗날 중요한 역할을 한 아르놀트 조머펠트(Arnold Sommerfeld, 1868~1951)가 있었기에 뮌헨대학교의 젊은 이론물리학자였던 막스 폰 라우에(노벨 물리학상 수상, 1914)는 x선의 본질에 대하여 관심을 가지게 되었다. 빌헬름 빈(Wilhelm Wien, 1864~1928)과 조머펠트는 x선의 파장이 10^{-10} ~ 10^{-11} m 대역에 있을 것이라 추측하였다. 결정 내 원자 간의 거리가 약 10^{-10} m 정도인 것을 감안하여 라우에는 x선이 결정 속 원자들에 의해 산란할 것이라는 기발한 착안을 해 냈다. 그는 x선이 전자기복사의 형태를 띤다면 간섭현상이 발견될 것이라고 제안하였다. 광학연구 결과로부터 파동성은 조리개나 장애물의 크기가 빛의 파장과 같거나 짧아질 때 쉽게 관찰된다는 것을 알고 있다. 광학 시스템에서는 각기 다른 파장에서 회절에 의한 광학적 분광 특성을 얻고자 할 때 주기적 구조를 가지는 회절격자를 사용한다. 라우에는 결정이 3차원적인 회절격자를 가지고 있어 이로 인해 파동의 산란이 유발되고 관측 가능한 간섭현상이 존재할 것이라고 예측하였다.

이를 증명하기 위해 라우에는 실험을 설계하였고 뮌헨의 두 실험물리학자인 발터 프리드리히(Walter Friedrich)와 폴 크니핑(Paul Knipping)은 측정을 수행하였다. 그림 5.1은 라우에의 실험 개략도와 프리드리히와 크니핑의 초기 실험 결과물 중 하나를 보여주고 있다. 결정을 회전시켰을 때 회절 최대값의 크기 및 최대값이 측정되는 위치가 바뀜을 보였다. 라우에는 복잡한 해석을 통해 3차원적 결정격자로부터 x선이 파동의 형태로 산란됨을 증명할 수 있었다. 라우에의 초기 실험의 주된 목적은 x선의 파동성을 증명해 보이는 것이었지만 결정의 격자구조 또한 알아냈으며 이러한 연구 결과는 고체물리학과 현대 전자공학의 발전으로 이어졌다.

라우에는 x선의 파동적 특성을 증명하였으며 결정의 격자구조에 대하여 설명하였다

영국의 물리학자인 윌리엄 헨리 브래그(William Henry Bragg)와 그의 아들인 윌리엄 로렌스 브래그(William Lawrence Bragg)는 x선의 파동성에 대하여 연구를 발전시켰으며 라우에의 분석을 더욱 단순화하였다. 1912년, 윌리엄 로렌스 브래그는 라우에

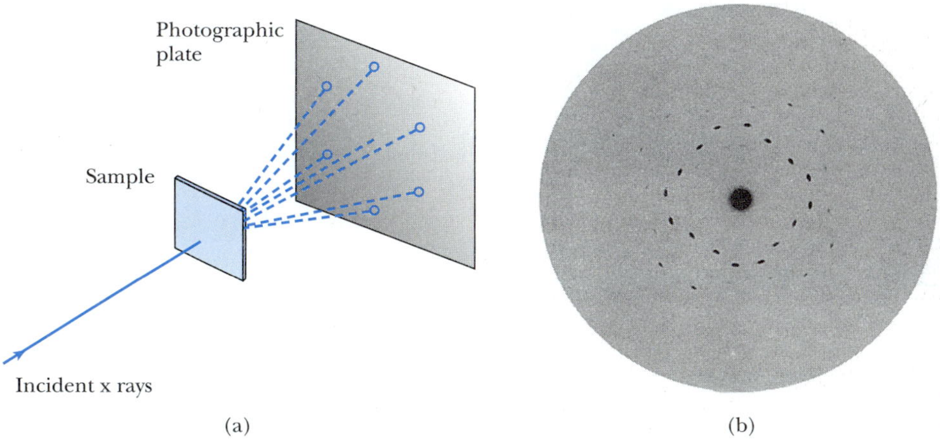

Photo from W. Friedrich, P. Knipping, and M. Laue, Sitzungsberichte der Bayerischen Akademie der Wissenschaften, *303–322 und 5 Tafeln, (1912), reprinted in Max von Laue,* Gesammelte Schriften und Vorträge, *Band 1, Braunschweig: Vieweg (1961)*

그림 5.1 (a) 라우에 회절 투과 방법을 보여 주는 개략도. 넓은 영역의 파장대를 가지는 x선이 결정 표본에 조사되어 산란된다. 결정의 특정 면으로부터 보강간섭 된 x선들은 회절 점 패턴들을 만든다. (b) 1912년 프리드리히와 크니핑에 의해 발표된 초기 실험 결과들 중의 하나로, ZnS로부터 얻어진 x선 산란이 대칭적인 *라우에 반점* 패턴을 형성함을 보여 준다. 비록 복잡한 계산이 요구되긴 했지만 이러한 결과들을 분석함으로써 라우에는 x선이 파동적 특성을 가짐을 명확히 증명하였다.

의 사진에서 관찰되는 밝은 중심 점 주변 각각의 상들은 입사된 x선이 결정 내 원자들로 구성되는 특정 면 조합으로부터 반사된 현상으로 해석될 수 있음을 알아냈다. 라우에 패턴상의 각각의 점들은 결정 내 각기 다른 조합의 격자면에 의해 형성된다(그림 5.1b).

결정 내 원자들에 의해 형성되는 x선 산란은 우리가 알고 있는 고전물리학과 어떤 관련성을 찾을 수 있을까? 고전 전자기이론에 의하면 전자기 복사 시 이를 구성하는 진동하는 전기장은 양전하를 가지는 원자핵과 음전하를 가지는 전자들을 반대 방향으로 이동하게 하면서 원자를 분극시킨다. 그 결과 원자는 비대칭적인 전하구배를 가지면서 전기적 쌍극자를 형성한다. 원자에 형성되는 전기적 쌍극자는 입사된 파동의 진동수와 같은 진동수를 가지면서 진동하며, 이는 다시 동일한 주파수를 가지는 전자기파를 구면파의 형태로 재방출한다. 각 원자에서 재복사된 구면파들은 매질 내에서 진행하면서 주기적 원자 배열을 가지는 결정 내에서는 파동의 진행 방향에 따라 보강간섭 또는 소멸간섭이 이루어질 수 있다.

그림 5.2에 보이는 바와 같은 단순한 결정구조를 가지는 암염(NaCl)에 의한 x선 산란의 경우, 브래그가 간소화한 접근법에 따라 보강간섭이 얻어지는 조건을 쉽게 따져 볼 수 있다. 고체들에 대해서는 10장에서 다룰 예정이나 지금은 암염과 같은 결정체 내의 원자가 구성하는 격자면에 대해서만 다루어 보고자 한다. 이러한 격자면을 **브래그 평면**(Bragg plane)이라 한다. 그림 5.3으로부터 하나의 결정 내에는 많은 브래그 평면들이 존재할 수 있음을 알 수 있다. 또한 각각의 브래그 평면은 각기 다른 원자 밀도를 가짐을 알 수 있다. 그림 5.4는 인접한 두 평면들로부터 산란된 파장 λ의 단색 x선의 입사 평면파를 보여 준다. 산란된 x선이 보강간섭을 가지기 위해서는 다음의 두 조건을 만족해야 한다.

1. 입사각은 출사 파동의 반사각과 반드시 같아야 한다.

Courtesy Edgar Fahs Smith Memorial Collection, Department of Special Collections, University of Pennsylvania Library.

윌리엄 헨리 브래그(1862~1942, 사진의 오른쪽)와 **윌리엄 로렌스 브래그**(1890~1971, 사진의 왼쪽)는 부자지간으로 공동 연구를 수행하였으며, 둘 다 케임브리지대학에서 공부하였다. 아버지인 윌리엄 헨리 브래그는 호주의 애들레이드대학에서 22년간 연구를 수행했는데 이때 아들 윌리엄 로렌스 브래그가 태어났다. 둘 다 초기에는 수학을 주로 연구하였으나 이후 물리학을 주로 연구하였다. 하나의 연구팀으로서 아버지는 훌륭한 실험연구가였으며, 아들은 물리적 문제를 이론화하고 수학적으로 해석해 내는 역할을 수행하였다. 아버지는 리즈대학에 재직 중이었고 아들은 톰슨의 지도하에 케임브리지대학에서 대학원생으로 연구하던 시기였던 1912년과 1914년 사이에 x선 결정학 분야에서 중요한 연구 성과들을 도출해 내었다. 두 물리학자 모두 오랜 기간 동안 훌륭한 연구 성과를 이루었으며, 윌리엄 로렌스 브래그는 1938년에서 1953년까지 케임브리지대학의 유명한 캐번디시 연구소의 연구소장으로 재직하였다. 윌리엄 로렌스 브래그는 25세의 나이에 노벨상을 수상하였다.

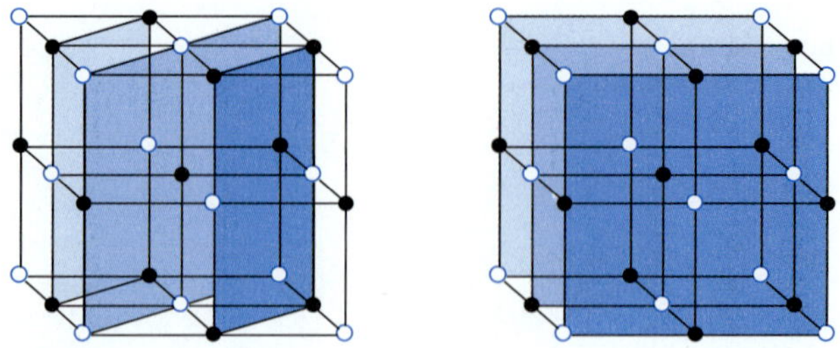

그림 5.2 암염(NaCl)의 결정구조. 각기 다른 두 개의 격자면(브래그 평면) 조합이 가능함을 보여 준다.

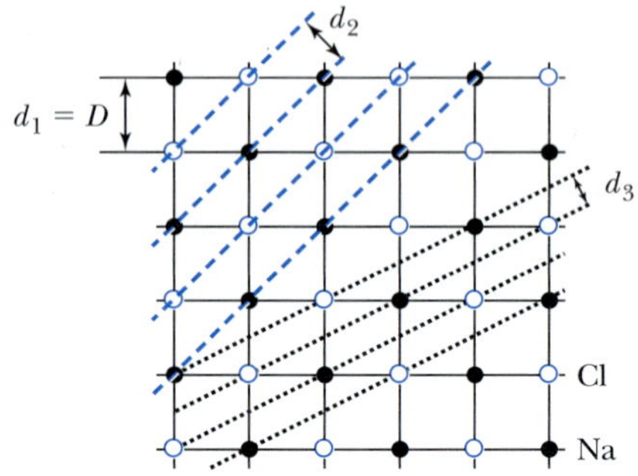

그림 5.3 위에서 바라본 NaCl(입방 결정체)의 격자구조. D는 원자 간 간극을 나타내며, d_i는 구성될 수 있는 가능한 격자면들 간의 간극을 나타낸다. 두 Na 원자들 사이의 거리는 $2D$라는 점에 유의하자.

보강간섭을 위한 조건들

2. 그림 5.4에 표현된 경로차($2d\sin\theta$)는 반드시 파장의 정수 배이어야 한다.

조건 1에 대해서는 여기서 증명하지 않고 사용할 예정이다.* 이는 비록 실제로는 회절과 간섭 현상에 의해 나타나는 현상이지만, 일반적으로 *반사의 법칙*($\theta_{입사} = \theta_{반사}$)으로 통용된다. 그림 5.4에서 보이듯이 조건 2는 다음의 수식을 만족해야 한다.

브래그 법칙

$$n\lambda = 2d\sin\theta \quad (n = \text{integer}) \tag{5.1}$$

여기서 D는 원자 간 거리(원자 사이의 거리)이고 d는 격자면 사이의 거리이다. 식 (5.1)

*자세한 증명은 L. R. B. Elton과 D. F. Jackson의 *American Journal of Physics* **34**, 1036 (1966) 논문 참조.

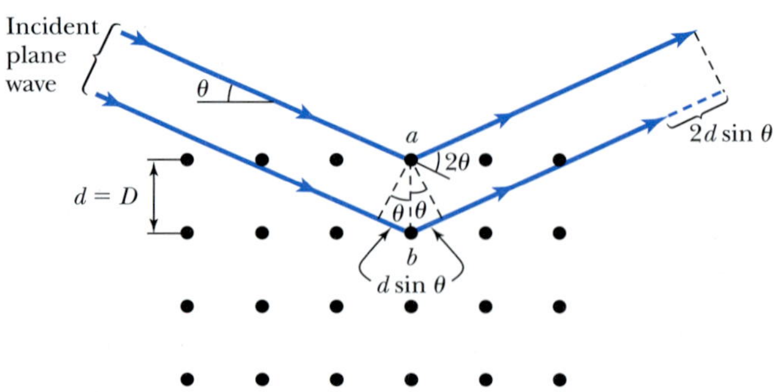

그림 5.4 브래그 격자면들로부터 얻어지는 x선 산란을 나타낸 개념도. $2d\sin\theta$는 두 파면들 간의 경로차를 나타낸다. 입사파와 산란된 파가 이루는 각도는 2θ이다.

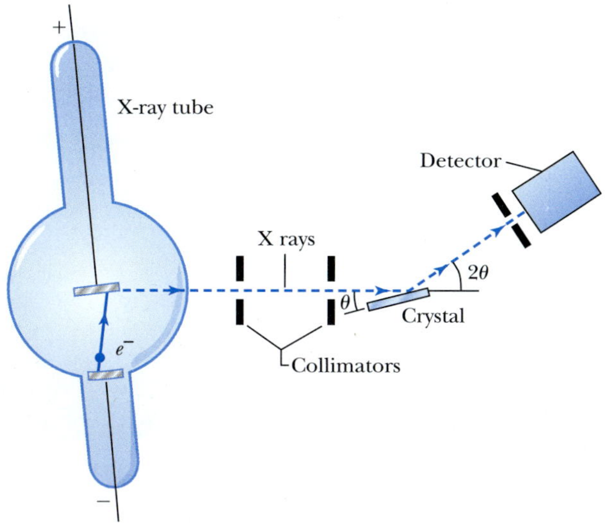

그림 5.5 브래그 분광계를 나타낸 개략도. x선은 금속 시료에 전자를 강하게 조사해 줌으로써 만들어진다. 결정 시료에 의해 산란된 x선은 집광되어 2θ 각도 조건에 따라 검출기에서 검출된다.

은 라우에의 결과로부터 윌리엄 로렌스 브래그에 의해 1912년에 처음 제시되었다. 광학에서 회절격자의 회절현상을 설명하기 위하여 쓰이는 용어를 따라 정수 n은 *반사 차수*로 정의된다. 식 (5.1)을 **브래그 법칙**(Bragg's law)이라 하며, x선의 파장을 알아내거나 이와 반대로 λ를 이미 알고 있다면 결정의 격자면 간의 간격 d를 알아내는 데 있어 유용하게 이용할 수 있다.

윌리엄 헨리 브래그와 윌리엄 로렌스 브래그(1915년 노벨상 공동 수상)는 그림 5.5에 보이는 것과 유사한 구조를 가지는 *브래그 분광계*라 불리는 실험장치를 고안했으며, 다수의 결정으로부터 x선 산란 실험을 수행하였다. 회절된 빔의 강도는 회전하는 결정과 검출기에 의한 산란각의 함수로 결정된다. 브래그의 연구 결과들은 완전히 새로운 연구 영역을 개척하였으며, 이러한 연구 방법은 오늘날까지 이용되고 있다.

라우에 회절법은 부피가 큰 결정체를 회전축 방향이 정밀히 제어되는 회전판상에 놓고 실험함으로써 단결정체의 결정축을 측정하는 실험에 주로 쓰인다. 투과법의 경우, 수많은 파장 성분을 가지는 방사된 빔(백색광)을 결정체에 조사하면 보강간섭에 의해 형성된 밝은 점 배열 패턴을 얻을 수 있으며 이는 결정체의 격자면을 나타낸다. 이러한 방법은 단순구조를 가지는 무기 신소재나 복잡한 거대분자인 단백질에 이르기까지 규칙적 배열구조를 가지는 다양한 소재에서 결정구조를 알아내기 위해 이용된다. 브래그와 라우에의 x선 회절법은 고체, 액체 또는 복잡한 구조를 가지는 DNA에 이르기까지 다양한 물질의 구조에 관한 한 거의 모든 정보를 제공해 줄 수 있다(그림 5.6).

만약 큰 단결정을 구할 수 없다면 많은 작은 결정들을 사용해야 할 것이다. 이 결정들을 분쇄하여 분말 형태로 만든다면 작은 결정들은 각각 무작위한 방향성을 가질 것이다. x선 빔이 결정 분말을 투과할 때 보강간섭에 의해 나타나는 간섭 패턴은 여러 개의 고리 모양을 나타낸다. 이러한 방법을 **분말 x선 회절법**(powder x-ray diffraction, XRD)이라고 하며, 미지의 고체에 대한 결정학적인 구조나 크기를 규명하기 위한 방법으로 널리 쓰인다. 그림 5.7a는 분말 x선 회절법의 원리를 나타내며, 이때 회절 패턴을

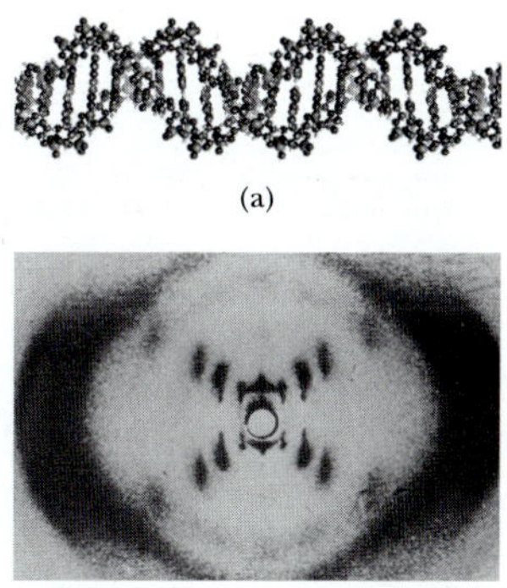

(a)

(b)

그림 5.6 (a) 컴퓨터 그래픽으로 구성된 DNA 이중 나선 구조 사진. (b) 로잘린드 프랭클린(Rosalind Franklin)에 의해 측정된 DNA 이중 나선 구조의 x선 회절 사진. DNA와 같은 복잡한 구조를 이해하기 위해서는 수백 장의 회절 사진이 요구된다. 1950년대 초, 런던의 킹스 칼리지에 있었던 로잘린드 프랭클린은 DNA 회절 사진을 측정하여 왓슨(Watson)과 크릭(Crick)이 DNA 구조를 알아내는 데 도움이 되었다. 프랭클린은 왓슨과 크릭이 노벨상을 수상하기 4년 전인 1958년에 37세의 나이로 세상을 떠났다.

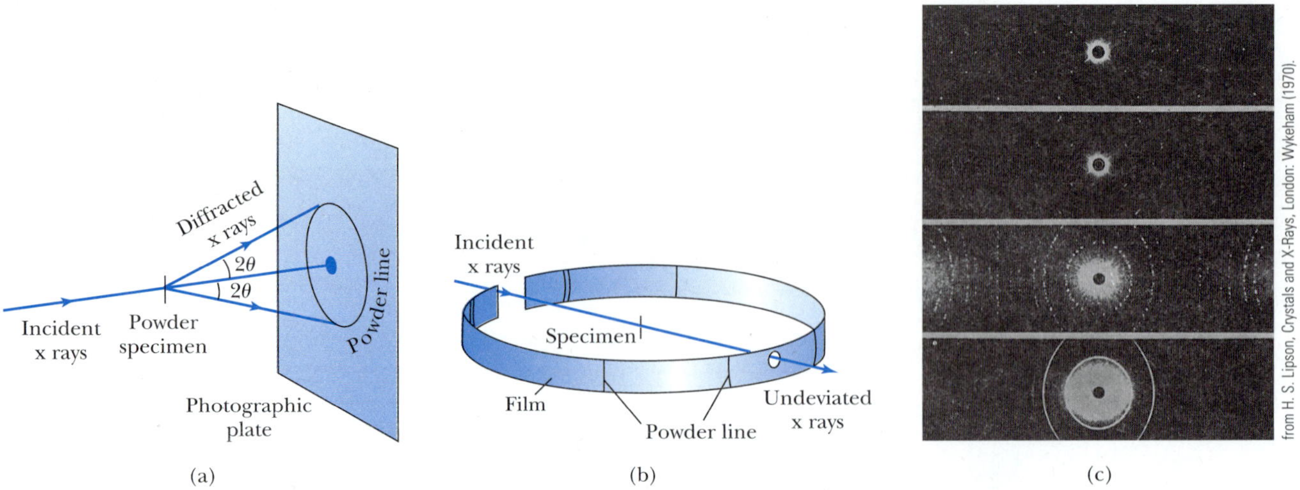

from H. S. Lipson, Crystals and X-Rays, London: Wykeham (1970).

그림 5.7 (a) 무작위로 정렬된 결정 분말로부터 회절 사진을 얻기 위한 실험 개념도. (b) 결정 분말로부터 얻어진 회절 사진을 기록하기 위한 필름 배열. (c) 형석으로부터 얻어진 네 장의 x선 회절 사진들. 제일 위의 사진은 단일 결정체로부터 얻어진 회절 사진(점 패턴이 얻어짐을 알 수 있다)을 나타내며, 아래로 갈수록 사용된 결정체 수가 많아짐에 따른 회절 사진의 변화. 수많은 결정체로부터 얻어진 아래의 회절 사진은 고리 패턴으로 얻어짐을 알 수 있으며, 이상적인 분말 시료를 이용해 측정되는 회절 패턴 모양이다. (a), (b)의 출처: N. F. M. Henry, H. Lipson, and W. A. Wooster, *The Interpretation of X-ray Diffraction Photographs*, London: MacMillan (1960)

기록하기 위한 필름의 배열을 그림 5.7b에 나타내었다. 그림 (b)의 회절 선들을 발견자들의 이름을 따서 *디바이·셰러 무늬*(Debye-Scherrer pattern)라고 한다. 그림 5.7c에 차례로 제시된 네 장의 회절 사진에서 보듯이 측정에 사용된 결정체 수가 증가함에 따라 회절 패턴은 라우에 점 패턴으로부터 점차적으로 고리 패턴으로 변함을 알 수 있다.

예제 5.1은 x선 결정학의 가치 및 엄청난 유용성을 보여 준다. 20세기 초 물리학자들에 의해 개척된 기술은 오늘날까지 다양한 분야의 많은 과학자들에 의해 유용하게 활용되고 있다.

예제 5.1

암염(NaCl)으로부터 산란된 x선이 입사 방향으로부터 20°가 되는 각도에서 첫 번째 최대값($n = 1$)이 관측되었다. 이때 입사 파장은 어떤 값을 가져야 하는가?

전략 λ를 찾기 위해 식 (5.1)을 이용할 수 있다. 그러나 d(격자면 간 간극)와 각도 θ 정보를 알아야 한다. 보강간섭 조건을 만족하기 위해 입사 빔과 산란된 파동이 서로 이루는 각도는 항상 2θ(그림 5.4와 그림 5.5)이어야 한다. $\theta = 10°$이므로, $2\theta = 20°$이다. 하나의 원자의 부피는 d^3이므로 암염의 밀도로부터 d를 알아낼 수 있다.

풀이 4.1절에서 다음의 관계식을 배운 바 있다.

$$\frac{\text{Number of molecules}}{\text{Volume}} = \frac{N_A \rho}{M}$$

여기서 N_A는 아보가드로수이고, ρ는 밀도, M은 그램분자량이다. 암염에서 $\rho = 2.16 \text{ g/cm}^3$이고 $M = 58.5 \text{ g/mol}$이다.

$$\frac{N_A\rho}{M} = \frac{\left(6.02 \times 10^{23}\ \frac{\text{molecules}}{\text{mol}}\right)\left(2.16\ \frac{\text{g}}{\text{cm}^3}\right)}{58.5\ \frac{\text{g}}{\text{mol}}}$$

$$\frac{N_A\rho}{M} = 2.22 \times 10^{22}\ \frac{\text{molecules}}{\text{cm}^3}$$
$$= 4.45 \times 10^{22}\ \frac{\text{atoms}}{\text{cm}^3}$$
$$= 4.45 \times 10^{28}\ \frac{\text{atoms}}{\text{m}^3}$$

암염은 입방 배열을 가지므로 Na와 Cl 원자 사이의 거리로부터 d를 구할 수 있으며, 하나의 원자당 부피값(d^3/원자)을 구할 수 있다.

$$\frac{1}{d^3} = 4.45 \times 10^{28}\ \frac{\text{atoms}}{\text{m}^3}$$
$$d = 2.82 \times 10^{-10}\ \text{m} = 0.282\ \text{nm}$$

격자 간격을 알아내기 위해 위에서 보여 준 방법은 입방 배열을 가지지 않는 많은 결정구조에서는 적용될 수 없으며 입방구조를 가지는 한정된 결정체에 대해서만 적용이 가능하다.

격자 간격을 논의할 때도 주의를 기울여야 한다. 우리는 여기에서 이를 Na와 Cl 원자 사이의 거리로 정의하였지만, 다른 출처에서는 격자 간격, 또는 때때로 격자상수를 동일한 원소의 원자와 원자 사이의 거리로 설명한다. 예를 들면, 인접한 Na 원자들 간의 거리는 위에서 계산한 d 값의 두 배가 되며, 이를 NaCl의 격자상수로 얘기할 수 있다.

λ를 찾기 위하여 식 (5.1)을 사용하면,

$$\lambda = \frac{2d \sin\theta}{n} = \frac{(2)(0.282\ \text{nm})(\sin 10°)}{1} = 0.098\ \text{nm}$$

이는 전형적인 x선 파장 값이다. 암염은 x선 파장을 측정하고, 실험기구를 보정하는 데 있어 유용하게 사용될 수 있는 결정이다.

5.2 드브로이파

1920년에 이르러서는 x선이 파동성을 보이는 전자기복사인 것으로 규명되었다. 원자와 분자의 결정구조를 연구하는 데 있어서 x선 결정학과 그 유용성은 확립 중이었다. 하지만 세부적인 원자의 이해에는 아직 많이 미치지 못하였다. 많은 물리학자들이 가장 기초적인 보어의 원자 모형을 대체할 수 있는 새롭고 좀 더 일반적인 이론을 필요로 하고 있었다. 이 문제에 대한 발전에 있어서 의미 있는 한 단계 진전이 1920년 보어 모형의 문제를 연구하기 시작한 프랑스의 한 젊은 대학원생이었던 드브로이에 의하여 이루어졌다.

드브로이는 플랑크, 아인슈타인, 그리고 보어의 연구 내용에 대해 잘 인지하고 있었다. 그는 아인슈타인에 의해 제안된 이론인 물질과 에너지가 상호 독립적으로 존재하지 않으며, 사실은 상호 교체될 수 있다는 이중성에 대한 내용을 알고 있었다. 드브로이는 특히 광자가 파동적 특성과 미립자적 특성을 동시에 가진다는 사실에 영향을 많이 받았다. 파동의 개념은 간섭과 회절(5.1절) 현상을 이해하기 위하여 반드시 필요하지만 미립자의 개념 또한 광전 효과(3.6절)와 콤프턴 산란(3.8절)과 같은 현상의 설명을 위해서 필요하다. 만약 전자기복사가 *파동적 특성뿐만 아니라 입자적 특성을 동시에* 반드시 지닌다면 물질 입자들 또한 파동적 특성과 입자적 특성을 동시에 가지지 못할 이유가 있을까? 드브로이에 의하면 자연 현상의 대칭성으로부터 시작된 그러한 발상을 낳을 수 있으며 어떤 물리학적 법칙도 이를 위배할 수 없다.

드브로이가 1924년 파리대학에서 박사학위 논문으로 그의 새로운 가설을 발표하였을 때, 그의 이론은 학계에 큰 관심을 불러일으켰다. 드브로이는 아인슈타인의 특수상대성이론과 함께 플랑크의 양자론을 이용하여 입자의 파동적 특성에 대한 이론을 제안하였다. 그의 예측 이론을 설명하는 핵심적인 관계식은 다음의 수식으로 표현된다.

Science History Images/Alamy Stock Photo

루이 빅토르 드브로이(Louis V. de Broglie, 1892~1987)는 1차 세계대전 때 군복무한 이후 1924년 파리대학에서의 박사학위 과정을 재개하였다. 박사학위 논문 주제 중 일부로 물질파에 대한 개념을 발표하였다. 드브로이는 주로 프랑스에서 연구를 수행하였으며, 일생 동안 저자로서 또는 강사로서 많은 성공적인 업적을 남겼다.

입자의 드브로이파

$$\lambda = \frac{h}{p} \tag{5.2}$$

즉, 어떤 입자와 관련된 파장은 플랑크상수를 입자의 운동량으로 나눈 값으로 주어진다.

드브로이는 식 (5.2)의 결론에 도달하기 위해 파동의 위상속도와 군속도의 개념을 이용하였다(5.4절을 보라). 광자의 에너지는 $E = pc$, 그리고 $E = hf$ 조건으로 구해짐을 생각하면 다음과 같은 관계식을 구할 수 있다.

$$hf = pc = p\lambda f$$
$$h = p\lambda$$

그리고

$$\lambda = \frac{h}{p} \tag{5.3}$$

물질파

드브로이는 위의 광자에서 유도된 관계식을 모든 입자에 대하여 설명할 수 있도록 개념을 확장시켰다. 이러한 입자 파동을 드브로이는 **물질파**(matter wave)로 정의하였으며, 이때 식 (5.2)로 표현된 입자가 가지는 파장을 **드브로이 파장**(de Broglie wavelength)이라고 한다.

예제 5.2

다음 두 경우에 대한 드브로이 파장을 각각 계산하라.

(a) 25 m/s(약 56 mph) 속도로 날아가는 57 g 질량의 테니스공

(b) 50 eV의 운동에너지를 가지는 전자

전략 식 (5.2)를 이용하면 두 경우에 대한 드브로이 파장이 계산된다.

풀이 (a) 테니스공의 경우, 질량은 $m = 0.057$ kg이다. 따라서

$$\lambda = \frac{h}{p} = \frac{6.63 \times 10^{-34}\ \text{J}\cdot\text{s}}{(0.057\ \text{kg})(25\ \text{m/s})} = 4.7 \times 10^{-34}\ \text{m}$$

(b) 전자의 경우, eV 단위를 사용하는 것이 좀 더 편리하다. 이때 드브로이 파장 λ에 대한 수식을 다음과 같이 기술할 수 있다.

$$\lambda = \frac{h}{p} = \frac{h}{\sqrt{2mK}} = \frac{hc}{\sqrt{2(mc^2)K}}$$

$$\lambda = \frac{1240\ \text{eV}\cdot\text{nm}}{\sqrt{(2)(0.511 \times 10^6\ \text{eV})(50\ \text{eV})}} = 0.17\ \text{nm}$$

전자의 운동에너지는 매우 작기 때문에 비상대론적 계산을 사용하였다. 현대 물리에서 계산들은 보통 eV 단위를 사용한다. 이는 eV 값(MeV, GeV)을 사용하는 것이 줄(joule) 단위를 사용하는 것보다 원자와 원자핵과 관련된 수치들을 표현하는 데 있어 좀 더 쉽고 적합하기 때문이다. hc의 값과 몇몇 질량 값들은 부록 7에서 찾을 수 있다.

앞의 예제에서 제시된 테니스공과 전자의 경우 파동적 특성을 지님을 어떻게 보일 수 있을까? 가장 좋은 방법은 그 물체의 파장과 같은 크기 정도의 폭을 가지는 구멍으로 물체를 통과시켜 보는 것이다. 10^{-34} m의 크기를 가지는 구멍은 찾을 수 없기 때문에 테니스공을 이용하여 간섭이나 회절 현상을 실험적으로 입증하기는 사실상 불가능하다. 앞으로도 테니스공을 이용하여 파동적 특성을 실험해 보이기는 아마도 쉽지 않을 것이다. 그러나 50 eV의 운동에너지를 가지는 전자의 드브로이 파장은 약 0.2 nm로, 파동적 특성을 실험적으로 보일 수 있을 만큼 크다. 전자는 작은 질량을 가지고 있으므로 운동량 또한 매우 작다. 이는 결국 전자의 큰 드브로이 파장($\lambda = h/p$)으로 귀결된다. 드브로이 파장은 파동성을 입증할 만큼 충분히 크다. 전자는 물질파적인 특성에 따른 효과를 관찰하기에 적합한 입자이다.

보어의 양자화 조건

보어의 수소 원자 모형에 대한 보어의 가정 중 하나는 정상상태에 놓인 전자-원자핵 시스템의 각운동량은 $h/2\pi$의 정수 배라는 것이었다. 이제 우리는 드브로이의 결과를 이용하여 이러한 결과를 예측할 수 있다. 양자 주위에서 궤도운동을 하는 전자를 정상파로 표현해 보자. 이러한 조건하에서 정상파가 설립되는 조건은 정상파 전체의 길이가 반드시 궤도 조건을 만족하는 경우이다. 그림 5.8에 이러한 경우에 대한 예를 제시하였다. 정상파 조건을 만족하기 위해서는 다음과 같은 조건을 만족해야 한다.

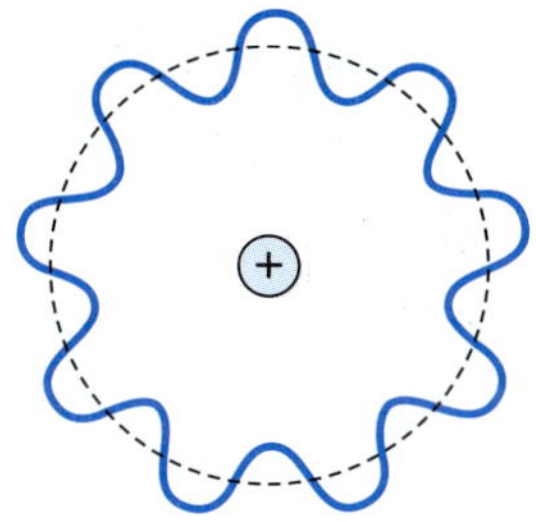

그림 5.8 원자핵 주위에 존재하는 전자궤도가 가지는 정상파들의 모양을 보여 주는 개념도. 파장의 정수는 전자궤도 조건을 만족한다. 원자핵 주위의 전자는 실제로 그림과 같이 곡선을 그리며 움직이지는 않는다. 원자핵으로부터 일정 궤도 반경상에서 도시된 쇄선으로부터 실선으로 표현된 지점 간의 거리는 파동 진폭을 표현한다.

$$n\lambda = 2\pi r$$

여기서 r은 궤도의 반지름이다. 이제 파장에 대한 드브로이 관계식을 적용하면

$$2\pi r = n\lambda = n\frac{h}{p}$$

의 식을 얻을 것이다. 궤도 내, 전자의 각운동량은 $L = rp$로 표현되며, 위의 수식을 이용하면

$$L = rp = \frac{nh}{2\pi} = n\hbar$$

와 같은 관계식을 얻을 수 있다. 이는 정상파 조건을 따르는 전자에 드브로이 파장을 적용함으로써 보어의 양자화 가정에 쉽게 도달할 수 있음을 보여 준다. 이는 보어의 가정이 타당함을 보여 준다. 입자에 대한 드브로이파 이론은 새로운 양자 이론으로 가는 결정적인 단계였으나 실험적인 증명은 충분하지 않았다. 이에 대한 내용은 다음 절에서 곧 소개될 것이다.

캐번디시 연구소

1870년대 이전에는 대부분의 과학적 지식들이 개인의 연구소에서 일하는 연구원들로부터 이루어졌다. 윌리엄 톰슨(후에 켈빈 경이 됨)은 1840년대에 글래스고대학에 한 연구소를 설립하였으며, 1860년대에는 옥스퍼드와 케임브리지 두 곳 모두에서 물리학 연구소를 설립하기 위하여 노력하였다. 1871년에 제임스 클러크 맥스웰은 스코틀랜드에 있는 그의 집에서 불려 와 케임브리지대학의 첫 번째 캐번디시 교수가 되었다. 맥스웰은 케임브리지 중심부에 있는 레인자유학교에 연구소를 설립하기 위하여 계획 수립 및 감독에 열의를 다하였으며, 학생들을 대상으로 한 일상적 강의도 병행하였다. 그 당시 가장 중요한 작업은 맥스웰의 전자기파의 존재를 제시하는 것이었으나 그것은 독일의 하인리히 헤르츠에 의해 발표되었다. 맥스웰의 후임자는 레일리 경으로, 그는 캐번디시에서 5년간 50편의 논문을 발표하였고, 이후 자신의 개인 연구실로 돌아와 불활성 기체에 대한 연구를 포함하는 대부분의 발견들을 수행하였다.

1884년에 28세의 젊은 나이로 톰슨은 캐번디시 교수로 부임하였으며, 이는 원자물리 분야에 있어 오랜 기간 동안 지속적으로 우수한 연구 성과를 창출한 시대의 시작이었다. 1897년의 전자의 발견, 뉴질랜드에서 건너온 젊은 어니스트 러더퍼드의 합류, 찰스 윌슨의 초기 연구들, 이 모든 것들이 톰슨의 지도력 아래 캐번디시 연구소의 확장과 발전을 이루어 냈다. 톰슨의 35년간의 지도력은 다방면으로 대단하였으며, 그는 1919년 그의 후계자로 러더퍼드를 캐번디시로 다시 불러들이고 물러났다.

러더퍼드가 이끌던 19년 동안 캐번디시는 세계에서 가장 명성 있는 과학센터가 되었으며, 전 세계로부터 많은 최고의 학생들, 연구자들, 방문 연구원들을 불러들이는 곳이 되었다. 러더퍼드 자신도 한 팀의 리더였으며 'his boys(그의 아이들)'라고 불렸던 젊은 물리학자들에 둘러싸여 있었다. 1937년 러더퍼드의 시대가 끝나기까지 연구소는 입자가속기들과 극저온 실험실을 이용한 새로운 연구 분야로 발전해 나갔다.

2차 세계대전은 캐번디시의 면모를 영원히 바꾸어 놓을 것처럼 보였다. 물리학자들은 전시 연구를 수행하는 쪽으로 진출하였고, 특히 원자폭탄과 레이더 개발에 매달렸다. 이 두 가지는 연합군의 승리에 큰 역할을 하였다. 윌리엄 로렌스 브래그는 1937년에 캐번디시 교수로 케임브리지에 복귀하여 러더퍼드의 후임자가 되었으며 x선 결정학에 대한 연구를 발전시켰다. 캐번디시의 과학자들은 생산적인 연구 분야의 선택에 탁월한 능력을 보여 왔다. 분자생물학과 전파 천문학 분야에 대한 연구 또한 1940년대 후반 캐번디시에서부터 시작되었다. 미국에서 이루어졌던 '거대과학'에 대항하여 이러한 신생 연구 주제에 대해 선견지명을 가지고 지원한 부분에 대해서는 브래그의 공이 컸다. 브래그는 1953년에 캐번디시 교수로서의 정년을 마쳤으며, 이때 왓슨과 크릭은 DNA 구조를 밝혀내는 데 성공하였다. 브래그는 또한 전쟁 중에 캐번디시에서 레이더를 개발했던 존 애시워스 래트클리프와 마틴 라일의 연구를 지원하여 전파 망원경이 개발되었는데 이는 1960년대에 퀘이사(quasar)와 맥동성(pulsar)의 발견으로 이어졌다.

1954년에는 네빌 모트 경이 브래그의 후임으로 캐번디시 교수가 되었으며, 연구소는 고체물리 쪽으로 연구 방향을 잡았다. 모트는 1930년대에는 충돌이론과 핵문제에 대해서 연구를 수행하였으나 결국 전자시스템에 대한 이론적 연구 쪽으로 방향을 틀었다. 브라이언 조지프슨은 1964년에 박사학위를 수여받은 그의 대학원생 기간 동안 터널 장벽을 통과하는 초전류에 대한 이론적인 분석(10장을 보라)에 대하여 선구적인 연구 결과를 남겼다. 1974년에 캐번디시 연구소는 서 케임브리지에 있는 새로운 부지로 옮겼다. 현재 캐번디시에서는 응집물질 물리학 분야에 대한 연구가 많이 이루어지고 있으나, 전파 천문학 및 고에너지 물리를 맡는 연구 그룹 또한 여전히 매우 중요하다. 캐번디시 연구소는 다른 연구소들이 따라가고 싶은 연구소로 하나의 표준을 제시하고 있다.

캐번디시 연구소에서 이룬 중요한 성과들인 노벨상 수상자 목록을 제시하면서 글을 마무리하고자 한다. 별(*) 표시가 있는 사람들(예를 들면, 러더퍼드와 레일리)은 캐번디시 연구소와 폭넓게 관련된 연구자들이지만 캐번디시 연구소 이외의 곳에서 수행한 연구 성과 부분에 대해 주로 인정받아 노벨상을 수상한 사람들이다.

그림 A 케임브리지에 있는 캐번디시 연구소의 옛날 사진(왼쪽 위). 원래의 건물은 사진의 문 왼쪽에 위치했었다. 캐번디시 초기 네 명의 교수들: 제임스 클러크 맥스웰(오른쪽 위), 레일리 경(왼쪽 아래), 톰슨 경과 러더퍼드 경(오른쪽 아래 사진에서 각각 왼쪽과 오른쪽).

캐번디시 연구소에서 배출한 노벨상들

1904	Physics	Lord Rayleigh*	Density of gases, discovery of argon
1906	Physics	Sir J. J. Thomson	Investigations of electricity in gases
1908	Chemistry	Lord Rutherford*	Element disintegration
1915	Physics	Sir William Henry Bragg and William Lawrence Bragg	X-ray analysis of crystals
1917	Physics	Charles G. Barkla	Secondary x rays
1922	Chemistry	Francis W. Aston	Isotopes discovery
1927	Physics	Charles T. R. Wilson	Cloud chamber
1928	Physics	Sir Owen W. Richardson	Thermionic emission
1935	Physics	Sir James Chadwick	Neutron discovery
1937	Physics	Sir George P. Thomson	Electron diffraction
1947	Physics	Sir Edward V. Appleton*	Upper atmosphere investigations
1948	Physics	Lord Patrick M. S. Blackett	Discoveries in nuclear physics
1951	Physics	Sir John D. Cockcroft and Ernest T. S. Walton	Nuclear transmutation
1962	Physiology or Medicine	Francis H. C. Crick and James D. Watson	DNA discoveries
1962	Chemistry	Max Perutz and Sir John Kendrew	Structures of globular proteins
1973	Physics	Brian D. Josephson	Supercurrent in tunnel barriers
1974	Physics	Sir Martin Ryle and Antony Hewish	Radio astrophysics, pulsars
1977	Physics	Sir Nevill F. Mott	Magnetic and disordered systems
1978	Physics	P. L. Kapitsa*	Low-temperature physics
1982	Chemistry	Sir Aaron Klug	Nucleic acid-protein complexes

5.3 전자 산란

클린턴 조지프 데이비슨(Clinton J. Davisson, 1881~1958, 왼쪽)과 **레스터 핼버트 거머**(Lester H. Germer, 1896~1971, 오른쪽). 1927년 뉴욕에서 찍은 사진으로, 데이비슨이 들고 있는 것은 전자 회절 튜브이다. 데이비슨은 시카고대학에서 학부를 마쳤고, 프린스턴대학에서 박사학위를 받았다. 이 두 연구자들은 뉴욕에 소재한 벨 전화 연구소에서 같이 연구를 수행하였다. 데이비슨은 1937년 노벨 물리학상을 수상하였다.

1925년에 있었던 한 실험실 사고가 드브로이파 이론을 실험적으로 증명하는 계기가 되었다. 벨 전화 연구소(현 노키아 벨 연구소)의 클린턴 조지프 데이비슨과 레스터 핼버트 거머는 액체 공기통이 그들의 실험장치 근처에서 폭발하였을 때, 다양한 물질에서 전자 산란을 이용하여 금속 표면의 특성들을 조사하는 중이었다. 사고 발생 시, 현재도 사용되고 있는 니켈 표적 시료는 고온상태였으므로 진공 조건이 깨진 이후 니켈은 상당한 산화 반응을 가지게 되었다. 그들이 사용한 니켈은 특별히 준비된 것이었고 꽤나 비쌌던 것이어서 그들은 수소 가스 환경 및 진공 조건에서의 다양한 고온 열처리를 통해 환원된 니켈로 재사용하고자 시도하였다.

그림 5.9는 데이비슨과 거머가 사용한 실험장치의 개략도이다. 재처리된 표적 시료를 장치에 놓고 다시 실험을 하였을 때, 데이비슨과 거머는 니켈의 표면에서 산란된 전자를 관찰하였을 때 급격한 변화가 나타남을 발견하였다. 이전까지의 실험에서는 산란각 변화에 따라 산란 세기의 변화가 서서히 변하는 현상만 관찰했을 뿐이었는데, 새로운 실험 결과는 특정 산란각, 특정 에너지 조건에서 매우 강하게 산란된 전자 세기를 나타냄을 보여 주었다. 데이비슨과 거머는 이러한 데이터 결과에 대하여 매우 혼란스러웠으며, 고민 끝에 며칠 후 니켈 표적물을 조사하기 위하여 튜브를 절단하였다. 이때 그들은 높은 온도에서 니켈의 구조가 다결정으로 바뀐다는 것을 알아냈다. 원래의 표적물은 많은 작은 결정체의 조합이었으나 열처리 결과로 소수의 큰 결정 덩어리로 바뀐 것이다. 데이비슨은 이러한 새로운 회절 세기 분포 결과는 결정 내 원자의 구조적 변화 때문이 아니라 결정 내 원자의 배열이 바뀌어 니켈의 격자구조가 새롭게 바뀌었기 때문일 것이라고 추정하였다. 그림 5.10은 1928년 수행된 데이비슨과 거머의 몇 가지 실험 결과 중 일부를 보여 주고 있다. 니켈로부터 산란된 54 eV의 에너지를 가지는 전자에서 최대 산란은 $\phi = 50°$에서 나타남을 보여 준다.

전자는 분명히 x선과 마찬가지로 회절된다. 드브로이의 결과에 대하여 이미 알고 있던 데이비슨은 브래그 법칙이 그들의 데이터에 또한 적용 가능하다는 것을 알아내었다. 데이비슨과 거머는 특정 파장 조건에서 산란각을 바꾸면서 실험할 수 있었으며 또한 특

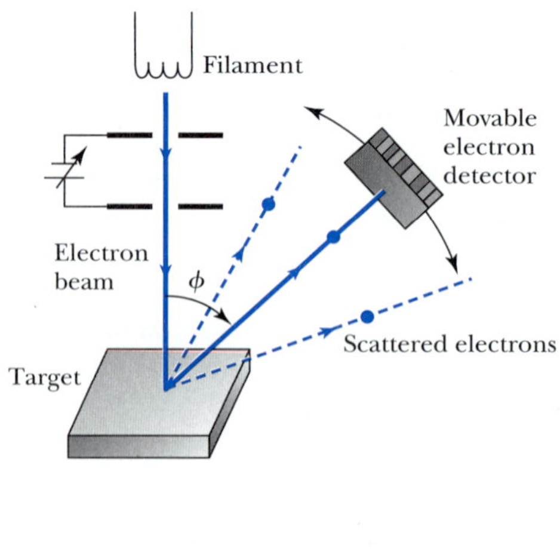

그림 5.9 데이비슨·거머 실험의 개략도. 뜨거운 필라멘트에 의해 발생된 전자들은 가속되어 표적 시료를 향하도록 초점이 맞춰진다. 산란된 전자들은 검출기와 ϕ를 이루고 있으며, 검출기가 이루는 각은 이동이 가능하다. 이때 전자의 분포는 ϕ의 함수로 측정이 이루어진다. 장치 전체는 진공 속에 위치되어져 있다.

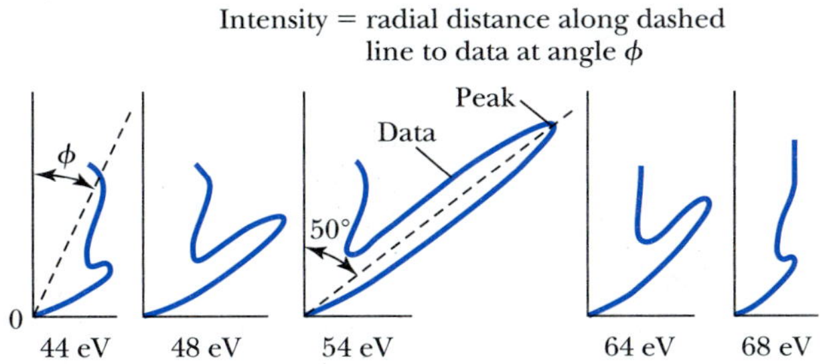

그림 5.10 니켈로부터 산란된 전자들에 대한 데이비슨과 거머의 데이터. 54 eV 근방의 에너지를 가지는 전자에서 $\phi = 50°$ 조건에서 최대 산란치를 얻어진다. 출처: C. J. Davisson, *Franklin Institute Journal* **205**, 597-623 (1928)

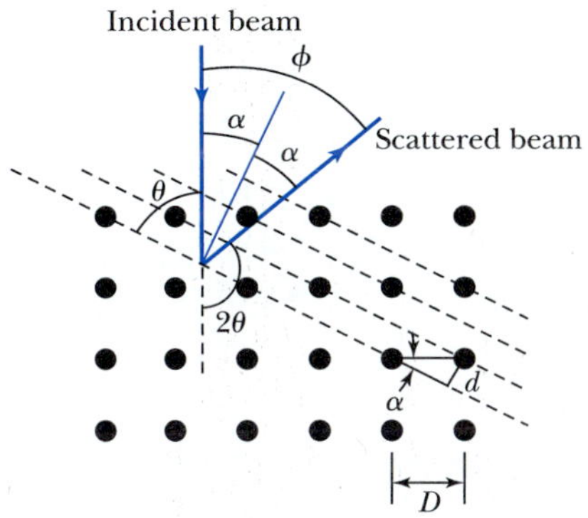

그림 5.11 결정체 내에서 격자면에 의한 전자 산란. 이 그림을 통해 산란과 관련된 두 관계식인 $n\lambda = 2d \sin \theta$와 $n\lambda = D \sin \phi$를 비교해 볼 수 있다. 여기서 θ와 ϕ는 D = 원자 간 거리, 그리고 d = 격자면 간 간격을 나타낸다.

정 각도 조건에서 파장을 바꾸면서(전자 가속 전압을 바꿈으로써 운동량을 바꾸면서) 실험을 할 수 있었다.

그림 5.11은 입사 전자빔과 니켈 결정의 산란면 사이의 관계를 보여 준다. 브래그 법칙에서 2θ는 입사 빔과 출사 빔 간의 각도이다. 따라서 $\phi = \pi - 2\theta = 2\alpha$ 조건을 얻을 수 있다. $\sin \theta = \cos(\phi/2) = \cos \alpha$이기 때문에 브래그 조건을 통해 $n\lambda = 2d \cos \alpha$의 관계식을 얻는다. 하지만 d는 격자면 간격이고 이는 원자 간 간격인 D와 $d = D \sin \alpha$의 관계에 놓여 있다. 따라서

$$\begin{aligned} n\lambda &= 2d \sin \theta = 2d \cos \alpha = 2D \sin \alpha \cos \alpha \\ n\lambda &= D \sin 2\alpha = D \sin \phi \end{aligned} \tag{5.4}$$

또는

$$\lambda = \frac{D \sin \phi}{n} \tag{5.5}$$

의 관계식을 얻을 수 있다. 니켈의 원자 간 거리는 $D = 0.215$ nm이다. 데이비슨과 거머에 의해 발견된 최대 산란각 50°에서 $n = 1$이라면 전자의 파장은

$$\lambda = (0.215 \text{ nm})(\sin 50°) = 0.165 \text{ nm}$$

가 되어야 한다.

예제 5.3

데이비슨과 거머의 실험에서 54 eV 전자에 대해 드브로이 파장을 구하라.

전략 파장 λ를 구하기 위해 드브로이 파장 식 (5.2)를 사용할 것이다. 54 eV 전자의 운동량을 필요로 하지만 에너지가 너무 작기 때문에 비상대론적 연산을 이용할 수 있다. V_0의 전압에 의해 가속된 전자의 파장을 구하기 위한 일반화된 계산 결과를 도출할 수 있다.

풀이 전자의 운동에너지 K.E.를 전자의 최종 운동량과 가속을 위해 사용된 전압 V_0로 표현하면 다음과 같다.

$$\frac{p^2}{2m} = \text{K.E.} = eV_0 \tag{5.6}$$

이 수식으로부터 운동량을 $p = \sqrt{(2m)(eV_0)}$로 구할 수 있다. 식 (5.2)로부터 드브로이 파장은 다음과 같이 구해진다.

$$\lambda = \frac{h}{p} = \frac{hc}{pc} = \frac{hc}{\sqrt{(2mc^2)(eV_0)}}$$

$$= \frac{1240\ \text{eV}\cdot\text{nm}}{\sqrt{(2)(0.511 \times 10^6\ \text{eV})(eV_0)}}$$

$$= \frac{1.226\ \text{nm}\cdot\text{V}^{1/2}}{\sqrt{V_0}} \tag{5.7}$$

여기서 상수 h, c, m은 수식에 반영되어 계산되었으며 V_0는 전압 조건이다. 예를 들어 $V_0 = 54$ V에 대해 파장은

$$\lambda = \frac{1.226\ \text{nm}\cdot\text{V}^{1/2}}{\sqrt{54\ \text{V}}} = 0.167\ \text{nm}$$

로 구해진다.

위 예제에서 계산된 드브로이 파장은 0.167 nm로 50° 조건에서 최대값이 측정된 데이비슨과 거머의 실험에서 도출된 실험치(0.165 nm)와 거의 일치함을 알 수 있다. 이는 중요한 결과로서 전자가 파동과 같은 특성을 가짐을 보여 준다.

데이비슨과 거머가 그들의 연구 결과를 발표한 지 얼마 지나지 않아 조셉 존 톰슨(J. J. Thomson)의 아들인 조지 패짓 톰슨(George P. Thomson, 1892~1975)은 투과 실험으로 전자 회절 효과를 관찰한 실험 결과를 발표하였다. 첫 번째 시료는 셀룰로이드이었으며 곧이어 금, 알루미늄, 백금이 실험에 사용되었다. 무질서하게 정렬된 다결정 베릴륨 시료로부터는 그림 5.12b에서 볼 수 있듯이 링 패턴이 만들어진다. 데이비슨과 톰슨은 그들이 수행한 입자들이 파동적 특성을 명백히 지님을 보여 주는 실험 결과를 인정받아 1937년 노벨상을 수상하였다. 몇 년 후, 수소와 헬륨 원자들 또한 파동적 회절 현상을 가진다는 것이 밝혀졌다. 결정과 생물학적으로 중요한 분자의 구조를 연구하기 위해서, 현대의 계측 기술에서는 중성자의 회절현상을 이용한다. 이 모든 실험들은 질량을 가지는 입자의 파장을 설명하기 위한 드브로이의 가설과 일치한다.

예제 5.4

기초 물리학에서 그 주변과 함께 열적 평형상태에 놓인 입자(이상기체)는 $3kT/2$의 운동에너지를 가진다고 배웠다. 다음 각 경우에 대해 드브로이 파장을 계산하라.

(a) 실온 조건(300 K)에서의 중성자

(b) 77 K(액체 질소 내) 조건에서의 '차가운' 중성자

전략 두 가지 경우 모두 드브로이 파장을 찾기 위하여 식 (5.2)를 사용할 것이다. 먼저 운동량을 찾아야 한다. 두 경우 모두 입자의 에너지는 너무 작을 것이므로 비상대론적 계산을 수행할 수 있다. 중성자들의 정지에너지는 거의 1000 MeV이며, 주어진 온도에서 운동에너지는 매우 작을 것이다(300 K에서 0.026 eV).

풀이 온도에 따른 중성자의 드브로이 파장을 구함으로써 다음과 같이 풀이할 수 있다.

$$\frac{p^2}{2m} = \text{K.E.} = \frac{3}{2}kT$$
$$p = \sqrt{3mkT}$$
$$\lambda = \frac{h}{p} = \frac{h}{\sqrt{3mkT}} = \frac{hc}{\sqrt{3(mc^2)kT}}$$
$$= \frac{1}{T^{1/2}} \frac{1240 \text{ eV}\cdot\text{nm}}{\sqrt{3(938 \times 10^6 \text{ eV})(8.62 \times 10^{-5} \text{ eV/K})}} \tag{5.8}$$

이를 다시 eV 단위를 사용하여 풀면 다음과 같다.

$$\lambda = \frac{2.52}{T^{1/2}} \text{nm}\cdot\text{K}^{1/2}$$
$$\lambda(300 \text{ K}) = \frac{2.52 \text{ nm}\cdot\text{K}^{1/2}}{\sqrt{300 \text{ K}}} = 0.145 \text{ nm}$$
$$\lambda(77 \text{ K}) = \frac{2.52 \text{ nm}\cdot\text{K}^{1/2}}{\sqrt{77 \text{ K}}} = 0.287 \text{ nm} \tag{5.9}$$

이러한 파장들은 결정에 의한 회절을 관찰하기에 적합하다. 좀 더 긴 파장대를 만들어 내기 위해 사용되는 '초냉각'된 중성자들은 이러한 실험에서 매우 유용하다. 전자와는 달리 외부로부터의 전기장과 자기장이 중성자에는 거의 영향을 미치지 않기 때문이다.

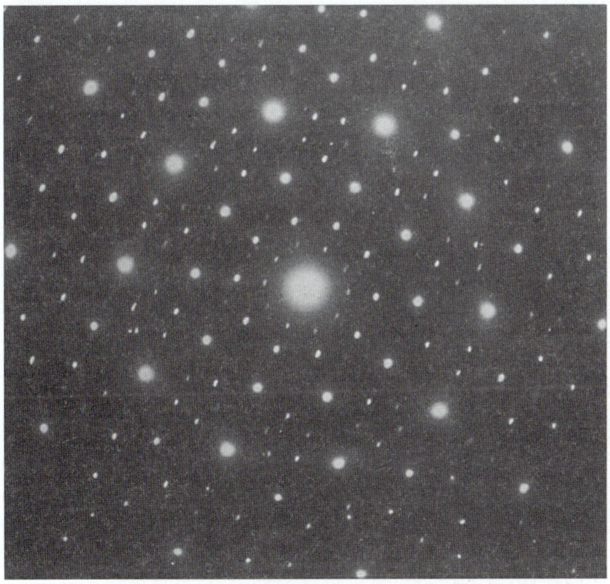

(a)

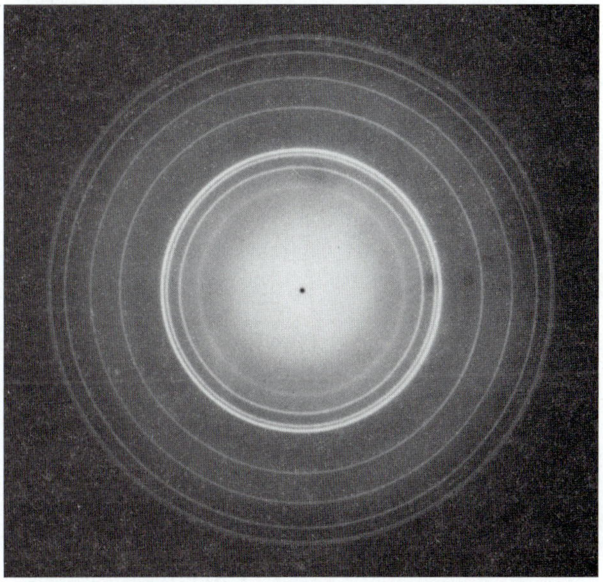

(b)

그림 5.12 투과 전자 회절 사진의 예. (a) 준결정체인 $Al_{80}Mn_{20}$에 120 keV의 에너지를 가지는 전자를 산란시켜 얻은 사진. (b) 다결정 베릴륨의 전자 회절 패턴. 단결정체가 이용된 (a)에서는 점 패턴이 얻어지며, 무질서한 배열을 가지는(또는 분말 시료가 이용된) (b)의 경우에는 고리 패턴이 얻어짐을 알 수 있다.

5.4 파동 운동

이전 장에서 전자 회절 현상에서 볼 수 있듯이 입자들은 파동적 특성을 지니고 있기 때문에 입자의 운동을 파동적 표현으로 수식화하여 표현할 수 있어야 한다. 이는 물리에 있어 양자 이론으로 표현되는 물질에 대한 이해를 함에 있어 한 발짝 진전하는 필수적 단계이다. 양자론의 발전은 파동에 많은 기반을 두고 있으므로 먼저 파동 운동에 관한 물리학을 간단히 살펴본 후 이를 입자에 적용해 보도록 하자.

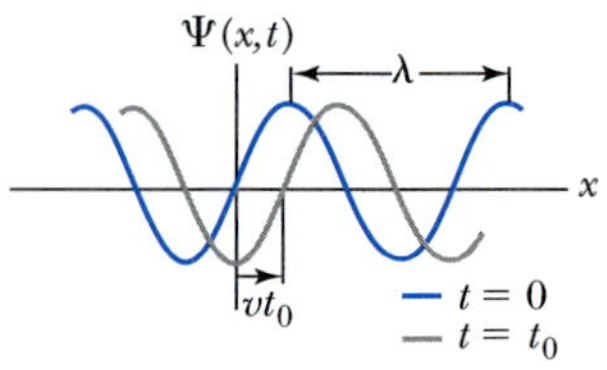

그림 5.13 $t = 0$과 $t = t_0$인 순간 나타낸 v의 속도로 오른쪽으로 이동하는 파동의 모양

기초 물리학에서 음파와 (빛을 포함해서) 전자기파를 포함하는 여러 종류의 파동들에 대하여 배운 적이 있을 것이다. 파동의 가장 단순한 형태는 삼각함수 형태로 표현될 수 있다. 특정 시간 순간(예를 들어, $t = 0$)에서의 공간적 파동의 변화는 그림 5.13에서 제시된 것처럼 다음의 함수로 표현될 수 있다.

$$\Psi(x, t)\big|_{t=0} = A \sin\left(\frac{2\pi}{\lambda}x\right) \tag{5.10}$$

이때 함수 $\Psi(x, t)$는 위치 x와 시간 t에 따른 파동의 *순간 진폭*이나 **변위**(displacement)를 보여 준다. 어떤 현을 따라 움직이는 진행파의 경우 Ψ는 평형상태로부터의 현의 변위를 나타낸다. 전자기복사의 경우 Ψ는 전기장 $\vec{E}$나 자기장 $\vec{B}$의 크기를 나타낸다. 최대 변위를 나타내는 A는 일반적으로 **진폭**(amplitude)이라 부르지만 조화 파동에서는 좀 더 나은 용어로는 **조화 진폭**(harmonic amplitude)이라 한다.

시간이 지남에 따라 파동의 위치는 바뀔 것이고 이를 표현할 수 있는 좀 더 일반적인 수식 표현은 다음과 같다.

파동 모양

$$\Psi(x, t) = A \sin\left[\frac{2\pi}{\lambda}(x - vt)\right] \tag{5.11}$$

그림 5.13에 $t = t_0$인 순간, 파동의 위치 또한 도시되어 있다. **파장**(wavelength) λ는 파동에서 같은 위상을 가지는 지점들 간의 공간적 거리로 정의된다. 예를 들면, 양의 파동 마루 간의 거리가 파장이다. **주기**(period) T는 파동이 한 파장 λ의 거리를 진행하는 데 소요되는 시간으로 정의된다. 파동의 속도[실제로는 식 (5.17)에서 보이는 위상속도]는 v이고, 이는 $\lambda = vT$로 기술될 수 있다. 조화 파동의 진동수 $f(= 1/T)$는 파동 마루가 특정 지점(완전한 한 *주기*를 이루면서)을 초당 지나는 횟수이다. 식 (5.11)로 표현된 진행파는 다음의 파동 방정식을 따른다.*

$$\frac{\partial^2\Psi}{\partial x^2} = \frac{1}{v^2}\frac{\partial^2\Psi}{\partial t^2} \tag{5.12}$$

$\lambda = vT$ 관계를 이용하면 식 (5.11)은 다음 식으로 재정리할 수 있다.

$$\Psi(x, t) = A \sin\left[2\pi\left(\frac{x}{\lambda} - \frac{t}{T}\right)\right] \tag{5.13}$$

파수와 각진동수

파수(wave number) k와 **각진동수**(angular frequency) ω를 다음과 같이 정의함으로써 식 (5.13)은 좀 더 간단한 형태로 표현이 가능하다.†

*파동 방정식의 유도 과정은 현상에 존재하는 파동으로서 대부분의 기초 물리학 교재에 소개되어 있다. 하지만 많은 경우 유도 과정이 선택 영역에 기술되어 있으며, 이를 배우지 않고 건너뛴 경우가 많았을 것이다. 이제는 유도 과정을 다시금 들여다보기를 바란다. 특히 편미분 방정식의 활용에 대해 주의 깊게 들여다볼 것을 권한다.

†'파수'란 용어는 크게 두 가지 용도로 쓰인다. 분광학 쪽에서는 파수를 파장의 역수($1/\lambda$)로 사용한다. 따라서 단순히 1 m 내에 들어가는 파동의 개수를 나타낸다. 여기서 사용되는 개념($k = 2\pi/\lambda$) 또한 널리 쓰이는 것으로, 이를 사용함으로써 여러 수식에서 수식을 좀 더 간단하고 사용하기 편하게 만들어 준다.

$$k \equiv \frac{2\pi}{\lambda} \qquad \text{and} \qquad \omega = \frac{2\pi}{T} \tag{5.14}$$

이때 식 (5.13)은 다음과 같이 구해진다.

$$\Psi(x, t) = A\sin(kx - \omega t) \tag{5.15}$$

이는 $t = 0$인 시점에 $x = 0$인 지점에서 변위가 $\Psi = 0$인 파동이 양의 x축 방향으로 진행하는 삼각함수에 대한 수학적 표현과 같다. 이와 비슷하게 음의 x축 방향으로 진행하는 파동은 다음과 같이 표현될 수 있다.

$$\Psi(x, t) = A\sin(kx + \omega t) \tag{5.16}$$

위상속도(phase velocity) v_{ph}는 주어진 위상을 가지는 파동상의 특정 지점(예를 들면, 파동 마루)의 속도를 나타내며 다음과 같이 기술된다.

위상속도

$$v_{\text{ph}} = \frac{\lambda}{T} = \frac{\omega}{k} \tag{5.17}$$

위상상수

만약 $t = 0$인 시점에 $x = 0$인 지점에서 파동이 $\Psi = 0$ 조건이 아니라면, **위상상수**(phase constant) ϕ를 이용하여 다음과 같이 파동을 기술할 수 있다.

$$\Psi(x, t) = A\sin(kx - \omega t + \phi) \tag{5.18}$$

예를 들어 $\phi = \pi/2$이면 식 (5.18)은 다음과 같이 쓸 수 있다.

$$\Psi(x, t) = A\cos(kx - \omega t) \tag{5.19}$$

중첩의 원리

여러 종류의 파동에 대해 관찰해 보면, 둘 이상의 파동이 동일한 영역을 진행해 나갈 때 각각의 파동은 자신의 파동을 유지하면서 서로 독립적이다. 이에 **중첩의 원리**(principle of superposition)에 따라 존재하는 모든 파동들의 변위는 더해질 수 있다. 익숙한 예로, 거의 동일한 진동수를 가지는 두 음파의 중첩을 들 수 있다. 파동들의 중첩에 따른 최종 변위는 각각의 파동의 조화 진폭, 위상, 진동수 조건에 따라 결정된다. 특정 위치와 시간에서 표현되는 여러 개의 파동들을 중첩할 경우, 각각의 순간 변위들을 더해 주면 된다. 이는 5.1절의 x선 산란으로 설명한 바와 같이 보강간섭 또는 소멸간섭과 같은 효과를 낳는다.

파동 묶음

양자론(또는 *고전역학*과의 차별성을 가지는 표현으로 *양자역학*)에서는 파동들을 움직이는 입자를 표현하기 위한 방법으로 사용한다. 어떻게 이런 설명이 가능할까? 그림 5.14를 보면 두 파동들이 합쳐졌을 때 상대적으로 큰(그리고 작은) 변위를 가지는 지점들이 형성됨을 알 수 있다. 만약 각기 다른 진폭과 진동수를 가지는 여러 개의 파동들을 특별한 방법으로 더해 줄 경우, **파동 묶음**(wave packet)이라 불리는 것을 얻어 낼 수 있다. 파동 묶음의 중요한 특성은 파동 묶음의 최종 진폭이 영의 값을 가지지 않는 것은 그림 5.15에 보이는 것과 같이 공간적으로 작은 영역 Δx 내에서만 존재할 수 있다는 것이다. 즉, 파동 묶음이라는 개념을 이용하여 특정 입자의 위치를 특정한 공간 내에 국소화시킬 수 있다.(이러한 효과에 대한 계산은 연습문제 69를 보라.)

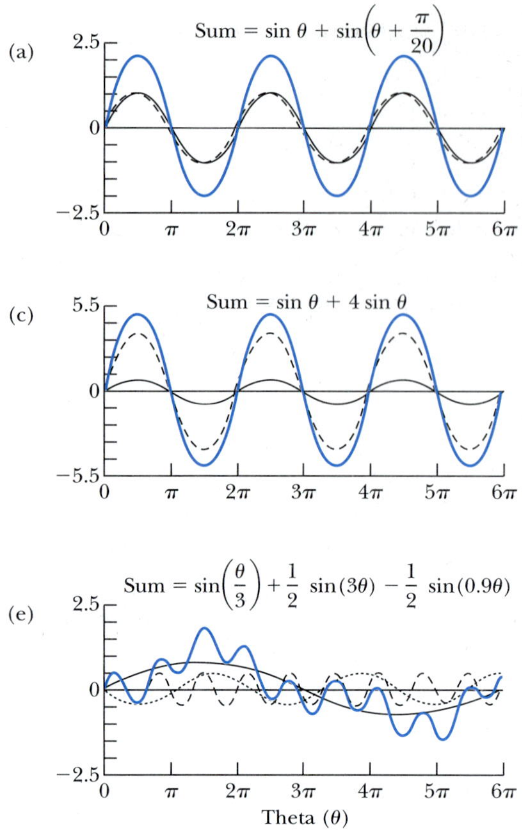

그림 5.14 파동의 중첩. 굵은 파란색 실선은 중첩의 결과로 나온 파동이다. (a) 동일한 진동수와 진폭을 가지는 두 파동이 거의 동일한 위상으로 중첩된 경우로, 진폭이 증대된 큰 파동을 만든다. (b) (a)에서와 흡사하지만 두 파동의 위상이 거의 어긋난 경우로, 진폭이 감소된 파동을 만든다. (c) 같은 진동수를 가지나, 다른 진폭을 가지는 두 파동의 중첩의 결과. (d) 같은 진폭을 가지나, 다른 진동수를 가지는 두 파동의 중첩의 결과. (e) 다른 진폭과 다른 진동수를 가지는 세 파동의 중첩의 결과. (f) 맥놀이 현상을 만드는 거의 동일한 진동수를 가지는 두 파장의 중첩의 결과. 파란색 파선은 포락선으로서 파동들의 중첩에 따른 최대 변위를 나타낸다.

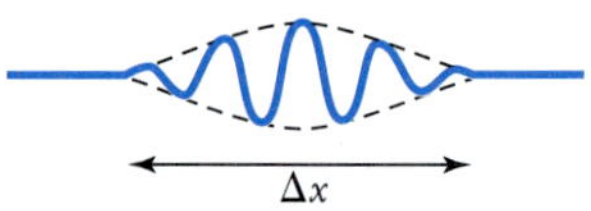

그림 5.15 공간적으로 Δx 영역에 한정된 이상적인 파동 묶음으로 이는 다른 진폭과 진동수를 가지는 여러 파동들의 중첩의 결과로 나타난다.

두 파동의 중첩에 대해 좀 더 면밀히 다루어 보자. 두 파동이 동일한 조화 진폭 A를 가지지만 서로 다른 파수(k_1과 k_2)와 각진동수(ω_1과 ω_2)를 가진다고 가정해 보자. 두 파동들의 중첩은 다음과 같은 합 연산으로 구해질 수 있다.

$$
\begin{aligned}
\Psi(x, t) &= \Psi_1(x, t) + \Psi_2(x, t) \\
&= A\cos(k_1 x - \omega_1 t) + A\cos(k_2 x - \omega_2 t) \qquad (5.20) \\
&= 2A\cos\left[\frac{1}{2}(k_1 - k_2)x - \frac{1}{2}(\omega_1 - \omega_2)t\right]\cos\left[\frac{1}{2}(k_1 + k_2)x - \frac{1}{2}(\omega_1 + \omega_2)t\right] \\
&= 2A\cos\left(\frac{\Delta k}{2}x - \frac{\Delta\omega}{2}t\right)\cos(k_{av}x - \omega_{av}t) \qquad (5.21)
\end{aligned}
$$

여기서 $\Delta k = k_1 - k_2$, $\Delta\omega = \omega_1 - \omega_2$, $k_{av} = (k_1 + k_2)/2$, 그리고 $\omega_{av} = (\omega_1 + \omega_2)/2$를 나타낸다. 그림 5.14의 a~d에서 서로 비슷한 여러 파동들의 모습을 보여 주고

있다. 여기서 굵은 실선은 두 파동의 합의 결과를 나타낸다. 그림 5.14f에서 파란색 파선은 파동들의 합에 따른 결과의 최대 변위를 나타내는 포락선을 나타낸다. 합쳐진(또는 더해진) 최종 파동 Ψ는 파수 k_{av}와 각진동수 ω_{av}를 가지고 파란색 파선으로 표시된 포락선 내에서 진동한다. 식 (5.21)에서 포락선은 파수 $\Delta k/2$와 각진동수 $\Delta\omega/2$를 가지는 첫 번째 코사인 항으로 나타난다. 두 개의 파동 Ψ_1과 Ψ_2는 각각 자신의 위상속도인 ω_1/k_1과 ω_2/k_2를 가지고 개별적으로 진행한다. 두 파동이 합쳐진 파동은 위상속도 ω_{av}/k_{av}를 갖는다. 두 개 이상의 여러 파동들이 합쳐질 경우, 이후 설명할 **군속도**(group velocity)로 이동하는 펄스나 파동 묶음을 낳는다. 파동 묶음을 다룰 때에는 포락선의 속도($u_{gr} = \Delta\omega/\Delta k$)를 나타내는 군속도만이 중요한 의미를 가진다.

펄스나 파동 묶음과는 달리, 단지 두 개의 파동의 합의 결과는 한정된 공간 내에 제한되어 있지 않는다. 하지만 도식적 설명을 위해서 '제한된 영역'을 $\Delta x = x_2 - x_1$로 놓을 수 있다. 여기서 x_1과 x_2는 포락선의 값이 0(혹은 최대, 그림 5.14f를 보라)인 두 개의 연이은 지점들에 해당한다. $x_2 - x_1$은 파동을 가두고 있는 포락선의 파장의 반의 값을 가지므로 식 (5.21)에서 $\Delta k\cdot x/2$ 항은 x_1과 x_2에 대해 π만큼의 위상차를 가져야 한다.

$$\frac{1}{2}\Delta k\, x_2 - \frac{1}{2}\Delta k\, x_1 = \pi$$

$$\Delta k(x_2 - x_1) = \Delta k\,\Delta x = 2\pi \tag{5.22}$$

이와 유사하게, 주어진 x 값에서 위치적으로 고립된 파동에 대해 시간 Δt를 다음과 같이 구해 낼 수 있다.

$$\Delta\omega\,\Delta t = 2\pi \tag{5.23}$$

식 (5.22)와 (5.23)은 수많은 파동들의 합에 의해 파동 묶음을 형성하는 경우로 일반화될 수 있다(연습문제 69를 보라). 두 식 $\Delta k\,\Delta x = 2\pi$와 $\Delta\omega\,\Delta t = 2\pi$는 중요한 사실들을 알려 준다. 파동 묶음의 포락선의 위치를 정확히 알고자 한다면(Δx를 줄이려면) 파동들은 넓은 범위의 파수(큰 Δk)를 가진다. 이와 마찬가지로 특정 지점에 파동이 언제 존재하는지를 정확히 알고자 한다면(Δt를 줄이려면) 파동들의 진동수는 넓은 범위로 존재(큰 $\Delta\omega$)한다. 식 (5.23)은 전자공학에서 중요한 대역폭 관계를 설명하는 근원이다. 어떤 회로 부품이 신호에 대해 짧은 시간인 Δt 내에 빠르게 반응할 수 있으려면 반드시 큰 대역폭 $\Delta\omega$를 가져야 한다.

만약 입자들을 물질파처럼 다루고자 한다면 입자를 파동들로 표현할 수 있어야 한다. 입자의 중요한 특징은 입자들은 공간적으로 특정 위치에 한정되어 존재한다는 것이다. 이것이 우리가 지금까지 다루었던 파동 묶음의 형성 원리가 매우 중요한 이유이다. 각기 다른 파수, 각진동수, 진폭을 가지는 수많은 파동들을 합하여 식 (5.20)을 확장하여 표현하면 다음과 같은 식을 얻는다.

$$\Psi(x, t) = \sum_i A_i \cos(k_i x - \omega_i t) \tag{5.24}$$

위의 식을 **푸리에 급수**(Fourier series)라 부른다. 연속적인 스펙트럼을 다룰 경우, **푸리**

푸리에 급수와 푸리에 적분

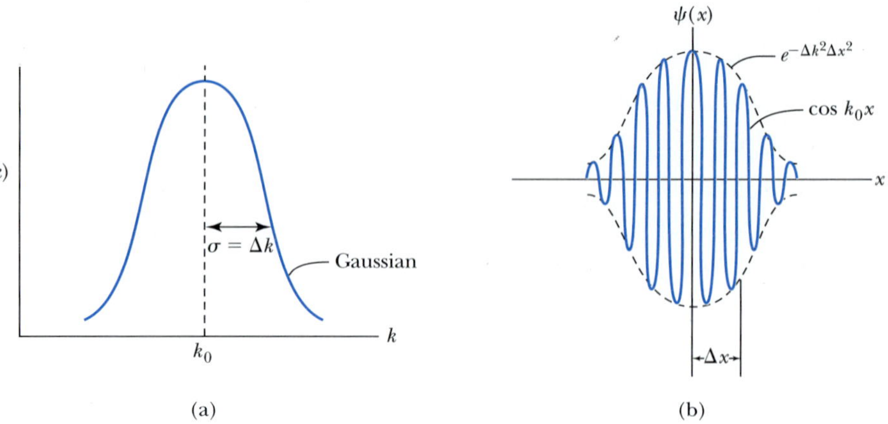

그림 5.16 확률분포 또는 (a)에 나타낸 $\mathscr{A}(k)$의 세기는 표준편차 Δk[함수 $\exp[-(k - k_0)^2/2\sigma^2]$에서 $k = k_0 \pm \Delta k$이고 $\Delta k = \sigma$일 때, 표준편차로 정의됨]를 가지는 가우스 함수 형태로 얻어진다. 이러한 $\mathscr{A}(k)$는 (b)에 보이는 것과 같은 $\psi(x)$를 만든다. $\psi(x)$에 대한 포락선은 $\exp(-\Delta k^2 x^2)$으로 표현되며, 이는 포락선 내에서의 진동을 표현하는 $\cos(k_0 x)$와 같이 곱으로써 $\psi(x)$를 표현한다. $t = 0$인 순간, 파동 묶음(입자)은 파수 $k \approx k_0 \pm \Delta k$를 가지고서 $x \approx 0 \pm \Delta x$ 영역 내에 제한되어 있다.

에 적분(Fourier integral)이라 불리는 적분 형태로 식 (5.24)를 표현하는 것이 바람직하다.

$$\Psi(x, t) = \int \tilde{A}(k) \cos(kx - \omega t)\, dk \tag{5.25}$$

이때, 진폭 A_i와 $\tilde{A}(k)$는 k의 함수일 것이다. 푸리에 급수와 푸리에 적분의 사용법은 고등수학과정으로 여기에서 자세히 다루지는 않겠다.* 하지만 한 가지 중요한 예제를 다룸으로써 그 가치를 설명하고자 한다.

가우시안 파동 묶음 그림 5.16에 도시된 가우시안 파동 묶음은 입자의 위치를 나타내는 데 종종 사용된다. 이는 비교적 쉽게 적분값을 구할 수 있기 때문이다. 주어진 시간 t에서 예를 들어 $t = 0$인 순간, 가우시안 파동은 다음과 같이 표현될 수 있다.

가우스 함수

$$\Psi(x, 0) = \psi(x) = Ae^{-\Delta k^2 x^2} \cos(k_0 x) \tag{5.26}$$

여기서 Δk는 파동 묶음을 만들어 낸 파동들의 파수 범위를 나타낸다. $\cos(k_0 x)$ 항은 진동하는 파동을 나타내며, 이때 진동하는 파동은 (가우스 함수인) 지수함수 항인 $e^{-\Delta k^2 x^2}$으로 표현된 포락선 내에 존재한다. 파수에 따른 세기의 분포 $\mathscr{A}(k)$가 식 (5.26)을 따를 경우 이는 그림 5.16a와 같이 나타난다. 그림에서 단일 표준편차 내에서 평균값 k_0에서 k 측정이 높은 확률을 가짐을 알 수 있다. 함수 $\psi(x)$는 그림 5.16b에 도시하였다. 간단히 표현하기 위해, 상수 A를 1로 놓고 따져 보자. $x = 0[\psi(x) = 1]$인 지점과 $x = \Delta x/2[\psi(x) = \exp((-\Delta k^2 \Delta x^2)/4)]$인 지점 사이에서 입자가 발견될 확률은 높을 것이다. 대략적으로 계산하여 $x = \Delta x/2$에서 $\psi(x)$는 약 0.6의 값을 가진다(그림 5.16b를 보라). 따라서 다음과 같은 식을 얻을 수 있다.

$$e^{-\Delta k^2 \Delta x^2/4} \approx 0.6$$

양변에 로그 연산을 취하면 다음의 식으로 정리할 수 있다.

*John D. McGervey, *Introduction to Modern Physics*, Chap. 4, Orlando, FL: Academic Press (1983) 참조

$$\frac{\Delta k^2 \Delta x^2}{4} \approx 0.5 \qquad \text{or} \qquad \Delta k\,\Delta x \approx 1.4 \tag{5.27}$$

이는 근사적 계산 결과이며, 결과값은 유도 과정 시 이용한 가정에 따라 달라진다. 좀 더 정확한 계산 결과는 $\Delta k\ \Delta x = 1/2$이다. 여기서 중요한 점은 가우스 파동 묶음을 이용하여 식 (5.22)와 유사한 결과에 도달했다는 점이다. 즉, 곱으로 표현된 $\Delta k\ \Delta x$는 1 근방의 값을 가진다. 입자를 표현하기 위하여 좁은 영역 Δx 내에 고립화된 파동 묶음을 형성하려면 매우 큰 범위를 가지는 파수들이 요구된다. 즉, 큰 값의 Δk를 필요로 한다. 이와는 반대로 좁은 범위의 파수들로 이루어진 파동들의 합으로는 짧은 거리 범위 내에 한정되어 존재하는 파동 묶음을 만들어 낼 수 없다.

파동들에 대한 이해와 함께 이를 통한 파동 묶음으로 입자를 표현하기 위한 이해를 마무리하기 위해서는 이제 실제로 입자들을 파동들의 중첩으로 표현할 수 있어야 한다. 앞에서 두 파동들의 중첩의 경우, 군속도 $u_{\text{gr}} = \Delta\omega/\Delta k$는 포락선의 이동을 나타냄을 보았다. 이를 파동 묶음의 경우로 일반화하면, 이동하는 파동 묶음의 군속도 u_{gr}는 다음과 같이 주어진다.

$$u_{\text{gr}} = \frac{d\omega}{dk} \tag{5.28}$$

여기서 파동 묶음은 수많은 파동수들로 구성되어 있기 때문에, 위 연산은 파동 묶음의 중심(즉, $k = k_0$)에서의 미분으로 계산되어야 한다.

드브로이파의 경우 $E = hf$와 $p = h/\lambda$의 관계를 가지고 있다. 이 두 식을 $\hbar$로 표현된 수식으로 다시 기술하면 다음과 같다.

$$E = hf = \hbar(2\pi f) = \hbar\omega \tag{5.29}$$

$$p = \frac{h}{\lambda} = \hbar\frac{2\pi}{\lambda} = \hbar k \tag{5.30}$$

위 식에서 두 관계식 $\omega = 2\pi f$와 $k = 2\pi/\lambda$를 사용하였다. 식 (5.28)에서 분자와 분모에 $\hbar$를 곱하면

$$u_{\text{gr}} = \frac{d\omega}{dk} = \frac{d(\hbar\omega)}{d(\hbar k)} = \frac{dE}{dp}$$

인 관계식을 얻게 된다. 상대론 관계식 $E^2 = p^2c^2 + m^2c^4$이 미분된 다음 식을 이용하면

$$2E\,dE = 2pc^2\,dp$$

이며, 군속도는 다음과 같이 구해진다.

$$u_{\text{gr}} = \frac{dE}{dp} = \frac{pc^2}{E} \tag{5.31}$$

이는 운동량 p와 총에너지 E를 가지는 입자의 속도를 나타낸다. 즉, 파동 묶음의 군속도는 입자의 속도와 관련이 있다는 매우 타당한 가정을 세워 볼 수 있다.

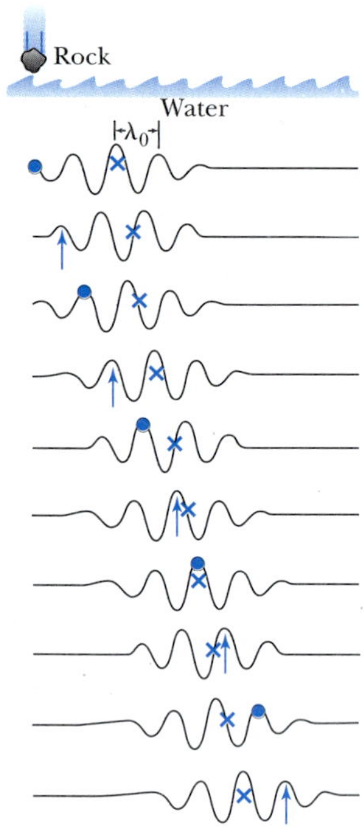

그림 5.17 $u_{gr} = v_{ph}/2$인 파동 묶음의 시간에 따른 진행. 시간에 따라 개별적 파동이(화살표와 점이 교차적으로) 파동 묶음(×로 표시된) 내에서 어떤 형태로 이동해 가는지 주목하라.

파동의 위상속도는 다음과 같이 표현된다.

$$v_{ph} = \lambda f = \frac{\omega}{k} \tag{5.32}$$

따라서 $\omega = kv_{ph}$이다.

그러면, 군속도는 다음과 같이 위상속도와 관련지어 표현할 수 있다.

$$u_{gr} = \frac{d\omega}{dk} = \frac{d}{dk}(v_{ph}k) = v_{ph} + k\frac{dv_{ph}}{dk} \tag{5.33}$$

따라서 군속도는 위상속도보다 크거나 작을 수 있다. 어떤 매질에서 위상속도가 모든 주파수 조건에서 동일하며 $u_{gr} = v_{ph}$인 경우, 그러한 매질을 *비분산 매질*이라 한다. 한 예로 진공상태에 존재하는 전자기파를 들 수 있다. 수면파는 분산 매질 내에서의 파동의 좋은 예이다. 잔잔한 연못에 돌을 던질 경우, 파동들의 포락선의 움직임은 바깥쪽으로 움직이는 각각의 개별 파동들에 비해 느리다(그림 5.17).

분산은 파동 묶음의 모양을 결정하는 데 있어 중요한 역할을 한다. 예를 들어 그림 5.16에서 보인 $t = 0$ 순간의 가우시안 파동 묶음의 경우, 파동 묶음은 시간이 지남에 따라 퍼질 것이다. 파동의 중첩 현상으로 인하여 특정 시간에 한정된 지점 내에 매우 고립화된 파동 묶음은 다른 시간에서는 매우 다른 양상으로 중첩되어 또 다른 파동 묶음을 형성할 것이다.

이러한 논의가 고전적인 견해와 일치할 수 있을까? v의 속도를 가지고 비상대론적으로 이동하는 질량 m을 가지는 입자를 생각해 보자. 이 입자를 드브로이파로 다룬다면 입자의 위상속도는 다음과 같이 구해질 수 있다.

$$v_{ph} = \lambda f = \frac{h}{p}\frac{E}{h} = \frac{E}{p} = \frac{p^2/2m}{p} = \frac{p}{2m} = \frac{mv}{2m} = \frac{v}{2} \tag{5.34}$$

이때 위상속도는 입자속도의 절반의 값을 가지며, 입자는 위상속도를 가지면서 움직이지 않는다. 연습문제 28에서 입자의 움직임을 상대론적으로 다룸으로써 위와는 다른 위상속도와 군속도 관계를 얻을 수 있음을 볼 것이다. 하지만 이 경우에도 위상속도와 군속도는 서로 같지 않다.

예제 5.5

앞서 질량 m을 가지는 비상대론적인 입자의 속도는 위상속도와 같지 않다는 것을 보았다. 입자의 속도는 군속도와 같음을 보여라.

전략 식 (5.28)이나 (5.31)에서 제시된 군속도에 대한 관계식을 사용할 수 있다. 어떤 식을 사용하든 결과를 얻을 수 있으며, 유의미한 결론으로 이끌어 줄 것이다.

풀이 먼저 비상대론적인 입자에 대한 식 (5.31)을 이용하여 다음 관계식을 얻을 수 있다.

$$u_{gr} = \frac{pc^2}{E} = \frac{mvc^2}{mc^2} = v \tag{5.35}$$

식 (5.28)을 사용하기 위하여 ω와 k에 대한 식 (5.29)와 (5.30)의 결과를 이용하면

$$u_{gr} = \frac{d\omega}{dk} = \frac{d(E/\hbar)}{d(p/\hbar)} = \frac{dE}{dp} = \frac{d}{dp}\frac{p^2}{2m} = \frac{2p}{2m} = v$$

임을 알 수 있다. 즉, 입자가 파동처럼 움직일 때 위상속도가 아닌 군속도로 이동함을 알 수 있다.

예제 5.6

뉴턴은 심해의 수면파는 $\sqrt{g\lambda/2\pi}$의 위상속도를 가짐을 보였다. 이러한 파동에서의 군속도를 구하고 움직임에 대하여 논하라.

전략 군속도와 위상속도의 관계를 구하기 위하여 식 (5.33)을 사용한다. 이를 위하여 우선 k의 함수로 위상속도 v_{ph}를 구한다.

풀이 $\lambda = 2\pi/k$임을 이용하면

$$v_{ph} = \sqrt{\frac{g\lambda}{2\pi}} = \sqrt{\frac{g}{k}} = \sqrt{g}k^{-1/2}$$

이를 이용하여 식 (5.33)을 다음과 같이 기술할 수 있다.

$$u_{gr} = \sqrt{\frac{g}{k}} + k\frac{d}{dk}\left(\sqrt{g}k^{-1/2}\right) = \sqrt{\frac{g}{k}} + k\sqrt{g}\left(-\frac{1}{2}k^{-3/2}\right)$$

$$= \sqrt{\frac{g}{k}} - \frac{1}{2}\sqrt{\frac{g}{k}} = \frac{1}{2}\sqrt{\frac{g}{k}} = \frac{1}{2}v_{ph}$$

군속도는 위상속도의 절반으로 결정된다. 이는 잔잔한 연못에 돌을 던졌을 때 관찰되는 현상과 같다. 원형 파동이 퍼져 나갈 때 각각의 파동들은 파동 마루들을 거쳐 지나가면서 소멸되는 것처럼 보인다(그림 5.17).

5.5 파동들 또는 입자들?

이 시점에서 학생의 입장에서 약간의 혼란이 생기는 것은 이상하지 않다. 지금까지 전자기복사는 때로는 간섭과 회절의 경우에서와 같이 파동처럼 동작하며, 또 때로는 광전 효과와 콤프턴 효과에서와 같이 입자처럼 동작한다고 배웠다. 지금까지 5장에서 입자들은 파동처럼도 동작(전자 회절)한다는 증거도 보았다. 이 모든 것이 진정 사실일 수 있을까? 만약 하나의 입자가 역시 하나의 파동이라면 어떤 면에서 파동과 같은 모습을 보일 것인가? 앞 절에서 최소한 수학적으로는 입자들을 파동 묶음들을 이용하여 기술할 수 있음을 배운 바 있다. 매질을 파동들과 입자들로 동시에 표현하는 것이 가능할까? 전자기복사를 파동들과 입자들로 동시에 표현이 가능할까? 양자론을 배우기 전에 **파동·입자 이중성**(wave-particle duality)에 대한 이러한 질문들에 대한 답을 먼저 알아야 한다.

빛을 이용한 이중 슬릿 실험 파동과 입자의 차이점과 유사점을 좀 더 잘 이해하기 위해 영의 이중 슬릿 회절 실험에 대하여 알아보자. 이에 대해서는 기초 물리학 과정에서(강의와 실험으로) 빛의 간섭성을 보여 주기 위한 과정으로 자세히 배운 바 있다. 그림 5.18a는 이 실험의 개략도이다. 이 실험은 저출력 레이저를 이용하여 쉽게 이루어질 수 있다. 이때 두 슬릿이 열린 상태에서 최대값과 최소값의 띠를 가지는 선명한 간섭무늬가 관찰된다. 두 슬릿 중 하나가 닫힐 경우 이러한 간섭무늬는 바뀌어 최대 광세기를 나타내는 지점은 상당히 넓어진 형태를 가지게 된다(그림 5.18b). 따라서 이중 슬릿 간섭무늬는 빛이 두 슬릿을 모두 통과함으로써 형성된다고 결론지을 수 있으며, 이는 빛이 파동현상임을 보여 준다.

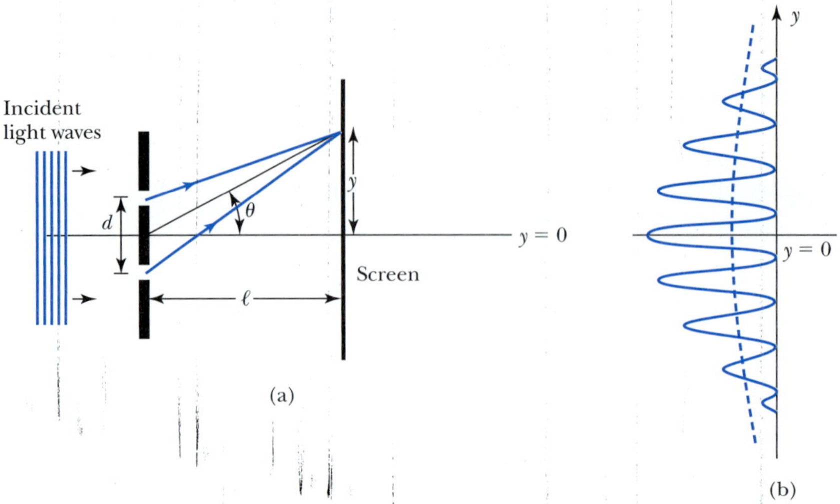

그림 5.18 (a) 영의 이중 슬릿 실험에 대한 개략도. 이 실험은 광원으로 레이저를 사용하여 손쉽게 이루어질 수 있다.(또한 $\ell \gg d$ 조건도 만족되어야 한다. 여기서 d는 슬릿 중심부 간의 간격이다.) (b) 실선은 두 슬릿들에 의해 형성된 간섭무늬를 나타낸다. 슬릿의 어느 하나가 가려지면 하나의 슬릿에 의한 회절이 형성되며, 이는 파선 곡선과 같은 결과를 보여 준다.

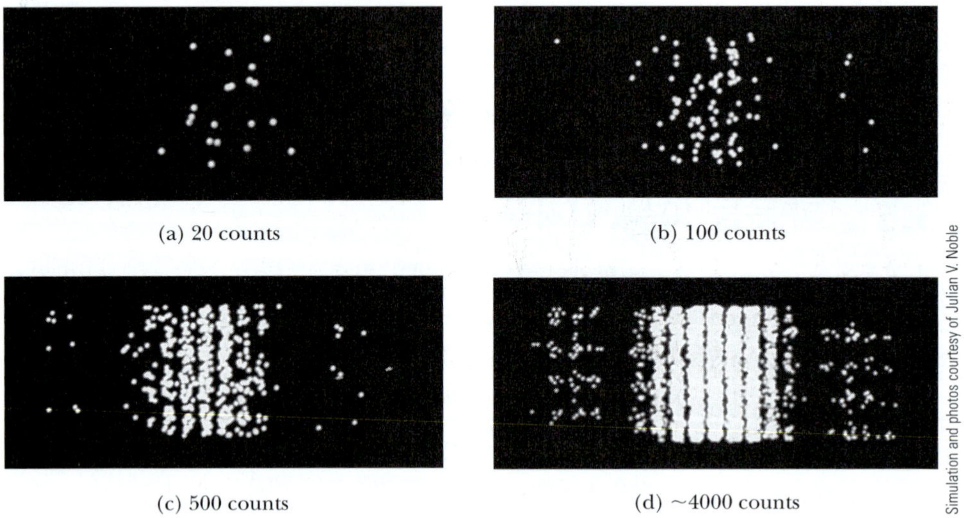

그림 5.19 빛이나 전자에 대해 영의 이중 슬릿 간섭 실험에 대한 컴퓨터 시뮬레이션 결과. 계산에 사용된 슬릿 폭은 $a = 4\lambda$이고 슬릿 간의 간격은 $d = 20\lambda$이다. 네 장의 사진은 각각 측정 횟수가 20, 100, 500, 4000으로 증가함에 따라 얻어진 것이다. 간섭무늬는 500회 시점에서부터 또렷하게 나타난다.

하지만 빛의 세기가 감소한 상태에서 스크린상의 무늬를 관찰할 경우, 스크린상에 도달한 빛은 다양한 지점에서 섬광들을 만든다. 이는 전적으로 입자적인 특성의 대표적 양상이다. 만약 노출시간을 바꾸어 가면서 스크린상의 무늬를 사진 찍는다면 사진들은 그림 5.19와 같은 모습을 보일 것이다. 결국에는 파동적 특성을 보이는 간섭무늬 특징이 나타난다. 따라서 이 실험상에서 모순은 없다. 만약 우리가 빛(광자)의 정확한 위치를 알고자 한다면, 파동적 표현이 아니라 입자적 표현을 사용해야 하는 것이다.

전자 이중 슬릿 실험 이제 빛을 사용하는 대신에 전자를 사용하는 이전과 유사한 이중 슬릿 실험에 대하여 알아보자. 물질도 파동과 같은 특성을 지닌다면, 빛 대신 전자를 사용하더라도 같은 실험 결과를 얻을 수 있을까? 이에 대한 답은 '그렇다'이며, 물리학자들은 이러한 최종 결론에 도달함에 있어 의심하지 않았다. 전자를 이용할 경우, 빛을 이용한 실험과 달리 실험을 수행하기가 쉽지 않다. 이러한 어려움은 파동현상을 보일 수 있을 만큼 충분히 작은 슬릿을 구성하기가 쉽지 않기 때문이다. a가 슬릿의 폭일 경우, $\lambda \sim a$의 조건을 만족해야 한다. $\lambda = 600$ nm인 빛의 경우, 슬릿들은 기계적으로 만들 수 있다. 하지만 50 keV의 에너지를 가지는 전자의 경우, $\lambda = 5 \times 10^{-3}$ nm가 되어 이는 수소 원자의 크기(~0.1 nm)보다도 작은 조건이 된다. 하지만 1961년 독일 튀빙겐대학의 클라우스 욘손*은 매우 좁은 슬릿들을 구성하고 슬릿과 관찰되는 스크린 간의 간격을 비교적 멀리 있게 함으로써 전자를 이용한 이중 슬릿 간섭 효과를 보여 주는 실험에 성공하였다(그림 5.20). 구리 슬릿들은 은을 입힌 유리 기판상에 인쇄된 고분자 스트립 위에 구리를 도금법으로 형성함으로써 제작되었다. 이 실험 결과는 빛(파동들)과 전자(입자들) 두 경우에 있어 정확히 동일한 현상이 나타남을 보여 준다. 우리는 이전에 x선들(파동)과 전자들(입자)의 회절에 의해 만들어진 디바이·셰러 고리들로부터 유사한 결과를 본 적이 있다.

*C. Jönsson, *American Journal of Physics* **42**, 4 (1974), translation of *Zeitschrift für Physik* **161**, 454 (1961)

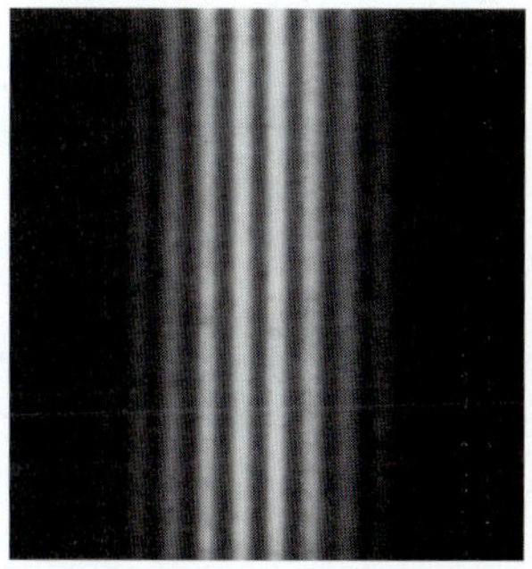

그림 5.20 빛을 이용한 영의 이중 슬릿 실험과 유사한 원리로 이중 슬릿을 이용한 전자의 간섭 사진. 클라우스 욘손에 의해 측정된 이 실험 결과는 전자가 파동적 특성을 가짐을 명백히 보여 준다(예제 5.7을 보라).

예제 5.7

욘손에 의한 실험에서 50 keV의 전자가 500 nm의 폭을 가지고 서로 2000 nm만큼 떨어져 있는 슬릿들에 의해 영향을 받고 있다. 관찰 지점의 스크린은 슬릿들로부터 350 mm만큼 떨어진 지점에 존재한다. 간섭무늬에서 최대값을 보이는 첫 두 지점 간의 간격은 얼마가 되겠는가?

전략 간섭무늬에서 최대값의 차수와 입사 방향으로부터 각도 θ의 관계를 보여 주는 식은 다음과 같다(그림 5.18을 보라).

$$d \sin\theta = n\lambda \tag{5.36}$$

첫 번째 최대값은 $n = 0$인 차수에서 $\theta = 0$인 지점에서 발생한다. 각도 조건 θ에서 $n = 1$인 차수에서 그다음 번째의 최대값이 나타나며 이는 다음과 같다.

$$\sin\theta = \frac{\lambda}{d} = \frac{\lambda}{2000\ \text{nm}}$$

각 θ를 알아내기 위해서는 파장 λ가 정해져야 한다. θ를 알고 있기만 하다면 관측 스크린상의 최대값을 나타내는 두 지점 거리를 알아낼 수 있다.

풀이 식 (5.7)에서 에너지 eV_0인 전자에 대한 파장을 계산한 바 있다.

$$\lambda = \frac{1.226\ \text{nm}\cdot\text{V}^{1/2}}{\sqrt{50 \times 10^3\ \text{V}}} = 5.48 \times 10^{-3}\ \text{nm}$$

50 keV는 식 (5.7)에서 사용된 바 있는 비상대론적 연산을 적용하기에는 너무 높은 에너지일 것이므로, 분명히 상대론적 연산이 수행되어야 한다. 먼저 운동량을 찾아야 하고, 이를 $\lambda = h/p$에 대입하여 구한다.

$$\begin{aligned}(pc)^2 = E^2 - E_0^2 &= (K + E_0)^2 - E_0^2 \\ &= (50 \times 10^3\ \text{eV} + 0.511 \times 10^6\ \text{eV})^2 \\ &\quad - (0.511 \times 10^6\ \text{eV})^2 \\ &= (0.231 \times 10^6\ \text{eV})^2\end{aligned}$$

이를 이용하여 다음과 같이 파장을 구할 수 있다.

$$\lambda = \frac{h}{p} = \frac{hc}{pc} = \frac{1240\ \text{eV}\cdot\text{nm}}{0.231 \times 10^6\ \text{eV}} = 5.36 \times 10^{-3}\ \text{nm}$$

따라서 비상대론적 계산값에 비해 약간 적은 값(2%)인 좀 더 정확한 상대론적 계산값을 얻게 됨을 알 수 있다. 이제 각도를 구하면

$$\sin\theta = \frac{5.36 \times 10^{-3}\ \text{nm}}{2000\ \text{nm}} = 2.68 \times 10^{-6}$$

스크린을 따라 첫 번째 최대값 지점의 거리는 $y = \ell \tan\theta$로 구해진다. 이때 작은 각도 조건에 대해서는 $\sin\theta \approx \tan\theta$로 놓을 수 있다.

$$y = \ell\tan\theta \approx \ell\sin\theta = 350\ \text{mm}(2.68 \times 10^{-6})$$

$$= 9.38 \times 10^{-4}\ \text{mm}\ \frac{10^6\ \text{nm}}{\text{mm}} = 938\ \text{nm}$$

이러한 회절무늬는 육안으로 보기에는 너무 작다. 예상된 회절무늬를 관찰하기 위해 욘손은 여러 개의 전자 렌즈들을 이용하여 회절무늬를 확대하였고, 10배율의 광학현미경을 사용하여 형광 스크린을 관찰하였다.

또 다른 사고 실험 앞 절의 욘손 실험에서 만약 슬릿 중의 하나를 덮는다면, 빛을 이용한 실험에서와 마찬가지로 이중 슬릿 무늬는 사라질 것이다. 그러나 우리가 경험상 알고 있는 바에 따르면 전자는 입자이고, 이때 전자는 슬릿들 중 하나의 슬릿만을 통과하여 지나갈 수 있을 것이라 생각한다. 전자가 어느 슬릿을 통과하게 되는지를 알아내기 위하여 그림 5.21과 같은 사고 실험을 고안해 보자. 이중 슬릿상에 조사되는 광원을 설치하고 매우 성능이 우수한 현미경으로 그 지점을 관찰하고 있다. 전자가 두 슬릿 중 하나를 통과한 이후 빛은 전자에 의해 튕겨지며 이에 따른 반사된 빛을 우리는 관찰하고 있다. 이로써 전자가 어느 슬릿을 통과했는지를 알아낼 수 있다고 보자.

이 실험을 위해서는 전자가 어느 슬릿을 통과했는지를 확인할 수 있도록 슬릿 간격 d보다 작은 파장을 가지는 빛이 사용되어야 한다. 빛(광자)에 대한 변수를 나타내기 위하여 아래첨자로 'ph'를 사용하자. 즉, $\lambda_{ph} < d$인 관계에 있다. 광자의 운동량은 다음과 같다.

$$p_{ph} = \frac{h}{\lambda_{ph}} > \frac{h}{d}$$

슬릿들을 통과한 전자들에 의한 간섭 효과를 보기 위해서는 전자들 또한 반드시 슬릿 간격 a와 비슷한 크기의 파장을 가지고 있어야 한다. 즉, $\lambda_{el} \sim d$이다. 이때 전자들의 운동량은 대략 다음과 같은 크기를 가질 것이다.

$$p_{el} = \frac{h}{\lambda_{el}} \sim \frac{h}{d}$$

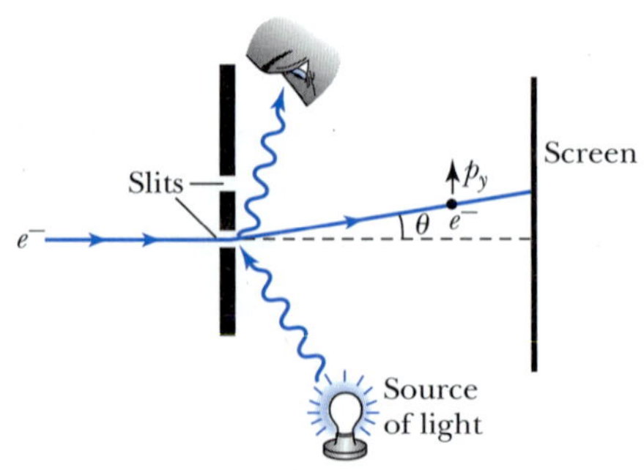

그림 5.21 이중 슬릿 실험에서 전자가 어떤 슬릿을 통과하는지를 측정하기 위한 시도. 강력한 광원에서 내보낸 광자는 전자에 의해 산란되고, 산란된 광자를 측정한다. 이때 전자의 이동은 광자에 의해 영향을 받는다.

이때 전자가 어느 슬릿을 통과했는지 알아내기 위하여 조사된 광자의 운동량이 전자 자체의 운동량을 크게 바꾸어 놓을 정도로 충분히 크다는 문제가 발생한다. 즉, 전자의 진행 방향을 바꾸어 버리는 것이다. 전자가 어느 슬릿을 통과하는지 알아내기 위한 시도 자체가 간섭무늬를 바꾸어 버리는 것이다. 이 실험에 대해서는 5.6절에서 좀 더 상세히 다룰 예정이다. 전자가 어느 슬릿을 통과했는지 알아내려고 할 때, 우리는 전자의 입자적 특성을 검토하고 있는 중인 것이다. 우리가 전자의 간섭무늬에 대하여 검토하고 있을 때, 이는 전자의 파동적 특성을 사용하고 있는 중인 것이다.

보어는 이러한 딜레마를 자연의 입자와 같은 측면과 파동과 같은 측면은 *상보적*임을 지적함으로써 해결하였다. 두 가지 측면은 모두 필요하다. 다만 동시에 관찰될 수 없을 뿐이다.

보어의 상보성 원리: *물리적 관측가능량들을 입자와 파동 두 가지 면에서 모두 동시에 표현하는 것은 불가능하다.*

상보성 원리

물리적 관측가능량은 위치, 속도, 운동량, 에너지와 같이 실험적으로 측정이 가능한 양이다. 어떤 특정 순간에 대하여, 입자 표현이나 파장 표현 중 어느 하나만을 사용해야 한다. 일반적으로 선택의 방법은 명확하다. 이중 슬릿 실험에서의 간섭무늬는 빛(혹은 전자)은 두 슬릿을 모두 통과해야 하는 경우로 볼 수 있고, 파동 표현을 사용해야 한다. 자연 현상을 설명할 때 입자로서의 특성과 파동적 특성을 동시에 보이면서 현상을 설명할 수는 없다.

물리적 관측가능량

상보성 원리를 이용함으로써 지금껏 우리를 혼란스럽게 만들었던 **파동·입자 이중성**(wave-particle duality) 문제를 좀 더 잘 이해할 수 있다. 학생들 입장에서 이러한 파동·입자의 이중성이 어색하게 느껴지는 것은 이상한 일이 아니다. 이는 고전물리에서는 없는 개념이기 때문이다. 그러나 하나의 '법칙'이 아닌 하나의 '원리'로서, 상보성 원리는 자연을 잘 설명하고 있는 것으로 보이며, 이에 우리는 상보성 원리를 사용한다. 어떤 특정한 현상을 표현하는 데 있어서 파동과 입자를 동시에 사용하지 않는다는 사실을 좀 더 주의 깊게 바라볼 필요가 있다. 실험들이 자연에서 실제로 어떤 일들이 일어나고 있는지를 보여 주고 관찰된 결과들을 설명하기 위하여 우리는 일련의 규칙들을 만들어야 한다. 이 규칙들은 자연스럽게 실험적으로 관찰된 결과들에 대한 확률적 해석으로 이어진다. 만약 우리가 전자 이중 슬릿 실험에서 스크린을 따라 작은 검출기들을 일렬로 설치해 놓는다면 검출기들 중에서 하나의 검출기에 의하여 전자가 측정될 확률을 말할 수 있을 것이다. 간섭무늬는 우리로 하여금 확률적 결정들을 할 수 있도록 이끌어 준다. 그러나 만약 전자가 검출기들 중 한 검출기에 의하여 기록되었다면 다른 검출기들에서 전자가 발견될 확률은 0이다. 물질의 진행과 복사 진행은 파동적 특성으로 표현된다. 그러나 물질과 복사는 입자로써 상호작용한다.(즉, 생성/소멸 또는 검출의 과정을 겪는다.)

파동·입자 이중성에 대한 해법

5.6 불확정성 원리

5.4절에서 파동의 중첩에 대하여 논의했을 때, 파동 묶음을 좁은 영역 Δx 이내로 극소화하고자 한다면 큰 값의 범위를 가지는 파수 Δk를 사용해야 한다는 점에 대하여 우리는

배웠다. 두 파동의 경우 식 (5.22)로부터 $\Delta k\,\Delta x = 2\pi$ 관계를 알아냈다. 우리는 가우스 파동 묶음을 좀 더 면밀히 검토해 본다면 $\Delta k\,\Delta x = 1/2$이라는 곱의 관계를 찾을 수 있을 것이다. $\Delta k\,\Delta x$의 곱 연산에 대한 최소값은 가우스 파동 묶음을 사용할 때 얻어진다.

5.4절에서 동일한 입자에 대하여 k와 x의 정확한 값들을 불확실성 없이 동시적으로 측정하기가 불가능하다는 것을 배웠다. 파수 k는 다음과 같이 다시 기술될 수 있다.

$$k = \frac{2\pi}{\lambda} = \frac{2\pi}{h/p} = p\frac{2\pi}{h} = \frac{p}{\hbar} \tag{5.37}$$

그리고

$$\Delta k = \frac{\Delta p}{\hbar} \tag{5.38}$$

따라서 가우스 파동 묶음의 경우

$$\Delta k\,\Delta x = \frac{\Delta p}{\hbar}\Delta x = \frac{1}{2}$$

또는 가우스 파동 묶음들에 대하여

$$\Delta p\,\Delta x = \frac{\hbar}{2} \tag{5.39}$$

의 관계식을 얻을 수 있다.

식 (5.39)의 관계식은 1932년 노벨 물리학상을 수상한 독일의 물리학자 베르너 하이젠베르크에 의하여 1927년에 처음으로 발표되었다. 이러한 불확정성은 모든 3차원에 대하여 적용되므로, x 방향으로의 Δp를 나타내기 위해서는 첨자가 쓰인 Δp_x로 표현되어야 한다. 따라서 하이젠베르크의 **불확정성 원리**(uncertainty principle)는 다음과 같이 쓸 수 있다.

p_x와 x에 대한 하이젠베르크 불확정성 원리

$$\Delta p_x\,\Delta x \geq \frac{\hbar}{2} \tag{5.40}$$

이는 p_x와 x 값에 대한 동시적인 정보를 알아내는 데 있어 제한을 준다.* Δp_x와 Δx의 한계치들은 아무리 좋은 실험 측정을 수행하더라도 존재하는 p_x와 x를 알아내는 데 있어 불확정성이 가능한 한 최소화된 한계치들을 나타낸다. p_x와 x 값에 있어 좀 더 큰 불확정성을 가지는 것은 가능하다. 그러나 불확정성 원리에서 허락하는 것 이상의 정확성을 가지고 그 둘에 대한 값들을 알아내는 것은 불가능하다. 불확정성 원리는 Δp_z와 Δx의 곱 또는 Δp_y와 Δz의 곱에 적용되지는 않는다. $\Delta p_z\,\Delta x$의 값은 0이 될 수 있다. 식 (5.40)은 물이나 소리와 같은 명확한 파동들에 대해서만 적용될 수 있는 것이 아니라 물질파들에 대해서도 똑같이 적용된다. 이는 물질의 드브로이 파장에 대한 한 결과이다. 만약 우리가

*불확정성 원리를 표현한 몇몇 표기에서는 $\frac{1}{2}$이 없다. 이 책에서 제시된 표현은 불확정성의 최소 한계를 나타낸다.

한 입자의 위치를 매우 정확히 알아내고자 한다면 입자의 운동량에 대한 큰 불확정성을 반드시 받아들여야 한다. 비슷하게, 만약 우리가 한 입자의 운동량의 정확한 값을 알아내고자 한다면 그 입자의 위치를 정확하게 알아내는 것은 가능하지 않다. 불확정성 원리는 고전물리와는 명확히 벗어나는 또 다른 지점을 보여 준다. 고전물리에서는 입자의 위치와 운동량을 모두 동시에, 그리고 정확하게 알아내는 것이 가능하다고 가정된다. $\hbar$의 값은 매우 작기 때문에 불확정성 원리는 원자 수준에서만 매우 중요해진다.

dpa picture alliance/Alamy Stock Photo

베르너 하이젠베르크(Werner Heisenberg, 1901~1976)는 독일에서 태어났으며 그의 전 인생을 뮌헨대, 라이프치히대, 베를린대 등 여러 대학에서 보냈다. 하이젠베르크는 1942년에 베를린에 있는 카이저 빌헬름 연구소의 소장이 되어 독일 과학계에서 가장 높은 위치에 올랐다. 2차 세계대전 이후 하이젠베르크는 젊은 물리학자들의 연구 활동을 지원하고 원자폭탄에 반대하는 목소리를 내는 데 열정을 쏟았다.

x축 방향으로 폭 ℓ 이내에서 위치하는 것을 알고 있는 한 입자를 고려해 보자. 그렇다면 $\Delta x \le \ell/2$의 거리 이내에서 입자의 위치를 우리는 알고 있는 것이다. 불확정성 원리에 의하면 Δp는 다음의 경계 조건에 의하여 제약을 받는다.

$$\Delta p \ge \frac{\hbar}{2\,\Delta x} \ge \frac{\hbar}{\ell} \tag{5.41}$$

$p = mv$이기 때문에, $\Delta p = m\Delta v$가 되고, 이는 다음과 같은 관계식을 낳는다.

$$\Delta v = \frac{\Delta p}{m} \ge \frac{\hbar}{m\ell} \tag{5.42}$$

이 결과들은 다소 흥미로운 의미를 가지고 있다. 예를 들어 낮은 에너지를 가지는 한 입자를 고려해 보자. 그러한 입자가 가질 수 있는 최소의 운동에너지는 무엇일까? 이를 위해 비상대론적 수식들을 사용할 수 있으며, $K = p^2/2m$ 관계식을 이용할 수 있다. 식 (5.41)은 운동량에 있어 불확정성이 있음을 보여 준다. 운동에너지의 최소값 $K_{\min}$을 찾아내기 위한 운동량의 최소값은 최소한 운동량 값의 불확정성만큼은 클 것이며 $p_{\min} \ge \Delta p$라고 가정할 수 있다.

$$K_{\min} = \frac{p_{\min}^2}{2m} \ge \frac{(\Delta p)^2}{2m} \ge \frac{\hbar^2}{2m\ell^2} \tag{5.43}$$

이 식은, 만약 우리가 한 입자의 정확한 위치에 대하여 불확실성을 가지고 있다면, 예를 들어 어떤 전자가 직경 ℓ인 한 원자 내부 어디인가에 있다면, 그 입자는 0인 운동에너지를 가질 수 없음을 나타냄에 주목하자.

예제 5.8

(a) 코트를 둘러싸고 있는 35 m 길이의 울타리 내에 있어야 하는 테니스공과 (b) 수소 원자의 최소 지름 이내에 있는 전자에 대하여 각각 운동량의 불확정성에 대하여 계산하라.

전략 우리는 Δp_x를 찾기 위하여 식 (5.40)을 사용할 것이다. 위치에 대한 불확정성 Δx는 대략 울타리의 절반이다.

풀이 (a) 테니스공의 위치의 불확정성 $\Delta x = (35\text{ m})/2$를 식 (5.40)에 대입하면

$$\Delta p_x \ge \frac{1}{2}\frac{\hbar}{\Delta x} = \frac{1.05 \times 10^{-34}\,\text{J}\cdot\text{s}}{2(35\text{ m})/2} = 3 \times 10^{-36}\,\text{kg}\cdot\text{m/s}$$

를 얻는다. 이는 테니스공의 운동량을 명시하는 데 아무런 문제가 없을 것이다.

(b) (가장 작은 반경을 가지는) 가장 낮은 에너지 상태에 있는 수소 원자의 지름은 $2a_0$이다. 임의로 $\Delta x = a_0$로 불확정성 Δx는 지름의 절반 또는 반경과 같다고 놓자.

$$\Delta x = a_0 = 0.529 \times 10^{-10}\text{ m}$$

$$\Delta p_x \geq \frac{1}{2}\frac{\hbar}{\Delta x} = \frac{1.05 \times 10^{-34}\text{ J}\cdot\text{s}}{2(0.529 \times 10^{-10}\text{ m})} = 1 \times 10^{-24}\text{ kg}\cdot\text{m/s}$$

이는 매우 적은 운동량처럼 보일지도 모른다. 그러나 질량이 약 10^{-30} kg인 전자에 있어서는, 이는 10^6 m/s인 속도에 해당한다. 이는 의미 없는 값이 아니다. 보어의 첫 번째 궤도에 있는 전자의 속도에 맞먹는 것임에 주목하자[식 (4.31) 참조].

예제 5.9

길이가 $2a_0$인 1차원적인 개체로서 수소 원자를 다루어 보자. 전자의 최소 운동에너지를 구하라.

전략 K_{min}을 결정하기 위하여 불확정성 원리를 사용할 것이다. 식 (5.43)은 거리 ℓ 내에서 위치해 있는 것으로 알고 있는 입자에 대한 최소 운동에너지 조건을 준다.

풀이 식 (5.43)에 따르면

$$K_{\text{min}} = \frac{\hbar^2}{2m\ell^2} = \frac{(\hbar c)^2}{2mc^2\ell^2}$$

$$= \frac{(197\text{ eV}\cdot\text{nm})^2}{(2)(0.511 \times 10^6\text{ eV})(2 \times 0.0529\text{ nm})^2} = 3.4\text{ eV}$$

3차원을 고려한 계산에서는 위 값의 약 두 배의 결과가 나올 것이다. 위의 간단한 연산으로도 수소 원자의 바닥상태에 놓인 전자의 운동에너지에 대한 타당한 크기 정도를 알 수 있다.

에너지-시간 불확정성 원리 식 (5.40)이 불확정성 원리를 보이는 유일한 표현은 아니다. 파동의 이동에 대한 이해를 토대로 식 (5.23)을 이용하여 또 다른 형태를 찾을 수 있다. 파동 묶음을 형성하기 위하여 두 파동을 중첩하였을 때 $\Delta\omega\,\Delta t = 2\pi$인 관계에 있음을 보았다. 가우스 묶음을 이용하여 이와 같은 곱 연산을 하면 다음과 같은 결과를 얻을 것이다.

$$\Delta\omega\,\Delta t = \frac{1}{2} \tag{5.44}$$

이는 $\Delta k\,\Delta x$의 곱 연산을 했을 때와 같은 결과이다. 이와 같은 관계를 이해하는 것은 쉽다. 만약 우리가 파동 묶음을 (단일 파동에 대하여 무한한 시간에 걸쳐 존재하는 대신에) 매우 작은 시간 Δt 내로 국소화시킨다면 Δt 시간 구간 이외의 지점에서는 파동들이 서로 상쇄되도록 수많은 파동들의 진동수들이 포함되어야 한다. $E = hf$이므로 각 파동에 대하여 다음과 같은 관계를 구할 수 있다.

$$\Delta E = h\,\Delta f = h\frac{\Delta\omega}{2\pi} = \hbar\,\Delta\omega$$

따라서

$$\Delta\omega = \frac{\Delta E}{\hbar} \quad \text{그리고} \quad \Delta\omega\,\Delta t = \frac{\Delta E}{\hbar}\Delta t = \frac{1}{2}$$

따라서 우리는 하이젠베르크 불확정성 원리의 또 다른 형태를 얻을 수 있게 된다.

$$\Delta E\, \Delta t \geq \frac{\hbar}{2} \tag{5.45}$$

에너지와 시간에 대한 하이젠베르크 불확정성 원리

식 (5.40)에서의 p_x와 x와 유사한 다른 *켤레 변수*들 또한 불확정성 원리 관계를 형성한다. (p_x와 x 또는 E와 t 같은) 켤레 변수들의 곱은 반드시 플랑크상수와 같은 차원을 가져야 한다. 이러한 켤레 변수 쌍들로는 각운동량 L과 각도 θ, 그리고 회전관성 I와 각속도 ω가 있다. 이들 켤레 변수 쌍들에 대해서는 유사한 불확정성 관계들을 기술할 수 있다.

식 (5.40)과 (5.45)로 표현되는 불확정성은 고유하고 본질적인 특성이라는 점은 한 번 더 강조되어야 한다. 이러한 불확정성은 우리가 좀 더 우수한 계측 장비를 구현할 수 없기 때문이 아니다. 우리가 아무리 정밀하게 측정하려고 할지라도, 아무리 정밀한 계측 장비를 구축할지라도, 그리고 아무리 오랫동안 측정할지라도, 우리는 불확정성 원리가 허용하는 것 이상으로는 절대 어떤 것도 할 수 없다. 아인슈타인을 포함하여 많은 사람들이 불확정성 원리가 위배되는 상황을 생각해 내려고 했으나 성공하지 못했다. 1927년에 열린 솔베이 회의에서 보어와 아인슈타인은 불확정성 원리에 대하여 여러 가지 토론을 나누었다. 매 아침식사 때마다 아인슈타인은 불확정성 원리에 도전할 수도 있는 새로운 사고 실험을 제안하였다. 보어는 조심스럽고 사려 깊게 아인슈타인이 제기한 각 반례에 대하여 매번 논박해 내었다. 결국 아인슈타인은 그가 불확정성 원리에 모순되는 유효한 사례를 제안할 수 없음을 인정하였다. 아인슈타인의 경우 양자론이 물리 현상을 완벽하게 설명할 수 있다는 생각을 받아들이기 어려웠기 때문에 이러한 논쟁은 1930년대까지 간헐적으로 지속되었다. 그는 양자론은 여러 입자들의 집합에 대한 통계적 표현을 줄 수는 있지만 하나의 입자의 움직임을 설명할 수는 없다고 믿었다. 아인슈타인은 자신의 발상들을 뒷받침해 줄 수 있는 여러 가지 역설적인 상황들을 제안하였고, 보어는 각각의 역설에 대하여 분석하고 합리적인 답변을 내놓을 수 있었다. 보어는 하이젠베르크의 불확정성 원리뿐만 아니라 파동들과 입자들에 대하여 동시적으로 설명해 낼 수 있는 그의 상보성 이론을 강조하였다.

보어와 아인슈타인의 토론들

앞에서 다루었던, 이중 슬릿 실험에서 한 전자가 어느 슬릿을 통과하는지 결정하기 위한 논의로 다시 되돌아가 보자. 여기서 다시 슬릿들을 통과하는 전자들에 빛을 조사하는 상황을 생각해 보자. 우리는 우수한 현미경을 가지고 관찰하고 있다. 이번에는 우리는 불확정성 원리를 사용하여 좀 더 구체적인 계산을 수행할 것이다. 조사된 빛에 의한 광자들은 전자가 슬릿들 중 하나를 통과할 때 그 전자를 튕겨 낸다. 그때 광자들은 현미경으로 산란되어 들어가며, 그러한 광자들이 관찰된다. 각 전자가 어느 슬릿을 통과했는지 알아내기 위해서는 우리는 y축 방향으로 최소한 $\Delta y < d/2$(여기서 d는 두 슬릿들 간의 간격임) 이내로 전자를 위치시킬 수 있어야 한다. 만약 전자의 위치를 $d/2$보다 적은 값으로 줄이는 것이 불확실하다면 불확정성 원리에 따라 전자의 운동량은 적어도 $\Delta p_y > \hbar/d$의 조건을 가지고 불확실해진다. 전자가 어느 슬릿을 통과했는지 알아내기 위하여 단지 광자들을 전자들로부터 산란시키는 것만으로 전자의 운동량에 불확정성이 생긴다. 이러한 불확정성은 측정하는 행위 그 자체에 의해 유발된다.

애초에 특정한 한 방향으로 이동하고 있었던 한 전자를 고려해 보자. 편의상 $\theta = 0$으로 놓자. 그 전자로부터 광자가 산란됨을 이용한 측정 과정에서 광자에 의해 전자가

그림 5.22 일반적으로 왕족과 외국 대통령들에게만 수여되었던 덴마크 상훈장을 1947년 닐스 보어가 수상 시에 디자인되었던 문장. 중국의 음양 상징은 자연에 있어 두 개가 상호 대립적이지만 불가분 관계에 있는 요소들을 상징하므로 이러한 디자인을 선택하였다. 라틴어로 쓰여 있는 표어를 해석하면 "상호 반대적인 것들은 상보적이다"이다. 이는 힐레뢰드에 있는 프레데릭스보르성 내 교회의 왕의 문장 곁에 걸려 있다.

'차이는' 현상으로 인해 각도 θ에 있어 불확정성이 생긴다. y축을 따라 가능한 운동량 변화 때문에 생기는 전자 각도의 불확정성은 $\Delta\theta = \Delta p_y/p$이고, $p = h/\lambda$이기 때문에 다음의 관계식을 얻는다.

$$\Delta\theta = \frac{\Delta p_y}{p} = \frac{(\Delta p_y)\lambda}{h} = \frac{(\hbar)\lambda}{hd} = \frac{\lambda}{2\pi d}$$

식 (5.36)에 따르면, 첫 번째 간섭 최대값은 $\sin\theta = \lambda/d$에서 생길 것이고, 첫 번째 최소값은 $\sin\theta = \lambda/2d$에서 생길 것이다. 작은 각에서의 산란에서 즉 $\sin\theta \approx \theta$일 때, 첫 번째 최소값을 가지는 각은 $\theta_{\text{min}} \approx \lambda/2d$이다. 첫 번째 최소값을 가지는 위치가 $\Delta\theta$에 있어 우리가 구한 불확정성 정도와 같은 차수 지점에 있음에 주목하자. 따라서 간섭무늬는 사라진다. 만약 우리가 고집스럽게 전자들을 입자들로 규정하고 전자들이 어느 슬릿을 통과하는지 알아내고자 한다면 전자의 파동 특성은 사라진다. 우리는 전자를 하나의 입자와 하나의 파동으로 두 가지 측면에서 모두 동시에 다룰 수 없다. 이러한 제약은 자연의 법칙의 하나의 근본적인 특징인 듯하다. 단지 플랑크상수 h가 미소량을 가지고 있기 때문에 일상생활에서는 이러한 제약을 우리는 접하지 못할 뿐이다.

닐스 보어는 이러한 제약을 철학적인 원리로도 얘기하고자 하였다. 그가 덴마크 상훈장을 수상했을 때 그는 문장에 중국의 음양 상징을 넣었다(그림 5.22). 중국의 음양 상징은 자연에 있어 두 개가 상호 대립적이지만 불가분 관계에 있는 요소들을 상징한다. 문장 중심부에 있는 라틴어로 기재된 표어(motto)를 해석하면 "상호 반대적인 것들은 상보적이다"이다.

예제 5.10

전형적인 원자핵 반지름인 6×10^{-15} m 이내에 제한된 전자의 최소 운동에너지를 구하라.

전략 최소 전자 운동량은 원자핵의 반지름($\Delta x = \pm r$)과 같은 값인 거리 Δx 내에 속박된 전자에 대한 불확정성 원리에 의하여 결정된 값과 같다고 가정하자. 그러면 최소 운동량으로부터 최소 전자 에너지를 구할 수 있다.

풀이 $\Delta x \approx r = 6 \times 10^{-15}$ m로부터 다음을 구한다.

$$\Delta p \geq \frac{\hbar}{2\Delta x} = \frac{6.58 \times 10^{-16}\ \text{eV}\cdot\text{s}}{1.2 \times 10^{-14}\ \text{m}}$$

$$\geq (5.48 \times 10^{-2}\ \text{eV}\cdot\text{s/m})\left(\frac{3 \times 10^{8}\ \text{m/s}}{c}\right)$$

$$\geq 1.64 \times 10^{7}\ \text{eV}/c$$

운동량 p는 최소한 p에서의 불확정성만큼은 크다고 가정하였으므로 다음과 같이 쓸 수 있다.

$$p \approx \Delta p \geq 1.64 \times 10^{7}\ \text{eV}/c$$

아직 전자의 에너지를 알지 못하기 때문에 이를 조심스럽게 상대론적으로 계산하자.

$$\begin{aligned} E^2 &= (pc)^2 + E_0^2 \\ &= \left[\left(1.64 \times 10^{7}\ \frac{\text{eV}}{c}\right)c\right]^2 + (0.511\ \text{MeV})^2 \\ &= (16.4\ \text{MeV})^2 + (0.511\ \text{MeV})^2 \\ E &= 16.4\ \text{MeV} \\ \text{K.E.} &= E - E_0 = 16.4\ \text{MeV} - 0.51\ \text{MeV} \\ &= 15.9\ \text{MeV} \end{aligned}$$

$E \gg E_0$이기 때문에 상대론적 계산이 필요함을 주목하라.

개념 예제 5.11

예제 5.10에서 한 전자가 원자핵 반지름의 크기 내에 갇혀 있으면 불확정성 원리는 전자의 최소 운동에너지가 약 16 MeV의 최소값을 반드시 가져야 한다는 것을 나타냄을 보았다. 이것이 전자가 원자핵 내에 존재하는 가능성에 대하여 가리키는 것은 무엇인가?

풀이 전자의 운동에너지에 있어 16 MeV의 값은 베타 붕괴 상태에 놓인 원자핵으로부터 방출된 전자들로부터 관측된 값보다 크다. 이는 전자들이 원자핵 내에 속박되어 있지 않다고 결론내릴 수 있다(베타 붕괴 동안). 원자핵들로부터 방출된 전자들은 방출될 때 실제로 만들어져야만 한다.

예제 5.12

여기상태의 원자는 광자를 방출하고 더 낮은 에너지 상태로 되돌아가기 전까지 일반적으로 매우 짧은 시간(~10^{-8} s) 동안 여기상태를 유지한다. 여기상태의 '수명'은 그 상태의 에너지 측정과 관련된 시간 Δt에서의 불확정성이라 간주될 수 있다. 이는 다시 '에너지 폭'을 의미하고, 다시 말해서 에너지 불확정성 ΔE에 해당한다. 이때 다음을 계산하라.

(a) 그러한 상태에서의 '에너지 폭' 특성

(b) 만약 방출된 광자의 파장이 300 nm인 경우, 진동수 $\Delta f/f$의 불확정성 비

전략 (a) Δt를 알기 때문에 ΔE를 정하기 위하여 불확정성 원리에 대한 식 (5.45)를 사용한다.

(b) $E = hf$이고 $\Delta E = h\Delta f$임을 이용하여 에너지 불확정성 ΔE로부터 Δf를 정할 수 있다. 진동수는 $f = c/\lambda$로부터 구할 수 있다.

풀이 (a) 식 (5.45)로부터 다음을 구한다.

$$\Delta E \geq \frac{\hbar}{2\Delta t} = \frac{6.58 \times 10^{-16}\ \text{eV}\cdot\text{s}}{(2)(10^{-8}\ \text{s})} = 3.3 \times 10^{-8}\ \text{eV}$$

이는 작은 에너지 값이지만 많은 여기된 에너지 상태들은 그러한 에너지 폭을 가진다. 안정된 바닥상태들의 경우 $\tau = \infty$이고 $\Delta E = 0$이다. 원자핵 내에서 여기된 상태들의 경우, 수명들은 100 keV(또는 이보다 더 큰)의 에너지 폭을 가지고 10^{-20} s(또는 이보다 더 짧은)만큼 짧아질 수 있다.

(b) 진동수는 다음과 같이 구한다.

$$f = \frac{c}{\lambda} = \frac{3 \times 10^{8}\ \text{m/s}}{300 \times 10^{-9}\ \text{m}} = 10^{15}\ \text{Hz} \tag{5.46}$$

불확정성 Δf는

$$\Delta f = \frac{\Delta E}{h} = \frac{3.3 \times 10^{-8}\ \text{eV}}{4.136 \times 10^{-15}\ \text{eV}\cdot\text{s}} = 8 \times 10^{6}\ \text{Hz} \tag{5.47}$$

이다. 진동수 $\Delta f/f$의 불확정성 비는

$$\frac{\Delta f}{f} = \frac{8 \times 10^{6}\ \text{Hz}}{10^{15}\ \text{Hz}} = 8 \times 10^{-9}$$

이다. 현대의 장비들은 위의 비가 10^{-17} 또는 10^{17} Hz의 진동수에서 1 Hz에 근접할 정도로 측정이 가능하다. 실험물리학자들은 이 비율을 지난 20년간 매 3년마다 비정규적으로 100씩 향상시켜 왔다. 실험적 한계는 에너지 폭을 측정하는 데 필요한 것보다 훨씬 우수하다.

5.7 확률, 파동함수, 그리고 코펜하겐 해석

우리는 기초 물리학에서 전자기복사(빛)의 순시 파동 세기는 $\epsilon_0 cE^2$임을 배운 바 있다. 이때 E는 전기장이다. 따라서 빛을 관찰할 확률은 전기장의 제곱에 비례한다. 빛의 이중 슬릿 실험에서 광파의 전기장은 스크린상에서의 밝은 점들에서 상대적으로 크고 어두운 위치의 영역에서 작을 것이라 생각할 수 있다.

만약 영의 이중 슬릿 실험이 아주 낮은 강도 수준에서 진행된다면 관찰 스크린상에는 개별적인 섬광들이 보일 수 있다. 그림 5.19는 시뮬레이션 실험 결과를 보여 주고 있다. 그림 5.19a에서 볼 수 있듯이, 단지 20개의 섬광들로는 궁극적인 패턴에 관한 어떠한 예측도 가능하지 않다. 그러나 하나의 섬광을 관찰할 *확률*이 전기장의 제곱에 비례함은 알 수 있다. 이제 초급 물리학 과정에서 일반적으로 다루는 이와 관련된 연산에 대하여 간단히 소개하고자 한다. 만약 그림 5.18a에 제시된 것과 같은 실험에서 우리가 관찰하는 스크린을 따라 중심 광선으로부터의 거리를 y라 한다면 광자가 y와 $y + dy$ 사이에서 발견될 확률은 파동의 세기(E^2)와 dy의 곱에 비례한다. 영의 이중 슬릿 실험에서 두 간섭하는 파동들에 의해 형성된 전기장 $\vec{E}$의 값은 섬광이 있는 것으로 관찰되는 지점에서는 크고 섬광이 없는 것처럼 보이는 지점에서는 작다. 섬광들의 개수를 셈으로써 빛의 에너지 다발 I(이를 복사조도라 한다)는 hf의 에너지를 가지는 광자들의 단위 면적에서 단위 시간당 개수 선속 N과 연관된다. 파동 표현에서는 $I = \epsilon_0 c\,\overline{E^2}$이며, 입자 표현에서는 $I = Nhf$인 것이다. 광자들의 선속 N 또는 그러한 광자들을 관찰할 확률 P는 전기장의 제곱의 평균값인 $\overline{E^2}$에 비례한다.

파동 표현으로 전자를 발견할 확률을 어떻게 설명할 수 있을까?

먼저 하나의 파동에 대한 국소화는 파동 묶음을 이용하여 이루어질 수 있음을 기억하자. 파동 묶음을 표현하기 위하여 우리는 수많은 파동들의 중첩을 나타내는 함수 $\Psi(x, t)$를 사용했었다. 이러한 함수 $\Psi(x, t)$를 **파동함수**(wave function)라 한다. 빛의 경우, 전기장 $\vec{E}$와 자기장 $\vec{B}$가 파동 방정식을 만족시킨다는 것을 알고 있다. 전기역학에서의 $\vec{E}$ 또는 $\vec{B}$는 파동함수 Ψ로 나타난다(말하자면 전자들과 같은). 입자들의 경우에도 유사한 동작 특성이 나타난다. 이 경우 파동함수 $\Psi(x, t)$는 빛의 경우 스크린상에 도달하는 광자들의 선속 N과 전기장 $\vec{E}$가 확률을 결정했던 것과 마찬가지로 확률을 결정한다.

파동함수

드브로이 파장을 가지는 물질파에 대해서 주어진 시간에 공간상의 특정 지점에서 한 입자를 발견할 가능성(또는 확률)을 결정하는 것은 파동함수 Ψ이다. 파동함수 Ψ의 값은 그 자체로는 물리적으로 중요하지 않고 나중에 이에 대해 다루겠지만, 이 값은 (실수와 허수를 모두 포함한) *복소값*(complex value)을 가진다. $|\Psi|^2$의 값을 **확률밀도**(probability density)라 부르며, 이는 주어진 순간의 시간에서 주어진 단위 부피 내에서 그 입자를 발견할 확률을 나타낸다.

확률밀도

일반적으로 $\Psi(x, y, z, t)$는 복소수의 값이고 시간 t를 포함한 공간 좌표계 x, y, z에 따라 달리 표현된다. 복소수적 특성은 우리에게 있어 의미가 없으며, 확률을 구하고자 할 때 우리는 Ψ에 켤레 복소수 Ψ^*를 곱해서 사용한다. 여기서는 주어진 시간 t에 대해서 관찰 스크린을 따라 단일 차원인 단지 y축에 대해서만 따지도록 하자. 이 경우, $\Psi^*\Psi\, dy = |\Psi|^2\, dy$는 주어진 시간에서 y와 $y + dy$ 사이의 구간에서 한 전자를 관찰할 확률이며, 이를 $P(y)\,dy$로 기술할 수 있다.

$$P(y)\, dy = |\Psi(y, t)|^2\, dy \tag{5.48}$$

스크린을 따라 어느 지점에서는 전자는 발견되어야 하고 이에 전자가 발견될 확률이 1이어야 하므로 이를 이용하기 위하여 확률밀도는 전 공간상에서, 이 경우에는 y축을 따라 $-\infty$에서 ∞까지 적분된다. 이러한 과정을 **정규화**(normalization)라고 한다.

$$\int_{-\infty}^{\infty} P(y)\, dy = \int_{-\infty}^{\infty} |\Psi(y, t)|^2\, dy = 1 \qquad (5.49)$$

정규화

양자론의 토대를 마련한 사람들 중의 하나인 막스 본(1954년 노벨상 수상)은 파동함수에 대한 이러한 확률적 해석을 1926년에 처음 제안하였다. 파동함수 $\Psi(x, t)$의 계산에 대한 자세한 설명은 다음 장에서 다룰 것이다.

고전적인 위치 표현인 $x(t)$, $y(t)$, $z(t)$가 아닌 파동함수 $\Psi(x, y, z, t)$를 사용하는 점은 고전물리학과 현대물리학 간의 분명한 차이점을 보여 준다. 물리학자들은 위치, 운동량, 에너지와 같은 물리적 관측가능량(6.2절을 보라)들을 결정하기 위하여 양자론에서 여러 가지 법칙과 과정들을 발전시켜 왔다.

코펜하겐 해석

에르빈 슈뢰딩거와 베르너 하이젠베르크는 양자론을 위하여 독립적이고 개별적인 수학적 모형들을 1926년 각각 도출해 냈다. 슈뢰딩거의 이론은 상대적으로 다소 이해하기 쉬우며, 파동들에 기반하여 설명되기 때문에 6장에서는 이에 대해서 논의할 것이다. 폴 디랙은 1928년 상대론적 양자 이론을 발표하였다. 이는 오늘날 쓰이는 양자 이론의 수학적 표현과도 거의 차이가 없다. 차이가 있는 부분도 양자 이론의 해석에 관한 것은 아니다.

우리는 여기서 *코펜하겐 해석*에 대하여 다루고자 한다. 이는 양자 이론에 대한 주류적 해석이기 때문이다. 베르너 하이젠베르크는 보어의 이론물리학 연구소에 강사로 재직할 당시인 1927년 초에 자신의 불확정성 원리에 대하여 발표하였다. 처음에 그의 상사였던 보어는 하이젠베르크의 불확정성 원리가 너무 협소한 내용을 담고 있다고 생각했었으며 하이젠베르크가 자신의 이론을 증명하기 위하여 사용한 감마선 현미경에 대한 사고실험 부분에서 논문상에 오류가 있다고 지적하였다. 25세의 떠오르는 스타였던 하이젠베르크는 보어의 견해에 대하여 처음부터 강하게 반대하였고, 불확정성 원리에 대한 그의 논문 제출을 포기하라는 보어의 제안을 거절하였다. 보어와 하이젠베르크는 1927년 양자역학의 해석을 수식화하기 위한 수많은 논의를 가졌는데 이것이 현재 '코펜하겐 해석', '코펜하겐 학파' 또는 흔하게 쓰이지 않는 표현이지만 '코펜하겐 통설'이라고 알려져 있다. 이는 막스 본과 볼프강 파울리에 의하여 강하게 지지되었다(8장의 인물 소개 참조).

해석에는 수많은 공식들이 있지만 일반적으로 다음의 사항들에 기반을 두고 있다.

1. 하이젠베르크의 불확정성 이론
2. 보어의 상보성 이론
3. 파동함수에 의해 결정되는 확률에 기반한 본의 통계적 해석

이 세 가지 개념들로부터 양자론의 물리적 의미를 위한 논리적 해석이 이루어진다. 코펜하겐 해석에 따르면 물리학은 측정 결과들에 의존한다. 이중 슬릿 실험에서 슬릿을 통과하는 전자 한 개를 생각해 보자. 우리는 전자가 스크린상의 어느 지점에 도달하는지를 한 개의 섬광이 측정되는 것으로부터 정확하게 측정할 수 있다. 코펜하겐 해석은 전자가 기구에서 방출되어(이후 두 슬릿을 통과하고) 스크린에 도달하여 섬광을 방출하기까

AIP Emilio Segrè Visual Archives

막스 본(Max Born, 1882~1970)은 현재는 폴란드 지역인 곳에서 독일인으로 태어났다. 유럽 내 여러 대학에서 수학한 후, 1907년에 괴팅겐대학에서 박사학위를 수여받았다. 여러 대학들을 거치고, 1차 세계대전 때 군복무한 이후, 1921년 괴팅겐대학의 교수가 되었으며, 여기서 (1954년 노벨 물리학상이 수여된) 새로운 양자론에 대한 통계적 의미들에 대한 그의 중요한 연구들을 이루었다. 그와 그의 학생인 베르너 하이젠베르크는 양자역학의 행렬 역학적 기술에 대한 연구를 공동으로 수행하였다. 유대인이었던 본은 1933년 독일로부터 추방을 강요당했으며, 이후 이태리, 케임브리지, 인도 등을 거쳐 1936년에 에든버러대학에 정착하였다. 이후 1953년 은퇴할 때까지 여기에 머물렀다.

지의 시간 사이에 어느 위치에 있는지에 대한 논의는 배제한다. 측정 행위 자체는 파동함수에 의해 허락된 수많은 가능성들 중의 하나를 무작위로 선택한다. 그리고 파동함수는 최종 결과를 나타내기 위하여 순시적으로 바뀐다. 보어는 우리는 양자 세계를 절대 이해할 수 없으며 파동함수에 물리적 의미를 부여할 수 없다고 주장하였다. 그가 말했듯이 "물리학의 과제는 자연이 어떠한지를 알아내는 것이라고 생각하는 것은 잘못된 생각이다. 물리학은 우리가 자연에 대하여 말할 수 있는 것과 관련이 있다."* 보어와 하이젠베르크는 물리학에 있어 단지 현실적인 것은 측정된 결과들이라고 주장하였다.

수많은 물리학자들이 다양한 이유들을 들어 코펜하겐 해석에 대하여 반대하였다.(그리고 몇몇은 현재도 여전히 반대한다!) 기본적인 반대 이유 중 하나는 그것의 비결정론적인 특징에 기인한 것이다. 몇몇은 또한 확률 함수를 비확률적 측정들과 연결 짓는 모호한 측정 행위에 대하여 반대한다. 코펜하겐 해석에 반대한 유명한 물리학자들로는 알버트 아인슈타인, 막스 플랑크, 루이 드브로이, 에르빈 슈뢰딩거가 있었다. 아인슈타인과 슈뢰딩거는 코펜하겐 해석을 절대로 받아들이지 않았었다. 아인슈타인에게는 확률에 의존해야 하는 점이 특히 받아들여지지 않았으며, 1926년에 본에게 "신은 주사위를 던지지 않는다"라고 편지를 보냈다. 그럼에도 불구하고 오늘날의 대다수의 물리학자들은 코페하겐 해석을 양자역학의 주된 해석으로 받아들이고 있다. 지난 10년간 물리학자들은 확률적 양자 과정의 결과를 결정론적 결과로 전환해 감으로써 양자론적 비결정론적 특성이 줄어들 수 있음을 보이기 위하여 피드백 시스템을 이용하고 있다.[†]

코펜하겐 해석을 반대하기 위하여 수많은 역설들이 물리학자들에 의하여 제안되어 왔다. 이러한 것들에는 유명한 슈뢰딩거의 고양이 역설[‡], 아인슈타인·포돌스키·로젠의 역설[§], 벨의 정리(혹은 부등식)[¶] 등이 있다. 공간은 이러한 역설들이 표현되는 것을 허용하지 않는다(연습문제 49, 50, 51을 보라). 프린스턴대학의 대학원생이었던 휴 에버렛 3세는 코페하겐 관점에 대하여 대안적인 해석을 1957년에 발표하였다. 에버렛의 '다세계' 해석에 따르면 평행 우주의 개념이 도입되었다. 이는 그 자체로 기이한 발상이어서 폭넓은 동의를 받을 수 없었으나 코펜하겐 해석에 대한 몇몇 반대 사항을 극복할 수 있도록 하는 발상이다. 1957년 이래로 다세계 해석에 대한 여러 가지 버전들이 제안되어 오고 있으며, 몇몇 물리학자들의 경우에는 이를 코펜하겐 해석보다 더 선호한다. 그럼에도 불구하고 코펜하겐 해석은 가장 선호되는 해석으로 남아 있다.

---

*출처: "닐스 보어의 철학," Aage Petersen, *Bulletin of the Atomic Scientists* Vol. **19**, No. 7 (1963년 9월), pp. 8-14

[†]이에 대해서, 예를 들어 다음을 참조 바람: J. M. Geremia, J. K. Stockton, and H. Mabuchi, *Science* **304**, 270 (2004)

[‡]1935년, 슈뢰딩거는 "The Present Situation in Quantum Mechanics"라는 에세이를 발표하였다. 여기서 그는 한 양자 사건이 발생했는지 유무에 따라 살아남거나 죽은, 닫힌 상자 속에 있는 한 고양이에 관한 사고 실험에 대하여 묘사하였다. 이 역설에서 관찰자가 상자를 열기 전까지는 그 고양이가 살았는지 죽었는지 알아내기가 불가능하며, 이는 어떤 순간에서든 그 고양이가 살아 있거나 죽은 상태이어야 한다는 직관적인 개념에 대한 명백한 모순이다.

[§]A. Einstein, B. Podolsky, and N. Rosen, Can quantum-mechanical description of physical reality be considered complete? *Physical Review* **47**, 777 (1935)

[¶]J. S. Bell, On the Einstein Podolsky Rosen paradox, *Physics* **1**, 195 (1964)

5.8 상자 안의 입자

여기서는 질량 m인 한 입자가 폭이 ℓ인 1차원적인 상자 안에 갇혀 있는 상황을 고려해 보자. 우리는 이미 그러한 한 입자의 최소 운동에너지를 계산하기 위하여 식 (5.43)의 불확정성의 원리를 이용한 적이 있다. 그러한 한 입자가 가질 수 있는 에너지를 알아내 보자. 이전 절에서 논의한 부분이 있으므로, 이 문제를 풀기 위하여 입자의 파동적 특성을 이용할 수 있다.

먼저 주어진 시간에 있어서, 예를 들어 $t = 0$인 순간, 즉 $\Psi(x, 0) = \psi(x)$일 때 가장 낮은 에너지 상태에 놓인 입자가 가장 높은 확률로 존재할 위치는 어떻게 될까? 확률적 위치를 알아내기 위하여 그 입자를 삼각함수로 표현되는 하나의 파동으로 다룰 것이다. 입자는 상자 밖에서는 물리적으로 존재할 수 없다. 따라서 파동 운동의 진폭은 반드시 벽에서와 벽 외부에서는 사라져야 한다. 파동함수의 표현으로는 갇힌 입자가 상자 외부에 존재할 확률은 0이므로 파동함수는 반드시 상자 외부에서는 사라져야 한다. 파동함수는 반드시 연속적이어야 하며, 확률분포는 상자 내 각 지점에서 단지 하나의 값을 가져야 한다. 벽에서 사라지는 확률을 표현하기 위해서는 상자에 맞춰진 반 파장, 즉 $\lambda/2$의 적분수를 가져야만 한다. 그림 5.23은 이러한 요건을 만족하는 가능한 파동들을 보여 주고 있다.

반 파장 $\lambda/2$의 적분수를 만족하는 조건은 다음을 의미한다.

$$\frac{n\lambda}{2} = \ell \qquad \text{or} \qquad \lambda_n = \frac{2\ell}{n} \qquad (n = 1, 2, 3, \ldots) \tag{5.50}$$

존재 가능한 파장들은 양자화되어 있으며, 파동 모양들은 $\sin(n\pi x/\ell)$ 인자들을 가질 것이다. 만약 비상대론적으로 이 문제를 다루고 위치에너지가 없다면 그 입자의 에너지 E는 다음과 같다.

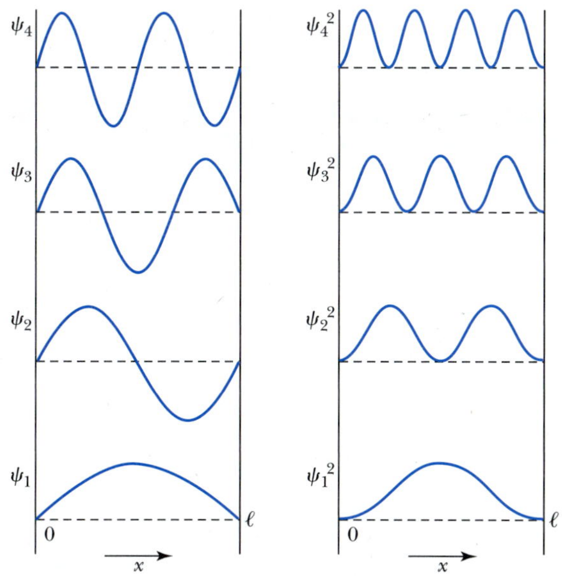

그림 5.23 길이가 ℓ인 1차원적인 상자 내로 파동들을 맞출 수 있는 가능한 방법들. 왼쪽은 가장 작은 에너지 값을 가지는 네 개의 파동함수들을 나타낸 것이다. 오른쪽은 각각 그에 해당하는 확률분포들을 보여 준다.

$$E = \text{K.E.} = \frac{1}{2}mv^2 = \frac{p^2}{2m} = \frac{h^2}{2m\lambda^2}$$

여기에 λ_n에 대한 값을 대입하면 다음과 같다.

$$E_n = \frac{h^2}{2m}\left(\frac{n}{2\ell}\right)^2 = n^2\frac{h^2}{8m\ell^2} \qquad (n = 1, 2, 3, \ldots) \tag{5.51}$$

따라서 그 입자가 가질 수 있는 에너지들은 양자화되어 있으며, 이때 이러한 양자화된 에너지 E_n 각각은 가능한 에너지 준위를 나타낸다. 가능한 최소 에너지는 $E_1 = h^2/8m\ell^2$임에 주목하자. 위치에너지가 0이 된다고 가정하였기 때문에 E_n은 또한 운동에너지와 같다. 우리는 앞선 식 (5.43)에서 최소 운동에너지 조건에 대하여 $K_{\min} = \hbar^2/2m\ell^2$임을 알아낸 바 있다. 이는 E_1의 값과는 $1/\pi^2$만큼 차이가 난다. 왜 이런 차이가 나타날까? 식 (5.51)은 물리학의 파동 이론에 기반을 두고 얻은 것이며, 다음 장에서 보게 되겠지만 근사화 과정을 이용하여 구한 식 (5.43)의 결과보다 좀 더 나은 계산이다.

각각의 상태에서 x와 $x + dx$ 사이에서 입자를 관찰할 확률은 $P_n\,dx \propto |\psi_n(x)|^2\,dx$이다. $n = 0$이면 $\psi_0 = 0$이 되므로 $E_0 = 0$은 가능한 상태가 아님에 주목하자. 최소 에너지 준위는 그림 5.23에서 보이는 것과 같이 확률밀도를 $P_1 \propto |\psi_1(x)|^2$으로 가지는 E_1이다. 최소 에너지 상태에 놓인 입자에 있어서 가장 확률이 큰 위치는 상자의 중간 지점이다.

이러한 한 상자 안의 입자 모형은 표면적으로 보이는 것보다 좀 더 중요한 의미를 가진다. 이는 '양자론'이나 '양자역학'이라 불리는 것의 첫 번째 적용 사례이다. 에너지의 양자화가 반 파장들의 정수 배로 상자에 맞추기 위해서 어떻게 나타나는지, 각각의 상태에 해당하는 확률밀도를 어떻게 구하는지에 대하여 주목하기 바란다. 보어의 모형에서 처음 논의되었던 에너지 준위들에 대한 개념이 파동들을 사용함으로써 자연스럽게 나타내진다. 이후 다룰 과정은 상자 내부에서 허용되는 정지파들의 모드들을 찾는 것과 같은 방법으로 이루어진다. 이를 위하여 기초 물리학에서 파동들에 대하여 배웠던 모든 결과들을 이용할 수 있다.

예제 5.13

크기가 0.1 nm인 1차원적 원자 내에서 움직임이 제한된 전자에 대한 양자화된 에너지 준위들을 구하라.

전략 예제 5.9에서 이와 비슷한 상황에 놓인 전자의 최소 운동에너지에 대하여 이미 구한 바 있다. 지금의 경우에 우리는 양자론을 이용하여 풀기를 원한다. 따라서 에너지 준위들에 대한 식 (5.51)을 사용한다.

풀이 식 (5.51)을 사용하여 m과 ℓ에 대하여 적절한 값들을 대입하자.

$$E_n = n^2\frac{h^2}{8m\ell^2} = n^2\frac{h^2c^2}{8mc^2\ell^2}$$

$$= n^2\frac{(1239.8\ \text{eV}\cdot\text{nm})^2}{(8)(0.511\times 10^6\ \text{eV})(0.1\ \text{nm})^2}$$

$$= n^2(38\ \text{eV})$$

첫 세 개의 에너지 준위들은 $E_1 = 38$ eV, $E_2 = 152$ eV, $E_3 = 342$ eV가 된다.

요약 _Summary

막스 폰 라우에는 물질로부터의 x선의 산란을 제시하였으며, x선이 파동적 특성을 지니고 있음과 결정의 격자구조에 대한 이론의 토대를 확실히 마련하였다. 윌리엄 헨리 브래그와 윌리엄 로렌스 브래그는 다음의 브래그 법칙을 따르는 격자면들 간의 간격 d를 결정하기 위하여 x선 산란을 이용함으로써 x선의 파동적 특성을 보였다.

$$n\lambda = 2d \sin \theta \tag{5.1}$$

드브로이는 입자들은 그들의 운동량에 의하여 결정되는 파장 λ를 가지는 파동적 특성 또한 지닐 수 있다고 제안함으로써 중요한 개념적 발전을 이끌었다.

$$\lambda = \frac{h}{p} \qquad \text{드브로이 파장} \tag{5.2}$$

데이비슨과 거머, 그리고 톰슨은 각각 독자적으로, 결정체로부터 저에너지 전자들을 회절시킴으로써 입자들의 파동적 특성을 입증하였다.

입자들은 각기 다른 진폭과 진동수를 가지는 수많은 파동들의 중첩인 파동 묶음으로 표현함으로써 파동으로 표현될 수 있다. 군속도 $u_{gr} = d\omega/dk$는 파동 묶음으로 표현된 입자의 속도를 나타낸다.

닐스 보어는 물리적 특성을 입자와 파동으로 동시에 표현하는 것은 가능하지 않다는 상보성 원리를 제안하였다. 우리는 두 가지의 기술법 중 어느 하나만을 반드시 이용해야 하며, 파동·입자 이중성 문제를 해결할 수(또는 피할 수) 있었다.

파동적 특성을 나타내는 입자들은 파동함수 Ψ를 이용하여 기술될 수 있다. 이때 파동함수는 일반적으로 공간과 시간에 대한 복소값을 가지는 함수이다. 주어진 시간 t에서 x와 $x + dx$ 사이에서 한 입자를 관측할 확률은 $|\Psi(x, t)|^2\, dx$이다.

베르너 하이젠베르크는 한 입자의 정확한 운동량과 위치를 모두 동시에 알아내는 것 또는 정확한 시간 순간에 정확한 에너지를 모두 동시에 알아내는 것은 가능하지 않다고 지적하였다. 이는 다음 관계식들로 표현되고

$$\Delta p_x\, \Delta x \geq \hbar/2 \tag{5.40}$$

$$\Delta E\, \Delta t \geq \hbar/2 \tag{5.45}$$

이를 *하이젠베르크의 불확정성 원리*라 부르며, 이는 보어의 상보성 원리와 일치한다. 아무리 기발한 방법을 이용하더라도, 어떠한 실험도 식 (5.40)과 (5.45)로 표현된 불확정성보다 더 정확히 p, x, E, 그리고 t를 측정할 수 없다. 양자론에 대한 주류 해석은 코펜하겐 해석이고, 이는 불확정성 원리, 상보성 이론, 그리고 통계적 해석을 따른다.

한 상자 내에 갇혀 있는 한 입자를 파동적 특성을 지닌 것으로 해석하였을 때 에너지 준위에 대한 개념이 자연스럽게 나타난다.

질문 _Questions

1. 1900년에는 x선이 전자기복사임이 확실해졌는가? 답에 대한 이유를 제시하라. x선의 특성들을 확인하기 위하여 추가 실험을 수행하는 것이 중요했었는가? 설명하라.

2. 1900년대 초 x선을 굴절이나 회절시키는 것이 가시광을 굴절이나 회절시키는 것보다 더 어렵다는 사실을 알게 되었다. 이러한 사실로부터 연구자들은 x선의 파장은 가시광 파장대보다 더 짧다는 결론에 이르렀다. 그 이유가 무엇인가?

3. 특정 광자가 x선인지의 여부를 어떻게 알 수 있을까? x선은 자외선보다 더 긴 파장을 가질 수 있을까?

4. 단결정체에 있어서 투과 x선 산란은 점들을 만들어 낼 것이다. 그러나 만약 가루와 같이 무질서하게 방향성을 가지는 결정체들이라면 동심원들이 나타난다. 이런 차이가 나타나는 이유에 대하여 설명하라.

5. 얼마나 많은 입자들이 있어야 파동적 특성을 실험적으로 보일 수 있을까? 이러한 특성을 보일 수 있는 가능한 실험들에 대하여 최소한 네 가지를 제시하고 논의하라.

6. 결정구조를 연구하는 데 있어 양성자보다는 중성자가 더 많이 이용되는 이유가 무엇인가? 수소 원자를 이용하는 것은 어떤가?

7. 결정의 구조를 연구함에 있어 '차가운' 중성자가 유용한 이유에 대하여 설명하라. 이러한 '차가운' 중성자는 어떻게 얻어질 수 있을까?

8. 많은 실험적인 발견은 우연의 결과로 만들어졌다고들 말한

다(예를 들면, 데이비슨과 거머의 경우와 같이). 이러한 말은 일부는 맞을 수 있다. 하지만 그러한 우연들로부터 의미 있는 결과를 얻기 위하여 훌륭한 과학자가 가져야 할 특성과 능력은 무엇일까?

9. 투과 전자 현미경으로 얻게 되는 사진들은 높은 에너지를 가지는 전자들(40~100 keV)을 매질에 통과시킴으로써 얻어진다. 왜 사진들은 항상 흑백(아니면 두 가지 색상밖에 없을까)?

10. 다음 현상들은 파동적 특성인가 아니면 입자적 특성인가? 그 이유를 제시하라. (a) 텔레비전 화면 (b) 무지개 (c) 골대를 향한 공의 진행 (d) 달을 관측하는 망원경 (e) 경찰 레이더

11. 이중 슬릿을 통과하는 전자들의 파동적 특성을 보인 욘손의 실험은 교육학적으로 흥미로운 실험으로 간주될 수 있으나 이정표가 될 수 있는 실험으로는 인정되지 않는다. 왜 그렇다고 생각하는가?

12. 입자들의 파동적 특성을 보일 수 있는 실험들로 이 장에서 제시된 실험들 이외의 방법을 생각해 낼 수 있는가? 그에 대해 논의하라.

13. 불확정성 원리의 제약은 p_z와 x 두 변수들 사이에서는 왜 적용이 되지 않는가?

14. 명백히 무한한 수명을 가지는 것으로 알려진 안정한 원자 시스템에 불확정성 원리를 어떻게 적용할 수 있을까? 그러한 시스템에서 에너지는 얼마나 정확히 알아낼 수 있을까?

15. 불확정성 원리를 따를 때 정확히 영의 운동에너지를 가지는 한 입자는 길이가 L인 상자 안에서 어느 지점에선가 갇혀진 채로 존재할 수 있을까? 이에 대해 설명하라.

16. 켤레 변수 쌍들인 (p_x, x), (E, t), (L, θ), (I, ω)에서 유사점은 무엇인가?

17. 물질파를 표현하는 파동함수 $\Psi(x, t)$의 차원은 무엇인가? 그 이유는?

18. 데이비슨과 거머는 그들의 발견 직후, 그들의 실험적 방법들을 니켈의 새로운 결정구조를 밝혀내기 위하여 사용하고 있었다. 그들이 옳았다고 생각하는가? 그들로 하여금 그렇게 하게 했던 점이 무엇이었을까?

19. 알버트 아인슈타인은 코펜하겐 해석에 대하여 반대론자였고, 그가 죽는 날까지 대표적인 반대론자였다. 1926년 12월에 보어에게 보낸 편지에서 아인슈타인은 다음과 같이 썼다. "그 이론은 많은 것을 보여 준다. 그러나 'Old One'의 비밀에 대해서 우리를 더 가깝게 이끌어 주기는 어렵다. 어떠한 경우에도 나는 신이 주사위를 던지지는 않을 것이라고 확신한다." 여기서 아인슈타인이 전달하고자 했던 의미는 무엇이었을까? 여기서 'Old One'이란 누구 혹은 어떤 것을 나타내고 있을까?

20. 에너지와 시간 사이에서의 불확정성 원리는 에너지 보존의 법칙을 위배한다고 한다. 이는 불확실성 ΔE로 인하여 작은 시간 Δt 동안 에너지 보존이 위배되는 사실을 우리가 알지 못할 확률이 생길 수 있다는 것이다. 이러한 가능성에 대하여 찬반양론으로 논의하라.

21. 1927년 10월 브뤼셀에서 개최된 제5회 솔베이 회의에서 양자론에 대하여 집중적으로 논의되었다. 이때 찍은 유명한 참가자들에 대한 사진은 종종 인용된다. 최소한 10명의 참가자들에 대하여 누구인지 밝히고, 그들이 양자 물리에 실험적으로나 이론적으로 어떠한 기여를 했는지에 대하여 논의하라.

22. 아인슈타인과 보어가 1927년 솔베이 회의에서 가졌던 논쟁들에 대하여 요약해 보라. 양자역학에 대한 코펜하겐 해석에 대하여 아인슈타인이 가지고 있었던 반대 이유를 최소한 세 가지 제시해 보라. 그리고 이에 대한 보어의 설명에 대하여 제시하라.

연습문제 _Problems

참고: 고급 문제는 문제 번호에 파란색 음영으로 표시하였다. 문제 풀이에 유용한 상수, 변환 인자, 상수들의 조합이 부록 7에 제시되어 있다.

5.1 x선 산란

1. 어떤 결정체로부터 산란된 x선이 $\theta = 12.5°$에서 첫 번째 차수의 회절 최대치를 가진다. 두 번째와 세 번째 차수의 회절 최대치들은 각각 어떤 각도들에서 나타날까?

2. 0.207 nm의 파장을 가지는 x선들이 NaCl에 의하여 산란되었다. 첫 번째와 두 번째 차수의 회절 최대 지점들 사이의 각도 간격은 얼마인가? 산란면들은 표면으로부터 평행하다고 가정하라.

3. NaCl은 0.314 nm의 격자 간격을 가지는 결정체이다. 브래그 회절에 의한 첫 번째 회절 최대치는 12.8°에서 나타나는 것으로 관찰되었다. 회절된 x선의 에너지는 얼마인가?

$\theta \le 90°$인 각도 범위에서 관찰되는 회절 최대치 차수로는 어떤 차수들이 있을까?

4. 0.24 nm의 원자 간 간격을 가지는 입방 결정체를 계측하기 위하여 연속적인 에너지를 가지는 방사선원으로부터 100 keV의 에너지를 가지는 γ선이 선택되어 사용된다. 입사 빔이 결정에 대하여 수직으로 입사되고 있다면 100 keV γ선이 나타나는 회절 각도는 어떻게 되겠는가?

5.2 드브로이파

5. 6.0 m/s의 속도로 연못 안으로 던져진 1.2 kg의 바위의 드브로이 파장을 계산하라. 이 파장은 연못에 생성된 수면파의 파장과 비슷한 값을 가질까? 이에 대하여 설명하라.

6. 뜨거운 여름날(37°C) 대기 속의 전형적인 질소 분자의 드브로이 파장을 계산하라. 이를 (1 nm보다 작은) 분자의 지름과 비교하라.

7. 40~100 kV의 범위를 가지도록 가속된 고에너지를 가지는 전자들을 이용한 투과 전자 현미경은 생물학적 시료(예를 들면, 바이러스와 같은)에 대한 연구, 나노과학 연구 및 개발(예를 들면, 합금 입자와 탄소 나노튜브와 같은)과 같은 수많은 분야에 이용되고 있다. 이러한 에너지 범위를 가지는 전자를 이용한 투과 전자 현미경에서 공간적 해상도에서의 한계는 어떻게 되겠는가? 많은 경우 해상도의 제약은 드브로이 파장에 따른 근본적인 한계에서 결정되기보다는 렌즈 시스템의 광학적 요인에 의하여 발생한다.

8. 일본의 오사카대학에서는 3.0 MV 투과 전자 현미경을 다년간 운영해 오고 있다. 좀 더 높은 에너지의 전자를 이용하면 시료에 대하여 좀 더 깊은 침투 깊이와 매우 높은 해상도를 가능하게 한다. 이러한 전자들을 이용하는 경우, 해상도의 한계는 얼마인가?

9. 예제 5.2b를 m, J, kg과 같은 SI단위를 엄격히 사용하여 계산하라. 그리고 이를 eV 단위를 사용한 예제의 방법과 비교하라.

10. 한 전자의 총에너지 E가 정지에너지 E_0를 크게 초과하고 있다고 가정하자. 만약 한 광자가 그 전자의 드브로이 파장과 같은 파장을 가지고 있다면 광자의 에너지는 어떻게 되겠는가? 그 전자의 에너지가 $E = 2E_0$인 경우, 광자의 에너지는 어떻게 되겠는가?

11. 질량이 m이고 운동에너지가 K인 한 입자의 드브로이 파장을 결정하라. 이때 입자는 (a) 상대론적 입자인 경우와 (b) 비상대론적 입자인 경우로 각각 가정하여 구하라.

12. 스탠퍼드 선형 가속기는 50 GeV의 에너지로 전자들을 가속시킬 수 있었다. 이 전자들의 드브로이 파장은 얼마인가? 그런 입자가 측정할 수 있는 것은 양성자 지름($d \approx 2 \times 10^{-15}$ m) 대비 비율이 얼마인가?

13. 다음의 각 입자에서 드브로이 파장이 0.13 nm일 때 운동에너지를 구하라.

(a) 광자들 (b) 전자들
(c) 중성자들 (d) α입자들

14. 다음 각 온도 조건에서 평형상태에 놓인 중성자들의 드브로이 파장을 구하라.

(a) 5.0 K (b) 0.010 K

15. 초기에 정지상태에 있었던 한 전자가 3.00 kV의 전위차로 가속되었다. 이 전자의 파장, 운동량, 운동에너지, 총에너지는 각각 얼마인가?

16. 다음의 운동에너지를 가지는 전자의 파장은 얼마인가?

(a) 40 eV (b) 400 eV
(c) 4.0 keV (d) 40 keV
(e) 0.40 MeV (f) 4.0 MeV

각 조건들 중에서 NaCl의 결정구조 연구에 가장 적합한 것은 무엇인가?

17. 다음의 각 경우에 대하여 드브로이 파장을 계산하라.

(a) 480 m/s의 속도로 방 안을 빠르게 돌아다니고 있는 산소(O_2) 분자
(b) 1.0×10^{-5} m/s의 속도로 움직이는 것으로 측정된 질량 6.5×10^{-13} kg의 대장균 박테리아

18. (a) 페르미 랩 테바트론 가속기에서 가속된 1.0 TeV 양성자들의 드브로이 파장은 얼마인가? 이러한 고에너지의 양성자들은 소립자들을 조사하기 위해 필요하다(14장을 보라). (b) CERN에서 만들어진 7.0 TeV 양성자들의 경우에 대하여 드브로이 파장을 계산해 보라.

5.3 전자 산란

19. 전자 산란 실험에서 0.23 nm의 원자 간 간격을 가지는 결정체에 대하여 $\phi = 32°$에서 강하게 반사된 빔이 발견된다. 산란의 원인이 되는 격자면 간의 간격은 얼마인가? 첫 번째 차수의 회절을 가정하였을 때 입사된 전자들의 파장, 운동량, 운동에너지, 총에너지는 얼마가 되겠는가?

20. 데이비슨과 거머는 여러 전자 충격 에너지를 위하여 니켈 표적을 가지고 실험하였다. 48 eV와 64 eV의 전자들을 이용한 경우에 대하여 그들은 몇 도의 각도에서 회절 최대값을 찾았겠는가?

21. 2.0 keV의 전자빔이 한 결정체에 조사되어 굴절된 후(투과에 의해) 35 cm 떨어진 스크린에서 관찰되고 있다. 첫 번째 차수의 회절에 의하여 세 개의 동심원이 스크린상에서 반지름 2.1 cm, 2.3 cm, 3.2 cm로 형성되고 있다. 세 동심원들에 대하여 각각을 형성하는 격자면들 간의 간격은

각각 얼마이겠는가?

22. 열중성자 빔(운동에너지 = 0.025 eV)이 원자 간 간격이 0.45 nm인 결정체로부터 산란되고 있다. 첫 번째 차수의 브래그 최대 지점의 각도는 얼마인가?

5.4 파동 운동

23. 몇몇 전력 시스템에서는 발전소에서 교류 주파수가 표준 60 Hz에서 0.30 Hz만큼 바뀔 때 부하를 10% 낮춘다. 자동 동작 시스템이 제대로 시정 조치를 취하기 위해서는 얼마나 자주 계측 작업이 이루어져야 하겠는가? 단, 측정 간 시간은 최소한 대역폭의 관계에 의하여 정해지는 시간의 절반으로 한다.

24. 운동에너지가 6.0 eV 및 600 keV인 전자들을 고려해 보자. 각 전자들에 대하여 드브로이 파장, 입자 속력, 위상속도(속력), 군속도(속력)를 구하라.

25. 식 (5.18)을 따라 x축 방향으로 진행하는 한 파동이 $x = 0$과 $t = 0$에서 4.0 cm의 최대 변위를 가지고 있다. 파동의 속력은 5.0 cm/s이고, 파장은 7.0 cm이다.

(a) 진동수는 얼마인가?

(b) $x = 10$ cm, $t = 13$ s에서 파동의 진폭은 얼마인가?

26. 4.0 cm의 파장을 가지는 파동의 속력이 4.2 cm/s이다. 이 파동의 (a) 진동수 (b) 주기 (c) 파수 (d) 각진동수를 각각 구하라.

27. 두 파동이 긴 슬링키(용수철 모양의 장난감)를 따라 동시에 이동하고 있다. 이 두 파동들은 각각 $\Psi_1(x, t) = 0.0030 \sin(6.0x - 300t)$와 $\Psi_2(x, t) = 0.0030 \sin(7.0x - 250t)$로 표현된다. 거리와 시간은 미터와 초단위로 측정된다.

(a) 두 파동의 중첩에 따른 최종 파동에 대한 식을 써 보라.

(b) 위상속도와 군속도는 얼마인가?

(c) Ψ에서 두 인접한 0 사이의 Δx는 얼마인가?

(d) $\Delta k\, \Delta x$는 얼마인가?

28. 하나의 파동 묶음은 운동량 p를 가지는 한 입자를 표현한다. 상대론적 관계식 $E^2 = p^2c^2 + E_0^2$으로부터, 군속도는 βc임과 위상속도는 c/β임을 보여라(여기서 $\beta = v/c$). 위상속도가 어떻게 물리적으로 c보다 클 수 있겠는가?

29. 얕은 물에서 파동의 위상속도는 군속도와 거의 같다. 파장에 따라 위상속도는 어떻게 되겠는가?

30. 10 MeV의 양성자들과 10 MeV의 전자들에 대하여 각각 군속도와 위상속도를 구하라(연습문제 28 참조).

31. 식 (5.25)를 사용하여 $k = k_0 - \Delta k/2$에서 $k_0 + \Delta k/2$ 사이 구간에서는 $\tilde{A}(k) = A_0$이고 그 외 구간에서는 $\tilde{A}(k) = 0$인 경우에 대하여 $t = 0$인 순간인 $\Psi(x, 0)$를 구하라. 포락선 항목, 진동하는 항목, 그리고 $|\Psi(x, 0)|^2$이 표현되도록 개략적으로 그려라. 근사적으로 $|\Psi(x, 0)|^2$의 반값 온폭(FWHM)에서의 Δx 폭은 얼마인가? $\Delta k\, \Delta x$의 값은 얼마인가?

32. 식 (5.31)을 사용해서 u_{gr}이 상대론적으로 그리고 고전적으로 두 가지 측면에서 모두 입자의 속도를 정확히 나타냄을 보여라.

5.5 파동들 또는 입자들?

33. I_0의 세기를 가지는 빛이 두 가지 유형의 실험장치를 통과하고 있다. 하나는 단일 슬릿으로 이루어져 있고, 다른 하나는 이중 슬릿으로 구성되어 있다. 두 경우 모두 슬릿의 폭은 동일하다. 출사 빔의 중심 봉우리의 세기 진폭에 있어 단일 슬릿의 경우 대비 이중 슬릿의 경우 상대비는 어떻게 되겠는가?

34. 1°의 각도에서 첫 번째 회절 최대값을 나타내는 1.0 keV 전자를 사용한 이중 슬릿 전자 산란 실험을 설계하라. 슬릿 간 간격 d는 얼마가 되어야 하는가?

35. 눈에 보이기 위해 간섭무늬의 확대를 필요로 하지 않는 욘손에 의해 행해진 것과 유사한 실험을 설계하고자 한다. 두 슬릿들을 2000 nm만큼 떨어뜨려 놓자. 적어도 0.3 mm만큼 떨어진 회절 최대값 지점들은 눈으로 구분할 수 있다고 가정하자. 슬릿으로부터 80 cm만큼 떨어진 곳에 스크린을 둘 수 있는 연구실이 있다고 하자. 이 실험을 위해 얼마의 에너지를 가지는 전자가 필요한가? 그런 낮은 에너지를 가지는 전자들은 문제를 나타낸다고 생각하는가? 이에 대하여 설명하라.

5.6 불확정성 원리

36. 한 양성자가 반지름 7.2×10^{-15} m인 우라늄 핵 안에 갇혀 있다. 양성자가 핵의 지름과 같은 길이의 1차원적인 상자에 갇혀 있는 경우로 따진다면 불확정성 원리에 의해 구한 양성자의 최소 운동에너지를 결정하라.

37. 한 중성자가 지름 3.1×10^{-15} m인 중수소 핵(중양성자)에 갇혀 있다. 1차원 박스에 갇힌 입자의 계산에서 구한 에너지 준위 계산을 이용하여 중성자의 최소 운동에너지를 계산하라. 불확정성 원리에 의해 구한 중성자의 최소 운동에너지는 어떻게 되겠는가?

38. 다음 각 경우에 대하여 속도의 불확실성의 비($\Delta v/v$)는 얼마인가?

(a) 길이 1.8 nm의 1차원적 상자에 갇힌 전자

(b) 길이 1.8 nm의 1차원적 상자에 갇힌 양성자

39. 불확정성 원리가 $\Delta L\, \Delta\theta \geq \hbar/2$로 표현될 수 있음을 보여라. 여기서 θ는 각도이고 L은 각운동량이다. L에서 얼마만

큼의 불확실성을 가지고 한 입자의 각 위치를 정확히 결정할 수 있을까?

40. 몇몇 물리학 이론들은 양성자의 수명은 약 10^{36}년임을 알려준다. 양성자의 에너지에 대해서 이러한 예측은 무엇을 알려 줄 수 있을까?

41. 레이더에 대한 증폭기가 펄스폭 2.4 μs의 펄스를 증폭한다면 이 증폭기의 대역폭 $\Delta\omega$는 얼마인가?

42. 만약 박테리아의 위치를 1.0 μm 이내에서 알고 있다면, 즉 박테리아 자체의 크기만큼의 정확도로 알고 있다면, 질량이 3.0×10^{-15} kg인 박테리아의 속도에 대한 최소 불확실성 정도를 찾아라.

43. 4.7 eV의 여기상태에 놓인 한 원자가 하나의 광자를 방출하고 결국 바닥상태가 된다. 여기상태의 수명은 1.0×10^{-13} s이다. (a) 방출된 광자의 에너지 불확실성은 얼마인가? (b) 광자의 (파장에서) 스펙트럼 선폭은 얼마인가?

44. 전자현미경이 0.14 nm만큼 작은 물체에 대한 분해능을 가지도록 설계되어 있다. 이 장치에서 전자의 에너지는 얼마이어야 하는가?

45. 레일리의 기준은 지름 d인 렌즈를 이용하여 두 물체를 거의 분간할 수 없는 시점을 결정하는 데 이용된다. 이때 두 물체 간 각도 간격은 다음 수식으로 표현된 θ_R보다 반드시 커야 한다.

$$\theta_R = 1.22\frac{\lambda}{d}$$

지름 5 cm인 렌즈를 이용하여 렌즈로부터 20 cm 거리 지점에서 서로 4000 nm만큼 떨어진 두 물체를 분간하기 위하여, 얼마의 에너지를 가지는 (a) 광자 또는 (b) 전자들이 이용되어야 하는가? 이는 불확정성의 원리와 일치하는 것인가?

46. ^{241}Am 핵으로부터 방출된 5.5 MeV α입자의 드브로이 파장을 계산하라. 이 입자는 ^{241}Am 핵(지름 $\approx 1.6 \times 10^{-14}$ m) 내에 존재할 수 있겠는가? 이에 대하여 설명하라.

47. 단순 조화 진동자의 최소 에너지는 $\hbar\omega/2$임을 보여라. 8.2 N/m의 용수철상수를 가지는 용수철에 매달려 진동하는 질량 28 g의 물체의 최소 에너지(J)는 얼마인가?

5.7 확률, 파동함수, 그리고 코펜하겐 해석

48. 폭 L인 1차원 상자 안의 한 입자의 파동함수가 $\psi(x) = A \sin(\pi x/L)$이다. 그 입자가 상자 안 어느 곳엔가 반드시 있다는 것을 알고 있다면 A의 값은 반드시 얼마가 되어야 하겠는가?

49. 슈뢰딩거 고양이 역설에 대하여 납득할 만한 설명을 기술하라. 이 역설의 변형들에 대하여 논의하고, 이에 대한 실험적 검증에 대한 현 상태에 대하여 논의하라.

50. 아인슈타인·포돌스키·로젠 역설에 대하여 납득할 만한 설명을 기술하라. 이 역설의 변형들에 대하여 논의하고, 이에 대한 실험적 검증에 대한 현 상태에 대하여 논의하라.

51. 벨의 부등식에 대하여 납득할 만한 설명을 기술하라. 이 역설의 변형들에 대하여 논의하고, 이에 대한 실험적 검증에 대한 현 상태에 대하여 논의하라.

5.8 상자 안의 입자

52. 폭 L인 1차원적 상자 안에 있는 질량이 m인 한 입자의 처음 세 개의 에너지 준위들에 대하여 정규화된 파동함수를 기술하라. 각 상태에서 존재할 수 있는 확률은 같다고 가정한다.

53. 길이 L인 1차원적 상자 안의 한 입자는 정지에너지보다 훨씬 큰 운동에너지를 가진다. 다음 에너지 준위들(E_n) 간의 비(E_2/E_1, E_3/E_1, E_4/E_1)는 얼마가 되겠는가? 구한 결과를 비상대론적인 경우와 비교하면 어떤가?

54. 한 양성자가 무한한 퍼텐셜 배리어를 가지는 1차원 상자에 최소 운동에너지가 7.9 MeV인 조건으로 갇혀 있다. 상자 안의 위치에너지는 0이다. 식 (5.43)을 사용하여 상자의 폭을 결정하라.

55. 연습문제 54의 양성자에 대해 에너지 상태를 따지기 위하여 식 (5.51)을 사용한다. 최소 운동에너지는 7.9 MeV이다. (a) 상자 안에 갇힌 양성자의 파장들로는 얼마가 있겠는가? (b) 양성자의 세 번째 들뜬 상태의 에너지는 얼마인가? (c) 상자의 너비는 얼마인가? 이것이 연습문제 54의 결과와 다른 이유는 무엇인가?

일반적인 문제

56. 시간 $t = 0$에서 $\Delta p\, \Delta x = \hbar$를 가지는 파동 묶음을 가정하자. 시간 $m(\Delta x)^2/\hbar$가 지난 후 그 파동 묶음의 폭은 얼마가 되겠는가?

57. 가우스 파동 묶음에 대하여 면밀히 분석하여 $\Delta k\, \Delta x = 1/2$임을 보여라. k와 x에 관련된 불확실성을 만드는 가정의 타당함을 보여야만 한다. 식 (5.26)으로 주어지는 가우스 수식 형태를 사용하라.(힌트: 파동 묶음 Δx의 선형적 '확산'은 표준편차로 주어지고, 그 지점에서 확률 진폭 ($|\Psi|^2$)은 최대값의 절반이 된다.)

58. 비스무트-210의 베타 붕괴에서 방출된 전자는 390 keV의 평균 운동에너지를 가진다. (a) 전자의 드브로이 파장을 찾아라. (b) 그러한 전자가 데이비슨-거머와 같은 유형의 산란 실험에 유용할 것인가? 데이비슨과 거머와 같이 동일하게 니켈 표적을 사용하였을 때 첫 번째 차수의 회절 최대

지점이 나타나는 각도를 결정함으로써 이 문제에 대하여 답하라.

59. 토마스 제퍼슨 국제 가속기 시설에서 만들어진 전자들은 12.0 GeV의 최대 에너지를 가진다. (a) 각 전자들의 드브로이 파장은 얼마인가? (b) 전자기 스펙트럼의 어느 부분에서 필적할 만한 파장의 광자를 찾을 수 있을까?

60. 인공적으로 만들어진 핵 동위원소 삼중수소(^{3}H)는 많은 응용분야에서 중요하다. 이 동위원소는 5.7 keV의 평균 운동에너지를 가지는 한 전자를 방출하면서 베타 붕괴를 겪는다. (a) 그렇게 방출된 전자의 드브로이 파장은 얼마인가? (b) 전자가 방출되기 직전 3.4 fm의 지름을 가지는 핵 내부에서 전자들이 존재할 가능성이 있는가? 이에 대하여 설명하라.

61. 4장에서 보았듯이 수소 원자의 크기는 n^2에 비례하여 커진다. 여기서 n은 양자상태를 나타낸다. $n = 10$인 상태에 놓인 한 원자에 대하여 그 원자의 직경과 같은 길이의 1차원적 상자에 갇힌 경우로 전자를 모형화하라. 이러한 상자 안의 전자의 최소 에너지를 구하라.

62. 한 오보에 연주자가 진동수가 440 Hz인 'Concert A' 음으로 오케스트라와 조율하고 있다. 만약 그 음을 2.5초 동안 내고 있다면 그 시간 동안 들리는 진동수의 최소 범위는 어떻게 되겠는가?

63. 3.9절에서 공부했듯이 하나의 전자와 양전자는 서로 완전히 소멸되어질 수 있으며, 두 개의 감마선을 형성한다. (a) 만약 그 전자와 양성자가 초기에 정지상태에 있었다면 두 개의 방출되는 감마선의 파장은 어떻게 되겠는가? (b) 만약 그 전자와 양전자가 실험실에서 측정하였을 때 각각 $0.30c$의 속력으로 운동하고 있었고 정면으로 충돌하였다면 두 개의 방출되는 감마선의 파장은 어떻게 되겠는가?

64. 물리학자들에게 알려진 대부분의 입자들은 불안정하다. 예를 들어 중성 파이온 π^0의 수명은 약 8.4×10^{-17} s이다. 질량은 135.0 MeV/c^2이다. (a) 바닥상태에서 π^0의 에너지 폭은 얼마인가? (b) 파이온 질량의 상대론적 불확실성 $\Delta m/m$은 얼마인가?

65. 강 핵력의 범위는 약 1.2×10^{-15} m로 알려져 있다. 핵물리학의 초기 이론은 (전자기력을 중재하는 광자와 같이) 강력을 중재하는 입자는 파이온임을 제안하였다. 핵 내에서 빛의 속력으로 움직이는 파이온을 가정하고 핵자들 사이를 이동하는 데 드는 시간 Δt를 계산하라. 핵자들 사이의 거리는 약 1.2×10^{-15} m라고 가정하자. 구한 Δt를 이용하여 시간 Δt 동안 에너지 보존이 위배되는 에너지 ΔE를 계산하라. 이 ΔE는 파이온의 질량을 추정하는 데 사용되어 왔다. 질량으로 얼마의 값이 얻어지겠는가? 중성 파이온에 대하여 측정된 값인 135 MeV/c^2과 여기서 계산된 결과를 비교하라.

66. 어떤 입방 결정체 안의 원자 면들이 표면에 대하여 평행하게 배열되어 있으며 각각은 0.80 nm만큼 떨어져 있다. 파장이 0.50 nm인 x선들이 표면에 대하여 θ 각도를 가지고 입사되고 있다. (a) 강한 반사가 나타나는 θ 값들은 어떻게 되겠는가? (b) 같은 결과를 얻을 수 있는 전자의 에너지는 얼마인가?

67. 지구를 방문한 외계인들이 야구에 매료되었다. 그들은 매우 발전해 있어서 투수가 어떠한 상황에서도 자신감 있게 스트라이크를 던질 수 없게끔 $\hbar$를 바꿀 수 있는 방법을 터득하였다. 스트라이크 존의 폭은 0.38 m, 야구공의 속력은 35 m/s, 야구공의 질량은 145 g, 그리고 공은 18 m의 거리를 날아간다고 가정하자. 요구되는 $\hbar$의 값은 얼마인가?(힌트: 여기에는 두 가지 불확실성이 있다. 스트라이크 존의 폭에 대한 불확실성이 있으며 던져진 공의 횡축 방향의 운동량에 대한 불확실성이 있다.)

68. 원자로로부터 얻은 중성자들은 결정체 격자면의 면 간의 간격을 측정하기 위한 중성자 회절 실험에 이용된다. 격자면들 간의 간격은 시료의 변형에 대한 지표로서 측정된다. 중성자들은 x선들보다 덜 파괴적이며 시료 내부로 깊게 침투할 수 있기 때문에 특히 유용하다. 중성자들의 자기 모멘트로 인해 중성자들은 매질의 자기적 특성을 연구하는 데 쓰일 수 있다. 면 간의 간격이 0.156 nm인 다결정 시료를 연구하기 위하여 중성자 빔 입사 각도 대비 26°의 각도를 이루고 검출기가 설치되어 있다. 이 실험에서 원자로로부터 얻어지는 중성자 중 얼마의 에너지를 가지는 중성자들을 사용해야 하겠는가? 가속기 기반의 핵 파쇄 중성자원이 오크리지 국립연구소에 운영되고 있다.

69. 컴퓨터 프로그램을 사용하여 함수 $\psi_n = A_n \cos(2\pi nx)$를 이용한 파동 묶음을 만들어 보라. 여기서 정수 n의 범위는 9에서 15까지이다. $A_{12} = 1$로 진폭을 설정하고, A_{12}에서 양쪽으로 A_{12} 대비 A_n 진폭은 1/2, 1/3, 1/4로 대칭적으로 감소한다고 가정한다.(예를 들면, $A_{10} = 1/3$이고 $A_{15} = 1/4$이다.) (a) x에 대한 각 파동 ψ_n과 그 파동 묶음 $\psi = \Sigma_n \psi_n$의 그래프를 도시하라. 이때 파동 묶음의 반복적인 특성을 볼 수 있도록 충분히 큰 범위의 x에서 나타내라. (b) 파동 묶음의 중심이 어디서 나타나는가? 파동 묶음이 반복적으로 나타나는 x 값은 얼마인가?

70. 대부분의 소립자들(14장을 보라)은 안정하지 않으며, 물리학자들은 소립자들의 평균 수명 τ를 측정해 왔다. 질량과

에너지 간의 불확실성에 놓여 있다고 간주하자. 에너지 퍼짐 Γ는 입자의 에너지 분포에 있어 에너지 최대값의 절반 값을 형성하는 온 폭이다. (a) 만약 $\tau = \Delta t$이고 $\Gamma = 2\Delta E$이면, 불확정성 원리에서 $\Gamma\tau$는 어떤 관계인가? (b) 다음의 각 입자들에서 각각의 평균 수명이 괄호 안의 값일 경우, 질량-에너지 관계에서 각 입자들의 에너지 퍼짐은 얼마가 되겠는가: 중성자(886 s), 대전된 파이온 π^-나 π^+(2.6×10^{-8} s), 입실론(1.2×10^{-20} s)?

71. '초고속' 레이저는 단지 10 fs 정도의 시간 내에서 빛을 폭발적으로 만들어 낸다. 불확정성 원리로 인하여, 그러한 짧은 순간의 빛의 방출은 진동수와 파장에 있어 상대적으로 큰 불확실성을 낳는다. 어떤 초고속 레이저가 532 nm 레이저로부터 10 fs의 펄스형 빛을 만들어 내고 있다. (a) 빛의 진동수에서의 불확실성 Δf와 비율 $\Delta f/f$를 구하라. (b) 파장의 $\Delta\lambda$의 범위는 얼마인가? (c) 문제 (b)에서 답한 결과를 원래 파장과 비교하라. 또한 이를 10 fs로 생성되고 있는 빛의 펄스 길이와 비교하라.

72. 초고속 레이저(연습문제 71을 보라)가 550 nm의 중심 파장을 가지고 있다. 펄스의 지속시간이 얼마가 될 경우, 파장의 퍼짐이 400~700 nm에 이르는 전 가시광 대역에 걸쳐 형성되겠는가?

73. CERN의 LHC 가속기는 최대 운동에너지가 14 TeV인 양성자를 생성하도록 설계되었다. (a) 각 양성자의 드브로이 파장은 얼마인가? (b) 전자기 스펙트럼의 어느 부분에서 비슷한 파장의 광자를 찾을 수 있는가?

양자역학 II

Quantum Mechanics II

6

CHAPTER

나는 어느 누구도 양자역학을 이해하지 못하고 있다고 말하는 것이 안전하다고 생각합니다. 피할 수 있다면, "그런데 어떻게 이렇게 될 수 있지?"라는 질문을 스스로에게 계속 말하지 마십시오. 아직 아무도 탈출하지 못한 막다른 난제에 빠질 것이기 때문입니다. 어떻게 그렇게 될 수 있는지 아무도 모릅니다.

리처드 파인먼

양자역학을 처음 접했을 때 충격을 받지 않은 사람들은 아마도 양자역학을 아직 제대로 이해하지 못한 사람들일 것이다.

닐스 보어

5장에서 다룬 바와 같이, 보어의 원자 모형의 결함을 고치기 위한 굉장한 발전이 1920년대에 이루어졌다. **양자역학**(quantum mechanics)이라고 하는 양자 이론의 시발점은 일반적으로 베르너 하이젠베르크와 에르빈 슈뢰딩거에게 있다고 할 수 있다. 그들의 연구 결과는 서로 매우 다른 수학적인 공식들로 표현되어 있다. 하이젠베르크(막스 본과 파스쿠알 요르단과 함께)는 1925년과 1926년에 양자역학의 *행렬 수식화*를 발표하였다. 행렬역학을 도입하기 위해 필수적인 수학적 방법들은 본질적으로는 어렵지 않지만 여기에서 이를 다루는 것은 너무 방대한 설명을 요구한다. 1926년에 슈뢰딩거가 제안한 다른 해결책은 *파동역학*으로 불린다. 파동역학으로 표현하기 위한 수학적인 뼈대는 이미 기초물리학에서 공부한 고전적인 파형 표현과 유사하다. 폴 디랙과 슈뢰딩거는 나중에 행렬과 파동역학 식들이 동일한 결과를 제공하며 단지 수학적인 표현 형태만 다르다는 것을 보여 주었다. 여기서는 슈뢰딩거의 파동 이론만을 공부하게 될 것이다.

5장에서 우리는 양자 이론에 대한 코펜하겐 해석과 이에 대한 물리학자들 사이의 보편적인 동의의 결여에 대하여 논의하였다. 양자 이론은 정말 복잡한 주제이고, 그것의 확률론적 성격은 고전물리학에서 볼 수 있는 직접적인 원인과 그에 따른 결과 관계와는 상반된 측면이 있다. 우리는 이전에 수천 명의 사람들이 했던 것을 할 것이다: "논쟁은 그만하고 계산해!"* 이 장에서 몇 가지 간단한 퍼텐셜에 대한 파동함수를 결정하고, 위치와

*많은 이들이 이 표현이 리처드 파인먼에 의해 제기되었다고 얘기한다. 그러나 데이비드 머민(*Physics today*, May 2004)은 이를 파인먼에게로 돌려선 안 된다고 얘기한다. 분명히 양자물리학을 공부하는 많은 학생들은 그들의 교수님들로부터 이와 비슷한 얘기들을 들어 왔다.

에르빈 슈뢰딩거(Erwin Schrödinger, 1887~1961)는 오스트리아인으로 유럽의 여러 대학에서 일하였다. 1938년 나치즘 분위기가 일자 더블린대학으로 자리를 옮겨서 1956년 은퇴할 때까지 머물렀다. 그의 주요한 업적인 파동 방정식은 1920년부터 1927년 사이에 머물렀던 취리히에서 이루어졌다. 슈뢰딩거는 철학, 생물학, 역사, 문학, 언어학 등 다양한 분야에서 연구를 수행하였다.

에너지 같은 물리적 관측가능량들을 예측하기 위해서 이러한 파동함수를 사용할 것이다. 또한, 입자들이 공간상에 놓여 있는 퍼텐셜 장벽을 뚫고 터널링될 수 있음을 볼 것이다. 이는 고전물리에서는 허용되지 않는 현상이다. 핵 알파 붕괴와 전자 터널 다이오드들은 우리가 논의할 터널링의 예이다.

6.1 슈뢰딩거 파동 방정식

오스트리아인 물리학자 에르빈 슈뢰딩거(1933년 노벨상 수상)는 1925년 11월 취리히 대학에서 입자에 대한 드브로이의 파동 이론에 대한 세미나를 발표하고 있었다. 그때는 피터 디바이가 드브로이파에 대한 파동 방정식이 있어야 한다고 제안하였을 때였다. 몇 주 안에 슈뢰딩거는 그가 알고 있었던 기하광학과 파동광학을 기초로 한 파동 방정식을 발견하였다.

기초 물리에 관한 이전의 공부에서 우리는 뉴턴의 법칙 중 특히 제2운동법칙이 입자의 움직임을 지배한다고 배웠다. 입자의 파동 운동을 설명하기 위하여 유사한 방정식이 여러 개 필요하다. 즉, 입자에 작용하는 퍼텐셜 장(예를 들면, 쿨롱 힘 또는 강력한 전기장)에 따른 **파동 방정식**(wave equation)이 필요하다. 그러면 우리는 5장에서 논의했던 파동함수 Ψ를 찾을 수 있고, 이를 통하여 입자의 위치, 에너지, 운동량 등에 대한 확률 변수들을 계산해 낼 수 있을 것이다.

비록 여기서 사용하는 계산 절차가 고전물리학에서 다룬 것과 비슷하다 할지라도 더 이상 *정확한* 위치, 에너지, 그리고 운동량을 동시에 계산하고 알아낼 수 없을 것이며 이에 유의해야 한다. 우리의 계산들은 이제 불확정성 원리 및 확률의 개념과 일치해야 한다. 이런 새로운 개념들에 익숙해지기 위해서는 시간과 경험이 필요할 것이다.(이 장 도입 부분의 파인먼과 보어의 언급을 참고하라.) 그리고 이 장에서 그러한 경험을 주기 위하여 노력할 것이다.

이 장에서 다룰 슈뢰딩거 방정식에 대한 학습을 위하여 5장에서는 물질의 파동 특성과 양자역학의 토대에 대한 학습을 하였다. 우리는 입자가 파동의 형태로 산란하고 $\lambda = h/p$로 주어진 드브로이 파장이라고 하는 해당 파장을 갖는다는 것을 배웠다. 이는 1920년대 전자의 산란에서 확인되었다. 또한 파동들이 중첩되면 입자의 위치와 움직임을 나타내는 파동 묶음을 형성할 수 있다는 것을 배웠다.

우리는 양자역학에 대하여 간단히 이미 학습했던 몇 가지 가정들과 일치하는 파동 방정식을 제시하는 것으로 시작하고자 한다. 일단은 단지 하나의 공간 좌표계만 가정하고 입자들은 비상대론적이라고 가정하자.

1. 방정식은 에너지 보존의 법칙과 일치해야 한다.

$$E = K + V = \frac{p^2}{2m} + V(x, t) \tag{6.1}$$

2. 방정식은 드브로이 및 아인슈타인 관계식들과 일치해야 한다.

$$p = \frac{h}{\lambda} = \hbar k \quad \text{and} \quad E = hf = \hbar\omega \tag{6.2}$$

3. 우리가 찾고 있는 파동함수 Ψ는 다루고 있는 입자의 운동을 나타내기 위하여 특정 속성들을 가져야 한다. 이는 선형적이어야 한다. 즉, 파동 방정식의 해인 임의의 두 파동함수 $\Psi_1(x, t)$와 $\Psi_2(x, t)$의 합 또한 해가 되어야만 한다. 이러한 선형성으로 인하여 여러 파동함수들을 더할 수 있으며, 이를 통해 파동 묶음을 형성하기 위한 보강간섭 및 상쇄간섭이 나타날 수 있다. 파동 방정식의 해들은 연속적이고 단일 값이어야 한다. 즉, 수학적으로 잘 작동해야 한다.
4. 식 (6.1)에서 퍼텐셜 V를 x와 t의 함수로 표현했음을 주목하자. 우리는 처음에는 $V(x, t) = V_0$, 즉 입자에 0의 알짜 힘이 가해지는 일정한 퍼텐셜 조건에 대하여 다룰 것이다.

5.4절에서 우리는 파동의 움직임과 여러 파동들로부터 이루어진 파동 묶음들의 형성에 대하여 논의한 바 있다. 파동수 k, 각주파수 ω를 가지고 $+x$축 방향으로 움직이는 하나의 파동에 대한 파동함수 Ψ는 다음과 같다.

$$\Psi(x, t) = A\sin(kx - \omega t + \phi) \tag{5.18}$$

식 (5.18)은 파동함수의 가장 일반적인 형태, 즉 사인과 코사인을 모두 포함하는 식은 아니다. 또한 파동함수는 실수 형태로 표현된 함수에 한정되지 않는다. 단지 물리적으로 측정 가능한 양은 반드시 실수이어야 한다. 파동함수의 좀 더 일반적인 형태는 다음과 같다.

$$\Psi(x, t) = Ae^{i(kx-\omega t)} = A[\cos(kx - \omega t) + i\sin(kx - \omega t)] \tag{6.3}$$

이는 허수인 $i = \sqrt{-1}$을 사용하여 $+x$ 방향으로 움직이는 파동을 동일하게 표현하고 있다. 일반적으로는 진폭 A도 복소수일 수 있다.

5장에서 우리는 다음과 같이 주어진 파동 방정식을 사용하여 x 방향으로 전파하는 파동을 배웠다.

$$\frac{\partial^2\Psi}{\partial x^2} = \frac{1}{v^2}\frac{\partial^2\Psi}{\partial t^2} \tag{5.12}$$

이러한 파동은 Ψ가 전기장 또는 자기장의 크기를 나타내는 광파 또는 Ψ가 압력차를 나타내는 음파, 또는 Ψ가 현의 변위를 나타내는 팽팽하게 당겨진 현을 기술할 수 있다.

식 (6.1)과 (6.2)를 다시 고쳐 쓰면 다음을 얻을 수 있다.

$$E = \frac{p^2}{2m} + V = \frac{\hbar^2k^2}{2m} + V \tag{6.4}$$

여기서 우리는 비상대론적 입자들과 일정한 퍼텐셜 V 조건을 고려하고 있음을 기억하자. 우리는 유용할 수 있는 방정식을 가정하려고 한다. x에 대하여 식 (6.3)에서 Ψ의 이차 편미분함수를 취하면 아래와 같다.

$$\frac{\partial\Psi}{\partial x} = \frac{\partial}{\partial x}[Ae^{i(kx-\omega t)}] = ik\,Ae^{i(kx-\omega t)} = ik\Psi$$

$$\frac{\partial^2\Psi}{\partial x^2} = \frac{\partial}{\partial x}[ik\,Ae^{i(kx-\omega t)}] = i^2k^2\,Ae^{i(kx-\omega t)} = -k^2\Psi$$

그러나 식 (6.4)를 재정렬하여 다음을 얻을 수 있다.

$$k^2 = \frac{2m(E - V)}{\hbar^2}$$

이전 방정식에 k^2을 대입하면 다음과 같은 식이 얻어진다.

시간에 무관한 슈뢰딩거 파동 방정식

$$\frac{\partial^2 \Psi}{\partial x^2} = -\frac{2m}{\hbar^2}(E - V)\Psi \tag{6.5}$$

식 (6.5)가 **1차원에서 시간 독립적인 슈뢰딩거 방정식**이라고 가정하자. 비록 퍼텐셜 V가 일정하다고 가정하여 이 방정식을 찾았지만 공간에서 변하는 퍼텐셜에도 유효하다고 가정하자.(공간과 시간에서 모두 변하는 퍼텐셜들에 대해서는 이후 다룰 것이다.) 우리는 이것을 이론적으로 증명할 수는 없지만, 실험들은 이 방정식이 몇 가지 간단한 시스템들을 설명하는 데 유용함을 보여 준다. 우리는 이 장에서 그중 몇 가지를 다룰 것이다.

우리는 또한 시간 종속적인 슈뢰딩거 방정식 형태가 필요하다. 이전에 x에 대하여 수행한 작업을 이용하여 시간에 대한 Ψ의 시간 미분을 취하면 아래와 같은 식을 도출할 수 있다.

$$\frac{\partial \Psi}{\partial t} = \frac{\partial}{\partial t}[Ae^{i(kx-\omega t)}] = -i\omega\, Ae^{i(kx-\omega t)} = -i\omega\Psi = -\frac{iE}{\hbar}\Psi$$

식 (6.5)에서 E를 풀고 이전 식에 E를 대입하면 다음의 식이 된다.

$$\frac{\partial \Psi}{\partial t} = -\frac{i}{\hbar}\left[-\frac{\hbar^2}{2m}\frac{\partial^2 \psi}{\partial x^2} + V\Psi\right]$$

이 방정식에 $i\hbar$를 곱한 후 식을 재정렬하여 파동함수를 $\Psi(x, t)$로 재기술하면 다음 관계식을 얻을 수 있다.

시간 종속적인 슈뢰딩거 파동 방정식

$$i\hbar\frac{\partial \Psi(x, t)}{\partial t} = -\frac{\hbar^2}{2m}\frac{\partial^2 \Psi(x, t)}{\partial x^2} + V\Psi(x, t) \tag{6.6}$$

이는 1차원에서 퍼텐셜 V 내 움직이는 한 입자에 대한 **시간 종속적 형태의 슈뢰딩거 방정식**이다. 퍼텐셜 V와 파동함수 Ψ는 둘 다 공간과 시간의 함수[$V(x, t)$와 $\Psi(x, t)$]가 될 수 있을 것이다.

식 (6.6)의 3차원으로 확장된 표현은 다음과 같다.

$$i\hbar\frac{\partial \Psi}{\partial t} = -\frac{\hbar^2}{2m}\left(\frac{\partial^2 \Psi}{\partial x^2} + \frac{\partial^2 \Psi}{\partial y^2} + \frac{\partial^2 \Psi}{\partial z^2}\right) + V\Psi(x, y, z, t) \tag{6.7}$$

우리는 6.5절까지는 1차원적 표현만 사용할 것이다.

식 (6.6)을 다음과 같이 주어지는 고전적인 파동 방정식과 비교해 보자.

$$\frac{\partial^2 \Psi(x, t)}{\partial x^2} = \frac{1}{v^2}\frac{\partial^2 \Psi(x, t)}{\partial t^2} \tag{5.12}$$

고전적 파동 방정식은 이차 시간 미분항을 포함하는 반면, 슈뢰딩거 파동 방정식은 단지 일차 시간 미분항만 가짐에 주목하자. 이는 이미 우리가 고전적 파동과는 다소 상이한 현상을 다루고 있음을 보여 준다.

시간 종속적인 슈뢰딩거 방정식 (6.6)은 알려진 물리적 법칙들로부터 출발하는 것이기 때문에 이것에 대한 유도는 없다. 우리는 *새로운* 물리적 법칙이 필요하다. 슈뢰딩거 파동 방정식은 유도로부터 만들어진 것이 아니라는 사실에도 불구하고, 이는 실험적 결과들을 설명할 수 있기 때문에 여전히 유용한 수단이다. 과학에서, 특히 물리학에서 이론적 연산에 대한 검증은 그것이 관측한 결과와 잘 일치하는가를 확인하는 것이다. 이 장의 남은 대부분에서 슈뢰딩거 파동 방정식의 유용성을 설명하기 위하여 몇몇 간단한 사례에 슈뢰딩거 파동 방정식을 적용해 볼 것이다.

예제 6.1

두 개 혹은 그 이상의 파동들을 이용하여 파동 묶음을 형성하기 위하여 파동 중첩의 원리를 사용할 수 있으려면, 파동 방정식은 선형이어야 한다.

$$\Psi(x, t) = a\Psi_1(x, t) + b\Psi_2(x, t)$$

위 조건식이 파동함수에서 만족된다는 것을 보여 줌으로써 식 (6.1)의 파동함수가 선형이라는 것을 증명하라. 여기서 a와 b는 상수이며 Ψ_1과 Ψ_2는 식 (6.6)을 만족하는 두 개의 파동들이다.

전략 식 (6.6)에 필요한 도함수를 가지고 이를 바로 파동 방정식에 대입할 것이다. 만약 식 (6.6)이 만족된다면 파동함수는 선형이다.

풀이 각각에 대하여 식 (6.6)에 필요한 도함수를 취한다.

$$\frac{\partial\Psi}{\partial t} = a\frac{\partial\Psi_1}{\partial t} + b\frac{\partial\Psi_2}{\partial t}$$

$$\frac{\partial\Psi}{\partial x} = a\frac{\partial\Psi_1}{\partial x} + b\frac{\partial\Psi_2}{\partial x}$$

$$\frac{\partial^2\Psi}{\partial x^2} = a\frac{\partial^2\Psi_1}{\partial x^2} + b\frac{\partial^2\Psi_2}{\partial x^2}$$

이 도함수들을 식 (6.6)에 대입한다.

$$i\hbar\left(a\frac{\partial\Psi_1}{\partial t} + b\frac{\partial\Psi_2}{\partial t}\right) = -\frac{\hbar^2}{2m}\left(a\frac{\partial^2\Psi_1}{\partial x^2} + b\frac{\partial^2\Psi_2}{\partial x^2}\right) + V(a\Psi_1 + b\Psi_2)$$

이 식을 재배열하면

$$a\left(i\hbar\frac{\partial\Psi_1}{\partial t} + \frac{\hbar^2}{2m}\frac{\partial^2\Psi_1}{\partial x^2} - V\Psi_1\right) = -b\left(i\hbar\frac{\partial\Psi_2}{\partial t} + \frac{\hbar^2}{2m}\frac{\partial^2\Psi_2}{\partial x^2} - V\Psi_2\right)$$

Ψ_1과 Ψ_2가 식 (6.6)을 만족하기 때문에 괄호 내 값들은 모두 0이고, Ψ는 또한 해가 된다.

예제 6.2

$Ae^{i(kx-\omega t)}$가 시간 종속적인 슈뢰딩거 파동 방정식을 만족하는 것을 보여라.

전략 식 (6.6)에 필요한 적절한 도함수를 취한 후, 이를 식 (6.6)에 대입하여 확인해 볼 것이다.

풀이

$$\frac{\partial\Psi}{\partial t} = -i\omega Ae^{i(kx-\omega t)} = -i\omega\Psi$$

$$\frac{\partial\Psi}{\partial x} = ik\Psi$$

$$\frac{\partial^2\Psi}{\partial x^2} = i^2k^2\Psi = -k^2\Psi$$

이 결과들을 식 (6.6)에 대입하면

$$i\hbar(-i\omega\Psi) = -\frac{\hbar^2}{2m}(-k^2\Psi) + V\Psi$$

$$\left(\hbar\omega - \frac{\hbar^2k^2}{2m} - V\right)\Psi = 0$$

만약 $E = hf = \hbar\omega$이고 $p = \hbar k$임을 이용한다면

$$\left(E - \frac{p^2}{2m} - V\right)\Psi = 0$$

을 얻을 수 있다. 이는 $E = K + V = p^2/2m + V$이기 때문에 비상대론적 수식에서 0이다. 따라서 $e^{i(kx-\omega t)}$는 이 점에서 적합한 해로 볼 수 있다.

예제 6.2에서 $e^{i(kx-\omega t)}$가 슈뢰딩거 파동 방정식에서 얻어질 수 있는 해를 나타냄을 보았다. 이것이 $\sin(kx - \omega t)$와 $\cos(kx - \omega t)$의 모든 함수들이 해가 된다는 것은 아니다. 아래의 예제에서 이를 보일 것이다.

예제 6.3

$\Psi(x, t) = A\sin(kx - \omega t)$가 시간 종속적인 슈뢰딩거 파동 방정식의 적합한 해가 될 수 있는지 결정하라.

전략 식 (6.6)에 필요한 적절한 도함수를 취한 후, 그것이 만족되는지를 확인하기 위하여 식 (6.6)에 대입한다.

풀이

$$\frac{\partial\Psi}{\partial t} = -\omega A\cos(kx - \omega t)$$

$$\frac{\partial\Psi}{\partial x} = kA\cos(kx - \omega t)$$

$$\frac{\partial^2\Psi}{\partial x^2} = -k^2A\sin(kx - \omega t) = -k^2\Psi$$

이 관계식들을 식 (6.6)에 대입하면

$$-i\hbar\omega A\cos(kx - \omega t) = \left(\frac{\hbar^2k^2}{2m} + V\right)\Psi$$

$$= \left(\frac{\hbar^2k^2}{2m} + V\right)A\sin(kx - \omega t) \tag{6.5}$$

(틀림)

이 식은 일반적으로 모든 x와 t에 대하여 만족하지 않는다. 따라서 $A\sin(kx - \omega t)$는 적합한 파동함수가 아니다. 하지만 이 함수는 고전적인 파동 방정식에 대한 하나의 해가 될 수 있다[식 (5.12)].

정규화와 확률

5.7절에서 논의한 바 있는 파동함수의 확률적 해석에 대하여 다시 살펴보면서 시작할 것이다. 한 입자가 x와 $x + dx$ 사이에 존재할 확률 $P(x)\,dx$는 식 (5.48)로 표현되었다.

$$P(x)\ dx = \Psi^*(x, t)\Psi(x, t)\ dx \tag{6.8}$$

x_1과 x_2 사이에 입자가 존재할 확률은 다음 식으로 주어진다.

확률

$$P = \int_{x_1}^{x_2} \Psi^*\Psi\ dx \tag{6.9}$$

x축 위의 어딘가에 입자가 존재할 확률이 1이 되기 위해서 파동함수는 정규화되어야 한다.

$$\int_{-\infty}^{\infty} \Psi^*(x, t)\Psi(x, t)\, dx = 1 \tag{6.10}$$

정규화

예제 6.4

파동함수 $Ae^{-\alpha|x|}$를 사용하여 만들어진 하나의 파동 묶음을 고려하라. 여기서 A는 정규화에 의하여 결정되는 상수이다. 이 파동함수를 정규화하고, 0과 $1/\alpha$ 사이에서, 그리고 $1/\alpha$과 $2/\alpha$ 사이에서 입자가 존재할 각각의 확률들을 구하라.

전략 이 파동함수를 그림 6.1에 나타내었다. Ψ를 정규화하기 위하여 식 (6.10)을 사용할 것이다. 그리고 식 (6.9)의 적분에 극한을 사용함으로써 확률을 구할 것이다.

풀이 파동함수를 식 (6.10)에 대입하면 다음 식을 얻는다.

$$\int_{-\infty}^{\infty} A^2 e^{-2\alpha|x|}\, dx = 1$$

파동함수는 $x = 0$에 대하여 대칭이므로, 우리는 0에서부터 ∞까지 적분한 후 2를 곱하여 연산할 수 있다. 그리고 $|x|$의 절대값 부호를 없앨 수 있다.

$$2\int_0^{\infty} A^2 e^{-2\alpha x}\, dx = 1 = \frac{2A^2}{-2\alpha}\, e^{-2\alpha x}\Big|_0^{\infty}$$

$$1 = \frac{-A^2}{\alpha}(0 - 1) = \frac{A^2}{\alpha}$$

계수 $A = \sqrt{\alpha}$이고, 정규화된 파동함수 Ψ는 다음과 같다.

$$\Psi = \sqrt{\alpha}\, e^{-\alpha|x|}$$

0과 $1/\alpha$ 사이에 입자가 존재할 확률을 찾기 위하여 식 (6.9)를 사용한다. 여기서 x가 양수이므로 $|x|$에서 절대값 부호를 없앤다.

$$P = \int_0^{1/\alpha} \alpha e^{-2\alpha x}\, dx$$

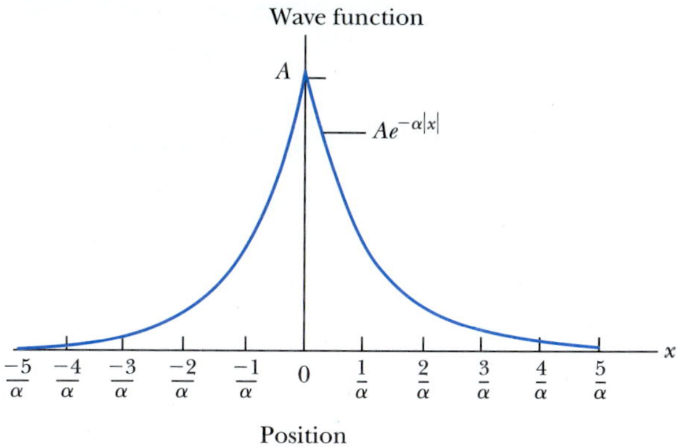

그림 6.1 파동함수 $Ae^{-\alpha|x|}$을 x에 대한 함수로 도시하였다. 파동함수가 $x = 0$을 중심으로 대칭적임에 주의하자.

적분 과정은 앞에서와 유사하다.

$$P = \frac{\alpha}{-2\alpha}\, e^{-2\alpha x}\Big|_0^{1/\alpha} = -\frac{1}{2}(e^{-2} - 1) \approx 0.432$$

$1/\alpha$과 $2/\alpha$ 사이에 입자가 존재할 확률을 구하면

$$P = \int_{1/\alpha}^{2/\alpha} \alpha e^{-2\alpha x}\, dx$$

$$P = \frac{\alpha}{-2\alpha}\, e^{-2\alpha x}\Big|_{1/\alpha}^{2/\alpha} = -\frac{1}{2}(e^{-4} - e^{-2}) \approx 0.059$$

입자가 $1/\alpha$과 $2/\alpha$ 사이보다 0과 $1/\alpha$ 사이에 존재할 확률이 훨씬 더 크다는 것으로 결론내릴 수 있다. 이는 그림 6.1에 제시된 파동함수의 모양으로부터도 예상할 수 있다.

파동함수 $e^{i(kx-\omega t)}$는 영의 알짜 힘으로 (상수의 V를 가지는 공간상에서) x축상을 움직이는 입자를 표현한다. 하지만 이 함수를 정규화하려고 하면 적분에 대하여 무한한 결

과를 가지게 되기 때문에 이 파동함수에는 문제가 있다. 이러한 문제는 입자가 x축을 따라 어딘가에 있을 확률이 유한하기 때문에 발생하는 것이다. x축 전 구간에 대하여 적분이 이루어질 때, 이러한 유한한 확률들이 더해져 결국 무한대가 된다. 또 다른 유일한 가능성은 영의 확률을 가질 경우이겠지만 그것은 물리적인 결과로서 의미가 없다. 이 파동함수는 정확한 k와 ω 값들을 가지고 있으므로, 이는 한 입자가 하나의 정확한 에너지와 운동량을 가짐을 나타낸다. 불확정성의 원리에 따르면 $\Delta E = 0$과 $\Delta p = 0$이므로 반드시 $\Delta t = \infty$와 $\Delta x = \infty$이어야 한다. 우리는 입자가 언제 어디에 있는지 알 수 없다. 그럼에도 불구하고 만약 상자나 원자와 같은 공간에서의 특정한 위치 내로 입자를 제한한다면 우리는 그런 파동함수들을 사용할 수 있다. 또한 입자를 특정 위치에 국소화시키기 위하여 그러한 파동함수들로부터 얻어진 파동 묶음들을 형성할 수 있다.

유효한 파동함수들의 특징들

슈뢰딩거 파동 방정식과 더불어, 파동함수 Ψ가 반드시 만족해야만 하는 몇 가지 특성들 [이들을 종종 **경계 조건**(boundary condition)이라고 한다]이 있다.

경계 조건들

1. 무한한 확률을 피하기 위하여 Ψ는 어느 지점에서나 유한해야 한다.
2. 복수 개의 확률값을 가지지 않기 위하여 Ψ는 반드시 단일 값을 가져야 한다.
3. 유한 퍼텐셜에 대하여 Ψ와 $\partial\Psi/\partial x$는 반드시 연속적이어야 한다. 이 조건은 파동방정식에서 이차 미분항이 반드시 단일 값을 가져야 하기 때문에 요구된다.(이 조건에 대해서는 V가 무한한 경우 예외들이 존재한다.)
4. 파동함수들을 정규화하기 위하여 Ψ는 x가 $\pm\infty$에 가까워짐에 따라 영의 값으로 수렴해야 한다.

이러한 특징들을 만족하지 않는 Ψ에 대한 해들은 일반적으로 물리적으로 실현할 수 없는 조건(환경)들에 해당된다.

예제 6.5

이미 식 (6.5)의 시간 독립 슈뢰딩거 방정식과 식 (6.6)의 시간 종속 슈뢰딩거 방정식을 모두 가정했지만 퍼텐셜이 시간에 명시적으로 의존하지 않는 유용한 경우가 많기 때문에 다시 살펴보고자 한다. 시간과 위치에 대한 종속성을 분리하고 시간 종속 방정식에서 슈뢰딩거 방정식의 시간 독립적 형태를 정의해 보자.

전략

$$\Psi(x, t) = \psi(x)f(t) \tag{6.11}$$

이 파동함수를 식 (6.6)에 대입하고 결과식을 시간 t와 공간 좌표 x에만 의존하는 항들로 분리한다.

풀이 식 (6.11)을 식 (6.6)에 대입하면 다음 식을 얻을 수 있다.

$$i\hbar\psi(x)\frac{\partial f(t)}{\partial t} = -\frac{\hbar^2 f(t)}{2m}\frac{\partial^2\psi(x)}{\partial x^2} + V(x)\psi(x)f(t)$$

이 식을 $\psi(x)f(t)$로 나누면 아래와 같다.

$$i\hbar\frac{1}{f(t)}\frac{df(t)}{dt} = -\frac{\hbar^2}{2m}\frac{1}{\psi(x)}\frac{d^2\psi(x)}{dx^2} + V(x) \tag{6.12}$$

식 (6.12)의 좌변은 오로지 시간에 의존하고 우변은 오로지 x에 의존한다. 여기서, 좌변과 우변은 각각 단일 변수에 의존한 형태로 표현되었으므로 편미분으로 표현된 수식을 상미분 방정식으로 바꾸어 표현하였다. 이때 한 변수는 다른 변수와 독립적으로 변할 수 있으므로, 좌변과 우변은 하나의 상수(여기서는 B로 나타내었

다)와 반드시 같아야 한다. B 값을 결정하기 위하여 식 (6.12)의 좌변을 적분하면

$$i\hbar\frac{1}{f}\frac{df}{dt} = B$$

$$i\hbar\int\frac{df}{f} = \int Bdt$$

가 된다. 양변을 적분하면 다음의 결과를 얻는다.

$$i\hbar \ln f = Bt + C$$

여기서 C는 적분상수이고 이를 0으로 취할 것이다. 따라서

$$\ln f = \frac{Bt}{i\hbar}$$

가 되고, 이 식으로부터 f를 다음과 같이 결정할 수 있다.

$$f(t) = e^{Bt/i\hbar} = e^{-i\,Bt/\hbar} \tag{6.13a}$$

만약 $f(t)$에 관한 이 함수를 $e^{-i\omega t}$의 시간 의존성을 가지는 자유입자에 대한 파동함수와 비교한다면 $B = \hbar\omega = E$라는 것을 알 수 있다. 이는 일반적인 결과이다.

이제, 식 (6.12)의 좌변과 우변으로부터 다음과 같은 관계식을 구할 수 있다.

$$i\hbar\frac{1}{f(t)}\frac{df(t)}{dt} = E \tag{6.13b}$$

$$-\frac{\hbar^2}{2m}\frac{d^2\psi(x)}{dx^2} + V(x)\psi(x) = E\psi(x) \tag{6.14}$$

이 마지막 방정식은 앞서 표시한 식 (6.5)와 같지만 형식이 약간 다르다. 이것은 **시간 독립 슈뢰딩거 방정식**이며 양자역학의 기본 방정식이다. 파동함수 $\psi(x)$는 위치에만 의존하고 시간에는 의존하지 않기 때문에 식 (6.5)에서 편미분 대신 상미분으로 미분을 표현하였다. 이 방정식을 다시 세부적으로 유도하며 살펴본 이유 중 하나는 학생에게 수학적 전개에 대한 경험을 주기 위함이다.

식 (6.13a)는 다음과 같이 재정리될 수 있다.

$$f(t) = e^{-i\omega t} \tag{6.15}$$

이때 파동함수 $\Psi(x, t)$는 다음의 식이 된다.

$$\Psi(x, t) = \psi(x)e^{-i\omega t} \tag{6.16}$$

현재로서는 시간에 무관한 퍼텐셜이 1차원 공간상에 존재하는 경우로 우리의 관심을 한정할 것이다. 이러한 비상대론적이고 1차원 형태로 표현된 양자역학에 대한 수식으로부터도 우리는 많은 중요하고 유용한 결과들을 얻을 수 있다. 왜냐하면 공간적인 부분만으로 표현된 파동함수 $\psi(x)$가 일반적으로 필요하기 때문이다. 따라서 우리는 시간에 무관한 형태로 표현된 슈뢰딩거 파동 방정식인 식 (6.14)만이 필요하다.

5.7절에서 논의한 확률밀도 $\Psi^*\Psi$에 대하여 살펴보자. 퍼텐셜이 시간에 의존하지 않는 $\Psi(x, t)$의 경우, 다음과 같은 결과를 얻을 수 있다.

$$\Psi^*\Psi = \psi^2(x)(e^{i\omega t}e^{-i\omega t})$$

$$\Psi^*\Psi = \psi^2(x)$$

확률분포는 시간에 대하여 일정한 값을 가진다. 기초 물리학에서 *정지파*라 불리는 현상(예를 들면, 양끝이 고정된 줄의 진동)을 본 적이 있을 것이다. 그러한 정상파는 서로 반대 방향으로 진행하는 파들로부터 형성될 수 있다. 양자역학에서 그러한 계를 **정상상태**(stationary state)에 놓여 있다고 말한다.

예제 6.6

자유전자들이 그 속에 존재하는 어떤 금속이 있다. 그리고 영의 퍼텐셜을 가진다. 파동함수 $\psi(x)$가 가지는 수학적 형태는 어떻게 되겠는가?

전략 이는 시간에 무관한 슈뢰딩거 파동 방정식인 식 (6.14)를 푸는 첫 시도이다. 식 (6.14)에서 $V(x) = 0$으로 놓고, $\psi(x)$에 대한 미분 방정식을 푼다.

풀이 만약 식 (6.14)에서 $V(x) = 0$이라 둔다면 다음과 같은 결과를 가지게 된다.

$$-\frac{\hbar^2}{2m}\frac{d^2\psi(x)}{dx^2} = E\psi(x)$$

$\psi(x)$에서 x를 제거하여 방정식을 다시 쓰면 다음과 같다.

$$\frac{d^2\psi}{dx^2} = -\frac{2mE}{\hbar^2}\psi = -k^2\psi$$

$d^2\psi/dx^2 = -k^2\psi$로 표현된 미분 방정식을 미적분학과 기초 물리학에서 수차례 본 적이 있다. 이는 작은 각을 가지고 진동하는 진자에 대한 단순 조화 운동에서도 나타난다. 만약 에너지 E가 양의 값이라면 k^2은 실수이고, 파동함수의 해는 정현파 [$\psi(x) = A \sin kx + B \cos kx$]가 될 것이다. 그러나 음의 에너지 E에 대해서는 k^2이 음수가 되므로 k는 허수이다. 이때는 파동함수를 [$\psi(x) = Ce^{ikx}$]와 같은 지수 형태로 표현하는 것이 적절하다.

고전역학과 양자역학의 비교 고전역학과 양자역학 사이에서의 유사점과 차이점을 간단하게 봄으로써 통찰력을 얻을 수 있다. 뉴턴의 제2법칙($\vec{F} = d\vec{p}/dt$)과 슈뢰딩거의 파동 방정식은 둘 다 미분 방정식들이다. 이 둘은 어떤 관측된 현상을 설명하기 위하여 가정으로부터 제시되었으며, 실험 결과들은 이들이 성공적임을 보여 준다. 뉴턴의 제2법칙은 슈뢰딩거 파동 방정식으로부터 유도 가능하므로 후자가 더 기본적이다. 뉴턴의 법칙들이 더 기본적으로 보일지도 모른다. 왜냐하면 뉴턴의 법칙들은 계의 파라미터에 정확한 값을 제시하는 반면, 파동 방정식은 오로지 확률을 가르쳐 주는 파동함수만을 제공하기 때문이다. 그러나 여태껏 불확정성 원리로부터 위치와 운동량, 에너지와 시간의 정확한 값을 동시에 아는 것이 불가능하다는 것을 알았다. 고전역학은 거시적인 현상만을 다루므로 단지 더 정확한 것처럼 보일 뿐이다. 거시적 측정에서 내재된 불확정성은 단지 너무 작아서 분명하게 드러나지 않을 뿐이다.

고전역학과 파동역학의 관계는 광선광학과 파동광학 간의 관계에서 흥미로운 유사성을 상호 볼 수 있다. 1700년대 전반에 걸쳐 과학자들은 두 광학 이론 중 어떤 것이 더 기본적인지에 대한 논쟁을 하였다. 뉴턴은 광선광학을 더 선호하였다. 마침내 1800년대 초기에 회절과 간섭 현상을 설명하기 위해서는 파동광학이 필요하다는 것이 입증되었다. 광선광학은 파장이 통과하는 구멍과 장애물의 크기에 비하여 훨씬 짧을 때 유효한 근사치이다. 빛의 광선적인 특징은 입자적인 특성을 보여 준다. 하지만 간섭현상을 설명하기 위해서는 파동광학이 필요하다. 이와 유사하게, 거시적 물체에 있어서 드브로이 파장은 너무 작아서 파동 행태는 분명하지 않다. 하지만 계측과 실험의 발전으로 원자 수준에서의 거동을 관찰할 수 있게 되었고 결국 모든 데이터를 이해하려면 파동적 설명과 양자역학이 요구되었다. 고전역학은 좋은 거시적 근사치이고 큰 양자수에서는 충분히 정확하다. 하지만, 현재까지 우리가 알고 있는 한, 오로지 한 개의 정확한 이론만이 존재하며, 그것은 곧 양자역학이다.

6.2 기대값

파동 방정식이 유용하려면, 파동 방정식으로부터 관측 가능한 양들인 위치, 운동량, 에너지 같은 값들이 반드시 결정될 수 있어야만 한다. 이 절에서는 어떻게 파동함수가 이런 정보들을 제공할 수 있는지에 대하여 알아볼 것이다. 이를 오로지 1차원적인 경우에 한해 다룰 것이지만, 이는 3차원적으로도 확장 가능하다. 또한 그러한 물리량의 값을 주어진 시간에 대하여 계산해 낼 것이다. 왜냐하면 일반적으로 물리량들을 포함하는 전체 계는 시간에 따라 변하기 때문이다.

특정한 시스템에서의 위치 x에 대한 측정(예를 들면, 5.8절에서 보았던 상자 안의 입자의 위치)에 대하여 고려해 보자. 만약 위치를 세 번 측정한다면 세 개의 다른 결과를 아마도 얻을 것이다. 그럼에도 불구하고 만약 측정법이 근본적으로 정확하다면, 측정된 x 값의 평균에 대해서 어떤 물리적 중요성이 존재할 것이다. 나아가 결과의 정밀도는 더 많은 측정을 함으로써 개선된다. 양자역학에서 주어진 양에 대한 수많은 측정이 이루어졌을 때 평균적으로 얻어지는 값을 계산하기 위하여 파동함수를 사용한다. 이러한 결과를 **기대값**(expectation value)이라 한다. x의 기대값은 $\langle x \rangle$라 쓴다. 기대값을 계산할 수 있는 어떤 측정 가능한 양을 *물리적 관측가능량*(physical observables)이라 한다. 물리적 관측가능량의 기대값들(예를 들면 위치, 선운동량, 각운동량, 에너지)은 측정에 따른 실험적 결과들이 실수이므로 반드시 실수이어야만 한다.

기대값

물리적 관측가능량

먼저 평균값을 정하는 법부터 살펴보자. x축을 따라 움직이도록 속박되어 있는 입자에 대하여 고려해 보자. 만약 이 입자에 대하여 많은 측정을 해 본다면 아마 x_1에서 N_1번, x_2에서 N_2번, 이와 같이 x_i에서 N_i번 발견할 수 있을 것이다. 따라서 $\bar{x}$[또는 $(x)_{\text{av}}$]로 표시되는 x의 평균값은

$$\bar{x} = \frac{N_1x_1 + N_2x_2 + N_3x_3 + N_4x_4 + \cdots}{N_1 + N_2 + N_3 + N_4 + \cdots} = \frac{\sum_i N_ix_i}{\sum_i N_i}$$

와 같다. 특정 x 지점에서 입자를 관측할 확률 $P(x, t)$를 사용함으로써 불연속 변수에서 연속 변수로 바꿀 수 있다. 그러므로 이전의 식은 다음과 같이 표현될 수 있다.

$$\bar{x} = \frac{\int_{-\infty}^{\infty} xP(x)\, dx}{\int_{-\infty}^{\infty} P(x)\, dx} \tag{6.17}$$

양자역학에서 평균값 또는 기대값을 결정하기 위하여 반드시 식 (6.8)에서 주어진 확률분포 $P(x)\,dx = \Psi^*(x, t)\Psi(x, t)\,dx$를 사용해야 한다. 기대값 $\langle x \rangle$를 찾기 위한 절차는 식 (6.17)과 비슷하다.

$$\langle x \rangle = \frac{\int_{-\infty}^{\infty} x\Psi^*(x, t)\Psi(x, t)\, dx}{\int_{-\infty}^{\infty} \Psi^*(x, t)\Psi(x, t)\, dx} \tag{6.18}$$

식 (6.18)의 분모는 식 (6.10)에서 본 바와 같이 정규화 수식이다. 만약 파동함수가 정규화되어 있다면 분모는 1이 된다. 이때 기대값은 다음과 같이 주어지게 된다.

$$\langle x \rangle = \int_{-\infty}^{\infty} x\Psi^*(x, t)\Psi(x, t)\, dx \tag{6.19}$$

만약 파동함수가 정규화되어 있지 않았다면, 식 (6.18)이 반드시 사용되어야 한다.

이와 동일한 과정을 정규화된 파동함수 $\Psi(x, t)$에 대하여 어떤 함수 $g(x)$의 기대값을 찾는 데 사용될 수 있다.

$$\langle g(x) \rangle = \int_{-\infty}^{\infty} \Psi^*(x, t)g(x)\Psi(x, t)\, dx \tag{6.20}$$

파동함수가 오로지 x의 함수로 표현될 수 있는 주어진 함수 $g(x)$의 기대값만을 제공할 수 있다는 것을 다시 강조한다. 이는 우리에게 각 개별 측정값을 주지 못한다. 파동함수가 해당 계를 온전히 묘사할 수 있다고 할 때, 그것은 물리적 관측가능량의 기대값이 결정될 수 있음을 의미한다.

위치 x와 운동량 p의 동시적 값들에 대하여 우리가 알고 있는 바에 따르면, 이는 불확정성 원리와 일치해야 한다. p의 기대값을 찾기 위하여 먼저 우리는 p를 x와 t에 관하여 나타낼 필요가 있다. 한 예로, 자유입자의 파동함수 $\Psi(x, t) = e^{i(kx-\omega t)}$를 한 번 더 고려해 보자. 만약 x에 관하여 $\Psi(x, t)$를 미분한다면

$$\frac{\partial \Psi}{\partial x} = \frac{\partial}{\partial x}[e^{i(kx-\omega t)}] = ike^{i(kx-\omega t)} = ik\Psi$$

이다. 그런데 $k = p/\hbar$이므로 다음과 같은 관계식을 얻을 수 있다.

$$\frac{\partial \Psi}{\partial x} = i\frac{p}{\hbar}\Psi$$

이를 재정리하면

$$p[\Psi(x, t)] = -i\hbar\frac{\partial \Psi(x, t)}{\partial x}$$

가 된다.

연산자들

연산자(operator)는 하나의 함수를 다른 함수로 변환시키는 수학적 연산이다. 예를 들어, $\hat{Q}$라는 어떤 연산자는 $\hat{Q}f(x) = g(x)$로 함수 $f(x)$를 변환시킨다. 이전의 파동함수 방정식에서, $-i\hbar(\partial/\partial x)$는 함수 $\Psi(x, t)$에 대하여 연산하며, 이를 *운동량 연산자* $\hat{p}$라고 부른다. 여기서 문자 p 위의 ^ 표시는 연산자를 나타낸다.

$$\hat{p} = -i\hbar\frac{\partial}{\partial x} \tag{6.21}$$

운동량 연산자만이 유일하게 존재하지는 않는다. 각각의 물리적 관측가능량은 관측가능량의 기대값을 찾는 데에 사용되는 그에 연관된 각각의 연산자를 가지고 있다. 몇몇 물리적 관측가능량 Q의 기대값을 계산하기 위해서 연산자 $\hat{Q}$는 반드시 Ψ^*와 Ψ 사이에

놓여야 하며, 다음 식처럼 순서대로 연산자 $\hat{Q}$가 $\Psi(x, t)$에 연산된다.

$$\langle Q \rangle = \int_{-\infty}^{\infty} \Psi^*(x, t)\hat{Q}\Psi(x, t)\, dx \tag{6.22}$$

따라서 운동량에 대한 기대값은 다음과 같이 표현된다.

$$\langle p \rangle = -i\hbar \int_{-\infty}^{\infty} \Psi^*(x, t) \frac{\partial \Psi(x, t)}{\partial x}\, dx \tag{6.23}$$

위치 x는 그 자체로 연산자이다. x와 p 모두에 대한 함수인 관측가능량들에 대한 연산자들은 x와 $\hat{p}$로부터 정해질 수 있다.

이제 자유입자에 대한 파동함수에 대하여 시간 미분을 취해 보자.

$$\frac{\partial \Psi}{\partial t} = \frac{\partial}{\partial t}[e^{i(kx-\omega t)}] = -i\omega e^{i(kx-\omega t)} = -i\omega\Psi$$

$\omega = E/\hbar$를 대입하여 다음 식으로 재정리할 수 있다.

$$E[\Psi(x, t)] = i\hbar \frac{\partial \Psi(x, t)}{\partial t} \tag{6.24}$$

이때 $\Psi(x, t)$를 연산하는 양을 *에너지 연산자*라 한다.

$$\hat{E} = i\hbar \frac{\partial}{\partial t} \tag{6.25}$$

에너지 연산자는 에너지 기대값 $\langle E \rangle$를 찾기 위하여 사용된다.

$$\langle E \rangle = i\hbar \int_{-\infty}^{\infty} \Psi^*(x, t) \frac{\partial \Psi(x, t)}{\partial t}\, dx \tag{6.26}$$

비록 여기서 자유입자의 파동함수들에 한해 운동량 연산자와 에너지 연산자를 알아냈지만, 그것들은 일반적인 결과들이다. 이후에 물리적 관측가능량(예를 들면 위치, 운동량, 에너지 등)을 결정하기 위하여 이 연산자들을 사용할 것이며, 이를 실험적 결과들과 비교해 볼 것이다.

예제 6.7

운동량 연산자와 에너지 연산자를 에너지 보존 법칙과 함께 사용하여 슈뢰딩거 파동 방정식을 만들어라.

전략 먼저 운동에너지와 위치에너지의 합으로 에너지 E를 찾는다. 우리는 전적으로 비상대론적 이론을 적용한다. 우리는 연산자 함수를 사용하기를 원하기 때문에 운동에너지를 운동량의 관점에서 표현하여 전체 에너지 E를 표현할 것이다.

풀이 에너지는 다음과 같다.

$$E = K + V = \frac{p^2}{2m} + V \tag{6.27}$$

이 방정식의 양변에 파동함수에 대한 연산자들을 적용하자. 좌변은 다음 식으로 표현된다.

$$\hat{E}\Psi = i\hbar \frac{\partial \Psi}{\partial t} \tag{6.28}$$

식 (6.27)의 우변에 대해 연산자를 Ψ에 적용하면 다음과 같다.

$$\left[\frac{1}{2m}(\hat{p})^2 + V\right]\Psi = \frac{1}{2m}\left(-i\hbar\frac{\partial}{\partial x}\right)^2\Psi + V\Psi$$

$$= -\frac{\hbar^2}{2m}\frac{\partial^2\Psi}{\partial x^2} + V\Psi$$

연산자 $(\hat{p})^2$은 $\hat{p}$를 두 번 연속적으로 적용한 것이지 하나의 $\hat{p}$ 연산자를 대수적으로 제곱한 것이 아님에 유의하자.

이제 이전의 방정식을 식 (6.28)과 같다고 두어 다음 식을 도출한다.

$$i\hbar\frac{\partial\Psi}{\partial t} = -\frac{\hbar^2}{2m}\frac{\partial^2\Psi}{\partial x^2} + V\Psi \tag{6.29}$$

위 식은 식 (6.6)에 보인 바 있는 시간 종속적인 슈뢰딩거 파동 방정식이다. 이 예제는 슈뢰딩거 파동 방정식의 유도 과정을 보여 준다기보다는 정의들 간의 일관성이 있음을 증명한 것임을 유념하자.

6.3 무한 네모 우물 퍼텐셜

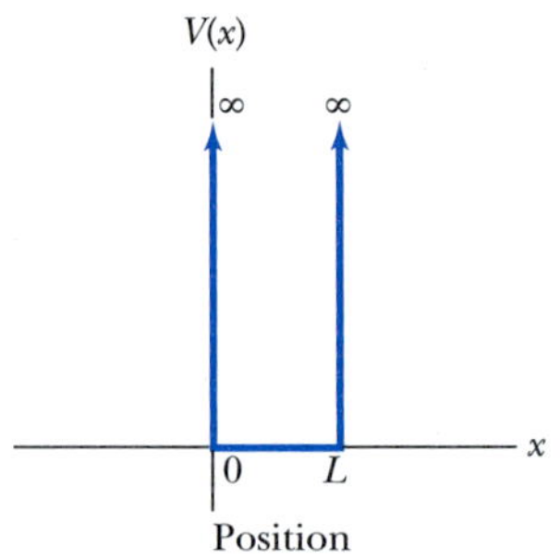

그림 6.2 무한한 네모 우물 퍼텐셜. 퍼텐셜 조건은 $0 < x < L$에서는 $V = 0$이며, 이 이외의 위치에서는 $V = \infty$이다.

지금까지 시간에 무관한 슈뢰딩거 파동 방정식이 어떻게 이루어졌는지에 대하여 살펴보았다. 이제 파동함수를 이용하여 물리적 관측가능량을 결정하는 데 어떻게 사용될 수 있는지에 대하여 논의하고자 한다. 이제 여러 가능한 퍼텐셜에 대한 파동함수를 찾으려 한다. 그리고 그러한 퍼텐셜을 가진 시스템의 특징들에 대하여 무엇을 배울 수 있는지를 알아보려고 한다. 이러한 과정 중에서 에너지를 포함한 몇몇 관측가능량들이 양자화된 값을 가짐을 알게 될 것이다. 그러한 시스템 중 가장 간단한 것으로 무한히 견고한 벽(입자가 절대 침투할 수 없는 벽) 사이에 갇힌 입자를 다루어 보는 것으로 시작할 것이다. 이는 5.8절에서 소개하였던 상자 안에 갇힌 입자와 동일한 물리적 시스템이다. 그러나 이제 완전히 양자역학적인 해를 제시할 것이다.

그림 6.2에 제시된 *무한 네모 우물*이라고 불리는 퍼텐셜은 아래의 식으로 주어진다.

$$V(x) = \begin{cases} \infty & x \leq 0,\ x \geq L \\ 0 & 0 < x < L \end{cases} \tag{6.30}$$

이때 입자는 오로지 $x = 0$에서 $x = L$ 사이에서만 갇혀진 채 움직일 수 있으며, 그 구간 사이에서는 아무런 힘도 경험하지 않는다. 비록 무한 네모 우물 퍼텐셜은 간단하지만 많은 물리적 상황들이 그와 같이 간략화가 가능하므로 이는 유용하다. 또한 파동함수가 특정 경계 조건을 만족시키도록 하는 것은 에너지 양자화를 얻게 됨을 보게 될 것이다. 이 사실을 간단한 원자와 핵 시스템에서의 에너지 준위들을 탐구하는 데 사용할 것이다.

앞에서 언급했던 바와 같이, 우리가 접하게 되는 대부분의 경우는 시간에 무관한 슈뢰딩거 파동 방정식을 이용함으로써 해석이 가능하다. 이 경우도 그와 같다. 식 (6.14)에 $V = \infty$를 대입하면 파동함수로 가능한 유일한 해가 $\psi(x) = 0$임을 알 수 있다. 따라서 $x \leq 0$ 또는 $x \geq L$에서 입자가 존재할 확률은 0이다. 입자의 운동에너지는 반드시 유한해야 하므로, 그 입자는 무한 퍼텐셜을 가지는 영역으로 결코 침투할 수 없다. 한편, $V = 0$일 때, 식 (6.14)는 아래와 같이 다시 정리된다.

$$\frac{d^2\psi}{dx^2} = -\frac{2mE}{\hbar^2}\psi = -k^2\psi$$

여기서 우리는 식 (6.14)에서 $V = 0$으로 두었으며, 파수 $k = \sqrt{2mE/\hbar^2}$로 두었다. 6.1절에서 주어진 특징들을 만족하는 이 방정식에 합당한 해는 다음과 같다.

$$\psi(x) = A\sin kx + B\cos kx \tag{6.31}$$

여기서 A와 B는 파동함수를 정규화하는 데 이용되는 상수들이다. 파동함수는 연속적이어야만 하므로, 이는 이미 논의한 바와 같이 $x = 0$과 $x = L$에서 모두 $\psi(x) = 0$임을 의미한다. 그러므로 식 (6.31)에서 제시된 해는 $\psi(x = 0) = 0$을 만족하기 위하여 반드시 $B = 0$이다. 만약 $\psi(x = L) = 0$이면 $A\sin(kL) = 0$이 된다. 이때 $A = 0$이면 무의미한 해가 되므로, 아래의 조건을 만족해야 한다.

$$kL = n\pi \tag{6.32}$$

여기서 n은 양의 정수이다. $n = 0$ 값은 $\psi = 0$이 되어, 물리적으로 무의미한 해를 도출한다. 그리고 n이 음의 정수일 경우는 양인 경우와 물리적으로 다른 해를 주지 않는다. 그러므로 파동함수는 다음의 식이 된다.

$$\psi_n(x) = A\sin\left(\frac{n\pi x}{L}\right) \qquad (n = 1, 2, 3, \ldots) \tag{6.33}$$

$x = 0$과 $x = L$에서 퍼텐셜이 무한한 계단 값을 가지고 있으므로, 이 경우는 $d\psi/dx$가 연속적이어야만 한다는 조건을 만족하지 않는다. 하지만 이러한 특정한 상황에 대하여 6.1절에서 주의를 환기한 바 있다. 이러한 경우가 어떤 문제도 유발하지 않는다. 전 구간 $-\infty < x < \infty$에 대하여 파동함수를 정규화하면 다음과 같다.

$$\int_{-\infty}^{\infty} \psi_n^*(x)\psi_n(x)\,dx = 1$$

파동함수를 대입하여 도출된 식은 다음과 같다.

$$A^2\int_0^L \sin^2\left(\frac{n\pi x}{L}\right)dx = 1$$

이것은 간단한 적분(적분표의 도움으로 가능; 부록 3A를 보라)으로 $L/2$로 주어진다. 따라서 $A^2(L/2) = 1$이며, $A = \sqrt{2/L}$가 된다.

이에 정규화된 파동함수는 다음의 식이 된다.

$$\psi_n(x) = \sqrt{\frac{2}{L}}\sin\left(\frac{n\pi x}{L}\right) \qquad (n = 1, 2, 3, \ldots) \tag{6.34}$$

이렇게 표현된 파동함수는 기초 물리학에서 공부했던 양끝이 고정된 채 진동하는 현에 대하여 구했던 것과 동일한 함수이다. 이 경계 조건의 적용의 결과는 상자 안에 맞춤으로 존재하는 정상파와 같다. 시간에 대하여 독립적인 해를 고려하고 있기 때문에, 여기서 정상파와 같은 결과를 얻게 된 것은 놀라운 것은 아니다. 식 (6.32)로부터 $k_n = n\pi/L$이므로 다음을 얻을 수 있다.

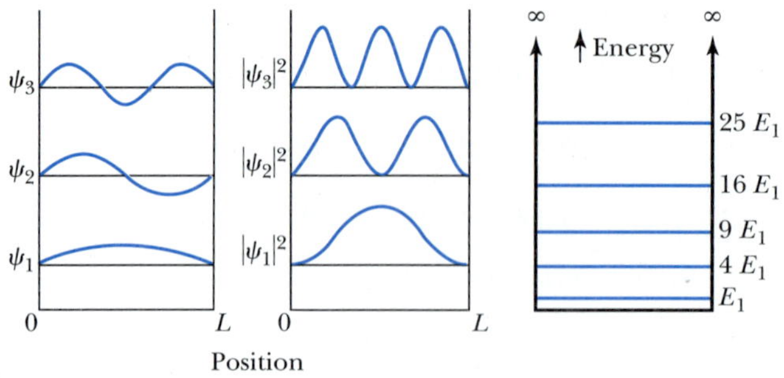

그림 6.3 무한한 네모 우물 퍼텐셜 조건에서 얻어지는 가장 낮은 양자수에 대한 파동함수 ψ_n, 확률밀도 $|\psi_n|^2$, 그리고 에너지 준위 E_n

$$k_n = \frac{n\pi}{L} = \sqrt{\frac{2mE_n}{\hbar^2}}$$

k_n과 E_n에서의 첨자 n은 이들이 정수 n에 따라 값이 달라지며, 그에 따라 여러 값들을 가진다는 것을 나타냄을 유의하자. 이 식에서 E_n을 계산하면 다음과 같다.

양자화된 에너지 준위들

$$E_n = n^2 \frac{\pi^2\hbar^2}{2mL^2} \qquad (n = 1, 2, 3, \ldots) \tag{6.35}$$

입자가 가질 수 있는 가능한 에너지 E_n은 양자화되어 있으며, 이때 정수 n은 양자수이다. 식 (6.35)에서 양자화된 에너지 준위들에 대한 결과들이 5.8절에서 식 (5.51)로 얻은 1차원적인 상자 내에 갇힌 하나의 입자를 파동으로 다루었을 때 얻은 결과와 동일함에 유의하자. 에너지의 양자화는 파동 방정식의 가능한 해들에 대하여 경계 조건들(정상파들)을 적용하였을 때 자연스럽게 나타난다. 각 파동함수 $\psi_n(x)$에는 그와 관련된 하나의 유일한 에너지 E_n가 존재한다. 그림 6.3에 가장 낮은 양자수 $n(1, 2, 3)$에 대한 파동함수 ψ_n, 확률밀도 $|\psi_n|^2$, 그리고 에너지 E_n를 나타내었다.

$n = 1$로 주어진 가장 낮은 에너지 준위를 *바닥상태*라 부르며, 이는 아래 식으로 주어진다.

$$E_1 = \frac{\pi^2\hbar^2}{2mL^2}$$

$n = 0(\psi_0 = 0)$이 될 가능성을 배제하였기 때문에, 가장 작은 준위가 영이 될 수 없음에 주의하자. 고전적으로, 입자는 0 또는 임의의 양의 에너지를 가질 수 있다. 만약 E_n을 상자 안에 놓인 거시적 물체에 대해서 계산한다면(예를 들면, 테니스 코트 안의 한 개의 테니스 볼), E_1에 대하여 아주 작은 값을 얻게 될 것이다. 또한 인접한 에너지 준위들은 서로 매우 가깝게 존재하여 그들 간의 에너지 차이를 측정할 수 없을 것이다. 거시적 물체들은 매우 큰 값들의 n을 가지고 있어야만 한다.

고전적으로, 입자는 상자 내에서 어디에서나 같은 확률로 존재할 수 있다. 고전적인 확률밀도(6.2절을 보라)는 상자 내에 있는 입자에 대하여 확률이 1이 되기 위해서 $0 < x < L$에 대하여 $P(x) = 1/L$(이외의 지점에서는 영)이 된다. 보어의 이론(4.4절을 보

라)에 따르면, 우리는 고전적 결과와 양자 결과가 일치하는 지점, 즉 n이 매우 큰 경우, 동일한 확률값을 얻어야 한다. 양자 확률 밀도는 $(2/L)\sin^2(k_n x)$이다. n이 큰 값을 가질 경우 상자 안에는 매우 많은 진동이 존재할 것이다. 완전한 한 주기 전체에 대한 $\sin^2\theta$의 평균값은 1/2이다. 수많은 진동들에 대한 $\sin^2\theta$의 평균값 또한 1/2이다. 따라서 극한을 취하였을 때 양자 확률은 $1/L$에 수렴하며, 이는 고전적 결과와 일치한다.

예제 6.8

무한 네모 우물 안의 한 입자에 대한 파동함수 $\Psi_n(x, t)$가 상자 안에서의 정상파와 일치함을 보여라.

전략 식 (6.34)에서 파동함수 $\psi_n(x)$를 보았다. 식 (6.16)에 따르면 우리는 파동함수 $\psi_n(x)$에 $e^{-i\omega_n t}$를 곱하여 $\Psi_n(x, t)$를 얻을 수 있다.

풀이 식 (6.34)의 $\psi_n(x)$와 $f(t) = e^{-i\omega_n t}$를 곱하면 다음과 같다.

$$\Psi_n(x, t) = \sqrt{\frac{2}{L}}\sin(k_n x)e^{-i\omega_n t}$$

이때 $\sin(k_n x)$를 다음과 같이 기술할 수 있다.

$$\sin(k_n x) = \frac{e^{ik_n x} - e^{-ik_n x}}{2i}$$

이를 적용하여 파동함수*는 다음과 같이 표현된다.

$$\Psi_n(x, t) = \sqrt{\frac{2}{L}}\frac{e^{i(k_n x - \omega_n t)} - e^{-i(k_n x + \omega_n t)}}{2i}$$

이것의 한 예로, 진동하는 현에 대한 정상파를 나타내는 방정식과 같다. 이는 우측 진행파와 좌측 진행파가 중첩된 것이다. 그들은 간섭하여 ω_n의 각주파수를 가진 정상파를 생성한다.

*복소수 i는 신경 쓰지 않아도 된다. 왜냐하면 확률값들은 $\psi^*\psi$의 곱으로 결정되며, 이는 실수이기 때문이다.

예제 6.9

무한 네모 우물에 있는 입자의 x, x^2, p, p^2에 대한 기대값을 첫 번째 여기상태에 대하여 결정하라.

전략 첫 번째 들뜬 상태는 $n = 2$인 경우에 해당한다. 왜냐하면 $n = 1$이 가장 낮은 에너지 상태 또는 바닥상태에 해당되기 때문이다. 식 (6.34)는 6.2절에서 주어진 기대값들을 찾는 데 필요한 파동함수를 제공한다.

풀이 식 (6.34)에 따르면, 이 경우 파동함수는

$$\psi_2(x) = \sqrt{\frac{2}{L}}\sin\left(\frac{2\pi x}{L}\right)$$

기대값 $\langle x\rangle_{n=2}$는 다음과 같다.

$$\langle x\rangle_{n=2} = \frac{2}{L}\int_0^L x\sin^2\left(\frac{2\pi x}{L}\right)dx = \frac{L}{2}$$

예상한 바와 같이, 입자의 평균 위치는 상자의 중앙 지점($x = L/2$)이나, 실제 그곳에서 존재할 확률은 영이다(그림 6.3의 $|\psi|^2$을 보라).

위치의 제곱에 대한 기대값 $\langle x^2\rangle_{n=2}$은 다음과 같이 주어진다.

$$\langle x^2\rangle_{n=2} = \frac{2}{L}\int_0^L x^2\sin^2\left(\frac{2\pi x}{L}\right)dx = 0.32L^2$$

$\sqrt{\langle x^2\rangle_{n=2}}$의 값은 $0.57L$이고, 이는 $\langle x\rangle_{n=2} = 0.5L$보다 크다. 이것이 합리적으로 보이는가?(힌트: 그림 6.3의 파동함수의 모양을 다시 확인하라.)

기대값 $\langle p\rangle_{n=2}$는 식 (6.23)을 사용하여 얻는다.

$$\langle p\rangle_{n=2} = (-i\hbar)\frac{2}{L}\int_0^L \sin\left(\frac{2\pi x}{L}\right)\left[\frac{d}{dx}\sin\left(\frac{2\pi x}{L}\right)\right]dx$$

이는 다음과 같이 정리된다.

$$\langle p\rangle_{n=2} = -\frac{4\pi i\hbar}{L^2}\int_0^L \sin\left(\frac{2\pi x}{L}\right)\cos\left(\frac{2\pi x}{L}\right) dx = 0$$

입자가 상자에서 오른쪽으로 움직이는 만큼 왼쪽으로 움직이기 때문에 평균 운동량은 영이다.

$\langle p^2\rangle_{n=2}$은 다음과 같이 주어진다.

$$\langle p^2\rangle_{n=2} = \frac{2}{L}\int_0^L \sin\left(\frac{2\pi x}{L}\right)\left(-i\hbar\frac{d}{dx}\right)\left(-i\hbar\frac{d}{dx}\right)\sin\left(\frac{2\pi x}{L}\right) dx$$

$$= (-i\hbar)^2\frac{2}{L}\int_0^L \sin\left(\frac{2\pi x}{L}\right)\left(\frac{2\pi}{L}\frac{d}{dx}\right)\cos\left(\frac{2\pi x}{L}\right) dx$$

$$= -(-\hbar^2)\frac{8\pi^2}{L^3}\int_0^L \sin\left(\frac{2\pi x}{L}\right)\sin\left(\frac{2\pi x}{L}\right) dx$$

$$= \frac{4\pi^2\hbar^2}{L^2}$$

이 값은 E_2[식 (6.35)]와 비교할 수 있다.

$$E_2 = \frac{4\pi^2\hbar^2}{2mL^2} = \frac{\langle p^2\rangle_{n=2}}{2m}$$

이 결과는 맞다. 왜냐하면 비상대론적으로 $E = p^2/2m + V$이고, $V = 0$이라 하였기 때문이다.

예제 6.10

원자핵의 일반적인 직경은 약 10^{-14} m이다. 무한 네모 우물 퍼텐셜을 이용하여 원자핵에 속박된 양성자의 첫 번째 여기상태에서 바닥상태로의 전이 에너지를 계산하라. 물론 이는 핵에서의 양성자에 대한 대략적인 계산이다.

전략 바닥상태와 첫 번째 여기 에너지 상태 사이의 전이 에너지를 계산하기 위하여 식 (6.35)를 사용하여 E_1과 E_2를 알아낸다.

풀이 식 (6.35)로부터 바닥상태의 에너지는

$$E_1 = \frac{\pi^2\hbar^2c^2}{2mc^2L^2} = \frac{1}{mc^2}\frac{\pi^2(197.3\ \text{eV}\cdot\text{nm})^2}{2(10^{-5}\ \text{nm})^2}$$

$$= \frac{1}{mc^2}(1.92\times 10^{15}\ \text{eV}^2)$$

양성자의 질량은 938.3 MeV/c^2이므로, 다음과 같이 구해진다.

$$E_1 = \frac{1.92\times 10^{15}\ \text{eV}^2}{938.3\times 10^6\ \text{eV}} = 2.0\ \text{MeV}$$

첫 번째 여기상태 에너지는 식 (6.35)로부터 $E_2 = 4E_1 = 8$ MeV임을 알 수 있고, 전이 에너지는 $\Delta E = E_2 - E_1 = 6$ MeV이다. 이는 핵 내에서 양성자에 대한 합리적인 값이다.

만약 이전의 예제에서와 유사하게 핵 내의 한 전자에 대하여 계산을 한다면, 전자의 정지 에너지보다 훨씬 큰 10^4 MeV 단위의 에너지 값을 얻었을 것이다. 정확한 연산을 위해서는 상대론적 취급이 필요하고 이는 10^4 MeV보다 훨씬 적은 전자에너지 결과를 줄 것이다. 그러나 이는 β핵붕괴로부터 방출되는 전자들로부터 얻어지는 값들에 비하여 여전히 매우 크다. 이러한 추론으로부터 전자들은 핵 내부에 존재할 수 없음을 알 수 있다.

6.4 유한 네모 우물 퍼텐셜

앞 절에서 시간에 무관한 슈뢰딩거 파동 방정식을 다루면서 몇몇 경험을 얻었다. 이제 그 값이 유한하여 좀 더 현실적인 퍼텐셜을 살펴보고자 한다. 유한 네모 우물 퍼텐셜은 무한 네모 우물 퍼텐셜과 유사하다. 그러나 영역 $x \le 0$와 $x \ge L$에서 퍼텐셜을 무한하지 않고 유한한 V_0라 하자.

$$V(x) = \begin{cases} V_0 & x \le 0 \quad \text{영역 I} \\ 0 & 0 < x < L \quad \text{영역 II} \\ V_0 & x \ge L \quad \text{영역 III} \end{cases} \tag{6.36}$$

퍼텐셜의 세 영역이 그림 6.4에 나타나 있다. 입자의 에너지가 $E < V_0$인 경우를 고려해 보자. 이는 고전적으로 입자가 우물 내부에 속박되어 있는 경우에 해당한다. 양자역학의 경우, *입자가 우물 바깥에 존재하는 것을 허락함*을 발견하게 될 것이다. 네모 우물 바깥인 영역 I과 영역 III에 대하여 시간에 무관한 슈뢰딩거 방정식 (6.14)에서 퍼텐셜을 $V = V_0$라 두자. 이는 다음 식을 도출한다.

$$-\frac{\hbar^2}{2m}\frac{1}{\psi}\frac{d^2\psi}{dx^2} = E - V_0 \qquad \text{영역 I, III} \tag{6.37}$$

이를 양의 상수인 $\alpha^2 = 2m(V_0 - E)/\hbar^2$를 이용하여 다시 쓰면 다음과 같다.

$$\frac{d^2\psi}{dx^2} = \alpha^2\psi$$

이 미분 방정식에 대한 해는 $e^{\alpha x}$와 $e^{-\alpha x}$인 지수함수 형태를 가진다. 영역 $x > L$에서, 양의 지수함수 항은 $x \to \infty$임에 따라 무한으로 발산하므로 양의 지수함수 항을 배제할 수 있다. 이와 마찬가지로, $x < 0$에서는 음의 지수함수 항이 배제될 수 있다. 이때 파동함수는 다음과 같이 표현될 것이다.

$$\psi_{\text{I}}(x) = Ae^{\alpha x} \qquad \text{영역 I, } x < 0 \tag{6.38}$$

$$\psi_{\text{III}}(x) = Be^{-\alpha x} \qquad \text{영역 III, } x > L \tag{6.39}$$

퍼텐셜 V가 영인 네모 우물 내부에서 파동 방정식은 다음과 같이 표현될 것이다.

$$\frac{d^2\psi}{dx^2} = -k^2\psi$$

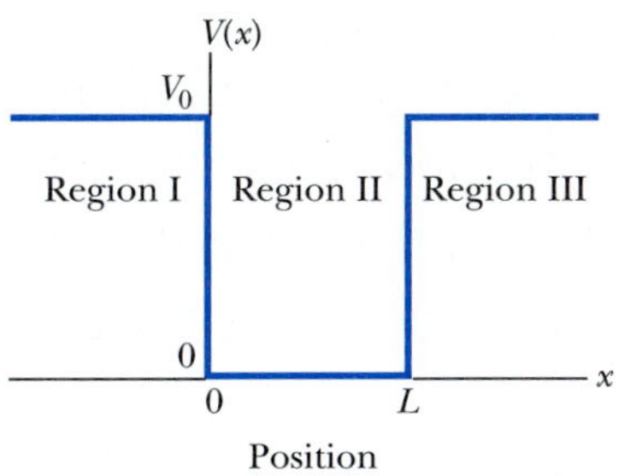

그림 6.4 유한 네모 우물 퍼텐셜. 퍼텐셜 조건은 $0 < x < L$에서는 $V = 0$이며, 이 이외의 위치에서는 $V = V_0$이다. 세 영역에 대하여 I, II, III로 표기하였다.

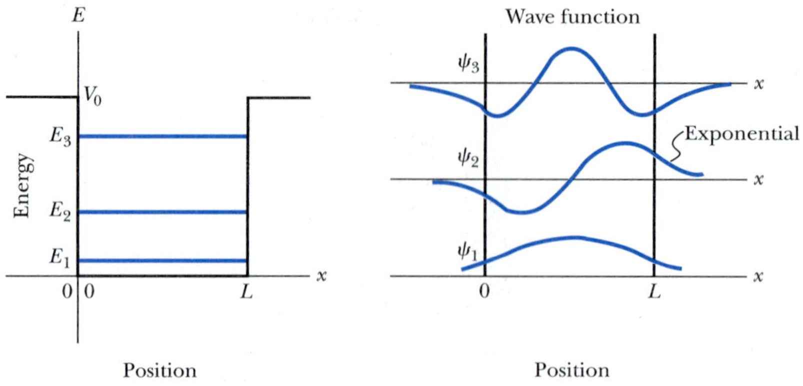

그림 6.5 유한한 네모 우물 퍼텐셜 조건에서 얻어지는 가장 낮은 양자수들에 대한 에너지 준위들 E_n과 파동함수들 ψ_n. ψ가 $x < 0$과 $x > L$ 너머에 확장되어 존재함에 주의하자. 이는 고전적으로 해석한 입자들에 있어서는 금지된 것이다. 출처: *Quantum Physics of Atoms, Molecules, Solids, Nuclei, and Particles*, 2nd ed., by Robert Eisberg and Robert Resnick. Copyright 1985 by John Wiley & Sons, Inc. Reproduced with permission of John Wiley & Sons, Inc.

여기서 $k = \sqrt{(2mE)/\hbar^2}$이다. 이때 삼각함수 형태의 해 대신에 다음과 같이 해를 기술할 수 있다.

$$\psi_{\text{II}} = Ce^{ikx} + De^{-ikx} \qquad \text{영역 II}, 0 < x < L \tag{6.40}$$

이제 우리는 6.1절에서 제시했던 경계값 특징들을 해가 만족하기를 원한다. 우리는 특징 2와 3을 제외한 모든 특징들은 이미 만족함을 분명히 알 수 있다. 파동함수들은 우물 안과 밖 모두에서 어느 곳에서든 유한하다. 파동함수들이 단일 값이 되기 위해서는 반드시 $x = 0$에서 $\psi_{\text{I}} = \psi_{\text{II}}$ 그리고 $x = L$에서 $\psi_{\text{II}} = \psi_{\text{III}}$를 만족해야 한다. 또한 ψ와 $\partial\psi/\partial x$ 모두 $x = 0$과 $x = L$에서 연속적이어야만 한다. 여기서 이를 위한 복잡한 연산 절차를 수행하지는 않을 것이지만, 파동함수들에 대한 결과들은 그림 6.5에 그래프로 제시하였다.

경계 조건을 적용함으로써 양자화된 에너지 값 E_n과 특정한 파동함수들 $\psi_n(x)$를 얻을 수 있다. 주목해야 할 점은 그림 6.5에 도시된 바와 같이 입자가 네모 우물 바깥에서 있을 확률이 유한한 확률값으로 존재한다는 것이다. 파동함수들이 우물의 가장자리에서 서로 부드럽게 이어지고 있으며, 우물의 바깥에서는 지수함수적으로 영에 수렴함에 주목하자.

무한한 네모 우물과 유한한 네모 우물 조건 사이에서 또 다른 어떤 차이점이 있을까? 예를 들어 그림 6.5와 6.3을 비교해 보면, 유한한 네모 우물 조건에서 파동들은 네모 우물 바깥으로 확장되어 있으므로 유한한 네모 우물에서 드브로이 파장이 더 길다는 것을 알 수 있다. 이는 또한 더 작은 운동량과 더 낮은 에너지 준위들을 낳는다. 물론 에너지 준위들의 수는 퍼텐셜 높이 V_0에 의하여 제한될 것이다(그림 6.5를 보라). $E > V_0$일 때 입자는 퍼텐셜 우물에 속박되어 있지 않으며, 이에 대해서는 6.7절에서 논의할 것이다.

네모 우물 밖에서 입자가 존재하는 것은 분명히 고전역학적으로는 허락되지 않는 현상이지만, 이는 양자역학에서는 자연스럽게 나타난다. 파동함수 ψ_{I}과 ψ_{III}가 지수적으로 감소하기 때문에 $\delta x \approx 1/\alpha$보다 긴 거리로 입자가 침투할 확률은 급격히 감소함에 주목하자.

$$\delta x \approx \frac{1}{\alpha} = \frac{\hbar}{\sqrt{2m(V_0 - E)}} \tag{6.41}$$

여기서 δx를 *침투 거리*라 한다. 반도체 내부로 또는 반도체를 통과하는 전자의 터널링(예제 6.15 참조) 및 핵 알파 붕괴(예제 6.18 참조)는 입자가 금지 영역에 있다는 중요한 예시이다. 예제 6.17은 $V > E$일 때, 퍼텐셜 장벽의 금지 영역으로 입자가 침투한 예시이다.

고전물리학에 위배되는 침투 거리가 플랑크상수 $\hbar$에 비례하는 것은 전혀 놀랍지 않다. 이 결과는 또한 불확정성 원리에 걸맞다. 왜냐하면 입자가 장벽 영역에 존재하기 위해서는 에너지 불확정성 ΔE가 매우 커야만 하기 때문이다. 불확정성 원리($\Delta E\ \Delta t \geq \hbar/2$)에 따르면, 이 현상은 오로지 매우 짧은 시간 Δt 동안에만 발생할 수 있다.

6.5 3차원 무한 퍼텐셜 우물

7장과 8장에서 다루게 될 원자물리학 문제를 풀기 위하여 양자 이론을 사용하려면 슈뢰딩거 방정식을 3차원으로 확장하는 것이 필요하다. 이는 6.2절에서 이미 다룬 바 있는 연산자 개념으로 쉽게 가능하다. 3차원 방정식을 얻은 후에 그것을 3차원 무한 퍼텐셜 우물 문제를 다루는 데 사용할 것이다.

시간에 무관한 해가 존재할 것임을 예상하므로 시간에 무관한 슈뢰딩거 파동 방정식으로 시작할 것이다. 파동함수 ψ는 반드시 모든 세 공간 좌표의 함수이어야만 한다. 즉, $\psi = \psi(x, y, z)$이다. 단지 식 (6.13)을 3차원 수식으로 곧바로 수정할 수도 있지만 슈뢰딩거 방정식으로 도달하기 위한 단순한 방법이 있다. 에너지 보존 법칙에서 시작해 보자.

$$E = K + V = \frac{p^2}{2m} + V$$

이 식과 파동함수 ψ를 곱한 것은 다음과 같다.

$$\frac{p^2}{2m}\psi + V\psi = E\psi \tag{6.42}$$

이제 p^2을 ψ에 작용하는 연산자로 표현하기 위하여 식 (6.21)을 이용한다. 하지만 $p^2 = p_x^2 + p_y^2 + p_z^2$이므로, 반드시 운동량 연산자를 모든 세 개의 차원에 대하여 적용해야만 한다.

$$\hat{p}_x\psi = -i\hbar\frac{\partial\psi}{\partial x}$$

$$\hat{p}_y\psi = -i\hbar\frac{\partial\psi}{\partial y}$$

$$\hat{p}_z\psi = -i\hbar\frac{\partial\psi}{\partial z}$$

식 (6.42)에서 $\hat{p}^2$을 적용하게 되면 다음 식이 주어진다.

3차원적으로 표현된 시간에 무관한 슈뢰딩거 파동 방정식

$$-\frac{\hbar^2}{2m}\left(\frac{\partial^2\psi}{\partial x^2}+\frac{\partial^2\psi}{\partial y^2}+\frac{\partial^2\psi}{\partial z^2}\right)+V\psi=E\psi \tag{6.43}$$

위 식은 3차원에서의 시간 독립적인 슈뢰딩거 파동 방정식이다.

아마 수학에서 라플라스 연산자로 괄호 안을 표현하는 법을 알고 있을 것이다. 이는 아래와 같이 간단히 표기할 수 있다.

$$\nabla^2=\frac{\partial^2}{\partial x^2}+\frac{\partial^2}{\partial y^2}+\frac{\partial^2}{\partial z^2} \tag{6.44}$$

위 표기법으로 우리는 다음 식으로 표현할 수 있다.

$$-\frac{\hbar^2}{2m}\nabla^2\psi+V\psi=E\psi \tag{6.45}$$

예제 6.11

그림 6.6에 나타낸 것처럼 x, y, z축을 따라 각각 길이 L_1, L_2, L_3로 이루어진 상자 내부에 한 자유입자가 있다. 입자는 상자 내부에 속박되어 있다. 이에 대한 파동함수와 에너지를 찾아라. 다음으로, 각각의 모서리가 L인 정육면체에 대한 바닥상태의 에너지와 파동함수, 그리고 첫 번째 여기상태의 에너지를 구하라.

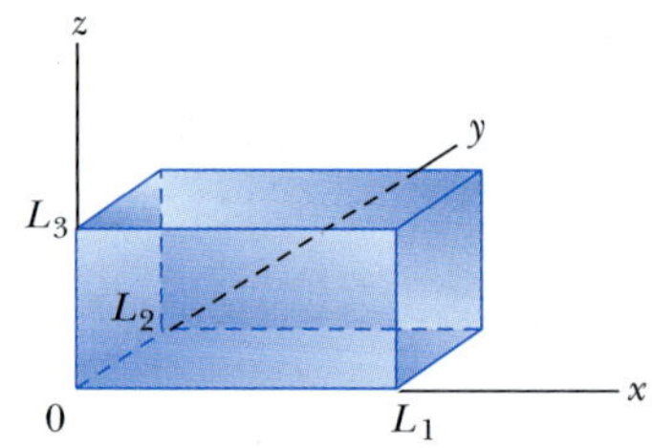

그림 6.6 하나의 자유입자를 가두고 있는 3차원 상자. 상자 외부는 퍼텐셜이 무한하여, 입자는 상자 내부에만 갇혀 있다.

전략 이 문제를 풀기 위하여 1차원인 상황에서 풀었던 것과 같은 전략을 취할 것이다. 먼저, 완벽하게 봉해진 상자의 벽들을 고려하고 있기 때문에 이를 무한한 퍼텐셜 장벽으로 생각할 수 있다. 이때 파동함수 ψ는 벽과 벽을 넘어선 공간에서 반드시 0이 되어야 한다. 식 (6.31)에서와 유사한 정상파를 얻게 될 것을 기대할 수 있다.

하지만 x, y, z에 따른 파동함수를 적절하게 표현하기 위하여 파동함수를 어떻게 써야만 할까? 이 경우에는 수학적 결과는 물리학에서 나올 것이다. 입자는 상자 내에서 자유롭다. 그러므로 파동함수에서 x, y, z에 의존성이 있는 부분은 반드시 각각 서로 독립적이어야 한다. 박스 내에서 $V = 0$이므로 우리가 풀어야 하는 파동 방정식은 다음과 같다.

$$-\frac{\hbar^2}{2m}\nabla^2\psi=E\psi \tag{6.46}$$

그러므로 파동함수를 다음과 같은 형태로 기술하는 것은 합리적이다.

$$\psi(x, y, z) = A\sin(k_1x)\sin(k_2y)\sin(k_3z) \tag{6.47}$$

여기서 A는 정규화 상수이다. $k_i(i = 1, 2, 3)$는 경계 조건을 적절하게 적용함으로써 결정된다. 에너지들을 구하기 위해서는 파동함수를 슈뢰딩거 방정식에 대입하여 E에 대하여 풀면 된다.

풀이 $x = L_1$에서 $\psi = 0$이라는 조건으로부터 $k_1L_1 = n_1\pi$ 또는 $k_1 = n_1\pi/L_1$가 되어야 한다. k_i에 대한 값들은 다음과 같다.

$$k_1=\frac{n_1\pi}{L_1} \qquad k_2=\frac{n_2\pi}{L_2} \qquad k_3=\frac{n_3\pi}{L_3} \tag{6.48}$$

여기서 n_1, n_2, n_3는 정수이다. 3차원적으로 존재하는 물리적 현상을 표현하기 위하여 *세 개*의 양자수가 필요하다는 사실은 놀라운 일이 아니다.

식 (6.43)으로 에너지들을 알아내기 위하여 먼저 파동함수에 대한 적절한 미분들을 취할 필요가 있다. 이를 변수 x에 대하여 먼저 시행한다.

$$\frac{\partial\psi}{\partial x} = \frac{\partial}{\partial x}[A\sin(k_1x)\sin(k_2y)\sin(k_3z)]$$
$$= k_1A\cos(k_1x)\sin(k_2y)\sin(k_3z)$$
$$\frac{\partial^2\psi}{\partial x^2} = \frac{\partial}{\partial x}[k_1A\cos(k_1x)\sin(k_2y)\sin(k_3z)]$$
$$= -(k_1)^2A\sin(k_1x)\sin(k_2y)\sin(k_3z)$$
$$= -k_1^2\psi$$

y와 z에 대한 미분도 유사하므로 식 (6.43)은 다음과 같이 표현된다.

$$\frac{\hbar^2}{2m}(k_1^2 + k_2^2 + k_3^2)\psi = E\psi$$

이는 또 다음 식으로 주어진다.

$$E = \frac{\hbar^2}{2m}(k_1^2 + k_2^2 + k_3^2)$$

식 (6.48)의 k_i 값들을 이 방정식에 대입하여 다음 식을 얻을 수 있다.

$$E = \frac{\pi^2\hbar^2}{2m}\left(\frac{n_1^2}{L_1^2} + \frac{n_2^2}{L_2^2} + \frac{n_3^2}{L_3^2}\right) \tag{6.49}$$

허락된 에너지 값들은 세 개의 양자수 n_1, n_2, n_3에 의존한다.

이제 $L_1 = L_2 = L_3 = L$로 이루어진 *정육면체* 상자의 경우에 대하여 알아보자. 식 (6.49)의 에너지 값들은 다음과 같이 표현될 수 있다.

$$E = \frac{\pi^2\hbar^2}{2mL^2}(n_1^2 + n_2^2 + n_3^2) \tag{6.50}$$

바닥상태에 대하여, $n_1 = n_2 = n_3 = 1$이므로 바닥상태 에너지는 다음과 같다.

$$E_{gs} = \frac{3\pi^2\hbar^2}{2mL^2} \tag{6.51}$$

그리고 바닥상태의 파동함수는 다음과 같다.

$$\psi_{gs} = A\sin\left(\frac{\pi x}{L}\right)\sin\left(\frac{\pi y}{L}\right)\sin\left(\frac{\pi z}{L}\right) \tag{6.52}$$

첫 번째 여기상태의 에너지는 얼마일까? 더 높은 양자수 n_i는 더 높은 에너지를 낳는다. 그러므로 $n_1 = 2$, $n_2 = 1$, $n_3 = 1$과 같이 시도해 봄이 논리적이다. 그러나 양자수 $n_1 = 1$, $n_2 = 2$, $n_3 = 1$이나 $n_1 = 1$, $n_2 = 1$, $n_3 = 2$와 같이도 동일하게 할당할 수 있다. 각각의 경우들에서, 전체 에너지는 다음과 같다.

$$E_{1st} = \frac{\pi^2\hbar^2}{2mL^2}(2^2 + 1^2 + 1^2) = \frac{3\pi^2\hbar^2}{mL^2}$$

물리학에서, 주어진 에너지에 대하여 파동함수가 한 개 이상으로 존재할 때 그러한 상태를 **겹친 상태**(degenerate state)라고 말한다. 예제 6.10에서 이런 상황을 다루었다. 예제 6.10에서는 첫 번째 여기상태에 대하여 가능한 세 개의 파동함수들이 모두 동일한 에너지를 가지고 있다. 이 경우의 겹침 상태는 정육면체의 대칭성에서 기인한다. 만약 상자의 세 변이 모두 다른 길이를 가지고 있다면 이러한 *겹침 상태는 제거된다*. 왜냐하면 서로 다른 순서를 가지는 세 개의 양자수(211, 121, 112)들은 세 개의 다른 에너지를 낳을 것이기 때문이다. 겹침은 새로운 현상은 아니다. 이는 고전물리학에서도 나타난다. 예를 들어 행성 운동에서 각기 다른 이심률을 가지고 궤도 운동을 하더라도 동일한 에너지를 가질 수 있다. 겹침은 시스템을 나타내는 퍼텐셜에너지 함수의 특수한 성질에서 유래한다. 퍼텐셜 에너지의 *섭동*은 겹침을 제거할 수 있다. 에너지 준위들은 외부자기장(제이만 효과, 7.4절)을 가하거나 외부전기장(슈타르크 효과, 8장의 Special Topic '뤼드베리 원자들' 참조)을 가함으로써 분리(그래서 겹침이 제거되는)될 수 있다.

겹침 상태

6.6 단조화 진동자

자연계에서 단조화 진동자는 자주 나타나는 현상이므로, 이제 이에 대하여 다루어 보도

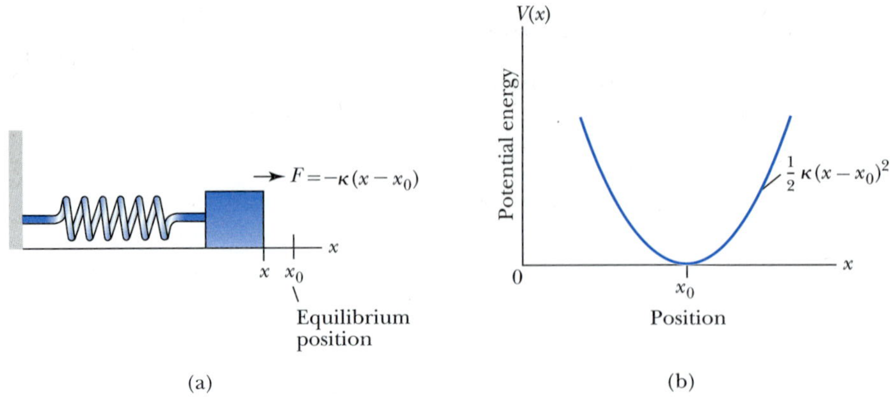

그림 6.7 (a) 용수철상수가 κ인 용수철의 복원력은 $F = -\kappa(x - x_0)$이다. (b) 퍼텐셜에너지는 $\kappa(x - x_0)^2/2$이다.

록 하자. 기초 물리학에서 용수철 끝단에 질량체가 매달려 1차원적으로 진동하는 시스템에 대하여 공부하였다. $x = x_0$에서 평형이면서 용수철상수*가 κ인 용수철을 고려해 보자. 그림 7.6a에서 보듯이 x 방향으로의 복원력은 $F = -\kappa(x - x_0)$이며, 용수철에 축적되는 퍼텐셜 에너지는 그림 6.7b에 도시된 바와 같이 $V = \kappa(x - x_0)^2/2$이다. 이에 따른 운동을 *단조화 운동*(simple harmonic motion, SHM)이라 하며, 이를 표현하는 방정식은 잘 알려져 있다.

용수철과 작은 진동을 가지는 진자 이외에도 많은 자연 현상들이 SHM으로 근사화할 수 있다. 예를 들면, 원자들로 이루어진 고체격자 내의 이원자 분자들과 원자들의 진동이 이에 해당한다. 일반적으로 여러 시스템들 또한 SHM으로 근사화가 가능하다. 예를 들어 원자들에 가해지는 힘이 평형 위치 x_0로부터의 거리 x에 따라 달라지는 격자를 고려해 보자. 만약 퍼텐셜을 평형으로부터의 거리 $(x - x_0)$에 대한 항으로 테일러 급수로 전개하면 다음 식을 얻을 수 있다.

$$V(x) = V_0 + V_1(x - x_0) + \tfrac{1}{2}V_2(x - x_0)^2 + \cdots \tag{6.53}$$

V_0, V_1, V_2는 상수들이고, 급수 전개에서 가장 낮은 세 개의 항만을 남겼다. 왜냐하면 평형 위치 $x = x_0$에서 약간 벗어난 경우, $(x - x_0) \approx 0$이기 때문이다. $x = x_0$에서 최소의 퍼텐셜을 가지기 때문에 $x = x_0$에서 $dV/dx = 0$이다. 이로 인해 $V_1 = 0$이며, 만약 퍼텐셜에너지가 0인 것을 $V_0 = 0$으로 다시 정의한다면, 퍼텐셜 $V(x)$에서 가장 낮은 항은 다음과 같다.

$$V(x) = \tfrac{1}{2}V_2(x - x_0)^2$$

이는 퍼텐셜에너지 항이 $V = \kappa x^2/2$이 되는 이유이며, 이는 매우 자주 나타난다. 그림 6.8에 도시된 바와 같이, 평형 위치 근방에서 많은 퍼텐셜들이 이차함수 형태로 근사된다.

이제 퍼텐셜 $V = \kappa x^2/2$(그림 6.9a와 같이 $x_0 = 0$으로 두었음)을 시간 독립적인 슈

*여기서 용수철상수 표현으로 일반적으로 쓰이는 k는 파수와 겹치는 문제가 발생하므로 그리스 소문자인 κ를 사용하였다. k와 κ와 같은 변수들이 쓰이는 경우, 어느 하나가 파동수 또는 용수철상수로 쓰일 수 있으므로, 문맥에 매우 주의해야 한다.

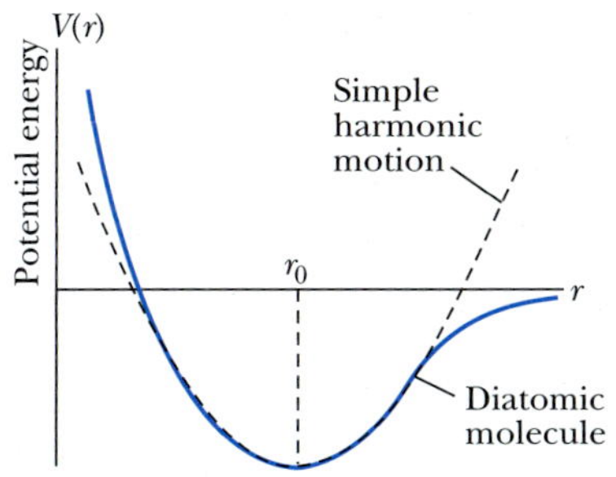

그림 6.8 자연계의 수많은 퍼텐셜들은 평형 위치 근방에서 단조화 퍼텐셜로 근사화된다(검은색 점선 곡선). 진동하는 이원자 분자의 평형 위치 r_0 근방에서의 퍼텐셜에너지 $V(r)$의 경우도 이에 해당한다(파란색 곡선).

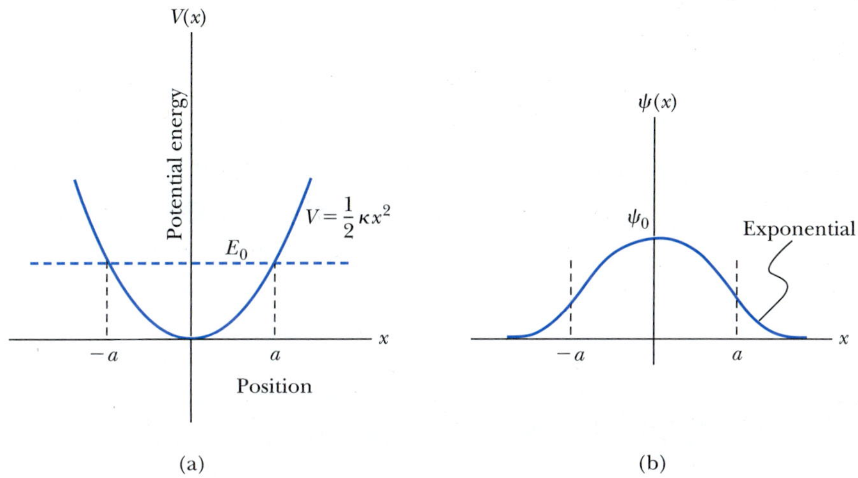

그림 6.9 단조화 진동자에 대한 $V = \kappa x^2/2$인 퍼텐셜. 고전적인 되돌림점들 $\pm a$들은 가장 낮은 에너지 E_0가 퍼텐셜에너지와 같을 때 바닥상태에 대하여 결정난다. (b) 바닥상태에 대한 파동함수 $\psi_0(x)$는 대칭적이며, $V > E_0$인 $\pm a$ 바깥에서 지수함수적으로 감쇄함에 주목하라.

뢰딩거 파동 방정식인 식 (6.14)에 대입함으로써 단조화 운동의 양자적 표현에 대하여 다루어 보자.

$$\frac{d^2\psi}{dx^2} = -\frac{2m}{\hbar^2}\left(E - \frac{\kappa x^2}{2}\right)\psi = \left(-\frac{2mE}{\hbar^2} + \frac{m\kappa x^2}{\hbar^2}\right)\psi \tag{6.54}$$

만약

$$\alpha^2 = \frac{m\kappa}{\hbar^2} \tag{6.55a}$$

그리고

$$\beta = \frac{2mE}{\hbar^2} \tag{6.55b}$$

로 둔다면, 다음과 같이 기술할 수 있다.

$$\frac{d^2\psi}{dx^2} = (\alpha^2 x^2 - \beta)\psi \tag{6.56}$$

식 (6.56)에 대한 해를 논의하기에 앞서, 이 문제에 대하여 본질적으로 무엇을 배울 수 있을 것인가부터 먼저 검토해 보자. 입자가 $x = 0$에서 중심인 퍼텐셜 우물에 갇혀 있기 때문에, $x = \pm\infty$에서 존재할 확률은 0이다. 따라서 $x \to \pm\infty$에 따라 $\psi(x) \to 0$가 된다.

조화 진동자에 대하여 가능한 가장 낮은 에너지 준위는 무엇인가? $E = 0$이 가능한가? 만약 $E = 0$이면 $E \geq V$가 되기 위해서 $x = 0$이고 $V = 0$이다. 그러나 만약 E와 V가 0이면, 운동에너지 K는 0이 되고, 운동량 p도 0이 된다. 동시에 $x = 0$과 $p = 0$이 되는 것(즉, x와 p 모두 정확히 알고 있다는 것)은 불확정성 원리를 위배한다. 따라서 최소 에너지 E는 0이 될 수 없다. 사실, $E > V \geq 0$이기 때문에 에너지 준위들은 모두 반드시 양의 값이어야 한다. 그림 6.9a에서 E_0로 나타낸 가장 낮은 에너지를 가지는 상태와 그 상태에 대한 파동함수 ψ_0는 퍼텐셜에 의하여 정의된 영역 내부에 맞추어진 단순 파동(그림 6.9b를 보라)의 모양을 가지기가 가장 쉬울 것이다. $E_0 = V_0 = \kappa a^2/2$이라 두자. 거리 $\pm a$는 입자가 가질 수 있는 고전적 경계치들을 정의하지만 이전 절로부터 $\pm a$의 크기를 가지는 퍼텐셜 우물 바깥에 입자가 작은 확률을 가지고 존재할 수 있음을 배웠다. 따라서 파동함수는 $x = \pm a$에서 0이 아니며 어떤 유한한 값을 가지고 장벽 반대편에서는 0으로 급격히 감소할 것이다. 따라서 가장 낮은 차수의 파동함수 ψ_0에 대한 그럴 듯한 추정은 그림 6.9b에 보인 것과 같은 모양을 가질 것이다. 다음 예제에서 *영점 에너지*라 불리는 최소 에너지 E_0를 구해 볼 것이다.

예제 6.12

불확정성 원리에 의해 허락되는 단조화 진동자의 최소 에너지를 추정하라.

전략 기초 물리학에서 $-x$에서 $+x$까지의 운동 범위를 가지는 단조화 진동자에 대한 평균 운동에너지는 평균 퍼텐셜에너지와 같으며, 평균 퍼텐셜에너지와 평균 운동에너지 모두 총에너지의 절반임을 배웠다. 평균 제곱 편차 값들을 불확실성 값들 Δx와 Δp에 연관 지음으로써 최소 에너지를 결정할 수 있을 것이다.

풀이 에너지들은 다음과 같이 연관 지을 수 있다.

$$K_{\text{av}} = \frac{1}{2}E = \frac{1}{2}\kappa(x^2)_{\text{av}} = \frac{1}{2m}(p^2)_{\text{av}}$$

x의 평균값은 0이다. 하지만 $(x^2)_{\text{av}}$인 x 제곱의 평균값은 평균 제곱 편차인 $(\Delta x)^2$이다. 이와 유사하게 $(p^2)_{\text{av}} = (\Delta p)^2$이다. 따라서 이전의 식으로부터 $E = \kappa(\Delta x)^2 = (\Delta p)^2/m$을 얻게 되므로, 결국 반드시 $\Delta x = \Delta p/\sqrt{m\kappa}$를 갖는다. 불확정성 원리로부터 $\Delta p \Delta x \geq \hbar/2$임을 알고 있으므로 Δx의 최소값은 $\Delta x = \hbar/(2\Delta p)$이다. 이로써 최소 에너지 E_0는 다음과 같이 구할 수 있다.

$$E_0 = \kappa(x^2)_{\text{av}} = \kappa(\Delta x)^2 = \kappa\left(\frac{\Delta p}{\sqrt{m\kappa}}\right)\left(\frac{\hbar}{2\Delta p}\right)$$

$$E_0 = \frac{\hbar}{2}\sqrt{\frac{\kappa}{m}} = \frac{\hbar\omega}{2}$$

조화 진동자의 영점 에너지에 대한 추정은 $\hbar\omega/2$이다. 이는 더 엄격한 방법으로 구한 영점 에너지와 일치한다.

영점 에너지는 단순히 별난 것이 아니다. 예를 들어 ^{4}He에 대한 영점 에너지는 액체 ^{4}He가 대기압에서, 심지어 0 K에 가깝도록 추울지라도, 얼지 않도록 하기에 충분히 크다.

식 (6.56)에 대한 파동함수 해 ψ_n는 다음과 같다.

$$\psi_n = H_n(x)e^{-\alpha x^2/2} \tag{6.57}$$

여기서 $H_n(x)$는 n차 다항식이며, n은 0 이상의 정수이다. $H_n(x)$ 함수들은 많은 양자역학 책들에서 표로 정리되어 있는 *에르미트 다항식 함수*들의 상수와 관계가 있다. ψ_n와 $|\psi_n|^2$의 초기 몇 개의 값들이 그림 6.10에 나타나 있다. 진동하는 파동함수가 삼각함수 곡선을 가지는 상자 안에서의 입자의 경우와는 달리, 이 경우 진동 행태는 다항식 때문에 작은 x에서 주도적으로 나타난다. 지수의 가장자리는 가우스 함수로 나타나며, 이는 큰 x에서 주도적으로 나타난다.

에너지 준위들은 다음과 같이 주어진다.

$$E_n = (n + \tfrac{1}{2})\hbar\sqrt{\kappa / m} = (n + \tfrac{1}{2})\hbar\omega \tag{6.58}$$

여기서 $\omega^2 = \kappa / m$이며, ω는 고전적인 각진동수이다. 식 (6.58)로부터 *영점 에너지* E_0는 다음과 같이 된다.

$$E_0 = \frac{1}{2}\hbar\omega \tag{6.59}$$

E_0에 대한 이러한 결과가 불확정성 원리를 이용하여 예제 6.12에서 구한 값과 정확히 일치함에 주목하라. 불확정성 원리는 단조화 진동의 최소 에너지를 설명해 준다. 5.6절에서 불확정성 원리의 최소값(즉, 해당 식에서 등식 조건이 성립되는 경우)은 가우스 파동 묶음들에 대하여 발견됨을 언급하였다. 여기서는 단조화 진동자들에 대한 파동함수들은 가우시안 형태를 가짐을 이야기하고 있다(그림 6.10을 보라). 불확정성 원리에 의하여 허용되는 최소 에너지 E_0(종종 *하이젠베르크 한계*로 일컬어진다)는 단조화 진동자의 바닥상태에서 발견된다.

마지막으로, 고전 이론과 양자 이론으로 표현되는 운동에 대하여 비교해 보자. 용수철 끝에 매달려 있는 질량체의 고전적 운동에 대하여 다시 떠올려 보자. 속력은 질량체가 평형 위치를 통과할 때 가장 크다. 용수철이 압축되고 늘어나서 양 끝단에 이르렀을 때, 속력은 최소가 되어 0이 된다. 이때 질량체는 정지했다가 이동 방향을 역으로 바꾸게 된다. 고전적으로, 질량체를 발견할 확률은 운동의 양 끝단에서 최대이며, 중심부에서 최소이다.(즉, 이는 각 지점에서 질량체가 소비하는 시간의 양에 비례한다.) 고전적인 확률에 대하여 그림 6.11에 검은색 점선으로 도시해 놓았다.

가장 낮은 에너지 상태에 대한 양자론에 따른 확률밀도(ψ_0^2, 그림 6.10을 보라)는 고전적인 것과는 반대이다. 가장 낮은 에너지 상태에 대한 가장 높은 확률은 입자가 중심부에 있을 때이다. 고전적 예측과 양자론적 예측 사이에서 큰 차이를 발견한 것에 대하여 놀랍지 않다(4.4절을 보라). 그러나 대응 이론으로부터 고전적 확률들과 양자 확률들이 양자수 n이 매우 커짐에 따라 서로 유사해지는 것을 기대할 수 있을 것이다. 그림 6.11에서 $n = 10$인 경우에 대한 ψ_n^2을 보여 평균 확률이 서로 유사해짐을 알 수 있다. n이 지속적으로 증가함에 따라, 양자 확률의 봉우리들과 계곡들이 거의 관측되지 않고 평균값은 고전적 결과에 가까워진다.

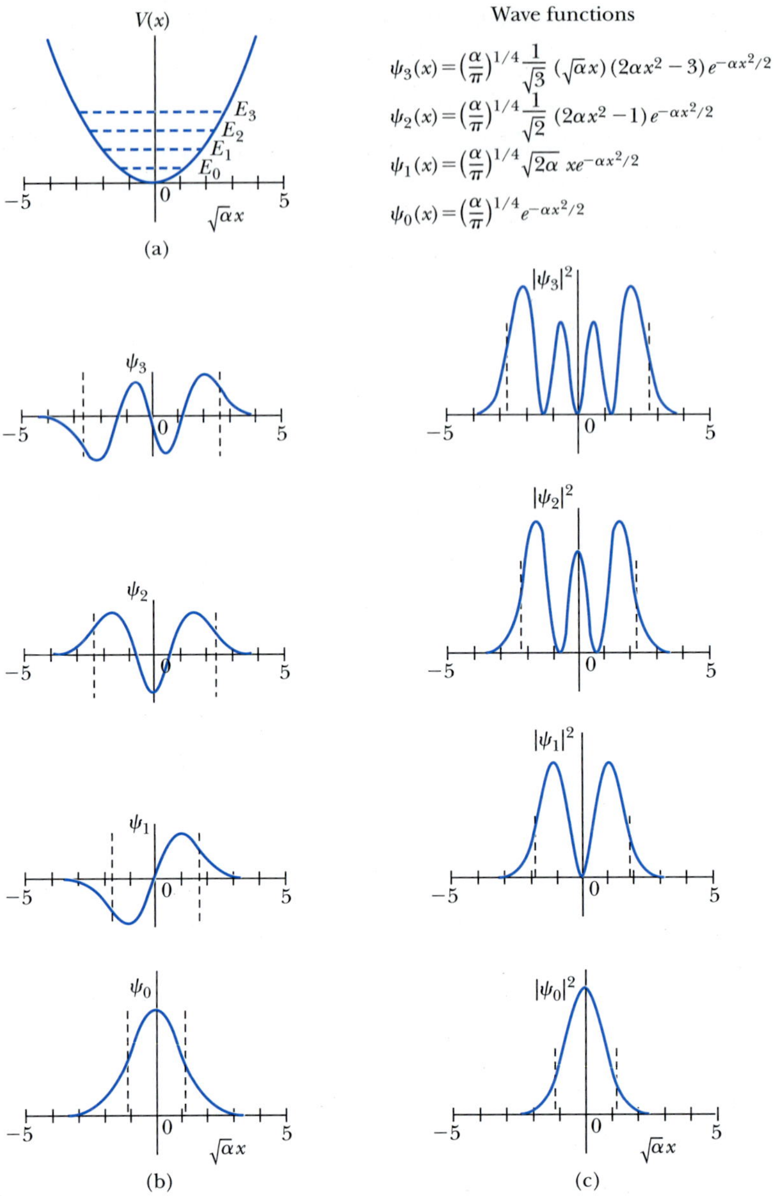

그림 6.10 단조화 진동자 퍼텐셜에 대한 결과들. (a) 가장 낮은 네 개의 에너지 상태들에 대한 에너지 준위들과 이에 해당하는 파동함수들. (b) 가장 낮은 네 개의 에너지 상태들에 대한 파동함수들. 짝수의 양자수들에 대해서는 대칭적인 $\psi_n(x)$가 얻어지며, 홀수의 양자수들에 대해서는 반대칭적인 $\psi_n(x)$가 얻어짐에 주목하라. (c) 가장 낮은 네 개의 에너지 상태들에 대한 확률밀도들 $|\psi_n|^2$.

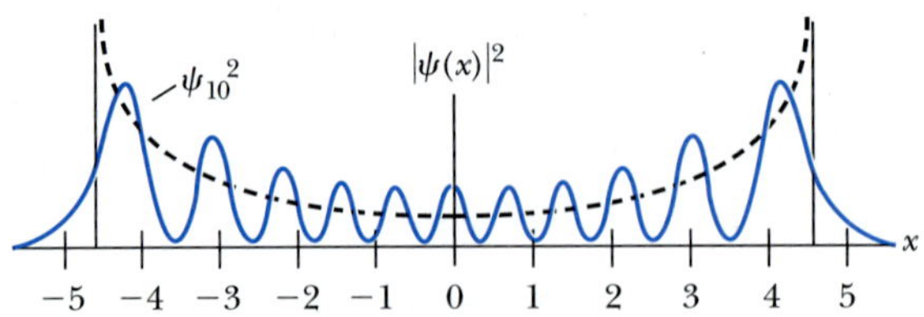

그림 6.11 $n = 10$인 상태에 대한 확률분포 $|\psi_{10}|^2$을 점선으로 표시된 고전적인 확률과 비교하였다. n이 증가함에 따라 두 확률분포는 서로 점점 비슷해진다.

예제 6.13

단조화 진동자에 대한 바닥상태의 파동함수 ψ_0를 정규화하고 기대값들 $\langle x \rangle$와 $\langle x^2 \rangle$을 구하라.

전략 정규화를 위한 과정으로 식 (5.49)를 사용할 수 있다. 파동함수 ψ_0에 대하여 알고 있는 모든 것은 식 (6.57)로 주어진 형태뿐이라고 가정하자. $H_0(x)$는 x에 의존하지 않으므로 이를 상수 A라 두자. 6.2절에서 논의한 바와 같이 기대값을 찾는다.

풀이 만약 $H_0(x) = A$로 두면, 바닥상태의 파동함수는 다음과 같이 표현된다.

$$\psi_0(x) = Ae^{-\alpha x^2/2}$$

정규화 과정으로 A를 구할 수 있다.

$$\int_{-\infty}^{\infty} \psi_0^*(x)\psi_0(x)\, dx = 1$$

$$A^2\int_{-\infty}^{\infty} e^{-\alpha x^2}\, dx = 1$$

$$2A^2\int_0^{\infty} e^{-\alpha x^2}\, dx = 1$$

이는 표준 가우스 적분이며 다음과 같은 결과를 얻을 수 있다.

$$2A^2\left(\frac{1}{2}\sqrt{\frac{\pi}{\alpha}}\right) = 1$$

$$A^2 = \sqrt{\frac{\alpha}{\pi}}$$

$$A = \left(\frac{\alpha}{\pi}\right)^{1/4}$$

바닥상태의 파동함수에 대하여 다음 식이 주어진다.

$$\psi_0(x) = \left(\frac{\alpha}{\pi}\right)^{1/4} e^{-\alpha x^2/2} \tag{6.60}$$

이는 그림 6.10에 제시된 파동함수와 정확히 일치하며, 가우스 함수 형태이다.

x에 대한 기대값은 다음과 같다.

$$\langle x \rangle = \int_{-\infty}^{\infty} \psi_0^*(x)x\psi_0(x)\, dx$$

$$= \sqrt{\frac{\alpha}{\pi}}\int_{-\infty}^{\infty} xe^{-\alpha x^2}\, dx$$

$\langle x \rangle$의 값은 반드시 0이어야 한다. 왜냐하면 $-\infty$에서 $+\infty$까지 대칭적인 극한 영역에 대하여 x라는 기함수를 적분(부록 3C를 보라)하고 있는 중이기 때문이다. 고전역학과 양자역학에서 모두 퍼텐셜 $\kappa x^2/2$의 대칭적 특성 때문에 x의 평균값이 0이 될 것으로 예상할 수 있다.

반면에 기대값 $\langle x^2 \rangle$은 x^2이 절대로 음수가 아니므로 반드시 양수이어야 한다.

$$\langle x^2 \rangle = \int_{-\infty}^{\infty} \psi_0^*(x)x^2\psi_0(x)\, dx$$

$$= \sqrt{\frac{\alpha}{\pi}}\int_{-\infty}^{\infty} x^2e^{-\alpha x^2}\, dx$$

$$= 2\sqrt{\frac{\alpha}{\pi}}\int_0^{\infty} x^2e^{-\alpha x^2}\, dx$$

위 적분 결과는 적분표(부록 3C를 보라)에서 찾을 수 있으며, 다음과 같다.

$$\langle x^2 \rangle = 2\sqrt{\frac{\alpha}{\pi}}\left(\frac{\sqrt{\pi}}{4\alpha^{3/2}}\right) = \frac{1}{2\alpha}$$

식 (6.55a)로부터 상수 α 값을 대입하면 다음 식이 주어진다.

$$\langle x^2 \rangle = \frac{\hbar}{2\sqrt{m\kappa}}$$

$\omega = \sqrt{\kappa/m}$이므로 다음 값을 얻게 된다.

$$\langle x^2 \rangle = \frac{\hbar}{2m\omega} \tag{6.61}$$

예제 6.12에 의하면

$$(x^2)_{\text{av}} = (\Delta x)^2 = \frac{E_0}{\kappa}$$

이었으며, 불확정성 원리에 의하여 허용되는 최소 에너지는 $E_0 = \hbar\omega/2$이었다. 이제 아래 식으로부터 식 (6.61)에서 결정된 것이 이와 일치함을 알 수 있다.

$$\langle x^2 \rangle = (x^2)_{\text{av}} = \frac{E_0}{\kappa} = \frac{\hbar\omega}{2\kappa} = \frac{\hbar\omega}{2m\omega^2} = \frac{\hbar}{2m\omega}$$

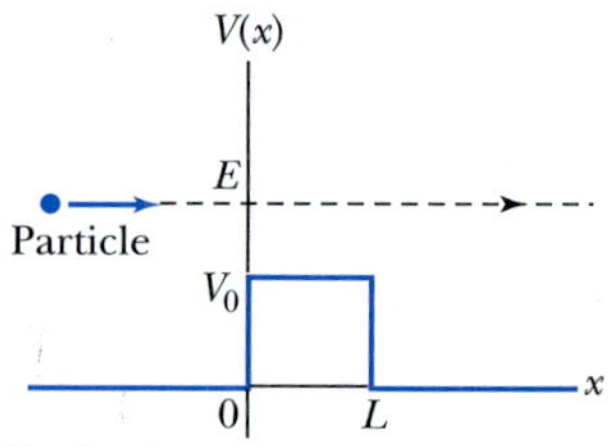

그림 6.12 E의 에너지를 가지는 한 입자가 폭이 L이고 높이가 V_0인 퍼텐셜 장벽으로 접근하고 있다. 이때 $E > V_0$이다. 도시된 바와 같이 1차원적인 공간이 세 영역으로 나누어져 있다.

6.7 장벽과 터널링

퍼텐셜 우물 내의 입자들에 대하여 알기 위하여 이미 보아 왔던 방법들은 퍼텐셜 장벽으로 다가가는 입자 문제에도 적용할 수 있다. 이제 보게 되겠지만, 퍼텐셜 장벽은 실제 물리적 현상이고, 그 결과들은 직접적인 응용성을 가진다.

$E > V_0$인 퍼텐셜 장벽

에너지 E를 가지고 $0 < x < L$에서 높이가 V_0인 퍼텐셜 장벽에 다가가는 한 입자를 고려해 보자. 그 밖의 범위에서 퍼텐셜은 0이다. 먼저 그림 6.12에서 보이듯이 입자의 에너지가 $E > V_0$인 경우에 대하여 생각해 보자. 고전적으로 알기에는 퍼텐셜이 V_0인 영역에서는 ($K = mv^2/2 = E$가 아니라 $K = mv^2/2 = E - V_0$이므로) 감소한 속도로 움직이며, 그 입자는 장벽을 통과할 것이다. $V = 0$인 장벽의 반대 영역에서는, 입자는 자신 본래의 속도를 다시 가지게 될 것이다. 양자역학에 따르면 입자는 그것의 파동적 특성 때문에 다르게 행동하게 될 것이다. $V = 0$인 영역 I과 III에서 파동수는 다음과 같다.

$$k_{\mathrm{I}} = k_{\mathrm{III}} = \frac{\sqrt{2mE}}{\hbar} \qquad V = 0\text{인 영역} \tag{6.62a}$$

그런데 장벽 내에서의 파수는 다음과 같다.

$$k_{\mathrm{II}} = \frac{\sqrt{2m(E - V_0)}}{\hbar} \qquad V = V_0\text{인 영역} \tag{6.62b}$$

광학과의 유사성을 생각해 보자. 공기 중에 빛이 다른 매질(예를 들면, 유리)로 침투할 때, 굴절률 때문에 파장이 변화한다. 빛의 일부는 반사될 것이고 다른 일부는 매질 내로 투과할 것이다. 퍼텐셜 장벽과 상호작용하는 입자들의 파동 행태에 대하여 반드시 고려해야만 하기 때문에 이와 유사한 현상을 예상할 수 있다. 파동함수는 입사파, 반사파, 투과파로 구성될 것이다(그림 6.13을 보라). 이러한 파동함수들은 적절한 경계 조건을 적용하여 슈뢰딩거 파동 방정식을 풀어서 구할 수 있다. 고전적 파동 이론들과의 차이점은, 파동함수로는 오로지 확률만을 계산할 수 있다는 것이다.

고전역학에 의하면, 만약 $E > V_0$이면 반사는 없으며, $E < V_0$이면 *전반사*가 나타난다. 양자역학은 $E \gg V_0$인 경우 거의 대부분 *투과*하고, $E \ll V_0$인 경우 거의 완벽한 *반사*가 나타남을 예측한다. E가 V_0와 비슷한 경우에는 특이한 비고전역학적 현상이 나타날 수 있다.

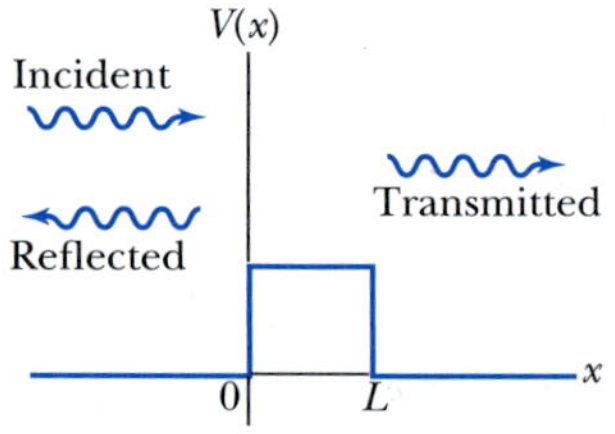

그림 6.13 그림 6.12에서의 입사하는 입자는 투과하거나 반사될 수 있다.

세 공간 영역에 대한 퍼텐셜과 슈뢰딩거 방정식은 다음과 같다.

영역 I	$(x < 0)$	$V = 0$	$\dfrac{d^2\psi_{\mathrm{I}}}{dx^2} + \dfrac{2m}{\hbar^2}E\psi_{\mathrm{I}} = 0$
영역 II	$(0 < x < L)$	$V = V_0$	$\dfrac{d^2\psi_{\mathrm{II}}}{dx^2} + \dfrac{2m}{\hbar^2}(E - V_0)\psi_{\mathrm{II}} = 0$
영역 III	$(x > L)$	$V = 0$	$\dfrac{d^2\psi_{\mathrm{III}}}{dx^2} + \dfrac{2m}{\hbar^2}E\psi_{\mathrm{III}} = 0$

이 방정식들로부터 얻어지는 파동함수들은 다음과 같다.

영역 I	$(x < 0)$	$\psi_{\text{I}} = Ae^{ik_{\text{I}}x} + Be^{-ik_{\text{I}}x}$	(6.63a)
영역 II	$(0 < x < L)$	$\psi_{\text{II}} = Ce^{ik_{\text{II}}x} + De^{-ik_{\text{II}}x}$	(6.63b)
영역 III	$(x > L)$	$\psi_{\text{III}} = Fe^{ik_{\text{I}}x} + Ge^{-ik_{\text{I}}x}$	(6.63c)

여기서 입사되는 입자는 $+x$ 방향을 따라 왼쪽으로부터 장벽으로 다가오고 있다고 가정하자. 이 경우, 영역 I에서의 $Ae^{ik_{\text{I}}x}$항은 입사되는 입자들을 나타낸다. $Be^{-ik_{\text{I}}x}$항은 $-x$ 방향으로 이동하며 반사된 입자들을 나타낸다. 영역 III에서는 $-x$ 방향으로 이동하는 초기 입자가 없으므로 나타나는 입자들은 단지 장벽을 통과하여 투과하는 것들만 존재해야 한다. 따라서 $G = 0$이며, 영역 III에서 오직 $Fe^{ik_{\text{I}}x}$항만 남아야 한다. 이 파동함수들을 다시 요약하면 다음과 같다.

입사 파동	$\psi_{\text{I}}(\text{incident}) = Ae^{ik_{\text{I}}x}$	(6.64a)
반사된 파동	$\psi_{\text{I}}(\text{reflected}) = Be^{-ik_{\text{I}}x}$	(6.64b)
투과된 파동	$\psi_{\text{III}}(\text{transmitted}) = Fe^{ik_{\text{I}}x}$	(6.64c)

입자들이 반사되거나 투과될 확률은 $\psi^*\psi$의 비율로부터 결정되며, 다음과 같다.

$$R = \frac{|\psi_{\text{I}}(\text{reflected})|^2}{|\psi_{\text{I}}(\text{incident})|^2} = \frac{B^*B}{A^*B} \tag{6.65}$$

반사 확률

$$T = \frac{|\psi_{\text{III}}(\text{transmitted})|^2}{|\psi_{\text{I}}(\text{incident})|^2} = \frac{F^*F}{A^*A} \tag{6.66}$$

투과 확률

여기서 R과 T는 각각 반사 확률과 투과 확률이다. 입자들은 반드시 반사가 되거나 투과가 되어야 하므로 파동이 반사되거나 투과될 확률은 반드시 1이어야 하며 $R + T = 1$ 조건을 반드시 만족해야 한다.

R과 T의 값들은 $x \rightarrow \pm\infty$, $x = 0$, $x = L$에 따른 6.1절에서 다룬 특징들(경계 조건들)을 적용함으로써 구할 수 있다. 이 조건들은 A, B, C, D, F 계수들 사이의 관계식들을 얻게 해 줄 것이다. 여기서 이와 관련된 긴 수학 연산을 다루지는 않겠지만, 투과 확률에 대한 결과는 다음과 같다.

$$T = \left[1 + \frac{V_0^2 \sin^2(k_{\text{II}}L)}{4E(E - V_0)}\right]^{-1} \tag{6.67}$$

투과 확률이 1이 되는 상황이 있음에 주목해 보자. 이는 $k_{\text{II}}L = n\pi$일 때 나타난다. 이때 n은 정수이다. $+x$ 방향으로 이동하는 입자들이 $x = 0$과 $x = L$에서 모두 반사되는 경우가 존재하는 것이 가능하다. $-x$ 방향으로 되돌아간 입자들의 경로 차는 $2L$이다. $2L$이 퍼텐셜 장벽 내부에서의 파장들의 정수 배와 동일해질 때, 입사된 파동함수들과 반사된 파동함수들은 서로 위상이 정확히 어긋난 상태이며 서로 완벽히 소멸한다.

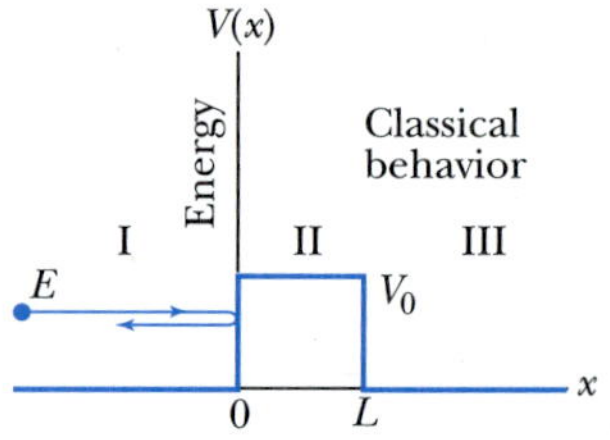

그림 6.14 E의 에너지를 가지는 한 입자가 높이가 V_0인 퍼텐셜 장벽으로 접근하고 있다. 이때 $E < V_0$이다. 고전적으로 그 입자는 항상 반사된다.

$E < V_0$인 퍼텐셜 장벽

이제 $E < V_0$이어서 고전적으로는 입자들이 퍼텐셜 장벽을 넘어서기에는 에너지가 충분하지 않은 경우에 대하여 고려해 보자. 그림 6.14에 이 경우를 나타내었다. 고전적 상황에서는, 입자의 운동에너지($K = E - V_0$)가 음수가 되기 때문에 이러한 입자는 장벽을 침투할 수 없다. 따라서 입자는 $x = 0$에서 반사되어 되돌아간다. 그러나 양자역학 결과는 현대물리의 가장 주목할 만한 특징을 보여 주며, 이에 대한 실험적인 증명은 많은 경우에서 나타난다. 양자역학에 따르면 입자가 장벽을 침투하고 심지어 반대편으로 나올 수 있는 확률이 작지만 유한한 값으로 존재한다. 이러한 놀라운 결과는 파동함수들에 대한 세심한 검토를 통하여 얻을 수 있다. 다행스럽게도, 이전에 이미 제시한 방정식들로부터 조금만 변형을 가하면 이에 대하여 다룰 수 있으며, 영역 II에 대한 수식이 나온다. 영역 II에서의 파동함수는 $\psi_{\text{II}} = Ce^{\kappa x}+De^{-\kappa x}$이며, 이때 κ는 다음과 같다.

$$\kappa = \frac{\sqrt{2m(V_0 - E)}}{\hbar} \tag{6.68}$$

κ는 $V_0 > E$이기 때문에 양수이고, 실수이다. 경계 조건을 적용함으로써 파동함수들의 계수들 간의 관계를 다시 구할 수 있다.

식 (6.65)와 (6.66)에서 제시된 반사 확률과 투과 확률에 대한 수식들은 바뀌지 않으나, $ik_{\text{II}} \rightarrow \kappa$로 변함에 따라 결과들은 달라진다. 그림 6.15에서 보이는 바와 같이 입사하는 입자들은 퍼텐셜 장벽의 왼쪽으로부터 다가오고 있음에도 불구하고, 양자역학은 입자들이 퍼텐셜 장벽의 반대편에 실제적으로 존재하는 것을 허용한다. 이러한 효과를 **터널링**(tunneling)이라 한다. 이 경우, 투과 확률에 대한 결과는 다음과 같다.

터널링

$$T = \left[1 + \frac{V_0^2 \sinh^2(\kappa L)}{4E(V_0 - E)}\right]^{-1} \tag{6.69}$$

식 (6.67)에서의 sin 함수가 sinh 함수로 바뀌었음에 주목하자. $\kappa L \gg 1$일 때 식 (6.67)의 투과 확률은 다음과 같이 된다.

$$T = 16\frac{E}{V_0}\left(1 - \frac{E}{V_0}\right)e^{-2\kappa L} \tag{6.70}$$

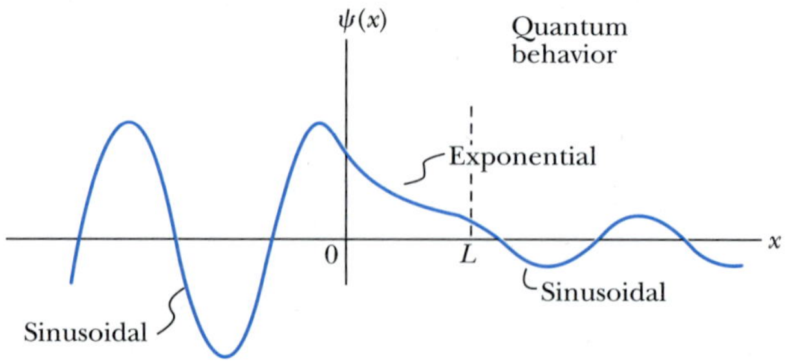

그림 6.15 양자역학에 의하면, 그림 6.14에서 퍼텐셜 장벽에 다가오는 그 입자는 실제로 장벽을 통과할 수 있으며, 장벽을 터널링으로 통과하여 $x = L$인 지점에 나타날 확률을 작은 값으로 가지고 있다. 그 입자는 각 경계에서 또한 반사될 수도 있다.

개념 예제 6.14

터널링을 막기 위해서, 퍼텐셜 장벽의 높이를 높이는 방법과 퍼텐셜 장벽의 폭을 늘리는 방법 중 어느 것이 효과적이겠는가?

풀이 침투될 확률은 지수적으로 감소하는 항에 의하여 주도적으로 영향을 받는다. 식 (6.70)의 지수항은 퍼텐셜 장벽 폭에 대하여 선형적으로 변하나, 퍼텐셜 장벽 높이에 대해서는 단지 이의 제곱근 값에 의존한다($\kappa \sim \sqrt{V_0 - E}$). 따라서 장벽의 높이보다는 폭이 터널링을 방지하는 데 효과적이다. 이를 보면 터널링 현상이 원자 단위의 아주 작은 거리들에서만 관찰되는 것이 놀라운 일이 아니다.

예제 6.15

특정한 반도체에서 5 V의 퍼텐셜로 가속된 전자들로 폭 0.8 nm와 높이 10 V인 퍼텐셜 장벽을 터널링하려 한다. 만약 퍼텐셜 장벽 외부의 퍼텐셜이 0이라면, 장벽을 터널링할 수 있는 전자의 비율은 얼마가 되겠는가?

전략 식 (6.69) 또는 (6.70)을 이용하여 κL 값에 따른 터널링 확률을 계산해 낸다. V_0, κ, L, E를 알아야 한다. 퍼텐셜 장벽의 폭 L이 주어져 있으며, 퍼텐셜 장벽이 $V_0 = 10$ eV임을 알고 있다. 또한 퍼텐셜 장벽 외부는 0이다. 가속전압으로부터 전자들의 에너지 E를 $K = 5$ eV로 결정할 수 있다. 식 (6.62b)를 변형하여 κ 값을 찾는다. 이때 $ik_{\text{II}} \to \kappa$로 둔다.

풀이 전자의 질량과 적절한 에너지로 κ를 결정한다.

$$\kappa = \frac{\sqrt{2m(V_0 - E)}}{\hbar}$$

$$= \frac{\sqrt{2(0.511 \times 10^6\ \text{eV}/c^2)(10\ \text{eV} - 5\ \text{eV})}}{6.58 \times 10^{-16}\ \text{eV}\cdot\text{s}}$$

$$= \frac{3.43 \times 10^{18}\ \text{s}^{-1}}{c} = \frac{3.43 \times 10^{18}\ \text{s}^{-1}}{3 \times 10^8\ \text{m/s}} = 1.15 \times 10^{10}\ \text{m}^{-1}$$

$\kappa L = (1.15 \times 10^{10}\ \text{m}^{-1})(0.8 \times 10^{-9}\ \text{m}) = 9.2$로 구해지는 값은 1보다 훨씬 큰 값으로 생각할 수 있으므로 식 (6.70)을 사용해 볼 수 있다. 두 식을 이용하여 투과 확률을 계산해 보자. 식 (6.70)을 근사하면 다음과 같다.

$$T = 16\left(\frac{5\ \text{eV}}{10\ \text{eV}}\right)\left(1 - \frac{5\ \text{eV}}{10\ \text{eV}}\right)e^{-18.4} = 4.1 \times 10^{-8}$$

더 정확한 식 (6.69)에 의하면 다음과 같다.

$$T = \left[\frac{1 + (10\ \text{eV})^2 \sinh^2(9.2)}{4(5\ \text{eV})(5\ \text{eV})}\right]^{-1} = 4.1 \times 10^{-8} \tag{6.71}$$

$\kappa L \gg 1$일 때 유효한 근사식은 이 경우에 잘 작동한다.

예제 6.16

식 (6.70)에서 지수항에 곱해진 모든 항을 다음과 같이 M으로 두자.

$$T = 16\frac{E}{V_0}\left(1 - \frac{E}{V_0}\right)e^{-2\kappa L} = Me^{-2\kappa L} \tag{6.72}$$

M의 값을 고려하여 평균값을 구하라. 예제 6.15에서 장벽을 통과하여 터널링하는 전자의 확률을 계산하라.

전략 먼저 E/V_0 값의 범위를 고려해 본 후, 평균값을 추정한다. 이후 터널링 확률을 결정하기 위하여 식 (6.72)를 사용하고, 이를 예제 6.15의 식 (6.71)에서 구한 값과 비교한다.

풀이

$$M = 16\frac{E}{V_0}\left(1 - \frac{E}{V_0}\right)$$

로부터, M의 최대값은 $E/V_0 = 0.5$인 경우 $M = 4$가 될 것이다. M 값들은 $E/V_0 = 0.5$를 기준으로 대칭적이며, $E/V_0 = 0.1$일 때 $M = 1.4$이다. M의 대표적인 값은 2일 수 있으며, 따라서 식 (6.72)는 다음과 같이 된다.

$$T \approx 2e^{-2\kappa L} \tag{6.73}$$

식 (6.73)은 터널링 확률값에 대한 자릿수 값을 알아내기 위한 추정치임에 주의하자.

예제 6.15의 값들에 대하여, $\kappa L = 9.2$이며, 이에 다음을 구할 수 있다.

$$T \approx 2e^{-2(9.2)} = 2e^{-18.4} = 2 \times 10^{-8}$$

예상한 바와 같이, 식 (6.73)으로부터 얻은 위 결과는 예제 6.15에서 얻은 결과와 서로 일치하는 자릿수 크기를 가진다.

불확정성 원리에 근거하여 간단히 논의해 보면 터널링 현상을 이해하는 데 도움이 된다. $0 < x < L$인 장벽 안 영역에서, 파동함수 ψ_{II}는 $e^{-\kappa x}$항이 주요하며, $|\psi_{\text{II}}|^2 \approx e^{-2\kappa x}$가 된다. 따라서 $\Delta x = \kappa^{-1}$인 구간에서 입자를 관측할 확률밀도는 급격히 감소한다($e^{-2} = 0.14$). $\Delta p \Delta x \geq \hbar$이므로 $\Delta p \geq \hbar/\Delta x = \hbar\kappa$의 조건을 가진다. 이 구간에서 최소 운동에너지는 다음과 같아야 한다.

$$K_{\min} = \frac{(\Delta p)^2}{2m} = \frac{\hbar^2\kappa^2}{2m} = V_0 - E$$

여기서 마지막 단계에 κ로 치환하여 표기하였다. 불확정성 원리에 의하여 허용($K_{\min}$)된 위배 사항은 음의 운동에너지가 필요하다는 것이다. 입자는 양자역학과 불확정성 원리에 의하여 고전적으로는 금지된 영역으로 침투하는 것이 가능해진다.

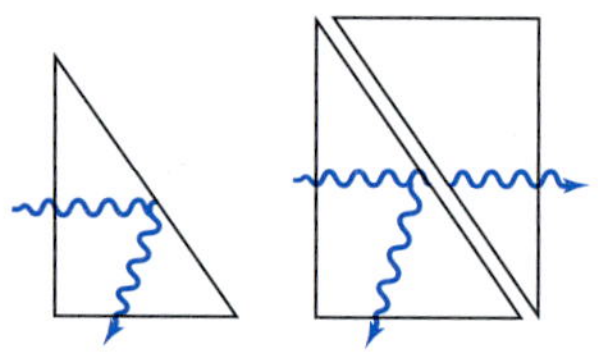

그림 6.16 (a) 광파는 프리즘 내부에서 반사각이 임계각보다 크다면 전부 반사될 것이다. (b) 만약 두 번째 프리즘이 첫 번째 프리즘에 매우 인접하게 놓이면, 광파가 공기 간극을 통과하여 두 번째 프리즘에 나타날 확률이 작게나마 존재한다.

파동광학과의 유사성에 대하여 다시 되돌아가 살펴보자. 만약 유리 프리즘을 통과하고 있는 빛이 임계각보다 큰 각을 가지고 내부 경계면에서 반사되고 있다면, 그림 6.16a에 도시한 것처럼 내부 전반사가 나타난다. 그러나 전자기장은 프리즘 외부에서 즉시 정확히 0의 값을 가지지는 않는다. 만약 또 다른 프리즘을 처음 프리즘에 매우 근접하게 가져간다면, 그림 6.16b에 도시한 것처럼 실험 결과는 전자기파(빛)가 두 번째 프리즘에도 나타남을 보여 준다. 이는 여기서 다룬 터널링과 유사한 현상이다. 이러한 효과는 뉴턴에 의하여 관찰되었으며, 이는 두 개의 프리즘과 레이저를 이용하여 시현이 가능하다. 두 프리즘 사이의 간격이 증가함에 따라 두 번째 빛의 세기는 지수함수적으로 감소한다.*

*D. D. Coon, *American Journal of Physics* **34**, 240 (1966) 참조

예제 6.17

운동에너지 K를 가진 한 입자가 그림 6.17에서와 같이 $x = 0$에서 퍼텐셜 장벽이 0에서 V_0로 계단 증가하는 계단함수에 대하여 왼쪽에서부터 접근하고 있다. 장벽 내로 입자가 침투하는 확률이 $1/e$로 떨어지는 지점인 침투 거리 Δx를 찾아라. 5 eV의 전자가 10 eV의 계단 장벽으로 다가갈 때, 침투 거리를 계산하라.

전략 두 영역 $x < 0$와 $x > 0$에서 파동함수들을 알아내기 위하여 이번 절에서 사용한 결과들을 이용하자.

$$\psi_{\text{I}} = Ae^{ikx} + Be^{-ikx} \qquad x < 0$$
$$\psi_{\text{II}} = Ce^{\kappa x} + De^{-\kappa x} \qquad x > 0$$

여기서

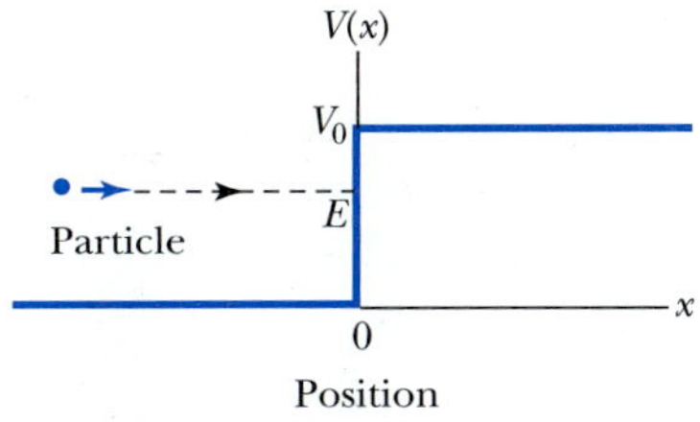

그림 6.17 E의 에너지를 가지는 한 입자가 왼쪽에서부터 퍼텐셜 장벽으로 접근하고 있다. 계단 퍼텐셜은 $x < 0$에서 $V = 0$이며, $x > 0$에서 $V = V_0$이다.

$$k = \frac{\sqrt{2mE}}{\hbar} = \frac{\sqrt{2mK}}{\hbar}$$

$$\kappa = \frac{\sqrt{2m(V_0 - E)}}{\hbar}$$

이다. x가 무한대로 갈 때 파동함수 ψ_{II}는 반드시 0이 되어야 하기 때문에 계수 $C = 0$이어야 한다. 따라서 다음이 된다.

$$\psi_{\text{II}} = De^{-\kappa x} \qquad x > 0$$

$x > 0$에 대한 확률분포는 $|\psi_{\text{II}}|^2$으로 주어진다. 확률이 $1/e$로 떨어지는 x의 값을 찾아야 한다. 이 거리를 ℓ이라고 하자.

풀이 침투 거리 ℓ에 대하여, 다음 식을 얻는다.

$$e^{-1} = \frac{\psi_{\text{II}}^2(x = \ell)}{\psi_{\text{II}}^2(x = 0)} = e^{-2\kappa\ell}$$

이 방정식에서 $1 = 2\kappa\ell$이므로, 침투 거리는 다음과 같다.

$$\ell = \frac{1}{2\kappa} = \frac{\hbar}{2\sqrt{2m(V_0 - E)}}$$

이것이 필요로 하는 결과이다.

이제 $E = K = 5$ eV일 때의 침투 거리를 알아보자.

$$\ell = \frac{\hbar c}{2\sqrt{2mc^2(V_0 - E)}}$$

$$= \frac{197.3 \text{ eV} \cdot \text{nm}}{2\sqrt{2(0.511 \times 10^6 \text{ eV})(10 \text{ eV} - 5 \text{ eV})}} = 0.044 \text{ nm}$$

전자들은 고전역학적으로 금지된 영역 내로 그리 깊게 침투하지는 않는다.

퍼텐셜 우물

퍼텐셜 장벽 안으로가 아니라, 그림 6.18에 도시된 바와 같이 퍼텐셜 우물 영역을 통과하여 지나가는 $E > 0$의 에너지를 가지는 한 입자를 고려해 보자. 이때 $0 < x < L$인 영역에서는 $V = -V_0$, 그 이외의 영역에서는 $V = 0$으로 두자. 고전역학적으로, $K = mv^2/2 = E + V_0$이므로 우물 영역을 지나감에 따라 입자는 가속될 것이다. 양자역학에 의하면 반사와 투과는 나타나겠지만 퍼텐셜 우물 내에서 파장은 외부에서보다 짧아진다. 퍼텐셜 우물의 폭이 정확히 파장에 대하여 반파장의 정수 배 또는 파장의 정수 배일 경우, 반사된 파동은 각각 원래 파동과 어긋난 위상 관계 또는 같은 위상 관계가 되어 상쇄 또는 공진이 나타날 것이다. 반사/상쇄 효과는 특정한 파장들에 대해서 거의 전적으로 투과하거나 반사하는 결과를 낳을 수 있다. 예를 들어, $x = L$인 두 번째 경계에서 오른쪽으로 통과하는 파동에 대하여 파동은 반사되고 입사되는 파동과는 어긋난 위상에 놓일 수 있다. 이러한 효과는 퍼텐셜 우물 내에서 파동함수가 상쇄되는 결과를 낳을 것이다.

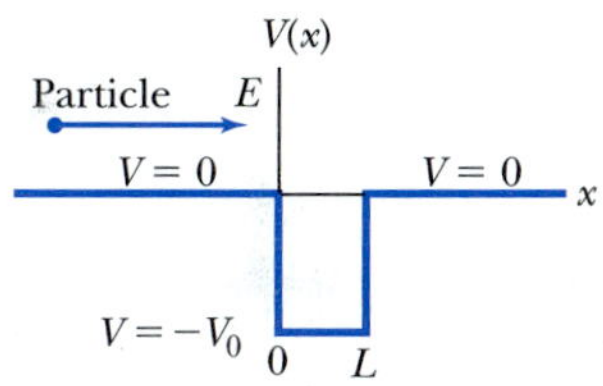

그림 6.18 E의 에너지를 가지는 한 입자가 왼쪽에서부터 퍼텐셜 우물로 접근하고 있다. 퍼텐셜은 $0 < x < L$에서 $V = -V_0$이며, 그 이외의 지점에서는 $V = 0$이다.

α입자 붕괴

터널링 현상은 방사성 핵들의 알파입자 붕괴를 설명한다. 납보다 무거운 많은 핵들은 알파입자들을 자연방출하지만, 이때 에너지는 단지 4~8 MeV 범위 내에서 존재하는 경향을 가지는 데 반해 방출속도는 10^{13}만큼의 범위로 변한다. 핵 내에서 알파입자는 강하고 단거리의 핵 인력을 느끼는 동시에 쿨롱 반발력을 느낀다. 이에 대한 근사된 퍼텐셜 우물

주사 탐침 현미경

주사 탐침 현미경(scanning probe microscope)은 원자 단위의 표면 형상을 컴퓨터로 측정할 수 있게 한다(그림 1.7을 보라). 이들은 **주사 터널링 현미경**(scanning tunneling microscope, STM)과 **원자간력 현미경**(atomic force microscope, AFM) 두 종류로 나눌 수 있으며, 이는 원자 표면의 영상화에 큰 혁신을 일으켰다. 게르트 비니히와 하인리히 로러(1986년 노벨상)는 1980년대 초 스위스 취리히에 있는 IBM 연구소에서 주사 터널링 현미경을 발명하였다. 이후 비니히는 스탠포드대학과 IBM 앨머든 연구소에 머물러 있으면서 원자 힘 현미경의 개념을 생각해 냈고, 1985년 IBM의 크리스토프 거버(Christoph Gerber)와 스탠퍼드의 캘빈 쿠아테(Calvin Quate)와 함께 이를 개발하였다.

주사 터널링 현미경의 가장 일반적인 방식은 적절한 극성의 일정한 바이어스 전압이 탐침(tip)과 검사하려는 표본의 원자들 사이에 인가된다(그림 A). 탐침이 표본의 표면에 단지 원자의 직경만큼 지나는 동안 탐침으로 이끌린 전자들은 그 간격을 가로질러 탐침으로 터널링된다. 간극 대비 터널링 전류의 민감도는 주사 터널링 현미경 성능에 대한 핵심이다. 이 터널링 전류는 수 pA(10^{-12} A)만큼 작을 수 있고, 단지 0.4 nm의 터널링 간격에 대한 변화는 터널링 전류에서 10^4배 변화를 낳을 수 있다. 매우 높은 민감도를 가지는 피드백 메커니즘은 전자의 정상 전류를 유지하도록 팁의 위치를 조절한다. 그 결과 탐침의 아래위 움직임은 지형도와 같은 것을 생산하게 될 표본 원자들의 윤곽을 효과적으로 추적한다. 그 결과의 영상(탐침의 경로)을 그림 A에서 검은색 실선으로 나타냈다.

원자 힘 현미경은 그림 B에서처럼 탐침과 표본 원자들 사이 원자 간 힘에 의존한다. 어떤 시스템들에서는 탐침과 표본 원자 사이의 힘이 일정하게 유지되도록 표본이 위아래로 움직이면서 표본 원자들은 수평 방향으로 주사되어진다. 원자 간 힘은 매우 민감한 캔틸레버가 구부러지는 원인이 된다. 레이저에 의하여 캔틸레버 팔 끝에서 광학 센서로 빛이 반사되고, 이 센서로부터의 피드백 신호는 원자 표면의 지형으로 주어질 표본 높이를 조절한다. 탐침은 캔틸레버 변형이 일정하게 유지되어 탐침과 원자 사이의 원자 간 힘이 일정하게 유지된 채로 시료 표면을 주사한다.

하인리히 로러(Heinrich Rohrer, 1933~2013, 오른쪽)와 **게르트 비니히**(Gerd Binnig, 1947~)는 그들의 주사 터널링 현미경으로 1986년 노벨 물리학상을 받았다. 스위스인인 로러는 스위스취리히연방공과대학에서 교육을 받고 1963년 취리히에 있는 IBM 연구소에 들어갔다. 독일인인 비니히는 1978년 프랑크푸르트대학(독일)에서 박사학위를 받은 후 같은 IBM 연구소에 합류하였다. 1984년에 비니히는 뮌헨에 있는 IBM 물리학 그룹으로 이동하였다.

탐침과 표본 사이의 상호작용은 기록하기 위하여 움직이는 전축의 첨필과 같지만 약 백만 배는 더 민감하다. 광학 피드백 시스템은 탐침의 직접적인 손상이나 표본 원자의 왜곡을 막아 준다. 0.1 N/m만큼 작은 용수철상수를 가지는 캔틸레버들은 실리콘이나 실리콘 화합물로부터 미세 건조 된다. 캔틸레버 측면 폭은 100 μm 정도이고 약 1 μm의 두께를 가진다. 가정에서 쓰는 알루미늄박 조각의 용수철상수와 비교하면, 4 mm × 1 mm 크기에서 약 1

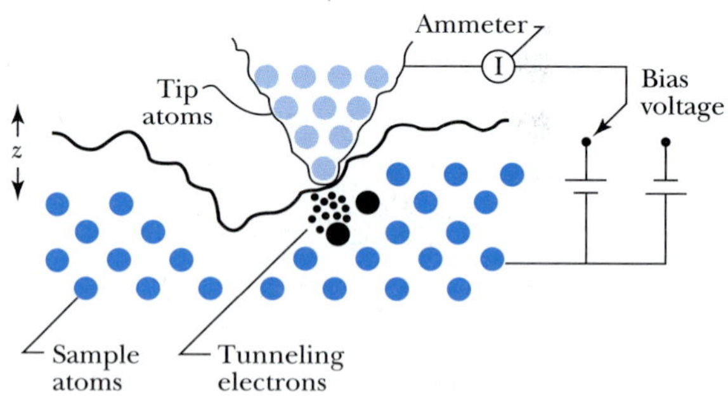

그림 A 주사 터널링 현미경 동작 과정의 개략도. 그림에서 작은 점으로 표현된 전자들은 탐침과 표본의 원자들 사이 간격을 터널링으로 가로지른다. 터널링 전류를 일정하게 유지하는 피드백 시스템은 탐침이 표본 원자들의 윤곽을 추적하도록 위아래로 움직이게 한다.

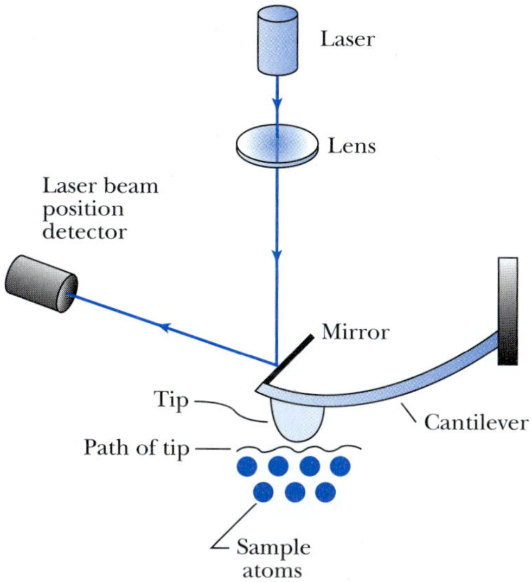

그림 B 원자 힘 현미경의 개략도. 캔틸레버에 고정된 거울에서의 레이저 빔의 반사에 의하여 감지된 피드백 신호는 캔틸레버 힘을 일정하게 유지하기 위하여 표본 원자들을 아래위로 이동하기 위한 신호를 제공한다. 측정할 원자(샘플 원자)를 포함하는 재료는 재료의 윤곽을 추적하기 위하여 3차원으로 이동할 수 있는 구동부(그림에는 없음)상에 배치된다.

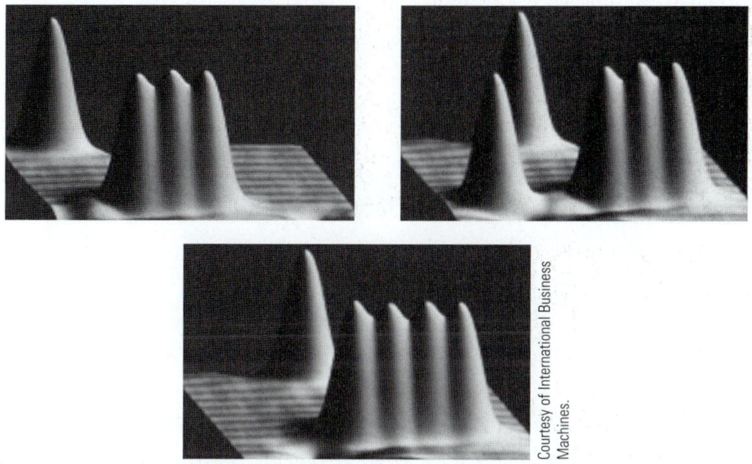

그림 C 주사 터널링 현미경에 의하여 제공된 이 세 사진들은 니켈 표면 위의 제논 원자들을 보여 준다. 제논 원자들은 0.16 nm 높이이고 인접한 제논 원자들은 0.5 nm 떨어져 있다.(수직 방향으로는 이미지가 늘여져서 표현되어 있다.) 주사 터널링 현미경 탐침과 원자 하나 사이의 약한 힘은 니켈에서 각각 하나의 제논 원자를 끌기에 충분하다. 니켈 원자들은 수평 표면의 검정과 흰 줄무늬에 의하여 표현되어 있다. 그림 1.7도 참고하라. 이 사진은 5백만 배 확대된 것이다.

N/m이다. 가느다란 탐침의 끝부분은 단지 50 nm의 크기일 수도 있다. 캔틸레버에 의하여 측정될 수 있는 힘은 10^{-9} N만큼 작을 수 있다.

STM과 비교했을 때 AFM의 장점은 전도성 표면이 필요하지 않고, 특별한 표본 준비가 필요 없을 뿐만 아니라, 값비싼 진공 장비 역시 필요하지 않다는 것이다. AFM은 절연층과 도체에서 모두 동작되기 때문에 세라믹, 고분자, 광학 표면, 그리고 생물학적 표본에서 사용될 수 있다. 하지만 원자 힘 현미경을 설계할 때는 특수한 내진동 설계가 요구되며 공기 흐름이나 심지어 사람 목소리에 대한 내진동 설계가 요구된다.(그림 1.7은 STM을 사용하여 찍은 각각의 원자들을 보여 주는 사진이다. 이 원자들은 그림 C에서 보이는 것과 같이 각각이 옮겨질 수 있다.

STM과 AFM은 각각의 원자 단위 영상을 제공하는 것뿐만 아니라, 원자 표면 특성의 다양한 연구에 대하여 엄청난 가능성을 열었다. 이들 현미경들에 의하여 만들어진 지형 영상은 과학자들에게 재료의 편평도, 결정구조, 그리고 박막의 붕괴와 같이 표본의 중대한 특성을 조사하는 것을 가능하게 한다. 이 기술의 응용은 자성 비트 형상 검사, 집적회로 지형도, 윤활유 두께, 그리고 집적회로 마스크 위의 선폭 측정을 포함한다. AFM의 생물학적 응용은 적혈구 검사(그림 D), 아미노산, DNA, 단백질, 그리고 심지어 식물에서의 잎의 박편을 포함한다. AFM은 섬유소 중합, 혈액 응고 단백질을 관찰하기 위하여 사용되어 왔다. 생물학적 표본에 대한 실시간 영상은 믿을 수 없을 만큼 가능성을 제공한다. 예를 들어 세포에 부착된 AIDS 바이러스의 관찰과 같은 경우를 들 수 있다. 이제 STM과 AFM 장비 모두 상업적으로 활용이 가능하며, 반사율을 증대하기 위한 움직이는 원자들에 의한 x선 거울 개발, 성능 향상을 위한 나노전자공학, 원자 단위의 유기 분자의 재생과 같은 혁신적인 다양한 응용 기술들이 개발되고 있다.

그림 D 원자 힘 현미경 스캔으로 관찰한 적혈구. 적혈구는 양면이 오목하여 가스 교환을 위한 넓은 표면적을 제공하고 탄성이 높아 좁은 모세관을 통과할 수 있다.

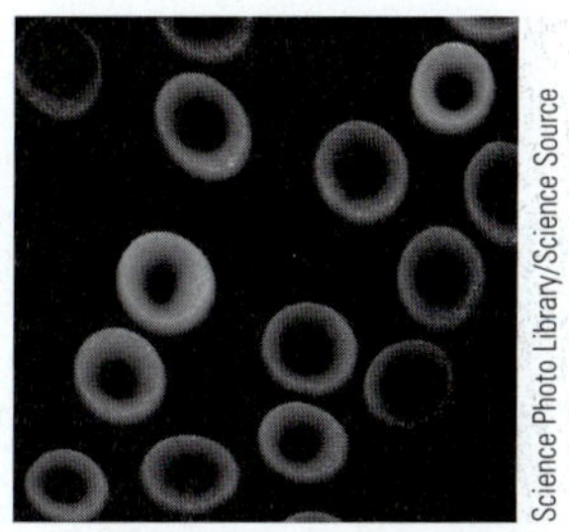

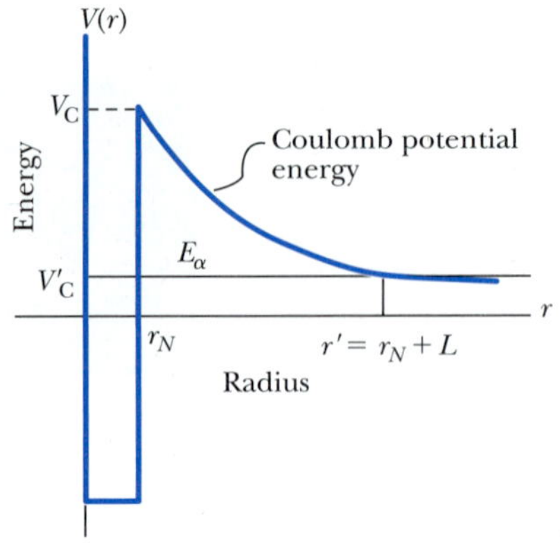

그림 6.19 E_α의 에너지를 가지는 α 입자가 큰 값의 핵 퍼텐셜에 의하여 중핵 내부에 갇혀 있다. 고전적으로는 α입자는 절대 탈출할 수 없다. 그러나 양자역학은 α입자가 터널링으로 통과하여 탈출하는 것을 허용한다.

이 그림 6.19에 도시되어 있다. 핵반경 r_N 안에서는 핵력이 지배적이며, 퍼텐셜은 네모 우물로 근사될 수 있다. 그러나 핵 밖에서는 쿨롱 힘이 지배적이다. 그림 6.19에 도시된 소위 쿨롱 퍼텐셜 에너지 장벽은 알파입자의 일반적인 운동에너지 K(~5 MeV)의 수배가 될 수 있다.

따라서 알파입자는 핵 내에 갇혀 있다. 고전역학적으로 알파입자는 쿨롱 퍼텐셜 장벽을 뛰어넘기에는 충분한 에너지를 가지고 있지 못하다. 하지만 양자역학에 의하면 알파입자는 장벽을 통과하여 '터널링'할 수 있다. 방사성 핵으로부터의 알파입자 방출속도가 큰 범위로 변하는 것은 퍼텐셜 장벽의 (높이와 폭 두 가지 측면 모두에서) 작은 변화로 설명할 수 있다. e^{-2kL}의 지수적인 특성으로 인하여, 장벽의 작은 변화는 투과 확률에서 큰 변화로 증폭되어 나타날 수 있다(개념 예제 6.14를 보라).

예제 6.18

4.2 MeV의 α입자를 방출하는 ^{238}U로부터의 α입자 복사를 고려해 보자. 퍼텐셜은 그림 6.19와 같다. 이 α입자는 핵반경 $r_N \approx 7 \times 10^{-15}$ m 내에 갇혀 있다. α입자가 터널링해야 하는 장벽의 높이와 거리를 구하라. 터널링 확률을 계산하기 위하여 네모 지붕(square-top) 퍼텐셜을 이용하라.

전략 α입자와 핵반경 7×10^{-15} m를 가지고 떨어져 있는 우라늄 핵의 나머지 영역 간의 쿨롱 퍼텐셜을 계산하여 장벽 높이[그림 6.19에서 $V_C(r = r_N)$]를 계산할 것이다. 운동에너지와 쿨롱 퍼텐셜을 같게 함으로써 터널링 거리를 찾을 것이다. 그런 다음, 터널링 확률을 구하기 위하여 식 (6.70)을 사용할 것이다.

풀이 쿨롱 퍼텐셜은 다음과 같이 구해진다.

$$V_C = \frac{Z_1 Z_2 e^2}{4\pi\epsilon_0 r_N}$$

$$= \frac{2(92)(1.6 \times 10^{-19}\text{ C})^2(9 \times 10^9\text{ N}\cdot\text{m}^2/\text{C}^2)}{7 \times 10^{-15}\text{ m}} \times \frac{10^{-6}\text{ MeV}}{1.6 \times 10^{-19}\text{ J}}$$

$$= 38\text{ MeV}$$

α입자가 터널링해서 통과해야 하는 거리 r'은 그 거리에서의 조건을 $K = V_C(r = r')$로 함으로써 구한다. $K = 4.2$ MeV이므로, 다음의 관계를 얻는다.

$$4.2\text{ MeV} = \frac{Z_1 Z_2 e^2}{4\pi\epsilon_0 r'}$$

이 식을 r'에 대하여 풀면 다음과 같다.

$$r' = \frac{38\text{ MeV}}{4.2\text{ MeV}} r_N = 6.3 \times 10^{-14}\text{ m} = 63\text{ fm}$$

여기서 위에서 구한 V_C와 r_N 값을 이용하였다.

7 fm < r < 63 fm에서 V = 38 MeV인 개략적이고 근사된 네모 지붕 퍼텐셜을 이용하여 간소화하면 다음을 찾을 수 있다.

$$\begin{aligned}\kappa &= \frac{\sqrt{2m(V-E)}}{\hbar}\\ &= \frac{\sqrt{2(3727\ \text{MeV}/c^2)(38\ \text{MeV} - 4.2\ \text{MeV})}}{6.58 \times 10^{-22}\ \text{MeV}\cdot\text{s}}\\ &= 2.5 \times 10^{15}\ \text{m}^{-1}\end{aligned}$$

여기서 α입자의 질량은 3727 MeV/c^2이다. 장벽 폭 L은 다음과 같이 r'과 r_N 사이의 차이이다.

$$\begin{aligned}L &= r' - r_N\\ &= 63\ \text{fm} - 7\ \text{fm} = 56\ \text{fm}\end{aligned}$$

$\kappa L = (2.5 \times 10^{15}\ \text{m}^{-1})(56 \times 10^{-15}\ \text{m}) = 140$이다. $kL \gg 1$이므로, 식 (6.70)을 이용하여 터널링 확률을 계산할 수 있다.

$$\begin{aligned}T &= 16\left(\frac{4.2\ \text{MeV}}{38\ \text{MeV}}\right)\left(1 - \frac{4.2\ \text{MeV}}{38\ \text{MeV}}\right)e^{-280}\\ &= 1.6e^{-280} = 4 \times 10^{-121}\end{aligned}$$

이 값은 극히 작은 숫자이다.

전체 높이와 전체 폭을 가지는 네모 지붕 퍼텐셜에 대한 가정은 비현실적이다. 그림 6.19에 나타난 퍼텐셜에 좀 더 가깝게 근사된 퍼텐셜은 쿨롱 퍼텐셜 최대값의 단지 절반의 크기(38 MeV가 아닌 19 MeV)를 가지고 있으며, 장벽의 폭이 L의 절반(56 fm가 아니라 28 fm)인 네모 지붕 퍼텐셜일 것이다. κ의 계산에 19 MeV를 사용하면, $1.7 \times 10^{15}\ \text{m}^{-1}$로 구해진다. 이때 터널링 확률은 다음과 같다.

$$\begin{aligned}T &= 16\frac{4.2\ \text{MeV}}{18\ \text{MeV}}\left(1 - \frac{4.2\ \text{MeV}}{18\ \text{MeV}}\right)\\ &\quad\times \exp[-2(1.7 \times 10^{15}\ \text{m}^{-1})(2.8 \times 10^{-14}\ \text{m})]\\ &= 2.8\exp(-95) = 1.5 \times 10^{-41}\end{aligned}$$

이는 여전히 매우 낮은 확률이지만, α입자가 터널링하여 빠져나가는 데 얼마나 많은 시간이 걸릴지를 결정할 수 있는지 여부를 보여 준다. 만약 α입자의 운동에너지가 4.2 MeV라면, α입자의 속력은 비상대론적으로 다음과 같이 구해진다.

$$K = \frac{1}{2}mv^2$$

$$v = \sqrt{\frac{2K}{m}} = \sqrt{\frac{2(4.2\ \text{MeV})}{3727\ \text{MeV}/c^2}} = 0.047c = 1.4 \times 10^7\ \text{m/s}$$

핵의 지름은 약 1.4×10^{-14} m이므로 α입자가 통과하는 데에는 $(1.4 \times 10^{-14}\ \text{m})/(1.4 \times 10^7\ \text{m/s}) \approx 10^{-21}$ s의 시간이 걸린다. α입자는 핵을 탈출하기 전에 핵을 가로지르며 앞뒤로 여러 번 횡단을 해야 한다. 여기서 구한 확률계산 결과에 따르면, 이는 약 10^{41}번의 시도가 필요하다. 따라서 α입자가 약 10^{20} s 후에 터널링하여 통과해 나간다고 추정할 수 있다. 핵 ^{238}U의 반감기는 4.5×10^9 y 또는 약 10^{17} s이다. 따라서 여기서 대략 어림잡은 결과가 아주 나쁘지는 않다.

터널 다이오드 터널링의 극단적인 유용한 응용 사례는 터널 다이오드에의 응용이다. 이는 특별한 종류의 반도체이다. 터널 다이오드는 1957년에 박사과정 학생이었던 일본인 레오 에사키(Leo Esaki)에 의하여 발견되었다. 에사키는 이 발견으로 1973년에 노벨상을 수상하였다. 터널 다이오드에서 전자들은 접합을 통과하여 한 영역에서 다른 영역으로 지나갈 수 있다. 이를 단지 10 nm 폭밖에 되지 않을 접합 영역을 퍼텐셜 장벽으로 생각하여 설명할 수 있다. 전자들이 장벽을 통과하여 어느 한쪽 방향으로 터널링할 수 있도록 장벽 높이를 바꾸게끔 양과 음의 바이어스 전압에서 모두 인가할 수 있다. 일반적인 반도체 접합에서 전자들은(그리고 정공들은) 비교적 느리게 확산한다. 터널 다이오드에서는 터널링 확률이 비교적 높을 때, 전자들은 꽤 빠르게 터널링하여 통과한다. 인가된 바이어스 전압을 빠르게 바꿀 수 있기 때문에 터널 다이오드는 극단적으로 빠른 소자이다. 이는 과거 스위칭 회로들과 고주파 발진기들에 매우 유용하게 활용되었었다. 그러나 현재에는 우주 분야의 응용을 제외하고는 거의 쓰이지 않는다. 우주 분야의 응용에 있어서는 장시간 신뢰성 및 우주 복사에 대한 내구성이 중요하므로 이를 보일 수 있는 터널 다이오드가 꽤나 유용하다.

요약 _Summary

1920년대에 베르너 하이젠베르크와 에르빈 슈뢰딩거는 현대 양자 이론을 발전시켰다. 파동함수 $\Psi(x, t)$에 대한 시간에 의존적인 슈뢰딩거 파동 방정식은 다음과 같이 표현된다.

$$i\hbar\frac{\partial\Psi(x, t)}{\partial t} = -\frac{\hbar^2}{2m}\frac{\partial^2\Psi(x, t)}{\partial x^2} + V\Psi(x, t) \tag{6.6}$$

$\Psi(x, t) = \psi(x)e^{-iEt/\hbar}$일 때, $\psi(x)$는 공간에만 의존(1차원적으로 표현하였을 때)하며, 시간 독립적 형태는 다음과 같다.

$$-\frac{\hbar^2}{2m}\frac{d^2\psi(x)}{dx^2} + V(x)\psi(x) = E\psi(x) \tag{6.14}$$

Ψ와 $\partial\Psi/\partial x$에 대한 특정한 특징들은 양자화된 형태를 이끌어 낸다. 파동함수 $\Psi(x, t)$는 반드시 유한하고 단일 값이며 연속적이어야 한다. $\partial\Psi/\partial x$는 반드시 연속적이어야 한다. 확률을 구하는 데 사용하기 위해서는 파동함수는 반드시 정규화되어야 한다.

물리적 관측가능량들의 평균값들은 파동함수들을 이용하여 기대값을 계산함으로써 결정될 수 있다. 함수 $g(x)$의 기대값은 다음과 같이 구해진다.

$$\langle g(x)\rangle = \int_{-\infty}^{\infty}\Psi^*(x, t)g(x)\Psi(x, t)\,dx \tag{6.20}$$

운동량과 에너지의 기대값을 구하기 위해서는 적절한 연산자를 알 필요가 있다. 이 두 가지 경우의 연산자들은 다음과 같다.

$$\hat{p} = -i\hbar\frac{\partial}{\partial x} \tag{6.21}$$

$$\hat{E} = i\hbar\frac{\partial}{\partial t} \tag{6.25}$$

그리고 기대값 $\langle p\rangle$와 $\langle E\rangle$는 다음과 같다.

$$\langle p\rangle = -i\hbar\int_{-\infty}^{\infty}\Psi^*(x, t)\frac{\partial\Psi(x, t)}{\partial x}dx \tag{6.23}$$

$$\langle E\rangle = i\hbar\int_{-\infty}^{\infty}\Psi^*(x, t)\frac{\partial\Psi(x, t)}{\partial t}dx \tag{6.26}$$

무한 네모 우물 퍼텐셜은 슈뢰딩거 파동 방정식의 특별히 단순한 적용 사례이고, 이는 양자화된 에너지 준위들과 양자수들을 이끌어 낸다. 3차원 무한 네모 우물 퍼텐셜은 같은 에너지를 가지고 있으나 물리적 상태들은 다른, 겹침 상태들에 대한 개념을 낳는다.

퍼텐셜이 $V(x) = \kappa x^2/2$인 단조화 진동자는 슈뢰딩거 파동 방정식의 중요한 응용이다. 왜냐하면 이는 자연계에 존재하는 수많은 복잡계를 근사할 수 있으며, 이는 계산 가능하기 때문이다. 단조화 진동자 에너지 준위들은 $E_n = (n + \frac{1}{2})\hbar\omega$이며, 여기서 $n = 0$은 바닥상태 에너지 $E_0 = \hbar\omega/2$를 나타낸다. 최소 에너지가 영이 아니다(즉, 진동자는 영점 운동을 나타낸다)라는 사실은 불확정성 원리에 기인한다.

유한 퍼텐셜은 $V_0 > E$인 경우 고전역학에서 (음의 운동에너지를 가지게 되어) 금지된 영역으로 입자가 들어갈 가능성을 보여 준다. 이러한 양자 현상을 터널링이라 하며, 다양한 퍼텐셜 장벽 모양들을 고려함으로써 공부하였다. 양자 터널링의 중요한 예들은 알파 붕괴와 터널 다이오드이다. 터널링은 불확정성의 원리와 일치하며, 오로지 짧은 거리에서만 나타난다.

질문 _Questions

1. 왜 수소 원자 구조를 다룰 때 비상대론적 형태의 운동에너지를 사용할 수 있을까?
2. 양자 조화 진동자(그림 6.10c)의 바닥상태에 대한 확률밀도가 중심에서 최대치를 가지며 양끝에서 최소인 반면, 고전역학적 조화 진동자의 확률밀도(그림 6.11)는 중심에서 최소이고 양 끝단에서 최대라는 사실을 어떻게 설명할 수 있을까? 만약 이를 실제 질량체와 용수철을 가지고 실험을 한다면 위치 분포에 대한 실험적 결과들은 어떻게 되리라 예상하는가? 왜 그런가?
3. 유한 네모 우물 퍼텐셜에서 $E < V_0$인 경우에도 파동함수 Ψ는 우물 밖에서 0이 아니라는 점을 생각하자. $E < V_0$인 영역에서 입자가 존재하는 것이 고전적으로는 가능한 것인가? 이를 설명해 보라.
4. 주어진 터널 다이오드에서 *pn*-접합(11장을 보라) 폭이 고

정되어 있다. 터널 다이오드의 시간 응답을 바꿀 수 있는 가장 쉬운 방법은 무엇인가? 설명하라.

5. 상자 안의 한 입자가 바닥상태 이상의 3 eV만큼의 첫 번째 여기상태를 가진다. 그러한 사실은 상자에 대하여 어떠한 정보를 제공해 주는가?

6. 그림 6.15에서 도시한 바와 같이 입자가 장벽을 터널링하여 통과한 이후 입자의 파장은 변하는가? 설명하라.

7. 입자가 장벽을 터널링하는 동안 그 입자를 관측할 수 있을까? 장벽을 터널링하는 동안 그 입자의 파장, 운동량, 운동 에너지는 어떻게 되는가?

8. 같은 에너지를 갖는 전자와 양성자에서, 주어진 퍼텐셜 장벽을 터널링하여 통과하는 것은 둘 중 어느 것이 더 용이한가?

9. $e^{i(kx-\omega t)}$ 형태로 주어진 파동함수들을 중첩함으로써 파동 묶음을 형성할 수 있을까? 이는 정규화될 수 있는가?

10. 주어진 특정한 퍼텐셜 V와 파동함수 Ψ에서, 주어진 Ψ가 맞음을 어떻게 증명할 수 있는가? 만약 퍼텐셜이 시간에 무관하다면 적합한 E를 결정할 수 있을까?

11. 무한 네모 우물 퍼텐셜을 퍼텐셜 크기가 유한한 경우와 비교하라. 슈뢰딩거 파동 방정식에서 어떤 것이 같은가? 그리고 어떤 부분이 다른가?

12. 터널링은 아주 얇은 터널 다이오드를 통과하려고 하는 전자에서 나타날 수 있다. 야구공은 아주 얇은 유리창을 터널링할 수 있을까? 설명하라.

13. 3차원적인 정육면체 상자에 대하여 바닥상태는 $n_1 = n_2 = n_3 = 1$에서 주어진다. 왜 하나의 양자수에 대해서만 $n_i = 1$이고 나머지 두 개는 영인 경우는 가능하지 않을까?

연습문제 _Problems

참고: 고급 문제는 문제 번호에 파란색 음영으로 표시하였다. 문제 풀이에 유용한 상수, 변환 인자, 상수들의 조합이 부록 7에 제시되어 있다.

6.1 슈뢰딩거 파동 방정식

1. 파동함수 $e^{i(kx-\omega t)}$를 정규화해 보라. 왜 모든 공간상에서 정규화할 수 없는가? 이는 왜 불가능한지 설명하라.

2. (a) $A\sin(kx - \omega t)$ 형태의 파동은 어떤 방향으로 움직이는가? (b) $B\sin(kx + \omega t)$ 형태의 파동은 어떤 방향으로 움직이는가? (c) $e^{i(kx-\omega t)}$는 실수인가? (d) (c)에 제시된 파동은 어떤 방향으로 움직이는가? 설명하라.

3. 시험 파동함수 $\Psi(x, t) = e^{i(kx-\omega t)}$가 식 (6.6)을 만족함을 직접적으로 보여라.

4. $x = 0$부터 a의 범위에서 파동함수 $e^{i(kx-\omega t)}$를 정규화하라.

5. α와 A가 상수일 때, $r = 0$부터 ∞의 범위에서 파동함수 $Are^{-r/\alpha}$을 정규화하라. 이를 위하여 유용한 적분에 대해서는 부록 3A를 참고하거나 WolframAlpha와 같은 소프트웨어를 사용하라.

6. 파동함수에 대한 경계 조건의 두 번째 특징은 불연속적인 확률값을 피하기 위하여 Ψ는 반드시 연속적이어야 함을 명시한다. 왜 불연속적인 확률을 가질 수 없는가?

7. 예제 6.5에서 사용했던 파동함수 $Ae^{-\alpha|x|}$를 고려하자. (a) 이 파동함수가 6.1절의 경계 조건을 만족하는가? (b) (a)에서 답은 이 파동함수에서 무엇을 의미하는가? (c) 만약 파동함수가 있는 그대로 받아들여질 수 없다면, 그것은 어떻게 고쳐질 수 있는가?

6.2 기대값

8. (어떤 길이의 단위로) x의 측정값들이 다음과 같이 주어졌다: 3.4, 3.9, 5.2, 4.7, 4.1, 3.8, 3.9, 4.7, 4.1, 4.5, 3.8, 4.5, 4.8, 3.9, 4.4. $\bar{x}$ 또는 $\langle x\rangle$라고 표현되는 x의 평균값과 $\langle x^2\rangle$으로 표현되는 x^2의 평균을 찾아라. x의 표준편차가 다음과 같음을 보여라.

$$\sigma = \sqrt{\frac{\sum (x_i - \bar{x})^2}{N}}$$

여기서 x_i는 개별적인 측정값이고, N은 측정 횟수이다. 표준편차는 또한 $\sigma = \sqrt{\langle x^2\rangle - \langle x\rangle^2}$으로도 표현된다. 주어진 데이터들에 대한 σ 값을 찾아라.

9. 퍼텐셜 $V(x)$가 1차원 시스템에서 시간에 대하여 독립이라면, x에 대한 기대값이 시간에 대하여 독립임을 보여라.

10. 파동함수 Ψ가 $-\pi < x < \pi$ 영역에서는 $A(e^{ix} + e^{-ix})$이고, 다른 영역에서는 0이다. 파동함수를 정규화하고 (a) $x = 0$과 $x = \pi/8$ 사이, 그리고 (b) $x = 0$과 $x = \pi/4$ 사이에서 입자가 존재할 확률을 각각 구하라.

11. 파동함수가 0과 π 사이에서 $A\sin x$의 값을 가지고, 다른 영역에서는 0이다. 파동함수를 정규화하고 (a) $x = 0$과 x

$= \pi/4$ 사이, 그리고 (b) $x = 0$과 $x = \pi/2$ 사이에서 입자가 존재할 확률을 각각 구하라.

6.3 무한 네모 우물 퍼텐셜

12. 무한 네모 우물 퍼텐셜 경우에서 인접한 에너지 준위들 간의 에너지 차이($\Delta E_n = E_{n+1} - E_n$)에 대한 수식을 구하라. ΔE_1, ΔE_8, ΔE_{800}을 계산하라.

13. 무한 네모 우물 퍼텐셜에서 $n = 1, 5, 10, 100$에 대한 우물 내부에서의 $\psi_n^2(x)$의 평균값을 결정하라. 계산된 평균값들을 상자 내에서 입자를 발견할 고전역학적 확률과 비교하라.

14. 무한 네모 우물 퍼텐셜 내에 있는 입자가 4.3 eV의 바닥상태 에너지를 가진다. (a) 바닥상태 에너지 이상의 차례로 세 에너지 준위들에 대하여 계산하고 간략히 도시해 보라. (b) 각 에너지 준위들상에 해당 파동함수들을 그려 보라.

15. (매우 작고 가는) 나노선 안에서의 전자 움직임은 1차원 무한 네모 우물 퍼텐셜 경우로 근사화할 수 있다. 선의 길이가 2.0 μm라 하자. 나노선은 13 K의 온도까지 냉각되었고, 전자의 평균 운동에너지는 이 온도에서 기체 분자의 평균 운동에너지($= 3kT/2$)와 같다고 가정하자. (a) 전자가 가질 수 있는 가장 낮은 세 개의 에너지 준위들은 무엇인가? (b) 나노선 내에서 움직이는 전자들의 근사된 양자수는 얼마인가?

16. 전자가 길이 48.5 nm의 1차원 상자($V = 0$) 내에서 속력 $v = 1.25 \times 10^{-4}c$로 움직인다. 다른 곳에서는 퍼텐셜은 무한대이다. 입자는 아마 박스를 벗어나지 못할 것이다. 전자가 가질 수 있는 근사된 양자수는 얼마인가?

17. 무한 네모 우물 퍼텐셜에서 바닥상태에 있는 입자가 1차원 상자에서 다음의 각 세 영역에 존재할 확률을 구하라: $0 \le x \le L/3$, $L/3 \le x \le 2L/3$, $2L/3 \le x \le L$. 각 영역에서 구한 확률들의 합이 1이 됨을 보여라.

18. 연습문제 17에서 첫 번째 여기상태에 대하여 반복하여 각 질문에 답하라.

19. 예제 6.10을 핵 내부의 전자에 대하여 동일하게 구해 보라. 비상대론 방정식을 가정하고 전자의 전이 에너지를 찾아라.(결과에 대한 해석을 위하여 예제 6.10을 참고하라.)

20. 1차원적으로 해석한 우라늄 핵(반경 $= 7.4 \times 10^{-15}$ m)에 갇힌 (a) 양성자, (b) α입자의 최소 에너지는 얼마인가?

21. 전자가 폭이 0.70 nm인 무한 네모 우물 퍼텐셜에 갇혔다. 그 전자가 초기에 $n = 4$인 상태에 있다면, 전자가 바닥상태로 이동하면서 방출할 수 있는 광자 에너지들은 얼마의 값들이 있겠는가?

6.4 유한 네모 우물 퍼텐셜

22. 유한 네모 우물 퍼텐셜의 우물 폭이 3.00×10^{-15} m이며, 퍼텐셜 우물 내, 질량이 1.88 GeV/c^2인 입자가 있는 경우를 고려해 보자. 세 개의 에너지 준위들을 포함하기 위해서는 퍼텐셜 우물이 얼마나 깊어야 할까?(이 상황은 핵 내의 중양성자를 근사한다.)

23. 무한 네모 우물 퍼텐셜 및 유한 네모 우물 퍼텐셜의 결과를 비교하라. (a) 무한 네모 우물과 비교했을 때, 유한 네모 우물에서 입자의 파장은 더 긴가, 더 짧은가? (b) (주어진 양자수 n에서) 에너지들은 무한 네모 우물에서보다 유한 네모 우물에서 (i) 더 큰지 또는 (ii) 더 작은지를 결정하기 위하여 물리적으로 논의하라. (c) 왜 유한 퍼텐셜에서 유한한 개수의 속박된 에너지 상태들이 존재하는가?

24. 계수 A, C, D와 상대 비율 C/D 사이의 관계를 찾기 위하여, $x = 0$ 지점에서 유한 네모 우물 퍼텐셜에 대하여 경계 조건을 적용하라.

25. 계수 B, C, D와 상대 비율 C/D 사이의 관계를 찾기 위하여, $x = L$ 지점에서 유한 네모 우물 퍼텐셜에 대하여 경계 조건을 적용하라.

6.5 3차원 무한 퍼텐셜 우물

26. 3차원 입방체 상자에서 2, 3, 4, 5번째 준위의 에너지 값들을 찾아라. 어떤 에너지 준위들이 겹침 상태에 존재하는가?

27. 입방체 상자 내에서 여기상태 중 가장 낮은 네 개의 에너지 준위들에 대하여 가능한 (정규화하지 않은) 파동함수를 써 보라.

28. 식 (6.52)에서 입방체 상자에서 바닥상태의 파동함수에 대한 정규화 상수 A를 찾아라.

29. 식 (6.47)에 주어진 파동함수를 식 (6.46)에 대입하여 식 (6.49)를 완성하여 유도하라. 세 양자수들의 기원은 무엇인가?

30. 한 변의 길이가 L인 정육면체 퍼텐셜 우물에 갇힌 입자의 첫 번째 여기상태에 대하여 [식 (6.47)의] 정규화 상수 A를 찾아라. 고려해야 할 세 개의 겹침 상태들이 문제가 되는가?

31. 길이 L, $2L$, $4L$의 직사각형 상자에 입자가 갇혀 있다. 바닥상태와 첫 세 개의 들뜬 상태들에 대한 에너지들을 각각 구하라. 이들 상태들 중 겹침 상태에 존재하는 것이 있는가?

6.6 단조화 진동자

32. 그림 6.9에서 단조화 진동자의 가장 낮은 에너지 준위 E_0에 대한 파동함수 ψ_0에 대한 그럴듯한 형태를 보였다. 파동함수의 모양을 설명하고, 왜 함수가 $x = 0$에서 최대이고 $E = V_0$일 때는 0이 아닌지를 설명하라.

33. 단조화 진동자에서 인접한 에너지 준위들 간의 에너지 차이 $\Delta E_n = E_{n+1} - E_n$는 얼마인가? ΔE_0, ΔE_2, ΔE_{20}는 얼마인가? 얼마나 많은 에너지 준위들이 존재할 수 있는가?

34. 단조화 진동자에서 첫 번째 들뜬 상태 ψ_1에 대한 파동함수는 $\psi_1 = Axe^{-\alpha x^2/2}$이다. 상수 A 값을 찾기 위하여 파동함수를 정규화하라. $\langle x \rangle$, $\langle x^2 \rangle$, $\Delta x = \sqrt{\langle x^2 \rangle - \langle x \rangle^2}$ 을 결정하라.

35. 질량 2.32×10^{-26} kg인 질소 원자가 주파수 10^{13} Hz의 값을 가지며 1차원에서 진동한다. 이에 대한 유효 힘 상수와 양자화된 에너지 준위들은 어떻게 되겠는가?

36. 단조화 진동자에서 파동함수 ψ_n에 대한 하나의 가능한 해는 다음과 같다.

$$\psi_n = A(2\alpha x^2 - 1)e^{-\alpha x^2/2}$$

여기서 A는 상수이다. 에너지 준위 E_n의 값은 얼마인가?

37. 단조화 진동자의 바닥상태에서 어떠한 $\langle p \rangle$, $\langle p^2 \rangle$ 값을 기대할 수 있을까?(힌트: 대칭성과 에너지에 대한 논의들을 참조하라.)

38. 파동함수 $\psi_1 = Axe^{-\alpha x^2/2}$를 슈뢰딩거 방정식에 직접 대입하여 $n = 1$ 상태의 단조화 진동자의 에너지가 $3\hbar\omega/2$임을 보여라.

39. H_2 분자는 탄성 상수 $k = 1.1 \times 10^3$ N/m을 가진 단조화 진동자로 근사될 수 있다. (a) 에너지 준위들을 구하라. (b) H_2 분자가 세 번째 여기상태에서 바닥상태로 떨어지는 과정에서 방출될 때 나타날 수 있는 가능한 광자의 파장들을 구하라.

6.7 장벽과 터널링

40. 초기 우주와 별에서 구성요소들의 탄생은 핵을 터널링하는 양성자와 연루된다. 탄소와 양성자를 포함하는 별의 온도가 12,000 K일 때, ^{12}C를 터널링하는 양성자의 확률을 찾아라.

41. $E > |V_0|$인 조건에서 입자가 장벽 높이가 (a) $+V_0$(그림 6.12를 보라)인 경우와 (b) $-V_0$(그림 6.18을 보라)인 경우의 장벽을 통과할 때, 파장을 상호 비교하라. 두 경우의 운동량과 운동에너지를 계산하라.

42. (a) 에너지 5.0 MeV의 α입자가 무거운 핵의 쿨롱 장벽을 통과할 확률을 계산하라. 장벽은 폭 $L = 1.3 \times 10^{-14}$ m이고, $V_0 = 15$ MeV인 사각 장벽으로 근사된다. (b) 이의 두 배 높이의 장벽에 대하여 다시 계산하라. (c) 장벽의 높이는 원래 높이이지만 폭이 두 배인 장벽에 대하여도 계산하라. 구해진 세 확률들을 상호 비교하라.

43. 그림에 나타낸 퍼텐셜 장벽 내에 갇힌 에너지 E의 입자를 고려하여 퍼텐셜 우물의 내부와 외부에서 가능한 파동함수들을 개략적으로 도시하고 이를 설명하라.

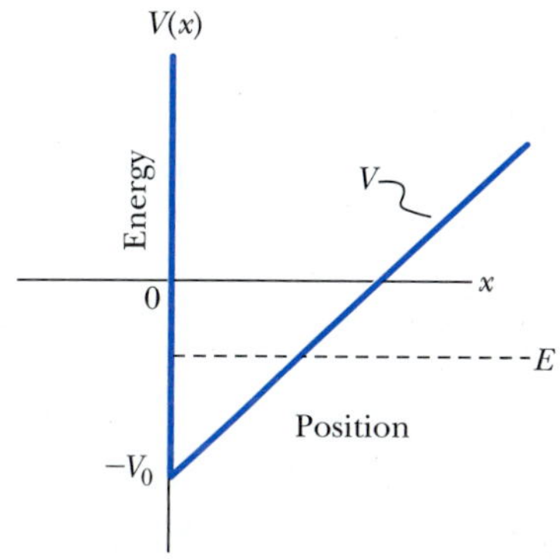

연습문제 43 퍼텐셜 우물은 $x \le 0$에서 무한대이며, $x = 0$에서 $V = -V_0$ 값을 가지며 선형적으로 증가한다.

44. 에너지 E의 입자가 V_0 높이의 퍼텐셜 장벽으로 접근한다. 여기서 $E \gg V_0$이다. 반사 계수가 대략 $\{[V_0 \sin(kL)]/2E\}^2$임을 보여라.

45. 12.0 eV의 전자들이 높이 4.2 eV의 퍼텐셜 장벽으로 접근한다. (a) 장벽 두께가 얼마일 때 반사가 없을까? (b) 장벽 두께가 얼마일 때 반사가 최대일까?

46. 1.0 eV 전자가 2.5 eV의 퍼텐셜 장벽을 터널링할 확률이 2.0×10^{-4}이다. 1.0 eV 양성자자 같은 퍼텐셜 장벽을 터널링할 확률은 얼마인가?

47. 한 전자가 네모 장벽 퍼텐셜을 터널링하고 있다. (a) 그림 6.12와 유사한 네모 지붕 퍼텐셜에서 양쪽 경계의 퍼텐셜이 0인 퍼텐셜 함수를 그려라. 장벽 앞, 뒤, 내부의 파동함수를 그려라. (b) 장벽의 폭을 두 배로 하여 (a)를 반복하라. (c) 장벽의 높이를 (a)의 두 배로 하여 (a)를 반복하라. 계산은 하지 말고 단지 퍼텐셜 함수 형태를 상대적으로 추정하라.

48. 다음의 확률들을 추정하기 위하여 식 (6.73)을 이용하라. (a) 1.4 eV의 전자가 폭이 2.8 nm이고 높이 6.4 eV인 장벽을 터널링할 확률. (b) 4.4 MeV의 α입자가 퍼텐셜 장벽이 19.2 MeV이고 폭이 7.4 fm인 우라늄 핵을 터널링하여 통과할 확률. (c) 두 경우들에 대하여 얻어진 근사치들이 유효한지 논의하고 설명해 보라.

일반적인 문제

49. 아래의 사인 함수과 코사인 함수

$$\psi = A\sin(kx) + B\cos(kx)$$

의 단순 선형 조합이 자유입자($V = 0$)에 대하여 시간에 독립적인 슈뢰딩거 방정식을 만족하는지 확인하라.

50. (a) 아래의 사인 함수와 코사인 함수

$$\Psi(x, t) = A\sin(kx - \omega t) + B\cos(kx - \omega t)$$

의 단순 선형 조합이 A와 B가 실수일 때 자유입자($V = 0$)에 대하여 시간 종속적인 슈뢰딩거 방정식을 만족하는지 확인하라. (b) 변형된 식

$$\Psi(x, t) = A\cos(kx - \omega t) - iA\sin(kx - \omega t)$$

에 대하여 이를 반복하라.

51. 질량 m인 입자가 길이가 L, $L/\sqrt{2}$, $2L$인 3차원 사각형 퍼텐셜 우물에 갇혀 있다. 상자 내부는 $V = 0$, 외부는 $V = \infty$이다. 우물 내부에서 다음의 식을 가정한다.

$$\psi = A\sin(k_1 x)\sin(k_2 y)\sin(k_3 z)$$

허용된 에너지 준위들을 찾기 위하여, 주어진 파동함수를 슈뢰딩거 방정식에 대입하고, 적절한 경계 조건들을 적용하라. 바닥상태와 여기된 에너지 준위들 중 가장 낮은 네 개의 에너지 준위들을 찾아라. 이 중 어느 에너지 준위가 겹침 상태에 있는가?

52. 퍼텐셜이 $V = 0$인 영역에서 파동함수가 $\sqrt{2/\alpha}\sin(3\pi x/\alpha)$로 주어졌다. 이 시스템의 에너지를 계산하라.

53. $x \le 0$일 때 $V = \infty$, $0 < x < L$일 때 $V = 0$, $x \ge L$일 때 $V = V_0$인 준무한 우물 퍼텐셜을 고려하라. (a) 가능한 파동함수가 우물 내부에서는 $A\sin kx$이고, $x > L$에서는 $Be^{-\kappa x}$임을 보여라. 여기서 $k = \sqrt{2mE}/\hbar$이고 $\kappa = \sqrt{2m(V_0 - E)}/\hbar$이다. (b) 경계 조건들을 적용하여 $\kappa\tan(kL) = -k$임을 보여라.

54. $V_0 = \hbar/2mL^2$를 가정하고 연습문제 53의 준무한 퍼텐셜 우물 내에 있는 입자의 바닥상태의 에너지가 $0.04\hbar^2/2mL^2$임을 보여라.

55. 준무한 우물에서 경계 조건을 만족하는 해의 수가 한정됨을 증명하라.

56. 중성자와 양성자로 핵을 이루는 중양성자를 모델화하기 위하여 준무한 우물 퍼텐셜을 이용하라. 우물의 폭은 3.5×10^{-15} m이고, $V_0 - E = 2.2$ MeV로 가정하고 에너지 E를 결정하라. 얼마나 많은 여기상태가 존재하며, 그들의 에너지들은 얼마가 되겠는가?

57. 폭이 $2a_0$(바닥상태의 수소 원자의 지름)인 1차원 무한 퍼텐셜 우물에 갇힌 수소 원자 모델을 고려하여 전자의 바닥상태 에너지를 찾고 그 결과에 대하여 서술하라.

58. 연습문제 57을 입방체의 무한 퍼텐셜 우물에 대하여 반복하라. 입방체 무한 퍼텐셜 우물에서 각각의 길이는 $2a_0$로 같다.

59. 실험실에서 12 N/m인 용수철에 0.15 kg 질량체를 달아 단순 조화 진동을 만든다. (a) 진동의 진폭이 0.10 m이라면, 양자 조화 진동에 해당하는 양자수 n은 얼마인가? (b) 이러한 진동의 양자 바닥상태의 진폭은 얼마가 되겠는가? (c) 이 진동자에서 인접한 에너지 준위들 사이에서 전이가 이루어질 때 방출되는 광자의 에너지는 얼마인가? 각각의 결과들에 대하여 논의하라.

60. 무중력 공간에서 2.0 mg의 먼지 입자가 1.0 mm 떨어진 단단한 벽들 사이에서 앞뒤로 움직이도록 제한되어 있다. (a) 만약 해당 먼지 입자가 양자 바닥상태에 놓여 있다면, 이의 속력은 얼마가 되겠는가? (b) 만약 해당 먼지 입자가 실제로 0.25 mm/s의 속력으로 움직이고 있다면, 이러한 양자상태에 해당하는 양자수는 얼마가 되겠는가?

61. $n = 2$인 단조화 진동자의 파동함수가 $A(1-2\alpha x^2)e^{-\alpha x^2/2}$이다. (a) 이 파동함수를 슈뢰딩거 방정식에 대입함으로써 에너지 준위가 $5\hbar\omega/2$임을 보여라. (b) $\langle x\rangle$와 $\langle x^2\rangle$을 찾아라.

62. 입자가 $x = 0$과 $x = L$ 사이의 무한 네모 우물 퍼텐셜에 갇혀 있다. 이때의 파동함수는 바닥상태와 첫 번째 들뜬 상태의 중첩이다. 이 파동함수는 다음과 같다.

$$\psi(x) = \frac{1}{2}\psi_1(x) + \frac{\sqrt{3}}{2}\psi_2(x)$$

파동함수가 정규화되어 있음을 보여라.

63. *모스 퍼텐셜*(Morse potential)은 이원자 분자를 묘사하기 위한 실제 퍼텐셜의 좋은 근사이다. 이는 $V(r) = D(1 - e^{-\alpha(r-r_e)})^2$으로 주어지고, 여기서 D는 분자 해리 에너지, r_e는 원자들 사이의 평형 거리이다. 작은 진동에 대하여 $r - r_e$는 작고, $V(r)$은 단조화 퍼텐셜로 이끌어 내기 위하여 테일러 급수로 전개될 수 있다. 테일러 급수 전개에서 $V(r)$의 가장 작은 항을 찾고, 이는 $(r - r_e)$에 대한 이차항임을 보여라.

64. 연습문제 63의 모스 퍼텐셜에서 진동 에너지 레벨 E_V가 다음과 같이 주어짐을 보여라.

$$E_V = \hbar\omega\left(n + \frac{1}{2}\right) - \frac{\hbar^2\omega^2}{4D}\left(n + \frac{1}{2}\right)^2$$

여기서

$$\omega = a\sqrt{\frac{2D}{m_r}}$$

이고, n은 진동 양자수, m_r은 환산질량, $E_V \ll D$이다. D = 4.42 eV, a = 7.8 nm^{-1}일 때 KCl에서 가장 낮은 세 개의 에너지 준위들을 찾아라.

65. x와 y축을 따라 각 변이 L인 2차원 네모 상자 내부에 갇힌 질량 m인 입자를 고려하여 파동함수와 에너지 준위가 다음과 같이 구해짐을 보여라.

$$\psi(x, y) = \frac{2}{L}\sin\frac{n_x \pi x}{L}\sin\frac{n_y \pi y}{L}$$

$$E = \frac{\hbar^2\pi^2}{2mL^2}(n_x^2 + n_y^2)$$

첫 여섯 개의 에너지 준위들을 도시하고, 이에 대한 양자수들을 구하라.

66. 1차원적인 무한 네모 우물 퍼텐셜 및 유한 네모 우물 퍼텐셜 각각에 대하여 다음의 상황들을 도시하라: (a) 가장 낮은 네 개의 에너지 준위들과 (b) 네 개의 가장 낮은 에너지 상태들에 대한 확률밀도들. (c) 두 퍼텐셜들 사이의 차이점과 왜 이렇게 되는지에 대하여 논의하라.

67. STM으로 측정된 두 나노선들이 1.3 nm만큼 떨어져 있다. 그 선들의 내부에서는 퍼텐셜에너지가 0이지만, 두 선 사이에서는 퍼텐셜에너지가 전자의 에너지보다 0.9 eV만큼 크다. 전자가 한 나노선에서 다른 나노선으로 지나갈 확률을 구하라.

68. WKB 근사는 $E > V(x)$이고 퍼텐셜 $V(x)$가 x에 따라 천천히 그리고 점진적으로 변하는 경우 1차원의 시간 독립적인 슈뢰딩거 방정식의 해를 구하는 데 유용하다. 이러한 경우 파장 $\lambda(x)$는 $V(x)$가 x에 의존적이므로 x에 따라 변한다. (a) 퍼텐셜 $V(x)$ 내에서 질량 m을 가지는 입자에 대한 파장을 다음과 같이 쓸 수 있음을 보여라.

$$\lambda(x) = \frac{h}{\sqrt{2m[E - V(x)]}}$$

(b) 거리 간격 dx 안에 맞추어질 수 있는 진동들의 개수를 고려함으로써, 다음 수식이 유효함을 보여라. 여기서 n은 정수이고, 퍼텐셜 우물 내부에 들어맞는 정상파들의 개수를 나타낸다.

$$2\int\sqrt{2m[E - V(x)]}dx = n\hbar \quad n\text{은 정수} \qquad (6.74)$$

이는 WKB 근사를 나타낸다.(힌트: 다음 방정식이 도움이 될 것이다.)

$$\int\frac{dx}{\lambda(x)} = \frac{n}{2}$$

69. 연습문제 68에서 다음의 그림에 제시된 퍼텐셜을 가지고 식 (6.74)의 WKB 근사를 사용해 보라. $x \leq 0$일 때 $V(x) = \infty$이고, $x > 0$일 때 $V(x) = Ax$이다. (a) 양자화된 에너지 값들을 찾아라. (b) 가장 낮은 세 개의 상태들에 대하여 파동함수들을 $V(x)$ 함수 위에 도시하라.

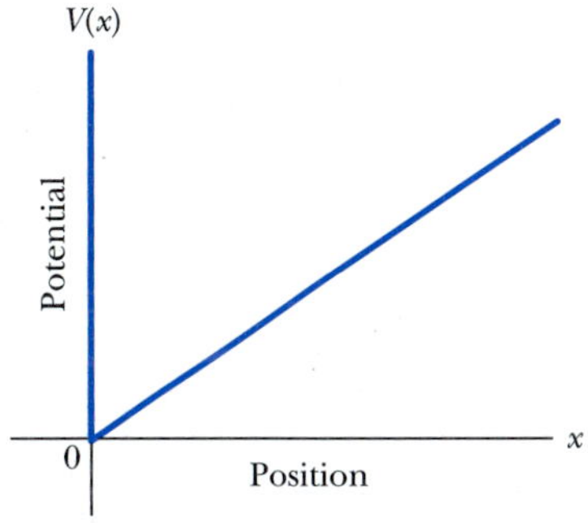

연습문제 69 $x \leq 0$일 때 퍼텐셜 $V(x) = \infty$이고, $x < 0$일 때 $V(x) = Ax$이다.

70. Special Topic '주사 탐침 현미경'에서 주사 터널링 현미경(scanning tunneling microscope, STM)의 극도로 높은 감도에 대하여 설명하였다. STM 표본과 탐침 사이의 단지 0.4 nm 정도의 터널링 간극 변화는 10^4 정도의 터널링 전류를 변화시킬 수 있다고 한다. 그러한 상황을 만들어 낼 수 있는 전자에너지와 장벽 높이 사이의 차이를 알아내기 위하여, 식 (6.70)에서 장벽의 폭이 넓은 경우로 근사하여 상기 진술이 타당할 수 있음을 확인하라. 구한 답을 eV 단위로 기술하고, 결과에 대하여 논의하라.

71. x축을 따라 길이가 L_1이고 y축을 따라 높이가 L_2인 2차원 직사각형 상자 내부에 질량이 m이고 총에너지 E인 자유입자를 고려해 보자. 퍼텐셜에너지는 $0 < x < L_1$이고 $0 < y < L_2$일 때 0이고 다른 곳에서는 ∞이다. 입자는 퍼텐셜에너지가 0인 상자 안에만 있을 수 있다. (a) 변수 분리를 사용하여 시간 독립 파동함수 $\psi(x, y)$가 다음과 같음을 보여라.

$$\psi(x, y) = A\sin\left(\frac{n_1\pi}{L_1}x\right)\sin\left(\frac{n_2\pi}{L_2}y\right)$$

여기서 A는 상수이고 n_1과 n_2는 모두 각각 x 및 y 방향과 관련된 양자수들이다. (b) 상수 A는 어떻게 되겠는가?

72. 연습문제 71에서 에너지들은 양자수 n_1과 n_2로 양자화 되어 있음을 보여라. (a) 에너지는 무엇인가? (b) 상자가 $L = L_1 = L_2$인 정사각형인 경우 가장 낮은 세 개의 에너지 상태들을 나열하라. (c) (b)에서 발견된 세 개의 상태들의 겹침에 대하여 논의하라. (d) 처음 세 개의 상태들 모두에

대한 양자수들을 적어 보라.

73. 컴퓨터를 사용하여 이전 문제에서 가장 낮은 세 개의 상태들에 대한 파동함수들과 확률분포들을 그려라.

74. 상자가 정사각형인 경우($L = L_1 = L_2$), 2차원 무한 퍼텐셜 우물 내의 입자(연습문제 71 및 72)를 다시 고려해 보자. 세 번째 에너지 준위보다 큰 다섯 개의 에너지 상태들에 대한 양자수들과 에너지 준위들을 찾아라. 이 중 어느 것들이 겹침 상태인지 확인하라.

CHAPTER

7

수소 원자

The Hydrogen Atom

> 내가 초등학교 때 받은 최악의 꾸지람은 "원자가 뭐야?"라고 묻는 반 친구를 조롱해서였다. 초등학교 3학년이었던 내 생각에 그 질문은 미취학 어린이에게나 걸맞은 무지 수준을 드러내는 질문이었지만 선생님은 동의하지 않았고 일주일 동안 휴게시간을 금지하였다. 나는 몇 년 전 노벨상을 받은 물리학자가 가르치는 양자역학 수업에 앉아 있을 때까지 그 일을 잊고 있었다. 수소 원자에 대한 잔인할 정도로 추상적인 강의 중간에 한 용감한 2학년 학생이 손을 들고 똑같은 질문을 했었다. 모두가 놀랄 만큼 우리 연사는 한동안 침묵에 잠겼다. 그는 영원할 것 같은 시간 동안 창밖을 바라보다가 "모르겠다"고 대답하였다.
>
> Alex Stone, *The Secret Life of Atoms*, Discover (June 2007)

수소 원자는 가장 단순한 원자이기 때문에 다른 원자들보다 더 많은 실험과 연구의 대상이 되었다. 3장에서 논의한 수소 선 스펙트럼과 4장의 수소 원자에 대한 보어 모형은 물리학에서 중요한 돌파구였다. 6장에서는 다양한 모델에 대한 슈뢰딩거 방정식과 그 응용에 대하여 배웠다. 이제 양자역학을 다음 몇 장에서 다룰 실제 물리계에 적용할 수 있는 도구를 가지게 되었다. 첫 번째 주제는 원자물리학으로, 자연스럽게 슈뢰딩거 방정식을 수소 원자에 적용하는 것으로 시작할 것이다. 여러 양자수가 실험 결과를 설명하는 데 필요하다는 것을 깨닫게 될 것이다. 이 장에서는 수소에만 국한하지만(예를 들면, 7.4절의 슈테른-게를라흐 실험) 수소 원자를 이해하기 위한 중요한 실험 결과를 포함시키기 위하여 때때로 주제에서 벗어나기도 한다. 7.2절과 7.6절은 고급 주제로, 연속성 문제 없이 생략할 수 있다.

7.1 슈뢰딩거 방정식의 수소 원자 응용

수소 원자는 3차원 슈뢰딩거 방정식의 모든 복잡성이 요구되는 최초의 계이다. 전자-양성자계의 퍼텐셜에너지를 정전기적 퍼텐셜로 근사하는 것은 적절한 근사이다.

$$V(r) = -\frac{e^2}{4\pi\epsilon_0 r} \tag{7.1}$$

시간에 무관한 3차원 슈뢰딩거 방정식 (6.43)을 아래와 같이 다시 쓸 수 있다.

$$-\frac{\hbar^2}{2m}\frac{1}{\psi(x, y, z)}\left[\frac{\partial^2\psi(x, y, z)}{\partial x^2} + \frac{\partial^2\psi(x, y, z)}{\partial y^2} + \frac{\partial^2\psi(x, y, z)}{\partial z^2}\right] = E - V(r) \tag{7.2}$$

4장에서 논의한 것처럼, 정확한 질량 m은 양성자와 전자의 환산질량 μ로 수정하여야 한다. 또, 식 (7.1)에 적절한 μ를 대입하고 e^2을 Ze^2으로 대치시킴으로써 He^+와 Li^{++}와 같은 수소꼴 원자(hydrogen-like atom 또는 hydrogenic atom)들에 대해서도 연구할 수 있다. 여기서 Z는 원자 번호이다.

식 (7.2)의 퍼텐셜 $V(r)$이 양성자와 전자 사이의 거리에만 의존함에 주목하자. 이러한 지름 대칭의 이점을 살려서 좌표계를 구면 극좌표계로 변환한다. 이 변환은 x, y, z 직교좌표와 구면 극좌표 r, θ, ϕ 사이의 관계를 그림 7.1에 나타내었다. 식 (7.2)를 구면 극좌표로 변환하는 것은 어렵지는 않다. 쿨롱 퍼텐셜을 변환된 슈뢰딩거 방정식에 삽입하면 식 (7.3)을 얻는다.

구면 좌표계에서의 슈뢰딩거 방정식

$$\frac{1}{r^2}\frac{\partial}{\partial r}\left(r^2\frac{\partial\psi}{\partial r}\right)+\frac{1}{r^2\sin\theta}\frac{\partial}{\partial\theta}\left(\sin\theta\frac{\partial\psi}{\partial\theta}\right)+\frac{1}{r^2\sin^2\theta}\frac{\partial^2\psi}{\partial\phi^2}+\frac{2\mu}{\hbar^2}(E-V)\psi=0 \quad (7.3)$$

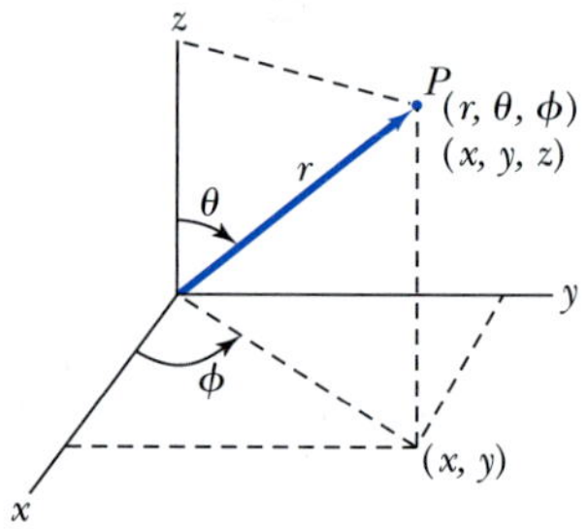

$x = r\sin\theta\cos\phi$
$y = r\sin\theta\sin\phi$
$z = r\cos\theta$
$r = \sqrt{x^2+y^2+z^2}$
$\theta = \cos^{-1}\frac{z}{r}$ (Polar angle)
$\phi = \tan^{-1}\frac{y}{x}$ (Azimuthal angle)

그림 7.1 구면 극좌표계(r, θ, ϕ)와 직교좌표계(x, y, z) 사이의 관계식

파동함수 ψ는 이제 $r, \theta, \phi[\psi(r, \theta, \phi)]$의 함수이나, 여기서는 간결성을 위하여 단순히 ψ로 쓸 것이다. 편미분 방정식의 학술용어로, 식 (7.3)은 분리 가능하다고 하여 해를 각각 r, θ, ϕ 한 변수에만 의존하는 세 개의 함수의 곱으로 구할 수 있다는 것을 의미한다.(이 분리는 슈뢰딩거 방정식의 시간 의존 부분을 $e^{-iEt/\hbar}$로 분리하였던 것과 매우 유사하다.) 해의 형태가 아래와 같다고 시도해 보자.

$$\psi(r, \theta, \phi) = R(r)f(\theta)g(\phi) \quad (7.4)$$

이 대체식은 식 (7.3)의 편미분 방정식을 개별 좌표에만 의존하는 세 개의 미분 방정식으로 분리할 수 있도록 한다: r, θ, 혹은 ϕ.

세 개의 미분 방정식 각각의 함수 $R(r)$, $f(\theta)$, $g(\phi)$에 적절한 경계 조건들을 적용시켜야만 한다. 6장에서 보았듯이 세 개로 분리된 각각의 미분 방정식에서 양자수가 하나씩 도출될 것이다. 운동의 각 성분에 대하여 하나의 양자수가 있다는 것을 주목하자. 6장에서 1차원 운동에 대하여 하나의 양자수를, 3차원 운동에서는 세 개의 양자수를 얻었다는 것을 기억하자.

7.2 수소 원자에 대한 슈뢰딩거 방정식의 해

문제를 푸는 첫 단계로 시험 해인 식 (7.4)를 식 (7.3)에 대입한다. 그러면 그 결과로 $R(r)$, $f(\theta)$, $g(\phi)$ 각각에 대하여 하나씩 세 개의 방정식으로 분리할 수 있다. 이 세 개의 방정식의 해로부터 바닥상태나 들뜬 상태에서의 수소 원자의 구조를 이해할 수 있다.

변수분리

식 (7.4)로 시작해서, 아래와 같은 필요한 도함수를 구하고

$$\frac{\partial\psi}{\partial r}=fg\frac{\partial R}{\partial r} \qquad \frac{\partial\psi}{\partial\theta}=Rg\frac{\partial f}{\partial\theta} \qquad \frac{\partial^2\psi}{\partial\phi^2}=Rf\frac{\partial^2 g}{\partial\phi^2} \quad (7.5)$$

이를 식 (7.3)의 슈뢰딩거 방정식에 대입하면 아래 식을 얻는다.

$$\frac{fg}{r^2}\frac{\partial}{\partial r}\left(r^2\frac{\partial R}{\partial r}\right)+\frac{Rg}{r^2\sin\theta}\frac{\partial}{\partial\theta}\left(\sin\theta\frac{\partial f}{\partial\theta}\right)+\frac{Rf}{r^2\sin^2\theta}\frac{\partial^2 g}{\partial\phi^2}+\frac{2\mu}{\hbar^2}(E-V)Rfg=0 \quad (7.6)$$

다음으로 식 (7.6)의 양변에 $r^2\sin^2\theta/Rfg$를 곱한 후 정리한다.

$$-\frac{\sin^2\theta}{R}\frac{\partial}{\partial r}\left(r^2\frac{\partial R}{\partial r}\right)-\frac{2\mu}{\hbar^2}r^2\sin^2\theta\,(E-V)-\frac{\sin\theta}{f}\frac{\partial}{\partial\theta}\left(\sin\theta\frac{\partial f}{\partial\theta}\right)=\frac{1}{g}\frac{\partial^2 g}{\partial\phi^2} \quad (7.7)$$

식 (7.7)을 자세히 관찰해 보자. 식의 좌변에는 변수 r과 θ(그리고 관계 함수 R과 f)만인 반면, 우변에는 ϕ와 ϕ에 관계하는 함수 g만이 있음을 주목하자. 우리는 ϕ를 완전히 분리함으로써 하나의 변수분리를 이루었다. 무슨 의미일까? 식의 좌변은 ϕ와 ϕ에 의존하는 어떠한 함수도 포함되어 있지 않으므로 ϕ가 변해도 변하지 않는다. 비슷하게 우변도 r과 θ의 변화에 무관하다. 이렇게 되기 위한 유일한 방법은 식 (7.7)의 양변 모두가 하나의 같은 상수가 되어야 한다. 식 (7.15)에서 새로운 양자수로 도입할 이 상수를 $-m_\ell^2$으로 놓도록 하자. 상수 $-m_\ell^2$이 식 (7.7)의 우변과 같다고 한다면

$$\frac{1}{g}\frac{\partial^2 g}{\partial\phi^2}=-m_\ell^2$$

이 되고, 재정리하면

$$\frac{d^2 g}{d\phi^2}=-m_\ell^2 g \quad (7.8)$$

방위 방정식

ϕ가 유일한 변수이기 때문에 편미분을 상미분으로 바꾸었음에 주목하자. 구면 극좌표계에서의 각 ϕ가 천문학에서의 방위각에 해당하므로 식 (7.8)을 전통적으로 **방위 방정식**(azimuthal equation)이라 한다. 이 식은 바로 물리학 개론에서 공부하던 조화 진동자의 방정식이고, $g(\phi)$에 대한 해는 사인과 코사인 혹은 지수함수의 형태가 될 것이다. 편의상 $e^{im_\ell\phi}$ 형태의 해를 사용할 것이다.

직접 대입함으로써, 임의의 m_ℓ에 대하여 $e^{im_\ell\phi}$가 식 (7.8)을 만족시킨다는 것을 쉽게 확인할 수 있다. 그러나 어떠한 ϕ에 대해서도 물리적 의미가 있는 해가 되기 위해서는 해는 단일 값을 가져야만 했다. 즉, $g(\phi)=g(\phi+2\pi)$이어야 한다. 예를 들어, 이 의미는 $g(\phi=0)=g(\phi=2\pi)$이어야 하므로 $e^0=e^{2\pi im_\ell}$이 되어야 한다. 이 조건을 만족하기 위한 유일한 길은 m_ℓ이 0이거나 정수이어야 한다(음 혹은 양의 정수). 따라서 양자수 m_ℓ은 0이거나 혹은 양 혹은 음의 정수로 국한된다. 식 (7.8)의 우변의 부호가 음수보다는 양수라면, 해는 물리적으로 실현되지 않을 것이다. 규격화될 수 없고 ϕ에서 단일 값이 될 수 없을 것이다. 식 (7.8)의 해에 대한 좀 더 심도 깊은 논의는 뒤로 미룬다. 지금은 쉽게 얻을 수 있는 해가 존재한다는 것을 인식하는 것만으로도 충분하다.

이제 식 (7.7)의 좌변과 상수 $-m_\ell^2$을 같게 놓고 정리하면 다음의 관계식을 얻는다.

$$\frac{1}{R}\frac{\partial}{\partial r}\left(r^2\frac{\partial R}{\partial r}\right)+\frac{2\mu r^2}{\hbar^2}(E-V)=\frac{m_\ell^2}{\sin^2\theta}-\frac{1}{f\sin\theta}\frac{\partial}{\partial\theta}\left(\sin\theta\frac{\partial f}{\partial\theta}\right) \quad (7.9)$$

r에만 의존하는 모든 항은 좌변으로, θ에만 의존하는 항 모두를 우변으로 나누어 또 하나의 변수분리를 성공적으로 수행하였음에 주목하라. 식 (7.9)의 양변 모두가 하나의 상수와 같다고 놓을 수 있고, 여기서는 $\ell(\ell + 1)$로 한다. 방정식의 양변을 이 상수와 같다고 두면(재정리를 더한 후) 아래와 같은 두 개의 방정식으로 나뉘게 된다.

지름 방정식

$$\frac{1}{r^2}\frac{d}{dr}\left(r^2\frac{dR}{dr}\right)+\frac{2\mu}{\hbar^2}\left[E-V-\frac{\hbar^2}{2\mu}\frac{\ell(\ell+1)}{r^2}\right]R=0 \tag{7.10}$$

과

각 방정식

$$\frac{1}{\sin\theta}\frac{d}{d\theta}\left(\sin\theta\frac{df}{d\theta}\right)+\left[\ell(\ell+1)-\frac{m_\ell^2}{\sin^2\theta}\right]f=0 \tag{7.11}$$

여기서 또다시 변수분리를 한 후에 편미분을 상미분으로 바꾸었다.

이제 변수분리가 완전히 끝났다. 원래의 슈뢰딩거 방정식은 각각 하나의 변수만을 포함하는 세 개의 2차 상미분방정식[(7.8), (7.10), (7.11)]으로 분리되었다.

지름 방정식의 해

지름 방정식(radial equation)이라고 불리는 식 (7.10)은 잘 알려져 있는 미분 방정식이다. 이 식은 프랑스의 수학자 에드몽 니콜라 라게르(Edmond Nicolas Laguerre, 1834~1886)에 의하여 **버금 라게르 방정식**(associated Laguerre equation)으로 알려져 있다. 이 방정식의 적절한 경계 조건을 만족하는 해 R은 *버금 라게르 함수*라고 불린다. 7.6절에서 좀 더 자세히 이 해들에 대하여 논의할 것이다. 바닥상태가 $\ell = 0$의 가장 낮은 양자수를 가진다고 가정하면 바닥상태의 파동함수가 어떻게 보여지는지에 대하여 몇 가지 생각을 얻을 수 있다. 그러면 식에 나타난 조건들에서부터 $m_\ell = 0$이어야 한다. 지름 파동 방정식 (7.10)은 $\ell = 0$일 때 아래와 같이 매우 단순화시킬 수 있음에 주목하자.

$$\frac{1}{r^2}\frac{d}{dr}\left(r^2\frac{dR}{dr}\right)+\frac{2\mu}{\hbar^2}(E-V)R=0 \tag{7.12}$$

식 (7.12)의 첫 항은 괄호 안의 도함수의 곱셈 규칙을 적용하면 두 개의 항으로 전개된다. 두 항을 전개하고 식 (7.1)의 쿨롱 퍼텐셜에너지를 대입하면

$$\frac{d^2R}{dr^2}+\frac{2}{r}\frac{dR}{dr}+\frac{2\mu}{\hbar^2}\left(E+\frac{e^2}{4\pi\epsilon_0 r}\right)R=0 \tag{7.13}$$

을 얻는다. 미분 방정식을 풀어 본 경험이 있는 독자는 지수 형태의 해가 될 것이라는 것을 알 것이다. 아래와 같은 형태를 가진 해를 시도해 보자.

$$R = Ae^{-r/a_0}$$

여기서 A는 규격화 상수이고 a_0는 길이의 차원을 가진 상수이다.(a_0로 선택한 것이 우연

이 아님을 곧 알게 될 것이다.) 시험 해를 지름 방정식 (7.13)에 대입하여 올바른 해인지를 알아보아야 할 것이다. 1차 및 2차 도함수는

$$\frac{dR}{dr} = -\frac{1}{a_0}R \qquad \frac{d^2R}{dr^2} = \frac{R}{a_0^2}$$

이다. 식 (7.13)에 위의 도함수를 대입한 후 정리하면

$$\left(\frac{1}{a_0^2} + \frac{2\mu}{\hbar^2}E\right) + \left(\frac{2\mu e^2}{4\pi\epsilon_0\hbar^2} - \frac{2}{a_0}\right)\frac{1}{r} = 0 \tag{7.14}$$

을 얻는다.

변수분리법에서 적용한 것과 동일한 이유로, 식 (7.14)가 *어떠한* r에 대해서도 만족되기 위한 유일한 방법은 괄호 안 각각 모두를 0으로 두는 것이다. 두 번째 괄호 항을 0으로 둔 후 a_0에 대하여 풀면

$$a_0 = \frac{4\pi\epsilon_0\hbar^2}{\mu e^2}$$

을 얻게 되고, a_0는 실제로 보어반지름임을 알 수 있다[식 (4.24)를 보라]. 이제 식 (7.14)의 첫 번째 괄호 항을 0으로 한 후 E에 대하여 풀면

$$E = -\frac{\hbar^2}{2\mu a_0^2} = -E_0$$

가 되고 보어의 결과와 동일하며 E_0 값은 13.6 eV이다.

이 책에서 버금 라게르 함수의 전반적인 범위를 다루지 않기로 하였기 때문에 여기서는 보다 높은 에너지 상태에 관해서 고려하지 않기로 한다. 대신 몇 가지 중요한 결과들만을 요약하기로 한다.

양자수 도입 지름 파동 방정식의 완전한 해에서는 또 다른 n이라 부르는 양의 정수(그러나 0이 아닌)인 양자수의 (놀랍지 않은) 도입이 필요하다. *각 방정식*(angular equation)이라고 불리는 식 (7.11)은 저명한 수학자 아드리앵마리 르장드르(Adrien-Marie Legendre, 1752~1833)에 의하여 최초로 풀렸다. 이 식은 미분 방정식 이론에서 **버금 르장드르 방정식**(associated Legendre equation)으로 잘 알려져 있다. 식 (7.10)과 (7.11)에 적절한 경계 조건들을 적용하면(이 과정을 여기에서 나타내기는 너무 장황하다) 양자수 ℓ과 m_ℓ에 다음과 같은 구속 조건이 뒤따른다.

$$\begin{aligned} &\ell = 0, 1, 2, 3, \ldots \\ &m_\ell = -\ell, -\ell+1, \ldots, -2, -1, 0, 1, 2, \ldots, \ell-1, \ell \end{aligned} \tag{7.15}$$

즉, 양자수 ℓ은 반드시 0이거나 양의 정수이어야 하고, 양자수 m_ℓ은 양 혹은 음의 정수이거나 0이 되어야 함에 더하여 $|m_\ell| \le \ell$인 구속 조건을 만족해야 한다. 식 (7.9)의 상수로 $\ell(\ell+1)$을 선택한 것은 식 (7.15)의 해를 간결하게 해 준다. 양자수 ℓ은 n보다 작은 값만을 갖는다는 또 다른 구속 조건이 존재한다. 7.3절에서 이 결과들과 세 가지 양자수 n,

ℓ, m_ℓ에 대하여 고려해야 할 모든 사항들에 대하여 다시 다룰 것이다. 그렇지만 예측되는 에너지 준위는 보어의 결과와 동일한

$$E_n = -\frac{E_0}{n^2}$$

로 되어야 할 것임에 우선 주목하자.

양자수 도입을 통하여 파동 방정식을 표현할 준비가 되었다. 처음 몇 지름 방정식 $R_{n\ell}$을 표 7.1에 정리하였다. 여기서 a_0 = 보어반지름 = 5.29×10^{-11} m이다. R의 첨자는 n과 ℓ 값을 특정한다.

각 방정식과 방위 방정식의 해

이제 방위 방정식 (7.8)로 되돌아가자. 이 방정식의 해는 $e^{im_\ell\phi}$ 혹은 $e^{-im_\ell\phi}$의 지수 형태로 나타낼 수 있다. 그러나 각 방정식 역시 양자수 m_ℓ을 포함하기 때문에 각 및 방위 방정식의 해는 서로 연결되어 있다. 관습적으로 두 해를 합하여 *구면 조화함수*(spherical harmonic function) $Y(\theta, \phi)$라 부르는 함수로 나타내고, 아래와 같이 정의된다.

구면 조화함수

$$Y(\theta, \phi) = f(\theta)g(\phi) \tag{7.16}$$

$Y(\theta, \phi)$의 $f(\theta)$ 부분은 항상 ℓ차의 $\sin\theta$와 $\cos\theta$의 다항식 함수이다. $\ell = 3$까지의 규격화된 구면 조화함수를 나열한 표 7.2를 보라.

예제 7.1

구면 조화함수 $Y_{11}(\theta, \phi)$는 각 방정식 (7.11)을 만족함을 보여라.

전략 식 (7.11)에 $\ell = 1$, $m_\ell = 1$을 대입하여 $Y_{11}(\theta, \phi)$를 구할 수 있다. $Y(\theta, \phi) = f(\theta)g(\phi)$이고[식 (7.16)을 보라], θ와 ϕ는 서로 독립적인 변수이기 때문에 θ를 포함하는 인자들로부터 상수값과 변수 ϕ를 분리할 수 있다.

풀이 먼저 표 7.2로부터 $Y_{11}(\theta, \phi)$ 값을 쓰고 다른 모든 인자들로부터 θ를 포함하는 인자들을 분리한다.

$$Y_{11}(\theta, \phi) = -\frac{1}{2}\sqrt{\frac{3}{2\pi}}\sin\theta\, e^{i\phi} = A\sin\theta$$

여기서 A는 θ를 포함하지 않는다.

식 (7.11)에 ℓ, m_ℓ, $Y_{11}(\theta, \phi)$를 대입하면

$$\frac{1}{\sin\theta}\frac{d}{d\theta}\left[A\sin\theta\frac{d(\sin\theta)}{d\theta}\right] + \left(2 - \frac{1}{\sin^2\theta}\right)A\sin\theta = 0$$

A로 나누고 대괄호 안에서 미분을 취하면

$$\frac{1}{\sin\theta}\frac{d}{d\theta}(\sin\theta\cos\theta) + 2\sin\theta - \frac{1}{\sin\theta} = 0$$

최종 미분을 취하고 결과를 대괄호로 정리하면

$$\frac{1}{\sin\theta}[\cos^2\theta - \sin^2\theta] + 2\sin\theta - \frac{1}{\sin\theta} = 0$$

$$\frac{1}{\sin\theta}[1 - 2\sin^2\theta] + 2\sin\theta - \frac{1}{\sin\theta} = 0$$

$$\frac{1}{\sin\theta} - 2\sin\theta + 2\sin\theta - \frac{1}{\sin\theta} = 0$$

$$0 = 0$$

따라서 식 (7.11)이 $Y_{11}(\theta, \phi)$로부터 만족함을 확인할 수 있다.

표 7.1 수소 원자의 지름 방정식

n	ℓ	$R_{n\ell}(r)$
1	0	$\dfrac{2}{(a_0)^{3/2}}e^{-r/a_0}$
2	0	$\left(2-\dfrac{r}{a_0}\right)\dfrac{e^{-r/2a_0}}{(2a_0)^{3/2}}$
2	1	$\dfrac{r}{a_0}\dfrac{e^{-r/2a_0}}{\sqrt{3}(2a_0)^{3/2}}$
3	0	$\dfrac{1}{(a_0)^{3/2}}\dfrac{2}{81\sqrt{3}}\left(27-18\dfrac{r}{a_0}+2\dfrac{r^2}{a_0^2}\right)e^{-r/3a_0}$
3	1	$\dfrac{1}{(a_0)^{3/2}}\dfrac{4}{81\sqrt{6}}\left(6-\dfrac{r}{a_0}\right)\dfrac{r}{a_0}e^{-r/3a_0}$
3	2	$\dfrac{1}{(a_0)^{3/2}}\dfrac{4}{81\sqrt{30}}\dfrac{r^2}{a_0^2}e^{-r/3a_0}$

표 7.2 규격화된 구면 조화함수 $Y(\theta, \phi)$

ℓ	m_ℓ	$Y_{\ell m_\ell}$
0	0	$\dfrac{1}{2\sqrt{\pi}}$
1	0	$\dfrac{1}{2}\sqrt{\dfrac{3}{\pi}}\cos\theta$
1	±1	$\mp\dfrac{1}{2}\sqrt{\dfrac{3}{2\pi}}\sin\theta\, e^{\pm i\phi}$
2	0	$\dfrac{1}{4}\sqrt{\dfrac{5}{\pi}}(3\cos^2\theta-1)$
2	±1	$\mp\dfrac{1}{2}\sqrt{\dfrac{15}{2\pi}}\sin\theta\cos\theta\, e^{\pm i\phi}$
2	±2	$\dfrac{1}{4}\sqrt{\dfrac{15}{2\pi}}\sin^2\theta\, e^{\pm 2i\phi}$
3	0	$\dfrac{1}{4}\sqrt{\dfrac{7}{\pi}}(5\cos^3\theta-3\cos\theta)$
3	±1	$\mp\dfrac{1}{8}\sqrt{\dfrac{21}{\pi}}\sin\theta(5\cos^2\theta-1)\, e^{\pm i\phi}$
3	±2	$\dfrac{1}{4}\sqrt{\dfrac{105}{2\pi}}\sin^2\theta\cos\theta\, e^{\pm 2i\phi}$
3	±3	$\mp\dfrac{1}{8}\sqrt{\dfrac{35}{\pi}}\sin^3\theta\, e^{\pm 3i\phi}$

5.7절과 6.1절에서 확률밀도에 대하여 논의하였다. 그러한 해석으로부터 수소 원자에서 전자의 확률밀도는 $\psi^*\psi$로 주어지는 것을 알고 있다. 그러므로 지름 파동함수 R을 포함한 구면 조화함수가 다양한 양자상태의 확률밀도의 개형을 결정할 것이다. 전체 파동함수 $\psi(r, \theta, \phi)$는 양자수 n, ℓ, m_ℓ에 의존한다. 파동함수를 다음과 같이 쓸 수 있다.

$$\psi_{n\ell m_\ell}(r, \theta, \phi) = R_{n\ell}(r)Y_{\ell m_\ell}(\theta, \phi) \tag{7.17}$$

여기서 $R_{n\ell}(r)$은 n과 ℓ에만, $Y_{\ell m_\ell}(\theta, \phi)$는 ℓ과 m_ℓ에만 의존한다는 것을 아래첨자로 표현하였다. 7.6절에서 이러한 파동함수를 다시 한번 알아볼 것이다.

예제 7.2

수소 원자의 파동함수 ψ_{211}이 규격화되어 있음을 보여라.

전략 6장에서 1차원에 파동함수를 규격화한 식 (6.10)을 참고한다. 이제 3차원 구면 극좌표계에서 파동함수를 규격화하려고 한다. 규격화 조건은

$$\int \psi^*_{n\ell m_\ell}\psi_{n\ell m_\ell}\, d\tau = 1 = \int \psi^*_{211}\psi_{211} r^2 \sin\theta\, dr\, d\theta\, d\phi \tag{7.18}$$

여기서 $d\tau = r^2 \sin\theta\ dr\ d\theta\ d\phi$로 미소부피이다. 표 7.1과 7.2에서 ψ_{211}를 찾는다.

$$\psi_{211} = R_{21}Y_{11} = \left[\frac{r}{a_0}\frac{e^{-r/2a_0}}{\sqrt{3}(2a_0)^{3/2}}\right]\left[\frac{1}{2}\sqrt{\frac{3}{2\pi}}\sin\theta\, e^{i\phi}\right]$$

풀이 파동함수 ψ_{211}를 식 (7.18)에 대입하고, r, θ, ϕ의 적분 구간을 넣어 적분한다. 먼저, $\psi^*_{211}\psi_{211}$를 구한다.

$$\psi^*_{211}\psi_{211} = \frac{1}{64\pi a_0^5} r^2 e^{-r/a_0}\sin^2\theta$$

여기서 인자들이 결합되어 있다. 식 (7.18)로부터 규격화 조건은

$$\begin{aligned}
&\int \psi^*_{211}\psi_{211} r^2 \sin\theta\ dr\ d\theta\ d\phi \\
&\qquad = \frac{1}{64\pi a_0^5}\int_0^\infty r^4 e^{-r/a_0} dr \int_0^\pi \sin^3\theta\, d\theta \int_0^{2\pi} d\phi \\
&\qquad = \frac{1}{64\pi a_0^5}[24a_0^5]\left[\frac{4}{3}\right][2\pi] \\
&\qquad = 1
\end{aligned}$$

적분의 모든 단계를 보이지는 않지만, 각각의 대괄호에 각각의 적분값을 나타냈다. 필요한 적분은 부록 3A 또는 WolframAlpha와 같은 소프트웨어를 이용하여 적분을 수행할 수 있다. 파동함수는 정규화되어 있다.

7.3 양자수

식 (7.3)을 풀어서 얻은 세 개의 양자수는

- n **주양자수**(principal quantum number)
- ℓ **궤도 각운동량 양자수**(orbital angular momentum quantum number)
- m_ℓ **자기 양자수**(magnetic quantum number)

6.1절에 주어진 경계 조건들

이다. 이들 값들은 6.1절에서 논의한 것처럼 파동함수 $\psi(r, \theta, \phi)$에 경계 조건들을 적용시켜서 얻었다. 경계 조건의 요구사항은 파동함수는 유한한 단일 값을 포함한 허용 가능한 특성을 가져야 한다는 것이다. 경계 조건에 의하여 부과된 제한 조건들은 다음과 같다.

$$
\begin{aligned}
n &= 1, 2, 3, 4, \ldots && \text{Integer} \\
\ell &= 0, 1, 2, 3, \ldots, n-1 && \text{Integer} \\
m_\ell &= -\ell, -\ell+1, \ldots, 0, 1, \ldots, \ell-1, \ell && \text{Integer}
\end{aligned}
\tag{7.19}
$$

세 가지 양자수는 모두 반드시 정수이어야 한다. 궤도 각운동량 양자수는 주양자수보다 작아야 하고($\ell < n$), 자기 양자수의 크기(양 혹은 음일 수 있는)는 궤도 각운동량 양자수보다 작거나 같아야만 한다($|m_\ell| \leq l$). 이러한 조건들을 다음과 같이 요약할 수 있다.

$$
\begin{aligned}
n &> 0 \\
\ell &< n \\
|m_\ell| &\leq \ell
\end{aligned}
\tag{7.20}
$$

n 값 중 가장 낮은 값은 1인데, $n = 1$인 경우는 $\ell = 0$, $m_\ell = 0$이다. $n = 2$일 경우는 $\ell = 0$, $m_\ell = 0$뿐만 아니라 $\ell = 1$, $m_\ell = -1, 0, +1$로 가질 수 있다.

개념 예제 7.3

수소 원자에서 $n = 4$에 대하여 가능한 양자수는 무엇인가?

풀이 식 (7.19)와 (7.20)에 주어진 양자수에 대한 제한을 적용한다. 만약 $n = 4$이면 $\ell_{\max} = n - 1$이므로 가능한 ℓ은 $\ell = 0, 1, 2, 3$이다. 각각의 ℓ에 대하여, m_ℓ은 $-\ell$부터 $+\ell$까지 갖는다. 결과를 표로 표현하면 다음과 같다.

n	ℓ	m_ℓ
4	0	0
4	1	−1, 0, 1
4	2	−2, −1, 0, 1, 2
4	3	−3, −2, −1, 0, 1, 2, 3

지금까지도 이러한 양자수에 대한 물리적 의미는 충분하지 않은 것처럼 보인다. 이들을 좀 더 주의 깊게 조사하고, 또 고전적 비유가 가능하다면 그 비유도 찾아보기로 하자.

주양자수 n

주양자수 n은 식 (7.4)의 지름 파동함수 $R(r)$의 해로부터 나온다. 지름 방정식이 퍼텐셜 에너지 $V(r)$을 포함하고 있기 때문에, $R(r)$에 작용하는 경계 조건이 에너지 E를 양자화시킨다는 것은 놀라운 일이 아닐 것이다. 그 결과로 이런 양자화된 에너지는

$$
E_n = \frac{-\mu}{2}\left(\frac{e^2}{4\pi\epsilon_0\hbar}\right)^2 \frac{1}{n^2} = -\frac{E_0}{n^2}
\tag{7.21}
$$

가 된다. 이는 정확히 4장의 보어 이론[식 (4.25)와 (4.26)]으로부터 도출된 값이다. 그래서 수소 원자의 에너지 준위는 주양자수 n에만 의존한다. 에너지 E의 음수값은 전자와 양성자가 함께 속박되어 있음을 의미한다.

전자의 총에너지가 각운동량에 무관하다는 것이 아마 놀랍게 여겨질 것이다. 그렇지만 유사한 상황이 행성 운동에서도 일어나는데, 여기서 에너지는 행성의 타원 궤도의 반

장축(semimajor axis)에만 의존하고 궤도의 이심률(eccentricity)과는 무관하다. 중력이나 쿨롱 힘이 둘 다 중심력이기 때문에, 이와 같은 특성이 태양계와 수소 원자에서 일어난다. 두 계 모두 거리의 역 제곱에 의존한다.

궤도 각운동량 양자수 ℓ

궤도 각운동량 양자수 ℓ은 파동함수의 $R(r)$ 및 $f(\theta)$ 부분에 연관되어 있다. 전자-양성자계는 각각의 주위를 회전하는 입자들에서와 같이 궤도 각운동량을 가진다. 고전적으로 이러한 궤도 각운동량은 $\vec{L} = \vec{r} \times \vec{p}$ 혹은 $L = mv_{\text{orbital}}r$이다. 여기서 v_{orbital}은 궤도속도로 그 방향은 반지름과 수직이다. 양자수 ℓ은 궤도 각운동량 L의 크기와 다음과 같이 관련된다.

$$L = \sqrt{\ell(\ell + 1)}\,\hbar \tag{7.22}$$

이와 같은 L의 ℓ에 대한 이상한 의존성[L^2이 ℓ^2이라기보다는 $\sim\ell(\ell + 1)$]은 파동현상이다. $\psi(r, \theta, \phi)$에 경계 조건을 적용한 결과이다. 이 절의 마지막에서 정당성에 대하여 논의할 것이다. 양자론의 결과는 수소 원자에 대한 초보적인 보어 이론, 즉 $L = n\hbar$와는 일치하지 않는다. 이는 $\ell = 0$인 상태에서 가장 명백하게 보이는데 양자론에서는 $L = \sqrt{0(1)}\,\hbar = 0$이다. 이 결과를 바탕으로 전자가 핵의 궤도를 선회한다고 보는 보어의 반고전적 '행성 모델'은 이제 버려야만 할 것이다.

그림 7.2에 동일한 총에너지를 가지는 몇 가지 다른 고전적 궤도들을 나타냈다. 원자 내 전자의 경우, 에너지는 n에 의존한다; 행성 운동의 경우, 에너지는 반장축에 의존한다; 전자에서의 타원 궤도를 글자 그대로 받아들이지는 말라; 전자의 위치는 확률 함수만으로 설명할 수 있고, 반드시 불확정성 원리와 모순이 없어야 한다. 우리는 에너지가 ℓ값에 무관할 때 특정 에너지 준위가 ℓ에 대하여 *축퇴되었다*라고 말한다(6.5절을 보라). 예를 들면, $n = 3$ 준위의 에너지는 가능한 모든 ℓ값($\ell = 0, 1, 2$)에 대하여 동일하다.*

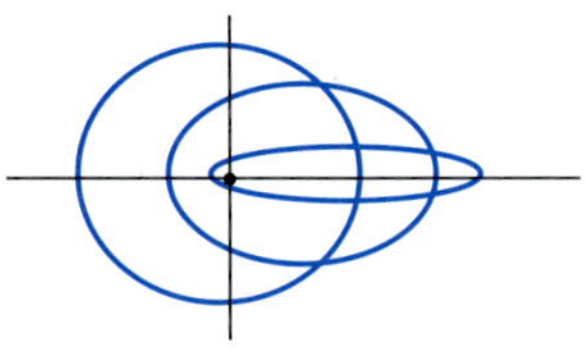

그림 7.2 다양한 가능한 전자의(행성의) 고전적 궤도. 에너지는 주양자수 n에만 의존하고 수소 원자의 각운동량에는 무관하다. $\ell = 0$인 전자가 핵 안쪽에 존재할 유한한 확률이 있다. 물론, $\ell = 0$인 행성이 분명히 태양을 통과하지는 않을 것이다.

관습적으로 ℓ에 대하여 다음과 같은 문자를 사용한다.

$\ell =$	0	1	2	3	4	5 . . .
문자 =	*s*	*p*	*d*	*f*	*g*	*h* . . .

처음 네 개의 ℓ값에 대한 이러한 특정 문자의 지정은 초기 실험에서 경험적인 관측들로부터 유래한다. 즉, *s*harp, *p*rincipal, *d*iffuse, *f*undamental이고, $\ell = 3$ 다음의 문자들은 알파벳순을 따른다.

일반적으로 원자의 상태는 n수와 ℓ문자로 나타내어진다. 그래서 $n = 2$와 $\ell = 1$인 상태는 $2p$상태라고 불린다. 다른 다양한 원자상태들의 예는 $1s(n = 1, \ell = 0)$, $2s(n = 2, \ell = 0)$, $4d(n = 4, \ell = 2)$, $6g(n = 6, \ell = 4)$ 등이다. $2d$와 같은 상태는 $n = 2$와 $\ell = 2$를 나타내므로 불가능하다. 왜냐하면 경계 조건은 $n > \ell$이기를 만족해야 하기 때문이다.

---

*이 표현은 수소와 같은 단일전자 원자들에 대해서 참이다. 8장에서 다수의 전자를 갖는 원자에 대해서 주어진 n 값에 대하여 낮은 ℓ 값을 갖는 전자가 낮은 에너지에 놓이는 것을 배울 것이다.

자기 양자수 m_ℓ

궤도 각운동량 양자수 ℓ은 각운동량 $\vec{L}$의 크기를 결정한다. 그러나 $\vec{L}$이 벡터량이기 때문에 방향을 가지게 된다. 고전적으로, 외부장이 없는 곳에서는, 수소 원자 계에 토크(torque, 돌림힘)가 작용하지 않기 때문에 각운동량 $\vec{L}$은 운동에 대하여 상수이고 보존된다. $f(\theta)$에 대한 슈뢰딩거 방정식의 해에 의하면 ℓ이 반드시 정수이어야 하므로, 따라서 $\vec{L}$의 크기도 양자화되어야만 한다.

각 ϕ는 z축에 대하여 회전한 정도를 나타낸다. $g(\phi)$대한 해에 의하면 m_ℓ은 정수이고 각운동량 $\vec{L}$의 z성분에 관련됨을 알 수 있다.

$$L_z = m_\ell \hbar \tag{7.23}$$

$\ell = 2$일 때 L, L_z, ℓ, m_ℓ 사이의 관계를 그림 7.3에 나타내었다. L의 크기는 고정되어 있다[$L = \sqrt{\ell(\ell+1)}\hbar = \sqrt{6}\hbar$]. L_z가 양자화되어 있기 때문에, $\vec{L}$은 m_ℓ의 각각의 값에 대응하는(즉, L_z에 대응하는) 특정 방향만을 가질 수 있다. 공간상에서 $\vec{L}$의 특정 방향만이 허용되므로 이러한 현상을 **공간 양자화**(space quantization)라 부른다.

공간 양자화

공간상에서 z축을 선택하여 선호하는 방향으로 설정할지 여부를 물을 수 있을 것이다. 공간상에서 선호하는 방향을 정의하기 위한 외부자기장이 없는 경우 z축의 방향은 완전히 임의로 선택해도 된다. 만약 자기장이 있다면, 관습적으로 $\vec{B}$방향을 z축으로 선택한다. 이러한 이유로 m_ℓ을 *자기 양자수*라고 부른다.

마찬가지로 x축과 y축을 따라 서로 각운동량이 양자화될 수 있을까? 답은 양자론에서 $\vec{L}$은 공간상에서 단지 한 방향으로만 양자화되는 것을 허용한다는 것이다. $\vec{L}$의 크기를 알기 때문에, 두 번째 성분에 대한 지식은 $L^2 = L_x^2 + L_y^2 + L_z^2$ 관계식 세 번째 성분에 대한 지식을 함축할 것이다. 다음 주장은 하이젠베르크의 불확정성 원리를 위반할 것이라는 것을 의미한다. 만약 $\vec{L}$의 세 가지 성분 모두를 알면, $\vec{L}$의 방향 역시 알게 된다. 이렇게 되면 전자의 궤도운동이 $\vec{L}$에 수직인 평면 내에 제한되어 있기 때문에, 공간상에서 전자 위치의 한 성분에 대한 정확한 정보를 가지는 것으로 된다. 그러나 전자를 그 평

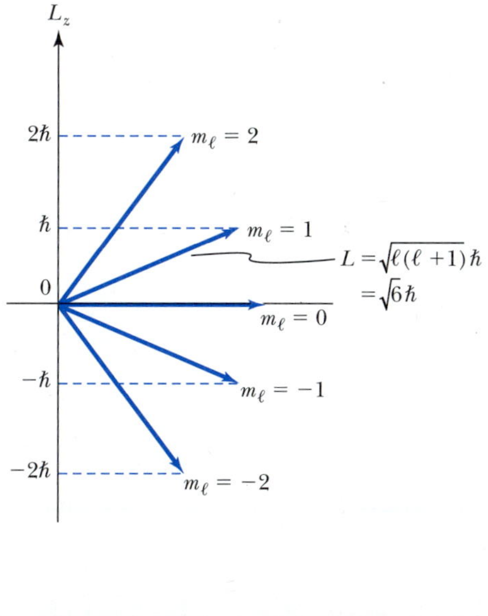

그림 7.3 허락되는 m_ℓ값을 갖는 $\vec{L}$과 L_z 사이 관계식의 개념도

면에 가두는 것은 전자의 $\vec{L}$방향의 운동량 성분이 *정확히* 0이 된다는 것을 의미한다. 이렇게 동일한 성분의 위치 및 운동량을 동시에 안다는 것은 불확정성 원리에서 허용되지 않는다.

$|\vec{L}|$과 L_z만이 동시에 정할 수 있다. L_x 및 L_y 값은 $L^2 = L_x^2 + L_y^2 + L_z^2$과는 모순이 없어야 하지만 개별적으로는 정할 수는 없다. 물리학자들은 알려진 L과 L_z를 '예리한(sharp)'으로 나타내고, 알려지지 않은 L_x와 L_y를 '흐릿한(fuzzy)'으로 나타낸다. $L = \sqrt{\ell(\ell+1)}\hbar$이고 $|\vec{L}| > |L_z|_{\max} = \ell\hbar$이므로, 각운동량 벡터 $\vec{L}$은 *결코* z 방향을 가리킬 수 없다(그림 7.3을 보라). 슈뢰딩거 방정식을 풀어서 나온 수소 원자에 대한 결과들은 불확정성 원리와 일치한다.

방금 언급한 공간 양자화는 실험적 사실이다. L_z 값은 $-\ell$에서 $+\ell$까지 1씩 변하여, $2\ell + 1$개의 허용된 값을 가진다. x, y, z 방향에 특별한 차등이 없기 때문에 각운동량 성분을 제곱한 것의 평균값(기대값)은 세 방향에 대하여 모두 동일할 것으로 기대되며 $\langle L_x^2 \rangle = \langle L_y^2 \rangle = \langle L_z^2 \rangle$일 것이다. 평균값 $\langle L^2 \rangle$은 어느 한 성분의 제곱 평균값의 세 배와 같다. 즉, z성분을 취하면 $\langle L^2 \rangle = 3\langle L_z^2 \rangle$이다. L_z^2의 평균값을 구하기 위하여, L_z^2의 모든 양자수의 제곱들을 합한 후 총 개수 $2\ell + 1$로 나누면 될 것이다.

$$\langle L^2 \rangle = 3\langle L_z^2 \rangle = \frac{3}{2\ell+1}\sum_{m_\ell=-\ell}^{\ell} m_\ell^2\hbar^2 = \ell(\ell+1)\hbar^2 \tag{7.24}$$

여기서의 합산 결과는 수리표를 사용하였다. L^2의 기대값이 $\ell(\ell + 1)$에 의존한다는 것을 설명하는 이러한 다소 간단한 논의는 리처드 파인먼(Richard Feynman)이 처음으로 하였고, 피터 월든 밀로니(P. W. Milonni)에 의하여 간소화되었다.*

*P. W. Milonni, *American Journal of Physics* **58**, 1012 (1990)

예제 7.4

$n = 3$ 준위의 축퇴는 몇 개인가? 즉, 같은 에너지 $E_3 = -E_0/9$에 얼마나 많은 다른 상태를 포함하는가?

전략 우리가 지금까지 논의해 왔던 양자수에 대하여 검토하기 좋은 기회이다. 수소 원자의 에너지 고유값은 주양자수 n에 의존한다(자기장이 없을 때). 각각의 n에 대하여, n개의 다른 궤도 각운동량 ℓ상태가 있다($\ell = 0, 1, \cdots, n-1$). 각각의 ℓ값에 대하여, $2\ell + 1$개의 다른 자기 양자 상태가 있다($m_\ell = -\ell, -\ell+1, \cdots, 0, 1, \cdots, +\ell$).

풀이 $n = 3$일 때 총 축퇴수를 찾기 위하여 우리는 모든 가능성을 더해야 한다.

n	ℓ	m_ℓ	$2\ell + 1$
3	0	0	1
3	1	−1, 0, 1	3
3	2	−2, −1, 0, 1, 2	5
			Total = 9

모든 아홉 개의 상태는 같은 에너지를 가지고 있지만 다른 양자수를 갖고 있기 때문에 (자기장이 없을 때) $n = 3$인 준위는 축퇴되어 있다. 그러나 파동 방정식은 매우 다르다. 일반적으로 축퇴수는 n^2이다(연습문제 16을 보라).

7.4 원자 스펙트럼에 대한 자기효과—정상 제이만 효과

네덜란드의 물리학자 피터르 제이만(Pieter Zeeman)은 1896년에 이미 자기장 내에 놓여 있는 원자에 의하여 방출되는 스펙트럼선들이 넓어지고, 분리되어 나타나는 것을 보였다. 외부자기장이 있을 때 에너지 준위가 여러 준위로 나뉘는 현상을 **제이만 효과**(Zeeman effect)라 부른다. 스펙트럼선이 세 개로 분리되는 것을 *정상* 제이만 효과라고 부른다. 때때로 세 개 이상의 선들로 분리되는데 이러한 효과를 *비정상* 제이만 효과라고 한다. 여기서 논의할 정상 제이만 효과는 원자가 작은 자석처럼 행동하는 것으로 생각하여 이해할 수 있다. 훨씬 복잡한 비정상 제이만 효과에 대한 논의는 8.3절에서 할 것이다. 1920년대까지 수소와 다른 원소의 원자 스펙트럼 선들에 상당한 **미세구조**(fine structure)들이 관찰되었다. 미세구조는 스펙트럼선을 두 개 또는 세 개로 분할한다는 것을 말한다.

개략적인 모델로서 원자핵 주위를 회전하는 전자를 원형 전류고리처럼 생각하자. 전류고리는 자기모멘트 $\mu = IA$를 가진다. 여기서 A는 전류고리의 면적이고 전류 $I = dq/dt$는 단순히 전자의 전하 $q = -e$를 전자가 한 바퀴 도는 데 걸리는 시간인 주기 T로 나눈 것이다($T = 2\pi r/v$).

$$\mu = IA = \frac{q}{T}A = \frac{(-e)\pi r^2}{2\pi r/v} = \frac{-erv}{2} = -\frac{e}{2m}L \tag{7.25}$$

여기서 $L = mvr$은 궤도 각운동량이다. 자기모멘트 $\vec{\mu}$와 각운동량 $\vec{L}$ 모두가 벡터량이기 때문에

$$\vec{\mu} = -\frac{e}{2m}\vec{L} \tag{7.26}$$

이다. $\vec{\mu}$와 $\vec{L}$의 관계를 그림 7.4에 나타냈다.

정렬시키려는 외부자기장이 존재하지 않을 때, 원자들의 자기모멘트 $\vec{\mu}$는 무질서하여 임의의 방향으로 놓이게 된다. 고전 전자기학에서, 자기모멘트 $\vec{\mu}$를 갖는 자기쌍극자가 외부자기장하에 놓이면, 쌍극자는 자기장 방향으로 쌍극자를 정렬시키려는 토크(돌림힘) $\vec{\tau} = \vec{\mu} \times \vec{B}$를 경험하게 된다. 쌍극자 역시 자기장에 의하여 다음과 같은 퍼텐셜에너지 V_B를 갖게 된다.

$$V_B = -\vec{\mu} \cdot \vec{B} \tag{7.27}$$

고전물리학에 따라, 만약 계가 자신의 퍼텐셜에너지를 변화시킬 수 있다면, 자기모멘트는 에너지가 최소화되도록 자신을 외부자기장 방향으로 정렬시킬 것이다.

중력장에서 팽이의 경우와 유사하다. 아이들의 팽이는 중력장에서 세차운동한다. 다시 말하여, 팽이의 회전 중심축은 수직한 중력 방향 주위를 회전한다. 중력이 각운동량의 방향과 나란하지 않으면, 팽이를 넘어뜨리려는 중력이 중력장 방향 주위로 팽이가 세차운동을 하게 만든다. 정확히 같은 일이 자기장하에서 원자의 자기모멘트에서 일어난다.

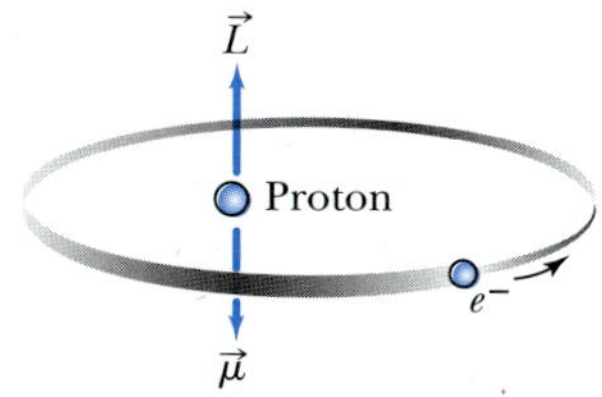

그림 7.4 양성자 주변을 공전하는 전자에 의한 수소 원자의 궤도 각운동량 $\vec{L}$과 자기모멘트 $\vec{\mu}$에 대한 표현. 음전하이기 때문에 $\vec{L}$과 $\vec{\mu}$의 방향은 반대이다.

각운동량은 자기모멘트와 나란히 정렬되고 $\vec{\mu}$와 $\vec{B}$ 사이의 토크는 자기장 주위로 $\vec{\mu}$를 정렬시키지 않고 $\vec{\mu}$의 세차운동을 일으킨다(그림 7.5를 보라). 자기장은 공간상에 관례적으로 z축으로 정의하면

$$\mu_z = \frac{e\hbar}{2m} m_\ell = -\mu_B m_\ell \tag{7.28}$$

보어 마그네톤

여기서 $\mu_B = e\hbar/2m$는 자기모멘트의 기본 단위가 되고 **보어 마그네톤**(Bohr magneton)이라고 부른다. L_z는 양자화되어 있고 $L = \sqrt{\ell(\ell+1)}\hbar > m_\ell\hbar$이므로 $|\vec{\mu}| = \mu_z$가 될 수는 없다. 자기모멘트는 z 방향으로 정확히 정렬할 수는 없다. 각운동량 $\vec{L}$처럼 자기모멘트 $\vec{\mu}$도 어떤 양자화된 방향만을 가지게 된다. 보어 마그네톤을 사용하여 $\vec{\mu} = -\mu_B\vec{L}/\hbar$로 쓸 수 있음에 주목하라.

예제 7.5

외부자기장 $\vec{B}$에서 자기모멘트 $\vec{\mu}$를 갖는 원자의 세차 진동수를 구하라. 이러한 세차는 *라모어 세차*(Larmor precession)로 알려져 있다.

전략 우리는 이미 토크 $\vec{\tau}$가 $\vec{\mu} \times \vec{B}$이며 또한 고전역학에서 토크가 $d\vec{L}/dt$라는 것을 알고 있다. 그림 7.5에서 토크는 $\vec{\mu}$, $\vec{L}$, $\vec{B}$에 수직이며 책장의 표면 방향이다. 그림 7.5에서 볼 수 있듯이 이 방향은 운동량 $d\vec{L}$의 변화 방향이어야 한다. 그러므로 $\vec{L}$과 $\vec{\mu}$는 자기장을 중심으로 세차운동을 한다. 라모어 세차의 진동수 ω_L은 $d\phi/dt$로 주어진다.

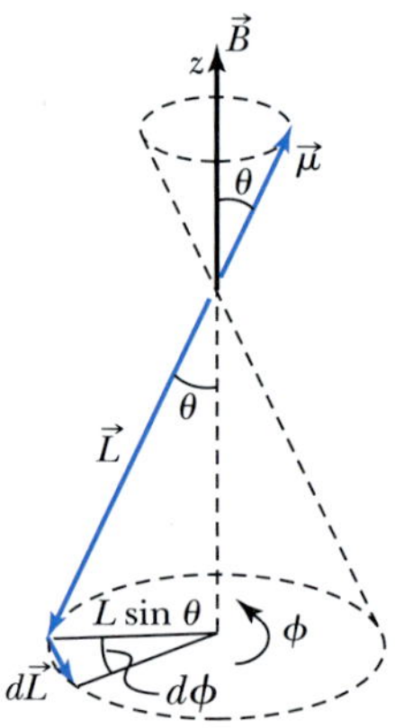

그림 7.5 자기쌍극자 $\vec{\mu}$를 갖는 원자는 외부자기장 $\vec{B}$에 의하여 토크 $\vec{\tau} = \vec{\mu} \times \vec{B}$를 경험한다. 이 토크는 항상 $d\vec{L}/dt$과 같아야 한다. 벡터 $\vec{\mu}$와 $\vec{L}$은 반평행이고 그래서 $d\vec{L}/dt$은 $\vec{\mu}$, $\vec{B}$, $\vec{L}$과 수직을 이룬다. 그림에서 보이는 것처럼 $d\vec{L}/dt$은 두 벡터 $\vec{\mu}$와 $\vec{L}$이 자기장 $\vec{B}$를 중심으로 세차운동하게 한다.

풀이 $d\vec{L}$의 크기는 $L\sin\theta\, d\phi$로 주어지므로(그림 7.5를 보라), ω_L은 다음과 같다.

$$\omega_L = \frac{d\phi}{dt} = \frac{1}{L\sin\theta}\frac{dL}{dt} \tag{7.29}$$

식 (7.26)으로부터 $L = 2m\mu/e$를 대입한다. dL/dt 값 $\vec{\mu} \times \vec{B}$의 크기는 그림 7.5로부터 $\mu B\sin\theta$라는 것을 알 수 있다. 식 (7.29)는 다음과 같다.

$$\omega_L = \left(\frac{e}{2m\mu\sin\theta}\right)\mu B\sin\theta = \frac{eB}{2m} \tag{7.30}$$

자기장 내에서 궤도운동을 하는 전자의 에너지는 어떻게 될까? 자기모멘트를 $\vec{B}$로부터 떨어져 회전시키기 위하여 일이 필요하다. $\vec{B}$가 z축 방향이면, 식 (7.27)에 의하여

$$V_B = -\mu_z B = +\mu_B m_\ell B \tag{7.31}$$

로 된다. 퍼텐셜에너지는 *자기 양자수* m_ℓ에 의하여 양자화된다. 주어진 ℓ에 대하여 (축퇴

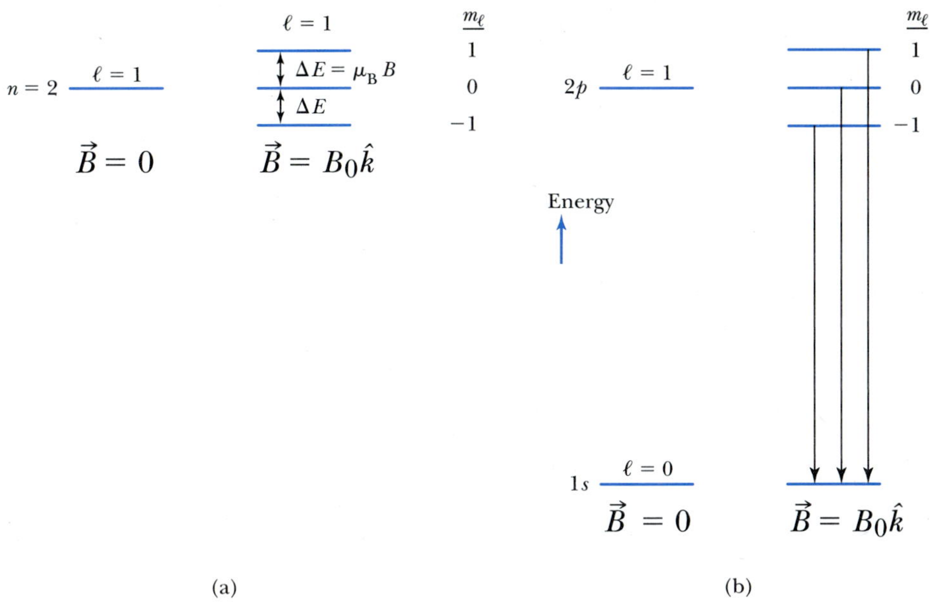

그림 7.6 정상 제이만 효과. (a) 외부자기장은 $2p$ 준위의 축퇴를 없애고 세 개의 다른 에너지 상태를 발현시킨다. (b) 수소 원자에서 들뜬 $2p$ 준위에서 $1s$ 바닥상태로의 전이가 일어난다. 에너지 ΔE는 에너지 축에서 지극히 과장되게 표현되었다.

된) 각각의 원자 준위는 m_ℓ값에 따라 $2\ell + 1$개의 서로 다른 에너지 상태로 분리된다. 주어진 $n\ell$ 준위의 에너지 축퇴는 자기장에 의하여 사라진다(그림 7.6a를 보라). 만약 축퇴된 에너지가 E_0일 때, $\ell = 1$ 상태에서 자기장 B에서 세 개의 다른 에너지는 다음과 같다.

m_ℓ	**Energy**
1	$E_0 + \mu_B B$
0	E_0
−1	$E_0 - \mu_B B$

개념 예제 7.6

다섯 개의 축퇴를 갖는 수소 원자의 가장 낮은 $n\ell$상태는 무엇인가?

풀이 다섯 개의 m_ℓ 상태를 갖는 가장 낮은 에너지 $n\ell$ 상태를 찾고자 한다. $2\ell + 1 = 5$이기 때문에 이는 $\ell = 2$인 상태이다. 가장 낮은 $\ell = 2$인 상태는 $n > 1$이므로 $3d$일 것이다.

예제 7.7

보어 마그네톤의 값은 얼마인가? 이 값을 이용하여 2.00 T의 외부자기장에 놓여 있는 수소 원자의 $2p$상태에서 $m_\ell = 0$과 $m_\ell = +1$ 성분 사이의 에너지 차이를 계산하라.

전략 보어 마그네톤을 구하기 위하여 μ_B 방정식에 e, $\hbar$, m을 대입한다.[식 (7.28) 이후의 본문을 참고하라.] 에너지 차는 식 (7.31)로부터 구할 수 있다.

풀이 보어 마그네톤은 다음과 같이 구할 수 있다.

$$\mu_B = \frac{e\hbar}{2m}$$

$$= \frac{(1.602 \times 10^{-19}\ \text{C})(1.055 \times 10^{-34}\ \text{J} \cdot \text{s})}{2\ (9.11 \times 10^{-31}\ \text{kg})}$$

$$\mu_B = 9.27 \times 10^{-24}\ \text{J/T} \tag{7.32}$$

국제 표준 단위계가 사용되었다(T = 자기장에 대하여 테슬라).

식 (7.31)로부터 에너지 차를 구할 수 있다(그림 7.6a를 보라).

$$\Delta E = \mu_B B\, \Delta m_\ell \tag{7.33}$$

여기서 $\Delta m_\ell = 1 - 0 = 1$이다. 그러므로

$$\Delta E = (9.27 \times 10^{-24}\ \text{J/T})(2.00\ \text{T}) = 1.85 \times 10^{-23}\ \text{J}$$
$$= 1.16 \times 10^{-4}\ \text{eV}$$

10^{-4} eV의 에너지 차이는 광학적인 방법으로 쉽게 관측된다.

AIP/Emilio Segrè Visual Archives, Segrè Collection.

오토 슈테른(Otto Stern, 1888~1969)은 독일 인근(현재는 폴란드)에서 태어나 교육받았다. 1933년 나치의 박해를 피해 독일을 떠나 미국으로 이민 갈 때까지 여러 대학에서 연구하였다. 슈테른은 이론가로 교육받고 훈련받았지만, 1920년에 발터 게를라흐와 함께 프랑크푸르트대학에서 분자 빔 실험을 시작하면서 실험으로 전환하였다. 그의 탁월한 성과는 함부르크와 이후 피츠버그의 카네기 공학연구소에서도 계속되었다. 슈테른은 1943년에 노벨상을 수상하였다.

정상 제이만 효과로 불리는 스펙트럼선의 분리는 외부자기장을 인가함으로써 부분적으로나마 설명할 수 있다(그림 7.6을 보라). 자기장이 인가될 때, 수소 원자의 $2p$ 준위는 식 (7.33)으로 주어지는 에너지 차이를 가지고 세 개의 서로 다른 에너지 상태로 분리된다(그림 7.6a). 들뜬 $2p$ 준위의 전자가 $1s$ 바닥상태로 전이하면 그림 7.6b에서 보이는 것처럼 (매우 과장된) 세 개의 서로 다른 에너지 전이가 일어난다. 그림 7.6b에서 보이는 것처럼 세 개의 스펙트럼선 사이의 에너지 차는 매우 작으며 1896년에 피터르 제이만이 처음 관찰하였다. 예전에 같은 에너지를 갖는 양자화된 상태가 이제는 약간 차이를 갖기 때문에 외부자기장을 인가하여 많은 에너지 축퇴를 제거하였다. 전자가 이러한 상태 사이를 전이할 때 흡수되거나 생성된 광자가 광범위하게 변하는 에너지를 갖는다. 7.6절에서 정상 제이만 효과에서는 m_ℓ에 대한 선택률로 인해서 세 개 이상의 다른 선들이 허용되지 않는다는 것을 보게 될 것이다(연습문제 33을 보라).

예제 7.7에서처럼 에너지 차 ΔE를 측정함으로써, 공간 양자화(m_ℓ)의 효과들을 검출하려는 노력들이 1920년대에 시작되었다. 1922년에 슈테른과 게를라흐는 공간 양자화에 대한 명백한 증거를 보이는 실험 결과들을 보고하였다. 외부자기장이 불균일하면, 예를 들어 북극보다 남극에서 더 강하면, 토크뿐만 아니라 자기장에 놓여 있는 자석에 알짜 힘이 작용할 것이다. 이러한 힘을 그림 7.7에 나타내었고 여기서 $\vec{\mu}$에 작용하는 알짜 힘(막대자석에서 N에 대한 S방향)은 불균일한 자기장 $\vec{B}$ 내에서 $\vec{\mu}$의 방향에 따라 서로 다르게 작용함을 보이고 있다.

이제 $\ell = 1$ 상태의 원자빔을 z축 방향의 자기장을 지나도록 하면, 식 (7.31)로부터 $V_B = -\mu_z B$, 입자에 작용하는 힘 $F_z = -(dV_B/dz) = \mu_z(dB/dz)$이다. 세 가지 가능한 m_ℓ 상태에 대하여 각각 서로 다른 힘들이 작용할 것이다. 슈테른-게를라흐 실험의 개략도를 그림 7.8에 나타내었다. $m_\ell = +1$인 상태는 아래로, $m_\ell = -1$인 상태는 위로 휘어질 것이며, $m_\ell = 0$인 상태는 휘지 않을 것이다.

슈테른과 게를라흐는 은 원자를 가지고 실험을 수행하여 확실히 구별되는 두 개의 선을(세 개가 아님) 관측하였다. 비록 m_ℓ 상태의 수가 항상 홀수($2\ell + 1$) 개이고 만약 공간 양자화가 자기 양자수 m_ℓ 때문에 일어난다면 홀수 개의 선들을 만들어야 하지만 이 실험은 공간 양자화를 명백히 보여 준 실험이었다.

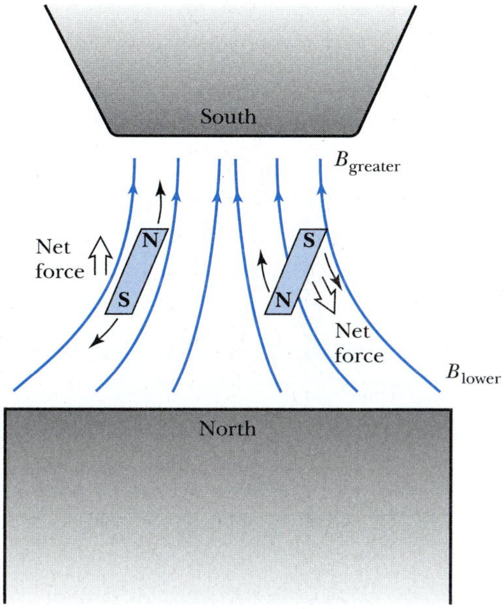

그림 7.7 불균일한 자기장은 더 작은 남극에 의하여 만들어진다. 원자 자기모멘트를 나타내는 두 개의 막대자석은 반대 방향의 $\vec{\mu}$를 갖는다. 막대자석의 위쪽에 작용하는 힘이 아래쪽보다 더 크기 때문에 막대자석(원자)에 작용하는 총 선형 힘이 존재할 것이다.

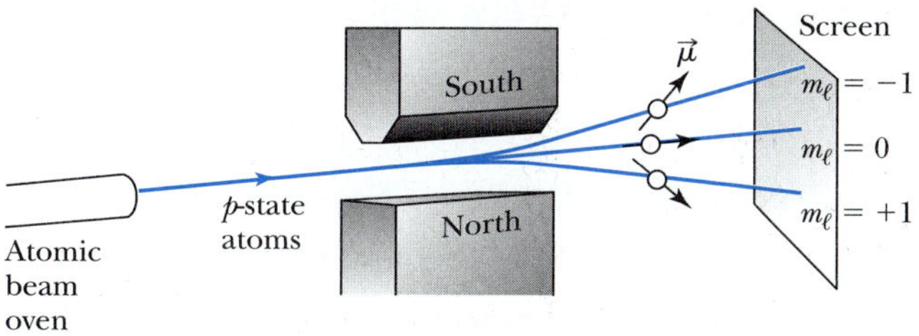

그림 7.8 만약 p상태의 원자를 이용했을 때 슈테른-게를라흐 실험에서 예측되는 결과의 개념도. $m_\ell = \pm 1, 0$이기 때문에, 막에서 원자의 세 가지 상태가 관찰될 것으로 예측된다. 자석의 극성은 그림 7.7에서 보인 것처럼 정렬시켜 자기장의 변화를 유도한다. 슈테른과 게를라흐에 의하여 구현된 실험에서는 세 개가 아니라 두 개만 관측되었다(7.5절을 보라).

예제 7.8

1927년에 일리노이대학의 핍스(T. E. Phipps)와 테일러(J. B. Taylor)는 슈테른-게를라흐 실험과 비슷하지만, 은 대신에 수소 원자를 사용한 중요한 실험을 발표하였다. 수소는 가장 간단한 원자이고, 불균일한 자기장 안에서의 원자빔의 분리가 좀 더 명확하게 설명될 수 있었기 때문에 연구가 수행되었다. 수소 원자빔은 663 K의 온도를 가지는 방전관 안에서 생성되었다. 잘 집속된 빔은 z 방향으로 평균 기울기 1240 T/m인 (길이 3 cm의) 불균일한 자기장을 x 방향으로 통과한다. 수소 원자의 자기모멘트가 1 보어 마그네톤이라면, 원자선의 분리는 얼마인가?

전략 식 (7.31)의 퍼텐셜에너지로부터 힘을 구할 수 있다.

$$F_z = -\frac{dV}{dz} = \mu_z \frac{dB}{dz}$$

수소 원자의 z 방향 가속도는 $a_z = F_z/m$이다. 이 가속도로 인하여 원자의 z축 방향으로의 분리는 $d = a_z t^2/2$이다. 원자가 불균일한 자기장 안에서 보내는 시간은 $t = \Delta x/v_x$이고, 여기서 Δx는 불균일한 자기장의 길이, v_x는 자기장 안에서 원자의 등속력이다. 그러므로 분리 d는

$$d = \frac{1}{2} a_z t^2 = \frac{1}{2}\left(\frac{F_z}{m}\right)t^2 = \frac{1}{2m}\left(\mu_z \frac{dB}{dz}\right)\left(\frac{\Delta x}{v_x}\right)^2$$

v_x를 제외하고 d를 구하기 위한 모든 값은 알고 있다. 하지만 수소 기체의 온도를 알고 있다. x 방향으로 집속된 원자의 평균 에너지는 $\frac{1}{2}m\overline{v_x^2} = \frac{3}{2}kT$이다.

풀이 $\overline{v_x^2}$를 계산하면 다음과 같다.

$$\overline{v_x^2} = \frac{3kT}{m} = \frac{3(1.38 \times 10^{-23}\ \mathrm{J/K})(663\ \mathrm{K})}{1.67 \times 10^{-27}\ \mathrm{kg}}$$
$$= 1.64 \times 10^7\ \mathrm{m^2/s^2}$$

이제 원자 하나의 분리 d를 구하면

$$d = \frac{1}{2(1.67 \times 10^{-27}\ \mathrm{kg})}(9.27 \times 10^{-24}\ \mathrm{J/T})(1240\ \mathrm{T/m})$$
$$\times \frac{(0.03\ \mathrm{m})^2}{(1.64 \times 10^7\ \mathrm{m^2/s^2})} = 0.19 \times 10^{-3}\ \mathrm{m}$$

핍스와 테일러는 슈테른과 게를라흐가 은 원자에서 얻은 것처럼 단지 두 개의 선 분리를 발견하였고, 자기장이 없을 때 가운데를 지나는 빛으로부터 선 분리는 계산한 것과 같은 0.19 mm이었다. 두 선의 총 분리(하나는 위로 다른 하나는 아래로 편향된)는 0.38 mm이었다. 왜 두 개의 선으로만 존재하는지는 의문으로 남아 있었다.

7.5 고유스핀

1920년대 초 슈테른-게를라흐 실험에서 관찰된 공간 양자화 및 스펙트럼선의 수에 문제가 있음이 분명하였다. 볼프강 파울리(Wolfgang Pauli)는 전자에 (n, ℓ, m_ℓ 이후) 네 번째 양자수를 부여함으로써 7.4절에서 논의된 비정상 광학 스펙트럼(anomalous optical spectrum)을 설명할 수 있을 것이라고 최초로 제안했었다. 네 번째 양자수에 대한 그의 추론은 네 개의 차원(3차원 공간, 1차원 시간)을 가지는 상대론에 근거하였다. 네 번째 양자수의 물리적 중요성을 분명하게 밝히지는 못하였다.

1925년에 두 명의 젊은 네덜란드의 물리학 대학원생들이었던 굳스미트(Samuel Goudsmit)와 우렌베크(George Uhlenbeck)는 *전자는 반드시 고유 각운동량을 가져야만 하고*, 따라서 자기모멘트도 가져야만 한다고(전자는 전하를 띠고 있으므로) 제안하였다. 고전적으로 이것은 지구가 태양 궤도를 회전하면서 자기 자신의 축을 중심으로 자전한다는 사실과 같은 행성 모델과도 대응된다. 그렇지만 이러한 간단한 고전적 그림을 전하를 띤 자전하는 전자에 적용할 때 심각한 문제점이 드러난다. 필요한 각운동량을 얻기 위하여 에렌페스트(Paul Ehrenfest)는 전자의 표면(또는 전자구름)이 광속보다 더 빠른 속도로 움직여야만 한다는 것을 보였다. 만약 이와 같은 고유 각운동량이 존재한다면 우리는 이를 *순전히 양자역학적 결과*로 간주해야 한다(연습문제 44, 45를 보라).

고유스핀 양자수

실험 결과를 설명하기 위하여 굳스미트와 우렌베크는 전자는 반드시 **고유스핀 양자수**(intrinsic spin quantum number) s는 $s = 1/2$을 가져야 한다고 제안하였다. 자전하는 전자는 자기장 내에서 전자의 궤도운동과 유사하게 반응한다. 그러므로 각운동량 변수인 L, L_z, ℓ, m_ℓ과 유사한 양을 찾아야만 했다. 유추하면, 스핀 각운동량 벡터 $\vec{S}$의 $2s + 1 = 2(1/2) + 1 = 2$개의 성분이 있을 것이다. 결과적으로 **자기스핀 양자수**(magnetic spin quantum number) m_s는 $m_s = \pm 1/2$의 두 가지 값만을 가진다. 전자의 스핀은 자기장 내에서 '위(up)'나 '아래(down)'로의 방향을 가질 것이나(그림 7.9를 보라) 전자는 *자기모멘트* μ_s가 정확하게 z축(외부자기장 $\vec{B}$의 방향)을 따르도록 자전하지는 못한다.

자기스핀 양자수

앞서 논의한 바 있는 세 양자수(n, ℓ, m_ℓ)에 의하여 기술되는 원자상태 각각마다, 이

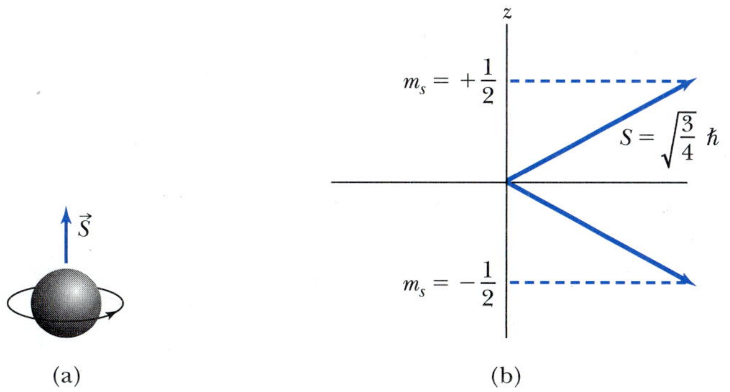

그림 7.9 (a) 회전하는 전자의 고유스핀 각운동량 $\vec{S}$의 순수 고전 모델. (b) z축(외부전기장의 방향)에 대하여 두 개의 위치를 가질 수 있는 $\vec{S}$의 양자화. $\vec{S}$의 z성분은 $S_z = \pm\hbar/2$이다.

제 두 가지 구별되는 상태들 $m_s = +1/2$, $m_s = -1/2$이 있다. 원자들이 자기장 내에 있지 않으면 이러한 상태들은 에너지가 축퇴된다. 자기장 내에서의 이러한 상태들은 식 (7.33)에 의한 것처럼 에너지가 분리되어 서로 다른 에너지들을 가지게 될 것이다. 자기장에 의한 이러한 에너지 준위의 *분리*를 에너지 축퇴가 제거되었다고 말한다.

고유스핀 각운동량 벡터

고유스핀 각운동량 벡터(intrinsic spin angular momentum vector) $\vec{S}$는 $|\vec{S}| = \sqrt{s(s+1)}\hbar = \sqrt{3/4}\hbar$ 크기를 갖는다. 자기모멘트는 $\vec{\mu}_s = -(e/m)\vec{S}$ 혹은 $-2\mu_B\vec{S}/\hbar$이다. $\vec{S}/\hbar$의 계수가 궤도 각운동량 $\vec{L}$에서와는 달리 $-\mu_B$가 아니고 $-2\mu_B$가 되는 것은 상대론의 결과[디랙 방정식(Dirac equation)]로 여기서 더 이상 논의하지는 않을 것이다. 자기모멘트가 각각의 각운동량 벡터에 관련된 수적인 계수를 **자기회전비율**(gyromagnetic ratio)이라고 부르고 적절한 첨자(ℓ 또는 s)를 붙인 g로 표시하면 $g_\ell = 1$이고 $g_s = 2$이다. 자기회전비율을 써서 나타내면

자기회전비율 g_ℓ

$$\vec{\mu}_\ell = -\frac{g_\ell \mu_B \vec{L}}{\hbar} = -\frac{\mu_B \vec{L}}{\hbar} \tag{7.34a}$$

자기회전비율 g_s

$$\vec{\mu}_s = -\frac{g_s \mu_B \vec{S}}{\hbar} = -2\frac{\mu_B \vec{S}}{\hbar} \tag{7.34b}$$

이다. $\vec{S}$의 z성분은 $S_z = m_s\hbar = \pm\hbar/2$이다.

이제 슈테른과 게를라흐의 실험에서 왜 단지 구별되는 두 가지 선들만이 보였는지를 이해할 수 있게 되었다. 만약 원자들이 $\ell = 0$인 상태에 있었다면 m_ℓ에 의한 분리는 없었을 것이다. 그러나 고유스핀에 의한 공간 양자화는 여전히 있고 이는 불균일한 자기장에 의하여 영향을 받게 될 것이다. $\vec{\mu}_\ell$(이제 아래첨자 ℓ을 사용하여 궤도운동하는 전자에 의한 자기모멘트를 나타내고, 아래첨자 s를 사용하여 고유스핀에 의한 자기모멘트를 나타낸다)에 대하여 앞서 사용되었던 동일한 논의가 $\vec{\mu}_s$에 대해서도 적용될 수 있고, 식 (7.27)의 퍼텐셜에너지는 다음과 같이 된다.

$$V_B = -\vec{\mu}_s \cdot \vec{B} = +\frac{e}{m}\vec{S} \cdot \vec{B} \tag{7.35}$$

만약 궤도운동을 하는 전자의 좌표계에서 수소 원자를 본다면, 고전적으로 그림 7.10에

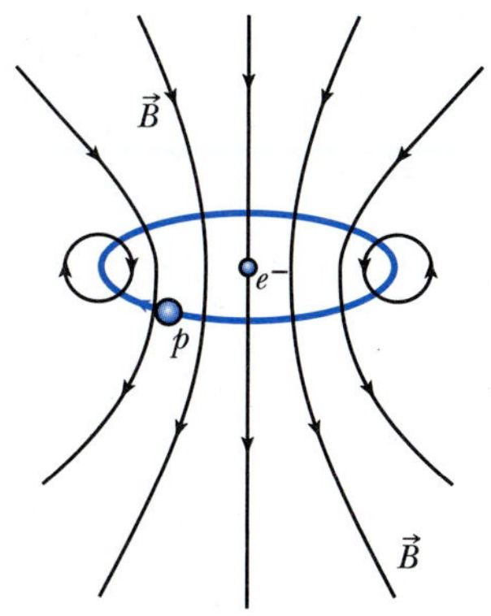

그림 7.10 전자를 기준틀로 한 좌표계에서 수소 원자. 이 경우, 공전하는 양성자는 전자 위치에 자기장을 발생시킨다.

Special Topic

수소와 21-cm띠 전이

수소 원자의 양성자와 전자는 모두 고유스핀을 가지고 있다. 이러한 회전하는 각각의 입자는 자석으로 생각할 수 있다. 그림 A에 수소 원자의 개념도에서 두 가지 경우—양성자와 전자의 스핀(자기모멘트)이 나란히 정렬된 경우와 반대로 정렬된 경우—를 나타냈다. 물리학 개론에서 스핀이 반대인 경우, 계(이 경우 수소 원자)는 더 낮은 에너지 상태에 있게 된다. 이러한 효과에 대하여 식 (7.35)에 대한 논의에서 언급하였다. 막대자석 두 개를 손에 들고 가까이 가져갔을 때 막대자석이 어떤 구성으로 되어 있는지 확인하기만 하면 된다. 그림 A의 오른쪽에 나타낸 것과 같은 효과로 두 자석은 자기장이 서로 반대 방향이 되길 바란다. 전자가 스핀을 나란한 방향에서 반대 방향으로 바꾸는 과정을 *스핀 뒤집기 전이*(spin-flip transition)라고 한다.

2차 세계대전 중 독일이 네덜란드를 점령해 있는 동안, 위대한 네덜란드 천문학자 얀 오르트(Jan Oort, 1900~1992)는 수천 광년 이상 떨어진 물체를 검출할 수 있는 전파 스펙트럼 띠를 발견하고자 했다. 그는 띠의 도플러 편이(Doppler shift)를 쉽게 관찰할 수 있는 스펙트럼 띠를 원했고, 그의 대학원생인 헐스트(H. C. van de Hulst)에게 수소가 좋은 예일 것이라고 제안하였다. 1944년 헐스트는 원자상태 수소의 $n = 1$ 띠에서 평행(나란한) 상태와 반평행(반대) 상태 사이의 전이가 작동할 것이라고 결정하였다. 평행상태(자기모멘트가 나란한)는 반평행상태보다 단지 5.9×10^{-6} eV 큰 값을 가졌다. 그렇게 작은 에너지

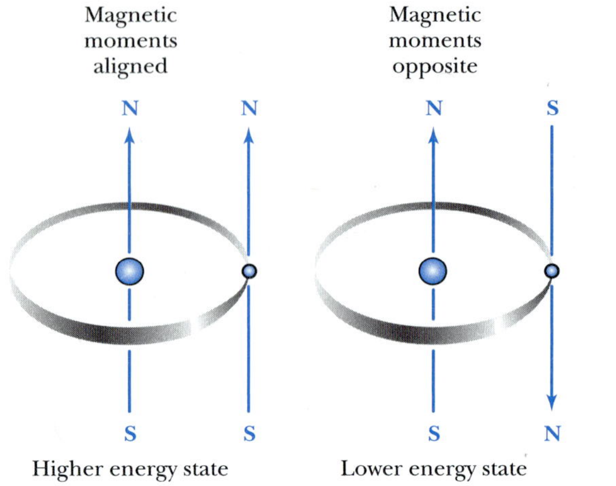

그림 A 양성자와 전자의 스핀이 나란히 정렬되었을 때(왼쪽) 수소 원자의 상태($n = 1$)는 반대로 정렬되었을 때(오른쪽)보다 약간 높은 에너지 상태이다. 전자 스핀이 나란한 방향에서 반대 방향으로 변할 때(*스핀 뒤집기 전이*), 특성 21 cm 파장을 갖는 광자가 방출된다.

차이를 *초미세구조*(hyperfine structure)라고 한다. 수소 원자가 평행상태로 들뜨게 되면 결과적으로 반평행한 바닥상태로 붕괴되고, 방출되는 광자는 1420 MHz의 주파수와 21.1 cm의 파장을 갖게 된다. 이것이 1951년 하버드대학의 해럴드 이완(Harold Ewen)과 에드워드 퍼셀(Edward Purcell)이 처음 발견한 원자 상태 수소의 21-cm띠 전이의 기원이 된다.

성간 물질(interstellar medium)은 기체와 먼지가 분산된 매질을 포함한 별 사이의 공간이다. 이 매질의 약 90%는 수소(원자와 분자 상태)로 채워져 있다. 은하수는

서 보이는 것과 같은 결과를 얻는다. 이러한 고전적 설명은 궤도운동하는 양성자가 전자의 위치에 자기장을 생성한다는 것을 알 수 있다. 그러므로 심지어 외부자기장이 없어도 전자는 내부자기장의 효과를 느낄 것이고, 식 (7.35)로부터 전자의 스핀이 위 또는 아래인지에 따라서 에너지 차이가 있을 것이라는 예견을 할 수 있다. 많은 준위들이 실질적으로 소위 *이중선*(doublet)이라고 불리는 두 다른 상태로 분리된다.

1928년 디랙(P. A. M. Dirac)이 제안한 상대론적 양자역학에 의하면 상대론의 결과로서 전자의 고유스핀이 네 번째 양자수가 되어야 함을 보였다.

1 원자/cm^3의 밀도와 100 K 또는 더 높은 온도의 중성 수소 기체를 포함하고 있다. 이는 매 500년마다 하나의 수소 원자가 다른 수소 원자와 충돌하고 수소 원자 중 하나가 $n = 1$ 상태에서 스핀이 나란한 더 높은 에너지로 들뜨게 하는 정도이다. 얼마 후에(아마도 2천만 년 또는 그 정도의), 원자는 바닥상태로 되돌아오고 파장 21 cm의 전자기파 복사를 방출할 것이다. 심지어 드물게 충돌하고 긴 붕괴 시간을 갖더라도 여전히 많은 전이를 관찰할 수 있는 수소가 성간 공간에 존재한다. 들뜬 상태의 좁은 띠폭은 복사에 의한 정밀한 도플러 편이 측정이 가능하게 한다. 이로부터 은하의 다양한 회전을 포함하여 차가운 성간 기체의 속도 측정이 가능해진다. 천문학자는 기체 구름까지 측정된 거리로부터 은하 안에서 물질의 분포 지도를 작성할 수 있다. 21-cm띠 복사는 우리 은하수 구조의 지도를 만들 수 있는 최적의 방법이다.

1959년에 필립 모리슨(Philip Morrison)과 주세페 코코니(Giuseppe Cocconi)는 지적 외계인의 신호를 찾는 최적의 주파수가 수소 원자의 21-cm띠에 대응하는 1420 MHz라고 제안하였다. 1960년, 프랭크 드레이크(Frank Drake)가 상대적으로 가까우며 태양과 유사한 고래자리 타우(Tau Ceti)와 에리다누스자리 엡실론(Epsilon Eridani) 두 별에서 21-cm띠의 증거를 찾기 위하여 전파망원경을 하늘로 향했을 때부터 외계지능탐색(search for extraterrestrial intelligence, SETI)은 계속 진행되고 있다. 1974년 푸에르토리코의 아레시보에 위치한 대형 전파망원경에서 접촉을 찾기 위한 지구로부터의 첫 번째 신호가 송출되었다. 네 개의 우주선 파이오니어 10호와 11호, 보이저 1호와 2호는 태양계를 벗어나고 있으며, 외계 생명체에 전달할 메시지를 담고 있다(그림 B를 보라). 그림 B의 왼쪽 위에 21-cm띠 전이가 표시되어 있다.

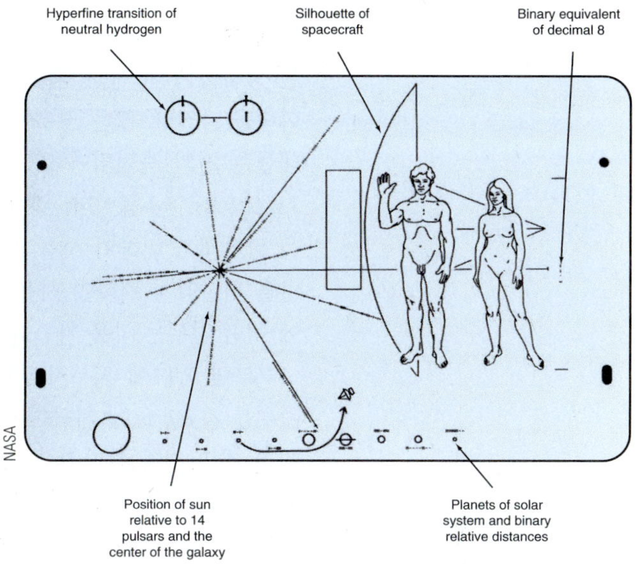

그림 B 인류의 그림 메시지를 담고 있는 명판이 파이오니어 10호와 11호 우주선에 실렸다. 천문학자 칼 세이건(Carl Sagan)과 프랭크 드레이크(Frank Drake)가 이 명판(23 cm × 15 cm)을 설계했으며 1972년에 파이오니어 10호에 처음으로 실렸다. 이 명판의 몇몇 기호학적 설명을 그림에는 표현했지만, 실제 명판에는 없다. 파이오니어 10호는 1980년대에 태양계를 벗어났고 2020년에 지구로부터 1.9×10^{10} km 떨어질 것으로 추측되었다. 이 거리는 계속 멀어질 것이다. 2003년에 마지막으로 수신되었고, 이제 우리에게 신호가 전달될 수 없을 만큼 전원이 약해졌다.

예제 7.9

수소 원자의 에너지 준위 4*d*에서 존재하는 서로 구분되는 상태들은 얼마나 있는가?

전략 예제 7.4에서처럼, 스핀을 고려하기 전에 각 준위의 축퇴수는 n^2이다. 인가 자기장이 없으면, 네 번째 양자수인 고유스핀이 n번째 양자 준위의 축퇴를 $2n^2$으로 만든다. 상태수는 상당히 크게 증가한다.

풀이 4*d* 준위($n = 4$, $\ell = 2$)에서 $2\ell + 1 = 5$의 다른 m_ℓ값이 있다. 각각의 $m_\ell(-2, -1, 0, 1, 2)$에 대하여 두 개의 $m_s(\pm 1/2)$가 존재한다. 그러므로 수소 원자의 4*d* 준위에는 10개의 다른 상태가 존재한다.

7.6 에너지 준위와 전자 확률

이제 수소 원자의 완전한 설명에 대하여 논의할 단계에 왔다. 수소 원자에서의 가능한 모든 상태들은 네 개의 양자수 n, ℓ, m_ℓ, m_s에 의하여 완전히 결정되는 서로 구별되는 파동함수를 가진다. 많은 경우에 양자수 m_ℓ과 m_s에 관련된 에너지 차는 중요하지 않고(즉, 상태들은 거의 축퇴되어 있고) n과 ℓ만으로도 상태를 적절히 나타낼 수 있다. 예를 들면, 1*s*, 2*p*, 2*s*, 3*d* 등이다. 일반적으로, 대문자(즉, *S*, *P*, *D*)들은 원자상태의 궤도 각운동량을 나타내기 위하여 사용되고, 소문자(즉, *s*, *p*, *d*)들은 개개의 전자에 대한 궤도 각운동량을 기술하기 위하여 사용된다. 수소의 경우에는 각 상태에 단일 전자만을 가지기 때문에 어떤 경우는 사용 가능하다.

그림 7.11에 외부자기장이 없을 때 수소의 에너지 준위 도표를 나타내었다. 에너지 준위는 ℓ, m_ℓ, m_s에 대하여 축퇴되어 있지만, 자기장하에서 이러한 축퇴를 제거할 것이다. 여러 개의 전자를 가진 무거운 원자에서는 이런 축퇴가 제거되어 있다.(그 제거 이유는 원자 내의 내부자기장에 의해서이거나 혹은 핵과 전자 사이의 비쿨롱적 힘에 의하여 야기되는 평균 퍼텐셜에너지 때문이다.) $Z > 1$인 원자에서는 주어진 n에 대하여 더 작은 ℓ값이 더 낮은 에너지에 놓이는 경향이 있다(8.1절을 보라). 예를 들면, 나트륨이나 칼륨에서는 에너지 상태가 $E(4S) < E(4P) < E(4D) < E(4F)$이다. 수소의 경우에는 에너지 준위는 주양수 n에만 의존하고 보어 이론으로 아주 정확하게 예측된다.

우리는 앞서 원자가 낮은 에너지 상태로 전이할 때 특성 전자기 복사를 방출한다고 배웠다. 바닥상태에 있는 원자는 복사를 방출하지 않는다. 원자는 전자기 복사를 흡수하거나 혹은 입자, 특히 전자들과의 비탄성 충돌을 통해 에너지를 얻을 수 있다. 그러면 원자는 보다 높은 에너지 상태로 올라가는 한 개 또는 한 개 이상의 전자들을 가지게 될 것이다.

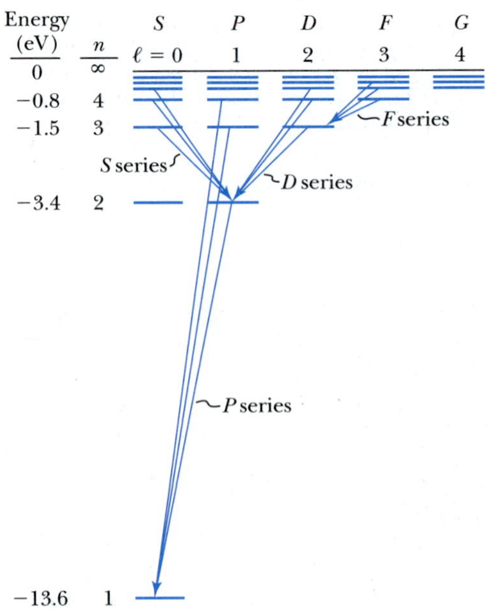

그림 7.11 외부자기장이 없을 때 수소 원자의 에너지 준위도. 허락되는 몇몇 준위 사이의 광자 전이도 나타냈다.

선택 규칙

전자가 한 상태에서 다른 상태로 변화해 가는 전이 확률을 계산하기 위하여 슈뢰딩거 방정식의 해로부터 얻은 파동함수를 사용할 수 있다. 이러한 계산의 결과들에 의하면, 광자를 흡수하거나 방출하는 전자들은 $\Delta\ell = \pm 1$일 때 더 쉽게 상태를 변화시키는 것같이 보인다. 이러한 전이들을 **허용되었다**(allowed)라고 한다. 다른 전이 즉 $\Delta\ell \neq \pm 1$인 전이들은 이론적으로 가능은 하지만 매우 적은 확률로 일어나고 **금지된 전이**(forbidden transition)라고 부른다. 주양자수의 변화 Δn을 제한하는 선택 규칙은 없다. 자기 양자수에 대한 선택 규칙은 $\Delta m_\ell = 0, \pm 1$이다. 자기스핀 양자수 m_s는 1/2과 −1/2 사이에서 변화할 수 있다(꼭 그럴 필요는 없지만). 허용된 전이에 관한 선택 규칙을 요약하면 다음과 같다.

허용된 전이

금지된 전이

$$\begin{aligned} \Delta n &= \text{anything} \\ \Delta\ell &= \pm 1 \\ \Delta m_\ell &= 0, \pm 1 \end{aligned} \tag{7.36}$$

선택 규칙

몇 가지 허용된 전이들을 그림 7.11에 나타내었다. $\Delta\ell = \pm 1$의 선택 규칙을 위반하기 때문에, $3P \rightarrow 2P$, $3D \rightarrow 2S$, $3S \rightarrow 1S$ 사이에는 전이가 없음을 주목하라.

만약 복사선을 흡수 혹은 방출할 때 원자의 궤도 각운동량이 $\hbar$만큼 변한다면, 모든 보존 법칙들이 성립하는지 여부를 반드시 검토해야 한다. 각운동량 보존은 어떻게 되는가? 흡수 혹은 방출 과정 동안 원자에 작용하는 유일한 외부 효과는 흡수되거나 방출되는 광자에 의한 것이다. 만약 원자상태가 변화한다면, 광자는 반드시 에너지, 선운동량, 각운동량을 가져야만 한다. $\Delta\ell = \pm 1$의 선택 규칙은 광자가 단위 각운동량($\hbar$)을 가지고 있어야 한다고 강력하게 암시한다. 양자역학을 맥스웰 방정식에 적용시킴으로써, 전자기 복사는 에너지 $E = hf$와 고유 각운동량 $\hbar$를 가지는 광자로 양자화되어 있다는 것을 보이는 것이 가능하게 되었다.*

*복사에 대한 반고전적 및 양자적 고찰에 대한 논의는 Leonard Schiff, *Quantum Mechanics*, 3rd ed., New York: McGraw-Hill (1968)을 참고하라.

예제 7.10

수소 원자에서 다음의 양자수(n, ℓ, m_ℓ, m_s) 전이가 가능한 것은 어떤 것인가? 가능한 경우, 관여하는 에너지는 얼마인가?

(a) (2, 0, 0, 1/2) → (3, 1, 1, 1/2)

(b) (2, 0, 0, 1/2) → (3, 0, 0, 1/2)

(c) (4, 2, −1, −1/2) → (2, 1, 0, 1/2)

전략 식 (7.36)의 선택 규칙을 이용하여 $\Delta\ell$, Δm_ℓ을 비교한다. 허용된다면, 에너지는 $E_0 = 13.6$ eV를 이용하여 식 (7.21)로부터 구할 수 있다.

풀이 (a) $\Delta\ell = +1$, $\Delta m_\ell = 1$; 허용됨.

$$\Delta E = E_3 - E_2 = -13.6\text{ eV}\left(\frac{1}{3^2} - \frac{1}{2^2}\right)$$

= 1.89 eV의 광자를 흡수하는 것에 대응된다.

(b) $\Delta\ell = 0$, $\Delta m_\ell = 0$; $\Delta\ell \neq \pm 1$이므로 허용되지 않음.

(c) $\Delta\ell = -1$, $\Delta m_\ell = 1$; 허용됨. $\Delta n = -2$와 $\Delta m_s = +1$인 것은 전이에 영향을 주지 않는다.

$$\Delta E = E_2 - E_4 = -13.6 \text{ eV}\left(\frac{1}{2^2} - \frac{1}{4^2}\right)$$
$= -2.55$ eV의 광자를 흡수하는 것에 대응된다.

확률분포함수

수소 원자에 대한 보어 이론에서 전자는 핵 주변으로 간단한 원(또는 타원) 궤도운동하는 것으로 설명하였다. 전자의 위치벡터 $\vec{r}$은 정확히 결정되어 있다. 원자의 파동적 설명에서, 확률분포를 계산하기 위하여 파동함수를 사용해야 한다.* 따라서 전자의 '위치'는 공간상에 퍼져 있고 정확히 결정되지 않는다. 분포는 변수분리된 파동함수 $R(r)$, $f(\theta)$, $g(\phi)$를 고찰함으로써 알 수 있다. 함수 $g(\phi)$의 분포는 일정한 확률이기 때문에 가장 간단하다.(즉, 모든 ϕ에서 동일한 분포를 가진다.) 왜 일정한지 조사하는 것은 어렵지 않다. 파동함수의 방위각 성분은 항상 $e^{im_\ell\phi}$ 모양이기 때문에, 확률밀도 $\psi^*\psi$는 $(e^{im_\ell\phi})^*e^{im_\ell\phi} = e^{-im_\ell\phi+im_\ell\phi} = e^0 = 1$에 해당하는 인자를 포함하고 있을 것이다.($\psi^*$는 ψ의 켤레복소수이다.)

우리는 전자의 지름 확률분포를 계산하기 위하여 지름 파동함수 $R(r)$을 이용할 것이다(즉, 주어진 거리 r에 전자가 있을 확률). 5.7절에서 논의한 것처럼, 미소부피 요소 $d\tau$ 안에서 전자를 발견할 확률 dP는

$$dP = \psi^*(r, \theta, \phi)\ \psi(r, \theta, \phi)\ d\tau \tag{7.37}$$

이다. 우리는 전자가 r과 $r + dr$ 사이에 있을 확률분포 $P(r)\ dr$을 찾는 것에 관심이 있다. 구면 극좌표계에서 미소부피 요소는

$$d\tau = r^2 \sin\theta\ dr\ d\theta\ d\phi$$

이다. 따라서

$$P(r)\ dr = r^2R^*(r)R(r)\ dr\int_0^\pi |f(\theta)|^2 \sin\theta\ d\theta\int_0^{2\pi} |g(\phi)|^2\ d\phi \tag{7.38}$$

이며, 우리는 지름 방향의 의존성에만 관심이 있으므로 θ와 ϕ에 대하여 적분한다. 만약 $f(\theta)$와 $g(\phi)$에 대한 적분값이 이미 1로 규격화되어 있다면 r과 $r + dr$ 사이에서 전자를 발견할 확률은

지름 확률

$$P_{n\ell}(r)\ dr = r^2|R_{n\ell}(r)|^2\ dr \tag{7.39}$$

로 간단하게 된다. 지름 확률밀도함수 $P_{n\ell}$은 다음과 같다.

$$P_{n\ell}(r) = r^2|R_{n\ell}(r)|^2 \tag{7.40}$$

확률밀도함수 $P_{n\ell}$은 지름 파동방정식 $R_{n\ell}$을 통하여 오직 n과 ℓ에만 영향을 받는다. 그림 7.12에 수소 원자의 가장 낮은 상태들의 $R_{n\ell}(r)$과 $P_{n\ell}(r)$을 나타내었다.

*이 시점에서 확률과 파동함수 사이의 관계식에 대하여 논의된 5.7절을 되돌아보는 것이 유용할 것이다.

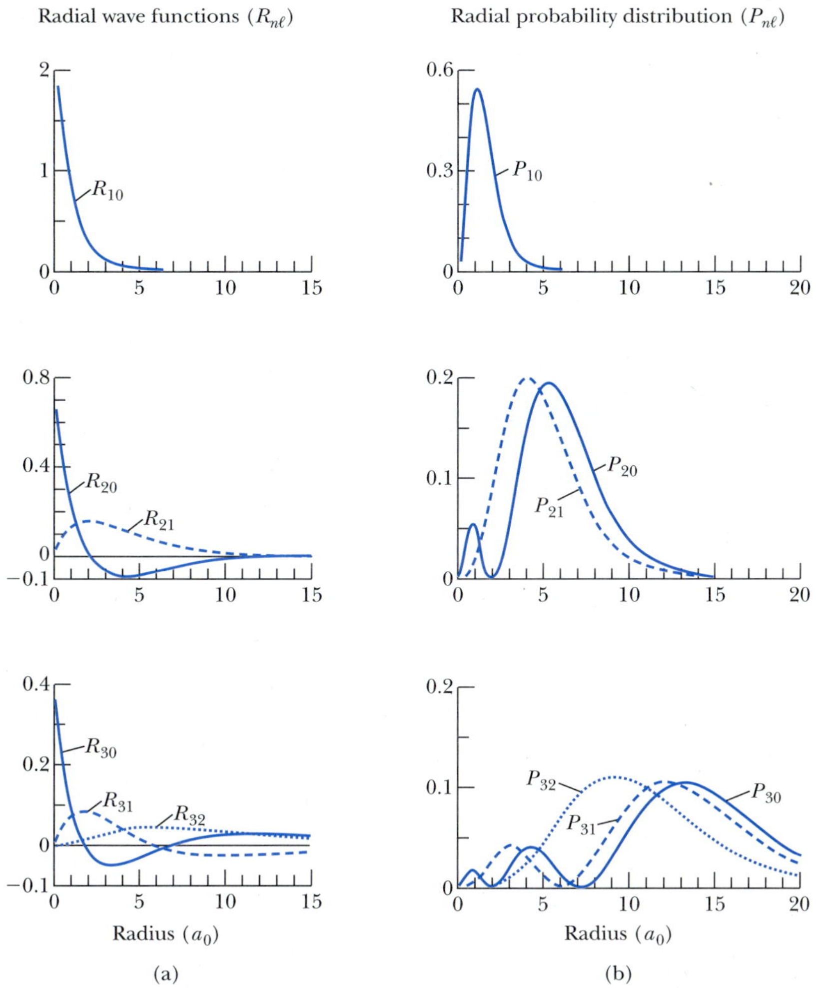

그림 7.12 (a) 수소 원자의 여러 상태에 대하여 반지름의 함수(보어반지름 a_0의 단위)로 그린 지름 파동함수 $R_{n\ell}(r)$. (b) 전자가 r과 $r + dr$ 사이에 존재할 확률인 지름 확률분포 $P_{n\ell}$.

예제 7.11

1s와 2p 상태에서 수소 원자의 전자에 대한 가장 높은 확률의 반지름을 구하라.

전략 함수의 최대와 최소를 구하기 위하여 함수를 변수에 대하여 미분하고 미분값을 0으로 놓는다. 가장 높은 확률의 반지름을 구하기 위하여 식 (7.39)의 확률밀도함수 $P(r)$을 반지름 r에 대하여 미분하고 결과를 0으로 놓는다. 표 7.1에서 $R_{n\ell}(r)$을 이용한다.

풀이 1s와 2p 상태의 확률밀도함수를 위하여 식 (7.40)을 이용하고 표 7.1로부터 $R_{n\ell}$값을 구한다.

$$P_{10} = \frac{4r^2}{a_0^3} e^{-2r/a_0}$$

$$P_{21} = \frac{r^4}{24a_0^5} e^{-r/a_0}$$

1s 상태:

$$\frac{d}{dr} P_{10}(r) = 0 = \frac{d}{dr}\left(\frac{4e^{-2r/a_0}}{a_0^3} r^2\right)$$

$$0 = \frac{4}{a_0^3}\left(-\frac{2}{a_0} r^2 + 2r\right) e^{-2r/a_0}$$

$$\frac{2r^2}{a_0} = 2r$$

$$r = a_0 \quad \text{1s 상태 전자의 가장 높은 확률의 반지름} \tag{7.41}$$

2p 상태:

$$\frac{d}{dr}P_{21}(r) = \frac{d}{dr}\left[\frac{r^4}{24a_0^5}e^{-r/a_0}\right] = 0$$

$$\frac{e^{-r/a_0}}{24a_0^5}\left(4r^3 - \frac{r^4}{a_0}\right) = 0$$

$$\frac{r^4}{a_0} = 4r^3$$

$$r = 4a_0 \qquad \text{2}p\text{ 상태 전자의 가장 높은 확률의 반지름} \tag{7.42}$$

1s와 2p 상태의 가장 높은 확률의 반지름이 보어의 반지름과 일치함을 주목하라. 이는 각각의 n에 대하여 가장 큰 ℓ에서만 볼 수 있다(연습문제 36을 보라).

예제 7.12

수소 원자에서 1s 전자의 평균 궤도 반지름을 계산하라.

전략 평균값을 구하기 위하여 기대값을 구해야 한다.

풀이 r의 기대값(또는 평균)은(6.2절을 보라)

$$\langle r \rangle = \int \psi^*(r, \theta, \phi) r \psi(r, \theta, \phi)\, d\tau = \int rP(r)\, dr$$

여기서 θ와 ϕ에 대해서는 적분을 했다. 확률밀도함수를 위하여 식 (7.39)를 이용하고 표 7.1에서 지름 파동방정식 $R_{1s}(r)$을 구한다.

$$\langle r \rangle = \int_0^\infty \frac{4}{a_0^3} e^{-2r/a_0} r^3\, dr$$

부록 3A에서 적분을 찾아 구하면

$$\int_0^\infty r^3 e^{-2r/a_0}\, dr = \frac{3a_0^4}{8}$$

그러면, 1s 상태 전자에 대하여

$$\langle r \rangle = \frac{4}{a_0^3}\frac{3a_0^4}{8} = \frac{3}{2}a_0$$

결과적으로 1s 상태에서 전자의 평균 반지름은 가장 높은 확률값인 보어반지름보다 크다. 그림 7.12에 나타낸 1s 상태의 지름 확률분포를 확인해 보면 당연한 결과이다. 최대값(혹은 가장 높은 확률)은 a_0에서 나타나지만, 분포의 꼬리 모양 때문에 평균은 a_0보다 크다.

예제 7.13

보어반지름 a_0보다 큰 반지름에 있을 수소 원자의 1s 전자의 확률은 얼마인가?

전략 확률을 구하기 위하여, 이미 정규화된(즉, 0에서 ∞ 사이의 어느 곳에 있을 단위 확률) 지름 확률분포함수를 $r = a_0$에서 ∞까지 적분해야 한다.

풀이

$$\text{Probability} = \int_{a_0}^\infty P(r)\, dr$$

$$= \frac{4}{a_0^3}\int_{a_0}^\infty e^{-2r/a_0} r^2\, dr$$

부록 3A에서 적분 결과를 찾는다. (무한적분 I_2를 참고하고, $\alpha = a_0/2$로 놓고 계산하면)

$$\text{Probability} = \frac{4}{a_0^3}\left(\frac{5}{4}\ a_0^3 e^{-2}\right) = 5e^{-2} \approx 0.68$$

1s 상태에서 보어반지름 바깥에 전자가 있을 확률은 50%가 넘는다. 이것은 왜 $\langle r \rangle_{1s} = 1.5\ a_0$인지를 설명해 준다. 이 결과는 그림 7.12b의 1s 곡선의 모양과 일치한다.

예제 7.14

(a) 수소 원자에서 $3d$ 전자의 평균 궤도 반지름을 계산하라. $n = 3$인 전자에 대한 보어반지름과 비교하라. (b) 수소 원자에서 $n = 3$인 보어반지름보다 큰 반지름에 있을 $3d$ 전자의 확률은 얼마인가?

전략 r의 기대값(또는 평균)을 구하는 예제 7.12와 비슷한 전략을 이용한다. $9a_0$에서 ∞까지 확률밀도함수의 적분을 통하여 어떤 지름 위치에 있을($r_3 = n^2a_0 = 3^2a_0 = 9a_0$보다 큰) $3d$ 전자의 확률을 구한다.

풀이 (a) $3d$ 전자의 지름 위치 기대값은

$$\langle r_{3d}\rangle = \int_0^\infty rP(r)\,dr = \int_0^\infty r^3|R_{3d}(r)|^2\,dr$$

여기서 식 (6.20)과 (7.39)를 이용했다. 표 7.1에서 $R_{3d}(r)$을 찾아 구하면

$$\langle r_{3d}\rangle = \frac{1}{a_0^7}\left(\frac{4}{81\sqrt{30}}\right)^2\int_0^\infty r^7e^{-2r/3a_0}\,dr$$

부록 3A에서 적분식 $\int_0^\infty x^ne^{-x/\alpha}\,dx = n!\alpha^{n+1}$을 이용해서 구하면

$$\langle r_{3d}\rangle = \frac{1}{a_0^7}\left(\frac{4}{81\sqrt{30}}\right)^2 7!\left(\frac{3a_0}{2}\right)^8 = 10.5a_0$$

r_{3d}의 평균값은 보어의 값보다 15% 크다. 그림 7.12b에서 P_{32}의 가장 높은 확률값은 $9a_0$라는 것을 알지만, 반지름이 증가할 때 P_{32}의 꼬리 때문에 $r_{32}(r_{3d})$의 평균값은 약간 크고 $10.5a_0$에 일치한다.

(b) 수소 원자에서 보어반지름 $9a_0$보다 큰 반지름에 있을 $3d$ 전자의 확률은(예제 7.13을 보라)

$$P = \int_{9a_0}^\infty P(r)\,dr = \int_{9a_0}^\infty r^2|R_{3d}(r)|^2\,dr$$

다시 표 7.1에서 다시 $R_{3d}(r)$을 찾아 구하면

$$P = \frac{1}{a_0^7}\left(\frac{4}{81\sqrt{30}}\right)^2\int_{9a_0}^\infty r^6e^{-2r/3a_0}\,dr$$

이 적분은 (a)에서 했던 것보다 약간 더 어렵다(즉, 지루하다). 적분의 하한이 0이 아니라 $9a_0$이기 때문에, 부록 3A의 무한적분을 이용해야 한다. 만약 적분식 $\int x^me^{bx}dx = e^{bx}\sum_{k=0}^{m}(-1)^k\frac{m!x^{m-k}}{(m-k)!b^{k+1}}$을 이용하면, 일곱 번째 항에서 맺고 그 이상의 항은 오차로 처리한다. 이 적분은 컴퓨터 적분을 위한 좋은 후보로, 결과는 0.606이다. 확률 P에 대한 결과는 61%이고, 주어진 확률분포 모양에서 합당한 것으로 보인다.

수소 원자에서 전자의 위치에 대한 확률밀도함수 $|\psi(r, \theta, \phi)|^2$은 그림 7.13에 나타나 있다. $\ell = 0$ 상태의 전자들에 대한 확률분포들은 파동함수들이 θ와 ϕ에 무관하기 때문에 구형 대칭이다(표 7.2를 보라). $\ell > 0$인 경우 분포들은 $f(\theta)$에 의존하기 때문에 흥미롭다. 예를 들어 p 궤도를 생각해 보자. 표 7.2에 따르면 파동함수의 각도 성분에 두 가지 가능성이 있음을 알 수 있다. 만약 $\ell = 1$이고 $m_\ell = 0$이면, 파동함수에서 $Y_{10} \sim \cos\theta$가 될 것이고 따라서 확률밀도 $\psi^*\psi \sim \cos^2\theta$가 될 것이다. 이 경우 확률밀도는 0°와 180° 근방 즉 $+z$축과 $-z$축 근방에서 가장 클 것이다. $m_\ell = 0$일 때, 그림 7.13에서 $2p$와 $3p$의 확률밀도에서 확인할 수 있다. p 궤도에서 전자의 양자수에 대한 또 다른 가능한 조합들은 $\ell = 1$이고 $m_\ell = \pm1$이다. 이제 $Y_{1\pm1} \sim \sin\theta$를 포함하여 $\psi^*\psi \sim \sin^2\theta$가 될 것이다. 확률은 $\theta = 90°$ 즉 xy평면상에서 가장 크다. 그림 7.13b에 보인 $2p$, $m_\ell = \pm1$에 대한 납작한 토로이드 모양은 이러한 분석과 일치한다.

d 궤도를 조사할 때에는 좀 더 복잡해지지만, 어떤 각도 θ에서 최대가 되는지를 찾는 유사한 분석을 할 수 있다. $\ell = 2$, $m_\ell = 0$인 상태의 경우, $|Y_{20}|^2$은 $\theta = 0°$와 180° 근방

에서 반드시 최대가 되어야 함을 알 수 있다. 다시 한번 이 결과를 그림 7.13에서 볼 수 있다. 비슷하게 $|Y_{2\pm2}|^2$($\ell = 2$, $m_\ell = \pm2$ 상태들에 대응되는)은 xy평면에서 최대가 된다. $\ell = 2$, $m_\ell = \pm1$ 상태들에서는 $|Y_{2\pm1}|^2$으로부터 나오는 $\sin^2\theta\cos^2\theta$ 인자를 확인할 수 있다. 이 상태들에서 최대 확률은 $\theta = 45°$와 $135°$에서 갖는다.

어떤 상태(주어진 n에 대하여)의 전자가 가장 원점에 가까운지 고려하는 것은 흥미롭다. $2s$와 $2p$ 상태들에 대하여 $\langle r \rangle$을 계산할 수 있고(연습문제 40을 보라), $2p$의 평균 반지름이 더 작다는 것을 알 수 있다. 그렇지만 $2s$ 상태는 $P(r)$이 두 개의 최대값을 가지고 있어서(하나는 $r < a_0$), 실제로는 $2s$ 상태의 전자가 $2p$ 상태의 전자에 비해 핵에 근접하여 보다 많은 시간을 보낸다. 이러한 효과를 그림 7.12에서 볼 수 있으며, $2s$ 상태의 지름분포 $P(r)$이 $2p$ 상태와 비교하여 더욱 밖으로 퍼져있지만, $2s$ 상태의 $P(r)$은 a_0 근처에서 이차적인 최대값을 가지고 있다.

아직도 우리의 수소 원자 모델에는 작은 수정이 필요하다 예를 들면, 8.2절에서 우리는 회전궤도 커플링의 효과에 대하여 다룰 것이다. 또한 8장에서 우리는 소위 *원자물리*라 불리는 분야와 다전자 원자에 대하여 더 배울 것이다.

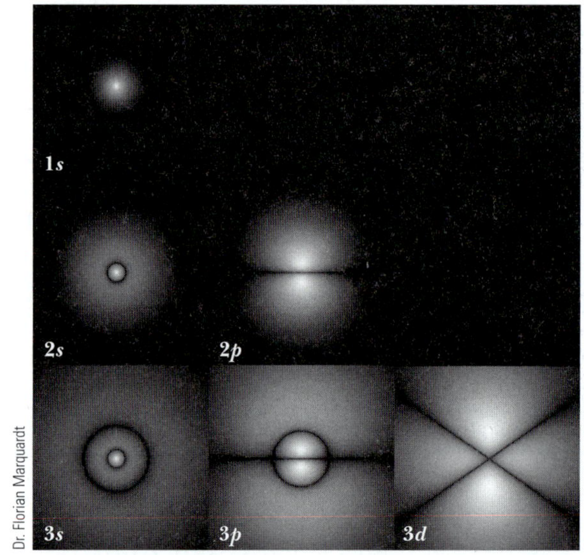

(a)

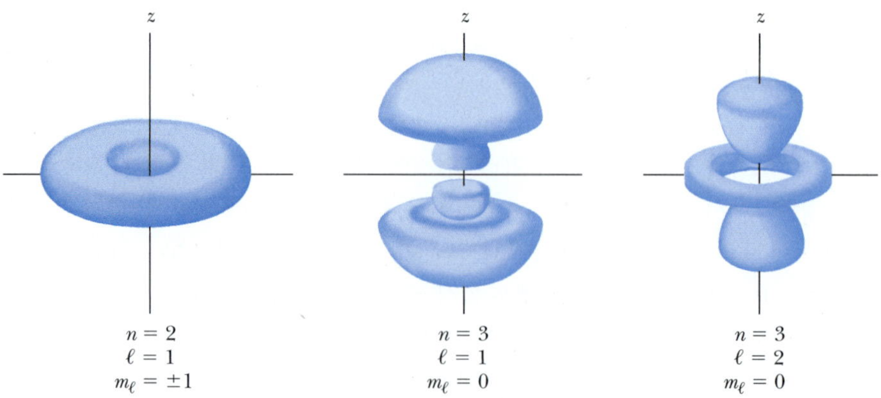

(b)

그림 7.13 xy평면에서 본 수소 원자의 확률밀도 $|\psi(r, \theta, \phi)|^2$을 나타낸 그림. 각 경우에서 수직 z축에 대한 축 대칭성을 갖고 있다. (a) 양자수 $n\ell$은 표시해 두었고, 자기 양자수 $m_\ell = 0$이다. 가능한 전자 위치는 더 밝은 영역으로 표시되어 있다. s 상태들은 구면 대칭성을 갖고 있다. (b) 몇몇 상태에 대한 수소의 3차원 확률밀도.

요약 _Summary

슈뢰딩거 파동 이론은 수소 원자로부터 시작하여 원자물리학에 적용된다. 경계 조건을 적용함으로써 세 개의 다른 양자수를 찾아내었다.

n	주양자수
ℓ	궤도 각운동량 양자수
m_ℓ	자기 양자수

이 양자수들이 가질 수 있는 값(모두 정수들)과 그 값들의 제한 조건은

$$n = 1, 2, 3, 4, \ldots \qquad n > 0$$
$$\ell = 0, 1, 2, 3, \ldots, n-1 \qquad \ell < n$$
$$m_\ell = -\ell, -\ell+1, \ldots, 0, 1, \ldots, \ell-1, \ell \qquad |m_\ell| \le \ell \tag{7.19}$$

이다.

전자-양성자계에서의 에너지는 양자화되며 1차적으로 주양자수 n에만 의존한다. 궤도 각운동량 L은 보어 이론에서의 $n\hbar$와는 달리 $L = \sqrt{\ell(\ell+1)}\hbar$로 양자화된다. 한 주어진 전자에 대한 ℓ값들을 나타내기 위하여 문자 $s, p, d, f, g, h, \cdots$ 등을 사용한다.

$\vec{L}$의 z성분은 양자화되며 $L_z = m_\ell \hbar$이다. 이 공간에서 어떤 특정한 방향만을 가질 수 있기 때문에 *공간 양자화*라고 한다. 자기장이 없는 곳에서 에너지는 ℓ과 m_ℓ에 대해서 축퇴되어 있다. 외부자기장 안에서는 각각의 $n\ell$ 준위가 $2\ell + 1$개의 다른 에너지 상태로 분리된다(정상 제이만 효과).

점점 더 복잡해지는 원자 스펙트럼을 설명하기 위하여 굳스미트와 우렌베크가 네 번째 양자수를 도입하였다. 이 양자수 s는 전자의 고유 각운동량과 관련되어 있으며, 보통 스핀이라고 한다. 전자의 스핀 양자수는 $s = 1/2$이며, 자기스핀 양자수 m_s는 $\pm 1/2$이다. 비록 그 당시에는 궤도 각운동량과 혼동하였지만, 1922년에 슈테른과 게를라흐가 고유스핀에 의한 효과를 관측하였다.

한 상태에서 다른 상태로의 허용된 전이에 대한 선택 규칙은

$$\Delta n = \text{anything}$$
$$\Delta \ell = \pm 1 \tag{7.36}$$
$$\Delta m_\ell = 0, \pm 1$$

이다. r과 $r + dr$ 사이에서 전자를 발견할 확률은 $P(r)\ dr = r^2 |R(r)|^2\ dr$이며, 여기서 $R(r)$은 지름 파동함수이다.

질문 _Questions

1. 지름 파동방정식은 m_ℓ에 의존하는가? 설명하라.
2. 지름 파동방정식은 쿨롱 퍼텐셜과 다른 퍼텐셜 $V(r)$에 대하여 다를 것인가? 설명하라.
3. 수소 원자의 어떤 에너지 준위에서 $\ell = 2$ 상태를 발견할 수 없는가?
4. 원자 준위와 원자 상태, 원자 스펙트럼 선 사이의 차이점과 유사점은 무엇인가? 언제 스펙트럼 선이 나타나는가?
5. 보어 모델과 슈뢰딩거 이론에서 각운동량의 양자화 사이의 차이점과 유사점은 무엇인가?
6. 원자의 자기쌍극자는 외부자기장과 정확하게 정렬시킬 수 있는가? 설명하라.
7. f 상태에 대한 가능한 자기 양자수는 무엇인가?
8. 왜 네 번째 양자수(고유 양자수)가 1920년대 초반 복잡한 광학 스펙트럼을 설명하는 데 도움이 되었는지 모든 이유를 열거하라.
9. 궤도 자기모멘트의 z성분은 0이 되지만 궤도 각운동량은 0이 되지 않는 것이 가능한가? 설명하라.
10. 별빛 스펙트럼 선의 세밀한 조사는 별의 자기장을 결정하는 데 활용될 수 있다. 어떻게 이것이 가능한지 설명하라.
11. 만약 수소 원자가 $2p$ 들뜬 상태에서 $1s$ 바닥 상태로 전이한다면 에너지, 선운동량, 각운동량의 특성은 어떻게 변환되는지 설명하라.

연습문제 _Problems

참고: 고급 문제는 문제 번호에 파란색 음영으로 표시하였다. 문제 풀이에 유용한 상수, 변환 인자, 상수들의 조합이 부록 7에 제시되어 있다.

7.1 슈뢰딩거 방정식의 수소 원자 응용

1. 수소 원자 내의 전자의 움직임이 xy평면상의 반지름 a인 원 내로 제한된다고 가정하라. 분리된 슈뢰딩거 방정식이 ϕ에 관하여 다음과 같은 식이 됨을 보여라.

$$\frac{1}{a^2}\frac{d^2\psi}{d\phi^2} + \frac{2m}{\hbar^2}|E|\psi = 0$$

여기서 ϕ는 원 위의 위치를 나타내는 각도이다. 왜 이것이 보어의 가정과 유사한지 설명하라.

2. ψ에 대하여 연습문제 1의 방정식을 풀어라. 허용되는 에너지와 각운동량을 구하라. 결과와 보어의 이론을 비교하라.

3. $\psi = R(r)f(\theta)g(\phi)$를 이용해서 슈뢰딩거 방정식을 분리한 후에 ϕ에 대하여 식을 나타내면

$$-\frac{1}{g}\frac{d^2g}{d\phi^2} = k^2$$

여기서 k는 상수이다. 이 방정식에서 $g(\phi)$를 풀고 적절한 경계 조건을 적용하라. k가 0, 양 또는 음의 정수가 되어야 함을 보여라($k = m_\ell$, 자기 양자수).

4. 그림 7.1에 주어진 직교좌표계와 구면 극좌표계 사이의 변환식을 이용하여 식 (7.2)에 주어진 직교좌표계에서 슈뢰딩거 방정식을 식 (7.3)에 주어진 구면 극좌표계로 변환하라.

7.2 수소 원자에 대한 슈뢰딩거 방정식의 해

5. $n = 2$, $\ell = 0$에 대한 지름 파동방정식 R_{20}이 식 (7.13)을 만족함을 보여라. 에너지 E는 얼마인가? 보어 모델과 일치하는가?

6. $n = 2$, $\ell = 1$에 대한 지름 파동방정식 R_{21}이 식 (7.10)을 만족함을 보여라. 에너지는 얼마인가? 보어 모델과 일치하는가?

7. $n = 2$, $\ell = 1$에 대한 지름 파동방정식 R_{21}이 규격화되었음을 보여라.

8. 수소의 바닥상태에서 파동함수 ψ는

$$\psi_{100}(r, \theta, \phi) = Ae^{-r/a_0}$$

이다. 모든 공간에서 이 파동함수를 규격화시키는 상수 A를 구하라.

7.3 양자수

9. 수소 원자에서 $n = 5$ 준위에 대하여 가능한 양자수(n, ℓ, m_ℓ)를 모두 열거하라.

10. $3p$ 상태에서 가능한 n, ℓ, m_ℓ, L, L_z, L_x, L_y를 구하라.

11. 수소 원자의 $3p$ 준위의 모든 파동함수를 열거하라. 양자수에 따라 파동함수를 구별하라. 표 7.1과 7.2의 해를 이용하라.

12. 식 (7.24)의 합계를 구함으로써 $\langle L^2 \rangle = \ell(\ell + 1)\hbar^2$을 증명하라.

13. 자기장이 없고, (n, ℓ, m_ℓ)을 고려하여 수소 원자 $n = 6$ 껍질의 축퇴는 무엇인가?

14. $3d$ 상태에서 각운동량 벡터 $\vec{L}$의 가능한 모든 방향을 그려라. $m_\ell = -1$ 성분에 대하여 $L_x^2 + L_y^2$은 얼마인가?

15. $\vec{L}$이 z축에 대하여 10° 이내일 경우, ℓ이 가질 수 있는 최소값은 얼마인가?

16. 주양자수 n을 갖는 수소 원자 상태의 축퇴수가 n^2임을 증명하라.(스핀 양자수는 무시하라.)

17. (2, 1, −1), (2, 1, 0), (3, 2, −1)의 $n\ell m_\ell$값에 대하여 수소의 파동함수 $\psi_{n\ell m_\ell}$을 작성하라.

18. 수소의 파동함수 ψ_{200}, ψ_{21-1}이 규격화되었음을 보여라. 필요한 적분이 부록 3A에 없다면 적분표를 찾아보거나 컴퓨터를 이용하라.

7.4 원자 스펙트럼에 대한 자기효과—정상 제이만 효과

19. $3p$ 상태에 있는 전자에 대하여 궤도 각운동량의 가능한 z 성분을 계산하라.

20. $4d$ 상태의 수소 원자에서 3.5 T의 자기장 안에 있는 원자들 사이에서 퍼텐셜에너지의 *최대값* 차이는 얼마인가? 고유스핀은 무시하라.

21. 정상 제이만 효과에서 인접한 전이 사이의 파장 차이는 다음과 같이 근사됨을 보여라.

$$\Delta\lambda = \frac{\lambda_0^2 \mu_B B}{hc}$$

22. d 상태에 있는 수소 원자에서 z축에 대하여 궤도 각운동량을 그려라. z축을 따라 $\hbar$단위를 사용하고 z축에 대하여 허용되는 $\vec{L}$의 각도를 계산하라.

23. $6f$ 상태에 있는 수소 원자에서 궤도 각운동량 벡터와 z축 사이의 최소 각은 얼마인가?

24. 자기장 B일 때 수소 원자에서 발머 계열 중 적색 선(λ = 656.5 nm)이 인접한 두 선 사이의 $\Delta\lambda$ = 0.040 nm인 세 개의 스펙트럼선으로 분리되는 것이 관측되었다. $\Delta\lambda$가 두 인접한 m_ℓ 상태에서의 에너지 분리에 기인한다면 B의 값은 얼마인가?

25. 들뜬 $5f$ 상태의 수소 원자가 3.00 T의 자기장 안에 있다. 전자는 $5f$ 하부 껍질에서 얼마나 많은 에너지 상태를 가질 수 있는가? 자기스핀 효과는 무시하라. 자기장이 없을 때 $5f$ 상태의 에너지는 얼마인가? 자기장 안에서의 각 상태의 에너지는 얼마일 것인가?

26. 슈테른-게를라흐 실험에서 자기장이 수직 방향으로 dB_z/dz = 20.0 T/cm로 변한다. 자석의 수평 길이는 7.10 cm이고, 은 원자의 평균 속력은 925 m/s이다. 은 원자들의 평균 질량은 1.81×10^{-25} kg이다. 자기모멘트의 z성분이 1 보어 마그네톤임을 보여라. 자석을 벗어날 때 두 은 원자 빔의 분리는 무엇인가?

27. 어떤 실험자가 슈테른-게를라흐 실험에서 은 원자들이 자기장을 통과할 때 은 원자들을 적어도 1 cm(큰 분리) 분리하고 싶어 한다. 은을 가열하기 위하여 1000°C에 도달할 수 있는 오븐을 가지고 있고 적절한 자석이 필요하다. 어떤 스펙(자석의 길이, 자기장의 기울기)의 자석을 구해야 하는가?

7.5 고유스핀

28. 외부자기장 안에서 전자의 스핀벡터 $\vec{S}$가 $\vec{B}$방향으로 향할 수 있는가? $\vec{B} = B_0\hat{k}$일 때 $\vec{S}$와 S_z를 나타내는 그림을 그려라.

29. 네 개의 양자수(n, ℓ, m_ℓ, m_s)를 모두 사용하여 수소 원자의 $4f$ 상태에서 가능한 모든 양자수 조합을 표현하라. 총 축퇴수는 얼마인가?

30. 네 개의 양자수(n, ℓ, m_ℓ, m_s)를 모두 사용하여 수소 원자의 $5d$ 상태에서 가능한 모든 양자수 조합을 표현하라. 총 축퇴수는 얼마인가?

31. 수소 원자의 21-cm띠 전이는 n = 1인 평행한 상태에서 전자의 스핀 뒤집기 전이에서 일어난다. 성간 공간에서 수소 원자가 충돌로 다른 수소 원자를 들뜨게 하기에 충분한 에너지(5.9×10^{-6} eV)를 공급할 수 있는 온도는 몇 도인가?

32. 수소 원자에서의 주양자수가 n일 때의 총 축퇴가 $2n^2$임을 증명하라.

7.6 에너지 준위와 전자 확률

33. 수소 원자의 임의의 두 n 상태 사이의 전이에서 정상 제이만 효과에 대하여 세 개 이상의 스펙트럼선이 얻어질 수 없음을 보여라.

34. 다음 전이가 허용되는지 확인하고 만약 가능하면 수소 원자에 대하여 관련된 에너지를 구하고 광자를 흡수하는지 방출하는지 여부를 확인하라.

(a) $(5, 2, 1, \frac{1}{2}) \rightarrow (5, 2, 1, -\frac{1}{2})$

(b) $(4, 3, 0, \frac{1}{2}) \rightarrow (4, 2, 1, -\frac{1}{2})$

(c) $(5, 2, -2, -\frac{1}{2}) \rightarrow (1, 0, 0, -\frac{1}{2})$

(d) $(2, 1, 1, \frac{1}{2}) \rightarrow (4, 2, 1, \frac{1}{2})$

35. 그림 7.12에서 수소 원자의 $2s$ 상태의 지름 분포함수 $P(r)$은 두 개의 극대값을 갖는다. 극대값이 나타나는 r 값(a_0의 함수)을 구하라.

36. 수소 원자의 $2s$ 상태에서 가장 확률이 높은 위치의 반지름을 구하라. 이 값을 예제 7.11의 $2p$ 상태에서 구한 값과 비교하라.

37. 수소 원자의 $2s$ 상태에 대하여 r의 함수로 확률함수를 그려라. 위치 확률이 0이 되는 반지름은 얼마인가?

38. 수소 원자의 바닥상태에서 전자가 양성자 영역(반지름 = 1.2×10^{-15} m) 안쪽에 있을 확률을 계산하라(힌트: $r \ll a_0$).

39. 수소 원자의 바닥상태에 있는 전자가 $0.95a_0$와 $1.05a_0$ 사이에서 존재할 확률을 계산하라.

40. 수소 원자의 $2s$와 $2p$ 상태에서 전자에 대한 반지름 위치의 기대값을 구하라.

41. 수소 원자의 $2s$ 상태에서 전자가 양성자 영역(반지름 ≈ 1.2×10^{-15} m) 안쪽에 있을 확률을 계산하라. $2p$ 전자에 대하여 반복하라(힌트: $r \ll a_0$).

42. 수소 원자의 $3d$ 상태에서 가장 확률이 높은 위치의 반지름을 구하라.

43. $3d$ 상태의 전자가 a_0보다 큰 반지름에 있을 확률은 얼마인가?

일반적인 문제

44. 다음의 고전적인 (잘못된!) 전자의 고유스핀 모형을 가정하라. 전자의 전기에너지가 반지름 R인 구형 껍질에 집중된 질량에너지와 같다고 하자.

$$\frac{e^2}{4\pi\epsilon_0 R} = mc^2$$

R(*고전적인 전자 반지름*)을 계산하라. 이제 전자의 고유스

핀을 구하기 위하여 구형 껍질이 회전한다고 놓고 구의 적도선을 따라 접선 속력 v를 계산하라. 다음 식을 이용하라.

$$\text{Angular momentum} = I\omega = I\frac{v}{R} = \frac{\hbar}{2}$$

여기서 I = 구형 껍질의 관성모멘트 = $2mR^2/3$이다. 이러한 방법으로 구해진 v 값이 상대성 이론과 일치하는가? 설명하라.

45. 앞의 문제에서처럼 회전하는 전자의 속도를 계산하려고 한다. 이제 전자의 지름이 전자의 콤프턴 파장과 같다고 가정하자. v를 계산하고 결과에 대하여 논평하라.

46. 전하량 $+Ze$인 핵 외곽에 하나의 전자만을 가진 He^+과 Li^{++}와 같은 수소형 원자에서 (a) 새로운 쿨롱 퍼텐셜을 갖도록 슈뢰딩거 방정식을 다시 써라. (b) 새로운 퍼텐셜이 변수분리에서 어떤 변화를 가져오는가? (c) 지름 파동 방정식에 영향을 주는가? 설명하라. (d) 구형 조화함수에 영향을 주는가? 설명하라.

47. 앞의 문제에서 파동함수 ψ_{100}을 구하라.

48. 수소 원자의 $3p$ 상태에 대해서 (a) 전자의 확률이 0이 되는 반지름은 얼마인가? (b) 전자의 확률이 최대가 되는 반지름은 얼마인가? (c) $m_\ell = 1$에서 전자의 확률이 0이 되는 각도 θ는 얼마인가? $m_\ell = -1$인 경우는 얼마인가?

49. 수소 원자에서 이용한 방법에 따라 양성자와 음의 뮤온으로 구성된 '뮤온 원자(μ^-)'의 바닥상태 에너지를 계산하라.

50. 항성 수소에서 21-cm띠 전이를 발생하는 $n = 1$ 상태(평행스핀)의 들뜬 성분의 수명은 대략적으로 10^7년이다. 이 상태의 에너지 선 폭은 얼마인가?

51. 어떤 전이가 금지되는지 밝혀내는 방법 중 하나는 전이의 처음과 마지막 상태의 파동함수를 이용하여 전자의 위치벡터 $\vec{r}$의 기대값을 계산하는 것이다. 즉, 다음을 계산하라.

$$\int \psi_f^* \vec{r}\, \psi_i d\tau$$

여기서 $\int d\tau$는 모든 공간에 대한 적분을 나타내고, ψ_f와 ψ_i는 마지막과 처음 상태를 나타낸다. 적분값이 0이면, 전이는 금지된다. 이러한 절차를 이용해서 어떤 $\ell = 0$ 상태에서 다른 $\ell = 0$ 상태로 전이하는 것이 금지됨을 보여라.(전기 쌍극자 모멘트 $\vec{p} = q\vec{r}$가 $\vec{r}$에 비례하기 때문에 이러한 방식의 전이를 *전기 쌍극자 전이*라고 부른다.)(힌트: 벡터 $\vec{r}$을 직교좌표계의 x, y, z 성분으로 나누는 것이 도움이 된다.)

52. 앞 문제와 동일한 방법을 통하여 $\ell = 2$, $m_\ell = 0$에서 $\ell = 0$ 상태로의 전이가 금지됨을 보여라.

53. 앞 두 문제와 동일한 방법을 통하여 $\ell = 1$, $m_\ell = 0$에서 $\ell = 0$ 상태로의 전이가 허락됨을 보여라.

54. 수소의 $3d$ 상태에서 전자의 확률이 최대가 되는 반지름은 얼마인가? 결과와 $n = 3$에 대한 보어의 궤도 반지름과 비교하라.

55. (a) 수소의 $3p$ 상태에 있는 전자의 평균 궤도 반지름을 구하라. 결과와 $n = 3$에 대한 보어 궤도 반지름과 비교하라. (b) 전자가 보어 모델에서 주어진 반지름 밖에 존재할 확률은 얼마인가?

원자물리학

Atomic Physics

8

CHAPTER

멘델레예프는 천재성뿐만 아니라 원소들에 대한 열정도 남달랐다. 원소들은 그의 친한 친구였고, 그는 쿼크 거동의 상세한 내용을 포함한 모든 것을 알고 있었다.

J. 브로노프스키

주기율표는 나에게도 열정이었다. … 어린 시절 나는 오랫동안 런던 과학박물관 전시물 앞에 서서 금속 포일들과 기체로 가득 찬 병(jar)들이 저마다 차별적인 특성을 가지고 있다는 것은 얼마나 멋진 일인가 하고 생각했다.

프리먼 다이슨

7장에서 우리는 수소 원자와 함께 원자물리학에 대한 공부를 시작했다. 이제 여러 개의 전자들을 가진 더 복잡한 원자를 검토할 것이다. 물리학자와 화학자들은 수 세기 동안 원소들의 특징에 대해 연구했다. 이미 원자의 크기, 화학적 거동, 이온화 에너지, 자기 모멘트, 그리고 x선 스펙트럼을 포함한 분광 특성 등에 대해 잘 알고 있었다. 1869년에 러시아 화학자 드미트리 멘델레예프(Dmitri Mendeleev)는 주기율표에 60여 개의 알려진 원자들을 배치했고 그 화학적 특성들을 체계화했다. 그 주기율표에 일반적으로는 원자량 순서대로 원소들이 배열되었다. 행에 원소를 넣을 때에는 명확한 패턴이 있었지만, 빈자리도 남겨 놓았다. 당시에 알려진 원소들에 대한 체계화를 기반으로 멘델레예프는 그때까지 알려지지 않은 원소들을 예측할 수 있었다. 그의 결과에 대해 초기에는 일부 회의론적인 시각이 있었지만, 그가 예측한 원소인 갈륨(1875), 스칸듐(1879), 게르마늄(1886)의 세 가지 원소들이 발견된 이후, 멘델레예프의 주기율표는 널리 인정되었다. 멘델레예프 주기율표(경험적)를 이해하기 위한 근본적인 물리 기초에 대한 설명이 당시 과학의 중요한 목표 중 하나가 되었다. 이 목표는 결국 1920년대 말에 이루어졌고 이는 양자역학의 중요한 성과 중 하나이다. 우리는 원자 구조에 대한 정성적 이해가 그 원소들의 물리적 화학적 특성의 일부를 설명하기 위해 얼마나 유용한지를 발견하게 될 것이다.

8.1 원자 구조와 주기율표

이제 우리는 수소 원자를 잘 이해하기 위한 기초를 갖추었다. 두 개 이상의 전자를 가진 원자를 이해하기 위해서 우리는 어떻게 나아가야 할까? 명백한 방법은 슈뢰딩거 방정식에 전자 하나를 추가하고(헬륨 원자) 파동함수를 푸는 것이다. 이는 엄청난 수학 문제를 풀어야 하는 것이다. 우리는 전하 $+2e$를 갖고 두 개의 전자를 끌어당기는 핵과 동시에 서로 밀쳐내는 두 개의 전자를 고려해야 한다. 이전 수소 원자 모델에서 단일 전자에 대해 얻은 에너지 준위는 새로운 상호작용 때문에 변경되어야 한다. 일반적으로 다전자 원자의 문제는 퍼텐셜 간의 복잡한 상호작용 때문에 슈뢰딩거 방정식으로 정확하게 해결할 수 없다. 현대의 컴퓨터는 크게 발전해서 다양한 모델에서 수치 계산을 매우 정밀하게 수행할 수 있다. 이 절에서는 실제로 다전자 원자의 파동함수를 계산하지 않고도 많은 실험 결과들을 이해할 수 있음을 보일 것이다. 신중하게 경계 조건 및 선택 규칙을 적용함으로써 원자에 대해 많은 것을 배울 수 있다.

1900년대 초의 수십 년 동안 짝수의 전자를 가진 원자와 분자가 홀수의 경우보다 더 많고 더 안정적이라고 알려졌다. 원자 내의 전자가 '꽉 찬 껍질' 모형으로 그룹화된 경우, 주기율표가 설명될 수 있다고 제안되었다. 1922년에 보어는 2, 8, 18개의 전자가 안정된 꽉 찬 껍질을 만든다는 그룹화 제안을 통해 자신의 원자 모델을 수정했다. 동시에 다양한 광 진동수 대역에서 방대한 양의 정확한 원자 분광 데이터를 축적함으로써 양자물리학의 발전이 있었다. 볼프강 파울리(1945년 노벨 물리학상 수상)는 1920년대 초에 분광 데이터와 실험적인 전자수를 이해하기 위한 노력을 시작했다. 그리고 네 개의 양자수에 의해 정의되는 각각의 전자상태에 하나의 전자만 존재할 수 있다는 설명으로 꽉 찬 껍질 전자가 설명될 수 있다는 것을 알았다. **파울리의 배타 원리**(Pauli exclusion principle)로 명명된 그의 결과는 양자물리학의 가장 중요한 성과 중 하나로 평가된다. 그는 1925년에 자신의 결과를 보고했다.

Photo taken by S. A. Goudsmidt, AIP/Niels Bohr Library

볼프강 파울리(Wolfgang Pauli, 1900~1958)는 오스트리아에서 태어나 뮌헨에서 아놀드 좀머펠트에게 수학했고, 괴팅겐(막스 본과 함께), 코펜하겐(닐스 보어와 함께), 함부르크 등을 거쳐, 1925년부터는 2차 세계대전 기간의 프린스턴대학을 포함한 미국 대학에서의 짧은 경력을 제외하곤 취리히에서 근무했다. 파울리는 자신의 이름을 딴 배타 원리를 공식화한 훌륭한 이론물리학자였다. 또한 전자의 양자 스핀 수와 핵의 베타 붕괴를 설명하기 위한 뉴트리노의 존재를 제안했다. 배타 원리 발견의 공로를 인정받아 1945년에 노벨상을 수상했다.

파울리의 배타 원리: 원자에서 임의의 두 개의 전자는 같은 양자수(n, ℓ, m_ℓ, m_s)를 가질 수 없다.

이 원리는 광범위한 영향력을 갖는다. 우리는 이 원리를 원소에서 원자 내 전자의 구성을 합리적이고 정확한 방식으로 설명하기 위해서 사용할 수 있다. 파울리의 배타 원리는 *페르미온*으로 불리는 반정수(half-integer) 스핀을 갖는 모든 입자에 적용되고, 원자 구조에서 핵심적인 핵을 구성하는 물질에도 일반화할 수 있는데, 이는 중성자와 양성자가 모두 페르미온이기 때문이다. 9장에서 페르미온의 특성에 대한 자세한 내용을 배울 것이다.

관찰된 주기율표의 순서를 해석하기 위한 원자-전자 구조*는 다음 두 가지 규칙을 적용하여 이해될 수 있다.

1. 원자 내의 전자는 그들에게 허용된 가장 낮은 에너지 준위를 점유하려고 한다.
2. 주어진 (완전한) 양자수의 집합을 갖는 상태에는 오직 단 하나의 전자만 존재한다(파울리의 배타 원리). (8.1)

*다른 원자들에 수소 양자수를 적용하는 것은 원자의 외곽 전자들에 수소와 같은 중심력장(central field)이 걸림을 의미한다.

주기율표상의 처음 몇 개 원자에 이 규칙을 적용해 보자. 수소가 가장 낮은 에너지 상태(바닥상태)에 있을 때의 양자수(n, ℓ, m_ℓ, m_s)는 (1, 0, 0, ±1/2)이다. 자기장이 없다면 $m_s = 1/2$ 상태는 $m_s = -1/2$ 상태로 축퇴된다(degenerate). 중성 헬륨에서는 두 전자에 대해 서로 양자수가 달라야 하며, 첫 번째 전자의 양자수는 (1, 0, 0, 1/2)이고 두 번째 전자는 (1, 0, 0, −1/2)이어야 한다. 직접적인 실험적 증거를 통해 헬륨 원자에 있는 두 개의 전자의 스핀이 반대로 정렬(스핀의 각운동량이 반대 방향)되어야 한다는 것을 알 수 있다. 이는 파울리의 배타 원리와 일치한다. 이 두 전자는 반대로 정렬된 스핀 각운동량을 통해 보다 안정적인 구조를 형성한다. 같은 양자수 n, ℓ, m_ℓ을 갖지만 반대로 정렬된 스핀 각운동량($m_s = +1/2$과 $m_s = -1/2$)을 가지는 두 전자를 '쌍을 이룬다(paired)'라고 하고, 그 쌍의 총 스핀은 0이다.

또한, 주양자수 n은 문자 코드로도 주어진다.

$$\begin{array}{rcccc} n = & 1 & 2 & 3 & 4\ldots \\ \text{Letter} = & \text{K} & \text{L} & \text{M} & \text{N}\ldots \end{array} \tag{8.2}$$

결합 에너지가 주로 n에 의존하기 때문에, 주어진 n을 갖는 전자는 **껍질**(shell)에 있다고 한다. K 껍질, L 껍질 등(4장에서 이 명칭은 모즐리의 x선 결과를 설명하기 위해 사용되었다)으로 명명한다. $n\ell$ 표현은 **버금 껍질**(subshell)이라 한다. $1s$, $2p$, $3d$ 등이 버금 껍질 표현이다. 헬륨 원자 속의 전자는 K 껍질과 $1s$ 버금 껍질(이 자체로도 껍질임)에 있다. 각 버금 껍질에서 전자의 수를 나타내기 위해 첨자를 사용한다. 수소 원자에 대한 표현은 $1s^1$ 또는 $1s$(첨자 1은 때때로 생략)이며 헬륨 원자는 $1s^2$이다.

전자 껍질

전자 버금 껍질

주기율표에서 다음 원자는 리튬이다. K 껍질은 두 전자만 허용하기 때문에 더 이상 공간이 없다. 다음 껍질은 L 껍질($n = 2$)이고, 가능한 버금 껍질은 $2s$와 $2p$가 있다. 규칙 1은 전자가 가장 낮은 에너지 상태부터 차지한다는 것이다. 준고전적 접근에서 $2s$ 상태(각운동량이 0)는 핵을 관통하는 궤도를 가지고 있는 반면, $2p$ 상태는 거의 원형 궤도를 가지고 있는 것을 기억하자. $2p$ 버금 껍질(리튬)의 전자는 $+3e$의 핵전하를 경험할 수 있지만, 양의 핵전하는 $1s$ 껍질의 두 전자에 의해 부분적으로 가려질 것이다.* $2p$ 전자가 보는(혹은 느끼는) 유효 전하량은 $Z_{\text{eff}} \approx +1e$가 될 것이다. 반면에 $2s$ 전자는 실제로 핵 근처를 통과하므로 $2p$ 전자보다 더 많은 시간을 소비한다. 이러한 이유로 유효 전하량은 $Z_{\text{eff}} > +1e$이다. 따라서 $2s$ 버금 껍질의 전자는 $2p$ 전자보다 더 큰 인력 퍼텐셜(attractive potential)을 경험하게 될 것이다. 따라서 더 낮은 에너지로 존재한다. 리튬의 전자 구조는 $1s^2 2s^1$이 된다. 세 번째 전자는 양자수 (2, 0, 0, ±1/2)을 갖는다.

파울리 배타 원리를 위반하지 않으면서, 각 버금 껍질에 얼마나 많은 전자가 있을 수 있는가?

	Total
각각의 m_ℓ에서: 두 가지 m_s 값	2
각각의 ℓ에서: $(2\ell + 1)$의 m_ℓ 값	$2(2\ell + 1)$

*이 경우 가려진다는 것은 전자가 자신의 궤도 내에서 $+3e$ 핵전하 및 $-2e$ 전자전하에 모두 반응하는 것을 의미한다.

즉, 각 $n\ell$ 버금 껍질은 $2(2\ell + 1)$의 전자를 가질 수 있다. $1s$, $2s$, $3s$, $4s$ 버금 껍질은 오직 두 개의 전자를 가질 수 있다. $2p$, $3p$, $4p$ 버금 껍질은 최대 여섯 개를 가질 수 있다. $3d$, $4d$, $5d$의 버금 껍질은 최대 열 개까지 가질 수 있다.

이제 다전자 원자의 전자 구성을 설명할 수 있다. 내부자기장에 의한 효과가 있을지라도, 외부자기장이 없다면 m_ℓ과 m_s 양자수는 원자의 총에너지에 영향을 미치지 않는다. 따라서 같은 버금 껍질 내의 허용 가능한 다른 상태들은 거의 축퇴된다. 정성적인 이해를 위해서는 $n\ell$만 참고하면 된다.

원자 내 전자를 채우는 것은 일반적으로 각 버금 껍질이 가득 찰 때까지 진행한다. 버금 껍질이 채울 수 있는 최대 개수의 전자를 가질 때, 닫혀 있거나 가득 찼다고 말한다. 낮은 ℓ 값을 가진 바깥쪽 껍질의 전자들은 닫힌 껍질(안쪽) 안에서 더 많은 시간을 보낸다. 이 결과는 쉽게 이해할 수 있는데, 고전적으로 낮은 ℓ 값을 가질수록 높은 ℓ에 비해 더 타원형 궤도를 갖기 때문이다. 높은 ℓ 값의 전자는 쿨롱 인력을 더 적게 느껴 핵전하 $+Ze$로부터 더욱더 차폐되어 있고, 낮은 ℓ 값보다 더 높은 에너지 상태를 갖는다. 주어진 n 버금 껍질은 $s, p, d, f, g, \cdots$ 순서로 채워진다. 차폐 효과에 의해 $4s$ 버금 껍질이 $3d$ 버금 껍질보다 큰 n을 가지고 있을지라도 실제로는 먼저 채워지게 된다. 이런 일은 높은 상태의 껍질에 전자가 채워질 때 종종 발생한다. 표 8.1에 제시된 버금 껍질의 채움 순서는 실험적 증거를 통해 일반적으로 옳다고 확인되었다. 이 순서에 어긋나는 중요한 예로는 희토류인 란탄족과 악티늄족을 들 수 있다. 버금 껍질 에너지 준위의 구성도는 그림 8.1에 표시되어 있다.

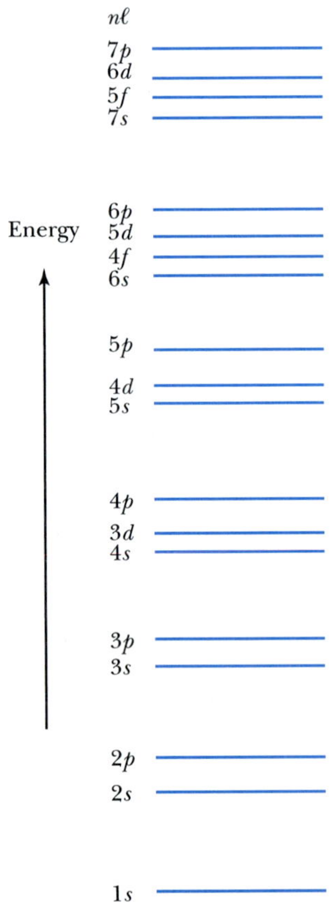

그림 8.1 원자의 최외곽 전자에 대한 버금 껍질의 대략적인 에너지 순서. 이 표현에서 주어진 버금 껍질은 첫 번째 전자를 받으며 모든 낮은 버금 껍질은 채워져 있고 모든 높은 버금 껍질은 비어 있는 것으로 가정한다.

표 8.1 전자로 채워진 버금 껍질의 순서

n	ℓ	버금 껍질	버금 껍질 용량	모든 버금 껍질 내의 총 전자수
1	0	$1s$	2	2
2	0	$2s$	2	4
2	1	$2p$	6	10
3	0	$3s$	2	12
3	1	$3p$	6	18
4	0	$4s$	2	20
3	2	$3d$	10	30
4	1	$4p$	6	36
5	0	$5s$	2	38
4	2	$4d$	10	48
5	1	$5p$	6	54
6	0	$6s$	2	56
4	3	$4f$	14	70
5	2	$5d$	10	80
6	1	$6p$	6	86
7	0	$7s$	2	88
5	3	$5f$	14	102
6	2	$6d$	10	112

원자를 나타내는 표기 $_ZX$에서, Z는 원소의 원자 번호(양성자수)이고 X는 원소를 식별하는 화학기호이다. 모든 원소가 고유한 Z를 갖고 있기 때문에 Z 표시는 불필요하다. 예를 들어, 산소는 항상 $Z = 8$이기 때문에 $_8O$과 O는 같은 원소를 나타낸다. 12장에서 핵의 중성자수가 다르기 때문에 원소의 질량 번호가 다른 동위원소에 대해 설명한다. 중성 원자에서 전자의 수는 Z와 같다.

예제 8.1

다음 원자들에 대해 버금 껍질에서 최외곽 전자(*바깥 전자*로 불리는)의 $n\ell$ 값과 전자 배열을 구하라: $_{11}Na$, $_{18}Ar$, $_{20}Ca$, $_{35}Br$.

전략 식 (8.1)에서 껍질과 버금 껍질의 명칭, 그리고 전자 버금 껍질 배열에 대해 논의한 결과를 사용할 수 있다. 그림 8.1과 표 8.1에 주어진 순서를 사용한다.

풀이 $_{11}$**Na**: 나트륨은 11개의 전자를 가지고 있다. $1s$ 버금 껍질에 두 개의 전자가 채워지고, $2s$의 버금 껍질에 두 개의 전자가 채워지며, $2p$ 버금 껍질에 여섯 개가 채워진다. 이 결과 $1s^2 2s^2 2p^6$ 버금 껍질에 10개의 전자가 가득 채워져 있기 때문에 *코어*(core)라고 부른다. 주어진 표 8.1, 그림 8.1에서 채워지는 순서에 따라 추가되는 전자는 반드시 $3s$ 버금 껍질에 채워지며 $n = 3$, $\ell = 0$이다. 따라서 전자 배열은 $1s^2 2s^2 2p^6 3s^1$이다. Na의 화학적 특성은 코어 밖의 하나의 추가 전자에 의해 거의 독점적으로 결정된다. 코어 부분은 전자의 궤도와 고유 각운동량이 0으로 짝지어져, 오히려 불활성이다.

$_{18}$**Ar**: 표 8.1에서 18개의 전자는 $3p$ 버금 껍질에 꽉 차 있고, 18번째 마지막 전자는 $n = 3$, $\ell = 1$을 가지고 있으므로 전자 배열은 $1s^2 2s^2 2p^6 3s^2 3p^6$이다. 아르곤은 완전히 폐쇄된 버금 껍질로 바깥 전자가 없다. 이것이 불활성 기체의 하나인 아르곤이 화학적으로 비활성인 이유이다.

$_{20}$**Ca**: 아르곤 이후, 다음 두 개의 전자가 $4s$ 버금 껍질로 이동해서($n = 4$, $\ell = 0$), 전자 배열은 $1s^2 2s^2 2p^6 3s^2 3p^6 4s^2$가 된다. $3p$ 버금 껍질과 $4s$와 $3d$ 버금 껍질(그림 8.1을 보라) 사이에는 큰 에너지 차이가 있다. 칼슘의 $4s$ 버금 껍질의 두 전자는 아르곤과 공유하는 불활성 코어의 외부에 불안정하게 위치하며, 다른 원자들과 강하게 반응할 수 있다.

$_{35}$**Br**: 한 개의 전자를 $_{35}Br$에 추가하면 $4p$ 버금 껍질을 채우고, 강력한 불활성 기체 크립톤을 만들 수 있다. $_{35}Br$에서 마지막 전자는 $n = 4$, $\ell = 1$을 가지고 있으며 마지막 몇 개의 버금 껍질 전자 배열은 $3p^6 4s^2 3d^{10} 4p^5$이다. 브롬은 버금 껍질을 채우기 위해 하나의 전자가 더 필요하므로, $4p$ 버금 껍질을 채우기 위해 화학적으로 높은 전자 친화도를 가지고 활발하게 마지막 전자를 찾는다.

이제 그림 8.2에 표시된 주기율표 구조를 상대적으로 쉽게 이해할 수 있다. 식 (8.1)의 두 법칙으로부터 버금 껍질의 전자 순서가 정해진다. 그림 8.2에서 수평으로 묶인 그룹은 버금 껍질에 따라 나눈 것이다. 원자의 전자 구조는 마지막 버금 껍질에 의해 표시되며, 이전의 모든 버금 껍질은 가득 찬 것으로 가정한다. 그림 8.2에 마지막으로 채워지지 않은 버금 껍질의 배열만 원소 상자 안에 표시되었다. 어떤 경우에는 순차적인 질서가 발생하지 않을 수도 있다. 예를 들어, $_{40}Zr$은 $5s^2 4d^2$를 가지고 있고 $5s$ 버금 껍질이 채워져 있지만, 다음 원소 $_{41}Nb$ 구조는 $5s^1 4d^4$를 가지고 있다. $4d$ 버금 껍질에 총 네 개의 전자를 채우기 위해 추가적인 전자를 $5s$ 버금 껍질에서 가져와 $4d$ 버금 껍질에 배치한다. 몇 가지 특이한 경우는 원자 번호가 증가할수록 발생한다. 이러한 경우는 다입자 시스템에서는 전자-전자 상호작용이 복잡해짐을 의미한다.

간단하게 주기율표의 특별한 배열의 일부를 검토해 보자. 수직 열(또는 **그룹**)은 유 그룹

Periodic Table of Elements

Transition elements (Groups 3–12)

Closed shells	Groups: 1 Alkalis	2 Alkaline earths	3	4	5	6	7	8	9	10	11	12	13	14	15	16	17 Halogens	18 Rare gases
	1 **H** $1s$																	2 **He** $1s^2$
$1s^2$	3 **Li** $2s^1$	4 **Be** $2s^2$											5 **B** $2s^2\ 2p^1$	6 **C** $2s^2\ 2p^2$	7 **N** $2s^2\ 2p^3$	8 **O** $2s^2\ 2p^4$	9 **F** $2s^2\ 2p^5$	10 **Ne** $2s^2\ 2p^6$
$2s^2 2p^6$	11 **Na** $3s^1$	12 **Mg** $3s^2$											13 **Al** $3s^2\ 3p^1$	14 **Si** $3s^2\ 3p^2$	15 **P** $3s^2\ 3p^3$	16 **S** $3s^2\ 3p^4$	17 **Cl** $3s^2\ 3p^5$	18 **Ar** $3s^2\ 3p^6$
$3s^2 3p^6$	19 **K** $4s^1$	20 **Ca** $4s^2$	21 **Sc** $3d^1\ 4s^2$	22 **Ti** $3d^2\ 4s^2$	23 **V** $3d^3\ 4s^2$	24 **Cr** $3d^5\ 4s^1$	25 **Mn** $3d^5\ 4s^2$	26 **Fe** $3d^6\ 4s^2$	27 **Co** $3d^7\ 4s^2$	28 **Ni** $3d^8\ 4s^2$	29 **Cu** $3d^{10}\ 4s^1$	30 **Zn** $3d^{10}\ 4s^2$	31 **Ga** $3d^{10}\ 4s^2\ 4p^1$	32 **Ge** $3d^{10}\ 4s^2\ 4p^2$	33 **As** $3d^{10}\ 4s^2\ 4p^3$	34 **Se** $3d^{10}\ 4s^2\ 4p^4$	35 **Br** $3d^{10}\ 4s^2\ 4p^5$	36 **Kr** $3d^{10}\ 4s^2\ 4p^6$
$3d^{10}4s^2 4p^6$	37 **Rb** $5s^1$	38 **Sr** $5s^2$	39 **Y** $4d^1\ 5s^2$	40 **Zr** $4d^2\ 5s^2$	41 **Nb** $4d^4\ 5s^1$	42 **Mo** $4d^5\ 5s^1$	43 **Tc** $4d^6\ 5s^1$	44 **Ru** $4d^7\ 5s^1$	45 **Rh** $4d^8\ 5s^1$	46 **Pd** $4d^{10}$	47 **Ag** $4d^{10}\ 5s^1$	48 **Cd** $4d^{10}\ 5s^2$	49 **In** $4d^{10}\ 5s^2\ 5p^1$	50 **Sn** $4d^{10}\ 5s^2\ 5p^2$	51 **Sb** $4d^{10}\ 5s^2\ 5p^3$	52 **Te** $4d^{10}\ 5s^2\ 5p^4$	53 **I** $4d^{10}\ 5s^2\ 5p^5$	54 **Xe** $4d^{10}\ 5s^2\ 5p^6$
$4d^{10}5s^2 5p^6$	55 **Cs** $6s^1$	56 **Ba** $6s^2$	57 **La** $5d^1\ 6s^2$	72 **Hf** $4f^{14}\ 5d^2\ 6s^2$	73 **Ta** $4f^{14}\ 5d^3\ 6s^2$	74 **W** $4f^{14}\ 5d^4\ 6s^2$	75 **Re** $4f^{14}\ 5d^5\ 6s^2$	76 **Os** $4f^{14}\ 5d^6\ 6s^2$	77 **Ir** $4f^{14}\ 5d^9$	78 **Pt** $4f^{14}\ 5d^9\ 6s^1$	79 **Au** $4f^{14}\ 5d^{10}\ 6s^1$	80 **Hg** $4f^{14}\ 5d^{10}\ 6s^2$	81 **Tl** $4f^{14}\ 5d^{10}\ 6s^2\ 6p^1$	82 **Pb** $4f^{14}\ 5d^{10}\ 6s^2\ 6p^2$	83 **Bi** $4f^{14}\ 5d^{10}\ 6s^2\ 6p^3$	84 **Po** $4f^{14}\ 5d^{10}\ 6s^2\ 6p^4$	85 **At** $4f^{14}\ 5d^{10}\ 6s^2\ 6p^5$	86 **Rn** $4f^{14}\ 5d^{10}\ 6s^2\ 6p^6$
$4f^{14}5d^{10}6s^2 6p^6$	87 **Fr** $7s^1$	88 **Ra** $7s^2$	89 **Ac** $6d^1\ 7s^2$	104 **Rf** $5f^{14}\ 6d^2\ 7s^2$	105 **Db** $5f^{14}\ 6d^3\ 7s^2$	106 **Sg** $5f^{14}\ 6d^4\ 7s^2$	107 **Bh** $5f^{14}\ 6d^5\ 7s^2$	108 **Hs** $5f^{14}\ 6d^6\ 7s^2$	109 **Mt** $5f^{14}\ 6d^7\ 7s^2$	110 **Ds** $5f^{14}\ 6d^9\ 7s^1$	111 **Rg** $5f^{14}\ 6d^{10}\ 7s^1$	112 **Cn** $5f^{14}\ 6d^{10}\ 7s^2$	113 **Nh**	114 **Fl**	115 **Mc**	116 **Lv**	117 **Ts**	118 **Og**

Lanthanides	58 **Ce** $4f^2 6s^2$	59 **Pr** $4f^3 6s^2$	60 **Nd** $4f^4 6s^2$	61 **Pm** $4f^5 6s^2$	62 **Sm** $4f^6 6s^2$	63 **Eu** $4f^7 6s^2$	64 **Gd** $4f^7 6s^2\ 5d^1$	65 **Tb** $4f^9 6s^2$	66 **Dy** $4f^{10} 6s^2$	67 **Ho** $4f^{11} 6s^2$	68 **Er** $4f^{12} 6s^2$	69 **Tm** $4f^{13} 6s^2$	70 **Yb** $4f^{14} 6s^2$	71 **Lu** $4f^{14} 5d^1\ 6s^2$
Actinides	90 **Th** $6d^2 7s^2$	91 **Pa** $5f^2 6d^1\ 7s^2$	92 **U** $5f^3 6d^1\ 7s^2$	93 **Np** $5f^4 6d^1\ 7s^2$	94 **Pu** $5f^6 7s^2$	95 **Am** $5f^7 7s^2$	96 **Cm** $5f^7 6d^1\ 7s^2$	97 **Bk** $5f^8 6d^1\ 7s^2$	98 **Cf** $5f^{10} 7s^2$	99 **Es** $5f^{11} 7s^2$	100 **Fm** $5f^{12} 7s^2$	101 **Md** $5f^{13} 7s^2$	102 **No** $5f^{14} 7s^2$	103 **Lr** $5f^{14} 6d^1\ 7s^2$

그림 8.2 원자 번호와 원소 기호는 각 박스의 상단에 나타냈다. 각 원소에 대한 전자 배열은 주 양자 번호 n, 각운동량 양자 번호 $\ell(s, p, d, f)$, 그리고 닫힌(closed) 껍질 바깥의 외부 전자 수로 정해진다. 닫힌 껍질의 전자 배열을 왼쪽에 나타내었다.

사한 화학적 및 물리적 특성을 가지고 있다. 이는 원자들이 동일한 원자가(valance) 전자 구조(즉, ℓ 궤도에서 동일한 수의 전자를 가짐)를 가져 유사한 화학적 결합을 형성할 수 있기 때문이다. 가로 행은 **주기**(period)이고 버금 껍질의 채움에 해당된다. 예를 들면, 네 번째 행에서 $4s$ 버금 껍질에는 최초 두 개의 전자가 가득 차 있고 다음 $3d$ 버금 껍

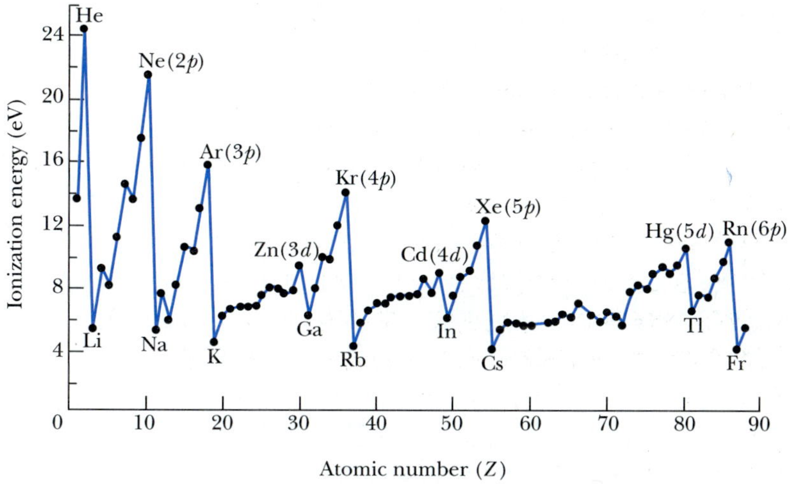

그림 8.3 원자 번호에 따른 원소의 이온화 에너지이다. 원소 기호는 그래프의 봉우리와 골짜기에 괄호 안에 표시된 꽉 찬 버금 껍질과 함께 표시되었다. 하나의 전자가 p와 d 버금 껍질에 추가될 때 이온화 에너지는 크게 감소되는데, 이는 원자 구조의 껍질 효과를 나타낸다.

질에는 10개의 전자가 채워져 있고, 마지막으로 $4p$ 버금 껍질에는 여섯 개의 전자가 채워져 있다. 네 번째 행에는 18개의 원소가 있고, $4s$, $3d$, $4p$ 버금 껍질을 채운다.

원소의 몇몇 특성을 비교하기 위해 그림 8.3에 원소의 이온화 에너지를, 그림 8.4에 원자 반지름을 나타내었다.(이온화 에너지는 가장 약하게 속박된 전자를 제거하여 양이온을 형성하는 데 필요한 에너지이다.) 전기 전도도 및 저항은 버금 껍질 효과로 나타난다. 좋은 전기적 도체는 핵에 약하게만 묶인 자유전자가 필요하다. 10장에서 초전도성을 위해 비슷한 환경이 필요함을 보게 될 것이다. 버금 껍질에 따른 차이들은 매우 주목할 만하다.

불활성 기체

주기율표의 마지막 그룹은 불활성 기체이다. 모두 꽉 찬 버금 껍질을 가지고 있다는 점이 독특하다. 헬륨을 제외한 모든 불활성 기체에서 꽉 찬 버금 껍질은 p 버금 껍질이다. 이들은 원자가 전자(valence electron)를 가지고 있지 않고, p 버금 껍질로 단단히 묶여 있다. 따라서 이러한 원소는 불활성이다. 다른 원자와 화학적 결합을 쉽게 형성하지 않는다. 순 스핀이 0이고 큰 이온화 에너지(그림 8.3)와 낮은 전기전도도를 가진다. 끓는점이 매우 낮으며 원자가 서로 너무 약하게 상호작용하기 때문에 실온에서 단원자 기체이다.

알칼리

수소와 알칼리 금속(리튬, 나트륨, 칼슘 등)은 주기율표의 그룹 1을 구성하고 있다. 불활성 코어 바깥에 단일 s 전자를 가지고 있다. 이 전자는 쉽게 제거할 수 있으므로 알칼리는 쉽게 전하 $+1e$의 양이온을 형성할 수 있다. 따라서 *원자가*(valence)가 +1이다. 그림 8.3에서 알칼리 금속은 가장 낮은 이온화 에너지를 보여 준다. 불활성 기체와 알칼리 사이에서 이온화 에너지의 하락 폭이 크다. 알칼리 금속에서 원자가 전자는 한 원자에서 다른 원자로 자유롭게 이동할 수 있기 때문에 상대적으로 우수한 전기 전도체이다.

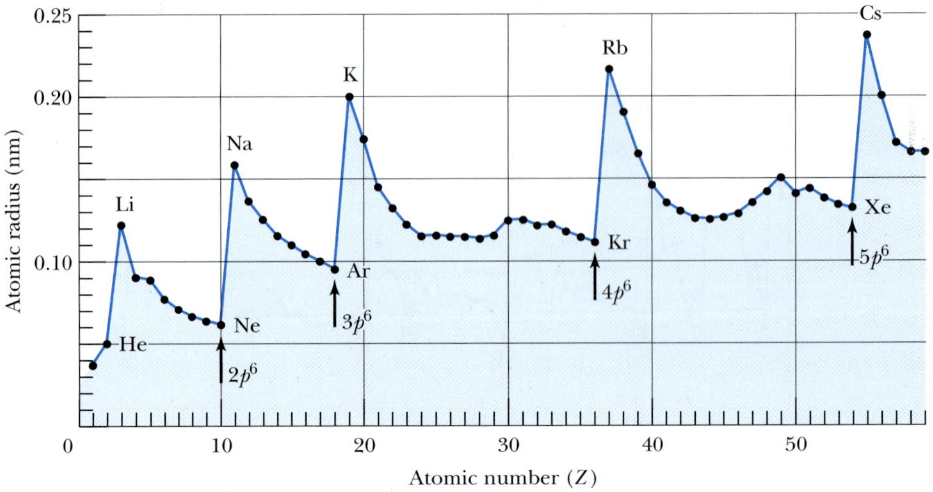

그림 8.4 화학적 화합물 분자의 공유 결합 길이 데이터로 결정된 원자의 반지름. 버금 껍질이 채워졌을 때 가장 작은 반지름이 얻어진다. 출처: Darrell D. Ebbing, *General Chemistry*, 3rd ed., Houghton: Mifflin (1990)

알칼리 토류

알칼리 토류는 주기율표의 그룹 2에 있다. 이러한 원소들(베릴륨, 마그네슘, 칼슘, 스트론튬 등)은 외부 버금 껍질에 두 개의 s 전자를 가지고 있고 버금 껍질이 채워져 있지만 s 전자는 핵으로부터 상당히 멀리 떨어져 확장될 수 있으며 비교적 쉽게 제거된다. 알칼리 금속과 알칼리 토류는 s 전자가 느슨하게 묶여 있기 때문에 가장 큰 원자 반지름(그림 8.4)을 가지고 있다. 알칼리 토류의 이온화 에너지(그림 8.3) 또한 낮지만 전기전도도는 높다. 이 원소의 원자가는 +2이며, 상대적으로 화학적으로 활성상태이다.

할로겐

불활성 기체의 바로 왼쪽 옆에 있으며, 가득 채워진 바깥쪽의 버금 껍질에서 전자가 하나 모자란 그룹 17을 말한다. 이러한 원소들(불소, 염소, 브롬, 기타 등등)은 −1의 원자가를 가지고 있으며, 화학적으로 매우 활성상태이다. 할로겐은 알칼리(원자가 전자 +1) 원자에 의해 버려진 전자를 쉽게 얻어, 강한 이온결합(예를 들면, 염화 나트륨)을 형성한다. 실제로 염화 나트륨과 같은 화합물은 상호 쿨롱 작용에 의해 강하게 묶여진 Na^+와 Cl^- 이온으로 구성되어 있다. 할로겐의 바로 왼쪽 그룹은 p 껍질에 더 적은 수의 전자를 가지고 있다. 그림 8.4에서 p 버금 껍질에 전자를 추가하면 반지름이 감소하는 것은 분명하다. p 버금 껍질이 꽉 차면 더 안정적인 배열이 되고, 좀 더 단단히 묶인 원자가 된다.

전이 금속

$3d$, $4d$, $5d$ 버금 껍질이 채워지고 있는 원소들에 대한 세 개의 행을 *전이 원소* 또는 *전이 금속*이라고 한다. 이들은 화학적 특성이 유사한데, d 버금 껍질보다 주로 s 전자들에 의해 결정된다. 이것은 s 전자의 높은 n 값으로 인해, d전자보다 더 큰 반지름을 가지는 경향이 있기 때문이다. $3d$ 버금 껍질의 채움은 주기율표의 중간에 있는 원소들의 몇 가지 중요한 특성들을 이끈다. 이러한 원소(예를 들면, 철, 코발트, 니켈)들은 짝 없는 스핀(훈

트의 규칙에 의해 결정, 8.2절을 보라)의 d 버금 껍질 전자들을 가지고 있다. 결정격자에서 이웃한 원자의 스핀들은 스스로를 정렬시켜 거대한 자기모멘트 및 이 원소들의 강자성 특성(10.4절을 보라)을 만들어 낸다. d 버금 껍질이 채워지면 전자 스핀은 결국 쌍으로 제거되고, 이웃한 원자가 스핀을 정렬하려는 경향 때문에 자기모멘트 또한 줄어든다.

란탄 계열 원소

란탄 계열 원소($_{58}$Ce에서 $_{71}$Lu)는 *희토류* 원소라고도 불리며 모두 유사한 화학적 특성을 가지고 있다. 이는 모든 란탄 계열 원소들이 꽉 채워진 바깥쪽 $6s^2$ 버금 껍질과 채워지고 있는 더 작은 $4f$ 버금 껍질을 가지고 있기 때문이다. 란탄 계열 원소들의 이온화 에너지(그림 8.3을 보라)는 비슷하다. $3d$ 버금 껍질처럼 $4f$ 버금 껍질도 종종 짝 없는 전자들을 가진다. 짝 없는 전자들도 스스로 정렬하며 f 버금 껍질에는 수많은 전자들이 있기 때문에 큰 자기모멘트가 발생할 수 있다. 큰 궤도 각운동량 모멘트($\ell = 3$) 또한 란탄 계열의 원소 중 일부가 가지는 큰 강자성 효과에 기여한다. 홀뮴(holmium) 원소는 낮은 온도에서 철보다 훨씬 더 큰 내부자기장을 가지고 있다.

악티늄족

악티늄족($_{90}$Th에서 $_{103}$Lr)은 $7s^2$ 버금 껍질이 채워진 채로 내부 버금 껍질이 채워지게 되므로 란탄 계열 원소와 유사하다. 이 원소들은 방사성을 가지고 있어 믿을 만한 물성 데이터를 얻기가 어렵다. 일부 악티늄족 동위원소는 오랜 반감기를 가지고 있기 때문에 상당한 양을 유지할 수 있다. 예를 들면 토륨-232, 우라늄-235, 우라늄-238은 자연에서 존재하고, 넵투늄-237과 플루토늄-239는 실험실에서 만들어진다.

개념 예제 8.2

구리와 은은 최고의 전기전도도를 가지고 있다. 구리 및 은의 전자 배열로부터 높은 전기전도도를 설명하라.

풀이 전자 배열을 조사하기 위해 그림 8.2를 참조할 필요가 있다. $_{28}$Ni 구조는 $3d^84s^2$이지만 $_{29}$Cu 구조는 $3d^{10}4s^1$이고 다음 원소 $_{30}$Zn은 $3d^{10}4s^2$임을 알 수 있다. 구리는 $4s$ 버금 껍질의 전자 하나가 $3d$ 버금 껍질로 이동하는 특징이 있다. 나머지 $4s$ 전자는 매우 약하게 묶여 있고 거의 자유롭다.

다음 주기의 $_{47}$Ag에서도 비슷한 일이 발생한다. 양쪽의 원소들은 $4d^{10}$ 버금 껍질을 완성하고 $_{47}$Ag에서는 $5s$ 전자가 약하게 묶여 있다. $_{41}$Nb~$_{45}$Rh의 원소는 짝 없는 $5s$ 전자를 가지고 있지만 불완전한 $4d$ 버금 껍질을 가지고 있어서 더 적게 가려지고, 이들의 $5s$ 전자들은 $_{47}$Ag보다 덜 자유롭게 돌아다닌다.

구리와 은은 채워진 버금 껍질 코어의 바깥쪽에 매우 약하게 묶여 있는 전자 하나를 가지고 있다. 이 전자는 사실상 자유롭고 금속 내에서 쉽게 이동할 수 있다.

8.2 총 각운동량

만약 원자가 하나 또는 그 이상의 전자로 인해 궤도 각운동량과 스핀 각운동량을 가지고 있다면, 고전역학적으로 이 각운동량들이 합쳐져서 **총 각운동량**(total angular momen-

Special Topic

뤼드베리 원자

뤼드베리 원자는 거의 이온화에 가까운 수준의 높은 에너지 준위의 최외곽 전자를 갖는 높게 여기된 원자이다. 그의 경험적 관계식을 통해 수소 원자의 정확한 파장[식 (3.13)]을 구한 요하네스 뤼드베리(Johannes Rydberg)의 이름을 따서 명명했다. 높게 여기된 전자가 아주 바깥쪽의 극단적인 궤도를 갖기 때문에 뤼드베리 원자는 어느 정도는 수소 원자처럼 보인다. 이론적으로는 어떤 원자든지 뤼드베리 원자가 될 수 있다.

뤼드베리 원자는 일반적인 원자보다 10만 배만큼 크다. 매우 들뜬 에너지 상태임에도 불구하고 식 (7.36)의 선택 규칙에 의해, 낮은 에너지 준위(특히 높은 ℓ 값 때문에)로 쉽게 전이할 수 없기 때문에 극도로 수명이 길다. 수명이 초(second) 단위로, 일반적인 여기 원자 수명의 100만 배 이상이다. 원자의 세계에서 이렇게 수명이 긴 뤼드베리 원자는 영원히 사는 것이나 다름없다.

4장으로부터 수소 원자의 에너지 준위는 $-E_0/n^2$로, 반지름은 $n^2 a_0$로 주어지며 $E_0 = 13.6$ eV 그리고 $a_0 = 5.3 \times 10^{-11}$ m이다. 뤼드베리 원자는 400 근처의 n 값을 가지며 우주 공간에서의 전파 천문학 측정에서 관찰되었지만, 실험실에서 구현된 것은 대부분 100보다 크지 않고 보통 30 근처이다. 뤼드베리 원자는 수소처럼 행동하고 $n = 400$이며, $10^5 \times 10^{-10}$ m 또는 10 μm의 직경을 갖는 놀랍게도 매우 큰 원자임을 기억하라. $n = 401 \rightarrow 400$의 전이를 통해(4×10^{-7} eV 광자 방출) 거의 3 m 파장의 라디오파를 방출한다.

뤼드베리 원자는 실험실에서 기체 원자에 대전 입자를 충돌시켜 만들 수 있다. 그러나 이 연구의 획기적 진전은 파장 가변 레이저(10장을 보라)의 사용으로, 정확한 에너지의 레이저 광자로 전자를 특정한 여기상태로 만들 수 있게 되면서 일어났다. 뤼드베리 원자와 정상 원자 사이의 충돌이 빠르게 탈-여기상태로 이어질 수 있기 때문에 원자의 밀도는 낮게 유지되어야 한다. 한번 만들어진 뤼드베리 원자는 다른 원자와 충돌이 적기 때문에 성간 공간에서는 뤼드베리 원자가 쉽게 발견된다(물론 상대적으로 그렇다는 뜻임).

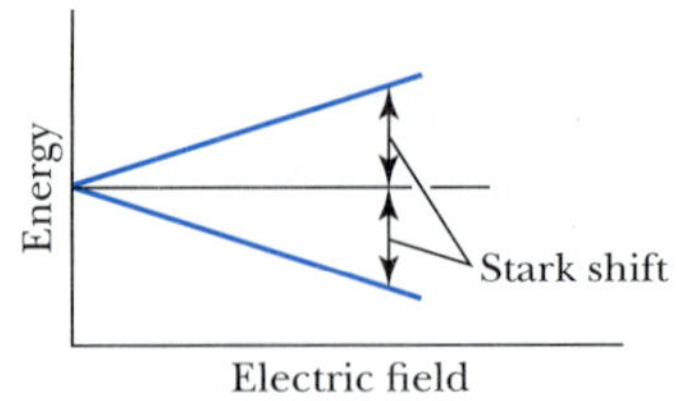

그림 A 가는 검은색 선은 축퇴된 에너지 준위를 나타내며 파란 선은 주어진 전기장에서 최대 에너지 이동(shift)을 나타낸다. 축퇴의 정도가 크기 때문에 상태들은 극단 사이에서 많은 에너지들을 가질 수 있다.

독일의 물리학자 요하네스 슈타르크(Johannes Stark)는 1913년에 강한 외부전기장이 인가되면 원자 스펙트럼 선이 분리되는 자신의 이름을 딴 효과를 발견했다. 뤼드베리 원자의 가장 유용하고 극적인 특성은 바로 이 *슈타르크 효과* 때문이다. 큰 n 값 때문에 뤼드베리 원자는 강하게 축퇴되어 있다. 동일한 에너지를 가져도 서로 다른 양자수를 가지고 있다면 두 상태가 *축퇴*되는 것을 기억하자. 많은 상태들은 동일한 큰 n 값을 가질 수 있지만, ℓ 값과 m_ℓ 값은 서로 달라야 한다. 그림 A에 나타낸 것과 같이, 강하게 축퇴된 뤼드베리 원자에서 많은 에너지 준위들의 분리가 인가한 전기장에 선형적으로 변하기 때문에 슈타르크 효과가 매우 중요해진다. 뤼드베리 원자를 이온화시키거나 혹은 에너지 준위를 변화시키기 위해서는 약한 전기장이면 충분하다.

tum)을 이룰 것으로 예상된다. 단일전자 원자에서 외부자기장이 없어도 궤도와 스핀 각운동량 사이의 상호작용에 의해 이중상태로 에너지 분할이 발생함을 이전의 7.5절에서 보았다. 이 절에서는 어떻게 궤도와 스핀 각운동량이 결합하는지와 이를 통해 에너지 준위의 분할이 일어나는 과정을 살펴보자.

단일전자 원자

먼저 불활성 코어의 바깥에 하나의 전자를 갖는 원자(예를 들면, 알칼리)에 대해서 논의해 보자. 궤도 각운동량 $\vec{L}$과 스핀 각운동량 $\vec{S}$인 원자에 대해, 총 각운동량 $\vec{J}$는 다음과 같이 주어진다.

$$\vec{J} = \vec{L} + \vec{S} \tag{8.3}$$

총 각운동량

L, L_z, S, S_z가 양자화되어 있기 때문에 총 각운동량 및 z성분인 J_z 또한 양자화되어 있다. 우리가 고려하는 단일 전자에 대해 j와 m_j가 적절한 양자수라면, J 및 J_z의 양자화된 값을 단일 전자를 가진 수소 원자로 유추하여 구할 수 있다.

$$J = \sqrt{j(j+1)}\,\hbar \tag{8.4a}$$

$$J_z = m_j\hbar \tag{8.4b}$$

m_ℓ은 정수이고 m_s는 반정수이기 때문에 m_j는 항상 반정수이다. m_ℓ 값의 범위는 $-\ell$에서 ℓ이고 m_j 값의 범위는 $-j$에서 j이므로 j는 반정수일 것이다.

$\vec{L}$, $\vec{S}$, $\vec{J}$의 양자화된 크기는 모두 비슷하다.

$$\begin{aligned} L &= \sqrt{\ell(\ell+1)}\,\hbar \\ S &= \sqrt{s(s+1)}\,\hbar \\ J &= \sqrt{j(j+1)}\,\hbar \end{aligned} \tag{8.5}$$

단일 전자에 대한 총 각운동량 양자수는 다음의 값만 가질 수 있다.

$$j = \ell \pm s \tag{8.6}$$

즉, $s = 1/2$이므로 오직 $\ell + 1/2$ 또는 $\ell - 1/2$만 될 수 있다.(만약 $\ell = 0$인 경우, j는 1/2이어야 한다.) $\vec{J}$, $\vec{L}$과 $\vec{S}$의 관계를 그림 8.5에서 보여 준다. $\vec{L}$과 $\vec{S}$가 정렬 혹은 반정렬 상태인지에 상관없이, $\ell = 1$ 값에 대해 양자수 j는 3/2 또는 1/2이다. 일반적으로 이러한 상태를 설명하기 위해 사용되는 표기법은

$$nL_j \tag{8.7}$$

이다. 여기서 n은 주양자수이고, j는 총 각운동량 양자수이며, L은 궤도 각운동량 양자수를 나타내는 대문자(S, P, D, 기타 등등)이다.

7.5절에서 우리는 전자의 정지계에서 양성자가 전자 주위를 순회하는 것(그림 7.10을 보라)으로 보이기 때문에 수소 원자의 단일 전자는 양성자로 인한 내부자기장 $\vec{B}_{\text{inter-}}$

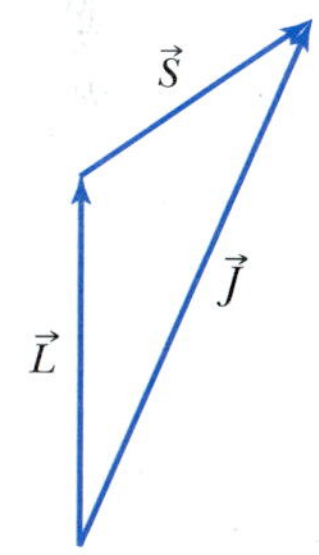

$j = \ell + s$
$= 1 + \frac{1}{2} = \frac{3}{2}$

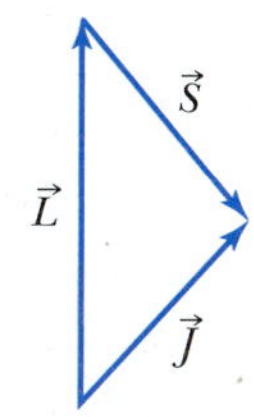

$j = \ell - s$
$= 1 - \frac{1}{2} = \frac{1}{2}$

그림 8.5 궤도 및 스핀 각운동량으로부터 총 각운동량을 만들 때, 벡터 $\vec{J} = \vec{L} + \vec{S}$의 형태로 계산해야 한다. 양자수 $j = 1/2$ 및 3/2의 벡터 $\vec{J}$를 만들기 위해 $\ell = 1$, $s = 1/2$을 갖는 $\vec{L}$과 $\vec{S}$가 추가되어야 함을 도식적으로 보여 준다.

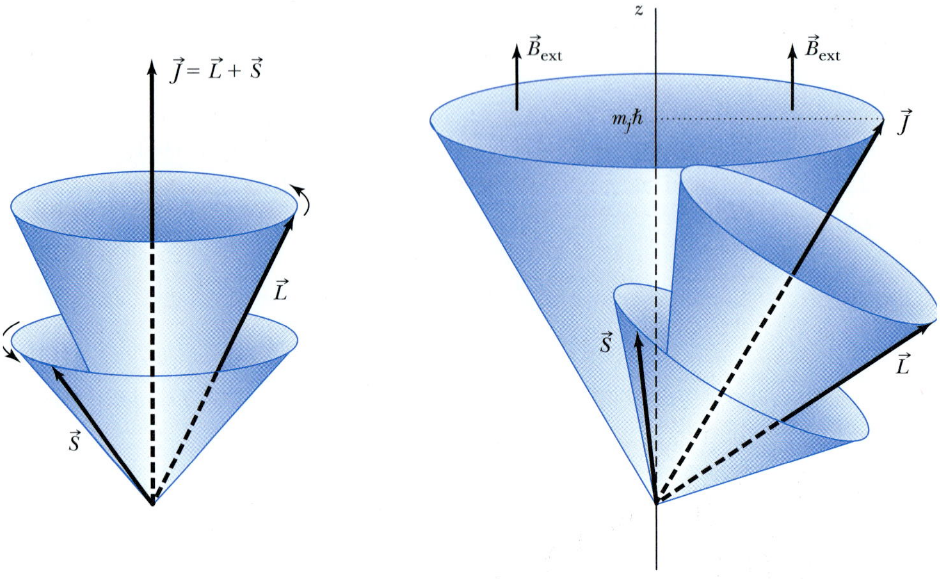

그림 8.6 (a) 벡터 $\vec{L}$과 $\vec{S}$는 $\vec{J}$ 주변으로 세차운동을 한다. 총 각운동량 $\vec{J}$는 공간에서 한 방향으로 고정된 값을 가진다. (b) 그러나 외부자기장 $\vec{B}_{ext}$가 z축을 따라 인가되면, $\vec{J}$는 z 방향(J_z는 고정됨)으로 세차운동을 하고, $\vec{L}$과 $\vec{S}$는 $\vec{J}$ 주변으로 세차운동을 할 것이다. 그림은 $\vec{L}$과 $\vec{S}$가 정렬되어 있는 경우를 보여 준다.

$_{\text{nal}}$을 느낄 수 있다고 배웠다. 이 효과에 대한 주의 깊은 검토를 통해 전자의 스핀과 궤도 각운동량의 상호작용을 볼 수 있었고, 이 효과는 **스핀-궤도 결합**(spin-orbit coupling)으로 불린다. 보통 쌍극자 퍼텐셜 에너지 $V_{s\ell}$은 $-\vec{\mu}_s \cdot \vec{B}_{\text{internal}}$과 같다. 스핀 자기 모멘트는 $-\vec{S}$에 비례하고, $\vec{B}_{\text{internal}}$은 $\vec{L}$에 비례하므로, α가 $\vec{S}$와 $\vec{L}$ 사이의 각을 나타낼 때, $V_{s\ell} \sim \vec{S} \cdot \vec{L} = SL \cos \alpha$이다. 이 효과의 결과로 $j = \ell - 1/2$ 상태의 에너지가 $j = \ell + 1/2$ 상태의 에너지보다 약간 낮아진다. 왜냐하면 $j = \ell + 1/2$일 때 α가 더 작기 때문이다. 이는 인가된 외부자기장에 놓인 원자에 대해서도 동일하게 적용된다. 이 효과를 통해 심지어 수소와 같은 단일전자 원자에서도 j와 m_j가 m_ℓ과 m_s보다 '더 적절한' 양자수임을 알 수 있다. 여기서 '더 적절한'이란 j와 m_j가 물리적 관측 결과와 좀 더 직접적으로 관련됨을 의미한다. 일정한 에너지를 갖는 주어진 상태에서, L_z와 S_z는 일정하게 정해지지 않지만, J_z는 일정하게 정해진다. 이제 파동함수는 n, ℓ, j, m_j에 따라 정해진다. 스핀-궤도 상호작용은 $2P$ 준위를 $2P_{3/2}$ 및 $2P_{1/2}$의 두 가지 상태로 분할하며, $2P_{1/2}$의 에너지가 더 낮다. 여기에서 논의되지는 않았지만 스핀-궤도 효과에 수정을 가할 수 있는 추가적인 상대론적 효과가 존재한다.

스핀-궤도 결합

외부자기장이 없을 때 총 각운동량은 고정된 크기와 고정된 z성분을 갖는다. 오직 J_z만 알 수 있는 것을 기억하라. 불확정성의 원리에 따라 J_z와 동시에 J_x 혹은 J_y를 알 수는 없다. 벡터 $\vec{L}$과 $\vec{S}$는 $\vec{J}$ 주변으로 세차운동(그림 8.6a를 보라)을 할 것이다. 그러나 외부자기장하에서는 그림 8.6b와 같이 $\vec{J}$ 주위로 $\vec{L}$과 $\vec{S}$의 세차운동은 유지하면서 $\vec{J}$가 $\vec{B}_{ext}$에 대해 세차운동을 할 것이다. 따라서 $\vec{L}$과 $\vec{S}$의 움직임은 매우 복잡해지게 된다.

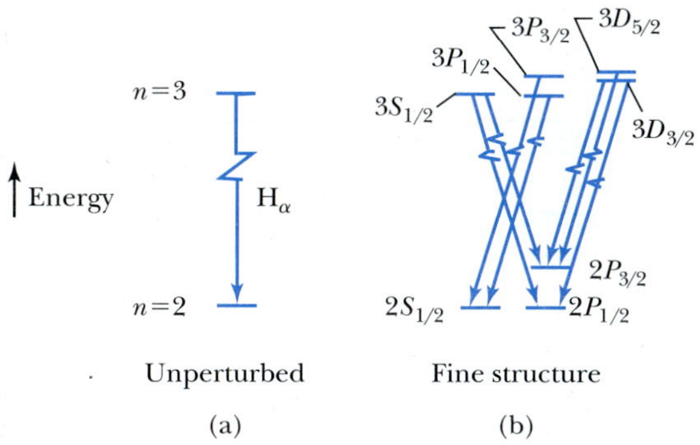

그림 8.7 (a) 수소 원자의 $n = 3$과 $n = 2$ 껍질 사이의 전이로 인한 교란되지 않은 H_α선을 나타냈다. (b) 수소 원자의 좀 더 상세한 준위 구조(스케일은 없음)는 세분화된 광학 구조를 이끈다. 스핀-궤도 상호작용은 각각의 $\ell \neq 0$ 상태를 분할시킨다.

광학 스펙트럼은 다른 에너지 준위 사이의 전이 때문에 발생한다. 7.6절에서 수소 원자에 대한 전이를 논의하여 식 (7.36)의 규칙으로 정리하였다. 단일전자 원자에 대해 이제 Δj의 선택 규칙을 추가한다. $\Delta\ell = \pm 1$의 제한으로 $\Delta j = \pm 1$ 또는 0이 된다. 따라서 단일전자 원자에 대해 허용된 전이는 다음과 같다.

단일전자 원자에 허용된 전이

$$\Delta n = \text{anything} \qquad \Delta\ell = \pm 1$$
$$\Delta m_j = 0, \pm 1 \qquad \Delta j = 0, \pm 1 \tag{8.8}$$

Δm_j의 선택 규칙은 Δm_ℓ에 대한 식 (7.36)의 결과와 m_s가 영향을 받지 않는 $m_j = m_\ell + m_s$의 결과로부터 얻어진다.

그림 7.11은 수소의 에너지 준위 다이어그램에서 여러 가지 가능한 전이들을 보여주었다. 그림 8.7은 수소의 에너지 준위 다이어그램에서 $n = 2$와 $n = 3$ 준위의 스핀 궤도 분할을 매우 과장되게 표시한 것이다. 모든 상태들(s상태를 제외하고)은 이중상태로 분할되어 있다. 그림 7.11에서 나타난 것은 한 가지 전이였지만 실제로는 서로 다른 일곱 가지 전이이다. 이 경우 분할의 정도는 아주 작지만(일반적으로 수소의 경우 10^{-5} eV 수준) 측정이 가능하다. 예를 들어 $2P_{3/2}$과 $2P_{1/2}$ 준위 사이의 분할은 4.5×10^{-5} eV로 측정되었다.

그림 8.8에서 단일전자 원자인 나트륨의 에너지 준위를 수소와 비교하여 나타냈다. 나트륨의 단일 전자는 $3s^1$이고 나트륨의 에너지 준위는 수소의 $n = 3$이나 그 위의 것과 유사해야 한다. 그러나 전자의 작은 ℓ 값과 강한 인력은 높은 ℓ 값에 비해 에너지 준위를 상당히 낮게 만든다. 그림 8.8에서 나트륨의 $5f$와 $6f$ 에너지 준위는 수소의 에너지 준위와 근접하지만 나트륨의 $3s$ 에너지 준위는 상당히 낮다는 점을 주목하자. 그림 8.8에서 표시된 나트륨의 에너지 준위 사이의 전이는 식 (8.8)의 선택 규칙과 일치한다.

다른 j 값에 대한 준위의 미세 분할은 너무 작아서 그림 8.8에 나타내기 어렵다. 그럼에도 불구하고 이런 분할들은 중요하고 나트륨의 광학 스펙트럼에서 쉽게 발견된다. 예를 들어 에너지 준위 $3P_{3/2}$와 $3P_{1/2}$는 2.1×10^{-3} eV 정도 떨어져 있다. 이 때문에 $3p \to 3s$ (~2.1 eV) 전이의 광학 선은 이중선으로 분할된다. 유명한 노란색 나트륨 이중선은 $\lambda = 589.0$ nm와 589.6 nm이다(예제 8.8을 보라).

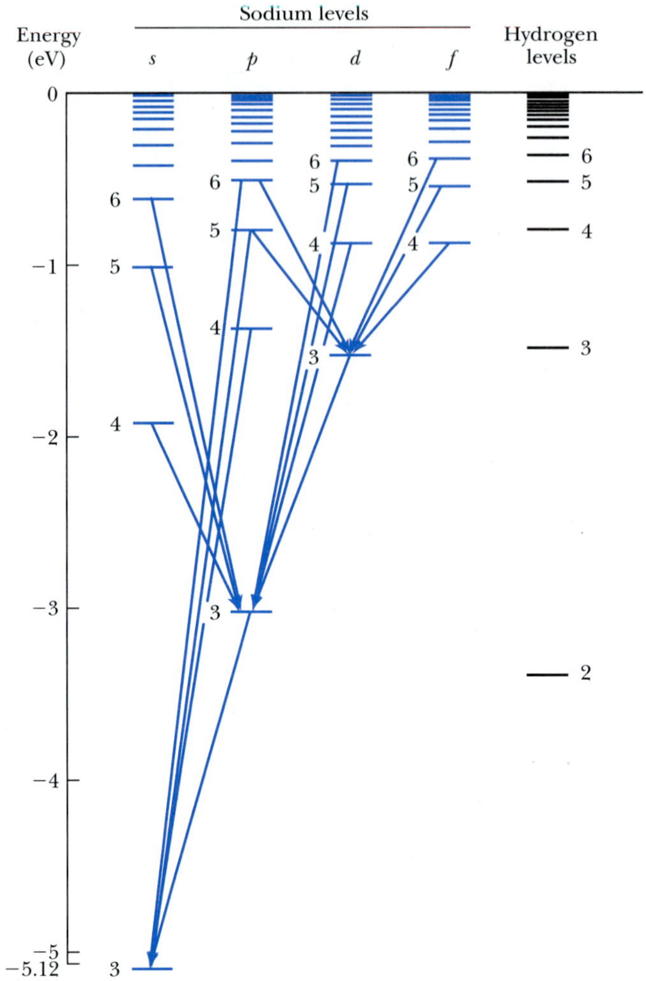

그림 8.8 나트륨(불활성 코어 이외의 단일 전자)의 에너지 준위 다이어그램은 수소와 비교될 수 있다. 쿨롱 효과로 인해 나트륨은 낮은 ℓ상태를 가지고 대응되는 수소의 준위보다 낮은 에너지를 가진다. 나트륨의 일부 허용된 전이를 표시하였다.

예제 8.3

나트륨 $3p$ 버금 껍질의 2.1×10^{-3} eV의 에너지 차가 589.3 nm의 스펙트럼선에서 0.6 nm의 분할을 설명함을 보여라.

전략 광자의 파장 λ는 전이 에너지

$$E = \frac{hc}{\lambda}$$

와 관련되어 있다. 작은 분할들에 대해 미분을 이용하여 대략적인 ΔE 값을 구할 수 있다.

$$dE = \frac{-hc}{\lambda^2}\, d\lambda$$

다음으로 $\Delta E = dE$ 및 $\Delta\lambda = d\lambda$로 놓고 절대값을 취하면

$$|\Delta E| = \frac{hc}{\lambda^2}|\Delta\lambda| \quad \text{or} \quad |\Delta\lambda| = \frac{\lambda^2}{hc}|\Delta E|$$

풀이 λ, ΔE, hc의 값들을 대입하면

$$|\Delta\lambda| = \frac{(589.3\ \text{nm})^2\,(2.1 \times 10^{-3}\,\text{eV})}{1.240 \times 10^3\,\text{eV}\cdot\text{nm}} = 0.59\ \text{nm}$$

0.6 nm의 값은 나트륨에 대한 실험 측정값과 일치한다.

다전자 원자들

원자가 불활성 코어 외부에 두 개 이상의 전자를 가지는 경우, 다양한 스핀들과 각운동량들의 상호작용이 강력해진다. 다양한 경험적인 법칙으로부터 그런 원자들에 양자화된 결과를 적용할 수 있다. 가장 잘 알려진 법칙은 주로 원자와 분자의 전자 구조에 대한 연구로 유명한 독일의 물리학자 프리드리히 훈트(Friedrich Hund, 1896~1997)에 의해 1925년에 도입된 훈트의 규칙이다. 닫힌 껍질의 바깥쪽에 두 개의 전자를 가진 경우(예를 들면, 헬륨 및 알칼리 토류)를 고려하자.*

주어진 버금 껍질이 채워지는 순서는 훈트의 규칙을 따른다.

훈트의 규칙

규칙 1. 총 스핀 각운동량 S는 파울리의 배타 원리를 어기지 않는 범위에서 가능한 최대값까지 확장되어야 한다.

규칙 2. 규칙 1에 위반되지 않는 한, L 또한 최대화되어야 한다.

규칙 3. 절반 이하가 채워진 버금 껍질을 가진 원자에서, J는 최소화되어야 한다.

예를 들어, d 버금 껍질을 채우는 처음 다섯 개의 전자는 동일한 m_s 값을 가져야 한다. 이는 각각의 전자가 서로 다른 m_ℓ(허용된 m_ℓ 값이 -2, -1, 0, 1, 2이기 때문에)을 가지고 있어야 함을 의미한다. 규칙 2에 의해 d 버금 껍질을 차지한 첫 두 개의 전자는 $m_\ell = 2$, $m_\ell = 1$ 또는 $m_\ell = -2$, $m_\ell = -1$을 가져야 한다.

이미 논의한 스핀-궤도의 상호작용뿐만 아니라, 스핀-스핀과 궤도-궤도 간의 상호작용도 있다. 또한 핵의 회전에 의해 발생하는 *초미세구조*(7장의 Special Topic '수소와 21-cm띠 전이'를 보라)의 효과도 존재하지만, 이 핵의 효과는 우리가 현재 논의하고 있는 것보다 훨씬 미미하다. 2-전자 원자에 대해 전자 1과 2에 각각 표시를 붙여서 $\vec{L}_1$, $\vec{S}_1$과 $\vec{L}_2$, $\vec{S}_2$로 표시하자. 총 각운동량 $\vec{J}$는 네 개의 각운동량들의 벡터 합이다.

$$\vec{J} = \vec{L}_1 + \vec{L}_2 + \vec{S}_1 + \vec{S}_2 \tag{8.9}$$

J를 형성하기 위한 네 개의 각운동량 결합에서 ***LS* 결합**(*LS* coupling)과 ***jj* 결합**(*jj* coupling)이라는 두 방식이 있다. 이들에 대해서는 다음에서 논의한다. 어느 방식을 사용하는가에 대한 결정은 다양한 상호작용의 상대적인 강도에 따라 달라진다. 무거운 원소에 대해서는 *jj* 결합이 우세하다는 점을 알게 될 것이다.

LS 결합

러셀·손더스 결합(Russell-Saunders coupling)이라고 불리는 *LS* 결합 방식은 자기장이 약한 경우에 대부분의 원자에 적용된다. 궤도 각운동량 $\vec{L}_1$과 $\vec{L}_2$는 결합하여 총 궤도 각운동량 $\vec{L}$을 이루며 $\vec{S}$도 이와 비슷하다.

$$\vec{L} = \vec{L}_1 + \vec{L}_2 \tag{8.10}$$

*추가 학습을 위해 다음 책을 참고하라: H. G. Kuhn, *Atomic Spectra*, 2nd ed., New York: Academic Press (1969), 또는 H. E. White, *Introduction to Atomic Spectra*, New York: McGraw-Hill (1934).

$$\vec{S} = \vec{S}_1 + \vec{S}_2 \tag{8.11}$$

따라서 $\vec{L}$과 $\vec{S}$를 더하면 총 각운동량이 된다.

$$\vec{J} = \vec{L} + \vec{S} \tag{8.12}$$

훈트의 규칙 중 하나는 전자 스핀이 결합하여 $\vec{S}$를 최대치로 만든다는 점이다. 물리적으로 이것은 가장 낮은 에너지를 가지기 위해 가능한 한 서로 멀리하려는 전자의 상호 반발력 때문에 발생한다. 같은 버금 껍질 내의 두 전자가 같은 m_s를 갖는 경우, 그들은 서로 다른 공간 분포를 의미하는 서로 다른 m_ℓ을 가진다. 이와 유사하게, 가장 낮은 에너지 상태는 일반적으로 최대 $\vec{L}$에서 발생한다. 이는 전자들이 정렬될 경우 같은 방향으로 핵 주위를 회전하기 때문에 가능한 한 멀리 떨어져 있는 상태를 유지하려고 하는 물리적 특성으로 이해할 수 있다. $\vec{L}_1$과 $\vec{L}_2$가 반대로 정렬된 경우, 전자들이 더 자주 서로를 지날 것이므로 더 높은 상호작용 에너지를 가지게 되는 경향이 있다.

다전자 원자의 각운동량 양자수는 대문자의 L, S와 J를 사용하는 것이 관례이다. 이것은 우리가, 예를 들어, $S = |\vec{S}|$와 같은 생각에 익숙해 있기 때문에 혼란을 일으킬 수 있다. 혼동을 피하기 위해 각운동량 벡터의 크기는 항상 $\hbar$에 어떤 수를 곱한 것이지만, 새로운 각운동량 양자수 L, S 그리고 J는 단순히 정수 또는 반정수임을 기억하라.

한 버금 껍질에 두 개의 전자가 있는 경우에, 총 회전 각운동량 양자수는 스핀이 역방향인지 또는 나란한지의 여부에 따라 $S = 0$ 또는 1이 될 수 있다. 주어진 L 값에 대해, J는 $L - S$에서 $L + S$($L > S$에서)까지이기 때문에 $2S + 1$개의 J 값을 가진다. $L < S$일 때, $2S + 1$개보다 더 적은 개수의 J 값(예제 8.4, 8.5, 8.7을 보라)이 가능하다. 여기서 $2S + 1$의 개수를 그 상태의 **다중도**(multiplicity)라고 부른다.

다중도

앞에서 논의한 단일전자 원자의 표시법 nL_j는 다음과 같이 된다.

분광학적 기호

$$n^{2S+1}L_J \tag{8.13}$$

이 표시법에 사용된 문자와 숫자는 *분광학적 기호*(spectroscopic symbols) 또는 *용어 기호*(term symbols)라고 한다. 두 개의 전자가 있을 때, $2S + 1$ 다중도를 의미하는 **단일항**(singlet) 상태($S = 0$)와 **삼중항**(triplet) 상태($S = 1$)를 가지고 있다. 단일전자 상태($s = 1/2$일 때)는 $2s + 1 = 2$를 갖는 이중항(doublet)임을 기억하자.

두 개의 전자를 생각해 보자. 하나는 $4p$에 있고 하나는 $4d$의 버금 껍질에 있다. 표 8.2에 표시된 원자 상태의 경우, 다음과 같은 가능성들을 가질 수 있다: $S_1 = 1/2$, $S_2 = 1/2$, $L_1 = 1$, $L_2 = 2$. 이 상태들의 상대적 에너지를 보여 주는 개념도(schematic diagram)를 그림 8.9에 나타냈다. 스핀-스핀 상호작용은 섭동되지 않은(unperturbed) 상태를 단일항과 삼중항 상태로 바꾼다. 전자들에 의한 쿨롱 효과에 의해 각각 상태들의 최대 L 값에서 최소 에너지를 갖게 된다. 마지막으로 스핀-궤도 분할로 인해 가장 낮은 J 값이 가장 낮은 에너지가 된다($\vec{L}$과 $\vec{S}$가 반대 정렬).

2-전자 원자에서 얻은 광학 스펙트럼의 예를 통해, 마그네슘의 에너지 준위 다이어그램을 그림 8.10에서 살펴보자. 이 그림의 가장 눈에 띄는 특징은 $S = 0$인지 또는 $S = 1$

표 8.2 두 전자의 분광학적 기호 표현: 하나는 4*p*에 있고 다른 하나는 4*d*에 있다.

S	*L*	*J*	분광 기호
0 (단일항)	1	1	4^1P_1
	2	2	4^1D_2
	3	3	4^1F_3
1 (삼중항)	1	2	4^3P_2
		1	4^3P_1
		0	4^3P_0
1 (삼중항)	2	3	4^3D_3
		2	4^3D_2
		1	4^3D_1
1 (삼중항)	3	4	4^3F_4
		3	4^3F_3
		2	4^3F_2

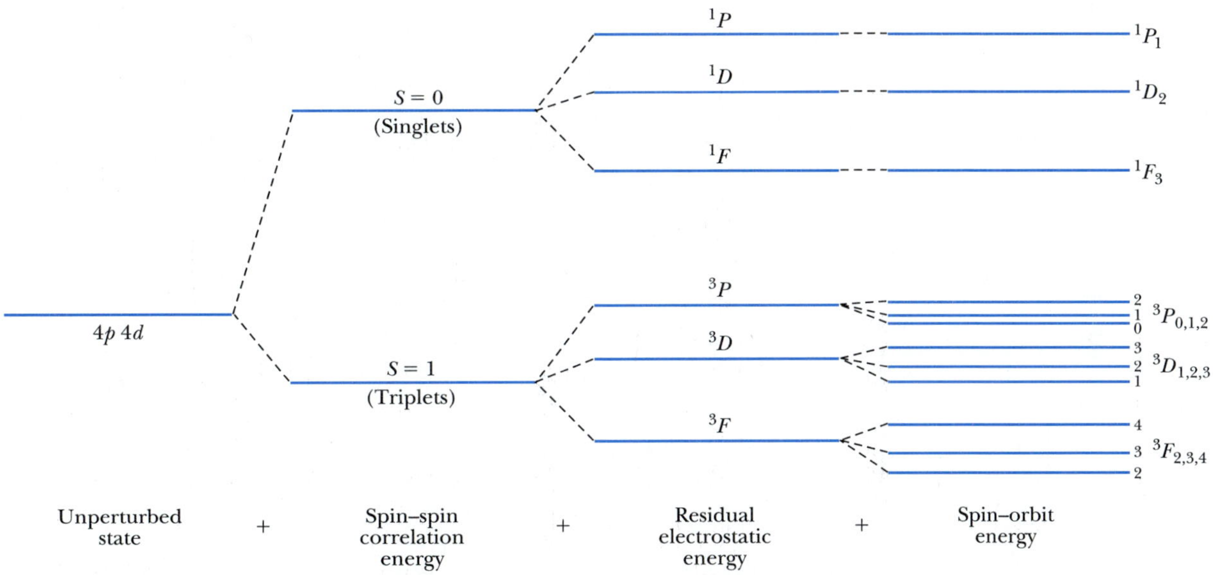

그림 8.9 다른 효과들로 인해 세부 분할이 증가하는 것을 나타낸 개념도. 이 경우는 한 원자에서 4*p*에 하나, 4*d*에 하나씩 두 개의 가전자를 가질 때이다. 에너지 단위는 무시한다. 출처: R. B. Leighton, *Principles of Modern Physics*, New York: McGraw-Hill (1959), p. 261

인지에 따라 에너지 준위를 분리한 것이다. 이는 허용된 전이들은 반드시 $\Delta S = 0$이어야 하기 때문에 단일항과 삼중항 상태 사이에 '허용된' 전이가 없기 때문이다. 하지만 이것이 전이가 발생하는 것이 불가능하다는 것을 의미하지는 않는다. 전이가 허용되지 않았다는 뜻으로 '금지된' 전이라 불리는 전이들은 허용된 전이보다 훨씬 낮은 확률이지만 발생할 수 있다.

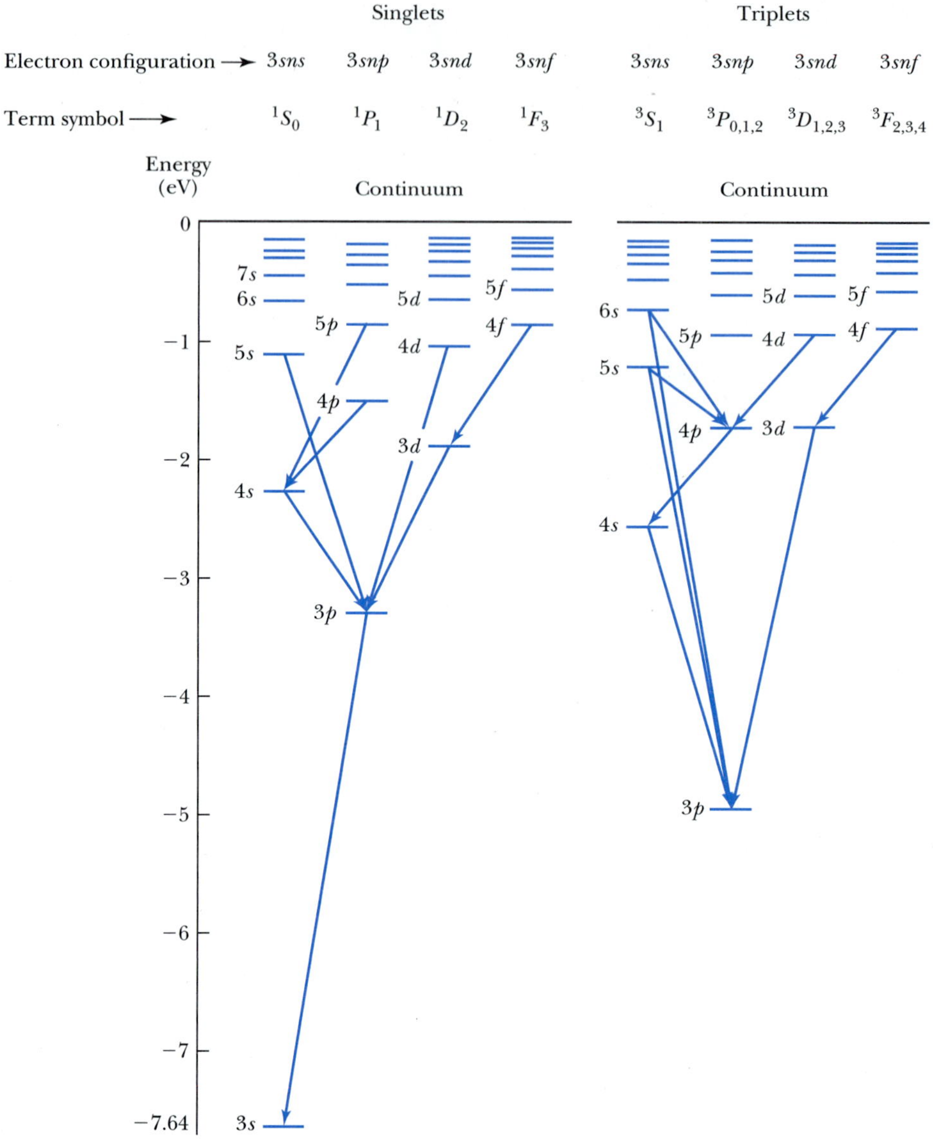

그림 8.10 $3s$ 버금 껍질에 하나의 전자가 있고 다른 전자가 표시된 $n\ell$ 버금 껍질에 여기된 마그네슘(2-전자 원자)의 에너지 준위 다이어그램. 그들 사이의 전이들은 $\Delta S = 0$ 선택 규칙에 의해 허용되지 않기 때문에, 단일항과 삼중항은 분리된다. 일부 허용된 전이를 표시해 놓았다.

마그네슘의 닫힌 $2p$의 버금 껍질 외부의 두 개의 전자는 $3s^2$이다. 따라서 마그네슘의 바닥상태는 3^1S_0이다($S = 0$, $L = 0$, $J = 0$). 3^3S_1($S = 1$, $J = 1$) 상태는 존재하지 않는다. 왜냐하면 $S = 1$ 값을 가지기 위해서는 두 전자가 모두 $m_s = 1/2$이며, 이는 배타 원리에 의해 금지되어 있기 때문이다. 두 전자 중 하나가 높은 n 껍질에 있는 경우, $^3S_1$ 상태가 허용된다. 그림 8.10의 에너지 준위 다이어그램에서 $3s$의 버금 껍질에 전자 하나가 남아 있는 동안 다른 전자는 그림에 표시된 버금 껍질로 올라간다. 허용된 전이(LS 결합 방식에 대한)들은 다음과 같다.

$$\begin{aligned} &\Delta L = \pm 1 \qquad \Delta S = 0 \\ &\Delta J = 0, \pm 1 \qquad (J = 0 \rightarrow J = 0 \text{ is forbidden}) \end{aligned} \tag{8.14}$$

$3s\,3p$의 삼중항 상태로 여기된 마그네슘 원자는 감쇠할 수 있는 더 낮은 삼중항 상태가 없다. 더 낮은 유일한 에너지 상태는 $3s^2$ 바닥상태의 단일항이다. 따라서 여기된 삼중항 상태는 비교적 긴 시간($\gg 10^{-8}$ s) 동안 존재하다가 마지막으로 금지된 전이를 통해 바닥상태로 붕괴된다. 이와 같이 원자 규모에서는 꽤 오랜 시간 동안 지속되기 때문에, $3s\,3p$의 삼중항 상태를 **준안정**(metastable) 상태라 부른다.

준안정 상태

jj 결합

이 결합 방식은 더 무거운 원소에서, 핵 전하의 스핀-궤도 상호작용이 각각의 $\vec{S}_i$ 및 $\vec{L}_i$ 사이의 힘만큼 강해지는 경우에, 지배적으로 작용한다. 결합 순서는

$$\vec{J}_1 = \vec{L}_1 + \vec{S}_1 \tag{8.15a}$$

$$\vec{J}_2 = \vec{L}_2 + \vec{S}_2 \tag{8.15b}$$

그리고

$$\vec{J} = \sum_i \vec{J}_i \tag{8.16}$$

이다. 분광이나 용어 표기법도 이 결합 방식의 최종 상태를 설명하는 데 사용된다.

개념 예제 8.4

헬륨의 바닥상태에 대한 총 각운동량과 분광 표기법은 무엇인가?

풀이 헬륨의 두 전자는 $1s$에 있다. 헬륨은 가벼운 원자이기 때문에 LS 결합 방식을 사용한다. $L_1 = 0$이고 $L_2 = 0$이므로 $L = 0$이 된다. 두 개의 전자는 $S = 0$ 또는 1이 될 수 있으나, 같은 버금 껍질은 될 수 없다. 스핀은 반드시 반대로 정렬되어야 하고 $S = 0$이다. 따라서 역시 $J = 0$이다. 헬륨의 바닥상태의 분광 기호는 1^1S_0으로 쓸 수 있다.

예제 8.5

궤도 양자수 $\ell_1 = 1$과 $\ell_2 = 2$를 가지는 2-전자 원자를 고려하자. LS 결합을 사용하여 $\vec{J}$에 대한 총 각운동량 양자수의 가능한 값들을 모두 구하라.

전략 먼저 총 궤도 각운동량 $\vec{L}$을 구성하기 위해 결합한 $\vec{L}_1$과 $\vec{L}_2$를 모든 방법을 통해 찾아야 한다. 다음으로 $S = 0$ 또는 1인 스핀 각운동량 $\vec{S}$를 갖는 모든 가능한 벡터를 찾는다. 왜냐하면 두 전자는 정렬 또는 반정렬이고 $s = 1/2$이기 때문이다. 다음으로 $\vec{J}$에 대한 양자수를 구하기 위해 $\vec{L}$과 $\vec{S}$를 더한다.

풀이 총 궤도 각운동량 양자수는 $|\ell_1 - \ell_2|$에서 $|\ell_1 + \ell_2|$의 범위에 있고, L 값은 1, 2, 3을 가진다. 그림 8.11a에 $\vec{L}$의 벡터들이 나타나 있다. 그림 8.11b에서는 어떻게 $\vec{S}_1$과 $\vec{S}_2$가 0과 1의 $\vec{S}$ 값을 갖는지를 보여 준다. 이제 $\vec{J} = \vec{L} + \vec{S}$이고 J의 양자수는 $|L - S|$에서 $|L + S|$의 범위에서 $J = 0, 1, 2, 3, 4$의 값을 가진다.

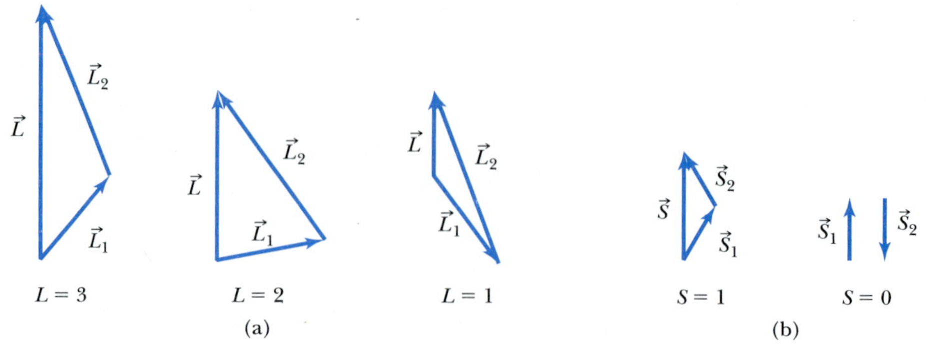

그림 8.11 (a) 1과 2의 궤도 각운동량 양자수를 갖는 두 개의 전자가 1, 2, 3의 L 값을 만들기 위해 결합된다. (b) 스핀 각 양자수가 1/2과 $-1/2$인 두 개의 전자가 0과 1의 S 값을 형성한다.

예제 8.6

예제 8.5의 값 $L = 3$, $S = 1$을 고려하여 J의 최소값을 구하라. 자기장이 없는 경우에 대한 벡터들의 결합을 도시하라. 벡터들의 세차운동을 보여라.

전략 그림 8.6a에 LS 결합에서 벡터들이 결합하는 방식을 보였다. 이 경우는 우리가 J의 최소값만을 고려하고 있기 때문에, L과 S가 반정렬되는 상황이 된다.

풀이 예제 8.5에서 $\vec{L}_1$과 $\vec{L}_2$는 $\vec{L}$이 최대값을 갖도록 정렬되고, $\vec{S}_1$과 $\vec{S}_2$는 $\vec{S}$가 최대값을 갖도록 정렬된다. 그러나 J 값은 최소이다. $\vec{L}$과 $\vec{S}$ 모두 $\vec{J}$ 주위에서 세차운동을 한다. 벡터 $\vec{J}$는 z축 주위에서 세차운동을 하고 J_z성분만 고정되어 있다. 결과를 그림 8.12에 나타냈다.

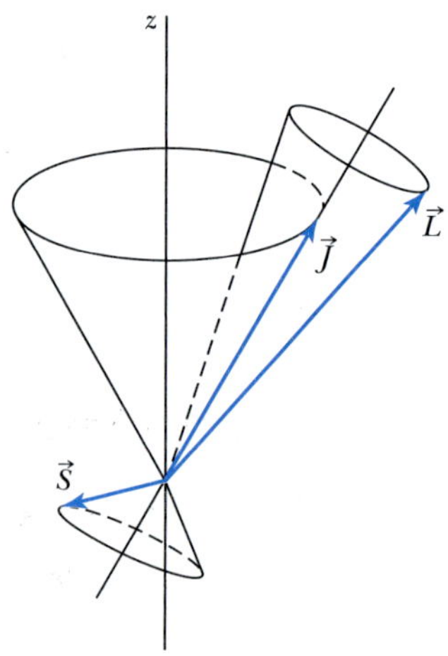

그림 8.12 $\vec{S}$와 $\vec{L}$은 반정렬되어 있으며, $\vec{J} = \vec{L} + \vec{S}$이다. $\vec{S}$와 $\vec{L}$ 모두 $\vec{J}$ 주위로 세차운동하며, $\vec{J}$는 z축 주위로 세차운동한다.

예제 8.7

헬륨의 처음 몇몇 여기상태에 대한 L, S와 J의 값은 얼마인가?

전략 헬륨의 최저 여기상태는 $1s^1 2s^1$ 또는 $1s^1 2p^1$이어야 한다. 즉, 하나의 전자가 $2s^1$ 또는 $2p^1$ 버금 껍질 중 하나로 올라가야 한다. 두 전자를 이온화시키기 위해 이온화 에너지보다 더 많은 에너지가 필요하기 때문에, 헬륨의 '모든' 여기상태는 단일항임이 밝혀졌다. $2s^1$ 버금 껍질이 $2p^1$ 버금 껍질보다 에너지가 낮으므로, 우리는 $1s^1 2s^1$의 여기상태가 $1s^1 2p^1$보다 더 에너지가 낮을 것으로 예측한다.

풀이 가능한 경우는($S = 1$은 에너지가 가장 낮음)

$1s^1 2s^1$ $\quad L = 0$

If $S = 0$, then $J = 0$

If $S = 1$, then $J = 1$

이다. 최저 여기상태는 ${}^3S_1$이고 다음으로 ${}^1S_0$이다.

$$1s^1 2p^1 \qquad L = 1$$
$$\text{If } S = 0, \text{ then } J = 1$$
$$\text{If } S = 1, \text{ then } J = 0, 1, 2$$

${}^3P_0$ 상태는 이들 중 가장 낮은 에너지를 가지고 있고, 다음으로 ${}^3P_1$, ${}^3P_2$, 그리고 ${}^1P_1$이 있다. 헬륨의 에너지 준위 다이어그램은 그림 8.13에 표시되어 있다.

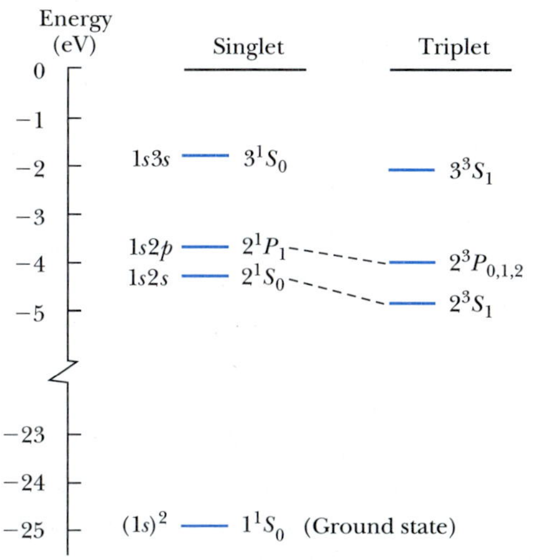

그림 8.13 헬륨의 낮은 원자 상태를 표시했다. 바닥상태(${}^1S_0$)는 가장 낮은 여기상태의 그룹보다 약 20 eV 아래에 있다. ${}^3P_{0,1,2}$로 표시된 준위는 실제로는 세 가지 상태(${}^3P_0$, ${}^3P_1$, ${}^3P_2$)이지만, 분리된 상태를 표시하기에는 너무 작아 나타내지 못했다.

예제 8.8

나트륨의 $3P_{3/2}$, $3P_{1/2}$ 상태의 스핀-궤도 분할이 0.0021 eV인 경우, 분할을 유도하는 내부자기장의 세기는 얼마인가?

전략 스핀 자기 모멘트에 의한 위치에너지는

$$V = -\vec{\mu}_s \cdot \vec{B} \tag{8.17}$$

이다. 식 (7.34)와 같이 생각하여 총 자기모멘트의 z성분을 구하면

$$\mu_z = -g_s\left(\frac{e\hbar}{2m}\right)\frac{J_z}{\hbar} \tag{8.18}$$

이다. 여기서 이 분할은 실제로는 스핀에 의해 발생하므로, 자기회전 비율 $g_s = 2$를 사용하였다. 퍼텐셜에너지 $\Delta E = V$와 에너지 분할 ΔE를 결합한다. 이제 에너지 분할 ΔE를 알고 있으므로 식 (8.18)로부터 μ_z 값을 결정하고, 이를 식 (8.17)에 대립하면 B를 구할 수 있다.

풀이 $3P_{3/2}$, $3P_{1/2}$ 상태 사이의 스핀의 차이가 $\hbar$이므로

$$\Delta E = g_s\left(\frac{e\hbar}{2m}\right)\frac{\hbar}{\hbar}B = \frac{e\hbar}{m}B$$

따라서

$$B = \frac{m\Delta E}{e\hbar} = \frac{(9.11 \times 10^{-31}\,\text{kg})(0.0021\,\text{eV})}{(1.6 \times 10^{-19}\,\text{C})(6.58 \times 10^{-16}\,\text{eV}\cdot\text{s})}$$
$$= 18\,\text{T}$$

이다. 내부자기장이 종종 그렇듯이, 이 값은 큰 자기장이다.

예제 8.9

탄소 원자의 가능한 에너지 상태들을 조사하라.

전략 탄소 원소는 닫힌 $2s^2$ 버금 껍질 외부에 두 개의 $2p$의 버금 껍질의 전자가 있다. 두 전자들은 $\ell = 1$이므로, LS 결합 방식을 이용하면 $L = 0$, 1, 또는 2를 갖는다. 스핀 각운동량은 $S = 0$ 또는 1이다. 가능한 상태들은 다음과 같다.

S	L	J	Spectroscopic Notation	
0	0	0	$^1S_0$	
	1	1	$^1P_1$	Not allowed
	2	2	$^1D_2$	
1	0	1	$^3S_1$	Not allowed
	1	0, 1, 2	$^3P_{0,1,2}$	
	2	1, 2, 3	$^3D_{1,2,3}$	Not allowed

풀이 $2p^2$ 버금 껍질에서 두 전자가 $m_s = +1/2$, $m_\ell = 0$이기 때문에 $^3S_1$ 상태는 파울리 배타 원리에 의해 허용되지 않는다. 마찬가지로, 두 전자가 $m_s = +1/2$, $m_\ell = 1$이기 때문에 $^3D_{1,2,3}$ 상태는 허용되지 않는다. 훈트의 규칙에 따르면 삼중항 상태 $S = 1$은 에너지가 가장 낮은 상태이기 때문에 바닥상태는 $^3P_{0,1,2}$ 상태 중 하나가 될 것이다. 스핀-궤도 상호작용에 의해 $^3P_0$ 상태가 바닥상태가 되고, 다른 상태들은 여기상태이다.

$^1P_1$ 상태가 허용되지 않는다는 사실은 파동함수의 반대칭화의 결과로 9장에서 논의할 것이다. 전자가 반대칭 파동함수를 필요로 한다는 이 규칙은 기본적으로는 이 예제에 대한 파울리 배타 원리의 확장판이며, $S = 0$ 상태에서만 결합하기 위해 두 전자의 m_ℓ 값이 동일한 상태를 허용한다. $S = 1$ 상태를 만들기 위한 전자의 m_ℓ 값은 같지 않아야 한다. 이 법칙은 앞에서 설명한 훈트의 규칙의 이론적인 기초이다. 그것은 $2p^2$ 전자가, ^1P, ^3S 및 ^3D 상태에 존재하지 못하게 한다. 한 전자가 $m_\ell = 1$, $m_s = -1/2$을 갖고 다른 전자가 $m_\ell = 0$, $m_s = -1/2$을 갖는 상태는 여전히 존재한다. 그러나 $m_s = 0$이고 $m_\ell = 2, 1, 0, -1, -2$이기 때문에, 예를 들면, 그들은 $^1D_2$ 상태에 포함될 수 있다.

그러므로 탄소의 낮은 여기상태들은 $^3P_1$, $^3P_2$, $^1D_2$, 그리고 $^1S_0$이다.

8.3 비정상 제이만 효과

7.4절에서는 정상 제이만 효과를 논의하였고, 외부자기장하에서 광학 스펙트럼선이 세 개의 요소로 분할되는 것이, 궤도 각운동량 자기모멘트 m_ℓ과 외부자기장의 상호작용 $(\vec{\mu}_\ell \cdot \vec{B}_{\text{ext}})$을 고려하여 이해될 수 있음을 배웠다. 1896년 제이만에 의한 이 효과의 발견 직후, 종종 세 개보다 더 많은 좁은 간격의 광학 선들이 발견되었다. 이 관찰은 *비정상* 제이만 효과라고 불렸다. 우리는 이제 두 제이만 효과를 설명할 수 있다. 비정상 효과는 전자의 고유스핀 효과에 의존함을 알게 될 것이다.

$\vec{\mu} \cdot \vec{B}$ 상호작용에 의해 외부자기장 $\vec{B}_{\text{ext}}$하에서 에너지 준위가 분할된다. 그러나 자기모멘트는 궤도 자기모멘트 $\vec{\mu}_\ell$뿐만 아니라 스핀 자기모멘트 $\vec{\mu}_s$에도 의존한다. 주어진 총 각운동량 상태 J에 대한 $(2J + 1)$ 축퇴(m_J로 인함)는 외부자기장의 효과에 의해 제거된다. J에 대한 외부자기장 $\vec{B}_{\text{ext}}$가 내부자기장($\vec{B}_{\text{ext}} < 0.1$ T)에 비해 작은 경우, $\vec{L}$과 $\vec{S}$(LS 결합 방식을 사용)는 $\vec{J}$ 주위를 세차운동하고, 반면 $\vec{J}$는 *천천히* $\vec{B}_{\text{ext}}$ 주위를 세차운동한다.

$\vec{\mu}$를 $\vec{L}$, $\vec{S}$, $\vec{J}$로 계산하여 이 효과를 보다 쉽게 볼 수 있다. 총 자기모멘트 $\vec{\mu}$는 다음과 같다.

$$\vec{\mu} = \vec{\mu}_\ell + \vec{\mu}_s \tag{8.19}$$

$$= -\frac{e}{2m}\vec{L} - \frac{e}{m}\vec{S} \tag{8.20}$$

여기서 $\vec{\mu}_\ell$은 식 (7.26)에서, $\vec{\mu}_s$는 7.5절에서 얻었다.

$$\vec{\mu} = -\frac{e}{2m}(\vec{L} + 2\vec{S}) = -\frac{e}{2m}(\vec{J} + \vec{S}) \tag{8.21}$$

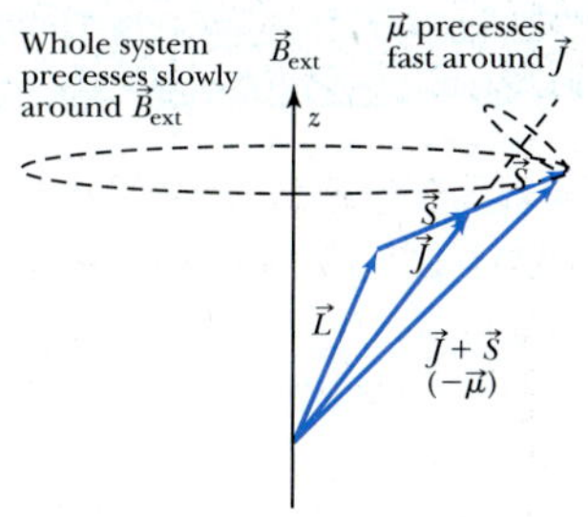

그림 8.14 $\vec{S}$, $\vec{L}$, $\vec{J}$와 $\vec{\mu}$ 사이의 관계를 나타냈다. 벡터 $\vec{B}_{ext}$는 z 방향이다. 자기모멘트 $\vec{\mu}$는 주위로 빠르게 세차운동하며 $\vec{J}$는 약한 $\vec{B}_{ext}$ 주위를 좀 더 천천히 세차운동한다. 출처: J. D. McGervey, *Introduction to Modern Physics*, New York: Academic Press (1983), p. 329

벡터 $-\vec{\mu}$ 및 $\vec{J}$는 오직 $S = 0$일 때만 같은 방향을 향한다. 어떤 일이 일어나고 있는지를 그림 8.14에 개략적으로 나타냈다. 벡터 $\vec{B}_{ext}$가 z 방향을 정의한다. $\vec{\mu}$ 및 $\vec{J}$ 사이의 관계를 강조하기 위해 $+\vec{\mu}$ 대신 $-\vec{\mu}$를 그렸다. 약한 자기장에서 $\vec{J}$ 주위의 $\vec{\mu}$의 세차운동은 $\vec{B}_{ext}$ 주위의 $\vec{J}$의 세차운동보다 훨씬 빠르다. 따라서 먼저 $\vec{J}$에 대한 평균 $\vec{\mu}_{av}$를 구하고, 다음으로 $\vec{B}_{ext}$와 $\vec{\mu}_{av}$의 상호작용 에너지를 구한다. 이것은 학생들을 위한 연습문제로 남긴다(연습문제 31을 보라). 그 결과는 다음과 같이 주어진다.

$$V = \frac{e\hbar B_{ext}}{2m} g m_J = \mu_B B_{ext} g m_J \tag{8.22}$$

여기서 μ_B는 보어 마그네톤이고

$$g = 1 + \frac{J(J+1) + S(S+1) - L(L+1)}{2J(J+1)} \tag{8.23}$$

는 **랑데 *g* 인자**(Landé *g* factor)라고 하는 차원이 없는 값이다. 총 자기 각운동량 양자수 m_J는 $-J$에서 J까지의 정수값이 된다. 외부자기장 $\vec{B}_{ext}$는 각 상태 J를 $\Delta E = V$로 동등하게 이격된 $(2J + 1)$개의 준위들로 분리하며, V는 식 (8.22)에서 결정되고, 각 준위는 서로 다른 m_J에 의해 기술된다.

에너지 준위들 사이의 광자 전이를 위한 이전의 선택 규칙[식 (8.14)]에 m_J를 위한 한 가지를 더 추가해야 한다.

$$\Delta m_J = \pm 1, 0 \tag{8.24}$$

하지만 $\Delta J = 0$일 때 $m_{J_1} = 0 \rightarrow m_{J_2} = 0$은 금지되어 있다.

개념 예제 8.10

$^1D_2$와 $^1P_1$ 상태 사이의 전이에서 정상 제이만 효과가 반드시 관측되어야 함을 보여라.

전략 두 상태 모두 $2S + 1 = 1$이므로, $S = 0$이고 $J = L$이다. 식 (8.23)으로부터 g 인자는 1이다($S = 0$인 경우, 항상 성립함). $^1D_2$ 상태는 다섯 개 등간격의 준위로 분할되고, $^1P_1$ 상태 세 개로 나뉜다(그림 8.15를 보라). 허용되는 전이를 결정하기 위해 식 (8.14) 및 식 (8.24)의 선택 규칙을 사용한다.

풀이 $^1D_2$ 상태의 모든 준위들에서 시작하여 $^1P_1$ 상태의 어떤 준위들로의 전이가 허용되는지를 선택 규칙을 사용해서 결정한다. 겨우 아홉 개의 허용된 전이가 있다는 것을 그림 8.15에 나타냈다. 다른 전이는 Δm_J에 대한 선택 규칙에 의해 금지된다. 비록 아홉 가지의 다른 전이가 있지만, 광자의 흡수와 방출로 보면 서로 다른 세 개의 에너지들만 있다. 그 이유는 1, 3, 6으로 표시된 에너지, 2, 5, 8로 표시된 에너지, 그리고 4, 7, 9로 표시된 전이 에너지가 각각 동일하기 때문이다. 따라서 정상 제이만 효과의 세 가지 등간격의 전이가 $S = 0$일 때마다 관찰된다.

그림 8.15 정상 제이만 효과에 의한 전이의 사례. 분할된 에너지 준위들이 ${}^1D_2$와 ${}^1P_1$ 상태 모두에서 동등한 간격(ΔE)으로 떨어져 있기 때문에, 총 아홉 개의 가능한 전이들을 표시했지만 오직 세 가지의 구분되는 에너지 차이만 존재한다.

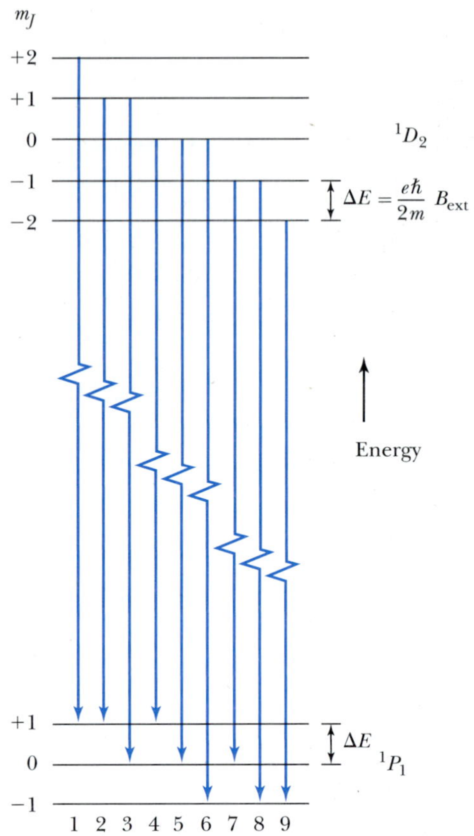

비정상 제이만 효과는 고유스핀의 직접적인 결과이다. 그림 8.16과 같이 나트륨의 ${}^2P$ 및 ${}^2S$ 상태 사이에 전이를 생각해 보자. 완전히 교란되지 않은 상태에서 ${}^2P_{3/2}$과 ${}^2P_{1/2}$ 상태는 축퇴되어 있다. 그러나 내부의 스핀-궤도 상호작용은 ${}^2P_{1/2}$의 에너지가 더 낮아지도록 상태를 분할한다. $\ell = L = 0$이기 때문에 ${}^2S_{1/2}$ 상태는 스핀-궤도 상호작용에 의해 분할되지 않는다.

나트륨이 외부자기장하에 놓이면 모든 세 가지 상태는 서로 다른 m_J를 가지고(그림 8.16을 보라) $(2J + 1)$개의 준위들로 분할된다. 적절한 랑데 g 인자는 다음과 같다.

$$ {}^2S_{1/2} \qquad g = 1 + \frac{\frac{1}{2}\left(\frac{1}{2}+1\right) + \frac{1}{2}\left(\frac{1}{2}+1\right)}{2\cdot\frac{1}{2}\left(\frac{1}{2}+1\right)} = 2 $$

$$ {}^2P_{1/2} \qquad g = 1 + \frac{\frac{1}{2}\left(\frac{1}{2}+1\right) + \frac{1}{2}\left(\frac{1}{2}+1\right) - 1(1+1)}{2\cdot\frac{1}{2}\left(\frac{1}{2}+1\right)} = 0.67 $$

$$ {}^2P_{3/2} \qquad g = 1 + \frac{\frac{3}{2}\left(\frac{3}{2}+1\right) + \frac{1}{2}\left(\frac{1}{2}+1\right) - 1(1+1)}{2\cdot\frac{3}{2}\left(\frac{3}{2}+1\right)} = 1.33 $$

모든 g 인자는 서로 다르며, 서로 다른 세 상태에서 식 (8.22)를 사용하여 구한 에너지 분할 ΔE도 서로 다르다. 선택 규칙에서 허용된 전이는 그림 8.16에 표시된다. ${}^2P_{1/2} \rightarrow$

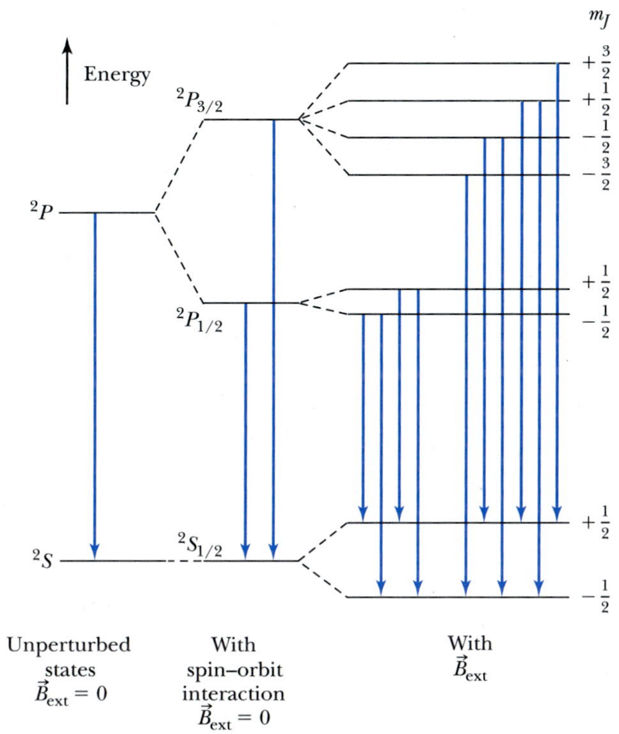

그림 8.16 나트륨에 대한 비정상 제이만 효과의 개략도(에너지 준위의 단위는 무시). $\vec{B}_{ext} = 0$인 교란되지 않은 상태에 대해 오직 한 가지 전이만 존재한다. 스핀-궤도 상호작용이 $2p$ 상태를 두 가지 상태로 분할할 때, $\vec{B}_{ext} = 0$인 경우 두 가지 가능한 전이가 존재한다. 마지막으로 $\vec{B}_{ext}$는 J를 $2J+1$개로 분할시키며, 각각 다른 m_J를 가진다. 각 주요상태에 대한 에너지 분할 ΔE는 각각 다른데, 이는 $\Delta E = gm_J(e\hbar/2m)B_{ext}$이고, 랑데 g 인자가 $g[\Delta E(^2S_{1/2})] > g[\Delta E(^2P_{3/2})] > g[\Delta E(^2P_{1/2})]$이기 때문이다. 모든 허용된 전이를 표시하였다.

$^2S_{1/2}$에서 네 가지, $^2P_{3/2} \rightarrow {}^2S_{1/2}$에서 여섯 가지의 서로 다른 에너지 전이가 있다.

외부자기장이 증가하면, $\vec{L}$과 $\vec{S}$가 $\vec{B}_{ext}$ 주위로 너무 빨리 세차운동을 하고, 이때 $\vec{B}_{ext}$ 주위의 평균적인 $\vec{\mu}$를 구하는 과정이 틀려진다. 이 경우에는, 이 절에서 사용한 식들이 맞지 않는다. 이 경우를 *파셴·바크 효과*(Pachen-Back effect)라고 부르며 다르게 해석해야 한다. 여기서 더 이상의 계산을 하지는 않을 것이다.*

*자세한 내용은 H. E. White, *Introduction to Atomic Spectra*, New York: McGraw-Hill (1934) 참조.

요약 _Summary

파울리 배타 원리는 한 원자 안의 두 전자가 같은 조합의 양자수 (n, ℓ, m_ℓ, m_s)를 가질 수 없음을 말한다. 일반적으로 전자는 사용 가능한 가장 낮은 에너지 상태를 점유하기 때문에 파울리 배타 원리는 주기율표를 만들고 여러 원소들의 특성을 이해하는 데 사용할 수 있다.

총 각운동량 $\vec{J}$는 $\vec{L}$과 $\vec{S}$의 벡터 합인 $\vec{J} = \vec{L} + \vec{S}$이다. 스핀-궤도 상호작용이라는 $\vec{S}$와 $\vec{L}$의 결합은 더 작은 값의 $\vec{J}$에 대해 더 낮은 에너지로 이어진다. 둘이나 그 이상의 전자를 가진 원자에서 최외곽(valence) 전자들의 $\vec{L}_i$와 $\vec{S}_i$를 LS 또는 jj 결합으로 짝지을 수 있다. 원자 상태에 대한 분광 표현은 $n^{2S+1}L_J$이다.

허용되는 전이는 다음과 같다.

$$\Delta L = \pm 1 \qquad \Delta S = 0$$
$$\Delta J = 0, \pm 1 \quad (J = 0 \rightarrow J = 0 \text{ is forbidden}) \tag{8.14}$$

비정상 제이만 효과는 원자가 약한 자기장하에 놓인 경우 $(2J+1)$ 축퇴의 제거로 설명된다. 각 상태는 $\Delta m_J = \pm 1, 0$의 전이(예외 있음)에 대한 선택 규칙을 유지하면서, 서로 다른 m_J를 가진다. $S = 0$일 때 정상 제이만 효과(세 개의 스펙트럼선)가 발생한다.

질문 _Questions

1. 물에 나트륨을 던지면 위험한 이유를 전자 껍질 구성의 관점에서 설명하라.
2. 왜 불활성 기체는 상온에서 기체상태인가? 헬륨은 대기압에서 어떤 온도에서도 고체가 되지 않는 이유가 무엇인가?
3. 어떤 그룹의 원소들이 최고 또는 최저의 전기전도도를 가지고 있는가?
4. 좋은 전기전도도를 가진 물질이 일반적으로 좋은 열 전도체가 되는 까닭은 무엇인가?
5. 붕소, 탄소, 알루미늄은 알칼리 또는 알칼리 토류의 일부가 아니지만, 일반적으로 좋은 전기 도체이다. 그 이유를 설명하라.
6. 알칼리 금속은 최저의 이온화 에너지(그림 8.3)를 가지지만 가장 큰 원자 반지름(그림 8.4)을 가진다. 이 둘이 부합하는가?
7. 그림 8.3에서 아르곤과 칼륨과 같은 일부 인접 원소 사이에서 이온화 에너지의 상당한 감소가 있는 이유를 설명하라. 아연에서 갈륨으로의 감소보다 아르곤에서 칼륨으로의 감소가 훨씬 큰 이유는?
8. 강하게 구속되어 있다고 믿는 네 가지 화합물을 나열하고 그 이유를 설명하라.
9. 전이 금속이 좋은 열 및 전기 전도도를 갖는 이유를 설명하라.
10. 왜 알칼리 토류의 비저항은 낮은가?
11. 왜 바닥상태의 수소에서는 스핀-궤도 분리가 없는가?
12. 수소 분자의 두 원자 모두 (1, 0, 0, −1/2) 상태에 있는 것이 가능한가?
13. $\vec{L}$과 ℓ 사이, m_ℓ과 m_s 사이, 그리고 J_z와 m_j 사이의 차이점에 대해 논의하라.
14. 왜 뤼드베리 원자들은 수명이 매우 길까?(힌트: 선택 규칙과 양자수의 값을 고려하라.)
15. $3^2D_{7/2}$로 표현되는 원자 상태가 존재하는지 여부를 논의하고 이유를 제시하라.

연습문제 _Problems

참고: 고급 문제는 문제 번호에 파란색 음영으로 표시하였다. 문제 풀이에 유용한 상수, 변환 인자, 상수들의 조합이 부록 7에 제시되어 있다.

8.1 원자 구조와 주기율표

1. 리튬 원자는 세 전자가 있다. 전자는 그들끼리 또는 핵과 상호작용을 할 수 있다. 각 전자의 스핀과 각운동량을 표시하라. 가능한 모든 상호작용을 나열하라.
2. 네온까지의 모든 원소들에 대해 $n\ell$ 표기법(예를 들면, 헬륨 $1s^2$)을 사용하여 바닥상태의 전자 배열을 나열하라.
3. 다음 껍질 L, N, O에 얼마나 많은 버금 껍질이 있는가?
4. 네온과 제논의 첫 번째 여기상태에서의 전자의 배열($n\ell$)은 어떠한가?
5. 표 8.1과 그림 8.2를 사용하여 다음의 원소들(칼륨, 비소, 니오븀, 팔라듐, 사마륨, 폴로늄, 우라늄)의 전자배열($n\ell$ 표기법)을 나열하라.
6. 모든 (a) 불활성 기체, (b) 알칼리, (c) 할로겐, (d) 알칼리 토류를 그림 8.2를 사용하여 나열하라.
7. 나트륨의 $3s$ 상태는 −5.14 eV의 에너지를 갖는다. 유효 핵 전하량을 결정하라.
8. 탄소 원자 내의 모든 전자의 양자수(n, ℓ, m_ℓ, m_s)를 나열하라.
9. (a) $1s^22s^22p^5$, (b) $1s^22s^22p^63s^2$, (c) $3s^23p^6$의 배열을 갖는 원자는?
10. 원소 은, 하프늄, 안티몬의 바닥상태의 전자배열을 써라.
11. (a) $4s^24p^4$, (b) $4p^64d^{10}5s$, (c) $5s^25p^64f^{12}$의 배열을 갖는 원자는?

8.2 총 각운동량

12. 지르코늄 원자의 바닥상태가 $S = 1$과 $L = 3$이라면, J의 허용값은 얼마인가? S, L, J가 가질 수 있는 값들을 분광 표기법으로 작성하라. 이 중 어느 것이 바닥상태를 대표할 가능성이 있는지 써라.
13. 표 8.2의 내용을 참조하여 인듐의 바닥상태의 분광 기호를 기술하라.
14. 칼슘까지의 모든 원소들 중에서 바닥상태 에너지를 분할하

는 스핀-궤도 상호작용을 하지 않을 것으로 기대되는 모든 원소들을 나열하고 그 이유를 설명하라.

15. $4d$ 여기상태의 수소 원자에서 n, ℓ, m_ℓ, m_s, m_j의 가능한 값들을 구하라. 각각의 가능한 배열을 항 표기로 기술하라.

16. 다음의 상태 ${}^1S_0$, ${}^1D_{5/2}$, ${}^5F_1$, ${}^3F_4$에 대한 S, L과 J는?

17. $8^2G_{7/2}$ 상태에서 J_z의 가능한 값들은?

18. (a) $6^2F_{7/2}$ 상태에서 J_z의 가능한 값은? (b) 이 상태에서 총 각운동량 벡터와 z축 사이의 최소 각을 결정하라.

19. 바닥상태의 리튬에 대한 분광 기호가 ${}^2S_{1/2}$인 이유를 설명하라.

20. 바닥상태에 있는 갈륨에 대한 분광 기호는? 이를 설명하라.

21. 칼륨의 $4P$ 상태는 스핀-궤도 상호작용에 의해 분할되어 $4P_{3/2}(\lambda = 766.41\text{ nm})$과 $4P_{1/2}(\lambda = 769.90\text{ nm})$ 상태가 된다(파장은 바닥상태로의 전이에 해당). 분할의 원인인 스핀-궤도 에너지 분할 및 내부자기장을 계산하라.

22. 예제 8.9에서 논의한 탄소의 상태에 대한 에너지 준위 다이어그램을 그려라. 허용된 전이를 갖는 상태 사이에 선들을 그리고, ΔL, ΔS, ΔJ를 나열하라.

23. $n = 2$ 껍질(L 껍질)은 스핀-궤도 상호작용에 의해 분할된 $2s$ 상태와 두 개의 $2p$ 상태를 갖는다. K_α x선($n = 2 \to n = 1$) 전이를 신중하게 측정하면 두 스펙트럼선만 나타난다. 그 이유를 설명하라.

24. 자기장이 2.55 T인 경우에 s상태에서 전자의 윗방향 스핀상태와 아랫방향 스핀상태 사이의 에너지의 차이는?

25. 헬륨, 알루미늄, 칼슘, 스트론튬 원소들의 단일항 및/또는 삼중항 상태의 보유 여부를 조사하라.

26. 총 각운동량 벡터 및 z축 사이의 최소 각도가 32.3°인 경우 (단일전자 원자에서), 총 각운동량 양자수는 얼마인가?

27. 전하 Ze를 가지는 핵 주위를 전자가 돌고 있는 계에서, 자기장을 구하기 위해 비오-사바르(Biot-Savart) 법칙을 사용하라. 핵 주위의 전자의 속도는 $\vec{v}$이며, 전자에 대한 양성자의 위치벡터가 $\vec{r}$일 때, 전자에 미치는 자기장은 다음과 같음을 보여라.

$$\vec{B} = \frac{Ze}{4\pi\epsilon_0}\frac{\vec{L}}{mc^2r^3}$$

여기서 m은 전자 질량이며, $\vec{L}$은 각운동량으로 $\vec{L} = m\vec{r} \times \vec{v}$이다.

28. 이전 문제의 내부자기장을 사용하여 $\vec{B}_{\text{internal}}$과 상호작용하는 스핀 자기 모멘트 μ_s의 퍼텐셜에너지가 다음으로 주어짐을 보여라.

$$V_{sl} = \frac{Ze^2}{4\pi\epsilon_0}\frac{\vec{S}\cdot\vec{L}}{m^2c^2r^3}$$

여기에는 *토마스 인자*라는 상대론적 효과로 1/2의 추가 인자를 더해야 한다.

29. 수소에서 스핀-궤도 분할에 의한 $2P_{3/2}$과 $2P_{1/2}$ 이중항 사이의 차이가 4.5×10^{-5} eV이다. (a) 연습문제 28에 주어진 퍼텐셜에너지와 비교하라. (b) 다음의 퍼텐셜에너지를 통해 더 완전한 계산을 하여 비교하라.

$$V = -\frac{Z^4\alpha^4}{2n^3}mc^2\left(\frac{2}{2j+1} - \frac{3}{4n}\right)$$

여기서 α는 미세구조 상수로 $\alpha \simeq 1/137$이다.

8.3 비정상 제이만 효과

30. 원자가 정상 제이만 효과를 나타내는 L과 S 값을 결정하라. 이 결과가 바닥과 여기 상태 모두에 적용되는가? 원자는 정상과 비정상 제이만 효과를 모두 나타낼 수 있는가?

31. 식 (8.22)와 (8.23)을 유도하라. 우선 $\vec{\mu}$와 $\vec{J}$의 평균값을 구하라.

$$\vec{\mu}_{\text{av}} = (\vec{\mu}\cdot\vec{J})\frac{\vec{J}}{\vec{J}\cdot\vec{J}} \quad \text{and} \quad V = -\vec{\mu}_{\text{av}}\cdot\vec{B}$$

[$|\vec{J}|^2 = J(J+1)\hbar^2$임을 기억하라.]

32. 1900년대 초에 정상 제이만 효과는 플랑크의 상수가 알려졌다고 가정한 경우, 전자의 e/m을 결정하는 데 유용했다. 칼슘은 정상 제이만 효과를 보이는 원소이다. 칼슘이 2.00 T의 자기장하에 있을 때, 스펙트럼선의 인접 성분 사이의 차이는 $\lambda = 422.7$ nm에서 0.0168 nm로 측정되었다. 이 데이터에서 $e\hbar/m$의 값을 계산하고 오늘날 인정되는 값과 비교하라. 알려진 $\hbar$ 값과 이 실험 결과를 이용하여 e/m을 계산하라.

33. 단일 (a) s 전자, (b) p 전자, (c) d 전자를 갖는 원자의 랑데 g 인자를 계산하라.

34. ${}^2G_{9/2}$와 ${}^2H_{11/2}$ 상태의 원자가 약한 자기장하에 놓여 있다. 에너지 준위를 그리고 두 상태 사이의 가능한 허용된 전이를 나타내라.

35. ${}^3P_1$ 및 ${}^3D_2$ 상태에 대하여 위의 문제를 반복하라.

36. 자기장이 없는 경우, 나트륨의 ${}^2P_{1/2}$ 상태에서 ${}^2S_{1/2}$ 상태로의 전이에서 589.76 nm(그림 8.16을 보라)의 스펙트럼선이 방출된다. 이것이 나트륨의 두 강한 노란색 선 중 하나이다. 2.50 T의 자기장에 놓인 원자의 두 상태의 최단과 최장 파장 사이의 차이를 계산하라.

37. $^2P_{3/2}$ 상태의 나트륨이 1.20 T의 자기장하에 있을 때, 에너지 준위는 네 개의 준위들로 나뉜다(그림 8.16을 보라). 이 준위들 사이의 에너지 차이를 계산하라.

일반적인 문제

38. (a) 칼슘과 알루미늄의 바닥상태의 배열을 기술하라. (b) 외부 버금 껍질의 전자에 대한 *LS* 결합 양자수는 무엇인가? 각 원자에 대한 분광 기호를 작성하라.

39. (a) 이온화 이온 Y^-와 Al^-의 바닥상태의 배열을 적어라. (b) 외부 버금 껍질의 전자에 대한 *LS* 결합 양자수는 얼마인가? 각 원자에 대한 분광 기호를 작성하라.

40. $^3D_{3/2}$ 상태를 고려하자. (a) S, L, J, J_z의 가능한 값들은? (b) $\vec{J}$와 z축 사이의 최소 각은 얼마인가?

41. 바닥상태의 코발트에 대한 분광 기호를 설명하라.

통계물리
Statistical Physics

9

CHAPTER

루트비히 볼츠만은 1906년에 생을 마칠 때까지 일생의 많은 부분을 통계역학을 연구하는 데 바쳤다. 파울 에렌페스트도 그 뒤를 이어 1933년에 생을 마칠 때까지 이와 비슷한 연구를 수행하였다. 이제는 우리가 통계역학을 연구할 차례이다. 아마도 이 주제에 신중하게 접근하는 것이 현명할 것이다.

David L.. Goodstein, *States of Matter*, 1985

통계학은 물리학의 많은 분야에서 중요하다. 그중의 하나가 원자물리이다. 수소 원자 내의 전자의 위치는 7.6절에서 확률분포의 측면에서 다루었다. 원자물리학에서 확률 개념의 또 다른 중요한 응용은 원자상태 사이에서의 전이를 설명하는 것이다. 대부분의 원자 계처럼 수소 원자는 바닥상태에 있거나 수많은 여기상태 중 한 상태에 있을 것이다. 여기상태에 있는 한 원자는 더 낮은 에너지 상태 중 하나로 전이할 것이고, 결국에는 바닥상태로 갈 것이다. 논리적으로 발생하는 질문은 바로 "각각의 허락된 전이의 확률은 얼마나 될까?"라는 것이다. 또 어떤 사람은 이렇게 물을지도 모른다. "어떤 특정 상태에서 한 개의 원자를 찾을 상대적 확률은 얼마일까?" 이 질문들은 단순하지 않다. 그리고 해답들은 각 상태에 대한 파동함수의 지식을 요구한다. 이러한 문제들을 여기에서 풀려고 하는 것은 아니다. 양자상태들 사이의 전이는 일반적으로 확률적인 항들로만 표현되어야 한다는 사실만큼은 반드시 인식하고 있어야 한다. 왜냐하면 한 상태에서 다른 상태로 전이하는 전자를 추적하기 위하여 사용할 수 있는 단순한 인과관계 메커니즘이 없기 때문이다.

통계학 및 확률 이론이 물리학에서 어떻게 사용되는지를 이해하기 위한 간단한 방법이 있다. 역사적으로 열역학적 문제들을 연구하는 사람들에게 있어 이러한 수학적 도구들의 필요성은 명백했다. 따라서 확률과 통계학이 19세기 물리학에 어떤 방법으로 적용되어 왔는지에 대한 소개로 이 장을 시작할 것이다. 맥스웰과 볼츠만의 중요한 업적을 설명하고, 이를 기체 분자 운동 이론에 대한 기본 법칙의 일부를 유도하는 데 어떻게 사용했는지를 볼 것이다. 그런 다음 양자통계학이 고전통계학과 어떻게 다른가에 대하여 살펴볼 것이다. 마지막 두 절은 현대물리학의 여러 문제들에 응용되는 양자통계학(페르미·디랙, 보스·아인슈타인)에 대하여 다룰 것이다. 계속하여 10장에서는 고체 양자 계에 사용되는 통계학에 대하여 좀 더 자세히 다룰 것이다.

9.1 역사적인 개요

19세기 초반까지만 해도 물리학자들은 확률과 통계를 물리적 과정을 설명하는 데에 적용하는 것을 완전히 인정하지 못하는 경향이 있었다. 사실 우주를 엄격하고 결정론적인 법칙을 따르는 기계적 장치로 보는 경향이 강했었다. 이런 기계적인 관점은 뉴턴과 함께 18세기와 19세기에 걸쳐 이루어졌던 뉴턴 물리학의 성공적인 결과들에 크게 기인한다. 1790년경 라그랑주(Lagrange)와 1840년경 해밀턴(Hamilton)에 의하여 제시된 새로운 수학적 방법들은 뉴턴역학의 연산능력을 크게 발전시켰다. 그들은 물리학자들이 복잡한 물리적 시스템(계)을 비교적 단순한 2차 미분 방정식들로 표현할 수 있도록 했다.

아마도 고전역학의 절대적인 능력을 극단적으로 옹호했던 사람들 중 대표적인 사람은 피에르 시몽 라플라스(Pierre-Simon de Laplace, 1749~1827)였을 것이다. 라플라스는 물리적 세계에 대하여 완벽한 이해를 가지는 것이 원리적으로 가능해야만 한다고 주장했다. 그러한 이해는 어떤 한 순간에서 물질의 모든 입자의 위치, 속도를 정확히 측정하여 뉴턴의 물리 법칙들을 적용함으로써 가능할 것이다. 뉴턴 법칙의 절대적인 불변성 때문에, 이러한 생각은 미래와 과거, 심지어는 우주 창조로까지 무한히 확장될 수 있었다. 우리는 하이젠베르크의 불확정성 원리(5.6절)가 라플라스의 입장에서 심각한 문제를 일으킴을 알고 있다.

19세기 통계물리학의 발전은 열역학의 발전(이는 산업혁명을 이끌어 내었다)에 상당히 연관되어 있었다. 1800년에는 일반적으로 열을 *칼로릭*(caloric)으로 알려진 물질로 보았으며, 이는 온도 변화에 영향을 줄 수 있도록 물체들을 통과하여 흐를 수 있는 유체라고 이해되고 있었다. 1798년, 벤저민 톰슨(럼퍼드 백작)은 *열*(heat)이라 부르는 것은 단지 물질 내의 개개 입자의 움직임이라는 아이디어를 제기했다. 럼퍼드의 생각은 본질적으로 옳았지만 곧바로 받아들여지지는 못했다. 그의 업적은 너무 개략적이고 정성적이었지만 후에 맥스웰과 볼츠만의 업적에서 꽃피울 씨앗이 되었다. 1822년 조셉 푸리에는 열에 관한 그의 이론은 발표했다. 그 이론은 열역학에 관한 진정한 수학적 논문으로는 처음이었다. 그것은 사실상으로 통계적이지 않았지만 향후 연구에 정량적인 기초를 제공했다.

에너지의 개념은 근대 열역학의 중심이다. 에너지의 역사에서 가장 중요한 것은 제임스 프레스콧 줄(James Prescott Joule, 1818~1889)의 업적이다. 줄은 1843년경 그가 처음 수행한 열의 기계적 등가를 밝힌 실험으로 널리 알려졌다. 그 실험(그림 9.1)에서 낙하하는 추가 물속의 페달 바퀴를 돌리는 데 사용되었다. 줄은 결론적으로 낙하하는 물체의 에너지가 물의 내부 에너지로 전환됨을 보였다.

제임스 클러크 맥스웰(James Clerk Maxwell)은 열역학에 확률과 통계의 수학적 이론을 접목하는 위대한 업적을 이루었다. 줄과 다른 이들에 의해 정립된 에너지 개념을 사용하여 맥스웰은 이상기체에서의 분자들의 속도와 속력의 분포에 관한 표현식을 유도해 냈다. 그리고 이러한 분포가 관측된 거시 현상(9.2, 9.3, 9.4절을 보라)을 유도하는 데 사용될 수 있음을 보였다. 뿐만 아니라 맥스웰은 전기와 자기를 통합하는 전자기 이론인 맥스웰 방정식도 만들었다는 것도 상기해야 한다. 맥스웰 전자기 이론과 열역학 이론 사이에는 몇몇 유사점들이 있다. 둘 다 모두 고도로 수학적이다. 또한 뉴턴의 전통적 이론

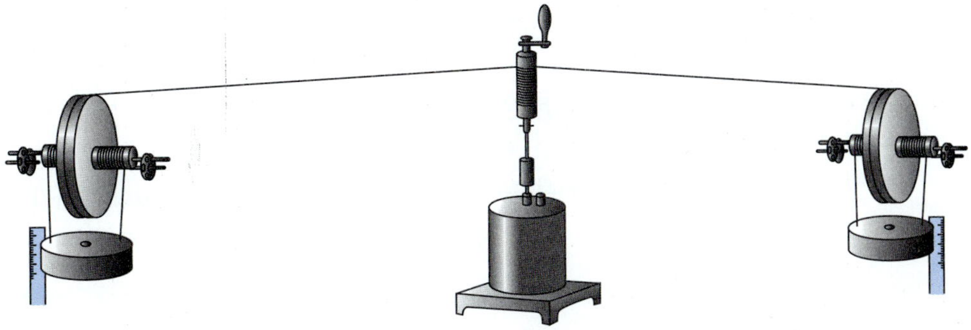

그림 9.1 열의 기계적 등가를 밝히기 위하여 사용된 줄의 페달 바퀴 장치 개략도. 낙하하는 추는(가운데 위치한 드럼 내) 물속의 페달 바퀴를 돌리는 데 사용되었다. 줄은 1 lb(0.45 kg)의 물의 온도를 1°F($\frac{5}{9}$°C) 올리기 위해서는 772 lb(질량 = 350.2 kg)의 추가 1 ft(30.48 cm)의 거리를 낙하해야 한다고 결론 내렸다.

과 일치하면서 매우 역학적이다. 맥스웰은 열역학에서 모든 관련 속성들은 개개 분자들의 움직임에 기인한다고 믿었다. 이러한 유사성들은 중요하다. 왜냐하면 맥스웰 전자기 이론의 대단한 성공은 열역학의 통계적 관점을 과학자들에게 설득하는 데 중요한 역할을 했기 때문이다.

하지만, 통계역학이 진정 빛을 받은 것은 20세기 초반에 이르러서였다. 1905년 아인슈타인은 브라운 (무작위) 운동 이론을 발표했다. 이 이론으로 실제 원자가 존재한다는 관점이 지지될 수 있었다. 장 바티스트 페랭(Jean Baptiste Perrin)은 몇 년 후 실험으로 아인슈타인의 결론들을 입증해 냈다. 곧 얼마 후, 이는 보어의 원자 이론을 이끌어 냈고, 그다음엔 우리가 이 책의 이전 장들에서 배웠던 양자 이론으로 발전하였다.

9.2 맥스웰 속도분포

라플라스가 얘기했듯이, 원리적으로 모든 분자의 위치와 순간 속도를 알면 이상기체에 대해 모든 것을 알 수 있을 것이다. 이를 위해서는 분자당 여섯 개의 매개변수들을 알아야 한다. 이는 위치 (x, y, z)를 위해 세 개가 필요하고, 속도 (v_x, v_y, v_z)를 위해 세 개가 필요하다. 많은 관련된 물리량들은 반드시 이 여섯 개의 매개변수 중 한 개, 혹은 그 이상에 의존해야만 한다. 이들을 6차원의 **위상공간**(phase space)의 구성요소들로 생각하는 것은 유용하다. 위상공간

맥스웰은 세 개의 속도 성분들에 집중했다. 왜냐하면 이상기체의 열적 특성에 상당한 관심이 있었기 때문이다. 이상기체 분자의 속도는 분명히 (임의의) 순간적인 위치보다도 더 중요하다. 왜냐하면 기체 에너지는 순간적인 위치가 아닌, 오로지 속도에만 의존하기 때문이다. 맥스웰이 중요히 여기던 문제는 주어진 온도 조건에서 이상기체의 속도 분포는 어떨 것인가이었다. 다음과 같은 **속도분포함수**(velocity distribution function) $f(\vec{v})$ (부록 3B를 보라)를 정의하자.

$$f(\vec{v})\ d^3\vec{v} = \text{속도가 } \vec{v}\text{와 } \vec{v} + d^3\vec{v} \text{ 사이인 조건의 한 입자를 발견할 확률}$$

여기서 $d^3\vec{v} = dv_x\, dv_y\, dv_z$이다. $\vec{v}$가 벡터량이기 때문에 앞선 진술은 세 가지 분리된 조건

들을 암시함에 주목하자. 벡터 $\vec{v}$는 v_x, v_y, v_z 성분을 갖는다. 그러므로 $f(\vec{v})\ d^3\vec{v}$는 v_x와 $v_x + dv_x$, v_y와 $v_y + dv_y$ 그리고 v_z와 $v_z + dv_z$ 사이의 속도를 가진 입자를 발견할 확률이다. 우리는 속도분포함수 $f(\vec{v})$가 양자역학에서 확률밀도 $\Psi^*\Psi$와 유사한 역할을 한다고 생각할 수 있다.

맥스웰은 확률분포함수가 $\exp(-\frac{1}{2}mv^2/kT)$에 비례함을 증명할 수 있었다.* 여기서 m은 분자 질량, v는 분자 속도, k는 볼츠만 상수, T는 절대 온도이다. 그러므로

속도분포함수

$$f(\vec{v})\, d^3\vec{v} = C\exp(-\tfrac{1}{2}\beta mv^2)\, d^3\vec{v} \tag{9.1}$$

로 표현할 수 있을 것이다. 여기서 C는 비례 상수이고, $\beta \equiv (kT)^{-1}$이다(여기서의 열 물리 매개변수 β를 상대론의 $\beta = v/c$와 혼동하지 말 것). 우리는 세 개의 속도 성분으로 식 (9.1)을 쉽게 다시 쓸 수 있다. 왜냐하면 $v^2 = v_x^2 + v_y^2 + v_z^2$이기 때문이다.

$$f(\vec{v})\, d^3\vec{v} = C\exp(-\tfrac{1}{2}\beta mv_x^2 - \tfrac{1}{2}\beta mv_y^2 - \tfrac{1}{2}\beta mv_z^2)\, d^3\vec{v} \tag{9.2}$$

식 (9.2)는 세 개의 요소들의 곱으로 다시 적을 수 있는데, 각각은 세 개의 속도 성분 중 하나를 포함한다. 그것들을 새로운 상수 $C' = C^{1/3}$(대칭성으로 인해)를 사용해서 다음과 같이 정의할 수 있다.

$$\begin{aligned} g(v_x)\, dv_x &\equiv C' \exp(-\tfrac{1}{2}\beta mv_x^2)\, dv_x \\ g(v_y)\, dv_y &\equiv C' \exp(-\tfrac{1}{2}\beta mv_y^2)\, dv_y \\ g(v_z)\, dv_z &\equiv C' \exp(-\tfrac{1}{2}\beta mv_z^2)\, dv_z \end{aligned} \tag{9.3}$$

식 (9.3)은 세 속도 성분들의 분포들을 보여 준다.

식 (9.3)의 분포를 이용한 유용한 계산을 하기 위해서는 우리는 상수 C'의 값에 대해 알아볼 필요가 있다. 여기서 $g(v_x)\, dv_x$는 단순히 기체 분자 속도의 x성분이 v_x와 $v_x + dv_x$ 사이에 있을 확률이다. 만약 v_x의 모든 가능한 값들에 대해 $g(v_x)\, dv_x$를 합한다면(또는 적분하면) 그 결과는 1이 될 것이다. 왜냐하면 이 공간 내 어디에서든지 모든 분자들은 속도 성분인 v_x를 가지고 있을 것이기 때문이다. 이것은 단지 5장, 6장, 7장의 양자역학에서 공부했던 정규화 과정과 같은 것이다. 적분을 하면 다음을 얻을 수 있다(부록 3C를 보라).

$$\int_{-\infty}^{\infty} g(v_x)\, dv_x = C'\left(\frac{2\pi}{\beta m}\right)^{1/2} = 1 \tag{9.4}$$

그러면

$$C' = \left(\frac{\beta m}{2\pi}\right)^{1/2}$$

그리고

*확률분포함수가 $\exp(-\frac{1}{2}mv^2/kT)$에 비례함을 증명하는 방법은 여러 가지가 있다. 그 예로 다음 논문을 보라: Daniel Schroeder, *Thermal Physics*, Addison-Wesley (1999), pp. 220-223.

$$g(v_x)\,dv_x = \left(\frac{\beta m}{2\pi}\right)^{1/2} \exp\left(-\frac{1}{2}\beta m v_x^2\right) dv_x \tag{9.5}$$

가 되며, 이러한 분포를 이용하여 v_x의 평균값을 계산할 수 있다(부록 3B를 보라).

$$\overline{v_x} = \int_{-\infty}^{\infty} v_x g(v_x)\,dv_x = C'\int_{-\infty}^{\infty} v_x \exp\left(-\frac{1}{2}\beta m v_x^2\right) dv_x = 0 \tag{9.6}$$

v_x는 기함수이기 때문에(부록 3C를 보라) v_x의 평균값은 0이 된다. 속도들의 랜덤 분포에서 속도 성분은 최대값을 가지는 $v_x = 0$(그림 9.2)을 기준으로 고루 분산되어 있을 것이기 때문에 이러한 결과는 물리적으로 전혀 이상하지 않다.

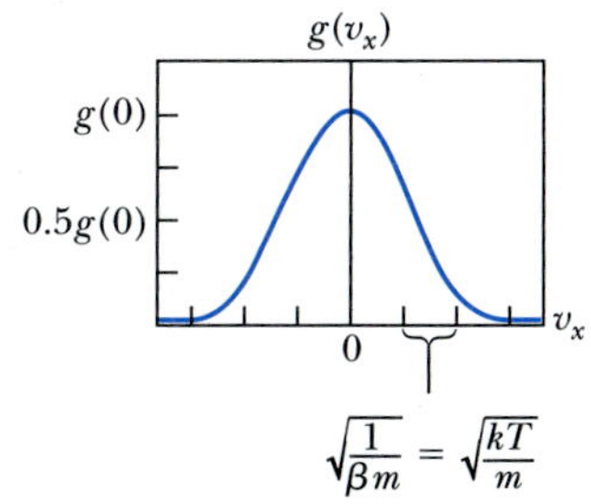

그림 9.2 하나의 속도 차원 (v_x)에 대한 맥스웰 속도분포함수. v_x가 $v_x = \sqrt{1/\beta m} = \sqrt{kT/m}$일 때 $g(v_x) = g(0)\,e^{-1/2} \approx 0.607g(0)$임을 주목하라.

이와 유사한 방법으로, v_x^2의 평균값은 다음과 같다.

$$\overline{v_x^2} = C'\int_{-\infty}^{\infty} v_x^2 \exp\left(-\frac{1}{2}\beta m v_x^2\right) dv_x$$

$$= 2C'\int_{0}^{\infty} v_x^2 \exp\left(-\frac{1}{2}\beta m v_x^2\right) dv_x$$

$$\overline{v_x^2} = \left(\frac{\beta m}{2\pi}\right)^{1/2} \frac{\sqrt{\pi}}{2}\left(\frac{2}{\beta m}\right)^{3/2} = \frac{1}{\beta m} = \frac{kT}{m} \tag{9.7}$$

여기서 C'의 값으로는 앞에서 정의했던 값을 사용하였다.

물론 x 방향에 대해서만 특별한 이유는 없다.(기체는 x, y, z 사이에 차이가 없다.) 이에, x, y, z 속도 성분들에 대한 결과들은 서로 같다. 이 세 개의 성분들은 분자의 평균 병진 운동에너지를 찾는 데 함께 사용될 수 있을 것이다.

$$\overline{K} = \overline{\frac{1}{2}mv^2} = \frac{1}{2}m\,(\overline{v_x^2} + \overline{v_y^2} + \overline{v_z^2}) = \frac{1}{2}m\left(\frac{3kT}{m}\right) = \frac{3}{2}kT \tag{9.8}$$

지금까지 운동 이론의 중요한 결과들 중 하나를 확인하였다! 이를 순수하게 통계만을 고려하여 확인했다는 사실은 열역학의 통계적인 접근이 유효하다는 좋은 증거가 된다.

예제 9.1

상온인 293 K에서, 다음의 평균 병진 운동에너지를 찾아라.

(a) 한 개의 이상기체 분자(eV 단위)

(b) 1몰(mole)의 이상기체 분자(J 단위)

전략 한 분자의 평균 운동에너지는 식 (9.8)과 같이 주어졌다. 모든 몰에 대해서는 결과에 1몰에서의 원자수인 아보가드로의 수 N_A를 곱할 필요가 있다.

풀이 (a) 한 개의 분자에 대해서 식 (9.8)로 다음의 결과를 구할 수 있다.

$$\overline{K} = \tfrac{3}{2}kT = \tfrac{3}{2}(1.38 \times 10^{-23}\,\text{J/K})(293\text{K}) = 6.07 \times 10^{-21}\,\text{J}$$

에너지의 작은 규모 때문에 단위를 전자볼트로 바꾸는 것이 유용하다.

$$\overline{K} = 6.07 \times 10^{-21}\,\text{J} \times \frac{1\text{ eV}}{1.60 \times 10^{-19}\,\text{J}} = 0.038\text{ eV}$$

상온에서의 평균 분자 에너지는 대략 1/25 eV이다. 이 계산은 상온에서 임의의 이상기체에 대해 적용되기 때문에 이 결과를 기억해 두는 것은 유용하다.

(b) 모든 몰에 대해서 평균 운동에너지는 N_A배만큼 크다.

$$\overline{K} = 6.07 \times 10^{-21}\,\text{J} \times N_A$$
$$= (6.07 \times 10^{-21}\,\text{J})(6.02 \times 10^{23}) = 3650\,\text{J}$$

9.3 균등분배 정리

9.2절의 결과들은 온도에 대한 열역학 시스템의 내부 에너지에 대한 좀 더 일반적인 설명으로 확장될 수 있다. 식 (9.7)에 의해서,

$$\tfrac{1}{2}m\overline{v_x^2} = \tfrac{1}{2}kT \tag{9.9}$$

유사한 방법으로 다른 두 개의 속도 성분의 평균 에너지도 $\frac{1}{2}kT$임을 알 수 있으며, 분자당 총 평균 병진 운동에너지는 $\frac{3}{2}kT$가 됨을 알 수 있다. 헬륨과 아르곤 같은 단원자 기체에서 거의 모든 기체의 에너지는 이러한 형태가 된다. 그러나 이와 다른 산소와 같은 이원자 기체들에 대해서 생각해 보자. 이 분자를 질량이 없는 막대에 의해 이어진 두 개의 산소 원자로 본다면 이 분자는 *회전하는* 운동에너지 또한 가지게 된다. 분명한 의문점은 거기엔 얼마나 많은 회전 에너지가 있는지와 이는 온도와 어떤 관련이 있는가이다.

이 질문에 대한 대답은 증명 없이 에너지 균등분배 정리에 의해 주어진다.

균등분배 정리

균등분배 정리(equipartition theorem): 평형상태에서 분자당 $\frac{1}{2}kT$의 평균 에너지는 분자 에너지의 각각의 독립적인 2차 항과 관련이 있다.

자유도

독립적인 2차 항은 좌표, 속도 성분, 각속도 성분 또는 제곱할 때 에너지에 비례하는 다른 모든 2차 항일 수 있다. 각각의 독립적인 위상공간 좌표를 시스템에 대한 **자유도**(degree of freedom)라고 부른다.

예를 들면, 단원자 이상기체에 대해서(헬륨과 같은) 각각의 분자는 다음의 운동에너지를 가진다.

$$K = \tfrac{1}{2}mv^2 = \tfrac{1}{2}m(v_x^2 + v_y^2 + v_z^2)$$

세 개의 독립적인 위상공간 좌표(v_x, v_y, v_z)가 있다. 그러므로 세 개의 자유도가 있고 에너지 균등분배 정리로 분자당 평균 운동에너지가 $3\left(\frac{1}{2}kT\right) = \frac{3}{2}kT$임을 예상할 수 있다.

어떻게 하면 $\frac{3}{2}kT$의 계산을 확인할 수 있을까? 이는 일정한 체적에서의 헬륨의 열용량을 계측함으로써 알 수 있다. N개의 분자를 가진 헬륨 기체의 총 내부 에너지는 다음과 같을 것임이 분명하다.

$$U = N\overline{E} = \tfrac{3}{2}NkT$$

일정 체적에서 열용량은 $C_V = (\partial U/\partial T)_V$이거나 다음과 같다.

표 9.1 15°C와 1대기압하에서의 기체들의 몰열용량

Gas	c_V(J/K)	c_V/R
Ar	12.5	1.50
He	12.5	1.50
CO	20.7	2.49
H_2	20.4	2.45
HCl	21.4	2.57
N_2	20.6	2.49
NO	20.9	2.51
O_2	21.1	2.54
Cl_2	24.8	2.98
CO_2	28.2	3.40
CS_2	40.9	4.92
H_2S	25.4	3.06
N_2O	28.5	3.42
SO_2	31.3	3.76

$$C_V = \tfrac{3}{2}Nk$$

우리는 여기서 물질의 일반적인 양(예를 들면, N분자)의 열용량에 대해 대문자 C_V의 표준 표기법을 사용하고 1몰(mole)에 대한 열용량을 설명할 때 소문자 c_V를 사용할 것이다. 1몰에 대해서 $N = N_A$이며, 이는 아보가드로수이다.

$$c_V = \tfrac{3}{2}N_A k = \tfrac{3}{2}R = 12.5\ \text{J/K} \tag{9.10}$$

그리고 여기서 이상적인 기체상수인 $N_A k = R = 8.31$ J/K를 사용하였다.

헬륨의 몰열용량(molar heat capacity) 측정 결과는 이 값과 매우 유사하다. 표 9.1에 여러 기체들에서의 몰열용량이 나열되어 있다. 단원자 기체들의 측정된 열용량은 식 (9.10)에서 예상한 값과 잘 일치한다. 여기서는 논의를 위한 모델로 헬륨을 사용했지만 결과들은 모든 단원자 기체들에 대해 거의 동일함을 알 수 있다.

한편, 이원자 기체들의 열용량은 상당히 더 크다. 앞서 설명한(그림 9.3) 산소 분자의 고정 회전자 모델을 고려하고 균등분배 정리를 적용하여 이것을 설명할 수 있다. 해당 분자는 x나 y축을 중심으로 자유롭게 회전하며, 해당 회전 에너지는 회전 관성과 각속도 성분의 관점에서 $\frac{1}{2}I_x\omega_x^2$과 $\frac{1}{2}I_y\omega_y^2$으로 나타낼 수 있다. 이들 각각은 각속도의 제곱에 비례한다. 그래서 균등분배 정리에 따르면 분자당 $2(\frac{1}{2}kT) = kT$를 병진 운동에너지에 더해서 총에너지가 $\frac{5}{2}kT$가 됨을 알 수 있다. 달리 말하면, 다섯 개의 자유도(세 개의 병진과 두 개의 회전)가 있으므로 분자당 에너지는 $5(\frac{1}{2}kT) = \frac{5}{2}kT$가 된다.

z축에 대한 회전을 포함하지 않은 이유는 무엇일까? 그 해답은 양자 이론에 있다. 고정 회전자에 관한 양자 이론에서 허용되는 에너지 준위들은 다음과 같다.

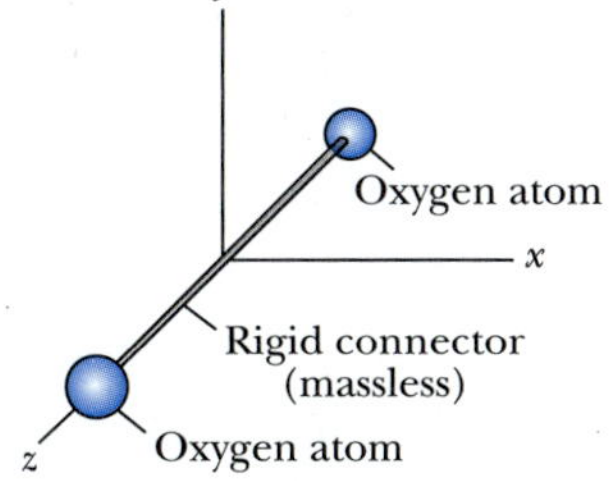

그림 9.3 산소 분자의 고정 회전자 모델. 두 개의 산소 원자들이 질량이 없는 고정자 막대로 z축을 따라 연결되어 있다.

$$E = \frac{L^2}{2I} = \frac{\hbar^2 \ell(\ell + 1)}{2I}$$

여기서 I는 회전 관성, ℓ은 0 또는 양의 정수인 양자수이다. 이 결과는 앞서 식 (7.22)에서 주어졌던 각운동량의 양자화와 일관됨을 기억하자. 여기서 각운동량 L을 가진 회전자의 운동에너지는 $L^2/(2I)$이다. 다시 한번 그림 9.3의 이원자 분자 모델을 고려해 보자. 대부분의 원자의 질량은 원자의 중심에 있는 작은 핵에 속박되어 있다. 그러므로 이원자 분자의 두 원자를 연결하는 축에 대한 회전 관성 (I_z)는 I_x와 I_y보다 그 크기가 작다. 위에 주어진 에너지 방정식의 분모에서 작은 I_z 값은 I_x 또는 I_y 및 유사한 양자수로 얻은 에너지에 비해 높은 에너지 결과를 낳는다. 따라서 회전 에너지가 상대적으로 낮고 작은 양자수가 요구되는 경우 x와 y축을 중심으로 한 회전만 허용된다.* 효과적으로 세 번째 회전 모드는 '고정(frozen out)'된다.

그러므로 산소는 분자당 $\frac{5}{2}kT$의 평균 운동에너지를 가져야만 한다. 그리고 이것은 $\frac{5}{2}R$의 몰열용량과도 연관된다. 산소 분자의 측정된 열용량은 이 값에 상당히 가깝다. 다시 한번 표 9.1에 있는 측정된 열용량 값들을 보자. 대부분의 이원자 기체들에 대해 측정된 열용량은 균등분배 이론에 의해 예상된 값인 분자당 $\frac{5}{2}R$과 유사하다. 하지만 몇몇 이원자 기체들(주로 Cl_2)은 잘 맞지 않는다. 왜 그럴까? 두 개 원자로 구성된 분자의 물리는 분명히 우리가 생각해 왔던 것만큼 단순하지 않다. 우리는 원자물리를 공부하면서 원자들은 복잡한 시스템이고 원자 시스템을 공부할 때 양자 이론이 반드시 고전역학을 대체하여 사용되어야 함을 배웠다. 더 나아가 우리는 분자 결합의 본질에 대한 논의는 시작하지도 않았다. 두 원자를 연결하는 고체의 질량이 없는 막대는 의심할 여지 없이 근사화된 조건이다. 이러한 모든 근사치를 감안할 때 균등분배 정리가 제대로 작동한다는 것은 놀라운 일이다!

어떤 상황에서는 강체 막대보다는 질량이 없는 스프링으로 서로 연결된 원자들로 생각하는 것이 더 좋은 근사이다. 얼마나 많은 자유도가 여기에 더해질까? 어떤 이는 퍼텐셜에너지 $\frac{1}{2}\kappa(r - r_0)^2$ 때문에 단지 하나라고 말하려 할 것이다. 여기서 κ는 스프링의 힘 상수, r은 원자들 사이의 간격, r_0는 원자 사이의 평형 간격이다. 그러나 진동속도 (dr/dt)과 연관된 또 다른 자유도가 있다. 왜냐하면 진동 운동에너지가 $\frac{1}{2}m(dr/dt)^2$이기 때문이다. 이는 이치에 맞는데 고전물리학에서 평균 운동에너지가 조화 진동자에 대한 평균 퍼텐셜에너지(연습문제 57을 보라)와 일치하기 때문이다. 만약 이 분자가 여전히 회전이 자유롭다면 이젠 총 일곱 개의 자유도가 있는 것이다. 즉, 세 개의 병진, 두 개의 회전, 그리고 두 개의 진동. 결과적으로 몰열용량은 $\frac{7}{2}R$이 된다.

이 진동 모드가 요인이 될까? 그렇다. 하지만 일반적으로 이원자 기체들을 진동 모드로 여기되게 하기 위해서는 고온이 요구된다. 사실상 이원자 기체들의 열용량은 온도에

---

*이 경우에 양자 이론이 고전적인 균등분배 정리를 뒤엎는 이유에 대한 좀 더 완전한 설명은 다음 논문에서 찾을 수 있다: Clayton A. Gearhart, *American Journal of Physics* **64**, 995-1000 (1996).

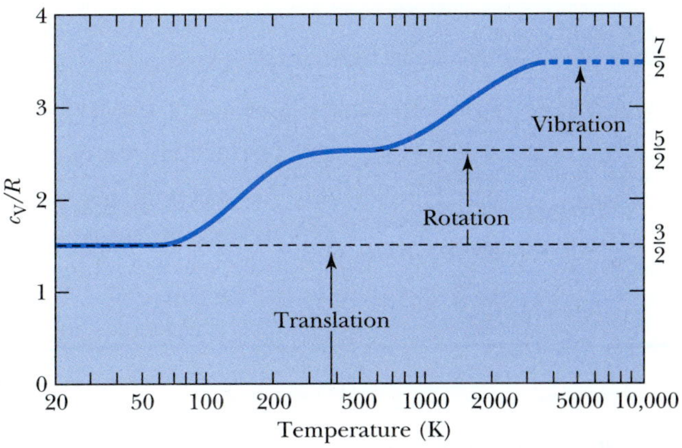

그림 9.4 전형적인 이원자 기체인 H_2에 대한 온도에 따른 몰열용량 c_V. 열용량 c_V는 저온에서 $3R/2$과 같고, 온도가 증가할수록 회전 모드가 여기되어 열용량이 $5R/2$로 증가하게 된다. 분자가 매우 높은 온도 조건에서 해리될 때 열용량은 최종적으로 $7R/2$에 가까워진다.

의존하고, 다른 온도에서 다른 자유도를 '동작시킴'을 나타낸다. 더 놀라운 예 중 하나는 H_2(그림 9.4를 보라)이다. 끓는점보다 약간 높은 온도(대략 20 K)에서 몰열용량은 약 $\frac{3}{2}R$이다. 100 K보다 약간 아래에서는 회전 모드가 여기되고, 그러면 c_V가 $\frac{5}{2}R$이 될 때까지 점점 증가하여 약 250 K에서 최대 약 1000 K까지 이를 유지한다. 그 시점에서 진동 모드가 효과적(또한 점진적으로)이게 된다. 우리는 c_V가 $\frac{7}{2}R$에 다다르기 시작했음을 알 수 있지만, 그러한 곡선은 이 지점에서 종료된다. 왜냐하면 분자가 해리되어 버리기 때문이다.

분명히 이원자 기체에서 진동 모드를 여기시키는 것은 어렵다. 다원자 기체에서 우리는 분자를 스프링들로 연결된 다수의 질량들(원자들)로 구성된 것으로 생각할 수 있다. 고전역학에서 이러한 시스템들은 각각의 진동하는 '정상 모드'에 해당되는 주파수를 가지며, 시스템 내의 질량체의 수가 증가하면 정상 모드의 수가 증가한다. 따라서 다원자 시스템들은 각기 다른 온도에서 켜진 다양한 진동 주파수를 가질 수 있다. 이는 다원자 분자들의 진동 스펙트럼이 꽤 복잡해지도록 할 것이다.

고체의 열 분자 운동에 대해 간단히 살펴보자. 여기서는 이제 진동 모드가 유일하게 작동할 것이다. 왜냐하면 고체 내에서의 원자들은 병진하거나 회전하는 것이 자유롭지 못하기 때문이다. 한 예로, 그림 9.5에 있는 순수 구리 샘플을 고려하자. 그림의 원자들은 면심입방격자로 배열되어 있다. 이 시스템의 자유도는 몇 개일까? 각 원자들을 3차원 조화 진동자로 생각할 수 있다. 앞에서 설명한 것처럼 1차원 조화 진동자는 운동에너지에서 기인한 자유도와 퍼텐셜에너지에서 오는 자유도의 두 가지의 자유도를 가지고 있다. 따라서 이 3차원 진동자에는 여섯 개의 자유도가 있고, 몰열용량은 $6(\frac{1}{2}R) = 3R$이다. 몰열용량의 실험치는 상온의 구리에 대해 거의 정확히 $3R$이다. 또한 상온 근처에서 온도가 증가함에 따라 몰열용량이 약간 상승함을 관측할 수 있다. 9.6절에서 보게 되겠지만 이는 균등분배 이론을 고려할 때 무시했던 전도 전자에 기인할 수 있다.

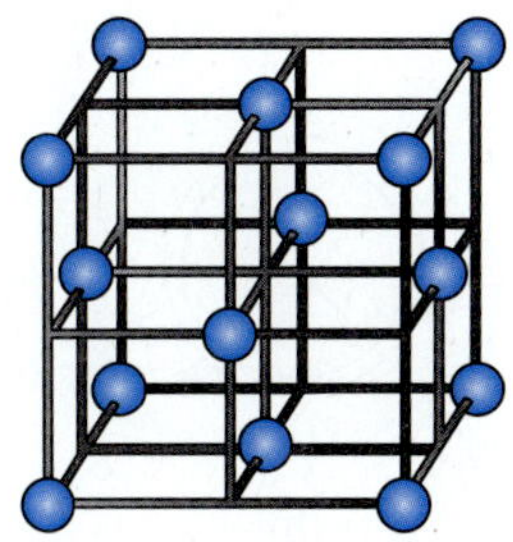

그림 9.5 면심입방격자로 배열된 한 예인, 구리의 격자 구조

개념 예제 9.2

HF와 Ne이 상온에(300 K) 있을 때 두 분자의 평균 병진 운동에너지와 총 운동에너지를 구하고 상호 비교해 보라.

풀이 HF와 Ne 분자들은 거의 비슷한 분자 질량을 가지고 있다. 이는 약 20 u로 1 u = 1 원자 질량 단위 = 1.66054×10^{-27} kg이다. 균등분배 이론에 따르면 분자의 병진 운동에너지들은 분자당 $\frac{3}{2}kT$ 또는 몰당 $\frac{3}{2}RT$로 같다. 그런데 이원자 HF는 두 개의 회전 자유도도 가지고 있으므로 총 운동에너지는 몰당 $\frac{3}{2}RT + RT = \frac{5}{2}RT$일 것이다. 단원자 Ne 기체는 회전 자유도가 없으므로 총 운동에너지는 몰당 $\frac{3}{2}RT$이다.

9.4 맥스웰 속력분포

다시 맥스웰 속도분포로 돌아가 보자.

$$f(\vec{v})\,d^3\vec{v} = C\exp(-\tfrac{1}{2}\beta mv^2)\,d^3\vec{v} \tag{9.1}$$

여기서 우리는 다음을 알 수 있다.

$$C = (C')^3 = \left(\frac{\beta m}{2\pi}\right)^{3/2} \tag{9.11}$$

$f(\vec{v})$가 속도($\vec{v}$)가 아닌 속력(v)의 함수이지만 여전히 속도분포이다. 왜냐하면 확률식인 식 (9.1)이 미분 속도항을 포함하기 때문이다. 이 속도분포를 일반적인 정의에 따라 속력분포 $F(v)$로 바꾸는 것이 유용할 것이다. $F(v)$의 정의는 다음과 같다.

$F(v)\,dv$ = v와 $v + dv$ 사이의 속력을 갖는 한 입자를 발견할 확률

우리가 곧 살펴볼 것처럼, 단순하게 $f(\vec{v}) = F(v)$로 가정하는 것은 *가능하지 않다*.

이는 위상공간 개념이 유용한 유형의 문제일 뿐이다. 일반적인 3차원 (x, y, z) 공간에서 유사한 문제를 고려해 보자. 그림 9.6a처럼 입자들의 분포 $f(x, y, z)$가 존재한다고 가정하자. 점 (x, y, z)에서의 입자는 원점으로부터 $r = (x^2 + y^2 + z^2)^{1/2}$의 거리를 갖는다. 그리고 $\vec{r}$은 원점에서 점 (x, y, z)로 향하는 위치벡터이다. 그러면 $f(x, y, z)\,d^3\vec{r}$은 $\vec{r}$과 $\vec{r} + d^3\vec{r}$ 사이에서 입자를 발견할 확률이다. $d^3\vec{r} = dx\,dy\,dz$이다. 이제 방사형 분포인 $F(r)$로 바꾸어 보자.

$f(r)\,dr$ = r과 $r + dr$ 사이에서 한 입자를 발견할 확률

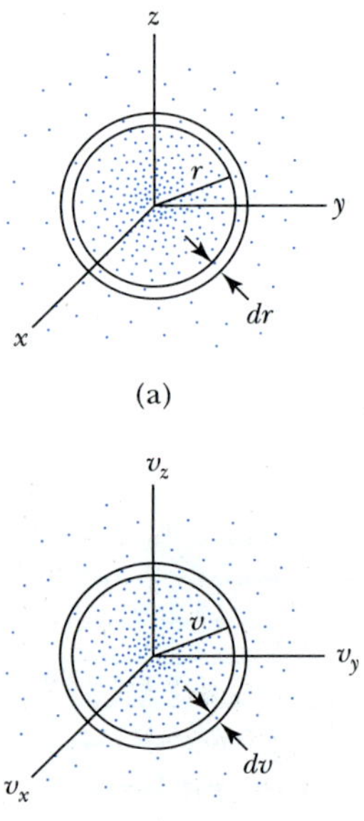

그림 9.6 (a) 3차원 공간에서의 입자의 분포. 분포함수 $f(r)$은 r과 $r + dr$로 이루어진 구형 껍질 안에 있는 입자의 수에 비례한다. (b) 3차원 속도 공간에서의 유사한 분포. 이는 속도분포함수 $f(v)$가 v와 $v + dv$ 사이의 속도 공간에서 구형 껍질에서 발견되는 입자의 수에 비례해야 함을 보여 준다.

공간 r과 $r + dr$ 사이는 구형 껍질이다. 그러므로 이 문제는 단순히 반지름이 r이고 두께가 dr인 구형 껍질에서의 모든 입자를 세는 문제 중 하나이다. 구형 껍질 ($d^3\vec{r}$)의 부피는 $4\pi r^2 dr$이다. 따라서 다음과 같이 표현할 수 있을 것이다.

$$F(r)\,dr = f(x, y, z)\,4\pi r^2\,dr \tag{9.12}$$

속도분포 $f(\vec{v})$에서 속력분포 $F(v)$를 구하는 문제로 돌아가서 우리가 해야 할 일은 속도 공간에 있는 구형 껍질 내 입자수를 세는 것뿐임을 알 수 있다. 단순하게 좌표 x, y,

z를 속도 공간 좌표(즉, 속도 성분) v_x, v_y, v_z로 대체하자(그림 9.6b). 속력 $v = (v_x^2 + v_y^2 + v_z^2)^{1/2}$는 반지름 $r = (x^2 + y^2 + z^2)^{1/2}$의 속력 공간 해석이다. 이전의 해석에서 속도 공간에서의 구형 껍질의 '부피'는 $4\pi v^2 dv$이고, 원했던 속력분포 $F(v)$는 다음과 같다.

$$F(v)\,dv = f(\vec{v})\,4\pi v^2\,dv \tag{9.13}$$

식 (9.1)을 이용하면 맥스웰 속력분포를 얻을 수 있다.

$$F(v)\,dv = 4\pi C \exp\left(-\tfrac{1}{2}\beta m v^2\right) v^2\,dv \tag{9.14}$$

전형적인 **맥스웰 속력분포**의 그래프는 그림 9.7과 같다. 이 분포와 7장에서 본 일부 방사형 확률분포 사이에는 질적 유사성이 존재한다(그림 7.12를 보라). 그렇지만 식 (9.14)의 지수함수에 2차(v^2) 인수가 7.6절 전체에서 발견되는 선형(r) 관계와 다르다는 점에서 양적인 차이가 있다. 또한 속력분포는 최대값을 기준으로 대칭이 아니라는 점에서 속도분포와는 질적으로 다르다. $F(v)$ 속력이 매우 빠르고 매우 낮은 제한적인 경우에 0에 접근함을 보여 줄 수 있다(연습문제 8). 순수하게 고전적인 조건으로부터 도출되었기 때문에 맥스웰 속력분포상에서는 빛보다 빠른 입자를 발견할 확률이 0이 아닌 값을 제공한다(연습문제 5). 우리는 입자의 속력이 빛의 속력을 초과할 수 없다는 것을 알고 있다. 따라서 식 (9.14)는 오직 고전적 극한에서만 유효하다. 이는 $v > c$로 예측되는 확률이 합리적인 온도에서 극도로 낮기 때문에 이 분포를 사용하는 데 심각한 문제가 되지 않는다. 또한 이상기체에서의 운동 이론에서 사용한 다른 공식들(예를 들면, K.E. $= \frac{1}{2}mv^2$)은 이미 우리는 고전적인 한계로 제한한다.

분포 곡선의 비대칭성은 흥미로운 결과로 이어진다. 즉, 최빈 속력 v^*, 평균 속력 $\bar{v}$, 제곱평균제곱근 속력 v_{rms}들은 모두 서로 약간씩 다르다. 가장 높은 확률의 속력 v^*는 곡선의 최고점에 해당한다. 그래서 v에 대해 $F(v)$를 미분하고 0인 조건을 찾음으로써 다음과 같이 v^*를 찾을 수 있다.

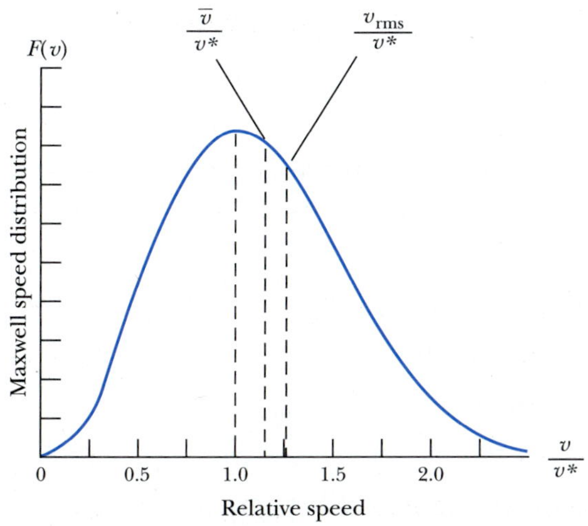

그림 9.7 가장 높은 확률의 속력 v^*의 단위로 나타낸 맥스웰 속력분포. v^*에 대한 $\bar{v}$와 v_{rms}의 상대적인 위치에 주목하자.

$$\frac{d}{dv}\left[4\pi C \exp\left(-\frac{1}{2}\beta m v^2\right)v^2\right]\Bigg|_{v=v^*} = 0$$

$$\exp\left(-\frac{1}{2}\beta m v^{*2}\right)(2v^*) - \frac{1}{2}\beta m(2v^*)\exp\left(-\frac{1}{2}\beta m v^{*2}\right)v^{*2} = 0$$

이를 통해 v^*를 계산하면,

최빈 속력 v^*

$$v^* = \sqrt{\frac{2}{\beta m}} = \sqrt{\frac{2kT}{m}} \tag{9.15}$$

이것의 흥미로운 결과는 최빈 속력(most probable speed) v^*로 움직이는 분자의 운동에너지는 다음과 같다는 것이다.

$$K^* = \tfrac{1}{2}mv^{*2} = kT \tag{9.16}$$

이것은 정확히 평균 운동에너지의 2/3이다.

이제 평균 속력(mean speed)은 다음과 같다.

$$\bar{v} = \int_0^\infty vF(v)\,dv = 4\pi C\int_0^\infty v^3 \exp\left(-\frac{1}{2}\beta m v^2\right)dv$$

이 적분을 구하기 위해 부록 3C를 참고하라. 결과는 다음과 같다.

$$\bar{v} = 4\pi C\left[\frac{1}{2\left(\frac{1}{2}\beta m\right)^2}\right] = 8\pi\left(\frac{\beta m}{2\pi}\right)^{3/2}\left(\frac{1}{\beta m}\right)^2$$

평균 속력 $\bar{v}$

$$\bar{v} = \frac{4}{\sqrt{2\pi}}\sqrt{\frac{kT}{m}} \tag{9.17}$$

식 (9.15)와 (9.17)의 결과를 비교해 보면 다음을 알 수 있다.

$$\frac{\bar{v}}{v^*} = \sqrt{\frac{4}{\pi}} \approx 1.13 \tag{9.18}$$

다르게 말하면, $\bar{v}$는 v^*보다 *어떤 온도에서도* 13% 더 크다.

제곱평균제곱근 속력

제곱평균제곱근(root-mean-square, rms) **속력** $v_{\rm rms}$를 정의하면,

$$v_{\rm rms} \equiv \left(\overline{v^2}\right)^{1/2} \tag{9.19}$$

제곱평균제곱근 속력을 찾기 위해서는 먼저 $\overline{v^2}$을 계산해야 한다.

$$\overline{v^2} = \int_0^\infty v^2F(v)\,dv = 4\pi C\int_0^\infty v^4 \exp\left(-\frac{1}{2}\beta m v^2\right)dv$$

$$= 4\pi C\left[\frac{3\sqrt{\pi}}{8\left(\frac{1}{2}\beta m\right)^{5/2}}\right] = \frac{3}{\beta m} = \frac{3kT}{m}$$

이를 통해 다음을 구할 수 있다.

$$v_{\mathrm{rms}} = \left(\overline{v^2}\right)^{1/2} = \sqrt{\frac{3kT}{m}} \tag{9.20}$$

전과 같이 이 결과를 가장 높은 확률의 속력(최빈 속력)과 비교하는 것이 도움이 된다. 즉,

$$\frac{v_{\mathrm{rms}}}{v^*} = \sqrt{\frac{3}{2}} \approx 1.22 \tag{9.21}$$

제곱평균제곱근 속력은 어떤 온도에서도 가장 높은 확률의 속력보다 약 22% 더 높다. 식 (9.20)의 결과는 다시 운동 이론의 기본 법칙을 지키고 있다.

$$\overline{K} = \tfrac{1}{2}m\overline{v^2} = \tfrac{3}{2}kT$$

마지막으로 분자 속력의 표준편차를 계산해 보자(부록 3B를 보라).

$$\sigma_v = \left(\overline{v^2} - \bar{v}^2\right)^{1/2} = \left(\frac{3kT}{m} - \frac{8kT}{\pi m}\right)^{1/2} = \left[3 - \left(\frac{8}{\pi}\right)\right]^{1/2}\left(\frac{kT}{m}\right)^{1/2} \approx 0.48v^* \tag{9.22}$$

식 (9.22)의 결과는 σ_v가 $\sqrt{T}$에 비례하여 증가함을 보여 준다. 그런 까닭에 분자 속력의 분포는 온도가 증가함에 따라 넓어진다.

요약하자면 여기에 맥스웰 속력분포에서 중요한 세 개의 특정 속력이 있다.

- 가장 확률이 높은 속력(최빈 속력) v^*는 맥스웰 속력분포의 최고점에 있다.
- 평균 속력 $\bar{v}$는 분포에서 모든 속력의 가중 평균이다.
- rms 속력 v_{rms}는 평균 운동에너지와 관련된 속력이다.

예제 9.3

상온인 293 K에서, 가벼운 수소 기체(H_2)와 무거운 라돈 기체(Rn)의 평균 분자 속력 $\bar{v}$를 계산하고 상호 비교하라. 222 u의 질량을 가지는 수명이 가장 긴 라돈 동위원소라고 가정하라.

전략 평균 속력은 식 (9.17)로 주어진다.

$$\bar{v} = \frac{4}{\sqrt{2\pi}}\sqrt{\frac{kT}{m}}$$

온도가 같은 상황에서 계산을 완료하기 위해 적절한 분자의 질량을 사용할 필요가 있다. 가벼운 질량의 수소는 더 높은 평균 속력을 가질 것이다.

풀이 수소 분자의 질량은 (작은 결합 에너지는 무시했을 때) 수소 원자의 두 배이거나, 2(1.008 u) = 2.02 u이다. 따라서 수소의 평균 분자 속력은 구하면 다음과 같다.

$$\bar{v} = \frac{4}{\sqrt{2\pi}}\sqrt{\frac{kT}{m}}$$
$$= \frac{4}{\sqrt{2\pi}}\sqrt{\frac{(1.38\times10^{-23}\,\mathrm{J/K})(293\,\mathrm{K})}{(2.02\,\mathrm{u})(1.66\times10^{-27}\,\mathrm{kg/u})}} = 1750\ \mathrm{m/s}$$

라돈의 평균 분자 속력을 구하면 다음과 같다.

$$\bar{v} = \frac{4}{\sqrt{2\pi}}\sqrt{\frac{kT}{m}}$$

$$= \frac{4}{\sqrt{2\pi}}\sqrt{\frac{(1.38 \times 10^{-23}\,\text{J/K})\,(293\,\text{K})}{(222\,\text{u})\,(1.66 \times 10^{-27}\,\text{kg/u})}} = 167\,\text{m/s}$$

수소 분자는 평균적으로 10배 이상 더 빠르다. 질량이 100배 이상 가볍기 때문에 그것은 예상했던 결과이다. 대부분의 다른 기체들은 분자 질량이 이 두 극단 사이에 있으므로 이들의 평균 속력들은 여기에서 계산한 두 값들 사이에 있다.

예제 9.4

열평형상태에 있는 이상기체에서 v^*의 $\pm 1\%$ 이내의 속력들을 가지는 분자들의 비는 얼마인가?

전략 $F(v)\,dv$는 속력이 v와 $v + dv$ 사이인 입자를 발견할 확률이다. 원칙적으로 우리는 $0.99v^*$에서 $1.01v^*$까지의 한계 조건에서 식 (9.14)의 분포함수 $F(v)$를 적분할 수 있다.

$$P(\pm 1\%) = \int_{0.99v^*}^{1.01v^*} F(v)\,dv \tag{9.23}$$

불행히도 부정적분은 닫힌 형태로는 계산될 수 없다. 하지만 $F(v^*)$와 $dv \approx \Delta v = 0.02v^*$의 곱을 계산하여 근사해를 구할 수 있다.

풀이 $F(v^*)$와 $(0.02v^*)$를 곱하면 다음과 같다.

$$P(\pm 1\%) \approx F(v^*)\,(0.02v^*)$$
$$\approx 4\pi C \exp\left(-\frac{1}{2}\beta m v^{*2}\right) v^{*2}(0.02v^*)$$
$$\approx 4\pi\left(\frac{\beta m}{2\pi}\right)^{3/2} e^{-1}(0.02)\left(\frac{2}{\beta m}\right)^{3/2}$$
$$\approx \frac{4}{\sqrt{\pi}} e^{-1}(0.02) \approx 0.017$$

컴퓨터 프로그래밍 경험이 있는 학생들은 식 (9.23)을 수치적으로 적분해 보고, 그 결과를 여기서 근사된 결과값과 비교해 보는 것이 좋을 것이다. 그 결과는 더 정확하겠지만, 두 개의 유효숫자에 대한 이 근사치와 일치해야 한다.

개념 예제 9.5

맥스웰의 속력분포 곡선(그림 9.7)의 형태를 이용하여 $v_{\text{rms}} > \bar{v} > v^*$임을 설명하라.

풀이 그림 9.7에 보이는 속력분포 곡선은 대칭이 아니다. 그것은 곡선의 더 넓은 부분이 v^*의 오른쪽으로 기울어진 것이라고 설명하는 것이 가장 바람직하다. 이것은 v^*보다 빠른 속력을 가진 분자가 v^*보다 느린 속력을 가진 분자보다 많다는 것을 의미한다. 평균값 $\bar{v}$의 연산은 가중 평균이다. 더 많은 분자들이 v^* 아래보다 위에 속력을 가지고 있으면, 그 결과는 $\bar{v} > v^*$임을 알 수 있다.

v_{rms} 또한 비슷한 평균으로 나타나지만 v_{rms}는 속력의 평균의 제곱이다. 이러한 연산에서는 숫자의 제곱이 숫자 자체보다 더 빠르게 증가하기 때문에 더 빠른 속력들에 더 많은 가중치가 부여된다, 예를 들면, 숫자 11은 숫자 10보다 1.1배 더 크다. 그러나 이 숫자들의 제곱값을 상호 비교하면, $121\,(11^2)$은 $100\,(10^2)$보다 1.21배 더 크다. 이것이 $v_{\text{rms}} > \bar{v}$인 이유이다.

9.5 고전통계학과 양자통계학

앞 절에서 맥스웰의 속력분포는 오직 고전적(즉, 비상대론적) 한계에서만 유효하며 이 사실은 예외적으로 높은 온도에서만 맥스웰 분포의 사용이 금지된다는 것을 언급한 바 있다. 맥스웰 분포를 사용함에 있어서 더 많은 심각한 제한은 양자 이론으로부터 비롯된다. 어째서 우리가 지금까지 공부했던 이상기체 시스템에 양자 이론을 적용할 필요가 없는지 그 이유가 이미 궁금했을 것이다. 결국, 관련된 입자들은 분자 및 원자 크기이다. 중요한 점은 이상기체는 농도가 낮다는 것이다. 기체 분자들은 너무 멀리 떨어져 있어서 서로 간에 상호작용을 하지 않는다고 간주할 수 있다. 분자 간의 충돌이 발생하면 그것들은 완전 탄성으로 간주될 수 있으므로 앞의 절들에서 계산된 분포 및 평균값에 영향을 주지 않는다.

그러나 물질의 밀도가 일반적으로 기체의 밀도보다 수십 배 더 높은 액체나 고체 상태의 물질에서는 어떻게 될까? 액체와 고체에서는 상호작용하지 않는 입자들의 조합이라는 가정은 더 이상 유효하지 않을 수 있다. 분자, 원자 또는 아원자 입자들이 서로 밀접하게 묶인 경우, 파울리의 배타 원리(8장을 보라)는 동일한 양자상태에 놓인 두 입자 사이가 동일한 공간을 공유하는 것을 금지한다. 이것은 입자들로 구성된 시스템의 에너지 분포에 영향을 주는 파울리 법칙을 따르는 어떤 입자의 허용된 에너지 상태들을 제한한다.

고전 에너지 상태와 양자 에너지 상태 사이에는 또 다른 근본적인 차이점이 있다. 고전 물리학에서는 입자의 에너지에 제한이 없지만, 양자 시스템에서는 특정 에너지 값만 허용된다. 이러한 사실 또한 전체적인 에너지 분포에 영향을 미친다.

고전적인 분포

양자 이론에 있어서 에너지 준위는 기본적으로 중요하기 때문에 9.4절의 결과를 속도보다는 에너지의 항으로 고쳐 쓰는 것이 효과적일 것이다. 맥스웰 속력분포는 다음과 같이 주어진다.

$$F(v)\,dv = 4\pi C \exp\left(-\tfrac{1}{2}\beta m v^2\right) v^2\,dv \tag{9.14}$$

단원자 기체의 에너지는 모두 병진 운동에너지이다. 따라서 아래와 같이 된다.

$$E = \tfrac{1}{2}mv^2$$

$$dE = mv\,dv$$

$$dv = \frac{dE}{mv} = \frac{dE}{\sqrt{2mE}} \tag{9.24}$$

식 (9.24)로부터, 식 (9.14)의 속력 분포는 다음과 같은 에너지 분포로 바꿀 수 있다(연습문제 19를 보라).

$$F(v)\,dv = F(E)\,dE \tag{9.25}$$

여기서

$$F(E) = \frac{8\pi C}{\sqrt{2}\,m^{3/2}} \exp(-\beta E) E^{1/2} \tag{9.26}$$

맥스웰·볼츠만 에너지 분포

식 (9.26)의 두 가지 요소는 E를 포함한다. $E^{1/2}$은 9.4절에서 했던 것처럼 위상공간 분석으로 이해할 수 있다. 이것은 이런 특정한 종류의 분포의 특징(즉, 분자의 에너지가

$\frac{1}{2}mv^2$일 때의 이상기체 내의 분자 속력의 분포)이라 할 수 있다. $\exp(-\beta E)$는 더욱 기본적으로 중요하다. 볼츠만은 분자 속력 이외의 양이 주어진 상태의 에너지에 어떻게 영향을 미칠 수 있는지에 관계없이 통계적 요소 $\exp(-\beta E)$가 모든 고전적인 시스템의 특성임을 보여 주었다. 따라서 고전적인 시스템에서의 **맥스웰·볼츠만 인자**(Maxwell-Boltzmann factor)를 다음과 같이 정의할 수 있다.

맥스웰·볼츠만 인자

$$F_{\mathrm{MB}} = A\exp(-\beta E) \tag{9.27}$$

여기서 A는 정규화 상수이다. 고전적인 시스템에서의 에너지 분포는 다음과 같은 형태를 가질 것이다.

$$n(E) = g(E)F_{\mathrm{MB}} \tag{9.28}$$

상태 밀도

여기서 $n(E)$는 $n(E)\,dE$가 에너지 E와 $E + dE$ 사이에 있는 입자들의 개수를 나타내는 분포이다. **상태 밀도**(density of state)라고 알려진 함수 $g(E)$는 단위 에너지의 범위 내에 허용 가능한 상태의 수이다. $n(E)$가 $g(E)$에 비례함을 주목하자. 상태 밀도는 모든 분포에서의 필수적인 요소라고 생각할 수 있으며 양자 분포를 개발할 때 이 점을 염두에 두어야 한다. 인자 F_{MB}는 주어진 온도에서 한 에너지 상태가 차 있을 상대 확률이다.

양자 분포

이제는 관심을 고전적인 것에서 양자분포함수로 돌려야 할 때이다. 양자 이론에서는 입자들을 파동함수들로 표현할 수 있다. 파동함수들이 상당한 중첩을 보인다면 동일한 입자들을 서로 구별할 수 없다. 양자통계학을 고전통계학과 다르게 만드는 것은 구별할 수 없는 이러한 특성이다.

이러한 점을 설명하기 위해 다음과 같은 예제를 고려해 보자. 두 개의 에너지 상태들 중 하나에 있을 확률이 0.5로 동일한 두 개의 입자로 구성된 시스템이 있다고 가정하자. 만약 그 입자들이 구분 가능하다면(그 입자들을 A, B라 부르자) 측정할 수 있는 가능한 구성은 다음과 같다.

상태 1	상태 2
AB	
A	B
B	A
	AB

이러한 네 가지의 구성은 똑같은 확률을 가진다. 그러므로 각각의 확률은 0.25이다. 그러나 만약 두 입자들의 구분이 불가능하다면 확률 표는 다음과 같이 바뀐다.

상태 1	상태 2
XX	
X	X
	XX

이제 각각의 확률이 1/3(~0.33)인 동일한 가능성이 있는 구성이 세 가지뿐이다. 입자는 구별할 수 없기 때문에 모두 X로 지정된다.

두 종류의 양자 분포가 필요하다는 것이 밝혀졌다. 왜냐하면 어떤 입자들은 파울리의 배타 원리를 준수하고 다른 입자들은 그렇지 않기 때문이다. 이전에 이미 언급했듯이 파울리의 원리는 어떻게 에너지 상태가 차게 되는지, 그에 따른 해당 에너지 분포에 상당한 영향을 미친다. 입자가 파울리의 원리를 따르는지 여부는 쉽게 알 수 있다. 입자의 스핀을 따져 보면 알 수 있다. 정수 배의 $\frac{1}{2}$의 스핀을 가진 입자들은 파울리의 원리를 따르며 **페르미온**(fermion)이라는 입자들로 알려져 있다. 영 또는 정수 배의 스핀을 가진 입자들은 파울리 원리를 따르지 않으며 **보손**(boson)이라는 입자들로 알려져 있다. 양자, 중성자, 전자는 페르미온이다. 광자와 파이 중간자(pion)들은 보손이다. 또한 짝수 개의 페르미온으로 구성된 원자와 분자들은 전체적으로 고려할 때 그들의 스핀의 총합은 영 또는 정수가 되기 때문에 반드시 보손이어야 한다. 이와 유사하게 홀수 개의 페르미온으로 구성된 (상대적으로 적은) 원자들과 분자들은 페르미온이다.

페르미온과 보손

페르미온에 유효한 페르미·디랙 분포를 증명 없이 여기에서 설명한다.

$$n(E) = g(E)F_{\mathrm{FD}} \tag{9.29}$$

여기서

$$F_{\mathrm{FD}} = \frac{1}{B_{\mathrm{FD}}\exp(\beta E) + 1} \tag{9.30}$$

페르미·디랙 분포

유사한 방식으로 보손에서 유효한 보스·아인슈타인 분포는

$$n(E) = g(E)F_{\mathrm{BE}} \tag{9.31}$$

이다. 여기서

$$F_{\mathrm{BE}} = \frac{1}{B_{\mathrm{BE}}\exp(\beta E) - 1} \tag{9.32}$$

보스·아인슈타인 분포

각각의 경우에서 B_i(B_{FD} 또는 B_{BE})는 정규화 인수이고, $g(E)$는 특정 물리적인 상황에서 적합한 상태 밀도이다.* 여기서 페르미·디랙과 보스·아인슈타인 분포는 매우 유사해 보이는데 그들은 오직 정규화 상수와 분모의 1에 붙은 부호만 다르다. 9.6절과 9.7절에서 분명하게 알게 되겠지만 이러한 부호의 차이는 보손과 페르미온의 특성에 상당한 차이점을 낳는다. $B_i \exp(\beta E)$가 1(이 경우 정규화 상수 $A = \frac{1}{B_i}$)보다 훨씬 클 때 페르미·디랙 및 보스·아인슈타인 분포가 모두 고전적인 맥스웰·볼츠만 분포로 감소한다는 것을 확인

*B_i는 특정 구성에 하나의 입자를 추가하는 데 필요한 에너지인 화학 퍼텐셜이라고 하는 열역학적 양과 관련이 있다.

Science History Images/Alamy Stock Photo

오스트리아 물리학자 루트비히 볼츠만(Ludwig Boltzmann, 1844~1906)은 맥스웰과 독립적으로 고전 입자의 통계학적 거동을 지배하는 법칙을 개발했다. 볼츠만은 엔트로피의 통계적 특성에 대한 그의 업적으로 가장 유명하며, 균등분배 법칙이 통계물리학과 열역학의 기본이라는 개념을 지지했다. 비엔나에 있는 볼츠만의 묘비에는 그의 유명한 엔트로피 공식인 $S = k \log W$가 새겨져 있다. 여기서 W는 상태를 구성할 수 있는 가능한 방법의 수이고 k는 볼츠만을 기리기 위해 명명된 상수이다.

표 9.2 고전 분포(classical distribution)와 양자 분포(quantum distribution)

분포	분포 속성	예	분포함수
맥스웰·볼츠만	입자들은 동일하나 구분 가능	이상기체	$F_{MB} = A\exp(-\beta E)$
보스·아인슈타인	입자들은 동일하고 정수 스핀을 가지며 구분 불가능	^{4}He 액체, 광자	$F_{BE} = \dfrac{1}{B_{BE}\exp(\beta E) - 1}$
페르미·디랙	입자들은 동일하고 반정수 스핀을 가지며 구분 불가능	전자 기체 (도체 내 자유전자들)	$F_{FD} = \dfrac{1}{B_{FD}\exp(\beta E) + 1}$

하는 것도 중요하다.* 이는 맥스웰·볼츠만 인자 $A\exp(-\beta E)$가 1보다 훨씬 작음을 의미한다.(즉, 특정 에너지 상태가 점유되어 차 있을 확률은 1보다 훨씬 낮다.) 이것은 밀도가 낮고 상호작용하지 않는 입자 시스템에 대한 맥스웰·볼츠만 통계의 초기 사용과 일치한다. 세 가지 분포함수들의 속성에 대한 요약은 표 9.2를 참고하기 바란다.

그림 9.8은 각각 에너지의 함수로 나타낸 세 가지 분포함수에 대한 비교이다. 각 분포에 대한 정규화 상수(맥스웰·볼츠만의 A, 페르미·디랙의 B_{FD}, 보스·아인슈타인의 B_{BE})는 고려 중인 물리적 시스템에 따라 다르다. 편의를 위해 이 비교에서 그 상수들을 모두 1로 동일하게 설정했다. 주어진 에너지에서 보스·아인슈타인의 인자 F_{BE}는 페르미·디랙의 인자 F_{FD}보다 크다. 수학적으로 이것은 두 함수의 분모에서 +1과 −1의 차이점 때문이다. 물리적으로 F_{BE}의 더 높은 값은 보손이 파울리의 배타 원리를 따르지 않는다는 사실에서 기인하므로 더 많은 보손들이 더 낮은 에너지 상태를 채울 수 있다. 그림 9.8에서 주목해야 할 또 다른 점은 세 개의 그래프가 고전적 한계인 높은 에너지에서 서로 일치한다는 것이다. 이것이 시스템의 입자가 페르미온인지 또는 보손인지에 관계없이 고전적인 한계에서는 맥스웰·볼츠만 통계가 사용될 수 있는 이유이다. 마지막으로, 차

*이 경우는 고온과 저밀도에서 발생한다. 좋은 경험법칙은 입자 간 간격을 평균 드브로이 파장과 비교해 보는 것이다. 만약 입자 간 간격이 드브로이 파장보다 훨씬 큰 경우에는 맥스웰·볼츠만 통계는 상당히 정확하다. 이외의 경우에는 양자통계학을 사용하여야 한다.

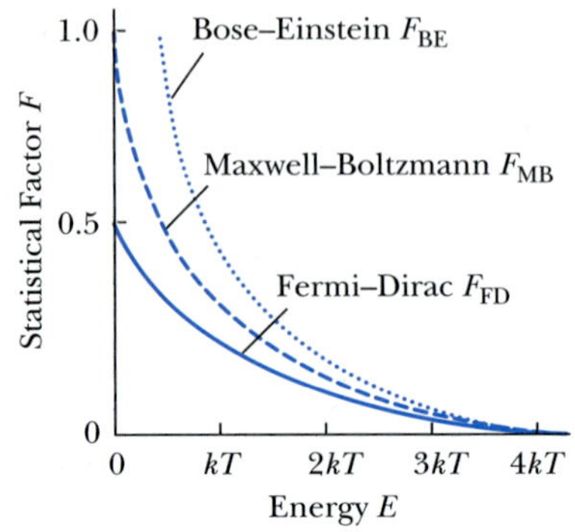

그림 9.8 동일한 범위에 대한 에너지 함수로 각각 그려진 세 가지 분포함수의 비교. 정규화 상수들 A, B_{FD}, B_{BE}는 편의상 1로 설정하였다. 보스·아인슈타인 분포는 보손이 파울리의 배타 원리를 따르지 않기 때문에 페르미·디랙 분포보다 높다. 고에너지에서 세 분포들은 고전적인 맥스웰·볼츠만 분포를 사용하여 양자 분포를 대체할 수 있을 만큼 충분히 가깝다.

있는 상태들에 대한 규칙들은 페르미·디랙 분포에 대해 가장 제한적이며, 이것이 그 분포가 모든 에너지에서 가장 낮은 분포인 이유이다.

예제 9.6

수소 원자로 이루어진 가스에 대해 맥스웰·볼츠만 분포가 유효하다고 가정했을 때 바닥상태 및 첫 번째 여기상태의 원자의 상대적인 수는 얼마인가? 각각 온도가 293 K(실온), 5000 K(별의 표면 온도), 10^6 K(별의 내부 온도)인 경우에 대해 구하라.

전략 바람직한 비율은 다음과 같다.

$$\frac{n(E_2)}{n(E_1)} = \frac{g(E_2)}{g(E_1)} \exp\left[\beta(E_1 - E_2)\right]$$

수소의 바닥상태($n = 1$)에는 전자 두 개가 구성이 가능하다. 즉, $g(E_1) = 2$이다. 첫 번째 여기상태일 때는 여덟 개의 구성이 가능하며(7장을 보라) $g(E_2) = 8$이다. 그리고 수소 원자에 대해 $E_1 - E_2 = -10.2$ eV이다. 그러므로 주어진 온도 T에 대해서

$$\frac{n(E_2)}{n(E_1)} = 4 \exp\left[\beta(-10.2 \text{ eV})\right] = 4 \exp(-10.2 \text{ eV}/kT)$$

이다. 이제 각각의 온도에 대해 주어진 숫자를 대입하면 된다.

풀이 대입 결과들은 다음과 같다.

$$\begin{aligned} \frac{n(E_2)}{n(E_1)} &= 4 \exp(-404) \approx 10^{-175} && \text{for } T = 293 \text{ K} \\ &= 4 \exp(-23.7) \approx 2 \times 10^{-10} && \text{for 5000 K} \\ &= 4 \exp(-0.118) \approx 3.55 && \text{for } 10^6 \text{ K} \end{aligned}$$

매우 높은 온도($T \gg 10^6$ K일 때)에서 지수 인자는 1에 접근하므로, 상태 밀도의 비율인 $\frac{n(E_2)}{n(E_1)}$는 4에 가까워진다. 사실 수소 원자는 그러한 고온(10^6 K 이상)에서 존재할 수 없다. 그러한 조건에서는 전자는 핵으로부터 분리되며 *플라스마*라고 알려진 물질상태를 이룬다.

9.6 페르미·디랙 통계학

페르미·디랙 이론 소개

식 (9.29)와 (9.30)에 표현된 페르미·디랙 분포는 페르미온 집합의 형태를 이해하는 기초를 제공한다. 가장 유용한 응용 중 하나인 전기 전도 문제에 적용하기 전에 분포를 좀 더 자세히 살펴보자.

먼저 B_{FD}의 역할에 대해 고려해 보자. 원칙적으로 허용된 모든 에너지에 대해 $n(E)\,dE$를 적분함으로써 특정 물리적 상황에 대한 B_{FD}를 계산할 수 있다. $\beta(= 1/kT)$가 F_{FD}에 포함되어 있기 때문에 계수 B_{FD}는 온도에 따라 달라진다. 이 온도의존성은 다음의 식으로 표현할 수 있다.

$$B_{\text{FD}} = \exp(-\beta E_{\text{F}}) \tag{9.33}$$

여기서 E_{F}는 **페르미 에너지**(Fermi energy)라고 한다. 우리는 페르미·디랙 인자를 더 편리하게 다시 쓸 수 있다.

$$F_{\text{FD}} = \frac{1}{\exp\left[\beta(E - E_{\text{F}})\right] + 1} \tag{9.34}$$

AIP/Niels Bohr Library

엔리코 페르미(Enrico Fermi, 1901~1954)는 20세기의 뛰어난 물리학자 중 한 사람으로, 주로 이론물리학자로 널리 알려졌지만 뛰어난 실험가이기도 했다. 1926년, 젊은 나이로 로마에서 일할 때 이 장에서 설명하는 양자통계학의 업적을 남겼다. 몇 년 후, 페르미는 핵의 베타 붕괴를 이해하기 위해 양자역학을 사용했다. 그는 (이론적으로나 실험적으로 중성자 충돌을 이용하여) 핵분열을 연구했다. 1938년 페르미는 이탈리아에서 추방되어 미국으로 건너가 1942년 시카고에서 최초의 자립형 원자로를 건설한 팀을 이끌었다. 2차 세계대전 내내 미국의 원자폭탄 프로젝트에 참여했으며 1944년에 미국 시민권자가 되었다. 전쟁이 끝난 후 시카고대학의 교수진에 합류하여 생을 마칠 때까지 그곳에서 일했다.

식 (9.34)는 페르미 에너지에 대한 중요한 사실을 보여 준다. $E = E_F$일 때 지수항은 1이 되므로 F_{FD}는 (정확히) $F_{FD} = \frac{1}{2}$이 된다. 사실 페르미 에너지를 $F_{FD} = \frac{1}{2}$이 되는 에너지로 일반적으로 정의한다.*

이제 식 (9.34)에서 표현된 대로 F_{FD}의 온도에 대한 의존성을 고려해 보자. $T \to 0$인 극한의 경우, 다음과 같이 된다(연습문제 30).

$$F_{FD} = \begin{cases} 1 & \text{for } E < E_F \\ 0 & \text{for } E > E_F \end{cases} \tag{9.35}$$

식 (9.35)에 대한 물리적 기초는 쉽게 이해된다. $T = 0$에서 페르미온은 허용 가능한 에너지 준위 중에서 가장 낮은 에너지 준위를 차지한다. 하지만 모든 페르미온이 가장 낮은 에너지 준위에 있을 수는 없다. 이는 파울리의 법칙에 위배되기 때문이다. 페르미온은 특정한 에너지(페르미 에너지)까지 이용 가능한 에너지 준위를 차례로 채운다. $T = 0$ 근처에서는 열 교반이 페르미온이 E_F보다 큰 에너지로 밀어낼 가능성이 거의 없다.

온도가 $T = 0$에서 증가함에 따라 더 많은 페르미온이 더 높은 에너지 준위로 올라간다. 페르미·디랙 인자는 그림 9.9a의 급격한 계단함수에서 그림 9.9b의 부드러운 곡선으로 변화하게 된다. $T_F \equiv E_F/k$로 정의되는 **페르미 온도**(Fermi temperature)를 고려하는 것이 때때로 유용하다. $T = T_F$일 때의 F_{FD} 그림은 그림 9.9c에서 볼 수 있다. $T \ll T_F$인 경우 식 (9.35)의 F_{FD}에 대한 계단함수 근사는 합리적으로 정확하다. 또한 $T \gg T_F$일 때 F_{FD}는 단순 감쇠 지수함수에 접근한다(그림 9.9d). 이것은 충분히 높은 온도에서는 맥스웰·볼츠만 통계가 합리적으로 정확할 것으로 예상하기 때문에 예상한 것과 같다[식 (9.27) 및 9.5절에서의 논의 참조].

우리는 금속의 전기 전도를 이해하는 문제에 페르미·디랙 이론을 적용할 수 있다. 비교를 위해 먼저 고전 이론에 대한 간략한 검토를 제시할 것이다. 고전 이론에 대한 보다 완전한 설명은 대부분의 물리학 입문서에서 찾을 수 있다.

*엄밀히 말하면 페르미 에너지는 $T = 0$일 때만 정의된다. $T > 0$일 때 이것은 온도의존적인 화학 퍼텐셜로 대체된다. $T = 0$과 실온 사이에는 거의 변동이 없으므로 여기서는 이 문제를 다루지 않을 것이다.

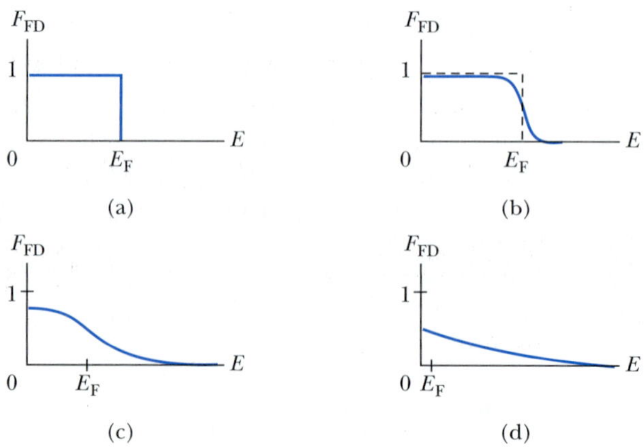

그림 9.9 여러 온도에서의 페르미·디랙 인자 F_{FD}. (a) $T = 0$, (b) $T > 0$, (c) $T = T_F = E_F/k$, (d) $T \gg T_F$. $T = 0$일 때 페르미·디랙 인자는 계단함수이다. 온도가 증가할수록 계단은 점차 완만해진다. 아주 높은 온도에서의 분포는 지수함수적으로 감소하는 맥스웰·볼츠만 분포에 근접한다.

전기적 전도의 고전 이론

폴 에이드리언 모리스 디랙(Paul Adrien Maurice Dirac, 1902~1984)은 스위스인 아버지와 영국인 어머니 사이에서 영국에서 태어났다. 1932년 어린 나이에도 불구하고 뉴턴이, 그리고 후에는 스티븐 호킹이 학과장을 역임한 바 있는 케임브리지대학 수학과의 루카시안 교수가 되었다. 디랙은 고전적인 방법으로는 설명되지 않는 문제들을 해결하기 위해 양자역학을 적용한 개척자 중의 한 사람이다. 그는 반물질의 존재를 실험적으로 발견되기 전에 예측했다. 페르미와 함께 현재 페르미온으로 알려진 반정수 스핀 입자의 통계를 지배하는 정확한 양자역학 법칙(페르미·디랙 통계)을 개발하였다.

1900년에 폴 드루드(Paul Drude)는 관찰된 금속의 전도도를 설명하기 위한 노력으로 전기 전도 이론을 개발했다. 그의 모델은 금속 내의 전자는 기체와 같은 자유로운 입자로 존재한다고 가정했다. 이것은 올바른 가정이다. 왜냐하면 전도체의 최외곽전자(원자당 여러 개일 수 있음)는 가장 약하게 묶여 있으므로 그들은 심지어 매우 약한 전기장에 의해서도 쉽게 떨어져 나올 수 있기 때문이다. 드루드 모델에서 금속은 자유롭게 흐를 수 있는 전자 가스가 있는 양이온의 격자로 생각된다. 이 장의 앞부분에서 다루었던 이상기체와 같이 전자는 온도에 비례하는 열 운동에너지를 가진다. 상온에서의 전자의 평균 속력은 식 (9.17)을 사용하여 10^5 m/s로 계산할 수 있다. 그러나 기체 입자(이 경우 전자)의 속도는 무질서한 방향을 가지고 있음을 기억하자. 따라서 도체에 전기장이 가해지지 않는 한 전자의 알짜 흐름(net flow)은 없을 것이다.

전기장이 가해지면 음의 전하를 띤 전자는 전기장의 반대 방향으로 흐른다. 드루드에 따르면 전자들의 흐름은 격자 이온들과의 충돌에 의해 심하게 제한된다. 고전역학의 몇 가지 간단한 가정에 기초하여 드루드는 전도체 내의 전류는 전기장에 선형적으로 비례해야 함을 보여 줄 수 있었다. 이는 실험적 사실로 잘 알려진 옴의 법칙과 일치한다. 드루드 이론의 중요한 성공은 옴의 법칙을 예측했다는 것이었다.

불행히도 이론의 수치적인 예측은 성공적이지 못했다. 한 가지 중요한 예측은 전기 전도도는 다음과 같은 식으로 표현될 수 있다는 것이다.*

$$\sigma = \frac{ne^2\tau}{m} \tag{9.36}$$

여기서 n은 전도 전자들의 개수 밀도이다(표 9.3을 보라). e는 전자의 전하량이고, τ는 전자-이온 충돌 사이의 평균 시간이고, m은 전자 질량이다. 홀(Hall) 효과에 의해 n을 측정할 수 있다(11장을 보라). 매개변수 τ는 측정하기 쉽지 않다. 그러나 그것은 수송 이론에 의해 추정될 수 있다. 식 (9.36)의 다른 매개변수와 결합할 때, τ의 최상의 추정값들은 대부분의 약 10배 정도의 너무 작은 σ 값을 낳는다. 따라서 드루드 이론은 이 예측에서 올바르지 않다.

식 (9.36)을 다시 기술하면, 고전 이론의 또 다른 결점이 있음을 알 수 있다. 충돌 간 평균 시간 τ는 충돌 사이에 전자가 이동한 평균 거리(**평균 자유거리**라고 함)를 전자의 평균 속도로 나눈 값이다. 즉,

평균 자유거리

$$\tau = \ell \ /\bar{v}$$

그러면 전기전도도는 다음 식으로 표현될 수 있다.

$$\sigma = \frac{ne^2\ell}{m\bar{v}} \tag{9.37}$$

*다음의 기초 교재를 참고하라: R. Serway and J. Jewett, *Physics for Scientists and Engineers*, 9th ed., Boston MA, Brooks/Cole Cengage Learning, 2014.

표 9.3 온도가 300 K일 때 몇 가지 원소의 자유전자 개수 밀도

Element	N/V ($\times 10^{28}$ m^{-3})	Element	N/V ($\times 10^{28}$ m^{-3})
Cu	8.47	Mn (a)	16.5
Ag	5.86	Zn	13.2
Au	5.90	Cd	9.27
Be	24.7	Hg (78 K)	8.65
Mg	8.61	Al	18.1
Ca	4.61	Ga	15.4
Sr	3.55	In	11.5
Ba	3.15	Sn	14.8
Nb	5.56	Pb	13.2
Fe	17.0		

출처: N. W. Ashcroft and N. D. Mermin, *Solid State Physics,* Philadelphia: Saunders College (1976)

식 (9.17)은 평균 속력은 절대 온도의 제곱근에 비례한다는 것을 보여 준다. 그러므로 드루드 모델에 따르면 전도도는 $T^{-1/2}$에 비례해야 한다. 그러나 대부분의 전도체에서의 전도도는 더 이상 단순한 관계를 따르지 않는데, 매우 낮은 온도일 때를 제외하고는 T^{-1}에 거의 비례한다. 전기 전도에 대한 드루드의 고전 모델은 정확하지 않다.

마지막으로, 고체 전도체의 열용량에 대한 전자적 기여도를 계산하는 문제가 있다. 9.3절에서 논의한 바와 같이 고체의 열용량은 격자 진동에서 여섯 개의 자유도를 고려함으로써 거의 완벽하게 설명될 수 있다. 이것은 $6(\frac{1}{2}R) = 3R$이라는 몰열용량을 제공한다. 균등분배 이론에 따르면 전자 가스의 열용량에 대해 다른 $3(\frac{1}{2}R) = \frac{3}{2}R$을 더해서 전자 가스의 열용량은 총 $\frac{9}{2}R$이 되어야 한다. 이것은 실험 결과와 일치하지 않는다. 열용량에 대한 전자적 기여는 온도에 따라 달라지며 일반적으로 상온에서 1몰당 $0.02R$이다. 전기전도도와 열용량의 관찰된 값과 전도도의 온도의존성을 설명하려면 분명히 다른 이론이 필요하다.

전기 전도의 양자 이론

더 좋은 답을 얻으려면 양자 이론으로 전환해야 한다. 전자의 에너지가 전도체에 어떻게 분포되어 있는지 이해하는 것이 필요하다. 전자는 페르미온 입자이므로 이 절의 앞부분에서 설명한 페르미·디랙 분포를 사용해야 한다. 주요 문제는 단위 에너지당 허용된 상태 수인 $g(E)$를 찾는 것이다. 즉, 질문은 "어떤 에너지 값을 사용해야 하는가"이다. 드루드 모델의 '자유전자' 가정을 계속 유지하면서 6장에서 다룬 3차원 무한 네모 우물 퍼텐셜(이는 물리적으로 이온의 입방격자에 해당함)에 대해 얻었던 결과를 사용하면 허용 가능한 에너지들은 다음과 같다.

표 9.4 몇 가지 금속에 대한 페르미 에너지들(온도 = 300 K), 페르미 온도들, 그리고 페르미 속도들

Element	E_F (eV)	T_F (× 10^4 K)	u_F (× 10^6 m/s)	Element	E_F (eV)	T_F (× 10^4 K)	u_F (× 10^6 m/s)
Li	4.74	5.51	1.29	Fe	11.1	13.0	1.98
Na	3.24	3.77	1.07	Mn	10.9	12.7	1.96
K	2.12	2.46	0.86	Zn	9.47	11.0	1.83
Rb	1.85	2.15	0.81	Cd	7.17	8.68	1.62
Cs	1.59	1.84	0.75	Hg	7.13	8.29	1.58
Cu	7.00	8.16	1.57	Al	11.7	13.6	2.03
Ag	5.49	6.38	1.39	Ga	10.4	12.1	1.92
Au	5.53	6.42	1.40	In	8.63	10.0	1.74
Be	14.3	16.6	2.25	Tl	8.15	9.46	1.69
Mg	7.08	8.23	1.58	Sn	10.2	11.8	1.90
Ca	4.69	5.44	1.28	Pb	9.47	11.0	1.83
Sr	3.93	4.57	1.18	Bi	9.90	11.5	1.87
Ba	3.64	4.23	1.13	Sb	10.9	12.7	1.96
Nb	5.32	6.18	1.37				

출처: N. W. Ashcroft and N. D. Mermin, *Solid State Physics*, Philadelphia: Saunders College (1976)

$$E = \frac{h^2}{8mL^2}(n_1^2 + n_2^2 + n_3^2) \tag{9.38}$$

여기서 L은 입방체의 길이이고 n_i는 양자수(정수)이다. 먼저 $T = 0$일 때의 문제를 푼 다음 온도의 영향을 고려할 것이다. 우리는 여전히 $T \ll T_F$ 구간에 있기 때문에 상온에서의 에너지 분포는 $T = 0$일 때의 에너지 분포와 매우 흡사하다는 것이 밝혀졌다(예를 들면, 구리의 $T_F \approx 80{,}000$ K—표 9.4를 보라).

식 (9.38)은 다음 식으로 다시 쓸 수 있다.

$$E = r^2 E_1 \tag{9.39}$$

여기서 $r^2 = n_1^2 + n_2^2 + n_3^2$ 그리고 $E_1 = h^2/8mL^2$이다. 매개변수 r은 위상공간에서의 구의 '반지름'이고 무차원의 양이다. 유클리드(Euclidean) 공간에서의 반지름과 혼동해서는 안 된다. E_1은 바닥상태의 에너지가 아니라 상수일 뿐이라는 것에 유념하자.(이는 사실상 바닥상태 에너지의 1/3에 해당한다.) 단위 에너지당 허용되는 양자상태의 수를 계산하는 문제에서 기하학적인 답을 찾기 위한 방법으로 이와 같은 방식으로 r을 정의했다. 그림 9.10에서와 같이 3차원 수 공간 '좌표'로 n_i를 생각하자. '반지름' r까지(또는 에너지 $E = r^2E_1$까지) 허용된 상태들의 수 N_r은 구의 '부피' $\frac{4}{3}\pi r^3$과 직접적으로 관계가 있다. 따라서

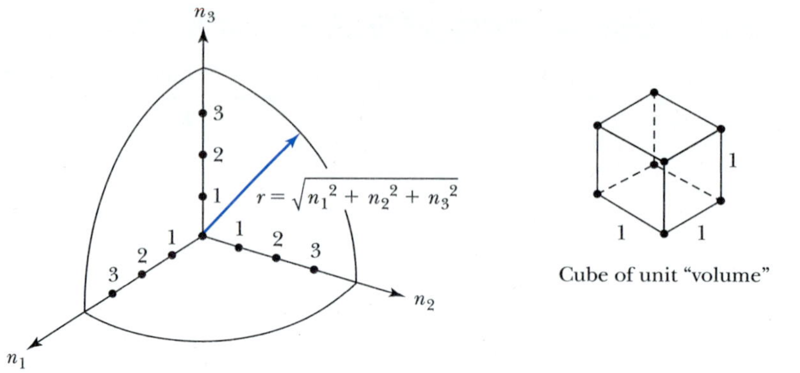

그림 9.10 반지름이 $r = \sqrt{n_1^2 + n_2^2 + n_3^2}$ 인 구 내에 존재하는 허용된 상태의 수를 계산하기 위해 사용된 3차원 정수 공간. 이는 8분의 1 공간 안에 있는 단위 (1 × 1 × 1) 정육면체의 수를 계산하는 것으로 생각할 수도 있다.

$$N_r = (2)\left(\tfrac{1}{8}\right)\left(\tfrac{4}{3}\pi r^3\right) \tag{9.40}$$

2의 추가 인자는 스핀 겹침 때문이다. 즉, 각각의 양자수 집합(set)에 대해 두 개의 전자가 있을 수 있다. 하나는 스핀 업이고, 다른 하나는 스핀 다운이다. 1/8의 인수는 양의 양자수로 제한되어 있으므로 3차원 수 공간의 1/8로 제한되기 때문에 필요하다. 식 (9.39)와 (9.40)은 N_r을 E의 함수로 표현하는 데 사용될 수 있다.

$$N_r = \frac{1}{3}\pi\left(\frac{E}{E_1}\right)^{3/2} \tag{9.41}$$

$T = 0$에서 페르미 에너지는 그림 9.9a에서 볼 수 있듯이 채워져 있는 에너지 준위 중 가장 높은 에너지 준위의 에너지이다. 만약 총 N개의 전자들이 있다면 아래와 같다.

$$N = \frac{1}{3}\pi\left(\frac{E_F}{E_1}\right)^{3/2}$$

E_F에 대해 풀면

$$E_F = E_1\left(\frac{3N}{\pi}\right)^{2/3} = \frac{h^2}{8m}\left(\frac{3N}{\pi L^3}\right)^{2/3} \tag{9.42}$$

식 (9.42)는 N/L^3의 비율이 대부분의 도체에 있어 잘 알려져 있으므로 유용하다. 이는 단순히 전도 전자들의 개수 밀도이며, 홀 효과를 사용하여 쉽게 측정되는 양으로, 이에 대해서는 11장에서 보다 자세히 설명한다.

예제 9.7

구리의 페르미 에너지와 페르미 온도를 계산하라.

전략 전도 전자의 개수 밀도를 이용, 식 (9.42)를 활용하여 페르미 에너지를 구한다. 구리에 대한 전도 전자 개수 밀도는 표 9.3에 주어져 있다(연습문제 27을 보라).

풀이 표 9.3에 주어진 구리의 전도 전자 개수 밀도는 $8.47 \times 10^{28}\ \mathrm{m^{-3}}$이다. 이 값을 식 (9.42)의 N/L^3에 대입하면,

$$E_F = \frac{(6.626\times10^{-34}\,\mathrm{J\cdot s})^2}{8(9.11\times10^{-31}\,\mathrm{kg})}\left[\frac{3(8.47\times10^{28}\,\mathrm{m^{-3}})}{\pi}\right]^{2/3}$$
$$= 1.13\times10^{-18}\,\mathrm{J} = 7.03\ \mathrm{eV}$$

오차범위 안에서 이 결과는 표 9.4에 주어진 값과 동일하다.

$$T_F = \frac{E_F}{k} = \frac{7.03 \text{ eV}}{8.62 \times 10^{-5} \text{ eV/K}} = 8.16 \times 10^4 \text{ K}$$

다른 일반적 도체에 대한 페르미 에너지와 페르미 온도는 표 9.4에 나와 있다. E_F는 온도가 0일 때와 상온의 경우 사이에서 거의 변하지 않음에 주목하자.

상태들의 밀도는 에너지에 관하여 방정식 (9.41)을 미분하여 계산될 수 있다.

$$g(E) = \frac{dN_r}{dE} = \frac{\pi}{2} E_1^{-3/2} E^{1/2}$$

이 결과는 E_1보다 E_F로 표현하는 것이 보다 유용할 수 있다. E_1에 대한 식 (9.42)를 이용하면,

$$g(E) = \frac{\pi}{2}\left(E_F^{-3/2}\frac{3N}{\pi}\right)E^{1/2} = \frac{3N}{2}E_F^{-3/2}E^{1/2} \tag{9.43}$$

이 된다. 이때 전자 에너지들의 분포는 식 (9.29)에 의해 주어진다. 우리는 온도 $T = 0$인 경우를 고려하였으므로 계단함수(step function) 형태의 페르미·디랙 인자[(식 (9.35)]를 사용하는 것이 가능하다. 따라서 온도 $T = 0$일 때 우리는 다음과 같은 식을 얻을 수 있다.

$$n(E) = \begin{cases} g(E) & \text{for } E < E_F \\ 0 & \text{for } E > E_F \end{cases} \tag{9.44}$$

분포함수 $n(E)$로 평균 전자 에너지는 쉽게 계산될 수 있다.

$$\begin{aligned} \overline{E} &= \frac{1}{N}\int_0^\infty E\,n(E)\,dE = \frac{1}{N}\int_0^{E_F} Eg(E)\,dE \\ &= \frac{1}{N}\int_0^{E_F}\left(\frac{3N}{2}\right)E_F^{-3/2}E^{3/2}\,dE \\ &= \frac{3}{2}E_F^{-3/2}\int_0^{E_F}E^{3/2}\,dE = \frac{3}{5}E_F \end{aligned} \tag{9.45}$$

이것은 그림 9.11에 있는 곡선들의 모양들을 고려할 때, 합당한 결과이다.

이제 도체의 열용량에 대한 전자적 기여를 찾을 수 있다. 일정한 부피에서 열용량의 일반적인 표현은 $C_V = \partial U/\partial T$로 주어질 수 있음을 기억하자. 여기서 U는 해당 시스템의 내부 에너지이다. 식 (9.45)에 의하면 온도 $T = 0$에서,

$$U = N\overline{E} = \tfrac{3}{5}NE_F$$

이다. 열용량 값을 결정하기 위해 고려해야 할 중요한 질문은 U가 온도에 따라 어떻게 증가하느냐는 것이다. 에너지 준위가 E_F까지 채워지기 때문에, E_F에서 약 kT 범위 이내에 있는 전자들만이 열에너지를 흡수하여 보다 높은 에너지 준위로 올라갈 수 있다고 생각할 수 있다. 따라서 이러한 열적 과정에 참여할 수 있는 전자의 비율은 kT/E_F 수준이다.

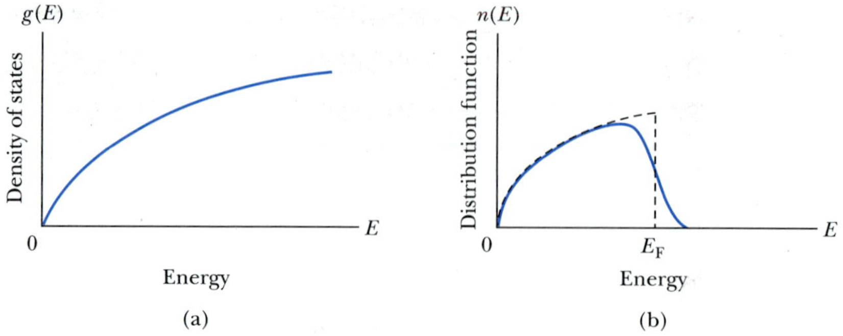

그림 9.11 전자 기체에 대한 (a) 상태 밀도 $g(E) = (3N/2)E_F^{-3/2}E^{1/2}$, (b) 분포함수 $n(E) = g(E)F_{FD}$. $T = 0$(점선) 및 $T = 300$ K(실선)일 때의 분포함수 $n(E)$.

$n(E)$ 곡선의 모양이 온도에 따라 변하기 때문에(그림 9.11을 보라) 정확한 전자의 수는 온도에 따라 다르다. 일반적으로 다음과 같이 기술할 수 있다.

$$U = \frac{3}{5}NE_F + \alpha N\frac{kT}{E_F}kT \tag{9.46}$$

여기서 분포 곡선의 모양으로 인해 α는 1보다 큰 상수가 된다. 그러므로 열용량에 대한 전자적 기여도는

$$C_V = \frac{\partial U}{\partial T} = 2\alpha Nk^2\frac{T}{E_F}$$

이상기체에서도 마찬가지로 이 결과를 몰열용량(molar heat capacity) c_V로 표현할 수 있다(9.3절을 보라). 1몰에 대해서는 $N = N_A$ 관계를 가진다. 그러면 $N_Ak = R$(이상기체 상수)와 $E_F = kT_F$의 관계를 활용, 다음 관계를 얻을 수 있다.

$$c_V = 2\alpha R\frac{T}{T_F} \tag{9.47}$$

아르놀트 조머펠트(Arnold Sommerfield)는 상온에서 정확한 분포 $n(E)$를 사용하여 α가 $\pi^2/4$이라는 것을 밝혔다.* 구리의 경우, $T_F = 80{,}000$ K일 때, $c_V \approx 0.02R$임을 얻을 수 있다. 이는 실험적으로 측정된 값이다! 온도가 증가함에 따라 c_V의 증가 또한 실험적으로 볼 수 있다. 양자 이론은 고전 이론이 실패한 사례에서 성공이 입증되었다. 열용량에 대한 전자 기여의 작은 값은 페르미·디랙 분포의 고유한 성질, 특히 열 흡수에 참여할 수 있는 전자들의 수를 엄격하게 제한하는 파울리의 배타 원리에 기인할 수도 있다.

전기전도도로 주의를 기울이면, 식 (9.37)의 평균 속도 $\bar{v}$를 $E_F = \frac{1}{2}mu_F^2$에서 정의된 **페르미 속력**(Fermi speed)이라 하는 u_F로 대체하여 개선할 수 있다. 우리는 금속 원자 내 전도 전자가 원자들에 가장 느슨하게 속박되어 있다는 점에 주목함으로써 이러한 변화를 정당화할 수 있다. 따라서 이러한 전자들은 반드시 가장 높은 에너지 준위에 있어야 한다. 상온에서 가장 높은 에너지 준위는 앞에서 논의한 바와 같이 페르미 에너지에 가깝다. 이는 구리에 대해서 다음 식을 사용해야 함을 의미한다.

페르미 속력

*G. Kittel, *Introduction to Solid State Physics*, 6th ed., New York: Wiley (1986) 책 참고

$$u_F = \sqrt{\frac{2E_F}{m}} \approx 1.6 \times 10^6 \mathrm{m/s}$$

불행하게도, 이것은 $\bar{v}$보다도 훨씬 빠른 속력인데, 이는 $\bar{v}$를 이용하여 σ에 대해 계산된 값이 이미 너무 낮기 때문에 바람직하지 않은 것 같다. 평균 자유거리 ℓ을 나타내기 위해 드루드(Drude)가 사용한 고전 값에서도 또한 문제가 있음이 밝혀졌다. 그는 이온들이 너무 크고 고체에서 너무 많은 공간을 차지하기 때문에 평균 자유거리는 나노미터의 수십 분의 1을 넘을 수 없다고 생각했었다. 그러나 양자 이론에서는 이온들이 딱딱한 구체가 아니며 전자는 파동으로 생각할 수 있다. 전자의 파동적 특성을 고려해 볼 때 평균 자유거리는 드루드가 예상한 것보다 길 수 있다. 아인슈타인은 ℓ 값을 상온에서 구리에 대해 40 nm 수준으로 계산했다. 이것을 통해 전도도 값을 아래처럼 계산할 수 있고, 이는 타당한 값이다.

$$\sigma = \frac{ne^2\ell}{mu_F} \approx 6 \times 10^7 \Omega^{-1}\cdot\mathrm{m}^{-1}$$

마지막으로 전기전도도의 온도의존성에 대해 고려해 보자. 우리는 이미 식 (9.37)의 $\bar{v}$를 페르미 속력 u_F로 대체했으며 이는 온도에 거의 독립적이다. 그러나 도체의 온도가 높을수록 이온의 진동은 더 심해진다. 따라서 전자-이온 간의 충돌은 더 잦아지고 평균 자유거리는 더 짧아진다. 그러면 전기전도도는 줄어든다. 기초 수송 이론에 따르면(이 결과는 많은 기초물리학 교재에서 찾을 수 있다*), 평균 자유거리는 이러한 이온 산란체의 단면적에 반비례한다. 이온들이 조화 진동자라고 가정해 보자. 조화 진동자의 에너지는 진동 진폭의 제곱에 비례한다. 그러나 유효 단면적 또한 진동 진폭의 제곱에 비례해야 한다. 따라서 평균 자유거리는 진동 에너지와 온도(열에너지가 온도에 비례하므로)에 반비례한다. 이를 종합해 보면 다음과 같은 순차적 비례 관계가 된다.

$$\sigma \propto \ell \propto r^{-2} \propto U^{-1} \propto T^{-1}$$

즉, 전기전도도는 온도에 반비례하여 변한다. 이것은 전기전도도가 대부분의 순수 금속에서 온도에 반비례하여 변화하는 것으로 측정되기 때문에, 이는 양자 이론의 또 다른 성공이다.

*R. Serway and J. Jewett, *Physics for Scientists and Engineers*, 9th ed., Boston MA, Brooks/Cole Cengage Learning, 2014 참고

예제 9.8

페르미 이론을 사용하여 온도 T = 293 K에서 (a) 구리와 (b) 은의 몰열용량에 대한 전자적 기여를 구하라. 그 결과를 몰 기체 상수 R로 표현하라.

전략 페르미 이론으로부터 몰열용량은 $c_V = 2\alpha RT/T_F$이다. 상온(T = 293 K)에서 $\alpha = \pi^2/4$을 사용할 수 있고, c_V는 다음과 같이 주어질 수 있다.

$$c_V = 2\left(\frac{\pi^2}{4}\right)R\frac{T}{T_F} = \frac{\pi^2 RT}{2T_F}$$

풀이 (a) 구리에 대한 수치를 대입하게 되면(표 9.4로부터, 구리의 $T_F = 8.16 \times 10^4$ K),

$$c_V = \frac{\pi^2 (293\text{ K})}{2(8.16 \times 10^4\text{ K})} R = 0.0177R$$

이는 $0.02R$로 본문에 언급된 값과 비슷하다.

(b) 은에 대해 페르미 온도를 6.38×10^4 K(표 9.4)로 대입하면,

$$c_V = \frac{\pi^2 (293\text{ K})}{2(6.38 \times 10^4\text{ K})} R = 0.0227R$$

몰열용량에 대한 전자적 기여가 이 두 가지 좋은 전도체에서 비슷한 값을 가지며, 각각의 경우에서 격자의 기여(9.3절)와 비교해 볼 때에 작은 값임을 알 수 있다.

9.7 보스·아인슈타인 통계

페르미·디랙 통계와 마찬가지로 보스·아인슈타인 통계는 고전물리학의 범위를 벗어난 문제들을 해결하는 데 사용할 수 있다. 이번 절에서는 흑체 복사에 대한 플랑크 공식(Planck formular)의 유도와 액체 헬륨의 특성 조사라는 두 가지의 예에 집중할 것이다.

흑체 복사

흑체 복사(blackbody radiation)에 대한 3.5절의 내용을 먼저 살펴볼 것을 권한다. 3.5절에서 설명한 이상적인 흑체 복사, 즉 전자기 복사의 스펙트럼을 방출하는 거의 완벽하게 흡수하는 공동(cavity) 개념을 앞으로 사용할 것이다. 문제는 방출된 복사선의 강도를 온도와 파장의 함수로 찾는 것이다[식 (3.23)].

$$\mathcal{I}(\lambda, T) = \frac{2\pi c^2 h}{\lambda^5} \frac{1}{e^{hc/\lambda kT} - 1} \tag{3.23}$$

양자 이론에서 우리는 전자기 복사가 실제로 에너지 hc/λ인 광자의 집합이라는 가정으로 시작해야 한다. 광자는 스핀이 1인 보손(boson)이다. 이 문제에 대한 우리의 접근은 보스·아인슈타인 분포를 사용하여 광자가 에너지에 의해 분포되는 방식을 찾은 다음, $E = hc/\lambda$의 관계를 사용하여 에너지 분포를 파장 분포로 바꾸는 것이다. 원하는 온도의존성은 보스·아인슈타인 인자에 이미 포함되어 있어야 한다[식 (9.32)를 보라].

이전 절에서와 같이, 문제의 핵심은 상태 밀도인 $g(E)$를 찾을 수 있다는 것이다. 사실, 우리가 전자 가스의 경우에 모델링했듯이, 광자 가스를 모델링하는 것이 가능하다—이는 3차원의 무한 양자 우물 내의 자유입자의 집합이다. 그러나 우리는 지금 질량이 없는 입자를 다루기 때문에 에너지 상태에 대해 식 (9.38)을 사용할 수 없다. 이 문제를 해결하려면 에너지 상태가 아닌 운동량 상태의 관점에서 상자 안 입자 문제를 위한 해답을 다시 재구성해야 한다. 질량 m인 자유입자에 대한 에너지는 $p^2/2m$이다. 우리는 식 (9.38)을 운동량 측면에서 다시 쓸 수 있다. 즉,

$$p = \sqrt{p_x^2 + p_y^2 + p_z^2} = \frac{h}{2L}\sqrt{n_1^2 + n_2^2 + n_3^2} \tag{9.48}$$

이다. 광자의 에너지는 pc이므로,

$$E = \frac{hc}{2L}\sqrt{n_1^2 + n_2^2 + n_3^2} \tag{9.49}$$

이다. 이제 9.6절에서 했던 것처럼 상태 밀도를 계산하자. n_i를 수 공간의 좌표로 생각하고 $r^2 = n_1^2 + n_2^2 + n_3^2$이라 정의하자. '반지름' r 내의 허용된 에너지 상태들의 수는

$$N_r = 2\left(\tfrac{1}{8}\right)\left(\tfrac{4}{3}\pi r^3\right) \tag{9.50}$$

이다. 여기서 인수 1/8은 n_i 값을 양수로 제한함으로써 또다시 나온 것이다. 인수 2는 두 개의 가능한 광자 편광들이 있다는 사실에 기인한다. 에너지가 r에 비례한다는 것에 주목하라.

$$E = \frac{hc}{2L}r \tag{9.51}$$

따라서 E에 대해 N_r을 아래와 같이 다시 쓸 수 있다.

$$N_r = \frac{8\pi L^3}{3h^3c^3}E^3 \tag{9.52}$$

상태 밀도 $g(E)$는

$$g(E) = \frac{dN_r}{dE} = \frac{8\pi L^3}{h^3c^3}E^2 \tag{9.53}$$

이 된다. 에너지 분포는 항상 상태 밀도와 적절한 통계 인자의 곱이므로, 이 경우 보스·아인슈타인 인자를 적용하면 다음과 같다.

$$\begin{aligned} n(E) &= g(E)F_{\text{BE}} \\ &= \frac{8\pi L^3}{h^3c^3}E^2\frac{1}{e^{E/kT} - 1} \end{aligned} \tag{9.54}$$

보스·아인슈타인 인자의 정규화 인수 B_{BE}를 1과 동일하게 두었다. 이는 정규화되지 않은 광자 조합이 있기 때문이다. 광자가 공동(cavity)의 벽에 의해 흡수되고 방출됨에 따라 광자의 수는 일정하지 않다. 식 (9.54)에서의 분포는 서로 다른 에너지들에서 상대적인 수의 광자를 제공하는 역할을 하지만 특정 수의 광자로 정규화하는 것은 불가능하다.*

다음 단계는 수 분포로부터 에너지 밀도 분포 $u(E)$로 전환하는 것이다. 이를 위해 인수 E/L^3(즉, 단위 부피당 에너지)를 곱할 필요가 있다. 즉,

$$u(E) = \frac{En(E)}{L^3} = \frac{8\pi}{h^3c^3}E^3\frac{1}{e^{E/kT} - 1}$$

이다. E에서 $E + dE$ 범위 내의 모든 광자에 대해

$$u(E)\,dE = \frac{8\pi}{h^3c^3}\frac{E^3\,dE}{e^{E/kT} - 1} \tag{9.55}$$

---

*식 (9.54)의 유도에 대한 보다 자세한 내용은 다음 책을 참고하라: F. Rief, *Fundamentals of Statistical and Thermal Physics*, New York: McGraw-Hill (1965), pp. 339-340.

Emilio Segrè Visual Archives/American Institute of Physics/Science Source

사티엔드라 나트 보스(Satyendra Nath Bose, 1894~1974)는 그의 이름을 딴 분포(아인슈타인과 함께)를 광자의 양자 통계에 처음 적용하였다. 아인슈타인과의 첫 번째 만남 이후, 보스는 양자 이론의 적용에 대해 다른 유럽의 과학자들과 협업하였다. 보스는 30년 넘게 물리학 교수로 재직했는데, 처음에는 다카대학교(자신의 고향인 벵골 지역, 지금의 방글라데시)에서, 그 다음에는 캘커타대학교에서 재직하였다. 그의 다른 연구에는 별의 가스 이온화에 관한 인도 물리학자 사하(M. N. Saha)와의 협력이 포함된다. 그의 경력 초기에는 유럽의 일부 물리학자들에 의해 기피되었지만, 마침내 1958년 런던 왕립학회 회원으로 선출되는 것을 포함하여 높은 존경과 영예를 얻었다.

가 되며, $E = hc/\lambda$와 $|dE| = (hc/\lambda^2)\,d\lambda$임을 사용하면*

$$u(\lambda, T)\,d\lambda = \frac{8\pi hc}{\lambda^5}\frac{d\lambda}{e^{hc/\lambda kT} - 1} \tag{9.56}$$

가 구해진다. SI 체계에서, 에너지 밀도[$u(\lambda, T)$, 공동 내부의 단위 파장당, 단위 부피당 에너지]를 스펙트럼 강도[$\mathcal{I}(\lambda, T)$, 공동으로부터 방출되는 복사선에 대해 단위 파장당, 단위 면적당 전력]로 바꾸려면 상수 인자 $c/4$를 곱해야 한다.†

$$\mathcal{I}(\lambda, T) = \frac{2\pi c^2 h}{\lambda^5}\frac{1}{e^{hc/\lambda kT} - 1} \tag{9.57}$$

이것은 식 (3.23)과 동일하다.

플랑크(Planck)는 자신의 복사 법칙을 유도하기 위해 보스·아인슈타인 분포를 사용하지 않았다. 그럼에도 불구하고 그러한 기본 법칙이 비교적 쉽게 도출될 수 있다는 것을 보는 것은 통계적 접근의 힘을 보여 주는 훌륭한 예이다. 이 문제는 1924년에 젊은 인도 물리학자 보스(Bose, 보손은 이 이름을 따라 명명되었음)에 의해 처음 해결되었다. 아인슈타인의 이름은 보스가 서양에서 자신의 작업을 출판하는 것을 도왔고 나중에 다른 문제에 배포판을 적용하는 것을 도왔기 때문에 추가되었다. 보스가 양자역학이 완전히 발달하기 전에, 특히 양자 이론에서 스핀(spin) 개념이 해명되기 전에 이 작업을 수행했다는 것은 놀라운 일이다.

액체 헬륨

헬륨은 많은 놀라운 특성을 가진 원소이다. 모든 원소 중 끓는점이 가장 낮고(1기압에서 4.2 K), 상압에서 고체상이 없다. 액체 헬륨은 1908년 헤이커 카메를링 오너스에 의해 발견된 이후 광범위하게 연구되었다.‡ 극저온(cryogenic cooling) 냉각장치를 이용하여 실험물리학자들이 계속 사용하고 있다. 매우 낮은 온도에서만 많은 효과를 관찰할 수 있으며 액체 헬륨을 사용하여 재료를 4.2 K이나 그 이하로 냉각할 수 있다. 10장에서는 아마도 가장 잘 알려진 저온현상인 초전도에 대한 연구와 함께 저온법(low-temperature method)을 좀 더 자세하게 살펴볼 것이다.

액체 헬륨은 특히 끓는점보다 약간 낮은 온도에서 그 자체로 매우 흥미롭다. 1924년에 카메를링 오너스[복스(J. Boks)와 함께)]는 액체 헬륨의 밀도를 온도의 함수로 측정하여 그림 9.12와 같은 곡선을 얻었다. 키솜(W. Keesom)과 클라우지우스(K. Clausius)는 1932년에 액체 헬륨의 비열을 온도의 함수로 측정했다. 그림 9.13은 그 결과를 나타낸 것이다.

분명히 2.17 K 부근에서 특별한 일이 일어나고 있다. 해당 온도는 일반적으로 *임계*

---

*확률을 나타내는 (양의) 숫자가 필요한 분포에서는 의미가 없기 때문에 음수 기호는 삭제된다. 물리적으로 음의 부호는 파장이 감소함에 따라 에너지가 증가한다는 것을 의미하지만 그 사실이 여기서는 관련이 없다.

†두 식의 단위가 m/s만큼 단위가 다르기 때문에 계수 c는 차원 분석에서 예상할 수 있다. 1/4의 추가 요소는 기하학적 분석에서 나온다. 보다 자세한 계산은 다음 책을 참고하라: J. J. Brehm and W. J. Mullin, *Introduction to the Structure of Matter*, New York: Wiley (1989), p. 80. 또한 이 책의 3장의 연습문제 30도 보라.

‡*Physics Today*, 2008년 3월호, pp. 36-42 참고

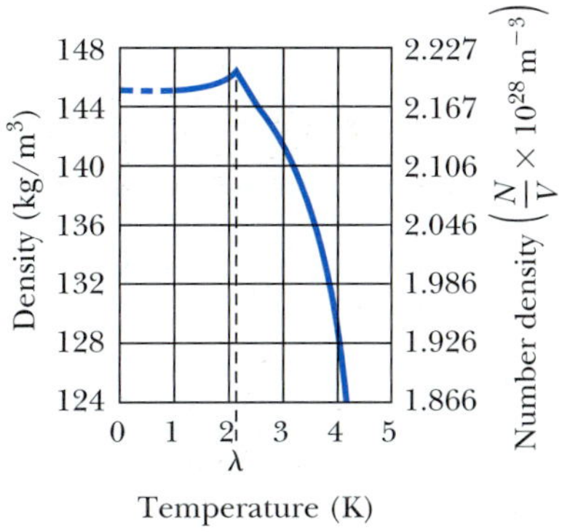

그림 9.12 액체 헬륨의 온도에 따른 밀도 및 개수 밀도. T = 2.17 K인 람다점(lambda point) 이상에서 밀도의 급격한 감소에 주목하자. 출처: F. London, *Superfluids*, New York: Dover (1964)

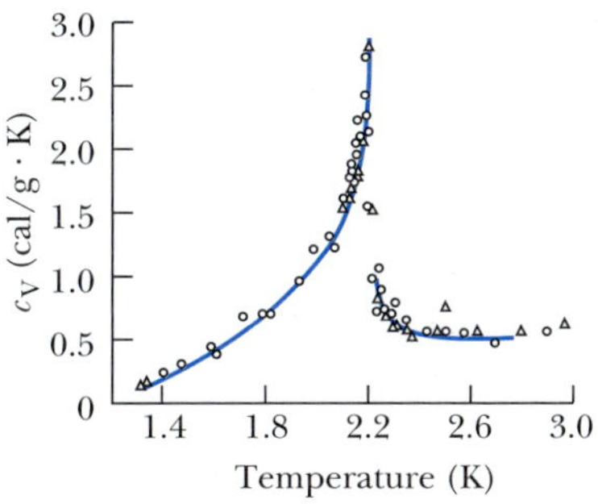

그림 9.13 온도에 따른 액체 헬륨의 비열. 특성 곡선의 모양은 2.17 K의 전이 지점을 제공하고, 이는 '람다점'이다. 출처: F. London, *Superfluids*, New York: Dover (1964)

헤이커 카메를링 오너스(Heike Kamerlingh Onnes, 1853~1926)는 저온물리학 분야에서 최초의 중요한 연구를 수행한 네덜란드 물리학자이다. 독일 물리학자 분젠(Bunsen)과 키르히호프(Kirchhoff) 아래에서 잠시 공부한 후 네덜란드로 돌아와 결국 레이던대학에서 물리학과 학과장을 역임하였다. 그곳에서 오너스는 1908년에 최초로 헬륨을 액화시켰고, 이를 통해 1911년에 초전도 현상을 발견할 수 있었다. 이 연구로 그는 1913년 노벨 물리학상을 수상하였다. 반데르발스(J. D. van der Waals)와 로런츠(H. A. Lorentz)와 함께 오너스는 네덜란드의 물리학 발전에 기여하였다.

온도(T_c), *전이온도* 또는 단순히 '*람다점*'이라고 하며, 그림 9.13의 곡선 모양으로부터 파생된 이름이다. 액체 헬륨의 시각적 외관은 람다점에서 특별한 일이 발생함을 입증하기에 충분하다. 온도가 4.2 K에서 람다점으로 감소함에 따라 액체는 격렬하게 끓는다. 그러나 2.17 K에서 끓는 것이 갑자기 멈추고 액체는 아주 잔잔해진다. 더 낮은 온도에서는 표면에서 증발이 계속되지만 더 이상 끓지는 않는다.

우리는 1937년 표트르 카피차(Pyotr Kapitsa)에 의해 처음 관찰된 2.17 K에서 일어나는 현상을 **정상 상**(normal phase)에서 **초유체 상**(superfluid phase)으로의 전이라 부른다. *초유체*(superfluid)라는 용어는 람다점 아래에 있는 액체 헬륨의 또 다른 독특한 특성에서 유래했다. 온도에 따른 모세관을 통한 액체 헬륨의 유속을 그림 9.14에 나타냈다. 유속은 온도가 감소함에 따라 극적으로 증가한다(그림 9.15). 이 현상을 설명하는 또 다른 방법은 초유체의 점도가 일반 유체보다 낮다는 것이다. 점도가 너무 낮아서 초유체 헬륨이 기어오르는 막[**크리핑 필름**(creeping film)]이라 불리는 것을 형성하고 자체 표면장력에 의해 용기의 수직 벽을 따라 흐르는 것이 관찰되었다. 그러나 액체 헬륨의 점도와 관련하여 추가해야 할 흥미로운 점이 있다. 예를 들어 금속판이 액체 표면을 통과할 때 항력을 측정하여 점도를 측정하려고 하면 그 결과는 람다점 온도보다 약간 낮

초유체 ^{3}He

^{3}He의 초유체는 ^{4}He의 초유체가 처음 관찰된 지 30여 년이 지난 1970년대 초에 발견되었다. 실험적으로나 이론적으로나 이러한 지연에는 타당한 이유가 있다. 동위원소 ^{3}He는 자연 발생 헬륨의 0.00013%만 차지한다. 이것은 실험적 목적에 필요한 양의 ^{3}He를 생성하기에 충분하지 않다. 그러나 원자로에서 생성되는 삼중수소(tritium)의 방사성 붕괴를 통해 ^{3}He를 얻을 수 있다. ^{3}He의 초유체 전이는 1950년대까지 도달하지 못한 온도인 단 2.7 mK에서 발생한다. 당시에도 많은 물리학자들은 ^{3}He(페르미온)에서 ^{4}He의 초유체 상에 해당하는 보스 응축(Bose condensation)이 발생할 수 없기 때문에 ^{3}He의 초유체 상은 불가능하다고 믿었었다.

초유체 ^{3}He는 1971년 코넬대학의 더글러스 오셔로프(Douglas Osheroff), 로버트 리처드슨(Robert Richardson), 데이비드 리(David Lee)에 의해 마침내 발견되었다. 과학 분야에서 때때로 나타나는 것처럼, 그들은 고체 ^{3}He의 자기적 특성이라는 다른 것을 연구하는 과정에서 발견을 한 것이다.(^{3}He는 ^{4}He와 마찬가지로 극도로 높은 압력에서 고체 상을 가진다.) 액체 ^{3}He는 실험에서 냉장 성분으로만 존재했다. 연구원들은 장치의 압력이 변하는 속도의 급격한 변화를 보았고 궁극적으로 정상 ^{3}He에서 초유체 ^{3}He로의 전이가 원인이라는 것을 보여 줄 수 있었다. 후속 연구는 ^{3}He에 대해 훨씬 더 놀라운 사실을 보여

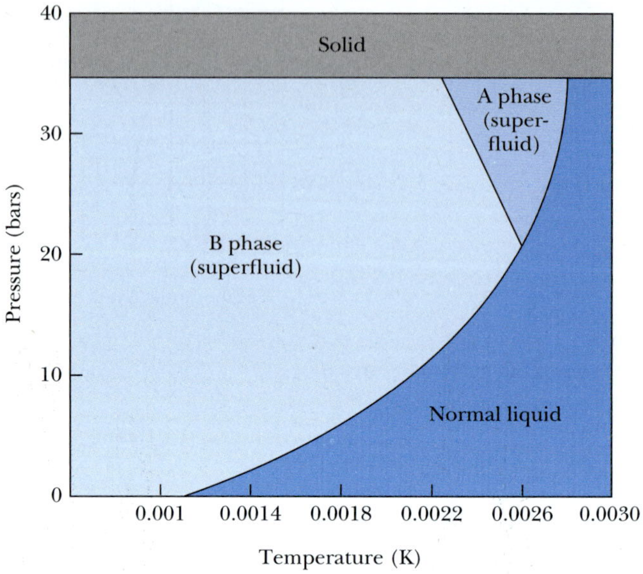

그림 A 자기장이 인가되지 않은 상태에서의 ^{3}He의 상태도. 이 경우 두 가지 초유체 상들이 나타나는데(A와 B), 상 A는 매우 높은 압력에서만 존재한다(1 bar = 10^5 Pa ≈1 atm). 출처: N. D. Mermin and D. M. Lee, "Superfluid Helium 3,", *Scientific American* **235**, 68 (1976)

주었다. 이것은 별개의 구별된 세 가지 초유체 상이 있다는 것이다. 그중 두 가지가 그림 A에 나타나 있다. 세 번째 상은 자기장이 있는 경우에만 생성될 수 있다(그림 B). 이것은 ^{3}He에 대해 흥미로운 점을 제기한다. ^{3}He는 핵에 세 개의 1/2 스핀을 가지는 입자가 있고 하나의 알짜 자기모멘트가 있다. 본문에서 논의된 페르미온/보손 구별과 함께 ^{3}He의 자기 거동은 두 동위원소의 다른 거동에 크게 영향

은 온도에서도 일반 유체로 얻을 수 있는 것과 거의 같다. 즉, 이 실험의 결과와 방금 설명한 모세관 흐름 실험 사이에 모순이 있는 것으로 보인다.

이 수수께끼에 대한 해결책은 1938년 프리츠 런던(Fritz London)이 제안한 이론에 의해 제공된다. 런던은 람다점 아래의 액체 헬륨이 일부는 초유체이고 일부는 정상 유체라고 주장했다. 온도가 람다점에서 감소함에 따라 초유체 성분이 증가하고 온도가 절대 온도 0에 접근함에 따라 100% 초유체에 접근한다. 초유체 상태에서 헬륨 원자 비율 F는 다음의 관계를 잘 만족한다.

$$F = 1 - \left(\frac{T}{T_c}\right)^{3/2} \tag{9.58}$$

을 미친다. 또한 초유체 ^3He의 페르미온 짝짓기 메커니즘과 초전도체 내의 페르미온 짝짓기 메커니즘을 구별하는 데 도움이 된다(10.5절). ^3He 원자의 쌍은 알짜 스핀(두 원자의 자기모멘트가 서로 정렬되는 경향이 있음) 및 알짜 각운동량(또한 서로를 중심으로 회전하려는 경향이 있음)을 갖는 방식으로 형성되지만 초전도체의 전자 쌍은 스핀이 0이고 각운동량은 0이다. 그러나 물리학자들이 이전에 0이 아닌 각운동량을 갖는 초전도체 상태의 가능성을 고려했다는 사실은 관찰되었을 때 초유체 ^3He의 0이 아닌 각운동량 상태를 빠르게 이해하는 데 도움이 되었다.

인가된 자기장 조건에서 초유체 전이 온도 바로 아래(그림 B)에서만 존재하는 상 A1에서 자기모멘트는 인가된 자기장에 따라 정렬되고 방금 설명한 상호 쌍 회전은 인가된 자기장에 평행한 평면에서 발생한다. 상 A와 상 B는 설명하기가 더 어렵다. 이것은 허용된 페르미온 파동함수의 다양한 중첩에 의해 설명된다. 상 A와 상 B는 외부자기장의 존재에 의존하지 않지만, 그러한 자기장이 가해졌을 때 그들의 행동은 매우 흥미롭다. 이러한 초유체는 *이방성*(anisotropic) 거동을 보인다. 예를 들어 초유체 유속은 인가된 자기장에 수직인 평면에서 측정할 때와 적용된 자기장에 평행하게 측정되었을 때 상당히 다르다.

최근 물리학자들은 초유체 ^3He의 소용돌이 운동을 연구하는 데 관심을 갖고 있다. 회전할 때 초유체는 별도의 소용돌이 와류로 나뉘는 경향이 있다. 즉, 주변 영역의 회전 패턴과 다른 회전 패턴을 가진 작은 회전 영역이 있다.

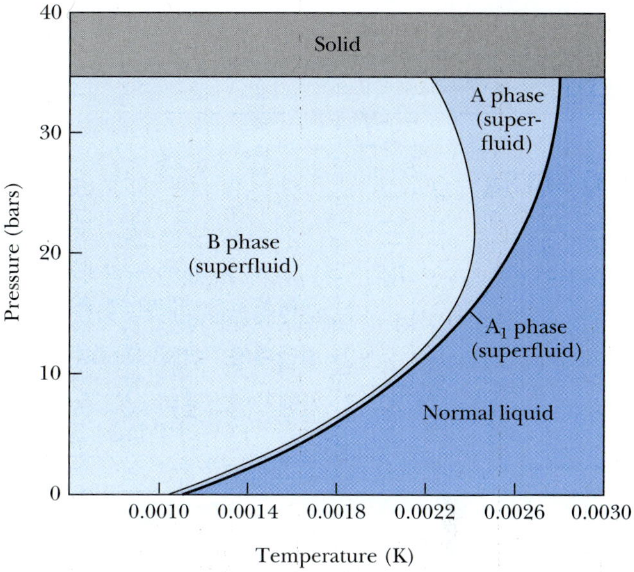

그림 B 강력한 자기장이 존재할 때 ^3He의 상태도. 세 번째 초유체 상(A_1)이 압력-온도 관계에서 매우 좁은 영역에서 나타난다. 출처: N. D. Mermin and D. M. Lee, "Superfluid Helium 3,", *Scientific American* **235**, 68 (1976)

이러한 발견에서 흥미로운 점은 소용돌이 패턴이 초전도체에서 관찰되는 패턴과 유사하다는 것이다. ^3He에서 초전도성과 초유체 사이의 이 새로운 연결 관계는 계속해서 주의 깊은 연구 주제이다. 1996년에 초유체 ^3He를 발견한 공로로 오셔로프, 리처드슨, 리는 노벨 물리학상을 수상하였다.

2-유체 모델은 초유체 부분만 모세관 흐름에 참여하고 표면을 가로질러 끌리는 금속판의 운동을 지연시키기에 충분한 정상 유체가 항상 존재한다고 가정하면 점도 역설을 설명할 수 있다.

양성자 두 개, 중성자 두 개, 전자 두 개를 가진 헬륨 원자들은 보손이므로 보스·아인슈타인 통계의 적용을 받는다. 보손은 파울리 배타 원리(Pauli exclusion principle)의 적용을 받지 않으므로 동일한 양자상태에 있을 수 있는 보손의 수에는 제한이 없다. 초유체 액체 헬륨은 단일 상태(이 경우 초유체 상태)로의 **보스·아인슈타인 응축**(Bose-Einstein condensation)이라 한다. 보스·아인슈타인 응축물의 모든 입자들은 동일한 양자상태에 있으며 이는 보손에 대해 금지되지 않는다. 페르미 전자 가스의 경우

보스·아인슈타인 응축

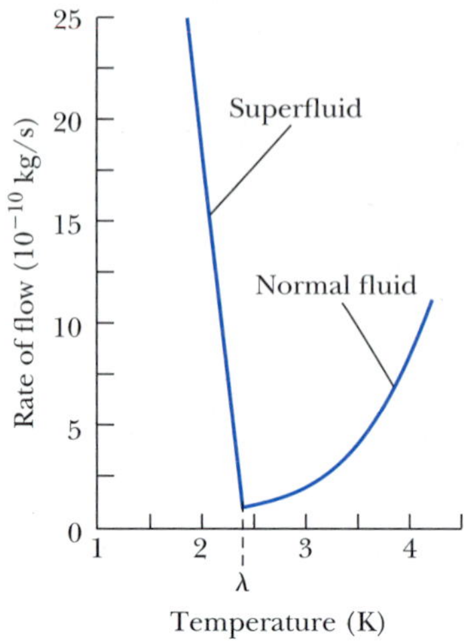

그림 9.14 일반 액체 헬륨 및 초유동체 액체 헬륨에서의 모세관 유속. 모세관 유속은 람다점 아래에서 온도가 감소함에 따라 비약적으로 증가한다. 출처: M. Zemansky, *Temperatures Very Low and Very High*, New York: Dover (1964)

(a) (b)

그림 9.15 (a) 람다점 이상에서 액체 헬륨의 활발한 끓음. 지지하고 있는 용기(vessel)는 바닥에 미세한 구멍이 있으며, 일반 유체의 흐름을 억제한다. (b) 람다점 이하에서의 액체 헬륨은 더 이상 끓지 않으며, 초유동체가 용기 바닥의 작은 구멍을 통해 방울방울 흐르게 된다.

에서 보았듯이, 페르미온은 에너지 상태당 두 개 이하로 에너지 상태로 '쌓여야' 한다. 따라서 이러한 응축 과정은 페르미온에서는 불가능하다. 이 사실의 놀라운 실증으로 동위원소 ^{3}He를 고려하자. 일반적인 ^{4}He보다 중성자가 하나 적은 이 동위원소는 페르미온이다. 액체 ^{3}He는 2.7 mK(^{4}He의 T_c보다 거의 1000배 낮은 온도)에서 초유체 전이를 겪는다. 페르미온 ^{3}He의 초유체 메커니즘은 앞서 설명한 보스·아인슈타인 응축과는 근본적으로 다르다. 이것은 10.5절에 설명된 초전도 전이에서 발견되는 전자(페르미온) 쌍과 더 비슷하다. 화학적으로 매우 유사하지만(같은 원소의 두 동위원소가 일반적으로 그렇듯이) ^{3}He와 ^{4}He는 초유동성에 있어 근본적으로 다르다. 하나는 페르미온이고 다른 하나는 보손이기 때문이다(Special Topic '초유체 ^{3}He'를 보라).

보스·아인슈타인 통계는 아마 ^{4}He의 초유체 상에 대한 T_c를 추정하는 데 사용할 수 있다. 보손에 대한 새로운 상태 밀도 함수를 유도하는 대신 페르미온에 대해 이미 도출한 상태 밀도 함수를 활용해 보자. 그 결과, 식 (9.43)을 사용하고 상수 E_F를 대입하면 다음이 된다.

$$g_{FD}(E) = \frac{\pi}{2}\left(\frac{h^2}{8mL^2}\right)^{-3/2} E^{1/2} \tag{9.59}$$

여기서 아래첨자 FD는 페르미온 분포를 나타낸다. 보손에 대한 유일한 차이점은 파울리 배타 원리를 따르지 않는다는 것이므로 스핀이 없는 보손에 대한 상태 밀도는 1/2 수준으로 적어야 한다. 2로 나누고 재정리하면

$$g_{BE}(E) = \frac{2\pi V}{h^3}(2m)^{3/2}E^{1/2} \tag{9.60}$$

이 된다. $V \equiv L^3$이다. 물론 질량 m은 이제 헬륨 원자의 질량이다.

수 분포 $n(E)$는 이제

$$\begin{aligned} n(E) &= g_{BE}(E)F_{BE} \\ &= \frac{2\pi V}{h^3}(2m)^{3/2}E^{1/2}\frac{1}{B_{BE}e^{E/kT} - 1} \end{aligned} \tag{9.61}$$

이 된다. N개 헬륨 원자 집합에서 정규화 조건은

$$\begin{aligned} N &= \int_0^\infty n(E)\,dE \\ &= \frac{2\pi V}{h^3}(2m)^{3/2}\int_0^\infty \frac{E^{1/2}}{B_{BE}e^{E/kT} - 1}dE \end{aligned} \tag{9.62}$$

가 되고, $u = E/kT$를 대입하면

$$N = \frac{2\pi V}{h^3}(2mkT)^{3/2}\int_0^\infty \frac{u^{1/2}}{B_{BE}e^{u} - 1}du \tag{9.63}$$

가 얻어진다. 우리는 B_{BE} 값은 모르지만 최소 허용값인 $B_{BE} = 1$을 사용하여 진행할 수 있다. 그런 다음 식 (9.63)의 적분은 (부록 3D에 제시했듯이) 계산하면 2.315의 값이 된다. B_{BE}의 최소값을 사용했기 때문에 이 결과는 N의 최대값에 해당된다. 즉,

$$N \le \frac{2\pi V}{h^3}(2mkT)^{3/2}(2.315) \tag{9.64}$$

가 되며, 다시 정리하면

$$T \geq \frac{h^2}{2mk}\left[\frac{N}{2\pi V(2.315)}\right]^{2/3} \tag{9.65}$$

임을 알 수 있다. N/V는 단순히 정상상태에서 액체 헬륨의 개수 밀도(2.11×10^{28} atom/m^3)이기 때문에 식 (9.65)를 수치적으로 평가할 수 있다. 그 결과는 다음과 같다.

$$T \geq 3.06 \text{ K} \tag{9.66}$$

값 3.06 K은 T_c의 추정치이다. 왜냐하면 우리의 분석에서 이것이 정상적인 보스·아인슈타인 분포를 찾을 것으로 예상할 수 있는 최소 온도라고 예측했기 때문이다. 더 낮은 초유체 상태로 응축된다. 액체가 아닌 상호작용하지 않는 기체에 대해 파생된 상태 밀도를 사용했기 때문에 결과가 약간 벗어나 있다. 여전히 우리는 T_c의 정확한 값에 1켈빈(kelvin) 내에 와 있다. 예상대로 액체에 대해 특별히 구성된 상태 밀도를 사용하여 계산하면 훨씬 더 나은 결과를 얻을 수 있다.

예제 9.9

질소 기체(N_2)에 대해, 상온(293 K)과 1대기압에서 맥스웰·볼츠만 상수 A를 계산하고 보스·아인슈타인 통계가 이 경우에 대해 맥스웰·볼츠만 통계로 대체될 수 있음을 보여라.

전략 N 분자들의 기체에 대한 정규화 조건은

$$N = \int_0^\infty n(E)\, dE$$

이다. 여기서 분포함수는 $n(E) = g(E)F_{\text{MB}}$이다. 식 (9.60)은 이 보손 기체에 대해 상태 밀도를 다음과 같이 나타낸다.

$$g(E) = \frac{2\pi V}{h^3}(2m)^{3/2}E^{1/2}$$

그리고 맥스웰·볼츠만 인자는 $F_{\text{MB}} = A\exp(-E/kT)$이다. 풀이를 위해 정규화 적분과 상수 A를 풀어야 할 것이다.

풀이 모든 인자들을 정규화 적분에 넣으면,

$$N = \int_0^\infty n(E)\, dE$$
$$= \frac{2\pi V}{h^3}(2m)^{3/2}A\int_0^\infty E^{1/2}\exp(-E/kT)\, dE$$

적분은 표준 정적분이고, 이는

$$N = \frac{2\pi V}{h^3}(2m)^{3/2}A\frac{\sqrt{\pi}}{2}(kT)^{3/2}$$
$$= \frac{V}{h^3}(2\pi mkT)^{3/2}A$$

가 된다. 따라서

$$A = \frac{h^3 N}{V}(2\pi mkT)^{-3/2}$$

이다. 일반 조건(대기압과 상온)에서 질소 가스의 개수 밀도는 $N/V = 2.50 \times 10^{25}\ \text{m}^{-3}$이다. 이것을 N_2의 분자 질량, $T = 293$ K 조건과 함께 A에 대한 결과에 대입하면 $A = 1.8 \times 10^{-7}$이 된다. 이것은 1보다도 훨씬 작으므로 맥스웰·볼츠만 통계의 사용은 정당화된다.(9.5절 끝부분에 있는 논의를 참고하기 바란다.)

보손 파동 함수들의 대칭성

지금까지 우리는 파울리의 배타 원리가 원자(8장) 및 기타 페르미온 집합체(9.6절)에서 전자들의 거동을 이해하는 데 핵심이 됨을 보았다. 유사하게, 보손이 파울리의 배타 원리를 적용받지 않는다는 사실은 9.7절에서 보여 준 바와 같이 보손들의 거동을 설명해 준다.

보손 및 페르미온 파동함수들의 속성은 이러한 거동들에 대해 더 많은 정보를 제공한다. '1'과 '2'로 표시된 두 개의 동일한 입자 시스템을 고려해 보자. 그 입자들은 보손 혹은 페르미온일 수 있다. 두 개의 입자들로 구성된 시스템에 대한 파동함수로 $\Psi(1,2)$라고 지칭하자. 두 개의 입자가 동일하기 때문에 두 개의 입자를 상호교환해도 확률밀도가 변경되지 않으므로 다음과 같이 기술할 수 있다.

$$|\Psi(1,2)|^2 = |\Psi(2,1)|^2$$

이 방정식의 해는 다음과 같게 된다.

$$\Psi(1,2) = \pm\Psi(2,1)$$

대칭 파동함수와 반대칭 파동함수

이때 $\Psi(1,2) = \Psi(2,1)$의 경우의 파동함수들을 **대칭성**(symmetric)을 가진다고 하며, $\Psi(1,2) = -\Psi(2,1)$의 경우의 파동함수들은 **반대칭성**(antisymmetric)을 가진다고 한다. 우리의 목적상 이러한 구분은 중요하다. *보손들은 대칭성 파동함수들을 가지고, 페르미온들은 반대칭성 파동함수들을 가진다.*

이것이 두 개의 개별 입자들의 파동함수들인 $\Psi(1)$과 $\Psi(2)$ 관점에서 의미하는 바를 살펴보자. 두 개의 상호작용하지 않는 입자들로 구성된 시스템에서 전체 파동함수는 개별 파동함수의 곱으로 표현될 수 있다. 즉, $\Psi(1,2) = \Psi(1)\Psi(2)$이다. 이제 두 입자들이 서로 다른 상태들, 즉 a와 b 상태들에 놓여 있다고 가정해 보자. 이 시스템에 대한 알짜 파동함수는 a와 b 상태들에 놓인 입자들의 두 가지 가능한 조합들의 선형 조합이다. 대칭 파동함수 Ψ_S는 합이고, 반대칭 파동함수 Ψ_A는 차이다.

$$\begin{aligned}\Psi_S &= \frac{1}{\sqrt{2}}[\Psi_a(1)\Psi_b(2) + \Psi_a(2)\Psi_b(1)],\\ \Psi_A &= \frac{1}{\sqrt{2}}[\Psi_a(1)\Psi_b(2) - \Psi_a(2)\Psi_b(1)]\end{aligned} \tag{9.67}$$

여기서 각 경우 $1/\sqrt{2}$은 정규화를 위한 인자이다. 이러한 파동함수들이 대칭 및 반대칭 파동함수들에 대한 요구사항들을 충족하는지 직접 확인할 수 있다(연습문제 42). 즉, $\Psi_S(1,2) = \Psi_S(2,1)$이고 $\Psi_A(1,2) = -\Psi_A(2,1)$이다.

식 (9.67)의 즉각적인 결과 중 하나는 파울리의 배타 원리를 정당화한다는 것이다. 입자 1과 입자 2가 동일한 상태에 있는 페르미온들이라고 가정해 보자. 그러면 $a = b$가 되고, 반대칭 파동함수는 $\Psi_A = 0$이며, 두 페르미온들이 동일한 양자상태를 가질 수 없다는 원칙과 일치한다.

반면, 보손들은 식 (9.67)에서 대칭 파동함수 Ψ_S에 의해 지배된다. 두 보손들이 같은 상태(이를 a상태라 하자)에 있으면, 그 파동함수는 다음과 같이 기술된다.

$$\Psi_S = \frac{1}{\sqrt{2}}[\Psi_a(1)\Psi_a(2) + \Psi_a(2)\Psi_a(1)] = \frac{2}{\sqrt{2}}[\Psi_a(1)\Psi_a(2)]$$

그리고 이 상태에 대한 확률밀도는 다음과 같이 된다.

$$\Psi_S^*\Psi_S = \left(\frac{2}{\sqrt{2}}\right)^2[\Psi_a^*(1)\Psi_a^*(2)\Psi_a(1)\Psi_a(2)]$$

혹은

$$\Psi_S^*\Psi_S = 2[\Psi_a^*(1)\Psi_a^*(2)\Psi_a(1)\Psi_a(2)] \tag{9.68}$$

따라서 두 보손들은 동일한 상태를 차지할 확률이 0이 아니다. 즉, 보스·아인슈타인 응축이 일어나기에 유리한 조건이라면 일어날 가능성이 높다. 이 결과는 보스·아인슈타인 응축물들의 관찰된 거동과 일치하는 두 개 이상의 보손들로 일반화될 수 있다.

기체들에서의 보스·아인슈타인 응축

수년 동안 물리학자들은 기체에서 보스·아인슈타인 응축을 증명하려고 시도했다. 그러나 그들은 기체 입자들 사이의 강한 쿨롱 상호작용(Coulomb interaction)들로 인해 방해를 받았다. 이것은 연구자들이 응축을 생성하는 데 필요한 저온 및 고밀도를 얻는 것을 막았다.

1995년에 마침내 볼더에 있는 콜로라도대학에서 연구하던 에릭 코넬(Eric Cornell)과 칼 위먼(Carl Wieman)이 이끄는 그룹이 성공을 거두었다. 기체로부터 보스·아인슈타인 응축을 형성하기 위해서는 극도로 낮은 온도의 달성이 필요한데, 이 그룹은 두 단계의 과정을 통해 성공을 하였다. 먼저, ^{87}Rb 원자 기체를 약 1 mK으로 냉각시키기 위해 레이저 냉각(2장의 Special Topic을 보라)을 사용하였다. 그런 다음 자기 트랩을 사용하여 기체를 약 20 nK(2.0×10^{-8} K)의 온도로 냉각했다. 자기 트랩에서 연구원들은 더 빠른 속력을 가진 원자들이 중심에서 더 멀어지는 방식으로 무선 주파수 대역에서 자기장을 변화시켰다. 남은 것은 극도로 차갑고 밀집된 구름(cloud)뿐이었다. 약 170 nK의 온도에서, 루비듐(rubidium) 구름은 정상적이고, 넓은 속도분포를 가지는 기체에서 매우 좁은 속도분포를 가지는 기체로의 전이단계를 통과하는 것으로 관찰되었다. 또한, 초유체에서와 같이 온도가 더 낮아질수록 응축된 상태의 원자들의 비율이 증가함을 관찰하였다. 그림 9.16은 기체가 냉각될 때 보스·아인슈타인 응축이 어떻게 형성되는지를 보여 준다.

1995년 후반에 MIT의 볼프강 케테를레(Wolfgang Ketterle)가 이끄는 연구그룹에 의해 이번에는 나트륨 기체로 기체 내의 보스 응축이 확인되었다. 나트륨의 경우, 응축상태로의 전이가 비교적 따뜻한 2 μK에서 시작되는 것으로 관찰되었다. 코넬(Cornell), 케테를레(Ketterle), 위먼(Wieman)은 이 중요한 발견으로 2001년 노벨 물리학상을 수상했다.

오늘날 물리학자들은 이러한 특성들 및 다른 보스·아인슈타인 응축들의 특성을 이해하고 그들의 관찰 결과를 양자 이론과 조화시키기 위해 노력하고 있다. 일부 물리학자

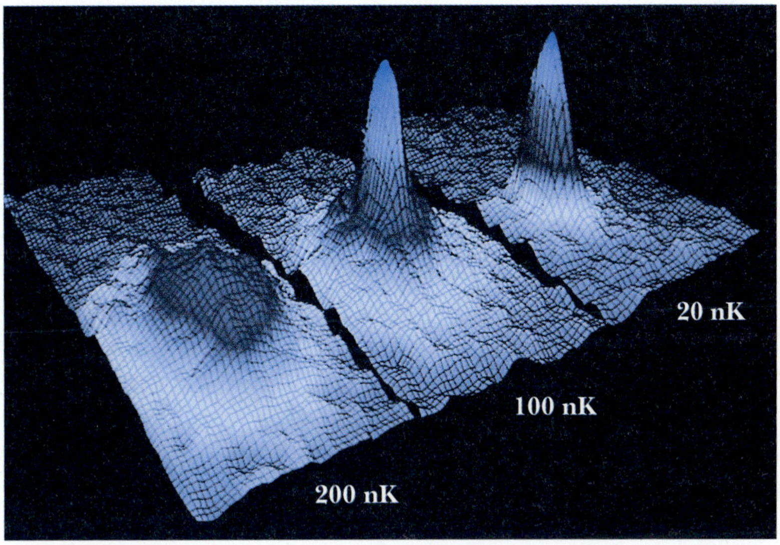

Images courtesy of Eric Cornell and Mike Matthews, JILA Research Team, University of Colorado at Boulder

그림 9.16 이 일련의 그래프는 원자들 시료가 냉각될 때 보스·아인슈타인 응축이 어떻게 형성되는지를 순차적으로 보여 준다. 이러한 3차원 표현에서 두 개의 가로축들은 속도 성분을 나타내고, 세로축은 해당 속도들을 갖는 원자들의 수를 나타낸다. 따라서 그래프 중심 주변(속도가 0인)의 더 높고 날카로운 최대치 지점은 작은 속도 공간으로의 원자들의 응축을 보여 준다. 세 장의 각각의 이미지들에서 영역은 약 200 μm × 270 μm이다.

들은 보스·아인슈타인 응축의 가능한 응용을 탐구하고 있다. 그 한 응용분야가 1996년 케테를레(Ketterle) 등이 처음 시연한 *원자 레이저*(atom laser)이다. 원자 레이저는 보스·아인슈타인 응축 상태의 원자 집합을 원자 소스로 사용하여 가간섭성 빔(coherent beam)으로 방출된다. 이러한 입자 빔은 전형적인 광학 레이저의 가간섭성 전자기 방사 빔과는 다르다. 상대적으로 무거운 입자는 빛의 속도에 가까운 속도로 가속되지 않기 때문에 원자 빔은 훨씬 느리다. 다른 중요한 차이점은 새로운 원자가 광학 레이저에서 광자가 생성되는 방식으로 생성될 수 없기 때문에 출력이 제한된다는 점과 빔의 원자가 서로 상호작용하여 원자 빔이 광학 레이저보다 덜 집중되고 덜 평행광으로 만들어진다는 점이다. 이러한 이유로 원자 레이저는 소매형 스캐너, CD/DVD 재생기 혹은 의료 수술과 같은 일반적인 응용분야에서 곧 광학 레이저를 대체할 것 같지는 않다. 그러나 원자 레이저는 원자 시계 및 기타 정밀 측정뿐만 아니라 레이저를 사용하여 표면에 원자층을 증착하는 데 사용할 수 있는 박막 증착 및 빔이 표면을 에칭하는 리소그래피에 사용되고 있다.

요약 _Summary

19세기 말까지, 맥스웰(Maxwell)과 볼츠만(Boltzmann)의 연구는 통계가 물리적 과정을 설명하는 데 유용할 수 있음을 분명히 했다. 특히, 이상기체에서 분자들의 속도들에 대한 맥스웰의 통계 분포는 $f(\vec{v})$로 표현되며, 이는

$$f(\vec{v})\,d^3\vec{v} = C\exp\left(-\tfrac{1}{2}\beta m v_x^2 - \tfrac{1}{2}\beta m v_y^2 - \tfrac{1}{2}\beta m v_z^2\right) d^3\vec{v} \quad (9.2)$$

이다. 해당하는 속력 분포 $F(v)$는

$$F(v)\,dv = 4\pi\, C\exp\left(-\tfrac{1}{2}\beta m v^2\right) v^2\, dv \quad (9.14)$$

이다. 이때, $C = (\beta m/2\pi)^{3/2}$이고 $\beta = (kT)^{-1}$이다. 속력 분포는 이상기체의 관찰된 많은 특성을 예측하는 데 사용될 수 있다. 맥스웰 속도 분포를 사용하여 단원자 이상기체 분자의 평균 운동에너지를 계산하면

$$\overline{K} = \tfrac{3}{2}kT \tag{9.8}$$

이다. 이 결과는 평형상태에서 $\frac{1}{2}kT$의 평균 에너지가 분자 에너지의 각 독립 2차항과 관련되어 있다는 균등분배 이론(equipartition theorem)과 일치한다. 균등분배 이론은 이원자 분자의 회전 및 진동 모드에 적용될 수 있으며 다양한 온도에서 이원자 기체의 열용량을 계산하는 데 사용될 수 있다.

밀도가 높고 온도가 낮은 조건에서는 입자들의 파동함수들의 중첩으로 입자를 구별할 수 없는 요소가 된다. 결과적으로 양자 통계(즉, 페르미·디랙 통계 및 보손에 대한 보스·아인슈타인 통계)를 사용해야 한다. 이러한 분포들은 페르미온들이 파울리의 배타 원리를 따르고 보손들이 따르지 않기 때문에 다르다. 고전적 분포(맥스웰·볼츠만)와 양자 분포와 관련된 통계적 인자들은 다음과 같다.

$$F_{\text{MB}} = A\exp(-\beta E) \tag{9.27}$$

$$F_{\text{FD}} = \frac{1}{B_{\text{FD}}\exp(\beta E) + 1} \tag{9.30}$$

$$F_{\text{BE}} = \frac{1}{B_{\text{BE}}\exp(\beta E) - 1} \tag{9.32}$$

여기서 A, B_{FD}, B_{BE}는 정규화 인자들이다. 각 경우에서 분포함수 $n(E)$는 상태 밀도 $g(E)$ [여기서 $g(E)$는 상태 밀도이다]와 적절한 통계 인자의 곱으로 표현될 수 있다.

금속에서 전도 전자들의 올바른 거동을 예측하려면 페르미·디랙 통계가 필요하다. 페르미·디랙 분포를 사용하여 금속의 전기전도도(및 정확한 온도의존성)와 비열에 대한 전자적 기여를 찾을 수 있다.

보스·아인슈타인 통계는 흑체 복사에 대한 플랑크 법칙을 유도하는 데 사용될 수 있다.

$$\mathcal{I}(\lambda, T) = \frac{2\pi c^2 h}{\lambda^5}\frac{1}{e^{hc/\lambda kT} - 1} \tag{9.57}$$

보스·아인슈타인 통계는 또한 임계온도 $T_c = 2.17$ K에서 초유체 상태로의 전이를 겪는 액체 헬륨의 몇몇 특성을 이해하는 데 도움이 된다. 초유체의 매우 낮은 점도는 초유체의 분자들이 보스·아인슈타인 통계를 따르기 때문이다. 최근 몇 년 동안 다양한 신소재에서 보스·아인슈타인 응축이 관찰되었다.

질문 _Questions

1. 개별 입자들의 운동을 앎으로써 본질적으로 고전적인 입자 시스템(예를 들면, 이상기체)의 거동을 결정하려는 라플라스의 목표를 좌절시키는 데 하이젠베르크의 불확정성 원리가 얼마나 관련이 있는가?

2. Cl_2의 측정된 몰열용량이 O_2와 균등분할 정리의 예측과 일치하지 않는 이유는 무엇인가?

3. 이원자 기체에서 회전 모드보다 진동 모드를 여기시키는 것이 왜 더 어려워야 하는가?

4. 이상기체에서 제곱평균제곱근 속력의 물리적 의미는 무엇인가?

5. 이상기체로 가득 찬 절연 용기가 전기장, 자기장이 없는 공간을 일정한 속도로 이동하고 있다. 이것이 맥스웰 속도분포와 맥스웰 속력분포에 미치는 영향을 설명하라.

6. 맥스웰은 더 빠른 분자와 느린 분자를 분리하기 위해 기체의 개별 분자 속력들을 측정할 수 있는 장치[후에 '맥스웰 악마(Maxwell's demon)'라 불림]를 고안했다. 이 장치는 두 개의 (처음에는 동일한) 구획 사이에 트랩 도어를 작동하여 더 빠른 분자만 한 방향으로 통과하고 느린 분자는 다른 방향으로 통과하도록 하여 온도 불균형을 생성한다. 그런 다음 온도 차이를 이용하여 열 기관을 작동할 수 있으며 결과는 에너지 입력 없이 기계적 작업을 생성하는 것이다. 물론 이것은 열역학 법칙에 위배된다. 맥스웰의 악마가 작동할 수 없다고 생각하는 이유에 대해 논의하라.

7. 일부 물리적 특성 q에 대한 분포함수 $f(q)$가 우함수라면 $\overline{q} = 0$을 따른다. 그것은 또한 가장 가능성 높은 값인 최빈값에 대해서도 $q^* = 0$이 성립하는가?

8. 입자의 집합체가 똑같다면, 어떻게 이것들을 구분할 수 있을까?

9. 다음 보기들 중 페르미온들로 또는 보손들로 행동하는 것으로 구분하라: 수소 원자들, 중수소 원자들, 중성미자들, 뮤온들, 탁구공들.

10. 이론 학자들은 자유쿼크(free quark)(전하가 $\pm\frac{2}{3}e$ 및 $\pm\frac{1}{3}e$임)가 존재하지 않는다고 믿는 경향이 있다. 하지만 이는 결코 확정된 사실은 아니다. 만약 자유쿼크들이 존재한다고 알려지면 그것들이 따르는 분포함수를 무엇이라 할 수 있을까?

11. $\overline{E}$가 $\frac{1}{2}E_F$보다 클 것이라고 생각하는 이유를 설명하라[식 (9.45)].

12. 온도가 0으로 접근해 감에 따라 페르미온들의 집합체의 전체 에너지가 0으로 접근해 가지 않는 이유는 무엇인가?

13. 만약 전자가 페르미온이 아닌 보손이었다면 금속의 거동은 어떻게 달라졌을까?

14. 만약 보스·아인슈타인 상태 밀도[식 (9.53)]에서 $h \to 0$이라 한다면, 플랑크 분포와 액체 헬륨의 거동에서는 어떤 일이 생길까?

15. 액체 헬륨의 초유체 성분만 매우 미세한 모세관을 통해 흐른다면 모세관 흐름을 사용하여 액체 헬륨 샘플의 초유체 성분을 정상 성분과 완전히 분리할 수 있을까?

16. 식 (9.63)에서 적분의 최소 허용된 값이 $B_{BE} = 1$인 이유는 무엇인가?

17. 원자 레이저와 광학 레이저 간 유사점과 차이점에 대해서 논의하라.

18. 예제 9.6에서 5000 K에서 여기상태의 수소 원자 비율에 대한 결과 2×10^{-10}을 고려하자. 태양 스펙트럼에 대한 의미를 논의해 보라.

연습문제 _Problems

참고: 고급 문제는 문제 번호에 파란색 음영으로 표시하였다. 문제 풀이에 유용한 상수, 변환 인자, 상수들의 조합이 부록 7에 제시되어 있다.

9.2 맥스웰 속도분포

1. (a) 식 (9.5)를 사용하여 1차원 rms 속력이 다음과 같음을 보여라.

$$v_{x\,\mathrm{rms}} = \left(\overline{v_x^2}\right)^{1/2} = \left(\frac{kT}{m}\right)^{1/2}$$

(b) 식 (9.5)를 다음 식으로 다시 쓸 수 있음을 보여라.

$$g(v_x)\,dv_x = (2\pi)^{-1/2}(v_{x\,\mathrm{rms}})^{-1}\exp\left(-\frac{1}{2}v_x^2/v_{x\,\mathrm{rms}}^2\right)dv_x$$

2. 연습문제 1의 결과는 다양한 속도들에 대한 상대적 확률값들을 추정하는 데 사용될 수 있다. 작은 간격 $\Delta v_x = 0.002v_{x\,\mathrm{rms}}$에 대해 다루어 보자. 1몰의 이상기체에 대해 Δv_x 내의 범위에서 각각의 경우를 중심으로 한 분자수를 계산하라: (a) $v_x = 0.01v_{x\,\mathrm{rms}}$, (b) $v_x = 0.20v_{x\,\mathrm{rms}}$, (c) $v_x = v_{x\,\mathrm{rms}}$, (d) $v_x = 5v_{x\,\mathrm{rms}}$, (e) $v_x = 100v_{x\,\mathrm{rms}}$.

3. 분광관에 들어 있는 이상기체를 고려해 보자. 높은 전압이 분광관에 가해지면 많은 원자들이 여기되고 모든 여기된 원자들은 특성 주파수에서 전자기복사를 방출한다. 도플러 효과(Doppler effect)에 따르면 실험실에서 관찰되는 주파수는 방출하는 원자의 속도에 따라 달라진다. x 방향으로 방출되는 복사의 비상대론적 도플러 이동(Doppler shift)은 $f = f_0(1 + v_x/c)$이다. 분광기에서 관측되는 결과, 파장은 v_x의 음수 및 양수 값들에 해당하는 (각각) 더 낮은 주파수와 더 높은 주파수 때문에 더 높고 더 낮은 값으로 퍼진다. 우리는 이를 스펙트럼선이 도플러 확장되었다고 말한다. 하이젠베르크의 불확정성 원리가 원자 전이에서 상당한 선폭 확장을 일으키지 않기 때문에, 이것이 우리가 분광기에서 분광선들을 쉽게 볼 수 있도록 해 주는 것이다. (a) 분광기에서 관찰되는 복사의 평균 주파수는 얼마인가? (b) 특정 온도에서 스펙트럼선이 얼마나 확장되는지에 대한 아이디어를 얻으려면 다음과 같이 정의되는, 주파수들에 대한 표준편차에 대한 표현식을 유도하면 된다.

$$\text{표준편차} = \left[\overline{(f - f_0)^2}\right]^{1/2}$$

결과는 f_0, T, 그리고 상수의 함수이어야 한다. (c) (b)에서 얻은 결과로 $T = 293$ K인 수소 기체(H_2)에서 f_0에 대한 표준편차의 비율(표준편차/f_0)로 정의되는 선폭 비율을 추정하라. $T = 5500$ K인 별 표면의 수소 원자 기체에 대해서도 반복 계산하라.

9.3 균등분배 정리

4. 그림 9.3에서 보인 이원자 기체 산소(O_2) 모델을 고려하자. (a) 원자가 121 pm의 거리만큼 떨어져 있는 점 입자라고 가정하고 x축을 중심으로 한 회전에 대한 회전 관성(관성 모멘트) I_x를 찾아라. (b) 이제 각 원자의 거의 모든

질량이 반지름 조건 3.0×10^{-15} m로 거의 균일한 고체구인 핵에 있다고 가정하고, z축에 대한 분자의 회전 관성을 계산하라. (c) x축을 중심으로 한 회전에 대한 첫 번째 양자 준위($\ell = 1$)와 관련된 회전 에너지를 계산하라. (d) (c)에서 계산한 값을 사용하여 z축을 중심으로 회전하여 해당 에너지 수준에 도달하는 데 필요한 양자수 ℓ을 찾아라. 균등분배 이론이 이원자 분자에 대해 예측하는 것에 비추어 결과에 대해 논의하라.

9.4 맥스웰 속력분포

5. 맥스웰 속력분포를 사용하여, (a) $T = 293$ K에서 $v > c$의 속력을 가지는 이상기체 내 분자수에 대한 적분 표현식을 써라. (b) 왜 (a)에서 찾은 식의 수치적 결과가 무시할 만한 수준인지 설명하라.

6. 연습문제 5에서 구한 식의 정적분 값을 수치해석적으로 컴퓨터를 사용하여 구하라.

7. 핵공학자들에게 있어 원자로에서 중성자의 열적 특성을 아는 것은 중요하다. 중성자 기체가 열평형에 있다고 가정했을 때, 다음 온도 조건들에서 중성자에 대한 $\bar{v}$와 v^*를 구하라: (a) 300 K, (b) 630 K(이는 현대 경수형 원자로 내부의 일반적인 온도 조건임).

8. 극한 조건 $v \to 0$과 $v \to \infty$를 사용하여 맥스웰 속력분포 함수 $F(v)$가 0에 접근함을 보여라.

9. 다음 온도 조건들에서 공기 중 N_2 기체의 v^*를 구하라: (a) 추운 날 $T = -15°C$, (b) 더운 날 $T = 35°C$.

10. $T = 293$ K의 이상기체 산소(O_2)에 있어 다음 수식 $2F(v) = F(v^*)$를 만족하는 두 개의 속력들 v를 구하라. 두 개의 속력들 v 중 어떠한 것이 v^*에 가까운가? 이것이 타당한가?

11. $T = 293$ K에서 이상기체 아르곤(Ar)에 대해 컴퓨터로 다음을 보여라.

$$\int_0^\infty F(v)\,dv = 1$$

그리고 $C = (\beta m/2)^{3/2}$임을 확인하라.

12. $T = 293$ K에서 이상기체 수소(H_2)를 고려하자. 수학 소프트웨어를 사용하여 다음 범위의 속력을 갖는 분자들의 비율을 구하라: (a) 0~10 m/s, (b) 0~100 m/s, (c) 0~1000 m/s, (d) 1000~2000 m/s, (e) 2000~5000 m/s, (f) 0~5000 m/s.

13. (a) 동일하게 $T = 293$ K인 온도 조건에서 기체 H_2와 N_2에 대한 v_{rms}를 구하라. (b) (a)에서 구한 값을 바탕으로, 왜 우리 대기가 질소는 포함하나 수소는 포함하지 않는지에 대해 논의해 보라.

14. (a) $T = 293$ K에서 아르곤 원자 1몰의 전체 병진 운동에너지를 구하라. (b) 산소(O_2) 분자 1몰에 대해서는 그 값이 같을까, 다를까? 설명하라.

9.5 고전통계학과 양자통계학

15. 맥스웰·볼츠만 에너지 분포식 (9.26)을 사용하여 (a) 이상기체의 평균 병진 운동에너지를 찾고, (b) 그 결과값을 $\frac{1}{2}m\bar{v}^2$과 $\frac{1}{2}m\overline{v^2}$과 비교해 보라.

16. 맥스웰·볼츠만 에너지 분포로부터, 가장 가능성이 높은 에너지 E^*를 찾아라. $F(E)$와 E 간의 관계 그래프를 도시하고 도시된 그래프상에 E^*의 위치를 표시하라.

17. 특정 종류의 별 표면 근처에는 1천만 개당 약 한 개의 수소 원자가 첫 번째 들뜬 에너지 준위($n = 2$)에 있다. 다른 원자들은 $n = 1$인 에너지 준위에 있다고 가정하자. 이때 맥스웰·볼츠만 통계가 유효하다고 가정하고 제시된 정보를 사용하여 그곳의 온도를 추정하라.(힌트: 이 경우 상태 밀도들은 각 준위에서 사용할 수 있는 가능한 양자상태 수에 따라 달라지며, 이는 $n = 2$의 경우 8이며, $n = 1$의 경우 2이다.)

18. 맥스웰·볼츠만 통계가 유효한지 여부를 결정하는 한 가지 방법은 일반적인 입자의 드브로이 파장 λ를 평균 입자 간 간격 d와 비교하는 것이다. 만약 $\lambda \ll d$라면 맥스웰·볼츠만 통계가 일반적으로 허용된다. (a) 드브로이 관계식 $\lambda = h/p$를 사용하여 다음을 보여라.

$$\lambda = \frac{h}{(3mkT)^{1/2}}$$

(b) $N/V = 1/d^3$임을 이용하여 부등식 $\lambda \ll d$ 관계가 다음과 같이 표현될 수 있음을 보여라.

$$\frac{N}{V}\frac{h^3}{(3mkT)^{3/2}} \ll 1$$

(c) (b)의 결과를 사용하여 맥스웰·볼츠만 통계가 상온(293 K)에서 아르곤 기체와 $T = 293$ K의 순수 은(silver)의 전도 전자들에 대해 각각 유효한지 따져 보라.

19. 식 (9.24)를 사용하여, 식 (9.14)에 주어진 맥스웰 속력분포를 식 (9,25)와 (9.26)에 표현된 에너지 분포식들로 변환하라.

20. 자기모멘트 μ이고 전체 스핀이 1/2인 원자를 고려해 보자. 원자는 온도 T에서 크기가 B인 균일한 자장에 놓여 있다. (a) 맥스웰·볼츠만 통계가 이 온도에서 유효하다고 가정하고 자기장 방향으로 정렬된 스핀을 가진 원자수와 자기장 방향의 반대 방향으로 정렬된 원자수의 비율을 찾아라. (b)

$T = 77$ K, $T = 273$ K, $T = 900$ K에서 $B = 5.0$ T 조건을 사용하여 수치적으로 평가하라.

9.6 페르미·디랙 통계학

21. 페르미 에너지는 페르미 인수 $F_{FD} = 0.5$인 에너지로 정의될 수 있다. 이 정의를 사용하여 식 (9.30)의 상수 B_{FD}가 $\exp(-\beta E_F)$와 동일하고 다음과 같다는 것을 보여라.

$$F_{FD} = \frac{1}{\exp[\beta(E - E_F)] + 1}$$

달리 말하자면, 식 (9.33)과 (9.34)를 증명하라.

22. $T = 0$에서 $E < \overline{E}$인 에너지를 갖는 전자들의 비율은?

23. 은(silver)은 원자당 정확히 한 개의 전도 전자를 가지고 있다. (a) 은의 밀도(1.05×10^4 kg/m^3)와 질량 107.87 g/mol을 사용하여 은의 전도 전자 밀도를 구하라. (b) 은의 경우, 어떤 온도에서 $A = 1$일까? 여기서 A는 맥스웰·볼츠만 분포의 정규화 상수이다. (c) $A = 10^{-3}$인 온도는 얼마인가?

24. $T = 0$인 우수한 도체에서 $0.90E_F$와 E_F 사이의 에너지를 갖는 전자들의 비율은 얼마인가?

25. 연습문제 23의 결과를 이용하여 은의 (a) E_F와 (b) u_F를 계산하라.

26. 금의 페르미 에너지는 $T = 293$ K에서 5.51 eV이다. (a) 이 온도에서 전도 전자의 평균 에너지를 구하라. (b) 이상기체 분자의 평균 운동에너지가 당신이 (a)에서 찾은 평균 에너지와 같아지는 온도를 계산하라. (c) (a)와 (b)에서의 상대적인 온도 관계를 논의해 보라.

27. 순수 구리 밀도는 8.92×10^3 kg/m^{3}이다. 그리고 몰 질량은 63.546 g이다. 전도 전자 밀도의 실험치 8.47×10^{28} m^{-3}를 사용하여 원자당 전도 전자 수를 계산하라.

28. 알루미늄은 293 K에서 2.70×10^3 kg/m^{3}의 밀도를 갖고 몰 질량은 26.98 g이다. (a) 그 온도에서 단위 부피당 알루미늄 원자 수를 계산하라. (b) 293 K에서 알루미늄의 $E_F = 11.63$ eV라는 사실을 이용하여 자유전자들의 개수 밀도를 구하라. (c) (a)와 (b)의 결과를 조합하여, 알루미늄의 원자가(valence) 수라고 할 수 있는 원자당 전도 전자 수를 계산하라.

29. (a) Ca($E_F = 4.69$ eV)와 (b) Be($E_F = 14.3$ eV)에 대한 페르미 속력을 계산하라.

30. 식 (9.35)가 $T \to 0$의 극한 조건에서 유효함을 확인하라.

31. 온도 조건이 T이며 페르미 에너지 E_F인 도체에서 일반적인 (즉, $T \neq 0$인) N개 전자들의 에너지 분포는 다음과 같음을 보여라.

$$n(E) = \frac{3N}{2} E_F^{-3/2} \frac{E^{1/2}}{\exp[\beta(E - E_F)] + 1}$$

32. 연습문제 31의 결과를 구리($E_F = 7.0$ eV)에 적용하여 다음 경우들에 대해 $n(E)$를 스케치하라: (a) $T = 0$, (b) $T = 293$ K, (c) $T = 1500$ K.

33. 연습문제 31에 주어진 함수와 수학 소프트웨어를 사용하여 다음을 증명하라.

$$\int_0^\infty n(E)\,dE = N$$

매개변수 $T = 300$ K을 선택하고 구리의 $E_F = 7.00$ eV를 사용하라.

34. 연습문제 31에 주어진 함수와 수학 소프트웨어를 $T = 293$ K에서 구리 내 6.00 eV와 7.00 eV 사이의 에너지를 갖는 전도 전자의 비율을 찾는 데 사용하여 구하고, 그 결과들에 대해 논의해 보라.

35. 중성자별에서 전체 별의 질량은 본질적으로 핵 밀도로 붕괴되어 버린다. 반지름이 10 km이고 질량이 4.50×10^{30} kg인 중성자별의 경우 중성자들의 페르미 에너지를 구하라.

36. $T = 293$ K에서 페르미온 밀집을 고려해 보자. 다음 조건에서 단일 입자 상태가 채워질 확률을 구하라. 에너지 상태가 (a) E_F보다 0.1 eV만큼 낮을 경우, (b) E_F와 같을 경우, (c) E_F보다 0.1 eV만큼 더 클 경우.

37. 상온(293 K)에서 페르미온의 이상기체가 있다고 가정하자. 페르미·디랙 및 맥스웰·볼츠만 통계가 1% 이내로 일치하려면 $E - E_F$가 얼마나 커야 할까? 일반적인 조건들에서 이 상기체에 대한 이러한 일치가 1% 이내라고 생각하는가?

38. 금은 $T = 300$ K에서 1.93×10^4 kg/m^{3}의 밀도를 갖는 밀도가 높은 금속이다. (a) 만약 금이 원자당 정확히 한 개의 전도 전자만을 가진다면, 페르미 에너지는 어떻게 될까? 계산된 값과 표 9.4에서의 측정값과 비교해 보라. (b) 만약 금 내의 전자들이 고전 이상기체처럼 다루어진다면, 평균 열에너지(또한 300 K일 때)는 얼마가 될까? (a)에서 얻은 값과 (b)에서 얻은 값에서 큰 차이가 생기는 이유를 설명하라.

9.7 보스·아인슈타인 통계학

39. 헬륨 다음으로 가장 가벼운 불활성 기체는 네온이다. (a) 네온이 초유체가 되게 하는 온도를 구하라.(액체의 밀도는 약 1200 kg/m^{3}이다.) (b) 왜 네온은 초유체가 되지 못하는가?(힌트: 네온의 녹는점은 1기압에서 24.7 K이다.)

40. 9.7절에서 설명한 것처럼, 온도 T에서 구형 공동(cavity) 내의 광자 문제를 고려해 보자. 광자들의 전체 집합에 대해, 개수 밀도(단위 부피당 광자들의 수)는 얼마일까? (b) 온도 500 K과 5800 K(태양의 대략적 표면 온도)에서 (a)로부터 구한 결과들을 수치적으로 평가해 보라.

41. 수학 소프트웨어를 사용하여 식 (9.63)의 정적분의 결과를 증명하라.

42. 식 (9.67)의 파동함수들이 대칭 및 반대칭 파동함수들의 조건들, 즉 각각 $\Psi_S(1,2) = \Psi_S(2,1)$ 및 $\Psi_A(1,2) = -\Psi_A(2,1)$이 됨을 만족함을 보여라.

일반적인 문제

43. 공기가 균일한 중력장에서 이상기체이므로 높이 z에서 질량 m인 분자의 위치에너지(potential energy)는 mgz라 가정하자. 분자들의 분포는 분포함수 $f(z)\,dz = C_z \exp(-\beta mgz)\,dz$에 의해 주어지는 높이에 따라 변하고 이때 정규화 상수는 $C_z = mg/kT$임을 보여라. 이 분포를 *대기의 법칙*(law of atmosphere)이라 한다.

44. 대기의 법칙(연습문제 43)을 사용하여 동일한 온도 조건을 가정하고, 해수면 조건, 시카고(고도 176 m), 덴버(고도 1610 m), 레이니어산(고도 4390 m) 조건에서의 공기 밀도를 비교하라. 각 경우, 온도는 273 K로 동일하다고 가정한다.

45. 대기의 법칙(연습문제 43)을 고려하자. 먼저, 고도 변화 Δz에 대응하는 압력 차이 ΔP가 대략적으로 다음과 같음을 보여라.

$$\Delta P = -\rho g \Delta z = -\frac{Nmg}{V}\Delta z$$

다음으로, 온도가 작은 고도 변화에 대해서는 일정하다고 가정한 후 $P \approx P_0 \exp(-\beta mgz)$임을 보여라. 여기서 P_0는 $z = 0$에서의 압력이다.

46. 일정한 온도 T에서 이상기체를 담는 부피가 V인 얇은 벽 고정 부피 용기를 고려해 보자. 단위 시간당 단위 면적당 용기의 벽에 부딪히는 입자들의 수는 차원 분석에 의해 $n\bar{v}/4$로 주어질 수 있다. 여기서 일반적인 경우와 같이 n은 입자 개수 밀도이다. 용기의 표면에는 기체가 천천히 누출될 수 있는 면적 A의 작은 구멍이 있다. A는 용기 표면적보다 훨씬 작다고 가정하자. (a) (외부에서 다시 내부로 기체가 누출되지 않도록) 용기 내부의 압력이 외부 압력보다 훨씬 크다고 가정하여, 내부 압력이 초기값의 절반으로 떨어지는 데 걸리는 시간을 추정하라. 답에는 반드시 A, V, 그리고 평균 분자 속도 $\bar{v}$가 포함되어야 한다. (b) 표면에 직경 1.0 mm의 원형 구멍이 있는 경우, 293 K의 공기를 포함하는 직경 40 cm의 구형 용기에 대한 수치 결과치를 구하라.

47. 연습문제 46에서 설명된 상황에 대해 탈출하는 분자들의 속력분포가 $v^3 \exp(-\beta mv^2)$에 비례함을 보이고 그러한 탈출하는 분자들의 평균 에너지가 $2kT$임을 보여라.

48. 지구 표면에서 탈출 속력은 1.1×10^4 m/s이다. (a) 헬륨 기체에 있어 탈출 속력과 같은 rms 속력을 갖는 데 필요한 온도를 구하라. (b) (a)에 대한 당신의 답은 지구의 온도보다 훨씬 높다. 그렇다면, 헬륨은 왜 지구 대기에서부터 빠져나오는가?

49. (a) 실온(293 K)에서 산소 분자(O_2)들의 평균 속력을 구하라. (b) 맥스웰 속력분포에 대해 수치 적분을 사용하여 해당 온도에서 평균 속력보다 빠르게 이동하는 산소 분자들의 비율을 찾아라. (c) 지구 대기로부터의 산소 탈출에 대한 의미를 논의해 보라.

50. (a) 800 K(이는 지구의 상층 대기에서 일반적임)의 온도에서 산소를 가정하고 연습문제 49를 반복하라. (b) 800 K에서 헬륨(단원자 He)을 사용하여 동일한 분석을 수행하고 산소와 헬륨이 대기 상층에서 탈출할 가능성을 상대 비교하라.

51. 실온 293 K에서 공기 중 라돈-222 원자(질량 = 222 u)의 rms 속력을 계산하라. 라돈-222는 충분한 농도에서 위험한 발암물질이 되는 방사성 동위원소이다. 동일한 온도에서 질소(N_2)의 rms 속력을 계산하고, 이를 앞서 계산한 rms 속력과 상대적으로 비교하여, 밀폐된 공간의 라돈 농도가 위험한 이유를 설명해 보라.

52. (a) 지구 표면에서 입자의 탈출 속력을 계산하라. 지구의 반지름은 6378 km이고 질량은 5.98×10^{24} kg이다. (b) 293 K의 온도에서 헬륨 원자의 평균 속력을 구하라. (c) (b)에 대한 답이 (a)에 대한 답보다 작다는 사실에 대해 논의해 보라. 그렇다면 왜 헬륨은 대기 중에 상당량 남아 있지 않을까?

53. 태양 표면 근처의 입자의 탈출 속력은 6.2×10^5 m/s이다. 그곳에서의 기체 대부분은 원자 수소이다. 태양 표면 온도가 5800 K라고 가정하고, 수소 원자의 rms 속력을 구하라. 구한 결과를 탈출 속력과 비교하라.

54. (a) 맥스웰·볼츠만 정규화 상수가 $T = 273$ K에서 $A = 1$이 되기 위해 필요한 구리의 전도 전자들의 밀도는 얼마인가? 이 경우 맥스웰·볼츠만 통계가 유효하지 않은 이유를 논증하기 위해 구한 결과를 사용하라. (b) 같은 온도에서 He 기체에 대해 계산을 반복하라. (c) 중성자로 구성되어

있고 온도가 10^6 K인 중성자별에 대해 계산을 반복하라. (d) 중성자별의 평균 밀도는 10^{17} kg/m^3 정도이다. 이 경우 맥스웰·볼츠만 통계가 유효한지 여부를 논의하려면 (c)에서 구한 답을 사용하라.

55. 표 9.4에 주어진 페르미 에너지로부터, T = 300 K일 때 밀도가 2.70 × 10^3 kg/m^{3}인 알루미늄에 대해 원자당 전도 전자들의 수를 추정하라.

56. 부록 3C에 제시된 방법을 사용하여 다음 적분을 계산하라.

$$\int_0^\infty x^n \exp(-ax^2)\,dx$$

n = 3, 4, 5에 대한 상수 a로 표현하라.

57. E의 고정된 총에너지를 갖는 (고전적인) 단순 조화 진동자에 대해, 운동에너지의 평균값 $\overline{K}$와 퍼텐셜에너지의 평균값 $\overline{V}$를 찾아라. 또한 $\overline{K} = \overline{V} = E/2$임을 보여라.

58. 우리의 태양과 비슷한 별들은 결국 *백색왜성*(white dwarf)이 되는데, 수소와 헬륨이 융합하여 탄소와 산소를 형성한다. 그런 다음 별은 외부 층들을 흘려보내고 훨씬 더 작은 반지름을 가진 핵을 남기게 되며, 이는 '왜성'으로 표현되는 이유이다. 전자는 핵에 속박되어 있지 않고 백색왜성 내에서 축퇴된 페르미 기체를 형성한다. 질량이 태양의 질량(1.99 × 10^{30} kg)과 같지만 반지름이 6.96 × 10^6 m 수준에 불과한 백색왜성을 고려하자. 이는 현재 태양 반지름의 1%에 불과한 수준이다. (a) 백색왜성은 탄소와 산소가 같은 비율로 구성되어 있다면 몇 개의 전자가 존재할까? (b) 전자들의 개수 밀도는 얼마인가? (c) 전자들의 페르미 에너지를 eV 단위로 구하고 그 결과에 대해 논의하라.

59. 원자의 핵은 페르미온들(양성자 및 중성자)의 집합체이다. (a) 핵의 페르미 에너지를 계산하는 데 있어 양성자와 중성자는 반드시 별도로 고려해야 한다. 왜 그런가? (b) 92개의 양성자와 146개의 중성자로 구성된 7.4 × 10^{-15} m의 반경을 가지는 우라늄 핵에서 (i) 양성자와 (ii) 중성자의 페르미 에너지를 계산하라.

60. 2차 세계대전 중에 물리학자들은 우라늄-235와 -238 동위원소들을 분리하는 방법을 개발했다. 한 가지 방법은 우라늄 금속을 기체 UF_6로 전환한 다음 기체가 다공성 장벽을 통해 확산되도록 하는 것이었다. 다공성 장벽에서는 가벼운 기체는 더 빨리 확산되었다. 상온에서 두 UF_6 기체종들의 rms 속력의 차이는 얼마인가?

61. 상온(293 K)의 헬륨에서 발생하는 보스·아인슈타인 응축(BEC)에 대한 개수 밀도 N/V를 구하라. 그 결과를 1기압의 실온에서 이상기체의 개수 밀도와 비교하라. 실온에서 헬륨 BEC를 만드는 것이 가능한지 여부를 따져 보라.

62. 루비듐의 보스·아인슈타인 응축은 온도 20 nK에서 얻어진다. 루비듐을 이상기체로 취급하여 그 온도에서의 루비듐 원자의 rms 속력을 구하라.(가장 일반적인 동위원소 ^{85}Rb를 가정하자.) 가장 낮은 최저 측정 온도 조건 450 pK를 사용하여 나트륨에 대한 보스·아인슈타인 응축에 대해 계산을 다시 반복하라.

63. 아르곤의 동위원소 ^{40}Ar(이는 가장 일반적인 형태임)은 ^{4}He와 같은 보손이다. (a) 9.7절의 방법을 따르고 아르곤이 보스·아인슈타인 응축이 되어야 하는 온도를 추정하라. 아르곤에 대해 개수 밀도 조건으로는 2.5 × 10^{28} m^{-3}를 사용하라. (b) 아르곤이 보스·아인슈타인 응축이 되는 것으로 관찰되지 않는 이유는 무엇인가?(힌트: 아르곤의 어는점은 84 K이다.)

64. 코넬(Cornell)과 위먼(Wieman)이 수행한 한 실험에서, 보스·아인슈타인 응축에는 약 10^{-15} m^{3}의 부피 내에 2000개의 루비듐-87 원자가 포함되어 있다. 보스·아인슈타인 응축이 발생했어야 하는 온도를 추정하라.

65. 액체 네온의 밀도는 1200 kg/m^{3}이다. 네온이 초유체가 될 것으로 예상되는 온도를 찾아라. 이것이 관찰될 수 있다고 생각하는가? 그 이유는 무엇인가?

66. 보스·아인슈타인 응축 기체의 최초 발견에서 시료는 약 10^{-15} m^{3}의 부피에 약 2000개의 ^{87}Rb 원자를 포함했다. 응축된 보스·아인슈타인 응축상태에 대한 최대 온도를 추정하고 교재에서 논의된 실제 관찰 온도와 비교하라.

10 CHAPTER

분자와 고체
Molecules and Solids

측정이 정확했던 만큼, 그 실험에서 저항이 사라진 것은 의심의 여지가 없었다. 그러나 그와 동시에 뜻밖의 일이 일어났다. 4.2 K에서 수은은 특별한 전기적 성질 때문에 초전도 상태라고 부를 수 있는 새로운 상태가 되었다.

헤이커 카메를링 오너스, 노벨 강연, 1913

7장과 8장에서 개별 원자의 특성에 대해 논의했다. 이 장에서는 이러한 원자가 결합하여 분자와 고체를 형성할 때 어떤 일이 발생하는지 알아보고자 한다.

가장 간단한 원자 조합으로 먼저 이원자 분자를 고려하자. 분자 스펙트럼은 우리가 이전에 본 원자 스펙트럼과 마찬가지로 양자화되며 이미 배운 양자 원리는 관찰된 스펙트럼을 설명하는 데 도움이 된다. 원자 및 분자 에너지 준위 연구의 중요한 응용 중 하나는 레이저의 유도 방출(stimulated emission) 사용이다. 10.2절에서 여러 종류의 레이저의 동작 원리를 설명하고 홀로그래피를 비롯한 여러 응용분야 중 일부에 대해 설명한다.

이 장의 나머지 부분에서는 고체의 성질에 대해 설명한다. 고체는 많은 다양한 결정 구조를 가질 수 있고, 어떤 경우에는 장거리 질서를 가지고 있지 않다. 고체의 열적 및 자기 특성(열팽창, 열전도도, 자기 감수율 포함)은 양자 이론을 사용하여 설명할 수 있다.

초전도 현상은 많은 고체 물질의 저온에서 관찰되는 놀라운 현상이다. 여기서는 초전도 재료의 발전, 초전도 이론의 일부, 이 분야의 향후 기초 연구 전망을 제시한다. 이 장의 마지막 절에서는 초전도성을 이용하여 개발되었거나 제안된 응용분야에 대해 설명한다. 영-저항 전기 회로 및 전송 라인, 자기 부상, 자기 공명 영상 및 고자기장 자석 등이 현재 연구 중인 응용분야의 일부분이다. 초전도체의 놀라운 특성은 미래에 대한 더 많은 흥미로운 가능성을 불러일으킬 것이다.

10.1 분자 결합과 스펙트럼

원자는 어떻게 결합되어 분자를 형성할까? 분자 내 원자 사이의 인력은 쿨롱 힘으로 인한 것이다. 왜냐하면 쿨롱 힘은 관찰된 거리(일반적으로 10^{-10} m 정도)에서 원자를 결합하는 데 필요한 강도와 긴 적용 범위를 모두 갖는 유일한 것이기 때문이다. 모든 원자는 인력을 만들 수 있는 양전하(핵)와 음전하(전자)를 둘 다 가지고 있지만, 그렇다고 모

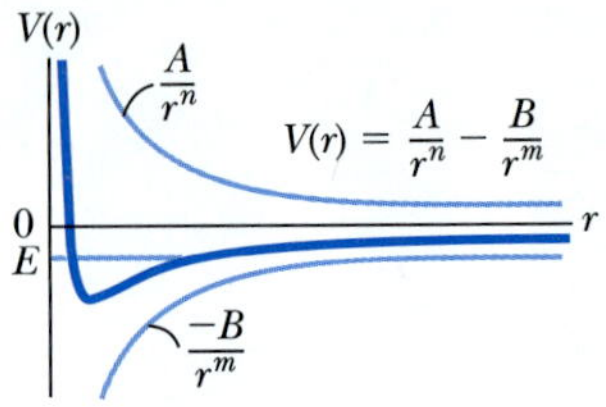

그림 10.1 하나의 원자가 근처의 다른 원자에 의해 경험하는 인력 및 척력 퍼텐셜(옅은 파란 선). 인력과 척력 퍼텐셜의 합은 진한 파란 실선으로 표시되었다. 속박된 상태들은 총에너지 $E < 0$로 존재한다.

든 원자가 쉽게 분자를 형성하는 것은 아니다. 모든 중성 원자에는 두 종류의 전하가 모두 포함되어 있기 때문에, 한 원자가 다른 원자에 작용하는 알짜 힘은 인력과 척력의 조합이어야 한다. 파울리의 배타 원리도 반발력을 얻는 데 중요한 기여를 한다. 안정적인 분자 구조를 만드는 것은 인력과 반발력의 조합이다.

예를 들어 이원자 분자의 결합을 고려해 보자.(다원자 분자의 원리도 비슷하지만 더 복잡하다.) 위치에너지 V를 사용하여 분자 결합을 해석하는 것이 유리하다. 보존 시스템에서 힘은 $F = -dV/dr$에 의해 위치에너지와 관련이 있다. 여기서 r은 이격 거리이다. 즉, 힘의 크기가 거리가 증가함에 따라 감소하는 경우(쿨롱 힘과 마찬가지로), 음의 기울기($dV/dr < 0$)는 척력과, 양의 기울기($dV/dr > 0$)는 인력과 관련이 있다. 다른 원자 근처에서 한 원자가 느끼는 힘의 근사치는 다음과 같이 쓸 수 있다.

$$V = \frac{A}{r^n} - \frac{B}{r^m} \tag{10.1}$$

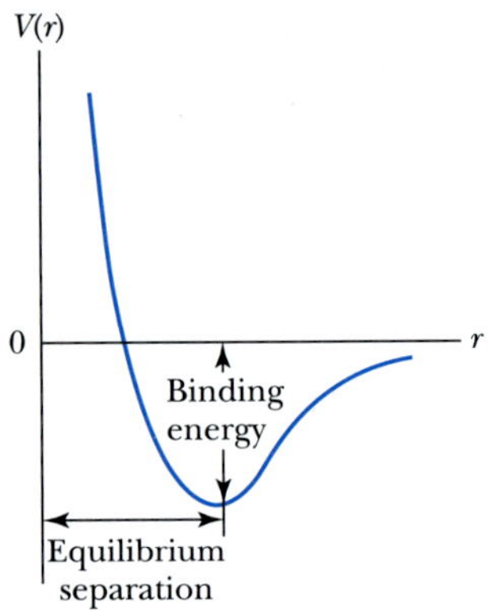

그림 10.2 평형 분리와 결합 에너지를 나타내는 알짜 퍼텐셜 에너지 곡선

여기서 A와 B는 관련된 원자의 유형에 따라 달라지는 양의 상수이고, n과 m은 작은 양의 값이다. 힘이 쿨롱이기 때문에 n과 m이 1이 될 것으로 예상할 수 있지만, 다양한 전자 껍질의 복잡한 차폐 효과 때문에 실제로는 그렇지 않다.

그림 10.1과 같이 인력 및 척력 퍼텐셜의 합은, 총에너지 $E < 0$인 안정적인 평형상태를 갖는 퍼텐셜 우물(potential well)을 만든다. 곡선의 정확한 모양은 식 (10.1)의 매개변수 A, B, n, m에 따라 달라진다. 그림 10.1에 나와 있는 퍼텐셜 우물을 생성하려면 $n > m$을 만족해야 한다. 분자의 진동은 열적으로 여기되므로 E의 정확한 값은 온도에 따라 달라지며, $T = 0$일 때 E는 퍼텐셜 우물의 바닥에 있다. 한 쌍의 원자가 결합되면, 분자를 두 개의 중성 원자로 분리하기 위해(실제적으로는 두 번째 원자를 $r = \infty$로 보냄) 시스템의 총에너지를 0으로 높이기 위한 충분한 에너지가 공급되어야 한다. 이러한 위치에너지 곡선은 일반적으로 최소값을 가지며 이에 해당하는 r의 값은 *평형 분리*(equilibrium separation)라고 한다.

결합 에너지

두 원자를 완전히 분리하는 데 필요한 에너지의 양을 해당 분자의 **결합 에너지**(binding energy)라고 한다. 결합 에너지는 그림 10.2에 표시된 퍼텐셜 우물의 깊이와 유사하다. 그러나 결합 에너지와 우물 깊이는 정확히 같지 않을 수 있는데, 이는 하이젠베르크 불확정성 원리에 따라 바닥상태 에너지가 우물 바닥과 정확히 일치할 수 없기 때문이다.

분자 결합

이온 결합

특정 분자의 결합 메커니즘은 관련된 원자의 전자 구조에 따라 다르다. 이러한 결합 메커니즘 중 가장 단순한 **이온 결합**(ionic bond)은 관련된 두 원자가 쉽게 이온화될 때 발생한다. 예를 들어, 전자 배열이 $1s^2 2s^2 2p^6 3s^1$인 나트륨은 $3s$ 전자를 쉽게 포기하여 Na^+이 되는 반면, 전자 배열이 $1s^2 2s^2 2p^6 3s^2 3p^5$인 염소는 쉽게 전자를 얻어 Cl^-가 된다. 이때 Na^+과 Cl^-는 둘 다 전자 껍질을 채웠다. Na^+ 및 Cl^- 이온은 정전기적으로 끌어당겨 NaCl 분자를 형성한다.

공유 결합

공유 결합(covalent bond)에서 원자는 쉽게 이온화되지 않는다. 분자의 공유 결합은 원자들이 전자들을 공유한다는 특징을 가진다. 두 개의 동일한 원자[H_2, N_2, O_2 등등, 때로는 *같은 극*(homopolar) 분자라고도 함]의 조합으로 형성된 이원자 분자는 전자를 얻거나 잃으려 하지 않기 때문에 공유 결합하는 경향이 있다. 더 큰 분자(예를 들면, 복잡한 유기 분자)는 주로 공유 결합으로 형성된다.

여기에서는 몇 가지 다른 결합 메커니즘에 대해 간략하게 설명하고자 한다. *반데르발스 결합*은 저온의 액체와 고체에서 주로 발견되는 비교적 약한 결합이다. 반데르발스 결합의 대표적인 한 가지 예로 순수한 탄소의 한 형태인 흑연을 들 수 있다. 흑연에서 탄소 원자는 강력한 공유 결합으로 묶인 2차원 시트(sheet)를 형성한다. 훨씬 더 약한 반데르발스 결합으로는 인접한 탄소 원자 시트들을 묶는다. 그 결과로, 원자 한 층이 마찰이 거의 없이 다음 층 위로 미끄러진다. 예를 들면 연필의 흑연이 종이 위로 쉽게 미끄러지는 것이 그 현상이다. 반데르발스 힘은 비극성인 원자나 분자 사이에도 작용한다. 예를 들어, 불활성 기체의 원자 사이에 작용하는 반데르발스 힘은 기체가 충분히 낮은 온도에서 액화되도록 한다. *수소 결합*은 많은 유기 분자를 결합하는 데 중요하다. 수소 결합은 수소 원자와 전기 음성 원자(일반적으로 O, N, 또는 F) 사이의 인력을 특징으로 한다. 수소 결합의 가장 좋은 예는 물이다. *금속 결합*에서는 약하게 결합된 최외곽 전자가 많은 원자에 의해 공유될 수 있다.

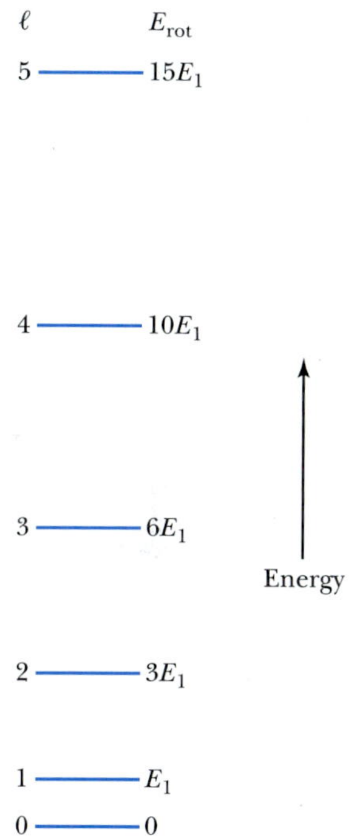

그림 10.3 강체 회전자의 에너지 준위. 준위 간의 간격은 에너지가 증가할수록 커진다. 모든 준위들은 $\ell = 1$ 에너지 준위 E_1을 바탕으로 표현되었으며, $E_1 = \hbar^2/I$이다.

회전 상태

분자 결합의 유형에 관계없이, 분자가 전자기복사를 흡수, 방출, 산란하는 방법을 연구함으로써 분자의 특성에 대해 많은 것을 배울 수 있다. 이 연구는 광범위하게 *분자분광학*이라고 부른다. N_2와 같은 단순한 이원자 분자를 고려하자. 9.3절에서 보았듯이 물리적 상황에 따라 이 분자를 다양한 방식으로 모델링할 수 있다. 예를 들어, N_2 분자를 질량이 없고 단단한 막대와 함께 고정된 두 개의 N 원자로 생각해 보자. 이를 *강체 회전자*(rigid rotator) 모델이라고 한다. 이것들은 순전히 회전운동이기 때문에 각운동량의 양자 이론을 사용하여 에너지 준위를 결정할 수 있다. 순수한 회전 시스템에서 운동에너지는 각운동량 L과 회전 관성 I로 다음과 같이 표현된다.

$$E_{\text{rot}} = \frac{L^2}{2I}$$

각운동량은 다음 형태로 양자화된다(7.3절을 보라).

$$L = \sqrt{\ell(\ell + 1)}\,\hbar \tag{7.22}$$

여기서 ℓ은 각운동량 양자수이다. 에너지 준위는 앞의 두 방정식을 결합하여 결정된다.

단순 회전 상태의 에너지 준위

$$E_{\text{rot}} = \frac{\hbar^2 \ell(\ell + 1)}{2I} \tag{10.2}$$

회전 관성 I는 강체 회전자에서 일정하므로 E_{rot}는 그림 10.3에 나타낸 것처럼 양자수 ℓ의 함수로만 변화한다.

예제 10.1

결합 길이가 0.110 nm인 N_2의 가장 낮은 회전 에너지 상태에 대한 E_{rot} 값을 구하라.

전략 질소 원자를 거리 R만큼 분리된 점질량(각각의 질량을 m)으로 간주하면(그림 10.4를 보라), 분자의 중심을 통과하고 원자를 연결하는 선에 수직인 축에 대한 회전 관성은

$$I = m\left(\frac{R}{2}\right)^2 + m\left(\frac{R}{2}\right)^2 = \frac{mR^2}{2}$$

회전 관성 I에 대한 수치적 계산과 식 (10.2)에서 따온 에너지 준위를 사용한다.

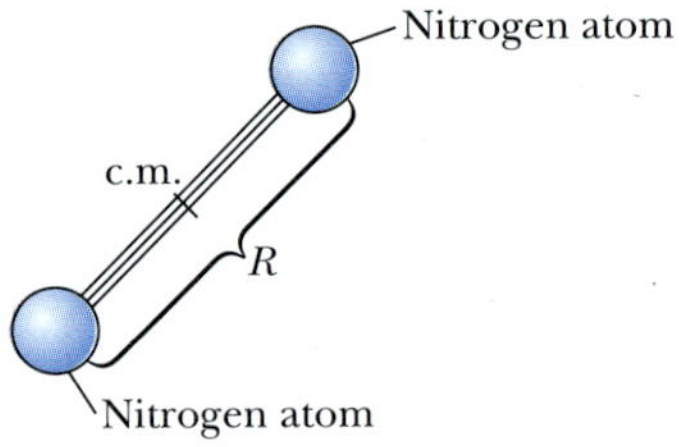

그림 10.4 원자 중심 간 평형 분리 R을 갖는 이원자 분자(N_2)의 강체 회전자 모델(질량 중심은 c.m.으로 표시)

풀이 질소의 경우 $m = 2.33 \times 10^{-26}$ kg 및 $R = 1.10 \times 10^{-10}$ m이다. 따라서

$$I = \frac{(2.33 \times 10^{-26}\,\text{kg})(1.10 \times 10^{-10}\,\text{m})^2}{2} = 1.41 \times 10^{-46}\,\text{kg}\cdot\text{m}^2$$

$\ell = 1$일 때

$$E_{rot} = \frac{2\hbar^2}{2I} = \frac{\hbar^2}{I} = \frac{(1.055 \times 10^{-34}\,\text{J}\cdot\text{s})^2}{1.41 \times 10^{-46}\,\text{kg}\cdot\text{m}^2} = 7.89 \times 10^{-23}\,\text{J} = 4.93 \times 10^{-4}\,\text{eV}$$

그러나 이것은 가장 낮은 상태의 에너지일 뿐이다. $\ell = 4$ 상태 $[\ell(\ell + 1) = 20]$의 에너지는 10배 크고 대략 0.005 eV이다. 이 에너지는 여전히 수소의 전자 전이와 관련된 에너지(그림 4.16에서 볼 수 있는 것처럼 가시광 영역의 광자를 생성하는 것)보다 최소 100배 이상 작다. 따라서 우리는 인접한 회전 상태 사이의 전이에 의해 생성된 광자는 스펙트럼상으로 *적외선* 또는 *마이크로파* 영역에 있을 것으로 예상할 수 있다.

진동 상태

회전뿐 아니라 진동 에너지 모드가 여기될 가능성도 있다. 9.3절에서 보았듯이 상온의 이원자 기체에서는 이 모드의 열적 여기는 발생하지 않는다. 그러나 전자기복사를 사용하여 분자의 진동을 유도하는 것은 가능하다. 이원자 분자의 진동을 모델링하기 위해 그림 10.5에서와 같이 두 원자가 질량이 없는 스프링으로 연결된 점질량이라고 가정한다. 그러면 원자들이 고전물리학에서처럼 단순 조화 운동을 할 수 있다. 이때 에너지 준위는 반드시 양자역학적 진동자의 에너지 준위이어야 한다(6.6절을 보라). 즉,

$$E_{vibr} = \left(n + \tfrac{1}{2}\right)\hbar\omega \tag{10.3}$$

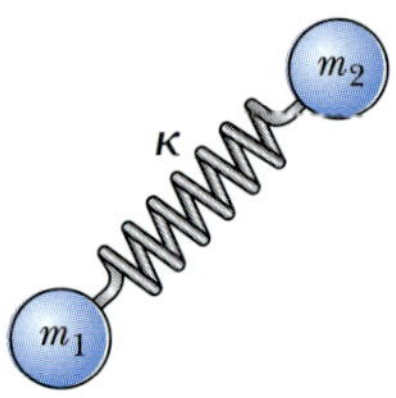

그림 10.5 두 개의 질량 m_1, m_2가 힘 상수 κ를 가지고 질량이 없는 스프링에 연결된 이원자 모델

여기서 ω는 진동자의 고유(고전적인) 각주파수이다.

E_{vibr}을 추정하는 다른 방법은 순수하게 고전적인 고찰로부터 ω를 추정하는 것이다. 고전역학에서 2-입자 진동자의 주파수는 다음과 같다.

$$\omega = \sqrt{\frac{\kappa}{\mu}} \tag{10.4}$$

여기서 $\mu = m_1 m_2/(m_1 + m_2)$는 시스템의 환산(reduced) 질량이고, κ는 힘(스프링)

표 10.1 몇몇 이원자 분자들의 기본 진동 주파수 및 유효 힘 상수값

Molecule	Frequency (Hz), $n = 0$ to $n = 1$	Force Constant (N/m)
HF	8.72×10^{13}	970
HCl	8.66×10^{13}	480
HBr	7.68×10^{13}	410
HI	6.69×10^{13}	320
CO	6.42×10^{13}	1860
NO	5.63×10^{13}	1530

출처: G. M. Barrow, *The Structure of Molecules*, New York: Benjamin (1963)

상수이다. 이제 쿨롱 힘이 질량을 붙잡고 있다고 가정하면 κ를 추정할 수 있다. 만약 이 결합이 순수하게 이온 결합이라면, 점질량은 점전하 $+e$ 및 $-e$가 된다. 따라서 힘 상수 κ(단위 거리당 힘)를 다음과 같이 계산할 수 있다.

$$\kappa = \left|\frac{dF}{dr}\right| \approx \left|\frac{d}{dr}\left(\frac{e^2}{4\pi\epsilon_0 r^2}\right)\right| = \frac{e^2}{2\pi\epsilon_0 r^3} \tag{10.5}$$

그리고

$$\omega \approx \sqrt{\frac{e^2}{2\pi\epsilon_0 \mu r^3}} \tag{10.6}$$

만약 $r \approx 10^{-10}$ m라고 가정하면, 식 (10.5)에서 힘 상수 $\kappa \approx 460$ N/m이 된다. 따라서 $\omega = \sqrt{\kappa/\mu} \approx 2.0 \times 10^{14}\ \mathrm{s}^{-1}$(또는 $f = \omega/2\pi \approx 3.2 \times 10^{13}$ Hz)이고, 식 (10.3)에서 N_2의 진동 준위가 $n = 1$일 때에 대한 에너지 $E_{\mathrm{vibr}} \approx 0.2$ eV를 얻는다. 기본 진동 주파수와 유효 힘 상수의 실제 측정값을 표 10.1에 나타냈다.

예제 10.2

(a) HCl 분자의 진동 에너지 준위 사이의 간격이 0.36 eV라고 가정할 때 유효 힘 상수를 구하라. (b) HCl의 진동 에너지 준위 간의 차이에 해당하는 고전적인 온도를 구하라.

전략 (a) $\kappa = \mu\omega^2$이므로 먼저 μ와 ω를 찾아야 한다. 환산 질량 μ는 $\mu = m_1 m_2/(m_1 + m_2)$로 주어진다. 또한 $\Delta E = hf = \hbar\omega$이므로 $\omega = \Delta E/\hbar$이다. 최저 준위 $n = 0$에서 $E_{\mathrm{vibr}} = \hbar\omega/2$이다.

(b) 1차원 진동자와 관련된 두 개의 자유도 중, 하나는 운동에너지이고 다른 하나는 퍼텐셜에너지이다(9.3절을 보라). 그러므로 다음과 같이 표현할 수 있다.

$$\Delta E = \hbar\omega = 2\left(\frac{kT}{2}\right) = kT$$

(여기서 k는 볼츠만상수) 따라서 $T = \Delta E/k$이다.

풀이 (a) 가장 일반적인 염소-35 동위원소를 가정하면 환산 질량은

$$\mu = \frac{m_1 m_2}{m_1 + m_2} = \frac{(34.97\ \mathrm{u})(1.008\ \mathrm{u})}{34.97\ \mathrm{u} + 1.008\ \mathrm{u}}$$
$$= 0.9798\ \mathrm{u} = 1.63 \times 10^{-27}\ \mathrm{kg}$$

따라서

$$\omega = \frac{\Delta E}{\hbar} = \frac{0.36\ \text{eV}}{6.58 \times 10^{-16}\ \text{eV}\cdot\text{s}} = 5.47 \times 10^{14}\ \text{rad/s}$$

계산된 수치를 종합하면 힘 상수는 식 (10.4)에 의해 다음과 같이 얻어진다.

$$\kappa = \mu\omega^2 = (1.63 \times 10^{-27}\ \text{kg})(5.47 \times 10^{14}\ \text{rad/s})^2 = 490\ \text{N/m}$$

이는 표 10.1의 값과 매우 유사하다.

(b) ΔE의 계산 수치를 사용하면

$$T = \frac{\Delta E}{k} = \frac{0.36\ \text{eV}}{8.62 \times 10^{-5}\ \text{eV/K}} = 4200\ \text{K}$$

이 진동 상태를 여기시키려면 4200 K의 온도가 필요하다. 이것이 바로 대부분의 이원자 분자가 상온에서 열적으로 여기되지 않는 이유이다.

진동 및 회전 결합

실제 분자 시스템에서는 회전 및 진동 모드를 동시에 여기하는 것이 가능하다. 간단한 진동-회전 계의 총에너지를 구하기 위해 이전 결과들을 결합하면 다음과 같다.

$$E = E_{\text{rot}} + E_{\text{vibr}} = \frac{\hbar^2 \ell(\ell+1)}{2I} + \left(n + \frac{1}{2}\right)\hbar\omega \tag{10.7}$$

여기상태로 유도된 이원자 분자는 원자 계에서와 같이 더 낮은 에너지 상태로 붕괴할 때 광자를 방출한다. 일반적으로 다양한 회전 및 진동 전이에 해당하는 방출된 광자들의 넓은 스펙트럼을 관찰할 수 있다.

식 (10.7)을 통해 발광 스펙트럼의 한 가지 특별한 특징을 추론할 수 있다. 진동 에너지는 일정한 간격($E_{\text{vibr}} = \frac{1}{2}\hbar\omega, \frac{3}{2}\hbar\omega, \ldots$)으로 분리되어 있기 때문에, 진동 전이에 의한 발광 특성 또한 일정한 간격으로 나타난다. 세부적 이유는 다르지만, 회전 전이의 경우도 마찬가지이다. 예를 들어, $\ell + 1$ 상태에서 ℓ 상태로의 전환을 고려해 보자. 그 전이에 의해 생성된 광자는 다음의 에너지를 가질 것이다.

$$\begin{aligned} E_{\text{ph}} &= \frac{\hbar^2}{2I}[(\ell+1)(\ell+2) - \ell(\ell+1)] \\ &= \frac{\hbar^2}{2I}[\ell^2 + 3\ell + 2 - \ell^2 - \ell] = \frac{\hbar^2}{I}(\ell+1) \end{aligned} \tag{10.8}$$

이제 ℓ에 따라 변화되는 방출 스펙트럼 간격을 살펴보자. 구체적으로는 시작 에너지 준위가 높을수록 $\Delta\ell = -1$ 전이에 대한 광자 에너지가 커진다. 이는 그림 10.3에 나타낸 에너지 준위 간격과 일치한다. 광자 에너지는 양자수 ℓ에 따라 선형적으로 비례하여 증가하기 때문에, 광자 에너지는 일정한 간격으로 증가한다.

예측에서 알 수 있듯이, 일반적으로 진동 에너지는 회전 에너지보다 10배 정도 더 크다. 이러한 큰 에너지 차이로 인해 앞서 언급한 서로 다른 간격 특성과 함께 그림 10.6에 나타낸 것과 같은 **띠 스펙트럼**(band spectrum)이 형성된다. 그림에서 균일한 간격의 진동 스펙트럼을 볼 수 있으며, 각각의 진동선 위에 보다 촘촘하게 분포된 회전 스펙트럼이 겹쳐 있는 것을 볼 수 있다.

띠 스펙트럼

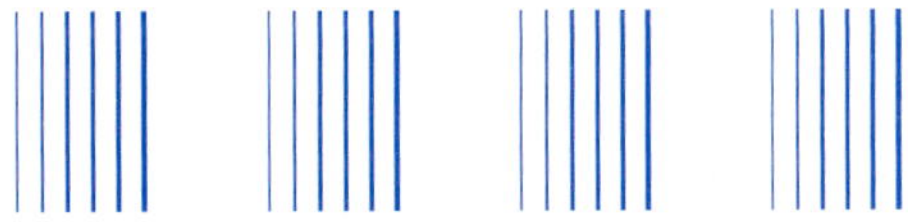

그림 10.6 이원자 분자의 일반적인 방출 스펙트럼 분포. 균일하게 떨어져 있는 선들의 그룹은 진동 준위 간의 동등한 간격에 해당한다. 각 그룹 내 구조는 회전 준위 간의 전이 때문이다.

모든 분자 스펙트럼에서 관찰된 밴드(band)의 위치와 강도는 양자역학의 규칙에 따라 결정된다. 여기서 우리는 특히 두 가지 기능에 주목한다. 첫째, 밴드의 상대적 강도는 서로 다른 전이 확률에서 기인한다. 초기상태(예를 들면, $n = 5$)에서 가능한 각 최종상태($n = 4, 3, \cdots$)로 전이되는 확률은 반드시 같을 필요는 없다. 스펙트럼선은 밝기가 다양하며, 더 진한 선은 전이 확률이 더 높은 것을 의미한다. 둘째, 일부 전이는 $\Delta\ell = \pm 1$이라는 조건의 양자역학적 선택 규칙에 의해 금지된다. 이는 방출에 있어서 광자가 기본 양자 단위의 고유 각운동량($\hbar$)을 가져야 하기 때문에 반드시 지켜져야 한다.

흡수 스펙트럼

$\Delta\ell = \pm 1$ 선택 규칙의 흥미로운 적용 예를 **흡수 스펙트럼**(absorption spectrum) 연구에서 찾을 수 있다. 전자기복사가 특정 종류 분자들의 집합에서 일어날 때(예를 들면, 닫힌 기체 셀), 분자들은 오직 회전 상태가 $\Delta\ell = \pm 1$만큼 변경되는 경우에만 광자를 흡수하고 더 높은 진동 상태로 전이할 수 있다. 그림 10.7은 두 개의 진동 상태 간 허용된 전이의 모식도를 보여 준다. ΔE는 식 (10.8)과 같이 ℓ에 따라 선형적으로 증가하기 때문에, 일정한 에너지 간격(또는 에너지에 비례하는 주파수 간격)으로 흡수 밴드를 볼 것이다. 이것은 HCl의 흡수 스펙트럼에서 분명하게 나타난다(그림 10.8). 여기서 봉우리 사이의 규칙적인 간격은 회전 관성 I를 계산하는 데 사용할 수 있다(문제 15a). 중앙

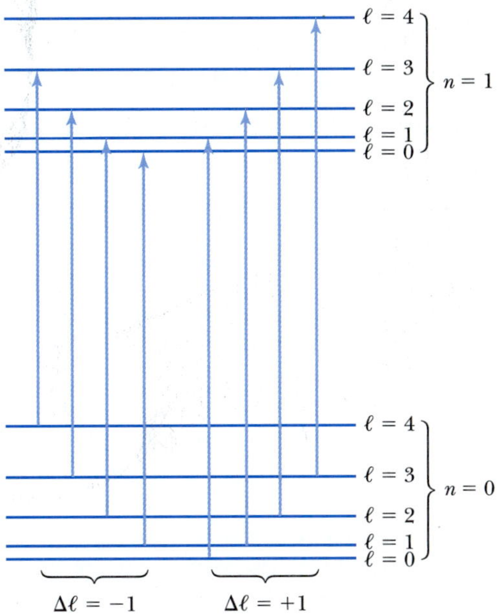

그림 10.7 이원자 분자에서 인접한 진동 상태 간의 흡수 전이($n = 0$에서 $n = 1$로)를 나타낸 다이어그램

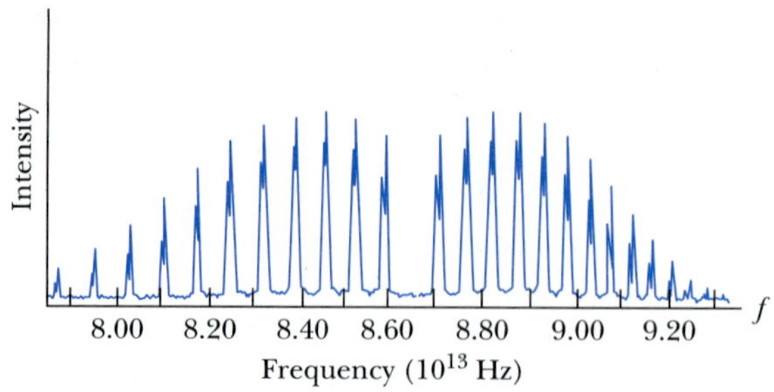

그림 10.8 이원자 분자인 HCl의 흡수 스펙트럼. 간격은 식 (10.7)에서 예측된 바와 같이 일정하며, 염소 동위원소인 ^{35}Cl과 ^{37}Cl 간의 미세한 질량 차이로 인해 각각의 선이 분리되어 있다. $f = 8.65 \times 10^{13}$ Hz에서의 사라진 중심 봉우리는 금지된 $\Delta\ell = 0$ 전이에 해당한다.

부분의 빠진 봉우리는 금지된 $\Delta\ell = 0$ 전이에 해당한다. 따라서 중심 주파수 f는 다음과 같다.

$$f = \frac{1}{2\pi}\sqrt{\frac{\kappa}{\mu}}$$

이것은 $n = 1$에서 $n = 0$으로의 진동 전이의 주파수이다.

물리학자와 화학자들은 분자 스펙트럼을 연구할 목적으로 정교한 장비와 데이터 압축 기술들을 개발했다. 가장 대표적인 방법 중 하나가 *푸리에 변환 적외선*(Fourier transform infrared, FTIR) *분광법*이다. 대부분의 푸리에 변환 분광기는 광자의 파장을 정밀하게 측정하기 위해 마이컬슨 간섭계(2장을 보라)를 사용한다. 스펙트럼을 분석하기 위해 푸리에 변환을 사용한다. 푸리에 분석에서 스펙트럼은 사인 및 코사인 함수의 무한급수로 분해될 수 있다. 스펙트럼 특성에 대한 적절한 지식이 있다면 '깨끗한' 스펙트럼, 즉 신호 대 잡음비가 높은 스펙트럼을 얻기 위해, 무작위적이고 기계적인 잡음을 크게 줄일 수 있다(그림 10.9를 보라).

라만 산란

이러한 종류의 스펙트럼에서, 들어오는 광자의 에너지가 전이 에너지 ΔE와 정확히 일치할 필요는 없다. ΔE보다 큰 에너지의 광자가 분자에 흡수되면, 과잉 에너지는 더 낮은 에너지를 갖는 산란된 광자의 형태로 방출될 수 있다. 이 과정을 **라만 산란**(Raman scattering)이라고 한다. 라만 산란 광자의 스펙트럼을 조사하면, 연구 중인 분자의 일부 특성을 배울 수 있다(그림 10.10). 라만 산란에서 각운동량 선택 규칙은 $\Delta\ell = \pm 2$가 되고 이는 두 번째 광자가 연관되기 때문이다.* ℓ 상태에서 $\ell + 2$ 상태로 전이하는 경우를 생각해 보자. 이때 전이 에너지의 회전 부분은 다음과 같다.

$$\begin{aligned}\Delta E_{\text{rot}} &= \frac{\hbar^2}{2I}[(\ell + 2)(\ell + 3) - \ell(\ell + 1)] \\ &= \frac{\hbar^2}{I}(2\ell + 3)\end{aligned} \tag{10.9}$$

여기서 I는 분자의 회전 관성이다. 입사되는 광자가 에너지 hf를 가지고 라만 산란되고,

*물론 $\Delta\ell = 0$은 이광자 과정에서도 가능하다. $\Delta\ell = 0$의 경우는 *레일리 산란*으로 알려져 있다. 양자 이론에 의하면 단파장에서는 레일리 산란이 (라만 산란에 비해) 더 잘 일어난다. 대기에서 광자의 레일리 산란은 하늘이 파랗거나, 일출 및 일몰 시에 해 주변이 붉어지는 이유이다. 왜냐하면 단파장 광자(청색)는 장파장 광자(적색)보다 레일리 산란이 더 잘 일어나기 때문이다.

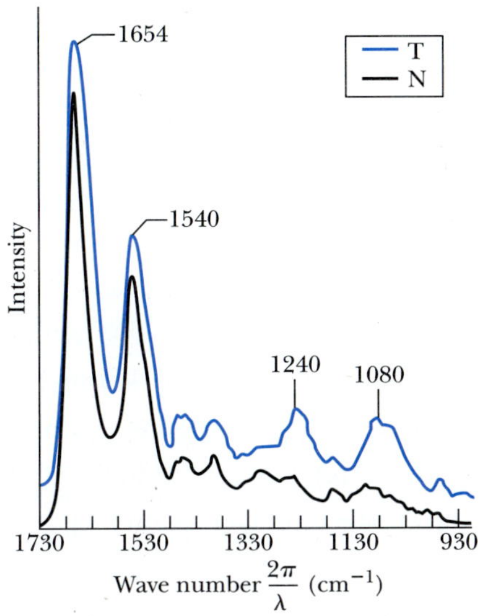

그림 10.9 인간 폐의 암세포(T) 및 정상세포(N)의 FTIR 스펙트럼 비교. 적외선 영역의 흡수가 36~68 μm에서 파수(2π/λ)의 함수로 주어진다. FTIR 법은 봉우리의 위치와 세기가 뚜렷하여 유용한 분석 도구가 된다. 출처: E. Benedetti et al., *Applied Spectroscopy* **44**, 1276-1280 (1990)

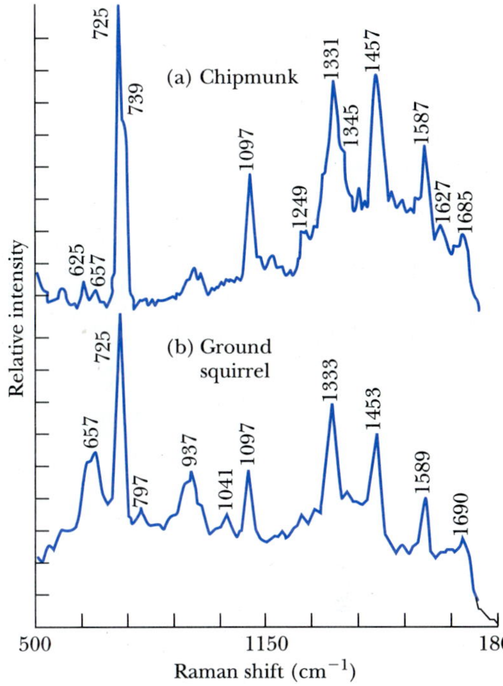

그림 10.10 (a) 다람쥐(chipmunk)와 (b) 얼룩다람쥐(ground squirrel)의 시각색소에 대한 라만 스펙트럼. 라만 시프트는 파수(2π/λ)만큼 차이가 나며 식 (10.10)에서 구한 주파수 차이와 같다. 이 스펙트럼들은 렌즈 색소(pigment)의 신진대사 및 광화학적 생성을 연구하는 데 사용된다. 출처: S. Nie et al., *Applied Spectroscopy* **44**, 571-575 (1990)

산란된 광자가 에너지 hf'을 갖는다고 가정하자. 이때 산란 광자의 주파수는 다음과 같이 연관된 회전 변수들의 항으로 얻을 수 있다.

$$hf' = hf - \Delta E_{\text{rot}} = hf - \frac{\hbar^2}{I}(2\ell + 3)$$

따라서

$$f' = f - \frac{\hbar}{2\pi I}(2\ell + 3) \tag{10.10}$$

이렇게 라만 분광법은 분자의 회전 특성(특히 ℓ 및 I)을 결정하는 데 유용한 도구가 될 수 있다. 또한 분자 특성 분석이 그렇게 단순하지 않은 다원자 시스템을 연구하는 데 사용된다.

라만 분광법은 또한 액체와 고체의 진동 특성 연구에도 사용된다. 이 경우, 입사되는 광자와 라만 이동된 광자 사이의 에너지 차이는 조사되는 시편의 진동 에너지와 일치한다. 용액 내 분자의 경우, 관측된 에너지 차이들은 고유한 '지문'을 형성하여 물질의 식별을 가능하게 한다. 고체 시료 또한 특징적인 진동 스펙트럼을 가지고 있다. 결정 물질에서의 진동은 많은 원자 위치들에서의 파동에 해당하며, 여전히 양자화의 증거이다. 이때 진동의 양을 포논(phonon)이라고 하며, 이에 대해서는 10.5절에서 더 자세히 논의할 것이다.

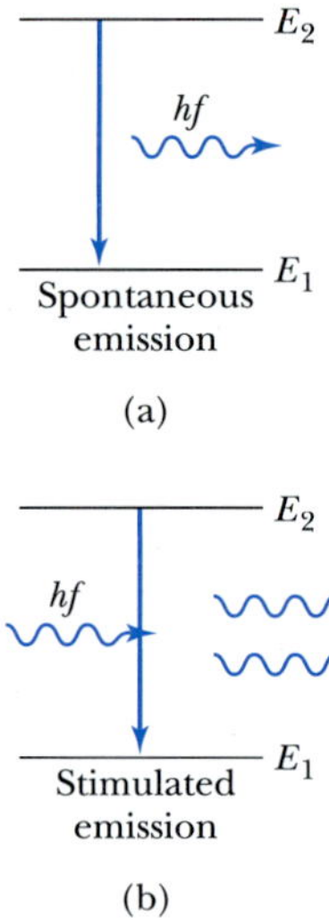

그림 10.11 (a) $E_2 - E_1 = hf$인 자발 방출과 (b) 2준위계에서의 유도 방출 그림. 유도 방출에서는 하나의 광자가 두 번째 광자의 방출을 유도한다.

10.2 유도 방출 및 레이저

10.1절에서 설명한 분자에 의한 광자의 방출을 **자발 방출**(spontaneous emission)이라고 한다. 여기상태의 분자는 더 낮은 에너지 상태로 붕괴하고 외부로부터의 자극 없이도 자발적으로 광자를 방출한다(그림 10.11a). 양자역학의 법칙은 언제 전이가 일어날지 알 수 없다고 말한다. 이 과정은 확률적으로 발생하므로 우리가 할 수 있는 최선은 여기상태의 평균수명이나 주어진 시간 내에 자발적인 전이가 일어날 확률을 계산하는 것이다. 결과적으로, 방출되는 광자의 파동 위상은 무작위일 것으로 예상할 수 있다. 평균수명은 방출 스펙트럼의 선폭에서 추정할 수 있다. 스펙트럼의 선폭이 ΔE라면, 하이젠베르크의 불확정성 원리에 의해 식 (5.45)와 같이 $\Delta t = \hbar/(2\Delta E)$의 수명 추정치를 얻을 수 있다. 예를 들어 $E = 0.24$ eV와 $\Delta E = 2.1 \times 10^{-6}$ eV가 있는 원자 상태를 관찰한다고 가정하면, 해당되는 수명은 $\Delta t = \hbar/(2\Delta E) = 1.6 \times 10^{-10}$ s로, 다소 수명이 짧다고 할 수 있다.

개념 예제 10.3

위의 예에서 원자 상태에 대해 계산된 수명이 정확한가? 실제 수명이 이 값보다 크거나 작을 것으로 예상할 수 있는가?

풀이 앞의 설명에서 제시된 데이터를 기반으로 정확한 수명이 얼마인지는 말할 수 없다. 사실, 수명의 분포는 하이젠베르크의 불확정성 원리에 의한 에너지 퍼짐(spread) ΔE와 연관되는 값 Δt의 퍼짐으로 예측할 수 있다. 불확정성 원리를 위반할 수 없기 때문에, 실제의 수명은 Δt보다 작아서는 안 된다고 주장할 수 있다. 그러나 측정되는 에너지 퍼짐 ΔE는, 이론적 최소값뿐만 아니라, 실험 방법론으로 인한 추가적인 확장에 따라 달라진다. 추가적인 확장이 없다면, 불확정성 원리를 통한 ΔE와 Δt 사이의 상관관계는 수명에 대한 정확한 추정치를 제공할 것이다.

유도 방출

하지만 방출 과정이 좀 더 제어된 방식으로 일어나는 것도 가능하다. 여기상태의 분자에 전자기 복사(광자)가 입사되면, 본질적으로 불안정한 이 시스템을 더 낮은 상태로 붕괴시킬 수 있다. 이것을 **유도 방출**(simulated emission)이라고 한다. 유도 방출의 중요한 특징은 방출된 광자가 여기 복사와 같은 위상 및 방향을 가진다는 것이다. 따라서 입사되는 광자가 방출되는 광자와 같은 에너지를 갖는다면, 그 결과로 동일한 파장과 위상을 가진 두 개의 광자가 동일한 방향으로 이동하게 된다. 왜냐하면 들어오는 광자는 흡수되지 않고, 단지 두 번째 광자의 방출을 유도하기 때문이다. 두 개의 광자(동일한 파장 및 위상)를 결맞음(coherent)된 빛이라고 한다. 그림 10.11b는 유도 방출 과정의 모식도이다.

유도 방출은 레이저 동작의 기본적인 물리 과정이다. 우리는 아인슈타인의 1917년 논문 「복사선의 양자 이론에 대해」에서 밝힌 간단한 논의를 통해 왜 유도 방출이 발생할 수 있는지 알 수 있다. 이 논문은 아인슈타인의 천재성을 증명하는 것으로, 마치 그가 물리학의 다른 많은 분야에서 그랬던 것처럼, 실험을 통해 증명되기 훨씬 전에 순수하게 이론적인 근거를 가지고 예측을 한 경우이다.

아인슈타인의 분석을 요약하자면 다음과 같다. 에너지가 E_1과 E_2인 두 개의 분자 상태 간의 전이를 고려해 보자(여기서 $E_1 < E_2$이다). 방출 또는 흡수와 관련된 광자는 에너지 E_{ph}와 주파수 f를 갖는데, 여기서 $E_{ph} = hf = E_2 - E_1$이다. 만약 유도 방출(즉, 입사되는 복사가 E_2에서 E_1으로 전이를 일으키는 과정)이 발생하면, 이러한 전이의 *비율*(rate)은 더 높은 상태의 분자수(이를 N_2라고 함)와 입사되는 복사의 에너지 밀도[이를 $u(f)$라고 함]에 비례해야 한다. 따라서 E_2에서 E_1으로의 유도 방출이 일어나는 비율을 $B_{21}N_2u(f)$라고 할 수 있다. 여기서 B_{21}은 유도 방출의 양자역학적 확률에 의존하는 비례상수이다. 유사하게, E_1에 있는 분자가 광자를 *흡수*할 확률은 $B_{12}N_1u(f)$로 표현될 수 있다. 우리는 자발 방출이 발생할 가능성에 대해서도 반드시 고려해야 한다. 그러나 자발 방출 비율은 $u(f)$와는 무관하며, 간단히 AN_2로 표현할 수 있다. 여기서 A는 자발 방출 확률과 관련된 상수이다.

일단 전체 계가 입사 복사와의 평형에 도달하면, 아래쪽으로의 전이 수는 위쪽으로의 전이 수와 같아야 한다. 따라서

$$B_{21}N_2u(f) + AN_2 = B_{12}N_1u(f)$$

또는 다시 정리하면

$$[B_{21}u(f) + A]N_2 = B_{12}u(f)N_1$$

열적 평형상태에서 각각의 N_i는 해당 볼츠만 인자 $e^{-E_i/kT}$에 비례한다. 그러므로

$$[B_{21}u(f) + A]e^{-E_2/kT} = B_{12}u(f)e^{-E_1/kT} \tag{10.11}$$

고전적인 극한 $T \to \infty$(9.5절을 보라)에서 $e^{-E_1/kT} = e^{-E_2/kT}$이고, 높은 온도에서 전체 계의 열에너지는 증가한다. 따라서 에너지 밀도 $u(f)$가 매우 커지기 때문에, A 항은 무시된다. 따라서 고전적인 극한에서

$$B_{12} \approx B_{21} \equiv B \tag{10.12}$$

즉, 유도 방출 확률은 흡수 확률과 거의 같다. 이것이 기본적으로 의미하는 바는 E_1에서 E_2 전이(흡수)가 발생할 수 있으면 유도 방출 또한 발생할 것으로 예상해야 한다는 것이다.

식 (10.11)을 사용하여 또 다른 유용한 관계를 얻을 수 있다. 식 (10.11)을 $u(f)$에 대하여 풀면 다음과 같다.

$$u(f) = \frac{A}{B_{12}e^{(E_2-E_1)/kT} - B_{21}} = \frac{A}{B_{12}e^{hf/kT} - B_{21}}$$

Ernest Orlando Lawrence Berkeley National Laboratory.

찰스 타운스(Charles Townes, 1915~2015)는 사우스캐롤라이나에서 태어나 퍼먼(Furman) 대학을 졸업하고 캘리포니아 공대에서 박사 학위를 받았다. 2차 세계대전 동안 레이더 폭격 시스템의 설계를 도왔다. 전쟁 후에는 컬럼비아대학에서 교수로 재직하며 마이크로파 물리를 연구했다. 타운스는 그의 마이크로파에 대한 지식을 메이저(maser)의 개념을 개발하는 데 적용하였으며, 첫 메이저를 1954년에 선보였다. 아서 숄로(Arthur Schawlow)와 함께 메이저가 적외선 및 광학 파장에서 동작할 수 있음을 보였으며 이후 레이저의 개발로 이어졌다.

또는 식 (10.12)를 사용하여 정리하면 다음과 같다.

$$u(f) = \frac{A/B}{e^{hf/kT} - 1} \tag{10.13}$$

식 (10.13)은 친숙하게 느껴지는데 그 이유는 플랑크의 복사 법칙, 식 (3.23)과 매우 유사하기 때문이다. 실제로 플랑크 법칙을 파장 대신 주파수로 표현하면 다음과 같다.

$$u(f,T) = \frac{8\pi f^2}{c^3}\frac{hf}{e^{hf/kT} - 1} \tag{10.14}$$

따라서 식 (10.13) 및 (10.14)에 의해 다음과 같이 주어진다.

$$\frac{A}{B} = \frac{8\pi hf^3}{c^3} \tag{10.15}$$

다시 말해, 유도 방출 확률 계수 B는 평형상태의 자발 방출 확률 계수 A에 비례한다. 이 결과는 자발 방출 확률이 높은 경우에 유도 방출 확률도 높다는 의미로 해석할 수 있다.

레이저

유도 방출은 **레이저**(laser)의 기본적인 물리 과정이다. 레이저는 'light amplification by the stimulated emission of radiation(복사선의 유도 방출에 의한 빛의 증폭)'의 약어이다. 또한 가시광선 대신 마이크로파를 사용하는 **메이저**(maser)에 대해 들어본 경우도 있을 텐데, 최초의 메이저는 1954년에 찰스 타운스에 의해 제작되었으며, 1960년에 시어도어 메이먼(Theodore H. Maiman)이 이끄는 그룹에 의해 최초의 레이저가 개발되었다. 대학의 물리 연구실에서(혹은 적색 레이저 포인터로) 흔히 볼 수 있는 헬륨·네온 레이저의 개략도(그림 10.12)가 이 과정을 설명하는 데 도움이 될 것이다. 레이저의 본체는 헬륨과 네온의 비율이 약 9/1로 채워진 닫힌 튜브이다. 두 거울 사이에서 앞뒤로 진동하는 광자는 네온의 전이를 유도하며, 이는 차례로 더 많은 광자를 생성한다. 유도 방출에 의해 생성된 광자는 결맞음성(coherent)을 가지고, 따라서 부분적으로 은도금된 거울을 통해 빠져나가는 광자의 빔은 결맞음된 빔이라는 것을 상기하자.

어떻게 하면 원자들이 처음부터 여기상태에 있을 수 있을까? 그렇게 하기 위해서는 튜브 내의 광자에 의존할 수 없다. 만약 가능하다고 해도, 레이저에서 나오는 에너지의 알짜 출력은 없을 것이다. 방출 과정이 지속되기 위해서는 유도 방출에 의해 생성된 모든 광자들은 다른 원자를 자극하는 데 '사용'되어야 할 것이다. 두 번째 가능한 어려움은 여

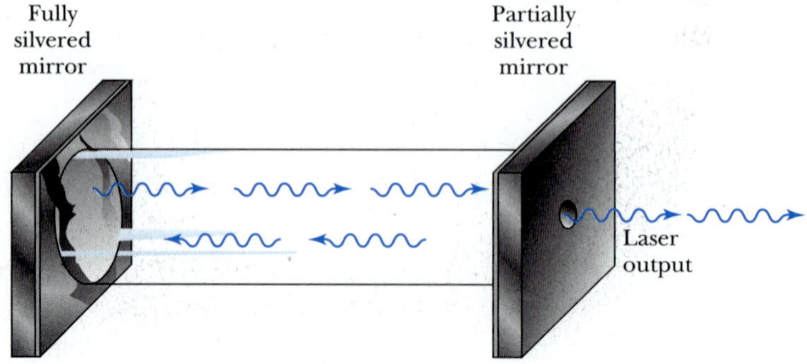

그림 10.12 헬륨·네온 레이저의 모식도. 결맞음된 광자 빔이 부분적으로 은도금된 거울에서 일부 빠져나온다.

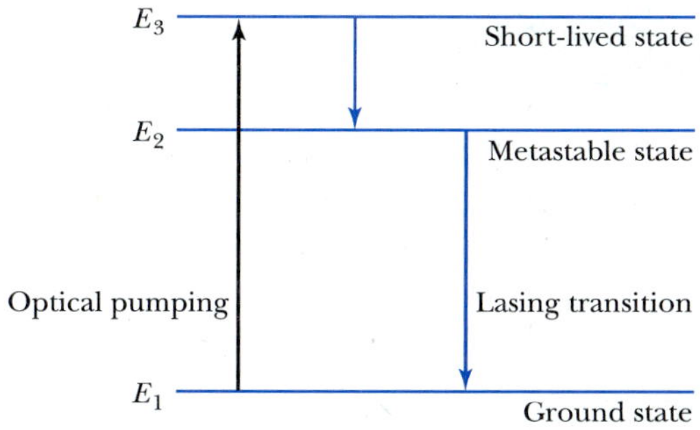

그림 10.13 3준위 레이저의 전이. 준안정상태(E_2)에서 바닥상태(E_1)로 레이저 전이가 일어난다.

기상태의 원자로부터 자발 방출을 막을 수 있는 방법이 아무것도 없다는 것이다. 이 경우, 빔은 결맞음성을 갖지 않게 된다.

이 두 가지 문제를 모두 해결하는 방법은 다준위 원자 계를 사용하는 것이다.(이것은 분자 계에서도 유효하다.) 먼저 그림 10.13에 표시된 **3준위계**를 고려하자. 바닥상태(E_1)의 원자는 어떤 외부 에너지원에 의해 더 높은 상태(E_3)로 들뜨게 된다. 그리고 바로 원자는 E_2로 붕괴된다. 여기에서 핵심은 E_2에서 E_1으로의 전이는, 예를 들어, $\Delta\ell = \pm 1$ 선택 규칙에 의해 반드시 금지되어야 한다는 것이다. 이러한 E_2의 에너지 상태를 **준안정상태**(metastable state)라고 한다. 이제 많은 수의 원자가 E_2에서 비교적 오랜 시간 동안 존재하며, 여기서 그들은 새로운 광자가 도착하여 E_1으로의 레이저 전이를 유도하기를 기다리게 된다. 정상적인 동작에서는 바닥상태보다 훨씬 많은 원자들이 들뜬(준안정) 상태에 있을 것이다. 이러한 상황을 **밀도 발전**(population inversion)이라고 한다. 기체는 맥스웰·볼츠만 통계를 따르기 때문에 일반적으로 에너지 준위가 증가함에 따라 밀도 상태가 감소한다는 것을 알 수 있다. 여기에 설명한 것처럼 밀도 반전은 레이저 동작의 필수적 특징이다.

준안정상태

밀도 발전

앞서 설명한 것처럼 3준위계에는 잠재적인 어려움이 있다. 유도 방출에 의해 E_2에서 바닥상태로 되돌아간 원자는 어떻게 될까? 외부 전원 공급 장치를 통해 이를 즉시 E_3로 되돌리기를 원하지만, 실제로 이러한 현상이 일어나려면 시간이 걸릴 수 있다. 이 시간 동안 에너지 $E_2 - E_1$(정확히 유도 방출에 의해 생성된 광자의 에너지와 같은)을 갖는 광자를 흡수할 수 있다. 흡수된 광자는 다른 전이를 유도하여 부분적으로 은거울을 통과하는 데 사용될 수 없기 때문에, 이러한 현상은 바람직하지 않다. 결과적으로 빔이 더 약하거나 아예 나오지 않을 수도 있다.

우리는 그림 10.14와 같이 **4준위계**를 사용하여 이 마지막 장애물을 극복할 수 있다. 이전과 마찬가지로, 원자는 바닥상태에서 더 높은 상태(여기서는 E_4)로 들뜨게 되어 준안정상태 E_3로 빠르게 붕괴된다. 유도 방출에 의해 원자는 E_3에서 E_2로 전이한다. E_2에서 E_1으로의 자발 방출이 금지되지 않았기 때문에, E_2 상태는 광자가 E_2에서 E_3로 전이하는 데 사용될 만큼 수명이 길지 않다. 바닥상태의 원자가 에너지 $E_3 - E_2$의 광자를 흡수할 가능성이 거의 없으므로, 레이저 발진이 효율적으로 진행될 수 있다.

4준위계

그림 10.15와 같이 적색 헬륨·네온 레이저는 헬륨과 네온 모두의 에너지 준위 간의 전이를 사용한다. 인가된 전압은 헬륨 원자를 바닥상태에서 약 20.61 eV의 여기 레벨로

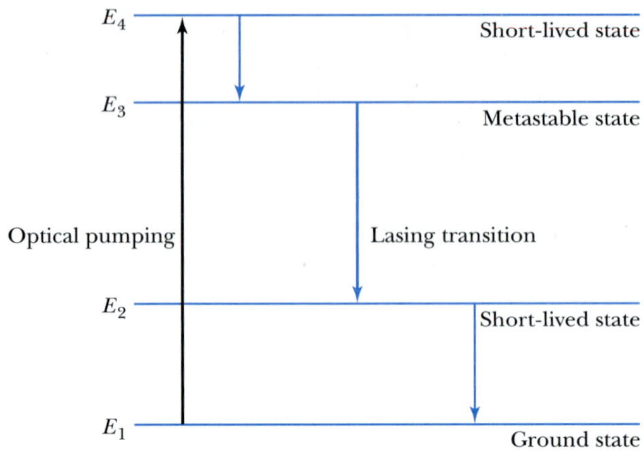

그림 10.14 4준위 레이저의 전이. 준안정상태(E_3)에서 단수명상태(E_2)로의 전이에서 레이저 발진이 일어난다. 그다음 바로 바닥상태(E_1)로 돌아가므로 광자가 E_2에서 E_3로 다시 돌아가도록 흡수되지는 않는다.

들뜨게 한다. 들뜬 헬륨 원자는 때때로 네온 원자와 충돌하여 자신의 과잉 에너지를 그 원자로 전달하는데, 이 20.61 eV는 네온 원자를 바닥상태에서 $2p^5 5s^1$ 준위(준안정상태)로 여기시키는 데 필요한 에너지와 매우 유사하기 때문이다. 레이저의 발진 과정은 그림 10.15와 같이 진행되어, λ = 632.8 nm에서 결맞음된 적색광 빔을 생성한다. 네온은 다른 허용된 전이들도 가지고 있으며, 일부 에너지는 결국 레이저 발진 과정에 참여하지 않는 광자를 통해 손실된다. 현재 상업적으로 이용 가능한 녹색 및 주황색 헬륨·네온 레이저는 이러한 전이 중 일부를 사용한다.

파장 가변 레이저

파장 가변 레이저(tunable laser)에서 방출되는 복사선의 파장은 200 nm 이상 넓은 범위에 걸쳐 조절될 수 있다. 과거에는 유기 염료들을 레이저 재료로 사용하여 파장 가변 레이저를 만들었다. 많은 수의 에너지 준위가 좁은 간격으로 밀접하게 배치되도록 유기 화합물을 선택한다. 이를 통해 넓은 파장 범위에 걸쳐 유도 방출이 가능하게 된다.

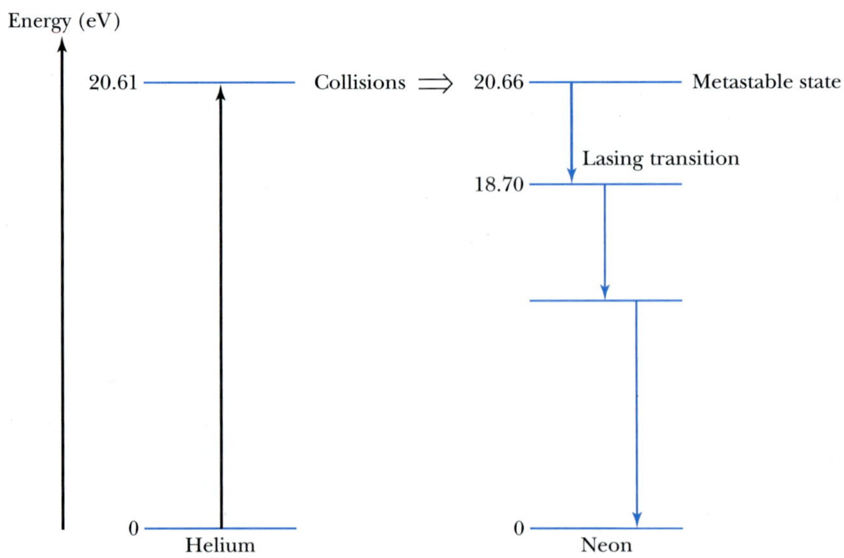

그림 10.15 헬륨·네온 레이저의 에너지 준위들과 전이

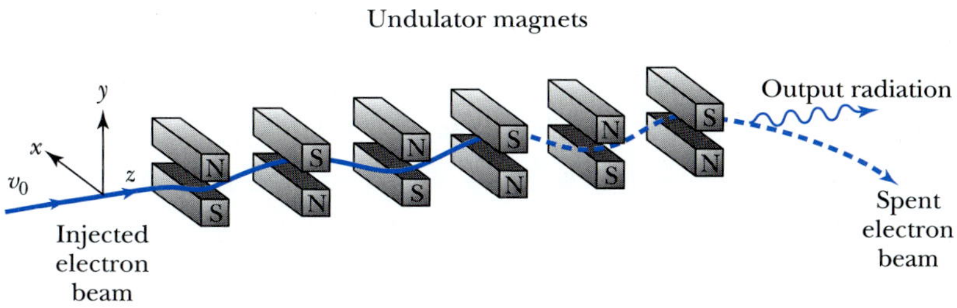

그림 10.16 자유전자 레이저의 동작 모식도. 레이저 출력은 입사된 전자빔과 같은 방향(이 그림에서는 z 방향)이다. 출처: P. Sprangler and T. Coffey, *Physics Today, Fig.* 3, p.48

파장의 가변은 염료의 농도 및/또는 염료 시편의 길이를 변경하여 얻어진다.* 지금은 반도체 레이저(11.3절을 보라)가 많은 응용 분야에서 염료 레이저를 대체하고 있다.

자유전자 레이저

파장 가변 레이저의 또 다른 종류는 그림 10.16에 개략적으로 도시된 **자유전자 레이저**(free-electron laser)이다. 이 레이저는 가속된 하전 입자(이 경우, 전자)가 전자기 복사를 방출한다는 사실을 이용한다. 언듈레이터(undulator) 또는 위글러(wiggler)라고 하는 일련의 자석들이 그림과 같이 전자빔을 횡방향으로 가속하는 데 사용된다. 전자의 속도는 자기장의 진동과 일치하며, 이는 방출된 복사선이 기체로 채워진 레이저와 같이 결맞음성을 갖는 것과 유사하다. 자유전자는 원자에 묶여 있지 않기 때문에 원자의 에너지 준위에 의존하지 않으며, 스펙트럼의 자외선 영역에서 파장을 잘 조절할 수 있다. 현재 여러 국가의 몇몇 자유전자 레이저들은 10 nm 미만의 파장을 생성하며, 2009년에는 SLAC(Stanford Linear Accelerator)의 LCLS(Linac Coherent Light Source)라는 장치가 진정한 x선 파장인 0.15 nm에 도달했다. 이후의 개선을 통해 LCLS는 세계에서 가장 강력한 x선 발생장치가 되었다.† 전자빔 레이저는 자외선, 가시광선 및 적외선 영역에서 출력을 얻도록 만들어졌다. 이 장치들의 탁월한 미세 조정 능력과 비교적 높은 효율성으로 인해, 전자빔 레이저 및 메이저는 분광학, 가속기 기술, 레이더 및 핵융합 연구 등 다양한 과학 응용 분야에서 유용하다.

레이저의 과학적 응용

레이저는 광범위한 과학적 응용 분야에서 사용된다. 대표적인 응용 분야의 하나는 극히 결맞음이 잘되고 퍼지지 않는 빔을 사용한 크고 작은 거리의 정확한 측량이다. 레이저 측정 정확도의 개선을 통해, 진공에서 빛의 속도는 c = 299,792,458 m/s로 정의되었다. 빛의 속도에 대한 이러한 정의는 미터의 재정의로 이어졌다. 이전에는 금속 막대가 미터의 표준이었다. 지금의 SI 시스템은 미터를 1/299,792,458초의 시간 간격 동안 진공에서 빛이 이동한 경로의 길이로 정의한다.

장거리 측정의 경우, 아폴로 우주비행사들이 달에 반사 거울을 배치하여 달 표면에서 레이저 빛이 반사되게 함으로써 과학자들은 지구에서 달까지의 거리를 10 cm 이내의 오차로 측정할 수 있었다. 또한 이 거리의 변화를 한 달과 일 년 주기로 측정하여 태양계의 궤도 역학에 대한 이해를 높일 수 있었다. 캘리포니아의 지질 단층선 근처에 육지의

*더 자세한 내용은 Eugene Hecht, *Optics*, 5th ed., San Francisco: Pearson Education (2017), pp. 621-625를 참고하라.

†출처: *Physics Today*, July 2015, pp. 26-32

이동을 측정하기 위한 레이저가 설치되었는데, 이를 통해 지진을 더 잘 이해하고 예측할 수 있을 것이다.

펄스 레이저는 박막 증착에 사용된다. 소스 재료에 입사하는 레이저 광의 짧은 펄스는 열 충격파를 생성하여, 표적에서 재료를 뜯어내 기판으로 보내는 역할을 한다. 이러한 방식으로 다양한 복합 물질들을 화학적 조작 없이도 기판에 나노미터 수준의 두께로 옮길 수 있다. 이러한 박막화된 재료는 다른 재료의 전자적 특성을 연구하기 위한 기초 연구와 더 작은 크기의 회로 소자가 요구되는 집적회로 제조 등에 사용된다.

레이저의 잠재적인 중요한 응용 분야는 융합 연구이다. 실험실 수준에서 제어 가능한 핵융합을 달성하는 데 있어 가장 큰 문제는, 핵을 융합시켜 에너지를 생성하기 위해 필수적인, 높은 온도의 제한된 공간 내에 충분한 시간 동안 충분한 핵을 포함하는 것이 어렵다는 것이다. *관성 가둠*(inertial confinement)으로 알려진 방법에서 중수소와 삼중수소의 알갱이들이 여러 방향에서 동시에 조사되는 레이저 광의 강력한 폭발에 의해 융합되는 과정을 겪는다. 핵융합은 13장에서 논의된다.

레이저는 중력파를 감지하기 위한 간섭계 구성에 필수적인 요소이다. LIGO 실험은 이러한 유형의 탐지 실험의 한 예이다.

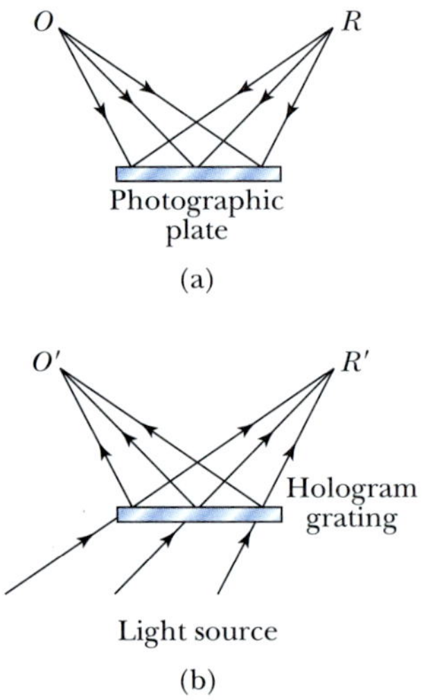

그림 10.17 홀로그램이 어떻게 만들어지는지 보여 준다. (a) 참조(R)와 물체(O) 빔의 간섭무늬를 사진 건판에 만드는 과정. (b) 반대편에서의 노광을 통해 O' 위치에 물체 O의 실제 이미지를 형성하는 과정.

홀로그래피

레이저는 **홀로그래피**(holography) 분야에서 사용된다. 그림 10.17은 홀로그램을 구성하고 보기 위한 기본 메커니즘을 나타낸 것이다. **참조 광원**(reference source) R에 의해 방출되는 레이저를 먼저 고려하자. 거울과 렌즈의 간단한 조합을 통해 이 빛이 사진 건판과 물체 O를 모두 비추게 만들 수 있다. 레이저 빛은 간섭성이 있기 때문에 필름에 형성되는 이미지는 참조 광원과 물체에서 오는 빛의 간섭 패턴이다. 노출된 후의 이 간섭 패턴이 홀로그램이 되고, 홀로그램을 다른 쪽에서 노광시키면(그림 10.17b와 같이) 물체 O의 실제 이미지가 형성된다. 홀로그램에 빛의 세기뿐만 아니라 위상 정보도 포함되어 있다는 것은 완전한 3차원 영상 형성이 가능하다는 의미이다. 홀로그램의 또 다른 흥미로운 점은 렌즈와 거울이 적절하게 배치된다면 물체의 거의 모든 부분에 해당하는 빛이 일부 참조 광원 빛과 함께 필름의 모든 부분을 비추게 된다는 것이다. 이것은 필름의 각 부분이 전체 개체를 재현하기에 충분한 실제적인 정보를 포함한다는 것을 의미한다! 따라서 3차원 효과의 일부를 잃게 됨에도 불구하고, 홀로그램의 작은 조각만으로도 물체의 모양을 재구성하는 것이 가능하다는 것을 알 수 있다. 그림 10.18은 홀로그램 판의 확대된 이미지와 이로부터 만들어진 이미지를 함께 보여 준다.

투과형 홀로그램

반사형 홀로그램

우리는 지금까지 **투과형 홀로그램**(transmission hologram), 즉 기준 빔이 물체와 필름의 같은 면에 있고 조명 빔이 반대쪽에 있는 경우에 대해 설명했다. **반사형 홀로그램**(reflection hologram)은 기준 빔과 조명 빔의 위치를 반대로 하여 만들어진다. 한편 서로 다른 색상의 여러 레이저를 사용하여 일련의 홀로그램들을 중첩하면 그 결과로 백색광 내의 여러 색들이 이미지의 색을 만들어 낼 수 있는 **백색광 홀로그램**(white light hologram)이 된다. 이것이 흔히 잡지의 사진이나 신용카드 등에서 볼 수 있는 주변광을 이용한 홀로그램이다. 홀로그램은 복잡한 간섭 패턴으로 인해 위조가 어렵기 때문에 신

백색광 홀로그램

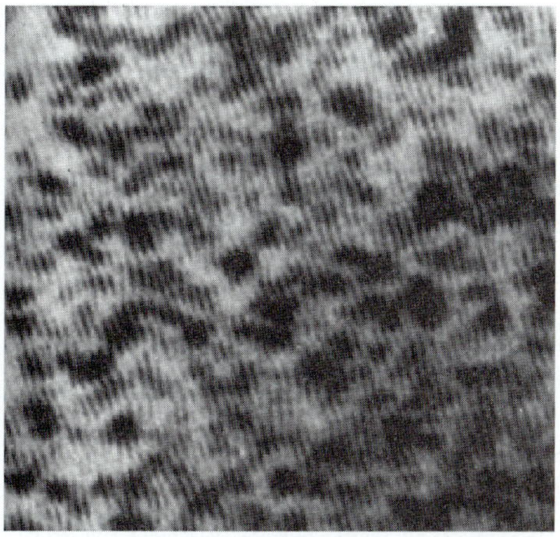

(a)

(b)

그림 10.18 (a) 사진 건판에 형성된 간섭 패턴을 보여 주는 홀로그램의 확대 사진. (b) (a)의 홀로그램을 이용하여 생성된 이미지.

그림 10.19 홀로그램을 이용하여 살아있는 버섯의 성장을 간섭효과를 통해 관찰한 결과

용카드나 수표, 지폐 등에 널리 사용되는 보안 방식이다.

홀로그램 간섭계

홀로그래피의 또 다른 흥미로운 과학적 응용 사례는 **홀로그램 간섭계**(holographic interferometry)이다. 서로 다른 시간에 생성된 동일한 물체의 홀로그램 두 개를 사용하여 다른 방법으로는 볼 수 없는 작은 움직임이나 성장을 감지할 수 있다. 그림 10.19에서 몇 초 전에 만든 버섯의 홀로그램 이미지가 버섯 자체에 겹쳐진 것을 볼 수 있다. 간섭 무늬는 성장 패턴을 나타낸다. 현재 홀로그램 간섭계는 기계 부품이나 컴퓨터 칩 등의 결함을 검사하기 위해 장치로 널리 사용되고 있다.*

양자 얽힘, 원격이동 및 정보

에르빈 슈뢰딩거(Erwin Schrödinger)는 1935년과 1936년에 발표한 두 개의 논문에서 *양자 얽힘*이라는 용어를 사용하여 두 양자 시스템 간의 이상한 상관관계를 설명했다. 그는 아인슈타인과 다른 사람들이 양자 이론에 대한 코펜하겐 해석을 논박하기 위해 사용

***The Industrial Physicist*, September 1997, pp. 37-39 (http://www.aip.org/tip/INPHFA/vol-3/iss-3/p37.pdf) 참조

한 아인슈타인·포돌스키·로젠 역설을 분석하고 있었다(5장을 보라). 슈뢰딩거는 아인슈타인이 '원거리에서의 귀신 같은 동작'이라고 언급한 장거리에 걸쳐 작용하는 양자 상태에 대한 얽힘 효과를 고려하였다. 존 벨(John Bell)은 1964년에 양자 얽힘의 효과가 실험적으로 관찰될 수 있다는 것을 보였다(벨의 *부등식*). 후속 실험들은 양자 얽힘이 실제 물리적 현상이며 얽힌 시스템이 먼 거리에서도 상호작용할 수 있음을 보여 주었다. 2017년에 중국 상하이과학기술대학의 연구진은 지구 궤도상의 위성을 이용하여 얽힌 광자 쌍을 1200 km가 넘는 거리로 성공적으로 전송했다.*

양자 얽힘만으로는 정보를 전달할 수 없지만, 양자 얽힘 시스템을 고전적 정보 체계와 함께 사용하면 정보를 전달할 수 있다. 이것을 **양자 원격이동**(quantum teleportation)이라고 한다. 비선형 결정을 통과하여 한 쌍의 얽힌 광자를 생성하는 레이저를 상상해 보자. 공간적으로 떨어져 있는 앨리스와 밥이 광자에 대한 정보를 전달하려고 한다. 앨리스는 그녀의 시스템에 들어오는 광자의 속성을 모르지만 이에 대한 정보를 밥에게 보내려고 한다. 하이젠베르크 불확정성 원리 때문에 광자의 물리적 특성을 측정하려는 어떠한 시도에도 양자 정보가 교란된다. 그녀가 정보를 전달할 수 있는 방법에는 여러 가지가 있다. 예를 들어, 각각 광자 검출기를 가지고 있는 앨리스와 밥에게 빔 스플리터를 사용하여 광자를 보낼 수 있다. 앨리스가 그녀의 양자 시스템에서 조작을 수행하고 해당 정보를 고전적인 정보 채널을 통해 밥에게 보낸다. 그다음 밥은 공유된 양자 시스템의 그에 해당하는 부분을 조절하여 그의 탐지기에서 미지의 양자 상태에 대한 정보(예를 들면, 편광 상태)를 탐지한다.

원격이동 실험은 광자와 원자 모두에 대해 수행되었다. 이러한 실험들은 양자 정보들을 활용하여 궁극적으로 양자 컴퓨터를 구성하게 하는 데는 필요하지만, 우리 일생 동안에 '스타트렉'에서 본 것과 같은 물질의 원격이동은 일어나지 않을 것이다.

기타 레이저 응용 분야

레이저는 오랫동안 의학 분야에서 중요하게 사용되었다. 다양한 종류의 신체 조직을 정밀하게 절개하기 위한 수술에 사용된다. 레이저는 절단하는 동안 혈액 응고를 돕는 경향이 있기 때문에, 기존의 다른 수단보다 더 나은 정밀도를 제공하면서도 출혈을 줄일 수 있다. 레이저는 여러 종류의 안과 수술, 특히 망막 재부착 및 작은 구멍을 태워 미량의 액체를 누출시켜 압력을 낮추는 데 용이하여 (과도한 유체 압력으로 인한) 녹내장을 치료하는 데 사용된다. 레이저 수술로 실명을 예방한 사례는 이미 수천 건이 있다. 의료적 응용이 원자 및 광학 물리학을 더 잘 이해하고자 했던 레이저 선구자들의 목표는 아니었다. 1950년대에 타운스(Townes)와 함께 메이저와 레이저 개발의 토대를 마련한 아서 숄로(Arthur Schawlow)는 다음과 같이 말했다. “우리가 레이저 개념을 연구할 때에는 분리된 망막 같은 것에 대해서는 아는 바가 없었다. 실명을 예방하는 것이 목표였다면, 원자에 의한 유도 방출의 증폭 같은 것에 관심을 두지는 않았을 것이다. 연구가 항상 목표를 향해 직접 갈 수는 없다. 오로지 당신이 탐구하고 무언가를 바라면 저절로 따라온다.”

*Yin et. al., *Science* **356**, 1140-1114 (2017) 참조

레이저는 눈이 망막 앞에 상을 맺는 상태인 근시(가까운 곳이 안 보이는 것)를 교정하기 위한 선택적 눈 수술에 널리 사용된다. 지난 수십 년 동안 굴절교정 각막절제술, 즉 각막 전면을 평평하게 하여 안구 부분을 줄여 눈의 초점 거리를 늘리는 교정술이 사용되었다. 지금 더 인기 있는 기술은 레이저로 각막의 일부를 절개하고 들어 올린 다음에 레이저로 하부 각막 조직을 절단하여 모양을 변경하는 라식(LASIK)이다.

일상생활에서 흔히 볼 수 있는 응용은 소매점 등에서 사용되는 스캔 장치이다. 광학 스캐너는 포장된 제품의 바코드에서 반사된 레이저 빔을 분석할 수 있다. 적절하게 분석된 바코드는 마이크로프로세서에 의해 제품의 정보나 가격 정보로 변환된다. 수많은 공학적 개선 연구를 통해 레이저 스캐너는 빔과 코드와의 각도 및 스캔 속도와 거의 무관하게 높은 신뢰성을 갖게 되었다.

레이저의 또 다른 실생활 응용은 CD(compact disc) 및 DVD(digital video disc) 플레이어이다. 이 두 장치의 기술은 약간 다르지만 기본 개념은 동일하다. 레이저 광은 인코딩된 정보가 포함된 디스크의 트랙 쪽으로 향한다. 반사된 빛은 샘플링되어 디지털 출력을 생성하는 전자 신호로 바뀐다. 가장 대표적으로 이들은 오디오 및/또는 비디오 신호의 형태를 취하지만, CD 또는 DVD는 대부분의 디지털 파일을 저장할 수 있다. 대부분의 CD 플레이어는 약 800 nm 파장의 적외선 스펙트럼 영역 레이저를 사용한다. DVD 플레이어는 더 짧은 파장을 사용하므로 비슷한 크기의 디스크에 더 많은 정보를 저장할 수 있다. '블루레이' DVD 플레이어는 405 nm 파장의 레이저를 사용한다. 더 짧은 파장은 표준 DVD보다 약 다섯 배 더 큰 밀도로 정보를 저장할 수 있게 해 준다.

레이저의 또 다른 응용은 너무 많아서 여기에서 일일이 다 논의할 수 없다. 다른 응용들에는 용접 및 절단, 광섬유 통신, 레이저 프린터 등이 있다.

10.3 고체의 구조적 특성

응집물질물리학

이 장의 나머지 부분과 11장의 내용은 **응집물질물리학**(condensed matter physics)에 대한 내용이다. 이 폭넓은 주제에는 많은 종류의 연구들이 포함된다.* 응집물질물리학의 하위 분야 중 중요한 것은 고체의 전자적 특성에 대한 연구이다. 9장에서 전기전도도의 기초를 다루었다. 이 장의 마지막 부분과 11장에서 초전도체 및 반도체의 놀라운 특성들에 대해 배울 것이다. 또 다른 중요한 내용은 고체 구조의 기본 특성과 부피 영역에서의 열 및 자기 특성을 이해하는 것이다. 과학과 공학의 많은 응용 범위 중 일부 또한 공부할 것이다.

고체의 구조는 매우 다양하다. 많은 고체들은 원자들이 매우 규칙적이고 주기적인 패턴으로 배열된 **결정 구조**(crystal structure)를 가진다. 1912년에 막스 폰 라우에(Max von Laue)는 지금도 널리 사용되고 있는 x선 회절 방법을 사용하여 고체 내 결정 구조의 존재를 증명했다(5.1절을 보라). 이상적인 결정에서는 동일한 기본 구조 단위가 공간 전체에 걸쳐 무한히 반복된다. 원자 중심이 차지하는 공간상 점들의 집합을 *격자*라

*엄밀히 얘기하자면 응집물질물리학은 고체와 액체에 대한 연구를 모두 포함한다. 그러나 대부분의 연구가 액체보다는 고체를 대상으로 이루어져 있기 때문에, 응집물질물리학 대신 '고체물리학'을 사용하기도 한다.

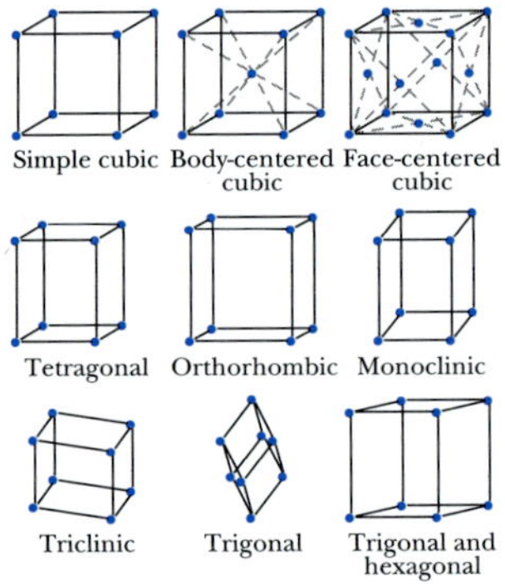

그림 10.20 고체에서 찾을 수 있는 일부 결정 구조들

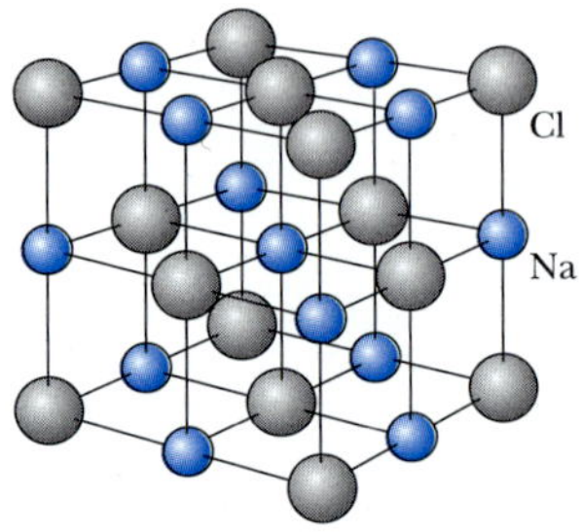

그림 10.21 염화 나트륨 결정 구조

고 한다. 그림 10.20은 주요한 3차원 격자의 유형들을 보여 준다. 완벽한 결정 구조는 매우 드물다. 대부분의 고체들은 몇 개의 원자부터 수천 개의 원자 정도 크기를 가지는 많은 수의 작은 결정들로 구성된 *다결정*(polycrystalline) 형태이다. 어떤 의미 있는 중요한 격자 구조가 결여된 고체를 *비정질*(amorphous, '형태가 없는'이라는 뜻)이라고 한다. 일반적인 유리가 비정질이기 때문에 비정질 물질들을 'glasses'라고 부르기도 한다.

왜 고체의 원자는 특정한 결정 격자 구조로 배열될까? 이 질문에 대한 정성적인 대답은 물질이 냉각되어 액체에서 고체 상태로 변할 때, 원자에 결속된 전자가 바닥상태로 가는 길을 '찾는' 것과 유사하게 원자들 각각이 최소 에너지 상태를 만들 수 있는 주변 원자와의 상대적 위치를 찾아 가기 때문이라고 할 수 있다. 이것이 바로 순수한 결정으로 구성된 고체 중 일부 경우가 액체에서 고체 상태로 너무 빨리 냉각될 때, 다결정 또는 비정질이 되는 이유이다. 고체가 왜 그렇게 구성되는지에 대한 보다 정량적인 해법을 찾기 위해 염화 나트륨 결정의 구조를 알아보자. 염화 나트륨의 기본 입방체 구조를 그림 10.21에 나타냈다. 나트륨과 염소는 쉽게 이온화되어 Na^+과 Cl^-를 형성하며, 세 개의 직교하는 방향 각각에서 무한히 반복하는 Na^+ 및 Cl^- 이온의 집합체인 (구형 대칭) 고체를 생각할 수 있다. 결합을 형성하는 데 특별히 선호되는 방향이 없기 때문에 공간적 대칭성을 갖는다. 서로 다른 원자들은 서로 다른 대칭 구조를 갖는다는 사실을 고려하면(7.6절에서 설명한 p와 d 궤도의 모양 참조), 그림 10.20에 나타낸 바와 같이 왜 결정격자가 다양한 형태를 가지는지 이해할 수 있다.

안정적인 배열을 갖기 위해 각각의 이온들은 다음과 같이 모델링되는 알짜 인력 퍼텐셜 에너지를 가져야 한다.

$$V_{\text{att}} = -\frac{\alpha e^2}{4\pi\epsilon_0 r} \tag{10.16}$$

마델룽상수

여기서 r은 최인접 거리(NaCl의 경우 0.282 nm)이다. 이 식은 **마델룽상수**(Madelung constant)로 알려진 상수 α가 도입된 것을 제외하고는 일반적인 쿨롱 퍼텐셜 에너지와 비슷하다. V_{att}는 격자 내의 다른 모든 이온으로 인해 생기는 격자 내 이온의 알짜 퍼텐셜 에너지이다. 따라서 마델룽상수는 결정격자의 종류에 따라 다르다. NaCl 결정에서, 각 이온들은 인력 퍼텐셜을 주는 반대 극성의 전하를 가진 여섯 개의 최인접 이웃 이온들을 가지고 있다. 따라서 마델룽상수에 대한 최인접 이웃 이온의 기여도는 정확히 6이다. 그다음으로 인접한 이웃 이온은 우리가 고려하는 이온과 같은 전하를 띤다. 이들은 12개의 동종 전하이며, 각각 $\sqrt{2}r$ 거리에 있다. 이러한 이온들은 마델룽상수에 $-12/\sqrt{2}$를 기여한다. 그다음으로는 $\sqrt{3}r$ 거리에 반대 전하를 띤 여덟 개의 이온이 있으며, 이는 마델룽상수에 $8/\sqrt{3}$을 기여한다. 이 과정을 계속하면 다음의 무한급수를 얻을 수 있다.

$$\alpha = 6 - 12/\sqrt{2} + 8/\sqrt{3} - \cdots \approx 1.7476 \tag{10.17}$$

식 (10.16)의 인력(attractive) 퍼텐셜 외에, 파울리의 배타 원리와 전자 껍질의 중첩 효과에 의한 *척력*(repulsive) 퍼텐셜도 있다. 척력 퍼텐셜에 대한 적합한 이론적 모델은 다음과 같다.

$$V_{\text{rep}} = \lambda e^{-r/\rho} \tag{10.18}$$

여기서 λ와 ρ는 특정한 격자 및 화합물의 상수이다. 식 (10.18)의 지수함수 인자는 퍼텐셜이 '가려질 때' 생기는 일반적인 특성이다. $e^{-r/\rho}$의 값이 $r > \rho$에서 급격히 감소하기 때문에 매개변수 ρ는 대략적으로 척력이 작용하는 *범위*로 간주된다. 실험 데이터로부터 ρ의 수치를 계산할 수 있다.

알짜 퍼텐셜 에너지는 인력과 척력 퍼텐셜의 합이다.

$$V = V_{\text{att}} + V_{\text{rep}} = -\frac{\alpha e^2}{4\pi\epsilon_0 r} + \lambda e^{-r/\rho} \tag{10.19}$$

평형 위치($r = r_0$)에서 $F = -dV/dr = 0$이다. 따라서

$$0 = \frac{\alpha e^2}{4\pi\epsilon_0 r_0^2} - \left(\frac{\lambda}{\rho}\right)e^{-r_0/\rho} \tag{10.20a}$$

따라서

$$e^{-r_0/\rho} = \frac{\rho\alpha e^2}{4\pi\epsilon_0\lambda r_0^2} \tag{10.20b}$$

그리고

$$V(r = r_0) = -\frac{\alpha e^2}{4\pi\epsilon_0 r_0}[1 - (\rho/r_0)] \tag{10.21}$$

일반적으로 척력 퍼텐셜은 매우 짧은 범위에서만 작용하므로, 비율 ρ/r_0는 1보다 훨씬 작다. 예를 들어 NaCl의 경우 예제 10.4에 나타낸 바와 같이 $\rho/r_0 = 0.11$이다. 이 결과는 중요한데, 왜냐하면 식 (10.21)은 평형에서의 퍼텐셜 에너지가 필수적인 음의 값이 되기 위해서는 ρ/r_0가 1보다 반드시 작아야 함을 의미하기 때문이다.

예제 10.4

해리 에너지(dissociation energy), 즉 NaCl 결정을 개별 나트륨과 염소 원자로 분리하는 데 필요한 에너지는 실험적으로 표준 온도 및 압력(STP)에서 764.4 kJ/mol로 결정된다(표 10.2를 보라). 이 값을 사용하여 NaCl에 대한 범위 매개변수 ρ를 결정하라.

전략 먼저 실험적 해리 에너지를 아보가드로 상수(몰당 이온쌍의 수)로 나누어 1.269×10^{-18} J/이온쌍의 값을 얻는다. 그러면 $r = r_0$인 평형 위치에서 $V(r = r_0) = -1.269 \times 10^{-18}$ J이다. 이 $V(r = r_0)$의 수치 값을 식 (10.21)에 대입하면 ρ/r_0를 구할 수 있다.

풀이 식 (10.21)을 ρ/r_0에 대하여 $V(r = r_0)$의 함수로 풀면 다음을 얻는다.

$$\frac{\rho}{r_0} = 1 + \frac{4\pi\epsilon_0 r_0 V(r = r_0)}{\alpha e^2}$$

$$= 1 + \frac{(0.282\text{ nm})(-1.269 \times 10^{-18}\text{ J})}{(8.988 \times 10^9\text{ N}\cdot\text{m}^2/\text{C}^2)(1.7476)(1.602 \times 10^{-19}\text{ C})^2}$$

$$= 0.112$$

따라서 $\rho = 0.112$, $r_0 = 0.0316$ nm이며, 이는 표 10.2의 값과 일치한다. 이를 통해 척력 퍼텐셜이 매우 짧은 영역에서만 작용한다는 것을 알 수 있다.

표 10.2 NaCl 구조를 갖는 염(salt) 결정들의 특성

Salt Crystal	Nearest-Neighbor Separation (nm)	Repulsive Range Parameter ρ (nm)	Dissociation Energy (kJ/mol)
LiF	0.214	0.029	1014
LiCl	0.257	0.033	832.6
LiBr	0.275	0.034	794.5
LiI	0.300	0.037	743.8
NaF	0.232	0.029	897.5
NaCl	0.282	0.032	764.4
NaBr	0.299	0.033	726.7
NaI	0.324	0.035	683.2
KF	0.267	0.030	794.5
KCl	0.315	0.033	694.0
KBr	0.330	0.034	663.5
KI	0.353	0.035	627.5
RbF	0.282	0.030	759.3
RbCl	0.329	0.032	666.8
RbBr	0.345	0.034	638.8
RbI	0.367	0.035	606.6

출처: C. Kittel, *Introduction to Solid State Physics*, 5th ed., New York: Wiley (1976), p. 92

10.4 고체의 열 및 자기적 특성

열팽창

고체의 보편적인 특성 중 하나는 온도가 증가함에 따라 고체가 팽창하는 경향을 말하는 **열팽창**(thermal expansion)이다. 고체에 구속된 이온에 대한 퍼텐셜 에너지 곡선인 그림 10.22를 살펴보면 고체가 팽창하는 이유를 알 수 있다. 이 장의 앞부분에서 이 퍼텐셜 에너지 곡선은 이온이 경험하는 인력과 척력의 결합된 특성이라는 것을 보았다(그림 10.1을 보라).

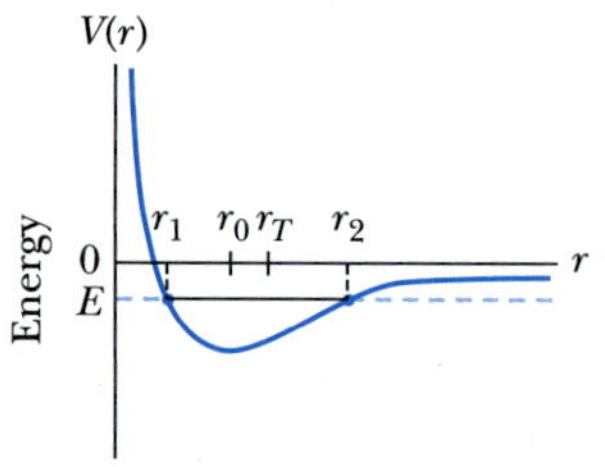

그림 10.22 퍼텐셜 에너지의 비대칭성이 열팽창을 만든다. $T = 0$에서의 평균 간격은 r_0이나, T가 증가할수록 평균 간격도 증가하여 r_T가 된다.

$T = 0$에서 가질 수 있는 최소 에너지(6.6절에서 영점 에너지로 설명된)를 갖기 때문에, 이온은 $r = r_0$에서 거의 '얼어붙은 고체'이다. 고체의 온도가 0에서 증가함에 따라 각 이온들의 평균 에너지가 증가한다. 그 결과 점 $r_1(< r_0)$과 점 $r_2(> r_0)$ 사이에서 진동하게 된다. 첫 번째 가정으로는 이 운동이 단순 조화진동자라고 한 것이지만, *정확하게는* 그런 것은 아니다. 단순 조화진동자의 퍼텐셜 에너지는 $V = \frac{1}{2}\kappa(r - r_0)^2$ 형태이며, $r = r_0$ 지점에 대해 대칭인 함수이다. 그러나 그림 10.22에 나타낸 퍼텐셜 에너지는 대칭이 아니다. 이는 평균 격자 간격 $r_T \approx (r_2 + r_1)/2$이 $T > 0$에서 r_0보다 약간 크고, 온도가 증가함에 따라 점차적으로 증가하기 때문이다. 평균 격자 간격 증가의 부피 효과는 고체 전체로 확장된다(그림 10.23).

이제 열팽창의 정량적 모델을 개발해 보자. $x = r - r_0$라고 하고, 평형 위치 $x = 0$

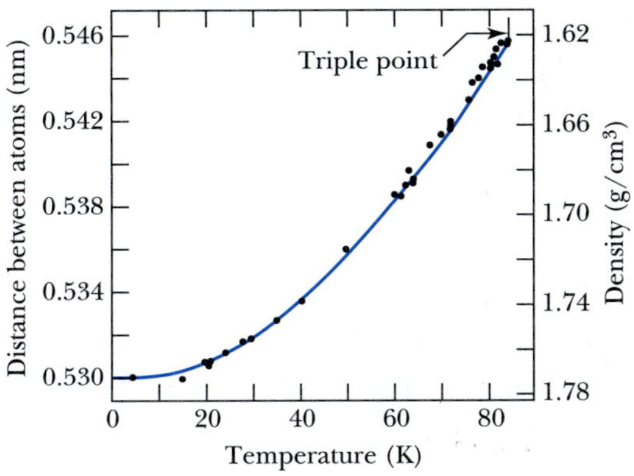

그림 10.23 고체 아르곤의 열팽창. 팽창 효과는 매우 낮은 온도를 제외하고는 거의 선형적이다. 출처: O. G. Peterson, D. N. Batchelder, and R. O. Simmons, *Physical Review* **150**, 703 (1966)

에서의 이온에 대한 작은 진동을 고려한다. $x = 0$ 근처의 퍼텐셜 에너지의 유용한 모델은 다음과 같다.

$$V = ax^2 - bx^3 \tag{10.22}$$

여기서 x^3 항은 진동의 비조화 항(즉, 표준 조화진동자에서 벗어난 부분)에 해당한다. 평균 변위 $\bar{x}$는 맥스웰·볼츠만 분포함수 $e^{-\beta V}$를 통해 구해진다.

$$\bar{x} = \frac{\int_{-\infty}^{\infty} xe^{-\beta V}\, dx}{\int_{-\infty}^{\infty} e^{-\beta V}\, dx} \tag{10.23}$$

여기서 $\beta = (kT)^{-1}$ 표기법을 사용하였다. 분자 항에서 b가 작기 때문에 x^3에 대해 테일러 전개를 사용할 수 있다.

$$xe^{-\beta V} = xe^{-\beta ax^2}e^{+\beta bx^3} = xe^{-\beta ax^2}(1 + \beta bx^3 + \cdots) \approx e^{-\beta ax^2}(x + \beta bx^4)$$

여기에서 짝수(x^4) 항만 $-\infty$에서 ∞까지의 적분에서 살아남기 때문에(부록 3C를 보라), 식 (10.23)의 분자 항에서 적분을 쉽게 계산할 수 있다.

$$\int_{-\infty}^{\infty} e^{-\beta ax^2}(x + \beta bx^4)\, dx = \int_{-\infty}^{\infty} e^{-\beta ax^2}\beta bx^4\, dx = \frac{3\sqrt{\pi}}{4}ba^{-5/2}\beta^{-3/2} \tag{10.24}$$

우리는 단지 T에 대한 1차 의존성에만 관심이 있으므로 V를 근사화하기 위해 식 (10.22)의 첫 번째 항만 사용하여 식 (10.23)의 분모 항을 근사시켜도 된다.

$$\int_{-\infty}^{\infty} e^{-\beta V}\, dx \approx \int_{-\infty}^{\infty} e^{-\beta ax^2}\, dx = \left(\frac{\pi}{a\beta}\right)^{1/2} \tag{10.25}$$

식 (10.24)와 (10.25)를 결합하면 다음을 얻을 수 있다.

$$\bar{x} = \frac{3b}{4a^2\beta} = \frac{3bkT}{4a^2} \tag{10.26}$$

즉, 열팽창은 고전적인 제한에서 온도에 거의 선형적으로 비례한다. 매우 낮은 온도에서는 식 (10.26)에서 계산된 항이 $T \to 0$으로 사라지기 때문에 비선형이다. 이는 그림 10.23에서 볼 수 있듯이 실험 결과와 일치한다.

열전도도

고체의 또 다른 중요한 특성은 **열전도도**(thermal conductivity), 즉 열에너지를 얼마나 잘 전달하는지에 대한 측정값이다. 전기 전도성이 좋은 물질은 열전도도가 높은 경향이 있다. 이는 상대적으로 자유롭게 움직일 수 있는 전도 전자가 열 전도 또한 주로 담당하기 때문이다. 실제로 열 전도에 대한 좋은 모델을 개발하기 위해서는 9장에서 전개한 전기전도도의 양자 이론이 필요하다는 것을 알 수 있다.

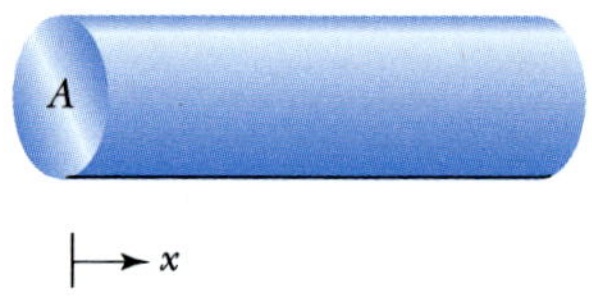

그림 10.24 열전도도를 나타내기 위한 단면적 A를 갖는 균일한 막대

열전도도를 정의하는 표준 방법은 균일한 단면적 A(그림 10.24)의 단단한 막대를 따라 흐르는 열의 흐름을 사용한다. 실험적으로 단위 시간당 막대를 따라 이동하는 열의 흐름은 A와 온도 기울기 dT/dx에 비례한다는 것을 알 수 있다. 열전도도 K를 이 비례상수로 정의하면

$$\frac{dQ}{dt} = -KA\frac{dT}{dx} \tag{10.27}$$

와 같다. 식 (10.27)에서 음의 부호는 열이 열 기울기와 반대 방향으로(즉, 더 뜨거운 곳에서 더 차가운 곳으로) 흐르기 때문이다.

고전 이론에서 이상적인 자유전자 기체*의 열전도도는 다음과 같다.

$$K = \frac{n\bar{v}\ell c_V}{3N_A} \tag{10.28}$$

여기서 n은 자유전자의 부피 밀도, $\bar{v}$는 평균 (열) 속도, ℓ은 평균 자유거리(9장을 보라), c_V는 몰열용량이다. 고전적으로 $c_V = \frac{3}{2}R = \frac{3}{2}N_A k$이므로

$$K = \tfrac{1}{2}n\bar{v}\,\ell k \tag{10.29}$$

열전도도 K와 전기전도도 σ는 밀접한 관계를 갖기 때문에 상호 비교하는 것이 유용하다.

$$\frac{K}{\sigma} = \frac{\frac{1}{2}n\bar{v}\ell k}{ne^2\ell/m\bar{v}} = \frac{m\bar{v}^2 k}{2e^2} \tag{10.30}$$

여기서는 전기전도도에 대한 식 (9.37)을 사용했다. 고전적인 열역학에서 평균속도는 다음과 같다[식 (9.17)을 보라].

$$\bar{v} = \sqrt{\frac{8kT}{\pi m}}$$

따라서

*F. Reif, *Statistical Physics*, New York: McGraw-Hill (1967), pp. 331-333을 참고하라.

표 10.3 273 K와 373 K에서의 로렌츠 수(단위: 10^{-8} W·Ω·K^{-2})

Metal	T = 273 K	T = 373 K
Ag	2.31	2.37
Au	2.35	2.40
Cd	2.42	2.43
Cu	2.23	2.33
Ir	2.49	2.49
Mo	2.61	2.79
Pb	2.47	2.56
Pt	2.51	2.60
Sn	2.52	2.49
W	3.04	3.20
Zn	2.31	2.33

출처: C. Kittel, *Introduction to Solid State Physics*, 5th ed., New York: Wiley (1976), p. 178

$$\frac{K}{\sigma} = \frac{4k^2 T}{\pi e^2} \tag{10.31}$$

즉, 비율 K/σ가 T에 비례한다는 것을 알 수 있다. *일정한* 비율을 계산하는 것이 편리하므로 다음을 유도할 수 있다.

$$L \equiv \frac{K}{\sigma T} = \frac{4k^2}{\pi e^2} \tag{10.32}$$

비데만·프란츠 법칙

식 (10.32)를 **비데만·프란츠 법칙**(Wiedemann-Franz law)이라고 하며, 상수 L은 **로렌츠 수**(Lorenz number)라고 한다. L의 값은 1.0×10^{-8} W·Ω·K^{-2} 정도이다. 실험에 따르면 $K/\sigma T$는 실제로 일정하지만 식 (10.32)에서 예측한 것보다 약 2.5배 큰 값을 보인다. 표 10.3은 일부 실험값을 나열한 것이다.

로렌츠 수

그렇다면 우리의 분석에서 잘못된 것은 무엇일까? 한 가지 문제는 $\bar{v}$ 및 c_V에 대해 고전적인 표현을 사용했다는 것이다. $\bar{v}$를 페르미 속도 u_F로 바꾸고(왜냐하면 페르미 에너지 근처의 전자만이 전도도에 기여할 수 있기 때문에) $c_V = \frac{3}{2}R$을 양자역학적 결과로 교체해야 한다[식 (9.47)을 보라].

$$c_V = \frac{\pi^2 RkT}{2E_F} \tag{10.33}$$

그러면, 식 (10.28)을 다음과 같이 다시 쓸 수 있다.

$$K = \frac{1}{3}\frac{nu_F\ell}{N_A}\frac{\pi^2 RkT}{2E_F} \tag{10.34}$$

여기서 $R = N_A k$와 $E_F = \frac{1}{2}mu_F^2$이다. 따라서

$$K = \frac{n\ell\pi^2 k^2 T}{3mu_F} \tag{10.35}$$

식 (10.35)의 유효성에 대한 증명이 곧 실험 결과에 부합하는 비데만·프란츠 법칙의 수정된 양자역학적 결과가 될 것이다. 이전과 마찬가지로 $L = K/\sigma T$이지만 여기에서는 $\sigma = ne^2\ell/mu_F$을 사용한다.

$$L = \frac{K}{\sigma T} = \frac{n\ell\pi^2 k^2}{3mu_F}\frac{mu_F}{ne^2\ell}$$

양자 로렌츠 수

$$L = \frac{\pi^2 k^2}{3e^2} \tag{10.36}$$

양자역학적으로 수정된 로렌츠 수는 고전적인 것과 동일하게 물리적 상수 k^2과 e^2을 포함하지만, 이상하게도 $\pi^3/12$만큼 더 큰 값을 가지게 된다. 이로 인해 로렌츠 수를 식 (10.32)보다 실험 측정값에 훨씬 더 가까운 2.45×10^{-8} W·Ω·K^{-2} 정도로 수정할 수 있다. 즉, 양자역학적 결과가 고전적 결과보다 훨씬 우수하다고 할 수 있다.

자기적 성질

고체의 자기적 특성에 대한 연구는 고체물리학의 중요한 부분이다. 고체는 고유의 자기 모멘트(혹은 결핍된) 및 인가된 자기장에 대한 반응에 따라 분류할 수 있다. 자기장이 가해지지 않은 상태에서도 알짜 자기모멘트를 갖는 물질을 **강자성체**(ferromagnet)라고 한다. 강자성체는 때때로 '영구자석'이라고 불리지만, 뒤에 가서 이것이 잘못된 이름인 것을 알게 될 것이다. **상자성체**(paramagnet)에는 인가된 자기장이 있을 때만 알짜 자기 모멘트가 유도된다. 상자성체의 자기 쌍극자는 인가된 자기장에 의해 어느 정도 정렬된다. 반면에 **반자성체**(diamagnet)에서는 인가된 자기장과 반대 방향으로 유도 자기 모멘트가 생기는 경향(보통은 매우 약한)이 있다. 우리는 이 세 종류의 물질들을 개별적으로 고려하기로 한다.

강자성체

상자성체

반자성체

자화

자성체를 연구하는 데 유용한 물리량은 **자화** M(magnetization M)으로 단위 체적당 알짜 자기 모멘트 양으로 정의된다. 또한 **자기 감수율** χ(magnetic susceptibility χ)는 다음과 같이 정의된다.

자기 감수율

$$\chi \equiv \frac{\mu_0 M}{B} \tag{10.37}$$

다시 말해, 자기 감수율은 투자율 상수 μ_0와 동일한 비례상수를 갖는, 인가된 자기장의 단위당 유도 자기 모멘트로 생각할 수 있다. 자기 감수율은 상자성체에서는 양수이고, 반자성체에서는 음수이다. χ(그리스어 소문자 카이)는 차원이 없는 양이다(연습문제 43을 보라).

오늘날 자성체들은 연구실 외에도 많은 응용 분야가 있다. 많은 물질이 갖는 자기 도메인(자화된 작은 영역)의 작은 크기와 뛰어난 안정성으로 인해 데이터 저장 및 검색이 필요한 많은 장치에 이상적인 특성을 가진다. 컴퓨터, 전자 기기, 오디오 및 비디오 테이프는 모두 이러한 방식으로 자성체를 활용한다.

반자성

반자성체에서 자화(magnetization)가 인가된 장의 반대 방향으로 생성되기 때문에 반자성체의 거동은 상식과 반대되는 것처럼 보일 수 있다. 그러나 패러데이의 법칙에 따라 물질이 인가된 장에 전체적으로 응답한다고 생각할 수도 있다. 파인먼이 제안한 준고전적 모델을 통해 이러한 현상을 설명할 수 있다.*

그림 10.25와 같이 전자가 반지름 r의 원형 궤도에서 반시계 방향으로 도는 준고전적 모델을 고려하자. 이제 자기장이 지면의 바깥 방향으로 점진적으로 증가된다고 가정하자. 자기장이 0에서 증가함에 따라, 원자의 (원형) 궤도 경로를 통해 위쪽으로 자속이 증가한다. 패러데이의 법칙에 따르면 변화하는 자속은 전자의 궤도에 접선 방향이고 시계 방향으로 도는 유도 전기장을 생성한다. 패러데이의 법칙에 의해 유도되는 전기장의 크기는 다음과 같다.

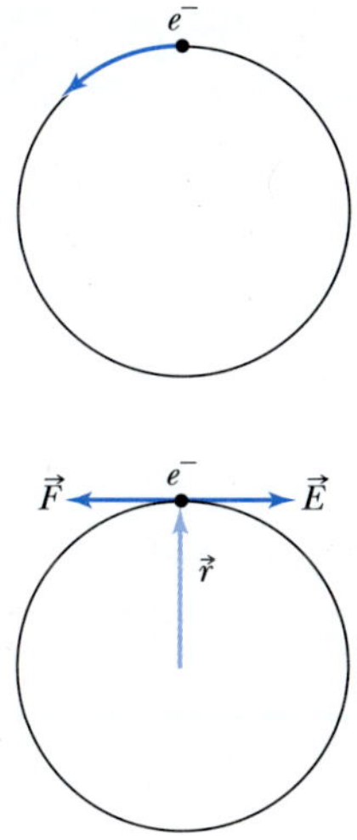

그림 10.25 (a) 반자성을 표시하기 위한 전자 궤도. (b) 전자는 인가된 자기장에 의해 힘을 받아 회전력 및 각운동량의 변화를 가져온다.

$$E(2\pi r) = \left|\frac{d\Phi_B}{dt}\right| = \frac{d}{dt}(\pi r^2 B)$$

따라서 유도 전기장의 강도는 다음과 같다.

$$E = \frac{r}{2}\frac{dB}{dt}$$

이 전기장은 크기가 reE($\vec{r}$과 $\vec{E}$는 수직)인 지면 바깥 방향의 회전력 $\vec{\tau} = \vec{r} \times \vec{F} = \vec{r} \times (-e\vec{E})$를 유도한다. 회전력이 각운동량의 변화율과 일치한다고 하면 다음과 같이 표현될 수 있다.

$$\tau = \frac{dL}{dt} = reE = \frac{er^2}{2}\frac{dB}{dt}$$

회전력은 지면에서 나오는 방향으로 생긴다. 따라서 지면에서 나오는 방향으로 0에서 B로 증가하는 자기장을 생각하면 각운동량의 변화는 다음과 같다.

$$\Delta L = \frac{er^2 B}{2}$$

여기서 $\Delta\vec{L}$의 방향은 지면에서 *나오는* 방향이다. 이는 자기 모멘트가 $\Delta\vec{\mu} = -\frac{e}{2m}\Delta\vec{L}$만큼 변하는 결과로 이어지며, 이때 $\Delta\vec{\mu}$의 크기는 다음과 같다

$$\Delta\mu = \frac{e^2 r^2 B}{4m} \tag{10.38}$$

$\Delta\vec{\mu}$의 방향은 지면 안으로 *들어가는* 방향이다. 자기 모멘트의 변화는 인가된 자기장과 반대로 생기며, 이것이 바로 반자성체의 특징이다.

---

*Richard P. Feynman, Robert B. Leighton, and Matthew Sands, *The Feynman Lectures on Physics*, Vol. 2, Reading, MA: Addison-Wesley (1964), pp. 34-5 to 34-6

예제 10.5

원자 궤도가 보어 반지름과 같고 2.0 T의 자기장이 인가될 때 일반적인 원자에서 유도되는 반자성 모멘트의 크기를 예측하라. 그 결과를 일반적인 자기 모멘트 값인 보어 마그네톤 $\mu_B = e\hbar/2m = 9.27 \times 10^{-24}$ J/T와 비교하라.

전략 주어진 궤도 반지름과 자기장의 예측값을 이용하면, 식 (10.38)을 이용하여 유도 자기 모멘트를 구할 수 있다. 전체적으로 SI 단위계를 사용하면 자기 모멘트의 단위는 J/T이다.

풀이 주어진 전자 전하량 및 질량을 사용하면,

$$\Delta\mu = \frac{e^2r^2B}{4m} = \frac{(1.60 \times 10^{-19}\,\text{C})^2\,(5.29 \times 10^{-11}\,\text{m})^2\,(2.0\,\text{T})}{4(9.11 \times 10^{-31}\,\text{kg})}$$
$$= 3.9 \times 10^{-29}\,\text{J/T}$$

자기 모멘트의 변화량은 보어 마그네톤의 약 4×10^{-6}배에 불과하다. 이는 반자성 효과가 일반적으로 매우 작다는 것을 보여 준다.

상자성

상자성체에는 외부 장에 의해 정렬될 수 있는 짝을 이루지 않은 자기 모멘트가 있다. 주로 희토류 원소와 많은 전이 금속(transition metal)들이 여기에 해당한다. 전자가 훈트(Hund)의 규칙(8.2절)을 충족하는 방식으로, 채워지지 않은 하위 껍질부터 점유하기 때문이다. 상자성 감수율 χ는 온도에 크게 의존한다. 단위 부피당 짝을 이루지 않은 N개의 자기 모멘트의 집합을 고려하여 온도의존성을 결정할 수 있다. 주어진 온도에서 인가된 장에 나란하게 정렬된 N^+ 모멘트와 인가된 장에 반대 방향으로 정렬된 N^- 모멘트가 존재한다. 자기 모멘트와 관련된 에너지는 $V = -\vec{\mu} \cdot \vec{B}$이므로, 평행 정렬의 경우 $V = -\mu B$이고 반대 방향 정렬의 경우 $V = +\mu B$이다. 고전적 한계(실온을 포함하는 $T \gg 0$)에서 자기 모멘트의 분포는 맥스웰·볼츠만 통계에 의해 결정된다.

$$N^+ = ANe^{\beta\mu B} \quad \text{and} \quad N^- = ANe^{-\beta\mu B} \tag{10.39}$$

여기서 A는 규격화 상수이고 $\beta \equiv (kT)^{-1}$이다. 알짜 자기 모멘트(단위 부피당) μ_{net}은

$$\mu_{\text{net}} = \mu(N^+ - N^-)$$
$$\mu_{\text{net}} = \mu AN(e^{\beta\mu B} - e^{-\beta\mu B}) \tag{10.40}$$

이다. μ_{net}에서 χ를 직접 계산하는 것보다, 먼저 원자당 평균 자기 모멘트 $\overline{\mu}$를 고려하여 상수 A를 소거하는 것이 유용하다.

$$\overline{\mu} = \frac{\mu_{\text{net}}}{N} = \frac{\mu_{\text{net}}}{N^+ + N^-} = \frac{\mu AN(e^{\beta\mu B} - e^{-\beta\mu B})}{AN(e^{\beta\mu B} + e^{-\beta\mu B})}$$
$$\overline{\mu} = \mu\frac{e^{\beta\mu B} - e^{-\beta\mu B}}{e^{\beta\mu B} + e^{-\beta\mu B}} = \mu\tanh(\beta\mu B) \tag{10.41}$$

맥스웰·볼츠만 분포를 사용하기 때문에 이 식은 $T \gg 0$에만 유효하다. 또한 이는 $\mu B \ll kT$를 의미하므로 $\tanh(\beta\mu B) = \tanh(\mu B/kT) \approx \mu B/kT$와 $\overline{\mu} = \mu^2 B/kT$이다. 따라서 고전적인 한계에서($M = N\overline{\mu}$)

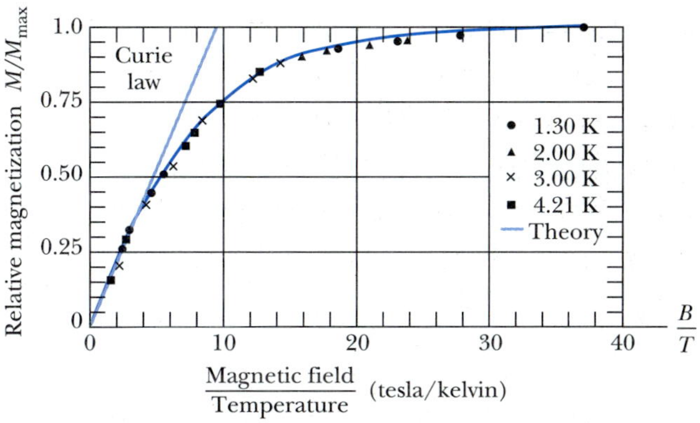

그림 10.26 반자성 염인 크롬산 칼륨 황산염(potassium chromate sulfate)의 실험적 자화 그래프. 약한 자기장에서는 퀴리 법칙과 일치함을 주목하라. 출처: W. E. Henry, *Physical Review* **88**, 559 (1952)

$$\chi = \frac{\mu_0 M}{B} = \frac{\mu_0 N\overline{\mu}}{B} = \frac{\mu_0 N\mu^2}{kT} \tag{10.42}$$

퀴리 법칙

이다. 식 (10.42)는 **퀴리 법칙**(Curie law)이라고 하며 종종 단순하게 $\chi = C/T$로 표시된다. 여기서 $C = \mu_0 N\mu^2/k$는 주어진 상자성체에 대한 상수(**퀴리 상수**)이다. 그림 10.26에 자기화 곡선의 예시가 나타나 있으며, 퀴리 법칙의 응용과 한계를 볼 수 있다. 그림 10.26에서 M 대 B 곡선은 넓은 범위의 자기장에서 거의 선형이라는 것을 분명하게 볼 수 있다. 또한 더 큰 B 값에서는 가능한 모든 자기 모멘트가 정렬된 자화의 '포화점'에 도달하여 퀴리 법칙이 성립하지 않는다.

예제 10.6

보어 마그네톤 $\mu_B = e\hbar/2m = 9.27 \times 10^{-24}$ J/T를 일반적인 자기 모멘트로 정하고, $B = 0.50$ T를 이용하여 다음을 풀어라.

(a) $\mu B = 0.1kT$인 온도 T를 구하라.

(b) $\mu B = 0.1kT$에서 $\tanh(\beta\mu B)$를 $\beta\mu B$와 비교하여 '고전적인' 온도로서 T 값의 적합성을 확인하라.

(c) $T = 100$ K에서 $\tanh(\beta\mu B) \approx \beta\mu B$ 표현에 대해 같은 방법으로 비교하라.

전략 주어진 자기 모멘트와 자기장의 수치 값을 이용하면 계산은 매우 간단하다. (b)와 (c)의 비교를 위해 주어진 값은 유효 숫자를 두 자리를 사용하여 얻을 수 있다.

풀이 (a) $\mu B = 0.1kT$로 주어졌다. $\mu = \mu_B$로 놓고 T에 대해 풀면 된다.

$$T = \frac{10\mu B}{k} = \frac{10(9.27 \times 10^{-24}\,\text{J/T})(0.5\,\text{T})}{1.38 \times 10^{-23}\,\text{J/K}} = 3.36\,\text{K}$$

(b) 이제,

$$\beta\mu B = \frac{\mu B}{kT} = 0.10$$

$$\tanh(\beta\mu B) = \tanh(0.10) = 0.10$$

유효 숫자 두 자리까지 구한 것이다. 따라서 이러한 근사치는 이런 낮은 온도에서도 대부분의 목적에 적합하다.

(c) 이제,

$$\beta\mu B = \frac{\mu B}{kT} = \frac{(9.27 \times 10^{-24}\,\text{J/T})(0.5\,\text{T})}{(1.38 \times 10^{-23}\,\text{J/K})(100\,\text{K})}$$

$$= 3.36 \times 10^{-3}$$

$$\tanh(\beta\mu B) = \tanh(3.36 \times 10^{-3}) = 3.36 \times 10^{-3}$$

$\beta\mu B$와 $\tanh(\beta\mu B)$는 유효 숫자 세 자리까지 동일하다. 상대적으로 높은 온도에서도 이 근사치는 매우 잘 맞는다.

표 10.4 강유전체 물질들의 퀴리 온도 T_C

Material	T_C (K)
Fe	1043
Co	1388
Ni	627
Gd	293
Dy	85
$CrBr_3$	37
Au_2MnAl	200
Cu_2MnAl	630
Cu_2MnIn	500
EuO	77
EuS	16.5
MnAs	318
MnBi	670
$GdCl_3$	2.2

출처: F. Keffer, *Handbuch der Physik* **18**, pt. 2, New York: Springer-Verlag (1966), and P. Heller, *Reports on Progress in Physics* **30**, pt. II, 731 (1967)

강자성

강자성체는 매우 드물다. 모든 원소 중에서 오직 다섯 가지(철, 니켈, 코발트, 가돌리늄, 디스프로슘)만이 강자성체이다. 대신 많은 *화합물*들이 강자성체인데, 그중 일부는 이 강자성 원소를 전혀 포함하지 않는다. 가장 강력한 자기 화합물(예를 들면, $Nd_2Fe_{14}B$)의 표면에서 자기장의 세기는 1 T를 초과하기도 한다. 강자성을 갖기 위해서는 짝을 이루지 않은 자기 모멘트뿐만 아니라 자기 모멘트 사이에 충분한 상호작용이 있어야 한다. 그들의 상호작용을 통해 높은 수준의 자기 질서도가 유지되기 때문이다.

질서도를 유지하지 못하게 하는 것은 열 운동에 의한 지속적인 무작위화 효과이다. 높은 온도에서의 충분한 열 교반은 자기 질서도를 깨트려 특정 온도(**퀴리 온도** T_C로 알려진) 이상에서 강자성체가 상자성체로 변하게 만든다. 몇몇 강자성체에 대한 T_C를 표 10.4에서 볼 수 있다. 온도가 T_C에 가까워지면(아래쪽에서), 열 운동이 장거리 자기 질서도를 파괴하여 강자성 물질의 자화 특성이 크게 떨어지기 시작한다.

강자성체는 열역학적 시스템이다. 질서도 있는 상태 및 무질서한 상태는 9장에서 논의된 액체 헬륨의 상과 마찬가지로 모두 열역학적 상(phase)이다. 온도가 증가하거나 감소할 때, 상태 간의 상전이는 가역적이다.

강자성 물질은 과학 연구 및 산업 분야에서 널리 사용된다. 발전기는 패러데이의 법칙을 이용하기 위해 영구자석을 사용한다. 전기 모터는 이와 반대로 전류를 기계적 운동으로 바꾸기 위해 강자성체를 사용한다. 과학적 사용 예로는 10.2절에 설명된 위글러 자석, 약한 장 핵자기 공명 및 슈테른-게를라흐(Stern-Gerlach) 실험(7.4절) 등이 있다. 또 다른 응용 예는 자기 부상 운송 시스템(10.6절)이 있다.

반강자성 및 준강자성

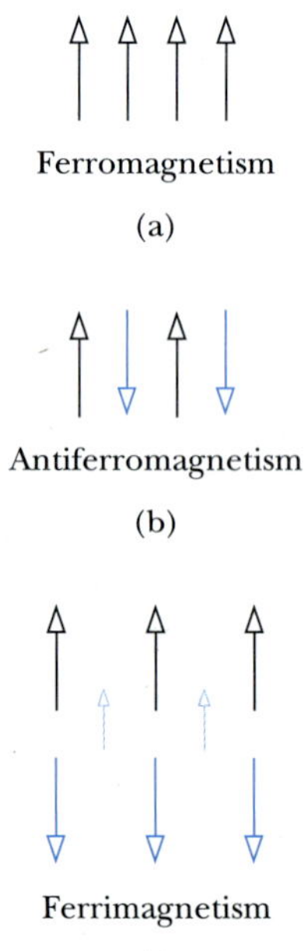

그림 10.27 강자성체, 반자성체, 준강자성체(ferrimagnet)의 스핀 정렬

자기 특성에는 또 다른 두 가지의 특이한 경우가 있다. **반강자성**(antiferromagnetic) 물질에서 인접한 자기 모멘트는 그림 10.27에서와 같이 반대 방향을 갖는다. 이 효과로 인해 *닐 온도*(Neel temperature) T_N이라고 하는 정렬 온도(강자성체의 T_C와 유사) 이하에서 알짜 자화량이 0이 될 수 있다. T_N 이상에서 반강자성 물질은 상자성체가 된다. MnO, FeO, MnS, MnF_2, $NiCl_2$ 같은 반강자성 물질에서 음이온들은 반평행(antiparallel) 정렬을 위한 메커니즘을 제공하는 데 가장 효과적이다. **준강자성**(ferrimagnetic) 물질에서는 두 종류의 자기 모멘트가 존재한다는 점을 제외하고는 유사한 반평행 정렬이 일어난다. 따라서 반평행 모멘트는 완전히 상쇄되지 않고 작은 알짜 자화량을 남긴다. 준강자성 질서도를 보이는 대표적인 예는 자철광(FeO-Fe_2O_3)이다.

10.5 초전도성

초전도성이란 초전도체에서 전기 저항이 사라지고 자속이 제거되는 놀라운 현상이다. 오늘날 초전도체는 다양한 응용분야에서 사용된다. 또한, 더 높은 온도에서의 초전도체 개발에 대한 기대로 인해 현대의 물리학자들은 계속해서 초전도체의 특성에 대해 더 많이 연구하고 배우고 있다. 이 절에서는 초전도체에 대해 오늘날까지 알려진 것들을 설명하

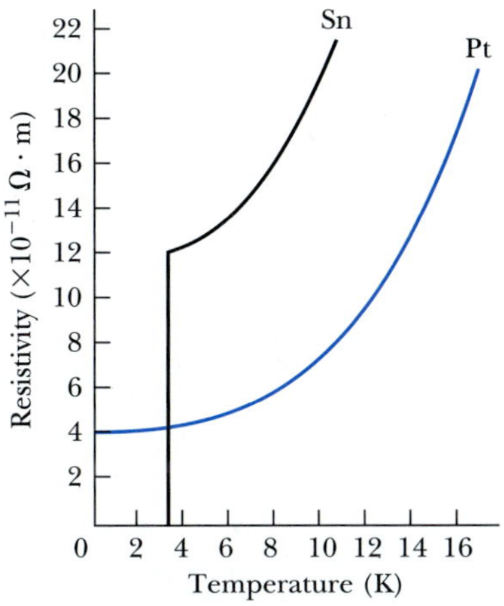

그림 10.28 저온에서 일반적 도체(백금) 및 초전도체(주석)의 비저항. 주석의 비저항은 T_c(3.7 K)에서 급격하게 영(0)이 된다.

고 10.6절에서는 응용들에 대해 고찰할 것이다.

초전도성은 두 가지 독특한 거시적 특징을 갖는 특별한 물리적 상태이다. 첫 번째는 비저항이 영(0)인 것으로, 이는 1911년에 네덜란드 레이던대학의 물리학자인 헤이커 카메를링 오너스(Heike Kamerlingh Onnes)가 고체 수은에서 처음으로 관찰했다. 그는 이 현상을 그 자체로도 중요한 업적인 '헬륨의 액화'를 통해 발견했다.(헬륨의 끓는점은 1기압에서 4.2 K라는 것을 기억하라.) 카메를링 오너스는 액체 헬륨을 둘러싼 증기의 압력을 감소시켜 1 K에 가까운 온도를 달성했다. 오늘날에는 더 정교한 방법(Special Topic '저온 연구'를 보라)으로 훨씬 더 낮은 온도가 달성된다.

그림 10.28은 초전도체의 비저항이 일반 도체와 어떻게 다른지 보여 준다. 초전도체에서 비저항은 *임계 온도*(또는 *전이 온도*) T_c에서 급격하게 0으로 떨어진다. 비저항이 단순히 매우 낮은 것이 아니라 정말로 영(0)이 된다는 사실이 중요하다. 1956~1958년 사이에 콜린스(S. C. Collins)가 이끄는 영국 물리학자 그룹은 초전도 고리(ring)에 전류를 주고 외부 전원 없이도 흐르도록 했다. 2년 이상 지난 후에도, 전류 손실이 감지되지 않았다. 그들의 측정 장비의 불확실성을 고려하여 추정해도, 일부 전류는 최소 1억 년 후에도 남아 있을 것으로 계산되었다(연습문제 64를 보라). 즉, '초' 전도체라는 이름이 아주 적절하다! 대조적으로 구리로 만들어진 유사한 루프의 전류는 수 초 만에 사라질 것인데, 이는 비록 구리가 우수한 전도체로 간주되지만 극도로 낮은 온도에서도 약간의 저항은 가지고 있기 때문이다.

서로 다른 초전도체는 표 10.5에 나타낸 바와 같이 서로 다른 전이 온도를 가진다. 니오븀은 T_c = 9.25 K로 순수한 원소 중 전이 온도가 가장 높다. 상온에서 가장 우수한 전도성을 보이는 네 개의 물질 중 구리, 은, 금의 세 개는 초전도체가 아니라는 것에 주목하자. 이것은 이 현상이 드문 예외를 제외하고 적용되는 규칙임을 보여 준다. 최고의 전도체이지만 최악의 초전도체가 된다. 또 다른 흥미로운 결과는 화학적 거동과 유사하게, 초전도 거동이 주기율표의 지정된 열 내에서 유사한 경향이 있다는 것이다. 이는 놀라운 일이 아닌데, 왜냐하면 최외곽 전자가 화학적 반응과 전기의 전도를 모두 담당하기 때문이다.

표 10.5 원소들의 초전도 매개변수

초전도 전이 온도 및 임계장
윗부분 숫자: 절대 온도 K로 나타낸 전이 온도
아랫부분 숫자: 절대 온도 0도에서 임계 자기장(단위 10^{-4} Tesla)

Li	Be											B	C	N	O	F	Ne
Na	Mg											Al 1.18 105	Si	P	S	Cl	Ar
K	Ca	Sc	Ti 0.40 56	V 5.40 1408	Cr	Mn	Fe	Co	Ni	Cu	Zn 0.85 54	Ga 1.08 58	Ge	As	Se	Br	Kr
Rb	Sr	Y	Zr 0.61 47	Nb 9.25 2060	Mo 0.92 96	Tc 7.77 1410	Ru 0.49 69	Rh	Pd	Ag	Cd 0.52 28	In 3.41 282	Sn 3.72 505	Sb	Te	I	Xe
Cs	Ba	La 6.00 1046	Hf 0.13 13	Ta 4.47 829	W 0.02 1.15	Re 1.70 200	Os 0.66 70	Ir 0.11 16	Pt	Au	Hg 4.15 411	Tl 2.38 178	Pb 7.20 803	Bi	Po	At	Rn
Fr	Ra	Ac															

Ce	Pr	Nd	Pm	Sm	Eu	Gd	Tb	Dy	Ho	Er	Tm	Yb	Lu 0.1 350
Th 1.38 160	Pa 1.4	U	Np	Pu	Am	Cm	Bk	Cf	Es	Fm	Md	No	Lr

출처: B. W. Roberts, *Properties of Selected Superconductive Materials*, Supplement, NBS Technical Note 983, Washington, DC: U.S. Government Printing Office (1978)

마이스너 효과

초전도성과 관련된 두 번째 중요한 거시적 현상은 1933년에 마이스너(W. Meissner)와 옥센펠트(R. Ochsenfeld)에 의해 발견된 **마이스너 효과**(Meissner effect)이다. 간단히 말하자면 마이스너 효과는 초전도체 내부에서 자속이 완전히 사라지는 것이다. 이를 위해서는 초전도체 내에 *차폐 전류*(screening current)라고 하는 전류의 생성이 필수적이다. 자속을 상쇄시키기 위하여 어느 정도 충분한 전류가 필요하게 된다. 따라서 초전도체를 자기 감수율이 $\chi = -1$인 완전한 반자성체로도 볼 수 있다. 그림 10.29에서 초전도체 내부의 유도 전류가 입방체 자석의 자기장에 반대되는 자기장을 생성하여 자석이 중력에 반하여 떠 있기 충분한 힘을 제공하는 마이스너 효과를 시연하고 있다. 자석에 대한 평형 위치에서, 자석에 가해지는 중력과 초전도체에 의한 자기력은 서로 균형을 이룬다.

임계장

하지만 마이스너 효과는 오직 특정 지점에서만 작동한다. 자기장의 특정 값[**임계장**

Bill Pierce/The LIFE Images Collection/Getty Images

그림 10.29 마이스너 효과를 보여 주는 사진으로 77 K에서 초전도체 $YBa_2Cu_3O_7$ 위에 입방형 자석이 떠 있는 모습. 초전도체 안에서 차폐 전류가 생성되어 자석의 자기장과 반대 방향으로 자기장을 형성하여 공중에 뜰 수 있다.

(critical field) B_c라고 함]을 초과하면 자속이 물질을 관통하고 초전도성은 자기장이 B_c 미만으로 감소할 때까지 사라지게 된다. 자속이 물질에 침투하면 비저항이 영(0)인 특성도 잃어버리며, 이는 비저항 값이 영(0)인 특성과 마이스너 효과가 초전도체에서 함께 얻어지는 특성임을 보여 준다.

전이 온도와 마찬가지로 임계장도 초전도체마다 다르다. 전이 온도가 더 높은 초전도체는 몇 가지 예외가 있지만 더 높은 임계장을 갖는 경향이 있다. 임계장은 그림 10.30과 같이 온도에 따라 변한다. T_c 바로 아래에서는 임계장이 낮다. 즉, 초전도성을 제거하는 데 자기장이 거의 필요하지 않다. 순수한 금속의 B_c가 심지어 절대 영도에서도 겨우 0.1테슬라 정도에 불과하다는 사실은 매우 중요하다. 왜냐하면 실험실에서는 더 높은 장을 종종 접하기 때문이다. 임계장은 특정 초전도체를 사용하는 방법에 대해 엄격한 제한을 두고 있다. 전류가 흐르는 도선은 도선 내부와 외부 모두에서 자기장을 생성한다. 따라서 초전도 도선을 사용하여 저항 없이 전류를 흐르게 하려는 경우, 사용할 수 있는 최대 전류(**임계 전류**)가 있다. 이러한 효과로 더 높은 임계장을 가진 초전도체가 발견될 때

임계 전류

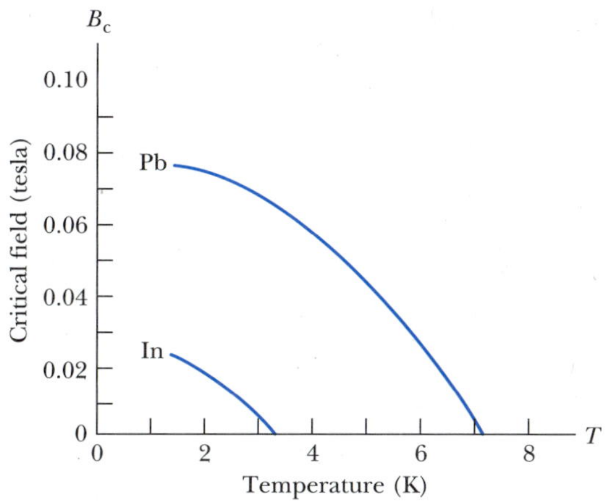

그림 10.30 두 초전도체에서 임계장의 온도의존성. T가 T_c(인듐은 3.4 K, 납은 7.2 K)에 가까워질수록 B_c가 0에 가까워짐을 참고하라.

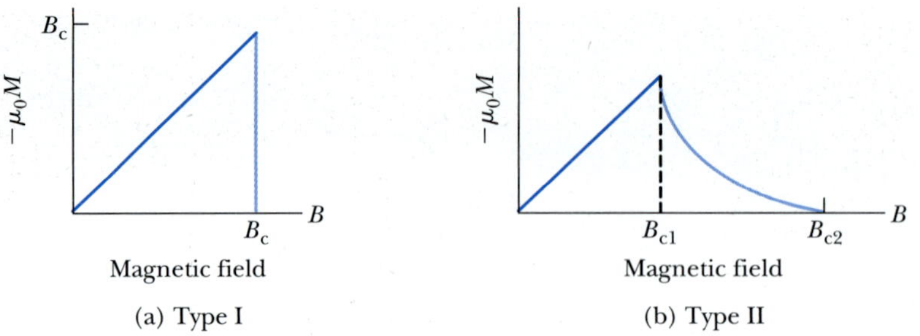

그림 10.31 임계장의 온도의존성 비교: (a) I형 초전도체, (b) II형 초전도체. B_c 이하의 I형 초전도체에서 $-\mu_0 M = B$이므로 $\chi = -1$, 즉 완전한 자속 제거를 나타낸다. II형 물질에서 B_c까지는 모든 자속이 밀쳐지며, B_c 이상에서는 완전한 침투가 가능하다. B_{c1}과 B_{c2} 사이(소용돌이 상태)에서는 일부 자속 투과가 일어난다.

까지 초전도체의 응용 범위가 크게 제한되었다.

I형 초전도체와 II형 초전도체

우리가 방금 설명한 초전도 상태는 순수한 금속인 수은, 알루미늄 및 그 밖의 많은 다른 경우이다. 이들은 일반적으로 **I형 초전도체**로 알려져 있다. **II형 초전도체**(이 범주에는 대부분의 초전도 합금이 포함됨)에서는 두 개의 임계장, 즉 하한 임계장 B_{c1}과 상한 임계장 B_{c2}가 있다. II형 초전도체는 B_{c1} 이하 및 B_{c2} 이상에서, B_c 이하 및 B_c 이상에서의 I형 초전도체와 유사한 특성을 보인다. 그러나 B_{c1}과 B_{c2} 사이(*소용돌이 상태*로 알려짐)에는 그림 10.31과 같이 자속의 부분적인 침투가 일어나지만 비저항이 0인 특성은 일반적으로 사라지지 않는다. 좋은 점은 B_{c2}가 때로는 수백 테슬라 이상으로 매우 클 수 있다는 것이다. 나쁜 점은 B_{c1} 또한 가끔 수백 테슬라에 이른다는 것이다. 비저항이 0인 특성이나 마이스너 효과를 갖는 초전도 물질의 적용을 고려할 때 이 점을 염두에 두어야 한다.

마이스너 효과는 변화하는 자속은 생성된 전류가 원래 자속의 변화에 반대되는 방식으로 도체에 전류를 생성한다고 하는 고전물리학의 *렌츠의 법칙*(Lenz's law)을 떠올리게 한다. 고전물리학에서 전류는 자속이 변하는 동안에만 지속된다(패러데이의 법칙). 초전도체에서는 저항이 0이기 때문에 단순하게 전류가 지속적으로 흐를 것으로 예상할 수 있지만, 실제로는 그렇지 않으며 간단한 실험이 이를 증명한다. T_c 이상에서 물질에 일정한 자기장을 인가하면 초기에는 전류가 흐르지 않는다. 만약 물질이 T_c 이하로 냉각되면 자기장이 즉각적으로 밀려나게 된다. 이 실험 결과는 초전도체가 고전물리학으로는 설명될 수 없다는 것을 보여 준다.

동위원소 효과

초전도체가 그러한 독특한 특성을 나타내는 이유는 무엇일까? 오랫동안 막연한 추측만이 있었다. 1950년대에 **동위원소 효과**(isotope effect)가 발견되면서 결국 성공적인 이론이 개발되었다. 대부분의 초전도체는 다음의 식을 따른다.

$$M^{0.5} T_c = \text{constant} \tag{10.43}$$

여기서 M은 특정 초전도 동위원소의 질량이다. 이는 T_c가 가벼운 동위원소에 비해 약간 더 높다는 것을 의미한다. 예를 들어 원자당 평균질량이 199.5 u인 수은 시편은 T_c = 4.185 K이고, 원자당 평균질량이 203.4 u인 수은 시편은 T_c = 4.146 K이다. 다른 원소들에서도 일부는 지수부분이 0.5와 약간 차이가 나기도 하지만, 이러한 경향은 일반적이다.

동위원소 효과는 초전도 상태에서 격자 이온들이 중요하다는 것을 나타낸다. 이러한 현상은 전자와 격자 이온 간의 상호작용이 0일 때만 저항이 0일 수 있다는 고전적인 전도 모델과 상충된다.

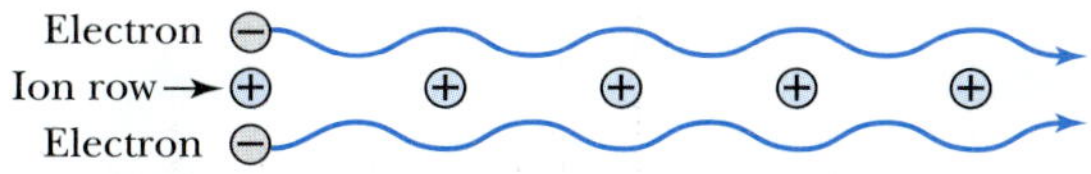

그림 10.32 1차원 열로 정렬된 격자 구조 내의 이온들을 통과하는 전자운동의 모식도. 두 개의 쌍을 이룬 전자가 격자를 통과하면서 어떻게 서로 끌리는지 보여 준다.

초전도성에 대한 성공적인 이론*은 1950년대 중반 존 바딘(John Bardeen), 리언 쿠퍼(Leon Cooper), 로버트 슈리퍼(Robert Schrieffer)에 의해 개발되었으며(1972년 노벨 물리학상), 그들의 첫 글자를 따서 **BCS**라 불린다. BCS 초전도 이론의 두 가지 주요 특징은 (1) 격자를 통과하여 진행하는 전자가 쌍(**쿠퍼쌍**)을 형성하고, (2) 이러한 전파는 격자 진동과 공명하여 일어난다. 이 격자 진동은 **포논**(phonon)으로 알려져 있는데, 이는 마치 전자기복사에서의 *광자*(photon)와 유사하게 양자화된 에너지를 나타내기 때문이다. 따라서 BCS 이론에 의해 설명된 상호작용은 **전자-포논 상호작용**으로 알려져 있다.

BCS 이론

쿠퍼쌍

포논

전자-포논 상호작용

두 개의 전자가 결 맞는 쌍을 형성하는 것이 어떻게 가능할까? 첫 번째 가정으로 그림 10.32에 표시된 것처럼 두 개의 전자가 단일 격자 행을 따라 나란히 전파되는 단순화된 모델을 고려하자. 두 전자는 각각 양이온과의 상호작용으로 인해 서로에게 끌리는 알짜 인력을 경험한다. 전자들은 반대 스핀을 갖는 연관된 쌍을 형성한다. 알짜 스핀이 0이면 전자쌍은 어떤 방식으로든 보존 입자처럼 동작한다. 이 쌍은 강하게 결합되어 응축된 상태가 되며, 이는 보스·아인슈타인 응축(9.7절)과 유사하다. 결과적으로 얻어지는 장거리 질서에 의해 저항 없이 전자가 전도될 수 있게 되며, 이는 모든 쿠퍼쌍을 깨지 않는 한, 단일 쿠퍼쌍만을 끊을 수 없기 때문이다.

완전한 BCS 이론은 양자 이론을 기반으로 전개된다. 이를 통해 다른 관찰된 현상들을 성공적으로 예측할 수 있었다. 첫 번째로, 이 이론을 통해 식 (10.43)에 나타낸 지수가 0.5와 가까운 값을 갖는 동위원소 효과를 예측했다. 두 번째로, 다음과 같이 온도에 따라 변하는 임계장을 구했다.

$$B_c(T) = B_c(0)\left[1 - \left(\frac{T}{T_c}\right)^2\right] \tag{10.44}$$

이는 실험 결과와 일치한다(그림 10.30을 보라). 이 이론은 또한 실온에서 저항값이 큰 금속이 더 나은 초전도체 경향이 있다는 사실을 설명한다. BCS 이론은 초전도 고리를 통과하는 자속이 다음 형식으로 양자화되어야 함을 보여 준다.

$$\Phi = n\Phi_0 = \frac{nh}{2e} \tag{10.45}$$

여기서 n은 정수이고 $\Phi_0 = h/2e \approx 2.068 \times 10^{-15}$ Wb는 **양자 자속**(quantum fluxoid)이다.(Wb로 약칭되는 웨버는 자속의 SI 단위임을 기억하라.) 디버 주니어(B. S. Deaver, Jr.)와 페어뱅크(W. M. Fairbank)가 1961년에 실험으로 확인한 자속의 양자

*J. Bardeen, L. N. Cooper, and J. R. Schrieffer, *Physical Review* **108**, 1175-1204 (1957)

리언 쿠퍼(Leon Cooper, 1930~, 사진의 왼쪽)는 뉴욕 태생으로 컬럼비아대학에서 박사 학위를 받았다. 쿠퍼는 일리노이대학에서 바딘과 슈리퍼와 함께 초전도체를 연구할 때 연구교수였다. 1958년부터는 브라운대학에서 따로 연구를 시작하여 인지과학 및 신경망 분야에 큰 역할을 하였다.

존 바딘(John Bardeen, 1908~1991)은 유일하게 노벨 물리학상을 두 번 수상하였다. 위스콘신에서 나고 자랐으며 전기공학을 공부하였다. 산업계를 떠나 프린스턴대학에서 유진 위그너 교수의 지도 아래 수리물리학으로 박사 학위를 취득했으며, 이때 고체물리학에 관심을 갖게 되었다. 벨 연구소에서 일하는 동안 월터 브래튼과 윌리엄 쇼클리와의 공동 연구를 통해 트랜지스터를 개발하여 세 명 모두 1956년 노벨 물리학상을 수상하였다. 1951년에 일리노이대학 교수가 되어 그의 경력 끝까지 그곳에서 연구하였다. 그곳에서 쿠퍼와 슈리퍼와 함께 초전도체에 대한 연구를 하였다.

로버트 슈리퍼(J. Robert Schrieffer, 1931~2019, 사진의 오른쪽)는 MIT 학부 시절부터 고체물리학에 대한 관심을 키웠다. 일리노이대학에서 대학원을 다니며 바딘 밑에서 연구하였다. 슈리퍼의 초전도체에 대한 노벨상은 일리노이대학 박사 학위 연구 결과였다. 나중에 펜실베이니아대학의 교수가 되었고, UC 산타바바라 대학을 거쳐, 플로리다 주립대학의 국립 고자기장 연구소 소장이 되었다.

Keystone Press/Alamy Stock Photo

표 10.6 T = 0에서 초전도체의 에너지 갭

윗부분 숫자: $E_g(0)$ in 10^{-4} eV
아랫부분 숫자: $E_g(0)/kTc$

										Al 3.5 3.4	Si
Sc	Ti	V 15.8 3.4	Cr	Mn	Fe	Co	Ni	Cu	Zn 2.3 3.2	Ga 3.3 3.5	Ge
Y	Zr	Nb 30.3 3.80	Mo 2.7 3.4	Tc	Ru	Rh	Pd	Ag	Cd 1.4 3.2	In 10.6 3.6	Sn 11.2 3.5
La 19 2.3	Hf	Ta 13.9 3.6	W	Re	Os	Ir	Pt	Au	Hg 16.5 4.6	Tl 7.32 3.6	Pb 26.7 4.3

출처: N. W. Ashcroft and N. D. Mermin, *Solid State Physics*, Philadelphia: Saunders College (1976), p. 745

화*는 10.6절에서 논의할 조셉슨(Josephson) 접합의 기초가 된다.

BCS 이론의 또 다른 정확한 예측 사례는 전도 전자에 대한 바닥상태(초전도 상태)와 첫 번째 여기상태 사이의 에너지 갭(E_g)에 관한 것이다. 바닥상태 위의 전자는 더 이상 저항이 0인 상태로 이동할 수 없다. 기본적으로 이것은 E_g가 쿠퍼쌍을 분리하는 데 필요한 에너지임을 의미하며, 그 효과는 에너지 간극이 클수록 초전도성은 더 안정적이라는 것이다. BCS 이론은 T = 0에서 다음과 같이 예측한다(표 10.6을 보라).

*Bascom S. Deaver, Jr. and William Fairbank, *Physical Review Letters* **7**, 43-46 (1961)

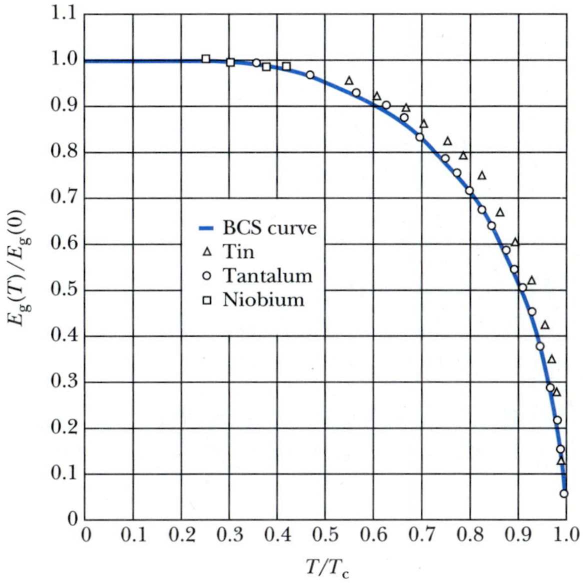

그림 10.33 BCS 이론에 따른 다양한 초전도체들의 초전도 에너지 갭을 온도의 함수로 나타낸 그림. 순수 금속에서 이론과의 일치도가 높다. 출처: P. Townsend and J. Sutton, *Physical Review* **128**, 591-595 (1962). © 1962 by the American Physical Society

$$E_g(0) \approx 3.54kT_c \tag{10.46}$$

이 예측은 초전도체에 의한 전자기복사의 흡수를 연구함으로써 쉽게 검증된다. 오직 E_g 이상의 에너지를 가진 광자만 흡수되며, 이는 1960년에 마이클 틴컴(Michael Tinkham)에 의해 처음 관찰되었다. 더 높은 온도(T_c 바로 아래)에서 BCS 이론은 다음과 같이 예측한다.

$$E_g(T) \approx 1.74E_g(0)(1 - T/T_c)^{1/2} \tag{10.47}$$

이 결과 또한 실험과 잘 일치한다(그림 10.33).

예제 10.7

$T = 0$에서 니오븀에 대한 에너지 갭 E_g를 예측하고, 쿠퍼쌍을 끊는 데 필요한 광자의 최소 파장을 구하라.

전략 표 10.5에서 Nb의 경우 $T_c = 9.25$ K임을 알 수 있다. 따라서 식 (10.46)을 사용하여 에너지 갭을 계산할 수 있다. 광자 파장은 에너지와 파장과 관련된 일반적인 공식 $E = hc/\lambda$를 사용하여 구할 수 있다.

풀이 식 (10.46)에서

$$E_g \approx 3.54(1.38 \times 10^{-23}\,\text{J/K})(9.25\text{K}) = 4.52 \times 10^{-22}\,\text{J}$$
$$= 2.82\ \text{meV}$$

이 작은 에너지는 다음의 광자 파장에 해당한다.

$$\lambda = hc/E_g = 4.39 \times 10^{-4}\,\text{m}$$

이것은 전자기 스펙트럼의 원적외선 영역 부분이다. 이 파장 혹은 이보다 짧은 파장의 광자는 니오븀의 쿠퍼쌍을 끊기에 충분한 에너지를 가진다. E_g에 대한 예측값이 실험값 3.03 meV와 유사함에 주목하라.

더 높은 T_c를 찾아서

초전도 연구 초기부터 물리학자들은 더 높은 전이 온도를 달성하기 위해 노력했다. 왜냐하면 물질을 극도로 낮은 온도로 냉각하는 데 필요한 높은 비용 때문에 제로 저항과 같은 초전도성의 장점이 상쇄되기 때문이다. 초전도체를 냉각시키기 위해 일반적으로 헬륨과 같은 액화 기체를 사용해 왔다. 그러나 액체 헬륨은 만드는 데 매우 많은 비용이 들고,* 그 온도(4.2 K 이하)에서 무엇이든 유지하려면 복잡하고 값비싼 단열 기술이 필요하다. 또한 헬륨 가스 자체도 희귀하고 고가이다. 헬륨은 대기에서 미량으로만 발견되기 때문이다.(헬륨은 너무 가벼워서 평균 분자 속도가 지표면에서의 탈출 속도와 비슷하여, 대기를 떠나려는 경향이 있다.) 대부분 헬륨은 지표면 아래에서 얻을 수 있다. 천연가스 매장지의 상부나 백운석과 같은 지질 구조에서 발견된다. 20 K의 끓는점을 갖는 수소로 대체하는 것도 가능하지만, 가연성이 높기 때문에 대부분의 활용에 적합하지 않다. 반면에 질소는 풍부하고 안전하며 액화 및 저장이 비교적 쉽다. 이것이 바로 1기압에서 질소의 끓는점인 77 K가 고온 초전도체를 찾는 물리학자들의 오랜 목표였던 이유이다.

최근의 개발 동향을 추가하자면, 전이 온도 증가의 역사(표 10.7, 그림 10.34)를 보는 것이 좋다. 1911년에 카메를링 오네스는 수은의 전이 온도가 4.2 K임을 발견했다.(이는 헬륨의 끓는점과 우연히도 같다.) 1930년에 마이스너는 니오븀에서 9.3 K를 발견했다. 그다음의 의미 있는 발전들은 1950년대에 다양한 니오븀 합금에서 발견되었다. NbN 화합물은 안정성과 상대적으로 높은 임계 전류로 인해 오늘날 많은 응용분야에서 사용되며, T_c = 15 K를 갖는 것으로 밝혀졌다. 1973년에는 베른트 마티아스(Berndt Matthias)가 Nb_3Ge에서 T_c = 23.2 K를 측정했는데, 이 기록은 1986년까지 유지되었다. Nb_3Ge는 비교적 고온의 초전도체인 Nb_3Sn, V_3Si 등을 포함하는 **A-15**라는 화합물군에 속한다. 이는 하나의 새로운 초전도체를 발견했다면 몇몇 추가의 초전도체를 발견할 수 있음을 의미하는데, 왜냐하면 주기율표의 같은 열에서 서로 하나 이상의 구성 원자를 다른 원자로 대체하는 것이 일반적으로 가능한 일이기 때문이다.

1986년에 높은 T_c를 구현하는 연구 역사에 큰 사건이 일어났다. IBM 취리히 연구소에서 일하는 게오르크 베드노르츠(Georg Bednorz)와 카를 알렉스 뮐러(Karl Alex Müller)는 란타늄, 바륨, 구리 및 산소를 포함하는 화합물의 전이 온도가 최소 30 K임을 발견했다. 또한 바로 전에 설명한 대체 방법을 이용하여 베드노르츠와 뮐러[†]는 곧 $La_{1-x}Sr_xCuO$에서 x = 0.15일 때 40 K의 T_c를 달성할 수 있었다. 이는 매우 혁명적인 결과였다. 왜냐하면 T_c에 대한 기존 기록을 거의 두 배로 늘렸을 뿐 아니라, 새로운 초전도체의 필수 원소가 일반적으로는 초전도체 형성을 반대하는 것으로 알려졌던 구리와 산소였기 때문이다. 이 발견으로 베드노르츠와 뮐러는 1987년 노벨 물리학상을 수상했다.[‡]

더 높은 T_c에 대한 중요한 성과가 바로 이어 얻어졌다. 1987년에 폴 추(Paul Chu)

---

*디버의 발견이 유용했던 이유는 1970년대에 액체 헬륨은 같은 양의 위스키만큼이나 비쌌지만 액체 질소는 같은 양의 우유만큼 저렴했기 때문이다. 오늘날 액체 헬륨과 액체 질소의 가격이 다소 내렸지만 지구상의 헬륨량은 유한하므로 머지않아 고갈이 될 수도 있다.

[†] J. G. Bednorz and K. A. Müller, *Zeitschrift für Physik* **B64**, 189 (1986)

[‡] 노벨 물리학상 역사에서 가장 빨리 성과를 인정받은 경우이다.

표 10.7 연도에 따른 초전도성 기록

Material	Type	T_c (K)	Year of T_c Measurement
Hg	Element	4.2	1911
Pb	Element	7.2	1913
Nb	Element	9.3	1930
Nb_3Sn	Alloy	18.1	1954
$Nb_3(Al_{0.75}Ge_{0.25})$	Intermetallic	20 – 21	1966
Nb_3Ga	Intermetallic	20.3	1971
Nb_3Ge	Intermetallic	23.2	1973
$Ba_xLa_{5-x}Cu_5O_{5(3-y)}$	Ceramic	30 – 35	1986
$(La_{0.9}Ba_{0.1})_2CuO_{4-\delta}$ (at 1 GPa pressure)	Ceramic	52.5	1986
$YBa_2Cu_3O_7$	Ceramic	93	1987
FeSe	Thin Film	100	2015
BiSrCaCuO	Ceramic	105 – 120	1988
TlBaCaCuO	Ceramic	110 – 125	1993
$HgBa_2Ca_2Cu_4O_{1+x}$	Ceramic	134	1994
$HgBa_2Ca_2Cu_3O_{8+x}$ (at 30 GPa pressure)	Ceramic	164	1994
H_2S (at 200 GPa pressure)	Compound	203	2015
LaH_{10} (at 170 GPa pressure)	Compound	260	2018

출처: C. P. Poole, Jr., T. Datta, and H. A. Farach, *Copper Oxide Superconductors*, New York: Wiley Interscience (1988), p. 7

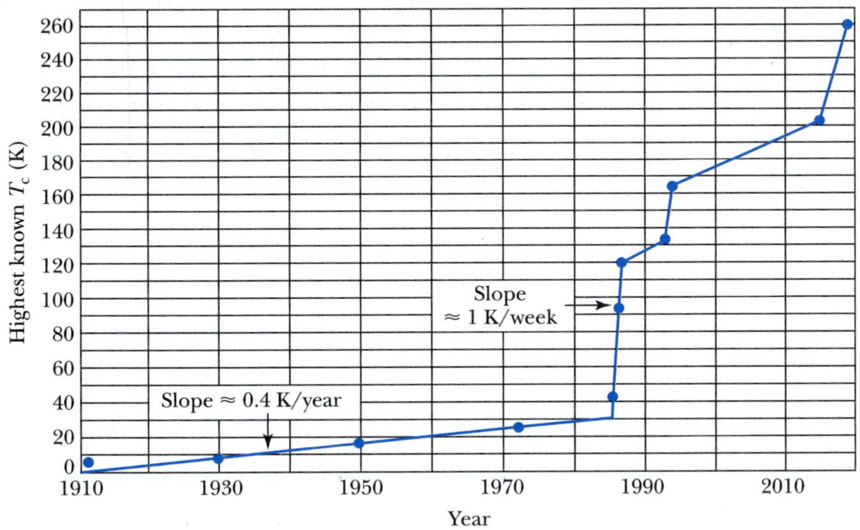

그림 10.34 연도에 따른 고온 초전도 T_c 기록의 변화. 1986년에 기록적인 변화가 시작되었음에 주목하자.

저온 연구

초전도 및 기타 저온 현상에 대한 연구에는 특별한 실험 장비와 기술이 필요하다. 절대 영도에 가까운 온도를 달성, 유지 및 측정하는 이미 잘 확립된 방법들이 있다. 여기에서는 극저온에서 물질을 연구하는 물리학자들이 사용하는 하드웨어와 기술들 중 일부를 소개한다.

일반적으로 매우 차가운(극저온) 액체가 저온 수조(bath)로 사용된다. 연구용 시편을 액체에 직접 담그거나 수조와 접촉하고 있는 물체와 열 접촉이 잘 되도록 한다. 저온 장치를 설계할 때, 시편이 너무 많은 열을 흡수하여 원치 않는 온도 상승을 겪지 않도록 시편과 수조를 실온 환경으로부터 절연시킬 필요가 있다.

열은 전도, 대류, 복사 세 가지 방법으로 전달할 수 있다. 저온 연구의 개척자 제임스 듀어(James Dewar, 1842~1923)가 1892년에 개발한 **듀어** 플라스크는 세 가지 방법 모두에 의한 열 전달 현상을 제한한다(그림 A를 보라). 액체가 닿는 표면은 열전도율이 낮도록 설계되었다. 차가운 액체는 진공 재킷으로 둘러싸여 대류성 열 전달로부터 절연된다. 듀어가 금속인 경우 광택이 있는 외부 표면은 복사에 의한 열 전달을 제한하는 경향이 있다. 다른 경우는 표면이 얇은 반사 물질 층으로 코팅된 경우, 즉 '은도금'된 경우이다.

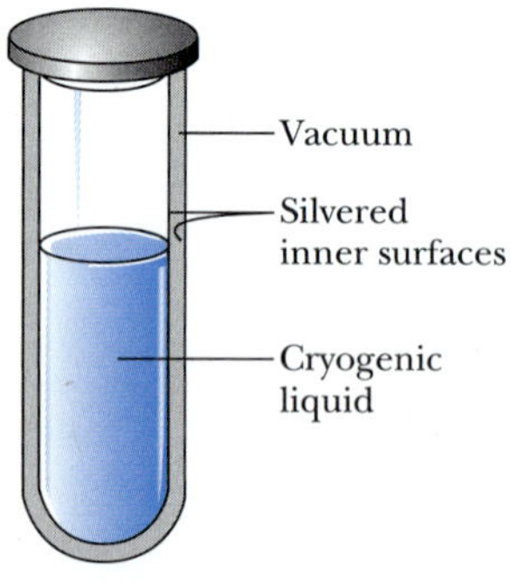

그림 A 듀어 플라스크의 개략도. 은도금된 내부 면은 복사를 줄여 주고 진공 재킷은 외부로부터의 열 전도를 줄여 준다.

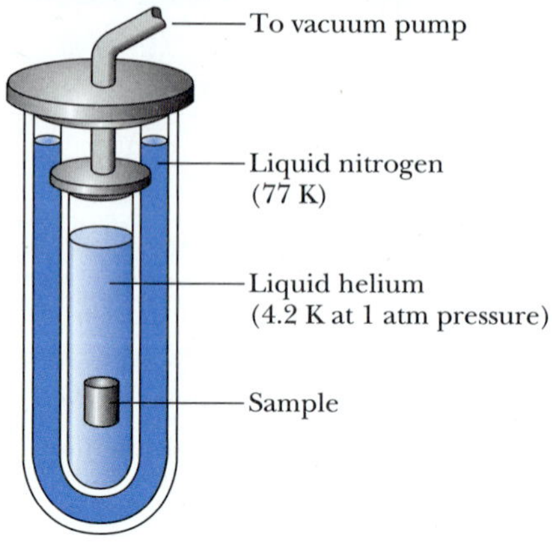

그림 B 이중 듀어 장치의 모식도. 바깥쪽 듀어는 액체 질소로 77 K로 유지되며, 안쪽 듀어는 액체 헬륨을 포함한다. 4.2 K 이하의 온도가 필요할 때 안쪽 듀어는 진공 펌프에 연결된다.

그림 B는 일반적으로 매우 낮은 온도의 작업에 사용되는 이중 듀어 장치의 개략도를 나타낸 것이다. 1기압의 압력에서 4.2 K의 온도를 갖는 액체 헬륨이 들어 있는 듀어는, 77 K의 액체 질소가 들어 있는 제2듀어에 둘러싸여 있다. 이 장치의 원리는 주위에서 들어오는 열의 대부분이 액체 질소에 의해 흡수되는 것이다. 이를 통해 액체 헬륨 대신 (상대적으로 저렴한) 액체 질소가 비등된다.

헬륨 수조 상부의 증기를 펌핑하면 4.2 K보다 낮은 온도를 얻을 수 있다. 나머지 액체와 증기는 단열 팽창에 의해 냉각된다. 액체가 냉각되고 증기압이 감소함에 따라 펌핑으로 더 낮은 압력을 유지하는 것은 점점 더 어려워진다. 따라서 실제로 이 방법으로는 약 1 K 정도의 온도 한계를 갖는다. 사실, 0.7 K에서 크리핑 필름(9.7절에서 논의됨)은 용기의 벽에서 열을 추출하고 기화되며 다시 응축에 의해 이 열을 수조에 전달한다. 이것은 펌핑 방법에 또 다른 한계가 있다는 것을 의미한다.

1926년에 지오크(W. F. Giauque)와 디바이(P. Debye)(각각 독립적으로 연구함)는 더 낮은 온도를 달성하기 위한 **단열 비자화**(adiabatic demagnetization)의 개념을 개발했다. 단열 비자화는 2단계로 구성된 방법의 두 번째 단계이다. 먼저 상자성 염을 헬륨 기체가 담긴 용기에 넣고 헬륨 수조에 열적으로 연결한다. 이 과정은 전자석의 극(pole) 사이에 있는 듀어로 이루어진다. 전자석이 켜지면 염(salt)들의 자기 쌍극자가 자기장과 정렬된다. 이 자화는 헬륨 수조 내의 일정한 온도에서 진행되므로, 이 첫 번째 단계를 *등온 자기화*(isothermal magnetization)라고 한다. 그다음으로 일어나는 일을 이해하기 위한 열쇠는 염의 엔트로피를 고려하는 것이다. 쌍극자의 정렬은 보다 더 정렬된 계(동일한 온도에서)에 해당하기 때문에 염의 엔트로피가 감소한다. 이 엔트로피 감소는 열역학 제2법칙에 의해 허용된다. 왜냐하면 염을 둘러싸고 있는 기체가 일부 열을 헬륨 수조로 전달하여, 방금 설명한 엔트로피 감소를 상쇄하는 엔트로피 증가를 생성하기 때문이다.

이제 염과 접촉된 헬륨 기체가 펌핑되어 제거되면, 더 이상의 열 전달이 일어나지 않는다. 자석이 제거되면 자기 쌍극자는 임의의 방향으로 다시 정렬을 시작한다. 염의 비자화는 열 전달 없이(즉, 단열적으로) 일어나며, 이를 단열 비자화 단계라고 한다. 그 결과는 어떻게 될까? 자기 쌍극자가 무질서해지는 것은 엔트로피 증가에 해당한다. 그러나 외부로 열 전달이 불가능하기 때문에 염의 총 엔트로피는 일정해야 한다. 따라서 상응하는 엔트로피 *감소*가 있어야 하며, 이를 가능하게 하는 유일한 방법은 염의 온도가 감소하는 것이다. 그림 C는 이 과정의 두 단계에서 엔트로피-온도 간 상관관계를 보여 준다. 이 과정은 염에서 더 이상 열을 제거할 수 없을 때까지 반복(주어진 절연 조건에서)할 수 있다. 1 K 미만의 온도는 일반적으로 단열 비자기화 방법에 의해 달성된다.

오늘날 1 K 미만의 온도를 유지하기 위해 가장 널리 사용되는 장치는 엔트로피 교환 원리를 사용하는 ^{3}He-^{4}He 희석 냉동기이다. 프리츠 런던(Fritz London)이 1951년에 이 공정을 제안했고, 구현 기술은 1960년대와 1970년대에 개발되었다. 이 ^{3}He-^{4}He 희석 공정은 1 K 이하로 냉각시키는 매우 효과적인 방법인데, 왜냐하면 1 K에서 초유체 상태(9.7절을 보라)인 ^{4}He는 엔트로피가 극히 낮은 반면, ^{3}He은 여전히 상당한 양의 엔트로피를 가지고 있기 때문이다.

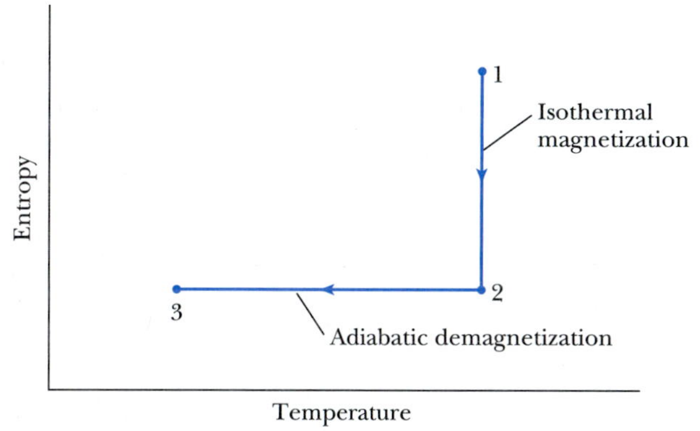

그림 C 등온 자화 과정에서 시편은 1에서 2를 따라 수직의 엔트로피-온도 다이어그램으로 이동하고, 자기 쌍극자는 균일한 온도에서 정렬된다. 2에서 3으로의 과정은 단열 비자화 과정이다. 왜냐하면 총 엔트로피가 자기적 정렬이 사라지면서 일정해지고 온도가 반드시 내려가야 하기 때문이다.

전체 과정을 여기에서 설명하기에는 너무 복잡하지만, 간단히 단열 희석 과정이 앞에서 설명한 단열 비자기화 과정과 동일한 역할을 수행한다고 이해하자. 상용화된 희석식 냉동기는 일반적으로 10^{-3} K의 온도까지 도달할 수 있다.

카메를링 오네스 시대부터 물리학자들은 물질을 더 낮은 온도로 냉각시키기 위해 노력해 왔다. 정확한 온도 기록은 물질 유형에 따라 다르다. 덩어리 시편의 경우 약 10^{-6} K의 온도를 달성했다. 핀란드 헬싱키 공과대학의 연구진은 은(silver)의 핵에서 10^{-7} K의 온도까지 달성했다. 2003년에 MIT 연구진이 보고한 보스·아인슈타인 응축 기체(9.7절을 보라)의 500 pK(5×10^{-10} K) 온도가 현재 기록상 가장 낮은 온도이다. 과거에는 저온 공정을 통해 예기치 못한 발견(예를 들면, 초전도성 및 초유체)들이 이루어지기도 했다. 오늘날의 물리학자들은 더 낮은 온도의 달성을 통해 이론물리학 및 재료과학에 대한 우리의 이해를 향상시키는 새로운 데이터와 새로운 발견이 있을 것으로 기대한다. 더 자세한 내용은 F. Pobell, *Matter and Methods at Low Temperatures*, New York: Springer-Verlag (1995)를 참고하라.

가 이끄는 휴스턴대학의 그룹은 란타늄을 이트륨으로, 스트론튬을 바륨으로 대체하고 약간의 조성을 변경하여 이전의 T_c를 두 배 이상으로 늘렸다. 추는 $YBa_2Cu_3O_7$에서 약 93 K의 최대 T_c를 보고했다. 이 화합물은 세 가지 금속 원소의 비율을 따서 '1-2-3'라고 불린다. 달성된 93 K는 오랫동안 연구해 왔던 목표인 77 K를 훨씬 능가하는 것을 주목하라.

(II형) 구리 산화물 초전도체의 또 다른 유용한 특성은 매우 높은 상한 임계장을 갖는다는 것이다. $YBa_2Cu_3O_7$의 경우 상한 임계장은 77 K에서 B_{c2} = 100 T이다. 0 K에서 B_{c2}의 값은 너무 높아 측정할 수 없지만 추정에 의해 약 300 T로 예측된다. 이를 통해 고전류에서도 마이스너 효과가 적용되는 미래의 응용분야를 상상할 수 있다.

세라믹 초전도체

구리 산화물 초전도체는 **세라믹**(ceramic)이라는 물질의 일반적인 범주에 속한다. 이 물질은 불행히도 대부분의 세라믹 재료와 마찬가지로 매우 딱딱하기 때문에 편리한 모양으로 성형하기가 쉽지 않다. 구리 산화물 초전도체는 A-15 화합물이나 컴퓨터에 사용되는 반도체 웨이퍼에 비해 비교적 만들기 쉬우나, 실제 응용에서 유용한 형태로 만드는 것은 어려운 일이며 혁신적인 기술이 필요하다. 그림 10.35와 같이 현재는 길고 유연한 선을 만들 수 있는 정도로 발전되었다. 그림에 나타낸 선은 반경이 10 cm이며 곡선으로 구부러질 만큼 충분히 유연하고, 77 K에서 115 A의 임계 전류를 전달한다.

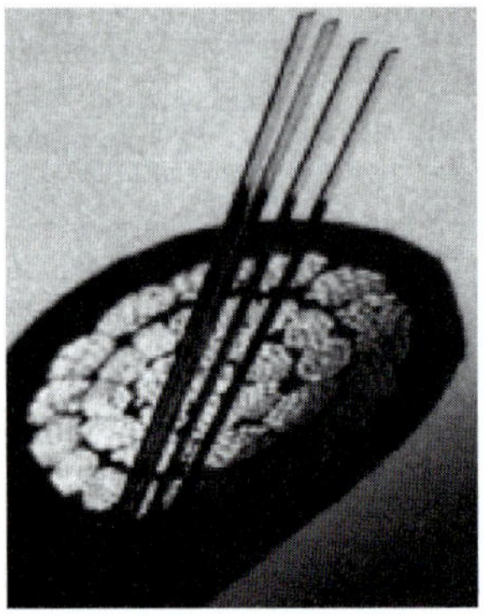

그림 10.35 거의 100배 정도나 단면적이 작음에도 불구하고 네 가닥의 '미국 초전도체 다중필라멘트 HTS 선'(앞부분)은 기존의 구리 케이블과 비슷한 전류를 전송할 수 있다.

1988년 초에 추와 그의 그룹은 비스무트와 알루미늄을 사용하여 T_c = 114 K인 초전도 산화물 화합물 $BiAl_{1-y}CaSrCoO_{7-d}(0 < y < 0.3,\ d < 0.45)$를 개발했다. 1992년에는 $n = 3$인 탈륨 계열 화합물 $Tl_2Ba_2Ca_{n-1}Cu_nO_{2n+4}$를 통해 T_c = 125 K 기록에 도달했다. 흥미로운 점은 n에 따라 T_c의 규칙적인 변화가 있다는 것이다. $n = 1$의 경우 T_c = 80 K, $n = 2$의 경우 T_c = 110 K, $n = 3$의 경우 T_c = 125 K가 얻어졌다.

1993년에는 수은 기반의 구리 산화물에서 더 높은 T_c가 달성되었다. x가 작은 양의 값을 갖는 화합물 $HgBa_2Ca_2Cu_3O_{1+x}$에서 133 K의 T_c가 보고되었다. 1994년에는 수은 기반 화합물 $HgBa_2Ca_2Cu_3O_{8+x}$가 약 300,000기압이라는 매우 높은 압력에서 164 K의 초전도 전이 온도를 갖는 것으로 나타났다.* 이 기록은 2015년과 2019년에 고압 조건에서 여러 다른 재료에서 초전도성을 발견하면서 다시 경신되었다. 아래 '다른 종류의 초전도체' 항을 보라.

높은 T_c를 갖는 초전도체는 길고 유연한 전선이 필요하지 않은 여러 응용들에서 활발하게 사용되고 있다. 예를 들면, 무선 통신 분야에서 전자 필터로 높은 T_c를 갖는 부품을 회로에 사용한다. 이 새로운 필터는 기존의 구리 기반 필터보다 노이즈가 적고 전력을 덜 소모한다. 세라믹 초전도체 또한 핵 자기 공명 응용 분야에 적용되고 있다(10.6절과 12.2절을 보라).

구리 산화물의 초전도 메커니즘을 이해하려면 실험적으로나 이론적으로나 아직 해야 할 일이 많다. 일반적으로 그들은 동위원소 효과를 보이지 않는데, 이는 새로운 비-BCS 메커니즘이 있을 가능성을 의미한다. 최고의 T_c 값이 23 K에서 164 K로 발전한 것은 놀라운 일이었지만, 아직 구리 산화물의 기계적 특성은 미흡하다. 저온물리학자들의 가장 큰 꿈은 77 K가 아닌 300 K(실온)의 T_c를 달성하여 극저온 유체의 필요성을 없

*L. Gao et al., *Physics Review* **B50**(6), 4260-4263 (1994)

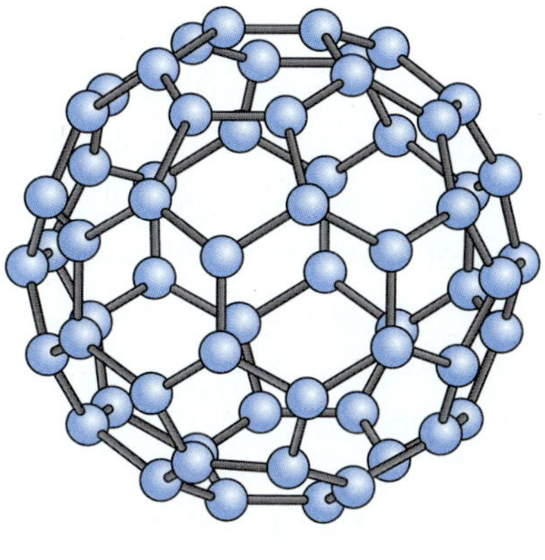

그림 10.36 C_{60} 분자의 구조도. C_{60} 기반의 초전도 화합물의 구조에서 도펀트는 일반적으로 '축구공' 구조의 내부에서 발견된다.

애는 것이었다. 이것이 구리 산화물 또는 다른 재료에서 달성될 수 있는지 여부는 지켜봐야 한다. 만약 이것이 가능하다면, 이미 초전도 분야에 주어진 여섯 개의 노벨상에 더하여 그 새로운 업적에 대한 노벨상을 받을 수 있을 것이다.

다른 종류의 초전도체

전이 온도가 기록적인 것은 아니지만 흥미로운 새로운 다른 종류의 초전도체들이 있다. 1991년 벨 연구소(Bell Labs)*의 연구진은 불과 수년 전에 발견된 유기 분자 C_{60}을 기반으로 하는 새로운 종류의 초전도체를 발견했다. 이 기본 C_{60} 분자는 [수학자이자 건축가인 버크민스터 풀러(Buckminster Fuller)의 이름을 따서] '버크민스터풀러렌'이라고 불리는데, 이는 큰 분자 구조가 풀러의 측지선 돔(geodesic dome)과 유사하기 때문이다(그림 10.36). 1996년 노벨 화학상은 1985년에 풀러렌을 발견한 공로로 로버트 컬 주니어(Robert F. Curl, Jr.), 해럴드 크로토(Harold W. Kroto), 리처드 스몰리(Richard E. Smalley)에게 수여되었다.

순수한 C_{60}은 초전도성을 보이지 않지만, 특정 다른 원소를 추가하면 초전도체가 될 수 있다. 예를 들어, 적절한 양의 칼륨이 C_{60}에 첨가되면, 초전도 전이 온도가 18 K인 화합물 K_3C_{60}을 형성한다. C_{60}이 탈륨 및 루비듐과 결합되면 T_c는 42.5 K까지 높아질 수 있다.

2008년에 일본의 물리학자 히데오 호소노와 그의 동료들은 철을 포함하는 새로운 종류의 초전도 물질을 발견했다. 호소노 그룹은 처음에는 구리 기반 초전도체와 구조가 유사한 층상 정방정계 화합물인 $LaO_{1-x}F_xFeAs$에 대해 26 K의 전이 온도를 보고했다. 이 화합물의 각각의 원자들을 체계적으로 교체함으로써, 가장 높은 T_c = 56 K를 갖는 새로운 철 기반의 초전도체 $Sr_{0.5}Sm_{0.5}O_{1-x}F_xFeAs$를 개발했다. 순수한 철은 강자성체이기 때문에 철을 기반으로 한 초전도체 종류가 있다는 것은 매우 뜻밖의 일이었다. 2014년에 중국의 연구진은 철 기반 화합물 박막이 높은 전이 온도에서 초전도체가 된다는 것을 발견했다. 예를 들어 FeSe 박막의 전이 온도는 100 K인 것으로 밝혀졌다.

현재까지 보고된 가장 높은 전이 온도는 매우 높은 압력에서의 물질을 사용하여 달

*D. R. Hoffman, Solid C_{60}, *Physics Today* **44**(11) 22-29 (November 1991)

성되었다. 예를 들어, 단순 화합물인 황화수소(H_2S)는 155 GPa(150만 기압)의 압력에서 203 K의 전이 온도를 갖는다.* LaH_{10}은 170~185 Gpa의 압력에서 250~260 K의 전이 온도가 확인되었다.† 2020년 기준으로 이 온도가 기록된 가장 높은 전이 온도이지만, 이때 요구되는 극한의 압력으로 인해 이러한 재료가 실용적인 가치를 가진다고 하기는 어렵다. 그러나 이러한 종류의 새로운 발견들은 초전도 현상에 대한 더 깊은 이해의 가능성을 제공하며, 이는 더 많은 실험적 발견으로 이어질 수 있다.

10.6 초전도성의 응용

제로 저항과 마이스너 효과는 초전도체를 많은 응용 분야에 이상적으로 응용할 수 있음을 의미한다. 이들 중 일부는 이미 오랫동안 사용되어 왔으며, 다른 분야들은 더 높은 온도의 초전도체를 사용할 수 있게 될 때 실현 가능하게 될 것이다. 초전도체를 사용할지 여부를 고려할 때는 극저온 시스템 및 유체의 비용을 항상 고려해야 한다.

조셉슨 접합

초전도체의 초기 응용 분야 중 하나는 **조셉슨 접합**(Josephson junction)으로 알려진 소자이다. 1962년에 브라이언 조셉슨은 전자쌍이 한 초전도체에서 얇은 절연층을 통해 다른 초전도체로 터널링(tunneling)할 수 있다고 예측했다. 조셉슨 접합은 초전도체/절연체/초전도체 층으로 구성된다. 인가된 자기장이나 전기장이 없을 때, 접합을 통해 직류 전류(**직류 조셉슨 효과**)가 흐른다. 직류 전압 V가 접합에 인가되면 접합 양단에 흐르는 전자쌍 전류는 다음의 진동수로 진동한다.

$$f_j = \frac{2eV}{h} \tag{10.48}$$

이것이 **교류 조셉슨 효과**이다. 진동의 진동수와 인가한 전압 간에 간단히 $2e/h$의 비례 관계가 있음을 주목하자. 이 범위(V = 1 mV에 대해 f_j = 483.6 GHz)에서 진동수를 매우 높은 정확도로 측정할 수 있기 때문에 식 (10.48)을 통해 전압 표준을 정확하게 측정하고 유지할 수 있다. 조셉슨 접합은 국립 표준 기술 연구소(National Institute for Standards and Technology, NIST)‡에서 바로 이 목적을 위해 사용된다. 이 장치를 사용하면 전압 표준의 정밀도 약 $1/10^{10}$을 얻을 수 있다. '*와트 저울*'이라는 관련된 장치를 사용하면 플랑크상수 h와 미세구조 상수를 전자적으로 측정할 수 있다.§ 와트 저울이 매우 높은 정밀도를 가지기 때문에, 이것은 현재 오랫동안 사용되어 온 금속-합금 인공물을 대체하여 킬로그램을 정의하는 데 사용된다.

조셉슨 접합을 현대 컴퓨터의 핵심인 집적 회로에 사용하는 것이 제안되었다. 이 장치는 초전도체이므로 반도체 기반 회로가 겪는 전력 손실 문제에서 벗어날 수 있다. 그러

Emilio Segrè Visual Archives/American Institute of Physics/Science Source

브라이언 조셉슨(Brian D. Josephson, 1940~)은 웨일즈의 카디프에서 태어나 자랐고, 1964년에 케임브리지대학에서 박사 학위를 받았다. 조셉슨은 그의 이름을 알리게 된 초전도체에서의 터널링 전류 효과를 예측하기 위해 BCS 이론을 사용하였다.

*A. P. Drozdov et al., *Nature* **525**, 73-76 (2015)
†Maddury Somayazulu et al., *Phys. Rev. Lett.* **122**, 027001 (2019)
‡구 국립 표준국(National Bureau of Standards)
§Review of *Scientific Instruments* **87**, 061301 (2016)

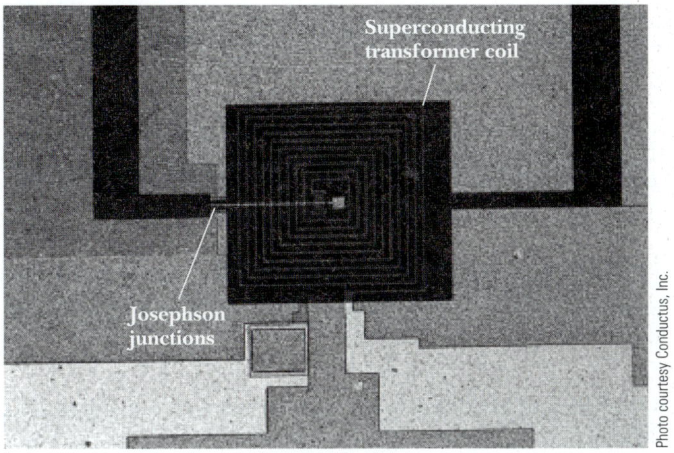

그림 10.37 Conductus사에서 만든 이트륨-바륨-구리 산화물 SQUID 칩의 근접 사진. 이 매우 복잡한 칩은 세 개의 초전도체를 포함하여 15층의 물질로 구성되어 있다.

나 아직 초전도 컴퓨터는 제조 및 냉각 비용으로 인해 반도체 기반 컴퓨터에 비해 경제적으로 경쟁력이 없다.

오늘날 조셉슨 접합은 초전도 양자 간섭 장치, 일명 SQUID로 알려진 장치에서 많이 사용된다(그림 10.37). SQUID는 전류 루프(loop)에서 한 쌍의 조셉슨 접합을 사용한다. 루프의 전류는 루프에 인가된 자속에 매우 민감하다. 따라서 SQUID는 매우 적은 양의 자속을 측정하는 데 유용하다. 이 장치를 통해 양자 자속 $\Phi_0 = h/2e$를 10^6분의 1 이내 정밀도로 측정할 수 있다. SQUID는 일반 자력계로 비유하자면 10^{-13} T 정도의 자기 변동을 측정할 수 있다고 할 수 있다.

SQUID는 1970년대 초부터 상용화되었다. 그 이후로 SQUID에 대한 많은 응용분야가 개발되었다. 예를 들면, 다양한 의용생체공학 응용분야가 있으며 그중 가장 대표적인 것은 뇌와 같은 연성 조직을 영상화하는 것이다. SQUID는 또한 물질의 결함을 조사하고, 폭발물을 찾고, 박테리아의 존재를 감지하고, 석유를 탐사하는 데에도 사용되고 있다.

예제 10.8

균일한 자기장이 반지름이 1 cm인 루프에 수직하게 인가된다. 루프를 통과하는 자속이 양자 자속 Φ_0와 같아지는 자기장의 값을 구하라.

전략 일반적으로 자속은 자기장과 면적의 스칼라 곱(= $BA\cos\theta$)이다. 여기서 A는 루프의 면적이고 θ는 자기장 벡터와 루프에 수직인 벡터 사이의 각이다. 자기장이 루프에 수직이기 때문에 $\cos\theta = 1$이고 $\Phi_0 = BA$이다.

풀이 루프의 주어진 크기를 사용하여, 자기장을 구하면

$$B = \Phi_0/A = (2.068 \times 10^{-15}\,\mathrm{T\cdot m^2})/[\pi(10^{-2}\,\mathrm{m})^2]$$
$$= 6.58 \times 10^{-12}\,\mathrm{T}$$

이것은 매우 작은 값이며, 작은 크기의 양자 자속에 대한 입증이 된다.

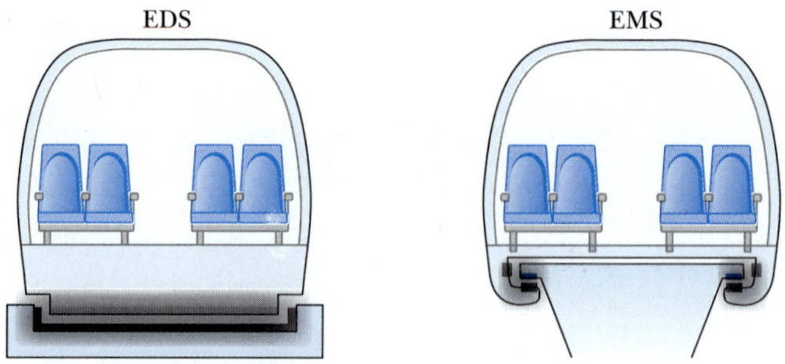

그림 10.38 두 종류의 자기 부상 시스템. EDS 시스템에서 객차는 아래쪽으로부터의 반발력에 의해 들려진다. EMS 시스템에서는 미끌림 틀의 아래쪽 자석이 위쪽으로 끌게 된다. 출처: http://www.monorails.org/tMspages/TPMagIntro.html

자기 부상 열차

오랫동안 과학자와 엔지니어들은 강력한 자기장을 사용하여 다양한 교통 시스템, 특히 열차를 부상시키는 것을 상상하였다. 핵심 아이디어는 마찰 손실을 줄여 더 빠른 속도에서도 편안한 승차감을 만드는 것이다. 초전도 자석이 구현되면서 열차의 자기 부상(일반적으로 **자기 부상 열차**라고 함)이 가능하게 되었다.

그림 10.38에 자기 부상의 두 가지 구현 방법을 나타냈다. 각 시스템에서 객차는 '미끌림 틀(guideway)'이라고 불리는 트랙 위를 지나간다. 전기역학적 시스템(electrodynamic system, EDS; 척력 자기 부상이라고도 함)에서 미끌림 틀의 자석은 차량을 밀어서 들어 올린다. 전기자기적 시스템(electromagnetic system, EMS; 인력 자기 부상이라고도 함)에서는 객차의 바닥에 부착된 자석이 미끌림 틀 아래에 위치하여, 미끌림 틀 위쪽으로 객차를 끌어당겨 올린다. EMS 시스템은 초전도 자석이 필요하지 않다. 그러나 고안된 설계가 불안정한 평형 상태이므로, 열차의 경로를 지속적으로 모니터링하고 열차가 미끌림 틀을 긁지 않도록 조정해야 한다. EDS 시스템은 더 안정적이지만, 반발력으로 열차를 들어 올리려면 더 비싼 초전도 자석이 필요하다.

EMS와 EDS 시스템은 전 세계적으로 구축되었으며 더 많은 시스템이 제안되고 있다. 중국 상하이에서 운영 중인 EMS 시스템은 승객을 공항에서 도시까지 30 km 거리를 단 7분 만에 최고 430 km의 속도로 운송하였다. 일본의 EDS 시스템 테스트 열차(JR-Maglev MLX01)는 수년간 운행되었으며 최고 속도는 581 km/h에 달했다. SC-Maglev라는 새로운 일본 철도공사의 열차는 2015년의 테스트에서 603 km/h의 속도에 도달했다. 이 시스템은 도쿄에서 나고야까지의 신규 노선에 사용될 예정이며, 평균 이동 속도는 500 km/h이다. 이는 지난 수년간 운행된 일본의 기존 '고속 열차'보다 두 배 정도 빠른 속도이다.

전기의 발전과 전송

만약 초전도체를 발전기와 모터에 사용할 수 있다면 상당한 양의 에너지를 절약할 수 있다. 에너지 절감의 주요 지분은 분명하게 저항에서의 손실 부분을 줄이는 데에서 비롯되나, 또한 현재 사용되는 무거운 철심을 더 가벼운 초전도 자석으로 대체할 수 있다면 초과적인 절감 효과를 얻을 수 있을 것이다. 현재 사용되는 가장 큰 발전기라도 철심의 크기로 인해 약 1 GW의 효율로 에너지를 생산할 수 있는 것이 상한선이다. 더 큰 발전기를 만들 수 있다면 경제에 큰 효과를 미칠 것이다.

한번 전력이 생성되면 전력선을 통해 산업체와 가정에 전송해야 한다. 초전도 송전선은 저항성 손실이 없기 때문에 에너지를 절약할 수 있다.(송전선에서 일반적으로 생성된 에너지의 최대 5% 정도를 잃는데, 이는 상당한 양의 에너지 손실이다.) 초전도성을 이용한 전송의 또 다른 장점은, 전송을 위해 전압을 올리고 가정에서 사용하기 위해 전압을 다시 내리는 데 사용할 값비싼 변압기가 필요 없다는 점이다. 변압기는 전송선의 양단에 사용되는데, 그 이유는 에너지 손실 비율이 다음 식과 같기 때문이다.

$$P_{\text{lost}} = I^2R = P_{\text{trans}}^2 R/V^2 \tag{10.49}$$

전송을 위해서는 V를 가능한 한 크게 만드는 것이 바람직하지만, $R = 0$인 경우에는 이러한 것이 필요하지 않다. 마지막으로 초전도 선에서는 큰 전류 밀도가 가능하여, 전송선의 수와 크기를 줄이는 것이 가능하다.

초전도 링은 에너지 저장에 사용될 수 있다. 오늘날의 발전소들은 평균 사용량보다 몇 배나 많은 전기 에너지를 생산해야 하는 '피크 시간'에 매우 긴장하고 있다. 초전도 저장 링을 사용하면 사용량이 적은 시간에 추가 에너지를 생성하여 피크 시간에 사용하도록 저장해 놓아 발전소에서 항상 평균적인 발전량을 유지해도 되도록 해 준다. 이 저장이 가능한 방식은 태양과 풍력 에너지 같은 다른 형태의 에너지들을 더욱 유용하게 사용할 수 있도록 해 준다.

기타 과학 및 의료 응용 분야

초전도체는 이미 다양한 과학 연구에 사용되고 있다. 핵융합 연구 중 플라스마를 가두는 연구(13장을 보라)에 초전도 자석이 이용되고 있다. 페르미 연구소, 버지니아주의 토마스 제퍼슨 국립 가속기 시설(JLAB) 및 유럽 원자력 연구소(CERN)와 CERN의 새로운 거대 강입자 가속기(Large Hadron Collider, LHC) 등 대형 입자 가속기에서 큰 자기장을 만들기 위해 이미 초전도체가 사용되고 있다. 이들은 초전도체 및 액체 헬륨 사용으로 가능하게 되었다. 반면, 더 높은 T_c 자석이 있다면 강입자 가속기의 동작을 두 가지 방법으로 향상시킬 수 있다. 첫 번째로는 액체 헬륨보다 액체 질소가 운영 비용이 훨씬 저렴하다. 두 번째로는 일부 세라믹 초전도체가 높은 임계 전류로 인해 기존 초전도체보다 더 큰 자기장을 생성할 수 있다. 알짜 에너지는 반경과 자기장 강도 모두에 비례하기 때문에, 높은 자기장에서 실험자는 가속기의 에너지를 늘리거나 크기를 줄이는 것 중에서 선택할 수 있다. 현재는 단단한 세라믹 재료로 자석 코일을 만드는 기술이 구현된 바 있다. 플로리다주 탤러해시에 있는 국립 고자기장 연구소의 과학자들은 순수한 초전도 자석을 사용하여 32 T의 자기장을, 초전도체와 일반 도체로 구성된 하이브리드 자석을 사용하여 45 T의 안정적인 자기장을 얻는 데 성공했다. 로스알라모스 국립 연구소의 펄스장 시설에는 최대 300 T의 비연속 자기장을 생성하는 장치가 있다.

단순히 큰 코일에 초전도선을 감는 것만으로는 큰 전자석을 만들 수 없다. *자속 점프*(flux jump)로 알려진 통계적으로 매우 드물게 발생하는 현상이 선의 작은 영역을 일반

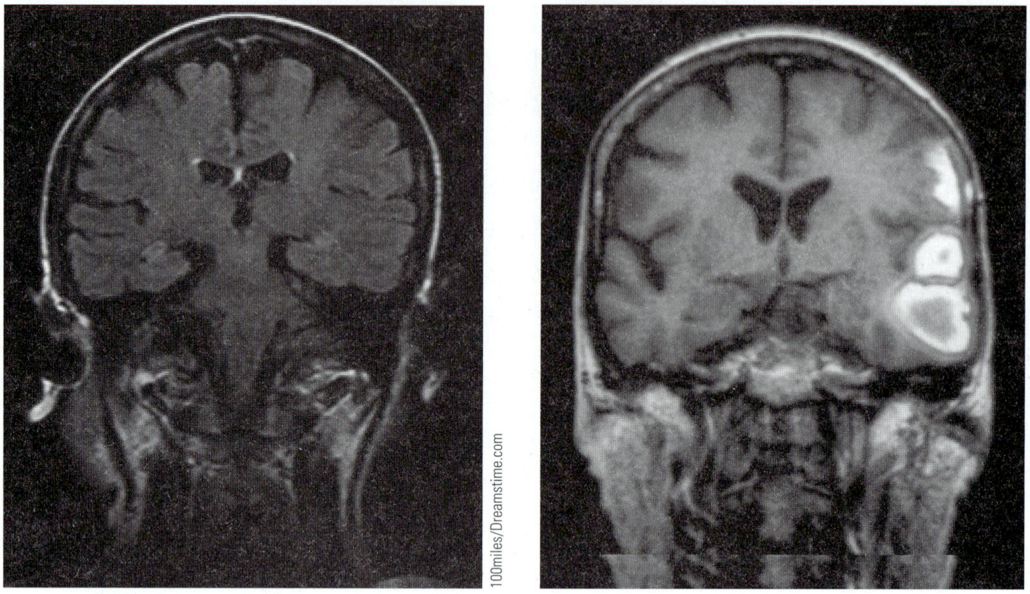

100miles/Dreamstime.com

Scott Camazine/Alamy Stock Photo

그림 10.39 뇌에 대한 두 장의 MRI 스캔 사진. 왼쪽은 정상적인 뇌이고 오른쪽은 뇌졸중 징후를 보여 주는 것으로, 출혈 현상이 명확하게 보인다.

적인 도체로 만든다. 불행하게도 이 작은 영역은 저항성 가열로 인해 빠르게 성장하고 전파된다. 선의 일부분이 저항성 가열을 겪을 때, T_c 이상에서 열의 흐름은 따뜻한 지역에서 차가운 지역으로 이루어진다. 이 때문에 긴 초전도선은 반드시 구리 매트릭스에 내장되어야 한다. 구리는 저온에서 좋은 열전도체이며, 정상상태가 된 초전도체보다 훨씬 빠르게 열을 차단한다. 이를 통해 초전도체는 일시적인 변동(fluctuation)으로부터 복구될 수 있다.

자기 공명 영상

초전도체의 가장 중요한 의학적 응용 사례는 **자기 공명 영상**(magnetic resonance imaging, MRI)이다. MRI에 사용되는 물리적 과정은 NMR(핵 자기 공명)이라고 하는 잘 확립된 정량적 분석 기술이다.* NMR은 1946년에 펠릭스 블로흐(Felix Bloch)와 에드워드 퍼셀(Edward Purcell)에 의해 증명되어 이 업적으로 1952년 노벨 물리학상을 수상했다. NMR에 대한 일반적인 설명은 12.2절을 보기 바란다.

1970년대부터 과학자들은 의료 영상에 NMR 기술을 사용하기 시작했다. 이 분야의 두 선구자는 폴 라우터버(Paul Lauterbur)와 피터 맨스필드(Peter Mansfield)로, 이 공로로 2003년 노벨 의학상을 수상했다. MRI에서 데이터들은 샘플의 사진을 만들기 위해 컴퓨터에서 처리된다. 지금의 의료 분야 종사자들은 일상적으로 MRI를 사용하여 신체의 연조직에 대한 선명한 사진을 얻고, 뇌, 근육, 장기 및 결합 조직들의 종양 및 기타 질환을 감지할 수 있다. 그림 10.39는 MRI를 통해 두개골의 방해 없이 선명한 뇌 사진을 얻을 수 있음을 보여 준다. 그림 10.40의 MRI 영상은 환자의 복부 단면이다. 여러 개

*일반 대중이 두려움을 느끼지 않도록 'nuclear'라는 단어를 생략했다. 물론 MRI는 감마선복사나 방사성 동위원소와는 무관하다.

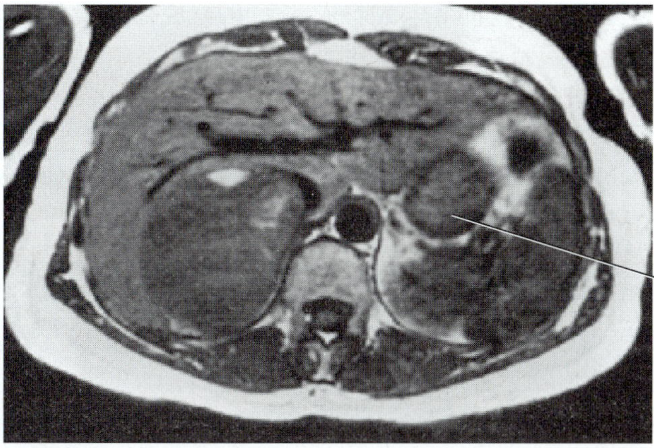

그림 10.40 환자의 흉곽 부분을 보여 주는 자기 공명 영상. 간에서 악성 종양을 검출하기 위해 사용되었다.

의 단면 사진을 사용하여 종양이나 기타 문제점들을 찾을 수 있다.

고자기장(수 테슬라에 이르는) 초전도 자석을 이용한 MRI 분석은 외과적 수술 없이도 조기에 질병을 진단할 수 있다는 점에서 중요하다. 이미 많은 생명이 MRI로 구제되었으며, 다른 많은 환자들도 크게 개선되고 있다. 주된 단점은 진단을 위한 MRI 이미지 촬영의 평균 비용이 약 $2000라는 것이다. 고온 초전도체는 아마도 이 비용을 줄여 더 많은 사람들이 MRI를 사용할 수 있게 해 줄 것이다.

요약 _Summary

쿨롱 힘은 분자 또는 고체의 원자를 단단하게 묶지만, 양자역학적 효과도 결합에 매우 중요하다. 이원자 분자에서 양자역학을 통해 회전 및 진동 에너지 준위를 구할 수 있다.

$$E_{\text{rot}} = \frac{\hbar^2 \ell(\ell + 1)}{2I} \tag{10.2}$$

$$E_{\text{vibr}} = \left(n + \frac{1}{2}\right)\hbar\omega \tag{10.3}$$

이러한 준위 사이의 전이는 방출 및 흡수 스펙트럼에서 모두 관찰된다. 라만 산란에서 광자는 분자로부터 산란되며 산란된 광자의 주파수 변화는 분자의 회전 특성을 추론하는 데 사용된다.

여기상태의 분자에 광자가 입사하면, 레이저 동작의 기본 원리인 유도 방출을 일으킬 수 있다. 3준위 및 4준위 계가 레이저의 출력과 효율성을 제어하기 위해 사용된다. 레이저는 단색이고 강력한 빔 특성으로 홀로그래피 및 의용생체공학을 포함하여 다양한 연구 및 산업 응용 분야를 가지고 있다.

많은 고체들은 규칙적인 결정 구조를 가진다. 고체는 일반적으로 가열되면 팽창한다. 고체 내 원자 사이의 평균 간격은 고전적 극한에서 온도에 거의 비례한다.

$$\bar{x} = \frac{3b}{4a^2\beta} = \frac{3bkT}{4a^2} \tag{10.26}$$

좋은 전기 전도체는 일반적으로 좋은 열 전도체이다. 전도에 대한 양자 이론을 사용하여 고체의 전기전도도와 열전도도 사이의 관계(로렌츠 수 L)는 다음과 같이 유도하였다.

$$L = \frac{K}{\sigma T} = \frac{\pi^2 k^2}{3e^2} \tag{10.36}$$

*강자성체*로 알려진 몇몇 고체에는 영구 자기 모멘트가 있다. 대부분의 물질에서 자기 모멘트는 인가된 자기장에 의해 유도된다. 자기 감수율(상자성체의 경우 양수, 반자성체의 경우 음수)과 인가된 자기장에 의해 유도된 자화는 다음의 관계를 갖는다.

$$\chi = \frac{\mu_0 M}{B} \tag{10.37}$$

초전도체에서는 전기 저항이 완전히 사라지고 전이 온도 T_c 이하에서 자기장이 제거된다. 성공적인 초전도 이론(BCS 이론)은 1950년대에 발견되었으며, BCS 이론은 대부분의 초전도체의 거동을 설명할 수 있었다. 원소 및 화합물이 다르면 서로 다른 T_c 값을 가지며, 더 높은 T_c를 찾기 위한 많은 연구가 이루어졌다. 1980년대 후반에 $T_c > 100$ K인 화합물이 발견되었다.

더 높은 T_c 값에 대한 연구는 오늘날에도 계속된다. 이를 통해 초전도체의 다양한 응용분야가 가능하게 되었다. 저손실 에너지 발생 및 전송, 자기 부상 시스템, 초전도 전자소자, 고자기장 자석 등은 초전도체의 뛰어난 특성을 이용한 것이다. 오늘날 초전도체는 미래의 가능성과 함께 이미 연구계, 산업계, 의학계 등 다양한 분야에서 연구되고 있다.

질문 _Questions

1. 하늘이 왜 푸른지, 자신의 언어로 설명하라.

2. 그림 10.1의 퍼텐셜 에너지 곡선을 만들기 위해 식 (10.1)에서 $n > m$이 되어야 하는 이유는?

3. 이원자 분자의 힘 상수(표 10.1)를 일반적 실험실의 스프링과 비교하라.(대학 초기나 고등학교 실험을 생각하라.)

4. 평형상태의 이원자 분자의 두 개의 핵 사이의 거리를 결정하는 데 회전 스펙트럼이 어떻게 사용되는지 설명하라.

5. 왜 He, Ne, Xe 등은 이원자보다 단원자 기체가 되려고 하는가?

6. 불활성 기체의 낮은 녹는점과 끓는점을 설명하라.(예를 들어, Ne은 녹는점이 24.5 K, 끓는점이 27.1 K이다.)

7. HCl과 NaCl 중 어느 것이 기본 진동 주파수가 높다고 생각되는가?

8. 레이저에 사용되는 물질은 반드시 최소한 세 개의 에너지 준위를 가져야 하는가? 왜 그런가? 또는 왜 그렇지 않은가?

9. 다음 문장을 반박하라: 파울리의 배타 원리에 의해 고체는 부피가 0이 되지 못한다.

10. NaCl 고체의 핵 사이의 평균 최인접 거리는 0.282 nm이다. 그러나 자유 NaCl 분자의 거리는 0.236 nm이다. 어떻게 이 차이를 설명할 수 있는가?

11. 표 10.2의 염(salt)들의 그룹에서 어떠한 규칙을 찾을 수 있는가?[그룹은 동일한 금속을 갖는 것으로 정의된다(예를 들면, 나트륨).] 그 규칙을 설명하라.

12. 어떤 점이 원소가 상자성 혹은 반자성을 갖게 하는가?

13. 희토류 상자성체의 감수율이 전이 원소의 그것보다 큰 이유를 설명하라.

14. 다섯 가지 강유전체 원소들의 전자 구조를 고려하여 왜 그들이 강유전성을 갖는지 설명하라. 왜 이 다섯 개와 같은 행에 있는 몇몇 원소들은 유사한 전자 구조를 갖지만 강유전성이 아닌가?

15. 강자성 원소는 원소 주기율표의 중간 열 및 주기율표의 전이 원소들에서 주로 찾을 수 있는데 그 이유는?

16. 왜 양의 상자성 감수율을 갖는 원소와 화합물들이 초전도체의 좋은 후보가 아닌가?

17. 마이스너 효과와 렌츠의 법칙의 유사점과 차이점은?

18. 표 10.5에 나타낸 초전도체 전이 온도를 참고하라. 주기율표의 한 행에 하나 이상의 초전도체가 있는 경우, 전이 온도는 동위원소 효과와 일관되는가?(즉, 무거운 원소가 낮은 T_c를 갖는가?)

19. 초전도 링은 전류를 무한한 시간 동안 흘릴 수 있다. 이것은 열역학 제1 혹은 제2법칙에 어긋나는 영구 동력 기관이 아닌지 설명하라.

20. 처음에 초전도 온도 T_c 바로 위의 온도를 갖는 자기장에 놓인 시편을 고려하자. 시편이 T_c 아래로 냉각되면, 내부에서부터 자기 선속을 밀어내는 방향으로 전류가 형성된다. 이 전류의 에너지 근원은 무엇인가?

21. 전형 결정 구조를 갖지 않거나 일부만 갖는 물질(예를 들면, 유리)이 초전도성을 가질 수 있는가? 있다면 왜인가? 또는 아니라면 왜인가?

22. 초전도선과 저저항 구리 전선이 평행하게 연결되어 있다. 퍼텐셜 차이가 인가되면 왜 구리 전선에 전류가 흐르지 않는지 설명하라.

23. 식 (10.21)의 비율이 왜 1보다 작아야 하는지 물리적 이유를 설명하라.

24. 초전도 원반 위에 떠 있는 자석의 사진(그림 10.29)에서 자석의 북극이 수직으로 위쪽을 가리킨다고 가정했을 때, 디스크에 스크리닝 전류를 그리고 그 이유를 설명하라.

연습문제 _Problems

참고: 고급 문제는 문제 번호에 파란색 음영으로 표시하였다. 문제 풀이에 유용한 상수, 변환 인자, 상수들의 조합이 부록 7에 제시되어 있다.

10.1 분자 결합과 스펙트럼

1. 예제 10.1에 설명된 N_2의 회전 에너지 상태를 고려하라. (a) $\ell = 2$에서 $\ell = 1$ 상태로 전이될 때, (b) $\ell = 10$에서 $\ell = 9$ 상태로 전이될 때의 전이 에너지를 계산하라.

2. (a) 표 10.1의 데이터를 사용하여 CO에서의 진동 에너지 준위 간의 간격을 대략 예측하라. (b) 이 진동을 열적으로 여기시키기 위해 어떤 온도가 필요한가?

3. 분자의 최소 진동의 진폭을 예측하라(예제 10.2를 보라).

4. HCl 분자의 H와 Cl 사이의 거리는 대략 0.128 nm이다.
(a) $\ell = 1$, $\ell = 5$에서 질량 중심으로부터 분자의 각속도를 구하라.
(b) 각각의 경우 H 원자의 속도는?
(c) H 원자가 $0.1c$의 속도를 갖기 위한 ℓ 값은?
(d) (c)에서 찾은 ℓ 값에서 고전적 온도를 예측하라.

5. 단극 이원자 분자에서의 허용된 회전 준위에 대한 표현식을 보어의 각운동량 양자화 법칙을 이용하여 유도하라. 이 결과를 수정된 양자역학적 결과인 식 (10.2)와 비교하라.

6. CO의 $\ell = 0$에서 $\ell = 1$로의 전이의 마이크로파 흡수선의 파장은 2.60 nm이다. (a) CO 분자의 회전 관성을 구하라. (b) 이 정도의 에너지(파장 2.60 nm에 해당하는 광자 에너지)는 CO에 *진동* 전이로 흡수되지 못함을 보여라.

7. CO의 $n = 0$ 상태에서 $n = 1$ 상태로의 진동 전이 에너지가 바닥상태($\ell = 0$)에서 시작하는 회전 전이로 흡수될 수 있다면, 최종 상태의 ℓ 값은 얼마가 될 것인가? 왜 그러한 회전 전이가 불가능한지 설명하라.

8. 이원자 분자에서 $I = \mu R^2$임을 보여라. R은 두 원자 중심 간의 거리이고 $\mu = m_1 m_2/(m_1 + m_2)$는 환산 질량이다.(참고: 원자가 점 입자라고 가정해야 한다.)

9. CO의 $\ell = 2$에서 $\ell = 3$으로의 전이 에너지는 1.43×10^{-3} eV이다. (a) CO 분자의 회전 관성을 구하라. (b) C와 O 원자 중심 간의 평균거리는 얼마인가?

10. 그림에 나타낸 H_2O 분자 모형을 고려하라. (a) 점선을 기준으로 H_2O의 회전 관성을 구하라. (b) 첫 두 회전 에너지 준위($\ell = 1$, $\ell = 2$)의 에너지를 계산하라. (c) $\ell = 0$에서 $\ell = 1$로의 전이에 필요한 광자의 파장은?

문제 10

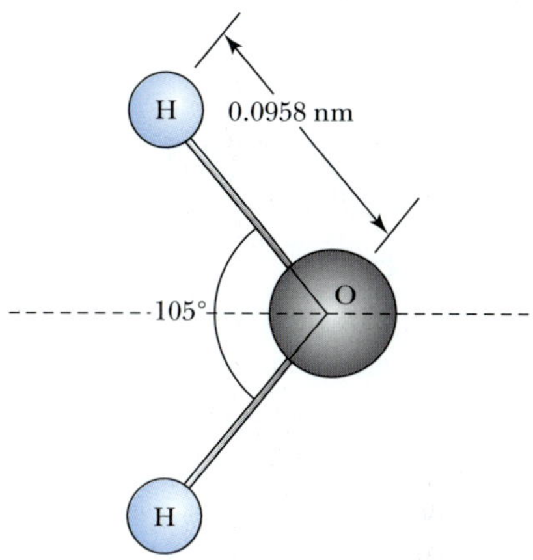

11. 단일 헬륨 원자의 회전 에너지를 고려하라. 보어 반경에 해당하는 원의 반경으로 균일하게 분포된 전자들을 고려하고, 원자핵은 반경 1.9×10^{-15} m의 균일한 고체 구로 가정하라. (a) 헬륨의 첫 번째(영이 아닌) 회전 에너지 준위를 구하라. (b) 이 상태가 관측되기 쉬운가? 왜 그런가? 또는 왜 그렇지 않은가?

12. 회전 관성이 1.30×10^{-45} kg·m^{2}인 NaCl 분자를 고려하라. 자유 NaCl 분자에서 라만 산란된 파장 30 μm의 적외선 복사가 일어난다면 산란된 복사의 허용된 파장은 얼마인가?

13. 이원자 분자의 회전 에너지 준위의 분리에 관한 문제이다. 만약 원자 하나가 하나 이상의 동위원소를 갖고 두 동위원소가 시편에 동등하게 존재한다고 하자. 이때 인접한 회전 상태 사이의 전이로 인해 방출되는 관측된 광자의 진동수의 부분적 변화 $\Delta f/f$가 두 개의 서로 다른 동위원소를 포함하는 분자의 환산질량의 변화 $\Delta\mu/\mu$와 같음을 보여라.

14. (a) 293 K의 온도에서 $\ell = 0$, $\ell = 1$, $\ell = 2$ 상태에 해당하는 N_2 분자의 맥스웰·볼츠만 효과는 얼마인가? $I = 1.4 \times 10^{-46}$ kg·m^{2}을 사용하라. (b) 이 답을 사용하고, ℓ번째 각운동량 준위가 $(2\ell + 1)$의 겹침 효과를 가지고 있다는 것을 고려하여 상온에 N_2 기체의 $\ell = 0$, $\ell = 1$, $\ell = 2$ 상태의 상대적 분포를 구하라. (c) 왜 낮은 회전상태에서는 $(2\ell + 1)$의 겹침 효과가 더 중요하고 높은 상태에서는 맥스웰·볼츠만 효과가 더 중요한지 설명하라.

15. 그림 10.8의 HCl 흡수 스펙트럼을 사용하여, (a) 분자의 회전 관성 I를 구하라. (b) 힘 상수 κ를 구하고 표 10.1의

값과 비교하라.

16. KCl 분자의 두 이온 간의 평형 분리는 0.267 nm이다. (a) K^+와 Cl^- 이온을 점 입자로 가정하고 분자의 전기 쌍극자 모멘트를 계산하라. (b) (a)의 결과를 이용하여 측정된 전기 쌍극자 값인 5.41×10^{-29} C·m과의 비를 구하라. 이 비는 분자 결합의 *분수 이온성*이라고 불린다.

17. HI의 경우, 바닥상태에서 첫 번째 여기된 진동상태로 전이하기 위해 필요한 광자 에너지를 계산하라. 이는 전자기 스펙트럼의 어느 부분인가?

10.2 유도 방출 및 레이저

18. (a) 5.0 mW의 헬륨·네온 레이저(파장 = 632.8 nm)에서 매 초 얼마나 많은 광자가 방출되는가? (b) 레이저가 만약 0.02몰의 네온 기체를 포함한다면 매 초 동작 시에 얼마 정도 비율의 네온 원자가 발진 과정에 참여하는가? (c) (b)에서 얻어진 상대적으로 낮은 수치해석 결과에 대해 해석하라.

19. 1.15 eV의 여기상태에서 0 eV의 바닥상태로 전이하는 레이저는 초당 5.50×10^{18}개의 광자를 생성한다. (a) 이때, 레이저의 출력 전력은? (b) 파장은?

20. 로렌스 리버모어 국가 연구소의 NOVA 레이저는 파장이 351 nm로 3.5 ns 동안 40 kJ의 레이저를 방출한다. (a) 이 펄스를 만들기 위해 여기상태에서 바닥상태로 얼마나 많은 원자가 전이를 일으키는가? (b) 방출 동안 레이저의 평균 출력 전력은 얼마인가?

21. (a) 헬륨·네온 레이저에서 T = 293 K, 파장 632.8 nm일 때 도플러 확장(9장의 연습문제 3을 보라)을 계산하라. (b) 하이젠베르크의 불확정성 원리에 의한 같은 파장에서의 확장을 계산하라. 준안정상태의 수명을 약 1 ms로 가정하라.

22. 지구에서 달까지 거리를 측정하기 위해 레이저를 사용하는 경우를 고려하자. (a) 1 m의 불확정성으로 거리를 구하기 위해 펄스 레이저의 왕복운동의 시간적 불확정성의 최대값은 얼마인가? (b) 이 실험에서 지구 대기의 효과를 계산하라. 이를 위해, 공기 중에서 빛의 속도(해수면 기준)가 진공에서의 속도보다 약 1.0003배 느리다는 것을 이용하라. 해수면의 밀도가 대기 중에서 균일하게 8 km 상공까지 유지된다고 가정하자.

23. 3준위 레이저가 동작하기 위해서 분자가 반드시 여기상태에 있어야 할 최소 비율은 얼마인가? 같은 답을 4준위 레이저에 대하여 구하라.

24. 네온의 $3s$ 준위는 바닥 준위보다 16.6 eV 위이다(그림 10.15를 보라). (a) T = 293 K에서 $3s$ 준위와 바닥 준위의 상대적 밀도를 구하라. (b) T = 150 K에서 (a)를 구하라. (c) T = 600 K에서 (a)를 구하라. (d) 헬륨·네온 레이저의 (a)~(c)와 같은 다양한 온도에서의 동작 결과를 보고(만약 있다면) 어떤 생각이 드는가?

10.3 고체의 구조적 특성

25. 고체 KCl의 밀도는 대략 1980 kg/m^{3}이다. KCl에서 최인접 거리, 즉 이웃하는 K^+와 Cl^- 이온 간의 거리를 계산하라. KCl이 NaCl과 같은 격자 구조를 가짐을 기억하라.

26. 양이온과 음이온이 교차되는 1차원 격자에서 마델룽 상수가 $\alpha = 2 \ln 2$임을 보여라.

27. 양이온과 음이온이 교차되는 2차원 격자에서 마델룽 상수의 첫 다섯 개 항을 적어라.

28. 염화 나트륨 격자에서 원자의 알짜 힘($F = -dV/dr$)을 구하기 위해 식 (10.19)를 이용하라. 그리고 힘이 다음과 같이 주어짐을 보여라.

$$F = \frac{\alpha e^2}{4\pi\epsilon_0 r_0^2}\left(-\frac{r_0^2}{r^2} + e^{-(r-r_0)/\rho}\right)$$

29. 연습문제 28의 결과를 이용하여 $r \approx r_0 + \delta r$(여기서 $\delta r \ll r_0$)에서 다음을 증명하라.

$$F \approx \frac{\alpha e^2}{4\pi\epsilon_0 r_0^2}\left(-\frac{r_0}{(r_0+\delta r)^2} + e^{-\delta r/\rho}\right)$$

$r = r_0$에서 테일러 전개를 $(\delta r)^2$의 지수에서 전개하여 다음을 증명하라.

$$F \approx K_1 \delta r + K_2 (\delta r)^2$$

여기서

$$K_1 \approx \frac{\alpha e^2}{4\pi\epsilon_0 r_0^2}\,(2/r_0 - 1/\rho)$$

$$K_2 \approx \frac{\alpha e^2}{4\pi\epsilon_0 r_0^2}\,[-3/r_0^2 + 1/(2\rho^2)]$$

이다.

30. 연습문제 29의 결과에서 δr의 선형 항을 고려하면, 조화 진동자가 된다. (a) 조화 진동 주파수를 나타내는 표현을 구하고, 수정된 염화 나트륨의 α, r_0, ρ 값을 사용하여 그 값을 계산하라. (b) (a)에서 계산한 주파수에 대응하는 광자의 파장을 구하고 NaCl의 흡수 파장인 61 μm와 비교하라.

31. 연습문제 29의 결과를 다시 사용하라. (a) 이온의 평균 알짜 힘은 반드시 0이 되어야 한다는 점[만약 결정의 전체적인 병진(translation)이 없다면]을 이용하여 δr 및 δr^2의 평

균값이 $\overline{\delta r} = -(K_2/K_1)\overline{(\delta r)^2}$로 연관된다는 것을 증명하라. (b) 등분배법칙에 의하면 진동자의 평균 퍼텐셜 에너지는 $\frac{1}{2}K_1\overline{(\delta r)^2} = \frac{1}{2}kT$이다. 이를 이용하여 $\overline{\delta r} = (K_2/K_1^2)kT$를 증명하라. 따라서 열팽창계수가 대략 $(1/r_0)(kK_2/K_1^2)$가 된다는 것을 증명하라. (c) (b)의 결과를 이용하여 NaCl의 열팽창계수를 구하라. 그리고 이를 실험 결과 4×10^{-6} K^{-1}와 비교하라.

10.4 고체의 열 및 자기적 특성

32. 은의 전기전도도는 293 K에서 $6.30 \times 10^7\ \Omega^{-1}\cdot m^{-1}$이다. 양자역학적 수정이 없는 비데만·프란츠 법칙을 사용하여 같은 온도에서의 은의 열전도도를 구하고, 이를 실험 결과 $429\ W\cdot K^{-1}\cdot m^{-1}$와 비교하라.

33. 그림 10.23의 데이터를 이용하여 식 (10.26)의 열팽창 공식의 상수값 b/a^2를 계산하라. 정확한 단위계를 사용했는지 확인하라.

34. (a) 식 (10.26)을 유도하라. (b) 구리에서 식 (10.26)의 상수 $3bk/4a^2$를 계산하라. 구리의 선팽창 계수[$\alpha = \Delta x/(x\Delta T)$로 정의되는]가 실험적으로 T = 293 K에서 $1.67 \times 10^{-5}\ K^{-1}$로 주어짐을 이용하라.

35. 식 (10.22)의 상수 a가 인접한 원자에 연결된 스프링의 유효 힘 상수의 절반 정도인 이유를 설명하라. (b) 이 결과를 연습문제 34b와 연결하여 식 (10.22)의 상수 b를 계산하라. x^3 항의 계수는 퍼텐셜 에너지이다.

36. (a) 이상기체법칙이 다음과 같이 쓰여짐을 증명하라.

$$PV = \frac{2N\overline{E}}{3}$$

N은 시편의 입자 개수, $\overline{E}$는 평균에너지이다. (b) (a)의 결과를 이용하여 구리에서 전도 전자의 압력을 구하라. 이상적인 페르미 전자 기체임을 가정하라. 1 atm = 1.01×10^5 Pa임을 참고하라.

37. 페르미 에너지 E_F를 갖는 페르미 전자 기체에서 다음과 같이 정의되는 *부피 탄성률*

$$B = -V\frac{\partial P}{\partial V}$$

(P는 압력, V는 부피)가 다음과 같이 쓰여짐을 증명하라.

$$B = \frac{5P}{3} = \frac{2NE_F}{3V}$$

(힌트: 연습문제 36a에서 주어진 P와 V의 관계를 사용하라.)

38. (a) 연습문제 37의 결과에서 순수 은의 부피 탄성률을 구하라. (b) 이 결과를 실험값 $1.01 \times 10^{11}\ N/m^2$과 비교하라.

39. 식 (10.38)의 유도 반자성 모멘트를 다시 계산하라: (a) 전자 궤도가 시계방향이고 자기장이 지면 바깥으로 인가된 경우, (b) 전자 궤도가 반시계방향이고 자기장이 지면 안쪽으로 인가된 경우.

40. 연습문제 39의 결과를 사용하여 바깥쪽 껍질에 세 개의 전자를 갖는 (p 껍질에 $m_\ell = 0, 1, -1$) 반자성 원자의 유도 자기 모멘트를 결정하라.

41. 식 (10.41)로부터 *저온* 한계 $kT \ll \mu B$에서 $\overline{\mu}$에 대한 유효한 식을 유도하라.

42. (a) $\mu B/kT = 0$에서 $\mu B/kT = 4$의 범위에서 $\overline{\mu}$와 $\mu B/kT$의 관계를 도시하라. (b) $\mu B/kT = 5$에서 $\overline{\mu}$를 구하고 연습문제 41에서 예측한 결과와 비교하라. (c) $\mu B/kT = 0.10$에서 $\overline{\mu}$를 계산하고 10.4절의 $\tanh(\beta\mu B) \approx \beta\mu B$의 결과와 비교하라.

43. 자기 감수율 χ가 차원이 없는 양이라는 것을 증명하라. 식 (10.37)의 정의에 SI 단위계가 사용되었음을 참고하라.

44. (a) 스핀의 완전한 정렬과 원자 하나당 한 쌍의 짝 없는 스핀을 가정하여 철의 덩어리 시편에서의 최대 자화량을 계산하라. (b) 관측된 최대 자화량 1.6×10^6 A/m와 비교하라. (c) (a)와 (b)의 결과에 기초하여 철 원자당 짝 없는 스핀의 실제 수는 얼마인가?

10.5 초전도성

45. BCS 이론에 따르면 $B_c = 0.25B_c(0)$이 되는 온도는? (T_c의 비율로 나타내라.) [참고: $B_c(0)$은 온도 $T = 0$에서 임계장이다.] 이 계산을 $B_c = 0.50B_c(0)$, $B_c = 0.75B_c(0)$에서 반복하라.

46. 주어진 순수 금속 초전도체에서 0.568 nm 파장의 광자는 T = 2.0 K에서 쿠퍼쌍을 깨기에 충분하다. 이 초전도체는 무엇인가?

47. 수은 동위원소 ^{201}Hg, ^{204}Hg에서 T_c를 구하라.

48. $YBa_2Cu_3O_7$(T_c = 93.0 K)의 모든 ^{16}O 원자를 ^{18}O로 바꿀 때, T_c의 변화를 BCS 예측을 이용하여 계산하라. 이 변화는 실험적으로는 *관측될 수 없다*.

49. 교재의 데이터를 이용하여 $Tl_2Ba_2Ca_{n-1}O_{2n-4}$의 $n = 4$에서 T_c를 예측하라.

50. 초전도선으로 이루어진 솔레노이드가 정확히 25회/cm, 반경 3.2 cm로 감겨 있다. 만약에 전선이 4.5 A의 전류를 가진다면 솔레노이드 중심 근처의 자기장 세기는 얼마가 되는가? 중심 근처의 자속 밀도는 얼마인가? 얼마나 많은 자속이 이에 대응되는가? 자속에 대해 설명하라.

51. 전류 I가 흐르는 반경 R의 균일한 원통형 선 표면에서 자기장의 세기는

$$B = \frac{\mu_0 I}{2\pi R}$$

임을 사용하라. 선에 2.5 A의 전류가 흐를 때 $T = 0$에서 임계장을 초과하지 않게 하는 순수 니오븀 선(wire)의 최소 가능한 반경을 구하라.

52. 일반적 도체에서 열은 I^2R의 비로 발생된다. 그러므로 전류가 흐르는 도체는 반드시 열이 방출되면 녹거나 과열되게 된다. 반경이 0.75 mm인 긴 원통형 구리 도선(비저항 1.72×10^{-8} Ω·m)을 생각하자. 만약 도선이 표면에서 80 W/m^{2}의 열을 방출한다면, 도선이 수용할 수 있는 최대 전류는 얼마인가?

53. (a) 16게이지(1.29 mm 직경) 니오븀선이 T = 4.2 K에서 수용할 수 있는 최대 전류값을 계산하라. (b) (a)의 결과를 이용하여 같은 직경을 갖는 연습문제 52의 구리선의 결과와 비교하라.

10.6 초전도성의 응용

54. 전압 표준 1 mV가 10^{10}분의 1로 유지된다고 할 때, 조셉슨 접합의 진동 주파수를 측정하는 데 있어서 최대의 불확정성은 얼마인가? 기준 주파수는 483.6 GHz이다.

55. 3.0 km 거리에서 자기 부상 열차가 430 km/h의 속도에 도달하기 위한 최소 가속도를 구하라. 이 거리는 상하이 자기 부상 열차의 구간 30 km의 1/10이다. 구한 답을 지구 근처의 자유낙하 가속도 g의 부분 값으로 나타내라. 이 가속도 값은 주목할 만한 값인가?

56. 책에 설명된 새로운 도쿄-나고야 자기 부상 열차의 경우 2018년까지 측정된 최고 속도는 603 km/h였다. (a) 가속이 트랙의 처음 4.0 km에서부터 발생한다고 가정할 때 해당 속도에 도달하는 데 필요한 최소 가속도를 구하라. (b) (a)의 답을 지구 근처의 자유낙하 가속도인 g의 분수로 표현하라. 이 가속은 주목할 만한가? (c) 그 속도에 도달하는 데는 얼마나 걸릴까?

57. Nb_3Sn 초전도 자석은 거대 강입자 가속기에 사용되기 위해 설계된 경우, 13.5 T의 최대 자기력을 달성할 수 있다. 만약 그 자기장이 27 km 크기의 원형 링에서 유지된다고 가정하면 단일 하전 입자가 가질 수 있는 최대 에너지는 얼마인가?(참고: 실제에서는 장의 최대값이 링에서 유지될 수 없기 때문에 입자 에너지는 약 35% 작아진다.)

일반적인 문제

58. 거리 R만큼 떨어진 점질량 m_1, m_2를 갖는 이원자 분자 모델을 가정하자. (a) 분자의 회전 관성이 $I = \mu R^2$임을 증명하라. 환산 질량 $\mu = m_1 m_2/(m_1 + m_2)$이다. (b) 결합 거리가 0.236 nm인 NaCl의 회전 관성을 구하라. 가장 일반적인 나트륨과 염소 동위원소로 가정하라.

59. 회전 스펙트럼은 서로 다른 동위원소가 서로 다른 질량을 갖는다는 사실에 약간 영향을 받는다. 일반적인 동위원소 $^1H^{35}Cl$이 $^1H^{37}Cl$로 바뀌었다고 가정하자. (a) 분자의 회전 관성이 얼마의 비율로 달라지는가?(결합 길이는 각각 0.127 nm이다.) (b) $\ell = 1$에서 $\ell = 0$으로 전이되는 경우, 동위원소가 바뀌면 에너지 변화는 얼마인가?

60. CO의 $\ell = 2$에서 $\ell = 1$로 전이할 때 9.55×10^{-4} eV의 광자를 방출하게 된다. (a) 이 정보를 이용하여 CO 분자의 회전 관성을 구하라. (b) C와 O 원자 간의 결합 길이는 얼마인가?

61. NIF(National Ignition Facility)는 중수소-삼중수소 연료 알갱이를 핵융합시키기 위해 192개의 레이저를 사용한다. 레이저는 4.0 ns의 매우 짧은 펄스로 351 nm 파장, 1.8 MJ의 알짜 출력을 가진다. (a) 펄스 동작 동안 전달되는 평균 출력은 얼마인가? 이 답을 미국의 평균 전력 소모량 3×10^{12} W와 비교하라. (b) 각각의 펄스에서 형성되는 광자는 몇 개인가?

62. 초전도 수은의 임계 자기장이 지구 표면의 자기장인 약 5×10^{-5} T와 같아지는 온도를 구하라. 초전도 수은을 사용하는 데 있어서 지구 자기장이 영향을 미칠 정도인가?

63. 주석은 질량이 112 u에서 124 u까지 안정적인 동위원소들을 가진다. 두 동위원소 사이의 전이 온도 차이를 예측하라.

64. 10.5절에 기술된 영구 전류 실험에서, 전류가 정확하게 2.5년 동안은 주목할 만한 감소가 없다고 가정하자. 링의 인덕턴스가 3.14×10^{-8} H로 주어지고 전류 측정의 민감도가 10^9분의 1이라고 할 때, (a) 링의 저항값의 상한을 계산하라. (b) 얼마나 오랫동안 90%의 전류가 남아 있을 수 있는지 계산하라.

65. 열역학에서 일반 상태와 초전도 상태 간의 단위 부피당 엔트로피 차이는

$$\frac{\Delta S}{V} = -\frac{\partial}{\partial T}\left(\frac{B^2}{2\mu_0}\right)$$

이다. 여기서 $B^2/2\mu_0$는 초전도체에서 일반 상태로 돌아가기 위해 필요한 자기 에너지 밀도이다. 이를 사용하여 6.0 K에서 1몰의 니오븀의 초전도 상태 및 일반 상태 간의 엔트로피 차이를 계산하라.

66. 저항값 1.50 Ω을 갖는 2.0 m의 구리 도선이 2.0 m의 초전도 도선과 연결되어 있다. 12.0 V의 전지가 연결될 때, (a) 회로에 흐르는 전류값, (b) 구리 도선의 양 끝단 간의 퍼텐셜 차이 값을 구하라.

67. 표준 20게이지 선(wire)의 직경은 0.8128 mm이다. (a) 이 크기의 알루미늄선이 임계 전류가 0 K에서 초과되지 않도록 전달할 수 있는 최대 전류는 얼마인가? (b) 1.0 K의 온도에서 반복한 경우는?

68. 솔레노이드는 직경 0.10 mm의 순수한 니오븀선을 사용하여 만든다. (a) 이 도선이 전달할 수 있고 표면의 임계장을 초과하지 않는 최대 전류는 얼마인가?(0에 가까운 온도라고 가정한다.) (b) 솔레노이드 내부에 3.9 T의 자기장을 생성하려면 솔레노이드는 몇 개의 층이어야 하는가?

69. Sn의 경우 식 (10.43)에서 동위원소 효과 지수는 0.47이다. (a) Sn 동위원소 ^{112}Sn과 ^{124}Sn의 전이 온도를 구하라. (b) Sn의 초전도 전이 온도를 사용하여 0도에서 주석의 에너지 갭을 예측하라. 그런 다음 답을 표 10.6에 주어진 값과 비교하라. (c) 3.0 K의 온도에서 주석의 에너지 갭을 예측하라.

11 CHAPTER

반도체 이론과 소자

Semiconductor Theory and Devices

트랜지스터 효과의 발견 전과 후, 반도체에 대한 지식이 실제 개발로 이어지도록 하기 위하여 오랫동안 수많은 연구자들의 연구가 필요했다는 것은 명백하다. 우리가 특별히 적절한 시기에 그 일에 참여했다는 것과 인류의 유익을 위하여 자연을 제어하는 데 있어 또 하나의 작은 업적을 남겼다는 것은 행운이었다.

존 바딘, 1956년 노벨 강연에서

20세기 후반기에 혁명적인 일이 전자공학에서 일어났다. 집적회로의 개발과 광범위한 보급은 10장에서 배웠던 초전도체와 레이저보다 더 우리 삶의 양식을 바꾸었다. 자동차, 텔레비전, 무선통신기기와 많은 가전제품들에는 효율을 높이기 위하여 그리고 우리에게 유용성을 증가시키기 위하여 마이크로컴퓨터가 들어가 있다. 전자공학의 혁명은 과학자나 공학자들의 일에도 지대한 영향을 끼쳤다. 1950년대 우주항공 계획이 초창기였을 때 물리학자나 항공공학자에게 기본적인 도구는 여전히 눈금자, 연필, 종이이었다. 그 당시에도 가장 어려운 계산에는 컴퓨터가 유용했지만, 방을 채울 만큼 큰 크기인데다, 오늘날 개인용 컴퓨터를 사기 위해 지불해야 하는 비용의 10배 이상이 된다는 것은 언급하지 않더라도, 현재 사용되고 있는 랩톱 컴퓨터의 속도와 계산 능력과 비교해서도 많이 부족하였다.

반도체 물질들의 놀라운 성질들이 위에서 언급한 발전들을 가능하게 하였다. 이 장에서는 그러한 성질들을 검토하고 반도체가 어떻게 다양한 소자에 사용되는지를 살펴본다. 어떻게 고체에 양자이론을 적용하여 반도체의 거동을 이해하는 것이 가능한가를 볼 것이다. 우리는 독자들이 반도체 물질들의 아름다움과 유용성의 가치를 인정할 수 있도록 단지 묘사적인 방법으로 이론을 충분히 소개하고자 한다.

11.1 고체의 띠 이론

10장에서 우리는 고체의 구조적, 열적, 자기적 성질들을 배웠다. 여기서는 전기적 전도에 집중하려 한다. 고체는 전도 특성에 따라 도체, 반도체, 절연체 세 종류로 나누어진다. 표 11.1에 나타낸 것처럼, 실온에서 세 종류의 고체들의 전기적 전도가 매우 다르다. 금속이나 합금이 전도도가 가장 높고, 반도체는 그다음이고, 절연체의 전도도는 매우 낮다. 보통 금속에 대한 전기전도도는 9.6절에서 이미 이론적으로 다룬 바 있다.

표 11.1 대표 물질들의 293 K 에서의 전기 비저항 및 전도도

재료	비저항 ($\Omega \cdot m$)	전도도 ($\Omega^{-1} \cdot m^{-1}$)	재료	비저항 ($\Omega \cdot m$)	전도도 ($\Omega^{-1} \cdot m^{-1}$)
금속			**반도체**		
은	1.59×10^{-8}	6.29×10^{7}	탄소	3.5×10^{-5}	2.9×10^{4}
구리	1.72×10^{-8}	5.81×10^{7}	게르마늄	0.46	2.2
금	2.44×10^{-8}	4.10×10^{7}	실리콘	640	1.6×10^{-3}
알루미늄	2.82×10^{-8}	3.55×10^{7}	**유전체**		
텅스텐	5.6×10^{-8}	1.8×10^{7}	나무	$10^{8} - 10^{11}$	$10^{-8} - 10^{-11}$
백금	1.1×10^{-7}	9.1×10^{6}	고무	10^{13}	10^{-13}
납	2.2×10^{-7}	4.5×10^{6}	호박	5×10^{14}	2×10^{-15}
합금			유리	$10^{10} - 10^{14}$	$10^{-10} - 10^{-14}$
콘스탄탄	4.9×10^{-7}	2.0×10^{6}	용융쿼츠	7.5×10^{17}	1.3×10^{-18}
니크롬	1.5×10^{-6}	6.7×10^{5}			

출처: R. Serway and J. Jewett, *Physics for Scientists and Engineers*, 8th ed., Belmont, CA, Brooks/Cole Cengage Learning, 2010, p. 777

9장의 자유전자 모형은 반도체와 절연체에 적용되지 않는다. 왜냐하면 이런 물질들은 하나의 자유전자 모드 내에서 전도할 자유전자가 충분하지 않기 때문이다. 만약 반도체의 전기전도도가 10배 정도 낮다면, 그것은 전하 운반자의 밀도가 10배 정도 낮기 때문인가? 전하 운반자의 밀도는 전기전도도에 부분적으로만 영향을 미친다는 것이 밝혀졌다. 사실 일반적인 도체에 대한 전도 메커니즘과는 다른 반도체에 대한 전도 메커니즘이 있다. 이 사실에 대한 두드러진 증거를 그림 11.1의 비저항과 온도의 그래프에서 볼 수

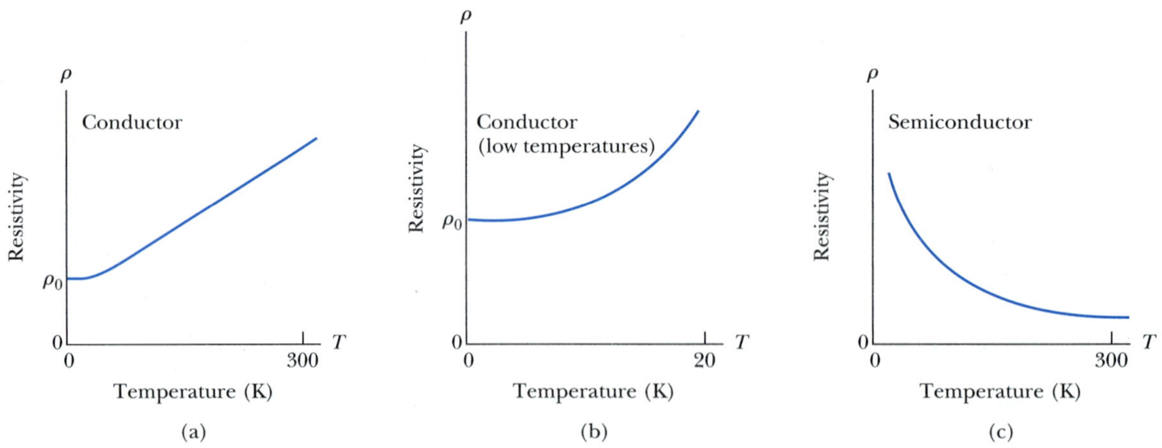

그림 11.1 (a) 전형적인 도체의 온도에 따른 비저항. 매우 낮은 온도영역을 제외하고는 온도에 따라 비저항이 선형적으로 증가하는 것에 주의하라. (b) 매우 낮은 온도에서 전형적 도체의 온도에 따른 비저항. $T \rightarrow 0$이 됨에 따라 곡선이 평평해지고 저항값은 0이 아닌 일정한 값에 접근한다. (c) 전형적인 반도체의 온도에 따른 비저항. $T \rightarrow 0$에 접근함에 따라 저항이 극적으로 증가한다.

있다. 자유전자 이론은 온도가 증가함에 따라 비저항이 선형적으로 증가함을 예측하지만, 일반적으로 반도체는 온도의 증가와 함께 비저항이 *감소*하는 특성을 나타낸다.

반도체의 이것뿐 아니라 다른 성질들도 설명하기 위하여 **띠 이론**(band theory)으로 알려진 새로운 이론이 필요하다. 띠 이론의 핵심적 특징은 전자의 허용된 에너지 상태들이 **에너지띠**(energy band)라고 불리는 어떤 특정 에너지 영역 내에서는 연속적이라는 것이다. 띠들 사이에는 금지된 **에너지 간격**(energy gap)이 존재한다. 트랜지스터의 공동 개발자 중 한 사람인 윌리엄 쇼클리(William Shockley)는 고체 내의 전기적 에너지띠의 존재에 대한 정당성을 간단하고 분명하게 설명하였다. 우리는 먼저 두 수소 원자를 결합시키면 무슨 일이 발생할지를 고려해야 한다.(어떤 원자라도 좋지만 수소의 파동함수를 알고 있기 때문에 수소가 선택되었다.) 두 원자가 멀리 떨어져 있을 때, 두 전자의 파동함수들은 상호작용을 하지 않는다고 생각될 수 있다. 두 원자를 보다 가까이 접근시킴으로써 두 파동함수는 겹치기 시작한다. 파동함수들은 선형결합이 가능하기 때문에 대칭 또는 반대칭으로 겹칠 수 있다(그림 11.2를 보라). 대칭과 반대칭의 겹침은 약간 다른 에너지 상태에 해당한다. 그림 11.2b에서 알 수 있듯이, 대칭상태의 한 전자가 두 원자의 중간에 있을 확률이 제로가 아닌 반면, 반대칭상태($\Psi_A - \Psi_B$)를 표시하는 그림 11.2c에서는 중간에서 전자를 발견할 확률은 제로가 되는 것을 알 수 있다. 이 때문에 대칭인 경우에서 약간 강한 결합을 이루어 이 상태의 에너지는 상대적으로 낮다. 결론적으로, 그림 11.3a에서 보는 바와 같이 모든 가능한 에너지 준위들(1s, 2s 등)의 갈라짐이 있다. 갈라진 상태 중 에너지가 낮은 것이 대칭상태($\Psi_A + \Psi_B$)이다.

띠 이론

에너지띠

에너지 간격

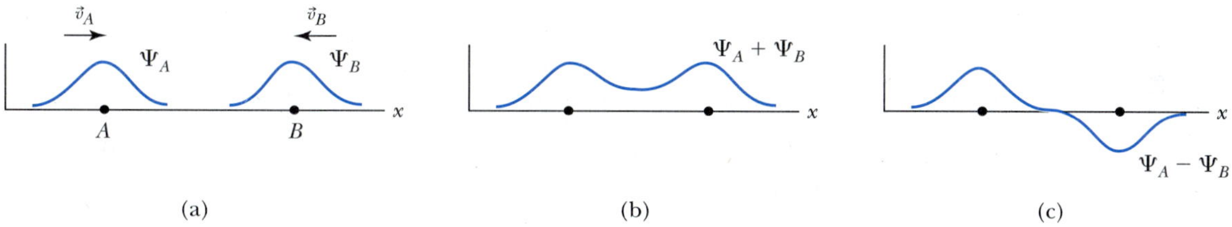

그림 11.2 두 수소 원자들이 서로 접근하고 있을 때 파동함수들의 대강의 표현. 서로 멀리 떨어져 있을 때 (a) 두 파동함수들은 무시할 정도로 겹치지 않는다. 원자들이 보다 근접해 있는 (b)와 (c)에서는 파동함수들이 겹치기 시작한다. (b)에서는 파동함수들이 같은 부호로 겹치고, (c)에서는 서로 반대 부호로 겹치고 있다.

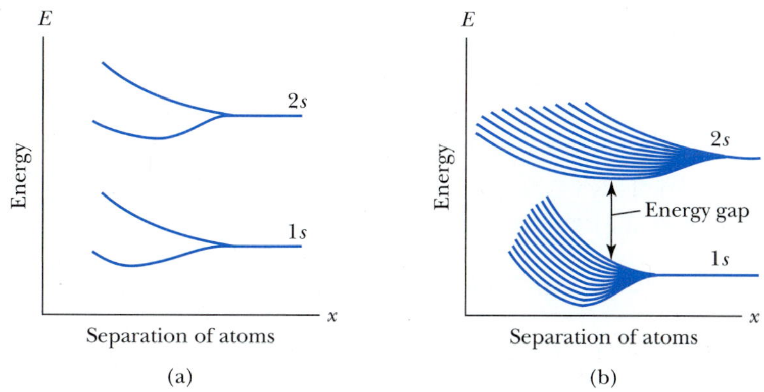

그림 11.3 서로 접근하는 수소 원자들의 1s와 2s 에너지 준위들의 분리로 (a)는 2원자의 경우이고 (b)는 11개의 원자들의 경우이다. 원자의 수가 많아지면 거의 연속적인 에너지띠로 분리되는 것에 유의하라.

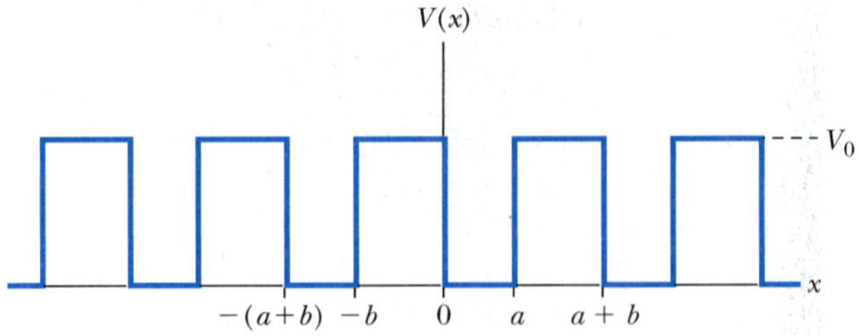

그림 11.4 크로니그·페니 사각우물 퍼텐셜

실제 고체 내부처럼 많은 원자들이 추가될 때 에너지 준위들의 보다 많은 갈라짐이 생긴다. 그림 11.3b에서 도시한 것처럼 많은 수의 원자들은 다양한 파동함수의 결합으로 에너지 준위를 원자의 수만큼이나 많이 갈라지게 하는데 이때 서로 공간적으로 매우 근접한 많은 수의 에너지 준위(에너지 간격이 너무 가까워 거의 연속적이라 보면 됨)들을 구성하고 있는 각 띠($1s$, $2s$)가 생성된다. 여기서 띠들 사이의 에너지 간격은 고체 내의 원자들과 원자의 형태, 격자간격, 격자구조, 온도 등을 포함하는 많은 요인들에 따라 있을 수도 있고 없을 수도 있다. 우리는 이 장의 나중에 에너지 간격의 크기와 에너지 간격이 미치는 영향에 대하여 언급할 것이다.

크로니그·페니 모형

반도체에서 에너지 간격을 이해하기 위한 효과적인 방법은 전자들과 원자들로 구성된 격자 간의 상호작용을 모델링하는 것이다. 비저항이 높다는 것은 보다 단단하게 결합하고 있고 그래서 보다 강한 상호작용을 하고 있다는 것을 암시하기 때문에 이 상호작용은 좋은 금속에서보다 반도체에서 더욱 중요하다. 1931년에 크로니그(R. de L. Kronig)와 페니(W. G. Penney)는 전자와 격자의 상호작용에 대한 매우 유용한 1차원적 모형을 개발하였다. 그들은 전자가 그림 11.4와 같이 유한 퍼텐셜 우물들이 1차원적으로 무한히 배열되어 있는 퍼텐셜을 경험한다라고 가정하였다. 이때 각 퍼텐셜 우물은 격자 안의 하나의 원자로 볼 수 있기 때문에, 우물의 크기는 대강 격자의 간격에 일치해야 한다.

전자의 허용된 에너지 준위들을 구하기 위한 크로니그·페니의 방법은 6장에서 장벽 터널링을 연구하기 위하여 개발했던 그 방법과 같다. 전자들은 자유롭지 못하다. 그러므로 한 전자의 총에너지 E는 그림 11.4의 크로니그·페니 퍼텐셜에서 장벽의 높이 V_0보다 작다. 전자는 영역 $0 < x < a$에서는 근원적으로 자유롭다. 이 영역에서 전자의 파동함수는

$$\psi = Ae^{ikx} + Be^{-ikx} \tag{11.1}$$

이고 여기서 파수 k는 일반적인 관계식인 $k^2 = 2mE/\hbar^2$로 정의된다. 그러나 장벽영역인 $a < x < a + b$에서 전자는 장벽을 뚫고 나갈 수 있다. 6장에서 보았던 것처럼 이것은 파동함수가 사인 꼴 곡선 모양의 특성을 잃어버리고

$$\psi = Ce^{\kappa x} + De^{-\kappa x} \tag{11.2}$$

이 된다는 것을 의미한다. 여기서 $\kappa^2 = 2m(V_0 - E)/\hbar^2$이다.

다음으로 크로니그와 페니는 다양한 경계에서 파동함수와 파동함수의 1차 미분을 정합시키는 과정을 사용하였다. 퍼텐셜 장벽이 유한하다는 사실은 해를 구하는 데 오랜 시간을 필요로 하기에 여기서는 다루지 않을 것이지만, 적절한 경계 조건의 적용은 다음의 중요한 관계식을 도출한다.

$$\frac{\kappa^2 b}{2k}\sin(ka) + \cos(ka) = \cos(Ka) \tag{11.3}$$

여기서 K는 또 하나의 파수이다. 식 (11.3)의 좌변을 인수 ka에 대하여 그리면(그림 11.5a), 식 (11.3)의 우변은 코사인 함수라 -1에서 1의 범위에서 제한되기 때문에 좌변과 우변의 관계식은 모든 κ와 k에 대하여 다 만족하지는 않는다. 즉, 좌변이 -1과 $+1$ 영역에서 있을 때만 해를 가질 수 있다. 이것은 파수들에 대한 **금지영역**(forbidden zone)이 있음을 의미하며, 파수에 대응되는 에너지들 간에 간격이 있음을 의미한다. 그림 11.5b는 허용된 에너지띠와 띠 사이의 간격을 보여 준다. 그 간격들은 $ka = n\pi$에서 주기적으로 발생한다. 여기서 n은 정수이다. $k = n\pi/a = 2\pi/\lambda$에서 $\lambda = 2a/n$가 됨을 알 수 있다. 그래서 격자 간격의 두 배($2a$)는 자유입자 파장의 정수 배($n\lambda$)에 해당하며 이 파장을 가진 자유입자는 격자에서 반사될 것이다.

금지영역

진도를 더 나가기 전에 7장에서 공부한 단일 퍼텐셜 우물과 크로니그·페니 모형 사이의 차이를 주목해 볼 필요가 있다. 첫째로, 무한한 격자에 대하여 각 에너지띠 안에서 허용된 에너지들은 서로 떨어져 있다기보다는 연속적으로 붙어 있다는 것이다. 실제 결정에서 격자는 무한하지는 않지만 수천 개 정도의 원자들이 길게 연결되어 있다 하더라도 허용된 에너지들은 거의 연속적이다. 둘째로, 실제 3차원 결정에서는 파수는 방향과 크기를 가지는 **파수벡터**(wave vector) $\vec{k}$로 말하는 것이 보다 적절하다. 허용되는 k의 영역은 **브릴루앙 영역**(Brillouin zone)이라고 하는 고체 이론에서 언급되는 영역을 구성한다. 마지막으로, 실제 결정에서 퍼텐셜 함수는 크로니그·페니 모형보다 좀 더 복잡하다. 그 결과로 에너지 틈의 크기가 더 이상 고르지 않게 된다. 이 간격의 크기는 격자 안에 불순물이나 격자 결함이 있을 때 변할 수 있다. 에너지 간격에 관한 이런 사실들은 반도체에서 전자의 거동을 이해하는 데 가장 중요하다.

파수벡터

브릴루앙 영역

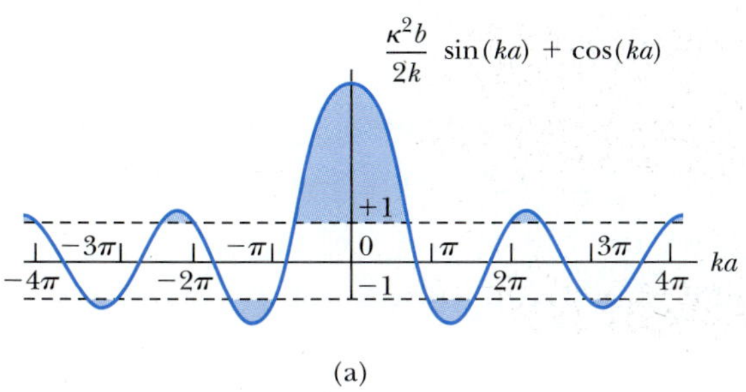

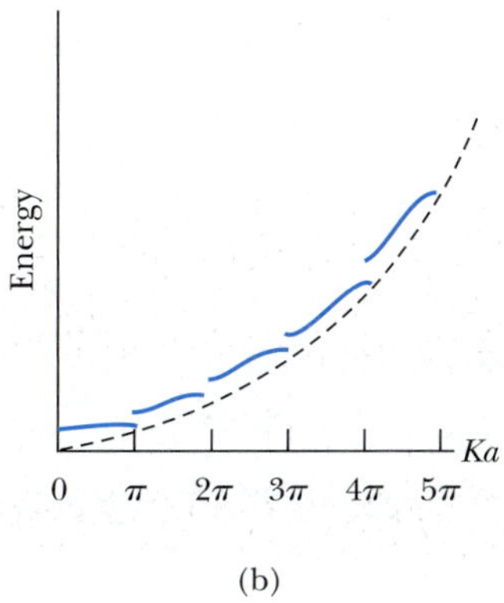

그림 11.5 (a) $\kappa^2 ba/2 = 3\pi/2$의 조건에서, ka에 대한 식 (11.3)의 좌변을 그린 그림. 허용된 에너지 값들은 그려진 함수가 -1과 $+1$ 사이에 있는 k에 대해 $k = \sqrt{2mE/\hbar^2}$ 값에 대응해야 한다. 금지된 값들을 파란색으로 음영을 넣어 나타내었다. (b) $\kappa^2 ba/2 = 3\pi/2$의 조건에서, Ka에 대한 대응하는 에너지와 함께 금지된 에너지 영역을 그림에서 보여 주고 있다.

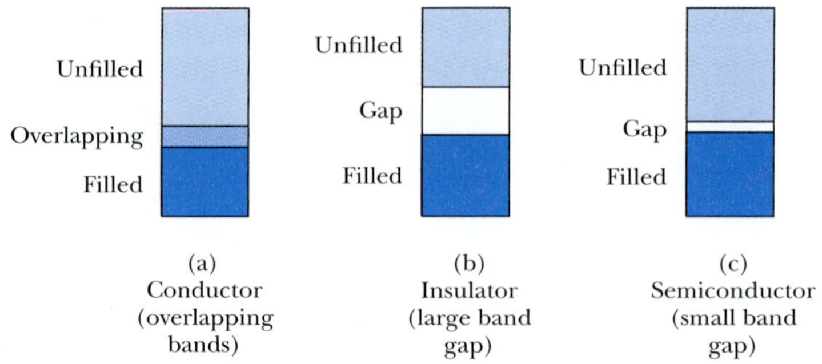

그림 11.6 가능한 띠구조들: (a) 원자가 띠와 전도띠가 겹쳐진 도체, (b) 큰 띠간격에 기인하는 유전체, (c) 작은 띠간격을 갖는 반도체

띠 이론과 전도도

띠 이론은 무엇이 도체와 절연체 그리고 반도체를 만드는가를 이해하는 데 도움을 줄 수 있다. 구리와 같은 좋은 도체들은 자유전자 모형(그림 11.6a)을 사용하여 이해될 수 있다. 만일 채워져 있는 띠가 위에 있는 채워지지 않은 띠와 겹쳐져 있다면, 외부에서 가해 준 전기장은 약하게 결합되어 있는 전자를 움직이게 하고 결국 전도 특성이 나타나게 된다.

원자가띠
전도띠

절연체나 반도체의 띠의 구조는 정성적으로 서로 비슷하다. 일반적으로 절연체와 반도체 모두 채워진 띠[**원자가띠**(valence band)라 불림]와 이보다 더 높은 에너지 띠[**전도띠**(conduction band)라 불림]가 에너지 간격으로 분리되어 있다. 만일 이 간격의 크기가 적어도 수 eV 이상이라면 그림 11.6b와 같이 그 물질은 절연체가 된다. 이때는 외부전기장으로 큰 에너지 간격을 극복하고 전자들을 위의 전도띠로 올리기는 매우 어렵다. 또한 열적인 에너지로 많은 수의 전자를 전도띠로 올리기에는 에너지가 너무 부족하다. 그러나 에너지 간격이 1 eV 정도로 작다면 열적으로도 전자들을 전도띠로 올리는 것이 가능하기에 외부전기장은 약간의 전류를 흐르게 할 수 있다. 이것이 그림 11.6c에 도시되어 있는 반도체의 특성이다. 다음 절에서 보다 자세하게 이 메커니즘에 대하여 설명할 것이다.

11.2 반도체 이론

$T = 0$에서 고체 안의 모든 원자들은 바닥상태에 있을 것으로 기대된다. 여러 에너지 준위에서의 전자(페르미온)들의 분포는 식 (9.34)의 페르미·디랙 분포의 지배를 받는다.

$$F_{\text{FD}} = \frac{1}{\exp[\beta(E - E_{\text{F}})] + 1} \tag{9.34}$$

여기서 $\beta = (kT)^{-1}$이고 E_{F}는 페르미 에너지이다. 그림 9.9에서 본 것처럼 온도가 $T = 0$에서 증가하면 할수록 보다 많은 원자들이 들뜬(여기) 상태에서 발견된다.

여기상태로의 증가된 전자의 수는 반도체의 비저항이 온도에 의존한다는 것을 설명한다. 원자가띠에서 전도띠로 껑충 뛰어 올라가는 이런 전자들만이 반도체에서 전도 과정에 유용하게 참여한다. 다시 말하면 온도가 증가할수록 보다 많은 전자들이 전도띠에 발견되어지고 그러므로 반도체의 비저항은 감소한다.

온도의 함수로 반도체의 비저항에 대한 정확한 표현을 유도하기 위하여 페르미·디랙 인자를 사용하는 것은 가능하지 않다고 해도, 두 개 정도의 예측을 할 수 있다. 먼저 그 지수함수의 인자에서 에너지 E는 왜 띠간격이 얼마나 중요한가를 분명하게 해 준다. 주어진 온도에서 띠간격이 대략 10배(예를 들면, 1 eV에서 10 eV)로 커지면 $\exp(\beta E)$의 값이 $\exp(9\beta E)$만큼 커질 것이다(예제 11.1을 보라). 일반적으로 이렇게 되면 F_{FD} 인자가 너무 작게 되어 물질이 절연체가 된다. 두 번째 예측은 이 분석에 기초하여, 온도가 증가하면 반도체의 저항이 지수적으로 감소할 것이라고 기대할 수 있다. 함수 F_{FD}가 단순한 지수함수가 아니고 띠간격의 크기가 온도에 따라 변하기 때문에(표 11.2), 이것은 정확하지는 않지만 대략적으로 거의 맞다.

클레망(Clement)과 퀸넬(Quinnell)이 개발한 표준 탄소 저항체의 온도 변화에 대한 유용한 경험적 표현은 다음과 같다.

$$\log R + \frac{K}{\log R} = A + \frac{B}{T} \tag{11.4}$$

클레망·퀸넬 방정식

여기서 A, B, K는 상수이다. 그림 11.7은 클레망과 퀸넬이 측정한 데이터와 식 (11.4)가 일치하는가를 알아보기 위하여 그린 도표를 보여 준다. $1/T$에 대한 $\log R + K/\log R$의 그림은 $1/T \approx 0.6$에 이르기까지 직선이므로 클레망·퀸넬 방정식[식 (11.4)]은 $T \approx 1\ \text{K}/0.6 = 1.7$ K 이상에서는 잘 맞는다고 결론지을 수 있다. 보이는 모든 반도체 재료들에 대하여, T에 따른 R의 변화는, 특히 $T = 0$에서 20 K 정도의 저온영역에서 급격하게

표 11.2 대표적인 반도체 물질들의 에너지 간격

	E_g (eV)	
재료	$T = 0$ K	$T = 300$ K
Si	1.17	1.11
Ge	0.74	0.66
InSb	0.23	0.17
InAs	0.43	0.36
InP	1.42	1.27
GaP	2.32	2.25
GaAs	1.52	1.43
GaSb	0.81	0.68
CdSe	1.84	1.74
CdTe	1.61	1.44
ZnO	3.44	3.2
ZnS	3.91	3.6

출처: C. Kittel, *Introduction to Solid State Physics*, 6th ed., New York: Wiley (1986), p. 185

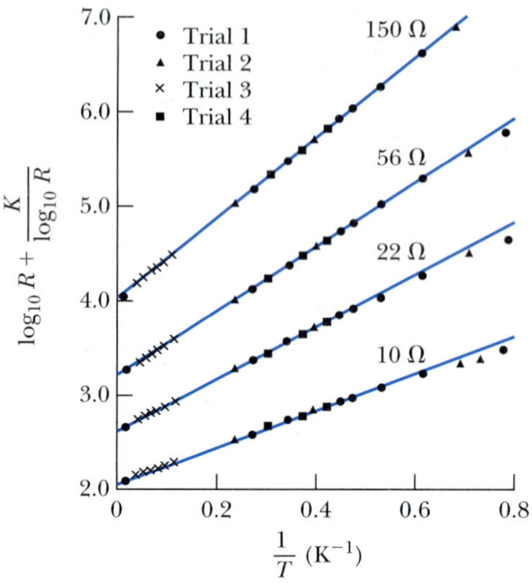

그림 11.7 (a) 네 개의 표준 탄소 저항기의 온도에 대한 저항값에 대한 데이터를 이용한 클레망·퀸넬 방정식의 실험적인 검사. $1/T \approx 0.6$ 즉 $T = 1.6$ K 이상인 온도에서는 잘 맞는다. 출처: G. White, *Experimental Techniques in Low Temperature Physics*, Oxford: Oxford University Press (1979)

변한다. 이런 이유로 인하여 탄소와 그 밖의 반도체들이 저온물리학에서 저항온도계[서미스터(thermistor)]로 널리 사용되고 있다.

예제 11.1

실온에 해당되는 293 K에서 원자가띠의 에너지보다 위로 0.10 eV, 1.0 eV, 10 eV 더 큰 에너지를 가지는 전자들의 상대적인 수를 계산하라.

전략 페르미·디랙 인자에 대한 식 (9.34)가 이 문제에 사용될 수 있을 것이다. 1.0 eV = 1.60×10^{-19} J인 것을 주의하고, 개념적으로 페르미 에너지는 원자가띠의 최고위에 있기 때문에 원자가띠 위의 에너지는 $E - E_F$가 된다.

풀이 $E - E_F = 1.0$ eV인 경우, $(E - E_F)/(kT) = (1.60 \times 10^{-19}\ \text{J})/[(1.38 \times 10^{-23}\ \text{J/K})(293\ \text{K})] = 39.57$이다. 그러면

$$F_{FD}(0.10\ \text{eV}) = \frac{1}{e^{3.957} + 1} = 0.019$$

$$F_{FD}(1.0\ \text{eV}) = \frac{1}{e^{39.57} + 1} = 6.53 \times 10^{-18}$$

$$F_{FD}(10\ \text{eV}) = \frac{1}{e^{395.7} + 1} = 1.41 \times 10^{-172}$$

이 된다. 이 예제는 페르미·디랙 인자가 띠간격의 크기에 얼마나 강하게 의존하고 있는지를 명확히 설명하고 있다. 띠간격의 크기가 증가함에 따라 전도에 기여하는 전자들의 수가 급격하게 떨어지고 있다.

양공

전자들이 전도띠로 열적으로 여기될 때, 원자가띠에 빈 자리를 남긴다. 이들 빈 자리를 **양공**(hole)이라 부른다. 중성이었던 자리에서 음의 전하를 가진 전자가 없어졌기 때문에 이 빈 자리들은 양의 전하라고 생각하면 유용하다. 전자들은 음의 전하이기 때문에

전기장의 방향의 반대로 운동하는 반면에 양공들은 양의 전하이기 때문에 전기장의 방향과 같은 방향으로 움직인다. 전도띠의 전자 수와 원자가띠의 양공 수에 균형을 맞추고 있는 반도체를 **고유 반도체**(intrinsic semiconductor)라고 부르며, 순수한 탄소와 게르마늄이 여기에 포함된다.

고유 반도체

반도체 안에 *도펀트*라고 하는 적은 양의 다른 물질을 첨가하여 반도체의 성질들을 미세하게 변조시키는 것이 가능하다. 이런 화합물을 **비고유 반도체**(extrinsic semiconductor)라고 한다. 한 예로, 규소(실리콘)에 적은 양의 비소를 첨가하면 무슨 일이 발생할지 생각해 보자. 각 비소 원자들은 격자 내의 실리콘 원자들의 자리를 대체한다. 이렇게 되면 물질의 전기전도 성질에 어떤 영향을 미칠까? 실리콘은 최외각(이것은 원자가띠에 해당한다)에 네 개의 전자($3s^23p^2$)를 가지고 있고 비소는 다섯 개($4s^24p^3$)의 전자들을 가지고 있음을 주목하라. 그러므로 비소의 외각 전자들 중에 네 개만이 이웃하는 실리콘 원자 네 개와 공유결합에 참여하고, 다섯 번째 전자는 매우 약하게 결합되어 있다. 사실 이 약하게 결합되어 있는 이 전자를 전도띠로 가게 하는 에너지는 0.05 eV 정도만이 필요하다. 단지 적은 양의 비소를 규소에 첨가하여도 실리콘의 전기전도는 급격하게 증가하는 효과가 있다.

비고유 반도체

실리콘에 비소를 첨가하는 것은 ***n*-형 반도체**(여기서 n은 negative를 의미한다)로 알려진 반도체를 만든다. 왜냐하면 전도띠에 가까이에 있는 전자들이 전류의 주요한 요인이 되기 때문이다. 전도띠 바로 아래 있는 새로운 비소의 에너지 준위들을 **주개준위**(donor level)(그림 11.8a를 보라)라고 부르는데, 거기에 있는 전자들을 쉽게 전도띠에 줄 수 있기 때문이다.

n-형 반도체

주개준위

이제는 적은 양의 인듐($5s^25p^1$)이 실리콘에 첨가될 때 무슨 일이 일어나는지 생각해 보자. 인듐의 외각 전자는 실리콘보다 한 개 적은 세 개를 가지고 있다. 그러므로 인듐은 실리콘과의 결합에서 인듐 원자 한 개당 한 개의 여분의 양공을 생성시킨다. 이런 양공들의 존재는 원자가띠 위에 여분의 에너지 준위를 생성시키게 하는데, 상대적으로 아주 작은 에너지로도 원자가띠의 전자를 이 준위의 양공으로 움직이게 할 수 있다. 이런 새로운 인듐 준위를 **받개준위**(acceptor level)(그림 11.8b를 보라)라고 한다. 왜냐하면 이 준위의 양공들은 원자가띠로부터 아주 쉽게 전자들을 받아들일 수 있기 때문이다. 이때 외부전기장이 가해지면 전자들이 양공들을 채우기 위하여 계속 이동함으로써 전류의 흐름

받개준위

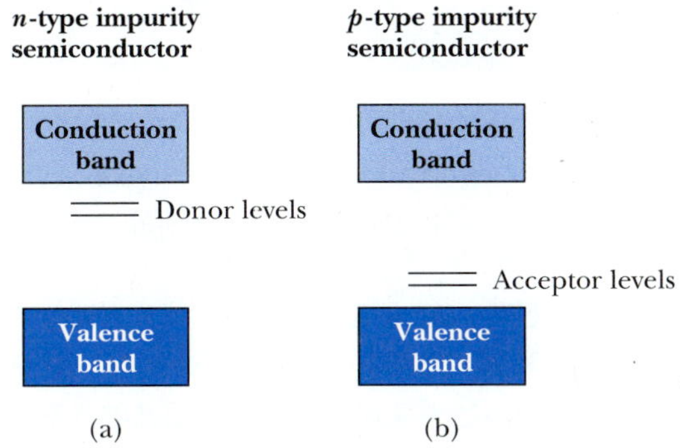

그림 11.8 불순물 반도체의 에너지 띠. (a) *n*-형 불순물 반도체에서의 주개준위들과 (b) *p*-형 불순물 반도체에서의 받개준위들을 보여 준다.

이 증가하게(또는 다른 말로 저항이 낮아지게) 된다. 양의 전하(양공)의 흐름의 방향이 외부전기장의 방향이라고 생각하는 것이 보다 쉽기 때문에 이것을 ***p*-형 반도체**(여기서 *p*는 positive를 의미한다)라 부른다.

p-형 반도체

고유 반도체와 불순물 반도체에 추가하여, 두 종류의 원자(두 원자의 수가 같음)들로 구성된 많은 **화합물 반도체**(compound semiconductor)들이 있는데, 예를 들면 GaAs, InP, GaN, SiC, InSb 등이 화합물 반도체이다. 화합물 반도체에서 공유결합과 이온결합이 함께하는 혼합된 형태의 결합이 순수한 실리콘과 게르마늄에서처럼 같은 형태의 사면체 결합을 생성시키는 데 기여한다. 화합물 반도체는 띠간격을 가지고 있고 *n*-형 반도체와 *p*-형 반도체를 형성하기 위하여 고유 반도체에 첨가될 수 있다.

화합물 반도체

일반적인 도체들에서, 전자들은 외부전기장의 방향과 반대로 움직이며 우리가 소위 말하는 양의 전류의 방향과 반대 방향으로 운동한다. *p*-형이나 *n*-형 어느 반도체에서서도 전자만이 움직이기 때문에, 어떤 범위 안에서 양공이란 것이 실제의 것일까라는 의문이 생긴다. *p*-형 물질들은 정말 전하 운반자가 양인 것처럼 행동한다는 것을 실험적[일반적인 홀 효과(Hall effect) 실험]으로 보일 수 있다. 홀 전압의 크기와 부호는 도체나 반도체 안의 전하 운반자들의 밀도와 부호를 계산으로 도출할 수 있도록 하며, *p*-형과 *n*-형 물질 안의 운반자들의 전하가 서로 다른 부호를 가진다는 것을 확증한다. 사실 양공에 의한 전도는 반도체에 제한되는 현상이 아니다. 금속 도체들 중에서 아연은 주요 운반자가 양전하라는 것이 잘 알려져 있다.

개념 예제 11.2

고유 반도체에 소량의 (a) 갈륨(gallium)과 (b) 안티몬(antimony)이 도핑된다면 각각 어떤 종류의 반도체(*p*-형 또는 *n*-형)가 만들어지는가?

풀이 (a) 실리콘은 바깥쪽 껍질($3s^23p^2$)에 네 개의 전자를 가지고 있고, 갈륨은 외각($4s^24p^1$)에 세 개의 전자를 가지고 있다. 이 전자 결핍으로 인하여 갈륨으로 도핑된 실리콘은 *p*-형 반도체가 된다. (b) 바깥쪽 껍질에 다섯 개($5s^25p^3$)의 전자를 가지고 있는 안티몬으로 도핑된 실리콘은 내부에 여분의 전자들을 가지게 되고 이것이 *n*-형 반도체로 만든다.

예제 11.3

직사각형으로 된 매우 얇고 긴 아연 시료가 절연체로 된 기판 위에 증착되어 있다. 이 시료의 길이, 폭, 두께를 각각 *x*, *y*, *z*라 하자. 길이와 폭을 측정해 보니 10.0 cm와 2.0 cm이었다. 그림 11.9a에서 보이는 것과 같이 전위차 20 mV를 걸어 주었을 때, 얇은 시료의 길이를 따라 흐르는 전류가 400 mA이다.

(a) 아연의 비저항이 (실온에서) 5.92×10^{-8} Ω·m이라는 사실로부터 박막의 두께를 구하라.

(b) 이제 그림 11.9b에서와 같이 시료에 수직으로 0.25 T의 자기장을 걸었다. 그림과 같이 전압계 단자(+ 및 −)를 연결하였더니 홀 전압은 $V_H = +0.56$ μV로 나타났다. 전하 운반자의 밀도와 부호를 결정하라.

전략 (a) 균일한 단면적을 가진 시료의 저항은 $R = \rho x/A$ 식에서 비저항과 관계된다는 것을 알 수 있다. 여기서 *A*는 단면적이고, *x*는 시료의 길이이다. 이 문제의 경우, $A = yz$이다. 그래서 알려진 비저항을 사용하면 시료의 두께를 구할 수 있다.

(b) 평형상태에서 전하 운반자에 작용하는 자기력은 홀 전압에 의하여 생성되는 전기력과 같다. 그래서 $eE = evB$가 된다. 기본적 전기전도도로부터 전자의 이동속도는 $v = I/neA$가 된다. 이 두 개의 관계식은 전하 운반자의 밀도 n을 구할 수 있도록 한다.

풀이 (a) 시료의 저항은 $R = \rho x/A$이다. 옴의 법칙으로부터 $R = V/I$, 그래서 $R = V/I = \rho x/yz$가 되어

$$z = \frac{\rho x I}{yV} = \frac{(5.92 \times 10^{-8}\Omega\cdot\text{m})(0.10\text{ m})(0.400\text{ A})}{(0.02\text{ m})(0.02\text{ V})}$$

$$= 5.92 \times 10^{-6}\text{m} \tag{11.5}$$

(b) $eE = evB$와 $v = I/neA$의 관계식을 결합하면

$$\frac{eV_{\text{H}}}{y} = eB\frac{I}{neA} \tag{11.6}$$

이 도출되고, 여기서 이 기하학적 구조에 대하여 $E = V_{\text{H}}/y$라는 사실을 사용하였다. 결국, $A = yz$이기 때문에 식 (11.6)은 다음과 같이 된다.

$$n = \frac{IB}{eV_{\text{H}}z} \tag{11.7}$$

$$= \frac{(0.400\text{ A})(0.25\text{ T})}{(1.6 \times 10^{-19}\text{C})(5.6 \times 10^{-7}\text{V})(5.92 \times 10^{-6}\text{m})}$$

$$= 1.89 \times 10^{29}\text{ m}^{-3}$$

이 값은 매우 큰 밀도이다.(실제로 구리의 경우보다 약간 더 크다.) 전하 운반자들(전자 혹은 양공들)의 밀도가 크면 클수록 적당한 홀 전압을 얻기 위해서는 박막이 더 얇아야 한다. 대부분의 반도체들의 n 값은 금속보다 매우 작기 때문에, 위와 같은 실험을 반도체로 하는 것이 훨씬 더 쉬운 이유가 된다.

이제 운반자들의 부호를 결정하기 위하여, 전하 운반자가 음전하라면 그림 11.9b와 같은 전압계 연결에서는 음의 전압을 읽게 됨에 유의하라. 대신에 다수 운반자가 양이면, 자기장은 운반자들을 박막의 오른쪽으로 밀어붙이게 된다. 이는 전압계가 양의 전압을 읽는 것과 일치한다. 이런 방법으로 아연의 다수 전하 운반자들은 양전하들임을 알게 된다. 대부분의 금속 도체들의 다수 운반자들은 음전하들이므로 이 결과가 특이하지만 아연만이 이런 것은 아니다.(카드뮴과 베릴륨에서의 다수 운반자들도 역시 양의 전하이다.)

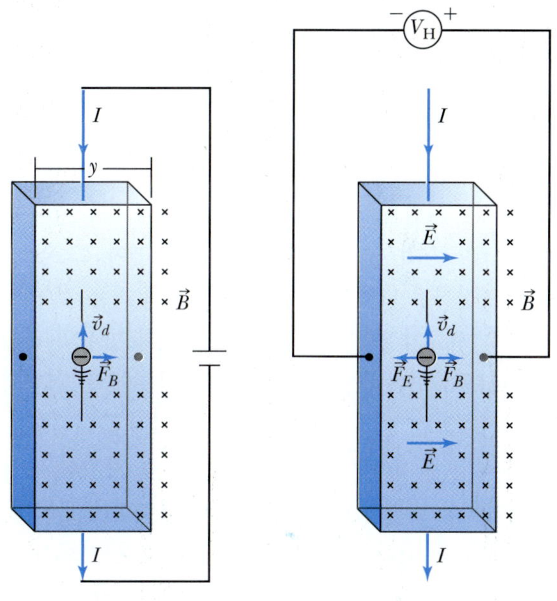

그림 11.9 홀 효과를 측정하기 위하여 자기장이 걸려 있는 얇은 금속편. (a)에서 음으로 대전된 운반자는 오른쪽으로 힘을 받고, (b) 오른쪽에 쌓인 음전하들로 인하여(왼쪽에는 음전하의 이동으로 생긴 양전하가 있게 된다) 그림에서와 같은 전기장이 생긴다. 이로 인하여 자기력과 방향이 반대이고 크기는 같은 전기력이 운반자에 가해진다. 전압계(V_{H}로 표시한)로 금속편 너비 사이의 전위 차이의 크기와 방향을 측정할 수 있다.

열전 효과

열전 효과(thermoelectric effect)는 반도체의 성질을 연구하기 위하여 종종 사용된다. 열전 물질 내의 온도경사가 있으면 전기장이 발생한다. 예를 들어 순수한 금속 내 자유전자들을 기체로 가정할 경우, 왜 이런 현상이 발생하는지를 이해하기란 쉽다. 이상기체에서처럼 자유전자들의 밀도는 온도가 낮은 도선의 말단부에서 크다. 그러므로 전기적 퍼텐셜은 온도가 높은 부분에서 높고 온도가 낮은 부분에서 낮다. 물론 자유전자 모형은 반도체에 대하여 완전한 것은 아니지만 그럼에도 불구하고 우리가 이미 아는 것처럼 반도체의 전도 성질은 온도의존성이 있다. 그러므로 반도체도 열전 효과를 보여 줄 수 있다고 믿은 것이 합리적이다.

양자 홀 효과

양자 홀 효과는 1980년 노벨 물리학상을 수상한 독일 물리학자 클라우스 폰 클리칭(Klaus von Klitzing)에 의하여 처음 발견된 후 집중적으로 연구되어 온 주제이다. 개념적으로 양자 홀 효과를 관측하기 위한 장치는 일반 홀 효과를 측정하기 위하여 사용되는 장치와 유사하다. 얇은 길쭉한 시편이 균일한 자기장에 수직하게 놓여진다. 전류는 시편의 길이 방향으로 흐르도록 하고 전압 단자는 두 방향(전류의 방향과 나란한 방향과 전류의 방향에 수직한 방향)의 전위차를 측정한다(그림 11.9를 보라). 이 두 방향의 전압들은 시편을 흐르는 전류에 직접적으로 비례한다. 그러므로 연구되는 물질을 특성화하기 위하여, 그 양 전압을 흐르는 전류로 나누어 두 개의 저항을 구하는 것이 일반적이다. 그 시료의 일반 전기적 저항은 전류 방향의 전압을 전류로 나누어 구한 값이고, 홀 저항은 전류에 수직한 방향의 전압을 흐르는 전류로 나눔으로써 구해진 값이다.

일반적인 홀 효과에서 홀 저항은 걸린 자기장의 세기에 직접적으로 비례해서 증가한다. 폰 클리칭은 반도체 물질에서 양자 홀 효과를 발견하였는데, 그것은 시료가 약 1 K 정도의 온도와 매우 강한 자기장(2~10 T) 안에 있을 때, 그 반도체 물질 안에 전류를 흐르게 하는 전자들이 극단적으로 작은 얇은 층(5~10 nm 두께) 안에 가둬지는 현상이다. 이런 조건에서 폰 클리칭은 자기장의 증가에 따른 홀 저항의 그래프는 홀 저항이 계단처럼 단계 단계로 나타남을 보여 주었는데, 그 홀 저항의 단계의 크기는 h/ne^2와 같이 나타난다. 엄밀히 말하면 그것은 e^2/h 단위만큼씩 양자화된 전기전도도(전기 저항의 역수)이다. 그러나 홀 저항의 관점에서 논의를 고수해 보자. '기본' 단위의 홀 저항 h/e^2는 25,812.8 Ω이고 이것은 폰 클리칭 상수($R_K = h/e^2$)로 다시 이름 붙여졌다. 양자 홀 효과의 두 번째 현저한 특징은 홀 저항이 고원(그림 A에서 평평한 부분들)에 있을 때 일반 전기저항은 실질적으로 0이 된다는 것이다.

1982년 또 하나의 신기한 현상이 대니얼 추이(Daniel Tsui)와 호르스트 스퇴르머(Horst Störmer)에 의하여 발견되었다. 그들은 어떤 반도체 물질들은 *부분적으로* 양자 홀 효과를 나타낸다는 것을 발견하였다. 전기전도도가 기본 단위인 e^2/h의 1/2, 1/3, 1/5, 1/7, 2/3, 4/3, 5/3, 4/5, 6/7, 5/2배만큼 되는 결과들을 발견한 것이다. 부분적인 양자 홀 효과는 오직 초고순도의 물질로 만들어진 시료에서만 관측될 수 있다.

양자 유체 모형으로 부분적인 양자 홀 효과를 설명한 공로로 추이, 스퇴르머, 그리고 로버트 로플린(Robert Laughlin)은 1998년 노벨 물리학상을 수상하였다.

반도체 이론학자들은 양자 홀 효과와 부분적인 양자 홀 효과 양쪽을 설명하는 모형들을 발전시켜 왔다. 이런 모

1차원에서 반도체에 유도된 전기장 E는 온도경사에 비례하므로

$$E = Q\frac{dT}{dx} \tag{11.8}$$

열전 능률

라고 쓸 수 있다. 여기서 Q는 **열전 능률**(thermoelectric power)이라고 부른다. 유도 전기장의 방향은 사용된 반도체가 *n*-형 또는 *p*-형에 따라 결정된다(그림 11.10을 보라). 그래서 열전 효과는 복합계에서 운반자들이 *n*-형인지 *p*-형인지를 결정하는 데 사용될 수 있다. 또한 보다 자세히 분석하면 운반자의 농도와 띠구조에 대한 정보를 이끌어 낼 수 있다.

지금 설명한 열전 효과를 때때로 **제베크 효과**(Seebeck effect)라고도 부른다. 이것

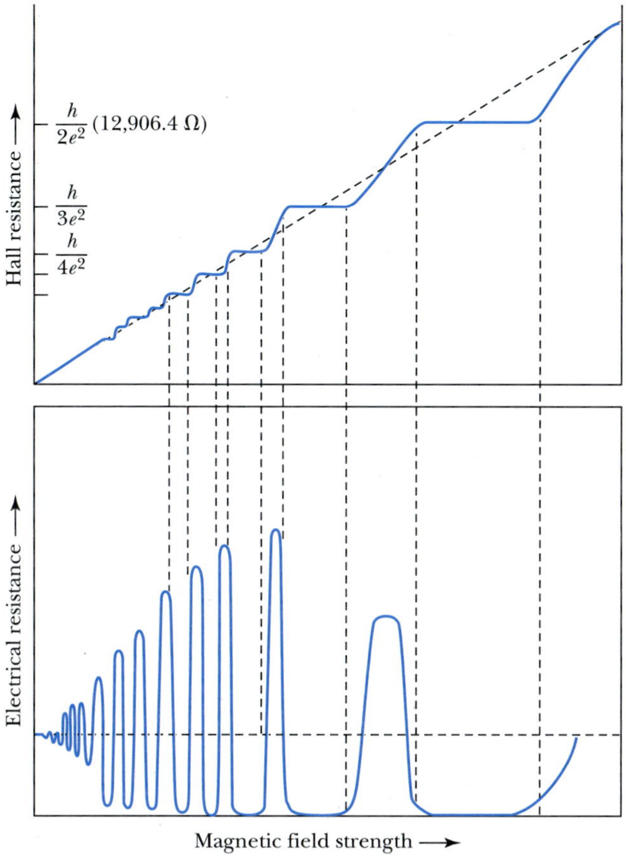

그림 A 홀 저항의 양자화된 계단들을 위쪽 그래프에서 명확히 볼 수 있다. 아래쪽 그래프에서는 위쪽 그래프의 계단의 평평한 부분에 해당하는 부분에서 전기저항이 사라짐이 보인다. 출처: B. I. Halperin, *Scientific American* **254** (4), 52-60 (April 1986)

형들은 너무 세밀하여 여기서 구체적으로 설명할 수 없다.* 그러나 그 모형들은 *2차원적으로* 전자의 파동함수를 만드는 것에 기초한다.(기억하라, 전자들이 기본적으로 한 평면 안에 가두어져 있다는 것을.) 그런 2차원 구조는 전계효과 트랜지스터(11.3절에서 논의된다)와 전자들이 두 반도체 물질들 사이 경계면에 제한되어 있는 *이종접합*으로 알려진 소자들에서 가능하다.

양자 홀 효과와 부분적인 양자 홀 효과가 적용되어 온 확실한 방법은 산업과 연구의 목적을 위하여 측정방법을 발전시키고 표준을 개발하려고 노력하는 *계측학* 분야에 있다. 양자 홀 효과들은 저항 측정에 매우 정밀한 표준들을 제공하기 위하여 사용될 수 있다. 만들어진 형태나 모양에 상대적으로 민감하지 않은 저항체로 저항 표준을 세우는 것이 가능해야 하는데, 양자 홀 효과에서는 기본 저항 $R_K = h/e^2$는 오직 물리상수 h와 e에 의존하기 때문에, 양자 홀 효과를 보여 주는 저항체를 저항 표준으로 사용하면 우수한 저항 표준을 얻을 수 있다. 또한 R_K의 h와 e의 의존성 때문에 양자 홀 효과는 미세구조 상수 $\alpha = e^2/4\pi\epsilon_0\hbar c \approx 1/137$의 정밀한 결정을 하는 데 사용된다(4.4절을 보라).

* 상세한 내용은 D. R. Yennie, *Reviews of Modern Physics* **59**, 781-824 (1987) 참조.

이 가장 보편적으로 사용되는 열전 효과이지만, 다른 두 가지가 더 있다. 보통 도체에서는 열은 I^2R에 비례하여 발생하지만, 도체 내부에 온도경사가 있게 되면 추가적인 열을 발생시킨다. 이것은 **톰슨 효과**(Thomson effect)로 알려져 있다. 이상하게도 톰슨 효과는 전적으로 가역적이다. 전류가 온도가 높은 도체의 말단 쪽으로 흐르면 열을 생성시키지만, 저온 쪽으로 흐르면 도체는 주위로부터 열을 흡수하게 된다. 두 도체의 접합부분에 전류가 흐르게 되면 그 접합점에서 열이 발생하게 되는 효과를 **펠티에 효과**(Peltier effect)라고 한다.

제베크 열전효과의 하나의 중요한 응용은 온도계이다. 도체의 열전 능률은 온도에 따라 변하고, 그 변화는 도체에 따라 매우 다를 수 있다. 이런 도체들 사이의 차이 때문에

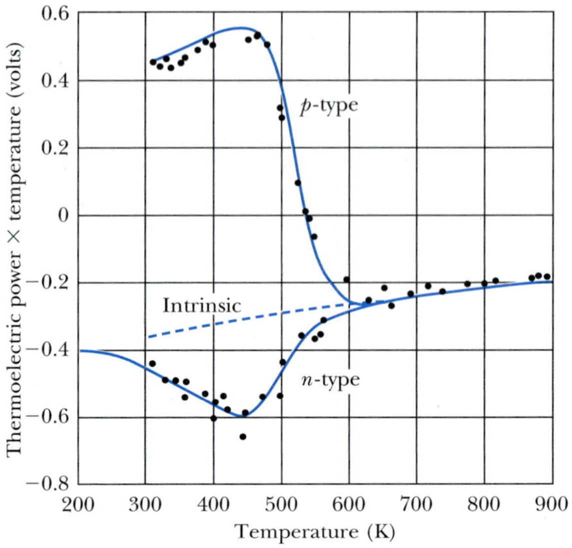

그림 11.10 p-형과 n-형 규소 반도체들 각각에서 온도에 따른 열전 능률 × 온도의 변화. 출처: T. H. Geballe and G. W. Hall, *Physical Review* **98**, 940 (1955)

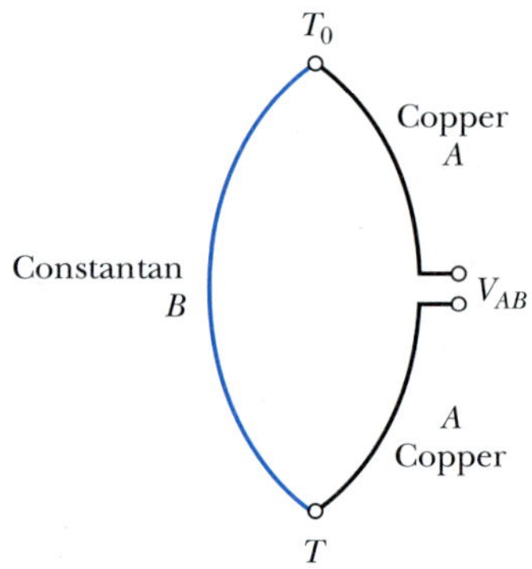

그림 11.11 열전쌍 회로의 개념도. 두 개의 물질(여기서는 구리와 콘스탄탄) A와 B의 양끝이 연결되어 있다. 한 쪽 접점은 기준 온도 T_0로 유지하고, 다른 접점은 온도 T를 측정하기 위하여 사용된다.

열전쌍

열전쌍(thermocouple)을 만들 수 있게 된다(그림 11.11). 두 도체 A와 B의 양끝이 연결되어 있다. 한쪽 끝은 알고 있는 온도 T_0에 놓이고, 다른 끝은 어떤 미지의 온도 T에 위치시킨다. 두 도체 A와 B 사이의 열전 능률 차이는 열전쌍 양단 사이에 유도되는 전압 V_{AB}를 발생시킨다. 각 도체의 열전 능률의 온도 변화를 알면 전압 V_{AB}의 함수로 온도차 $T - T_0$를 계산할 수 있다.(결국, 미지의 온도 T를 알 수 있다.) 실제로는 열전쌍을 사용하기 위해서 열전 능률을 측정할 필요는 없다. 넓은 온도영역에 걸쳐 여러 열전쌍들의 온도에 따라 생성되는 전압값에 대하여 잘 정리된 표들을 많은 문헌에서 볼 수 있다(표 11.3을 보라).

11.3 반도체 소자

반도체의 고유한 전자공학적 성질은 반도체가 광범위한 영역에서 유용하게 사용될 수 있게 하였다. 이 절에서는 가장 중요한 반도체 소자들 중 몇 가지를 소개하고, 그 소자들이 어떻게 사용되는지를 설명한다. 그러나 우리가 다루는 것은 반도체의 극히 일부 정도이

표 11.3 철-콘스탄탄 열전쌍의 온도에 따른 전압

	0	1	2	3	4	5	6	7	8	9
C°					Millivolts					
0	0.00	0.05	0.10	0.15	0.20	0.25	0.30	0.35	0.40	0.45
10	0.50	0.56	0.61	0.66	0.71	0.76	0.81	0.86	0.91	0.97
20	1.02	1.07	1.12	1.17	1.22	1.28	1.33	1.38	1.43	1.48
30	1.54	1.59	1.64	1.69	1.74	1.80	1.85	1.90	1.95	2.00
40	2.06	2.11	2.16	2.22	2.27	2.32	2.37	2.42	2.48	2.53
50	2.58	2.64	2.69	2.74	2.80	2.85	2.90	2.96	3.01	3.06
60	3.11	3.17	3.22	3.27	3.33	3.38	3.43	3.49	3.54	3.60
70	3.65	3.70	3.76	3.81	3.86	3.92	3.97	4.02	4.08	4.13
80	4.19	4.24	4.29	4.35	4.40	4.46	4.51	4.56	4.62	4.67
90	4.73	4.78	4.83	4.89	4.94	5.00	5.05	5.11	5.16	5.21
100	5.27	5.32	5.38	5.43	5.48	5.54	5.59	5.65	5.70	5.76

출처: *CRC Handbook of Chemistry and Physics*, 55th ed., Cleveland: CRC Press (1974), p. E-109

다. 실제 응용 범위는 넓으며 반도체 기술은 아직도 급격한 속도로 진화하고 있다. 지금 이 책을 보고 있는 많은 학생들은 내일의 전자공학의 혁명을 이루는 데 기여하게 될 것이다.

다이오드

그림 11.12에 나타낸 것처럼 *p*-형과 *n*-형 반도체가 함께 접합되어있는 ***pn*-접합 다이오드**(*pn*-junction diode)라고 알려진 간단한 소자로 먼저 시작한다. *pn*-접합 다이오드의 기본 특성은 한 방향으로 전류가 쉽게 흐르면서[**순방향 바이어스**(forward bias)] 다른 방

pn-접합 다이오드

순방향 및 역방향 바이어스

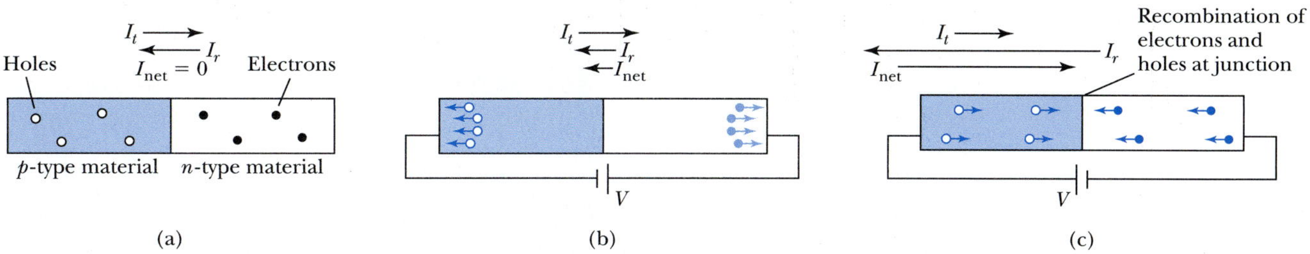

그림 11.12 *pn*-접합 다이오드의 동작 원리.(참고: 여기서 I_t와 I_r은 전자에 의한 음의 전류이고 I_{net}은 양의 전류를 의미한다.) (a) 바이어스가 없는 경우. 열에 의한 매우 작은 전자 전류(I_t)는 전자들의 재결합 전류(I_r)에 의하여 상쇄된다. 따라서 알짜 정방향의 전류(I_{net})는 영이다. (b) 그림에 보인 것과 같은 방향으로 걸어 준 DC 전압이 다이오드의 역방향 바이어스이다. 여기서 I_r이 I_t보다 약간 작다. 따라서 약간의 알짜 전자들이 *p*에서 *n*쪽으로 흐르고, 따라서 *n*에서 *p*쪽으로 양의 전류가 약간 흐른다. (c) 여기서는 다이오드에 순방향 바이어스가 걸린 경우이다. 전류가 *p*에서 *n*쪽으로 쉽게 흐르므로 I_r이 I_t보다 훨씬 크게 된다.

향으로는 전류가 거의 흐르지 않게 하는 것이다[**역방향 바이어스**(reverse bias)].

어떻게 이런 일이 발생하는지를 설명하기 위하여, 외부전압이 걸리지 않았을 때(그림 11.12a 참조)를 먼저 생각하자. n쪽의 자유전자들은 무작위로 운동을 하면서 p쪽으로 이동하고, 그 이동으로 n쪽에는 적은 양의 양전하가 남게 된다. 전자들의 이런 흐름은 전자 재결합 전류 I_r로 나타난다. 전하 이동으로 생긴 전위차(n쪽이 p쪽보다 전위가 더 높다)가 더 이상의 전하 이동을 막으려는 경향이 있으므로, 평형이 매우 급격하게 이루어진다. 상온에서 p쪽에 있는 전자들이 원자가띠에서 받개준위로 열적으로 여기될 수 있기 때문에, 일반적으로 p쪽에서 n쪽으로 전자들에 의한 약간의 전류가 흐른다. 열전자 전류는 그림 11.12a에서 I_t로 표시된다. 외부 전원이 없으면 전자 전류 I_t와 I_r은 정확히 서로 상쇄하여 평형을 유지한다.

역방향 바이어스의 경우, 그림 11.12b에서 보이는 것과 같이 전위차가 접합을 가로질러 걸린다. 일반적인 도체에서는 전자들이 음극에서 양극 쪽으로 자유롭게 흐르려고 할 것이다. 그러나 pn-접합에서는 불균형이 일어날 때마다 전자들은 n쪽에서 p쪽으로 유동(drift)하여 되돌아가려는 경향성을 가진다. 이 경향은 대부분의 전자흐름을 상쇄시킨다. 이 결과로 단지 p쪽에서 n쪽으로 적은 양의 알짜 전자의 흐름이 있게 된다. 다시 말해 적은 양의 정방향 전류가 건전지의 높은 전위에서 낮은 전위로 흐른다.

순방향 바이어스(그림 11.12c)에서는 p쪽에 양극을 연결하고 n쪽에 음극을 연결하여 전위차를 준다. 이때는 전자들이 움직이려는 곳으로 서로를 밀어붙여 한 방향으로 흐른다. 이때 이 흐름을 상쇄할 수 있는 요인은 언급하였던 열에 의해 전자들이 p쪽에서 n쪽으로 흐르는 것인데 이 전자들의 흐름은 전기장에 의한 전자의 흐름을 저지하기에는 너무나 작다. 결국은 정방향의 전류가 높은 전압에서 낮은 전압 쪽으로 일정하게 흐르게 되고, 단지 소자의 근원적인 전기 저항에 의해서만 이 흐름이 방해될 뿐이다. 그림 11.13은 순방향 및 역방향 바이어스에서 pn-접합 다이오드의 전기적 특성을 보여 주고 있다.

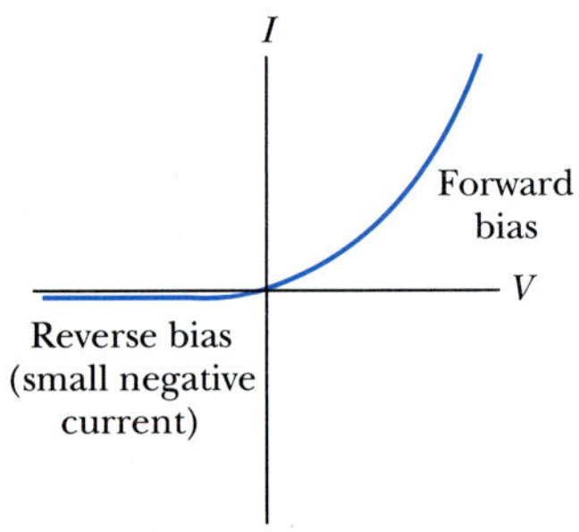

그림 11.13 pn-접합 다이오드의 전형적인 I–V 곡선

pn-접합 다이오드의 I–V 특성을 모형화하고 이것에 의해 그림 11.13에 보여지는 실험 곡선을 정량적으로 정당화시키기 위하여 9장에서 나타낸 통계물리를 사용할 수 있다. 우리는 먼저 바이어스가 없을 경우에 대하여 먼저 시작할 것이다. 외부에 전압이 걸리지 않았다 하더라도, 여전히 한쪽에는 양공의 존재와 또 한쪽은 전자의 존재 때문에 흐르는 전류 I_0뿐만 아니라 양단 사이에 존재하는 전위차 V_0가 있다. N을 n쪽의 전도띠에 존재하는 전자들의 수라고 하자. 상온에서 맥스웰·볼츠만 통계는 전자들의 행동을 설명하는데 충분하다. 바이어스가 없는 경우, n쪽에서 p쪽으로 움직일 수 있는 전자들의 수는 $Ne^{-eV_0/kT}$에 비례하므로 전류 I_0도 이 인수에 비례한다. 그러나 순방향 바이어스 전압 V 영향 아래에서, 그 수는 $Ne^{-e(V_0-V)/kT} = Ne^{-eV_0/kT}e^{eV/kT}$에 비례한다. 그러므로 순방향 바이어스일 때의 전자 전류는 $I = I_0e^{eV/kT}$가 된다. 순방향 바이어스에서는 양공 운동에 의한, n쪽에서 p쪽으로 흐르는 부가적인 전류 $-I_0$가 있으므로, 순방향 바이어스에서의 총 전류는

$$I = I_0(e^{eV/kT} - 1) \tag{11.9}$$

이 된다. 식 (11.9)는 그림 11.13의 I–V 곡선을 근사적으로 잘 표현한다.

예제 11.4

간단한 pn-접합 다이오드를 생각해 보자. 상온(293 K)에서 200 mV의 순방향 바이어스 전압을 가할 때 50 mA의 전류가 흐른다고 하자. 역방향 바이어스로 200 mV를 가하면 전류는 얼마가 되는가?

전략 순방향 바이어스의 경우 식 (11.9)를 사용하여 I_0를 구할 수 있다. 그런 다음 I_0를 써서 역방향 바이어스 때의 전류를 구할 수 있다. 그러나 순방향 바이어스 전류 I_f와 역방향 바이어스 전류 I_r 사이에는 다음과 같은 관계가 성립한다는 사실을 쓰면 더 간단하다.

$$\frac{I_r}{I_f} = \frac{I_0(e^{eV_r/kT} - 1)}{I_0(e^{eV_f/kT} - 1)}$$

풀이 $I_f = 50$ mA, $V_f = +200$ mV, $V_r = -200$ mV를 쓰면

$$\frac{eV_f}{kT} = \frac{(1.602 \times 10^{-19}\,\text{C})(0.200\,\text{V})}{(1.38 \times 10^{-23}\,\text{J/K})(293\,\text{K})} = 7.924$$

가 된다. 그러므로

$$I_r = I_f \frac{e^{eV_r/kT} - 1}{e^{eV_f/kT} - 1} = (50\,\text{mA})\frac{e^{-7.924} - 1}{e^{7.924} - 1} = -0.018\,\text{mA}$$

또는 $I_r = -18\ \mu\text{A}$가 된다. 이는 다이오드의 '일방통행'의 성질을 명확히 보여 주는 극히 작은 전류이다.

정류기

다이오드는 여러 전기 회로에서 중요한 도구이다. 그 한 예로, 그림 11.14에 나타낸 **브리지 정류기**(bridge rectifier) 회로를 살펴보자. 브리지 정류기는 교류전원이 브리지에 걸릴 때 저항 R에 한쪽 방향으로의 전류가 흐르도록 설치되어 있다. 그래서 저항을 통과하는 전류는 정류된 사인파, 즉

$$I = I_{\max}\,|\sin(\omega t)| \tag{11.10}$$

의 파형으로 나타난다. 이것이 교류전류를 직류전류로 변환시키는 처음 단계이다. 전원 공급기의 설계는 적당한 비율의 축전기나 저항들을 추가함으로써 완성될 수 있다. 벽 소켓에서 공급받는 전류는 교류인데 많은 소자들은 직류를 필요로 하므로 정류기는 중요한 장치이다. 또 정류기는 자동차의 배터리를 충전하는 자동차 교류발전기에서도 필요하다.

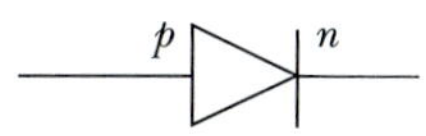

(a)

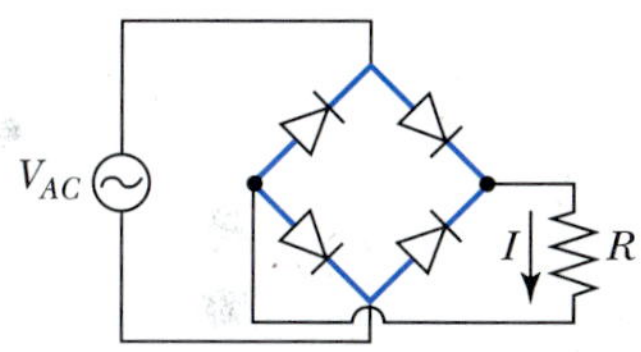

(b)

그림 11.14 (a) 다이오드를 회로에서 표시하는 기호로, p쪽과 n쪽의 방향 표시도 보여 준다. (b) 다이오드의 브리지 정류기의 회로 그림.

제너 다이오드

제너 다이오드(Zener diode)는 역방향 바이어스에서 충분히 높은 전압에 도달하면 동작되도록 만들어져 있다. 그림 11.15는 제너 다이오드의 I-V 곡선을 나타낸 것이다. 역방향, 저전압 바이어스에서, 일반 pn-접합 다이오드의 경우처럼 전류는 작은 음의 값을 가진다. 그러나 충분히 큰 역방향 전압에 도달하게 되면 전류는 매우 급격한 비율로 증가한다.

다이오드를 만드는 데 어떤 반도체 물질이 사용되느냐에 따라서 제너 I-V 현상은 둘 중 하나의 방식으로 일어난다. 그 하나인 *제너 붕괴*(Zener breakdown)로 알려진 과정에서는 가해진 전압이 p쪽의 원자가띠에 있는 전자들을 n쪽의 전도띠로 이동하도록 유도한다. 일단 높은 역방향 바이어스에 도달하게 되면 많은 전자들이 즉시 전도띠로 끌려

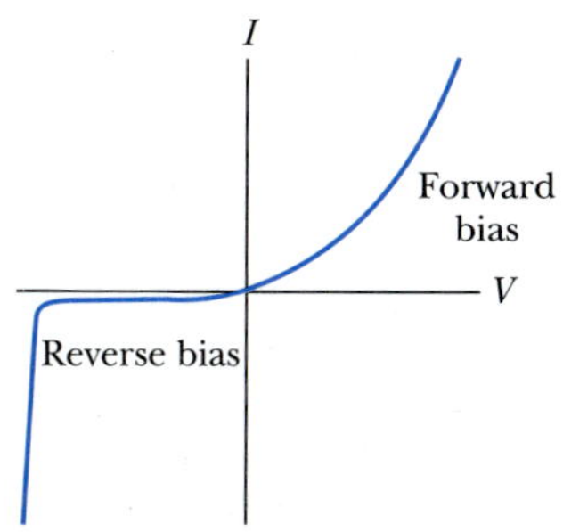

그림 11.15 제너 다이오드의 전형적인 I-V 곡선

가게 되는데, 이렇게 해서 갑작스러운 절연 파괴가 일어난다. 또 다른 과정은 *사태 증식*(avalanche multiplication)이다. 가해진 전압이 전자를 가속시키기에 충분히 높고 이 전자들은 충돌을 통하여 원자들을 이온화시키기에 충분한 에너지를 가지고 있다. 이 '사태'는 이 충돌과정에서 원자에서 떨어져 나온 전자들이 또 가속되면서 다른 원자에 충돌하여 또 이온화시키는 기하급수적인 연속과정에 의하여 발생한다. 다시 말하면, 어느 특정한 전압에서 전류가 급격하게 증가하는 상태에 놓이게 되기 때문에 이 현상은 연속적인 것보다는 차라리 순식간에 발생한다고 해야 한다. 불순물이 많이 첨가된 물질에서 제너 붕괴가 일어나기 쉽다.

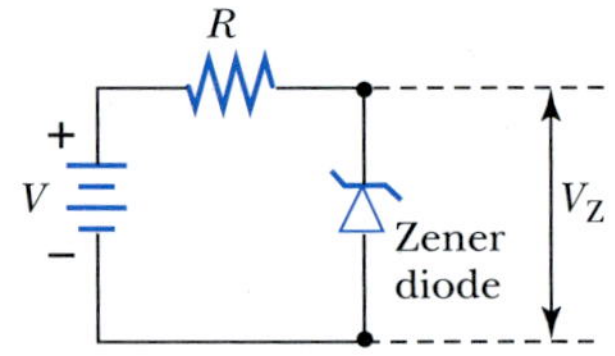

그림 11.16 제너 다이오드의 참조 회로

제너 다이오드는 많은 중요한 전자 장비의 구성요소인 일정한 전압을 발생시키는 전원장치에 흔히 사용된다. 이 조절장치 회로의 동작 원리는 우리가 *I–V* 곡선에서 경사가 급한 부분에서 동작하는 한, 입력 전압의 어떤 변화(증가한다고 하자)는 제너 다이오드(저항이 작아짐)에 흐르는 급격한 전류에 의해 보상되려 한다(그림 11.16). 그러면 저항 R에 걸리는 전압이 증가하고, 출력 전압 $V_z = V - IR$은 상당히 일정하게 유지된다.

광 다이오드(LED)

또 다른 중요한 종류의 다이오드는 **발광 다이오드**(light emitting diode, LED)이다. 전자들이 전도띠에서 원자가띠로 전이(전자와 양공의 재결합)할 때는 광자의 형태로 에너지를 방출한다(그림 11.17). 어떤 물질에서는 방출된 광자가 가시광선 영역의 에너지를 가지도록 에너지 준위 간격이 분포한다. 이런 경우에 LED에 연속적인 전류가 흐르면 거의 단색에 가까운 빛이 연속적으로 방출되게 한다. 오늘날 LED는 많은 곳에서 볼 수 있다. 시계, 자동차 계기판, 그리고 많은 장치들의 디스플레이가 LED로 구성된다. LED는 자동차의 미등에도 사용되고 여러 교통 신호등에도 사용된다. 또한 LED는 레이저의 주요 부품으로도 사용될 수 있는데, LED에서 방출된 광자들은, 10.2절에서 설명된 것처럼, 다른 광자들의 방출을 자극하기 위하여 사용된다.

광기전력 전지

LED와 밀접한 관련이 있는 흥미로운 응용은 **광기전력 전지**(photovoltaic cell)라고 알려진 **태양전지**(solar cell)이다. 간단하게, 태양전지는 들어오는 빛에너지를 전기에너지로 전환시켜 준다. 태양전지의 원리를 생각할 때 좋은 방법은 LED와 반대로 생각하면 된다(그림 11.18). *pn*-접합 다이오드는 태양복사로부터 오는 광자를 흡수하고 이 광자의

그림 11.17 LED의 개념도. 전자들이 전도띠에서 원자가띠로 떨어지면서 빛이 발산한다. 띠간격이 충분히 크면 광자들은 스펙트럼 중에 가시광선 영역에 있게 된다.

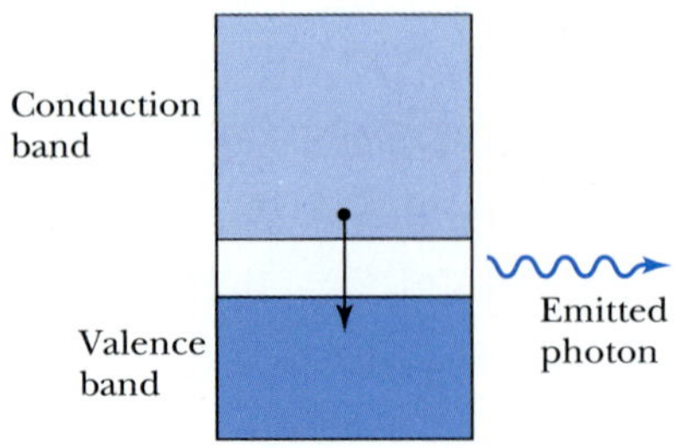

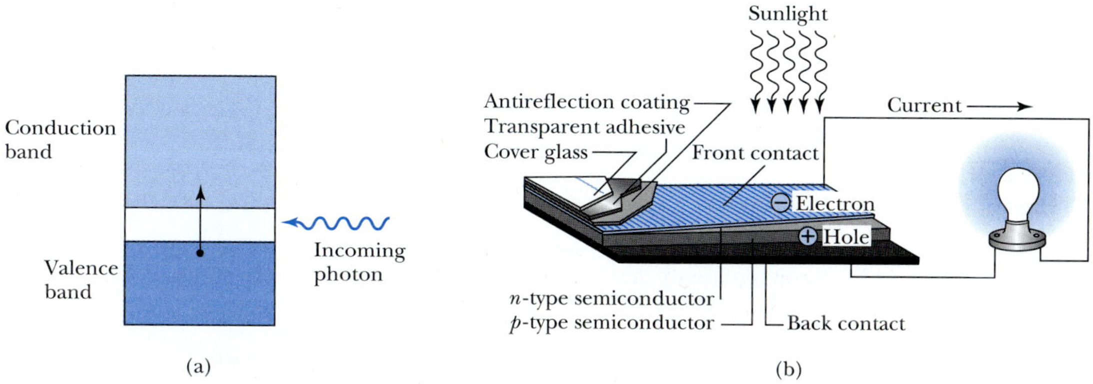

그림 11.18 (a) 광기전력 전지의 개념도. 그림 11.17과 닮은 점에 주목하라. (b) 실제 광전지가 동작되고 있는 부분들을 좀 더 자세하게 보인 그림. 출처: H. M. Hubbard, *Science* **244**, 297-303 (21 April 1989)

에너지는 전자를 원자가띠에서 전도띠로 전이시킨다. 이런 과정은 전도 전자와 양공을 분리하여 각각 생성시킨다. 이때 한 회로가 *pn*-접합에 연결되어 있다면, 전자와 양공의 움직임은 전류를 생성시킨다.(이때 전류는 *p*쪽에서 *n*쪽으로 흐르는 정방향 전류이다.) 대부분의 태양전지의 효율이 낮다고 해도, 광범위한 사용은 의미 있는 양의 전기를 생성시킬 수 있다. '태양상수(solar constant)'(지구에 도달하는 태양 광선의 단위 면적당 에너지)가 1400 W/m^{2}이며, 이 양의 절반 이상이 대기를 통과해서 지구 표면까지 도달함을 명심하라. 최근에 태양전지의 효율 향상에 큰 진전이 있었다.

광기전력 효과(photovoltaic effect)는 1839년에 알렉상드르 에드몽 베크렐(Alexandre-Edmond Becquerel)이 발견하였다. 그 발견 후 100년 이상 동안, 근원적으로 광기전 효과를 보이는 물질을 다루었던 과학자들에게는 호기심으로 남아 있었다. 그러나 1950년대에 전자공학에 반도체를 사용하는 것에 흥미를 느꼈던 연구자들은 광기전 반도체 소자들을 제조하는 보다 좋은 방법들을 개발하기 시작하였다. 1954년에 6%의 효율을 가진 규소 기반 태양전지를 벨 연구소에서 만들었다.(효율은 입사하는 복사 빛의 일률에 대하여 생성되는 전력의 비율로 정의한다.) 그 이후 반도체 소자들의 설계와 제조에서의 발전된 기술들이 태양전지에도 적용되었고 결국은 실리콘과 갈륨-비소 태양전지에서 20% 이상의 효율을 달성하게 되었다.

지금까지 가장 광범위하게 사용되고 연구되어 온 광기전력 물질은 실리콘을 기반한 물질이다. 큰 단일결정 규소를 만드는 기술이 있는데 여기서는 20% 이상의 효율을 달성할 수 있지만 유감스럽게도 좋은 단일결정 실리콘을 제조하는 데 드는 비용은 터무니없이 높다. 반면 다결정과 비정질 실리콘으로 된 태양전지를 만드는 데 드는 비용은 낮은 편이지만 그 효율 또한 낮게 된다.

현재 다른 박막 재료에서의 효율이 실리콘 소자의 효율에 근접하고 있다는 희망이 있다. 주요 박막 재료 후보는 GaAs와 이것의 합금인 AIGaAs, InGaAs, AIGaP 등이 있다. 최근 32%의 효율을 가진 소자가 재사용이 가능한 GaAs 기판 위에서 만들어졌다. 이런 재사용 가능한 GaAs 단일결정은 GaAs를 단일결정 Ge 위에서 성장시키면 상당히 저렴하게 제조할 수 있다.

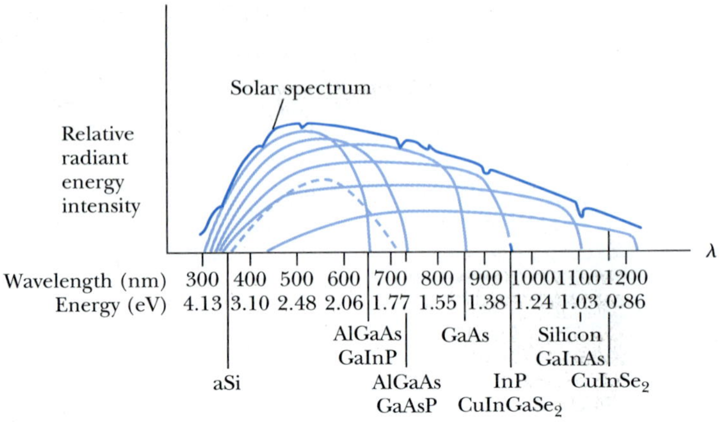

그림 11.19 파장의 함수로 다양한 태양전지의 반응. 여기서 aSi는 비정질 규소를 지칭한다. 반도체들의 띠간격이 다르기 때문에 태양전지들은 어떤 특별한 파장에 더욱 민감하다. 출처: H. M. Hubbard, *Science* **244**, 297-303 (21 April 1989)

GaAs의 또 다른 장점은 태양의 스펙트럼을 규소보다 효율적으로 사용할 수 있다는 것이다. 그림 11.19는 GaAs와 이것의 합금들이 태양복사 스펙트럼 중 광량이 가장 많은 가시광 전 영역에서 응답 특성이 우수함을 보여 준다.(3장의 빈의 법칙을 상기하라.) 또한 서로 다른 파장 영역에서 응답 특성이 좋은 재료들을 사용하여 다층박막으로 제조하면 효율을 높일 수 있다는 것이 증명되었다(그림 11.20). 상부의 박막 InAlAs의 띠간격은 1.93 eV로 이것에 대응되는 빛의 파장은

$$\lambda = hc/E = 643 \text{ nm}$$

이다. 파장이 643 nm인 광자는 가시광 스펙트럼에서 붉은색 영역에 해당한다. 다음 층

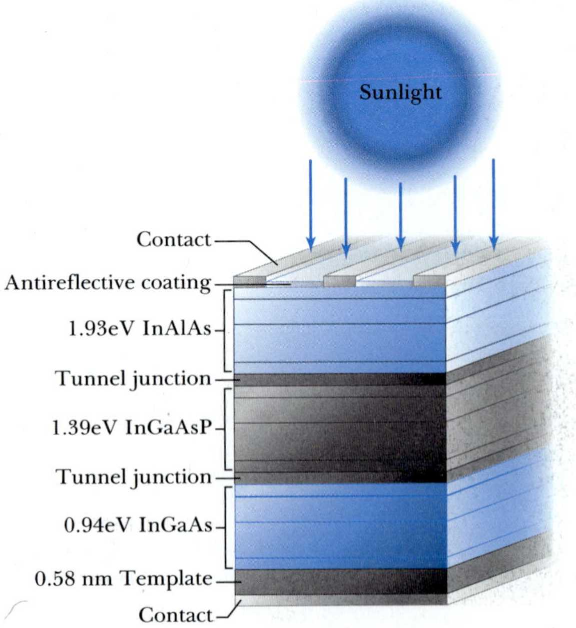

그림 11.20 보다 많은 태양 스펙트럼을 흡수하기 위하여 서로 다른 띠간격을 가지는 물질을 사용한 3층 구조의 태양전지. 출처: Marina S. Leite et. al., *Applied Physics Letters* 102, 033901 (2013)

의 박막 InGaAsP의 띠간격은 1.39 eV이고 이것은 빛의 파장으로 892 nm에 해당한다. 643 nm보다 짧은 파장의 광자는 InAlAs 내의 원자가띠에서 전도띠로 전자를 밀어 올리기에 충분한 에너지를 가지고 있어, 상부의 박막 InAlAs는 전기에너지를 생성시키기 위하여 태양 스펙트럼 중 643 nm보다 짧은 가시광과 자외선을 사용할 수 있다. 643~892 nm 사이의 파장을 가진 광자들은 상부층에서 흡수되지 않고 통과하여 두 번째 층인 InGaAsP 박막에서 흡수되어 전기에너지로 전환된다. 보다 긴 파장들은 띠간격이 작은 세 번째 층인 InGaAs 박막에 흡수되어 전기에너지로 전환된다. 이렇게 태양전지 스펙트럼을 넓게 활용한 이 소자의 입증된 효율은 50% 이상으로 평가된다.

에너지원으로 태양복사 에너지를 이용하는 것은 다른 에너지원과 비교하여 어떤 근원적인 장점과 단점이 있다. 기술의 진보에도 불구하고, 태양전지로부터 전기에너지를 생성하는 데 드는 비용은 일반적인 연료인 석탄, 기름, 천연가스를 태워 전기를 생성하거나, 또는 수력발전으로 전기를 생성하는 데 드는 비용보다 훨씬 높다. 화석연료를 태우는 것에 비교하여 탁월한 이점 하나는 태양전지는 사용하는 데 있어서 환경오염 부산물을 생성하지 않으며 제조과정에서도 상대적으로 적은 환경오염 부산물을 만든다는 것이다. 화석연료를 태울 때 생기는 오염된 먼지, 유독성 기체, 온실효과 기체(특히 CO_2) 들의 방출을 생각하면, 태양전지의 단위 전력을 생성하는 절대 비용이 훨씬 저렴해지기 전이라도, 연료를 태우는 발전기들을 태양전지들로 바꾸는 것이 바람직할지 모른다. 태양전지의 또 다른 이점은 다양한 크기로 만들 수 있다는 점이다. 큰 태양전지 어레이는 도시나 공장을 위한 전기를 만드는 데 사용할 수 있고, 작은 어레이는 규모가 작은 기업체나 가정의 지붕 위에 설치하여 전력을 공급할 수 있다. 그러나 효율이 매우 좋은 태양전지일지라도 태양이 없는 흐린 날씨에는 전기를 생성할 수 없다는 단점이 있다. 밤이나 흐린 날에도 태양전지를 이용하기 위해서는 큰 저장장치를 필요로 한다(연습문제 14와 28을 보라).

태양에너지를 사용하기 위한 몇 가지 새로운 계획이 현재 진행되고 있다. 예를 들면, *집광기 광전지*는 사용 가능한 태양 스펙트럼의 많은 부분을 태양전지에 집중시키기 위하여 렌즈나 거울 같은 광학 시스템을 이용한다. 이것은 더 작고 저렴한 태양전지 어레이에서 더 많은 에너지 생산을 가능하게 할 것이다.

반도체를 사용하지 않는 다른 종류의 태양에너지 기술도 있다. 예를 들어 많은 건물들이 태양이 내부 공기를 직접 데울 수 있도록 '수동' 태양에너지를 사용하도록 설계되었다. 또 다른 시스템은 태양을 이용하여 물을 가열한 다음 건물을 통해 파이프로 연결하여 복사 난방을 하기도 한다. 현재 태양빛을 물로 가득 찬 튜브에 집중시키기 위하여 수조에 포물선 거울이 배열된 대규모 발전소가 있다. 물을 끓여서, 증기가 전기 터빈을 작동시키는 것이다. 많은 *태양열* 시설이 건설되고 있으며, 가장 큰 시설은 최대 1000 MW의 전기에너지를 생산하기도 한다. 호주 남부에 있는 한 공장에서는 태양에너지의 일부를 저장하기 위하여 용융된 소금을 사용하기 때문에 해가 져도 전기 생산이 계속될 수 있다.

예제 11.5

300 m × 300 m의 유효 면적을 가진 30% 효율의 태양전지 배열판이 있다고 하자. 그리고 태양전지 셀들은 하루 중 낮 12시간 동안 평균 최대 태양에너지 680 W/m^{2}를 받기 위하여 기울여져 있다. 이때 이 배열판들은 하루 얼마나 많은 에너지를 생산하겠는가? 기존 500 MW급 발전소의 출력 에너지와 비교하라.

전략 에너지 = 파워 × 시간이다. 1 W = 1 J/s, 시간은 초단위로 변환해야 한다. 태양전지는 12시간 동안 가동한다. 하지만 발전소는 24시간 가동한다.

풀이 태양전지 면적은 300 m × 300 m = 9 × 10^4 m^{2}이다. 시간 t는

$$t = 12\text{ h} \times \frac{60\text{ min}}{\text{h}} \times \frac{60\text{ s}}{\text{min}} = 43{,}200\text{ s}$$

이다. 그러므로 하루에 12시간 생산되는 에너지는

$$E = 0.30 \times 680\text{ W/m}^2 \times 9 \times 10^4\text{ m}^2 \times 43{,}200\text{ s} = 7.9 \times 10^{11}\text{ J}$$

이 된다. 발전소는 하루 24시간(86,400초) 동안 500 MW = 5 × 10^8 W를 생산한다고 했을 때

$$E = 5 \times 10^8\text{ W} \times 86{,}400\text{ s} = 4.3 \times 10^{13}\text{ J}$$

의 에너지를 생산해 낸다. 이것은 태양전지 배열판이 생산하는 양의 50배 이상이다. 발전소의 에너지와 견주기 위해서는 더 큰 태양전지 배열판이 요구된다.

트랜지스터

반도체 기술의 또 다른 응용은 많은 종류의 회로에서 전압이나 전류를 증폭시키는 소자인 **트랜지스터**(transistor)의 제작에 있다. 트랜지스터는 1948년에 존 바딘(John Bardeen), 윌리엄 쇼클리(William Shockley), 월터 브래튼(Walter Brattain)에 의하여 개발되었다(1956년 노벨상 수상). 한 예로, 두 개의 *n*-형 반도체와 이들 사이에 끼어 있는 얇은 *p*-형 반도체로 구성된 ***npn*-접합 트랜지스터**(*npn*-junction transistor)를 생각해 보자(그림 11.21a). **컬렉터**(collector), **이미터**(emitter), **베이스**(base)로 알려진 세 단자(각 반도체 물질에 하나씩)가 있다. *npn*-접합 트랜지스터의 원리를 생각하는 좋은 방법은 두 개의 *pn*-접합 다이오드를 생각하는 것이다(그림 11.21b). 그때 이미터 쪽은 순방향 바이어스 전압이 걸린 다이오드로 구성되고 컬렉터 쪽은 역방향 바이어스 전압이 걸린 다이오드로 구성된다. 그러므로 두 다이오드의 *p*쪽이 베이스이다. 많은 트랜지스터가 있는 복잡한 회로 도표에서 각 트랜지스터의 *npn* 구조를 보여 주는 것은 번거롭다.

npn-접합 트랜지스터
컬렉터, 이미터, 베이스

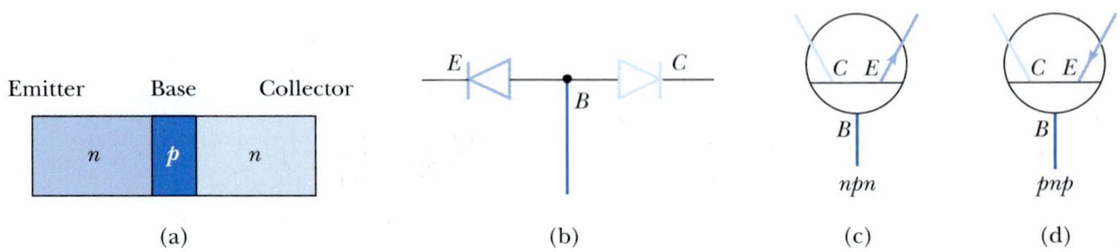

그림 11.21 (a) *npn*-트랜지스터에서 베이스는 *p*-형 물질이고, 이미터와 컬렉터는 *n*-형이다. (b) *npn*-형 트랜지스터의 두 다이오드 모형. (c) 회로 그림에서 사용되고 있는 *npn*-형 트랜지스터 기호. (d) 회로 그림에서 사용되고 있는 *pnp*-트랜지스터 기호.

FLHC 57/Alamy Stock Photo

존 바딘(John Bardeen, 1908~1991, 사진의 왼쪽)은 1956년에 반도체 트랜지스터에 대한 연구로 첫 노벨상을 수상하였다. 10장에서 그의 간략한 전기를 보라.

윌리엄 쇼클리(William Shockley, 1910~1989, 사진의 가운데)는 칼텍에서 학부과정을 마쳤으며, 1936년에 MIT에서 박사학위를 받았다. 박사학위 수여 후 쇼클리는 벨 연구소에 들어가서 연구하였고, C. J. 데이비슨(5장을 보라)의 연구그룹에 참여하고 있었다. 1940년대 후반에 바딘과 브래튼과 한 팀이 되어 반도체 트랜지스터를 개발하였다. 1954년에 쇼클리는 벨 연구소를 떠나 지금은 캘리포니아의 실리콘밸리로 알려진 최초의 반도체 연구소들 중의 하나인 쇼클리 반도체 연구소를 시작하였다.

윌리엄 브래튼(William Brattain, 1902~1987, 사진의 오른쪽)은 워싱턴주에서 자랐고, 휘트먼칼리지에서 학부를 졸업했으며, 미네소타대학에서 박사학위를 받았다. 그는 연구활동의 대부분을 벨연구소에서 하였다. 바딘과 쇼클리와 함께 트랜지스터 연구를 한 것에 추가하여, 브래튼은 반도체의 표면에 대하여 더욱 잘 알기 위하여 광전 효과를 사용한 것으로 알려져 있다.

그래서 보다 간결한 표기를 그림 11.21c에 나타냈다.

지금은 일단 그림 11.22a에 보이는 회로 안의 *npn*-접합을 생각하자. 이미터가 베이스보다 불순물이 많이 첨가되어져 있다면, 왼쪽에서 오른쪽(베이스)으로 많은 전자들의 흐름이 있을 것이다. 베이스는 전자들이 이미터에서 베이스를 통과하여 컬렉터에 도달하여 회로의 출력으로 나갈 수 있을 정도로 충분히 얇게 만들어진다. 결국은 출력전류는 입력전류의 대부분을 차지하여 입력전류와 거의 비슷하다. 중요한 것은 지금 입력전압과 출력전압을 보는 것이다. 베이스-컬렉터 결합은 핵심적으로 역방향 전압으로 연결된 다이오드이기 때문에 출력 측의 전압은 입력 측의 전압보다 높을 수 있다. 그래서 출력전류와 입력전류가 비슷하다는 것을 상기하면, 출력전력(전류 × 전압)은 전압의 증폭으로 입력전력보다 훨씬 크게 될 수 있는 것이다.

방금 설명한 회로에서 트랜지스터는 전압 증폭기로 사용되어진다. 그림 11.22a의 회로는 그림 11.22b에서와 같이 입력신호를 베이스와 접지 사이 점으로 옮기면 전류 증폭기로 작동하게끔 변조될 수 있다. 이미 언급했던 것처럼, 매우 작은 전류가 회로의 그 분기점(베이스)에 흐른다. 그러므로 이 구조에서는 출력전류가 입력전류보다 훨씬 많이 흐를 것이다. ***pnp*-접합 트랜지스터**(*pnp*-junction transistor, 그림 11.21d)를 만드는 것도 가능하다. 그것은 *npn*-접합 트랜지스터를 설명하기 위하여 사용했던 모형을 사용하여 이

pnp-접합 트랜지스터

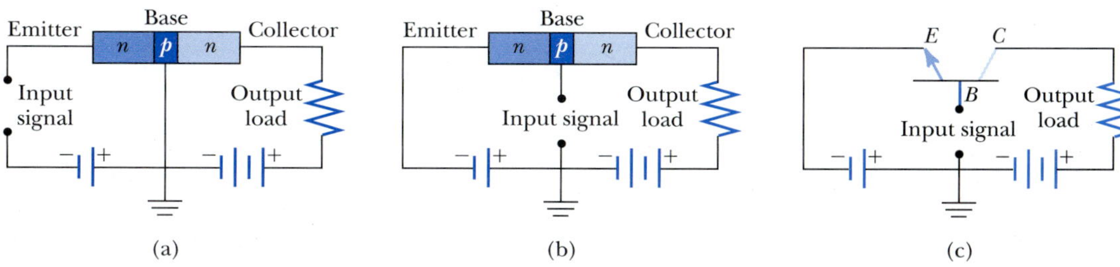

그림 11.22 (a) 전압 증폭기 회로 안의 *npn* 트랜지스터. (b) 입력단자를 베이스와 접지 사이에 두도록 회로를 변조해서 전류 증폭기를 만든다. (c) (b) 그림에서 트랜지스터를 회로 기호로 바꾸어 표시하였다.

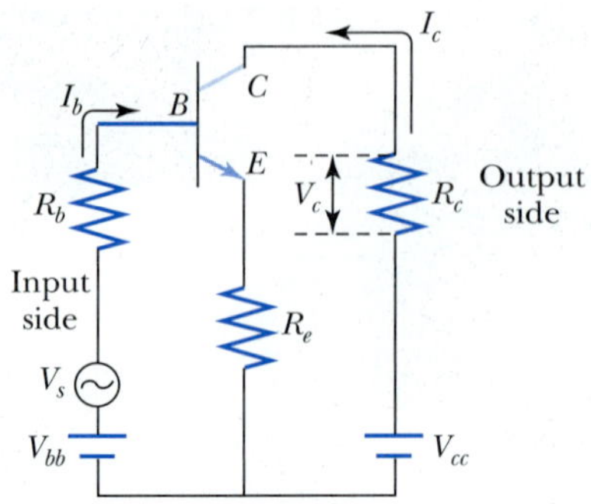

그림 11.23 트랜지스터 증폭기 회로

해할 수 있는데 단지 전자전도 대신에 양공전도를 사용한다는 것이 다르다.

증폭기 회로의 한 예로서 그림 11.23을 고려하자. 전압 V_{bb}와 V_{cc}는 고정되고 저항 R_c와 R_e는 일부가 트랜지스터로부터 분리될 수도 있지만, 베이스와 컬렉터 사이 그리고 베이스와 이미터 사이의 고유의 저항들은 반드시 포함해야 한다. 우리는 신호 V_s를 증폭하고 싶다. $I_c = \beta I_b$에서 β는 전류이득이라 가정하자. 전압이득을 계산하기 위하여, 먼저 왼편의 고리에 키르히호프의 고리 법칙을 적용하여

$$I_b = \frac{V_s + V_{bb}}{R_b + (1+\beta)R_e} \tag{11.11}$$

를 얻는다. 그러면

$$I_c = \beta I_b = \beta \frac{V_s + V_{bb}}{R_b + (1+\beta)R_e} \tag{11.12}$$

가 된다. 부하저항에 걸린 출력전압은

$$V_c = I_c R_c = \beta \frac{V_s + V_{bb}}{R_b + (1+\beta)R_e} R_c \tag{11.13}$$

가 되어 전압이득 A_v는 다음과 같이 계산될 수 있다.

$$A_v = \frac{V_c}{V_s} = \beta \frac{1 + V_{bb}/V_s}{R_b + (1+\beta)R_e} R_c \tag{11.14}$$

전압 V_{bb}와 V_{cc}는 단지 트랜지스터에 적절한 바이어스를 걸어 주기 위하여 존재하기 때문에 사실 $V_{bb} \ll V_s$가 되도록 만들 수 있다. 그러므로

$$A_v \approx \beta \frac{R_c}{R_b + (1+\beta)R_e} \tag{11.15}$$

가 될 수 있다. 저항을 적절히 선택하면, 이론적으로는 원하는 어떤 전압이득이라도 얻을 수 있다. 그러나 실제 회로에서는 회로의 여러 부분(부품)에 전력의 제한과 트랜지스터의 특정한 특성 때문에 발생하는 엄격한 제한들이 있다. 종종 전력의 급상승을 막기 위하여 축전기를 회로에 넣는다. 또한 원하는 출력전압에 도달하기 전에 여러 단계를 거쳐 작은 신호를 증폭시키는 것이 보통이다. 예를 들어 자기나 광을 감지하는 소자들의 초기 출

력은 전형적으로 마이크로볼트 정도인데 오디오 시스템의 스피커를 구동시키기 위해서는 수배 이상을 증폭해야 한다.

고체 트랜지스터는 *n*-형과 *p*-형 반도체 조각을 서로 단단히 묶어서 만들어지는 것이 아니다. 적절한 두께의 순수 규소 또는 게르마늄 판에 주개원자와 받개원자를 확산 또는 주입시켜서 *n*-형 또는 *p*-형 물질층을 만든다. 나중에 논의하게 되겠지만, 전자공학 회로를 특별히 작게 만들 수 있도록 한 것이 바로 이 기술이다.

전계 효과 트랜지스터

앞에서 설명한 *npn*-접합과 *pnp*-접합 소자는 **양극성 트랜지스터**(bipolar transistor)로 분류된다. 또 다른 형태의 트랜지스터로 **전계 효과 트랜지스터**(field effect transistor, FET)가 있다. 그림 11.24는 FET의 개념도이다. FET의 세 단자들은 *드레인*, *소스*, *게이트*로 알려져 있고 이것은 양극 트랜지스터에서 각각 컬렉터, 이미터, 베이스에 해당한다. 그림 11.24의 회로를 그림 11.22의 양극성 트랜지스터와 비교하면 가장 큰 차이점은 양극성 트랜지스터에서는 *p*-형 베이스가 *n*-형 컬렉터와는 역방향 바이어스로 *n*-형 이미터와는 순방향 바이어스로 연결되어져 있는 반면, FET에서는 *p*-형 게이트가 *n*-형 소스와 *n*-형 드레인 양쪽에 역방향 바이어스로 연결되어 있다는 것이다. 이렇게 되면 FET의 *pn*-접합부에는 전하 운반자인 양공과 전자 둘 다 심각한 고갈상태가 되어 접합부를 통과하는 전류는 거의 없게 된다. 이 이유 때문에 FET는 높은 입력 임피던스를 가지며, 전압을 조절한다.(양극성 트랜지스터는 전류를 조절한다.) FET는 상대적으로 적은 양의 전류를 흐르게 하기 때문에 많은 종류의 전자회로의 설계에서 장점을 가진다.

오늘날 보통 사용되는 것에는 **금속산화물 반도체 FET**(metal oxide semiconductor FET, MOSFET)가 있다. MOSFET에서 게이트는 어떤 특정 금속이고 보통 얇은 층의 산화물(절연체; 보통 이산화규소가 사용된다)에 의해서 통로(channel)로부터 분리되어 있다. 이 산화물 층은 표준 FET의 입력 임피던스보다 훨씬 크게 한다. 산화물 층을 보다 두껍게 만들면 10^{15} Ω 정도까지 저항을 높일 수 있다. MOSFET의 또 다른 원리적 장점은 박막 증착 방법을 사용하여 극히 작게 만들 수 있다는 것이다. 이는 집적회로의 소형화 과정을 위한 설계와 제조에 도움을 준다.

MOSFET

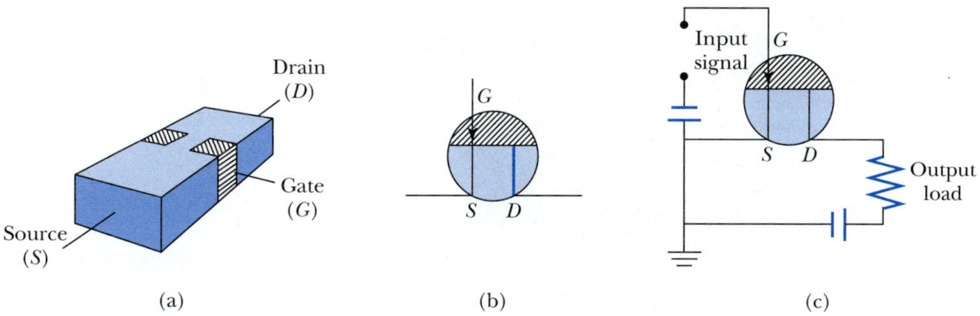

그림 11.24 (a) FET의 개념도. 두 개의 게이트 영역이 내부에서 연결되어 있다. (b) 소스에서 드레인까지의 통로가 *n*-형 물질이고 게이트가 *p*-형이라 가정했을 때 FET의 회로상의 기호. 만일 통로가 *p*-형이고 게이트가 *n*-형이라면 화살표가 반대로 된다. (c) FET를 포함한 증폭 회로.

2007년 초에, 게이트의 절연체로 사용되던 이산화규소(SiO_2)의 유전상수 3.9보다 훨씬 큰 유전상수를 가진 물질들, 예를 들면 하프늄산화물을 게이트 절연체로 사용하려는 반도체산업의 이동이 시작되었다. 물리 개론에서 설명되는 것처럼, 축전기가 저장할 수 있는 전하량은 전극 사이에 들어가는 물질의 유전상수와 크기(면적과 두께)에 의존한다. 이산화규소에 기반한 트랜지스터를 보다 작게 제조함에 따라, 과도한 누설 전하가 발생하게 되었다. 그래서 하프늄 기반 물질이 사용되었고, 높은 유전상수를 가진 하프늄에 기반한 물질들은 트랜지스터 회로의 소형화를 촉진시켜 왔다.

쇼트키 장벽

금속과 반도체의 직접적인 접촉에 의하여 만들어진 **쇼트키 장벽**(Schottky barrier)이 있다. 만일 반도체가 n-형이라면 전자들은 반도체에서 금속으로 이동하게 되어 반도체 안에 전자들의 공핍 영역이 생기게 된다. 이런 현상은 금속의 일함수가 반도체의 일함수보다 높으면(혹은 p-형 반도체의 경우에는 낮게) 일어나게 된다. 이때에 전자의 공핍 영역의 폭은 사용된 금속과 반도체의 성질에 의존하지만, 전형적으로 수 마이크론 정도이다. 쇼트키 장벽의 I–V 특성은 식 (11.9)와 그림 11.13에서 알 수 있는 것처럼 pn-접합 다이오드의 I–V 특성과 비슷하다. p-형 반도체가 적용될 때에도 거동은 유사하나 단지 이번에는 공핍 영역이 양공의 부족으로 될 것이다.

옴 접촉(ohmic contact)이라고 하는 쇼트키 장벽의 변형이 있다. 옴 접촉도 금속과 반도체의 접촉에 속하지만, n-형 반도체라면 반도체의 일함수가 금속의 일함수보다 크고, p-형 반도체라면 금속의 일함수보다 낮은 경우에 발생한다. 이 경우에 경계면 영역에 다수 운반자(p 또는 n)로 풍성하게 되어 전류가 경계를 지나 쉽게 흐를 수 있다.

그림 11.25a에 전형적인 쇼트키-장벽-게이트 FET[또는 금속 반도체 FET(metal semiconductor FET, MESFET)]를 나타냈다. 이 소자에서 도핑된 n-형 GaAs가 채널을 제공한다. AlGe층들과 도핑된 GaAs층 사이의 접촉은 옴 접촉이다. 반면 Al게이트와의 접촉은 쇼트키 장벽을 형성한다. 게이트가 역방향 바이어스로 연결될 때, MOSFET에서 이산화규소층을 사용하여 얻은 것과 같이 높은 입력 임피던스가 얻어진다. CrPt층

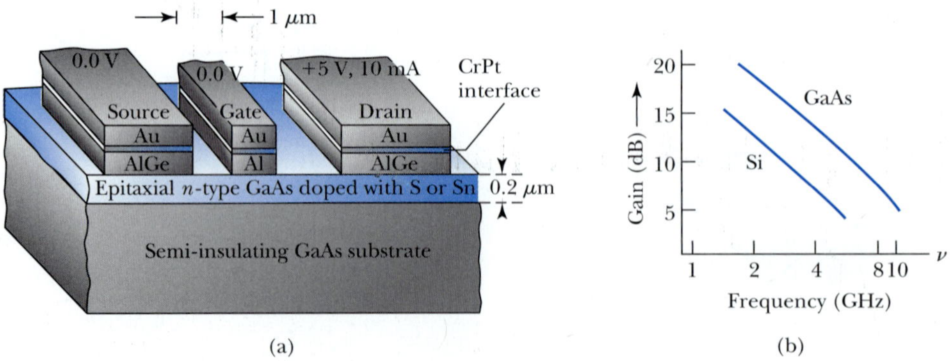

그림 11.25 (a) 쇼트키 장벽 FET의 개념도. (b) 두 개의 서로 다른 기판 Si와 GaAs에서의 진동수에 대한 이득. 출처: D. A. Fraser, *Physics of Semiconductor Devices*, Oxford: Clarendon Press (1979), ISBN-10: 0198518609

은 Au과 Al이 결합하여 합금을 만드는 것을 방지하기 위한 것이다.

그림 11.25b에서 진동수의 함수로 그려진 MESFET 증폭 회로의 이득을 볼 수 있다. MESFET의 이런 우월한 특성은 어떤 층이든지 불순물의 확산이 필요가 없기 때문이다. 소스, 게이트, 드레인이 도핑된 GaAs 위에 직접 열증착되거나 스퍼터장치에 의하여 증착된다. 또 다른 장점은 채널이 극히 좁게 만들어질 수 있어서 소자를 작게 그리고 동작을 빠르게 만들 수 있다는 것이다.

반도체 레이저

최근에 반도체 레이저들이 과학적 연구와 산업체 응용에 광범위하게 사용되고 있다. 10.2절에서 설명했던 가스 레이저와 같이 반도체 레이저는 밀도 반전(인위적으로 많은 수의 전자들을 여기상태에 놓이게 하는 것)을 이용하여 동작시킨다. 반도체 레이저에서 띠간격은 여기상태와 바닥상태 사이의 에너지 차를 결정한다. 반도체 레이저는 가스 레이저를 동작시키기 위해서 사용되는 광학적 펌핑과 전기적 방전보다는 큰 순방향 전류가 다이오드를 통하여 흐르는 **주입 펌핑**(injection pumping)을 사용한다. 이것은 전도띠에는 전자들을 그리고 원자가띠에는 양공들을 있게 하여 전자-양공 쌍을 생성시킨다. 전자들이 양공들과 재결합하기 위해서 원자가띠로 떨어질 때 광자가 방출된다. 그래서 광자에너지는 반도체의 띠간격에 의하여 결정된다.

주입 펌핑

1962년에 첫 반도체 레이저가 만들어졌는데 띠간격이 1.47 eV인 GaAs *pn*-접합 소자였다. 전도띠에서 원자가띠로의 전이에서 생성되는 광자의 파장은 다음 식으로 수월하게 구할 수 있다.

$$\lambda = \frac{hc}{\Delta E} = \frac{1240 \text{ eV} \cdot \text{nm}}{1.47 \text{ eV}} = 844 \text{ nm}$$

이것은 근적외선 영역이다.

반도체 레이저는 개발된 이후 많은 응용에 사용되어 왔는데 그중 광섬유 통신이 가장 주목할 만하다. 이 분야의 응용에서 반도체 레이저를 사용하는 것의 장점은 크기가 매우 작다는 것이다. 다른 반도체 소자와 마찬가지로 반도체 레이저는 10^{-4} m 정도로 작게 만들 수 있다. 고체상태의 소자이므로 반도체 레이저는 가스가 채워진 관이 있는 가스 레이저보다 튼튼하다.

오랜 동안, 반도체의 상대적으로 작은 띠간격(1~2 eV)은 반도체 레이저가 긴 파장의 빛들만 생성시키도록 제한하였다. 예를 들어 2 eV의 에너지를 가진 광자는 620 nm의 파장을 가지는데 이보다 낮은 에너지들은 620 nm보다 긴 파장에 해당되는 것이다. 수년에 걸쳐 과학자들은 보다 짧은 파장의 반도체 레이저를 개발하기 위하여 연구하였다. 1996년에 슈지 나카무라(Shuji Nakamura)는 GaN 반도체 기반 청자색 레이저를 개발하였다. 인듐의 양을 바꾸어 가며 GaN에 도핑하는 과정을 통하여 나카무라는 파장 영역이 390~440 nm인 레이저들을 만들었다. 블루레이(Blu-ray) DVD 플레이어는 405 nm의 GaN 레이저를 사용한다. 짧은 파장 때문에 블루레이 DVD의 트랙 폭은 단지 320 nm이다. 참고로 640 nm 레이저를 사용하는 DVD의 트랙 폭은 740 nm이고, 780 nm 적외선 레이저를 사용하는 DVD의 트랙 폭은 1600 nm이다. 그 트랙의 크기는 각 매체의 저장 용량에 영향을 미친다. 일반적인 저장 한계는 CD에 대해서는 700 MB이고, DVD에 대해서는 5 GB, 그리고 블루레이에 대해서는 25 GB이다.

예제 11.6

CD는 700 MB의 데이터를 저장한다. 데이터를 저장하는 CD의 영역은 내경 2.30 cm, 외경 5.80 cm, 그리고 데이터 트랙의 폭은 1.60 μm이다. 각 비트 데이터에 해당하는 표면적은 얼마인가? 트랙을 따라 있는 각 비트의 대략적인 크기는 얼마인가?

전략 1 byte = 8 bit라는 것을 주의하라. 사용 가능한 면적은 내경 2.30 cm에 의한 원의 면적과 외경 5.80 cm에 의한 원의 면적 사이의 차이만큼으로, 간단하게 중앙에 있는 구멍의 크기만 빼주면 구할 수 있다. 그런 다음 비트당 차지하는 영역은 사용 가능한 표면적에서 비트의 개수로 나눈 값이 된다.

풀이 사용할 수 있는 영역:

$$A = \pi[(0.058\text{ m})^2 - (0.023\text{ m})^2] = 8.91 \times 10^{-3}\text{ m}^2$$

비트 수:

$$700\text{ MB} \times 8\text{ bits/B} = 5.60 \times 10^9\text{ bit}$$

비트당 영역:

$$\frac{\text{Area}}{\text{Bit}} = \frac{8.91 \times 10^{-3}\text{ m}^2}{5.60 \times 10^9\text{ bits}} = 1.6 \times 10^{-12}\text{ m}^2/\text{bit}$$

트랙의 폭 1.6 μm × 비트의 길이 = 비트당 영역, 그러므로

$$\text{Bit length} = \frac{1.6 \times 10^{-12}\text{ m}^2}{1.6 \times 10^{-6}\text{ m}} = 1.0 \times 10^{-6}\text{ m}$$

이 비트의 길이는 단지 1 μm이다. 그래서 비트의 길이와 폭은 그것을 스캔하기 위하여 사용되는 IR 레이저의 파장(780 nm)에 견줄 만하다.

집적회로

오늘날 이런 반도체 소자들이 가장 중요하게 쓰이는 것은 개별적인 부품으로서가 아니라 이 모든 부품이 **집적된 회로**로 사용되는 것이다. 저항, 축전지, 트랜지스터, 논리 스위치들을 포함해서 수백만 개 또는 그 이상의 부품을 구성하고 있는 실리콘 기반 기판[보통 **칩**(chip)이라 함]을 제작하는 것이 가능하다. 이런 극단적인 소형화는 전자공학 산업에 두 가지를 가능하게 하였다. 첫째는, 휴대폰과 카메라와 같은 굉장히 작은 제품들에도 미세한 집적회로를 내장하는 것이 가능해졌다. 두 번째로, 소형화는 집적회로가 훨씬 빠르게 동작하도록 했다. 스위치가 동작할 수 있는 속도에는 여전히 제한이 있다고 하더라도, 보다 많은 부품을 탑재함으로써 한 전자신호의 전이시간은 줄고 있다. 그러한 신호들은 집적회로 크기에 맞는 시간당 거리의 단위로 보면 0.3 μm/fs, 즉 빛의 속력으로 움직인다.

집적회로는 계산능력을 향상시켜서 과학자들과 공학자들의 연구에 엄청난 영향을 끼쳤다. 2차 세계대전 때 맨해튼 프로젝트(1945년에 원자폭탄을 생산함)와 과학적 연구는 상대적으로 많은 계산을 빨리 수행할 수 있는 큰 기계적 컴퓨터들을 개발하도록 영감을 주었다. 1945년에 만들어진 ENIAC(Electronic Numerical Integrator and Computer)은 초당 333개의 10자리 수를 곱할 수 있었다. 그러나 아쉽게도 그것은 30톤의 무게로 17,000개 이상의 진공관, 70,000개 이상의 저항기, 10,000개 이상의 축전기, 그리고 1500개 이상의 릴레이 스위치를 가지고 있었다. 또한 높이와 폭이 2.5 m, 길이가 25 m이었고(그림 11.26을 보라) 보통의 동작에서 174 kW의 전력을 소비하였다. 1963

그림 11.26 ENIAC 컴퓨터를 작동하는 모습(1940년대 무렵)

년까지 최고 컴퓨터들(예를 들면, Control Data 6600)의 크기가 보통 방의 크기(6 m × 6 m)와 맞먹었지만 초당 백만 번의 연산을 수행할 수 있었다. 1971년에 첫 번째로 진짜 상업적 집적회로가 나왔는데 2300개의 트랜지스터를 내장하고 있으면서 초당 60,000의 연산을 수행할 수 있는 인텔의 4004 모델이었다(그림 11.27). 오늘날 개인용 데스크톱 또는 랩톱 컴퓨터들은 초당 10^{12} 이상의 연산을 수행할 수 있고, 가장 큰 슈퍼컴퓨터는 2018년까지 초당 100 × 10^{15}(100 페타플롭) 이상의 연산을 수행하였고, 2020년에는 초당 200 페타플롭까지 연산능력이 증가하였다.

계산에 있어 급속한 진보가 가리키는 것은 하나의 마이크로칩 위에 넣을 수 있는 트랜지스터 수의 증가이다. 그 수는 1971년 인텔 4004 칩에서 2300개이었는데, 1982년에 80286 칩의 등장으로 134,000개, 1989년에 486 칩에서 1,200,000개로 증가하였다. 마이크로칩 기술의 급격한 성장은 21세기에도 계속되고 있다. 인텔의 펜티엄 4 칩(2002)은 단일 칩에 55,000,000개의 트랜지스터를 내장하였고, 2016년에는 인텔 제온 Broad-

그림 11.27 Intel 4004로 최초의 상용화 마이크로프로세서(1971). 이 집적회로는 크기가 3 mm × 4 mm로 2300의 트랜지스터로 되어 있으며 1초당 60,000 연산을 할 수 있다.

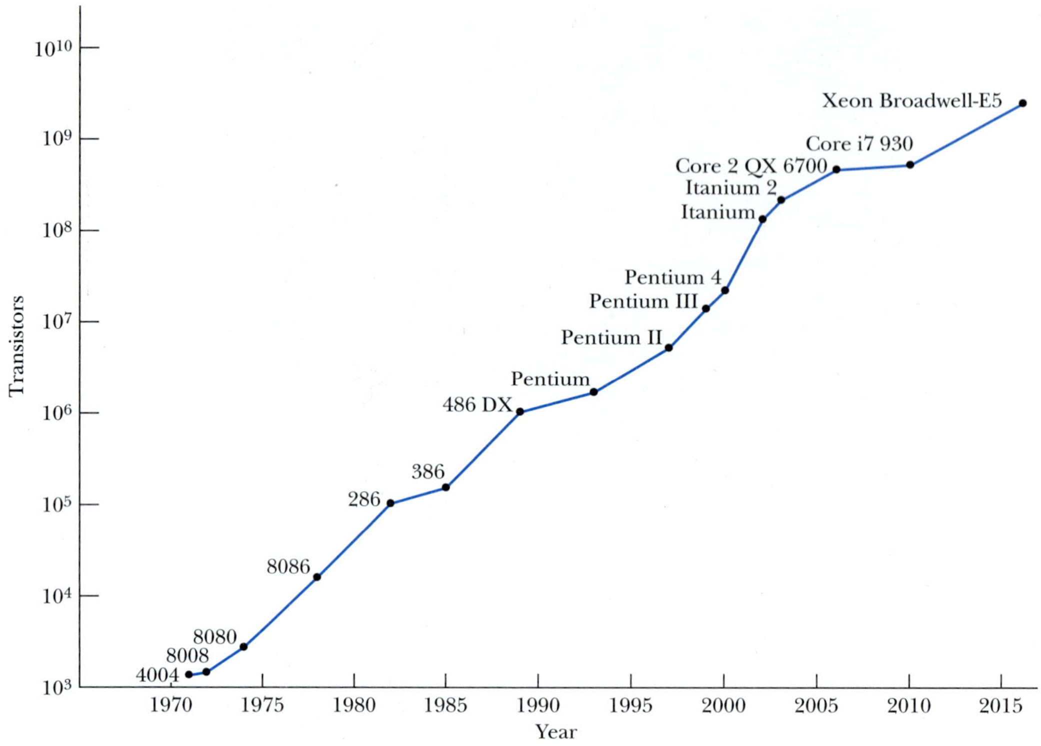

그림 11.28 50년 이상에 걸친 처리능력의 진보를 보여 주는 무어의 법칙. 인텔 칩 이름들을 예로 들어 도시하고 있다. Xeon Broadwell-E5는 72억 개의 트랜지스터를 포함하고 있다. 출처: Intel Corporation(그래프: http:/www.intel.com/research/silicon/mooreslaw.htm)

well-E5에서 72억 개를 내장하게 되었다. 이런 높은 밀도를 달성하기 위해서는 부품을 아주 작게 만드는 것이 필요하다. 예를 들어 인텔 제온 Broadwell-E5(2016년 개발)에서, 회로의 기본요소의 크기는 각 방향에 대하여 약 14 nm이다. 이것은 가시광 영역의 파장보다 훨씬 작다는 것을 주목하라. 이러한 이유로 칩 제조사들은 현재 자외선 리소그래피 기술을 사용한다. 발전의 속도는 마이크로칩의 용량이 대략 18개월에서 24개월마다 두 배로 증가한다고 말한 무어의 법칙에서 알 수 있다(그림 11.28을 보라). 무어의 법칙은 50여 년 동안 정확하였다.

계산속도 외에 기술에서 중요한 요소는 정보의 저장과 복구 능력이다. 오늘날 두 개의 표준 저장 매체는 자기 저장 매체와 광 저장 매체이다. 자기 디스크나 테이프는 제곱미터당 10^{15}비트 이상의 정보를 저장하고 지울 수 있다. 이 정도의 저장 밀도에서는, 각 비트의 정보를 저장하기 위해서 겨우 100개의 자기 입자들이 사용된다. 이것은 자기 저장 능력의 이론적인 한계에 거의 접근해 있는 것이다. 저장 밀도를 보다 높이기 위하여 많은 자기 입자를 더욱 가까이 배치하면, 입자들의 자화가 통계적으로 요동치는 것과 작은 비트들 간의 자기 상호작용에 의한 자기장의 겹침이 생겨 신뢰성에 문제가 발생한다.

11.4 나노기술

리처드 파인먼(Richard Feynman, 1918~1988)은 20세기 뛰어난 이론물리학자 중의

한 사람으로, 물리학의 많은 분야들을 이해하고 있을 뿐 아니라 보다 넓은 세계(분야)에서 물리학이 어느 위치에 있으며 어떻게 적용될 수 있는가에 대한 통찰력을 가진 사람이다. 파인먼은 1986년에 우주왕복선 챌린저호 폭발의 원인을 조사하는 대통령 자문위원회의 위원으로서의 역할을 충실히 하여 물리분야 밖에서도 폭넓게 호평을 받았다. 그의 저서와 대중적 강연들은 물리학자나 비물리학자에게나 똑같이 물리학이 생동감이 넘치는 것으로 다가오게 하였다. 1959년 미국 물리학회 회의에서 파인먼은 "바닥에 넓은 여지가 있다"라는 제목으로 연설을 하였다. 다음 발췌한 구절에 그의 메시지의 요지가 있다.

> *내가 하고 싶은 말은 미시적인 규모에서 사물을 조작하고 제어하는 문제입니다. 내가 명시해 왔던 것은, 당신이 실용적인 방법으로 사물의 크기를 축소할 수도 있는 여지가 있다는 것입니다. 나는 지금 많은 여지가 있다는 것을 보여 주길 원합니다. 여기서는 우리가 어떤 방법으로 그것을 하려고 하는지에 대해서는 논의하지 않을 것이지만 단지 그것이 원리적으로 가능하다는 것을 보여 주길 원합니다. 아직 그것을 할 기회가 없었기 때문에 우리는 그것을 전혀 하고 있지 않습니다.*

몇 년 후 파인먼의 이 예측 즉 '실제적인 방법으로 사물의 크기를 축소하는' 방향으로 느리지만 지속적인 발전이 진행되었다. 이것에는 어떤 발견들과 당신이 이 책에서 이미 공부했던 소자들, 예를 들면 전자회로(11.3절), 주사 터널링 현미경(STM)과 원자간력 현미경(AFM)들이 포함된다(6.7절). 1990년 중반 이후, 일반적으로 마이크로 크기 이하의 물질의 제조와 과학적 연구로 정의되는 **나노기술** 분야의 활동이 급격히 일어나고 있었다. 접두어인 *나노*는 나노미터 크기를 암시하지만 나노기술은 단일 원자의 크기 영역까지 연구하고 만드는 것을 포함한다. 그러면 그 영역은 0.1 nm에서 1000 nm(1 μm)가 된다.

나노기술의 정의

나노기술은 학문분야에 대한 고려 없이 단지 특정한 크기에서 행해진 연구나 일에 대한 표현이기 때문에 물리분야뿐 아니라 공학, 화학, 생명과학 등 많은 분야의 연구들을 포함한다. 그래서 나노기술은 근원적으로 많은 학문분야와 관련성을 가진다. 보다 흥미있는 응용분야들의 출현에서도 마찬가지이지만 이런 많은 학문분야가 제휴된 일들에 의하여 도출된 자극적 흥미는 나노기술 연구의 재정적 지원이 엄청나게 증가하게 만들었다. 이 절에서는 우리가 배우고 있는 현대물리에 가장 밀접하게 관련된 나노기술들에 집중하여, 단지 몇 가지 기본적인 연구분야와 응용에 대하여 토의할 것이다.

탄소 나노튜브

1991년에 C_{60} 버크민스터풀러렌(buckminsterfullerene) 또는 '버키볼(buckyball)'의 발견에 이어 일본의 물리학자 수미오 이이지마(Sumio Iijima)는 순수 탄소의 또 다른 기하학적 구조를 발견하였다. 탄소 나노튜브라고 알려진 이 배열에서, 탄소 원자들의 육각 배열은 구 모양의 공 대신에 원통 모양의 관을 따라 정렬된다. 나노튜브를 상상하는 한 가지 방법은 평평하고 얇은 판 모양으로 되어 있는 육각형 탄소들의 결합(육각형 격자)을 관 형태를 만들기 위하여 종이를 말듯이 마는 것이다(그림 11.29를 보라). 사실상 이러한 관의 길이는 제한이 없다. 그래서 나노튜브를 기술하기 위한 표준 화학기호(예를 들면, C_{60})도 없다.

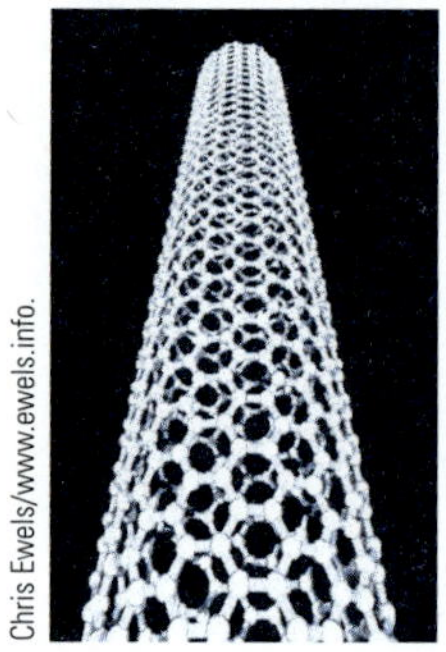

그림 11.29 관과 같은 구조의 표면 위에 육각형의 탄소 모양을 덧붙여 놓은 듯한 패턴의 탄소 나노튜브 모형. 이 관의 길이는 사실상 제한이 없다.

그림 11.29에 보이는 기본적인 구조는 두 가지 형태의 나노튜브로 이어진다. 먼저 단일벽 나노튜브는 단지 단일 껍질의 육각형 격자구조를 가진다. 다음 다중벽 나노튜브에서 다중 층은 여러 개의 탄소 관이 동심원을 이루면서 차곡차곡 쌓여 있는 것처럼 되어 있다. 단일벽 나노튜브는 결함이 적기 때문에 구조적으로 보다 강하다. 그래서 단일벽 나노튜브들은 비싸고 만들기 어렵다. 어디에 응용하느냐에 따라 적절한 나노튜브 형태가 결정된다.*

그들의 크기 때문에 나노튜브는 극단적으로 강하다. 측정된 나노튜브의 장력의 크기는 표준 탄소섬유들보다 훨씬 강하다. 또한 관과 같은 구조는 음료수 빨대처럼 힘을 주면 휘어지려고 한다. 따라서 탄소 나노튜브들은 복합재료들의 구조적 강화를 위하여 사용된다. 예를 들어 오늘날 대부분의 휴대폰이나 노트북 컴퓨터 안의 배터리들은 이런 방식으로 나노튜브를 사용한다.

나노튜브의 다른 응용은 그들의 뛰어난 전기와 열적 성질에 의존한다. 나노튜브들은 매우 높은 온도에서 안정성을 확보하면서 매우 높은 전기전도도와 열전도도를 가진다. 나노튜브가 가진 이런 물성들의 결합은 저항에 의하여 생성된 열을 빨리 외부로 뺄 수 있어서 많은 전류를 수송하고, 10.5절에서 설명한 고온 초전도체들의 임계전류 밀도와 비슷하거나 초과할 정도로 극단적으로 많은 최대 전류밀도를 얻을 수 있다. 나노튜브의 전자공학적 성질들은 나노크기의 트랜지스터를 제작하는 데 적용되어 왔다. 첫 번째 트랜지스터가 2001년 네덜란드 델프트 기술대학의 연구원들에 의하여 만들어졌다. 그림 11.30a는 나노튜브를 사용한 트랜지스터의 개념도이고, 그림 11.30b는 두 금속 전극들

*개요를 위한 참고문헌: K. Tanaka and S. Iijima, eds., *Carbon Nanotubes and Graphene*, Second Edition, Amsterdam, Netherlands: Elsevier (2014)

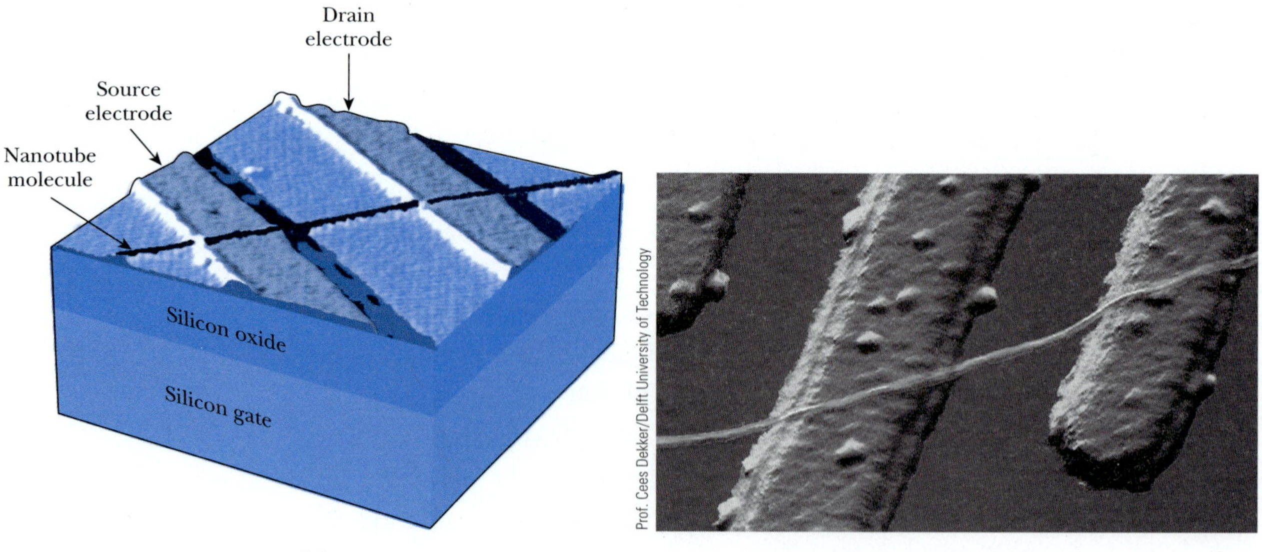

그림 11.30 나노크기의 트랜지스터를 만들기 위하여 사용된 탄소 나노튜브. (a) 트랜지스터 설계의 개념도. (b) 금속 전극 위의 나노튜브 사진.

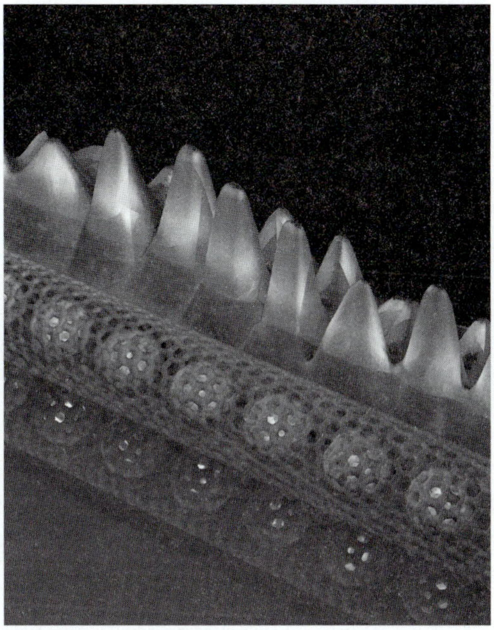

그림 11.31 내부에 버키볼이 놓여 있어 '완두콩' 모양을 하고 있는 나노튜브. 사진에는 나노튜브 위에 전자 파동이 첨가되어 있다. 볼의 위치를 조절하면 시스템의 전자적 성질들을 제어할 수 있다.

을 가로질러 놓여 있는 나노튜브의 사진이다.

또 하나의 색다른 응용은 나노튜브와 버키볼의 결합이다. 이것은 완두콩과 비슷한 모양이기 때문에 '피팟(peapod)'이라 불리며, 버키볼들이 나노튜브 안에서 정착하고 있는 형태이다(그림 11.31). 이 나노튜브의 전자공학적 성질은 튜브 안에 있는 버키볼의 위치에 크게 의존한다. 따라서 나노크기의 응용들을 위하여 버키볼의 적절한 배열을 통해 필요한 성질들을 조절할 수 있다. 즉, 나노 소자의 전자공학적 성질을 버키볼의 배열을 통하여 제어할 수 있다.

나노크기의 전자공학

컴퓨터 칩 내의 부품의 크기가 마이크로 크기이거나 이보다 작은 크기이기 때문에 11.3절에서 논의한 반도체 전자공학(집적회로)에서의 많은 발전은 나노기술로 설명될 수 있다. 나노튜브가 전기를 수송하는 데 사용될 때 나노기술의 또 다른 예로서 탄소 나노튜브가 사용됨을 알고 있다. 또한 많은 다른 발전들이 나노크기 전자공학에서 이루어지고 있다.

정말 작은 크기의 전자소자들의 한 가지 문제점은 어떤 회로에서 부품을 연결하는 선들이 가능하면 작아져야 한다는 것이다. 그래서 선들의 크기는 부품들보다 크지 않다. 이미 설명한 나노튜브에 추가하여, 반도체선(예를 들면, InP)은 직경 5 nm 정도로 작게 제작되어 왔다. 이런 **나노선**(nanowire)들은 나노크기 트랜지스터들과 메모리 회로들을 각각 연결하는 데 유용하다. 문맥상 **나노트랜지스터**(nanotransistor)를 지칭하는 트랜지스터들은 여러 방법으로 만들어지는데 이미 언급한 나노튜브를 사용하거나 심지어 작은 유기분자들을 사용하기도 한다.

나노선

나노트랜지스터

최근에 과학자들이 2004년에 처음 분리된 새로운 물질 **그래핀**(graphene)을 연구하기 시작하였다. 육각형 탄소의 단일 층(한 층)을 그래핀이라 부른다. 한 면에 원자들이

그래핀

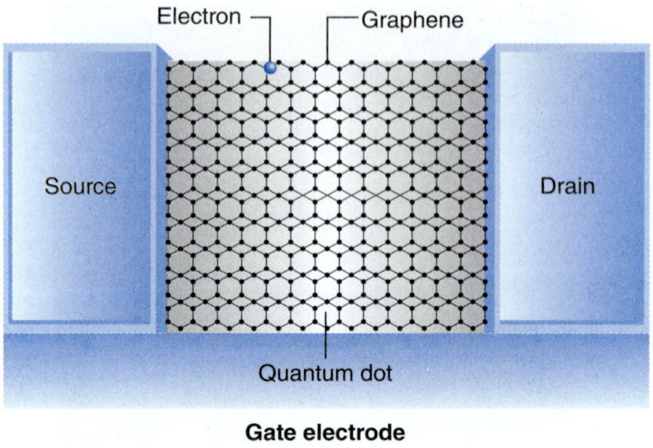

그림 11.32 맨체스터대학에서 개발한 그래핀 기반 트랜지스터의 개념도. 소스에서 드레인으로 전자 하나의 수송은 1비트 정보를 저장한다—0과 1의 2진법.

배열하는 것은 보통의 흑연에서도 볼 수 있다. 러시아에서 태어났지만 지금은 영국의 맨체스터대학에 있는 안드레 가임(A. Geim)과 콘스탄틴 노보셀로프(K. Novoselov)는 '2차원 물질 그래핀에 대한 획기적인 실험'으로 2010년 노벨 물리학상을 수상하였다. 순수 그래핀은 상온에서 훨씬 빠른 속도로 전자를 다른 물질로 전도한다. 2010년, 그래핀으로 만들어진 프로토타입 FET(그림 11.32)들은 실리콘 기반 FET들보다 스위칭 속도가 훨씬 빠르다. 그래핀이 실리콘이나 다른 반도체와 함께 층을 이루면 효과적인 태양전지를 만들 수 있고, 페르미 레벨을 조정할 수 있는 그래핀은 또한 우수한 광검출기로 사용될 수 있다.*

양자점

양자점은 반도체 물질로 만들어진 나노구조인데, 전형적으로 그 지름의 크기가 수 나노미터로 1000개의 원자 정도까지 포함한다. 그들은 다양한 반도체 물질들로 만들어질 수 있으며, 일반적으로 물질들의 특정한 띠간격 거동에 따라 선택된다. 양자점을 만들기 위하여 보통 사용되는 몇 가지 반도체들로 CdS, CdSe, InP가 있다.

양자점에서 나타나는 많은 성질들은 띠간격이 광범위하게 바뀔 수 있고 제조할 때 양자점의 크기와 모양을 조작함에 의해 제어될 수 있다는 사실에 기인한다. 양자점은 퍼텐셜 우물에 갇힌 입자(6장)와 약간 유사하게 점의 경계 안에 갇힌 전자-양공 쌍을 가진다. 큰 양자점은 에너지 간격은 조밀하면서 보다 많은 에너지 준위들을 가진다. 그러므로 띠간격은 양자점 크기가 증가할수록 작아진다. 가시광 전 영역(1.8~3.1 eV)과 그 위의 영역까지 거의 연속적인 띠간격을 가지는 양자점들을 크기와 모양을 조절하여 만들 수 있다.

띠간격을 미세하게 변조하면 많은 흥미 있는 응용들이 가능하다. 가시광 스펙트럼 전 영역에서 밝게 빛을 방출하는 그들의 능력은 생물학적 지표로서의 어떤 유기 염료들을 대체할 수 있게 하였다. 가시광 전 영역의 빛을 생성시킬 수 있는 띠간격을 가질 수 있

*Xinming Li and Hongwei Zhu, "The graphene-semiconductor schottky junction," *Physics Today* **69**, 46-51 (September 2016)

다는 것은 양자점들이 밝고 화려한 색을 가진 디스플레이들을 만들기 위하여 사용되는 LED에 유용할 수 있다는 것을 의미한다. 또 하나의 잠재성은, 가시광 영역 이상의 띠간격을 가진 양자점들을 사용하면 광기전 소자들의 효율을 높일 수 있다는 것이다.

나노기술과 생명과학

나노기술에서 과학적 연구는 최근에 이루어졌지만, 자연은 대부분의 지구 역사 동안 생존하고 있는 것 안에 나노 수준의 공학으로 간주될 수도 있는 것들에 관여되어 왔다. 지구에서의 다양한 삶을 위하여 필요한 복합분자들 그 자체가 나노크기 설계의 예이다. 특정한 목적을 위하여 설계된 특별한 물질들의 예를 보면 발톱을 구성하는 분자, 가죽을 구성하는 분자, 치아의 에나멜을 구성하는 분자 등이 있다.

과학자들과 공학자들은 지금 이렇게 특별하게 설계된 분자들의 구조와 기능을 이해하려고 노력하고 있다. 왜냐하면 그들이 원하는 것은 생명체가 가지고 있는 유용한 기능들을 똑같이 가지는 유사한 분자들을 인공적으로 생성시키는 것이기 때문이다. 그 한 예로, 보다 좋은 접착제를 찾고 있는 과학자들은 수직으로 서 있는 나무줄기에 매달려 있을 수 있고 심지어 한 발로 거꾸로 매달려 있을 수 있는 끈적한 발을 가지고 있는 도마뱀붙이를 연구하고 있다. 그림 11.33a에서 도마뱀붙이의 발바닥에 나 있는 200 nm 두께의 케라틴 단백질로 된 털(섬유)을 볼 수 있는데, 이것이 나무줄기에 매달릴 수 있게 해 준다. 이 털들과 물질의 표면 사이의 인력은 반데르발스 힘과 모세관력에 기인한다. 하나의 모형으로, 이 케라틴 섬유를 사용하여 연구자들은 길이 2 μm, 직경 500 nm인 유연한 플라스틱 섬유를 개발했는데(그림 11.33b), 이것은 도마뱀붙이의 발바닥 접착력의 30% 정도를 가진다.* 이것은 식물과 동물에서 발견한 기능들을 흉내 낸 아주 작은 규모의 공학의 한 예에 불과하다.

유전 물질의 새로운 성질들은 재미있는 응용들로 이어질지 모른다. DNA 분자는 네 개의 염기(아데닌, 구아닌, 시토신, 티민)를 가지는데 이 염기서열에 많은 양의 데이터를 저장할 수 있다고 제안되었다. 1994년, 레너드 애들먼(Leonard Adleman)은 전통적인 반도체에 기반한 계산에 대한 하나의 대안으로, 천연효소들을 사용하여 반도체와 유사한

*Eric J. Lerner, Biomimetic nanotechnology, *The Industrial Physicist* **10**(4), 16-19 (August/September 2004)

Courtesy Center for MesoScience and Nanotechnology, University of Manchester, UK

(a)

Courtesy of the Center for Nanoscience and Nanotechnology University of Manchester, UK

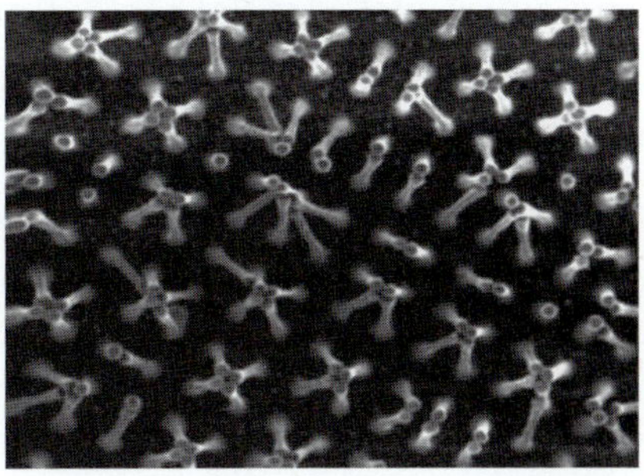

(b)

그림 11.33 (a) 도마뱀붙이 발바닥의 케라틴 섬유 사진. (b) 도마뱀붙이의 케라틴 털의 접착력을 재현하기 위하여 전자빔 리소그래피에 의하여 만들어진 플라스틱 섬유들.

방식으로 정보를 처리할 수 있음을 보여 주었다. DNA 컴퓨터가 현실화되기까지 많은 기술적 장벽이 존재하지만, DNA를 이용한 소자는 우리가 이미 배웠던 나노선과 나노튜브 트랜지스터와 같은 다른 나노크기의 물질들과 통합될 수 있다.

생명과학에서 나노크기의 연구는 매우 중요하다. 특히 분자유전학 분야에서는 말할 필요가 없다. 최근 과학자들은 몸의 여러 기능들이나 질병들을 이해하는 데 많은 도움을 줄 수 있는 인간의 유전자 지도를 만드는 데 성공하였다. 유전공학은 지금 결함이 있는 원래 유전자를 '조작유전자'로 대체할 수 있도록 할 수 있다. 연구자들은 또한 인간의 줄기세포의 이점을 취하기 위하여 노력하고 있는데, 한 사람의 줄기세포를 다른 사람에게 이식하면 이 줄기세포가 성장하여 이식을 받은 사람의 세포와 같은 종류가 되기 때문에, 장애를 치료하는 데 도움을 줄 수 있다.

정보과학

11.3절에서 우리는 반세기 동안의 컴퓨터 기술의 발전에 대하여 기술하였다. 발전은 부품들을 점점 더 작게 만드는 것으로 진행되어 왔다. 그러나 현재 소자의 크기가 10 nm 정도로 작아져서 그 끝이 다가왔을 수 있으며, 일부 사람들은 이미 '무어의 시대'는 유한한 기간으로 언급하고 있다.*

1 nm 정도 크기의 실리콘 기반 컴퓨터 칩을 만들기 위하여 현재 사용되고 있는 광리소그래피 기술에서 광소스를 1 nm 정도의 파장을 가진 원자외선 또는 근x-ray 영역으로 확장하는 것이 가능하다. 데이터를 검색하고 저장하는 새로운 개념들은 캔틸레버를 사용하여 고분자 기판 위에서 나노미터 크기의 피트[2진법(0과 1 상태)의 비트를 표현]를 생성시키고 지우는 기술에 의존하는데, 이것은 마치 AFM(원자간력 현미경)의 원리와 비슷하다.

양자역학은 컴퓨터 소자들이 보다 작은 크기로 만들어질 때 그 중요성이 더욱 증가하게 된다. 예를 들어 기록 및 저장 방법을 단일스핀 자기모멘트(스핀의 방향이 위일 때와 아래일 때는 2진법 기록에서 0과 1에 대응할 수 있다)를 이용한 자기메모리 소자에 의존한다면, 밀도를 높여 매우 작게 만들면 각 구역이 매우 가까워져 한 구역의 자기모멘트가 이웃한 구역의 자기모멘트와 상호작용을 하거나 열에 의한 무작위 요동현상이 보다 쉽게 발생하거나 하이젠베르크의 불확정성의 원리에 기인하여 측정과정에 영향을 주는 등 많은 오차들이 발생할 수 있다. 그러나 1990년대에 물리학자들은 양자효과들의 이점을 활용하는 것이 가능하다고 배웠다. 특히 전통적인 컴퓨터보다 효율적으로 정보를 처리하고 저장하기 위한 대표적인 양자효과인 양자상태들의 중첩이 있다. 지금까지 그러한 **양자컴퓨터**(quantum computer)는 프로토타입으로 만들어졌지만 양산화는 아직 멀었다. 양자컴퓨터의 전망이 흥미롭게 들리긴 하지만, 색다른 것이 없다면 용도가 큰 수를 인수분해하는 계산을 한다든지 하는 몇몇 특정 문제 해결을 위해 최적화된 컴퓨터가 될 것이라는 지적들이 있다.

양자컴퓨터

지면상 여기에서 많은 설명은 안 하겠지만, 하나의 분리된 물리적인 쟁점 사안이 있

*Phys.org news: phys.org/news/2015-07-law-years.html

다. 그것은 열역학을 이용한 컴퓨팅이다. IBM의 물리학자 롤프 란다우어(Rolf Landauer)는 모든 정보들은 물리적이기 때문에 열역학 법칙을 만족해야 한다는 개념을 강조하였다.* 란다우어는 한 비트의 정보를 지울 때 적어도 $k \ln 2$만큼의 엔트로피의 발생이 불가피하다는 것을 보여 주었다. 이 작은 양의 엔트로피는 기존의 컴퓨터에서는 중요하지 않지만 컴퓨팅이 나노미터 수준으로 가면 상대적으로 더욱 중요해진다. 우리는 아직 그 수준에 도달하지 않았고, 바닥에 여전히 여지가 많다.

*Rolf Landauer, The physical nature of information, *Physics Letters* A **217**, 188-193 (1996)

요약 _Summary

반도체의 특성들은 오늘날 반도체가 컴퓨터, 전자기기, 그리고 다른 응용들에 광범위하게 적용될 수 있게 하였다. 반도체에는 원자가띠와 전도띠 사이에 작은 띠간격(약 1 eV)이 존재한다. 적당한 전기장을 걸어 주면, 충분히 많은 전자들이 이 띠간격을 극복하고 전도할 수 있다.

보통의 도체들은 온도가 올라감에 따라서 저항이 증가하나, 반도체는 온도가 올라가면 전도띠가 점유될 통계적 확률이 증가하여 저항이 감소한다. 많은 반도체에서의 저항과 온도관계를 나타내는 실험식인 클레망·퀸넬(Clement-Quinnell) 식은 다음과 같다.

$$\log R + \frac{K}{\log R} = A + \frac{B}{T} \tag{11.4}$$

여기서 A, B, K는 상수들이다.

반도체는 n-형(다수 운반자가 음의 전하를 가진 전자임)과 p-형(다수 운반자가 양의 전하를 가진 양공임)이 있다. 홀 효과(Hall effect)는 전하 운반자의 부호와 크기를 결정하는 데 사용된다.

반도체는 온도경사를 주면 전기장이 발생하는 열전 효과를 보인다. 열전 효과는 열전쌍을 설계하는 기반이 된다.

반도체는 다양한 전자소자를 만드는 데 사용된다. pn-접합 다이오드를 만들기 위하여 p-형과 n-형 물질을 접합시키면 이 다이오드는 한 방향으로는 전류를 쉽게 흐르게 하지만(순방향 바이어스), 반대 방향으로는 거의 완전히 흐르지 않게 한다(역방향 바이어스). 제너 다이오드는 충분히 높은 역방향 바이어스가 걸린 가운데 작동할 것이다.

또 다른 유용한 반도체 소자로는 발광 다이오드와 광전지(태양전지)가 있다. 태양전지는 현재 집중적인 연구활동으로 관심을 받고 있다. 태양광을 전기에너지로 전환하는 유용한 에너지원으로 지속적으로 사용되기 위하여 보다 효율적이고 저비용의 태양전지가 제공되기를 희망한다. 이는 재생 불가능한 에너지원의 고갈 때문에 태양전지의 중요성이 갈수록 증대될 것이다.

반도체 트랜지스터는 컴퓨터와 다른 전자기기들의 중요한 한 부품이다. 트랜지스터는 신호(전압 또는 전류)를 증폭시키기 위하여 사용될 수 있다. 전계 효과 트랜지스터, MOSFET, 그리고 쇼트키 장벽들이 이와 관련된 소자들인데 현재 광범위하게 사용되고 있다. 오늘날 이런 전자소자의 가장 중요한 응용은 집적회로들이다. 실리콘 기반 칩은 수백만 개의 부품들을 집적하고 있다. 소형화는 큰 편리성을 가져왔을 뿐 아니라 전자회로의 반응속도와 효율을 현저하게 증가시켰다. 아마 가장 의미 있는 응용은 현대 컴퓨터 설계에 있다. 수십 년 전 크고 비싸고 복잡했던 컴퓨터를 훨씬 작고 저렴한 컴퓨터로 대체할 수 있게 만들어 주었고, 더 나아가 오늘날 마이크로프로세서와 개인용 컴퓨터를 쉽게 사용하게 해 준 반도체 기술의 발전에 감사해야 할 것이다.

더 작게 만들려는 경향은 기초과학과 응용과학 양쪽에서 나노기술 붐을 일으켰다. 탄소 나노튜브는 많은 곳에 적용될 수 있는 현저한 구조적, 전기적 특성을 가지고 있다. 나노기술은 정보의 저장과 검색을 포함한 전자소자들뿐 아니라 생명과학에서도 많은 응용성을 가지고 있다.

질문 _Questions

1. 자유전자 이론은 반도체와 절연체에 적용될 수 없는가?
2. 유전체는 반도체와 어떻게 다른가?
3. 상온에서 도체, 반도체, 절연체의 비저항을 비교해 보라.
4. 왜 도체에 불순물을 첨가하면 비저항이 증가하고, 반면 반도체에 불순물을 첨가하면 비저항이 감소하는가?
5. 상온이나 이 이상의 온도에서 탄소 저항체가 온도계로 사용될 수 있을까? 설명하라.
6. 왜 반도체는 비저항체라고 언급되는가?
7. 에너지 간격의 크기를 사용하여, 도체와 반도체, 그리고 절연체가 가시광 영역에서 투명한지 불투명한지를 결정하라.
8. 이번엔 파장이 $\lambda = 1\ \mu\text{m}$인 근적외선 빛에 대하여 질문 7을 반복하라.
9. 반도체는 에너지 간격 E_g를 가지고 있다. 반도체가 만약 파장이 $\lambda < hc/E_g$인 전자기복사의 광자와 충돌한다면 무슨 일이 발생하는지 설명하라. 이번에는 $\lambda > hc/E_g$인 경우에 대하여 설명하라.
10. 반도체 다이오드의 고온에서의 효과를 설명하라.
11. 교류전류를 직류전류로 변환시키는 데 축전지가 무슨 역할을 하는가?
12. 왜 LED를 역동작으로 광기전력 전지를 생각하면 적절할 수 있는지 설명하라.
13. 탄소 나노튜브의 가능한 응용들에 무엇이 있는가?
14. 전자회로의 크기가 마이크로 단위이면 양자 효과가 고려되지 않아도 되지만 크기가 나노미터 단위가 되면 양자 효과가 중요해지는 이유는 무엇인가?
15. 양자점의 크기가 증가하면 왜 양자점의 띠간격이 감소하는지 설명하라.

연습문제 _Problems

참고: 고급 문제는 문제 번호에 파란색 음영으로 표시하였다. 문제 풀이에 유용한 상수, 변환 인자, 상수들의 조합이 부록 7에 제시되어 있다.

11.2 반도체 이론

1. 실온에서 저항이 150 Ω인 어떤 저항기(resistor)에 대하여 식 (11.4)에서 상수값은 $A = 4.05$, $B = 4.22$, $K = 4.11$이다. R의 단위는 옴이고 K는 켈빈온도이다. (a) $T = 77$ K, (b) $T = 20$ K, (c) $T = 1$ K에 대하여 각각 이 저항기의 저항을 구하라.
2. 10 Ω 저항기(그림 11.7에 기술된)에 대하여 여러 온도에서 저항은 다음과 같다: $T = 293$ K에서 $R = 10\ \Omega$, $T = 10$ K에서 $R = 40\ \Omega$, $T = 1$ K에서 $R = 5800\ \Omega$. 이 저항체에 대하여 식 (11.4)에서 상수 A, B, K를 결정하라.
3. 홀 효과(Hall effect)를 측정하기 위한 장치인 그림 11.9의 실험적 구성을 고려하라. 그 측정 샘플이 전하 운반자가 주로 양공인 반도체 물질이라면, 이 실험장치 구성에서 전압 측정 미터의 전압 부호는 어떻게 되는가?
4. 실제 한 학생 실험실에서 측정한 홀 효과 데이터가 다음과 같다. 도핑된 인듐 비소 스트립의 두께 0.15 mm, 그 스트립의 길이 방향으로 100 mA와 전류 방향에 수직 방향으로 50 mT를 걸어 주었을 때, 그 측정된 홀 전압은 11.5 mV이었다. (a) 이 데이터를 이용하여 전하 운반자의 밀도를 구하라. (b) 아래 표에 보인 데이터를 사용하여 전하 운반자의 밀도를 계산하라.

연습문제 4

$I = 100$ mA

B (mT)	V_H (mV)
17.5	4.4
25	6.1
27	6.4
31	7.4
36	8.4
47	10.9
50	11.5
59.5	13.6

5. 길이가 10 cm인 순수 납 막대의 한쪽 끝을 $T = 300$ K, 다른 한쪽 끝을 310 K가 되도록 유지시켰다. 그 막대기 양 끝에 유도된 열전자 퍼텐셜 차는 12.8 μV이다. 이 온도 영

역에서 납에 대한 열전율(thermoelectric power)을 계산하라.(참고: Q는 온도에 대하여 비선형적으로 변한다. 하지만 이 좁은 온도영역에서는 선형 근사할 수 있다.)

6. 철-콘스탄탄 열전쌍의 기준 접점은 0°C로 설정되고, 다른 나머지 접촉면의 접점은 미지의 온도가 된다. 만약 다른 나머지 접점이 기준 접점보다 3.03 mV 더 높다면 미지의 온도를 구하라(표 11.3을 보라).

7. 표 11.3의 온도 T에 대응하는 퍼텐셜을 최소 다섯 개의 유효숫자로 나타낼 수 있다고 가정하고, 0.01°C 내의 온도를 측정하기 위하여 철-콘스탄탄 열전쌍을 사용한다면, 이 온도계에 허용되는 최대 불확실성은 무엇인가?

8. 순수 게르마늄(Ge)에 (a) 인(P) 또는 (b) 갈륨(Ga)을 소량 도핑하는 경우, 어떤 종류의 반도체(n-형 또는 p-형)가 각각 만들어지는가?

11.3 반도체 소자

9. 측정 온도 300 K로 가정하고, (a) 게르마늄(Ge), (b) 규소(Si), (c) InAs, (d) ZnS의 물질에 대하여 원자가띠에서 전도띠로 전자가 뛰어오르기 위해 필요한 광자의 파장들을 각각 구하라.

10. AlAs 반도체에서 전자가 전도띠로부터 원자가띠로 전이할 때 574 nm 광자가 방출된다. 띠간격의 크기는 얼마인가?

11. 반도체에 동일한 전압 1.5 V를 순방향과 역방향으로 걸어줄 때 역방향 전류에 대한 순방향 전류의 비를 구하라. 실온 293 K를 가정하라.

12. 실온 293 K에서 동일한 전압을 순방향과 역방향으로 걸어주었을 때, 순방향 바이어스 대 역방향 바이어스의 전류의 비가 -10^{-6}이 되기를 원한다고 하자. 요구되는 전압은 얼마인가?

13. 동지점, 춘분점, 하지점의 정오에 아래의 장소[(a), (b), (c)]에 둔 지표에 평행한 태양광 모으개(collector) 판을 이용하여 지구에 도달하는(약 1000 W/m^2) 표준 태양광 유속(solar flux) 비율을 각각 구하라: (a) 마이애미, 북위도 26°, (b) 서스캐처원주 리자이나, 북위도 50°, (c) 러시아 상트페테르부르크, 북위도 60°.

14. 특별한 장소에서 *평균 일상* 태양상수가 200 W/m^{2}이고, 태양전지의 30%의 효율이 전형적인 태양발전소의 출력 10^9 W와 동일하다면 얼마나 큰 태양전지 셀 어레이가 필요한가?

15. 예제 11.4에서 설명한 다이오드에서 (a) T = 250 K, (b) T = 300 K, (c) T = 500 K인 각 온도에서 전압 250 mV를 걸어 주었을 때 순방향 바이어스 전류를 각각 구하라.

11.4 나노기술

16. 단일 장벽 탄소 나노튜브는 그 자체의 표면을 따라 단위 면적당(m^2) 2.3×10^{19}개의 탄소 원자를 가진다. 그 나노튜브의 직경은 1.4 nm이다. (a) 그 나노튜브의 질량밀도(kg/m^3)를 구하라. (b) (a)의 결과를 약 7800 kg/m^{3}의 밀도를 가지는 철의 밀도와 비교하라.

17. 연습문제 16의 결과를 이용하여, 길이 1 nm당 한 개의 버키볼(buckyball: C_{60})을 포함하는 나노튜브 피팟(peapod)의 질량밀도를 찾아라.

일반적인 문제

18. 페르미·디랙 인자는 식 (9.34)에서 다음과 같이 표현된다.

$$F_{FD} = \frac{1}{\exp[\beta(E - E_F)] + 1}$$

원자가띠와 전도띠 사이의 에너지 틈 E_g를 가지는 반도체 또는 절연체에서 E_F는 그 띠들 사이의 절반의 값을 가진다 ($E_F = E_g/2$). (a) 실온에서 전형적인 반도체나 절연체에 대하여, 페르미·디랙 인자는 근사적으로 $\exp(-E_g/2kT)$와 동일함을 보여라. (b) (a)의 결과를 이용하여 E_g = 8.0 eV이고 T = 300 K에서 전형적인 절연체에 대하여 페르미·디랙 인자를 계산하라. (c) E_g = 1.11 eV이고 T = 293 K에서 반도체, 규소에 대하여 (b)의 계산을 되풀이하라. (d) (c)에서 결과는 여전히 불충분하지만, 전도되는 이유를 설명하기에는 충분하다. 그 이유를 설명하라.

19. 규소에 비소(As)를 첨가하는 경우를 고려하자. 비소로부터 약하게 결합된 전자, 과잉전자는 규소 원자의 첫 번째 보어 궤도에서 움직인다. 그 첫 번째 보어 궤도 반지름은

$$a_0 = \frac{4\pi\epsilon_0\hbar^2}{me^2}$$

이다. 여기서 가리기 효과(screen effect) 때문에 ϵ_0 대신 $\epsilon = \kappa\epsilon_0$로 바꿔야 한다. 여기서 κ는 유전상수(규소에서 κ = 11.7)이다. (a) 이 전자에 대하여 유효 보어반지름을 계산하라. (b) (a)의 결과와 규소의 격자상수 0.235 nm와 비교하라. 그리고 그 결과에 대하여 설명하라.

20. 연습문제 19의 같은 풀이 과정을 따라서, 규소에서 과잉전자의 첫 번째 보어반지름에서 결합 에너지 E_0를 구하라. 그리고 결과에 대하여 논의하라.

21. (a) 표 11.3에서 열전쌍 온도 데이터를 이용해서 0~50°C와 50~100°C의 온도 영역에 대하여 선형 최소제곱 피팅(fitting)하여, 전압 대 온도에 대한 데이터를 계산하라. 어느 영역이 더 잘 맞는가? (b) 2차 최소제곱 피팅을 이용하

여 (a)의 과정을 되풀이하라.(전압은 T와 T^2의 한 함수가 될 것이다.) (c) 이 결과와 (a)에서 얻은 결과를 비교하라.

22. 한 다이오드는 1.05 μA 역방향 바이어스 전류를 나타낸다. 현재 이 다이오드는 아래 보인 회로에서 직렬로 저항과 일정한 전압 6.0 V와 함께 순방향 바이어스가 연결되어 있다. (a) 실온(293 K)에서 140 mA의 전류가 흐를 때 저항 R의 값을 구하라. (b) (a)에 기술된 조건하에, 저항체로 인한 전압강하를 찾아라.

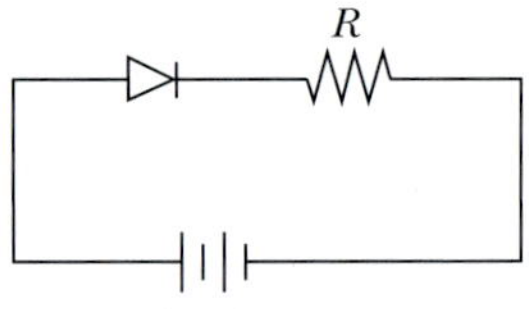

연습문제 22

23. 293 K의 온도로 가정하고 식 (11.9)에서 (a) $I = 7I_0$와 (b) $I = -0.7I_0$에 대하여 각각 바이어스 전압(V)을 구하라.

24. GaAsP 반도체로 만들어진 LED는 적색 빛($\lambda = 650$ nm)을 방출한다. 반도체의 에너지 틈을 결정하라.

25. 블루레이 DVD 플레이어에 사용된 GaN 레이저의 띠간격이 얼마나 큰가?

26. (a) 각 트랜지스터가 32 nm의 정방형을 차지한다면, 5억8천만 개의 트랜지스터의 정방형 컴퓨터 칩에 대하여 한 변의 길이를 구하라. (b) 트랜지스터 한 변의 길이를 14 nm로 줄일 수 있다면 (a)에서 구한 동일한 크기의 칩상에서 트랜지스터의 개수는?

27. 반도체 물질의 초기 연구는 띠간격이 1.11 eV와 0.67 eV를 각각 가지는 규소와 게르마늄에 집중되었다. (a) 연습문제 18a의 결과를 사용하여 $T = 0°C$와 $T = 75°C$(이 온도들은 반도체의 응용에서 실제 사용되는 온도 영역을 의미한다)에서 규소와 게르마늄에 대한 페르미·디랙 인자를 계산하라. 더 높은 온도에서 게르마늄에 대하여, F_{FD}의 계산된 값에 근거하여, 규소가 왜 대부분의 응용에 더 선호되는지 이유를 설명하라.

28. 미국에 도달하는 평균 태양광 유속이 200 W/m^{2}라고 가정하자. 이 평균값은 1년 동안 취한 값으로 계절 효과와 날씨 등을 고려한 값이다. 고정된 태양전지 셀들을 가정하자. (a) 15%의 효율을 가진 태양전지 셀이 1 m^{2}당 1년 내내 생산한 총에너지를 구하라. (b) 만약 그 해 미국의 전기 소비가 약 4.2×10^{12} kW·h라면 태양전지로 이 정도의 전기를 제공하려면 얼마나 많은 면적을 이 태양전지 셀들로 덮어야 하는가? (c) 실제 태양전지 셀 어레이는 하나의 어레이를 유지시키기 위해서는 (b)에서 구한 면적보다 2.5배의 면적이 더 필요하다. 국가가 요구하는 에너지를 충족시키기 위해서는 태양전지 셀 면적이 미국 땅 면적(약 9×10^6 km^2)에 대하여 얼마의 비로 덮여야 하겠는가?

29. 이 문제에서는 한 다이오드의 순방향/역방향 바이어스 모드에 대한 온도의 의존성을 조사하게 될 것이다. (a) 동일하게 1.5 V를 인가한 *pn*-접합 다이오드에 대하여 순방향 전류 대 역방향 전류의 비를 다음의 온도 조건에서 각각 계산하라: 77 K, 273 K, 350 K, 600 K. (b) 가능한 응용에 대하여 그 결과를 논의하라.

30. 순수 규소는 광자 감지기로 사용된다. 입사하는 광자는 그 표면을 때릴 수 있고, 원자가띠에서 전도띠로 전자를 여기시킬 수 있는데 이러한 광자는 셀 수 있다. (a) 규소 감지기를 세슘(^{136}Cs) 핵의 붕괴로 방출된 1.04 MeV 감마선이 강타한다면, 셀 수 있는 전자의 개수를 계산하라. (b) 그 감지기를 실온 이하로 냉각시키면 더욱 정확하게 전자들을 카운팅할 수 있는 이유는 무엇인지 설명하라.

31. 실온(293 K)에서 *pn*-접합 다이오드에 대하여 동일한 전압 250 mV를 처음에는 순방향 바이어스에, 그런 다음 역방향 바이어스에 걸어 준다고 가정하라. 순방향 바이어스와 역방향 바이어스의 전류의 비는 얼마인가?

32. 탄소 나노튜브는 1.6 nm의 직경을 가지고 있다. 탄소 나노튜브의 영률(Young's modulus)은 1050 GPa이다. 튜브의 한쪽을 고정시켰을 때, 튜브의 길이를 1% 증가시키기 위하여 나머지 다른 한쪽 끝에 얼마나 큰 힘을 인가해야 하나?

33. DVD는 유효 내부의 반지름이 2.3 cm이고, 외경은 5.8 cm이다. 그 디스크 용량은 4.7 기가바이트이다. 여기서 1 바이트(byte)는 8 비트(bit)이다. 제곱미터당 저장된 비트의 수를 계산하고, 자기저장장치의 밀도(1×10^{15} bit/m^2)와 비교하라.

34. 블루레이 DVD가 연습문제 33에 기술한 DVD와 크기가 동일하다. 그러나 이것은 25 기가바이트의 정보를 저장할 수 있다. 블루레이의 각 트랙 폭이 320 nm라면 그 평균 비트 길이는 얼마인가?

35. 네바다 솔라 원 태양열 발전소는 162 헥타르 면적에 64 MW의 최대 출력을 낼 수 있다. 네바다의 그 지역의 표면에 도달하는 최대 태양광 유속이 약 630 W/m^{2}라면, 그 발전소의 알짜 효율은 얼마인가? 본문에서 설명한 더 높은 효율을 가진 반도체 태양전지 셀 몇몇과 여러분의 결과와 비교하라.

36. 양자점은 CdS의 화합물로 이루어져 있고, 밀도가 4820 kg/m^3이다. (a) 반경 2.50 nm의 구형 양자점에서 원자들의 개수를 구하라. (b) 2.0 nm 폭을 가진 1차원 무한 퍼텐셜 우물로서 양자점의 에너지 준위에 대하여 모형화하라. 이 우물에서 가장 낮은 에너지 준위는 무엇인가? (c) $n = 5$와 $n = 6$ 에너지 준위 사이의 '띠간격'은 얼마인가?

37. DVD 디스크의 데이터 비트의 표준 길이와 폭이 각각 400 nm와 320 nm이다. (a) 단일 데이터 비트에서 사용되는 면적을 구하고, 앞의 문제의 데이터를 사용하여 계산된 각 비트에 할당된 평균 면적과 비교하라. (b) 실제와 할당된 면적의 차이를 어떻게 설명하겠는가?

38. 블루레이 DVD를 읽는 데 405 nm 파장의 빛이 요구된다. 사용되는 반도체 레이저에서 필요한 에너지 띠간격은 얼마인가?

39. (a) 그림 11.20에 표시된 세 개의 반도체 띠간격 각각에 대응하는 광 파장을 구하라. (b) 이 다층 태양전지 셀에 흡수될 수 있는 가장 긴 파장의 빛은 무엇인가?

40. 태양 스펙트럼의 모든 빛의 최대 파장까지 사용될 수 있는 경우 그림 11.20에 표시된 다층 태양전지의 이론상 최대 효율을 구하라. 당신이 구한 답을 이 태양전지의 기대효율 50%와 비교해 보라.(힌트: 태양을 5800 K의 흑체로 가정하고 이로부터 나오는 스펙트럼을 고려하여 흑체 곡선을 적분하기 위하여 수학적 소프트웨어를 사용하라.)

원자핵
The Atomic Nucleus

12
CHAPTER

> 콕크로프트와 월턴은 기술적 문제들에 직면할 때마다 장비의 전압을 올리거나 장비의 신뢰성을 의심하는 등, 여러 가지에 대해 계속, 자주 부정적인 견해를 보였다고 한다. 결국 인내심의 한계를 느낀 러더퍼드는 "만일 당신이 섬광 스크린을 장치하지 않고, 이번 주말까지 알파 입자를 찾지 못한다면 보따리를 싸야 할 것이다"라고 말했다. 그러자 그들은 섬광 스크린을 설치하고 알파입자(최초의 핵변환)를 발견했다.
>
> **루돌프 파이얼스 경, *핵물리학의 회고*(로저 스튜어 편저)에서**

어니스트 러더퍼드(Ernest Rutherford)를 '핵의 아버지'로 불러도 좋을 것이다. 4장에서 논의한 바와 같이 러더퍼드는 중심에 무겁고 양전하로 된 핵과 그 외곽에 훨씬 가벼운 전자로 구성되어 있다는 원자 구조의 모형을 제안했다.

1900년경, 초기의 연구자들(베크렐, 러더퍼드, 퀴리 부부 등을 포함하는)은 원자로부터 방출되는 방사선이 알파(α), 베타(β), 감마(γ)라고 불리는 세 종류의 복사선으로 구성되어 있음을 발견했다. 알파선은 투과력이 가장 낮아서 종이 한 장도 투과할 수 없다. 베타선은 투과력이 약간 더 좋으며, 많은 핵들에서 방출되는 방사선에서 발견되는 보편적인 방사선이다. 감마선은 투과력이 가장 좋아서 사람의 손을 투과할 수도 있다. 초기의 많은 실험들에 의해 알파선은 이중으로 대전된 양이온 입자, 베타선은 전자들, 감마선은 전기적으로 중성임이 확인되었다.

이 장의 첫 부분에서는 과학에서 가장 흥미 있는 실험 중의 하나인 핵의 구성 성분들의 발견에 대해 논의하고자 한다. 그리고 핵과 그들의 성분인 중성자와 양성자의 특성에 대해 공부하게 될 것이다. 마지막으로 핵력에 관해 논의하고, 왜 어떤 핵은 안정하고 어떤 핵은 불안정한지, 즉 왜 방사성을 가지는가에 대해 논의할 것이다. 핵의 방사능에 대한 연구는 그 응용성이 큰데, 이에 대한 내용은 13장에서 다룰 것이다.

12.1 중성자의 발견

1911년, 러더퍼드는 가운데에 무거운 핵이 있는 원자 구조를 제안했지만, 과학자들은 1932년까지 핵이 어떤 입자들로 구성되었는지를 알지 못했다. 이에 대한 연구는 아직도 계속되고 있는데(14장을 보라) 그 이유는 물리학자들이 기본적인 핵 입자들의 성질을 연구할수록 더 많은 입자들이 발견되기 때문이다.

1900년대 초기에는 핵은 양성자들과 전자들로 구성되었다고 잘못 가정했다. 하지만 전자가 왜 핵 속에 존재할 수 없는지는 다음과 같은 몇 가지 이유가 있다.

전자들은 핵의 내부에 존재할 수 없다

1. *핵의 크기:* 예제 5.10과 5.11에서 본 바와 같이, 전자를 핵과 같은 좁은 공간에 가두기 위한 전자의 최소 운동에너지는, 불확정성 원리를 사용해 계산해 보면, 핵에서 방출된 전자에서 관측된 운동에너지보다 훨씬 더 크다.
2. *핵의 스핀:* 양성자와 전자의 스핀은 1/2이다. 만약 중양성자(질량수 $A = 2$와 원자 번호 $Z = 1$)가 양성자와 전자로 구성되어 있다면, $A = 2$와 $Z = 1$을 만족하기 위해서는 중양성자는 두 개의 양성자와 한 개의 전자로 되어 있어야 한다. 그러나 세 개의 페르미온으로 구성된 핵의 스핀은 반정수이어야 하는데 중양성자의 스핀은 1로 측정되었다.
3. *핵의 자기모멘트:* 전자의 자기모멘트는 양성자의 자기모멘트보다 1000배 이상 크다. 전자가 핵 속에 포함된 핵의 모델에서는 핵의 자기모멘트는 전자의 자기모멘트와 비슷한 크기를 가지게 된다. 그러나 핵의 자기모멘트는 전자의 자기모멘트보다는 훨씬 작고 양성자의 자기모멘트와 비슷한 크기로 측정되었으며, 이는 전자는 핵의 일부가 아님을 반증한다.

예제 12.1

지름이 8.0×10^{-15} m인 중간 크기의 핵 속의 양성자가 가지는 최소 운동에너지를 구하라.

전략 핵 속에 존재하는 전자의 최소 운동에너지를 구한 예제 5.10에서와 같이, 불확정성 원리를 이용한다. 불확정성 원리를 이용하여 운동량의 불확정성 Δp를 구하고 이 값을 이용하여 최소 운동에너지를 구한다.

풀이 운동량을 포함하고 있는 불확정성 원리로부터 시작한다.

$$\Delta p \Delta x \geq \frac{\hbar}{2}$$

$$\Delta p \geq \frac{\hbar}{2\,\Delta x} = \frac{6.58 \times 10^{-16}\,\text{eV}\cdot\text{s}}{2(8.0 \times 10^{-15}\,\text{m})}$$

$$\Delta p \geq 0.041\ \text{eV}\cdot\text{s/m}$$

운동량 p는 최소한 Δp만큼 커야 한다. 따라서 $p_{\min} = \Delta p$이고 $p_{\min}\,c$는

$$p_{\min}\,c = (0.041\ \text{eV}\cdot\text{s/m})(3.0 \times 10^8\,\text{m/s}) = 12\ \text{MeV}$$

가 된다. 12 MeV의 에너지는 양성자의 정지 질량 에너지(938 MeV, 부록 7 참고)의 1%밖에 안 되므로 이 문제를 비상대론적으로 다루었다. 이 핵 속의 양성자의 운동에너지는 최소한 다음과 같은 크기의 값을 가진다.

$$K = \frac{(p_{\min})^2}{2m} = \frac{(p_{\min}\,c)^2}{2mc^2} = \frac{(12\ \text{MeV})^2}{2(938\ \text{MeV})} = 0.08\ \text{MeV}$$

이 값은 실험값과도 잘 맞으며, 중성자에 대한 결과도 비슷할 것이다.

전자들은 핵 내부에 속박되어 있지 않다는 분명한 실험적, 이론적 증거가 있음을 보았다. 이 모든 증거들이 1920년의 러더퍼드에게는 가용하지 않았지만, 그는 *중성자*라고 불리는 중성 입자가 존재할 것이라고 제안했다. 전자에 관하여 설명하는 위 세 가지 쟁점에 기반하여, 양성자와 중성자로 구성된 핵의 모델은 의심할 여지가 없다.

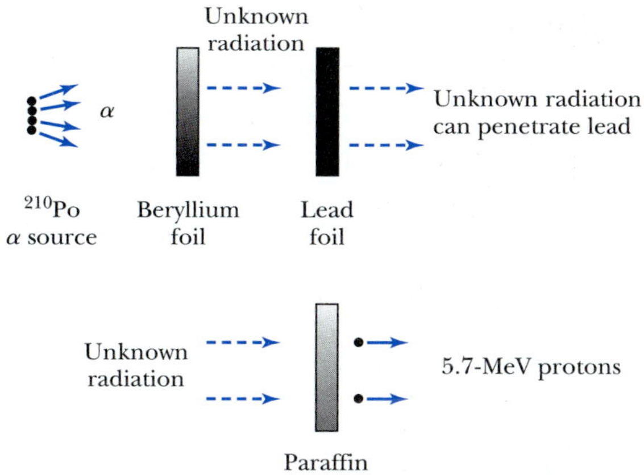

그림 12.1 중성자의 발견으로 이어진 사건들의 도식적인 그림. 폴로늄 α-입자원에서 방출된 α입자가 베릴륨에 입사될 때 미지의 복사선을 생성한다. 이 미지의 복사선은 두꺼운 납판을 통과할 수 있을 만큼 투과성이 강하여, 이 복사선이 감마선일 수도 있음을 말한다. 그러나 이 미지의 복사선을 파라핀에 입사시키면 5.7 MeV의 양성자들이 생성된다. 감마선에 의해 핵에서 양성자가 방출되려면 감마선의 에너지가 50 MeV가 되어야 하므로, 감마선이 핵에서 생성되었다는 것은 있음직하지 않다. 제임스 채드윅은 그 복사선이, 질량이 양성자와 같은 중성 입자라고 제안했다.

중성자는 고전적인 실험적 연구로 발견되었다. 1930년 독일의 물리학자 발터 보테(Walther Bothe)와 헤르베르트 베커(Herbert Becker)는 α입자를 방출하는 방사성 폴로늄을 이용해 폴로늄에서 방출된 α입자를 베릴륨에 충돌시켰을 때 투과력이 큰 복사선이 생성되는 것을 발견했다. 이어서 1932년에 이렌 퀴리와 프레데리크 졸리오는 이 복사선이 수 cm 두께의 납을 통과할 수 있음을 보였다(그림 12.1). 이 복사선은 하전 입자가 아니다. 왜냐하면 이 에너지를 가진 하전 입자는 이보다 더 얇은 두께의 납도 투과할 수 없기 때문이다. 따라서 베릴륨에 알파입자가 충돌할 때, 당연히 전자기 복사(광자)가 생성된다고 가정했다. 핵에서 나오는 광자는 *감마선*이라고 부른다. 핵에서 생성된 감마선은 MeV 단위의 에너지를 가진다.(이는 원자의 전이 과정에서 방출되는, keV의 에너지를 가진 엑스선과 비교가 된다.)

퀴리와 졸리오는 α + Be에 의해 생성된 이 새로운 투과력이 있는 복사선의 여러 물질에 대한 효과를 연구하기 위해 몇 가지 실험을 했다. 이 복사선을 파라핀(수소를 포함하고 있는)에 통과시키면 파라핀에서 5.7 MeV까지의 에너지를 가진 양성자가 방출되었다. 이를 설명하기 위한 가장 간단한 가정은, 감마선이라고 가정한 이 복사선이 수소 원자핵으로부터 콤프턴 산란을 일으켜 양성자가 파라핀 밖으로 튀어나온다는 것이다. 그러나 콤프턴 산란의 가설에서는 5.7 MeV의 양성자를 생성하기 위해서는 적어도 50 MeV의 감마선이 필요하다(연습문제 1). 그 당시에는 50 MeV와 같이 큰 에너지는 관측된 적이 없었다. 또한 그와 같이 고에너지의 감마선을 생성할 수 있는 어떤 반응도 알려지지 않았었다.

1932년, 채드윅은 α + Be에 의해 생성된 새로운 복사선은 질량이 양성자와 같고 전기적으로 중성인 입자들인 중성자들로 구성되어 있다고 제안했다. 중성자는 전기적으로 중성이고, 중성자의 자기모멘트에 의해 물질과 아주 약한 전자기 상호작용만 하기 때

Bettmann/Getty Images

이렌 퀴리(Irène Curie, 1897~1956)와 그녀의 남편 **프레데리크 졸리오**(Frèdèric Joliot, 1900~1958)는 둘 다 이렌 퀴리의 어머니 마리 퀴리(Marie Curie)와 함께 파리의 라듐 연구소에서 일하던 중 1926년에 결혼했다. 그들은 모두 성을 졸리오퀴리(Joliot-Curie)로 정했고, '새로운 방사성 원소의 합성'의 업적으로 1935년에 노벨 화학상을 수상했다. 핵물리학에 대한 그들의 기여는 매우 지대했다. 프레데리크는 2차 세계대전 중 레지스탕스와 일했으며 종전 후에는 그들 모두 프랑스의 첫 원자핵 반응(atomic pile reaction, 여기서 atomic pile은 특수한 구조의 초기 원자로)의 개발을 도왔다. 프레데리크는 프랑스 공산당을 창설했으며, 1950년대 초기에는 그들 부부가 모두 공산주의와 관련되었다는 정치적 이유로 직위를 박탈당했다. 이렌 퀴리는 그녀의 어머니 마리 퀴리와 같이 방사선 물질에 노출된 것이 원인으로 보이는 백혈병으로 사망했다.

제임스 채드윅(James Chadwick, 1891~1974)은 맨체스터대학에서 러더퍼드와 함께 공부했으며, 1914년에는 1차 세계대전에서 적으로 맞섰던 한스 가이거(Hans Geiger)와 함께 베를린에서 일했다. 그는 1932년에 중성자를 발견한 업적으로 1935년에 노벨 물리학상을 수상했다. 채드윅은 리버풀대학과 케임브리지대학의 교수를 역임하였다.

문에 물질을 보다 쉽게 통과한다. 핵력이 미치는 거리는 매우 짧아서, MeV 크기의 에너지를 갖는 중성자가 핵과 상호작용할 확률이 겨우 10^{-6} 정도가 된다. 채드윅은 만일 약 5.7 MeV의 에너지를 갖는 중성자가 α + Be 반응에서 생성되었다고 하면, 이 중성자들이 파라핀 내의 양성자와 탄성 충돌하게 되어, 5.7 MeV의 양성자에 대하여 설명할 수 있다고 올바르게 요약했다. 채드윅의 출판된 결과물*에 의하면, 채드윅은 자신의 실험 데이터를 이용해 중성자가 1.005 u와 1.008 u 사이의 질량을 가지는 것을 산출해 냈으며, 이는 최신의 값 1.0087 u와 매우 비슷하다. 이 세심한 실험과 이론적 분석으로 채드윅은 중성자의 존재를 확인한 과학자로 인정받는다.

12.2 핵의 특성

핵의 기본 구성원은 양성자와 중성자이며, 핵의 질량은 대략 그것을 구성하는 양성자와 중성자의 질량의 합이다.(약간의 차이는 핵의 결합 에너지에 의한 것이다.) 핵의 전하량은 $+e$에 양성자의 수(Z)를 곱한 값과 같다($e = 1.6 \times 10^{-19}$ C). 헬륨은 $Z = 2$, 산소는 $Z = 8$, 우라늄은 $Z = 92$를 갖는다.

수소의 가장 단순한 형태는 핵에 양성자 한 개를 가지고 있다. 그러나 여러 가지 형태의 수소가 존재함을 알고 있다. *중수소*—가끔 '무거운 수소'라고 부른다—는 핵 속에 양성자 한 개뿐만 아니라 중성자도 한 개 가지고 있다. *삼중수소*라고 부르는 또 다른 형태의 수소는 핵 속에 중성자 두 개와 양성자 한 개를 가지고 있다. 중수소와 삼중수소 원자의 핵을 각각 *중양성자*와 *삼중양성자*라고 부른다.

원자(핵) 질량수 A는 핵 속의 양성자와 중성자의 개수를 합한 정수이다. 같은 Z를 가졌으나 A가 다른 원자들을 **동위원소**(isotope)라고 부른다. 예를 들어 중수소($A = 2$)와 삼중수소($A = 3$)는 둘 다 일반적인 수소($A = 1$)의 동위원소들이다. 원자 질량 M은 예를 들어 *질량분석기*로 측정되는, 전자를 포함한 원자 전체의 질량이다.

원자핵은 다음과 같은 기호로 표기한다.

$$ {}^{A}_{Z}X_{N} $$

여기서 Z는 원자 번호(양성자의 수)
N은 중성자 번호(중성자의 수)
A는 질량수($Z + N$)
X는 화학원소 기호

각각의 주어진 Z와 A를 갖는 핵의 종류를 **핵종**(nuclide)이라 부른다. 8장에서 논의한 바와 같이 각 Z는 기호 X인 화학원소를 특정한다. 예를 들어, 알루미늄($Z = 13$)은 Al, 칼슘($Z = 20$)은 Ca이다. 비록 불필요할지도 모르지만 때때로 우리가 익숙하지 않은 원소를 다룰 때 양성자의 수를 기억하도록 기호에 Z를 포함시킬 것이다. 잘 알려진 핵종의 기호를 쓸 때는 Z를 가끔 생략하기도 할 것이다. 핵종 기호 A는 항상 표시하지만, A

*J. Chadwick, The existence of a neutron, *Proceedings of the Royal Society of London, Series A* **136**, 692-708 (1932)

표 12.1 핵자와 전자의 몇 가지 특성

입자	기호	정지에너지	전하	질량(u)	스핀	자기모멘트
양성자	p	938.272	$+e$	1.0072765	1/2	2.79 μ_N
중성자	n	939.566	0	1.0086649	1/2	-1.91 μ_N
전자	e	0.51100	$-e$	5.4858×10^{-4}	1/2	-1.00116 μ_B

$= N + Z$이므로 N은 때때로 생략한다. 따라서 ${}^{16}_{8}O_8$, ${}^{16}_{8}O$, ${}^{16}O$은 모두 $Z = 8$, $N = 8$, $A = 16$을 갖는 산소의 가장 흔한 동위원소를 뜻한다. ${}^{17}O$과 ${}^{18}O$은 또 다른 산소의 안정한 동위원소인데, 이 원소들은 오직 중성자를 더 많이 가지고 있다는 것이 ${}^{16}O$과 다른 점이다. 같은 중성자 수를 갖는 핵종을 **동중성자 원자핵**(isotone)(예를 들면, ${}^{14}_{6}C$, ${}^{15}_{7}N$, ${}^{16}_{8}O$, ${}^{17}_{9}F$)이라고 부른다. 같은 A 값을 가지는 핵종을 **동중 원소**(isobar)(예를 들면, ${}^{16}_{6}C$, ${}^{16}_{7}N$, ${}^{16}_{8}O$, ${}^{16}_{9}F$)라고 부른다.

원자의 화학적 특성은 원자의 전자 배치에 의해 결정된다. 중성 원자의 전자의 수와 양성자의 수는 같기 때문에, 원자의 화학적 특성은 기본적으로 Z에 의해서 결정되고 화학적 특성의 N에 의한 의존성은 무시해도 좋다.

원자의 질량은 기호 u로 표기되는 원자 질량 단위로 측정된다. 원자 질량 단위 u는 원자 질량이 정확히 12 u인 동위원소 ${}^{12}C$의 질량으로 정의된다. 많은 핵종의 질량이 나와 있는 부록 5를 참고하기 바란다. 핵의 질량보다는 원자의 질량을 나타낸 이유는 나중에 설명한다. 2장에서 다룬 내용을 참고하면, 원자 질량 단위는 다음과 같다.

$$1 \text{ u} = 1.66054 \times 10^{-27} \text{ kg} = 931.49 \text{ MeV}/c^2 \tag{12.1}$$

양성자와 중성자의 질량을 표 12.1에 나타냈다. 중성자와 양성자의 질량이 거의 같다는 사실은 우연이 아니다. 14장에서 다루겠지만, 통칭으로 **핵자**(nucleon)라고 부르는 중성자와 양성자 모두 *쿼크*라고 하는 입자들로 구성되어 있다. 중성자는 양성자보다 약간 무겁다.

핵의 크기와 모양

핵의 크기는 다양한 방법으로 결정되었다. 러더퍼드는 그의 조력자인 가이거와 마스든(Marsden)의 알파입자의 산란 실험으로부터, 핵력이 미치는 범위는 약 10^{-14} m보다 크지 않다고 결론지었다. 왜냐하면 그들의 데이터로는 이 거리에서는 쿨롱의 법칙을 벗어난다고 추론할 수 있었기 때문이다(4.2절을 보라). 핵력은 인력이면서 매우 강해야 함을 추정할 수 있다. 왜냐하면 10^{-14} m 크기의 작은 핵 영역에 놓인 양성자들 간의 쿨롱 반발력을 극복해야 하기 때문이다(연습문제 15, 16).

실험 결과에 의하면 근사적으로, 핵은 구형임이 밝혀졌다. 전자, 양성자, 중성자, 알파입자와 같은 입자들은 핵에 가까이 입사될 때 산란된다. 이와 같은 최대 상호작용 거리가 핵의 크기(*물질의 반지름*)를 의미하는지, 아니면 핵력이 핵물질의 반지름을 벗어난 곳까지 미치는 것(*힘의 반지름*)을 의미하는지는 분명하지 않다. 전자들은 핵력에 의해

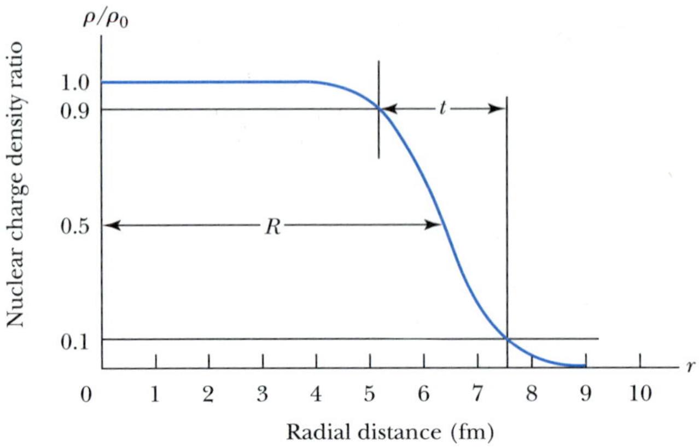

그림 12.2 A = 150인 핵에 대한, 식 (12.3)으로 주어진 핵의 전하 밀도에 대한 페르미 분포의 모양. 여기서 $\rho_0(r)$은 r = 0에서의 중심 전하 밀도이고, R은 핵 전하 밀도가 중심 전하 밀도의 50%인 점의 거리이며, t = $4.4a$는 밀도가 중심 밀도의 90%에서 10%까지인 곳의 표면 두께이다.

반응하지 않지만, 핵의 전자기장에 의해서는 산란된다. 따라서 전자의 산란에 의해 핵의 *전하 반지름*(charge radius)을 측정할 수 있다.

핵자들 사이에 작용하는 핵력은 알려진 세 가지 힘들(핵력, 중력, 전자기약력) 중에서 가장 강하다. 이러한 이유로 핵력을 종종 **강**(strong)력이라 부르며, 물리학자들은 *핵*(력)과 *강*(력)을 같은 의미로 바꾸어 쓰기도 한다. 중성자는 핵력에 의해서만 상호작용하기 때문에 중성자의 산란은 핵력의 반지름을 결정한다. 물리학자들이 여러 가지 입자들의 빔을 이용해 측정한 반지름들은

$$\text{핵력 반지름} \approx \text{질량 반지름} \approx \text{전하 반지름}$$

과 같음을 알았다.

핵 반지름

핵의 반지름 R은 구형 전하분포로부터 다음 식과 같이 근사시킬 수 있다.

$$R = r_0 A^{1/3} \tag{12.2}$$

여기서 $r_0 \approx 1.2 \times 10^{-15}$ m이다. 여러 가지 측정들에서 r_0는 1.0에서 1.5×10^{-15} m 범위의 값을 가지는 것으로 나타났다. 핵은 아주 작기 때문에, 약어로 fm인 *펨토미터*(femtometer) 단위를 쓰는데, 1 fm = 10^{-15} m이다. 10^{-15} m를 뜻하는 또 다른 표현으로 페르미(fermi)를 사용한다. 이 페르미는 핵물리학의 창시자 중의 한 사람인 엔리코 페르미(Enrico Fermi)의 이름에서 따왔다. 약자 fm과 같은 뜻인 페르미는 펨토미터보다 더 일반적으로 사용된다. 따라서 2.4 fm은 2.4페르미 또는 2.4펨토미터로 읽는다.

Courtesy of Stanford University

로버트 호프스태터(Robert Hofstadter, 1915~1990)는 뉴욕시립대학과 프린스턴대학에서 교육받았다. 그는 스탠포드대학에서 고에너지 전자빔을 사용해 핵 내부의 전하분포를 측정했다. 이 측정으로 핵의 반지름을 결정했다. 또한 중성자와 양성자의 특성을 연구하여, 이 입자들이 전하의 특성만 다르고, 나머지는 비슷한 특성을 가진 입자임을 입증했다.

호프스태터(1961년에 노벨 물리학상 수상)와 그의 동료들은 1950년대에 스탠포드대학에서 에너지가 100부터 500 MeV인 전자빔을 사용해 최초로 핵전하 분포에 대한 정밀한 전자 산란 측정을 했다. 대부분의 핵의 실제 모양을 측정하기 위해서는 단파장을 가지는 입자가 필요하다. 500 MeV의 전자의 드브로이 파장은 약 2.5 fm이며, 현대에 이르기까지 더 높은 에너지를 가지는 전자들을 이용해 훨씬 더 짧은 파장의 전자빔으로 핵의 모양을 측정해 왔다. 이들 측정으로부터, 아주 가벼운 핵을 제외한 모든 핵에 대해 핵의 전하 밀도 $\rho_0(r)$는 근사적으로 페르미 분포를 가지는 다음 식으로 표현됨을 알았다(그림 12.2).

$$\rho(r) = \frac{\rho_0}{1 + e^{(r-R)/a}} \tag{12.3}$$

이 분포의 모양을 그림 12.2에 나타냈으며, 여기서 ρ_0는 핵의 중심에서의 전하 밀도이고, R은 핵의 전하 밀도가 중심값의 50%인 점의 거리이며, $t = 4.4a$는 밀도가 중심 밀도의 90%에서 10%까지인 곳의 표면 두께이다.

예제 12.2

^{40}Ca의 핵 반지름은 얼마인가? 적어도 ^{40}Ca 원자핵의 반지름의 반의 영역을 '보기' 위해서 요구되는 전자와 양성자의 에너지는 얼마인가?

전략 ^{40}Ca의 핵 반지름을 결정하기 위해서는 식 (12.2)를 사용한다. 여기서 계산한 반지름으로, 조사할 영역의 크기를 결정할 수 있으며, 이 영역이 결정되면 드브로이 파장과 운동량 p도 결정할 수 있다. 총에너지와 운동에너지는 운동량으로부터 계산할 수 있다.

풀이 식 (12.2)로부터 R은

$$R = 1.2\text{ fm}(40)^{1/3} = 4.1\text{ fm}$$

가 된다. 반지름의 반을 구별하기 위한 드브로이 파장은 2.0 fm이다. 드브로이 파장 λ와 운동량 p 사이의 관계 $\lambda = \frac{h}{p}$에서, $p = \frac{h}{\lambda}$이므로 입사 입자의 총에너지는

$$E^2 = (mc^2)^2 + (pc)^2 = (mc^2)^2 + \frac{h^2c^2}{\lambda^2}$$

이 되며, 마지막 항은 파장 2.0 fm에 대해

$$\frac{h^2c^2}{\lambda^2} = \left(\frac{1240\text{ MeV}\cdot\text{fm}}{2.0\text{ fm}}\right)^2 = 3.8\times10^5\text{ MeV}^2$$

이 된다. 각 입자(전자, 양성자)에 대한 정지 질량 에너지 mc^2을 대입하면 전자와 양성자에 대한 총에너지와 운동에너지를 구할 수 있다.

전자의 에너지:

$$E^2 = (0.511\text{ MeV})^2 + 3.8\times10^5\text{ MeV}^2$$
$$E = 620\text{ MeV}$$
$$K = E - mc^2 = 620\text{ MeV} - 0.5\text{ MeV} = 620\text{ MeV}$$

양성자의 에너지:

$$E^2 = (938.3\text{ MeV})^2 + 3.8\times10^5\text{ MeV}^2$$
$$E = 1120\text{ MeV}$$
$$K = E - mc^2 = 1120\text{ MeV} - 938\text{ MeV} = 180\text{ MeV}$$

반지름 R의 불확정성 때문에, 두 가지의 중요한 숫자들에 이 결과를 인용했다.

예제 12.3

^{238}U과 ^{4}He의 핵의 반지름과 그 반지름들의 비를 구하라.

전략 식 (12.2)를 사용하여 핵의 반지름과 그 비를 계산한다.

풀이

$$R(^{238}\text{U}) = (1.2\text{ fm})(238)^{1/3} = 7.4\text{ fm}$$
$$R(^{4}\text{He}) = (1.2\text{ fm})(4)^{1/3} = 1.9\text{ fm}$$

그 비는

$$\frac{R(^{238}\text{U})}{R(^{4}\text{He})} = \frac{7.4\text{ fm}}{1.9\text{ fm}} = 3.9$$

비록 ^{238}U은 ^{4}He 핵의 60배의 핵자의 수를 가지지만, 반지름의 비는 네 배에 불과하다.

핵의 밀도

핵의 모양을 구형으로 근사시킨다면, $V = 4\pi R^3/3$, 또는 R에 관한 식 (12.2)에 의해

$$V = \frac{4}{3}\pi r_0^3 A \tag{12.4}$$

가 된다. 핵의 밀도(질량/부피)는 $(A \text{ u})/V$로부터 $2.3 \times 10^{17}\ \text{kg/m}^3$로 결정된다. 핵은 일반 물질보다 밀도가 10^{14}배 더 크다.

고유 스핀

중성자와 양성자는 스핀 양자수 $s = \frac{1}{2}$인 페르미온이다. 스핀 양자화 법칙은 전자에 대해서 공부할 때 이미 배웠다(7장을 보라).

고유 자기모멘트

양성자의 고유 자기모멘트의 방향은 양성자가 양전하를 띠고 있기 때문에 양성자의 고유 스핀 각운동량의 방향과 같다. 이것은 스핀과 자기모멘트의 방향이 서로 반대인, 음으로 대전된 전자의 경우와 대조적이다(그림 7.4). 핵의 자기모멘트는 핵 마그네톤 μ_N의 단위로 표기되는데, 전자의 보어 마그네톤의 관계식으로부터 유추하여

$$\mu_N = \frac{e\hbar}{2m_p} \tag{12.5}$$

로 정의된다. μ_N을 계산할 때 분모의 (전자의 질량 대신 들어간) 양성자의 질량 m_p에 유의하자. 이것 때문에 핵의 마그네톤은 보어 마그네톤보다 1800배 더 작다.

양성자의 자기모멘트는 $\mu_p = 2.79\mu_N$으로 측정되었다. 이는 전자의 자기모멘트 $\mu_e = -1.00116\mu_B$와 아주 대조적이다. 더욱 놀라운 것은, 전기적으로 중성인 중성자도 자기모멘트 $\mu_n = -1.91\mu_N$을 갖고 있다는 것이다. 음의 부호는 자기모멘트의 방향이 중성자의 스핀과 반대임을 의미한다. 중성자의 자기모멘트가 *0이 아닌* 것은 중성자가 내부에 서로 다른 반지름을 가지는 양전하와 음전하의 전하 성분들을 가지며, 복잡한 내부 *전하분포*를 가진다는 것을 암시한다.

핵자기 공명

핵자기 공명(NMR)은 널리 응용되는데, 이는 핵 자기모멘트가, 인가된 강한 자기장에 반응하는 장점이 있기 때문이다. 우리는 수소를 포함하고 있는 모든 시료에 적용되는 ^{1}H NMR이라고 부르는 양성자 NMR에 초점을 맞추어 논의할 것이다. NMR은 고유 스핀을 가진 다른 핵자들에 대해서도 응용할 수 있지만, 오늘날 양성자 NMR이 다른 어떤 종류의 NMR보다 더 많이 사용되고 있다. 또한 수소 원자핵은 양성자 한 개만 가지고 있기 때문에, 양성자 NMR은 이해하기가 가장 쉽다. 래비(I. I. Rabi, 1944), 퍼셀(Edward Purcell, 1952), 블로흐(Felix Bloch, 1952)는 NMR 개발에 지대한 공헌을 했으며, 이 공로로 노벨 물리학상을 수상했다.

예제 12.4

7장에서, 전자의 자기모멘트 때문에 원자에 가해진 자기장은 원자에 영향을 주어, 제만 효과와 스테른-겔라흐 효과를 유발함을 상기하자. 자기모멘트가 $\vec{\mu}$인 양성자에 2.0 T의 자기장 $\vec{B}$가 인가되었다고 하자. (a) 양성자의 자기모멘트 두 방향에 대한 에너지의 차이를 구하라. (b) 양성자 스핀의 '엎침(flip)'에 의해 방출되는 전자기파(광자)의 진동수와 파장을 구하라.

전략 양성자의 스핀은 1/2이고 자기모멘트는 위와 아래의 두 가지 가능한 방향을 가진다. 전에 전자에 대해서 이미 논의했던, 7.5절의 식 (7.35)를 이용한다. 양성자의 자기모멘트는 $\mu_p = 2.79\mu_N$임을 알고 있다. 광자의 진동수는 $\Delta E = hf$로부터 구한다.

풀이 (a) 식 (7.35)를 이용하면, $V_B = \pm\mu_s B$가 되고, 양성자의 윗방향과 아랫방향 상태의 에너지 차이 ΔE는

$$\Delta V_B = 2\mu_s B = 2\mu_p B = 2(2.79\mu_N)B$$
$$= 2(2.79)(3.15 \times 10^{-8}\,\text{eV/T})(2.0\,\text{T}) = 3.5 \times 10^{-7}\,\text{eV}$$

(b) 이 양성자의 스핀 엎침(flip)과 관계된 광자의 진동수는

$$f = \frac{\Delta E}{h} = \frac{3.5 \times 10^{-7}\,\text{eV}}{4.14 \times 10^{-15}\,\text{eV}\cdot\text{s}} = 85\,\text{MHz}$$

이고 이 진동수는 RF(라디오 진동수)의 영역에 속해 있다. 파장은

$$\lambda = \frac{c}{f} = \frac{3.00 \times 10^{8}\,\text{m/s}}{85 \times 10^{6}\,\text{Hz}} = 3.5\,\text{m}$$

가 된다.

NMR의 한 가지 응용으로, 수소 원자를 포함하고 있는 시료가 강한 자기장 내에 놓였을 때를 생각할 수 있다. 시료에 자기장이 가해진 상태에서, RF(라디오 진동수)파를 조사하며 이 파의 진동수를 변화시켜 준다. 조사한 파의 진동수가, 광자의 에너지 hf가 핵의 두 갈라진 상태의 에너지의 차이와 같아지는 진동수에 도달했을 때, 양성자는 광자의 에너지를 흡수해 낮은 에너지 상태에서 높은 에너지 상태로 '엎침(flip)'하며, 광자의 흡수 스펙트럼에 날카로운 흡수선의 증가(공명)가 나타난다. 공명 진동수는 양성자 주위를 둘러싸고 있는 전자의 차폐 효과에 의한 양성자의 주위 환경에 좌우된다. 결과적으로, 그림 12.3에서 보듯이, 진동수의 함수로 주어진 광자의 흡수 스펙트럼은 시료의 내용물에 대한 믿을 만한 신호를 제공한다.

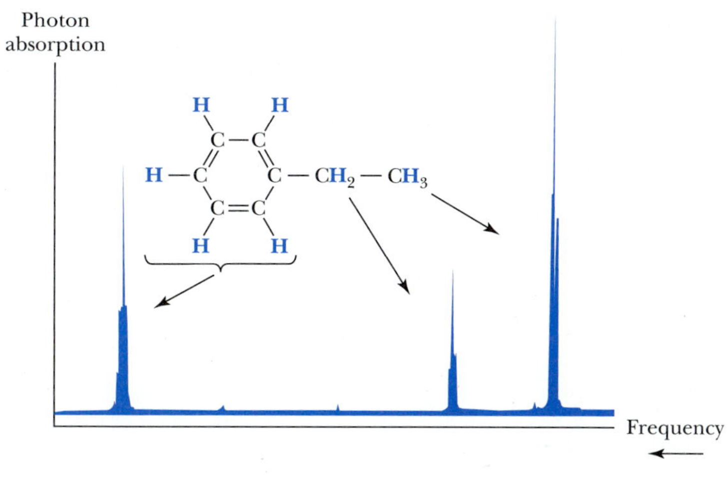

그림 12.3 간단한 유기 화합물 에틸벤젠을 포함하고 있는 시료의 양성자 NMR 스펙트럼. 각 그룹의 신호는 분자 내의 다른 부분들의 양성자들에 대응된다.

물리학자들은 NMR을 분광학적으로 분자나 결정에 대한 연구를 하기 위한 몇 가지 정교한 기법을 개발했다. 10장에서 논의한 바와 같이, 핵자기 공명은 자기 공명 영상(MRI)에 사용된 기법이다. 수소를 포함하고 있고, 매우 다른 성분을 가진 여러 세포—뼈, 근육, 관절 조직 등등—들은 대조적인 NMR 반응을 보이며, 이 차이는 선명한 영상으로 바뀐다. 이는 아주 작은(~μeV) 에너지를 가진 복사선의 응용으로 비침투성을 가지므로, 사람의 세포에 적은 손상을 주거나 전혀 손상을 주지 않는다. 인체에 심각한 손상을 줄 수 있는, 에너지가 1 keV나 그보다 큰 x선(MRI 복사선보다 10^9배 더 큰) 영상과 대조해 보자.

12.3 중양성자

양성자에 이어서 두 번째로 가장 단순한 핵은 ^{2}H의 핵인 중양성자이다. 중양성자는 한 개의 양성자와 한 개의 중성자로 구성되어 있기 때문에, 중양성자는 핵력을 볼 수 있는 원자핵 중에 가장 가벼운 원자핵이다. 먼저 중양성자 내에서 양성자와 중성자가 얼마나 강하게 결합되어 있는지를 알아보자. 중양성자의 질량은 2.013553 u이고 중양성자 원자의 질량은 2.014102 u이다. 질량의 차이 2.014102 u − 2.013553 u = 0.000549 u는 정확히 전자의 질량과 같다. 전자의 결합 에너지(수소의 경우는 13.6 eV)는 아주 작으므로 우리의 목적상 무시해도 된다. 중양성자 핵은 질량·에너지를 나타내는 에너지 B_d로 묶여 있다. 따라서 중양성자의 질량은

$$m_d = m_p + m_n - B_d/c^2 \tag{12.6}$$

이 된다.

중양성자의 질량은 중성자와 양성자의 질량의 합보다 정확히 핵의 결합 에너지 B_d만큼 작다. 식 (12.6)의 양변에 전자의 질량을 더하면

$$m_d + m_e = m_p + m_n + m_e - B_d/c^2 \tag{12.7}$$

을 얻을 수 있다. 그러나 $m_d + m_e$는 중수소 원자의 질량 $M(^2\text{H})$이고, $m_p + m_e$는 (작은 양의 전자의 결합 에너지를 무시한다면) 수소 원자의 질량이다. 따라서 식 (12.7)은

$$M(^2\text{H}) = m_n + M(^1\text{H}) - B_d/c^2 \tag{12.8}$$

이 되고, *원자 질량*을 사용할 수 있다. 모든 핵-질량 차이의 계산에서는 전자의 질량은 식 (12.8)에서와 같이 대부분 상쇄되므로 우리는 일상적으로 핵 질량보다는 원자 질량(부록 5 참고)을 사용한다.* 원자 질량은 대문자 M, 핵과 입자 질량은 소문자 m을 사용하고 있다. 이제 중양성자의 결합 에너지는 쉽게 결정할 수 있다.

*원자 질량 참고표에서 인용한 대부분의 원자 질량은 $M - A$로 주어지는 질량 초과분 Δ이다. 이로 인하여 M과 A가 거의 같기 때문에, 이 질량 차이까지 표기하려면 많은 유효숫자를 사용해야 하는 것을 피할 수 있다.

$$m_n = 1.008665 \text{ u} \quad \text{중성자의 질량}$$

$$M(^1\text{H}) = 1.007825 \text{ u} \quad \text{수소 원자의 질량}$$

$$M(^2\text{H}) = 2.014102 \text{ u} \quad \text{중수소 원자의 질량}$$

$$B_d/c^2 = m_n + M(^1\text{H}) - M(^2\text{H}) = 0.002388 \text{ u}$$

$\text{u} = 931.5 \text{ MeV}/c^2$을 이용해 이 질량 차이를 에너지로 전환시키면

$$B_d = 0.002388 c^2 \cdot \text{u} \left(\frac{931.5 \text{ MeV}}{c^2 \cdot \text{u}} \right) = 2.224 \text{ MeV} \tag{12.9}$$

가 된다. 2.2 MeV의 핵의 결합 에너지는 13.6 eV인 원자의 전자 결합 에너지보다 거의 백만 배 더 크기 때문에, 원자의 전자 결합 에너지를 무시해도 좋다. 더 무거운 핵에 대해서도 전자의 결합 에너지는 보통 무시한다.

어떤 핵 ^A_ZX의 결합 에너지는 이 핵을 자유 중성자와 양성자로 분리하는 데 필요한 에너지이다. 이 결합 에너지는 원자 질량 $M(^1\text{H})$과 $M(^A_ZX)$를 이용해 다음과 같이 구할 수 있다.

$$B(^A_ZX) = [Nm_n + ZM(^1\text{H}) - M(^A_ZX)]c^2 \tag{12.10}$$

핵의 결합 에너지

핵의 결합 에너지의 실험적 결정 중양성자의 결합 에너지가 2.22 MeV라는 우리의 결과는 핵반응을 이용해 확인할 수 있다. 감마선(광자)을 중수소 기체에 산란시켜서, 중양성자가 한 개의 중성자와 양성자로 쪼개지는 것을 관찰하자.

$$\gamma + d \rightarrow n + p \tag{12.11}$$

이러한 유형의 핵반응은 광자가 표적 핵의 형태를 바꾸는 원인이 되기 때문에 *광 붕괴* 또는 *광 핵반응*이라고 부른다(그림 12.4). 식 (12.11)에 대응되는 질량과 에너지 사이의 관계는 다음 식과 같다.

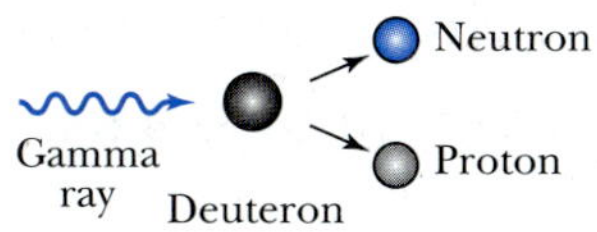

그림 12.4 에너지가 2.22 MeV보다 큰 감마선은 중양성자를 중성자와 양성자로 붕괴시킬 수 있다. 이 광 붕괴 효과로 중양성자의 결합 에너지가 2.22 MeV임을 알 수 있다.

$$hf + M(^2\text{H})c^2 = m_n c^2 + M(^1\text{H})c^2 + K_n + K_p \tag{12.12}$$

여기서 hf는 입사 광자의 에너지이고, K_n과 K_p는 각각 중성자와 양성자의 운동에너지이다. 광 붕괴를 위한 최소 에너지를 구하려면 $K_n = K_p = 0$으로 놓아야 한다. 그러면 광자의 최소 에너지는

$$hf_{\text{min}} = m_n c^2 + M(^1\text{H})c^2 - M(^2\text{H})c^2 = B_d \tag{12.13}$$

가 된다. 반응 과정에서 운동량도 보존이 되어야 하기 때문에 식 (12.13)은 정확히 맞는 것은 아니다. 정확한 관계식은

$$hf_{\text{min}} = B_d \left[1 + \frac{B_d}{2M(^2\text{H})c^2} \right] \tag{12.14}$$

와 같다(연습문제 13). 이 식에서 두 번째 항이 매우 작으므로 $hf_{\min}$ 값은 거의 중양성자의 결합 에너지 B_d와 같다. 실험에서는 2.22 MeV보다 작은 에너지를 가진 광자는 중양성자를 붕괴시키지 못하는 것을 보여 주었다.

중양성자 스핀과 자기모멘트 중양성자의 또 한 가지 놀라운 성질은 중양성자의 핵 스핀 양자수가 1이라는 것이다. 이는 중성자와 양성자의 스핀이 서로 평행하게 정렬되어 있음을 의미한다. 중양성자의 핵 자기모멘트는 자유 중성자와 양성자의 자기모멘트 값의 합과 비슷한 $0.86\mu_N$이다. 즉, $2.79\mu_N - 1.91\mu_N = 0.88\mu_N$이며 이는 평행한 스핀이라는 우리의 가설을 뒷받침하고 있다.

12.4 핵력

핵력을 연구하기 위해 많은 기술들이 사용되고 있다. 그중에 가장 직접적인 방법은 산란 실험에 기반을 둔 기술이다. 가장 간단한 계에 대한 공부를 시작으로, 핵력에 대해 탐구해 보자. 실험을 통하여 두 양성자 간, 두 중성자 간, 그리고 하나의 중성자와 하나의 양성자 간의 핵력이 거의 같음을 알 수 있다. 앞 절에서 중양성자에 대해 알아보았다. 양성자로부터 중성자가 산란될 때 어떤 경우에는 핵반응의 과정에서 중양성자가 형성된다. 즉,

$$n + p \rightarrow d + \gamma \tag{12.15}$$

또한 그림 12.5a에서 보는 바와 같이, 양성자에 의해 탄성 산란된 중성자들의 각 분포를 공부할 수 있다. 중성자 + 양성자, 그리고 양성자 + 양성자 산란은 핵 퍼텐셜이 대략 그림 12.5b에서와 비슷한 모양을 갖고 있음을 말해 주고 있다. 핵 간 퍼텐셜은 중심이 딱딱한 '경심(hard core)'을 갖고 있어, 핵들의 중심이 서로 0.5 fm보다 더 가까이 접근할 수

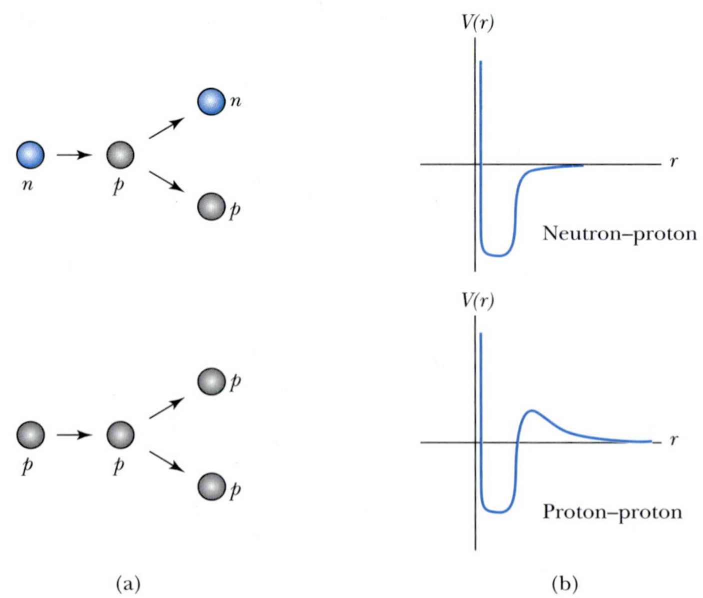

그림 12.5 (a) 중성자 + 양성자, 그리고 양성자 + 양성자 산란의 자세한 연구는 (b) 각각의 상호작용을 기술하는 퍼텐셜의 모양을 결정해 준다. 양성자-양성자 상호작용은 쿨롱 퍼텐셜을 포함하고 있다(임의의 눈금임).

없게 한다. 양성자의 전하 반지름은 약 1 fm이다. 물리학자들은 중성자도 대략 같은 전하 반지름을 가지고 있다고 믿고 있다. 약 2 fm 이내에 있는 두 개의 핵자들 사이에는 인력의 핵력이 작용하고, 3 fm 밖에서는 핵력이 근본적으로 영이다. 입자 간의 거리에 따라 핵력이 어떤 짧은 거리 밖에서는 갑자기 영으로 떨어지기 때문에 핵력을 *단거리 힘*이라고 부른다. 핵력은 단거리 힘이므로, 핵자들은 대부분 가장 가까운 이웃에 있는 핵자들하고만 상호작용을 한다. 내부의 핵자들은 그들과 상호작용하는 다른 핵자들로 완전히 둘러싸여 있기 때문에, 핵력은 *포화 가능*하다고 말한다. 그러나 핵 표면에 있는 핵자들은 내부에서처럼 그렇게 완전히 둘러싸여 있지 않기 때문에 그들의 핵력은 포화되어 있지 않다. 물론 이는 양자역학적으로 기술되어야 하는 현상을 고전적으로 이야기하고 있는 것이다.

핵력은 단거리 힘이다

그림 12.5b에 보인 *np*와 *pp* 퍼텐셜의 유일한 차이는 *pp*힘이 $r \geq 3$ fm에서 보여지는 쿨롱 퍼텐셜이라는 점이다. 3 fm 이내에서는 분명히 핵력이 지배적이지만, 3 fm 밖에서는 오직 쿨롱 힘만이 유효하다. 핵자-핵자 퍼텐셜의 깊이는 약 40 MeV이며, *np* 퍼텐셜은 쿨롱 힘이 없기 때문에 조금 더 크다.

중양성자의 속박 상태에서는 중성자와 양성자의 스핀들이 한 방향으로 정렬되어 있지만, 스핀들이 반대 방향으로 정렬(총 스핀이 0이 되도록 결합)된 속박 상태는 없기 때문에, 핵력은 스핀에 의존하는 것으로 알려져 있다.

자유 중성자(핵에 속박되지 않은)는 불안정하고 자유 중성자를 표적으로 만들기가 어려워서, 중성자-중성자 계를 연구하기는 더 어렵다. 그러나 동시적인 핵폭탄 폭발에서 보듯이, 움직이는 중성자들이 서로 부딪혀 산란되는 실험의 분석에서 얻은 간접 증거는 *nn* 퍼텐셜은 *np* 퍼텐셜과 비슷함을 보여 준다. 두 핵자 사이의 핵 퍼텐셜은 핵자들의 전하와는 관계가 없는 듯하다. 이것을 *핵력의 전하 독립성*이라고 부른다. 여러 가지 목적으로 중성자와 양성자는 전하 상태만 다른 같은 입자로 생각하고 있다. 이것이 중성자와 양성자를 모두 *핵자*로 부르는 이유이다.

핵력은 전하와 무관하다

12.5 핵의 안정성

식 (12.10)에서 핵의 결합 에너지를 원자 질량의 항으로 구하는 방법을 제시하였다. 만일 B가 양의 값을 가지면, 핵은 자유 중성자나 양성자로 붕괴되는 것으로부터 안정하다. A개의 핵자를 포함하고 있는 핵은 자신의 질량이 A개의 가능한 핵자들의 조합의 질량보다 가벼울 때 *안정*하므로, 식 (12.10)을 일반화시킬 필요가 있다. 핵 ${}^{A}_{Z}X$가 다른 가능한 핵자들의 조합, 예를 들어 R개의 핵자와 S개의 (다른 종류의) 핵자들의 조합으로 붕괴되지 않기 위한 결합 에너지는

$$B = [M(R) + M(S) - M({}^{A}_{Z}X)]c^2 \tag{12.16}$$

과 같다. 특히 양성자(또는 중성자) 한 개를 핵으로부터 분리하는 데 필요한 에너지를 양성자(또는 중성자) *분리 에너지*라고 부르며, 식 (12.16)은 이 에너지를 구하는 데 유용한 식이다. 어떤 특별한 붕괴에 대해서 B가 음의 값을 가진다고 해도, 이 핵이 안정한 것에는 다른 이유가 있을 것이다.

예제 12.5

핵 ^{8}Be이 양의 결합 에너지를 갖고 있지만, 두 개의 알파입자로의 붕괴에 대해서는 불안정함을 보여라.

전략 식 (12.10)을 이용하여 ^{8}Be의 결합 에너지를 구하고, 식 (12.16)을 이용하여 이 핵이 두 개의 알파입자로 붕괴할 때의 결합 에너지를 구한다. 핵의 결합 에너지 B가 음의 값을 가지면 그 핵은 불안정하다.

풀이 ^{8}Be의 결합 에너지는

$$B(^8\text{Be}) = [4m_n + 4M(^1\text{H}) - M(^8\text{Be})]c^2$$

이다. 부록 5에서 ^{1}H과 ^{8}Be의 원자 질량을 찾을 수 있으며, 결합 에너지를 계산하면

$$B(^8\text{Be}) = [4(1.008665\text{ u}) + 4(1.007825\text{ u}) - 8.005305\text{ u}] \times c^2\left(\frac{931.5\text{ MeV}}{c^2\cdot\text{u}}\right) = 56.5\text{ MeV}$$

가 되어 ^{8}Be는 양의 결합 에너지를 가짐을 알 수 있다. 이제 식 (12.16)을 이용하여 ^{8}Be가 두 개의 알파입자로 붕괴될 때의 결합 에너지, 즉 $^8\text{Be} \rightarrow 2\alpha$의 결합 에너지를 계산하면

$$B(^8\text{Be} \rightarrow 2\alpha) = [2M(^4\text{He}) - M(^8\text{Be})]c^2 = [2(4.002603\text{ u}) - 8.005305\text{ u}] \times c^2\left(\frac{931.5\text{ MeV}}{c^2\cdot\text{u}}\right) = -0.093\text{ MeV}$$

가 된다. B가 음의 값을 가지므로 ^{8}Be은 두 개의 알파입자로의 붕괴에 대해서는 *불안정*하다. 에너지의 관점에서 보면 ^{8}Be이 두 개의 알파입자로 붕괴하지 않을 이유가 없다. 가끔 어떤 핵종에서는 스핀 각운동량 보존과 같은 어떤 보존 법칙이 방사성 붕괴를 못하게 하므로, 비록 A개의 핵자들의 다른 조합이 더 작은 질량을 가질지라도 안정할 수 있다. 그러나 이 경우에 있어서는 ^{8}Be이 자발적으로 두 개의 알파입자로 붕괴하는 것이 실험적으로 입증되었다. 별이 대부분 수소와 헬륨으로 되어 있는 것은 ^{8}Be의 불안정성 때문이다. ^{8}Be의 불안정성 때문에 헬륨 핵이 더 무거운 핵으로 합쳐지기는 어렵다. 그러나 ^{12}C 핵은 특별히 세 개의 알파입자로 구성된 안정한 핵이다.

그림 12.6에 모든 알려진 안정한 핵뿐만 아니라, 관측하기에 충분히 긴 수명을 가진 알려진 많은 불안정한 핵들을 나타냈다. 실험적으로는 물질의 수가 적을 때의 반수명(수명의 1/2)을 측정할 수 있으므로, 이 그림에서는 수 밀리초(millisecond)나 그보다 더 짧은 시간 내에 붕괴하는 핵들을 포함하고 있다. 안정한 핵들을 나타내는 선은 **안정선**(line of stability)이라고 부른다(그림 12.6). 그림 12.6으로부터는 몇 가지 중요한 사실들을 알 수 있다. 첫째, $A \le 40$일 때는 핵 속의 양성자와 중성자의 수가 거의 비슷하게 $Z \approx N$이 되려고 한다. 그러나 $A \ge 40$일 때는 결정적으로 $N > Z$가 되려고 한다. 이 차이는 다음과 같이 이해할 수 있다. 앞에서 언급한 바와 같이, 핵력의 강도는 입자가 nn, np, 또는 pp인지의 여부에는 좌우되지 않는다. 중성자와 양성자의 수가 같을 때 가장 큰 인력의 핵자 간 평균 핵력을 가지지만, 쿨롱 힘도 고려해야 한다. 양성자의 수가 증가함에 따라 양성자 사이의 쿨롱 힘은 점점 커져서, 마침내는 핵자들의 결합 에너지에 영향을 미친다.

안정선

반지름이 R인 구 내부에 균일하게 분포된 전하 Ze를 가지기 위한 정전 에너지는, 이 전하를 무한대에서 구 내부로 옮겨 오는 데 필요한 일로부터 계산할 수 있으며(연습문제 61) 그 결과는

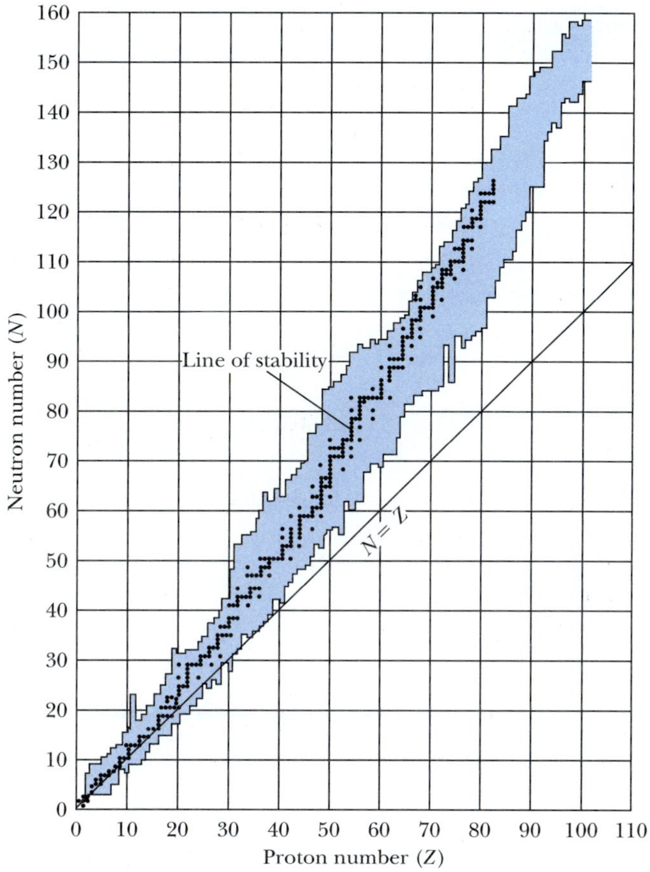

그림 12.6 지금까지 알려진 핵종들에 대한 중성자 수 N 대 양성자 수 Z로 표시한 도표. 속이 차 있는 점들은 안정한 핵들을 나타내고, 음영으로 표시된 영역은 불안정한 핵들을 나타낸다. 속이 찬 점들을 매끈하게 이은 선이 안정선이 된다.

$$\Delta E_{\text{Coul}} = \frac{3}{5}\frac{(Ze)^2}{4\pi\epsilon_0 R} \tag{12.17}$$

이 된다. 식 (12.17)로부터 한 개의 양성자에 대한 자체 에너지는

$$\Delta E_{\text{Coul}} = \frac{3}{5}\frac{e^2}{4\pi\epsilon_0 R}$$

이 됨을 알 수 있다. 이 항은 양성자 자체를 형성하는 데 필요한 일을 나타내며, Z개의 양성자로 구성된 핵의 정전 자체 에너지에는 이 항을 포함시키지 않아야 한다. 따라서 식 (12.17)에 주어진 총에너지로부터 Z개의 이 항을 빼야 하며; 그 결과로 핵 내의 총 쿨롱 반발 에너지는

$$\Delta E_{\text{Coul}} = \frac{3}{5}\frac{Z(Z-1)e^2}{4\pi\epsilon_0 R} \tag{12.18}$$

이 된다.

예제 12.6

식 (12.18)은 다음 식과 같이 쓸 수 있음을 보여라.

$$\Delta E_{\text{Coul}} = 0.72[Z(Z-1)]A^{-1/3}\,\text{MeV} \qquad (12.19)$$

이 식을 이용하여 $^{238}_{92}\text{U}$의 총 쿨롱 에너지를 구하라.

전략 $R(r_0 = 1.2\text{ fm})$에 대한 식 (12.2)를 이용하여 A를 구하고, 이를 식 (12.18)에 대입하여 에너지를 먼저 줄 단위, 그리고 MeV의 단위로 계산한다.

풀이

$$\begin{aligned}\Delta E_{\text{Coul}} &= \frac{3}{5}[Z(Z-1)](1.6\times10^{-19}\text{ C})^2 \\ &\quad\times(9\times10^9\text{ N}\cdot\text{m}^2/\text{C}^2)\frac{1}{1.2\times10^{-15}\text{ m}\cdot A^{1/3}} \\ &= 1.15\times10^{-13}[Z(Z-1)]A^{-1/3}\text{ J}\,\frac{1\text{ MeV}}{1.6\times10^{-13}\text{ J}} \\ &= 0.72\,[Z(Z-1)]A^{-1/3}\text{ MeV}\end{aligned}$$

다음으로 $Z = 92$와 $A = 238$을 식 (12.19)에 대입하면

$$E_{\text{Coul}} = 0.72(92)(91)(238)^{-1/3} = 970\text{ MeV}$$

가 된다. 이 에너지는 큰가 아니면 작은가? 부록 5에서 질량들을 찾아서 그 구성 핵자들의 분리에 대한 $^{238}_{92}\text{U}$의 총 결합 에너지를 계산하면

$$\begin{aligned}B_{\text{tot}} &= [146(1.008665\text{ u}) + 92(1.007825\text{ u}) \\ &\quad - 238.050783\text{ u}]\,c^2\left(\frac{931.5\text{ MeV}}{c^2\cdot\text{u}}\right) = 1802\text{ MeV}\end{aligned}$$

가 된다. 총 쿨롱 에너지는 무거운 핵의 결합 에너지의 큰 부분을 차지함을 알 수 있다.

무거운 핵에 대해서는, 큰 쿨롱 반발 에너지 때문에 핵은 중성자보다 적은 수의 양성자를 가지려 한다고 결론지을 수 있다. 사실 그림 12.6에서 보면 $Z > 82$에서는 점점 커지는 쿨롱 힘 때문에 안정핵은 없다. 가장 무거운 안정핵은 ^{208}Pb로 알려져 있다. 원래는 ^{209}Bi로 알려졌으나, 2003년에 ^{209}Bi 알파입자가 2×10^{19}년의 반수명으로 붕괴됨을 발견하였다. ^{209}Bi의 반수명은 우주의 나이보다도 훨씬 더 길기 때문에, 안정하다고 여길 수도 있다. $Z > 82$와 $A > 208$을 갖는 모든 핵은, 결국은 이보다 가벼운 질량들의 조합으로 자발적인 붕괴를 한다. 무거운 핵에 한 개의 양성자를 더하면 일정한 양의 핵의 결합 에너지가 더해지나, 척력인 쿨롱 힘에 의한 쿨롱 에너지는 $\Delta E_{\text{Coul}} \sim (Z+1)^2 - Z^2 \approx 2Z$만큼 증가한다. 쿨롱 힘은 원거리 힘이므로, 양성자는 핵 속에 있는 모든 양성자와 전자기학적으로 상호작용을 한다. 그리고 이 에너지(척력인 쿨롱 힘에 의한 에너지)는 Z에 따라 증가하기 때문에 큰 Z를 갖는 핵은 결국에는 불안정하게 된다. 중성자들이 양성자들 사이에 퍼져 들어가면 양성자와 양성자 사이의 거리가 멀어져서 쿨롱의 반발력이 조금은 약하게 된다.

그림 12.6으로부터 알 수 있는 또 다른 중요한 사실은, 가장 안정한 핵종은 짝수 Z와 짝수 N('짝-짝' 핵종이라 부름)을 갖는다는 것이다. 홀수 Z와 홀수 N('홀-홀' 핵종)을 갖는 안정한 핵은 네 개가 있는데 이들은 모두 가벼운 핵들이다. 이들은 ^2_1H, ^6_3Li, $^{10}_5\text{B}$, $^{14}_7\text{N}$이다. 이 이외에 다른 안정핵은 Z나 N 중에 하나가 홀수인, 홀-짝 또는 짝-홀을 가진다. 자연은 확실히 짝수의 양성자와 중성자로 된 핵을 선호한다.

이 경험적인 관찰 결과는 파울리의 배타 원리로 설명할 수 있다. 중성자와 양성자는

구별할 수 있는 페르미 입자이므로, 그들은 배타 원리를 만족해야 한다. 오직 두 개의 중성자(또는 양성자)만이 각각의 공간 궤도(양자 상태)에 하나는 스핀 '위' 다른 하나는 스핀 '아래' 상태로 존재할 수 있다. 따라서 각각의 핵에너지 준위에는 스핀이 쌍을 이루어 그 합이 0이 되는 두 개의 입자가 들어갈 수 있다. 같은 수의 입자를 다른 배열로 하면 더 높은 에너지(덜 안정한) 상태를 만들기 때문에, 서로 스핀이 반대인 이와 같은 스핀 배열은 특히 안정하게 된다. 따라서 짝수의 N과 Z를 가진 핵을 선호한다.

개념 예제 12.7

오직 네 개의 안정한 핵종만이 홀수 개의 N과 Z를 가진다. 이 핵종들, ${}^{2}_{1}\mathrm{H}$, ${}^{6}_{3}\mathrm{Li}$, ${}^{10}_{5}\mathrm{B}$, ${}^{14}_{7}\mathrm{N}$의 각각에 N과 Z를 모두 더해 주면 안정한 핵이 될지를 예측해 보라. 부록 5를 보고 그 핵들이 안정한지 아닌지 알아보라.

풀이 각각의 핵에 양성자 한 개와 중성자 한 개를 더해 주면 짝-짝 핵이 된다. 핵자들은 짝수 개로 되려는 성향이 있으므로 이 새로운 핵들은 안정한 핵이 됨직하다.

부록 5에서 보면 ${}^{8}_{4}\mathrm{Be}$만이 불안정한데, 이 핵은 두 개의 알파입자로 붕괴하는 특별한 경우이다. 알파입자는 Z와 N이 모두 '마법수'(연습문제 68)인 2를 가지는 특별히 안정한 핵이다.

1930년대에 보어(Niels Bohr)와 바이제커(Carl F. von Weizäcker) 등은 핵을 상호작용하는 입자들이 모여 생긴 물방울과 같은 것이라고 취급하는 **물방울 모형**(liquid drop model)을 이용해 많은 핵 현상을 설명할 수 있었다. 앞 절의 논의에서, 그림 12.6에 나타난 안정선을 정성적으로 이해하였다. 이와 아주 비슷한 방법으로, 바이제커는 1935년에 물방울 모형에 기반을 둔 준경험적 질량 공식을 제안했다.

물방울 모형

총 결합 에너지의 항으로 준경험적 질량 공식을 쓰면

$$B({}^{A}_{Z}X) = a_V A - a_A A^{2/3} - 0.72Z(Z-1)A^{-1/3} - a_S \frac{(N-Z)^2}{A} + \delta \quad (12.20)$$

바이제커의 준경험적 질량 공식

가 된다.

질량은 식 (12.10)을 이용해 계산할 수 있다. 여기에서 부피 항(a_V)은 결합 에너지가 거의 핵자들 사이의 모든 상호작용의 합임을 나타낸다. 핵력은 단거리 힘이므로 각 핵자는 가장 가까이 있는 핵자들과만 상호작용하므로, 이 상호작용은 핵자의 총수인 A에 비례한다.

*표면 효과*라고 불리는 두 번째 항은, 첫 번째 항에서 핵 표면의 핵자들은 다른 핵자들로 완전히 둘러싸여 있지 않은 것을 감안한(표면장력과 비슷한) 단순한 보정 항이다. 표면 핵자들은 포화된 상호작용을 갖지 않으므로 그 보정 항은 물방울의 표면적($4\pi R^2$)에 비례해야 한다. $R \sim A^{1/3}$이므로 그 보정 항은 $A^{2/3}$에 비례한다.

세 번째 항은 식 (12.17)과 (12.18)에서 설명한 쿨롱 에너지이다. 간단한 결과는 식 (12.19)이다.

네 번째 항은 앞에서 설명한 대칭 에너지에 의한 것이다. 쿨롱 힘이 없을 때는 핵은 $N \approx Z$가 되려고 하는 경향이 있다. 이 항은 배타 원리에 좌우되는 양자역학적 근거를 가지고 있다. 네 번째 항의 기호는 $N - Z$의 부호와 관계가 없음을 유의하자.

마지막 항은 짝짓기 에너지에 의한 것으로, 짝-짝 핵이 더 안정하다는 사실을 반영하고 있다. 이 항은 경험적으로 결정할 수 있다. 오랜 기간에 걸쳐서 여러 쌍의 매개변수가 제시되었다. 일부 연구자의 결과로부터 수집한 식 (12.20)의 매개변수 한 쌍을 소개하면

$$a_V = 15.8 \text{ MeV} \quad \text{부피}$$
$$a_A = 18.3 \text{ MeV} \quad \text{표면}$$
$$a_S = 23\ 2 \text{ MeV} \quad \text{대칭}$$

$$\text{Pairing } \delta = \begin{cases} +\Delta & \text{짝-짝 핵} \\ 0 & \text{홀수 } A(\text{짝-홀, 홀-짝}) \text{ 핵} \\ -\Delta & \text{홀-홀 핵} \end{cases}$$

이며 여기서 $\Delta = 33 \text{ MeV} \cdot A^{-3/4}$이다.

안정한 동위원소의 전체 표는 바이제커의 아이디어를 준경험적 질량 공식에 적용하면 이해할 수 있다. $^{238}_{92}$U보다 무거운 안정핵은 자연에서 발견되지 않았다. 그러한 입자들이 과거에 존재했었다면 그 입자들은 빠르게 붕괴해 측정하기에 충분하지 않은 양이 남아 있을 것이다. $^{209}_{83}$Bi과 $^{238}_{92}$U 사이의 핵들은 아직도 자연에서 발견되는데, 그 이유는 붕괴율이 매우 낮아서 별 내부에서 생성된 후 아직 충분히 붕괴되지 않았거나 다른 핵의 방사성 붕괴에 의해 지속적으로 생성되고 있기 때문이다.

핵자당 결합 에너지

서로 다른 핵종들의 상대적인 안정성을 비교하기 위해서는 **핵자당 결합 에너지**(binding energy per nuclear)를 아는 것이 중요하다. 알려진 각 핵의 결합 에너지를 계산해 그들을 질량수로 나눈 값을 그림 12.7에 나타냈다. 핵자당 평균 결합 에너지는 $A = 56$ 근처에서 피크를 가지며, 더 무거운 핵으로 가면 서서히 감소한다. 가벼운 핵에 대

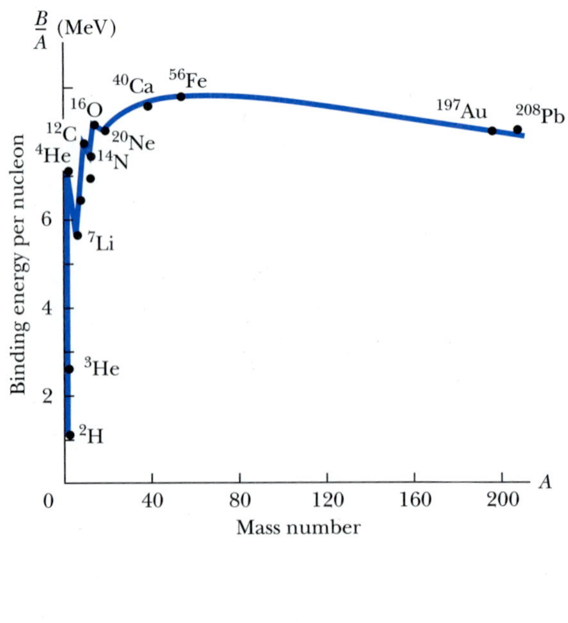

그림 12.7 질량수에 대한 핵자당 결합 에너지. ^{4}He, ^{12}C, ^{16}O에서 작은 피크들이 있음을 주목하자.

해서는, 곡선은 수소로부터 모든 핵자들이 다른 핵자들에 의해 둘러싸이게 되는 핵까지 빠르게 증가한다. 이 곡선은 핵력의 포화 효과를 설명하고 있다. 매우 가벼운 핵($A <$ 20) 이후에는, 곡선은 8 MeV/핵자로 거의 평평하다. 특별히 강하게 결합되어 있는 짝-짝 핵 ^{4}He, ^{12}C, ^{16}O에는 아주 뾰족한 피크가 있다.

예제 12.8

$^{20}_{10}$Ne, $^{56}_{26}$Fe, $^{238}_{92}$U의 핵자당 결합 에너지를 구하라.

전략 먼저 식 (12.10)을 이용해 각 핵의 결합 에너지를 구하고, 결합 에너지를 질량수로 나누어서 핵자당 결합 에너지를 구한다.

풀이

$$\begin{aligned} B(^{20}_{10}\text{Ne}) &= [10m_n + 10M(^1\text{H}) - M(^{20}_{10}\text{Ne})]c^2 \\ &= [10(1.008665\text{ u}) + 10(1.007825\text{ u}) \\ &\quad - 19.992440\text{ u}]c^2\left(\frac{931.5\text{ MeV}}{c^2\cdot\text{u}}\right) \\ &= 161\text{ MeV} \end{aligned}$$

$$\frac{B(^{20}_{10}\text{Ne})}{20\text{ nucleons}} = 8.03\text{ MeV/nucleon}$$

$$\begin{aligned} B(^{56}_{26}\text{Fe}) &= [30m_n + 26M(^1\text{H}) - M(^{56}_{26}\text{Fe})]c^2 \\ B(^{56}_{26}\text{Fe}) &= [30(1.008665\text{ u}) + 26(1.007825\text{ u}) \\ &\quad - 55.934942\text{ u}]c^2\left(\frac{931.5\text{ MeV}}{c^2\cdot\text{u}}\right) \\ &= 492\text{ MeV} \end{aligned}$$

$$\frac{B(^{56}_{26}\text{Fe})}{56\text{ nucleons}} = 8.79\text{ MeV/nucleon}$$

$$\begin{aligned} B(^{238}_{92}\text{U}) &= [146m_n + 92M(^1\text{H}) - M(^{238}_{92}\text{U})]c^2 \\ &= [146(1.008665\text{ u}) + 92(1.007825\text{ u}) \\ &\quad - 238.050783\text{ u}]c^2\left(\frac{931.5\text{ MeV}}{c^2\cdot\text{u}}\right) \\ &= 1800\text{ MeV} \end{aligned}$$

$$\frac{B(^{238}_{92}\text{U})}{238\text{ nucleons}} = 7.57\text{ MeV/nucleon}$$

그림 12.7과 같이, 세 가지 핵종 모두 8 MeV에 가까운 핵자당 결합 에너지를 가지며, ^{56}Fe가 가장 큰 핵자당 결합 에너지를 갖는다.

핵 모형

아직까지 물리학자들은 핵력 또는 핵자들이 핵 내부에서 어떻게 상호작용을 하고 있는지 완전히 이해하지는 못하고 있다. 최근에는 핵자를 만들고 있는 구성 쿼크(14장을 보라)의 연구에 집중하고 있다. 핵력은 정확히 알려져 있지 않기 때문에 물리학자들은 여러 종류의 핵 모형에 의존해서 핵의 성질을 규명해 왔다. 이 모형들은 여러 가지 핵의 성질을 설명하는 데 다소나마 성공적이었다.

모형은 일반적으로 두 가지 범주로 나뉜다.

1. *독립 입자 모형.* 핵자들은 공통의 핵 퍼텐셜 내에서 거의 독립적으로 운동한다. 이 모형들에서는 껍질 모형이 가장 성공적이었다.
2. *강한 상호작용 모형.* 이 모형에서 핵자들은 서로 매우 강하게 결합되어 있다. 이미 논의한 물방울 모형은 이 모형들 중 가장 특징적인 것으로, 핵분열과 더불어 핵 질량을 설명하는 데 아주 성공적이었다(13장을 보라).

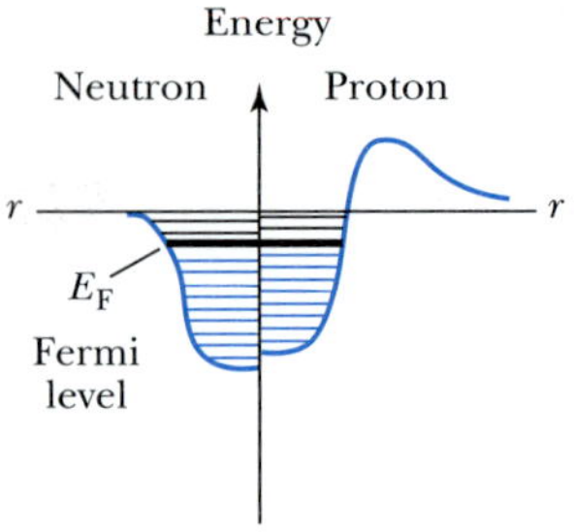

그림 12.8 큰 핵 내의 수많은 중성자와 양성자에 작용하는 핵 퍼텐셜 우물의 그림. 쿨롱 퍼텐셜 때문에 중성자가 양성자보다 다소 강하게 결합되어 있다. 페르미 준위 E_F 아래의 모든 준위는 채워져 있다.

지면관계상 이 많은 모형들에 대한 상세한 설명은 생략한다. 이 절에서 이미 물방울 모형은 설명했다. 따라서 독립 입자 모형 중에서 가장 간단한 모형을 설명하기로 한다. 그림 12.8에서 중성자와 양성자에 작용하는 핵 퍼텐셜을 나타낸 것을 볼 수 있다. 쿨롱의 상호작용 때문에 양성자 퍼텐셜의 모양과 깊이는 중성자 퍼텐셜의 모양과 깊이와 약간 다르다. 예를 들어 중간 정도에서 무거운 핵의 경우에는, 중성자의 퍼텐셜 우물의 전형적인 깊이는 43 MeV이지만, 양성자에 대해서는 37 MeV밖에 안 된다. 핵자들로 채워질 수 있는 상태를 표기하는 에너지 준위는 퍼텐셜 곡선 내에 표시했다. 핵도 원자와 같이, 핵 내에서 가장 높은 준위가 채워진 페르미 준위가 있는 것에 유의하자. 전형적인 페르미 준위의 깊이는 약 8 MeV이다. 핵의 바닥 상태에서는 페르미 준위 아래에 있는 모든 준위는 채워져 있지만, 핵이 들뜬 상태가 되면 한 개 또는 그 이상의 핵자가 페르미 준위 위의 채워지지 않은 준위로 올라간다.

핵은 핵자들의 집단으로 형성되는데, 핵자들은 스스로 가능한 한 가장 낮은 에너지 준위에 정렬된다. 그림 12.9에 ^{12}C와 ^{16}O 사이의 몇 가지 가능한 핵종들에 대한 에너지 준위를 나타냈다. 이 에너지 준위 그림은 핵 퍼텐셜의 바닥이 에너지 눈금의 영이 되도록 가정했으므로, 양의 에너지 값을 다룬다. ^{12}C와 ^{16}O은 짝수인 양성자와 중성자를 가지는 짝-짝 핵이므로 특별히 안정하다. 양성자에 작용하는 부가적인 쿨롱 반발력 때문에, 중성자 에너지 준위는 양성자 준위보다 약간 낮음에 유의하자. ^{12}C에 양성자 하나를 더하면 $^{13}_{7}$N이 되는데 이것은 불안정하고(연습문제 60), 반면에 중성자 하나를 더해 ^{13}C가 되면 이 핵은 안정하다. 또 다른 중성자를 넣어 ^{14}C를 만들 때에는, 아주 약간 불안정하게 된다. 이 질량의 영역에서는, 자연은 대략 같은 수의 중성자와 양성자($N \approx Z$)를 선호하지만, $Z > N$은 원하지 않는다. 이것이 왜 ^{13}C은 안정하고 ^{13}N은 불안정한가를 설명하는

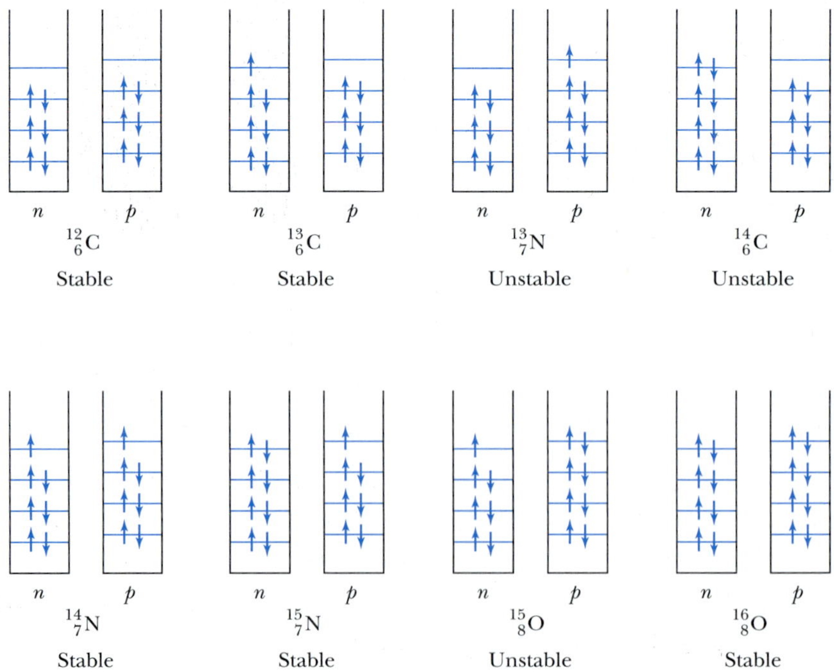

그림 12.9 ^{12}C와 ^{16}O 사이의 몇몇 핵에 대한 양성자와 중성자의 에너지 준위의 개략적인 그림. 이 영역에서 핵 ^{12}C와 ^{16}O은 특별히 안정하지만, $N \approx Z$의 효과와 스핀 짝짓기 효과는 중요하다.

데 도움을 준다. 즉, 이 질량의 영역에서 핵이 안정되기에는 ^{14}C의 중성자의 수(여덟 개)가 양성자의 수(여섯 개)보다 너무 많다. ^{13}C에 양성자 하나를 더 넣으면 ^{14}N가 되는데, 이 핵은 몇 안 되는 안정한 홀-홀 핵 중의 하나이다. ^{14}N에 양성자 하나를 또 더하면 불안정한 ^{15}O가 된다. 그러나 ^{14}N에 중성자 하나를 더하면 안정한 ^{15}N가 된다는데, 이것은 중성자 에너지 준위가 이에 상응하는 양성자 에너지 준위보다 낮다는 것을 다시 한번 암시하고 있다. 마지막으로 ^{15}N에 양성자 한 개를 더 더하면 매우 안정한 ^{16}O이 된다. 그러나 ^{15}N에 중성자를 추가하는 경우, 매우 불안정한 핵종 ^{16}N을 얻게 된다. ^{14}N와 ^{15}N만이 안정된 질소의 동위원소이다.

핵의 껍질 모형(연습문제 68, 69)에서는 짝짓기 효과를 이용하므로, 각각의 껍질(또는 에너지 준위)마다 오직 두 개의 중성자나 두 개의 양성자가 존재한다. 에너지 준위의 순서는 이미 8장에서 논의한 *jj* 결합과 비슷한 방법으로 핵 스핀을 결합하는 각운동량 규칙에 의해 정해진다.

12.6 방사성 붕괴

마리 퀴리와 그녀의 남편 피에르는 방사능과 관련한 중요한 발견들을 하였고, 1898년에 폴로늄과 라듐을 발견했다. 베크렐과 퀴리 부부는 방사능과 관련한 발견들과 후속 업적들로 1903년에 노벨 물리학상을 공동 수상하였다. 앞 절에서, 많은 핵들이 불안정하고 이 불안정한 핵들은 더 적은 질량을 갖는 A개의 핵자의 조합으로 자발적으로 붕괴할 수 있다는 것을 배웠다. 이 핵들은 몇 가지 다른 형태로 붕괴한다. 가장 간단한 형태는 핵이 N이나 Z의 변화 없이 들뜬 상태에서 바닥 상태로 바뀌는 것을 나타내는 감마선 붕괴이다. 붕괴의 다른 방식에는 α입자, β입자, 양성자, 중성자의 방출, 및 핵분열이 있다. α, β, γ 붕괴에 대해서는 다음 절에서 논의하고, 핵분열은 다음 장에서 논의할 것이다. 이 절에서는 방사성 붕괴 법칙의 성질을 다룬다.

Hi-Story/Alamy Stock Photo

마리 퀴리(Marie Curie, 1867~1934)와 이렌 졸리오퀴리(Irène Joliot-Curie, 1897~1956)는 과학계에서 가장 유명한 모녀 쌍이다. 마리 퀴리는 노벨상을 두 번 수상했는데, 한 번은 1903년 그녀의 남편 피에르(Pierre)와 공동 수상한 물리학상이고, 또 한 번은 방사능의 효과와 원소 라듐과 폴로늄의 발견에 대한 업적으로 1911년에 수상한 화학상이다. 자신의 어머니의 연구실에서 10대부터 연구를 시작한 이렌 퀴리는 1935년에 그녀의 남편 프레데리크(Frèdèric Joliot-Curie)와 함께 새로운 방사성 원소들을 제조한 업적으로 노벨 화학상을 공동 수상했다.

방사능의 시간의존성의 일반적인 형태는, 붕괴가 통계적 과정이기 때문에 모든 붕괴에 대해 같은 형태를 가진다. 주어진 방사성 물질의 시료에 대해 단위 시간당 분해, 또는 붕괴 수를 측정하고, 이것을 그 물질의 **방사능**(activity)이라고 정의한다. 만약 N개의 불안정한 원자들을 가진 물질이 있다면 그 방사능 R은

$$\text{방사능} = -\frac{dN}{dt} = R \tag{12.21}$$

로 주어지며, 여기서 음의 부호는 R을 양수로 만들기 위해서 붙인 것이다.(총수 N은 시간에 따라 감소하므로, dN/dt는 음수이다.) 방사능의 SI 단위는 베크렐(1 Bq = 1 붕괴/초)이고, 과거에는 퀴리(Ci)라는 단위(1 Ci = 3.7×10^{10}붕괴/초)가 더 일반적으로 사용되었다. SI 단위가 세계적으로 통용되는 추세이므로, 여기에서는 우선적으로 Bq을 방사능 단위로 사용할 것이다. 학생들의 실험실 실험에서, 예를 들어 연기 감지기에 사용되는 ^{241}Am α 방출자는 겨우 ~10^4 Bq 정도(수 μCi)의 방사능을 가진 물질을 포함하고 있으며, 이들은 미국 연방 면허를 받지 않고도 사용할 수 있다.

주어진 시료의 방사능은 시간에 따라 지수적으로 감소하는 것이 실험적으로 관측되

었다. 이제 이론적으로 왜 이렇게 되는지 알아보자. $N(t)$를 어느 시각 t에 있어 시료 내의 방사성 핵의 개수라고 하고, **붕괴상수**(decay constant)라고 부르는 λ를 어떤 주어진 핵이 단위 시간당 붕괴할 확률이라고 한다면 방사능 R은

붕괴상수

$$R = \lambda N(t) \tag{12.22}$$

가 된다. 시간 간격 dt 동안 붕괴하는 핵의 수 dN은, 식 (12.21)과 (12.22)를 이용하면

$$dN(t) = -R\,dt = -\lambda N(t)\,dt \tag{12.23}$$

가 된다. 이 식을 다시 정렬해 적분하면

$$\int \frac{dN}{N} = -\int \lambda\ dt$$
$$\ln N = -\lambda t + \text{constant}$$
$$N(t) = e^{-\lambda t + \text{constant}}$$

만일 $N(t = 0) \equiv N_0$로 놓으면 위 식은

방사능 붕괴 법칙

$$N(t) = N_0 e^{-\lambda t} \tag{12.24}$$

가 된다. 이것이 **방사능 붕괴 법칙**(radioactive decay law)이며, 이 식은 모든 붕괴에 적용이 된다. 지수적인 붕괴율은 실험적으로 관측한 결과와 잘 일치한다. 방사능 R은

$$R = \lambda N(t) = \lambda N_0 e^{-\lambda t} = R_0 e^{-\lambda t} \tag{12.25}$$

가 되며, 여기서 R_0는 $t = 0$에서의 초기 방사능이다. 방사능 시료의 방사능 또한 지수적으로 감쇠한다.

이 식은 붕괴상수보다는 **반감기**(half-life) $t_{1/2}$이나 평균 수명을 뜻하는 τ를 사용하는 것이 더 일반적이다. 반감기는 방사성 핵의 절반이 붕괴하는 데 걸리는 시간이다.

$$\begin{aligned} N(t_{1/2}) &= \frac{N_0}{2} = N_0 e^{-\lambda t_{1/2}} \\ \ln\left(\frac{1}{2}\right) &= \ln(e^{-\lambda t_{1/2}}) = -\lambda t_{1/2} \end{aligned} \tag{12.26}$$

반감기는 다음과 같이 결정된다.

반감기

$$t_{1/2} = \frac{-\ln(1/2)}{\lambda} = \frac{\ln 2}{\lambda} \approx \frac{0.693}{\lambda} \tag{12.27}$$

평균 수명 τ를 계산하면(연습문제 29)

평균 수명

$$\tau = \frac{1}{\lambda} = \frac{t_{1/2}}{\ln 2} \tag{12.28}$$

이 된다.

시간의 함수로 주어진 방사성 핵의 수를 그림 12.10에 보였다. 방사성 핵의 붕괴는

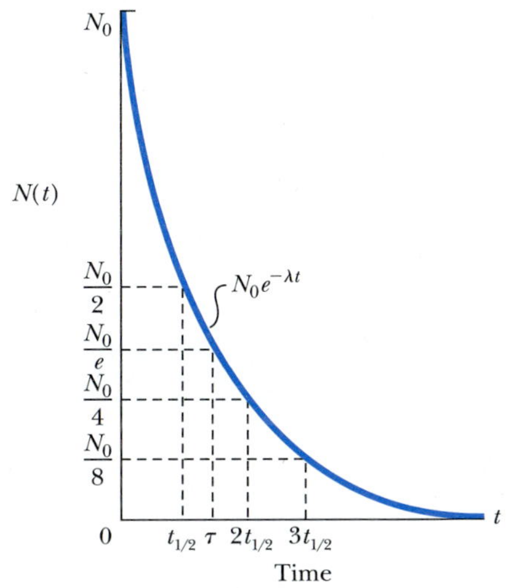

그림 12.10 방사성 핵 시료의 시간에 의존하여 남아 있는 핵의 수 $N(t)$. 지수적인 방사능 붕괴 법칙에 따라 반감기 $t_{1/2}$과 평균 수명 τ를 나타내었다.

양자역학적이며, 따라서 통계적 과정으로 붕괴하기 때문에, 그림 12.10에서와 같은 매끈한 곡선을 얻으려면 매우 많은 시료가 필요하다.

개념 예제 12.9

질량이 1.0 mg인 방사성 시료의 반감기가 1.0 h이다. 이것은 한 시간 후에 1.0 mg 시료의 50%가 붕괴한다는 뜻이다. 2.0 h 후에 붕괴한 양은 몇 %인가?

풀이 얼핏 생각하면 나머지 0.5 mg의 시료가 다음 한 시간 동안 모두 붕괴할 것같이 생각된다. 그러나 이 생각은 틀렸다. 두 번째 한 시간 동안에도 남아 있는 시료의 붕괴 확률이 여전히 50%이다. 따라서 두 번째 한 시간 동안에는 0.5 mg의 50% 즉 0.25 mg이 붕괴해 붕괴한 전체의 양은 0.5 mg + 0.25 mg = 0.75 mg 또는 초기 시료의 75%가 붕괴한다. 이 결과는 그림 12.10에 보인 시간 $2t_{1/2}$에 해당하는 데이터 값과 잘 일치한다.

예제 12.10

알파 붕괴를 하는 반감기가 $t_{1/2}$ = 138일인 ^{210}Po의 방사능이 2000 붕괴/초(2000 Bq)로 측정되었다.
(a) 이 시료의 방사능을 μCi의 단위로 표기하면 얼마가 되는가?
(b) 이 ^{210}Po 시료의 질량은 얼마인가?

전략 (a) 방사능의 붕괴/초나 Bq 단위는 이미 알고 있다. 이것을 단순히 μCi의 단위로 변환하면 된다. (b) 방사능(2000 붕괴/초)을 알고 있으므로 식 (12.22)와 (12.28)을 이용해 방사성 핵의 수를 계산할 수 있다. 이 결과로부터 ^{210}Po 시료의 질량을 결정할 수 있다.

풀이 (a) 방사능 2000 붕괴/초를 단위를 Ci로 전환하기 위한 인수를 곱한다.

$$2000\ \text{decays/s}\left(\frac{1\ \text{Ci}}{3.7\times10^{10}\ \text{decays/s}}\right) = 0.054\times10^{-6}\ \text{Ci}$$
$$= 0.054\ \mu\text{Ci}$$

(b) 식 (12.22)와 (12.28)을 이용하면 방사성 핵의 수는

$$N = \frac{R}{\lambda} = \frac{(R)(t_{1/2})}{\ln(2)} = \frac{2000\ \text{decays/s}}{\ln(2)}(138\ \text{days})\frac{24\ \text{h}}{1\ \text{day}}\ \frac{3600\ \text{s}}{1\ \text{h}}$$
$$= 3.44\times10^{10}\ \text{nuclei}$$

방사성 원자(핵)의 수로부터 질량을 구하기 위해서는 아보가드로 수를 이용한다.

$$\text{Mass} = 3.44 \times 10^{10}\ \text{atoms}\ \frac{1\ \text{mol}}{6.02 \times 10^{23}\ \text{atoms}}\ \frac{0.210\ \text{kg}}{1\ \text{mol}}$$

$$= 1.2 \times 10^{-14}\ \text{kg}$$

이는 극미량이다!

예제 12.11

^{18}F 시료는, 이 동위원소의 양전자 붕괴($t_{1/2}$ = 110분)를 관측함으로써 의학에서 내부적인 진단 도구로 사용된다. ^{18}F의 99%가 붕괴하는 데 얼마의 시간이 걸리는가?

전략 이 시간을 구하기 위해서는, 방사성 붕괴 법칙인 식 (12.24)를 이용한다.

$$N = N_0 e^{-\lambda t} = N_0 e^{-\ln(2)t/t_{1/2}}$$

풀이 초기 시료의 99%가 붕괴하면 오직 1%만 남을 것이고, $N/N_0 = 0.01$이 된다. 그러면

$$\frac{N}{N_0} = 0.01 = e^{-\ln(2)t/t_{1/2}}$$

을 얻는다. 양변에 자연 로그를 취하면

$$\ln(0.01) = -\ln(2)\left(\frac{t}{t_{1/2}}\right)$$

$$t = -\left[\frac{\ln(0.01)}{\ln(2)}\right]t_{1/2} = -\left(\frac{-4.61}{0.693}\right)(110\ \text{min})$$

$$= 731\ \text{min} = 12.2\ \text{h}$$

을 얻는다.

예제 12.12

원자로에 사용되는 ^{235}U 시료 10 kg의 알파 방사능은 얼마인가?

전략 아보가드로수와 그램분자량을 이용하여 방사성 원자의 수를 구한다. 부록 5에서 ^{235}U의 α입자를 방출에 대한 반감기가 $t_{1/2} = 7.04 \times 10^8$ y임을 찾는다. 그리고 식 (12.22)를 이용하여 방사능을 구한다.

풀이 ^{235}U 시료 10 kg 속에 들어 있는 원자의 수는

$$N = M\ \frac{N_A}{M(^{235}\text{U})}$$

$$N = (10\ \text{kg})\left(\frac{10^3\ \text{g}}{1\ \text{kg}}\right)\left(\frac{6.02 \times 10^{23}\ \text{atoms/mol}}{235\ \text{g/mol}}\right)$$

$$= 2.56 \times 10^{25}\ \text{atoms} = 2.56 \times 10^{25}\ \text{nuclei}$$

이고, 방사능은

$$R = \lambda N = \frac{\ln(2)\cdot N}{t_{1/2}}$$

$$= \frac{\ln(2)\cdot(2.56 \times 10^{25}\ \text{nuclei})}{7.04 \times 10^8\ \text{y}}$$

$$= 2.52 \times 10^{16}\ \text{decays/y} = 8.0 \times 10^8\ \text{Bq}$$

이다.

12.7 알파, 베타, 감마 붕괴

핵의 일반적인 세 가지 붕괴 모드(α, β, γ)들은 20세기 초에 모두 관측되었다. 핵이 붕괴할 때 질량·에너지, 선운동량, 각운동량, 전하량과 같은 모든 보존 법칙들이 관측되어야 한다. 방사성 붕괴에 대해서는 이 보존 법칙들 외에 **핵자의 보존**(conservation of nucleon)이라고 하는 또 다른 보존 법칙도 만족해야 한다. 이 법칙은 *저에너지(예를 들면, 938 MeV보다 작은)에서 핵반응이나 방사성 붕괴를 할 때는, 핵자의 총수(A, 질량수)가 보존된다*는 것을 의미한다. 중성자가 양성자로, 또는 그 역이 성립할 수 있으나, 핵자의 총수는 일정하게 유지되어야 한다. 더 높은 에너지에서는 여분의 에너지가 핵자로 바뀔 수 있으나, 14장에서 논의할 이에 관련된 보존 법칙은 여전히 적용된다. 핵자의 보존

방사성 붕괴는 한 핵에서, 핵자 수 A인 핵자의 어떤 다른 조합의 질량이 더 작을 때 일어난다. 어미 핵(parent nucleus)이라고 부르는 방사성 핵 ${}^{A}_{Z}X$의 질량이 $M({}^{A}_{Z}X)$이라고 하자. 붕괴를 하면 두 개 또는 그 이상의 입자들이 생성된다. 두 개가 생성될 경우, 가벼운 것의 질량을 M_y, 무거운 것(보통 *딸 핵*이라고 부른다)의 질량을 M_D라 하자. 에너지 보존은

$$M({}^{A}_{Z}X) = M_D + M_y + Q/c^2 \tag{12.29a}$$

이 되며, 여기서 Q는 붕괴 중 방출된 에너지이며 반응에서 생성된 입자들의 총 운동에너지와 같다. Q를 질량의 항으로 기술하면

$$Q = [M({}^{A}_{Z}X) - M_D - M_y]\,c^2 \tag{12.29b}$$

붕괴 에너지

이 된다. **붕괴 에너지**(disintegration energy)는 결합 에너지 B에 음의 부호를 붙인 값과 같음에 유의하라[식 (12.16) 참고]. 결합 에너지는 보통 안정핵에서 사용되는 반면에, Q는 주로 불안정한 핵에 사용된다. 만일 $B > 0$이면 그 핵종은 결합되어 있어 안정하고, $Q > 0$이면 그 핵은 결합되어 있지 않고 불안정해서 붕괴된다. 자연에 풍부하게 존재하는 방사성 핵들을 살펴보면, 이 핵들은 질량들이 $Q < 0$이 되어 있어 핵자들을 방출하는 붕괴는 일어나지 않음을 알 수 있다. 만일 이 방사성 핵들의 붕괴가 가능하다면, 이 핵들은 너무 빨리 붕괴해서 자연에 풍부하게 존재할 수 없을 것이다.

예제 12.13

${}^{230}_{92}\text{U}$이 한 개의 양성자 또는 중성자를 방출하며 붕괴하지 않음을 보여라.

전략 질문은 (a) ${}^{230}_{92}\text{U} \rightarrow n + {}^{229}_{92}\text{U}$ 또는 (b) ${}^{230}_{92}\text{U} \rightarrow p + {}^{229}_{91}\text{Pa}$와 같은 붕괴가 가능하냐는 것이다. 부록 5의 원자 질량과 식 (12.29b)를 이용해 Q를 계산하고, Q가 양의 값을 가지는지 음의 값을 가지는지를 알아보면 된다.

풀이

(a) $M({}^{230}_{92}\text{U}) = 230.033927\text{ u}$; $m_n = 1.008665\text{ u}$;
$M({}^{229}_{92}\text{U}) = 229.033496\text{ u}$

$$Q = [230.033927\text{ u} - 229.033496\text{ u} - 1.008665\text{ u}]c^2 \times \left(\frac{931.5\text{ MeV}}{c^2\cdot\text{u}}\right) = -7.7\text{ MeV}$$

$Q < 0$이므로 중성자 붕괴는 허용되지 않는다.

(b) $m(^1H) = 1.007825$ u; $M(^{229}_{91}Pa) = 229.032089$ u

$$Q = [230.033927\text{ u} - 229.032089\text{ u} - 1.007825\text{ u}]c^2 \times \left(\frac{931.5\text{ MeV}}{c^2\cdot\text{u}}\right) = -5.6\text{ MeV}$$

$Q < 0$이므로 양성자 붕괴는 허용되지 않는다.

생성 입자의 질량이 어미 핵의 질량보다 크므로 두 가지 경우 모두 붕괴가 허용되지 않는다. 따라서 핵 ^{230}U은 핵자 방출에 대해 안정하다.

알파 붕괴

핵을 붕괴시키기 위해 핵 내에 핵자들을 모아 놓는 것이 가능할까? 핵 ^4He는 특히 안정하다. 이 핵의 결합 에너지는 28.3 MeV나 된다. 사실 거대한 핵의 내부에서조차도, 종종 두 개의 중성자와 두 개의 양성자가 모여서 잠깐 동안 알파입자를 형성했다가, 다시 분리되어 개별 핵자들로 되돌아간다. 알파 붕괴는 어미 핵 내에서의 과도적인 알파입자의 방출이다. 앞에서 논의한 바와 같이, 두 개의 양성자와 두 개의 중성자는 짝짓기 효과 때문에 아주 강하게 결합되어 있다. 만일 핵 내에서 마지막 두 개의 양성자와 두 개의 중성자가 28.3 MeV보다 약하게 결합되어 있다면, *알파 붕괴*라고 하는 알파입자의 강력한 방출이 가능하다. 식 (12.29)는

알파 붕괴

$$^A_ZX \rightarrow {}^{A-4}_{Z-2}D + \alpha \tag{12.30}$$

$$Q = [M(^A_ZX) - M(^{A-4}_{Z-2}D) - M(^4He)]c^2 \tag{12.31}$$

이 된다. 만일 $Q > 0$이면 알파 붕괴(^4He)가 가능하다.

예제 12.13에서 다룬 핵 $^{230}_{92}U$을 생각해 보자. 알파 붕괴 반응은

$$^{230}_{92}U \rightarrow {}^{226}_{90}Th + \alpha \tag{12.32}$$

로 쓸 수 있으며, 이 핵들에 관련된 질량을 찾아보면

$$M(^{230}_{92}U) = 230.033927\text{ u};\ M(^4He) = 4.002603\text{ u};\ M(^{226}_{90}Th) = 226.024891\text{ u}$$

이고, 이 질량들을 식 (12.31)에 대입하면

$$\begin{aligned} Q &= [M(^{230}U) - M(^{226}Th) - M(^4He)]c^2 \\ &= [230.033927\text{ u} - 226.024891\text{ u} - 4.002603\text{ u}]c^2\left(\frac{931.5\text{ MeV}}{c^2\cdot\text{u}}\right) \\ &= 6.0\text{ MeV} \end{aligned}$$

를 얻을 수 있다. $Q > 0$이므로 알파 붕괴는 허용된다. 생성된 핵들의 질량 합은 붕괴 핵의 질량보다 작다. 사실상 $A = 150$ 이상의 여러 핵들에서는 알파 붕괴가 쉽게 일어날 수 있다. 이 무거운 핵들에서는 양성자가 첨가될 때마다 쿨롱 반발력이 더 강력하게 증가하게 된다. 알파입자를 형성하면서 두 개의 양성자가 (두 개의 중성자와 함께) 빠져나오면, 쿨롱 에너지는 감소하게 되어, 결과적으로 핵이 더 안정하게 된다.

그러면 왜 $A > 150$인 핵이 붕괴되지 않고 존재하는지 의아할 수 있다. 이것이 가능한 첫 번째 이유는, 핵이 꼭 알파입자의 집합으로 만들어질 필요는 없다는 점이다. 두 번

째는, 알파입자가 비록 생성되었을지라도, 생성된 알파입자는 나머지 핵자들에 의한 핵 인력을 극복하고 빠져나오기가 매우 어렵기 때문이다. 그림 12.11에 나타낸 퍼텐셜에너지 그림을 생각해 보자. 알파입자에 대한 장벽 높이 V_B는 보통 20 MeV보다 높다. 핵으로부터 방출된 알파입자의 운동에너지의 범위는 4에서 10 MeV 정도이다. 퍼텐셜에너지 장벽이 운동에너지보다 크기 때문에 알파입자가 장벽을 빠져나오기는 고전적으로 불가능하다. 그렇다면 퍼텐셜 장벽 내부에 갇혀 있는 입자가 어떻게 이 장벽을 넘어서 나올 수 있는가? 6장에서 논의했듯이, 알파입자는 장벽을 터널링할 수 있다. 이것은 순수한 양자역학적 효과이며 알파입자는 퍼텐셜 장벽 밖에 존재할 수 있는, 아주 작지만 유한한 확률의 기회를 가진다. 이 확률은 결정적으로 퍼텐셜 장벽의 높이와 두께에 좌우된다. 그림 12.12에서 보면, 더 높은 에너지 E_2의 알파입자는 이 입자보다 낮은 에너지 E_1을 가진 알파입자보다 장벽의 터널링 확률이 더 높다.

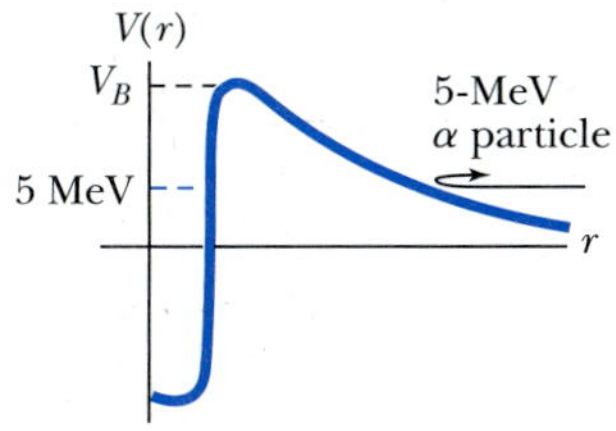

그림 12.11 알파입자에 대한 퍼텐셜에너지 장벽을 보여 준다. 쿨롱 장벽의 높이 V_B는 방사성 원소에서 생성된 전형적인 알파입자의 에너지보다 상당히 높다. 고전적으로는 에너지가 5 MeV인 핵 내부의 알파입자나 핵 밖에서 산란된 알파입자는 장벽을 투과할 수 없다.

베타 붕괴

방사성 붕괴는 어떤 핵종이 안정하지 않기 때문에 일어난다. 그림 12.6에서 안정핵들의 도표를 보였다. 알파 붕괴에 있어서는 어미 핵이 딸 핵으로 바뀔 때, 중성자 수 N(그림 12.6)은 두 단위 밑으로 가고 원자 번호 Z는 두 단위 왼쪽으로 간다. 알파 붕괴의 많은 경우에, 딸 핵을 어미 핵보다 안정선에서 더 멀어지게 만든다. 불안정한 핵은 베타 붕괴해 안정선 쪽으로 접근한다. 가장 간단한 베타 붕괴의 예로 자유 중성자의 붕괴를 들 수 있다.

$$n \rightarrow p + \beta^- \tag{12.33}$$

12.1절에서 논의한 바와 같이, 전자는 핵 내부에 존재할 수 없다. 따라서 어떤 핵종에 대해 베타 붕괴가 일어날 때, β^-(현재 그것이 전자임을 알고 있는)로 표기되는 베타입자는 붕괴 순간에 생성된다. 그림 12.9에서 ^{14}C는 불안정하고 과잉 중성자를 가졌음을 보였다. ^{14}C는 베타 붕괴해 안정핵인 ^{14}N가 되며, 이 과정은 다음과 같은 식으로 쓸 수 있다.

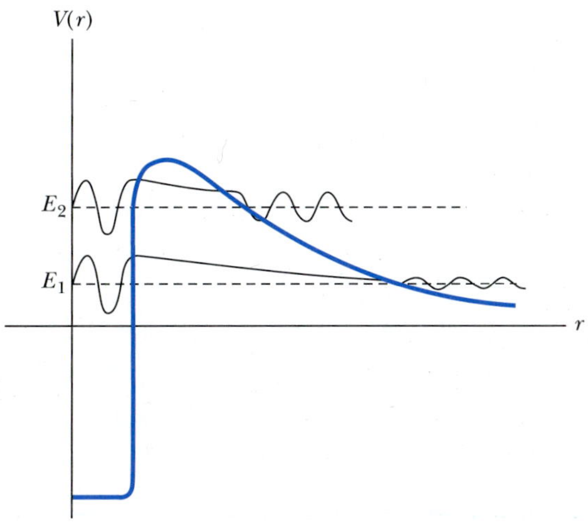

그림 12.12 양자 이론에 의하면 알파입자는 장벽을 터널링할 수 있다. 더 높은 에너지 E_2의 알파입자는 더 낮은 에너지 E_1의 알파입자보다 훨씬 큰 터널링 확률(더 짧은 수명)을 갖는다. 파동은 개략적으로만 그렸다.

중성미자 검출

지구를 완전히 통과할 때 정지할 확률이 거의 없는 입자를 상상해 보자. 그 입자들은 전하가 없고 질량이 아주 작으며 아마도 10^9개/m^3의 밀도로 우주의 '빈' 공간 어디에든지 존재한다. 그들 중 수백만 개가 매초, 우리의 안구를 통과한다. 그러나 우리는 그것을 볼 기회가 없다. 그와 같은 입자가 중성미자이고, 이 입자의 존재를 실험적으로 입증하는 데 1/4세기 동안이나 걸린 것은 의아할 것이 없다. 1930년에 파울리가 베타 붕괴에 있어서 에너지가 보존되지 않는 문제를 해결하기 위해 처음으로 중성미자와 같은 존재를 제안했다.

프레더릭 라이너스와 클라이드 코완은 로스앨러모스에서 연구하던 중에, 1951년, 다음 식과 같은 역 베타 과정을 통해 중성미자의 존재를 검출하려고 시도했다.

$$\bar{\nu} + p \rightarrow n + \beta^+ \tag{B12.1}$$

여기서 $\bar{\nu}$는 반중성미자를 나타낸다. 그들은 기구를 워싱턴 핸포드의 원자로로 가져왔으나, 중성미자를 발견할 것이라는 확신은 없었다. 1956년에는 더 큰 검출기를 사우스캐롤라이나의 서배너강 발전소의 원자로로 가져와서, 우주 복사선의 영향을 줄이려고 그 검출기를 지하 12 m의 잘 차폐된 곳에 장치했다. 그 검출기는 각각 110개의 광 증폭관을 가진 세 개의 액체 섬광 검출기(S1, S2, S3)로 구성되어 있다. 섬광 검출기 사이에는 물에 녹인 $CdCl_2$를 포함하고 있는 표적(T1과 T2)을 삽입했다.

검출 과정을 그림 A에 보였다. 예를 들어, 표적 T2에서 양성자와 상호작용한 반중성미자는 중성자와 양전자를 생성한다. 양전자는 급히 감속되어 전자와 함께 소멸되며, 에너지가 0.5 MeV인 두 개의 감마선을 생성한다. 즉, $e^+ + e^- \rightarrow 2\gamma$가 된다. 감마선은 물 표적을 통과해 섬광 검출기 S2와 S3에 동시에 검출된다. 중성자는 몇 번의 충돌 후에 감속되어, 결국에는 중성자 포획 단면적이 매우 큰 ^{114}Cd에 포획된다. 몇몇 개의 감마선이 중성자 포획에 의해 생성될 수 있고, 이 감마선이 한 개의 검출기 또는 두 개의 검출기 모두에 검출될 수도 있다. β^+에 의해 생성된 감마선과 중성자 포획에 의해 생성된 감마선 사이의 동시성의 지연은 반중성미자 검출의 신호이다. 서배너강의 원자로에서 1956년에 수행한 실험에서는, 시간당 세 개의 중성미자를 검출했으며, 이로써 중성미자가 발견되었다는 것을 입증했다.

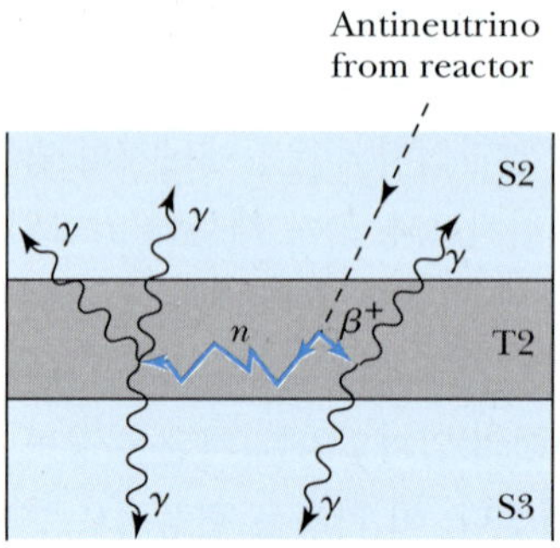

그림 A 원자로에서 나온 반중성미자는 양성자로부터 산란되어 중성자와 β^+를 생성한다. β^+는 곧 두 개의 감마선으로 붕괴하고, 이 감마선들은 섬광 검출기 S2와 S3에서 동시에 검출된다.

태양 중성미자 검출

1950년대에 브룩헤이븐 국립 연구소(Brookhaven National Laboratory)의 데이비스(Raymond Davis, Jr.)는 CCl_4를 이용해 태양으로부터 오는 태양 중성미자를 검출하기 위한 실험 장치를 설계했다. 이 경우의 반응은

$$\nu + {}^{37}Cl \rightarrow \beta^- + {}^{37}Ar \tag{B12.2}$$

과 같다. 여기서 ^{37}Ar의 방사성 붕괴가 측정되면 손쉽게 중성미자가 검출되는 것이다. 검출기를 원자로 옆에 두었을 때는 중성미자 대신 반중성미자가 생성되어 중성미자를 검출할 수 없었다. 데이비스는 1960년대에 사우스다코타주의 홈스테이크 금광(Homestake Gold Mine) 1500 m 지하에 퍼클로로에틸렌(perchloroethylene)(C_2Cl_4, 세제)이 담긴 100,000갤런(380 m^3)의 탱크로 된 커다란 검출기를 장치하는 실험을 주도했다. 이 검출기는 대부분의 우주선으로부터 아주 잘 차폐되었고, 30년 이상에 걸쳐서 태양에서 방출된 2000개의 중성미자를 검출했다. 이로써 태양에서 핵융합이 일어난다는 것을 증명했다. 그러나 중

성미자의 검출 비율은 이론물리학자인 바콜(John Bahcall)이 데이비스의 실험과 관련지어 예측한 값의 1/3에서 1/2에 불과했다. 데이비스는 태양 중성미자의 검출에 선도적으로 기여한 공로로 2002년에 노벨 물리학상을 공동 수상했다. 일본 카미오칸데 검출 실험을 행한 코시바(Masatoshi Koshiba)는 데이비스의 결과를 검증하였으며, 멀리 떨어진 초신성 폭발에서 나오는 중성미자 또한 검출하여 노벨상을 공동 수상하였고, 다른 우주 x선 소스를 발견한 자코니(Riccardo Giacconi)와도 공동 수상하였다.

태양 중성미자가 이론값보다 적은 것에 대한 관심사는 30여 년간 지속되었고, 이는 세계에 여러 개의 중성미자 검출 장치가 더 건설되는 계기가 되었다(14장과 15장을 보라). 적어도 다섯 번의 중성미자 실험에서 태양 중성미자 선속은 예측치보다 의미 있게 낮았고, 이것은 '태양 중성미자 문제'로 알려지게 되었다. 이 실험은 러시아의 백산(Baksan) 근교의 카프카스 산맥, 이탈리아의 그란사소(Gran Sasso) 터널, 미네소타의 수던(Soudan) 광산, 일본의 카미오카 광산, 그리고 온타리오의 서드베리 근교에서 행해진 결과를 포함한다(그림 B). 검출기들에는 값이 비싼 갈륨과 초순수 증류수 및 광 증배관이 포함되어 있다. 중성미자가 갈륨에 흡수되면 중성미자는 방사성 게르마늄을 생성하는 반응을 유발한다. 반중성미자가(물 분자 속에 있는) 양성자에 흡수되면, 양성자는 중성자와 양전자 β^+로 되고, 이 빠른 속도의 양전자는 빛을 방출하며 이 빛이 광증배관에 검출된다.

1990년대 중반에는 국제적인 팀이 캐나다 온타리오의 서드베리 근교에 검출기를 설치했다. 차폐를 위해 광산 깊숙한 곳에 설치한 그 검출기는 백만 kg의 중수, '무거운' 물(D_2O)로 구성되었으며, 1996년부터 2006년까지 가동되었다. 2001년에는 이 검출기로, 중성미자는 태양에서 지구로 오는 도중 진동한다는 것, 즉 종류가 다른 중성미자로 변형되는 것을 반복한다는 것을 결정적으로 입증했다. 이 실험으로 태양 중성미자 문제(초기에는 오직 전자 중성미자만 측정하였다)를 해결했을 뿐만 아니라, 중성미자는 질량을 가진다는 것도 증명했다. 14장에서 다른 형태의 중성미자와 중성미자 진동에 대해 좀 더 배울 것이다.

Courtesy of the Sudbury Neutrino Observatory

그림 B 서드베리 중성미자 관측소(SNO) 검출기는 지름이 18 m이고, 10,000개의 광 증배관이 장착되었다. 사진 아래의 두 사람과 그 크기를 비교해 보라. 광 증배관은 중수(물에서 수소 원자를 중수소로 바꾼 무거운 물)를 향하고 있다. 이 검출기는 2 km 지하에서 1996년부터 2006년까지 가동되었으며, 그 결과 태양 중성미자 문제는 중성미자의 진동 때문인 것을 보였다. 이 장소는 이제 영구적인 지하 실험실이 되었다.

미네소타의 수던 광산의 유일한 실험 장치는 시카고 근교의 페르미 연구소의 가속기에서 방출되어 지구를 통해 735 km를 여행하여 그곳에 도착한 중성미자에 대해 연구하고 있다. 오늘날에는 중성미자 진동, 양성자 붕괴, 대칭 위배, 그리고 우주에서의 질량과 에너지의 소실에서 중성미자의 중요성 때문에 중성미자 물리학 분야가 각광을 받고 있다. 오래된 검출 장치는 현재 개선 중에 있으며, 많은 새 검출기들이 개발되어 작동 중에 있다.

그림 12.13 ^{14}C의 베타 붕괴에서의 전자의 상대적 강도를 운동에너지의 함수로 나타내었다. 베타 붕괴에서 두 개의 입자만 생성된다면, 전자 에너지는 단일 에너지이며, 그 값은 K_{max}와 같다.

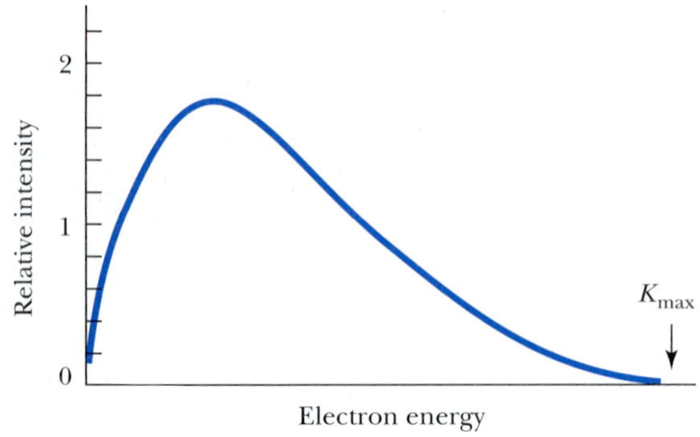

$$^{14}_{6}C \rightarrow {}^{14}_{7}N + \beta^- \quad \text{(제안된 식)} \tag{12.34}$$

이 붕괴도 α 붕괴와 같이 두 개의 입자가 생성되며, 단일 에너지를 갖는 전자 스펙트럼을 측정할 수 있을 것으로 기대된다(연습문제 40). 그러나 ^{14}C의 베타 붕괴로 얻은 전자 에너지 스펙트럼은(그림 12.13), 최대 에너지까지 연속적인 에너지 스펙트럼을 보인다. 이 실험 결과는 오랫동안 주된 의문점으로 남아 있었다. 이 이상한 에너지 스펙트럼 이외에도, 스핀 보존 문제가 있었다. 중성자 붕괴에서, 스핀 1/2인 중성자가 스핀이 모두 1/2인 두 개의 입자, 즉 양성자와 전자로 붕괴될 수 없다. 또한 ^{14}C의 스핀은 0이며, ^{14}N의 스핀은 1, 그리고 전자의 스핀은 1/2이다. 스핀 1/2과 1을 결합해서 스핀 0을 만들 수는 없다. 전자 에너지 스펙트럼과 스핀 각운동량 보존 문제 때문에, 베타 붕괴를 이해하기가 매우 어려웠다.

1930년대에 와서야 볼프강 파울리(Wolfgang Pauli)가 올바른 설명을 했는데, 그는 그 후에 **중성미자**(neutrino)라고 하는 제3의 입자가 베타붕괴에서 생성되어야만 한다고 제안했다. 기호 ν로 쓰이는 중성미자는 스핀 양자수가 1/2, 전하량이 0, 그리고 그림 12.13에서 빠진, 전자가 잃은 에너지를 부가적으로 갖는다. 그림 12.13에서 보면, 에너지를 보존하기 위해 요구되는 운동에너지 K_{max}를 가진 전자가 가끔 검출되기는 하지만, 거의 대부분의 경우에 전자의 운동에너지는 K_{max}보다 작다. 1990년대 후반에는, 중성미자는 비록 극단적으로 적지만 질량을 가지고 있다고 배웠다. 중성미자의 에너지는 거의 모두 운동에너지이다. 광자는 스핀이 1이기 때문에 이 제3의 입자일 수는 없다. 파울리의 제안은 모든 어려움을 설명하는 것 같았으며, 모든 주위 환경에서 나타난 증거는 중성미자에 대한 가설을 뒷받침했다. 그러나 포착하기 어려운 중성미자를 검출하는 것은 어려워서, 1956년 코완과 라이너스가 발견하기까지 그 존재는 실험적으로 입증되지 않았다. (Special Topic '중성자의 발견'을 보라.)

중성미자

프레더릭 라이너스(Frederik Reines, 1918~1998)와 **클라이드 코완**(Clyde Cowan, 1919~1974)은 로스앨러모스 국립 연구소에 근무했으며, 파울리가 가정한 지 30여 년이나 지난 1956년에 중성미자를 발견했다. 라이너스는 코완과 공동으로 연구한 이 업적으로 1995년에 노벨 물리학상을 수상했다. 노벨상은 사후에는 수여되지 않으므로 코완의 경우는 수상하지 못하였다. 라이너스는 1966년에 어바인 캘리포니아대학교의 School of Physical Sciences의 초대 학장이 되었다. Special Topic '중성미자 검출'을 보라.

중성미자는 물질과 매우 약하게 상호작용을 하여, 다른 물질에 거의 흡수되지 않고 지구를 통과한다. 그들은 전하도 갖고 있지 않으므로 *전자기적으로* 상호작용을 하지 않는다. 그들은 핵의 *강력*에 의해서도 영향을 받지 않는다. 현재 베타 붕괴는 *약한* 상호작용이라고 불리는, 힘의 특별한 한 종류를 반영한다고 믿고 있다. 중성미자는 베타 붕괴와 같은 약한 상호작용 과정에서 생성(또는 흡수)된다. 전자기력과 약력은 *전기약력*이 두 가지로 분리되어 나타난 것이며, 이에 대해서는 14장에서 논의할 것이다.

β^- 붕괴 현재에는 중성미자뿐만 아니라 *반중성미자*(기호 $\bar{\nu}$)도 있다는 것을 알고 있다. 자유 중성자와 ^{14}C의 베타 붕괴를 바르게 쓰면

$$n \rightarrow p + \beta^- + \bar{\nu} \qquad \beta^- \text{ 붕괴} \tag{12.35}$$

$$^{14}\text{C} \rightarrow {}^{14}\text{N} + \beta^- + \bar{\nu} \qquad \beta^- \text{ 붕괴} \tag{12.36}$$

가 되며, 여기서 반중성미자 $\bar{\nu}$는 실제로 β^- 붕괴 과정에서 생성된 것이다.

어미 핵 ${}^{A}_{Z}X$가 딸 핵 ${}_{Z+1}^{\ \ A}D$로 베타 붕괴할 때 그 반응은

$$^{A}_{Z}X \rightarrow {}_{Z+1}^{\ \ A}D + \beta^- + \bar{\nu} \qquad \beta^- \text{ 붕괴} \tag{12.37}$$

이며, 붕괴 에너지 Q는 다음과 같이 주어진다.

$$Q = [M({}^{A}_{Z}X) - M({}_{Z+1}^{\ \ A}D)]c^2 \qquad \beta^- \text{ 붕괴} \tag{12.38}$$

이 β^- 붕괴가 일어나기 위해서는 $Q > 0$이어야 한다. 식 (12.38)을 사용할 때 원자 질량을 사용하는 것에 주의해야 한다. 왜냐하면 붕괴하는 핵종의 Z 값이 변하고 전자 질량의 값은 식 (12.38)에 계산되어 있기 때문이다. β^- 붕괴에서 핵 A는 일정하나, Z는 $Z + 1$로 바뀐다. 따라서 그림 12.6에서 보는 바와 같이, β^- 붕괴는 하나의 번호(중성자의 수 N)를 아래로, 그리고 하나의 번호(양성자의 수 Z)를 오른편으로 하여, 안정선 왼쪽에 있는 불안정한 핵을 안정선 쪽에 가깝게 만든다.

β^+ 붕괴 그림 12.6의 안정선 오른쪽에 있는, 양성자를 너무 많이 가진 불안정한 핵에 대해서는 어떤 일이 일어날까 하는 질문을 할 수 있다. 자연은 이들의 붕괴도 허용하고 있으며, 이때에는 *양전자*(positron, e^+)라고 하는 양으로 대전된 전자가 생성된다. 양전자는 전자의 반입자이다. 베타 붕괴에서 전자와 양전자는 보통 각각 β^-와 β^+로 표시한다. β^-와 β^+를 사용하면 전자와 양전자가 β 붕괴 동안 핵 속에서 생성되었다는 것을 상기하는 데 도움이 된다. 현재 실험적 증거로는, 자유 양성자는 붕괴하지 않는($t_{1/2} > 10^{34}$ y) 것으로 알려졌다. 그러나 만약 그 핵으로부터 에너지를 빼내서 그 결과로 더 안정한 핵이 된다면, 핵 속에 묶여 있는 양성자는 핵으로부터 에너지를 받아서 변환되고, 그 결과로 더 안정한 핵이 될 수 있다. ^{14}O는 양성자가 더 많아서 β^+ 붕괴의 좋은 후보이다. ^{14}O는 불안정하며, 양전자를 방출시켜 안정한 핵 ^{14}N로 붕괴한다. 이 반응은

$$^{14}\text{O} \rightarrow {}^{14}\text{N} + \beta^+ + \nu \qquad \beta^+ \text{ 붕괴} \tag{12.39}$$

이다. 과잉 중성자(^{14}C)와 과잉 양성자(^{14}O)를 갖는 ^{14}N 근처의 핵은 적절한 베타 붕괴를 통해 안정된 ^{14}N로 붕괴한다.

일반적인 β^+ 붕괴는

$$^{A}_{Z}X \rightarrow {}_{Z-1}^{\ \ A}D + \beta^+ + \nu \qquad \beta^+ \text{ 붕괴} \tag{12.40}$$

로 쓸 수 있다. 원자 질량을 깊게 분석해 보면 양전자 붕괴에 대한 붕괴 에너지 Q는

$$Q = [M({}^{A}_{Z}X) - M({}_{Z-1}^{\ \ A}D) - 2m_e]c^2 \qquad \beta^+ \text{ 붕괴} \tag{12.41}$$

이다. 이 경우 원자 질량을 사용할 때는 전자의 질량은 상쇄되지 않는다. 양전자의 질량은 전자의 질량과 같다.

그림 12.6에서, 안정선 오른쪽에 있는 불안정한 핵은 β^+ 붕괴를 통해 한 칸 올라가고(N 번호 1 증가), 또 한 칸 왼쪽으로 움직여(Z 번호 1 감소), 역시 안정선 쪽으로 가까이 가게 된다.

전자 포획

β 붕괴에 또 다른 하나의 형태가 있다. 내부의 K-껍질과 L-껍질의 전자들은 아주 강하게 묶여 있고 그들의 고전적 궤도가 아주 길쭉한 타원형이 되기 때문에, K-껍질과 L-껍질의 전자들은 핵을 지나치는 시간이 상당히 길게 될 것이고, 원자 내 전자를 포획(EC)할 가능성이 높아진다. 핵 속의 한 양성자가 e^-을 흡수하면 중성자와 중성미자를 생성한다. 양성자에 대한 이러한 반응식은

$$p + e^- \rightarrow n + \nu \tag{12.42}$$

이고 일반적인 식으로 쓰면 다음과 같다.

$${}^{A}_{Z}X + e^- \rightarrow {}_{Z-1}^{\ A}D + \nu \qquad \text{전자 포획} \tag{12.43}$$

원자의 안쪽 궤도에 있는 전자 하나가 핵에 포획될 때, 바깥쪽의 다른 궤도의 전자들이 이 빈자리를 차지하게 되어 특별한 형태를 가진 일련의 x선 스펙트럼을 생성한다. 이들 x선은 다른 종류의 복사선(알파선이나 베타선과 같은)들이 없는 가운데 생기므로, 이 스펙트럼은 전자 포획의 증거가 된다. 붕괴의 생성물(예를 들면, 알파입자)들이 전자를 밖으로 쳐낼 수 있으므로 x선은 여러 종류의 핵 붕괴에 의해서 생길 수 있다.

전자 포획은 양성자가 중성자로 변환되는 양전자 붕괴와 같은 효과를 갖는다. 이 전자 포획 반응은 Z가 큰 핵에서 자주 일어나는데, 그 이유는 안쪽 전자 껍질은 더 세게 묶여 있고 전자가 흡수될 가능성이 매우 높기 때문이다. 전자 포획의 붕괴 에너지 Q는

$$Q = [M({}^{A}_{Z}X) - M({}_{Z-1}^{\ A}D)]c^2 \qquad \text{전자 포획} \tag{12.44}$$

이다. β^+나 전자 포획이 일어나기 위해서는 $Q > 0$이어야 하기 때문에, 식 (12.41)과 (12.44)의 차이로 인해 전자 포획은 가능하지만, β^+ 붕괴는 가능하지 않은 경우도 종종 있다.

예제 12.14

식 (12.38), (12.41), (12.44)의 붕괴 에너지 Q를 표현하는 관계식들이 맞음을 보여라.

전략 각각 베타 붕괴(β^-, β^+, EC)의 반응부터 시작한다. 그리고 그것을 에너지 식으로 바꾼다. 모든 중성미자의 질량과 원자의 결합 에너지는 무시하고 원자 질량을 사용한다.

풀이 **β^- 붕괴:** β^- 붕괴로부터 시작해 식 (12.37)에 있는 반응에 대한 질량·에너지 방정식을 써 보자.

$$M_{\text{nucl}}({}^{A}_{Z}X) = M_{\text{nucl}}({}_{Z+1}^{\ A}D) + m_e + Q/c^2$$

여기에서 M_{nucl}은 핵의 질량을 나타낸다. 원자 질량으로 바꾸기 위해 위 식의 양변에 Zm_e를 더한다.

$$M_{\text{nucl}}(^A_ZX) + Zm_e = M_{\text{nucl}}(_{Z+1}^{\ \ A}D) + (Z+1)m_e + Q/c^2$$

방정식의 양변에서 원자의 결합 에너지의 차이를 무시하면, 이 식을 원자 질량들의 항으로 쓸 수 있다.

$$M(^A_ZX) = M(_{Z+1}^{\ \ A}D) + Q/c^2$$

식 (12.38)을 결정하기 위해 Q에 대해서 이 식을 풀면

$$Q = [M(^A_ZX) - M(_{Z+1}^{\ \ A}D)]c^2 \qquad \beta^- \text{ 붕괴} \qquad (12.38)$$

이 된다.

β^+ 붕괴: 식 (12.40)에 있는 반응에 대한 질량·에너지 식을 쓰고 위와 비슷한 과정을 따른다.

$$M_{\text{nucl}}(^A_ZX) = M_{\text{nucl}}(_{Z-1}^{\ \ A}D) + m_e + Q/c^2$$

다시 양변에 Zm_e를 더하면

$$M_{\text{nucl}}(^A_ZX) + Zm_e = M_{\text{nucl}}(_{Z-1}^{\ \ A}D) + (Z+1)m_e + Q/c^2$$

이 된다. 이 경우 오직 딸 핵의 원자 질량에 대한 $(Z-1)m_e$만이 필요하며, 결국 질량 $2m_e$만 남아서 다음 식과 같이 된다.

$$M(^A_ZX) = M_{\text{nucl}}(_{Z-1}^{\ \ A}D) + 2m_e + Q/c^2$$

식 (12.41)을 유도하기 위해 이 식을 Q에 대해서 푼다.

$$Q = [M(^A_ZX) - M(_{Z-1}^{\ \ A}D) - 2m_e]c^2 \qquad \beta^+ \text{ 붕괴} \qquad (12.41)$$

전자 포획: 전자 포획 반응에 대한 질량·에너지 방정식 (12.43)은

$$M_{\text{nucl}}(^A_ZX) + m_e = M_{\text{nucl}}(_{Z-1}^{\ \ A}D) + Q/c^2$$

이다. 이 식의 양변에 $(Z-1)m_e$를 더하면

$$M_{\text{nucl}}(^A_ZX) + Zm_e = M_{\text{nucl}}(_{Z-1}^{\ \ A}D) + (Z-1)m_e + Q/c^2$$

이 된다. 이 경우 원자 질량으로 변하는 전자 질량의 정확한 수

$$M(^A_ZX) = M(_{Z-1}^{\ \ A}D) + Q/c^2$$

를 얻는다. Q에 대해서 이 방정식을 풀면 식 (12.44)를 얻을 수 있다.

$$Q = [M(^A_ZX) - M(_{Z-1}^{\ \ A}D)]c^2 \qquad \text{전자 포획} \qquad (12.44)$$

예제 12.15

^{55}Fe는 β^+ 붕괴를 하지 않고 전자 포획으로 붕괴됨을 보여라.

전략 두 가지 가능한 반응은

$$^{55}_{26}\text{Fe} \rightarrow {}^{55}_{25}\text{Mn} + \beta^+ + \nu \qquad \text{전자 포획}$$

$$^{55}_{26}\text{Fe} + e^- \rightarrow {}^{55}_{25}\text{Mn} + \nu \qquad \beta^+ \text{ 붕괴}$$

이다. 식 (12.41)과 (12.44)의 붕괴 에너지 Q를 결정한다. Q가 양의 값을 가지면 반응이 가능하다.

풀이 우선 부록 5에서 식 (12.41)과 (12.44)의 Q를 결정하는데 필요한 모든 질량들을 찾는다. 그 질량들은 다음과 같다.

$$M(^{55}_{26}\text{Fe}) = 54.938298\text{ u},\ M(^{55}_{25}\text{Mn}) = 54.938050\text{ u},$$
$$m_e = 0.000549\text{ u}$$

β^+ 붕괴:

$$Q = [54.938298\text{ u} - 54.938050\text{ u} - 2(0.000549\text{ u})]c^2 \times \left(\frac{931.5\text{ MeV}}{c^2\cdot\text{u}}\right)$$
$$= -0.79\text{ MeV} \qquad \beta^+ \text{ 붕괴는 허용되지 않는다.}$$

전자 포획:

$$Q = [54.938298\text{ u} - 54.938050\text{ u}]c^2\left(\frac{931.5\text{ MeV}}{c^2\cdot\text{u}}\right)$$
$$= 0.23\text{ MeV} \qquad \text{전자 포획은 허용된다.}$$

이 결과는 $t_{1/2}$ = 2.7년의 전자 포획만이 허용된다는 실험 결과와 일치한다.

예제 12.16

$^{226}_{89}$Ac에 대하여 α 붕괴, 또는 어떤 β 붕괴가 허용되는지 밝혀라.

전략 우선 네 가지의 가능한 반응에 대한 반응식을 쓰고, 붕괴 에너지 Q에 대한 식을 목록으로 만들고, 적절한 질량을 찾아서 붕괴 에너지 Q를 구한다. 만일 $Q > 0$이면 그 붕괴는 허용된다.

풀이 개략적인 풀이만 보여 주고, 질량을 찾는 것이나 수학적 계산은 학생들이 스스로 하도록 남겨 둔다.

알파 붕괴: $^{226}_{89}\text{Ac} \rightarrow {}^{222}_{87}\text{Fr} + \alpha$

$$Q = [M(^{226}_{89}\text{Ac}) - M(^{222}_{87}\text{Fr}) - M(^4\text{He})]c^2$$
$$= 5.54 \text{ MeV} \qquad \text{알파 붕괴는 허용된다.}$$

β^- 붕괴: $^{226}_{89}\text{Ac} \rightarrow {}^{226}_{90}\text{Th} + \beta^- + \bar{\nu}$

$$Q = [M(^{226}_{89}\text{Ac}) - M(^{226}_{90}\text{Th})]c^2$$
$$= 1.12 \text{ MeV} \qquad \beta^- \text{ 붕괴는 허용된다.}$$

β^+ 붕괴: $^{226}_{89}\text{Ac} \rightarrow {}^{226}_{88}\text{Ra} + \beta^+ + \nu$

$$Q = [M(^{226}_{89}\text{Ac}) - M(^{226}_{88}\text{Ra}) - 2m_e]c^2$$
$$= -0.38 \text{ MeV} \qquad \beta^+ \text{ 붕괴는 허용되지 않는다.}$$

전자 포획: $^{226}_{89}\text{Ac} + e^- \rightarrow {}^{226}_{88}\text{Ra} + \nu$

$$Q = [M(^{226}_{89}\text{Ac}) - M(^{226}_{88}\text{Ra})]c^2$$
$$= 0.64 \text{ MeV} \qquad \text{전자 포획은 허용된다.}$$

같은 핵에서 α 붕괴, β^- 붕괴, 전자 포획이 모두 가능함을 알 수 있다. 실험 결과는 ^{226}Ac에 대한 α 붕괴는 오직 0.006%, β^- 붕괴는 83%, 전자 포획은 17%가 일어남을 보여 준다.

감마 붕괴

핵은 여기된 상태로부터 다양한 붕괴가 가능하다. 예를 들어, ^{230}U은 알파 붕괴를 통해 ^{226}Th의 바닥 상태나 낮은 여기 상태로 전이한다(그림 12.14). 비슷하게, ^{226}Ac가 주로 β 붕괴를 통해 ^{226}Th의 바닥 상태와 두 개의 여기 상태로 전이하는 것도 실험적으로 증명되었다. 알파와 베타 붕괴에 대한 붕괴 에너지 Q에 대해 계산한 에너지는, 바닥 상태로 전이하는 에너지에 해당한다. 만약 붕괴가 바닥 상태가 아닌 여기 에너지 E_x인 여기 상태로 전이한다면(예를 들어, ^{230}U의 바닥 상태에서 $E_x = 0.072$ MeV인 ^{226}Th의 여기 상태로의 전이), 여기 상태로의 전이에 대한 붕괴 에너지 Q는 바닥 상태로의 전이에 대한 값으로 결정할 수 있다. 바닥 상태로 전이할 때 붕괴 에너지 값을 Q_0로 놓으면 여기 에너지 E_x로 전이하는 Q 값은

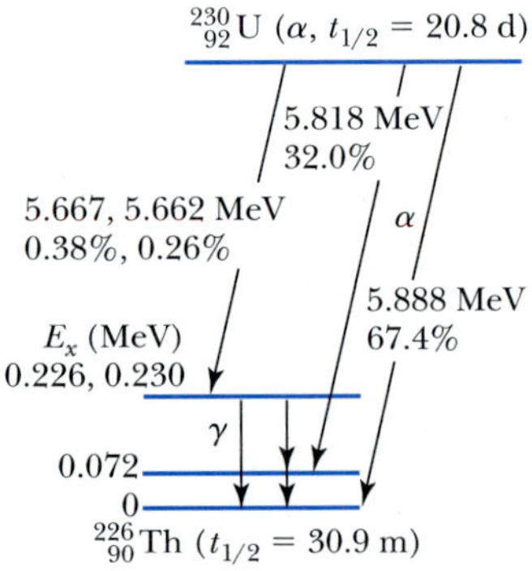

그림 12.14 $^{230}_{92}$U이 알파 붕괴와 관련된 에너지들. $^{230}_{92}\text{U} \rightarrow {}^{226}_{90}\text{Th}$의 몇 가지 붕괴에서 알파입자의 에너지와 그 붕괴가 일어날 상대적 확률을 백분율로 보였다. 더 높은 들뜬 상태로의 붕괴는 가능성이 낮아 나타내지 않았으므로 그림에 보인 백분율의 합은 100%보다 작다. 출처: R. B. Firestone and V. S. Shirley, eds., *Table of Istopes*, 8th ed., New York: Wiley (1996).

$$Q = Q_0 - E_x \tag{12.45}$$

가 된다. 예를 들어, ^{230}U이 $E_x = 0.072$ MeV인 ^{226}Th의 여기 상태로 α 붕괴(그림 12.14)할 때의 Q 값은, $Q_0 = 5.992$ MeV, $E_x = 0.072$ MeV이므로, $Q = Q_0 - E_x = 5.992 \text{ MeV} - 0.072 \text{ MeV} = 5.920$ MeV가 된다.

원자에서와 같이 핵도 여기 상태들을 가지고 있다. 그러나 핵의 강한 상호작용 때문에 핵의 여기 상태는 원자보다 훨씬 큰 keV 또는 MeV의 값을 갖는다. 핵의 이 여분의 에너지를 없앨 수 있는 한 가지 가능성은, 핵이 광자(감마선)를 방출하며 낮은 에너지 상태로 전이하는 것이다. 감마선의 에너지 hf는 높은 에너지 상태 $E_>$와 낮은 에너지 상태 $E_<$의 차이이다.

$$hf = E_{>} - E_{<} \tag{12.46}$$

운동량이 보존되기 위해서는, 핵은 이 에너지 차의 얼마만큼을 흡수해야 하는 것이 정상이다. 그러나 초기에 정지해 있는 핵에 대해서는 식 (12.46)이 근사적으로 매우 잘 맞는다.

예제 12.17

그림 12.14에서와 같이 정지 상태의 ^{226}Th이 0.072 MeV의 들뜬 상태로부터 바닥 상태로 γ 붕괴하는 것을 생각해 보자. 운동량 보존을 포함해 감마선 에너지에 대한 정확한 식을 유도하라. 식 (12.46)에 있는 근사값을 이용해 오차를 구하라.

전략 정확한 감마선 에너지를 구하기 위해서는 에너지뿐만 아니라 운동량 보존도 생각해야 한다. ^{226}Th의 마지막 운동량을 p로 놓자. 핵이 초기에 정지해 있으므로 총 선운동량은 0이고 딸 핵의 선운동량은 감마선의 운동량 h/λ와 크기가 같고 방향은 반대이어야 한다.

$$p = \frac{h}{\lambda} = \frac{hf}{c}$$

에너지 보존에 의해

$$hf + \frac{p^2}{2M} = E_{>} - E_{<}$$

가 되며, 여기서 M은 ^{226}Th의 질량이다. 이 두 식을 풀면 감마선의 에너지 hf를 구할 수 있다.

풀이 운동량 p를 에너지 식에 대입하면

$$hf + \frac{(hf)^2}{2Mc^2} = E_{>} - E_{<} \tag{12.47}$$

가 된다. 2차 방정식을 사용해서 식 (12.47)을 hf에 대해서 풀 수 있다. 그러나 이 방법은 번거롭다. 따라서 근사법을 사용할 수 있는지를 알아보자. 식 (12.47)을 다시 쓰면

$$hf\left(1 + \frac{hf}{2Mc^2}\right) = E_{>} - E_{<}$$

$$hf = \frac{E_{>} - E_{<}}{1 + \dfrac{hf}{2Mc^2}}$$

만일 값 $hf/2Mc^2 = x$가 아주 작으면 이항 전개 $(1 + x)^{-1} = 1 - x + x^2 - \cdots$을 사용할 수 있다. 그러면 x는

$$x = \frac{hf}{2Mc^2} = \frac{0.072 \text{ MeV}}{2(226 \text{ u} \cdot c^2)\left(\dfrac{931.5 \text{ MeV}}{c^2 \cdot \text{u}}\right)} = 1.7 \times 10^{-7}$$

이 된다. $(1 + x)^{-1} \approx 1$을 사용해서 생기는 근사식 (12.46)의 오차는 오직 10^{-7}에 불과하다. 따라서 $hf \approx E_{>} - E_{<} = 0.072$ MeV인 식 (12.46)은 안심하고 사용할 수 있다.

여기 상태의 $^{A}X^{*}$가 바닥 상태로 붕괴할 때는(여기서 *는 여기 상태를 가리킨다)

$$^{A}X^{*} \rightarrow {}^{A}X + \gamma \tag{12.48}$$

감마 붕괴

로 표시되며 두 개의 여기 상태 $E_{>}$와 $E_{<}$ 사이의 전이는 다음과 같다.

$$^{A}X^{*}(E_{>}) \rightarrow {}^{A}X^{*}(E_{<}) + \gamma \tag{12.49}$$

여기 상태 에너지 또는 *준위*는 각 핵종마다 특이하다. 따라서 감마 에너지를 세밀하게 연구하면 특별한 핵종을 구분하기에 충분하다. 감마선은 일반적으로 핵이 여기 상태로 생성된 후에 곧 방출된다. β 또는/그리고 α 붕괴에서 나오는 입자들과 연이어 방출되

는 감마선의 동시 측정 실험은 실험 핵물리학의 핵의 들뜬 상태의 특성을 연구하기 위한 아주 강력한 기술 중의 하나이다.

핵 상태들 사이의 감마선 전이에 대해 자세한 설명을 할 수 있는 미묘한 양자역학적 선택 규칙이 있다. 어떤 때는 이 선택 규칙은 어떤 전이를 금지시키기도 하여, 여기 상태가 오랫동안 년 단위까지도 전이 없이 유지되기도 한다. 이 상태들은 **이성체**(isomer) 또는 **이성체 상태**(isomer state)라 부르며 표시할 때는 질량수 A 다음에 준안정(상태)을 뜻하는 소문자 m을 붙인다. 예를 들어 스핀이 9인 $^{210m}_{83}$Bi는 여기 에너지가 0.271 MeV이고 반감기가 $t_{1/2} = 3 \times 10^6$ y(α 붕괴)이며, 분명히 감마 붕괴를 하지 않는다. 이 핵의 더 낮은 상태의 스핀은 0과 1이며, 이와 같은 커다란 스핀의 차이에서는 감마 붕괴가 금지된다. $^{210}_{83}$Bi의 바닥 상태는 반감기 $t_{1/2} = 5$일을 갖는다(99+% β^- 붕괴, 10^{-4}% α 붕괴). 또 다른 이성체인 $^{93m}_{41}$Nb($E_x = 0.03$ MeV, $t_{1/2} = 13.6$ y)는 궁극적으로는 바닥 상태로 붕괴한다. 이 경우에는 붕괴는 금지되었지만, 붕괴가 일어날 확률이 매우 작다. 물론 대부분의 이성체의 상태는 매우 짧은 수명을 갖고 있다. 이성체 ^{99m}Tc(γ선 방출원, $t_{1/2} = 6$ h)는 의학의 진료에서 매우 유용하게 사용되며, 13장에서 이에 대해 논의할 것이다.

12.8 방사성 핵종

다중의, 독립적인 일련의 증거들로부터, 이제는 우주가 약 138억 년(13.8×10^9 y) 전에 *빅뱅*(Big Bang, 거대한 폭발)에 의해 생성되었다고 믿고 있다. 최초의 수 분 이내에, 중성자들과 양성자들이 서로 녹아 붙어 중양성자와 가벼운 핵들이 형성되었다. 무거운 원소들은 훨씬 뒤에 별 내에서 핵반응을 일으켜 생겨났다. 이 과정들은 13장과 16장에서 논의할 것이다.

자연에서 발견되는 불안정한 핵은 *자연 방사능*이라고 하며, 실험실(예를 들면, 가속기나 원자로)에서 만들어진 방사성 핵종들은 *인공 방사능*이라고 한다. ^{238}U보다 무거운 알려진 모든 핵종들이 이에 속한다. 지구상에는 관측할 수 있을 정도로 충분히 긴 수명을 가진 많은 자연 방사능 핵종들이 남아 있다. 오직 수십억 년 이상의 반감기를 가진 핵종들만이 태초 이래로 존재할 수 있으며, 그들의 대부분은 무거운 핵이다. 그러나 표 12.2에 제시된 것처럼 $A < 150$의 작은 핵들도 일부 존재한다. 긴 반감기를 가진 어떤 핵종들은 다른 방사성 핵들의 붕괴의 결과로 생성된 것이다.

무거운 방사성 핵종들은 핵분열뿐만 아니라, 오직 알파 붕괴($^AX \rightarrow {}^{A-4}D$)만으로도 자신의 질량을 변화시킬 수 있으나, 전하 수 Z는 알파나 베타의 붕괴로 변화시킬 수 있다. 결과적으로, 무거운 자연 방사능 핵종들이 안정한 최종 핵으로 붕괴할 때 취할 수 있는 경로는 오직 네 가지가 있다. 오직 알파 붕괴만이 질량수를 변하게 할 수 있으므로, 네 가지 경로를 질량수로 표시할 수 있으며, 그것들은 $4n$, $4n + 1$, $4n + 2$, $4n + 3$(n = 정수)으로 된다. 표 12.3에 이 네 가지 계열을 나열하였다. 넵투늄 계열을 제외한 모든 이들 방사성 계열들이 실제로 자연에서 일어난다. 넵투늄 계열에서 가장 긴 반감기를 가진 ^{237}Np($t_{1/2} = 2.14 \times 10^6$ y)을 포함한 넵투늄 계열의 소속 핵종들은, 태양계의 나이

표 12.2 일부의 자연 방사성 핵종들

핵	$t_{1/2}$ (y)	자연 존재비
$^{40}_{19}K$	1.28×10^{9}	0.01%
$^{87}_{37}Rb$	4.8×10^{10}	27.8%
$^{113}_{48}Cd$	9×10^{15}	12.2%
$^{115}_{49}In$	4.4×10^{14}	95.7%
$^{128}_{52}Te$	7.7×10^{24}	31.7%
$^{130}_{52}Te$	2.7×10^{21}	33.8%
$^{138}_{57}La$	1.1×10^{11}	0.09%
$^{144}_{60}Nd$	2.3×10^{15}	23.8%
$^{147}_{62}Sm$	1.1×10^{11}	15.0%
$^{148}_{62}Sm$	7×10^{15}	11.3%

표 12.3 네 개의 방사성 계열들

질량 번호	계열 이름	어미 핵	$t_{1/2}$ (y)	최종 핵
$4n$	토륨	$^{232}_{90}Th$	1.40×10^{10}	$^{208}_{82}Pb$
$4n + 1$	넵투늄	$^{237}_{93}Np$	2.14×10^{6}	$^{209}_{83}Bi$
$4n + 2$	우라늄	$^{238}_{92}U$	4.47×10^{9}	$^{206}_{82}Pb$
$4n + 3$	악티늄	$^{235}_{92}U$	7.04×10^{8}	$^{207}_{82}Pb$

보다 훨씬 작은 반감기를 가지고 있어, 사실상 모든 소속 핵종들이 이미 붕괴해 버린 것이다.

방사성 계열의 하나인 ^{232}Th 계열의 붕괴 과정을 그림 12.15에 나타냈다. ^{212}Bi는 알파나 베타 붕괴를 모두 할 수 있다는 것에 유의하자. 이것을 *가지치기*(branching)라 부른다. 가지치기에 이어지는 붕괴는 일반적으로 각각 베타나 알파 붕괴이며, 결국에는 같은 최종 핵에 도달한다. 가지치기에 있어서 한 경로에 아주 편중되는 것이 보통이지만, $^{212}_{83}Bi$는 알파 붕괴할 확률이 36%이고 베타 붕괴할 확률이 64%이므로, 이 핵종의 붕괴 경로는 둘 다 그림 12.15에 나타냈다. 그림 12.15에 보인 것과 같이, 연속적인 알파와 베타 붕괴의 효과는 핵이 마침내 안정핵에 도달할 때까지 안정선에 접근하도록 만드는 것이다.

납 동위원소를 사용한 연대 측정

동위원소 ^{204}Pb는 방사성 동위원소가 아니며 어떤 다른 핵종들도 이 핵으로 붕괴하지 않으므로, 이 원소의 자연에서의 존재 비는 일정하다고 할 수 있다. 한편, 안정한 동위원소

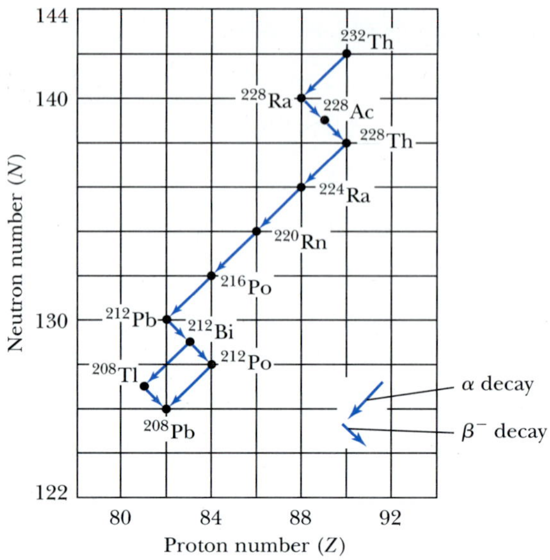

그림 12.15 $^{232}_{90}Th$의 연쇄 붕괴에 대한 주된 경로. 질량수는 알파 붕괴에 의해서만 바뀌지만, 원자 번호 Z는 알파와 베타 붕괴 모두에 의해 바뀐다. ^{212}Bi의 가지를 표시했지만, 모든 가지를 표시하지는 않았다.

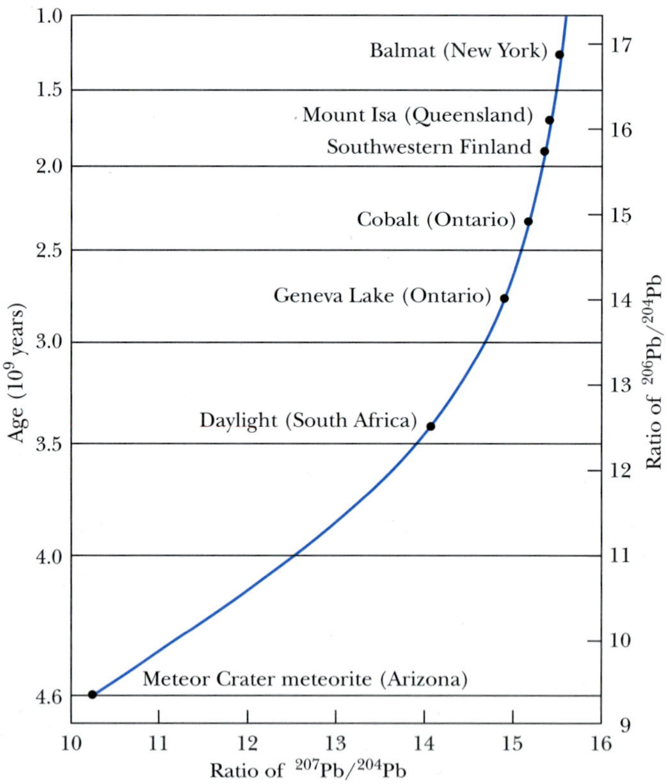

그림 12.16 여러 가지 퇴적물 속의 납 광석들의 성장 곡선. 표본들의 나이는 존재 비 $^{206}Pb/^{204}Pb$ 대 존재비 $^{207}Pb/^{204}Pb$로부터 구할 수 있다. 그래프에서 시간의 반대 방향으로의 연장선을 그리면, 애리조나의 미티어 운석 구멍(Meteor Crater)에서 채취한 표본의 나이가 46억 년이 됨을 알 수 있다. 출처: S. Moorbath, *Scientific American* **236**, 92 (1977).

^{206}Pb과 ^{207}Pb은 각각 ^{238}U과 ^{235}U의 방사성 연쇄 붕괴의 최종 핵이다. 그리고 ^{235}U의 반감기(0.70×10^9 y)는 지구의 나이와 비교해 상대적 짧으므로, ^{235}U는 거의 모두가 이미 ^{207}Pb로 붕괴해 $^{207}Pb/^{204}Pb$ 비는 과거 20억 년 동안 상대적으로 일정했다. ^{238}U

의 반감기는 매우 길기 때문에, $^{206}Pb/^{204}Pb$는 아직 증가 중이다. 그림 12.16에서 보는 바와 같이, $^{206}Pb/^{204}Pb$ 대 $^{207}Pb/^{204}Pb$의 존재 비를 나타내는 도표는, 납 광석의 나이를 알 수 있는 민감한 지표가 될 수 있다. 이 기술을 사용해서, 태양계가 형성될 때부터 남겨진 것으로 믿어지는 운석(meteorite)(애리조나와 그 밖의 유성 분화구)의 나이가 약 46억 년인 것으로 판명하였다. 이는 달에서 지구로 가져온 돌에 대한 연대 측정 결과와도 일치했다. 비록 46억 년 나이를 가진 지구의 돌들은 아직 발견되지는 않았지만, 이 방사능을 이용한 연대 측정 기술에 의한 간접적인 증거로부터 지구가 약 46억 년 전에 형성되었음을 믿게 되었다. 지구의 가장 오래된 물질은 서부 오스트레일리아에서 발견된 사암 속에 싸여 있던, 나이가 44억 년이라고 믿고 있는 지르코늄 물질(광물 가루)이다. Special Topic '지구의 형성과 나이'를 보라.

예제 12.18

어떤 우라늄 광석 시료에 포함된 ^{206}Pb의 존재 비 $^{206}Pb/^{238}U$이 0.6으로 측정되었다. ^{206}Pb이 모두 ^{238}U의 붕괴로부터 생성되었다고 가정할 때, 이 시료의 나이는 얼마인가?

전략 초기에 존재했던 ^{238}U 핵의 수를 N_0라고 하자. ^{238}U 핵은 최종적으로 ^{206}Pb으로 붕괴하고, 방사성 붕괴 사슬 $^{238}U \rightarrow {}^{206}Pb$에서의 최장 시간은 ^{238}U의 반감기인 $t_{1/2} = 4.47 \times 10^9$ y이다. 그러면 ^{238}U과 ^{206}Pb의 핵의 수는

$$N(^{238}U) = N_0 e^{-\lambda t}$$

$$N(^{206}Pb) = N_0 - N(^{238}U) = N_0(1 - e^{-\lambda t})$$

가 되고, 존재 비는

$$R' = \frac{N(^{206}Pb)}{N(^{238}U)} = \frac{1 - e^{-\lambda t}}{e^{-\lambda t}} = e^{\lambda t} - 1 \tag{12.50}$$

이 된다. 실험적으로 측정한 R'과 ^{238}U의 붕괴 상수 λ를 알고 있으므로, 식 (12.50)을 t에 대하여 풀 수 있다.

풀이 식 (12.50)의 결과는

$$t = \frac{1}{\lambda}\ln(R' + 1) = \frac{t_{1/2}}{\ln(2)}\ln(R' + 1)$$

$$= \frac{4.47 \times 10^9 \text{ y}}{\ln(2)}\ln(1.60) = 3.0 \times 10^9 \text{ y}$$

가 된다. 우라늄 광석 시료는 30억 년 된 것이다.

방사성 탄소에 의한 연대 측정

방사성 ^{14}C는 우주선에 의해 생성된 중성자가 ^{14}N와 대기 중에서 충돌하여 만들어진다.

$$n + {}^{14}N \rightarrow {}^{14}C + p \tag{12.51}$$

대기 중의 CO_2 분자에는 ^{14}C와 ^{12}C가 자연적 평형 상태로 존재한다. 모든 살아 있는 유기체들은 대기 중의 CO_2 분자를 사용하거나 호흡한다(그림 12.17). 그러나 살아 있던 유기체들이 죽으면 ^{14}C를 더 이상 흡수하지 않는다. 따라서 ^{14}C가 붕괴되면서, $^{14}C/^{12}C$의 비(= R)는 줄게 된다. ^{14}C를 사용하여 연대를 측정하기 위해서는, 대기의 성분 변화와 지구 자기장의 변화에 의한 우주선 선속의 변화에 대한 보정을 해야 한다. 죽음의 시점에서의 초기 붕괴율은 탄소 1 g당 14 붕괴/분($R = 1.2 \times 10^{-12}$)이며, 이 값은 약

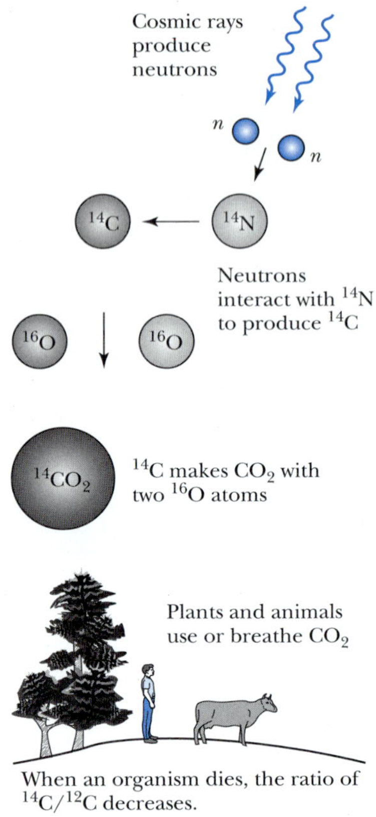

그림 12.17 우주선에 의해 생성된 중성자는 대기 중의 ^{14}N와 반응하여 ^{14}C를 생성한다. ^{14}C는 CO_2의 형태로 살아 있는 유기체 속으로 들어간다. 살아 있던 유기체가 죽은 후에는 ^{14}C가 붕괴함에 따라 그 유기체 속의 $^{14}C/^{12}C$의 비가 감소한다.

James King-Holmes/Science Source

그림 12.18 이집트의 쉐피니스(Shepenese)라는 이름의 미라를 덮은 아마포 조각. 관의 내부 장식으로부터 그녀가 BC 7세기 첫 중반 인물임을 추론할 수 있다. 방사성 탄소에 의한 연대 측정을 통해, 95%의 확률로 BC 797~551년의 기간에 있음을 확인하였다.

10,000년 된 나무의 나이테를 가지고 보정하였다. ^{14}C의 반감기는 5730년이므로, $^{14}C/^{12}C$의 비로 연대를 측정할 때는, 아마도 나이가 약 6만 년 정도까지의, 넓은 범위의 대상의 나이(그림 12.18)를 결정하는 데 편리하다. 그러나 연대가 10,000년보다 더 오래되었을 경우에는 오차가 극적으로 커진다. 현재에는 탄소 이온을 가속시키는 매우 정교한 질량 분석기로 10^5개의 원자(약 10^{-20} kg)만큼 작은 시료에 대해 시험하는 것이 가능하게 되었다. 이제는 실제로 ^{14}C의 붕괴율을 측정하는 과거의 방법을 이용하여, 0.01 kg 정도의 시료만 있어도 더 오래된 물체의 나이도 알아낼 수 있다. 윌러드 리비(Willard Libby)는 이러한 정교한 기술을 개발한 업적으로 1960년에 노벨 화학상을 수상했다.

연대 측정을 위한 다른 유용한 방사성 동위원소로는 ^{10}Be, ^{26}Al, ^{36}Cl, ^{129}I가 있다. ^{10}Be의 반감기는 150만 년이어서, 이는 인간의 진화와 빙하시대를 연구하는 데 유용하다. ^{36}Cl 동위원소는 지하수의 움직임을 추적하는 데 특히 유용하며, 따라서 방사성 폐기물 저장소의 적절성을 결정하는 데 유용하다. 해양 침전물에 있는 ^{10}Be과 ^{26}Al의 연대 측정을 통하여, 그 물질들이 원래 지구 밖, 아마도 혜성에서 온 것임을 확인하였다.

예제 12.19

로마제국 시대에 생긴 것으로 의심되는 뼈가 대영제국에서 발견되었다. 가속기 기술로 $^{14}C/^{12}C$ 비율이 1.1×10^{-12}임을 알았다. 그 뼈가 로마 시대의 것일 만큼 충분히 오래된 것인가?

전략 사망 당시의 $^{14}C/^{12}C$의 초기 비율이 $R_0 = 1.2 \times 10^{-12}$임을 기억하자. 붕괴율이 1.10×10^{-12}으로 감소할 때 걸리는 시간 t를 계산하기 위해 붕괴 법칙을 사용한다.

풀이 $e^{-\lambda t}$로 붕괴하는 ^{14}C 원자 수는

$$N(^{14}C) = N_0 e^{-\lambda t}$$

이고, 이온들의 비율은

$$R = \frac{N(^{14}C)}{N(^{12}C)} = \frac{N_0(^{14}C)\, e^{-\lambda t}}{N(^{12}C)} = R_0 e^{-\lambda t}$$

로 주어지며, 여기서 R_0는 초기 비율이다. 이 방정식을 t에 대해 풀고, $t_{1/2}$, R_0, R의 알려진 값을 대입하면

$$e^{-\lambda t} = \frac{R}{R_0}$$

$$t = \frac{-\ln(R/R_0)}{\lambda} = -t_{1/2}\,\frac{\ln(R/R_0)}{\ln(2)}$$

$$= -(5730\ \text{y})\left(\frac{-0.087}{0.693}\right) = 720\ \text{y}$$

가 된다. 따라서 이 뼈는 로마제국 시대의 것이 아니고, 중세 시대의 것이다.

Special Topic

지구의 형성과 나이

지구와 태양계는 46억 년 전에 중력에 의해 먼지와 기체들이 서로 모여(모여서 덩어리가 됨) 형성되었다고 믿고 있다. 이 과정은 비록 느리지만 운석과 또 다른 입자들이 지구에 떨어지는 것과 같이 현재도 진행 중이다. 첫 1억 년 동안, 중금속들은 가라앉아 지구의 핵을 구성한 반면에, 외부의 층들은 식어서 지구의 껍질을 형성하였다. 두 번째 1억 년 동안에는, 최초의 바다가 형성되었다. 니켈, 철, 규산염이 지구의 초기의 주된 구성 물질이었을 것이다. 수백만 년이 지나면서 충돌과, 우라늄, 토륨 그리고 다른 방사성 동위원소들 중 칼륨 방사성 동위원소의 붕괴에 의해, 지구에 열이 축적되었다. 지구의 온도가 점진적으로 증가함에 따라, 철이나 니켈 같은 무거운 원소들이 규산염보다 먼저 녹았는데 그것들은 더 무겁기 때문에 지구 중심을 향해 가라앉았다. 더 가벼운 물질들은 맨 위로 떠오르고, 중간 밀도를 가진 물질들은 맨틀을 형성했다(그림 A). 지구의 표면에는 거대한 파도와 거품이 소용돌이치고 있었다. 사방에서 화산이 폭발하고 용암이 흘러내렸다.

지구는 서서히 현재의 모양을 드러냈지만, 지구 내부의 온도는 방사능에 의해 계속 증가했다. 방사능에 의해 생산된 열에너지는 지구의 외핵에 존재하는 철의 대류 현상을 일으키고 발전을 일으켜 지구 자기장을 형성하였다. 이 열은 맨틀로 새어 나와 결국에는 지각판을 움직이게 해 화산 폭발을 유발한다. 온도는 지구 중심부로 갈수록 증가하여, 중심의 온도는 약 6000°C가 된다. 이렇게 높은 온도에도 불구하고 내핵은 높은 압력 때문에 고체 상태가 된다.

수많은 철학자, 종교학자, 과학자(찰스 다윈 포함) 들이 지구의 나이에 대하여 적게는 6000년부터 수억 년에서 이십억 년까지의 다양한 예측을 하였다. 지구의 나이를 결정하기 위한 진지한 노력은 18세기 중엽부터 시작되었다. 열역학에 조예가 깊은 윌리엄 톰슨(William Thomson, 켈빈 경)은 그가 결정한 태양의 나이와 지구가 용해된 액체 상태에서 식는 데 걸린 시간에 근거를 두고 지구가 2000~4000만 년 전에 창조되었을 것이라고 계산했다. 톰슨은 태양에 에너지를 공급하는 고효율의 핵융합 반응을 간과했기 때문에, 그의 계산 결과는 너무 작은 값을 가졌다.

이 분야는 1896년 앙리 베크렐(Henri Becquerel)이 방사능을 발견한 것을 계기로 바뀌게 된다. 1907년과 같이 이른 시기에, 예일대학의 방사화학자 볼트우드(B. B. Boltwood)는 우라늄 광석 중의 납/우라늄의 비율을 지질학적 연대 측정에 유용하게 사용할 수 있다고 제안했다. 12.8절에 기술했듯이, 지구 바위는 46억 년이 되었으나 방사성 측정법으로 산출한 달 암석이나 또 다른 70여 개의 운석들의 결과로 산출한 지구의 나이는, 1%의 오차를 가지는 45억 4천만 년 된 것으로 나타났다. 이 수치들로 지구, 달, 그리고 운석들은 진화하고 있는, 같은 태양계의 일부분이라는 것을 가정할 수 있다.

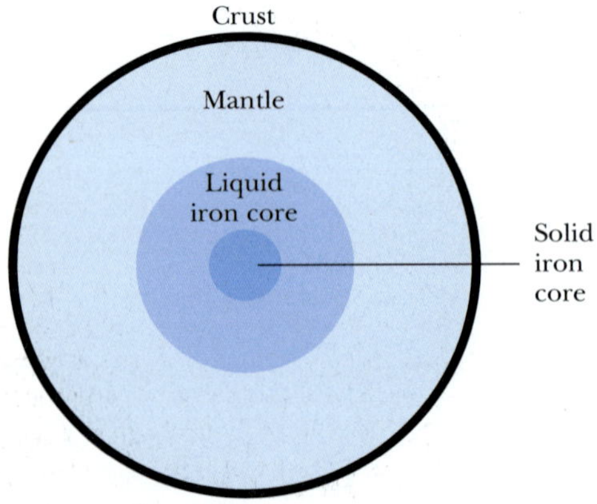

그림 A 지구 구성 물질의 개략도. 지각의 두께는 겨우 30 km에 불과하고 산소, 실리콘, 알루미늄이 풍부하다. 맨틀은 아마도 2900 km 깊이까지 뻗쳐 있으며, 밀도가 큰 바위나 금속 산화물로 구성되어 있다. 맨틀은 지구 부피의 80%를 차지한다. 핵은 주로 니켈과 철로 구성되어 있으며, 핵의 온도는 태양 표면의 온도와 같은 약 6000°C이다. 방사능은 지구 내부에 계속하여 열을 축적하고 있다.

요약 _Summary

1932년 중성자의 발견으로 핵의 구성요소를 이해하고 매우 투과력이 큰 방사능의 근원을 알아내는 등, 몇 가지 중요한 문제가 해결되었다.

핵종 ${}^A_ZX$는 질량이 M이며, Z개의 양성자와 N개의 중성자로 구성되어 있다. 질량수는 $A = Z + N$이다. 질량은 원자 질량 단위 u의 항으로 측정된다. 핵의 반지름은 $R = r_0A^{1/3}$이고, 여기서 $r_0 \approx 1.2 \times 10^{-15}$ m = 1.2 fm이다.

중양성자와 핵자-핵자 산란에 대한 연구로, 핵력은 인력이며 쿨롱 힘보다 훨씬 강한 힘임을 알았다. 그러나 이것은 오직 단거리(약 3 fm)에서만 유효하다. 핵력은 전하와 무관하고 중심에 경심을 갖고 있다.

핵종은 만약 그 핵종의 질량이 A 핵자들로 이루어질 수 있는 어떤 다른 가능한 조합의 질량보다 작으면 안정하다. 안정한 핵종은 A가 작을 때는 $N \approx Z$가 되려는 경향이 있고 A가 중간이나 클 때는 $N > Z$가 되려는 경향이 있다. 핵종의 총 결합 에너지는 다음과 같다.

$$B({}^A_ZX) = [Nm_n + ZM({}^1\text{H}) - M({}^A_ZX)]c^2 \qquad (12.10)$$

바이제커(Carl F. von Weizäcker)의 준경험적 질량 공식은 핵의 결합 에너지를 예측하는 데 유용하다. $Z > 82$ 또는 $A > 208$인 범위에서는 안정핵이 없다. 핵은 짝수의 양성자 수, 그리고/또는 중성자를 가질 때 더 안정되려는 경향이 있다. ^{56}Fe 근처의 핵들은 가장 큰 핵자당 평균 결합 에너지를 가지며, 대부분의 핵의 핵자당 평균 에너지는 약 8 MeV이다.

방사능 붕괴 법칙은 $N = N_0e^{-\lambda t}$이며, 여기서 λ는 붕괴 상수이고, 반감기는 $t_{1/2} = 0.693/\lambda$이다. 방사능은 $R = \lambda N$이다. 1 베크렐(Bq)은 1 붕괴/초이다. 방사능 붕괴는 붕괴 에너지가 $Q > 0$일 때 일어난다. 네 가지 종류의 알파와 베타 붕괴는 다음과 같다.

알파 붕괴 $\quad {}^A_ZX \rightarrow {}^{A-4}_{Z-2}D + \alpha \qquad (12.30)$

β^- 붕괴 $\quad {}^A_ZX \rightarrow {}_{Z+1}^{\;\;A}D + \beta^- + \bar{\nu} \qquad (12.37)$

β^+ 붕괴 $\quad {}^A_ZX \rightarrow {}_{Z-1}^{\;\;A}D + \beta^+ + \nu \qquad (12.40)$

전자 포획 $\quad {}^A_ZX + e^- \rightarrow {}_{Z-1}^{\;\;A}D + \nu \qquad (12.43)$

방사성 계열에는 네 종류만 있다. 그중에 두 가지 계열을 예로 들면, 우라늄 동위원소 ^{235}U와 ^{238}U 계열이 있다. 방사성 동위원소는 지구나 고대의 물체의 나이와 같이 물체의 연대를 측정하는 데 유용하다. 방사성 탄소 ^{14}C는 가장 유용한 핵종 중의 하나이다.

질문 _Questions

1. 본문에서는 전자는 핵 속에 존재하는 것이 금지된다고 설명하고 있다. 중성자는 핵 속에 존재하는 것이 금지되지 않는, 전자에도 똑같이 적용되는 세 가지 이유를 설명하라.

2. 왜 원자 번호 Z가 핵종의 화학적 특성을 결정하는지를 설명하라. 모두 안정한 ^{16}O과 ^{17}O 및 ^{18}O 사이에서 예상되는 화학적 특성의 차이는 무엇인가?

3. 핵의 전하 반지름이 핵의 질량이나 핵력의 반지름과 어떻게 다른지를 설명하라.

4. 원자의 질량과 핵의 질량 중 어느 것을 측정하기가 더 쉬울 것이라고 생각하는가? ^{2}H의 핵 질량과 원자 질량을 실험적으로 측정할 수 있는 방법을 설명하라. ^{40}Ca에 대해서는 어떤가?

5. 핵이 경심(hard core)을 가지는 것이 중요하다고 생각하는가? 핵이 경심을 가지지 않는다면 어떤 일이 일어날까?

6. 그림 12.5에 보인 핵 퍼텐셜은 단거리 핵력과 일관되는가? 설명하라.

7. 그림 12.6에 보인 안정핵 외에 아직 검출되지 않은 추가적인 안정핵이 있음직한가? 설명하라.

8. 그림 12.7에서 왜 결합 에너지 곡선이 가벼운 핵에서는 급격히 증가하다가 무거운 핵에서는 서서히 감소하는가?

9. 수백 개의 핵종들이 알파입자를 방출하며 붕괴하는 것으로 알려져 있다. 왜 ^{3}He을 방출하는 붕괴는 결코 관측되지 않는가?(또는 드물게 관측되는가?)

10. 수십 년 동안 중성미자의 질량이 없는 것으로 믿어져 왔다. 만일 그렇다면, 양성자와 중성미자 모두 광속으로 움직인다는 사실에도 불구하고, 왜 중성미자는 양성자와 구별이 되는가?

11. 매우 무거운 방사성 핵에서 왜 β^+ 붕괴보다 전자 포획이

일어날 가능성이 더 큰가?

12. 그림 12.6에서, 왜 안정선 아래에 있는 불안정한 핵종들은 β^+ 붕괴를 하는 반면에, 안정선 위에 있는 불안정한 핵종들은 β^- 붕괴를 하는가?

13. 왜 방사성 핵이 여전히 지구 내부에서 열을 생산하고 있는가?

14. 아직 모두가 지구에서 발견된 가장 오래된 물질이나 바위의 나이를 믿고 있지는 않다. 그 증거를 찾고 토론한 것을 요약해 보라. 어떤 과학자들은 왜 발표된 나이가 잘못되었다고 믿는가에 대해 설명하는 것을 잊지 마라.

연습문제 _Problems

참고: 고급 문제는 문제 번호에 파란색 음영으로 표시하였다. 문제 풀이에 유용한 상수, 변환 인자, 상수들의 조합이 부록 7에 제시되어 있다.

12.1 중성자의 발견

1. 감마선이 수소에 의해 콤프턴 산란을 한다고 가정하자. 5.7 MeV의 양성자를 생성하기 위한 감마선의 에너지를 구하라.

2. 다음 핵 ^{3}He, ^{6}Li, ^{7}Li, ^{18}F, ^{19}F의 핵 스핀은 정수인가 반정수인가?

12.2 핵의 특성

3. 핵 $^3_2$He, $^4_2$He, $^{18}_{8}$O, $^{44}_{20}$Ca, $^{209}_{83}$Bi, $^{235}_{92}$U의 양성자 수, 중성자 수, 질량수, 전하량, 원자 질량은 얼마인가?

4. 다음 핵종 ^{6}Li, ^{13}C, ^{40}K, ^{102}Pd의 중성자 수와 양성자 수는 얼마인가?

5. 칼슘의 모든 동위원소를 제시하라. 그리고 ^{40}Ca의 모든 동중원소와 동중성자 원자핵도 제시하라.

6. 원자 번호 7, 23, 38인 핵종들의 핵의 기호와 존재량의 백분율을 써라. 부록 5를 사용하라.

7. 베타 붕괴를 하는 $Z = 18$인 불안정한 핵종의 핵의 기호와 반감기, 그리고 $Z = 102$를 가지는 자발적 붕괴를 하는 핵종의 핵의 기호를 써라. 부록 5를 사용하라.

8. 물에 대한 핵의 밀도는 얼마인가?

9. 전자에 대한 양성자의 자기 모멘트의 크기의 비는 얼마인가?

10. 핵종 ^{56}Fe의 밀도와 질량을 SI 단위로 구하라.

12.3 중양성자

11. 중양성자의 정지 질량 에너지에 대한 중수소 내의 전자의 결합 에너지의 비는 얼마인가? 핵에 관련된 계산을 할 때, 전자의 결합 에너지를 무시하는 것이 타당한가?

12. 정지해 있는 중양성자의 광 붕괴에 대해 생각해 보자. 에너지 보존 법칙과 운동량 보존 법칙을 모두 사용해서 광 붕괴에 요구되는 광자의 최소 에너지를 구하라. 운동량 보존을 무시하면 오차가 몇 %가 되는가?

13. 상대론적 운동량과 에너지 보존 법칙을 이용하여 식 (12.14)를 유도하라.

14. (a) 삼중수소 핵(^{3}H의 핵)이 한 개의 중수소 핵과 한 개의 중성자로 구성되었다고 가정하고, 삼중수소 핵의 결합 에너지를 구하라. (b) 삼중수소의 핵이 세 개로 갈라진 입자(중성자 두 개와 양성자 한 개)로 구성되었다면, 중수소 핵의 결합 에너지는 얼마인가? (c) (a)와 (b)의 답의 차이를 설명하라.

12.4 핵력

15. ^{3}He 속에 있는 양성자들 사이의 중력과 쿨롱 힘을 비교하라. 양성자들 사이의 거리가 핵의 반지름과 같다고 가정하라. 평균 핵 퍼텐셜 에너지는 40 MeV이고, 작용하는 힘은 인력이며, 3.0 fm까지 유효하게 작용한다. 이 핵 퍼텐셜 에너지를 같은 거리에서의 중력과 관련된 퍼텐셜 에너지 및 쿨롱 힘과 관련된 퍼텐셜 에너지와 비교하라.

16. ^{27}Al 핵 속의 두 개의 양성자가 양성자들의 중심으로부터의 거리가 2.4 fm만큼 떨어진 곳에 있다. 핵력이 양성자-양성자 사이의 쿨롱 힘을 이겨 내기 위해서는 얼마나 강해야 하는가?

12.5 핵의 안정성

17. (a) 다음의 식이 핵 ^A_ZX에 있는 마지막 중성자의 결합 에너지를 뜻하고 있음을 보여라.

$$B = [M(^{A-1}_{\ \ Z}X) + m_n - M(^A_ZX)]c^2$$

(b) ^{6}Li, ^{16}O, ^{207}Pb에서, 가장 약하게 결합된 양성자의 결합 에너지를 구하라.

18. (a) 다음의 식이 핵 ^A_ZX에 있는 마지막 양성자의 결합 에너지를 뜻하고 있음을 보여라.

$$B = [M(^{A-1}_{Z-1}Y) + M(^1\text{H}) - M(^A_ZX)]c^2$$

(b) ^{8}Be, ^{15}O, ^{32}S에서, 가장 약하게 결합된 양성자의 결합 에너지를 구하라.

19. 세 개의 알파입자가 결합해 ^{12}C가 될 때, 방출되는 에너지는 얼마인가?

20. ^{3}He과 ^{4}He의 핵 스핀을 계산하라. 그 이유를 설명하라.

21. 은 원자의 안쪽 K-껍질에 있는 전자 한 개를 제거하려면 25.6 keV가 필요하다. 이 전자의 결합 에너지(가장 강하게 결합된 전자)를 가장 약하게 결합된 $^{107}_{47}Ag$의 양성자의 결합 에너지와 비교하라.

22. ^{4}He, ^{40}Ca, ^{208}Pb에 대하여, 양성자들 사이의 총 쿨롱 반발력을 비교하라. ^{4}He 속의 양성자는 평균적으로 핵의 반지름만큼 떨어져 있다고 가정하고, 큰 핵의 반발력을 계산할 때는 식 (12.18)을 사용하라.

23. 그림 12.9에서와 같이 ^{16}O에 중성자를 계속 더해 보자. 그러면 ^{17}O과 ^{18}O은 안정하나, ^{19}O는 불안정하다. 왜 그런지 이유를 설명하라.

24. $^{42}_{20}Ca$는 안정하고 $^{41}_{20}Ca$은 불안정한 이유를 설명하라. 만일 $^{42}_{20}Ca$가 안정하다면, $^{42}_{22}Ti$는 왜 불안정한지 설명하라.

25. 바이제커의 준경험적 질량 공식을 이용하여, ^{48}Ca의 질량을 (원자 질량 단위 u와 MeV/c^2의 단위로) 구하라. 이 결과를 부록 5에 주어진 값과 비교하라.

26. (a) 바이제커의 준경험적 질량 공식을 이용하여, ^{18}C, ^{18}N, ^{18}O, ^{18}Ne에 대하여 핵자당 결합 에너지를 구하라. (b) 이 핵종들 중 어느 핵종이 가장 안정한가? 기대했던 것과 일치하는가? 설명하라. (c) ^{18}O에 대해 바이제커의 B/A의 값을 부록 5의 원자 질량으로 구한 값과 비교하라.

12.6 방사성 붕괴

27. 방사성 시료 ^{60}Co($t_{1/2}$ = 5.271 y)이 4.4×10^7 Bq의 β^- 방사능을 가지고 있다. 이 시료에는 몇 g의 ^{60}Co이 있는가?

28. 알려지지 않은 방사성 시료의 방사능이 시간당 5의 비율로 감소한다. 이 시료의 반감기는 얼마인가?

29. 방사성 시료의 평균 수명은 $\tau = 1/\lambda = t_{1/2}/\ln(2)$임을 보여라.

30. 예제 12.12에 기술한 원자로에서, 연료봉 속에 존재하는 ^{238}U의 알파 방사능을 계산하라. 우라늄이 4%의 ^{235}U로 농축되었다고 가정하라. 이것은 상업적 발전 원자로의 전형적인 연료봉이다.

31. 칼륨은 인체에 유용한 원소이며, 몸무게의 0.3%를 차지한다. 몸무게가 60 kg인 사람 속의 $^{40}_{19}K$의 방사능을 구하라.(자연에 존재하는 칼륨의 0.012%가 $^{40}_{19}K$이다.)

32. 핵종 $^{18}_{9}F$(β^+ 방출원, $t_{1/2}$ = 109.8 min)은 인간의 폐결핵을 검진하는 데 유용한 방사성 동위원소이다. 1.2×10^7 Bq의 방사능을 가진 어떤 양의 ^{18}F을 환자에게 복용시켰다. 48시간 후의 방사능을 구하라.

33. 삼중수소($t_{1/2}$ = 12.33 y)는 대부분 군사적 목적으로 생산된다. 미국은 1988년에 삼중수소의 생산을 중지했으나, 2003년에 생산을 재개했다. 미국의 보고에 의하면, 1996년에 삼중수소 75 kg을 보유하고 있었다. 이것을 2003년까지 소모하지 않았다면, 2003년에는 얼마의 삼중수소가 남아 있었겠는가?

34. 같은 질량의 다음 핵종들이 있다. 방사능의 순위를 정하라: ^{3}H(삼중수소), ^{222}Rn(라돈 기체), ^{239}Pu(발전기에서 알파 입자원).

12.7 알파, 베타, 감마 붕괴

35. 원자 질량을 사용해 $^{52}_{26}Fe$는 비록 아주 불안정하지만, 핵자의 붕괴는 일어나지 않음을 보여라. 만일 $^{40}_{26}Fe$를 얻었다면, 이것이 핵자의 붕괴에 의한 것이라고 믿는가? 설명하라.

36. 예제 12.13에서, $^{230}_{92}U$는 핵자를 방출하며 붕괴하지 않음을 알았다. 중성자와 양성자의 분리 에너지는 얼마인가?

37. 질량을 이용해 양성자는 어떤 종류의 베타 붕괴도 하지 않음을 직접 보여라.

38. ^{144}Sm와 ^{147}Sm이 알파 붕괴를 할 것인지를 계산을 해서 판별하라. 자연에 존재하는 $^{144}_{62}Sm$는 3.1%이고, $^{147}_{62}Sm$는 15%이다. 왜 그런지 설명하라.

39. 정지 상태의 $^{241}_{95}Am$이 α 붕괴할 때 딸 핵의 운동에너지를 구하라.

40. 식 (12.34)가 정지해 있는 ^{14}C의 β^- 붕괴를 올바르게 기술하고 있다면, 에너지와 운동량 보존으로부터 전자의 에너지 스펙트럼은 그림 12.13과 같지 않고, 단일 에너지를 가져야 한다는 것을 보여라.

41. $^{80}_{35}Br$에서 알파와 베타 붕괴 중, 어느 것이 허용되는가?

42. $^{227}_{89}Ac$에서 알파와 베타 붕괴 중, 어느 것이 허용되는가?

43. 핵자 $^{230}_{91}Pa$는 α 붕괴, β^- 붕괴, β^+ 붕괴, 그리고 EC, 모두가 가능함을 보여라.

44. 그림 12.14의 ^{230}U의 감마 붕괴에서, 가능한 감마선 에너지를 모두 제시하라.

45. 부피가 1.0×10^{-6} m^{3}인 $^{226}_{86}Rn$ 기체가 있다. 6일 후의 헬륨 기체의 분압을 구하라. 라돈 기체는 온도가 0°C로 유지되는 용기 속에 1기압의 초기 기압으로 저장되어 있다. 6일 후의 라돈 기체의 분압은 얼마인가?(라돈의 반감기는 $t_{1/2}$ = 3.82일이다.)

46. ^{60}Co은 β^- 붕괴를 한다. 그러나 ^{60}Co은 γ 선원으로, 특히 의료 분야에서 자주 사용된다. 그 이유를 설명하라.

47. 무거운 원소의 자연 방사성 붕괴 사슬에서 왜 β^+ 붕괴보다

β^- 붕괴가 우세한가를 설명하라.

48. ^{14}O는 β^+ 붕괴는 가능하지만 양성자는 안 되는 이유를 설명하라.(힌트: 증명을 위해 질량을 사용하라.)

12.8 방사성 핵종

49. 두 개의 바위의 ^{238}U에 대한 ^{206}Pb의 R'이 서로 다른 0.76과 3.1로 측정되었다. 두 바위의 나이는 각각 얼마인가? 두 바위의 기원은 같은가?

50. 표 12.2를 이용하여, 지구의 나이를 측정하는 데 유용한 방사성 핵종들을 제시하라.

51. 만일 과학자들이 식 (12.50)의 R'을 ±0.01로만 결정할 수 있다면 측정 가능한 최소 연대는 얼마인가?

52. 만일 지구의 나이가 46억 년이라면, 지구와 같은 나이의 우라늄을 포함하고 있는 바위의 ^{206}Pb/^{238}U 비는 얼마인가?

53. Z와 A 값만 이용하여, $^{235}_{92}$U가 최종 생성물인 $^{207}_{82}$Pb로 붕괴할 때 생성되는 α입자와 β입자의 수를 계산하라.

54. 지구의 나이는 약 46억 년이다. 현재 자연에 존재하는 우라늄 중 ^{235}U가 0.72%라면, 지구가 생성될 당시 동위원소 235/238의 비는 얼마인가?(힌트: 유용한 정보가 부록 5에 있다.)

55. 일련의 붕괴로 α입자 다섯 개를 방출하고 최종적으로 ^{232}Th가 되는 100 g의 ^{252}Fm를 생각해 보자. (a) 처음에는 ^{252}Fm가 몇 개가 있는가? 그리고 하루가 지난 후에는 몇 개의 ^{248}Cf이 생성되었는가? (b) 한 달 후에는? (c) 5년 후에는 거의 퀴륨만 남는 이유를 설명하라. (d) 100년 후에 대부분 남는 원소는 어떤 동위원소인가? (e) 시료가 거의 모두 토륨이 되는 데는 근사적으로 몇 년이 걸리는가?

56. 표 12.2에서, 자연에 풍부한 두 개의 Te의 동위원소의 반감기는 10^{21}년보다 길다는 것에 유의하고, (a) 두 개의 β^-를 방출하며 붕괴하는 ^{128}Te의 단위 질량당 붕괴율을 $s^{-1}\cdot kg^{-1}$의 단위로 구하라. (b) 자연에 존재하는 텔루륨 시료의 질량이 얼마가 될 때 붕괴율이 10 β^-/s가 되는가?

일반적인 문제

57. Z와 N이 서로 바뀐 두 동중핵을 *거울 동중핵*이라고 부른다. (a) ^{23}Na과 ^{23}Mg의 거울 동중핵들 중 어느 핵이 더 안정한가? 설명하라. (b) (a)에서 덜 안정한 핵이 어떻게 붕괴할 것인지를 예측하라. 이 예측의 붕괴에 대한 Q를 계산해서 예측을 입증하라.

58. 안정핵 ^{36}Ar과 ^{76}Se은 모두 핵자당 결합 에너지가 최고점에 있는(그림 12.7) ^{56}Fe과 질량수 20만큼 차이가 있다. ^{36}Ar과 ^{76}Se 둘 다에 대하여 B/A를 구하라. 둘 중에 어느 B/A가 더 큰가? 왜 이런 결과가 예상되는가?

59. 개념 예제 12.7에서, ^{14}N에 양성자와 중성자 모두를 더하면 안정핵이 된다고 제안하였다. 원자 질량을 사용하여, 생성된 핵의 모든 형태의 알파나 베타 붕괴를 대조해 이 추측을 입증하라.

60. 12.5절에서, ^{12}C에 양성자를 더하면 불안정한 핵이 됨을 알았다. 생성된 핵의 모든 형태의 알파나 베타 붕괴에 대해 검토하여 어떤 붕괴가 가능한지 알아보라.

61. 전하 Ze가 반지름 R인 구에 균일하게 분포되어 있을 때 구의 총 쿨롱 자체 에너지는

$$\Delta E_{\text{Coul}} = \frac{3}{5}\frac{(Ze)^2}{4\pi\epsilon_0 R} \tag{12.17}$$

임을 보여라.(힌트: 무한대에 있는 전하를 반지름이 r인 구의 껍질까지 가져오는 데 필요한 에너지를 구하고, 구의 껍질을 0부터 R까지 적분한다.)

62. 불확정성 원리 $\Delta p\,\Delta x > \hbar/2$를 이용하여, 두 핵자가 ^{2}H 속에 속박되어 있기 위한 최소 에너지를 구하라. 이 핵자의 드브로이 파장은 얼마인가? 이 결과는 타당성이 있는가?

63. $^{180}_{73}$Ta는 평범하지 않은 핵이다. 왜냐하면 이 핵은 Z와 N이 모두 홀수이나, 반감기가 8시간인 약간 불안정한 핵이기 때문이다. 이 핵은 실험적으로 측정한 결과, 반감기가 10^{15}년보다 긴 들뜬 에너지 0.075 MeV의 이성질 상태를 가지고 있다. 수년 동안 이 긴 반감기를 가진 여기 상태를, 바닥 상태이며 안정하다고 믿어 왔다. 홀수의 Z와 N을 가진 모든 안정핵은 ^{16}O보다 작다. 왜 홀수의 Z와 N을 가진 모든 무거운 핵은 불안정한가? ^{180}Ta의 바닥 상태와 이성질 상태의 스핀들은 각각 1^+와 9^-로 믿어진다. 과학자들이 왜 그렇게 오랫동안 ^{180}Ta이 안정하다고 믿어 왔을 수도 있는지 설명하라.

64. $^{165}_{67}$Ho는 홀뮴의 유일한 안정한 동위원소이다. 왜 그런지 설명하라. ^{165}Ho는 알파 붕괴를 할 수 있는가? 알파 붕괴를 할 가능성은 있는가?

65. 핵종 $^{226}_{88}$Ra는 반감기 $t_{1/2}$ = 1600 y로, 기체 상태의 $^{222}_{86}$Rn로 붕괴한다. 다음으로 핵종 $^{222}_{86}$Rn은 짧은 반감기 $t_{1/2}$ = 3.82일로 알파 붕괴를 한다. 만일 라듐을 처음에 속이 빈(진공으로 된) 밀폐된 용기 속에 놓아두면, 용기 속에 라돈 기체가 축적되고, 축적된 라돈(알파 붕괴를 하지 않고 남아 있는 라돈) 기체의 양을 측정할 수 있다. 축적된 라돈 기체의 양은 일정하고, 그 양은 붕괴에 의해서 생성되는 ^{222}Rn의 양과 같음이 밝혀졌다. 이 과정을 *장기 누적 평형*이라고 부르며, 이때 라듐과 라돈의 방사능은 같다. (a) 라돈은 식 $dN_2/dt = \lambda_1 N_1 - \lambda_2 N_2$의 비율로 용기 속에 축적됨을 보

여라. 여기서 λ_1, N_1 그리고 λ_2, N_2는 각각 라듐과 라돈의 붕괴 상수와 핵의 수이다. (b) ^{226}Ra은 매우 느리게 붕괴하므로, N_1은 거의 변화 없이 일정하다. 그리고

$$N_2 = \frac{\lambda_1}{\lambda_2} N_1 (1 - e^{-\lambda_2 t})$$

임을 보여라. (c) 오랜 시간이 지난 후 장기 누적 평형에 도달하면, 즉 오랜 시간이 지나면 라돈의 수 N_2가 일정하게 됨을 보여라.

66. 1957년에 뫼스바우어(Rudolf Mössbauer)는, 핵이 들뜬 상태에서 전이될 때, 핵은 커다란 결정격자 속에 끼워져 있어서, 격자들이 핵의 되튐을 흡수하기 때문에 핵의 되튐이 무시되는 것을 발견했다. ^{191}Ir은 이와 같은 전이를 하며, 129 keV의 여기 상태에서 바닥 상태로 전이할 때의 평균 수명은 1.9×10^{-10} s이다. (a) 핵이 격자에 묶여 있는 이러한 상황에서, 이 붕괴의 에너지 폭을 구하라. (b) 비슷하게 결정 속에 묶여 있는 ^{191}Ir에 광자가 흡수될 때 되튐은 무시할 수 있다. 그러나 흡수체의 작은 운동이라고 할지라도, 그 운동에 의한 도플러 편향은 공명 흡수를 파괴하기에 충분하다. 에너지 흡수를 5Γ만큼 편향시키는 데 필요한 속력을 구하라. Γ는 핵붕괴 폭이다. 이 효과를 *뫼스바우어 효과*라고 한다.

67. ^{222}Rn는 자연적으로 일어나는 방사성 붕괴 사슬의 결과로 발생한 기체이므로 건강에 해롭다. 이 기체는 지하층에 모이려는 경향이 있고 인간이 흡입할 수 있다. (a) 어느 붕괴 사슬이 라돈의 이 동위원소를 생성하는가? (b) ^{222}Rn는 안정핵에 도달할 때까지 다섯 번 더 붕괴함을 보여라. (c) ^{222}Rn가 안정한 동위원소로 붕괴할 때의 붕괴 사슬 중 한 개를 선택하고, 그 사슬에 속한 붕괴의 반감기의 합을 구하라. 주어진 양의 라돈의 반 이상이 안정한 동위원소로 붕괴할 때까지 며칠이 걸리는지 근사적으로 구하라.

68. 원자에서는 원자 껍질 모형이 있는 것처럼, 핵에서는 핵 껍질 구조가 있다. 양성자의 어떤 수 Z나 중성자의 어떤 수 N은 '마법수'라고 불린다. 왜냐하면 이 마법수를 가지는 어떤 핵종은 강하게 결합되어 있고, 자연에 존재하는 양이 많기 때문이다. 이 수들은 2, 8, 20, 28, 50, 82, 126이다. (a) 이 사실을 이용하여, 그림 12.7에서 ^{4}He와 ^{16}O이 왜 피크의 결합 에너지를 가지는지를 설명하라. (b) 왜 ^{208}Pb이 아주 무거운 안정한 핵종 중의 하나인지를 설명하라. (c) 자연에 존재하는 칼슘 동위원소들의 존재 양을 그들의 N과 관련지어 설명하라. 독일의 물리학자 마리아 메이어(Maria Goeppert-Mayer)와 한스 옌젠(J. Hans D. Jensen)은 *핵의 껍질 모형*을 발견한 업적으로 1963년에 노벨 물리학상을 수상했다.

69. 앞 문제의 핵의 껍질 모형을 이용하여 Z와 N이 모두 마법수인 안정한 핵종 다섯 개를 제시하라.

핵의 상호작용과 응용

Nuclear Interactions and Applications

13 CHAPTER

과학은 사람들이 사심 없이 진실과 객관성에 도달할 수 있게 해 준다. 사물의 자연적 질서가 진정한 과학자에게 주는 깊은 즐거움과 경외심은 말할 것 없고, 과학은 사람들이 현실을 놀라움과 감탄으로 받아들이도록 가르친다.

비엔나에서의 리제 마이트너, 1953

12장에서 핵물리학의 기초를 공부하였다. 20세기의 첫 10년 동안 과학자들은 원자핵을 조사하기 위해 자연 방사성 방출원을 고속 입자들의 방출원으로 사용했다. 물리학자들은 1930년대에 발명한 입자 가속기로 고속 입자의 에너지와 세기를 조절할 수 있게 되었다. 이 입자 가속기들은 오늘날까지 계속되고 있는 핵물리학과 입자물리학의 새로운 시대를 열었다. 이 장에서는 핵반응과 그 메커니즘에 대한 공부로부터 시작하고, 다음으로 핵분열과 핵융합 원자로에서 발생하는 핵에너지를 논의할 것이다. 핵입자 기술은 의학에서의 변화무쌍한 현상들, 농업, 고고학, 예술, 국가 방위, 범죄 수사 등에 응용된다. 새로운 원소를 발견하기 위한 연구는 물리학자들을 아주 들뜨게 하는, 현재 진행형의 목표이다. 14장에서는 입자물리학과 가속기의 발전 과정에 대해 논의할 것이다.

13.1 핵반응

러더퍼드는 1919년에 실험실에서의 첫 인공 핵반응을 성공시켰다. 그는 $^{214}_{84}$Po의 붕괴에서 나오는 7.7 MeV 알파입자를 질소 표적에 충돌시킬 때 방출되는 양성자를 관측했다. 비록 러더퍼드는 정확히 어떤 핵반응이 일어났는지 확신할 수는 없었지만, 핵의 변형이 일어났다는 것에는 확신을 가졌다. 그 반응은 다음과 같음을 이제 알게 되었다.

$$\alpha + {}^{14}_{7}\mathrm{N} \rightarrow p + {}^{17}_{8}\mathrm{O} \tag{13.1}$$

처음에 쓰는 핵은 입사 입자(알파입자 혹은 ^{4}He의 핵)이고, 두 번째로 쓰는 것은 대부분의 경우 정지해 있는 표적(^{14}N)이다. 이들 두 핵이 상호작용하여 한 개 또는 여러 개의 최종 입자들로 변환된다. 검출되는 입자는 보통 화살표 다음에 첫 번째로 쓰고(p 또는 ^{1}H), 나머지 핵을 마지막에 쓴다(^{17}O). 이 반응식의 줄임형은 $^{14}\mathrm{N}(\alpha, p)^{17}\mathrm{O}$이다.

$x + X \rightarrow y + Y$와 같은 일반적인 반응을 줄임형으로 쓰면

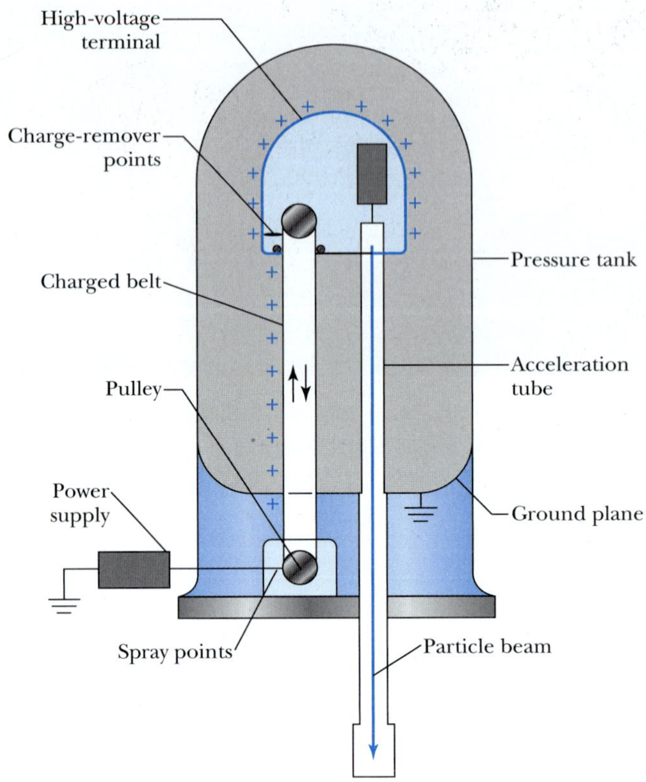

그림 13.1 밴더그래프 정전기 가속기의 개략도. 전하는 전하를 뿜어내는 점(spray point)에서 절연된 운동 벨트로 이동한 후, 이 절연 벨트를 타고 고전압 전극으로 가서 고전압 전극으로 옮겨진다. 고전압 전극에 축적된 전하는 커다란 정전 퍼텐셜을 만든다. 이온화된 입자는 가속관 속에서 이 정전 퍼텐셜에 의해 바닥 퍼텐셜까지 가속된 후 과녁을 향하게 할 수 있는 입자선이 된다. 이온화된 입자는 가속관 속에서 바닥 퍼텐셜까지 가속된 후 입자 선속이 되어 과녁을 향하게 된다.

$$X(x, y)Y \tag{13.2}$$

가 된다. 보통 ^{1}H, ^{2}H, ^{3}H, ^{4}He가 입사 입자 혹은 검출 입자일 때는, 각각을 기호 p, d, t, α로 사용한다.

핵반응의 연구는 가속기 개발에 있어서 다음과 같은 세 가지 중요한 기술적인 발전들에 의해 크게 도움을 받았다.

1. 1932년 영국 물리학자인 코크로프트(J. D. Cockcroft)와 월턴(E. T. S. Walton)이 개발한 고전압 증배 회로(1951년에 두 사람 다 노벨 물리학상을 수상했다)
2. 1931년 미국의 밴 더 그래프(Van de Graaff)가 개발한 첫 번째 정전기 발생기(밴더그래프 가속기, 그림 13.1을 보라)
3. 1932년 버클리 소재 캘리포니아대학교의 로런스(E. O Lawrence, 1939년 노벨상 수상)와 리빙스턴(M. S. Livingston)이 처음으로 건조한 사이클로트론(그림 13.2를 보라)

이 세 가지 가속기들과, 그 후 개발된 가속기 덕분으로 실험실에서 에너지와 강도의 조절이 가능한 가속 입자를 이용하여 핵반응을 연구할 수 있게 되었다. 이 가속기 기술로 핵의 세분화된 특성을 연구하는 것이 가능해졌다. 이 가속기 기술은 현재에도 물리학자들의 자연의 힘에 대한, 보다 깊은 이해를 위한 연구를 위해 계속 발전하고 있다(14장을 보라).

그림 13.2 (a) 간단한 사이클로트론의 구성품들. 입자는 디(dee)의 중앙으로 주입되어 자기장과 수직으로 원 궤도에서 움직인다. 두 개의 디 사이를 지날 때마다, 고주파 전압에 의해 가속된다. 결국, 입자의 경로가 커지게 되고, 가속된 입자들은 입자 선속으로 나온다. (b) 로런스(1901~1958)가 1930년대에 버클리 소재 캘리포니아대학에 있는, 지름이 37인치인 사이클로트론으로 연구하고 있다. 로런스는 사우스다코다에서 태어났으며, 1922년에 사우스다코다대학에서 화학 학사 학위를 받았고, 1923년에는 미네소타대학에서 물리학 석사 학위를 받았으며, 1925년에는 예일대학에서 물리학 박사 학위를 받았다. 그의 나이 27세가 되는 1928년에 버클리 소재 캘리포니아대학으로 가서 3년 만에 사이클로트론을 발명했으며, 버클리에서 가장 어린 교수가 되었다. 그는 그곳에서 생을 마감할 때까지 계속 연구했다.

12장에서 이미 몇몇 핵반응에 대해 언급했다. 그중 하나가 ^{9}Be$(\alpha, n)^{12}$C 반응에서의 중성자의 생성이다. **핵 광-붕괴**(nuclear photo-disintegration)는 광자로 인해 일어나는 핵반응으로, 예를 들어 중수소의 결합 에너지를 측정할 수 있는 ^{2}H$(\gamma, n)^1$H과 같은 반응이다. **중성자 복사 포획**(neutron radiation capture)이나 **양성자 복사 포획**(proton radiation capture)은 핵자가 운동량과 에너지를 보존하기 위해 γ선을 방출하며, 표적 핵에 흡수될 때 일어난다. 예를 들어, ^{9}Be$(p, \gamma)^{10}$B과 ^{16}O$(n, \gamma)^{17}$O 등과 같은 반응이다.

남아 있는 핵들 중, 한 핵이 여기상태에 있다는 것을 강조하고 싶은 경우에는, 그 핵의 기호 오른쪽 위에 별 표시를 한다. 즉, ^{12}C + ^{12}C → α + ^{20}Ne* 또는 ^{12}C(^{12}C, α)^{20}Ne*와 같이 표시한다. 여기상태를 명확히 나타내고 싶을 때에는 핵 기호 뒤의 괄호 안에 에너지 값을 적어 넣는다. 즉, ^{12}C + ^{12}C → α + ^{20}Ne(4.247 MeV)와 같이 쓴다. 이 경우에 별표는 생략해도 좋다.

입구와 출구 통로

발사체와 표적은 핵반응의 *입구통로*에 있다고 한다. 예를 들어, ^{12}C와 ^{12}C는 탄소 이온 선속이 탄소 과녁으로 입사한다는 것을 나타낸다. 반응의 생성물은 *출구통로*에 있게 된다. 예를 들어, α와 ^{20}Ne이 있다. 보존 법칙이 허용되는 한, 주어진 입구통로에 대해 여러 가지 출구통로가 있다. 예를 들어, ^{12}C(^{12}C, n)^{23}Mg, ^{12}C(^{12}C, p)^{23}Na, ^{12}C(^{12}C, ^{3}He)^{21}Ne, 그리고 ^{12}C(^{12}C, ^{6}Li)^{18}F들은 같은 입구통로에 대해 다른 출구통로들을 보여 준다.

탄성과 비탄성 산란

*탄성 산란*에서는 입구통로와 출구통로가 동일하고, 출구통로 입자들은 여기상태에 있지 않다. *비탄성 산란*에서는 입구통로와 출구통로는 역시 동일하지만, 출구통로에 있는 한 개 또는 그 이상의 반응 생성물이 $\alpha + {}^{20}\text{Ne} \rightarrow \alpha + {}^{20}\text{Ne}^*$ 반응과 같이 여기상태로 남는다. 지금까지는 출구통로에 항상 두 입자만 있는 핵반응만을 제시했다. 다음과 같이, 확실히 다른 경우의 반응도 일어날 수 있다.

$$\alpha + {}^{20}_{10}\text{Ne} \rightarrow n + p + {}^{22}_{11}\text{Na} \tag{13.3}$$

단면적

핵의 여러 가지 특성들은 대부분 핵반응의 출구통로에 있는 한 개 또는 그 이상의 입자를 검출하는 방법으로 연구되고 있다. 어떤 특정한 핵반응이 일어날 확률은 *단면적* σ를 측정해서 결정한다. 단면적은 주어진 핵반응에서 생성되는 입자의 수를 측정하여 결정하며, 이것이 결정되면 핵반응을 일으키는 핵력에 대해서 배울 수 있다. 단면적의 개념은 러더퍼드와 그의 동료들의 초기의 실험에서 핵을 '발견'한 것을 다룬 4.2절에서 소개했다. 4.2절에서와 같은 과정으로

n = 단위 부피당 표적 원자의 수
t = 표적의 두께
A = 표적의 면적
ρ = 밀도
N_A = 아보가드로수
N_M = 단위 분자당 원자의 수
M_g = 그램분자량

으로 정의한다. 그러면 표적 핵의 수 N_s는

$$N_s = ntA = \frac{\rho N_A N_M tA}{M_g} \tag{4.10}$$

이 된다. 여기서 변수들은 4.2절에서 정의한 것과 같다. 입자가 산란될 확률은 단면적과 표적 핵의 수 N_s의 곱에 비례한다. 이 곱한 값을 표적의 총넓이 A로 나누어 규격화시키면 산란 확률을 얻을 수 있다.

산란 확률

$$\text{산란 확률} = \frac{N_s\sigma}{A} = \frac{ntA\sigma}{A} = nt\sigma \tag{13.4}$$

곱 nt는 단위 면적당 드러난 표적 핵의 수이며, 이 수를 단면적과 곱한 값이 산란 확률과 관계가 있다.

미분 단면적

검출되는 입자의 수를 입사 입자의 함수로 구하면 단면적을 측정할 수 있다. 산란각 θ(입사 입자선과 검출되는 입자선 사이의 각)의 함수로 측정한 단면적을 **미분 단면적** (differential cross section)이라고 한다. 이에 대한 기하학적 개략도를 그림 13.3에 나

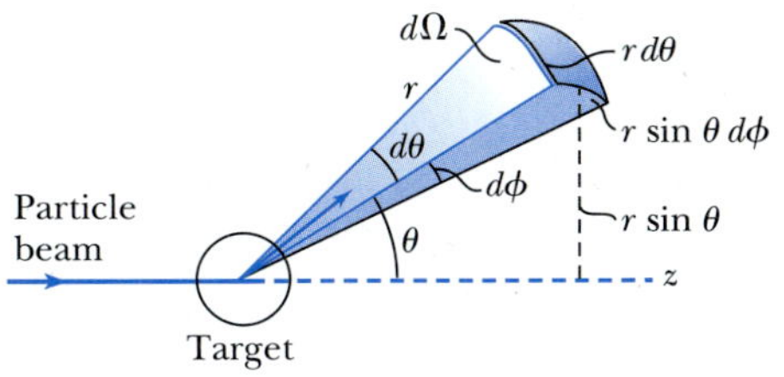

$$d\Omega = \frac{(r\sin\theta)(r\,d\theta)(d\phi)}{r^2} = \sin\theta\,d\theta\,d\phi$$

그림 13.3 선속의 입자가 표적과 상호작용한 후, 반응 입자를 미분 입체각 $d\Omega$로 보낸다. 각 θ와 ϕ를 이용하여 정의한 구좌표의 입체각은 $d\Omega = \sin\theta\, d\theta\, d\phi$이다.

타냈다. 미분 단면적은 산란각 θ를 둘러싸고 있는, 스테라디안(약자로 sr을 사용)의 단위로 표기되는 작은 입체각 $d\Omega$ 내로 산란된 입자의 수로 결정된다. θ를 입사 빔의 방향으로부터 측정한 각이라고 할 때, 구 좌표계에서의 입체각은 $d\Omega = \sin\theta\, d\theta\, d\phi$와 같다. 미분 산란 단면적은 $d\sigma/d\Omega$로 표현할 수도 있는데, 이것은 미분 입체각 $d\Omega$ 속으로 산란된 입자의 수를 보다 분명하게 표현한다. 미분 산란 단면적을 전체 산란에 대해 적분하면 **총 단면적**(total cross section) σ_T를 얻을 수 있다.

총 단면적

$$\sigma_T = \int \sigma(\theta)\,d\Omega = \int_0^{2\pi} d\phi \int_0^{\pi} \frac{d\sigma}{d\Omega}\sin\theta\; d\theta \qquad (13.5)$$

일반적으로 단면적은 입사 입자의 운동에너지, 그리고 스핀과 같은 입자들의 다른 성질에도 의존한다. 총 단면적은 전통적으로 반(barn, b)의 단위로 측정한다. 1반은 $1\ \text{b} \equiv 10^{-28}\ \text{m}^2 = 100\ \text{fm}^2$이어서, 약 100개($A$ = 100 nucleus)의 핵자의 단면적과 같다. 미분 단면적의 단위는 반(barn)/스테라디안(steradian), 또는 b/sr이다.

예제 13.1

블랙(J. L. Black)과 그의 동료들*은 입사 에너지가 E_α = 14.6 MeV일 때 $^{12}\text{C}(\alpha, n)^{15}\text{O}$ 반응의 총 단면적을 측정하여 σ_T = 25 mb을 얻었다. 만일 1.0 μA의 α입자($^4\text{He}^{++}$) 빔을 두께가 1.0 μm(밀도 ρ = 1.9 g/cm^3)이고 넓이가 4 m^{2}인 탄소 표적에 1시간 동안 쪼여 주었을 때, 얼마나 많은 수의 중성자가 생성되었는가?

전략 생성된 중성자 수 N_n을 계산하기 위해서는, 산란 확률을 계산하고 그 값을 입사 알파입자의 수 N_I에 곱해야 한다. 즉, $N_n = N_I P$가 된다. 산란 확률을 계산하기 위해서는, 우선 식 (4.8)에서 유도한 단위 체적당 핵자의 수 n을 구해야 한다.

$$n = \frac{\rho N_A N_M}{M_g}\ \frac{\text{atoms}}{\text{cm}^3} \qquad (4.8)$$

이제 n과 t와 σ를 모두 알기 때문에 산란 확률 $P = nt\sigma$[식 (13.4)]를 계산할 수 있다. 마지막으로, 표적으로 입사하는 알파입자의 수 N_I는 빔 전류와 빔을 표적에 쪼여 주는 시간으로부터 계산할 수 있다.

풀이 이 문제를 풀기 위한 값들은 다음과 같다.

$\rho = 1.9\ \text{g/cm}^3$ $\quad N_A = 6.02 \times 10^{23}$ molecules/mol

$N_M = 1$ atom/molecule $\quad M_g = 12$ g/mol

이 값들을 식에 대입하면

* J. L. Black et al., *Nuclear Physics*, **115** 683 (1968)

$$n = \left(\frac{1.9\ \text{g}}{\text{cm}^3}\right)\left(\frac{6.02 \times 10^{23}\ \text{molecules}}{\text{mol}}\right) \times \left(\frac{1\ \text{atom}}{\text{molecule}}\right)\left(\frac{\text{mol}}{12\ \text{g}}\right) = 9.53 \times 10^{22}\ \frac{\text{atoms}}{\text{cm}^3}$$

이 된다. 산란 확률은 식 (13.4)로부터 계산할 수 있다.

$$P = nt\sigma = (9.53 \times 10^{22}\ \text{nuclei/cm}^3)(1.0 \times 10^{-6}\ \text{m}) \times (25 \times 10^{-31}\ \text{m}^2)(10^6\ \text{cm}^3/\text{m}^3) = 2.4 \times 10^{-7}$$

표적으로 입사하는 알파입자의 수 N_I는 빔 전류와 빔을 표적에 쪼여 주는 시간으로부터 계산할 수 있다.

$$N_I = (1.0\ \mu\text{A})\left(\frac{10^{-6}\ \text{C/s}}{\mu\text{A}}\right)(1.0\ \text{h})\left(3600\ \frac{\text{s}}{\text{h}}\right) \times \left[\frac{1\ \text{alpha}}{2(1.6 \times 10^{-19}\ \text{C})}\right] = 1.1 \times 10^{16}\ \text{alphas}$$

입사 알파입자의 전하량은 $+2e$임을 유의하라.

검출된 중성자 수와 입사 알파입자의 수의 비 (N_n/N_I)가 산란 확률 P이므로

$$\begin{aligned} N_n &= N_I P = N_I\, nt\sigma \\ &= (1.1 \times 10^{16}\ \text{alphas})(2.4 \times 10^{-7}\ \text{neutrons/alpha}) \\ &= 2.6 \times 10^9\ \text{neutrons} \end{aligned}$$

가 된다.

예제 13.2

번스타인(E. M. Bernstein)과 그의 동료들*은 $\alpha + {}^{12}\text{C} \rightarrow n + {}^{15}\text{O}$와 $\alpha + {}^{12}\text{C} \rightarrow p + {}^{15}\text{N}$ 반응의 미분 단면적 $\sigma(\theta)$를 같은 에너지 $E_\alpha = 14.6$ MeV와 같은 산란각에 대해 측정했다. 같은 산란각 θ에서 생성되는 중성자와 양성자에 대한 미분 단면적은 각각 3 mb/sr과 0.2 mb/sr으로 측정되었다. 중성자가 양성자보다 얼마나 더 많이 생성되는가?

풀이 산란 확률은 간단히 $nt\sigma$이다. P_n과 P_p를 각각 중성자와 양성자의 확률이라고 하자. 산란각 θ에서의 중성자와 양성자의 미분 단면적을 각각 $\sigma_n(\theta)$와 $\sigma_p(\theta)$라고 하면

$$\frac{P_n}{P_p} = \frac{nt\sigma_n(\theta)}{nt\sigma_p(\theta)} = \frac{\sigma_n(\theta)}{\sigma_p(\theta)} = \frac{3\ \text{mb/sr}}{0.2\ \text{mb/sr}} = 15$$

가 된다. 어떤 특별한 산란각 θ에서는 이러한 비가 중성자와 양성자가 비슷한 핵 상호작용을 한다는 사실로부터 예측되는 것보다 크다는 것을 알 수 있다. 쿨롱 장벽의 극복이나 공명의 존재와 같은 다른 중요한 요소들은 13.3절에서 다룰 것이다.

* E. M. Bernstein et al., *Physical review C* **3** 427 (1971)

13.2 반응 운동학

이 장에서는 운동에너지가 정지 질량 에너지보다 전형적으로 훨씬 적은 낮은 에너지의 핵반응을 다루고 있다. 따라서 대부분의 경우, 비상대론적 운동학을 사용할 수 있다. 그림 13.4a에 묘사한 것과 같이, 입사 입자 x의 운동량이 $\vec{p}_x$이고 운동에너지가 K_x인 $x + X \rightarrow y + Y$ 반응을 생각해 보자. 표적 X는 정지해 있으므로, $\vec{p}_X = 0$이고 K_X도 0이다.

이 반응에 대한 에너지 보존은

$$M_x c^2 + K_x + M_X c^2 = M_y c^2 + K_y + M_Y c^2 + K_Y \tag{13.6}$$

가 된다. 모든 질량을 방정식의 한쪽으로 모으고 모든 운동에너지를 다른 한쪽으로 모아

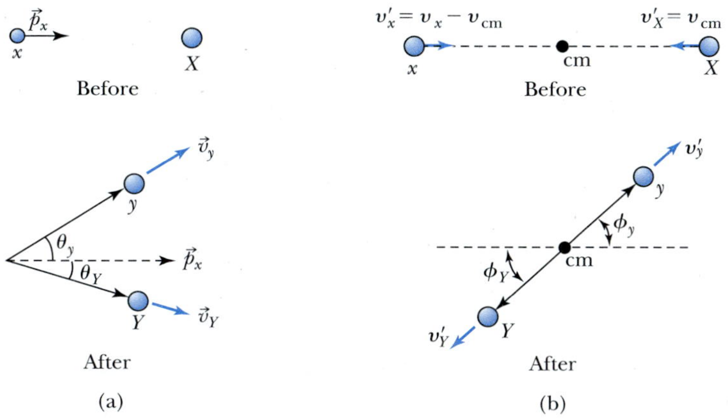

그림 13.4 (a) 실험실 계에서 관측한 이체 핵반응 $X(x, y)Y$에서, 반응 전과 후의 입자들의 운동을 보여 주고 있다. (b) 질량 중심이 정지해 있는 질량 중심 계에서 관측한, 동일한 이체 핵반응에서의 입자들의 운동.

방정식을 다시 정리하면, 12장의 붕괴 에너지와 비슷한 형태의 식을 얻을 수 있다. 즉,

$$Q = M_x c^2 + M_X c^2 - (M_y c^2 + M_Y c^2) = K_y + K_Y - K_x \tag{13.7}$$

Q 값

이다.

처음과 마지막의 운동에너지의 차이는 정확히 처음과 마지막의 질량에너지의 차이와 같다. 이 차이를 ***Q* 값**(Q value) 또는 방출된 에너지라고 한다. 식 (13.7)에서는 핵의 질량들이 요구되나, 12장에서 배운 바와 같이 원자 질량들을 사용해도 된다. 전자의 질량들은 핵의 질량에 비해 무시할 수 있고 전자의 결합 에너지는 그 차이를 무시해도 좋을 만큼 작기 때문이다. 부록 5의 표에 나온 원자 질량을 사용할 때, 식 (13.7)은 모든 핵이 가장 낮은 에너지 상태에 있는 바닥상태의 Q 값을 정해 준다. 만일 한 개 또는 그 이상의 핵이 여기상태인 E^*에 있다고 할 때, 반응 Q 값을 구하려면 식 (13.7)에 제시된 질량에너지에 그 에너지를 더해 주어야 한다. 만일 식 (13.7)에서 운동에너지로 Q 값을 정할 경우에는, 위와 같은 특별한 점에 대해 염려할 필요가 없다.

발열반응과 흡열반응

핵반응에서 $Q > 0$이면 에너지가 방출되고 **발열반응**(exoergic 또는 exothermic)이라고 한다. $Q < 0$일 때는 운동에너지가 질량에너지로 변환되며 **흡열반응**(endoergic 또는 endothermic)이라 한다. $x + X \rightarrow x + X$와 같은 탄성 충돌에서는 Q는 반드시 0이어야 하고, $x + X \rightarrow x + X^*$와 같은 비탄성 충돌에서는 반드시 $Q < 0$이어야 한다.

예제 13.3

러더퍼드가 처음 관측한 핵반응 $^{14}\text{N}(\alpha, p)^{17}\text{O}$의 바닥상태의 Q 값을 계산하라. α입자의 운동에너지는 7.7 MeV이었다. 출구통로의 운동에너지의 합은 얼마인가?

전략 부록 5에 주어진 원자 질량들과 식 (13.7)을 이용하면 Q 값을 구할 수 있다. 질량들은

$$M(^4\text{He}) = 4.002603 \text{ u} \qquad M(^1\text{H}) = 1.007825 \text{ u}$$

$$M(^{14}\text{N}) = 14.003074 \text{ u} \qquad M(^{17}\text{O}) = 16.999132 \text{ u}$$

와 같다. 전자 질량들을 완전히 소거하기 위해, ^{1}H과 ^{4}He의 원자 질량을 사용해야 함에 유의하라. 출구통로의 운동에너지도 식 (13.7)로부터 구할 수 있다.

풀이 식 (13.7)을 이용하여 바닥상태의 Q 값을 구한다.

$$\begin{aligned}\frac{Q}{c^2} &= M(^4\text{He}) + M(^{14}\text{N}) - [M(^1\text{H}) + M(^{17}\text{O})] \\ &= 4.002603\text{ u} + 14.003074\text{ u} \\ &\quad - (1.007825\text{ u} + 16.999132\text{ u}) \\ &= -0.001280\text{ u}\end{aligned}$$

$$Q = (-0.001280\ c^2\cdot\text{u})\left(\frac{931.5\text{ MeV}}{c^2\cdot\text{u}}\right) = -1.192\text{ MeV}$$

이 반응은 흡열반응이다. 식 (13.7)을 이용해서 생성물의 운동에너지의 합을 구한다.

$$\begin{aligned}Q &= K(p) + K(^{17}\text{O}) - K(\alpha) \\ K(p) + K(^{17}\text{O}) &= Q + K(\alpha) \\ &= -1.192\text{ MeV} + 7.7\text{ MeV} = 6.5\text{ MeV}\end{aligned}$$

마지막 반응 생성물은 6.5 MeV의 에너지를 갖는다.

흡열반응($Q < 0$)은 핵의 재정렬에 필요한 충분한 운동에너지 K_x가 공급되지 않으면 일어나지 않는다. 선운동량도 역시 보존되어야 하기 때문에, v_{cm}이 0인 질량 중심 계에서의 에너지가 필요하다. 질량 중심 계에서는 총운동량이 영이다(그림 13.4b를 보라). 핵반응을 일으키기 위해 필요한 최소의 운동에너지를 **문턱에너지**(threshold energy) K_{th}라고 하며, 이 에너지를 가지고 반응을 하면 입자 y와 Y는 질량 중심 계에서는 정지한 상태가 된다. 물론 실험실 계에서의 입자 y는 여전히 움직이고 있을 것이다.

질량 중심 계에서의 에너지 보존에 대해 살펴보자. 질량 중심 계의 속력은

$$v_{\text{cm}} = v_x\left(\frac{M_x}{M_x + M_X}\right) \tag{13.8}$$

로 주어진다. 그림 13.4b에서 보인 바와 같이, 질량 중심 계에서의 x와 X의 속력은 각각 $v'_x = v_x - v_{\text{cm}}$(오른쪽 방향)과 $v'_X = v_{\text{cm}}$(왼쪽 방향)이다. 여기서 프라임 부호는 질량 중심 계의 양을 가리킨다. 문턱에너지만 가지고 반응할 때, 질량 중심 계에서 $v'_y = v'_Y = 0$이어야 한다. 질량 중심 계에서의 에너지 보존은 다음과 같다.

$$\begin{aligned}&\frac{1}{2}M_x(v_x - v_{\text{cm}})^2 + \frac{1}{2}M_X{v_{\text{cm}}}^2 + M_xc^2 + M_Xc^2 \\ &\qquad = M_yc^2 + M_Yc^2 + \frac{1}{2}M_yv_y'^2 + \frac{1}{2}M_Yv_Y'^2\end{aligned} \tag{13.9}$$

그러나 문턱에너지에서는 $v'_y = v'_Y = 0$이므로, 위의 항들을 다시 정리하여

$$\frac{1}{2}M_x\left(v_x - \frac{M_xv_x}{M_x + M_X}\right)^2 + \frac{1}{2}M_X\frac{M_x^2v_x^2}{(M_x + M_X)^2} = -Q$$

를 얻을 수 있다. 이 식은

$$\frac{1}{2}v_x^2\left(\frac{M_xM_X}{M_x + M_X}\right) = -Q$$

와 같이 간략하게 정리된다. 그러나 문턱에너지는 $K_{\text{th}} = \frac{1}{2}M_xv_x^2$으로 정의되므로, 위 식

을 이용하면 문턱에너지는

$$K_{\mathrm{th}} = -Q\left(\frac{M_x + M_X}{M_X}\right) \tag{13.10}$$

문턱에너지

가 된다. 식 (13.10)은 흡열반응에 대한 비상대론적으로 계산한 문턱에너지이다. 예제 13.3에서 계산한 $^{14}\mathrm{N}(\alpha, p)^{17}\mathrm{O}$ 반응에 대한 Q 값은 -1.192 MeV이었다. 이 값을 식 (13.10)에 대입하면 문턱에너지는 1.192 MeV × (4 + 14)/14 = 1.533 MeV가 된다. 만일 입사 알파입자의 운동에너지가 1.533 MeV보다 적다면, 예제 13.3에서 논의된 반응은 일어나지 않을 것이다.

13.3 반응 메커니즘

12장에서 논의한 바와 같이 물리학자들은 핵력을 완전히 이해하지 못하므로, 모형을 사용하여 핵을 설명한다. 핵과 핵력에 대한 연구를 하기 위해 산란 반응을 일차적으로 수행했다. 물리학자들은 반응 확률에 비례하는 단면적을 측정하는데, 이 단면적은 상세한 핵 구조와 상호작용의 강도 및 범위에 좌우된다.

핵반응에는 입사 입자의 운동에너지의 범위에 따라 다르게 나타나는, 여러 가지 다른 형태의 반응이 있다. 예를 들어, 전자에 의해서 반응이 일어나는 메커니즘은 알파입자에 의하여 반응이 일어나는 메커니즘과 매우 다르다. 저에너지($E < 10$ MeV)의 (양성자나 알파입자와 같은) 무거운 입자들에 대해서는 쿨롱 힘에 의한 산란이 주도적으로 일어난다. 따라서 이 경우에는 *복합핵* 반응 메커니즘(다음 절에서 논의)이라고 하는 것이 적절하다. 에너지의 범위가 10~100 MeV일 때는 *직접 반응*이 주로 일어난다. 에너지가 140 MeV보다 크면 *파이온*이라는 새로운 입자가(14장을 보라) 나타나는데, 이 파이온은 핵력을 통하여 강한 상호작용을 한다. 에너지의 범위가 200 MeV에서 수 GeV 사이일 때는 *중간-에너지 물리학*에 속한다. 양성자, 파이온, 전자를 이용한 실험들이 이 영역에서 주로 이루어지는데, 몇몇 실험들은 *고에너지 혹은 소립자 물리학*(14장에서 다룬다)과 겹친다.

복합핵

1936년에 보어는 복합핵의 생성과 붕괴에 의해 핵반응이 일어난다고 제안했다. **복합핵**(compound nucleus)은 입사체와 표적 핵으로 구성되며 보통 높은 여기상태에 있다. 입구통로의 핵 x와 X는 복합핵 CN을 형성하고 복합핵의 여기상태의 에너지는

$$E(\mathrm{CN}^*) = M_x c^2 + M_X c^2 - M_{CN} c^2 \tag{13.11}$$

이 된다. 예제 13.1과 13.2에서 논의한 $^{12}\mathrm{C}(\alpha, n)^{15}\mathrm{O}$ 반응에서는 알파입자가 $^{12}\mathrm{C}$와 만나서 $^{16}\mathrm{O}^*$를 생성할 때, 질량에 의한 에너지만으로도 $^{16}\mathrm{O}^*$를 7.2 MeV의 에너지의 여기상태로 만들 수 있다. *질량 중심 계에서 얻을 수 있는* 운동에너지 K'_{cm}(연습문제 18을 보라)

$$K'_{\mathrm{cm}} = \frac{M_X}{M_x + M_X} K_{\mathrm{lab}} \tag{13.12}$$

은 복합핵을 단지 질량 차에 의해 들뜨게 하는 것보다 더 높은 에너지로 들뜨게 할 수 있다.

복합핵이 형성되면, 그 핵은 입사 입자가 그 핵을 통과하는 데 걸리는 시간보다 상당히 더 오랜 시간 동안 존재할 수 있다. 핵을 통과하는 데 걸리는 시간을 때로는 *핵 시간 척도* t_N이라 한다. 5 MeV의 양성자($v \approx 0.1c$)가 지름이 9 fm인 전형적인 원자핵을 지나는 데 걸리는 시간 t_N은 약 3×10^{-22} s이다. 복합핵의 수명은 10^{-15} s 또는 $10^6 t_N$ 정도 된다. 보어의 가설에 의하면 이 시간은 충분히 길어서, 핵은 어떻게 형성되었는지를 '잊어버리고', 여기에너지는 핵 내의 모든 핵자들에게 골고루 나누어지게 된다. 복합핵이 최종적으로 높은 여기상태로부터 붕괴하게 될 때, 복합핵은 보존 법칙에 부합되는 통계적 규칙에 따라 모든 가능한 출구통로로 붕괴한다. ^{16}O의 생성과 붕괴의 예를 그림 13.5에 보였다. 그림 13.6에서는 여러 입사통로의 정지 질량 에너지와 동등한, ^{16}O*의 여기에너지를 보여 주고 있다.

앞에서 핵이 원자와 같이 불연속적인 에너지 준위를 갖고 있다는 것을 언급했으며, 그림 13.6에 ^{16}O의 낮은 에너지 준위들을 보였다. *바닥상태*라 부르는, 에너지가 0.0 MeV인 가장 낮은 상태가 기준이다. 첫 번째 여기상태는 6.05 MeV이고, 바로 다음 여기상태인 6.13 MeV에 가까이 있다. ^{16}O의 바닥상태는 특별히 강하게 결합된 핵 상태이다. ^{16}O을 들뜨게 하기 위해서는 굉장히 많은 에너지(6.05 MeV)가 필요하다.

핵물리학자들은 입사 입자의 에너지 K_x를 변화시키면서, 각각의 에너지와 일반적으로 고정시킨 방출되는 입자의 각에 따른 단면적을 측정하여, 핵의 여기상태를 연구한다. 이것을 *여기함수*라고 한다. 그림 13.6의 왼쪽에 ^{12}C(α, α)^{12}C와 ^{12}C(α, γ)^{16}O의 최종 바닥상태를 따르는 반응의 여기함수를 나타내었다. 부드러운 곡선에 피크와 급격한 변화가 있음에 유의하자. 반응 입자의 여기함수에 나타나는 이러한 뾰족한 피크들을 **공명**(resonance)이라 부르며 이것들은 형성된 복합핵의 양자상태를 나타낸다. 이 경우 α와 ^{12}C가 상호작용하여 여기상태의 ^{16}O이 형성된 것이다. 그림 13.6에서 보면 여기함수 피크들이 어떤 특별한 ^{16}O*의 에너지 준위와 일치하는데, 이것이 위의 사실을 확인해 준다.

공명

이제 예제 13.2에서 ^{12}C(α, n)^{15}O가 왜 그렇게 큰 단면적을 갖는지를 이해할 수 있다. $E(^{16}\text{O*}) = 18.2$ MeV 근처에서 큰 공명이 일어난다. ^{12}C(α, n)^{15}O의 출구통로의 양자수는 ^{16}O*에 있는 에너지 준위에서 공명이 일어나게 하는 반면에, ^{12}C(a, p)^{15}N 출구통로의 양자수는 분명히 그렇지 않다.

불확정성 원리로, 특정한 핵 상태의 에너지 폭(Γ로 부르는)과 수명(τ로 부르는)과의

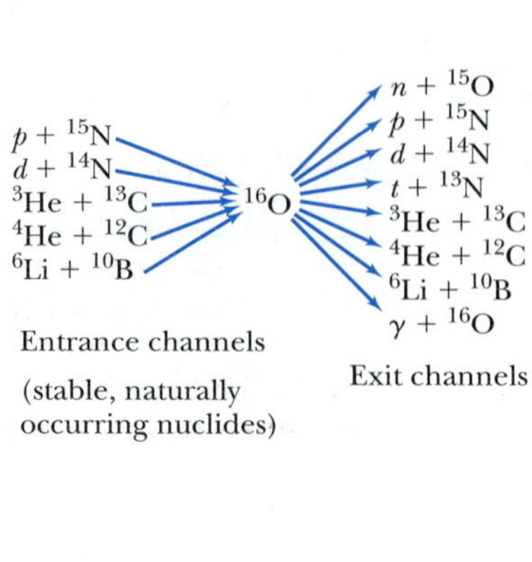

그림 13.5 여러 가지 다른 입구통로의 이체 반응으로 ^{16}O 핵을 생성시킬 수 있다. 비슷하게, 들뜬 ^{16}O 핵은 보존 법칙이 허용되는 많은 출구통로 중 하나로 붕괴한다.

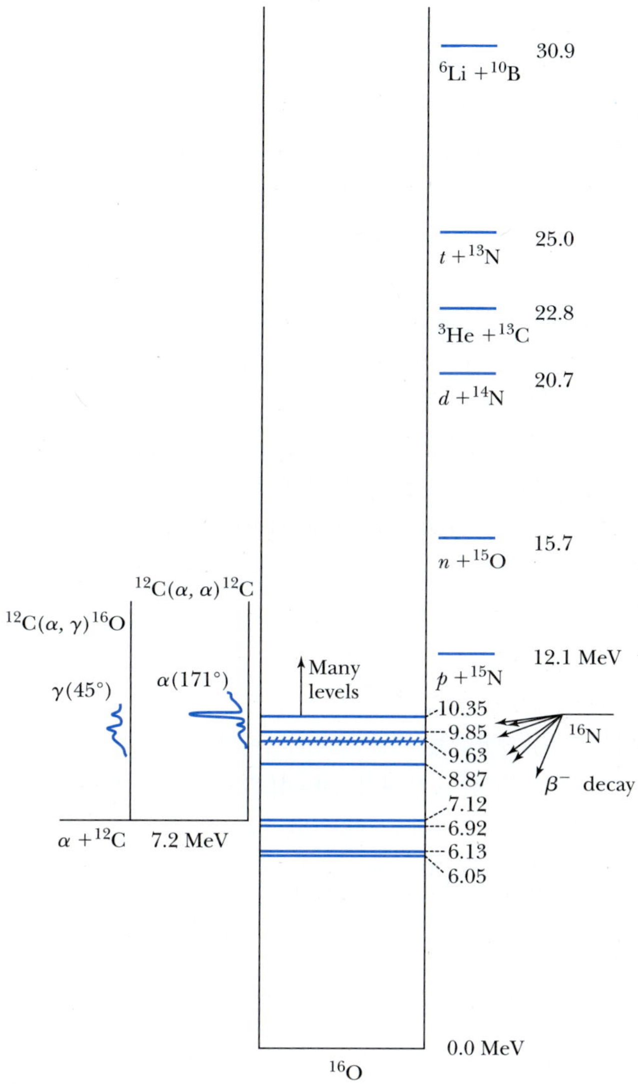

그림 13.6 ^{16}O의 에너지 준위 도표. 첫 번째 여기상태는 6.05 MeV에 있다. 만일 d + ^{14}N가 정지상태에서 결합하여 ^{16}O을 만든다면, ^{16}O의 여기에너지는 20.7 MeV가 될 것이다. ^{16}O 핵은, 7.2 MeV의 제일 낮은 여기에너지를 가진 α + ^{12}C를 포함하는 어떤 이체 체계보다 훨씬 더 단단히 결합되어 있다. 왼쪽에는 α + ^{12}C의 출구통로에서 γ선이 45°, α선이 171°로 나가는 여기함수를 보여주고 있다. 어떤 반응에서는 특별한 입사 에너지에서, 예를 들면 10.35 MeV에서 ^{16}O의 공명이 관측되는 것에 유의하자. ^{16}N은 여기에너지 준위가 10 MeV보다 아래인 ^{16}O으로 붕괴할 수 있는 것에 유의하자. 교차 무늬로 표시된 9.63 MeV의 준위는 넓게 퍼져 있다.

관계를 구할 수 있다. 그 관계는

$$\Gamma\tau > \frac{\hbar}{2} \tag{13.13}$$

이다. 만일 여기함수로부터 어떤 핵 상태의 폭이 Γ로 측정된다면, 식 (13.13)을 이용하여 수명을 계산할 수 있다. ^{16}O과 같은 안정한 핵의 바닥상태는 무한대의 수명을 가지고 있기 때문에, 그 에너지 폭은 0이다.

중성자 활성화 중성자의 총 전하는 0이기 때문에, 낮은 에너지에서도 쿨롱 장벽을 느끼는 대전된 입자보다 쉽게 핵과 상호작용을 할 수 있다. 만일 핵종 $^{113}_{48}Cd$가 중성자와 상호작용하면 복합핵 $^{114}_{48}Cd^*$가 형성될 것이다. 이 과정을 **중성자 활성화**(neutron activation)라고 부른다. 이 복합핵이 붕괴하는 보통의 방식은 γ선 방출이다. $^{113}Cd(n, \gamma)^{114}Cd$ 반응은 **중성자 방사성 포획**(neutron radioactive capture)의 한 예인데, 생성

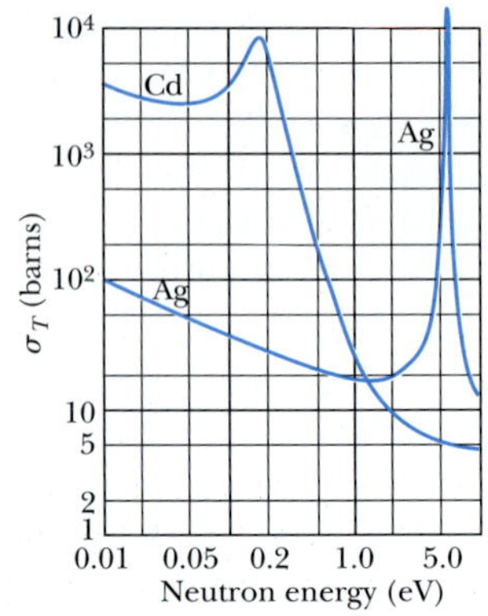

그림 13.7 은과 카드뮴에 대한 저에너지에서의 총 중성자 포획 단면적. 피크는 복합핵에서의 공명의 존재를 가리킨다. 저에너지에서는 은의 단면적이 $1/v$의 의존성을 가지는 것에 유의하자. 카드뮴은 큰 단면적 때문에 핵 반응로에서 중성자의 선속을 조절하기 위한 우수한 물질로 사용된다.

된 γ선의 에너지는 ^{114}Cd의 에너지 준위 구조에 좌우된다. γ선의 에너지와 강도는 ^{114}Cd의 특성에만 의존하고 다른 것과는 관계가 없다. 이것은 복합핵이 ^{114}Cd라는 것을 특정할 수 있는, ^{114}Cd에만 있는 유일한 지문과 같은 것이며, 처음에 ^{113}Cd이 존재하였음을 말한다. **중성자 활성화 분석**(neutron activation analysis)이라고 하는 이 일반적인 기술은, 시료를 손상시키지 않고 시료를 구성하는 원소를 규명할 수 있는 강력하고 실용적인 방법이다. 이에 대해서는 13.7절에서 더 자세히 논의하기로 한다.

중성자 포획 반응(n, γ)은 가끔 큰 단면적을 가지는데, 공명에서는 수천 반(barn) 정도의 크기가 될 수 있다. 중성자는 물질을 통과하면서 탄성 및 비탄성 충돌로 에너지를 잃게 되어, 최종적으로는 주위를 둘러싸고 있는 물질과의 열적 평형상태에서 얻는 (열적) 운동에너지 $3kT/2$에 도달하게 된다. 속도 v인 중성자의 평균 중성자 포획 단면적(약 100 keV까지의 에너지에서)은 실험적으로 $1/v$로 변한다는 것이 알려져 있다.(그림 13.7의 은에 대한 단면적을 보라.) $1/v$ 의존성은 중성자가 핵 주위에서 소비하는 시간으로 설명할 수 있다. 이 시간은 $2r/v$이고, $2r$은 핵의 지름이다. 단위 시간당 평균 포획 확률은 에너지에 거의 무관하기 때문에, 중성자가 핵력의 범위 안에 오래 머물수록 포획될 확률은 더 커진다.

직접 반응

입사 입자의 에너지가 증가할수록 복합핵의 여기에너지는 높아진다. 복합핵의 여기에너지는 넓어지고(Γ가 커진다) 핵의 상태의 수는 아주 많아진다. 상태의 수명이 감소할수록 그 수명은 핵의 시간의 척도에 가까운 값을 갖는다. 게다가 복합핵의 상태들이 겹쳐지면 반응을 분석하는 데 사용되는 복합핵의 효용성을 잃게 된다. 복합핵 상태가 형성되면 대부분 하나 혹은 둘 이상(특히 중성자)의 핵자를 방출하여 여분의 여기에너지를 스스로 줄이려는 경향이 있다. 핵력은 쿨롱 힘보다 매우 강하므로 보존 법칙이 허용되는 한 γ붕괴에 앞서서 핵자 붕괴가 먼저 일어난다.

높은 입사 에너지를 가진 입사체는 핵력의 영역에 머무르는 시간이 훨씬 짧다. 단순히 하나 혹은 그 이상의 핵자를 입사체로부터 *벗겨내거나*, 또는 표적 핵에서 한 개 또는 두 개 이상의 핵자를 *끄집어내는* 것이 더 있음직하다. 또한 입사체가 표적 핵으로부터 에너지를 가진 핵자들을 *떼어낼* 수도 있다. 이것들을 **직접 반응**(direct reaction)이라고 부른다.

직접 반응의 주된 장점은, 최종적으로 남아 있는 핵들이 많은 낮은 여기 준위 상태 중의 하나의 상태로 되는 것이다. 다른 직접 반응들을 사용함으로써, 핵의 여기상태를 다양한 방법으로 연구하여 핵의 구조에 대해 더 많은 것을 배울 수 있다. ^{16}O의 에너지 준위를 연구하기 위해서 많은 다른 반응을 사용할 수 있다. 예를 들면, ^{15}N(^{3}He, d)^{16}O, ^{13}C(α, n)^{16}O, ^{12}C(^{6}Li, d)^{16}O, ^{18}O(p, t)^{16}O, ^{17}O(d, t)^{16}O들은 많은 다른 반응들 중의 일부이다. 그림 13.6에서 보인 ^{16}O의 모든 상태는 ^{14}N(^{3}He, p)^{16}O 반응에서 나온 것들이다.

13.4 핵분열

12장에서 $A = 56$ 근처의 핵이 가장 큰 핵자당 평균 결합 에너지를 갖는다는 사실을 알았다. 알파 붕괴가 가능한 $A > 100$인 어떤 핵들과, $A > 220$인 많은 핵들은 불안정하기 때문에 핵분열을 한다. 핵분열에서는 핵이 두 개의 *핵분열 조각*으로 나누어진다. 앞으로 보게 되겠지만, 전형적으로 한 개의 분열 조각은 다른 한 개보다 크다. 결합 에너지에 대한 식 (12.20)을 이용하여 어떤 핵이 핵분열을 일으킬 수 있는지를 결정할 수 있다.

양성자 사이에서 증가된 쿨롱 힘 때문에 핵의 분열은 무거운 핵에서 일어난다. 물방울 모형에 기초를 둔, 준경험적 질량 공식(12장)을 이용하여 핵분열을 이해할 수 있다. 질량수가 A~240인 구형 핵에서는, 단거리 범위의 인력의 핵력(부피 항)이 쿨롱 반발력을 이겨 내고도 남는다. 그러나 핵이 변형되면(비구형 핵이 되면), 표면 에너지가 증가하고 핵의 단거리 상호작용에 의한 효과는 감소한다. 핵의 표면에 존재하는 핵자들은 다른 핵자들로 둘러싸여 있지 않아서 핵력이 포화되지 않고, 포화되지 않은 핵력은 전체 핵력을 감소시킨다. 어떤 특정한 변형에서는, 에너지가 임계값에 도달하여 *핵분열 장벽*을 넘어 버릴 수 있다. 이것은 쿨롱 힘이 변형된 물방울을 더욱더 멀리 밀어내는 물방울 모형의 항으로 이해할 수 있다. 준경험적 질량 공식을 주의 깊게 살펴보면, $Z^2/A \geq 49(Z \approx 115,\ A \approx 270)$인 핵에서 **자발적 핵분열**(spontaneous fission)이 일어난다는 것을 알 수 있다. Z^2/A 항은 표면 에너지 항($A^{2/3}$)과 쿨롱 에너지 항($\sim Z^2/A^{1/3}$)에서 왔다. 자발적 핵분열은 $Z^2/A < 49$인 핵에서도 쿨롱 장벽을 통과하는 터널링에 의해서도 일어날 수 있지만, 반감기는 매우 길어진다. ^{238}U 핵은 가장 높은 자발 붕괴율을 가지고 자연적으로 핵분열을 하는 핵인데, 이 핵의 분열에 대한 **반감기**(half-life)는 8.2×10^{15} y이다. 이 반감기는 알파 붕괴의 반감기인 4.5×10^9 y와 비교되며, 따라서 ^{238}U은 알파 붕괴할 확률이 핵분열 확률보다 백만 배 이상 더 크다.

자발적 핵분열

유도 핵분열

앞의 논의에서는 바닥상태에서 자연적으로 분열하는 핵에 대해 논의했다. 핵분열은 핵반응에 의해 *유도되어* 일어나기도 한다. 무거운 핵에 중성자가 흡수될 때 형성되는 높은 여기상태의 복합핵은 빠르게 핵분열할 수 있다. 다음은 유도 핵분열의 한 예이다.

$$n + {}^{235}_{92}\text{U} \rightarrow {}^{236}_{92}\text{U}^* \rightarrow {}^{99}_{40}\text{Zr} + {}^{134}_{52}\text{Te} + 3n \qquad (13.14)$$

유도 핵분열

핵분열 생성물의 N/Z의 비가 A에 비해 너무 크기 때문에 불안정하다. 정상적으로는 두 개 또는 세 개의 중성자가 핵분열 과정에서 방출된다. 그림 13.8에서와 같이 핵분열 생성물은 여러 가지 Z나 A 값을 가질 가능성이 있다. 대칭 핵분열(같은 Z 값을 갖는 생성물들)이 가능하지만, 그림 13.8에서 두 개의 피크로 보인 것과 같이 가장 가능성이 큰 핵분열은 비대칭(한 개의 생성물의 질량이 다른 생성물의 질량보다 큰) 핵분열이다.

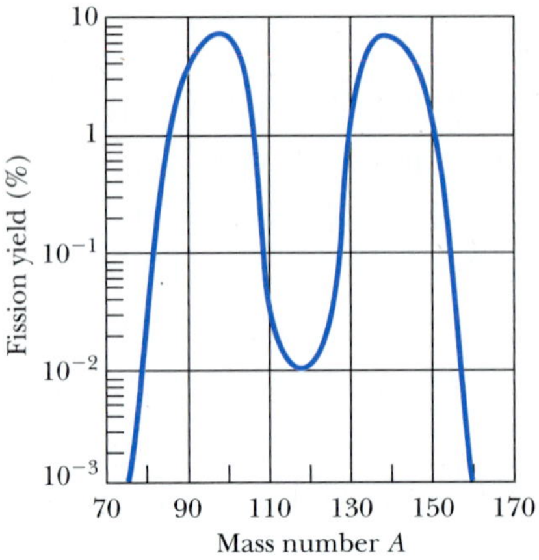

그림 13.8 열중성자에 의해 유도 핵분열된 ^{235}U의 생성물 조각의 백분율 분포. 비대칭 핵분열이 대칭 핵분열(같은 질량)에 비해 가능성이 훨씬 더 큼에 유의하자. 출처: R. D. Evans, *The Atomic Nucleus*, New York: McGraw-Hill (1955)

예제 13.4

식 (13.14)에서 중성자를 열중성자로 가정하고 바닥상태에서의 Q 값을 구하라. 중성자가 주위 환경과 열적 평형상태에 있을 때, 그 중성자를 열중성자라고 한다. 이때 중성자는 $\frac{3}{2}kT$에 해당하는 평균 운동에너지를 가진다.

전략 열중성자의 운동에너지는 매우 작으므로 무시할 수 있다. 중성자의 온도가 10^6 K라고 할지라도 이때의 운동에너지는 겨우 130 eV에 불과하다. Q 값은 식 (13.7)을 이용하여 계산할 수 있다.

풀이 부록 5에 나와 있는 원자 질량을 사용하여 Q 값을 구하면

$$Q = \{M(^{235}\text{U}) + m(n) - [M(^{99}\text{Zr}) + M(^{134}\text{Te}) + 3m(n)]\}c^2$$

$$\begin{aligned} Q &= [235.0439\text{ u} - 98.9165\text{ u} - 133.9115\text{ u} \\ &\quad - 2(1.0087\text{ u})]c^2 \\ &= 0.1985\, c^2 \cdot \text{u} \\ &= (0.1985\, c^2 \cdot \text{u})\left(\frac{931.5\text{ MeV}}{c^2 \cdot \text{u}}\right) = 185\text{ MeV} \end{aligned}$$

가 된다. 핵의 척도로는 무시할 수 있을 만큼 작은 운동에너지를 갖는 열중성자에 의해 유도된 핵분열일지라도, 엄청나게 많은 양의 에너지가 방출된다.

열중성자 핵분열

예제 13.4의 결과는 그림 12.6의 결합 에너지 곡선을 조사하면 이해할 수 있다. ^{236}U의 핵자당 결합 에너지는 7.6 MeV이다. 그러나 핵분열 조각의 핵자당 결합 에너지는 약 8.4 MeV이다. 이 결합 에너지의 차이 때문에 핵자당 방출되는 에너지는 0.8 MeV가 된다. 따라서 총 방출에너지는 핵자의 수 236에 핵자당 방출 에너지 0.8 MeV/핵자를 곱한 190 MeV가 된다. 이러한 결합 에너지 차이로, 대략 계산한 값도 예제 13.4에서 구한 Q 값과 일치한다.

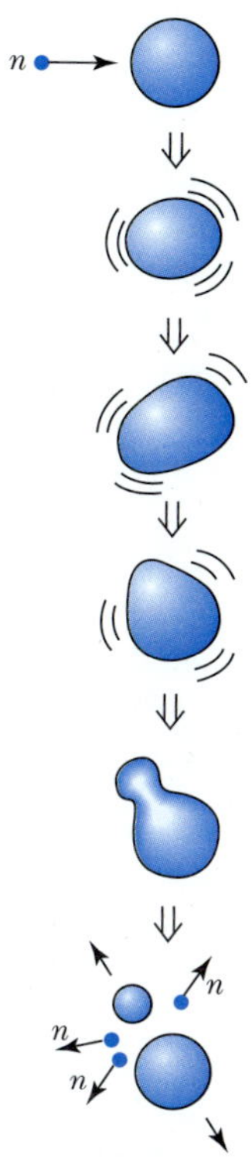

그림 13.9 커다란 핵은 중성자를 흡수한 후에, 들뜨고 불안정하게 된다. 이 핵은 변형되고 결국에는 쿨롱 힘에 의해 핵분열을 일으켜, 두 개 또는 그 이상의 자유 중성자와, 질량이 다른 두 조각으로 분열된다.

물방울 모형을 이용하여, 어떻게 무거운 핵들의 핵분열이 쉽게 유도되는지 이해할 수 있다. ^{235}U가 열중성자를 흡수하면 여기상태의 에너지가 6.5 MeV인 ^{236}U*를 형성한다. 높게 들뜨고 불안정한 상태의 이 핵은 그림 13.9에서와 같이 요동치며 변형된다. 마지막으로 쿨롱 힘이 핵력(아주 적은 근거리에서만 작용하는 힘)을 이길 수 있을 정도로 변형되게 되면, 핵은 물방울이 그러한 것처럼 분리되게 된다.

^{235}U와 ^{239}Pu는 열중성자(아주 낮은 에너지의 중성자)를 흡수하면 쉽게 핵분열한다는 것이 실험적으로 밝혀졌다. 핵종 ^{238}U의 핵분열이 쉽게 일어나려면 적어도 1 MeV 이상의 운동에너지를 가진 중성자가 요구된다. 만일 저에너지의 중성자가 흡수되면, 생성되는 ^{239}U*는 핵분열보다는 γ선을 방출하면서 붕괴한다. 앞에서 논의한 바와 같이, 무거운 핵이 저에너지 중성자를 흡수할 때의 단면적은 $1/v$에 따라 변한다. 따라서 저에너지 중성자에 대한 단면적이 더 크다.

예제 13.5

^{235}U와 ^{238}U이 열중성자를 흡수할 때 생성되는 복합핵의 여기에너지를 계산하라.

전략 두 개의 반응은

$$n + {}^{235}\text{U} \rightarrow {}^{236}\text{U}^*$$

$$n + {}^{238}\text{U} \rightarrow {}^{239}\text{U}^*$$

와 같다. 식 (13.11)에 원자 질량을 대입하여 여기에너지를 구할 수 있다. 열중성자는 무시할 수 있는 운동에너지(약 0.03 eV)를 가지고 있다.

풀이 식 (13.11)로부터

$$E({}^{236}\text{U}^*) = [m(n) + M({}^{235}\text{U}) - M({}^{236}\text{U})]c^2$$
$$= [1.0087 \text{ u} + 235.0439 \text{ u} - 236.0456 \text{ u}]c^2$$
$$= (0.0070\ c^2 \cdot \text{u})\left(\frac{931.5 \text{ MeV}}{c^2 \cdot \text{u}}\right) = 6.5 \text{ MeV}$$

$$E({}^{239}\text{U}^*) = [m(n) + M({}^{238}\text{U}) - M({}^{239}\text{U})]c^2$$
$$= [1.0087 \text{ u} + 238.0508 \text{ u} - 239.0543 \text{ u}]c^2$$
$$= (0.0052\ c^2 \cdot \text{u})\left(\frac{931.5 \text{ MeV}}{c^2 \cdot \text{u}}\right) = 4.8 \text{ MeV}$$

두 핵자가 모두 열중성자 흡수에 의한 생성물일 때, ^{236}U*는 ^{239}U*보다 거의 2 MeV 더 높은 여기에너지를 갖는다. 이것은 왜 ^{235}U가 열중성자에 보다 쉽게 핵분열되는지를 설명해 준다.

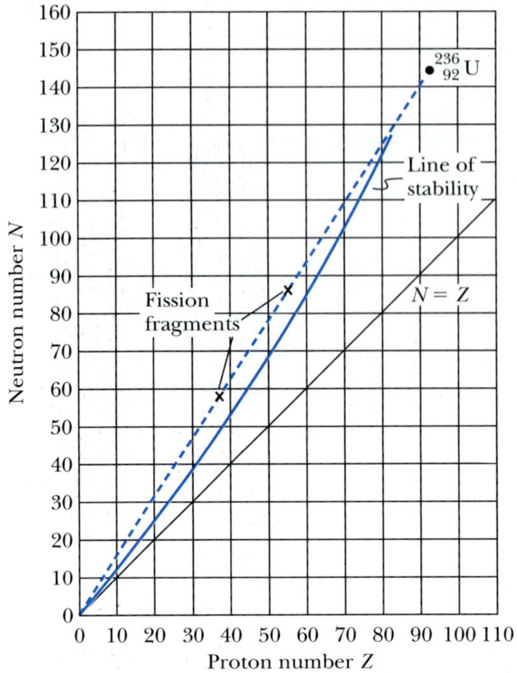

그림 13.10 ^{236}U이 분열할 때 자유 중성자가 방출되어도, 생성된 핵종에는 여전히 중성자가 많다. 따라서 그 핵분열 조각들은 안정선에서 멀리 떨어져 있게 된다. 핵분열 조각들은 안정선으로 가기 위해 베타 붕괴를 한다.

핵분열 조각은 중성자를 많이 가지고 있기 때문에 아주 불안정하다. 이 현상은 무거운 원소일수록 그림 13.10의 $N = Z$선에서 더 멀어지기 때문이다. 핵분열 후의 핵분열 조각들은 그림 13.10에 보인 안정선으로부터 상대적으로 멀리 떨어져 있다. 분열 과정 중에는 **즉시(방출) 중성자**(prompt neutron)들이 저절로 방출된다. 즉시(방출) 중성자들이 나온 이후라도 핵분열 조각들은 더 많은 에너지를 방출하며 베타 붕괴를 한다. 분열 중 방출된 약 200 MeV의 에너지 중 대부분은 핵분열 생성물의 운동에너지가 되지만, 중성자, 베타입자, 중성미자, 감마선은 전형적으로 30~40 MeV의 운동에너지를 가져간다.

즉시(방출) 중성자

연쇄 반응

핵분열에서는 여러 개의 중성자가 생성되기 때문에 이 중성자가 또다시 핵분열을 일으킬 수도 있다. 이것이 *자력 연쇄 반응*의 기초가 된다. 만일 평균적으로 생성된 중성자들 중에 적어도 한 개 이상의 중성자가 또 하나의 핵분열을 일으킨다면, 이때의 연쇄 반응은 *임계 연쇄반응*이 된다. 중성자가 흡수될 기회를 증가시키기 위해서는 충분히 많은 양의 질량이 필요하기 때문에, (연쇄) 핵분열이 가능한 물질의 **임계 질량**(critical mass)이 존재해야 한다. 평균적으로 한 개보다 적은 중성자가 다른 핵분열을 일으키는 경우를 *버금임계 분열*, 한 개 이상의 중성자가 다른 핵분열을 일으키는 경우를 *초임계 분열*이라고 한다. 원자폭탄은 초임계 핵분열 연쇄 반응의 극단적인 예이다.

임계 질량

미국이 일본에 두 발의 원자폭탄을 투하함으로써 2차 세계대전이 끝이 났다. 히로시

마에 투하된 첫 번째 폭탄은 총 방식의 장치에 의해 발사되었으며, 단일 초임계 질량을 생성하기 위하여 하나의 질량을 갖는 초임계 ^{235}U를 다른 원자에 발사하여 화학적 폭발을 일으켰다. 이 폭탄에는 농축 우라늄이 64 kg이나 담겨 있었지만, 실제 핵분열을 일으킨 양은 1 kg 미만이었다고 알려졌다. 실제 초임계 질량 구는 직경이 수 cm 정도였다고 알려졌다.

예제 13.6

중성자가 흡수되어 또 하나의 핵분열의 원인이 되는 데는 수 μs 밖에 걸리지 않는다. 각 분열당 5 μs 동안에 중성자 1.01개가 포획된다고 가정하고, 30 ms 동안에 일어난 핵분열의 수와 그때 생성된 총에너지를 구하라.

전략 핵분열이 일어날 때마다 1.01개의 중성자가 생성된다. 30 ms 동안에는 1.01개의 중성자가 생성되는 시간이 몇 번 지나가는가를 결정하고, 핵분열의 총수 $(1.01)^N$을 결정하면 된다. 한번 분열할 때마다 185 MeV의 에너지가 생성된다면, 생성된 에너지의 양을 계산할 수 있다.

풀이 30 ms 동안에 핵분열 주기의 수는 30 ms/5 μs = 6000번이다. 핵분열의 수는 $(1.01)^{6000} = 8 \times 10^{25}$이 된다. 생성된 에너지의 총량은

$$\text{Energy} = (8 \times 10^{25}\ \text{fissions})\left(\frac{185\ \text{MeV}}{\text{fission}}\right)$$

$$= 10^{28}\ \text{MeV}$$

가 된다. 이 양은 10^{15} J에 해당하며, 세계에서 1년 동안 사용하는 에너지는 10^{21} J이다. 다행히 이 과정은 중성자의 지연에 의해 그렇게 빨리 일어나지는 않는다. 이와 관련한 내용을 아래에 언급하였다.

앞의 예제에서 보았듯이, 아주 빠른 핵분열 반응을 조절할 수 있는 방법이 있어야 한다. 임계 질량 분열 반응은 흡수되는 중성자의 수로 조절할 수 있다. 자발적 조절 분열 과정은 모든 중성자가 *즉시(방출)* 중성자는 아니라는 사실에 달려 있다. 어떤 중성자들은 수 초 동안 *지연되어* 방출되는데, 이것은 핵분열 조각의 (느린) 베타 붕괴의 결과로 생기는 딸 핵에서 방출되는 중성자이다. 이 지연된 중성자로 원자로를 제어할 수 있다. *제어봉*으로 중성자의 흡수를 조절하여 원자로의 제어된 반응을 유지시킬 수 있다.

지연된 중성자

13.5 핵분열 원자로

핵분열에서는 아주 많은 에너지가 나오기 때문에, 핵분열은 상업적 동력 생산의 유용한 에너지원이다. 여러 가지 원료의 에너지 용량을 표 13.1에 보였고, 표 13.2에는 1000메가와트(MWe, e는 전력을 가리킨다) 발전소에서 요구되는 연료의 양을 보였다. 가장 대중적인 형태의 동력 핵 반응로부터 논의하기로 하자. 나중에 일부 핵 반응로의 변화에 대해 논의할 것이다.

제어 원자로에 필요한 여러 가지 중요한 구성요소는 다음과 같다.

반응로 구성요소

1. 핵분열이 가능한 연료
2. 중성자의 속도를 줄이는 감속재

표 13.1 연료에 포함된 에너지의 용량

재료	양	에너지(J)
석탄	1 kg	3×10^7
석유	1 barrel (0.16 m^3)	6×10^9
천연가스	1ft^3 (0.028 m^3)	10^6
나무	1 kg	10^7
휘발유	1 gallon (0.0038 m^3)	10^8
우라늄(핵분열)	1 kg	10^{14}

표 13.2 1000메가와트 전력 발전소에서 하루에 요구되는 연료의 양

재료	양
석탄	8×10^6 kg (기차 적재/일)
석유	40,000 barrels (6400 m^3) (수송 선박/주)
천연가스	2.5×10^8 ft^3 (7×10^6 m^3)
우라늄	3 kg

3. 원자로의 안전과 임계성을 조절하기 위한 제어봉
4. 중성자를 가두고 효율을 높이기 위한 원료와, 감속재를 둘러싸는 반사체
5. 반응로 용기와 방사선 차폐물
6. 상업용 전력이 요구되는 경우의, 에너지의 변환 체계

이미 ^{235}U는 열중성자에 의해 핵분열을 한다는 것을 배웠다. 각 핵분열마다 평균적으로 겨우 $2\frac{1}{2}$의 중성자가 생성되므로, 이 중성자들을 잃지 않는 것이 중요하다. 원자로가 기능을 발휘하지 못하게 하는 두 가지 주된 효과가 있다: (1) 핵분열을 일으키지 않고 중성자가 흡수될 수 있다[예를 들면, 중성자 복사 포획 ^{235}U$(n, \gamma)^{236}$U], 그리고 (2) 중성자가 연료 영역을 벗어날 수 있다.

임계 질량의 ^{235}U를 생산하기 위해서, 자연에 ^{238}U(99.3%)이 풍부하게 포함되어 있는 우라늄 광을, ^{235}U 성분(0.7%)이 풍부해지도록 농축시키는 제조법이 필요하다. 현재의 핵 반응로에는 4~5%로 농축된 ^{235}U가 요구된다. 이와 같은 농축에는 핵 동위원소를 분리하는 데 화학적인 방법을 사용할 수 없기 때문에 어렵다.

세계 곳곳의 우라늄 농축 공장들에서는 기체 확산, 기체 원심 분리, 레이저 분리 등을 통해 우라늄을 농축하고 있다. 역사적으로, 농축 우라늄은 거대한 기체 확산 공장들에서 생산되었으나, UF_6 기체 분자를 처리하는 데 막대한 양의 전기가 소모되므로, 2013년까지 공장들이 폐쇄되었다. ^{235}U 분자는 ^{238}U보다 약간 쉽게 확산된다. 현재 세계적으로 가장 선호하는 농축 과정은 초원심분리 제조법으로, 고속 회전하는 원심분리기의 회

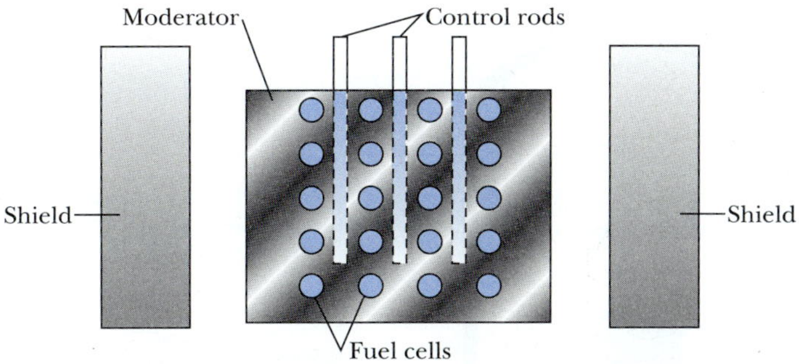

그림 13.11 이상적인 핵 반응로의 개략적인 단면도

전축 가까이에 있는, 더 가벼운 UF_6 분자를 함유한 ^{235}U를 분리한다. 축 근처에서 추출된 분자들은 수많은 후속 원심분리기들을 통과하며, 각 단계마다 조금씩 더 농축된다. 현재까지는 레이저 분리를 이용하는 우라늄 상용 농축 공장은 없다.

핵분열 중성자의 운동에너지는 전형적으로 1~2 MeV이고 분열 단면적은 저에너지에서 $1/v$의 함수로 증가하므로, 중성자를 감속시키면 또 다른 핵분열의 기회를 증가시킨다. 감속재는 고에너지 중성자를 탄성 산란시켜 중성자의 에너지가 감소하게 한다. 물속의 수소나 탄소(흑연) 그리고 베릴륨은 모두 좋은 감속재이다.

핵분열 연료로부터 중성자가 달아나는 것을 방지하기 위한 가장 간단한 방법은 연료의 영역을 크게 하는 것이다. 그림 13.11에서처럼 연료 원소들은 보통 감속재 안에 규칙적인 배열로 배치된다. 한 연료 용기로부터 나온 핵분열 중성자는 또 다른 분열을 일으키기 위하여 인접한 연료 용기 속으로 들어가기 전에 적절하게 된(감속된)다. 연료는 용기 안에 뭉쳐져 있어야 하는데, 그 이유는 7과 21 eV에서 $^{238}U(n, \gamma)$ 반응의 단면적이 커서, 중성자가 감속됨에 따라 중성자가 흡수되는 원인이 되기 때문이다. 따라서 중성자는 연료 용기 외부에서 감속되어야만 한다.

제어봉으로는 원자로의 반응률을 제어한다. 카드뮴은 아주 큰 (n, γ) 단면적을 가지고 있으므로 중성자 흡수를 제어하기에 아주 좋은 조절 재료이다(그림 13.7을 보라). 제어봉의 기계적인 움직임으로 핵분열에서 나오는 지연된 중성자를 통제하여 핵분열 반응을 조절할 수 있다. '실패-안전' 장치는 비상시에 제어봉이 자동적으로 원자로 안으로 떨어지게 하여, 원자로의 작동을 정지시킨다. 만일 연료와 감속재가 중성자 포획 단면적이 아주 작은 물질로 둘러싸여 있으면, 중성자가 한 번 또는 그 이상의 산란 후에 후방산란되거나 '반사되어', 연료 영역으로 들어갈 타당한 기회가 생긴다. 물은 빈번하게 감속재와 반사체로 동시에 사용된다. 초창기의 어떤 원자로들에서는 흑연을 감속재로 사용하였다(그림 13.12). 마지막으로 원자로는 적절한 방사능 차폐가 가능한 안전한 용기에 넣어 인명을 보호해야 한다.

세계 최초의 제어 가능한 연쇄 핵 반응로가 페르미가 이끄는 연구팀에 의해 시카고 대학에 건설되었다. 그 원자로는 1942년 12월 2일에 최초로, 대학 미식축구장 관중석 아래의 지하에서 4분 30초 동안 가동되었다. 여기에는 흑연 덩어리를 감속재로 사용했으며, 구멍 속에 박혀 있는 나무 봉을 둘러싼 카드뮴 판으로 연쇄 반응을 제어하였다. 페르미는 이것을 '원자로(atomic pile)'라고 불렀다(9장의 페르미의 사진과 일대기 참조).

Oak Ridge National Laboratory

그림 13.12 1943년에 오크리지 국립연구소에 건설된 흑연 원자로. 이 원자로는 1963년까지 가동되었으며, 전 세계에 공급되는 대부분의 의학, 농업, 산업용 방사성 동위원소를 생산했다. 이 설비들은 현재 국가 역사 지표가 되었으며, 통제실과 원자로의 겉면은 일반인에게 공개되고 있다. 우라늄 원소는 원자로 옆의 수평 구멍을 통해 원자로 내부에 장착되는 것을 주목하자.

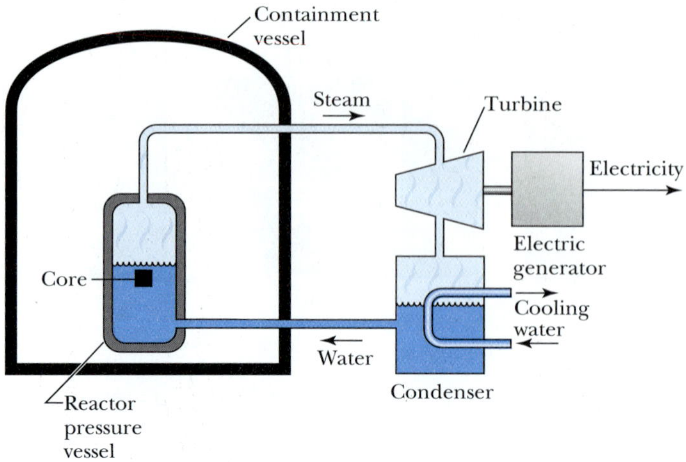

그림 13.13 비등수로의 개략도. 노심에서 직접 데워진 증기가 터빈을 돌린다.

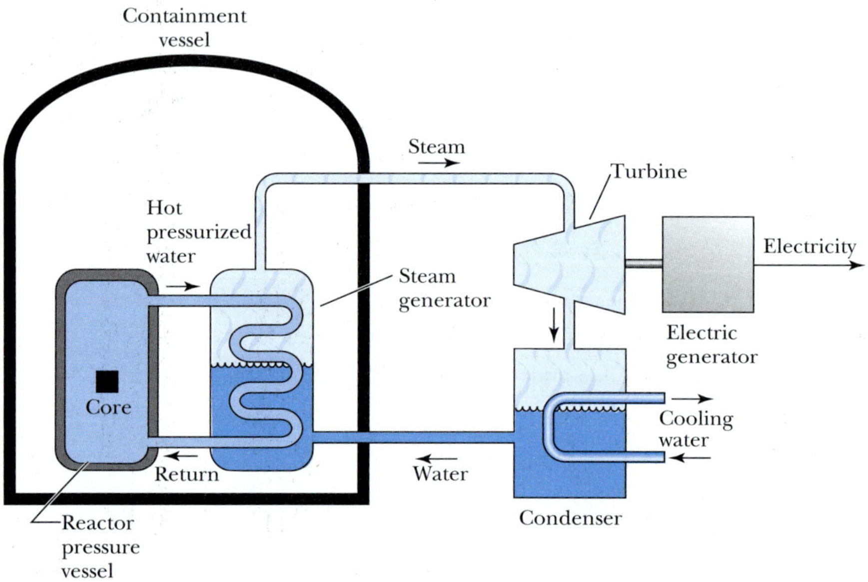

그림 13.14 가압 경수로의 개략도. 노심에 있는 물과, 터빈을 돌리는 증기는 한 단계 분리되어 있다는 사실을 주목하자.

상업용 전력을 원할 때, 원자로 설계자는 에너지 변환 방법도 생각해야 한다. 가장 많이 쓰이는 방법은, 원자로에서 데워진 물을 적당한 형태의 열교환기를 통과시키는 것이다. 그림 13.13에서 보듯이, 비등수로(boiling water reactor, BWR)에서는 감속재로 쓰이는 물을 수증기로 만들어 터빈을 돌려서 전기를 생산하게 된다. 가압 경수로(pressurized water reactor, PWR)에서는 감속재인 고압의 물이 원자로와 외부 열교환기 사이를 순환하여 증기를 발생시키고 터빈을 구동시킨다. 이 두 단계의 과정을 그림 13.14에 나타내었다. 비등수로가 가압 경수로보다 근본적으로 더 간단하다. 그러나 터빈을 돌리는 증기가 방사성을 갖게 되는 확률은 BWR이 더 크다. PWR의 두 단계 과정은 전력 생산 장치가 방사성 오염이 되지 않게 하는 데 도움이 된다.

원자로는 여러 다른 목적을 위해 설계되고 작동된다. 우리는 처음에 상업적 전력을 만드는 동력 원자로를 설명하였다. 2019년 현재 세계적으로 440기 이상의 동력 원자로가 가동 중이며 이 원자로들은 전 세계의 전력의 11%를 생산하고 있다. 이 원자로들 중 100기 이상이 미국에 있고, 프랑스에는 전력의 70% 이상을 생산하는 50기 이상의 원자로가 있다. 미국이 전력의 20%만을 원자력 발전에 의존하는 반면에, 슬로바키아, 우크라이나, 벨기에, 헝가리 등 전력의 50% 이상을 원자력 발전에 크게 의존하는 나라들도 있다. 1996년 이래로 세계적으로 원자로에서 생산하는 전력의 백분율이 서서히 감소하고 있으나, 원자력 발전소에서 생산하는 전력의 총량은 과거 수년 동안 증가했으며 앞으로도 증가할 것으로 전망된다. 2020년에 미국에서 가동되고 있는 약 100여 기의 동력 원자로는 1973년이나 그 이전에 건설되기 시작했다. 미국의 가장 최신의 원자로(Tennessee Valley Authority Watts Bar Unit 2)는 2016년에 서비스를 시작했다. 이 시설은 1973년에 건설이 시작되었으나, 1985~2007년 동안 중단되었다. 2020년 기준으로, 세계적으로는 50기 이상의 원자로들이 건설 중에 있다. 해마다 몇 개의 원자로들이 여러 가지 이유로 폐쇄되고 있다. 개량된 유지 및 보수 전략에 의해 원자로의 수명은 점점 증가하고 있다.

연구용 원자로는 중성자 산란 실험과 같은 연구를 위해, 고속 중성자 선속을 만들기 위한 목적으로 가동된다. 러시아와 같이 추운 나라에서는 100 MW급의 더 작은 원자로가 가정 및 직장에서의 난방이 목적인 열을 생산하기 위하여 가동되고 있다. 산업 및 의학용 방사성 동위원소 생산을 목적으로 설계된 또 다른 원자로도 있다. 몇몇 교육용 원자로는 대학 내에 있다.

원자로 문제

원자력 발전소에는 문제점들이 확실히 존재한다. 일반 대중에게는 방사성 원소가 대기 중으로 방출되거나 지하수로 스며드는 심각한 사고의 위험이 커다란 관심사이다. 또 하나의 대가를 치러야 하는 문제는, 원자로의 냉각을 위해서 방출한 열이 대기나 호수, 강물의 온도를 상승시키는 열적 오염을 야기하고, 이로 인해 생태학적으로 중요한 문제를 일으키는 것이다. 이 문제는 현재 밀착 감시를 받고 있다.

더욱 심각한 문제는 핵분열 과정에서 발생된 방사성 폐기물의 안전한 처리이다. 왜냐하면 어떤 핵분열 조각들은 반감기가 수천 년이기 때문이다. 안전한 핵폐기물 저장소로 제안된 장소들 중, 네바다주의 유카산(Yucca Mountain)과 같은 장소는 50년 동안 논쟁 중에 있고, 아직도 문제를 해결하지 못하고 있다. 사용 후의 연료 원소일지라도, 원자 무기의 생산이 가능한 나라에서의 핵분열 연료의 급격한 확산은 커다란 우려의 대상이다. 현재 대부분이 연료봉인 핵폐기물은 처음에는 저수지에서 적어도 6개월간, 때로는 더 긴 시간 동안 냉각되고, 그런 다음 영원한 폐기 방법이 개발될 때까지 감시를 받는 커다란 견고한 통 속으로 옮겨진다.

심각한 원자로 사고

공개적으로 널리 알려진 원자로 설비에 대한 세 가지 사건은 일반 대중의 원자로에 대한 지지를 현저하게 감소시켰다.

1. 펜실베이니아의 쓰리마일섬, 1979년
2. 우크라이나의 체르노빌, 1986년
3. 일본의 후쿠시마 다이이치, 2011년

체르노빌과 일본 후쿠시마 사고에 비하면 쓰리마일 사고는 상대적으로 덜 심각했다. 일련의 기계적 오동작과 사람의 실수에 의해, 결국 적은 양의 방사성 기체 및 방사성 요오드가 대기 중으로 방출되었다. 통계적으로 유의미한 건강상의 문제들은 보고된 바 없지만, 유닛 2 원자로는 그 후로 다시 가동되지 않았다. 유닛 1 원자로는 45년간의 가동을 마치고 2019년에 폐쇄되었다.

체르노빌 유닛 4 원자로에서의 사고는 내재해 있던 원자로 설계상의 오류와 가동 인력에 대한 부적절한 훈련에서 기인하였다. 증기 폭발이 일어나고 흑연 감속재에 불이 붙어서 9일 동안 탔다. 방사성 원소의 불기둥이 대기 중으로 빠져나가 소련 및 유럽의 서쪽 지역 대부분으로 퍼져 나갔다. 후속 조치로, 남은 건물은 외부와의 접촉을 차단하기 위하여 콘크리트 석관으로 덮었다. 근처의 유닛 3 원자로는 2000년까지 가동을 계속하였다. 체르노빌의 공식적인 사망자 수는 최소 30명으로 알려졌으나, 이와 연관된 암으로 죽은 총수는 수천 명에 달할 것으로 추정되고 있다. 체르노빌 사고는 지금까지의 방사능 사고 중 최악의 사고로 여겨지고 있다.

일본 후쿠시마 다이이치 사고에 관한 가장 특이한 점은, 우수한 기술을 보유하고 있고 안전문제에 지대한 관심을 갖고 있는 나라에서 발생했다는 사실이다. 이 사고는 해변에서 100 km 이상 떨어진 곳에서의 지진이 15 m 높이의 쓰나미를 발생시키고, 이것이 바다 쪽의 원자로 지역을 덮쳐서 발생하였다. 왜냐하면 방파제의 높이가 10 m에 불과했기 때문이다. 지진을 감지한 후 가동 중이던 세 개의 원자로를 중지시켰지만, 41분 후에 발생한 쓰나미는 전력과 발전기의 복구 체계를 망가뜨려서, 세 개의 원자로의 연료봉이 녹아 버렸다.

주변 지역에는 네 개의 원자력 발전소에서 총 11개의 원자로가 가동 중이었으며, 지진이 발생했을 때 모두가 자동으로 가동을 멈추었다. 다른 원자로에 심각한 피해는 없었지만, 쓰나미와 지진이 강타한 해변 지역에서는 약 19,000명 정도가 사망했고, 큰 피해가 발생하였다. 150,000명 이상이 대피했고, 대피 과정의 스트레스로 인해 1600명 정도가 사망했지만, 방사능 피폭으로 인한 사망은 없는 것으로 발표되었다.

증식 원자로

증식 원자로(breeder reactor)는 소모한 연료보다 더 많은 연료를 생산해 내는 더욱 발전된 종류의 원자로이다. ^{238}U은 (n, γ) 반응을 하여 ^{239}U가 되고, ^{239}U는 베타 붕괴하여 ^{239}Np가 된 후 마지막으로 ^{239}Pu로 변하는 반응 사슬을 이룬다.

$$n + {}^{238}_{92}\text{U} \rightarrow {}^{239}_{92}\text{U}^* \rightarrow \gamma + {}^{239}_{92}\text{U}$$
$$\hookrightarrow \beta^- + {}^{239}_{93}\text{Np} + \bar{\nu}$$
$$\hookrightarrow \beta^- + {}^{239}_{94}\text{Pu} + \bar{\nu} \qquad (13.15)$$

이 결과로 얻은 ^{239}Pu 핵은 반감기가 24,100년인 α입자 방출원이다. 중간 베타 붕괴 과정은 며칠 사이에 일어난다. 플루토늄은 화학적 방법으로 쉽게 우라늄으로부터 분리시킬 수 있으며, ^{239}Pu의 열중성자와 고속 중성자 모두에 의해 쉽게 핵분열을 한다. 열중성자는 그들의 주위 환경과 평형상태에 있고 일반적으로 1 keV 남짓한 에너지를 가지며, 고속 중성자는 수 MeV까지의 에너지를 가진다. ^{239}Pu는 평균 2.7개의 중성자를 생성하기 때문에(^{235}U의 2.3개와 비교), 원자로나 폭탄 둘 다에 매우 이상적인 연료가 된다. ^{239}Pu의 임계 질량은 더 작은데, 그 이유는 더 작은 부피에서 더 많은 중성자가 탈출하여 작은 부피로도 여전히 임계 질량을 유지할 수 있기 때문이다.

^{238}U을 ^{239}Pu로 변환시키는 *고속 증식로*가 건설되고 있다. 이 원자로는 고속 중성자를 사용하도록 설계되어 있으므로 *고속 중성자 원자로*(fast neutron reactor, FNR)라고도 부른다. 중성자의 손실을 적게 유지할 수 있다면, 이 중성자들은 핵반응을 지속시키기 위해 필요한 다른 핵분열을 일으킬 뿐만 아니라, ^{238}U을 ^{239}Pu로 변환시킬 수도 있다. 그러면 ^{239}Pu의 양은 서서히 많아지게 된다.(^{239}Pu의 '증식'을 뜻한다.) 이 ^{239}Pu는 결국에는 다른 동력 핵반응로의 연료로 사용된다. 자연에는 천연 우라늄 ^{238}U이 99.3%가 존재하고 천연 우라늄 ^{235}U는 0.7%가 존재하기 때문에, 이 증식 원자로는 핵분열이 가능한 물질을 거의 무제한적으로 공급할 수 있음을 의미한다. 그렇지만 이 증식 원자로는 플루토늄이 맹독성을 가졌다는 것과, 인가받지 않은 무기를 생산할 우려가 있는 어두운 면을 가지고 있다.

미국은 일찍이 1951년에 시험적 증식로를 가동했지만, 1984년에 안전에 대한 우려와 전기 사용에 대한 새로운 계획으로 인해 시험 발전소 건설을 무기한 연기할 것을 결정했다. 과거에 미국, 영국, 프랑스, 독일, 러시아, 인도, 중국, 일본은 집단적으로 20개의 FNR을 가동하였고, 400여 년 이상의 원자로 경험을 축적하였다. 몇몇 국가들은 현재에도 고속 증식로를 시범과 시험 목적으로 가동하고 있다. 또한 몇몇 국가들은 상업용 목적으로 새로운 시범 증식 원자로의 건설을 계획 중에 있으나, 미래는 특별히 희망적이지 않다.

미래의 핵발전 시스템

원자로의 개발과 설계의 선구자인 앨빈 와인버그(Alvin Weinberg)는, 동력 원자로는 연료, 냉각장치, 감속재를 다양화하면 광범위한 가능성이 있다고 보고했다.* 분열 가능한 연료는 ^{233}U과 ^{235}U 또는 ^{239}Pu가 될 수 있다. 냉각제는 경수, 중수, 기체 또는 액체 금속을 사용할 수 있다. 감속재는 필요 없을 수도 있고, 경수나 중수, 베릴륨 또는 흑연을 사용할 수도 있다. 핵발전의 미래는 1950년대에 해군 장성인 하이먼 리코버(Hyman Rickover)의 선택에 의해 여러 가지 방법으로 결정되었다. 그때 미국 해군은 원자로의 연료로 ^{235}U가 많이 포함되어 있는 고체 산화우라늄을 사용하기로 했으며, 물을 그 원자로의 냉각제와 감속재로 사용하기로 하였다. 현재에는 전 세계 원자로의 85%가 같은 방법으로 가동되고 있다. 하지만 잠수함에서 사용되는 우라늄 연료는, 원자로가 잠수함 내

* R. Hargraves and R. Moir, *American Scientist*, **98**, pp. 304-313, (2010)

초기의 핵분열 원자로

1930년대 후반에 유럽의 과학자들은 가장 무거운 핵의 특성을 연구하는 데 몰두했다. 이탈리아의 엔리코 페르미와 그의 공동 연구자, 프랑스의 퀴리와 사비치(Savitch), 그리고 독일의 한(Hahn)과 슈트라스만(Strassmann)을 포함한 몇몇 연구단체들은 우라늄에 중성자를 충돌시키는 연구를 수행했다. 1938년에는 한과 슈트라스만이 우라늄(Z = 92)에 중성자를 충돌시키면 바륨(Z = 56)이 형성되는 것을 관찰했다. 오스트리아 태생의 리제 마이트너는 스톡홀름의 노벨 연구소로 피신하기 전까지는 독일에서 전 생애를 보낸 유명한 물리학자이다. 그녀는 노벨 연구소에서 그녀의 조카 프리슈(O. R. Frisch)와 협력하기로 했다. 마이트너는 2차 세계대전으로 가는 혼란스러운 기간에, 한으로부터 자신의 실험 결과에 대한 짧은 보고서를 받았다. 마이트너와 프리슈는 한과 슈트라스만의 실험 결과가 우라늄의 핵분열 때문이라는 것을 정확히 분석하여, 그 결과를 1939년에 최초로 발표하였다(그림 A를 보라).

페르미는 1938년에 노벨 물리학상 수상을 위해 이탈리아를 떠났지만, 아내가 유대인 집안 출신이라는 이유로 돌아가지 않고 뉴욕의 컬럼비아대학으로 갔다. 보어는 한과 슈트라스만의 실험 결과에 대한 짧은 보고서를 가져왔는데, 이 흥분되는 결과는 미국뿐만 아니라 전 세계의 핵물리학 연구실들에 혼란을 일으켰다. 그 당시에 가장 유능한 핵 실험 물리학자 중 한 명이었던 페르미는, 이론 물리학에도 강한 집착을 가졌다. 페르미와 함께 연구하던 헝가리 태생의 스질라드(Leo Szilard)는 아인슈타인이 미국 대통령 루즈벨트에게 편지를 쓰도록 설득했고, 2차 세계대전 중 원자폭탄을 제조하게 할 맨해튼 프로젝트를 이끌 수 있도록 노력을 아끼지 말라고 설득했다.

AIP Emilio Segrè Visual Archives, Brittle Books Collection/Science Source.

그림 A 독일인 오토 한(Otto Hahn, 1879~1968)은 오스트리아인 리제 마이트너(Lise Meitner, 1878~1968)와 함께 베를린에서 1907년부터 거의 30여 년간 방사성 물질에 대해 연구하였다. 한은 화학자였고 마이트너는 물리학자였다. 그들은 1930년대에 우라늄에 중성자를 충돌시켰을 때의 생성물을 규명하는 중요한 연구를 했다. 마이트너는 선조가 유대인이란 이유로 1938년에 베를린을 떠나도록 압력을 받아서, 스톡홀름의 노벨 연구소로 이주하여 정착했다. 1938년 11월에는 마이트너의 제안으로 코펜하겐에서 한과 비밀 회동을 했으며, 한과 슈트라스만은 우라늄에 중성자를 충돌시킬 때 생성되는 생성물은 바륨이라는 것을 즉시 알게 되었다. 1938년 크리스마스 시기에 마이트너와 코펜하겐의 보어 연구소에서 연구하던 마이트너의 조카 프리슈는, 핵분열이 일어나는 것을 알게 되었다. 한은 1944년에 노벨 화학상을 수상했지만 노벨상 위원회는 마이트너의 공헌을 간과했다. 한과 마이트너는 둘 다 그들의 긴 생애 동안 많은 상을 수상하였다. 원자 번호 109번인 원소는 마이트너의 사후에 마이트너륨이라고 명명되었다.

보어와 존 휠러(John Wheeler)는 ^{235}U가 자연에 풍부하게 존재하는 ^{238}U보다 핵분열이 더 잘 일어난다는 것을 이론적으로 증명했다. ^{235}U의 느린(저에너지) 중성자에 의해 분열된다는 것이 알려져, 연쇄 반응을 일으키기 위해서는 핵분열 시 생성된 중성자를 감속시킬 필요가 있었다.

1942년 12월 2일, 페르미가 이끌던 팀이 시카고대학의 미식축구장 스태그 필드(Stagg Field)의 관중석 지하에 있는 스쿼시 경기장에서 최초의 제어된 연쇄 반응을 성공

에 장착될 수 있도록 상용 원자로에서보다 훨씬 더 높은 수준으로 농축되어 있다. 이 체계의 원자로는 잘 이해되고 현재 잘 건설되어 있지만, 가용 연료원, 핵 확산, 안전성 측면에서 이상적이지 않다.

2001년에는 약 13개국은(여러 나라들 중, 미국, 캐나다, 중국, 프랑스, 일본, 러시아,

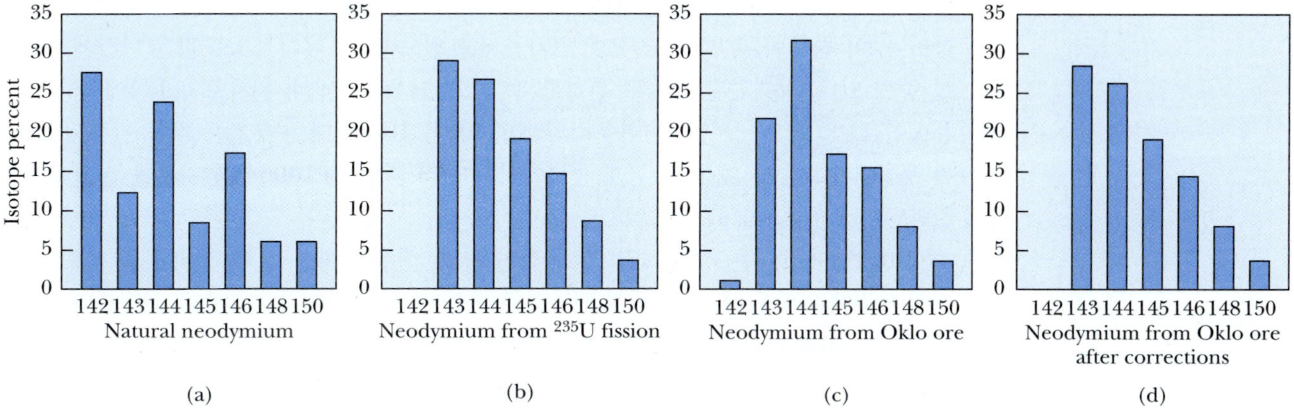

그림 B 여러 가지 시료의 네오디뮴의 동위원소 분석. (a) 자연 네오디뮴의 성분은, (b) $n + {}^{235}$U의 반응으로 생성된 네오디뮴의 성분과 그 특성이 다르다. (c) 오클로 광산에서 채취한 네오디뮴 광석의 성분. 여기서 이 광석은 천연 네오디뮴과 중성자 흡수에 의한 변환된 네오디뮴의 조합으로 되어 있으므로 보정이 필요하다. (d) 오클로 광산의 광석에 대한 성분을 보정한 후의 최종 결과는 (b)의 결과와 비슷하며, 광석 내부에서 핵분열이 일어난다는 것을 보여 주고 있다. 출처: George A. Cowan, A natural fission reactor, *Scientific American* **235**, 36 (July 1976)

시켰다. 원자폭탄 생산에 대한 경쟁은 원자폭탄 개발에 가속을 붙여, 1945년이라는 이른 시기에 원자폭탄이 나오게 되었다. 결국 1955년에 아이다호의 원자로에서 공공 사용 목적으로 최초의 전력이 생산되었다. 1954년에는 최초의 핵잠수함인 노틸러스(Nautilus) 호가 진수되었고, 1956년에 영국에서는 세계 최대 규모의 원자로에서 전력을 생산하게 되었다. 드디어 핵의 시대가 열리게 되었다.

약 20억 년 전, 서아프리카 연안의 가봉공화국에서 자연 핵분열이 일어났다는 몇몇 증거들이 있다. 자연에는 0.7%의 ^{235}U와 99.3%의 ^{238}U이 존재한다. 지구가 형성되었을 때 두 동위원소의 존재 비는 같았으나, 수명이 짧은 ^{235}U가 더 많이 붕괴하여 오늘날과 같은 백분율을 가지게 되었다고 믿어지고 있다. 그러나 20억 년 전에는 ^{235}U가 3.7%가 있었으며, 계산해 보면 그 당시의 천연 우라늄 광석은 ^{235}U의 임계 질량을 가질 수 있는 것으로 나타났다.

지하수나 홍수가 핵분열 중성자를 감속시키는 감속재 역할을 했을 가능성이 있다. 이 자연 원자로가 너무 가열되면 중성자는 더 이상 감속이 되지 않아서 핵분열의 가능성을 낮추게 된다. 이러한 과정은 오늘날 원자로의 감속재인 물이 그러한 것처럼 자동 제어를 했다. 가봉에서 발견된 우라늄 광석의 핵분열 생성물의 동위원소의 백분율(그림 B를 보라)로부터 과거에 자연 원자로가 수백 년 동안 존재했다는 결론에 도달하였다.

과학자들은 가봉의 오클로 광산에 적어도 여섯 개의 자연 원자로가 존재했고, 이와 비슷한 자연 원자로가 가능한 환경을 가진 지역이 세계 도처에 있었을 것으로 믿고 있다. 현재에는 이와 같은 일은 벌어지지 않는다. 왜냐하면 이제는 자연 우라늄 광석의 ^{235}U 함유량이 너무 적기 때문이다.

유럽연합 회원국들을 포함하여) 핵에너지에 대한 사업을 위한 **IV세대 국제 포럼**(Generation IV International Forum, GIF)이라고 부르는 국제 단체를 결성했다. I세대(Generation I) 원자로는 아직 조금 남아서 가동되고 있는 1950년대와 1960년대에 건설된 원자로를 뜻하고, II세대 원자로는 1990년대에 건설된 수명이 50~60년 정도 되는 원자로를 뜻한다. 오늘날 가동되고 있는 대부분의 원자로들이 이 세대의 원자로들이다. III세대 원자로는 규격화된 설계로 더 단순하고 더 견고하고 더 안전하게 건설된 원자로들이다. 이 원자로들은 이미 일본에서 가동되고 있으며, 전 세계적으로 많은 나라에서 건설 중에 있다. 규격화된 모듈로 건설할 수 있고, 크기가 2세대 원자로의 1/4에 불과한, 용량이 1100 MWe인 웨스팅하우스의 AP1000은 III+세대(+부호는 더욱 발전되었다는 뜻) 원자로의 한 예이다. 현재 중국에서는 여러 기의 AP1000형 원자로를 건설 중에 있다.

2002년에 GIF는 청정, 안전, 효율적인 가격, 핵무기 확산 방지 및 테러 공격으로부터의 안전에 바탕을 두고, IV세대 원자로를 위한 여섯 가지 원자로 기술을 선정했다고 발표하였다. 이와 같이 대폭적으로 변화한 설계에는 고속 중성자 원자로(통상의 고속 증식로는 아님), 기체-냉각 원자로, 토륨 연료를 사용하는 원자로뿐만 아니라 다른 것들도 포함된다. IV세대 원자로는 2030년 이후에 적용되는 것을 목표로 현재 개발 중에 있다.

중소형 원자로(small modular reactor, SMR)는 IV세대 원자로는 아니지만 많은 장점들을 제공한다. 작은 규모로 인해 공장에 설치가 용이하고, 배로 운송하기도 편리하며, 자본 투자도 적게 들고, 안전과 비확산을 보증하는 가능한 보호장치이다. 작은 크기의 원자로는 발전이나 전력 증분 추가의 장점을 이용하여 열 발생에 사용될 수 있다. 통상 SMR은 300 MWe까지로 정해져 있다. 전 세계를 통틀어 수십여 개의 SMR 디자인들이 나와 있으며, 그중 몇 가지는 현재 사용 중이거나 건설 중에 있다.

13.6 핵융합

핵분열과 지열 에너지를 제외하고는 지구상의 모든 에너지원은 햇빛으로부터 얻어진다. 이 에너지원은 나무, 석탄, 가스, 석유의 연소 그리고 수력과 풍력을 포함한다. 태양으로부터 얻어지지 않는 것으로 널리 사용되는 유일한 일차 에너지원이 원자력이다.(우연하게도 이것 역시 태양에너지의 원천이다.) 별이 방출하는 에너지는 별 중심부의 엄청난 열과 압력에 의한 가벼운 핵들이 서로 융합되는 **핵융합**(nuclear fusion) 반응에 의해서 만들어진다. 이 과정은 큰 핵이 쪼개지는 핵분열과 대조된다. 핵융합의 근원은 그림 12.6을 다시 검토하면 이해할 수 있다. $A = 56$ 근처의 핵들은 가장 큰 핵자당 결합 에너지를 갖는다. ^{236}U*는 핵자당 결합 에너지가 큰 두 입자로 분열하며, 이 핵이 두 개의 핵으로 분열할 때 에너지를 방출한다. 이와 유사하게, 두 개의 가벼운 핵이 융합하여 더 큰 핵자당 결합 에너지를 갖는 핵을 만들면 에너지를 방출한다. 수소의 두 동위원소 ^{2}H와 ^{3}H이 아래와 같은 반응으로 융합할 때 가장 큰 에너지를 방출한다.

$$^{2}\mathrm{H} + {}^{3}\mathrm{H} \rightarrow \mathrm{n} + {}^{4}\mathrm{He} \qquad Q = 17.6\ \mathrm{MeV} \tag{13.16}$$

^{4}He의 강한 결합 때문에 핵자당 3.5 MeV의 에너지가 나온다. ^{236}U*의 핵분열에서는 핵자당 1 MeV보다 적은 에너지가 방출된다[200 MeV/(236 핵자) = 0.85 MeV/핵자]. 그림 12.6에서 보면, 낮은 질량 쪽의 기울기가 높은 질량 쪽의 기울기보다 훨씬 급하며 이것은 작은 질량들이 큰 질량을 형성하는 핵분열이 왜 더 풍부한 에너지원이 되는가를 설명한다.

원소의 형성

최초의 빅뱅이 약 137억 년 전에 일어났고, 이때 최초의 수 분 안에 수소와 헬륨과 같은 가벼운 원소가 형성되었다. 빅뱅 후 수백만 년이 지나서, 별 내부에서 무거운 원소들이 핵융합에 의해 형성되었다. 이 흥미로운 현상들에 대해서는 15장에서 더 자세히 다루고, 여기서는 별 내부에서의 에너지 생성에 관한 두 가지 주된 순환 과정에 관하여 공부할 것이다.

첫째로, 네 개의 양성자가 최종적으로 한 개의 알파입자로 변환되는 반응의 계열을 포함하는 **양성자-양성자 사슬**(proton-proton chain)을 다룬다. 성간 물질이 중력에 이끌려서 별을 형성할 때, 중력에 의해 생긴 열에 의해 양성자가 쿨롱 장벽을 극복하고 다음과 같은 핵융합을 한다.

$$^{1}\text{H} + {}^{1}\text{H} \rightarrow {}^{2}\text{H} + \beta^{+} + \nu \qquad Q = 0.42\ \text{MeV} \tag{13.17}$$

^{2}H를 생성하는 이 반응은 약한 상호작용 베타 붕괴 과정의 특별한 종류이다. 이 반응은 10^{26}번 충돌 중 한 번 일어날 정도로 매우 느리다. 이렇게 느린 반응은 바람직하다. 그렇지 않다면 태양이 폭발하게 될 것이기 때문이다. 중양성자는 ^{1}H과 결합하여 ^{3}He을 생성할 수 있다.

$$^{2}\text{H} + {}^{1}\text{H} \rightarrow {}^{3}\text{He} + \gamma \qquad Q = 5.49\ \text{MeV} \tag{13.18}$$

따라서 ^{3}He은 결합하여 ^{4}He를 생성할 수 있게 된다.

$$^{2}\text{He} + {}^{3}\text{He} \rightarrow {}^{4}\text{He} + {}^{1}\text{H} + {}^{1}\text{H} \qquad Q = 12.86\ \text{MeV} \tag{13.19}$$

식 (13.19)의 반응이 일어나기 위해서는 식 (13.17)과 (13.18)의 각 반응이 반드시 일어나야 함에 유의하자. 이 과정에서 한 개의 ^{4}He와 두 개의 ^{1}H을 만들기 위해서는 여섯 개의 ^{1}H이 요구된다. 여섯 개의 ^{1}H이 ^{4}He를 만들기 위해 필요한 총 Q 값이나, 또는 생성된 운동에너지는 24.7 MeV이다. 두 전자-양전자 쌍의 소멸에 의해 2 MeV가 더 나와서 전체 에너지가 26.7 MeV가 된다.

양성자-양성자 사슬은 식 (13.17)이 전체 과정에 한계를 두기 때문에 특히 느리게 진행된다. 그러나 반응이 진행됨에 따라 별의 온도는 상승하여, 세 개의 ^{4}He가 ^{12}C로 변하는 과정을 통해 결국에는 ^{12}C가 생성된다.

탄소가 ^{4}He를 만들어 내는 또 다른 순환 과정도 있다. **탄소 순환**(carbon cycle) 또는 **CNO 순환**(CNO cycle)과 관련된 일련의 반응은

$$\begin{aligned}
&^{1}\text{H} + {}^{12}\text{C} \rightarrow {}^{13}\text{N} + \gamma \\
&\qquad\qquad\quad \hookrightarrow {}^{13}\text{C} + \beta^{+} + \nu \qquad t_{1/2} = 9.96\ \text{min} \\
&^{1}\text{H} + {}^{13}\text{C} \rightarrow {}^{14}\text{N} + \gamma \\
&^{1}\text{H} + {}^{14}\text{N} \rightarrow {}^{15}\text{O} + \gamma \\
&\qquad\qquad\quad \hookrightarrow {}^{15}\text{N} + \beta^{+} + \nu \qquad t_{1/2} = 2.04\ \text{min} \\
&^{1}\text{H} + {}^{15}\text{N} \rightarrow {}^{12}\text{C} + {}^{4}\text{He}
\end{aligned} \tag{13.20}$$

Jacob Lofman/Getty Images

한스 베테(Hans Bethe, 1906~2005)는 독일의 스트라스부르(현재는 프랑스 땅)에서 태어나서 프랑크푸르트와 뮌헨에서 교육을 받았고, 그곳에서 1928년에 박사 학위를 받았다. 그는 독일의 연구소들에서 일하다가 1933년에 영국으로 첫 이민을 갔고, 1935년에는 코넬대학으로 가서, 그 대학에서 일을 위해 떠난 몇 년을 제외하고는 남아 있는 모든 생애를 보냈다. 예를 들면, 첫 번째로 2차 세계대전 동안에는 마이크로파 레이더를 개발하기 위해 MIT에서 연구했고, 1943년부터 1946년까지는 로스알라모스 국립연구소의 이론 물리국 국장을 역임했다. 베테는 주로 핵물리학에서 많은 뛰어난 업적을 남겼지만, 천체물리학, 원자와 분자 물리학, 고체물리학에도 많은 업적을 남겼다.

이다. ^{4}He와 ^{12}C를 생성하기 위해서는 네 개의 ^{1}H과 한 개의 ^{12}C 핵이 필요한 것에 유의하자. ^{12}C 핵은 단순히 촉매의 역할을 한다. 태양에너지의 대부분은 아마도 양성자-양성자 사슬에 의한 것이고, 탄소 순환은 이보다 매우 빠른 핵반응이다. 양성자에 대한 쿨롱 장벽이 ^{1}H보다 ^{12}C에서 상대적으로 높기 때문에, 이 순환은 태양 내부보다 높은 온도가 요구된다(아마도 20×10^6 K). 한스 베테(1967년 노벨 물리학상 수상)는 양성자-양성자나 CNO 순환만이 별의 에너지를 공급할 수 있는 유일한 핵반응인 것을 보여 주는 공헌을 했다.

태양에서는 모든 입자들에 의한 별을 수축시키는 중력 인력과 입자들을 밀어내려는 기체 압력이 정역학적 평형상태를 이루고 있다. 가벼운 핵이 '연소'되어 무거운 핵을 만들면, 이에 따라 중력 인력이 별의 질량을 더욱 작은 부피 속으로 수축시키게 되고, 따라서 온도가 상승한다. 높은 온도에서는 Z와 큰 핵이 융합될 수 있다. 이 과정은 별의 질량의 많은 부분이 철로 변환될 때까지 지속된다. 이렇게 되면 별은 중력에 의해 붕괴되어, 별의 질량에 따라 백색왜성, 중성자별, 혹은 블랙홀이 된다. 이 과정은 초신성 폭발로 이어지기도 한다(15장을 보라).

예제 13.7

$^4\text{He} + {}^{12}\text{C} \rightarrow {}^{16}\text{O} + \gamma$ 반응은 *초거성*에서 일어나는 무거운 원소를 생성하는 과정 중 한 가지이다. (a) 이 반응에서 얼마나 많은 에너지가 나오는가? (b) 질량이 작은 별에서는 왜 이와 같은 반응이 일어나지 않는지를 설명하라.

전략 (a) 나오는 에너지를 계산하기 위해서는, 식 (13.7)을 이용하여 Q 값을 계산하면 된다. (b) 어떤 핵융합 반응이 일어나는가를 결정하기 위해서는, 별들의 생명의 진행 과정을 살펴보면 된다.

풀이 (a) Q 값을 찾기 위해 부록 5의 질량들을 활용한다.

$$Q = [M(^4\text{He}) + M(^{12}\text{C}) - M(^{16}\text{O})]c^2$$

$$Q = (4.002603 \text{ u} + 12.0 \text{ u} - 15.994915 \text{ u})c^2$$
$$= 0.007688 \text{ u}\cdot c^2$$

$$Q = 0.007688 \text{ u}\cdot c^2\left(931.5 \frac{\text{MeV}}{\text{u}\cdot c^2}\right) = 7.2 \text{ MeV}$$

(b) 별들은 수소를 태워서 헬륨을 형성하는 것으로 일생을 시작한다. 별들은 수소가 고갈됨에 따라 헬륨이 연소될 수 있도록 더 높은 밀도로 수축하고, 또 온도도 더 높이 상승한다. 질량이 5나 8인 안정한 핵이 없기 때문에 질량수 4를 뛰어넘을 때는 장애물이 있다. 별이 수축할 수 있을 만큼 충분히 커서, 헬륨이 타서 더 무거운 질량의 핵이 생성될 수 있을 때, 이 장애물은 없어진다. 태양은 탄소를 생성할 수 있다. 그러나 알파입자와 탄소가 타서 핵융합을 일으키기 위해서는 쿨롱 장벽을 극복해야 하며, 쿨롱 장벽을 극복하려면 3억 K만큼의 높은 온도가 요구된다. 하지만 태양은 그 온도에 다다르지 못한다.

지구 위에서의 핵융합

어떤 과학자들은 제어 핵융합이 궁극적으로 가장 좋은 지구 에너지원이라고 믿고 있다. 몇 가지 가능한 핵융합 반응 중에 세 개의 수소의 동위원소를 포함하는 가장 간단한 세 가지 반응은

$$^{2}\text{H} + {}^{2}\text{H} \rightarrow n + {}^{3}\text{He} \qquad Q = 3.3\ \text{MeV} \tag{13.21}$$

$$^{2}\text{H} + {}^{2}\text{H} \rightarrow p + {}^{3}\text{H} \qquad Q = 4.0\ \text{MeV} \tag{13.22}$$

$$^{2}\text{H} + {}^{3}\text{H} \rightarrow n + {}^{4}\text{He} \qquad Q = 17.6\ \text{MeV} \tag{13.23}$$

이다. 중수소는 바닷물 속에 광대한 양이 존재한다. 지구상의 물의 양을 10^{21}리터로 추산할 때, 중수소의 자연 존재 비(0.015%)로부터 지구상의 물에는 10^{43}개의 중수소가 있음을 알 수 있다. 이 중수소가 식 (13.21)에 의해 핵융합될 때, 현재 세계가 수십억 년 동안 사용하기에 충분한 양인 10^{30} J의 에너지가 생성된다.

핵융합은 플라스마에서 일어날 수 있다. 플라스마는 매우 뜨거워서 원자들이 자유이온들과 전자들로 분해된 물질이다. 제어 핵융합에는 세 가지 조건이 필요하다.

1. 이온, 예를 들면 중수소나 삼중수소가 쿨롱 장벽을 극복하고 핵융합이 일어날 수 있을 정도로, 온도가 충분히 높아야 한다. 이 온도는 1억 K에서 2억 K 정도 된다.
2. 이온 사이의 거리가 핵융합이 일어날 수 있는 근접한 거리가 되도록, 이온들을 가두어 두어야 한다. 이온의 적절한 밀도는 2~3 × 10^{20} 이온/m^3이다.
3. 이온을 플라스마 냉각을 피할 수 있는 높은 온도에서, 이온의 핵융합이 일어날 수 있을 정도로 충분히 오랜 시간 동안 근접하게 가두어 두어야 한다. 적절한 시간은 1~2초이다.

위에 주어진 적절한 값들은, 앞으로 논의할 자기 속박으로 성취할 수 있다. 핵융합을 하기 시작하고 그것이 소비하는 만큼의 에너지를 생산하기 위해서는, 플라스마 밀도 n과 가둠 시간 τ를 곱한 값은 충분히 높은 온도에서 최소값을 가져야 한다. 최소값은

$$n\tau \geq 3 \times 10^{20}\ \text{s/m}^3 \tag{13.24}$$

로슨 기준

이 관계는 1957년에 이 관계를 처음으로 유도한 영국의 물리학자 로슨(J. D. Lawson)의 이름을 따와 *로슨 기준*(Lawson criterion)이라고 부른다. 때로는 *핵융합 곱*(fusion product)이라고 부르는 삼중곱 $n\tau T$를 사용하기도 한다.(여기서 T는 이온의 온도이다.)

$$n\tau T \geq 6 \times 10^{28}\ \text{s·K/m}^3 \quad \text{or} \quad 5 \times 10^{21}\ \text{s·keV/m}^3 \tag{13.25}$$

핵융합 곱

Q 인자는 핵융합을 발생시키기 위한 일률(열)에 대한 핵융합 반응에서 발생하는 일률의 비로 정해진다. Q 인자를 Q 값과 혼동하지 않도록 한다. Q는 1일 때가 무손실 점이고, $Q \gg 1$이면 점화가 된다. 실험실에서 제어 핵융합을 실현시키기 위해서는 kT = 20 keV에 해당하는 온도이면 적절하다. 수소폭탄 혹은 'H-폭탄'과 같은 비제어 핵융합($Q = \infty$)에서는, 방아쇠 역할을 하는 원자폭탄을 사용하여 굉장히 짧은 시간 안에 고온과 고밀도를 얻을 수 있다. 핵융합 반응에서의 일차 생성물(n, p, ^{4}He)은 위험한 방사성 입자가 아니므로, 핵융합 폭탄은 핵분열 폭탄과는 달리 방사성 효과가 거의 없다.

예제 13.8

식 (13.23)의 반응을 일으키기 위한 점화 온도를 계산하라.

전략 쿨롱 장벽을 극복하기 위한 에너지($\frac{3}{2}kT$)가 얼마인지를 계산하면 된다. 핵력이 유효해지기 시작하는 거리는 3 fm로 잡는다. 입자들은 적어도 이 거리까지 접근해야 한다. 필요한 최소 운동에너지는 거리가 3 fm일 때의 쿨롱 에너지와 같다고 가정한다.

풀이 식 (13.23)의 반응에 참여하는 입자의 전하량은 모두 $+e$이다. 극복해야 할 쿨롱 퍼텐셜은

$$V = \frac{q_1 q_2}{4\pi\epsilon_0 r}$$

$$= \frac{(9 \times 10^9\ \mathrm{N\cdot m^2/C^2})(1.6 \times 10^{-19}\ \mathrm{C})^2}{3 \times 10^{-15}\ \mathrm{m}} = 7.7 \times 10^{-14}\ \mathrm{J}$$

이다. 열에너지는 $\frac{3}{2}kT$이므로 반응에 요구되는 점화 온도는

$$T = \frac{2V}{3k} = \frac{2(7.7 \times 10^{-14}\ \mathrm{J})}{3(1.38 \times 10^{-23}\ \mathrm{J/K})} = 3.7 \times 10^9\ \mathrm{K}$$

이다. 중수소와 삼중수소의 핵융합 반응(D + T)에 필요한 점화 온도는 거의 40억 K 또는 °C로 계산되었다. 이 값은 몇 가지 이유로 과대 계산된 것이다. 첫째로, 중수소와 삼중수소는 점 입자가 아닌 부피를 가진 입자이다. 따라서 핵들의 중심이 3 fm 떨어지기 전에는 이들의 핵자에게는 아마도 인력이 작용할 것이다. 둘째로, (D + T)에 있는 양성자는 중성자들의 행동에 비교해 볼 때, 두 핵이 접근함에 따라 반발하려는 경향이 있다. 쿨롱 퍼텐셜 에너지를 사용하기 위한 적절한 핵 간 거리는 5 fm와 같이 커서 그 결과로 더 낮은 점화 온도가 된다. 셋째로(가장 중요), 온도 T에서 열평형을 이루고 있는 플라스마(이온화된 입자들)의 에너지 분포는 통계적 과정을 따른다. 여기에서는 평균 에너지 $\frac{3}{2}kT$를 사용했다. 그러나 에너지 분포의 가운데서 멀리 떨어진 끝부분(그림 9.7을 보라)에도 $\frac{3}{2}kT$보다 큰 에너지를 가지는 많은 입자가 있다. 반응을 점화시키기 위해서는 전체 10^{20}~10^{22} 입자/m^3 중에 적은 양의 입자만 필요하다. 네 번째, 여기서는 각각의 입자가 $\frac{3}{2}kT$의 에너지를 필요로 하는 것으로 가정했다. 만일 정면충돌이 일어난다면 D나 T 이온은 이 에너지의 절반의 에너지만 있으면 된다. (D + T) 핵융합 반응의 더 정확한 점화 온도는 1억~2억 K로 산출되며 이 온도는 처음 계산값에 대한 적절한 보정 온도로 여겨진다.

제어 열핵반응

실험실에서의 핵융합의 제어 열핵반응은 에너지 생산의 커다란 잠재력 때문에 과학과 기술의 주된 목표 중의 하나이다. 과학자들은 앞으로 수십 년 내에 이 목표를 성취할 수 있을 것으로 기대하지는 않는다. 많은 양의 에너지 생산과 상대적으로 낮은 쿨롱 장벽 때문에, 가장 있음직한 첫 번째 핵융합 반응은 식 (13.23)과 같은 (D + T) 반응이 될 것이다. 삼중수소는 다음과 같은 두 가지 가능한 반응에 의해 얻어진다.

$$n + {}^6\mathrm{Li} \rightarrow {}^3\mathrm{H} + {}^4\mathrm{He} \tag{13.26}$$

$$n + {}^7\mathrm{Li} \rightarrow {}^3\mathrm{H} + {}^4\mathrm{He} + n \tag{13.27}$$

리튬은 삼중수소를 만드는 데 필요할 뿐만 아니라 열 수송 물질과 중성자 방사 차폐에도 사용된다.

(D + T)를 사용하는 상용 원자로에는, $Q = 1$(무손실 점)일 때 수 $10^{21}\ \mathrm{keV\cdot s\cdot m^{-3}}$의 $n\tau T$ 곱이 요구된다. 제어 핵융합의 문제는 상당한 과학적, 공학적 어려움을 내포하고 있다. 열핵융합 반응을 제어하기 위한 두 가지 주요 방법은 자기속박 핵융합(magnetic confinement fusion, MCF)과 관성속박 핵융합(inertial confinement fusion, ICF)이며 이에 대한 주요 원리를 설명하면 다음과 같다.

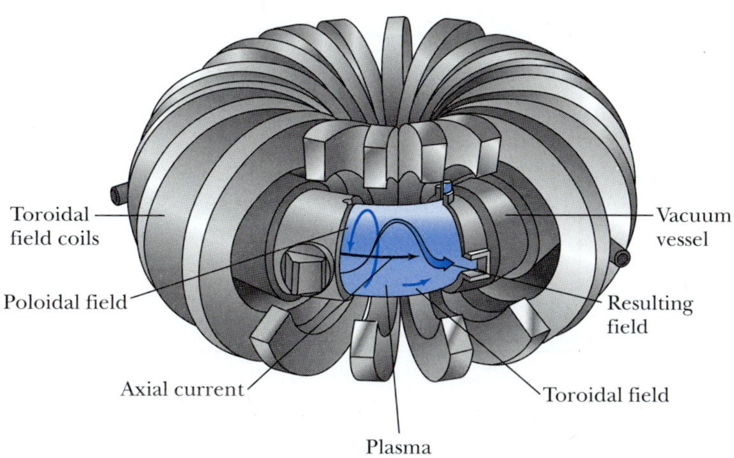

그림 13.15 토로이드 핵융합 장치인 토카막의 그림. 토로이드 및 폴로이드 자기장은 진공 용기 속에 플라스마를 속박시키기 위한 가장 중요한 자기장이다.

플라스마의 자기속박 세계 각처의 연구소에서 수년 동안 플라스마 자기속박(MCF) 장치를 개발하고자 우선적으로 연구했는데, 1960년대에 옛 소련에서 **토카막**(tokamak)이라고 부르는 장치를 최초로 개발했다. 이외에 몇몇 또 다른 MCF 장치의 개발도 시도되었다. 그림 13.15는 토카막의 개략도이다. 여기에서는 플라스마를 속박시키고 가열하는 데 여섯 개나 되는 많은 분리된 자기장이 사용된다. 그림 13.16은 상업적 장치에 최종적으로 사용될, 전형적인 자기속박 용기의 개략적인 단면도이다. 가운데가 (D + T)가 일어나는 뜨거운 플라스마가 있는 곳이다. 플라스마는 반응을 저해하는 불순물의 유입을 방지하기 위해 진공으로 둘러싸여 있고 강한 복사선을 가정하여 플라스마와 진공 영역을 둘러싸는 벽이 있다. 플라스마는 이 플라스마를 가두고 있는 내용물과 접촉해서는 안 된다. 이것은 아마도 인류가 지금까지 설계한 장치들 중에 가장 열악한 환경에 있다. 다음 층은 리튬 블랭킷으로, 중성자를 흡수하여 삼중수소를 증식한다. 그다음 층에는 상업용 원자로에서 초전도체인, 자석을 복사선으로부터 막는 복사선 차폐막이 있다. 현존하는 시험용 기계에는 리튬 블랭킷과 복사 차폐막이 없다.

토카막

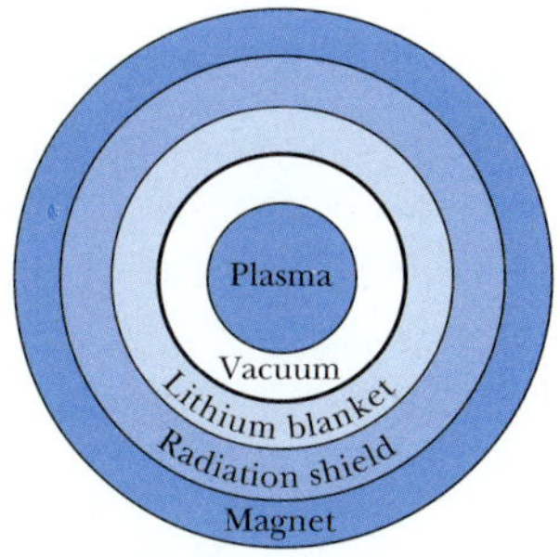

그림 13.16 상업적 전력 생산에 사용될 전형적인 자기속박 용기(토카막)의 개략적인 단면도. 블랭킷에 흡수된 열이 전기 생산에 사용된다.

처음에는 플라스마에 흐르는 전류의 저항 열에 의해 플라스마가 충분히 높은 온도로 가열되는 것으로부터 시작된다. 그러나 이 온도는 점화 온도에 미치지 못하므로, 열을 더 공급하기 위해 두 가지 다른 방법을 추가로 사용하는데 그 두 가지는 다음과 같다: (1) 플라스마와 상호작용하는 고에너지(40~120 keV) 중성 연료 원자(중성이어서 자기장을 뚫고 들어갈 수 있음)의 주입, (2) 플라스마의 고주파(RF)에 의한 유도 가열[마이크로웨이브 오븐(microwave oven)과 유사함].

미국 프린스턴대학의 토카막 핵융합 시험 반응로(Tokamak Fusion Test Reactor, TFT; 1997년에 폐쇄됨)와 영국의 유럽연합 원환체(Joint European Torus, JET)에서 좋은 결과를 얻었다. 두 핵융합 반응로 모두 삼중수소를 연료로 사용했다. JET는 1997년에 16 MW의 출력을 1초 동안 유지할 수 있었고, 이때의 Q 값은 0.67이었다. 그림 13.17은 플라스마 속박 인자 $n\tau$에 대한 플라스마의 온도를 보여 주고 있다. 지난 수십 년 동안에 어려운 값인 $Q = 1$, 그리고 전력을 생산하기 위한 더 큰 값의 Q에 도달하는 데 괄목할 만한 진전이 있었다.

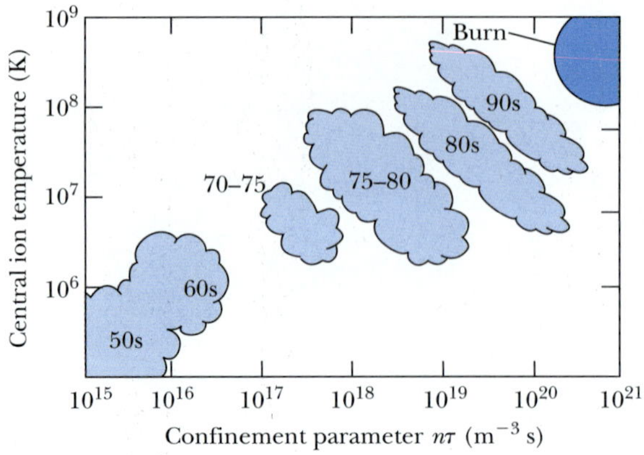

그림 13.17 로슨 속박 인자 $n\tau$에 대한 플라스마의 온도의 그림. 그림 내부의 숫자는 20세기 중에 성취한 연도를 가리킨다. 1950년대 이후로 서서히 발전하고 있음에 유의하자.

ITER

국제 열핵실험 원자로(International Thermonuclear Experimental Reactor)의 약어인 **ITER**이라고 하는 거대한 토카막 핵융합로 계획은 현재 가장 중요하게 고려 중이다. 현재는 '열핵(thermonuclear)'이라는 단어의 비대중적 함축성 때문에 약어를 사용한다. 이 계획에는 유럽연합, 일본, 러시아, 인도, 한국, 중국, 미국이 공동으로 참여하고 있다. 이 융합로는 현재 프랑스의 카다라쉬에 건설 중이며, 최종적으로 $Q \geq 10$에서 500 MW의 전력을 적어도 1000초 동안 생산할 수 있을 것으로 기대된다. 그림 13.18과 같은 형태가 될 상업용 발전소는 금세기 중반까지는 어려울 것으로 예상된다.

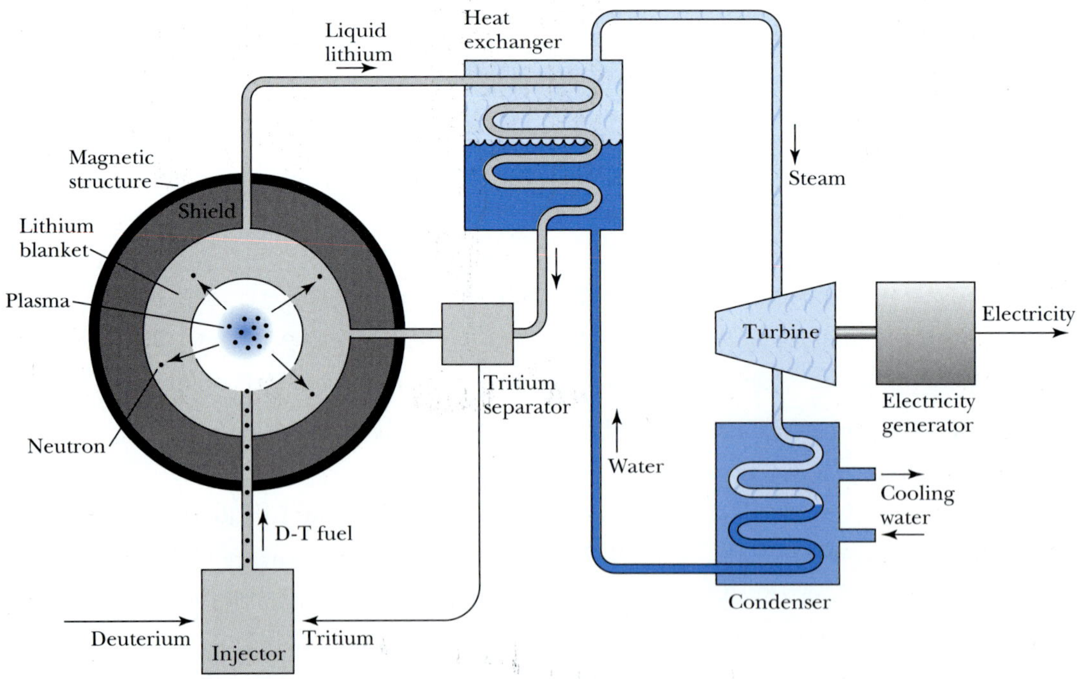

그림 13.18 자기속박을 이용한, 가능한 핵융합로 구성의 그림. 리튬의 중성자와 리튬의 반응으로부터 삼중수소를 얻고, 삼중수소는 핵융합로에 되돌아가 연료가 되기 전에 분리되어야 한다. 핵분열 원자로에서와 마찬가지로 핵융합에 의해 발생한 열은 터빈을 돌려 전력을 생산한다.

13.7 특수 응용

이 장과 앞 장에서, 핵 과학의 몇 가지 응용에 대해 언급했다. 입자 빔, 방사성 핵종, 그리고 원자핵 효과는 다양한 곳에 응용될 수 있다. 이러한 응용의 대부분은 **방사성 동위원소**(radioisotope)라 부르는 방사성 원소의 특정한 동위원소에 의존한다. 주어진 방사성 동위원소의 유용성은, 예를 들어 알파입자, 베타입자, 감마선 혹은 핵분열 조각과 같은 특별한 붕괴 입자에 좌우되며, 방사성 동위원소의 반감기까지도 유용하다. 방사성 동위원소는 목적에 따라 다음과 같은 다른 방법으로 만든다.

방사성 동위원소

1. 입자 가속기의 반응 생성물
2. 핵반응로에서의 핵분열 조각 또는 붕괴 생성물
3. 핵반응로에서의 중성자 활성화에 의한 반응

진단의학에서 유용하게 사용되는 ^{68}Ga은 가속기에서 만들어진 중요한 방사성 동위원소이다. 베타 붕괴하여 ^{99m}Tc이 되는, 또 하나의 중요한 핵분열 조각인 ^{99}Mo는, 아마도 의학에서 가장 유용한 방사성 동위원소일 것이다. 중성자 활성화는 범죄 탐지로부터 ^{238}U보다 무거운 핵종의 생성에 이르기까지 광범위하게 이용된다.

아주 적게 농축된 추적 원소(trace element)라고 부르는 특정한 원소를 추적하는 것은, 이 분야의 또 다른 중요한 응용 영역이다. 추적 원소를 포함한 것으로 추정되는 물체에 방사선을 쪼이면 방사성 원소가 생성되는데, 이 원소의 특정한 붕괴 또는 추적 원소의 여기상태가 내는 감마선으로부터도 이 원소를 추적 조사할 수 있다. 이러한 기술은 과학 수사나 환경적 목적으로, 아주 적은 양의 추적 원소를 탐지해야 할 때 매우 유용하다.

의학

방사성 동위원소는 의료 연구와 진단, 그리고 치료에 유용하며, 모든 장기와 조직을 연구하는 데 사용되었다. β^-를 방출하는 ^{3}H, ^{14}C, ^{32}P는 모두 의료 연구에 널리 쓰인다. 1100여 종 이상의 방사성 동위원소가 임상용으로 유용하다. 12.7절의 끝부분에서 언급한 ^{99m}Tc은 현재까지 가장 널리 사용되고 있다.[99m의 'm'은 준안정(metastable) 동위원소를 나타낸다.] 모든 핵의학 과정의 80%가 이 동위원소를 사용하며, 미국에서는 이 동위원소를 매년 2000만 번 이상 사용한다. 이 동위원소는 반감기가 6 h이고 테크네튬의 이성질 핵이며, ^{99}Tc의 바닥상태로 붕괴하면서 140 keV의 감마선을 방출한다. 환자의 정맥에 TcO_4와 같은 형태로 ^{99m}Tc을 주사하면, ^{99m}Tc은 예를 들어 갑상선이나 침샘, 뇌의 맥락얼기, 그리고 위 점막의 암세포에 포획된다. 주입한 지 몇 분 지난 후, ^{99m}Tc의 방사능의 위치를 정밀하게 찾을 수 있는 NaI 감마선 검출기로 환자를 주사(scan)한다. 이것은 ^{99m}Tc의 여러 응용 중에서 오직 한 가지 예일 뿐이다.

수십 년 동안 ^{99m}Tc이 심각한 기근이었으나, 2019년경 미국에 새로운 생산 설비들이 만들어지면서 해결되었다. ^{99}Mo 핵종은 원자로의 핵분열 생성물로 만들어지거나, 안정한 동위원소 ^{98}Mo이 ^{98}Mo$(n, \gamma)^{99}$Mo 반응을 할 때의 중성자 활성화의 부산물로도 만들어진다. 이 핵종은 대부분 결국에는 핵분열로 이어지는, 고농축된 ^{235}U에 중성자를 충돌시켜 만든다. ^{99}Mo는 베타 붕괴하여 유용한 ^{99m}Tc이 된다.

$$^{99}_{42}\mathrm{Mo} \rightarrow \beta^- + {}^{99\mathrm{m}}_{43}\mathrm{Tc} \qquad t_{1/2} = 66\ \mathrm{h} \tag{13.28}$$
$$\hookrightarrow \gamma + {}^{99}_{43}\mathrm{Tc} \qquad t_{1/2} = 6\ \mathrm{h},\ E_\gamma = 140\ \mathrm{keV}$$

방사성 핵종 $^{123}\mathrm{I}(t_{1/2} = 13\ \mathrm{h})$은 갑상선 기능 진단에 유용하다. ^{123}I은 다음과 같은 가속기의 반응에서 생성된다.

$$\alpha + {}^{121}_{51}\mathrm{Sb} \rightarrow 2n + {}^{123}_{53}\mathrm{I} \tag{13.29}$$

환자에게 투여된 후 ^{123}I은 전자 포획에 의한 붕괴를 거쳐 $^{123}_{52}$Te의 여기상태로 된다.

$$^{123}_{53}\mathrm{I} + e^- \rightarrow {}^{123}_{52}\mathrm{Te}^* \tag{13.30}$$
$$\hookrightarrow \gamma + {}^{123}_{52}\mathrm{Te}$$

이때 생성되는 159 keV γ선의 98%가 NaI 검출기에 검출된다.

다른 유용한 방사성 동위원소인 ^{153}Gd은, 노인들의 뼈 미네랄 손실 혹은 골다공증의 진단에 사용된다. ^{192}Ir는 많은 종류의 암 치료에 사용되며, 강철, 유정 굴착 장치, 그리고 송유관의 용접 부위의 조사를 위한 산업 방사선 사진의 목적으로도 사용된다. ^{241}Am은 기름 탐사와 연기 경보에 사용되며, ^{85}Kr는 트랜지스터와 같은 밀봉된 전기 부품의 전류 누설을 조사하는 데 사용된다. 미국에서는 매년 1만 명 이상이 암이 증식을 못하도록 ^{125}I를 몸속에 심는 해부학적 처치를 받으며, 반감기가 60일인 ^{125}I 외에 ^{103}Pd(반감기가 17일)을 추가적으로 사용한다. 두 핵종 모두 유용한 저에너지 감마선을 방출한다.

방사성 동위원소는 *단층촬영*(tomography)에도 사용된다. 이 기술은 신체의 기형이나 장기의 기능적 특성을 검사하기 위해 인체의 어떤 부분이라도 실제 영상으로 나타낼 수 있는 기술이다. 검출기(신체 주위를 둘러싸거나 신체 주위를 회전하는)를 컴퓨터와 함께 사용하여, 인체의 3차원 영상을 얻을 수 있다. 현재 여러 가지 기술로 단층촬영을 하는데, 그중 몇 가지 예를 들면, 단일 광자 방출 단층촬영(single-photon emission computed tomography, SPECT), 양전자 방출 단층촬영(positron emission tomography, PET; 3.9절을 보라), 그리고 자기 공명 영상(magnetic resonance imaging, MRI; 10.6절과 12.2절을 보라)이 있다. 처음 두 방법에서는, 방사선(보통 γ선)을 외부에서 검출하여 인체 안에 있는 방사성 핵종의 위치를 알아낸다. 전국의 의료센터에 있는 필요한 방사성 동위원소를 생산하는 수많은 가속기에서, 방사성 동위원소와 함께 수명이 아주 짧은 *방사성 의약품*도 생산된다. 그림 13.19는 비침습성 MRI와 결합한 사용으로 얻은 PET 주사 사진을 보여 준다.

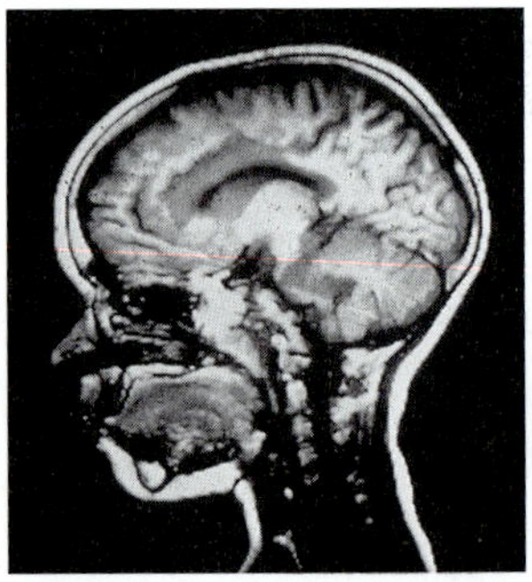

Courtesy of C.Pelizzari, University of Chicago Radiation Oncology

그림 13.19 PET를 MRI와 결합하여 사용하여 얻은 뇌 주사 사진

핵물리학자로 훈련을 받은 의료물리학자인 로절린 앨로는 생리의학 분야에서 노벨상을 수상한 두 번째 여성이자 미국 태생으로는 최초의 여성이었다. 그녀는 방사면역 측정법에 대한 선도적인 연구로 1977년에 로제 기유맹(Roger Guillemin), 앤드루 샬리(Andrew Schally)와 함께 노벨상을 수상하였다. 그들은 당뇨병에서 출발하여, 수백 가지 질병들의 조건을 조사하고 진단하는 데 방사성 동위원소를 사용하였다.

Bettmann/Getty Images

로절린 옐로(Rosalyn Yalow, 1921~2011)가 그녀의 연구실에서 1977년 노벨 생리의학상을 받는다는 소식을 듣는 장면이다. 옐로는 뉴욕에서 태어나 일리노이대학 물리학과 대학원에서 보낸 3년 반을 제외하고는 전 생애를 뉴욕에서 보냈다. 그녀의 동료인 솔로몬 버슨(Solomon Berson)과 방사면역 측정법(RIA)의 기술을 개발하기 위해 핵물리학에서 방사성 동위원소의 사용을 위한 훈련을 받았다. 그들은 Bronx Veterans Administration Hospital에서 인슐린 양, 호르몬, 비타민 및 효소에 대해 연구했고, 나중에는 마운트시나이 의대에서도 일하였다.

고고학

12장에서 이미 ^{14}C를 사용한 연대 측정에 대해 논의한 바 있다. 조사자들은 이제 고대 시료들에서 많은 추적 원소들을 측정하고, 그 결과를 같은 근원을 가지는 성분들의 농도와 비교할 수 있게 되었다. 시료에는 유리, 금속, 도기, 돌, 광물, 종이, 섬유 등이 포함된다. 이 기술이 사용된 예로, 아테네의 고대 아고라와 이집트의 피라미드에서 출토된 도기 조각을 검사하는 데 사용된 것을 들 수 있다.

누가 미국에 최초로 정착을 했는가에 대한 의문은 신세계(New World) 고고학의 중요한 논제 중 하나였다. 많은 전문가들은, 최초의 정착자들이 시베리아에서 베링 해협 위에 걸쳐져 있던 육지 다리(land bridge)를 가로질러 알래스카로 이주했다고 믿고 있었으나, 최근에 그 증거에 대한 의문이 제기되었다. 1932년에 고고학자들은 뉴멕시코의 클로비스 근처에서 발굴된 증거물에 대한 ^{14}C의 연대 측정 결과로부터, 인간이 그곳에 12,000년 전부터 거주했다는 것을 밝혀냈다. 이어지는 또 다른 증거들은 더 이른 정착의 가능성을 지적한다. 플로리다(14,500년 전), 텍사스(15,500년 전), 칠레(15,000년 전) 등이다. 논쟁은 가열되고 있는 중이다.

1995년의 프랑스 쇼베 동굴의 발견은, 지난 수십 년 동안 발견된 것들 중 가장 중요한 고고학적 발견 중의 하나이다. 여기에서는 300개 이상의 그림과 조각품, 그리고 화덕, 부싯돌, 발자국 등, 인간 활동의 많은 흔적들이 발견되었다. ^{14}C의 연대 측정 결과에 의하면, 이것들은 32,000년 전인 구석기 시대에 만들어진 것으로 밝혀졌다.

예술

중성자 활성(neutron activation)은 유화를 조사하는 데 매우 널리 사용되고 있는 비파 중성자 활성괴 기술이다. 그림 위에 원자로에서 나온 열중성자 빔을 넓고 균일하게 쪼이면, 그림 속의 몇몇 원소는 방사능을 갖게 된다. 방사성 원자핵에서 나오는 베타선에 민감한 x선 필름을 그림 뒤에 놓고, 노출 시간을 조절해 가면서 촬영한다. *자동 방사선 촬영술*이라고 부르는 이 방법은 현대에 수정된 그림인지 그리고 원본에 덧칠했는지를 알아내는 데 사용된다. 이 방법은 예를 들어 뉴욕 메트로폴리탄 미술관의 수집품인 반 다이크(Van Dyck)의 그림 '역병에 걸린 팔레르모에 대해 탄원하는 세인트 로잘리'를 조사하는 데 사용되었으며, 그 결과는 반 다이크 자신이 초상화 위에 덧그림을 그렸다는 것이다.

범죄 탐지

중성자 활성 분석은 범죄의 단서가 되는 특정한 원소를 찾는 데에도 이용된다. 이 정교한 기술은 원자로에의 접근이 요구되기 때문에, 국가 기관 외에는 몇 안 되는 경찰 부서만이 일상적으로 이러한 일을 할 수 있는 능력을 갖고 있다.

화약에 들어 있는 바륨과 안티몬의 양을 추적하고 측정하는 탄흔 조사는, 흔적 자체를 찾는 것보다 100~1000배나 더 민감하다는 것이 증명되었다. 0.005 μg의 바륨과 0.001 μg의 안티몬과 같이 적은 양도 (n, γ) 방법으로 탐지될 수 있다. 전문가들은 발사거리를 2 m까지 규명할 수 있으며, 직물, 살, 나무, 가죽 등의 물질에 나 있는 구멍이나 틈이 탄환에 의한 것인지를 알아낼 수 있다. 민감한 추적 원소들로는(탄환과 뇌관에 있는) 바륨, 안티몬, 납, 그리고 탄환의 껍질, 탄피, 그리고 뇌관 껍질에 있는 구리와 같은 것들이 있다.

과학자들은 머리카락에 들어 있는 독성 원소를 중성자 활성 분석으로 알아낼 수 있다. 사람의 머리카락은 1년에 약 10 cm씩 자란다. 소량의 비소와 수은을 검출할 수 있으며, 중독된 시기도 결정할 수 있다. 몇몇 스코틀랜드 과학자의 연구, 즉 나폴레옹이 죽기 전 5년 동안, 그리고 직후에 채취한 나폴레옹의 머리카락 속에 포함된 비소의 성분을 조사한 연구는 유명하다. 그들은 베타선 방출 핵 ^{76}As($t_{1/2}$ = 26.4 h)을 원자로에서 활성화시킨 후에 조사하였다. 1 mm 길이의 머리카락(약 3일간 자란 길이)에 대한 분석 결과는 나폴레옹이 정상인보다 40배 높은 비소 농도를 갖고 있었다는 것을 보여 주었다. 이 결과로부터 나폴레옹이 독살을 당했다고 추측할 수도 있지만, 단순히 의사가 그의 여러 질병을 치료하기 위해 비소를 사용했을 것이라는 설명이 더 합리적일 것이다.

광업과 석유산업

방사선원은 석유산업에 오랫동안 유용했다. 예를 들어, 방사선원을 송유관 속의 기름에 넣으면 선적된 제품의 변화를 알 수 있고, 또는 단순하게 도착시간을 기록할 수도 있다. 지질학자들과 석유 기술자들은 방사선원을 석유나 가스 탐사를 위해 일상적으로 사용한다. 그들은 방사선원과 검출기를 탐사용 드릴 구멍에 넣어서 여러 다른 깊이에서의 물질들을 분석한다. 그림 13.20에서 보듯이, 중성자원 PuBe(플루토늄과 베릴륨) 또는 AmBe(아메리슘과 베릴륨)은 특별히 유용하다. 14 MeV의 중성자를 생성하는 작은 밴더그래프 가속기를 시추공 속에 미리 넣어 둔 상자 속에 삽입한다. 상자의 지름은 통상 14~25 cm 사이이므로, 분광 장비를 넣기에 충분한 공간이 있다. 중성자가 시추공에 둘

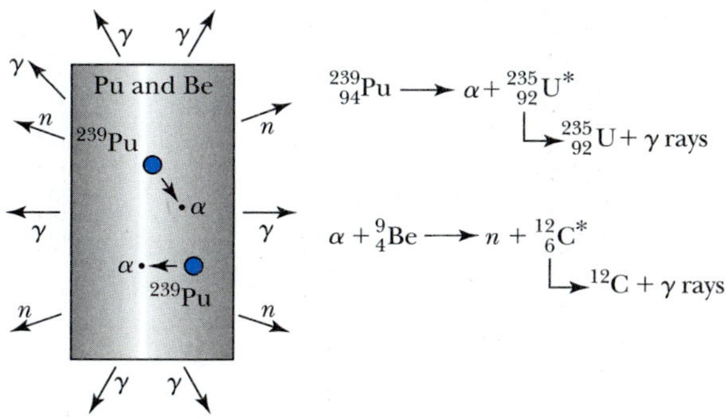

그림 13.20 플루토늄-베릴륨(PuBe)원은 베릴륨 가루와 α붕괴하는 ^{239}Pu를 섞은 깡통으로 구성되어 있다. 알파입자는 ^{9}Be와 상호작용하여 중성자를 한 개 생성한다. 최종적으로 다량의 감마선도 나오는데, 감마선은 대부분 ^{235}U*의 붕괴에 의한 것이다.

러싸여 있는 물질 속의 원자핵을 활성화시키면, 이 원자핵은 원자핵에 따라 고유의 특성을 가지는 감마선을 생성한다. NaI 검출기와 더불어 최근에는 냉각 게르마늄 검출기로 여러 지질층을 지나가면서 특성 원소 붕괴를 찾아낸다. 특별히 관심이 있는 곳은 기름과 가스가 매장되어 있는 지역이다(그림 13.21을 보라).

재료

커다란 단일 실리콘 칩에 있는 전자 소자의 방사선 피폭에 의한 손상은 오래전부터 인식되어 온 문제이다. 예를 들어, 오염물질인 우라늄 혹은 토륨의 알파 붕괴가 실리콘을 이온화시킴으로써, '약한(soft)' 컴퓨터 오류를 일으킨다. 우주선 입자들은 특히 인공위성과 우주탐사기에 비슷한 문제를 일으킨다. 그러나 과학자들은 컴퓨터 메모리 부품 장치에 빠른중성자를 쪼여 주면 '약한' 오류율이 10배 감소된다는 것을 발견했다. 이것은 분명히 중성자가 실리콘 기판의 고유 저항을 줄여 주고, 외부 작용에 의한 이온화에 의해 정보를 변화시키는 정도가 크게 감소하기 때문이다.

중성자는 파장이 짧고 전하가 없어서 원자 크기의 대상을 쉽게 조사할 수 있다는 주

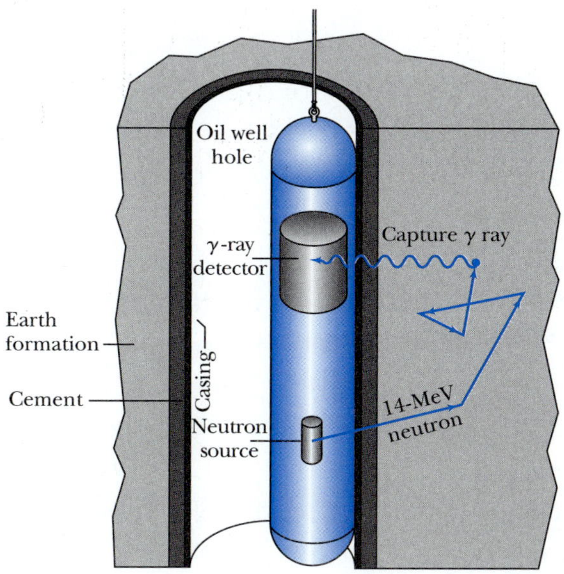

그림 13.21 유정 구멍 안에서 기름과 가스를 찾는 데 사용되는 장치의 예. (n, γ) 반응은 기름과 가스의 존재를 나타내는 특정한 원소를 조사하는 데 사용된다.

된 이유로, 오랫동안 재료의 성질을 연구하는 데 사용되어 왔다. 이런 연구의 예로 결정 구조, 자기적 성질, 원자 사이의 힘과 격자 힘, 합금, 액체의 구조와 동역학, 초전도체, 상전이, 그리고 물질과 오일셰일(oil shale)에서의 빈 곳에 대한 연구 등을 들 수 있다. 중성자는 전하를 가지고 있지 않아서 다른 대전 입자나 광자와 달리 물질을 이온화시키지 않기 때문에 특별히 유용하다. 중성자는 물질에 쉽게 침투하므로, 균일한 격자 찌그러짐이나 불순물의 존재를 알 수 있다. 중성자는 자기 쌍극자 모멘트를 갖고 있기 때문에, 덩어리 자기화(bulk magnetization)와 스핀 현상을 탐지할 수 있다.

예제 13.9

중성자는 고체의 구조와 성질을 연구하는 데 사용된다. 크기가 0.060 nm인 원자 구조를 연구할 때, 중성자의 필요한 에너지(그리고 온도)는 얼마인가?

전략 드브로이 관계식을 이용하여 이 길이의 파장에 해당하는 운동량을 결정한다. 운동량으로부터 운동에너지를 계산하고 $K = \frac{3}{2}kT$에서 온도를 계산한다.

풀이 드브로이 파장 관계식을 이용하여 파장이 $\lambda = 0.060$ nm 일 때의 운동량을 구한다.

$$p = \frac{h}{\lambda} = \frac{6.63 \times 10^{-34}\ \mathrm{J \cdot s}}{0.060 \times 10^{-9}\ \mathrm{m}} = 1.1 \times 10^{-23}\ \mathrm{kg \cdot m/s}$$

운동에너지가 작다고 예상되므로, 비상대론적으로 운동에너지를 계산한다.

$$K = \frac{p^2}{2m} = \frac{(1.1 \times 10^{-23}\ \mathrm{kg \cdot m/s})^2}{2(1.67 \times 10^{-27}\ \mathrm{kg})} = 3.6 \times 10^{-20}\ \mathrm{J} = 0.23\ \mathrm{eV}$$

위 결과로 확실히 비상대론적임을 알 수 있다. 열평형상태의 온도는 $K = \frac{3}{2}kT$에서 결정할 수 있다.

$$T = \frac{2K}{3k} = \frac{2(3.6 \times 10^{-20}\ \mathrm{J})}{3(1.38 \times 10^{-23}\ \mathrm{J/K})} = 1740\ \mathrm{K}$$

이러한 에너지는 원자로에서 중성자를 열중성자화시킴으로써 쉽게 얻을 수 있다.

작은 동력체계

^{241}Am이나 ^{238}Pu 같은 알파입자를 방출하는 방사성 동위원소원은 심장박동기의 동력원으로 사용되어 왔다. 연기 검출기에는 알파입자원인 ^{241}Am이 전류발생기로 사용된다. 연기 입자로 인해 알파입자가 산란되면, 민감한 고체 소자로 흘러 들어가는 전류를 감소시켜서 경보가 울리게 된다.

1960년대 초부터 우주선은 방사성 동위원소 발전기(radioisotope generator, RTG)에 의해 동력을 공급받아 왔다. 이 장치들은 방사능에 의해 발생하는 열을 이용하여 열전쌍 회로의 전력을 생산한다. 약 24기의 미국 우주선이 RTG들을 이용했는데, 이 RTG들을 이용한 우주선들에는 아폴로, 파이어니어 10호와 11호, 바이킹 1호와 2호, 보이저 1호와 2호, 갈릴레오, 율리시스, 그리고 1977년에 쏘아 올려 2004년에 토성에 도착해서 환상적인 사진들을 보내온 카시니호가 있다. 현재 RTG 장치 한 개는 거의 300 W의 전력을 공급하며, 우주선마다 보통 한 개 이상을 장착하고 있다(카시니호에는 세 개). 과거 및 현재 작동 중인 모든 RTG들은 처음 설계할 때 목표했던 출력과 수명을 모두 초과 달성하고 있다. 보이저 1호와 2호는 모두 1977년에 쏘아 올렸는데, 이 우주선에 장착된 RTG들은 짧아도 2020년까지는 동작할 것으로 예상되어, 총 40년 이상 동작할 것으로 예상된다. 보이저 1호는 인간이 가장 먼 우주로 보낸 사자이다. 즉, 2019년의 끝 무렵에는 지구로부터 2.2×10^{10} km 떨어진 곳(태양과 지구 사이의 거리의 약 140배)에 가 있게 되며, 그 우주선에서 보낸 신호가 지구에 도착하는 데는 20시간이 걸린다. 미국은 1990년대부터 러시아에서 ^{239}Pu을 구입한 후에, 미래의 우주선 임무들을 위해 2013년에 ^{239}Pu의 생산을 다시 시작했다.

미국에서는 우주에서 사용될 작은 원자로에 대한 괄목할 만한 연구와 개발이 이루어졌다. 그러나 1994년에 계획을 끝낸 것을 마지막으로 더 이상의 연구와 개발을 하지 않았는데 그 이유는 우주 개발을 정당화할 수 있는 분명한 명분이 없었기 때문이다. 우주 원자로는 외계 행성 탐사를 포함하여 달의 유인 과학 전초 기지와 화성을 방문하는 우주 비행사에 사용될 수 있을 것이다. 우주 핵에너지는 언제나 큰 논쟁거리였다. 미국은 1965년에 오직 한 개의 원자로를 우주에 올린 반면에, 옛 소련은 거의 36개에 가까운 원자로를 우주에 올려놓았다고 보고되었다. 이 과정에서 몇 번의 깜짝 놀랄 만한 재난이 있었으며, 이들 중 가장 유명한 것은 1978년에 방사성 파편들을 캐나다의 북서쪽을 가로질러 흩뿌려 놓은 것이다.

새로운 원소

원자 번호가 $Z = 92$보다 큰, **초우라늄** 원소는 그 반감기가 짧기 때문에, 자연에서 발견되지 않는다. 그러나 과학자들은 원자로, 특히 가속기를 사용하여 $Z = 118$을 지나 26개의 새로운 원소를 만들 수 있었다. 우라늄보다 무거운 150개 이상의 새로운 동위원소가 발견되고 있다. 1940년에 버클리에서 넵투늄($Z = 93$)과 플루토늄($Z = 94$)을 발견했다. 글렌 시보그(1951년 노벨 화학상 수상)는 주기율표를 재분류하여 란탄족 계열 밑에 악티늄족 계열을 놓을 수 있었다. 핵화학자인 시보그는 그의 화학과 물리학 지식을 이용하여 $Z = 97$부터 103까지의 모든 원소의 성질을 예측하였다.

12.5절에서 핵의 껍질 모형을 언급하였다.1940년대 초에 핵물리학을 연구하던 몇몇 물리학자들은 원자에서의 전자 껍질과 유사하게 핵도 특별히 안정한 핵자 수를 가짐을 알아챘다. 중성자 및 양성자와 무관한 이 수들은 '마법수'라 불린다(2, 8, 20, 28, 50, 82, 126 핵자). 마리아 괴페르트 메이어(Maria Goeppert Mayer)와 한스 옌젠(J. Hans D. Jensen)은 껍질 모형에 대한 연구로, 다른 연구를 한 유진 위그너(Eugene Wigner)와 함께 1963년에 노벨 물리학상을 수상했다.

물리학자들은 추가적인 껍질 모형 계산을 통해, 중성자 184개를 가진 원자 번호가 110~120인 과중(super heavy) 원소는 특별히 수명이 길 수 있을 것이라고 생각하게 되었다. 특히, $Z = 114$이고 $N = 184$인 원소는 '이중 마법수'를 갖고 있다. 그림 13.22는 납이나 납보다 무거운 영역에서 알려진 핵들에 대한 그림을 보여 주고 있다. 물리학자들은 예견된 '안정성의 섬' 영역에 다가가고 있으며, 앞으로의 연구에 적합한 수명을 가진 과중 원소들을 만들 수 있을 것으로 기대하고 있다. 이 원소들은 특별히 흥미로운 물리적 및 화학적 특성을 가져야 한다.

Courtesy of Lawrence Berkeley National Laboratory

글렌 시보그(Glenn T. Seaborg, 1912~1999)가 1951년에 UC 버클리에서 새로 만든 초우라늄 원소를 화학적으로 분리하는 데 사용한 장치. 핵 화학자이며 연구와 공공분야 활동 둘 다에서 뛰어났던 시보그는 미국 원자 에너지 위원회의 회장을 역임했다.

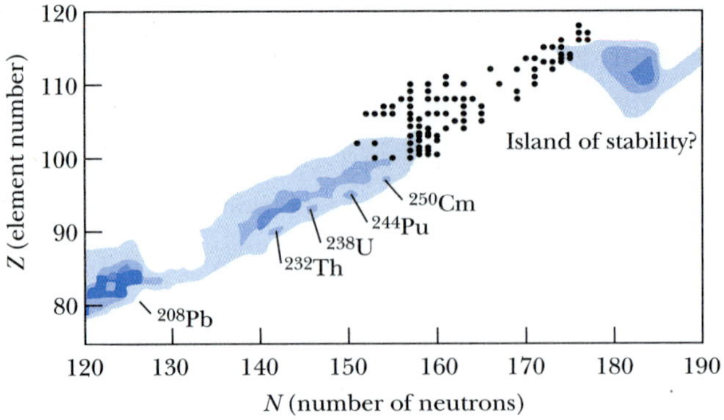

그림 13.22 납처럼 무겁거나 납보다 무거운 원소의 Z 번호(양성자의 수) 대 N의 그림. 파란색 음영 영역은 이미 알려졌거나 예측된 안정성의 준위를 가리킨다. N = 184와 Z = 114 근처에서 안정성의 섬이 예측되고 있음에 유의하자. 물리학자들은 예측된 안정성의 섬에 접근하는 원소들을 지난 수십 년간 꾸준히 발견해 오고 있다.(170대 중반의 점들을 보라.) 출처: *Science* **303**, 740 (2004)

1940년경에 시작되어, 로런스 버클리 국립 연구소(LBNL, 사이클로트론을 개발한 E. O. 로런스의 이름을 따옴)에서 수많은 새로운 원소들이 발견되었다. 이 원소들에는 아스타틴(Z = 85), 넵투늄(Z = 93), 플루토늄(Z = 94), 아메리큠(Z = 95), 퀴륨(Z = 96), 버클륨(Z = 97), 캘리포늄(Z = 98), 아인슈타이늄(Z = 99), 페르뮴(Z = 100), 멘델레븀(Z = 101), 로렌슘(Z = 103), 러더포듐(Z = 104), 더브늄(Z = 105), 시보귬(Z = 106)이 있다. 이 원소들은 1940~1974년 사이에, 주로 사이클로트론으로 가속시킨 입자들을 우라늄 과녁이나 사이클로트론 실험으로 생성된 초우라늄 과녁에 때리는 방식으로 발견하였다.

아메리큠(95)은 1944년에 버클리에서, 원자로 속의 플루토늄에 의한 연속적인 중성자 포획 반응을 통하여 발견하였다. 아인슈타이늄과 페르뮴은 1952년에 아르곤 국립연구소, 로스알라모스 국립연구소, LBNL의 공동 연구에 의해 발견되었는데, 태평양에서 행한 최초의 대형 수소폭탄 시험에서 나온 방사성 부스러기들로부터 찾아냈다. 폭발에서 생성된 페르뮴 동위원소는 우라늄에서의 17번의 연속 중성자 포획과 베타 붕괴를 거쳐 만들어졌다. 많은 과학자들이 다양한 실험에 관여했지만, 버클리의 글렌 시보그(Glenn Seaborg)와 앨버트 기오소(Albert Ghiorso)가 이러한 많은 발견을 이끈 리더들이다.

1960년대에, 러시아 두브나에 있는 합동 원자핵 연구소에서 입자 가속기 실험을 행하던 새로운 과학자 그룹도 103, 104, 105, 106 원소를 발견했다고 주장하였다. 발견의 우선권에 대한 논쟁으로 인해 새 원소들의 이름을 붙이는 데 오랜 시간 지연이 있었다. 일반적으로 국제 순수 및 응용 화학 연합(IUPAC)과 국제 순수 및 응용 물리 연합(IUPAP)은 원소 발견의 우선권을 결정하고 새 원소를 명명하는 책임과 권한을 가진 국제기구로 인식된다. 보통은 IUPAC이 최종적으로 승인한 원소에 대하여, 발견한 연구팀에서 명명하도록 IUPAC이 요청한다. 두 연구소의 노력이 1997년에서야 인정받게 되어, 결국 101번에서 106번까지의 원소들의 명명이 이루어졌다.

1957년에 스톡홀름 소재 노벨 물리연구소에서 연구하던 국제적인 연구팀은 탄소 이온에 퀴륨을 충돌시켜 노벨륨(102)을 발견했다고 주장하였다. 1958년에 버클리 그룹은 자신들이 이 결과를 재현할 수 없었다고 발표하였고, 두브나 그룹도 곧 버클리 그룹의 발표에 동조하였다. 결국 나중에 가서야 버클리와 두브나 그룹 모두 원소 102번의 발견을 인증할 수 있었다.

1980년에 시작되어, 독일 다름슈타트에 위치한 중이온 연구소의 피터 암브루스터(Peter Armbruster)가 이끄는 팀은 과중 원소들을 찾기 시작했다. 이 그룹은 과녁에 가속된 중이온들을 충돌시켜, 상당히 빠른 계승에 성공하였다. 그들은 1980년대 초반에 보륨(Z = 107), 하슘(Z = 108), 마이트너륨(Z = 109)을 발견하였다. 다음 원소는 이로부터 약 12년이 지난 1994년에 발견되었다. 버클리, 두브나, 다름슈타트의 세 연구소에서 가속 실험을 통한 110번 원소의 발견을 주장하였다. 결국 IUPAC-IUPAP는 2001년에 독일이 원소 110번을 발견한 것으로 인정하였고, 그 이름을 다름슈타튬(Z = 110)으로 승인하였다. 다름슈타트 그룹은 1990년대 중반에 뢴트게늄(Z = 111)과 코페르니슘(Z = 112)을 발견하였다.

과학자들은 물리학자들이 껍질 모형에서 예측하는 '마법수'의 섬의 영역으로 이동하였다. 이 영역에서는 N = 184이고, Z = 114, 120, 또는 126 근처인 어떤 특별히 안정한 핵종들이 존재할 수 있다. 2004년에 RIKEN에서 연구하던 일본 그룹은 2003년에 로런스 리버모어 국립연구소(LLNL) 및 두브나 그룹보다 우위에 올랐고, 2015년에 니호늄(Z = 113)에 대한 발견과 명명의 권리를 획득하였다. LLNL과 두브나 그룹도 2003년에 모스코븀(Z = 115)을 발견하였다. RIKEN과 미국-러시아 그룹은 가속기를 이용하여 초우라늄 과녁에 충돌시켰다. 유리 오가네시안(Yuri Oganessian)이 이끄는 두브나 그룹과 켄 무디(Ken Moody)가 이끄는 LLNL 그룹은 각각 1998년에 플레로븀(Z = 114)과, 2000년에 리버모륨(Z = 116)을 발견하였다. 이 그룹은 2002년에 오가네손(Z = 118)을 발견하였으나, 2006년이 되어서야 발표가 되었다. 이 동위원소는 지금까지 알려진 모든 원소들 중에서 가장 높은 원자 번호와 가장 높은 원자 질량을 갖는다. 이 물질의 중성자 수인 176은 가능한 마법수인 184에 근접하고 있다. 2010년에 두브나의 연구자들과 밴더빌트대학, 오크리지 국립연구소는 테네신(Z = 117)의 발견을 발표하였다. 이는 오크리지 국립연구소에서 만들어 낸 버클륨 과녁에 두브나의 ^{48}Ca 이온을 충돌시켜서 만들었다. 원소 118번(오가네손)은 주기율표상의 일곱 번째 행을 완성하였다(부록 4).

실험과학자들은 아직 중성자의 마법수인 N = 184에 도달할 수 없었고, 앞으로의 몇 년 동안은 안정성의 섬을 발견하기 위한 과학자들의 치열한 노력을 지켜보는 것이 흥미로운 일이 될 것이다.

$^{252}_{98}$Cf(캘리포늄)을 포함하여 어떤 동위원소는 고선속(high-flux) 원자로에서 특수한 응용에 일반적으로 사용될 수 있을 만큼 충분한 양이 생성된다. 1953년에 발견된, 반감기가 $t_{1/2}$ = 2.6 y인 ^{252}Cf는 알파입자 방출(97%)과 자발적 핵분열(3%)을 한다. 이 동위원소는 높은 자발 붕괴율 때문에 중성자원뿐만 아니라 핵분열 조각의 발생원으로 특히 유용하다. 이 동위원소는 악성 종양을 치료하는 데 아주 유용하다. 극히 적은 양의 ^{252}Cf를 종양 근처에 놓아두면, 이 동위원소가 종양을 둘러싸고 있는 인체 조직에 주는

손상은, 인체 외부에서부터 쪼이는 보통의 γ선 방사선 요법에 의한 손상과 비교하여 거의 미미하다. ^{252}Cf의 중성자원으로의 잠재적 이용처에는 알루미늄 항공기의 용접 검사, 운행 중인 항공기의 부식 검사, 유정의 암석 형성의 특성에 대한 기록(그림 13.21을 보라), 연료봉에 대한 세밀한 조사, 핵분열 폐기물 감시, 구리 및 니켈의 원광분석기, 석탄과 기름의 유황 성분 결정, 습도 탐지, 그리고 시멘트 분석 등이 있다.

요약 _Summary

1930년대의 가속기 건설은 물리학자들이 핵반응을 일으켜 핵력을 더 쉽게 연구할 수 있게 함으로써 그들에게 새로운 시대를 열어 주었다. 핵반응 $x + X \rightarrow y + Y$에서 나오는 에너지는 Q값이라고 부르며 이 값은 다음 식과 같이 원자 질량으로부터 구할 수 있다.

$$Q = (M_x + M_X - M_y - M_Y)c^2 \tag{13.7}$$

복합핵, 쿨롱 여기, 그리고 직접 반응은 여러 핵반응의 메커니즘 중에 포함된다. 원자핵은 복합핵 반응의 공명으로 나타나는 여기상태를 가지고 있다. 핵 상태의 수명 τ는 불확정성 원리에 의해 폭 Γ와 $\Gamma\tau \approx \hbar/2$와 같이 관련되어 있다.

무거운 원자핵은 증가하는 커다란 쿨롱 힘 때문에 두 조각으로 분열할 수 있다. 자발적 핵분열은 $Z^2/A \geq 49$인 핵에서 일어나고, 핵분열은 핵반응에 의해서 유도될 수 있다. 핵종 ^{235}U는 느린중성자를 흡수하여 핵분열을 한다. 핵분열에 의해 생성된 중성자가 다른 핵분열을 일으키므로 자력 연쇄 반응이 가능하다.

원자로는 특수한 목적에 따라 다른 방법으로 만들어질 수 있다. 증식 원자로는 이 원자로가 소비하는 연료보다 더 많은 핵분열 가능 연료를 만들어 낸다. 핵융합은 효과적인 에너지원이고, 수소의 동위원소 ^{2}H와 ^{3}H이 가장 유용한 것으로 생각된다. 태양의 에너지원이 핵융합에 의한 것임에도 불구하고 지구상에서는 아직까지 핵융합을 제어하지 못하고 있다.

핵 과학은 의학, 고고학, 예술, 범죄 탐지, 농업, 광업, 석유, 재료 연구와 생산, 산업, 그리고 소형 동력 체계 등에 풍부하게 응용된다. 안정성의 섬에 있는 과중 원소들에 대한 탐구를 위하여, 새로운 원소들을 발견하기 위한 탐구가 계속되고 있다.

질문 _Questions

1. 러더퍼드는 1920년 이전에 알파입자로 핵반응을 점화시킬 수 있었다. 왜 그는 양성자로는 핵반응을 점화시킬 수 없었는가?
2. 예제 13.2에서, $E_\alpha = 14.6$ MeV일 때 ^{12}C(α, n)^{15}O의 단면적이 ^{12}C(α, p)^{15}N의 단면적보다 많이 크다는 것을 알았다. 이것은 ^{16}O의 공명의 증거라고 믿어진다. 만일 이것이 공명이라면 왜 중성자와 양성자의 출구통로 모두가 강한 밀도로 생기지 않는가? 왜 이 차이는 출구통로의 양자수 때문이라고 결론지었는가? 출구통로의 쿨롱 장벽은 이러한 차이를 만들 수 있는가?
3. 핵의 여기상태의 수명이 여기에너지가 높으면 감소하는 이유는?
4. 왜 핵은 높은 여기에너지를 가질 때, 더 큰 여기상태의 밀도를 가지는가?
5. 중양성자와 알파입자는 모두 벗겨내기에 의한 직접 반응을 일으킬 수 있다. 어느 것이 더 효과적인가? 설명하라.
6. 초기의 운동에너지를 50 MeV로부터 감소시키며, 중성자에 의해 유도되는 반응과 양성자에 의해 유도되는 반응의 단면적의 변화에 대해 논의하라. 공명은 무시하라.
7. 어떻게 중성자의 지연 없이 연쇄 반응을 조절할 수 있는지에 대해 생각하라. 이것이 가능한가? 어려운 점은 무엇인가?
8. 핵분열 과정을 주의 깊게 생각하라. 대칭 분열이 가장 큰 확률을 가지지 않는 것이 이상하게 보이는가? 그림 13.8의 분포는 이치에 맞는가? 설명하라.
9. 왜 원자로에서 생성된 중성자를 감속시키는 것이 유용한가?

10. 이 장에서 중성자를 감속시키기 위한 모든 감속재는 가벼운 핵들이다. 왜 무거운 핵 대신 가벼운 핵들이 감속재로 사용되는가?

11. 왜 핵분열 연료는 한 덩어리로 놓지 않고 4 m의 긴 길이의 봉들로 평행하게 분리시켜 놓아야 하는가?

12. 다음 에너지원들의 에너지는 태양으로부터 어떻게 궁극적으로 전달되었는지 설명하라: 나무, 석탄 석유, 물, 바람.

13. 왜 핵융합이 진행됨에 따라 별의 온도는 증가하는가? 왜 탄소 순환에서 양성자-양성자 사슬보다 더 높은 온도가 요구되는가?

14. 아주 무거운 별에서는 그 별의 핵이 ^{56}Fe 근처의 핵들로 이루어질 때까지 핵융합 과정이 계속된다. 왜 이런 일이 일어나는지 설명하라.

15. 자기 핵융합 용기의 첫째 벽은 인류가 지금까지 설계한 것들 중에 가장 열악한 환경에 놓여 있다고 말한다. 이 말을 정당화시켜 보아라.

16. 중성자 활성 분석은 대전 입자 활성보다 더 널리 사용된다. 왜 이것이 사실이라고 가정하는가?

17. 원소 97부터 102까지의 원소의 이름의 기원을 스스로 설명하라. 즉, 누구 또는 무엇의 이름을 따서 명명했는가? 왜 그렇게 명명했는가?

18. 원소 103부터 108까지의 원소의 이름의 기원을 스스로 설명하라. 즉, 누구 또는 무엇의 이름을 따서 명명했는가? 왜 그렇게 명명했는가?

19. 원소 109부터 114까지의 원소의 이름의 기원을 스스로 설명하라. 즉, 누구 또는 무엇의 이름을 따서 명명했는가? 왜 그렇게 명명했는가?

20. 이 책에서는 언급하지 않은 새로운 원소는 얼마나 많이 발견되었는가?

21. 대학에서 사용되는 대부분의 원자로와 같이 작은 연구용 원자로는, 자주 수영장처럼 보이는 콘크리트 구조물 속에 넣는다. 물은 감속재로 작용한다. 그들은 자주 원자로 주위의 벽(수영장의 벽)을 푸른색으로 칠한다. 이 푸른색의 기원은 무엇인가? 힌트: *체렌코프 복사*(Cerenkov radiation)를 생각하자.

22. ^{90}Sr은 평범한 핵분열 조각이다. 왜 이 동위원소가 인간의 건강에 특별히 위험한가?

연습문제 _Problems

참고: 고급 문제는 문제 번호에 파란색 음영으로 표시하였다. 문제 풀이에 유용한 상수, 변환 인자, 상수들의 조합이 부록 7에 제시되어 있다.

13.1 핵반응

1. 다음 반응을 만족시키기 위한 정확한 핵종 x를 써라.

(a) $^{16}\mathrm{O}(d, x)^{14}\mathrm{N}$ (b) $^{7}\mathrm{Li}(x, n)^{7}\mathrm{Be}$

(c) $^{15}\mathrm{N}(\alpha, n)x$ (d) $x(d, p)^{77}\mathrm{Se}$

(e) $^{107}\mathrm{Ag}(^{3}\mathrm{He}, d)x$ (f) $^{162}\mathrm{Dy}(x, d)^{163}\mathrm{Ho}$

2. 연습문제 1의 각 문제에 대해 하나씩의 또 다른 가능한 출구통로를 써라.

3. 2.0 MeV의 중성자(핵분열에서 나오는 중성자의 전형적인 에너지)가 ^{238}U에 흡수되어 핵분열하는 단면적은 0.68 b이다. 두께가 3.2 cm인 순수한 ^{238}U 시료에 대해 2.0 MeV의 중성자가 핵분열을 일으킬 확률은 얼마인가?(우라늄의 밀도는 $\rho = 19\ \mathrm{g/cm^3}$이다.)

4. 출구통로가 $d + {}^{20}\mathrm{Ne}$을 생성할 수 있는 입구통로의 안정핵을 적어도 세 개 이상 써라.

5. 에너지가 10 eV인 중성자가 은($\rho = 10.5\ \mathrm{g/cm^3}$)에 포획될 때 단면적은 17 b이다. 중성자가 2 mm 두께의 은 층을 통과할 때 중성자가 포획될 확률은 얼마인가?

6. 예제 13.2에서 $^{12}\mathrm{C}(\alpha, p)^{15}\mathrm{N}$ 반응의 단면적을 측정하기 위해, 입체각이 3×10^{-3} sr인 검출기를 산란각 θ에 놓았다. 두께가 100 μg/cm^{2}인 ^{12}C 표적에 전류가 0.20 μA, 에너지가 14.6 MeV인 알파입자선을 한 시간 동안 입사시켰다. 만일 미분 산란 단면적이 0.25 mb/sr이라면 산란각 θ에서 얼마나 많은 양성자가 검출되는가?

7. ^{16}O 표적에 대한 다음 반응들에 대한 반응식을 쓰고 안정한 생성물을 열거하라. (a) (n, α), (b) (d, n), (c) (γ, p), (d) (α, p), (e) $(d, {}^{3}\mathrm{He})$, (f) $({}^{7}\mathrm{Li}, p)$

13.2 반응 운동학

8. 다음 반응에서 바닥상태의 Q 값을 구하라. 이 반응들은 흡열반응인가 발열반응인가? (a) $^{16}\mathrm{O}(d, \alpha)^{14}\mathrm{N}$, (b) $^{12}\mathrm{C}(^{12}\mathrm{C}, d)^{22}\mathrm{Na}$, (c) $^{23}\mathrm{Na}(p, {}^{12}\mathrm{C})^{12}\mathrm{C}$

9. 연습문제 8의 흡열반응에 대해 문턱 운동에너지를 계산하라.

10. 여기에너지가 9.63 MeV인 $^{16}\mathrm{O}^*$의 상태는 $\Gamma = 510$ keV

의 폭으로 퍼져 있다. 이것은 그림 13.6에서 교차 무늬로 표시되었다. 이 그림에서 $^{12}C(\alpha, \alpha)^{12}C$ 및 $^{12}C(\alpha, \gamma)^{16}O$의 이 상태에 대한 여기함수는 퍼진 피크로 보였다. (a) 실험실 계에서 충돌 에너지 K_α가 얼마일 때 공명이 관측되는가?(실제의 피크는 간섭 효과 때문에 약간 편향되어 있다.) (b) 여기상태의 대략의 수명을 구하라.

11. 5.5 MeV의 알파입자에 의해 어떤 핵반응이 점화되었다. 생성된 입자들의 운동에너지들은 1.1 MeV와 8.4 MeV로 측정되었다. (a) 이 반응에서 Q 값은 얼마인가? (b) 정확히 같은 반응이 10 MeV의 알파입자에 의해 점화되었다면 이때의 Q 값은 얼마인가?(방출되는 에너지는 바뀔 것이다.)

12. $^{20}Ne(\alpha, {}^{12}C)^{12}C$ 반응에 대한 Q 값과 문턱에너지를 구하라. 실험실 계에서 알파입자의 초기 운동에너지가 45 MeV라면, ^{12}C 핵들의 운동에너지의 합은 얼마인가?

13. 식 (13.10)에서 비상대론적 문턱에너지를 계산했다. 반응 $A(a, b)B$에 대해 상대론적 문턱에너지는 다음과 같음을 보여라.

$$K_{\text{th}} = -\frac{Q(m_a + m_A + m_b + m_B)}{2m_A}$$

14. 느린중성자가 ^{10}B에 흡수되어 $^{10}B(n, \gamma)^{11}B$ 반응을 한다. γ선의 에너지는 얼마인가?

15. PuBe원에서 플루토늄은 에너지가 4.61 MeV인 알파입자를 방출한다. 이 알파입자들은 베릴륨과 상호작용하여 $^{9}Be(\alpha, n)^{12}C$와 같이 반응한다. 반응 생성물의 운동에너지는 얼마인가?

16. 다음 반응에 대한 바닥상태의 Q 값과 문턱 운동에너지를 구하라. (a) $^{16}O(\alpha, p)^{19}F$, (b) $^{12}C(d, {}^{3}He)^{11}B$

17. 중성자의 선속이 1.0×10^{18} neutrons/m^2·s인 원자로의 속에 있는 ^{59}Co의 중성자 활성화로 ^{60}Co이 생성된다. 반응 단면적은 20 b이고 ^{59}Co 시료의 질량은 40 mg이다. (a) 만일 ^{59}Co를 원자로 속에 일주일 간 놓아두면, 얼마나 많은 ^{60}Co 핵이 생성되는가? (b) ^{60}Co의 방사능은 얼마가 되는가?(코발트의 밀도는 $\rho = 8.9$ g/cm^{3}이다.) (c) 의료용으로 사용되는 방사능이 1.0×10^{14} Bq인 ^{60}Co을 생산하는 과정을 설명하라.

13.3 반응 메커니즘

18. 그림 13.4에 묘사한 표적 핵 X가 정지해 있을 때의 반응 $X(x, y)Y$를 생각해 보자. 질량 중심의 에너지는

$$K_{\text{cm}} = \frac{1}{2}(M_x + M_X)v_{\text{cm}}^2$$

으로 주어진다. 여기서 v_{cm}은 식 (13.8)에 주어진 질량 중심의 속도이다. 질량 중심 계에서의 에너지는

$$K'_{\text{cm}} = K_{\text{lab}} - K_{\text{cm}} = \frac{M_X}{M_x + M_X}K_{\text{lab}}$$

와 같은 식으로 주어짐을 보여라. 여기서 $K_{\text{lab}} = M_x v_x^2/2$이다.

19. 공기 중에서 6.7 MeV의 알파입자가 $^{14}N(\alpha, p)^{17}O$ 반응을 점화시켰다. 복합핵 ^{18}F의 여기에너지는 얼마인가?

20. 14 MeV의 중성자가 ^{208}Pb에 포획되었다. (a) 생성된 ^{209}Pb의 여기에너지는 얼마인가? (b) 이와 같이 높게 들뜬 ^{209}Pb 핵이 어떻게 붕괴할 것이라고 기대하는가?

21. 예제 13.3에서, 알파입자가 $^{14}N(\alpha, p)^{17}O$ 반응을 일으키기 위해서 넘어야 할 쿨롱 장벽을 계산하라. (b) 이 반응에서 전방 산란되는(산란각은 $\theta = 180°$) 양성자의 운동에너지를 계산하라. (c) 양성자의 에너지는 양성자가 핵 밖으로 터널링하기에 충분한가?

22. ^{17}Ne의 바닥상태는 불안정하고 이 핵의 반감기는 109 ms로 측정되었다. (a) 이 바닥상태의 에너지 폭은 얼마인가? (b) 두 가지 가능한 붕괴 과정을 써라.

23. ^{17}F의 첫째 여기상태의 에너지는 0.495 MeV이다. p + ^{16}O이 이 상태를 만들 수 있는가? 답에 대한 이유를 설명하라.

24. ^{239}Pu가 열중성자를 흡수해서 변환된 핵이 감마선을 방출하고 바닥상태가 되었다. (a) 감마선의 에너지는 얼마인가? (b) 정지상태의 ^{239}Pu가 1.0 MeV의 중성자를 흡수할 때의 감마선의 에너지는 얼마인가?

25. 중양성자와 알파입자를 입사시켜 직접 반응의 마지막 단계에서 ^{22}Ne를 생성하는 핵반응을 아는 대로 나열하라.

13.4 핵분열

26. 다음과 같이 ^{239}Pu가 열중성자를 흡수한 후, 붕괴할 때 나오는 에너지를 구하라.

$$n + {}^{239}_{94}\text{Pu} \rightarrow {}^{240}_{94}\text{Pu}^* \rightarrow {}^{95}_{40}\text{Zr} + {}^{142}_{54}\text{Xe} + 3n$$

27. 셰일 시료에 중량비 0.055%의 ^{238}U이 함유되어 있다. 10^6 kg의 셰일 덩어리에서 1일 동안에 이루어지는 자발적인 붕괴의 수를 (a) ^{238}U의 질량, (b) ^{238}U 원자의 수, (c) 붕괴 방사능, 그리고 마지막으로 (d) 붕괴의 수를 결정하는 순서로 계산하라. ^{238}U의 자발 붕괴율은 6.7 붕괴/kg·s이다.

28. 오늘날의 ^{235}U와 ^{238}U의 백분율 존재비가 0.72%와 99.3%일 때, 20억 년 전의 ^{235}U와 ^{238}U의 존재비를 백분율로 구하라. ^{235}U의 존재비가 더 크면, 아마도 자연 원자

로가 허용될 것이다. 왜 오늘날에는 그와 같은 반응이 일어나지 않는지 설명하라.

29. 그림 13.8의 정보를 이용하여 ^{236}U의 핵분열 생성물에 대한 일반적인 핵분열 조각의 쌍을 적어도 세 개 이상 써라.(즉, ^{235}U가 중성자를 흡수하면 불안정한 핵이 나타나고 이 핵이 분열한다.)

13.5 핵분열 원자로

30. 출력 1250 MWe 수준의 핵분열 원자로가 가동되고 있다. 이 원자로에서 나오는 모든 에너지가, ^{235}U가 중성자를 흡수해서 분열할 때 나오는 (평균) 200 MeV의 에너지에서 기인한다고 가정하자. 하루에 요구되는 ^{235}U의 질량은 얼마인가?(실제로는 에너지 변환율은 100%가 안 되고, 연료 셀 속의 모든 ^{235}U가 사용되는 것도 아니다.)

31. ^{235}U 1.0 kg이 분열할 때 나오는 에너지를 kW 단위로 계산하라. 이 에너지를 석탄 1.0 kg이 연소할 때 나오는 에너지와 비교하라. 표 13.1에 석탄이 연소할 때 나오는 열이 주어져 있다.

32. 앨런 라이트먼(Alan Lightman)은 그의 저서「Great Ideas in Physics」에서 미국의 대도시에서 하루 동안 필요한 에너지(전기를 제외한 모든 에너지)는 골프공의 질량 100%를 에너지로 전환했을 때의 에너지와 대략 같다고 산출했다. 그가 산출한 값이 10배의 범위 내에서 유효한지를 알아보라.

33. 2017년의 한 조사에 의하면, 알려진 전 세계 석유 매장량은 2.7×10^{11} m^{3}이다. 표 13.1의 데이터를 이용하여 다음 질문에 답하라. (a) 이 석유에서 생산될 수 있는 에너지는 얼마인가? (b) 세상에서 석유가 유일한 에너지원이라면, 이 석유로 세계에 얼마 동안 에너지를 공급할 수 있는가? 세계의 연간 에너지 소비량은 500 EJ(5.0×10^{20} J)로 가정하라. (c) (a)에서 계산한 에너지와 같은 양의 에너지를 원자로에서 생산하기 위해 요구되는 우라늄의 양을 구하라.

13.6 핵융합

34. 온도 T에서 그들의 주위와 열평형상태에 있는 중성자들을 열중성자라고 부르며 열중성자의 에너지는 $\frac{3}{2}kT$이다. (a) 실온(300 K)에서의 열중성자의 에너지를 구하라. (b) 태양(15×10^6 K)에서의 열중성자의 에너지를 구하라.

35. 탄소 순환의 각 반응에 대한 Q 값들을 구하고 이 반응에서 나온 전반적인 에너지는 양성자-양성자 연쇄 반응에서 나온 에너지(26.7 MeV)와 같음을 보여라.

36. 질량이 5부터 8 사이에서는 안정핵이 없기 때문에 ^{4}He보다 무거운 질량의 생성물에는 병목현상이 있다. 고밀도와 높은 온도($T >$ 100억 K)의 오래된 별에서는 알파입자 세 개가 ^{12}C를 형성할 수 있다. 이것은 알파입자 두 개가 ^{8}Be을 형성한 후, ^{8}Be이 다시 두 개의 알파입자로 붕괴하기 전에 ^{8}Be이 또 한 개의 알파입자와 반응하여 ^{12}C를 형성하는 과정으로 일어난다. (a) 이 현상은 왜 매우 뜨거운 고밀도의 별에서 일어나는지를 설명하라. (b) 알파입자 세 개가 ^{12}C를 형성할 때, 얼마의 에너지가 나오는지 계산하라.

37. 알파입자 세 개가 ^{12}C를 형성하는 과정(연습문제 36 참조)에 이어서 더 무거운 질량의 핵종을 형성할 수 있는 다양한 핵반응이 있다. 이 반응들 중 $^{16}\text{O} + {}^{16}\text{O} \to {}^{32}\text{S} + \gamma$ 반응은 온도가 30억 K보다 높아야 한다. (a) 왜 온도가 이렇게 높아야 하는가? (b) 이 핵반응에서 나오는 에너지를 계산하라. 철 영역의 핵들이 형성될 때 이와 같은 핵반응이 일어난다.

38. $^{28}\text{Si} + {}^{28}\text{Si} \to {}^{56}\text{Ni} + \gamma$는 무거운 별에서 규소가 연소하여 일으키는 핵융합 반응 중의 하나이다. 이 반응은 어떻게 핵융합이 최종적으로 철/니켈 영역의 안정핵에 다다르게 되는가를 보여 준다. 이것은 별의 생명의 끝을 향한 전조이기도 하며, 만일 별의 질량이 충분하다면 초신성으로 이끌 수도 있다. (a) 이 반응의 점화에 필요한 온도를 계산하라. (b) 이 반응에서 얼마의 에너지가 나오는가?

39. $^{12}\text{C} + {}^{12}\text{C} \to {}^{24}\text{Mg} + \gamma$는 무거운 별에서 탄소가 연소하여 일으키는 핵융합 반응 중의 하나이다. (a) 이 반응의 점화에 필요한 온도를 계산하라. (b) 이 반응에서 얼마의 에너지가 나오는가?

40. 지표면의 2/3가 깊이 3 km의 물로 덮여 있다고 가정할 때 중수소의 존재량을 계산하라.(전체 수소의 0.015%가 ^{2}H이다.) 핵반응식 (13.22)를 이용하여 핵융합 반응으로부터 얻을 수 있는 에너지를 계산하라.

41. 핵융합 반응에서 점화 온도는 온도와 운동에너지 모두와 관련되어 있다. (a) 왜 이렇게 관련되어 있는지 설명하라. (b) 온도가 얼마일 때 에너지가 6.0 keV가 되는가?

42. 다음 반응들은 핵융합 반응에 필요한 에너지를 생산하는 데 유용하다. 이 반응들의 Q 값을 구하라: $^4\text{He}(^3\text{He}, \gamma)^7\text{Be}$, $^2\text{H}(d, p)^3\text{H}$, $^2\text{H}(p, \gamma)^3\text{He}$, $^{12}\text{C}(p, \gamma)^{13}\text{N}$, $^3\text{He}(^3\text{He}, pp)^4\text{He}$, $^7\text{Li}(p, \alpha)^4\text{He}$, $^3\text{H}(d, n)^4\text{He}$, $^3\text{He}(d, p)^4\text{He}$.

43. CNO 순환의 첫 번째 반응이 일어나기 위해서는 주위가 얼마나 뜨거워야 하는가를 결정하라.(힌트: 우선 양성자와 쿨롱 장벽에 대한 문턱 운동에너지를 결정하라. 운동에너지를 구한 후에 온도를 결정하라.)

44. $3\alpha \rightarrow {}^{12}C$(즉, 알파입자 세 개가 반응하여 ^{12}C를 형성함) 반응은 별에서 수소가 연소하여 헬륨이 된 후, 에너지를 생산할 가능성이 있는 반응 중의 하나이다. 이 과정에서 얼마의 에너지가 나오는가?

45. 열중성자(300 K)의 (a) 에너지, (b) 속력, (c) 드브로이 파장을 구하라.

13.7 특수 응용

46. 자동차 엔진의 마모도를 측정하기 위해 강철 압축 고리를 원자로에 넣었다. 이 고리에는 원자로에서 중성자 활성에 의해 $^{59}Fe(t_{1/2} = 44.5$일, $\beta^-)$가 생성된다. 이 고리를 엔진에 장착했을 때의 방사능은 4.0×10^5 Bq이었다. 다음 60일 동안 자동차를 테스트 도로에서 100,000 km 운행한 후 엔진에서 뽑아낸 엔진오일의 방사능을 측정해 보니 512 β^-/min이었다. 이 시험 기간 동안 고리는 얼마나 닳아 없어졌는가?

47. (a) 왜 ^{99m}Tc 발생기는 일주일에 한 번씩 병원으로 선적해야 하는가? (b) 10^{11} Bq인 ^{99m}Tc 발생기 원은 이것이 생산된 9일 후에 얼마의 방사능을 가지는가? (c) 이것이 도착한 월요일 아침의 어떤 시간의 방사능이 0.9×10^{11} Bq이었다면 출근하여 일을 하는 마지막 요일인 금요일 아침의 같은 시간의 방사능은 얼마인가?

48. LA 경찰청에서 화약에 조금 남아 있는 잔여 바륨을 찾기 위해 중성자 활성을 사용하고자 한다. 의심되는 잔여물을 원자로에 넣어서, 잔유물이 중성자 선속에 의해 활성화되었다. 천연 바륨에는 71.7%의 ^{138}Ba이 포함되어 있다. $^{138}Ba(n, \gamma)^{139}Ba$ 반응에서는 β^-를 방출하는 ^{139}Ba가 생성된다. ^{139}Ba의 반감기는 83.1분이다. ^{139}Ba가 베타 붕괴를 하여 ^{139}La가 될 때 72%는 바닥상태로 가고 27%는 에너지가 0.166 MeV인 첫째 여기상태로 간다. 과학자들은 바륨의 존재를 긍정적으로 증명하기 위해서는 잔여물을 원자로에서 꺼내고 30분이 지난 후에, 166 keV의 γ선(바닥상태로 붕괴할 때)의 방사능은 적어도 1000 Bq 이상 되어야 한다고 생각한다. (a) 활성화가 끝났을 때, 몇 개의 ^{139}Ba 핵이 있어야 하는가?(최초의 여기상태로의 붕괴와 그 상태로 붕괴한 양을 기억하자.) (b) ^{139}Ba 몇 그램이 생성되어야 하는가? 최초의 바륨의 양이 0.01 μg이었다면 활성화된 ^{138}Ba의 양은 얼마인가?

49. 연기 경보기에 5.0×10^5 Bq ^{241}Am 알파입자원이 사용된다. 연기 경보장치는 붕괴되어 나오는 알파입자의 15%를 검출하도록 조정되어 있다. (a) 검출되는 전류는 얼마인가? (b) 인입된 연기가 알파입자의 강도를 10% 변하게 한다면 경보기를 울리기 위한 전자 회로의 감도는 얼마가 되어야 하는가?

50. 우주선의 동력원이 5.3 MeV의 알파입자를 방출하는 반감기가 $t_{1/2} = 138$일인 ^{210}Po으로 구성되어 있다고 가정하자. (a) 초기에 5.0 kW를 생산하려면 동력원에는 몇 kg의 ^{210}Po이 있어야 하는가? (b) 동력원이 2년 후에 우주에서 7.0 kW를 생산하려면 몇 kg의 ^{210}Po이 있어야 하는가?

51. 병원에 암 치료용 3.0×10^{14} Bq ^{60}Co 방사선원을 보유하고 있다. 이 방사선원으로부터 4.0 m 떨어진 환자의 환부 0.30 m^2에 조사되는 γ선의 방사능을 구하라. ^{60}Co은 분열할 때 1.1 MeV와 1.3 MeV의 γ선을 방출한다.

52. 중성자로 ^{238}U 핵의 지름을 측정하는 경우로, 예제 13.9를 다시 다루어 보자. 원자로에서 나온 중성자를 여기에 사용할 수 있는가? 설명하라.

53. 10.0 kg의 ^{239}Pu 시료의 α붕괴로부터 전력을 생산한다고 가정하자. 전력을 생산하는 장치의 효율이 60%라면 생산할 수 있는 전력은 얼마인가?

54. Z = 113, 114, 115, 116, 117, 118인 원소들은 2011년까지 실험적으로 관측되었으나, IUPAC에 의해 공식적으로 명명되지 않았다. (a) 이 원소들의 이름을 열거하라. (b) 그 원소들의 명명과 관련한 쟁점들은 무엇인가? (c) 언제 IUPAC이 그 이름들을 공인했는가?

55. 플라그 형성에 의해 폐색된 동맥을 열기 위해 부풀린 카테터가 풍선 혈관 성형술에 사용된다. 스텐트는 동맥벽을 받치도록 동맥 내에 설치된다. 동맥이 다시 막히는 것[재협착(restenosis)이라고 한다]을 억제하기 위해, 스텐트와 함께 방사성 동위원소를 사용한다. 미국에서는 매년 약 50만 명의 환자들이 혈관 내의 치료를 받는다. (a) 이 과정의 동위원소 사용에 대한 현재의 상황에 대해 탐구하라. 미국에서 동위원소를 사용하는 환자의 수는 매년 얼마인가? (b) 어느 동위원소가 주로 사용되는가? 그 동위원소들은 베타 또는 감마선 방출 동위원소인가? 왜 어떤 것을 다른 것보다 더 선호하는가?

일반적인 문제

56. 원자로의 우라늄에 대한 열중성자의 유효 단면적은 235와 238 동위원소 존재에 대한 단면적의 가중 평균이다. ^{238}U에 대한 열중성자 단면적은 0이고, ^{235}U에 대한 단면적은 580 b이다. 원자로에 들어가 있는 (a) 천연 우라늄과 (b) 2.0%의 ^{235}U로 농축된 우라늄에 대한 열중성자의 단면적을 구하라.

57. 열중성자가 ^{235}U 핵 속에서 핵분열을 하게 한다. ^{132}Sn는 핵분열 생성물 중 하나이고, 또 중성자 세 개가 나온다. (a) 완전한 핵반응 식을 써라. (b) 에너지는 얼마나 나오는가?

58. 다음을 비교하라: (a) 수소 원자 1 kg의 총 원자 결합 에너지, (b) 중수소 1 kg의 총 핵 결합 에너지, (c) 0.5 kg의 양성자와 0.5 kg의 반양성자의 쌍소멸 에너지. (d) (a)~(c)에서 계산한 에너지를 상대적인 10의 배수로 설명하라.

59. 핵반응에 수반된 미지 질량의 입자의 정밀한 운동에너지를 측정하고, 알려진 원자 질량을 사용하면 미지 질량의 원자 질량을 결정할 수 있다. ^{34}Si의 질량은 100 MeV의 ^{18}O 입자들에 의해 발화된 ^{30}Si(^{18}O, ^{14}O)^{34}Si 반응에 의해 결정되었다. 이 반응에서 나오는 입자들의 에너지는 86.63 MeV인데, 이 에너지는 ^{14}O의 에너지와 운동량과 에너지 보존 법칙을 이용하여 결정할 수 있다. (a) 이 반응에서 Q 값은 얼마인가? (b) 이 반응에 관련된 나머지 세 입자의 질량을 알고 있다고 가정할 때(부록 5를 보라), ^{34}Si의 질량은 얼마인가?

60. ^{90}Sr은 핵분열에서 생성되는 생성물 중 가장 맹독성 생성물 중의 하나이다. ^{235}U 원자폭탄의 핵분열 조각 중 4%가 ^{90}Sr이라고 가정하자. 황량한 별에서 각 100 kg의 ^{235}U의 핵분열에 해당하는 핵폭탄 1000개를 주고받으며 폭발시켰다. (a) ^{90}Sr 원자 몇 개가 방출되었는가? (b) ^{90}Sr이 지름이 12,000 km인 별 위로 균일하게 퍼졌다면, m^{2}당 방사능은 얼마인가? ^{90}Sr의 반감기는 28.8년이다.

61. 제어 열핵원자로 내의 온도가 2.0×10^8 K라고 가정하자. (a) 이 온도에서 중수소의 최빈 에너지를 구하라. (b) 9장의 맥스웰·볼츠만 분포를 이용하여 최빈 에너지의 두 배, 다섯 배, 열 배의 에너지를 가지는 중수소의 백분율을 구하라.

62. PuBe 방사능 원은 중성자 방사능 1.6×10^5 Bq을 가진다. 유효 단면적이 90 mb이고 두께가 3.2 cm인 PuBe 방사능 원에서 ^{9}Be(α, n)^{12}C 반응에 의해 중성자가 생성된다. (a) 입사 알파입자가 ^{9}Be 핵과 반응할 확률은 얼마인가? (b) ^{9}Be 위로 입사하는 알파입자의 율은?(^{9}Be의 옆으로도 지나갈 수 있다.) (c) 알파입자를 생성하는 ^{239}Pu의 질량의 합은 얼마가 되어야만 하는가?

63. 질량이 65 kg인 전형적인 사람은 체내에 질량의 비로 0.35%의 칼륨을 포함하고 있다. 그 칼륨 중 0.012%가 ^{40}K인데, 이 ^{40}K은 β^-(89.3%)와 전자포획(10.7%)을 통해 붕괴하는 반감기가 $t_{1/2} = 1.28 \times 10^9$년인 불안정한 핵이다. 전형적인 사람의 인체의 β^- 붕괴에 의한 ^{40}K의 방사능은 얼마인가?

64. 핵분열 폭탄 무기에서 나오는 에너지는 같은 양의 에너지를 생산하는 1킬로톤의 TNT의 단위로 측정된다(1킬로톤 TNT = 4.2×10^{12} J). 어떤 폭탄이 15킬로톤의 TNT에 해당한다고 가정하고, 한 개의 분열에서 200 MeV의 에너지가 나온다고 가정하자. 이 폭탄에 포함된 ^{235}U의 최소 질량은 얼마인가?

65. ^{238}U은 매 초당 그리고 존재하는 우라늄의 매 kg당 6.7회 붕괴율로 자발적 핵분열을 한다. ^{238}U 핵들은 알파 붕괴를 한다. 자발적 핵분열에 의해 붕괴가 일어날 확률은 얼마인가?

66. 앨버트 기오소(Albert Ghiorso, 1915~2010)는 캘리포니아에서 태어났고, 1937년 UC 버클리 전기공학과에서 석사 학위를 취득하였다. 그는 UC 버클리의 로런스 복사 연구소에서, 주로 글렌 시보그(Glenn Seaborg)와 함께 12종 원소를 발견 및 공동 발견하였다. 그가 발견한 원소들의 이름과 발견한 장소, 그리고 발견과 관련한 재미있는 일화들을 찾아보라.

14 CHAPTER

입자물리학

Particle Physics

내가 이 모든 입자의 이름을 기억할 수 있다면 나는 식물학자가 되었을 것이다.

엔리코 페르미

나는 끔찍한 일을 했다: 나는 검출될 수 없는 입자가 있다고 가정했다.

볼프강 파울리(중성미자의 존재를 가정한 후에)

우리는 12장에서 아원자 물리학에 관한 공부를 시작해서, 12장과 13장에서 핵을 공부했다. 이제 좀 더 깊이 들어가고자 하는데, 과학의 주요 목표가 다음과 같은 기본 질문에 대답하는 것이기 때문이다: 물질의 기본 구성요소는 무엇인가? 핵 안에는 무엇이 있는가? 물질이 서로 붙어 있게 하는 힘은 무엇인가? 우주는 어떻게 시작되었는가? 우주는 끝나는가? 그렇다면 언제 어떻게 끝나는가? 우리는 이 장에서 물리학의 지식, 개념과 법칙들을 사용하여 이러한 질문들 대다수에 대한 답을 구하기 위해 노력한다.

고대 그리스 철학자들, 그중에서도 아리스토텔레스(Aristotle)는 사물이 흙, 불, 바람, 물로 이루어져 있다고 가정했다. 데모크리토스(Democritus)는 더 이상 쪼개질 수 없는 물체를 가리키는 그리스 말 *아토모스*(atomos)로부터 *원자*(atom)라는 말을 만들었다. 그래서 원자는 가장 작고 더 이상 나눌 수 없는 물질의 단위를 의미했다. 이 책에서 물질이 분자와 원자들로 이루어져 있고 전자기력이 원자들을 모아 붙드는 힘이라는 것을 보였다. 더 작은 수준에서는 원자는 전자와 핵으로 이루어져 있다. 전자기력은 전자가 핵에 끌리도록 하는 힘이고, 강력(강한 핵력)이 핵 안에서 중성자와 양성자를 모아 붙드는 힘이다. 기본 입자의 개념은 시대에 따라 달라져 왔다. 입자물리학에서 기본 입자란 알려진 내부 구조를 갖지 않는 것, 즉 그 입자가 더 작은 입자들로 이루어져 있지 않다는 것을 말한다. 1930년대와 1940년대에 '기본 입자'로 알려졌던 중성자와 양성자 같은 입자들은 보통 '입자'가 되었다. 이 입자 중 일부는 우리가 물질이나 물질을 결합하는 힘을 이해하는 데 아주 중요하다. 이 장에서 중성자나 양성자는 *쿼크*라고 불리는 좀 더 기본적인 입자로 이루어져 있음을 알게 된다. 비록 쿼크를 핵 밖에서 관측할 수는 없지만 실험 데이터를 설명하기 위해서 쿼크들은 존재해야만 한다고 믿어진다. 물질을 더욱더 작은 단위로 나누는 일은 어디까지 계속될까?(그림 14.1을 보라.)

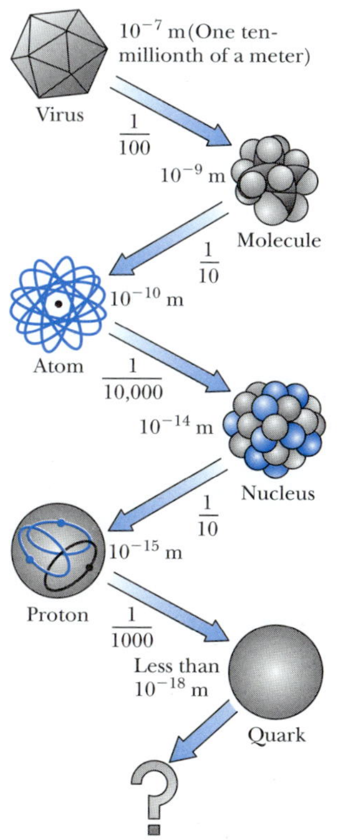

그림 14.1 물질의 구조는 바이러스에서 시작하여 쿼크 혹은 그 아래의 무엇까지 점점 더 작은 실체로 나뉠 수 있다. 출처: Universities Research Association

이 장에서, 엄청난 규모의 가장 오래된 과학인 천문학과 아주 작은 규모에서 물질을 연구하는 입자물리학이 서로 연결되어 있다는 것을 알게 된다. 어떻게 우주가 시작했고 어떻게 종말을 맞을 것인가의 문제는 사실 기본 입자물리학의 신비에 감추어져 있다. 입자물리학과 우주론은 이제 상당 부분 중첩되고 둘 다 아마도 과학의 가장 큰 신비라고 할 만한 암흑 에너지와 암흑 물질에 관련되어 있다. 암흑 물질은 은하와 은하단의 운동을 설명하는 데 필요한 알려지지 않은 질량이다. 암흑 에너지는 우주의 가속 팽창을 만든다. 신비는 깊고 심오하지만, 답을 발견하면 큰 만족을 얻게 된다. 이 주제는 복잡하고 상대론, 양자역학, 전기역학과 중력을 함께 엮는 것을 요구하지만, 이 책에서 입자물리학의 흥분과 맛을 일부나마 전달할 수 있었으면 한다. 이 장의 끝 절에서 물리학자들, 특히 핵물리학자 및 입자물리학자들이 사용하는 가속기들에 대해 논의한다.

14.1 초기의 발견들

1930년에 알려져 있던 기본 입자들은 양성자, 전자와 광자였다. 톰슨(Thomson)은 1897년에 전자를 발견했고, 아인슈타인(Einstein)의 광전 효과에 관한 연구는 1905년에 (처음에는 *양자*라고 불렸던) 광자를 정의했다고 말할 수 있다. 양성자는 수소 원자의 핵이다. 20세기의 처음 수십 년간 물리학이 빠른 속도로 발전했음에도 불구하고, 그다음 기본 입자가 발견된 것은 채드윅(Chadwick)이 중성자의 존재를 증명하고 칼 앤더슨(Carl Anderson)이 우주선에서 양전자를 발견한 1932년이 되어서였다.

양전자

영국의 이론물리학자인 폴 디랙(Paul A. M. Dirac, 1902~1984)은 전기공학 학사와 수학 박사 학위를 받았다.(9장에 있는 디랙의 사진과 간략한 전기를 보라.) 그는 훈련받은 것과 자연에 대한 빛나는 통찰력 덕택에 물리학에 많은 기여를 하였다. 디랙은 양자역학을 자신만의 일반적인 형식으로 기술했을 뿐 아니라, 하이젠베르크(Heisenberg)의 행렬 역학과 슈뢰딩거(Schrödinger)의 파동 역학이 자기의 일반 이론의 특별한 경우임을 보였다. 디랙은 또한 '원격 작용'의 개념을 일반화하였다. 중력과 전자기학을 논의할 때 외부장 안에 있는 물체에 작용하는 힘을 이해하는 데 장의 개념이 유용하다. 디랙은 **양자전기역학**(quantum electrodynamics, QED)의 초기 형태를 만들었는데 거기서는 광자의 흡수와 방출이 복사장 자체의 양자 과정이다. 그의 양자전기역학은 나중에 리처드 파인먼(Richard Feynman), 줄리언 슈윙거(Julian Schwinger)와 도모나가 신이치로(Tomonaga Sin-Itiro)가 일반화하여, 오늘날 가장 정확하게 검증된 물리학 이론이 되었다. 이 공로로 파인먼, 슈윙거, 도모나가는 1965년 노벨 물리학상을 받았다.

양자전기역학

아마도 디랙의 가장 큰 성공은 1928년의 전자의 상대론일 것인데, 이 업적으로 그는 1933년에 노벨 물리학상을 받았다. 디랙이 그의 상당한 수학적 역량으로 양자역학과 상대론을 결합했을 때, 그는 자신의 파동 방정식이 양의 에너지 풀이뿐만 아니라 음의 에너지 풀이를 갖는 것을 알았다. 그의 이론에서 진공은 음의 에너지를 갖는 전자들의 무한한 바다로 차 있다고 해석할 수 있다. 이 바다에 충분한 에너지를 가하면 전자가 양의 에너지를 갖고 튀어나오면서 e^+로 표기되는 *양전자*라는 구멍을 남기게 된다. 구멍이 양전자

칼 앤더슨(Carl D. Anderson, 1905~1991)은 뉴욕시에서 태어나 캘리포니아 공과대학에서 공부했다(1927년 학사, 1930년 박사). 그는 1930년에 대학원 지도 교수인 로버트 밀리컨(Robert Millikan)과 함께 우주선 연구를 시작하여, 1932년에 양전자를 발견하고 그 공로로 1936년 노벨 물리학상을 받았다. 앤더슨은 1936년에 뮤온도 발견했고, 전 생애를 캘리포니아 공과대학에서 보냈다.

대신 양공으로 나타나는 반도체와의 유사점을 유의하라. 디랙의 이론과 다른 과학자들이 더 정교하게 만든 이론들은 **반입자**(antiparticle)가 존재한다는 가능성을 열었는데, 반입자는 그에 대응하는 입자와 질량과 수명은 같지만, 전하와 여러 양자수 등의 물리량은 반대 부호를 갖는 입자이다. 전기적으로 중성인 입자들을 포함하여 모든 입자는 반입자를 갖는다.(14.3절에서 더 자세히 논의한다.)

*우주선*은 성간 공간을 가로질러 지구의 대기에 들어오는 고에너지 입자들인데 대부분은 양성자이며, 대기의 입자들과 상호작용하여 서로 다른 많은 입자의 우주 '소나기'를 만든다. 우주선에는 이제까지 관측된 가장 높은 에너지의(10^{21} eV까지의) 입자가 포함되어 있는데, 보통의 입자들은 GeV(10^9 eV) 범위에 있다. 오스트리아의 물리학자 헤스(V. F. Hess, 1883~1964, 1936년 노벨 물리학상)는 1912년에 풍선 비행 중 높은 고도에서 우주선을 검출함으로써 우주선을 발견했다. 1932년 미국 물리학자 칼 앤더슨은 자기장 안에 놓은 안개상자 속을 지나가는 우주선 소나기의 경로를 관측하여 양전자를 발견했다. 안개상자는 입자가 미세한 안개를 지나갈 때 안개가 응결하여 입자가 지나간 길을 보여 주도록 만든 이온화 입자들을 검출하는 장치이다.

양전자(반전자)는 궁극적으로 전자와 만나 소멸한다. 양전자가 물질을 지나면서 속력이 줄면 쿨롱 힘으로 전자에 끌리고 다음 반응을 통해 소멸한다.

$$e^+ + e^- \rightarrow 2\gamma \tag{14.1}$$

이 반응은 이미 3장에서 논의한 바 있는데, 양전자 소멸의 특징은 전자와 양전자의 정지에너지로부터 온 운동에너지를 가진 0.511 MeV의 감마선 둘이 서로 반대 방향으로 방출된다는 것이다. 반응 전 하전 입자들이 만날 때의 운동에너지는 보통 아주 작아서 무시할 수 있다.

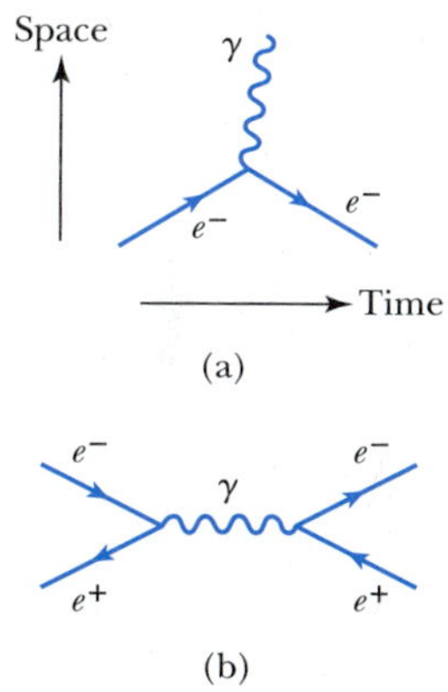

그림 14.2 파인먼 도형의 예. 시간은 왼쪽에서 오른쪽으로 흐른다. 좌표축은 때때로 생략하지만, 이 그림 (a)에는 좌표축을 그렸다. (a) 들어오는 전자는 꼭짓점에서 나가는 전자와 광자를 방출한다. (b) 전자와 양전자가 상호작용하여 광자로 소멸하고, 광자는 또 다른 전자와 양전자를 만든다. 두 전자와 양전자는 입력 및 출력 채널에서 서로 다르다. 양전자 화살표가 (세 선이 만나서 반응을 나타내는) 꼭짓점을 향하지 않는 것을 주목해야 하는데, 양전자가 반입자이기 때문이다.

파인먼은 상호작용을 기술하기 위해 아주 간편한 도표 방법을 제시했다. 예를 들어 전자 두 개가 서로 접근하면 양자장론에 의해 이들은 일련의 광자를 주고받는데, 이 광자들은 직접 관측할 수 없으므로 *가상* 광자라고 한다. 전자기장의 작용(예를 들면, 쿨롱 힘)은 광자의 교환으로 해석될 수 있는데, 이 경우 광자가 전자기력의 *운반자* 혹은 *중개자*라고 한다. 이 과정을 시공간 도표에 도식적으로 그리면 그림 14.2에 있는 것과 같은 **파인먼 도형**이 된다. 이 도형에서 전자는 광자를 방출할 수 있고, 양전자와 전자는 광자로 소멸하고, 광자는 다시 전자와 양전자를 만든다. 파인먼 도형은 일반화하여 꽤 복잡한 상호작용도 나타낼 수 있다. 일반적인 규칙은 없지만, 이 책에서는 시간은 왼쪽에서 오른쪽으로 흐르고, 공간은 수직축 방향으로 잡는다. 때로는 시간이 수직축을 따라 흐르기도 한다. 도표에 축들을 표시하면 좋지만, 항상 그렇게 하지는 않는다. 파인먼은 이 도표 방법을 창안하여 양자전기역학(QED)에 나오는 과정들을 그림으로 표현(하고 그 문제들을 해결)했다. 직선은 질량을 가진 입자의 궤적을 나타내고 물결선은 힘 운반자 혹은 '가상 입자'를 나타낸다. 오른쪽 화살표가 있는 직선(→)은 전자를 나타내고, 왼쪽 화살표

유카와 히데키(Yukawa Hideki, 1907~1981)는 도쿄에서 태어나 교토에서 자랐으며, 초기에는 교토대학교와 오사카대학교에서 일했다. 1935년에 그는 핵력에 대한 새로운 장론을 제안하고 중간자의 존재를 예측한 유명한 논문을 발표했고, 그 공로로 1949년 노벨 물리학상을 받았다. 1940년대와 1950년대에는 미국 프린스턴대학교와 컬럼비아대학교에서 시간을 보냈다.

가 있는 직선(⟵)은 양전자를 나타낸다.(모든 반입자는 반대 방향의 화살표를 갖는다.) 물결선(∿∿∿)은 광자와 같은 힘 운반자를 나타낸다. 꼭짓점은 세 선이 만나는 점으로 QED에서 전자기 상호작용을 나타낸다. 이 도형에서 실제 방향과 속력을 나타내려고 하지는 않는다. 이 도형에서 처음과 나중의 입자들은 관측 가능하며(그림 14.2를 보라), 중간 입자들은 관측되지 않는 가상 입자들을 나타낸다.

유카와 중간자

광자가 전자기력의 중개자라는 생각은 디랙 외에도 베테(H. Bethe), 페르미(E. Fermi), 묄러(C. Møller), 브라이트(G. Breit) 등이 논의했다. 일본 물리학자 유카와(Yukawa)는 전자기 힘과 비슷하게 핵자들 사이의 힘을 기술하는 양자장론을 만드는 생각을 했다. 그렇게 하려면 그는 전자기력에서의 광자와 유사한 강한 핵력의 운반자 혹은 매개자를 정해야 했다. 핵자들이 강하게 끌리게 하도록 핵자들 사이에서 어떤 입자가 교환되어야 하는가?

이 경우 매개 입자는 중간자(meson)라고 하는데, '중간'을 뜻하는 그리스어 *메소*(meso)에서 유래되었다. 전자와 양성자 사이의 쿨롱 인력에 가상 광자의 교환이 있듯이, 핵자 사이의 인력은 가상 중간자의 교환에 의존한다. m_π가 중간자의 질량일 때, 중간자를 생성하는 데 필요한 에너지 ΔE는 $\Delta E = m_\pi c^2$이다. 중성자와 양성자 사이에 중간자가 교환되는 것을 나타내는 파인먼 도형이 그림 14.3에 그려져 있다. 양자론에 따르면, 이 힘의 범위가 짧으면(10^{-15} m) 매개 입자의 질량은 커야 한다.

1935년에 유카와는 가상 중간자로 전자 질량의 200배 즉 100 MeV 정도의 질량을 가진 입자를 예측했다. 그 당시의 가속기는 그 정도의 고에너지 입자를 만들 수 없었지만, 일부 물리학자들은 그 중간자가 우주선에서는 관측될 수 있을 것으로 믿었다.

1938년에 앤더슨과 동료들은 처음에는 유카와 입자라고 믿어졌던 입자를 우주선에서 발견했다. 처음에 뮤 중간자라고 불렸던 입자는 중간자 가족이 아닌 것으로 밝혀졌고 지금은 **뮤온(muon)**이라고 불린다. 그 입자는 106 MeV/c^2의 질량을 가졌고, 후속 실험은 그 입자가 핵과는 강하게 상호작용하지 않는다는 것을 보였다. 그러므로 이 새 입자는 강력의 전달자가 될 수 없으며, 실제로는 약한 상호작용과 전자기 상호작용을 통해서만 상호작용한다.

예제 14.1

하이젠베르크의 불확정성 원리를 사용하여 핵력의 범위 R_N이 약 1 fm일 때 중간자의 질량을 추산하라.

전략 불확정성 원리에 의해 짧은 시간 Δt 동안에는 에너지 보존이 깨질 수 있으므로, 중간자를 생성하는 데 필요한 여분의 에너지 ΔE의 정도까지 에너지 보존이 깨지도록 한다. 중간자가 가질 수 있는 가장 빠른 속도는 c이므로 중간자가 Δt 동안 가는 거리는 $c\,\Delta t$인데, 이 거리 $c\,\Delta t$가 핵력의 범위 R_N 정도이어야 한다.

풀이 에너지 ΔE와 시간 Δt는 불확정성 원리에 의해 $\Delta E\,\Delta t \approx \hbar/2$의 관계에 있으므로 $\Delta t \approx \hbar/(2\Delta E)$가 된다. ΔE의 값은 최소한 질량 입자, 이 경우에는 중간자를 생성하는 데 필요한 만큼 커야 하므로 $\Delta E = m_\pi c^2$이다. 이 결과를 종합하면

$$\Delta t \approx \frac{\hbar}{2\Delta E} = \frac{\hbar}{2m_\pi c^2} \tag{14.2}$$

이다. 식 (14.2)를 중간자 질량에 대해 풀고 $R_N = c\,\Delta t$를 사용하면

$$m_\pi c^2 = \frac{\hbar}{2\Delta t} = \frac{\hbar c}{2R_N} \tag{14.3}$$

이 된다. 핵력의 평균 범위가 약 1 fm이면

$$m_\pi c^2 = \frac{1.973 \times 10^2\,\text{eV}\cdot\text{nm}}{2 \times 10^{-15}\,\text{m}} \approx 100\ \text{MeV}$$

이다. 식 (14.3)은 어떤 힘의 유효 길이 R과 그 힘을 매개하는 질량 m을 연관시키는 데 유용하다. R을 다음과 같이 쓸 수 있다.

$$R = \frac{\hbar}{2mc} = \frac{\hbar c}{2mc^2} \tag{14.4}$$

파이온(또는 파이 중간자, π-중간자)이라고 불리는 유카와의 중간자는 마침내 1949년 파월(C. F. Powell, 1903~1969)과 오키아리니(G. P. Occhialini, 1907~1993)에 의해 발견되었다. 대전된 파이온 $\pi^\pm$의 질량은 140 MeV/c^2이고, 중성 파이온 π^0은 나중에 발견되었는데 질량은 135 MeV/c^2이다. 유카와는 중간자의 스핀은 0(혹은 정수)이어야 한다고 말했는데, 파이온은 그렇지만 뮤온은 1/2 스핀을 가진다. 나중에 중성자, 양성자, 파이온은 쿼크로 이루어져 있으며 핵 상호작용은 실제로는 쿼크 사이에서 일어난다는 것을 알게 된다. 상호작용이 핵보다 더 기본적인 수준에서 일어나기 때문에 '핵'력보다는 '강'력이라고 하는 것이 더 좋다.

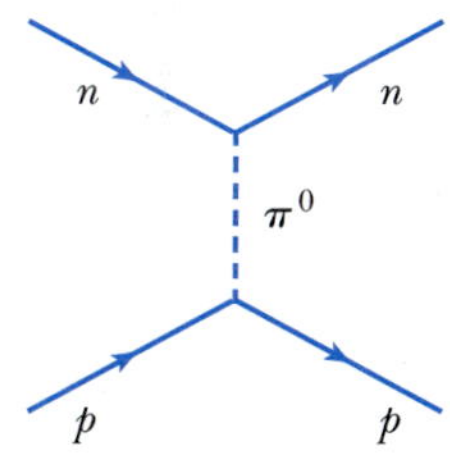

그림 14.3 중성자와 양성자 사이의 파이온(유카와 중간자) 교환을 나타내는 파인먼 도형

14.2 기본 상호작용

1장에서 모든 상호작용을 일으키는 자연에 있는 기본적인 힘들에 대해 논의했다. 이 힘들 중에는 중력, 전기·약력과 강력이 있다. 전자기 상호작용이 전기 상호작용과 자기 상호작용의 통일이듯이, 전기·약 상호작용은 전자기 상호작용과 약한 상호작용의 통일이다. 하지만 종종 전자기 상호작용과 약한 상호작용을 분리해서 다루기 때문에 실제적인 목적으로는 네 개의 기본적인 상호작용이 있다. 전자기 상호작용과 약한 상호작용은 우주선에서 가능한 입자 에너지, 가속기에서 만들어지는 에너지, 혹은 우주 탄생 초기에 가능한 입자 에너지의 경우가 아니면, 독립적으로 작용한다.

기본적인 힘들은 양자장론에 따르면 입자들의 교환 혹은 매개를 통해서 작용한다고 앞에서 배웠다. 전자기 상호작용에서 교환되는 입자는 광자이다. 전하나 자기모멘트를 가진 모든 입자(그리고 광자)는 전자기 상호작용을 한다. 전자기 상호작용은 매우 긴 범위를 가지고 있다.

1960년대에 셸던 글래쇼(Sheldon Glashow), 스티븐 와인버그(Steven Weinberg), 압두스 살람(Abdus Salam)(1979년 노벨 물리학상)은 약한 상호작용을 일으키는, 그들이 W(약 상호작용을 나타내는, for weak)와 Z라고 명명한 입자들이 있어야 한다는 것을 예측했다. 전기·약 이론이라고 불리는 이 이론은 전자기 상호작용과 약한 상호작용을 통일했는데, 100년 전 맥스웰이 전기와 자기를 전자기 이론으로 통합한 것과 비슷하다. 전기·약 이론의 자세한 내용은 너무 복잡해서 여기에서 논의할 수 없지만, 약한 상호작용의 범위는 매우 짧으므로 W 입자의 질량이 커야만 한다는 것은 안다.(예제 14.1의 불확정성 원리에 의한 논의 $R = \hbar/2mc$를 기억하라.) W는 보손(정수 스핀)이

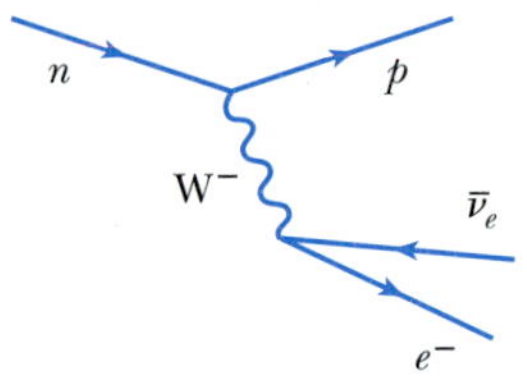

그림 14.4 중성자의 베타 붕괴를 나타내는 파인먼 도형. W^-가 이 베타 붕괴를 매개하는 것을 유의하라. 양성자, 전자, 반중성미자가 방출된다.

고, 모두 스핀 1을 가진 3종류가 있다: $W^{\pm}$(질량 80.4 GeV/c^2)와 Z^0(질량 91.2 GeV/c^2). 1983년에 이 무거운 보손들이 루비아(C. Rubbia, 1984년 노벨 물리학상; Special Topic '실험에서의 독창성'을 보라)가 이끄는 연구진에 의해 세른(CERN, 핵 연구 유럽 기구, the European Organization for Nuclear Research)에서 처음 발견되어서, 이론적인 예측과 상호작용의 통일을 확인해 주었다. 그림 14.4에는 중성자 베타 붕괴를 나타내는 파인먼 도형이 있는데, W^-를 상호작용의 운반자로 보여 주고 있다.

글루온

14.1절에서 유카와의 파이온이 핵력을 일으킨다고 언급했는데, 이제 강력과 상호작용하는 다른 중간자들이 있다는 것을 알았다. 나중에 14.5절에서 핵자와 중간자들이 쿼크라고 불리는 좀 더 기본적인 입자들로 형성된 일군의 입자들의 일부임을 알게 될 것이다. 쿼크 간의 강한 상호작용을 매개하는 입자는 **글루온**[gluon, 쿼크들을 함께 붙잡아 놓는 풀(glue)이라는 뜻으로]이라고 하는데, 광자와 같이 질량이 없으며 스핀 1을 가지고 있다. 그러므로 좀 더 기본적인 수준에서 강력을 일으키는 것은 글루온이라고 믿고 있다. 쿼크나 글루온은 강력으로 속박되어 입자 안에 숨어 있으므로, 아무도 따로 떨어진 쿼크나 글루온을 보지는 못했으나, (14.5절에 나오는) 실험적인 증거들에 의해 쿼크가 존재한다는 것을 확신한다. 강한 상호작용을 하는 입자들을 **강입자**(hadron)라고 하는데, 중성자와 양성자, 중간자 등이 강입자의 예이다.

중력 상호작용을 일으키는 입자를 **중력자**(graviton)라고 부르자는 제안이 있었다. 중력자는 양자장론에서 중력의 매개자인데, 양자전기동역학 이론에서 광자가 성공적이었기 때문에 광자를 본떠서 가정하였다. 중력자는 질량이 없으며 빛의 속도로 움직이고 스핀 2를 가지며 질량·에너지를 갖는 모든 입자와 상호작용한다. 중력자는 물체들과 아주 약하게 상호작용하기 때문에 아직 관측되지 않았다.

네 개 상호작용을 그림 14.5에 도식적으로 나타냈으며 그 매개자들이 표 14.1에 열거되어 있다. 모든 매개 입자들은 정수 스핀을 갖는 보손임에 유의하라.

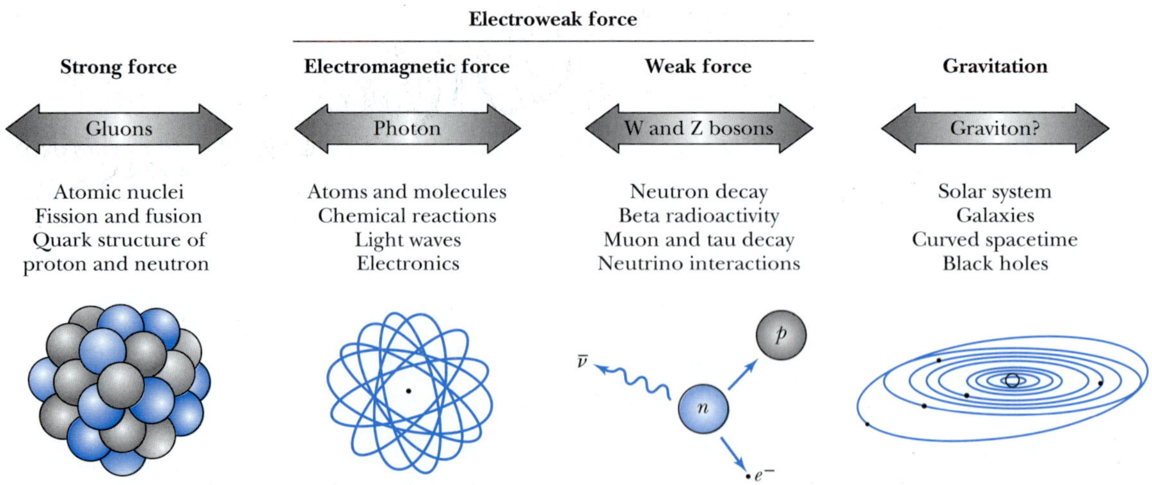

그림 14.5 자연의 기본 힘들이 나타난 예. 이 힘들이 유효한 범위와 매개 입자들을 보여 준다. 출처: Universities Research Association

Bettmann/Getty Images
WENN Rights Ltd/Alamy Stock Photo
AIP Emilio Segrè Visual Archives, Weber Collection

압두스 살람(Abdus Salam, 1926~1996, 사진의 왼쪽), **셸던 글래쇼**(Sheldon Glashow, 1932~, 사진의 가운데), **스티븐 와인버그**(Steven Weinberg, 1933~, 사진의 오른쪽)는 전자기 상호작용과 약한 상호작용을 통일하는 전기·약 이론을 만들어서 1979년 노벨 물리학상을 받았다. 살람은 파키스탄에서 태어나 교육을 받은 후, 케임브리지대학에 가서 1952년 박사 학위를 받았다. 파키스탄에 돌아와 몇 년간 있은 뒤 케임브리지에서 일하고 그 후 1957년 런던의 임피리얼대학에서 일했다. 1964년 이탈리아의 트리에스테에 이론 물리 국제 센터를 세우는 것을 돕고 소장이 되었다. 글래쇼와 와인버그는 둘 다 뉴욕시에서 태어나 브롱크스 과학고등학교에 다니고 1954년 코넬대학교를 졸업했다. 글래쇼는 1959년 하버드에서 박사 학위를 받고 버클리의 캘리포니아 주립대학과 하버드에서 교수로 봉직했다. 와인버그는 코넬을 졸업하고 코펜하겐의 닐스 보어 연구소에서 1년을 보낸 후 1957년 프린스턴에서 박사 학위를 받았다. 컬럼비아, 버클리의 캘리포니아 주립대학, MIT, 하버드에서 교수로 재임한 후 1982년 오스틴에 있는 텍사스대학으로 옮겼다.

표 14.1 기본적인 상호작용

상호작용	상대적인 세기	범위	매개 입자
강력	1	10^{-15} m	글루온
전기·약력			
전자기력	10^{-2}	∞	광자
약력	10^{-6}	10^{-18} m	$W^{\pm}$, Z 보손
중력	10^{-43}	∞	중력자(가상의)

자연의 모든 기본적인 힘을 하나의 이론으로 통일하는 것이 한 세기 이상에 걸쳐 일부 물리학자들의 궁극적인 목표였다. 맥스웰은 1860년대에 전기력과 자기력을 전자기 이론으로 통일하였다. 글래쇼, 와인버그와 살람은 1960년대에 전자기력과 약력을 전기·약 상호작용으로 통일하였다. 그러나 성공하지 못한 시도들도 전설로 남아 있다. 디랙은 양성자가 1928년의 그의 상대론적 전기동역학 이론에 나오는 전자의 음의 에너지 상태의 입자이기를 몹시 원했다. 그랬다면 그의 이론은 당시 알려졌던 모든 입자(양성자, 전자, 광자)를 모두 아우를 수 있었을 것이다. 하이젠베르크는 1950년대에 통일 이론을 발견했다고 알려졌으나 자세한 내용은 전혀 나오지 않았다. 이 소문을 듣고 파울리는 그림 14.6의 유명한 그림을 그리고 "자세한 것은 아직 그려 넣어야 한다"는 말을 남겼다.

그림 14.6 파울리는 모든 것을 설명한다고 주장하는 기본입자물리학에 대해 회의적이었다. 1950년대에 하이젠베르크가 그런 이론을 발견했다는 소문이 돌자, 파울리는 하이젠베르크의 이론의 세부 내용이 채워져야 한다는 것을 주목했다. 그는 위의 그림을 그리고 "아래 그림이 내가 렘브란트만큼 위대한 예술가라는 증거이다. 자세한 것은 아직 그려 넣어야 한다."고 발표했다. 출처: O. W. Greenberg, *American Scientist* **76**, 361 (1988)

표준 모형 현재 가장 널리 받아들여진 기본입자물리학 이론은 **표준 모형**인데, 수백 개의 입자와 복잡한 상호작용들을 여섯 개 쿼크, 여섯 개 렙톤과 세 개의 힘을 매개하는 입자로 설명하는 간결하고 광범위한 이론이다.(렙톤은 14.3절에서 그리고 쿼크는 14.5절에서 다룬다.) 이 모형은 전기·약 이론과 양자색역학(quantum chromodynamics, QCD)을 결합했지만(14.5절을 보라), 중력은 포함되어 있지 않다. 표준 모형은 1960년대와 1970년대에 개발되어 1980년대의 실험 연구로 검증되었다. 이 모형은 W와 Z 보손, 글루온, 맵시 쿼크와 꼭대기 쿼크의 존재를 예측했고, 이 모든 입자가 나중에 예측된 성질을 가지고 발견되었다. 기본입자물리학의 새 이론이 널리 받아들여지기는 쉽지 않다(14.6절을 보라).

표준 모형의 자세한 내용은 너무 복잡해서 여기에 쓸 수 없지만, 다음 몇 개 절의 내용 대부분이 표준 모형에 근거하고 있다. 이 모형은 기본입자물리학에서 아주 성공적이어서 이제 이 모형과 일치하는 것보다는 어긋나는 것이 뉴스거리였다. 지금은 표준 모형에 어긋나는 것이 아주 많아서 이 모형이 좀 더 근본적인 이론(14.7절을 보라)의 근사라는 것을 암시한다. 14.3절의 입자의 분류, 14.4절에 기술된 보존 법칙과 대칭성, 14.5절의 쿼크에 대한 논의, 14.6절의 물질의 가족 등이 별도 언급이 없으면 모두 표준 모형에 근거를 두고 있으며 그것과 일치한다.

예제 14.2

W^-입자의 질량을 사용하여 중성자 베타 붕괴를 일으키는 약력의 범위를 추산하라.

전략 이 계산은 유카와 중간자를 논의할 때 예제 14.1에서 했던 것과 거의 같다. 그 예제에서는 핵력의 범위를 알았지만 여기서는 힘의 범위가 알려지지 않았다. 식 (14.4)를 사용하여 힘의 범위 R_W를 구한다.

풀이 힘의 범위 R_W는

$$R_W = \frac{\hbar c}{2m_W c^2}$$

$$= \frac{1.973 \times 10^2 \text{ eV}\cdot\text{nm}}{2(80.4 \text{ GeV}/c^2)(c^2)} = 1.2 \times 10^{-18} \text{ m}$$

이다. 이 경우 W^-는 아주 무거운 입자이기 때문에 광속에 가깝게 움직인다는 것이 사실이 아닐 수도 있다. 따라서 여기에서의 계산은 상한값을 준다. 이 경우 에너지 보존을 아주 많이 깨기 때문에 그 깨짐은 아주 짧은 시간에 일어나야 한다는 것을 유의하라. 식 (14.2)로부터 Δt는

$$\Delta t = \frac{\hbar}{2m_W c^2}$$

$$\Delta t = \frac{1.055 \times 10^{-34} \text{ J}\cdot\text{s}}{2(80.4 \text{ GeV})}\left(\frac{1 \text{ GeV}}{1.6 \times 10^{-10} \text{ J}}\right) \approx 4 \times 10^{-27} \text{ s}$$

이다. 중성자의 수명은 붕괴하는 데 걸리는 시간보다 훨씬 길다.

14.3 입자들의 분류

1950년대와 1960년대에 발견된 기본 입자들의 수가 계속 증가함에 따라 물리학자들은 일부가 기본 입자 '동물원'이라고 부른 것을 이해하는 방법을 여러 가지로 제안했다. 1960년대 이래 실험물리학자들은 기본 입자 이론을 검증하기 위해 점점 더 높은 에너지의 가속기가 필요했고, 마침내 많은 실험 결과로 동물원에 대한 이해가 도출되었다. 이 절에서는 기본 입자들의 조직에 대한 간결한 그림을 제시하는데, 이는 지난 60년간 입자

물리학의 가장 중요한 진전 중 일부를 나타낸다.

9장에서 논의한 대로 반정수 스핀을 가진 입자들은 *페르미온*이라고 불리고 정수 스핀을 가진 것들은 보손이라고 불린다. 이것은 기본 입자를 분류하는 데 특히 유용한 방법인데, *우주의 모든 안정된 물질은 어느 수준에서는 페르미온으로 구성*되기 때문이다. 이미 이전 절에서 몇몇 보손에 대해 논의했는데, 광자, 글루온, $W^{\pm}$와 Z는 **게이지 보손**(gauge boson)이라 불리며 강한 상호작용과 전기·약 상호작용을 담당한다. 중력자도 스핀 2를 갖는 보손이다. 페르미온들은 힘의 운반자인 게이지 보손들을 교환함으로써 서로에게 인력이나 척력을 미친다. '게이지'란 수학자들과 물리학자들이 공간상 위치를 다루기 쉽게 하고 대칭성을 이해하기 쉽게 하는 특정한 수학적 형식을 가리킨다.

게이지 보손

히그스 보손

1960년대와 1970년대에 입자물리학의 표준 모형은 더 널리 받아들여졌는데, 1983년에 실험적으로 $W^{\pm}$와 Z 보손을 발견한 것이 표준 모형의 두드러지는 성공이다. 하지만 표준 모형은 $W^{\pm}$와 Z 보손은 그렇게 큰 질량을 갖고 광자는 질량이 없는지 설명하는 데 필요한 또 하나의 보손을 예측했다. 1964년 영국 물리학자 피터 히그스(Peter Higgs)는[그리고 독립적으로 로버트 브라우트(Robert Brout)와 프랑수아 앙글레르(Francois Englert)도] **히그스 입자**(혹은 **히그스 보손**)로 불리는 그와 같은 입자를 제안했다. 이 입자는 모든 공간에 퍼져 있는 **히그스장**과 연관된 힘 운반자이고, 모든 입자는 이 장과 상호작용함으로써 질량을 얻는다. 히그스장과 강하게 상호작용을 하는 입자들은 무거운 질량을 갖고, 약하게 상호작용을 하는 입자들은 가벼운 질량을 갖는다. 히그스장과 연관된 입자가 하나뿐인 기본 입자인지 혹은 복합 입자인지는 알려지지 않았다. 표준 모형으로는 히그스 입자의 질량을 예측할 수도 없었다.

히그스 보손

1983년에 $W^{\pm}$와 Z 보손을 발견한 후에 히그스 보손을 발견하는 것이 입자물리학에서 가장 중요한 일이 되었다. 세른(CERN)의 대형 전자·양전자(Large Electron-Positron, LEP) 충돌형 가속기나 페르미 연구소의 테바트론(Tevatron) 충돌형 가속기가 히그스 보손을 찾을 만큼 큰 에너지를 낼 것으로 기대했다. 수천 명의 물리학자가 히그스 보손을 찾으려고 열정적으로 일한 끝에, 2008년에 히그스 보손을 찾을 목적으로 만든 새 가속기인 CERN의 대형 강입자 충돌형 가속기(Large Hadron Collider, LHC)가 작동을 시작했다. 2010년 대형 강입자 충돌형 가속기가 히그스 보손을 찾을 준비가 되었을 때쯤, 물리학자들은 100~103 GeV/c^2와 147~180 GeV/c^2의 질량은 배제된다고 믿었다. 마침내 2013년에 CERN은 2011년 아틀라스(ATLAS)와 시엠에스(CMS) 실험 공동연구에서 처음 관측되었던 입자가 정말로 히그스 보손이라고 발표하였다. 이 입자의 질량은 125 GeV/c^2이었다. ATLAS와 CMS 실험은 둘 다 수천 명의 과학자, 공학자와 학생들이 팀을 이루어 거대한 검출기 시스템(그림 14.7을 보라)으로 수행한다. 게이지 보손과 히그스 보손, 그리고 중력자의 성질이 표 14.2에 나와 있다. 히그스와 앙글레르는 2013년에 노벨 물리학상을 받았다. 브라우트는 2011년에 사망했는데, 노벨상은 사후에는 수여하지 않는다.

그림 14.7 CERN의 LHC 가속기에 있는 CMS 검출기를 시험하기 위해 열어 놓았는데, 자석, 열량계, 추적기와 뮤온 상자가 보인다. 지구의 대기를 지나가는 고에너지 입자들로부터 생성되는 뮤온 우주선을 사용하여 이 검출기를 시험하였다. 크기를 알기 위해 오른쪽 아래에 서 있는 사람을 보라.

표 14.2 보손의 성질 : 게이지 보손 , 히그스 보손 , 중력자

보손	질량	스핀	전하	비고
게이지:				
광자	0	1	0	안정, 전자기의 운반자
W^+, W^-	80.38 GeV/c^2	1	1, −1	Γ = 2.08 GeV, 붕괴가 관측됨, 일부 약한 작용의 매개자
Z	91.19 GeV/c^2	1	0	Γ = 2.50 GeV, 붕괴가 관측됨, 일부 약한 작용의 매개자
글루온	0	1	0	강입자에 속박되어 있고 자유 상태로는 없음, 강한 상호작용 담당
히그스 H^0	125.18 GeV/c^2	0	0	W와 Z 보손, 쿼크, 렙톤에게 질량을 줌(2017년 7월 ATLAS 공동연구로부터), 히그스장의 매개자
중력자	0	2	0	안정, 관측되지 않음, 중력의 매개자

출처: M. Tanabashi et al. (Particle Data Group), *Physical Review D* **98**, 030001 (2018)과 갱신된 최근 값들

양성자, 중성자, 핵, 원자와 같은 복합 입자의 질량 대부분은 히그스 메커니즘에 의해 얻어지지는 않는다. 그 질량은 이들 입자를 뭉치는 결합 에너지로부터 온다. 히그스 보손에 관해 아직 이해하지 못하는 것은 무엇일까? 아마도 암흑 물질과 암흑 에너지의

존재가 입자물리학과 우주론에 남아 있는 가장 큰 수수께끼일 것이다. 표준 모형에 중력은 빠져 있다. 물리학자들은 암흑 물질이 보통의 물질과 중력을 통해서만 상호작용한다고 믿는다. 아마 히그스 보손은 암흑 물질이 무엇이고 어떻게 생기는지 정확히 이해하는 데 도움을 줄 수 있을 것이다. 가장 간단한 이론들은 단 하나의 히그스 보손을 예측한다. 그러나 '초대칭'과 같은 다른 이론들은 여러 개의 히그스 보손이나 심지어 히그스 복합인자를 예측한다. 초대칭에 대해서는 14.7절에서 다룬다.

이 절의 나머지 부분은 두 종류(렙톤과 쿼크)로 구분되는 페르미온과, 쿼크로 이루어진 보손인 중간자를 논의하는 데 할애한다. 렙톤은 대전한 입자(전자와 뮤온)와 대전하지 않은 입자(중성미자)가 있고, 쿼크들은 강입자를 만든다. 렙톤과 강입자를 차례로 논의한다.

렙톤

렙톤들은 점과 같으며, 즉 뚜렷한 내부 구조가 없으며, 진짜로 기본적인 것으로 보인다. 지금까지 렙톤들이 좀 더 기본적인 입자들로 이루어져 있다는 어떤 설득력 있는 제안도 없었다. (표 14.3에 나열된) 단지 여섯 개의 렙톤과 그들의 여섯 개 반입자들이 있는데, 전자와 뮤온에 대해서는 이미 논의했다. 전하를 가진 입자들 각각은 연관된 중성미자가 있는데 전하를 가진 짝의 이름을 따서 불린다(예를 들면, 뮤온 중성미자 ν_μ). 뮤온은 전자로 붕괴하고, 타우는 전자, 뮤온 혹은 강입자(이 경우가 제일 가능성이 크다)로 붕괴할 수 있다. (약한 상호작용에 의한) 뮤온의 붕괴는 다음과 같다.

$$\mu^- \to e^- + \nu_\mu + \bar{\nu}_e \tag{14.5}$$

중성자의 베타 붕괴에서 나타나는 전자 중성미자에 대해서는 이미 친숙하다(12장). 중성미자는 전하를 갖지 않으며 질량이 매우 작다고 알려져 있다. 중성미자의 정확한 질량은 질량의 중력 끌림 때문에 현재의 우주 이론에 큰 영향을 미친다. 모든 렙톤은 스핀 1/2을 갖고 있으며 세 중성미자 모두 실험적으로 발견되었다. 중성미자들은 검출하기가 특히 어려운데, 전하가 없고 질량이 거의 없으며 물질과 거의 반응하지 않아 우리 행성인

표 14.3 렙톤

입자 이름	기호	반입자	질량(MeV/c^2)	평균 수명(s)	주된 붕괴 모드
전자	e^-	e^+	0.511	안정	
e-중성미자	ν_e	$\bar{\nu}_e$	작으나 0은 아님		
뮤온	μ^-	μ^+	105.7	2.2×10^{-6}	$e^-\bar{\nu}_e\nu_\mu$
μ-중성미자	ν_μ	$\bar{\nu}_\mu$	작으나 0은 아님		
타우	τ^-	τ^+	1776.9	2.9×10^{-13}	$e^-\bar{\nu}_e\nu_\tau$, $\mu^-\bar{\nu}_\mu\nu_\tau$
τ-중성미자	ν_τ	$\bar{\nu}_\tau$	작으나 0은 아님		

출처: M. Tanabashi et al. (Particle Data Group), *Physical Review D* **98**, 030001 (2018)과 갱신된 최근 값들

지구를 통과하는 동안에 멈춰질 가능성이 아주 작기 때문이다. 렙톤은 강력의 영향을 받지 않는다.

강입자

앞에서 언급되었듯이 강입자는 강력을 통해 상호작용하는 입자들이다. 강입자에는 두 종류가 있는데, **중간자**(meson)와 **중입자**(baryon)이다. 중간자는 뮤온의 질량(106 MeV/c^2; 뮤온은 중간자가 아니고 렙톤임을 유의하라)보다 큰 질량과 정수 스핀을 갖는 입자이고, 모든 중입자는 최소한 양성자와 같은 질량과 반정수 스핀을 갖는다.

중간자와 중입자

중간자 이미 14.1절에서 파이온에 대해 논의했는데, 파이온은 전하를 가지거나 전기적으로 중성인 중간자이다. 중간자는 정수 스핀을 가지므로 보손이다. 중간자 가족은 매우 크며 쿼크의 구성에 따라 구분되는 많은 종류가 있다. 표 14.4에는 단지 몇 종류의 중간자들만 나열했다. 파이온 외에 K 중간자가 있는데, 대전한 것($K^{\pm}$)과 중성인 것(K^0)이 있다. K^- 중간자는 K^+ 중간자의 반입자이며 둘 다 뮤온이나 파이온으로 붕괴한다. K^0 중간자는 특히 흥미로운데, 붕괴 수명이 두 가지이다: K_S^0는 9×10^{-11} s의 짧은 평균 수명을 가지며 $\pi^+\pi^-$나 $2\pi^0$로 붕괴하고, K_L^0는 5×10^{-8} s의 긴 평균 수명을 가지며 많은 붕괴 모드가 있고, 그중 하나가 두 파이온 모드(전체 K_L^0 붕괴의 0.3%에 불과하다)인데, 이 모드는 전하와 반전성을 결합한 보존 법칙을 깨뜨린다(14.4절을 보라). 모든 중간자는 불안정하며 자연에 많지 않지만, 우주 방사와 핵 및 입자물리 실험에서 늘 생성된다. π^0는 자기 자신의 반입자이다.

중입자 중성자와 양성자는 가장 잘 알려진 중입자이며, 중입자는 수가 많은 무리이다. 0이 아닌 기묘수(다음 절에서 논의될 새로운 양자수)를 갖는 중입자는 하이퍼론이라 한다. 양성자는 유일하게 안정된 중입자이지만, 몇몇 이론은 10^{30}~10^{36}년의 수명을 갖는 불안정한 입자로 예측하기도 한다. 계속되는 실험 결과로 양성자 수명의 하한은 거의 10^{34}년으로 정해졌다(14.4절을 보라). 표 14.4에는 중간자와 더불어 수명이 긴 중입자들을 나열했는데, 람다(Λ), 시그마($\Sigma^{\pm}$, Σ^0), 크시(Ξ^0, Ξ^-), 오메가(Ω^-) 등이 있다. 양성자를 제외한 모든 중입자는 결국 양성자로 붕괴한다.

입자와 수명

입자의 수명은 입자들의 힘 상호작용의 척도이기도 하다. 강한 상호작용을 통해 붕괴하는 입자들은 대개 수명이 짧으며 보통 10^{-20} s 미만에 붕괴한다. 전자기 상호작용으로 촉발된 붕괴는 일반적으로 10^{-16} s 정도의 수명을 갖고, 약한 상호작용은 더 느려서 10^{-10} s보다 길다. 이런 일반적인 진술에 몇몇 중요한 예외들도 있는데, 예를 들어 자유 중성자의 베타 붕괴를 포함한 일부 핵 베타 붕괴는 약 15분의 수명을 갖는다.

입자 수명의 길이는 종종 우리가 무엇을 *입자*라고 하느냐를 정의하는 데 사용되어 왔다. 수명이 짧아서 직접 관측할 수 없다면 그것은 입자라고 부를 수 없다는 논리이다. 입자의 정의가 하나로 정해지지는 않는다. 실험물리학자는 가속되거나 검출될 때 점(입자)처럼 보이고 잘 정의된 전하와 질량을 갖는 것을 입자라고 부를 것이다.

표 14.4 강입자들

입자 이름	기호	반입자	질량 (MeV/c^2)	평균 수명(s)	주요 붕괴 모드	스핀	중입자수 B	기묘수 S	맵시수 C
중간자									
파이온	π^-	π^+	140	2.6×10^{-8}	$\mu^+\nu_\mu$	0	0	0	0
	π^0	자기 자신	135	8.5×10^{-17}	2γ	0	0	0	0
케이온	K^+	K^-	494	1.2×10^{-8}	$\mu^+\nu_\mu$, $\pi^+\pi^0$	0	0	1	0
	K_S^0	$\overline{\mathrm{K}}_S^0$	498	8.9×10^{-11}	$\pi^+\pi^-$, $2\pi^0$	0	0	1	0
	K_L^0	$\overline{\mathrm{K}}_L^0$	498	5.1×10^{-8}	$\pi^\pm e^\mp \nu_e$, $3\pi^0$, $\pi^\pm\mu^\mp\nu_\mu$, $\pi^+\pi^-\pi^0$	0	0	1	0
에타	η^0	자기 자신	548	5×10^{-19}	2γ, $3\pi^0$, $\pi^+\pi^-\pi^0$	0	0	0	0
맵시 D들	D^+	D^-	1870	1.0×10^{-12}	e^+, μ^+, $\mathrm{K}^\pm$, K^0, $\overline{\mathrm{K}}^0$ + 아무 입자나 가능	0	0	0	1
	D^0	$\overline{\mathrm{D}}^0$	1865	4.1×10^{-13}	D^+의 붕괴 모드와 동일	0	0	0	1
	D_S^+	$\overline{\mathrm{D}}_S^-$	1968	5.0×10^{-13}	다양한 모드	0	0	1	1
바닥 B들	B^+	B^-	5279	1.6×10^{-12}	다양한 모드	0	0	0	0
	B^0	$\overline{\mathrm{B}}^0$	5279	1.5×10^{-12}	다양한 모드	0	0	0	0
제이/프사이	J/ψ	자기 자신	3097	7.1×10^{-21}	다양한 모드	0	0	0	0
입실론	Υ (1S)	자기 자신	9460	1.2×10^{-20}	다양한 모드	0	0	0	0
중입자									
양성자	p	$\overline{p}$	938.3	안정 (?)	0	$\frac{1}{2}$	1	0	0
중성자	n	$\overline{n}$	939.6	880	$pe^-\overline{\nu}_e$	$\frac{1}{2}$	1	0	0
람다	Λ	$\overline{\Lambda}$	1116	2.6×10^{-10}	$p\pi^-$, $n\pi^0$	$\frac{1}{2}$	1	-1	0
시그마들	Σ^+	$\overline{\Sigma}^-$	1189	8.0×10^{-11}	$p\pi^0$, $n\pi^+$	$\frac{1}{2}$	1	-1	0
	Σ^0	$\overline{\Sigma}^0$	1193	7.4×10^{-20}	$\Lambda\gamma$	$\frac{1}{2}$	1	-1	0
	Σ^-	$\overline{\Sigma}^+$	1197	1.5×10^{-10}	$n\pi^-$	$\frac{1}{2}$	1	-1	0
크시	Ξ^0	$\overline{\Xi}^0$	1315	2.9×10^{-10}	$\Lambda\pi^0$	$\frac{1}{2}$	1	-2	0
	Ξ^-	Ξ^+	1322	1.6×10^{-10}	$\Lambda\pi^-$	$\frac{1}{2}$	1	-2	0
오메가	Ω^-	Ω^+	1672	0.82×10^{-10}	$\Lambda\mathrm{K}^-$, $\Xi^0\pi^-$	$\frac{3}{2}$	1	-3	0
맵시 람다	Λ_C^+	$\overline{\Lambda}_C^-$	2286	2.0×10^{-13}	다양한 모드	$\frac{1}{2}$	1	0	1

출처: M. Tanabashi et al. (Particle Data Group), *Physical Review D* **98**, 030001 (2018)과 갱신된 최근 값들

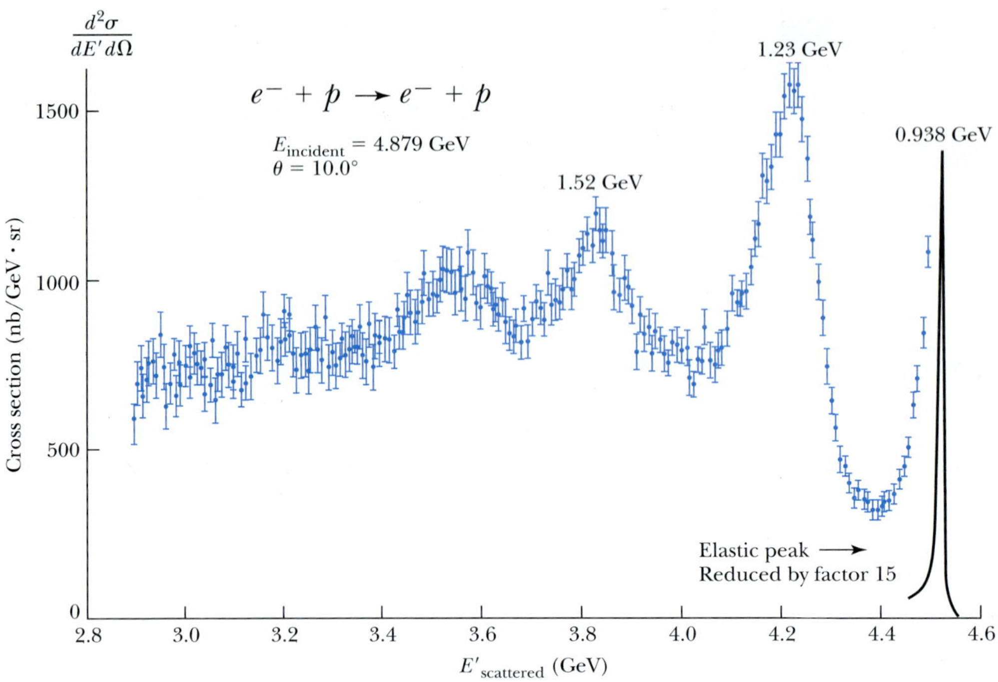

그림 14.8 4.879 GeV의 전자가 양성자로부터 비탄성으로 산란한 스펙트럼으로 DESY(함부르크)에서 찍은 것으로 불변 질량 에너지 1.23 GeV(바닥상태는 0.938 GeV)에서 Δ(1232)라고 불리는 양성자의 첫째 들뜬 상태의 존재를 보여 준다. Δ(1232) 입자는 수명이 짧아 빨리 붕괴한다. 좀 더 에너지가 높은 공명에 의한 봉우리가 1.52 GeV에 있고 1.68 GeV 근처에는 여러 개의 공명이 있다. 출처: W. Bartel et al., *Physics Letters* B 28, 148 (1968)

이론물리학자들은 전하, 스핀, 질량, 수명과 맵시, 기묘도, 아이소스핀(이들 중 일부는 아직 논의하지 않았다) 등의 다른 양자수를 나타내는 완전한 숫자 집합을 가지는 것을 입자라고 정의할 수 있다. 어떤 입자들은 공명으로만 관측된다. 1232 MeV에 있는 핵자의 첫 번째 들뜬 상태가 델타[Δ(1232)]라고 불리는 공명의 좋은 예인데, 수명이 10^{-23} s로 너무 짧아 직접 관측하지 못한다. 델타는 핵자와 파이온으로 붕괴하며 파이온이나 전자가 양성자로부터 산란할 때 쉽게 관측된다(그림 14.8을 보라). 10^{-10}에서 10^{-14} s 정도의 수명을 갖는 것은 보통 입자로 간주하는데, 이 시간이 입자가 검출되고 다른 반응을 유도하는 데 충분한 시간이기 때문이다. 람다, 시그마, 크시와 오메가 중입자들은 입자의 예이다. 어떤 입자들을 *기본* 입자라고 부르는데, 이들이 다른 더 작은 입자들로 이루어져 있지 않다는 뜻이다. 렙톤, 쿼크와 게이지 보손들은 기본 입자라고 믿어진다. Z와 W 보손들은 수명이 아주 짧지만 입자로 간주하므로, 수명으로만 입자를 정의하는 것은 지나치게 제한된 정의이다. 다른 입자들은 *합성* 입자인데, 기본 입자들로 만들어진다.

앞에서 입자의 평균 수명 τ를 계의 불확정성 Δt와 연관시켰었다. 유카와가 중간자의 질량을 예상한 것을 논의하면서 시간 Δt를 예측하기 위해 불확정성 원리 $\Delta E\,\Delta t \geq \hbar/2$를 사용했다.

$$\Delta t \approx \frac{\hbar}{2\,\Delta E} \tag{14.2}$$

Δ(1232)와 같은 공명의 특성을 나타내는 데 반값 온폭(full width at half maximum, FWHM)을 사용한다. FWHM은 $2\Delta E$이고 폭 Γ라고 부르며, 다음의 관계가 성립한다.

$$\Delta t = \tau \approx \frac{\hbar}{2\,\Delta E} = \frac{\hbar}{\Gamma} \quad \text{or} \quad \tau \approx \frac{\hbar}{\Gamma} \tag{14.6}$$

개념 예제 14.3

제이/프사이(J/ψ) 입자는 1974년에 스탠퍼드 선형 가속기 센터(Stanford Linear Accelerator Center, SLAC)와 브룩헤이븐 국립 연구소에서 발견되었다. e^+와 e^-의 정면충돌에서 얻은 SLAC의 데이터가 그림 14.9에 있는데, 상태의 폭은 $\Gamma = 0.093$ MeV이다. 이 공명이 기본 입자를 나타낸다는 증거를 논의하고 이 입자의 수명을 결정하라.

풀이 그림 14.9의 데이터는 공명의 분명한 실험적인 예이다. 3.1 GeV 근처의 봉우리는 다른 나가는 반응 통로에서도 관측되었는데, 이것은 공명 봉우리가 '복합'계에서 일어나는 것이고 나가는 반응 통로에서 일어나는 것이 아니라는 것을 나타낸다.

그림 14.9에서 관측된 공명의 폭은 5 MeV 정도의 크기인데, 실험적인 분해능 즉 빔의 운동량에 의해 제한을 받는다. 만약 실험적인 에너지 분해능이 더 좋았더라면 이 공명은 훨씬 홀쭉했을 것이다. 다른 방법으로 결정된 이 공명상태의 실제 에너지 폭은 0.093 MeV로 확립되었다. 식 (14.6)을 써서 J/ψ 입자의 수명을 결정한다.

$$\tau = \frac{\hbar}{\Gamma} = \frac{1.055 \times 10^{-34}\,\text{J}\cdot\text{s}}{0.093\ \text{MeV}}\left(\frac{1\ \text{MeV}}{1.6 \times 10^{-13}\,\text{J}}\right) = 7.1 \times 10^{-21}\ \text{s}$$

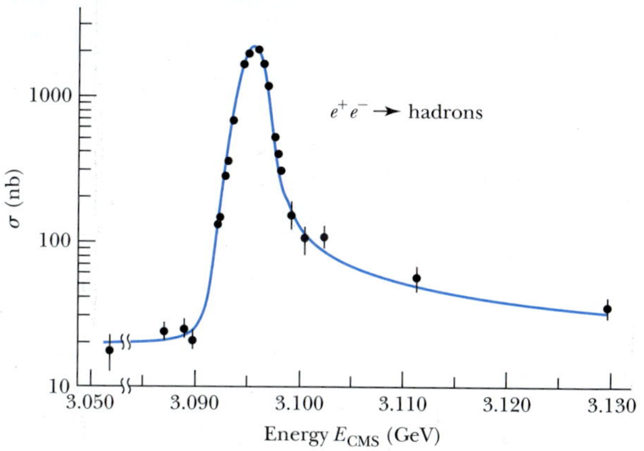

그림 14.9 SLAC의 버턴 릭터(Burton Richter)와 그의 그룹의 실험 결과인데, 질량 3.1 GeV/c^2 근처에서 J/ψ 공명을 보여 준다. 노벨상을 받은 이 실험은 SLAC의 SPEAR 갈무리 고리에서 e^+와 e^-를 정면충돌시켰다. 에너지는 질량 중심 계(center of mass system, CMS)에서의 에너지이다. 데이터 출처: Augustine et al., *Physical Review Letters* **33**, 1406 (1974), 그림 출처: D. H. Perkins, *Introduction to High Energy Physics*, Reading, MA: Addison Wesley (1982), p. 205

실질적으로 광속으로 달리는 e^+와 e^-가 수 페르미의 거리에서 상호작용하는 데 걸리는 특성 시간에 비교하면 10^{-20} s의 수명은 아주 길다.

14.4 보존 법칙과 대칭성

알려진 기본 입자의 수가 증가하자 물리학자들은 몇몇 반응과 붕괴가 일어난다는 것에 당혹해했다. 물리학자들은 어떤 과정이 일어날 것인지 아닌지를 결정하는 명확한 규칙이나 법칙을 가지기를 좋아한다. 자연에서 금지되어 있지 않은 모든 것은 일어나는 것처럼 보인다. 어떤 보존 법칙들은 고전물리학을 공부해서 이미 익숙한 것들인데, 질량·에너지, 전하, 선운동량, 각운동량의 보존 법칙을 포함한다. 이런 보존 법칙들은 절대적인 것으로 항상 지켜진다. 이 절에서 우리는 기본 입자 상호작용의 많은 가능성을 이해하는 데 도움이 되는 추가적인 보존 법칙들을 소개한다. 이제 보게 되듯이 이 보존 법칙 중 어떤 것은 절대적이고 다른 것들은 하나나 둘의 기본 상호작용에서만 타당하다.

중입자 보존

저에너지 핵반응에서 핵자의 수는 언제나 보존된다. 이제 경험적으로 이 핵자 수의 보존은 더 일반적인 중입자수 보존 법칙의 일부라는 것이 알려져 있다. 우리는 중입자에는 $B = +1$, 반중입자에는 -1, 다른 모든 입자에는 0이라는 새로운 양자수를 부여하고, *중입자수*라고 부른다. *중입자수 보존은 반응 전후에 중입자수가 같아지기를 요구한다.* 비록 중입자 보존이 깨진 예가 알려지지 않았지만, 이론적으로는 온도가 아주 높았을 때인 우주의 초기에는 종종 깨졌다는 것이 암시되었는데, 오늘날의 우주에 물질이 반물질보다 훨씬 많다는 것을 설명하기 위해 도입되었다.

개념 예제 14.4

양성자가 붕괴하는 것이 발견된다면 중입자 보존이 깨지는 것일까?

풀이 알려진 중입자 중에서 양성자보다 질량이 가벼운 것은 없다. 그러므로 새롭고 가벼운 중입자가 발견되지 않는다면, 양성자 붕괴가 일어날 때 중입자 보존이 깨질 것이다. 양성자의 수명은 10^{34}년보다 길다고 믿어지지만, 양성자의 붕괴를 찾는 노력은 계속되고 있다.

몇 가지 예에서 중입자 보존 법칙을 검토해 보자. 중성자 붕괴 $n \rightarrow p + e + \bar{\nu}_e$에서 왼쪽과 오른쪽의 중입자수는 +1이므로 중입자수는 보존된다. 반양성자는 $p + p \rightarrow p + p + p + \bar{p}$ 반응에서 발견되었다. 이 반응에서 하나의 반양성자를 생성하기 위해 최소한 네 개가 되는 입자가 생성되는데, 중입자의 보존 때문에 그렇다: 왼쪽에서 $B = 1 + 1 = 2$이고 오른쪽에서는 $B = 1 + 1 + 1 - 1 = 2$이다. 하나의 반양성자를 생성하기 위해 반응식의 우변에 세 개 이상의 양성자가 있어야만 한다.

개념 예제 14.5

그림 14.10의 거품상자(Special Topic '실험에서의 독창성'을 보라) 사진에 나타나는 Ω^- 입자의 생성 반응에서 중입자수 보존을 검토하라.

풀이 이 반응에는 곧바로 중입자수 보존을 적용할 수 있다. 반응은

$$K^- + p \rightarrow K^0 + K^+ + \Omega^- \tag{14.7}$$

이다. 케이온들은 모두 $B = 0$이므로 식의 왼쪽에서 $B = 0 + 1 = 1$이다. Ω^-는 $B = +1$이므로 오른쪽에서 $B = 0 + 0 + 1 = 1$이다. 이 실험은 Ω^- 입자를 처음 발견한 실험인데, 머리 겔만(Murray Gell-Mann, 14.5절을 보라)이 Ω^- 입자의 존재를 예측한 지 3년쯤 후의 일이다.

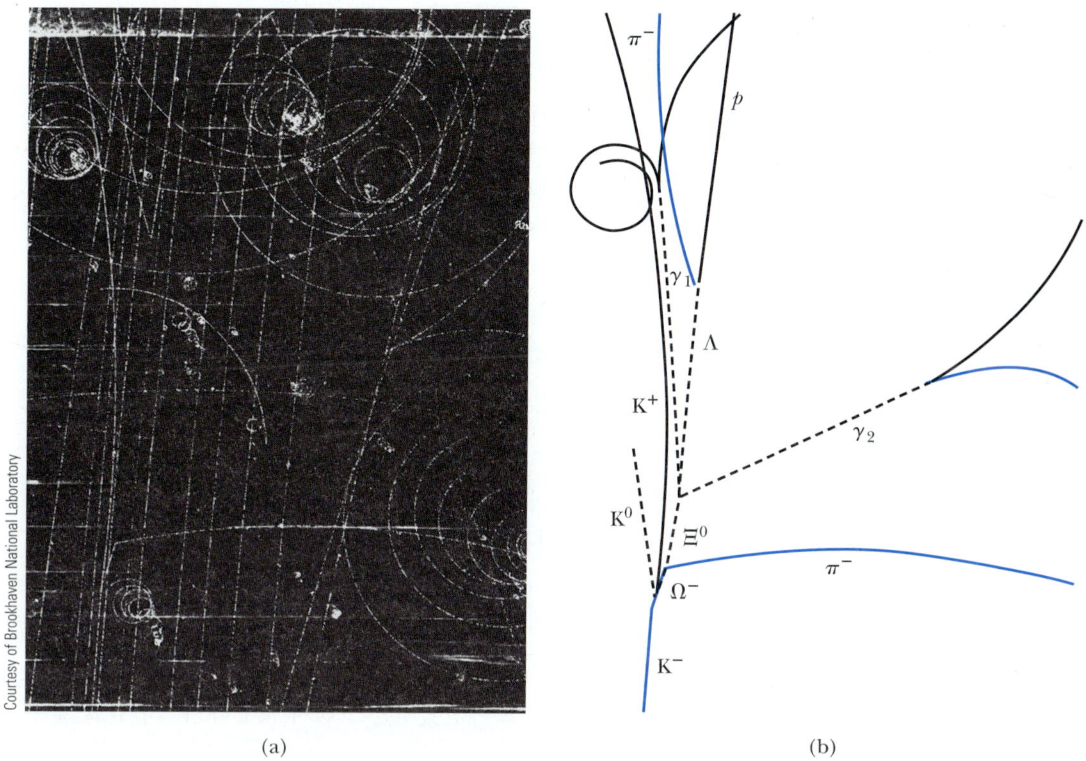

그림 14.10 K^- 중간자와 양성자(거품상자 내의 수소의 핵)의 상호작용에 의한 Ω^- 입자의 생성을 보여 주는, 브룩헤이븐 국립 연구소에 있는 액체 수소 거품상자에서 일어난 반응 사진과 모식도. 중성 입자(점선)는 거품상자에서 궤적을 남기지 않는다. Ω^-는 붕괴하여 Ξ^0와 π^-를 만든다. 이 반응에서 다양한 입자들이 생성되며 수명이 짧은 입자들은 결국 붕괴하는 것을 유의하라.

렙톤 보존

렙톤은 모두 기본 입자이며, *세 종류(가족)의 렙톤* **각각***에 대해 렙톤이 보존된다. 즉, 각 가족에 속한 렙톤의 수는 반응 전후에 같다.* 전자와 전자 중성미자에 $L_e = +1$을 부여하고 이들의 반입자에 $L_e = -1$을 부여하며 다른 모든 입자에는 $L_e = 0$을 부여한다. 비슷한 방법으로 뮤온과 뮤온 중성미자에 양자수 L_μ, 타우와 타우 중성미자에 양자수 L_τ를 부여한다. 이제 대부분의 반응과 붕괴에서 성립하는 세 개의 보존 법칙, 즉 L_e, L_μ, L_τ 각각의 보존 법칙을 갖게 되었다. 비행 중인 중성미자에서 일어나는 중성미자 진동(14.7절을 보라)에서는 각 가족 내의 렙톤 보존이 깨지기 때문에 *대부분*이라는 말을 썼다. 그래도 총 렙톤 수 $L = L_e + L_\mu + L_\tau$는 보존되는데, 중입자수 보존과 마찬가지로, 우주 초기의 아주 높은 온도에서는 예외이다.

이 보존 법칙들의 효과를 보기 위해 몇몇 반응을 검토해 보자. 먼저 중성자의 베타 붕괴 $n \rightarrow p + e + \bar{\nu}_e$를 다시 살펴보자. 양변에서 L_μ와 L_τ는 모두 0이다. 왼편에서 $L_e = 0$이고 오른편에서 $L_e = 0 + 1 - 1 = 0$이므로 L_e는 보존된다. 이제 왜 베타 붕괴에서 중성미자 대신 반중성미자가 생기는지 분명해진다. 반중성미자는 약한 상호작용에서 중요한 역할을 한다.

개념 예제 14.6

π^-와 μ^-의 붕괴에서 렙톤 보존 법칙을 검토하라.

풀이 이 붕괴 반응들은 다음과 같다.

$$\pi^- \rightarrow \mu^- + \bar{\nu}_\mu$$

$$\mu^- \rightarrow e^- + \bar{\nu}_e + \nu_\mu$$

π^-는 처음에 μ^-로 붕괴하고 이어서 μ^-는 e^-로 붕괴한다. 하지만 렙톤 수를 보존하기 위해 중성미자들이 있어야 한다. 처음 반응의 왼편에서 $L_\mu = 0$이고 오른편에서 $L_\mu = +1 - 1 = 0$이다. 두 번째 반응에서 L_e와 L_μ가 모두 보존되어야 한다. 왼편에서 $L_e = 0$, $L_\mu = 1$이고 오른편에서는 $L_e = 1 - 1 + 0 = 0$, $L_\mu = 0 + 0 + 1 = 1$이므로, L_e와 L_μ가 모두 보존된다.

기묘도

1950년대 초반에 물리학자들은 무수하게 많이 관측된 반응과 붕괴를 이해하는 데 상당한 어려움을 겪었다. 예를 들어 K 중간자들의 거동은 매우 이상해 보였다. 중간자의 생성에 적용되는 보존 법칙이 없음에도 불구하고, 가장 많이 연구된 양성자 반응, 즉 $p + p$ 반응에서 Λ와 Σ 중입자와 K 중간자는 항상 쌍으로 생성되었다. 또한 π^0 중간자가 두 개의 광자로 붕괴하는 매우 빠른 붕괴(10^{-16} s)가 잘 일어나는 붕괴 모드였다. K^0 중간자도 매우 빨리 두 개의 광자로 붕괴하리라고 예상했지만 그렇지 않았다. K^0의 길고 짧은 붕괴 수명은 각각 10^{-8}과 10^{-10} s이다.

이 이상한 거동은 일부 입자에 **기묘도**(strangeness)라고 불리는 양자수를 부여함으로써 이해할 수 있었다. 기묘도는 강한 상호작용과 전자기 상호작용에서는 보존되지만, 약한 상호작용에서는 그렇지 않다. 표 14.4에 기묘 양자수 S의 값이 열거되어 있다. 케이온은 $S = +1$이고 람다와 시그마는 $S = -1$이며, 크시는 $S = -2$이고 오메가는 $S = -3$이다. 이들의 반입자의 S 양자수는 반대의 부호를 갖는다. $p + p$ 강한 상호작용으로 기묘 입자들이 생성될 때, 기묘도를 보존하기 위해 기묘 입자들은 쌍으로 생성되어야만 한다. π^0는 강한 상호작용으로 두 광자로 붕괴할 수 있지만, K^0가 강한 상호작용으로 붕괴하는 것은 불가능하다. K^0는 $S = 1$인 입자들 가운데 가장 가벼우므로 그것이 붕괴하여 만들 수 있는 다른 기묘 입자가 없다. K^0는 기묘도 보존이 깨지는 약한 상호작용을 통해서만 붕괴할 수 있는데, 약한 상호작용의 전형적인 붕괴 시간은 10^{-10} s 정도이므로 K^0의 긴 붕괴 시간이 설명된다. 약한 상호작용에서는 $\Delta S = \pm 1$인 위반만 허용된다.

예제 14.7

표 14.4에 있는 대로 Σ^0가 다른 하이퍼론(0이 아닌 기묘도를 갖는 중입자)에 비해 대단히 수명이 짧은 것을 설명하라.

전략 보존 법칙을 사용하여 수명을 설명할 수 있어야 한다. 모든 하이퍼론의 수명이 10^{-10} s 정도인데, 예외적으로 Σ^0만이 7×10^{-20} s의 수명을 갖고 있다. 이 짧은 수명 때문에 Σ^0에 무언가 다른 것이 있다고 짐작한다.

풀이 붕괴 과정은 $\Sigma^0 \rightarrow \Lambda + \gamma$로서 좌변은 $S = -1$이고 우변은 $S = -1 + 0 = -1$이므로 허용된 전이이다. Σ^0는 강한 상호작용으로 같은 기묘도 값을 갖는 다른 기묘 입자로 붕괴할 수 있다.

그러나 표 14.4의 다른 모든 하이퍼론들은 기묘도 보존을 깨는 붕괴를 한다. Σ^+와 Σ^-는 핵자로 붕괴하는데 기묘도 보존을 깬다($|\Delta S| = 1$). Ξ^0와 Ξ^-는 모두 Λ로 붕괴하는데, 좌변은 $S = -2$인데 우변은 $S = -1$이므로 기묘도를 깬다. 비슷하게 Ω^-는 Ξ^0나 Λ로 붕괴하는데, Ω^-는 $S = -3$이므로 둘 다 기묘도를 깬다. 이들 붕괴 시간은 모두 10^{-10} s 정도로 약한 상호작용의 특징이다.

Ω^-가 Λ로 붕괴하는 것은 특히 흥미롭다. 얼핏 보면 이 반응은 $|\Delta S| = 2$로 기묘도를 깨는 것 같지만, 이 반응이 실제로는 $\Omega^- \to \Lambda + K^-$이므로 좌변은 $S = -3$이고 Λ와 K^-가 모두 $S = -1$이라서 우변은 $S = -1 -1 = -2$이므로 $\Delta S = 1$이다.

초전하(hypercharge)라고 부르는 또 하나의 양이 양자수로 널리 사용되어 왔다. 초전하 양자수 Y는 $Y = S + B$로 정의된다. 초전하수는 기묘도와 중입자 양자수의 합이므로 강한 상호작용에서 보존된다. 초전하는 기묘도와 관계있으므로 초전하의 보존과 기묘도의 보존도 관련되어 있다. 초전하와 기묘도의 보존은 강한 상호작용과 전자기 상호작용에서는 성립되지만, 약한 상호작용에서는 깨진다.

에미 뇌터(Emmy Noether, 1882~1935)는 독일의 에를랑겐대학에서 그녀의 아버지로부터 수학을 배운 수리물리학자였다. 뇌터는 아인슈타인을 비롯한 많은 사람에게 수학 천재로 인정받았다. 그녀는 괴팅겐대학에서 가장 중요한 일을 했다. 1933년 독일에서 유대계라는 이유로 추방당한 후, 펜실베이니아의 브린모어대학으로 가서 1935년에 생을 마칠 때까지 일했다. 뇌터 정리는 모든 대칭성은 보존 법칙과 연관되어 있고 그 역도 성립한다고 선언한다.

대칭성

물리계의 대칭성은 그 계가 변형할 때 바뀌지 않는 수학적 혹은 물리적 특징으로 나타난다. 예를 들어, 잘 알려진 대칭 조작은 공간상에서 어떤 계를 나란히 옮기거나 회전하는 것이다. 대칭성에는 곧바로 보존 법칙이 따르기 때문에, *반전성*, *전하 켤레짓기*, *시간 되짚기*로 불리는 세 가지 대칭 조작을 논의하는 것이 중요하다. 1915년에 독일 수학자 에미 뇌터가 만든 유명한 정리에 따르면 대칭성은 곧바로 보존 법칙을 낳는다. 뇌터는 그녀가 살던 시대에서 가장 유명한 이론 수학자이자 물리학자였다.

반전성 P의 보존은 공간에서의 반전, 즉 $x \to -x$, $y \to -y$, $z \to -z$에서의 대칭성이다. 반전성이 보존되면 반전 때문에 물리학의 법칙이 바뀌지 않는다. 강한 상호작용과 전자기 상호작용에서는 반전성이 보존되지만, 리(T. D. Lee)와 양(C. N. Yang)(둘 다 1957년 노벨 물리학상 수상)은 1956년에 약한 상호작용에서는 반전성 보존을 보여 주는 실험적인 증거가 없다는 것을 지적했다. 그들은 이것을 시험해 보기 위해 핵의 베타 붕괴 실험을 제안하고, 1956년 5월 리가 잘 알려진 베타 붕괴 물리학자였던 우(C. S. Wu)에게 말했다. 우와 동료들은 1956년 후반에 ^{60}Co의 베타 붕괴에서 반전성이 보존되지 않는다는 증거를 발견해서 리와 양의 의심이 타당함을 보였다.

전하 켤레짓기 C는 입자의 전하와 자기모멘트의 부호를 바꾸는 것으로 모든 입자를 반입자로 바꾸는 효과가 있다. 전하 켤레짓기도 약한 상호작용에서는 보존되지 않으나 강한 상호작용과 전자기 상호작용에서는 보존된다. 비록 C와 P가 약한 상호작용에서 깨지지만, 리와 양의 연구 후 몇 년간, 전하 켤레짓기와 반전 조작을 둘 다 하면(CP라고 불린다) 보존이 된다고 믿었었다. T를 시간 되짚기 대칭성이라 할 때 세 가지 조작 모두를 하면(CPT) 보존된다는 일반 이론의 결과로부터 CP 보존을 이해할 수 있는데, 우리는 미시 계에서는 시간이 앞으로 흐르든 뒤로 흐르든 자연은 같은 방식으로 진행한다고 믿고 있다. 우리는 T, CP, CPT와 같은 대칭성 조작의 **불변성**을 논한다.

피치(V. Fitch)와 크로닌(J. Cronin)(둘 다 1980년 노벨 물리학상 수상)과 동료들

Alan W.Richards, AIP Emilio Segrè Visual Archives

리정다오(Lee Tsung-Dao, 1926~)와 양전닝(Yang Chen Ning, 1922~)은 중국에서 태어나 교육받고 시카고대학교에서 박사 학위(리는 1950년, 양은 1948년에 취득)를 취득하러 미국에 왔다. 리는 버클리의 캘리포니아대학교와 프린스턴의 고등연구소에서 일하다가 1953년에 컬럼비아의 교수가 되었다. 양은 1949에서 1966년까지 고등연구소에 있었고 1966년에서 1999년까지 스토니브룩의 뉴욕주립대학교에서 일하였다. 그는 1990년대에 중국으로 돌아가서 현재는 베이징의 칭화대학교에 있다. 두 사람은 반전성 연구로 1957년 노벨 물리학상을 받았다.

Keystone Press/Alamy Stock Photo

밸 피치(Val Fitch, 1923~2015)는 크로닌과 함께 K 중간자의 붕괴가 널리 믿어졌던 전하 켤레짓기와 반전의 대칭성을 깨뜨린다는 것을 발견했다. 피치와 크로닌은 둘 다 미국에서 태어났고, 놀라운 실험적인 발견을 할 때 프린스턴대학교의 교수였다. 이 실험적인 발견으로 그들은 1980년 노벨 물리학상을 받았다.

이 1964년 K_L^0 중간자의 0.3%는 세 개의 파이온으로 붕괴하지 않고 두 개의 파이온으로 붕괴한다는 것을 발견했을 때의 상황이 위와 같았다. 두 파이온으로의 붕괴가 드물기는 하지만 이 붕괴는 *CP* 보존을 깨뜨렸고 시간 되짚기 대칭성에 커다란 파문을 일으켰는데, *CPT* 불변은 강하게 믿어졌기 때문이다. 현재도 이 결과를 완전히 이해했는지와 그 영향에는 의심의 여지가 있다.

여기서 논의된 대칭성들은 입자물리학에서 사용하는 대칭성의 작은 부분일 뿐이다. 입자물리학의 대칭성은 대칭성을 사용하는 수학의 한 분야인 군론에 크게 의존한다. 14.7절에서 대칭성을 다시 다룬다.

14.5 쿼크

이제 쿼크에 대해 그리고 쿼크들이 어떻게 실험적으로 발견된 많은 중입자와 중간자를 만드는지를 논의할 준비가 되었다. 1961년 머리 겔만(Murray Gell-Mann)과 유발 니먼(Yuval Ne'eman)은 독립적으로 **팔정도**(eightfold way)라고 불리는 분류 체계를 제안했다. 팔정도는 전하, 초전하와 앞에서 논의하지 않은 **아이소스핀**(isospin)이라고 불리는 또 하나의 양자수를 사용하여 알려진 입자들을 다중항으로 구분한다. 아이소스핀은 질량과 상호작용 성질이 비슷하지만 서로 다른 대전 입자들을 분류하는 데 쓰일 수 있는 특성이다. 중성자와 양성자는 *핵자*라고 부르는 아이소스핀 다중항을 구성한다. 이 경우 아이소스핀 양자수(I)는 1/2의 값이며, 양성자는 하위 상태 값 +1/2('위 스핀')을 갖고 중성자는 −1/2('아래 스핀')을 갖는다. 아이소스핀은 강한 상호작용에서는 보존되지만, 전자기 상호작용에서는 보존되지 않는다.

팔정도가 개발된 후에 팔중항의 일부가 없다는 것이 눈에 띄었다. 물리학자들은 대칭성을 깊이 믿고 있었기 때문에 실험물리학자들은 없는 입자를 찾으려고 했는데, 이론 모형에 의해 이 입자들의 많은 성질이 예측되었으므로 이는 쉬운 작업이었다. 이와 같은 방법으로 1964년 브룩헤이븐 국립 연구소에서 Ω^-가 발견되었고(그림 14.10과 예제 14.5를 보라), 이 발견은 팔정도의 유용성을 확인해 주었다.

그러나 다른 입자들이 더 발견되자 곧 팔정도가 최후의 답은 아니라는 것이 밝혀졌다. 1963년 겔만과 조지 츠바이크(George Zweig)는 독립적으로 강입자가 **쿼크**(quark)*라고 불리는 부분 전하를 가진 입자들로 이루어진다고 제안하였다. 쿼크 이론은 입자의 성질을 기술하고 입자의 반응과 붕괴를 이해하는 데 대단히 성공적이었다. 세 개의 쿼크가 제안되었는데, *위*(up, u), *아래*(down, d)와 *기묘*(strange, s)라고 하고, 각각 $+2e/3$, $-e/3$과 $-e/3$의 전하를 가진다. 기묘 쿼크는 기묘도 −1을 가지고 다른 두 쿼크는 $S = 0$이다. 쿼크들은 렙톤과 마찬가지로 본질적으로 점과 같다고 여겨진다.

이 세 쿼크를 가지고 모든 알려진 강입자를 쿼크와 반쿼크의 특정한 조합으로 설명할 수 있었지만, 그래도 여전히 남는 문제가 있었다. 앞의 마지막 절에서 기묘 양자수가

* 이 말은 겔만이 제임스 조이스의 책 *Finnegans Wake* 중 '무스터 마크(Muster Mark)를 위한 세 쿼크'라는 행에서 따서 만들었다. 겔만은 혁신적인 이론을 만드는 것 외에도 많은 다른 일에 관심이 있는 것으로 잘 알려져 있다.

알려진 몇 입자의 수명을 설명할 수 있다는 것을 논의했다. 예를 들어 하이퍼론들의 수명의 차이가 예제 14.7에서 논의되었고, 기묘도 보존의 위반으로 설명되었다. 비슷하게 또 하나의 새로운 양자수가 몇몇 알려진 입자들의 수명의 차이를 설명할 수도 있었으므로, 1970년에 *맵시* 쿼크(c)가 제안되었다. **맵시** C라고 불리는 새 양자수가 도입되어 맵시 쿼크는 $C = +1$을 갖고 반쿼크는 -1을 가지며, 맵시 쿼크를 갖지 않는 입자들은 $C = 0$이다. 맵시는 강한 상호작용과 전자기 상호작용에서는 보존되고 약한 상호작용에서는 보존되지 않는다는 점에서 기묘도와 비슷하다. 이런 성질로 입자의 수명과 관련한 어려움을 설명하는 데 충분했다.

실험물리학자들은 계속해서 새로운 기본 입자들을 찾았다. 1974년 SLAC에서 버턴 릭터(Burton Richter)가 이끄는 그룹과 브룩헤이븐 국립 연구소에서 MIT의 새뮤얼 팅(Samual Ting)이 이끄는 그룹이 독립적으로 입자 산란 실험에서 맵시 쿼크와 그 반쿼크의 존재를 필요로 하는 무거운 중간자의 증거를 발견했다(예제 14.3을 보라). 릭터와 팅은 J/ψ *입자*(두 팀은 서로 다른 이름을 붙였다)라고 부르는 새로운 입자의 발견으로 1976년 노벨 물리학상을 받았다. 더 질량이 무겁고 맵시의 성질이 있어야 하는 다른 입자들이 연이어 발견되었다.

1977년 페르미 국립 연구소의 리언 레더먼(Leon Lederman)이 이끄는 물리학자들이 무거운 Υ(입실론) 중간자를 발견했는데, 이 중간자는 **바닥** 쿼크(b)를 갖고 있다. 이것은 곧 e^+e^- 산란에서의 홅기 공명에서 증명되었는데, 이 산란에서 입실론 중간자의 10 GeV 근처의 세 개의 좁은 공명은 b 쿼크가 존재해야 설명된다. 표준 모형은 **꼭대기** 쿼크(t)라고 불리는 또 하나의 쿼크를 예측했고, 오랫동안 찾은 끝에 1995년 페르미 국립 연구소에서 꼭대기 쿼크가 발견되었다. 마지막 두 쿼크는 종종 *참*(truth)과 *예쁨*(beauty)이라고도 불리며, **바닥수** B와 **꼭대기수** T라는 양자수가 부여되었다.

Bettmann/Getty Images

머리 겔만(Murray Gell-Mann, 1929~2019)은 뉴욕시에서 태어나 15살에 예일대학교에 들어가서 물리학 학사 학위를 받았다. 그는 1951년 매사추세츠 공과대학에서 박사 학위를 받았고, 프린스턴의 고등연구소와 일리노이대학교에서 일했고, 1955년에 캘리포니아 공과대학에 가서 1993년까지 머물렀다. 아직 20대일 때 그는 새로운 양자수 기묘도를 제안했는데, 기묘도는 이미 있는 결과를 설명했고 다른 새로운 결과를 얻는 데 기여했다. 1962년 팔정도를 제안해서 기본 입자들을 가족으로 조직화했고 Ω^- 입자의 발견을 유도했다. 나중에 쿼크를 제안했고 더 나중에는 색력의 개념을 도입하는 데 이바지했다. 기본 입자 이론에 대한 공로로 1969년 노벨 물리학상을 받았다. 자연사, 고고학, 심층 심리학, 생물 진화, 문화 진화와 같은 다른 많은 분야에 관심을 가졌다.

입자들의 쿼크 설명

이제 쿼크들의 성질을 기술하고 쿼크들이 어떻게 강입자들을 만드는 데 사용되는지 알아보자. 표 14.5에 쿼크들의 이름, 기호, 질량, 전하, 기묘 양자수, 맵시 양자수, 바닥 양자수와 꼭대기 양자수가 있다. 모든 쿼크(와 반쿼크)의 스핀은 1/2이다.

중간자는 쿼크·반쿼크 쌍으로 이루어져서 중입자수가 0이 되는 조건을 만족하며, 중입자는 보통 세 개의 쿼크로 이루어진다. 표 14.6은 몇몇 중간자와 중입자의 쿼크 구성을 나타내고 있는데, 그 구조는 아주 간단하다. 예를 들어 π^-는 $\overline{u}d$로 이루어져서 전하는 $(-2e/3) + (-e/3) = -e$이며, 두 스핀이 합쳐져 $0\left(-\frac{1}{2}+\frac{1}{2}=0\right)$이 된다. 양성자는 uud이므로, 전하는 $(2e/3) + (2e/3) + (-e/3) = +e$이며, 중입자수는 $\frac{1}{3}+\frac{1}{3}+\frac{1}{3}=1$이고, 쿼크 두 개의 스핀이 합하여 0이 되고 양성자의 스핀으로는 $\frac{1}{2}$이 남는다$\left(\frac{1}{2}+\frac{1}{2}-\frac{1}{2}=\frac{1}{2}\right)$.

기묘수가 $S = -3$인 Ω^-의 쿼크 구성은 어떠한가? 표 14.6을 보고 쿼크 구성이 sss임을 알 수 있다. 표 14.5의 성질에 따라 Ω^-의 전하는 $3(-e/3) = -e$이고 세 쿼크의 스핀이 정렬하여 Ω^-의 스핀은 $3(1/2) = 3/2$인데, 이 두 값은 옳다. 안정된(수명 ~10^{-10} s)

표 14.5 쿼크의 성질

쿼크 이름	기호	질량* (GeV/c^2)	전하	중입자수	기묘도 S	맵시 C	바닥수 B	꼭대기수 T
위	u	0.0022	$2e/3$	$\frac{1}{3}$	0	0	0	0
아래	d	0.0047	$-e/3$	$\frac{1}{3}$	0	0	0	0
기묘	s	0.095	$-e/3$	$\frac{1}{3}$	−1	0	0	0
맵시	c	1.275	$2e/3$	$\frac{1}{3}$	0	1	0	0
바닥	b	4.18	$-e/3$	$\frac{1}{3}$	0	0	−1	0
꼭대기	t	173	$2e/3$	$\frac{1}{3}$	0	0	0	1

반쿼크 $\bar{u}$, $\bar{d}$, $\bar{s}$, $\bar{c}$, $\bar{b}$, $\bar{t}$는 전하, 중입자수, S, C, B, T의 부호가 반대이다.

*u, d, s 쿼크의 질량은 '현재 쿼크 질량'으로 불리는 추정값이다.
출처: M. Tanabashi et al. (Particle Data Group), *Physical Review D* **98**, 030001 (2018)과 갱신된 최근 값들

오메가의 다른 가능성은 없는데, 표 14.4와 일치한다.

개념 예제 14.8

중성자의 베타 붕괴에 관계되는 각 입자의 쿼크 구성을 살펴보고 전하와 중입자수가 맞음을 확인하라.

풀이 중성자의 베타 붕괴는 다음과 같다.

$$n \rightarrow p + e + \bar{\nu}_e$$

각 입자에 대응하는 쿼크 구성은

$$\text{중성자 베타 붕괴: } udd \rightarrow uud$$

인데, 전자와 반중성미자는 렙톤이고 강입자가 아니기 때문에 그것들의 쿼크 구성에는 신경 쓰지 않는다. 양성자의 쿼크 구성은 전하 $+e$를 줌을 이미 확인했으므로 udd가 중성자의 전하 0을 주는지 확인하자: $(2e/3) + (-e/3) + (-e/3) = 0$. 양변에 세 개의 쿼크가 있으므로 양변의 중입자수는 1이다. 중성자의 베타 붕괴에서는 아래 쿼크가 위 쿼크로 변한다.

중성자의 베타 붕괴에 관한 파인먼 도형이 그림 14.11에 있다.

예제 14.9

Ξ^-의 주된 붕괴 반응은 $\Xi^- \rightarrow \Lambda^0 + \pi^-$이다. 붕괴 생성물 두 개도 다시 붕괴한다. 표 14.4에 열거된 Λ^0와 π^-의 첫 번째 붕괴 반응을 찾아보고 처음과 그다음의 두 개의 붕괴를 입자들의 쿼크 구성으로 써라.

전략 두 번째 붕괴 두 개를 찾아보면 $\Lambda^0 \rightarrow p + \pi^-$와 $\pi^- \rightarrow \mu^+ + \nu_\mu$임을 알 수 있다. 표 14.6을 사용하여 쿼크 구성을 알아보고, 반입자의 쿼크 구성은 대응하는 반쿼크를 사용한다.

풀이 먼저 붕괴 반응을 쓰고 다음으로 쿼크 구성을 쓴다. 이 붕괴들이 모두 약한 상호작용으로 일어나는데, 약한 상호작용에서는 쿼크의 변환이 일어날 수 있다는 것을 염두에 둔다. 이것을 논의하지는 않았지만, 이것은 이 붕괴들이 $W^\pm$ 게이지 보손을 교환함으로써 일어난다는 사실 때문에 그렇다.

$$\Xi^- \rightarrow \Lambda^0 + \pi^- \qquad dss \rightarrow uds + \bar{u}\,d$$

s 쿼크 하나가 d 쿼크로 바뀌고 $\bar{u}u$ 쌍이 생성된다.

$\Lambda^0 \rightarrow p + \pi^-$ $uds \rightarrow uud + \overline{u}d$	$\pi^- \rightarrow \mu^+ + \nu_\mu$ $\overline{u}d \rightarrow$ 쿼크 없음
마찬가지로 s 쿼크 하나가 d 쿼크로 바뀌고 $\overline{u}u$ 쌍이 생성된다.	d 쿼크가 u 쿼크로 바뀌어 이미 존재하는 $\overline{u}$ 쿼크를 소멸시킬 수 있다.

색

아마도 여러분이 눈치 챘을 수도 있는 어려움이 하나 있다. 쿼크는 스핀이 1/2이므로 모두 페르미온이다. 파울리의 배타 원리에 의하면 같은 상태에 두 개의 페르미온이 있을 수는 없다. 그런데도 Ω^-에는 세 개의 기묘 쿼크가 있는데, 이것은 하나의 입자 안에 있는 이 쿼크들을 구분하는 어떤 양자수가 있지 않으면 불가능하다. **색**(color)이라고 불리는 새로운 양자수를 도입하여 이 문제를 해결할 수 있는데, 이 개념을 바탕으로 **양자색역학**(quantum chromodynamics, QCD)이라는 이름의 이론이 생겼다. 쿼크에는 세 가지 색이 있는데, 편의상 빨강(red, R), 녹색(green, G), 파랑(blue, B)이라고 부른다. 이렇게 색을 붙이는 것은 우리가 눈으로 보는 색과는 아무 관계가 없고 새로운 성질을 구분하려는 시도에 불과한데, 어떤 면에서는 색을 띤 빛의 거동과 비슷한 점이 있다. 반입자의 색은 반빨강($\overline{\text{R}}$), 반녹색($\overline{\text{G}}$), 반파랑($\overline{\text{B}}$)이라고 부를 수 있다. 전자기에서의 *전기 전하*와 유사하게 *색*은 강한 핵력의 '전하'이다.

양자전기역학과 양자색역학의 두 이론은 구조가 비슷하여, 색은 종종 *색전하*로 불리고 쿼크 사이의 힘은 이따금 *색력*으로 불린다. 14.2절에서 글루온이 쿼크들을 함께 붙들고 있는 입자라고 하였다. 그림 14.12에 상호작용을 하는 두 쿼크의 파인먼 도형을 그렸는데, 빨강 쿼크가 왼쪽에서 와서 오른쪽으로부터 오는 파랑 쿼크와 상호작용을 한다. 두 쿼크는 글루온을 교환하고, 파랑 쿼크는 빨강 쿼크로, 빨강 쿼크는 파랑 쿼크로 바뀐다.

색과 반색은 소멸하여 없어지는데, 이것을 무색(혹은 백색)이라고 부르며, 모든 강입자는 무색이다. 그림 14.12에서 도표가 성립하려면 글루온은 $\text{B}\overline{\text{R}}$의 색을 가져야 한다. 쿼크들은 글루온을 방출하거나 흡수하면 색이 바뀌며, 같은 색의 쿼크들은 밀치고, 서로 다른 색의 쿼크들은 당긴다.

이야기를 마치려면, *맛깔*(flavor)이라고 지칭되는 여섯 종류의 쿼크에 관해 얘기해야 한다. 쿼크에는 여섯 가지 맛깔(u, d, s, c, b, t)이 있고 맛깔마다 세 개의 색이 있다. 최종적으로 얼마나 많은 서로 다른 글루온이 가능할까? 빨강, 녹색, 파랑의 세 색을 사용하면 글루온이 될 수 있는 아홉 가지의 조합이 가능한데, 그것들은 $\text{B}\overline{\text{B}}$, $\text{B}\overline{\text{R}}$, $\text{B}\overline{\text{G}}$, $\text{R}\overline{\text{B}}$, $\text{R}\overline{\text{R}}$, $\text{R}\overline{\text{G}}$, $\text{G}\overline{\text{B}}$, $\text{G}\overline{\text{R}}$, $\text{G}\overline{\text{G}}$이다. 그림 14.12의 글루온이 BR이 아닌 $\text{B}\overline{\text{R}}$임을 유의하라. $\text{B}\overline{\text{B}} + \text{R}\overline{\text{R}} + \text{G}\overline{\text{G}}$ 조합은 아무런 색 변화를 주지 않으므로 독립적이지 않으며, 따라서 단지 여덟 개의 글루온이 가능한데, 이것은 양자색역학이 예측하는 것과 같다. 글루온이 색전하를 가지고 있어서 글루온끼리 상호작용을 할 수 있다. 이 점에 있어서는 강력의 매개자인 글루온이 전자기력의 매개자인 광자와 아주 다르다는 것을 유의하라.

이제까지 아무도 자유 쿼크를 분명하게 본 사람은 없다. 그렇지만 1967년에 프리드먼(Jerome Friedman), 켄들(Henry Kendall), 테일러(Richard Taylor)(1990년 노

표 14.6 선택된 일부 중입자의 쿼크 구성

입자	쿼크 구성
중간자	
π^+	$u\overline{d}$
π^-	$\overline{u}d$
K^+	$u\overline{s}$
K^0	$d\overline{s}$
D^+	$c\overline{d}$
D^0	$c\overline{u}$
중입자	
p	uud
n	udd
Λ	uds
Σ^+	uus
Σ^0	uds
Ξ^0	uss
Ξ^-	dss
Ω^-	sss
Λ_C^+	udc

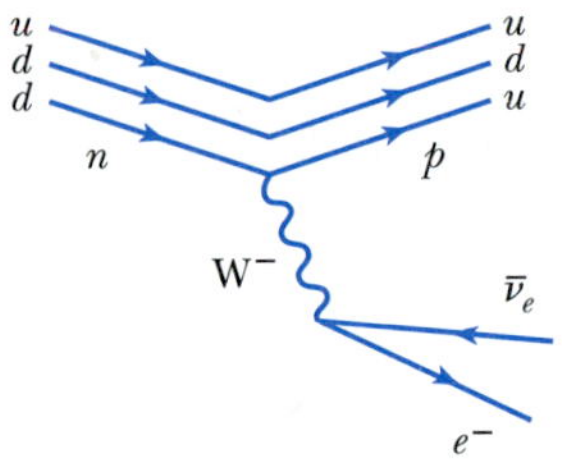

그림 14.11 중성자 베타 붕괴에 관한 파인먼 도형(그림 14.4를 보라)을 새롭게 그린 그림. 이 그림에서는 들어오는 중성자와 나가는 양성자를 그 구성 쿼크로 그렸다. 아래 쿼크가 위 쿼크로 바뀌면서 궁극적으로는 전자와 전자 반중성미자를 방출하는데, 약 상호작용의 매개자로서 W^- 보손이 매개한다. 아래 쿼크가 위 쿼크와 W^- 보손으로 바뀌고, W^- 보손이 전자와 전자 반중성미자로 붕괴한다고 생각할 수 있다.

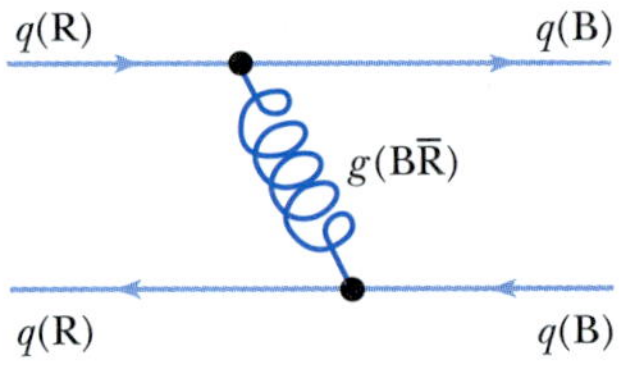

그림 14.12 색 R을 가진 쿼크와 색 B를 가진 쿼크 사이에 글루온($B\bar{R}$)이 교환되는 것을 보여 주는 파인먼 도형. 상호작용 중에 쿼크의 색이 바뀐다.

벨 물리학상)가 스탠퍼드 선형 가속기(SLAC)에서 20 GeV의 전자를 양성자에 깊게 산란시키는 실험을 하였다. 그들은 양성자가 균일한 물질의 구였을 때 예상되는 것보다 더 많은 산란한 전자를 뒤쪽에서 발견하였다. 그들의 실험은 양성자 안에 점과 같은 쿼크들이 존재한다는 증거로 해석되었다. 이 실험과 거의 60년 전에 했던 러더퍼드의 실험과의 유사점을 주목하라. 두 실험 모두 물체(러더퍼드의 실험에서는 원자, 뒤의 실험에서는 양성자) 안에 딱딱한 무엇인가가 있다고 결론을 내렸다. 그렇지만 1967년에서 몇 년이 지나서야, 쿼크의 개념이 일반적인 물리학계에 널리 받아들여졌다.

가둠

물리학자들은 이제 쿼크가 강입자 안에서만 존재하므로 자유 쿼크는 관측될 수 없다고 믿는데, 이를 **가둠(confinement)**이라 한다. 그로스(David Gross), 폴리처(H. David Politzer)와 윌첵(Frank Wilczek)은 강한 상호작용에서 쿼크의 거동을 설명하는 점근 자유성을 설명하여 2004년 노벨 물리학상을 받았다. 중성자 안에 가두어진 세 개의 쿼크를 보여 주는 그림 14.13에 있는 것과 같은 간단한 도표에서 어떤 일이 일어나는지를 볼 수 있다. 낮은 에너지에서 세 쿼크는 쉽게 가두어지며 자유롭게 움직인다. 입사 광자가 중성자로부터 산란하면, 쿼크 중의 하나가 에너지가 커져 탈출하려고 한다. 그렇지만 쿼크는 서로 멀어지면 글루온을 교환함으로써 전달되는 색력이 커지는 성질을 가지고 있어서, 쿼크 중의 하나가 멀리 가면 복원력이 커진다. 에너지가 너무 커서 색력이 쿼크를 중성자 안에 가두어 둘 수 없으면, 이 여분의 에너지는 쿼크·반쿼크를 만들 수 있고 중간자가 생성된다. 그림 14.13에 그린 경우에는 양성자와 π^-가 최종 결과이다. 광자나 전자가 중성자나 양성자와 같은 중입자와 높은 에너지에서 상호작용할 때 쿼크 하나가 탈출하지 않는 것은 분명하다. 에너지가 충분하면, 모든 보존 법칙과 쿼크 규칙을 만족하는 범위에서 여러 개의 중간자가 생성될 수 있다. 그 한 예가 14.3절에서의 델타 공명의 생성이다. 양성자로부터 산란한 고에너지 전자들이 1232 MeV에서 델타 공명을 만들고, 이것은 그 다음에 $p + \pi^0$나 $n + \pi^+$로 붕괴하는데, 두 경우 모두 쿼크·반쿼크 쌍이 생성된다.

쿼크 중의 하나가 당겨져 떨어지고 있는 강입자를 생각하자. 그림 14.14에 그려진 것처럼 쿼크 사이의 색력장이 '펼쳐진다'. 당겨진 용수철에 작용하는 힘과 마찬가지로, 쿼크가 당겨 떨어지면서 펼쳐지는 것을 막으려는 장에 점점 더 많은 에너지가 더해진다. 그렇지만 쿼크의 경우에는, 강입자에서 쿼크를 떼어 내는 대신, 색력장은 마침내 (용수철이 끊어지는 것처럼) 새로운 두 쿼크를 '찰칵 하고 만든다'. 에너지는 새로운 쿼크의 질량으로 변환되고 계는 펼쳐지지 않은 상태로 완화된다(그림 14.14를 보라). 쿼크들은 강입자 안에 가두어져 물리적인 입자로 관측되지 않기 때문에, 쿼크의 질량은 직접적으로 측정할 수 없다.

14.6 물질 가족

입자 분류에 대해 간단히 돌아보고 강입자들이 어떻게 쿼크들로 이루어지는지 배웠기 때문에 이제 요약하기로 한다. 현재 *렙톤*과 *쿼크*라고 불리는 두 종류의 페르미온은 기본 입자라고 믿는다. 이 기본 입자들은 그림 14.15에 보인 것처럼 세 개의 간단한 가족 혹은

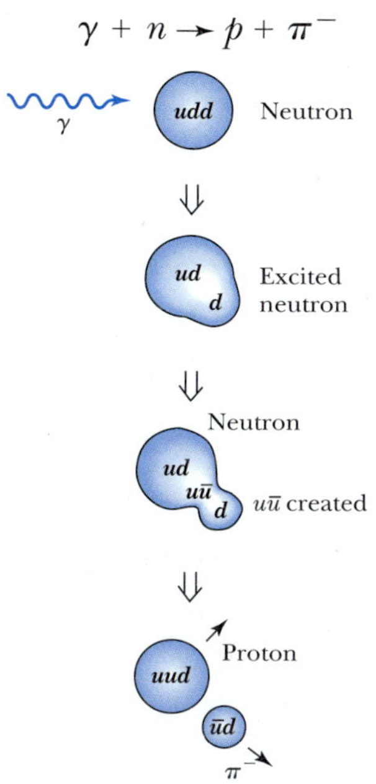

그림 14.13 고에너지 γ선이 중성자로부터 산란할 때(맨 위 그림), 가둠 때문에 자유 쿼크가 탈출할 수는 없다. 에너지가 충분하면 쿼크·반쿼크가 생성되어(예를 들면, $u\bar{u}$), 파이온과 양성자가 최종 입자가 된다.

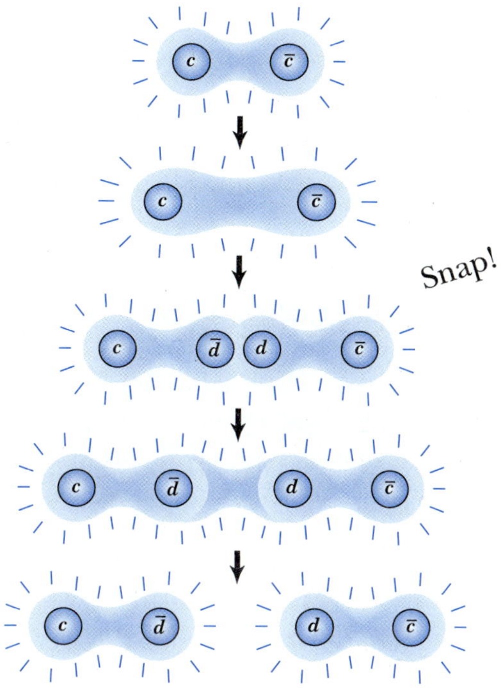

그림 14.14 쿼크는 강입자에서 당겨져서 떨어질 수 없다. 쿼크를 당기면 색력장이 증가하고, 증가하는 에너지가 결국 쿼크 쌍을 만드는 데 들어간다. 이는 당겨져서 끊어지는 용수철에 비유할 수 있는데, 점점 더 많은 에너지가 용수철의 퍼텐셜에너지로 들어가 결국 찰칵 하고 끊어진다. 쿼크의 경우에는 에너지가 새 쿼크 쌍을 만들고 계는 완화한다.

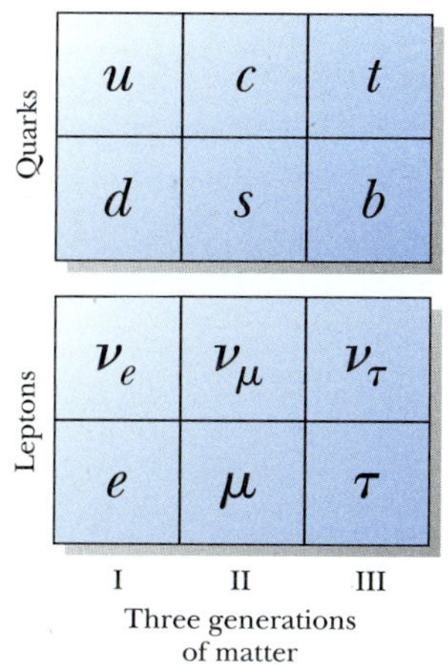

그림 14.15 물질의 3세대(혹은 가족). 쿼크와 렙톤 모두 세 개의 구분된 집합으로 존재함을 주목하라. 전하 유형당 하나씩의 쿼크와 렙톤이 한 세대를 구성한다. 우주의 눈에 보이는 모든 물질은 첫 번째 세대로 만들어졌고, 두 번째와 세 번째 세대의 입자는 불안정하여 첫 번째 세대의 입자로 붕괴한다.

세대로 나눌 수 있는데, 각 세대는 렙톤 두 개와 쿼크 두 개로 이루어진다. 두 렙톤은 대전한 렙톤과 그와 연관된 중성미자이며, 쿼크들은 두 개나 세 개가 결합하여 강입자를 만든다.

우주의 질량 대부분은 첫 번째 세대의 구성 입자들(전자와 u, d 쿼크)로 만들어진다. 중성미자가 얼마의 질량을 가지는지는 아직 모른다. 두 번째 세대는 뮤온, 뮤온 중성미자, 맵시 쿼크와 기묘 쿼크로 이루어진다. 이 세대의 구성 입자들은 고에너지의 일부 천체와 우주선에서 발견되고 고에너지 가속기에서 만들어진다. 제3세대는 타우, 타우 중성미자와 두 개의 쿼크 즉 바닥(혹은 예쁨) 쿼크와 꼭대기(혹은 참) 쿼크로 이루어진다. 제3세대의 구성 입자들은 우주 탄생의 초기 순간에 존재했고, 아주 높은 에너지의 가속기에서 생성될 수 있다. 각 그룹에서 질량은 세대 수에 따라 증가하여 제3세대가 가장 큰 질량을 갖는다는 것에 유의하라.

렙톤은 내부 구조가 없으므로 본질적으로 점과 같은데, 질량을 가진 세 렙톤과 질량이 거의 없는 다른 세 개(*중성미자들*)가 있다. 쿼크와 반쿼크는 *강입자*(*중간자*와 *중입자*)를 만든다. 쿼크도 점과 같으며($< 10^{-18}$ m), 함께 가두어져 결코 자유 상태로 있지 않다. 여섯 맛깔(위, 아래, 기묘, 맵시, 바닥, 꼭대기)의 쿼크가 있고 각 맛깔은 세 색(빨강, 녹색, 파랑)을 갖는다. 색 쿼크를 조합하는 규칙에 따라 모든 알려진 강입자를 나타낼 수 있다.

보손은 자연의 네 가지 기본 힘을 매개한다. 즉, 글루온은 강한 상호작용을, 광자는 전자기 상호작용을, $W^{\pm}$와 Z는 약한 상호작용을, 그리고 아직 관측되지 않은 중력자는 중력 상호작용을 일으킨다. 핵물리학을 배울 때 파이온이 강력의 매개자임을 논의했는데, 좀 더 근본적인 수준에서 이제는 글루온이 매개한다고 할 수 있다. 글루온은 파이온을 만드는 반쿼크와 쿼크 사이의 끌림을 일으키며 핵자를 만드는 쿼크 사이의 끌림도 일으킨다.

14.7 표준 모형을 넘어

입자물리학에서 표준 모형이 성공적이긴 했지만 모든 질문에 대해 답을 주지는 않는다. 예를 들어 표준 모형 자체로는 입자의 질량을 예측할 수 없다. 입자의 질량이라는 이 '암흑 상자' 비밀을 열기 위해서는 히그스 보손이 열쇠가 될 것으로 믿어진다. 왜 단지 세 개의 기본 입자의 세대 혹은 가족만이 존재하는가? 쿼크와 렙톤은 실제로는 더 기본적인 입자들로 이루어지는가? 과거의 모든 경험이 이것이 사실인지 의심하게 만든다. 핵의 구성에 관한 이해는 1932년에 채드윅(Chadwick)이 중성자를 발견함으로써 완성되었다. 쿼크 모형을 사용한 다음 수준의 이해는 또 35년이 지나서야 이루어졌다. 또 다른 수준이 있다면 그것에 도달하려면 더 많은 시간이 걸릴지 모르는데, 그와 같은 수준의 실험이 더 어렵고 수행하기에 비용이 더 많이 들기 때문이다.

물질·반물질

물리학자들은 약 140억 년 전의 대폭발 이후 물질과 반물질은 같은 양으로 만들어졌어야만 한다고 믿는다. 몇 초 안에 물질과 반물질은 서로 소멸하여 복사 에너지를 생성한다. 그렇지만 현재 우리의 우주는 대부분 반물질이 아닌 물질로 이루어져 있다. 대칭성이 깨져서 대폭발에서 반물질보다 아주 조금 많은 물질이 만들어졌다. 소멸한 10억 쌍의 물질·반물질 쌍마다 물질 입자 하나가 더 많이 남은 듯하다. 물리학자와 우주론자들은 여러 해 동안 그 이유에 관해 관심을 가져왔다. 1972년에 일본 교토대학교의 두 젊은 물리학자, 고바야시(Makoto Kobayahi)와 마스카와(Toshihide Maskawa)가 이 깨진 대칭성에 관한 가능한 설명을 내놓았는데, 이 설명에는 맵시, 바닥, 꼭대기 쿼크로 이루어진 완전히 새로운 쿼크 가족이 필요했고, 이 쿼크들은 각각 1974, 1977, 1994년에 발견되었다. 깨진 대칭성은 물리학자들에게 새로운 것은 아니었다. ^{60}Co의 베타 붕괴에서의 약한 상호작용에서는 반전성(P 대칭성)이 깨진다(14.4절을 보라). 1964년에는 케이온 붕괴에서 또 다른 대칭성 깨짐이 관측되었는데(14.4절을 보라), CP 대칭성이 가끔 깨진다. 고바야시와 마스카와는 2008년에 노벨 물리학상을 받았다.

고바야시와 마스카와는 또 하나의 깨진 대칭성인 CP 위반이 B 중간자의 붕괴에서 극히 드물게 일어나야 한다고 말했는데, B 중간자는 바닥 반쿼크와 위, 아래, 기묘, 맵시 쿼크 중 하나로 만들어진 입자이다. 미국(SLAC)과 일본(KEK)에서 행해진 주목할 만한 실험에서 B 중간자와 그 반입자의 붕괴 사이에 약한 비대칭성이 관측되었고, 이 비대칭성은 우주에 왜 반물질이 거의 없는지를 설명하는 데 도움이 된다. 계속하여 B 중간자와 연관된 물질·반물질 비대칭성의 수수께끼를 풀기 위한 더 많은 연구가 페르미 연구소에서 수행되었고 현재 CERN의 LHC에서 수행되고 있다. 또한 다음 절에서 논의하는 상당한 수의 중성미자 실험이 수행되고 있어서, 질량 비대칭의 문제를 해결하는 데 도움이 될 것이다.

중성미자

중성미자는 지금까지 물리학에서 관측된 가장 흥미로운 입자 중 하나이다. 중성미자는 종종 '유령' 입자로 불리는데, 물질과 상호작용할 확률이 아주 낮아서 지구를 포함한 물질을 그냥 지나갈 수 있기 때문이다. 우리는 12.7절과 12장의 Special Topic '중성미자 검출'에서 중성미자를 논의했었다. 파울리는 1930년대 베타 붕괴를 설명하기 위해 중성미자의 존재를 제안했지만, 중성미자는 1956년이 되어서야 코완(Cowan)과 라이너스(Reines)에 의해 실험적으로 탐지되었다. 중성미자는 약한 상호작용의 영향을 받지만 강한 상호작용과는 무관하다.

지난 몇십 년 동안 중성미자에 관한 놀라운 사실들이 밝혀졌다. 1962년에 레더먼(Leon Lederman), 슈워츠(Melvin Schwartz), 스타인버거(Jack Steinberger)는 왜 뮤온이 전자와 광자로 붕괴하지 않는지를 이해하기 위해 뉴욕의 브룩헤이븐 국립 연구소에서 실험을 수행했다. 그들은 파이온을 만드는 실험을 했는데, 파이온은 뮤온과 중성미자로 붕괴하는데, 뮤온은 정지시키고 중성미자만을 내버려 두었다. 그들은 중성미자가 물질을 통과한 다음 같은 양의 전자와 뮤온을 만들 것으로 예측했다. 그렇지만, 그들은 뮤온만을 관측할 수 있었는데, 이것은 중성미자가 뮤온과만 연관되어 있고 전자와는 상관없다는 것을 의미했다. 이것은 중성미자에 최소한 두 개의 '맛깔'이 존재해서 하나(ν_e)는 전자와 연관되고 또 하나(ν_μ)는 뮤온과 연관된다는 것을 뜻한다. 레더먼, 슈워츠와 스타인버거는 1988년 노벨 물리학상을 받았다. 타우 입자와 연관된 세 번째 맛깔의 중성미자가 그 후에 발견되었다.

프린스턴의 존 바흐칼(John Bahcall)은 1960년대에 태양 핵융합을 연구하면서, 상호작용하는 양성자들이 융합하는 과정에서 태양에서 엄청난 양의 중성미자가 흘러나올 것으로 예측했다. 그는 레이 데이비스(Ray Davis)와 팀을 이루어 사우스다코다의 홈스테이크 금광에서 중성미자 선속을 측정했다.(12장의 Special Topic '중성미자 검출'을 보라.) 데이비스는 이 실험을 철저히 확인했지만 바흐칼이 예측했던 중성미자 선속의 1/3만 관측할 수 있었다. 이것은 '태양 중성미자 문제'로 알려졌는데, 다른 실험 그룹에서도 비슷한 중성미자의 부족이 관측되었다.

지구의 대기를 통과하는 우주선은 전자 중성미자와 뮤온 중성미자 모두를 생성해야만 한다. 조심스러운 분석에 의하면 전자 중성미자 하나당 두 개의 뮤온 중성미자가 생겨야 한다. 아주 신중한 실험 결과, 예측과는 다르게 두 중성미자의 숫자는 같았다. 1970년대, 80년대, 90년대에 걸쳐서 중성미자에 관한 혼동이 계속되었고, 중성미자가 한 맛깔에서 다른 맛깔로 바뀐다는 설도 제시되었다.

우리는 이제 중성미자에 세 개의 맛깔이 있음을 알고 있다. 타우 입자는 1970년대 중반 SLAC과 로런스 버클리 연구소의 협동 연구로 발견되었고, 페르미 연구소의 연구 그룹이 2000년에 표준 모형이 예측한 **타우 중성미자**(tau neutrino)의 발견을 발표하였다. 표준 모형은 중성미자의 세 맛깔을 설명하지만, 질량에 관해 설명하지는 않는다. 중성미자는 다양한 근원에서 얻을 수 있다. 태양이 전자 중성미자를 만들고, 핵반응로도 전자 중성미자를 만들고, 우주 입자와 초신성은 세 종류 모두의 중성미자와 반중성미자를 만든다. 마침내 과학자들은 고에너지 양성자를 가속하여 여러 과녁에 쏘아서 다양한 종류의 중성미자와 반중성미자를 만들 수 있다.

1998년 일본의 슈퍼카미오칸데(Super-Kamiokande) 협동 연구는 대기에서 직접 들어오는 뮤온 중성미자의 숫자와 비교했을 때 약 절반의 뮤온 중성미자만이 지구를 통과해서 지나간다는 것을 보였다. 긴 거리를 지나는 시간 동안 뮤온 중성미자가 전자 중성미자와 타우 중성미자로 바뀌었다. 2001년 캐나다의 서드베리 중성미자 관측소(Sudbury Neutrino Observatory, SNO)는 태양의 전자 중성미자가 지구로 날아오는 동안 다른 맛깔로 바뀌었음을 보여 주었다. 이 두 실험에 대한 설명은 중성미자는 다른 맛깔로 '진동한다'라는 것인데, 이 진동은 중성미자가 질량을 가질 때만 일어나는 양자역학적 과정을 통해 일어날 수 있다. 신중한 검토 결과 이 진동이 태양 중성미자 문제를 해결한다는 것이 밝혀졌다. 이러한 성과로 일본 슈퍼카미오칸데 실험의 가지타 다카아키(Kajita Takaaki)와 캐나다 SNO 실험의 아서 맥도널드(Arthur McDonald)가 2015년 노벨 물리학상을 받았다. **중성미자 진동**(neutrino oscillation)은 중성미자가 세 질량 고유상태에서 형성되기 때문에 생기지만, 질량 고유상태는 알려지지 않았다. 곧 전 세계에 걸쳐 몇몇 다른 실험들이 이 결과를 확인했다. 중성미자에 관해 미스터리가 남아 있다. 우리가 많이 알면 알수록 더 알아야 할 것도 많아지는 듯하다. 아래에 몇 개의 미스터리에 대해 논의한다.

중성미자 진동

중성미자 질량 2019년까지 CERN의 LHC는 표준 모형이 예측하지 않는 새로운 입자를 발견하지 않았다. 중성미자가 질량을 갖고 맛깔을 이리저리 바꾼다는 것은 매우 이상한데, 둘 다 표준 모형에 모순된다. 중성미자 물리학이라는 완전히 새로운 분야가 꽃을 피웠다. 중성미자의 맛깔에는 질량이 하나로 결정되지 않는다. 중요한 것은 실제 질량이 아니라 중성미자 사이의 질량의 차이이다. 질량 상태 둘은 비슷한 질량을 갖고, 세 번째는 훨씬 크거나('정상' 계층구조) 훨씬 작은('역' 계층구조) 질량을 갖는다고 믿어진다. 물리학자들은 다른 입자들처럼 중성미자가 히그스 보손을 통해서 질량을 얻는다고 생각하지 않는다. 중성미자가 아마도 전자의 백만 분의 일 정도인 아주 작은 질량을 갖도록 하는 새로운 메커니즘이 있을 가능성이 크다.

현재 독일의 KATRIN 실험에서는 베타 붕괴로부터 전자 반중성미자의 질량을 정하기 위한 자료를 모으고 있다. 우주배경복사, 중력 렌즈, 초신성 자료와 다른 관측을 사용한 우주적 관측이 중성미자 질량의 상한을 설정하였고 앞으로도 계속할 것이다.

중성미자는 마요라나 입자인가 디랙 입자인가? 물질과 반물질이 같은 입자를 **마요라나 입자**(Majorana particle)라고 하고, 물질 입자와 반물질 입자를 구분할 수 있으면 **디랙 입자**(Dirac particle)라고 한다. 중성미자가 마요라나 입자인지 디랙 입자인지를 알면 중성미자의 질량이 정상 계층구조를 따르는지 역 계층구조를 따르는지 알기가 쉬워진다. 질량이 다른 두 종류와 상당히 다른 중성미자가 더 무거울지(정상 계층구조) 가벼울지(역 계층구조)를 정할 것이다. NOvA 실험에서는 뮤온 중성미자 빔의 진동을 페르미 연구소에서 생성되어 800 km 떨어진 미네소타의 검출기까지 이동하는 뮤온 반중성미자와 비교한다. 정상 계층구조는 뮤온 반중성미자의 진동보다는 뮤온 중성미자의 진동을 선호한다. DUNE 실험에서는 페르미 연구소에서 생성된 비슷한 뮤온 중성미자를 관측하지만, 1300 km 떨어진 사우스다코타에서 관측하여 중성미자가 다른 맛깔의 중성미자로 진동할 더 먼 거리를 이동하게 한다. DUNE 실험은 2020년대에 시작하여 최소 20년 동안 수행될 예정이다. DUNE 실험에서는 페르미 연구소와 사우스다코타 레드(Lead)에 있는 샌포드 지하 실험 시설(Sanford Underground Research Facility)의 지하 검출기 시스템에 있는 장기저 중성미자 시설(Long Baseline Neutrino Facility, LBNF)을 사용하게 된다.

다른 중성미자들이 있는가? 표준 모형의 확장판은 중력을 통해서만 상호작용하고 약력을 통해서는 상호작용하지 않는 새로운 중성미자들을 가정했다. 이 중성미자들은 질량이 훨씬 크고 *비활성 중성미자*(sterile neutrino)라고 불리는데, 몇몇 실험이 이 무거운 비활성 중성미자를 찾고 있다. 서로 질량이 다른 여러 종류의 비활성 중성미자가 있을 수도 있다. 이 비활성 중성미자가 관측되지 않는 암흑 물질의 한 부분일까?

물질과 반물질 우주과학자들은 빅뱅 후에 물질과 반물질은 같은 양으로 존재했다고 생각한다. 그러나 어떻게 된 일인지, 물질 대부분이 반물질과 만나 소멸한 다음에 물질이 약간 살아남아 현재 우리가 보는 행성, 별, 은하를 만들었다. 이 비대칭성은 왜 존재하는가? 그 해답이 중성미자에 있을 수도 있다. 그래서 중성미자 및 그와 연관된 반중성미자를 조사하는 여러 실험이 매우 중요하다. 마요라나 입자는 입자와 반입자가 같지만 디랙 입자는 그렇지 않다는 것을 기억하라. 중성미자가 없는 이중 베타 붕괴는 관측되지 않았다. 그러나 만약 관측된다면, 생성된 두 개의 반중성미자가 서로 소멸하여 중성미자가 반중성미자이기도 하다, 즉, 중성미자가 마요라나 입자라는 것이 증명될 것이다. 이것은 물질/반물질 문제를 푸는 데 도움이 될 것이다.

왜 물질이 살아남았느냐는 질문은 몇 입자에서 발견된 전하 켤레짓기 반전성(CP) 대칭성 깨짐을 공부함으로써 답할 수도 있다. 중성미자 진동을 발견한 일본의 (슈퍼카미오칸데의 지하 검출기를 사용한) T2K 실험에서는 물질과 반물질 사이의 CP 대칭성이 중성미자 진동에서 깨질지도 모른다는 징후가 나왔다. 앞으로 더욱 정확한 실험을 해야 하는데 2020년대 중반까지 걸릴 수 있다. DUNE 실험도 이 주제를 연구할 것이다. 이 질문들에 답하는 데 수십 년이 걸릴 수도 있다.

남국의 아이스큐브(IceCube) 중성미자 관측소에서는 지표면 아래 1.5~2.5 km 사이에 있는 1 km^3 크기의 광전자 증배관 배열 안의 5000개 이상의 광검출기를 사용한다. 그들의 야심 찬 목표는 여러 가지가 있지만, 점 근원으로부터의 고에너지 중성미자, 중성미자 진동, 비활성 중성미자, 약하게 상호작용하는 무거운 입자(weakly interacting massive particle, WIMP) 암흑 물질의 효과와 감마선 폭발과 일치하는 중성미자를 찾는 것을 포함한다.

오크리지 국립 연구소(Oak Ridge National Laboratory, ORNL)의 핵파쇄 중성자원(Spallation Neutron Source, SNS)에서의 COHERENT로 불리는 실험 공동 연

구에서는 CEvNS라고 하는 결맞는 탄성 중성미자·핵자 산란을 관측했다. COHERENT 공동 연구에서는 CEvNS 시스템을 사용하여 비활성 중성미자 탐색, 중성미자의 자기 쌍극자, WIMPS 탐색을 포함한 다양한 중성미자 문제와 다른 많은 문제를 연구하고 있다.

대통일이론

아인슈타인은 생애 후반 30년 동안 중력과 전자기력을 아우르는 *통일장 이론*을 만드느라 노력했다고 알려져 있다. 아인슈타인과 다른 어떤 누구도 완전히 성공하지는 못했다. 약한 상호작용, 전자기 상호작용과 강한 상호작용을 통합하는 대통일이론(grand unified theory, GUT)을 향한 여러 시도가 있었다. 1970년대 게오르기(Howard Georgi)와 글래쇼(Sheldon Glashow)의 이론이 가장 성공적이었지만, 그들의 모형의 가장 간단한 형태는 양성자의 수명을 여러 자릿수만큼 너무 짧게 예측했다. 여러 GUT 이론이 예측한 것 중 일부는 다음과 같다.

1. 양성자는 불안정하며 수명이 10^{29}에서 10^{31}년이다. 현재의 실험 결과는 수명이 10^{34}년보다 길다는 것을 보여 주었다.
2. 중성미자는 유한한 질량을 가지고 있다. 이것은 확인되었다.
3. 무거운 자기 홀극이 존재할 수 있다. 현재 자기 홀극이 존재하는 것을 확인하는 실험적인 증거는 없다.
4. 양성자와 전자의 전기 전하의 크기는 같아야 한다.

강한 상호작용과 전기·약 상호작용을 통합하는 것은 우주의 기원을 이해하기 위한 우주론적 시도의 중요한 일부이다.

끈 이론 *끈 이론*(string theory)으로 불리는 이론물리학의 새로운 모델이 1980년대 중반에 떠올랐다. 끈 이론에서는 모든 입자 종류는 작은 가상의 1차원 끈으로 만들어지는데, 이 끈은 고리처럼 닫혀 있을 수도 있고 곱슬머리처럼 열려 있을 수도 있다. 끈들은 다차원에서 진동하는데, 끈의 여러 진동 모드가 질량과 스핀을 가진 여러 종류의 입자를 나타냄으로써 물질이나 에너지로 나타날 수 있다. 진동 모드의 하나는 전자, 다른 하나는 광자, 또 다른 하나는 중력의 매개자인 중력자를 나타낸다. 따라서 양자 중력은 끈 이론의 근본적인 일부이다.

끈 이론은 10차원을 지지하는데, 나중에 궁극적인 끈 이론의 숫자가 다섯으로 증가하면서 11차원까지 확장되었다. 다섯 개의 끈 이론은 모두 맞는 것처럼 보이지만 실험적으로 측정할 수 있는 양을 예측하지는 못한다. 초기 끈 이론은 보손만을 포함했는데, 우리는 보손은 힘을 전달하는 입자들이고 페르미온들이 물질을 만드는 입자임을 알고 있다. 페르미온을 포함하기 위해서는 **초대칭**(supersymmetry, SUSY)이라 불리는 특별한 종류의 대칭성이 있어야 한다. 다섯 개의 끈 이론 대부분은 초대칭을 포함하고 있으므로 **초끈 이론**(superstring theory)이라고 불린다. 초대칭은 페르미온과 보손을 연관시키는

초대칭

초끈 이론

데, 모든 페르미온은 보손인 **초짝**(superpartner)을 갖고 있고 역으로 보손도 무거운 복제품인 초짝을 갖는다. 초짝들은 풍부한 상상으로 지어진 이름을 가지고 있는데, 전자(페르미온)의 초짝은 *셀렉트론*(selectron, 보손)이라고 불리고, Z 보손의 초짝은 *지노*(zino)이며, 광자의 초짝은 *포티노*(photino)이다. 이 초짝들은 아직 실험적으로 관측되지 않았는데, 우주의 관측되지 않은 질량의 대부분인 '암흑 물질'에 대한 설명이 될 것이라는 희망이 있다. 물리학자들은 개량된 LHC가 초짝들과 초대칭의 증거들을 발견하기를 기대하고 있다. 초짝들이 존재하면, 그림 14.16에서 강력, 약력, 전자기력을 외삽하면 높은 에너지에서 모두 만난다. 초대칭에 대한 자세한 내용은 이 책의 수준을 넘어선다.

초짝

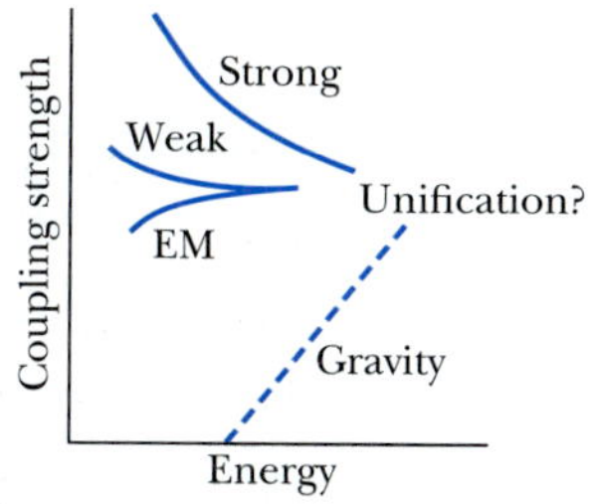

그림 14.16 네 가지 기본 상호작용의 결합 세기가 에너지의 함수로 그려져 있는데, 두 축 모두 로그 눈금이다. 네 힘의 통일은 아주 높은 에너지에서 일어나고, 낮은 에너지에서는 대칭성이 깨져 네 상호작용이 분리된다.

어떤 근본적인 수준에서 물질은 스핀 1/2인 입자(쿼크와 렙톤)로 이루어진다고 믿어진다. 게이지 보손은 색 상호작용과 전기·약 상호작용을 매개한다. 어느 아주 높은 에너지에서는 초대칭이 성립할 것으로 예상된다. 하지만, 초대칭이 자연에 적절하다면 자발적으로 깨져야 하는데, 이를 *자발 대칭 깨짐*이라고 한다. 하나의 예를 그림 14.16에 보였는데, 이 그림에는 네 상호작용을 로그 눈금으로 에너지(혹은 질량)의 함수로 그렸다. 어느 높은 에너지에서는(GUT 이론에서는 10^{14} GeV 정도) 통일이 있는데, 이 통일은 낮은 에너지에서는 자발적으로 깨진다. 우주가 진화하면서 여러 대칭성이 깨지면서 물리학의 내용이 풍부해졌다. 케이온 붕괴나 B 중간자 붕괴에서의 *CP* 위반은 대칭성이 깨질 때 새로운 물리 결과가 나온다는 좋은 예이다. 입자 가속기가 가까운 장래에 10^{14} GeV에 도달하지는 못할 것 같다.

엠 이론 에드워드 휘튼(Edward Whitten)과 또 다른 학자들이 1990년대 중반에 다섯 개의 끈 이론들은 *엠 이론*(M-theory)이라고 불리는 같은 기저 이론의 다른 양상일 것이라는 생각을 했다. 원래 '엠'은 끈 이론에서 (11차원의) 끈을 일반화한 '막(membrane)'을 나타냈다. 지금은 엠 이론의 엠은 '모든 이론의 어머니(Mother)', 모든 끈의 어머니(mother), 요술(magic), 행렬(matrix), 신비(mystery) 등 여러 가지를 나타낸다고 말한다. 휘튼은 그것이 선택의 문제라고 말한다. 진동하는 끈은 11차원 공간에서의 2차원 막의 1차원 단면이라고 상상할 수 있다. 엠 이론은 수학적으로 만족스러우며, 양자역학과 중력을 결합하는 '**만물 이론**'으로서의 이론적인 시험을 많이 통과했다. 그렇지만 엠 이론이 검증 가능한 예측을 내놓을 때까지 물리학자와 우주론자들이 그것을 궁극적인 답으로 받아들이기는 어려울 것이다. 많은 물리학자가 이론과 실험 모두 검증 가능한 만물 이론을 만드는 것은 불가능할 것이라고 생각한다. 하지만 초끈 이론은 뉴턴과 아인슈타인이 하지 못했던 중력을 예측했다.

만물 이론

입자물리학의 미래는 표준 모형이 암흑 물질, 물질의 반물질에 대한 우세와 중성미자 질량을 포함한 여러 관측 사실을 설명하지 못한다는 사실과 연관되어 있다. 초대칭 입자들은 아직 발견되지 않았다.

실험에서의 독창성

어떤 사람들은 물리학자들이 칠판에 해독할 수 없는 글자를 휘갈겨 써 놓은 사무실에 틀어박혀 지내는 긴 머리의 노인이라고 생각한다. 또 어떤 사람들은 물리학자를 떠올리면 선과 관과, 사람들이 기어 다니고 뚫어지게 쳐다보고 조절하고 측정하는, 기구들로 꽉 찬 실험실을 생각한다. 이런 판에 박힌 모습은 과장되긴 했지만, 물리학자는 이론물리학자와 실험물리학자로 구분되는 경향이 있다. 가장 잘 알려진 과학자는 아마도 우리가 자연을 이해하는 데 큰 도약을 하게 한 근본적이고 새로운 생각의 돌파구를 연 사람일 것인데, 뉴턴, 맥스웰, 아인슈타인은 확실히 이 그룹에 속한다. 그렇지만 지성에서의 큰 도약에는 일반적으로 자연을 이해하고 제안된 이론을 검증하기 위한 많은 실험 측정이 필요하다.

실험 입자물리학 분야는 1950년경에 시작되었다. 1930년경 입자 가속기가 만들어졌을 때 시작되었다고 말할 수도 있지만, 많은 해가 지나 에너지가 약 1 GeV에 도달해서 핵자의 질량·에너지보다 높아졌을 때에서야 실제 실험이 시작되었다. 1955년 이래 기본 입자물리학에서 이론적인 업적에는 8차례 노벨상이 주어졌지만(1957, 1965, 1969, 1979, 1999, 2004, 2008, 2013년, 부록 6을 보라), 실험적인 업적에는 12차례 주어졌다(1959, 1960, 1961, 1968, 1976, 1980, 1984, 1988, 1990, 1992, 1995, 2015년). 이 실험 중 일부는 물리학의 이해를 증진했지만, 다른 일부는 순수하게 실험을 개발했고, 궁극적으로 나중에 다른 사람이 실험을 수행했다. 실험자의 특별한 독창성 때문에 여기서 우리가 주목하고자 하는 것은 순수하게 실험을 개발한 부류이다.

1950년대 초 버클리의 캘리포니아대학교에 있던 물리학자 글레이저(Donald Glaser, 그림 A)가 거품상자(14.1절을 보라)를 발명한 것부터 시작한다. 안개상자보다 훨씬 큰 밀도를 가지고 있는 거품상자를 사용하면 훨씬 큰 에너지의 입자들을 검출할 수 있다. 글레이저는 끓기 직전으로 과열된 여러 액체를 시험하고 나서 결국 액체 수소와 크세논을 채택했다. 그는 액체를 통과하는 입자들의 궤적을 사진으로 찍는 독창적인 방법을 개발했는데, 그의 노력으로 실험 입자물리학은 혁명적인 발전을 했으며, 여러 해 동안 거품상자는 고에너지 입자 검출기의 대들보였다.

글레이저가 거품상자의 발명자였지만, 버클리에 있는 그의 동료 앨버레즈(Luis Alvarez, 그림 B)는 거품상자의 개발자였다. 글레이저와 함께 노벨상 후보가 되긴 했지만, 그는 글레이저가 수상한 지 8년 뒤인 1968년에서야 노벨상을 받았다. 앨버레즈와 동료들은 커다란 거품상자를 사용하여 첫 번째 새로운 '공명' 입자를 발견했다. 노벨상 공적에 거품상자의 개발과 그것을 사용한 측정이 언급되었지만, 그는 레이더, 컬러텔레비전, 골프 연습 장치를 포함한 다양한 기획에서 40여 개의 특허를 등록했을 만큼 과학에

Courtesy of the Lawrence Radiation Laboratory, University of California, Berkeley

그림 A 도널드 글레이저(Donald Glaser, 1926~2013)가 1960년경 로런스 버클리 연구소에서 검출기를 살펴보고 있다. 거품상자는 글레이저가 1950~1959년의 기간에 미시간대학교 교수로 있을 때 대부분 개발되었다.

Courtesy of Orlando Ernest Lawrence Berkeley Laboratory.

그림 B 루이스 앨버레즈(Luis Alvarez, 1911~1988)가 거품상자와 함께 있는 모습이다. 앨버레즈는 캘리포니아에서 태어나 거의 전 직장 생활을 버클리의 캘리포니아대학교에서 했다. 그는 케네디(John Kennedy)의 암살 필름 테이프를 분석한 것, 피라미드의 매장 방을 탐색한 것, 아들 월터(Walter)와 함께 지구와 충돌한 운석에 의해 생긴 잔해로 공룡이 멸종한 것을 연구한 것 등으로도 잘 알려져 있었다.

많은 이바지를 한 것에 대해 보답을 받은 것이 분명하다. 앨버레즈는 특히 이집트 피라미드 아래에 있는 미지의 무덤을 찾는 노력을 한 것으로 잘 알려져 있다.

루비아(Carlo Rubbia, 그림 C)와 시몬 판데르 메이르(Simon van der Meer)는 서로 성공을 도와서 노벨상을 받은 특별한 두 사람이다. 루비아는 1970년대 후반에 기존의 CERN 가속기를 바꾸어 양성자와 반양성자를 정면 충돌하도록 만드는 데 설득력 있는 주장을 한 적극적인 지도자였다. 그는 성공적으로 실험을 해서 1980년대 초반에 W와 Z 입자를 발견했다. 루비아는 검출기를 만들고 운영하는 수백 명의 기술자, 공학자와 과학자의 거대한 팀을 이끌었다.

현란한 루비아와는 대조적으로 수줍고 얌전한 판데르 메이르는 빔 입자의 마구잡이 냉각을 발명하여 충분한 수의 반양성자를 모아 루비아의 실험이 가능하게 하였다. 네덜란드의 공학자 판데르 메이르가 1984년 루비아와 노벨상을 공동 수상한 것이 놀랍기는 했지만, 마구잡이 냉각이라는 아주 복잡한 방법에 엄청난 독창성을 보여 주었기 때문에 물리학 공동체는 그 수상을 크게 성원하였다.

비슷하게 CERN의 조르주 샤르파크(Georges Charpak)는 다선 비례 계수기를 발명하여 1992년 노벨 물리학상을 받았는데, 이 기체 계수기는 고전압 전선의 배열을 사용하여 지나가는 이온화 입자의 위치를 측정한다. 이 계수기는 오늘날에도 여전히 물리학의 여러 분야, 특히 핵과 입자물리학 분야에서 중요하게 쓰인다.

세계의 연구소에 가득한 과학자와 공학자들은 장비를 만들고 운영하는 기발한 새 방법을 개발하고 있는데, 이 장비들을 사용하여 장차 중요한 진전이 있을 것이다.

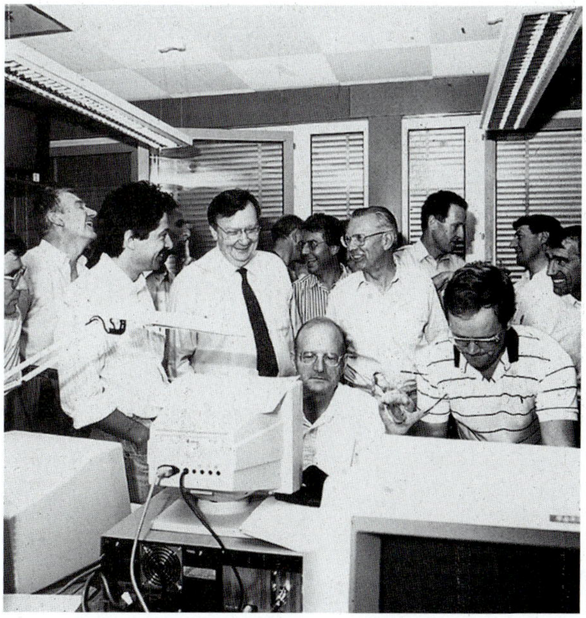

CERN (https://copyright.web.cern.ch/)

그림 C 루비아(타이를 매고 있는 사람)와 동료들이 1989년 CERN의 LEP 가속기의 가동을 기다리고 있다.

14.8 가속기

우주선에 고에너지 입자들이 포함되어 있기는 하지만, 입자들의 세기가 작아 물리학자들은 제한된 실험만을 할 수 있다. 입자물리학은 약 1 GeV/c^2 혹은 더 큰 질량의 입자를 만들 수 있는 충분히 큰 에너지를 가진 입자 가속기가 만들어지고 나서야 온전히 발전할 수 있었다. 몇몇 초기 가속기들은 13장에서 간단히 언급되었었다.

대부분의 현대 가속기의 전신은 그림 13.2에 있는 사이클로트론이다. 사이클로트론은 대전된 입자가 자기장에 수직인 원형 궤도를 움직인다는 사실에 기반을 둔다. 곡률 반지름은 $R = p/(qB)$로 주어지는데, p는 입자의 운동량이고 q는 전하이다. 궤도 진동수(사이클로트론 진동수)는

사이클로트론 진동수

$$f = \frac{\omega}{2\pi} = \frac{v}{2\pi R} = \frac{mv}{2\pi mR} = \frac{p}{R}\frac{1}{2\pi m} = \frac{qB}{2\pi m} \tag{14.8}$$

로 주어지는데, m은 입자의 질량이다. 사이클로트론에서 두 '디'(대문자 D 모양의 속이 빈 금속 전극) 사이의 간격에는 고주파(radio-frequency, RF)의 전압이 걸려 입자가 간격을 통과할 때마다 입자를 가속한다. 대전한 입자는 수천 궤도를 도는데, 궤도 하나마다 두 번의 짧은 시간 동안 에너지를 얻는다.

현재 입자물리학 실험에서 사용되는 가속기에는 세 가지 유형이 있는데, 싱크로트론, 선형 가속기와 충돌형 가속기이다. 이 가속기들을 차례로 논의할 것이다.

싱크로트론

더 높은 에너지에서는 결국 상대론적 효과로 사이클로트론 기술은 한계에 다다른다. 곡률 반지름을 주는 식은 상대론적 운동량을 사용해도 변하지 않지만, 궤도 진동수는

$$f = \frac{qB}{2\pi m}\sqrt{1 - \frac{v^2}{c^2}} \tag{14.9}$$

이 된다. *싱크로사이클로트론*에서는 디 사이의 RF 전압의 진동수를 위 식의 바뀌는 진동수와 일치하도록 조절하고, *싱크로트론*에서는 자기장이 변하여 반지름($R = p/qB$)을 일정하게 유지하고 진동수를 일치시킨다. 두 경우 모두 RF 전압의 변화 혹은 자기장은 특정한 하나의 입자 운동량만 맞출 수 있으므로, 입자들은 펄스 혹은 다발로 가속된다. 버클리의 베바트론(Bevatron)은 초기(1954년)의 고에너지 양성자 싱크로트론이었다. 베바트론의 에너지는 6.4 GeV이었는데, 세그레(E. G. Segrè, 1905~1989)와 체임벌린(O. Chamberlain, 1920~2006)이 1955년에 반양성자를 겨우 만들 수 있는 에너지였다. 그들은 이 실험으로 1959년 노벨 물리학상을 받았다.

대부분의 현대 양성자 가속기는 싱크로트론인데, 자기장은 원 전체에 있지 않고 고정된 반지름에 있는 닫힌 관을 따라서만 있다. 페르미 국립 연구소의 테바트론(Tevatron)이라고 불리는 양성자 싱크로트론은 양성자를 1000 GeV(1 TeV)의 에너지까지 가속하고, 핵 연구 유럽 기구(European Center for Nuclear Research, CERN)의 대형 강입자 충돌형 가속기가 세계에서 가장 큰 가속기로, 처음 2008년에는 양성자를 4

TeV까지 가속했고 2015년에는 그 에너지를 6.5 TeV까지 증가시켰다.

싱크로트론 복사 순환형 가속기의 어려운 점 중 하나는 대전한 입자들이 가속될 때 *싱크로트론 복사*라고 불리는 전자기 에너지를 방출한다는 것이다. 이 문제는 광속에 아주 가깝게 움직이는 전자가 굽은 경로를 움직일 때 특히 심각한데, 곡률 반지름이 작으면 얻는 에너지만큼을 복사할 수도 있다. CERN에 있는 대형 강입자 충돌형 가속기는 싱크로트론 복사 손실을 제한하기 위해 4.3 km의 반지름을 가지고 있다.

물리학자들은 이 싱크로트론 복사 손실을 이용하는 방법을 배웠는데, 지금은 대량의 광자 복사를 만들어서 물리학, 화학, 재료과학, 금속학, 생물학과 의학 분야의 기본 및 응용 연구에 사용하는 [**광원**(light source)이라 불리는] 특별한 전자 가속기를 만들고 있다. 예를 들어 고속 대용량의 작은 컴퓨터 칩을 만드는 x선 리소그래피에 이 싱크로트론 복사를 사용한다. 싱크로트론 복사 가속기의 건설은 점차 빠르게 증가하는데, 응용 목적으로 산업체에서 만들기도 하며, 대학, 정부 연구소와 산업을 대표하는 수천 명의 물리학자가 전 세계에 걸쳐 수십 개의 가속기를 사용하고 있다.

광원

선형 가속기

선형 가속기(linear accelerators 혹은 linacs)에는 보통 RF 승압 부분인 간격 사이에 전기장이 없는 직선 영역이 있다(그림 14.17). 입자들은 승압이 될 때마다 속력을 얻고, 고정된 시간 동안만 승압을 하므로, 입자가 가속하면서 간격 사이의 거리는 점점 더 커진다. 선형 가속기는 종종 큰 원형 가속기의 앞부분 가속기로 사용된다. 가장 긴 가속기는 3 km 길이의 스탠퍼드 선형 가속기(Stanford Linear Accelerator, 나중에 SLAC 국립 가속기 연구소, 약칭으로 SLAC으로 개명함)이다. 이 가속기는 전자를 50 GeV까지 가속했는데, 이제는 광원의 주입부로만 사용된다. SLAC 선형 가속기는 더 복잡한 진행파로부터 에너지를 얻는데, 이 진행파는 3 km의 경로를 따라 전자를 연속적으로 가속한다. 이 가속기는 1966년에 가동을 시작했다.

Linacs

고정 과녁 가속기

지금까지 논의된 가속기 대부분에서는 과녁이 고정되어 있어서, 가속된 입자는 고정된 과녁을 향해 가고 과녁에서 반응이 일어난다. 운동량 보존 때문에 빔 입자의 에너지가 전부 반응을 일으켜 새 입자를 만드는 데 사용되지는 않는다. 운동에너지 K를 갖는 질량 m_1인 입자가 질량 m_2인 고정 과녁에 충돌하는 $m_1 + m_2 \rightarrow$ 어떤 것의 반응을 생각하면,

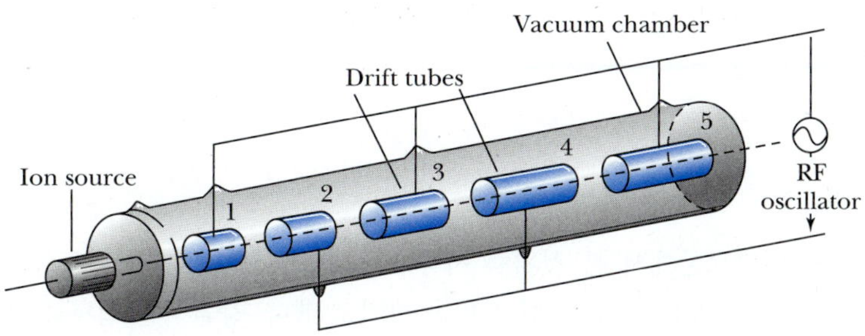

그림 14.17 선형 가속기 중 한 종류의 개략도. 입자의 속력이 증가하므로 연이은 표류관은 더 길어져야 한다. 표류관 사이의 영역에서 RF 전압이 대전한 입자를 가속한다. 출처: A. Arya, *Elementary Modern Physics*, Reading, MA: Addison-Wesley, 1974

질량 중심 좌표계에서 이용할 수 있는 에너지는

$$E_{cm} = \sqrt{(m_1c^2 + m_2c^2)^2 + 2m_2c^2K} \tag{14.10}$$

이다. 13장에서 고정 과녁을 사용하여 핵반응을 일으키려면 문턱 운동에너지가 필요하다는 것을 알았다. 상대론적인 식을 사용하면 문턱 운동에너지는

$$K_{th} = (-Q)\frac{\text{반응에 관계하는 총질량}}{2m_2} \tag{14.11}$$

이다. 고정 과녁 가속기를 이용하는 반응 연구에서 사용할 수 있는 에너지가 얼마나 적은지를 나타내는 예로서 다음 예제를 보라.

예제 14.10

(a) 다음과 같은 반응으로 고정된 양성자 과녁에 6.4 GeV의 양성자를 충돌시켜 반양성자를 만든 세그레와 체임벌린의 실험에서 질량 중심 좌표계에서 사용할 수 있는 에너지는 얼마나 많은가?

$$p + p \rightarrow p + p + p + \bar{p}$$

(b) 반양성자를 만드는 데 필요한 빔 에너지는 얼마인가? (c) 고정 양성자 과녁에 테바트론으로부터 나오는 1 TeV 양성자를 쏘는 비슷한 반응에서 사용할 수 있는 에너지는 얼마인가?

전략 (a) 식 (14.10)을 사용하여 질량 중심계에서 사용할 수 있는 에너지를 계산할 수 있다. (b) 문턱 운동에너지는 식 (14.11)을 사용하여 계산할 수 있으며, 식 (13.7)에서 정의한 Q 값을 사용한다. (c) 식 (14.10)을 사용하여 테바트론의 반응에 대해 사용할 수 있는 질량 중심계 에너지를 계산한다.

풀이 (a) 식 (14.10)과 양성자의 정지에너지(938 MeV)를 사용하면

$$\begin{aligned} E_{cm} &= \sqrt{[2(0.938\text{ GeV})]^2 + 2(0.938\text{ GeV})(6.4\text{ GeV})} \\ &= 3.94\text{ GeV} \end{aligned}$$

을 얻는다. 반응 생성물의 총질량은 $4(0.938\text{ GeV}/c^2) = 3.75\text{ GeV}/c^2$이므로, 베바트론은 최종 상태에서 네 개 입자를 생성하는 데 필요한 에너지를 겨우 확보하도록 건설되었다.

(b) 식 (13.7)에서 다음의 Q 값을 얻는다.

$$\begin{aligned} Q &= (\text{처음 질량 에너지}) - (\text{나중 질량 에너지}) \\ &= 2m_pc^2 - 4m_pc^2 = -2m_pc^2 \\ &= -2(0.938\text{ GeV}) = -1.88\text{ GeV} \end{aligned}$$

이 값을 식 (14.11)에 넣으면

$$K_{th} = (-Q)\frac{6m_p}{2m_p} = (1.88\text{ GeV})(3) = 5.6\text{ GeV}$$

을 얻는다. 6.4 GeV의 운동에너지는 반응을 일으키는 데 충분한 에너지임이 분명하며, (a)의 결과와도 일치한다.

(c) 이제 1 TeV의 운동에너지를 식 (14.10)에 넣으면

$$\begin{aligned} E_{cm} &= \sqrt{[2(0.938\text{ GeV})]^2 + 2(0.938\text{ GeV})(1000\text{ GeV})} \\ &= 43\text{ GeV} \end{aligned}$$

이 된다. 운동량 보존 법칙 때문에 테바트론에서 나오는 1000 GeV의 양성자 빔을 사용하는 반응에서 사용 가능한 에너지는 엄청나게 줄어든다. 이런 이유로 테바트론에서 실제로는 양성자와 반양성자를 모두 가속하여 정면충돌하게 한다.

충돌형 가속기

예제 14.10c의 테바트론에서 본 것처럼 사용 가능한 에너지가 제한되므로, 물리학자들은 입자들이 정면으로 만나는 충돌 빔 실험을 하기로 했다. 충돌하는 입자들이 같은 질량

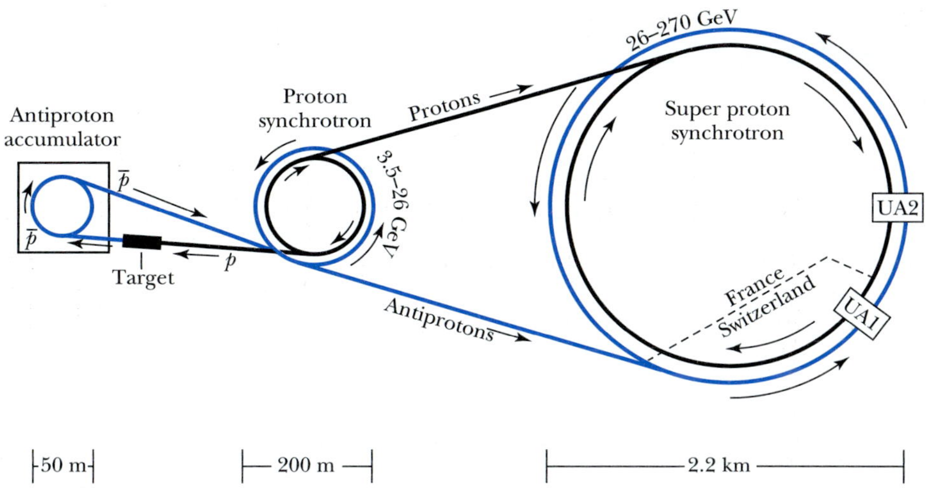

그림 14.18 프랑스와 스위스에 걸쳐 있는 CERN의 초대형 양성자 싱크로트론의 개략도로, 어떻게 양성자와 반양성자가 생성되어 가속되고 마침내 UA1과 UA2의 검출기 영역에서 상호작용하는지를 보여 준다. 양성자는 싱크로트론 가속기에서 나와서 반양성자 축적기 앞의 과녁에서 반양성자를 만든다. 출처: A. Kernan, *American Scientist* **74**, 21 (1986)

과 운동에너지를 갖는다면 총운동량은 0이고 모든 에너지가 반응에 사용되어 새 입자를 만드는 데 쓰일 수 있다. 1960년대에 물리학자들은 가속기 기술에서 충분한 경험을 얻어 **충돌형 가속기**(collider)라는 새로운 개념의 가속기를 만들 수 있게 되었다. 빔을 충돌시키는 가속기는 예상되는 반응이 일어나도록 보통 갈무리 고리를 사용하여 충분히 많은 입자를 모아 충분한 세기를 확보해야 한다. CERN의 대형 전자·양전자(Large Electron-Positron, LEP) 갈무리 고리와 SLAC 스탠퍼드 선형 충돌형 가속기(Stanford Linear Collider, SLC)는 전자와 양전자가 충돌하도록 하는 가속기이다. CERN의 초대형 양성자 싱크로트론(Super Proton Synchrotron, SPS)은 270 GeV의 양성자와 반양성자가 정면으로 충돌하게 하려고 그림 14.18에서 보이는 독창적인 방법을 사용하고, 테바트론은 1 TeV의 양성자와 반양성자를 충돌시킨다. 거의 광속에 가깝게 움직이는 입자들을 조종하여 정면충돌하게 하려면 이 장치들은 놀랍도록 정확해야 한다.

CERN의 LEP 충돌형 가속기는 2000년에 가동을 멈췄지만, 그 터널은 프랑스와 스위스의 국경에 걸쳐 지하 100 m에 위치하고 원주 길이는 27 km이다. CERN의 LEP 터널은 세계에서 가장 높은 에너지를 얻는 가속기인 대형 강입자 충돌형 가속기(Large Hadron Collider, LHC)의 장소인데, 이 LHC에서는 6.5 TeV의 양성자가 6.5 TeV의 반양성자와 정면충돌하여 총 13 TeV의 에너지를 얻는다(그림 14.19를 보라). 앞에서 설명한 SPS 가속기는 LHC의 초기 가속기이다. 가까운 장래에 양성자와 반양성자의 에너지는 7 TeV, 총 충돌 에너지는 14 TeV로 증가할 것으로 예상된다. 또한, LHC에서는 납 입자의 빔이 1000 TeV의 충돌 에너지로 충돌한다. 미국을 포함한 많은 나라가 이 사업에 참여하고 있다. LHC는 최소한 다음 10년간 최상의 기본 입자물리학 가속기가 될 것이다. 다음 새 가속기가 무엇이 될지는 분명하지 않지만, 하나의 제안은 전자와 양전자를 함께 정면충돌시킬 큰 선형 가속기이다.

예제 14.11

LHC에서의 $p+\bar{p}$ 반응에 가능한 에너지에 필적하려면 고정 과녁 가속기에서 필요한 에너지는 얼마인가?

전략 LHC에서 가능한 에너지는 충돌하는 빔의 합인 14 TeV이다. 식 (14.10)을 사용하여 고정 과녁 실험에서 필요한 운동에너지 K를 결정한다.

풀이 식 (14.10)에 14 TeV(14,000 GeV)를 대입하면 운동에너지 K를 풀 수 있다.

$$14{,}000\ \text{GeV} = \sqrt{[2(0.938\ \text{GeV})]^2 + 2(0.938\ \text{GeV})K}$$

우변의 두 번째 항은 첫 번째 항보다 매우 커서, 첫 번째 항을 무시하고 K에 대해 푼다.

$$K = \frac{(14{,}000\ \text{GeV})^2}{2(0.938\ \text{GeV})} = 1.0\times10^8\ \text{GeV} = 1.0\times10^{17}\ \text{eV}$$

이와 같은 고정 과녁 가속기는 현재로서는 만들 수 없다.

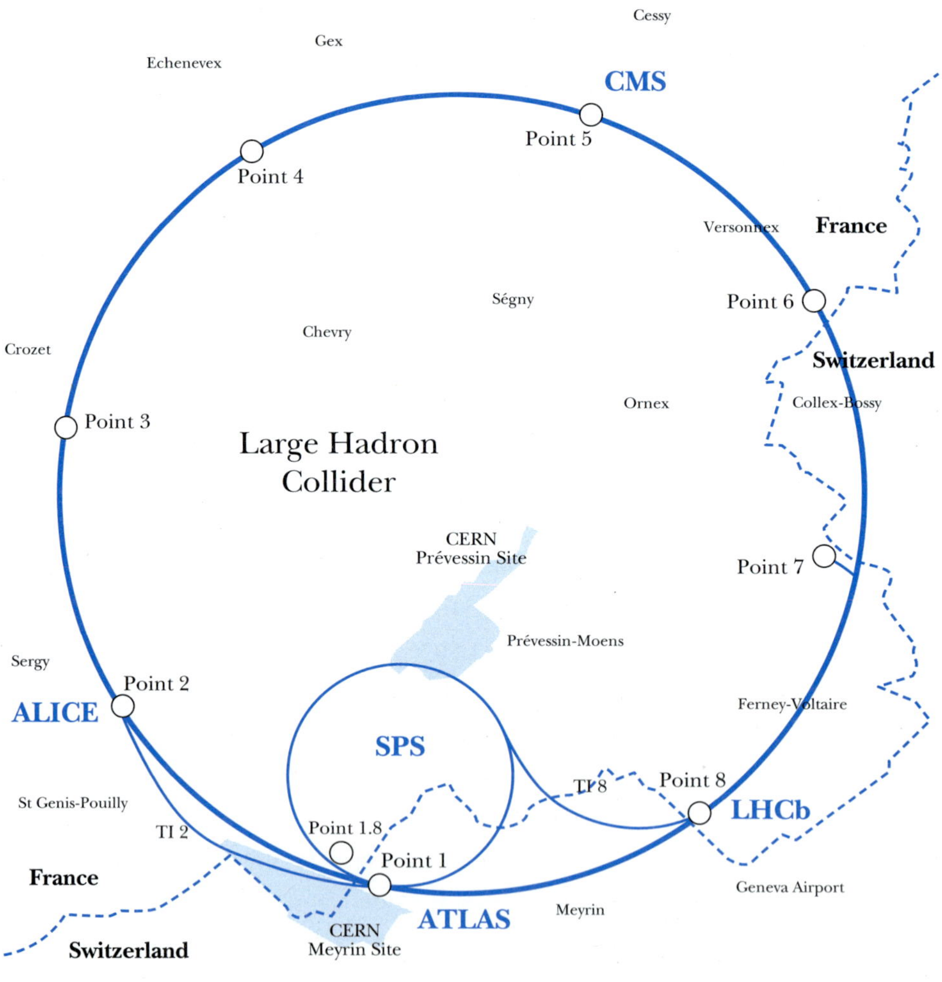

그림 14.19 프랑스와 스위스의 국경에 걸쳐 있는 CERN의 LHC(대형 강입자 충돌형 가속기) 가속기 시설. 지름이 8.6 km이며 지하 100 m에 있는데, 이 가속기가 지역 사회와 전원 지대 아래에 있음을 보라. 네 검출기(큰 CMS와 ALICE와 작은 ATLAS와 LHCb 검출기)의 위치가 표시되어 있는데, 표시된 여덟 개의 접근 점 중 일부에 있다. CERN의 주된 건물 위치는 메이린(Meyrin, 파란 음영 부분)에 있는데, CERN의 대부분은 프랑스에 있지만, 주 출입구는 스위스에 있다. 출처: CERN

현재 입자물리학 연구에서 이용 가능한 가장 높은 에너지는 우주선에 있는데, 우주선은 10^{21} GeV까지의 에너지를 가진다. 우주선이 기본 입자들의 초기 발견에 중요했기 때문에 14.1절에서 우주선에 대해 논의했었다. 이들 고에너지 우주선의 세기는 아주 작긴 하지만, 그와 같이 높은 에너지를 얻는 유일한 방법이기 때문에 우주선 물리학 분야는 계속 융성하여, 산과 풍선과 우주 배에서 실험이 계속될 것이다.

요약 _Summary

입자물리학은 1930년대에 양전자, 중성자, 뮤온을 발견하면서 현저하게 성장했다. 가속기와 입자 검출기의 발전으로 물리학자들은 핵과 기본 입자들의 구조를 깊이 들여다보는 데 필요한 도구들을 갖추게 되었다. 가속기에는 사이클로트론, 싱크로트론, 선형 가속기가 있고 갈무리 고리와 충돌형 가속기를 포함한 변형된 가속기도 있다.

기본 상호작용에는 중력, 전기·약 작용, 강한 상호작용이 있다. 매우 높은 에너지에서가 아니면 모든 실용적인 목적으로는 전기·약 상호작용은 전자기 상호작용과 약한 상호작용의 두 개로 나뉜다. 글루온은 강력의 매개자이고, 광자는 전자기 상호작용을, $W^{\pm}$와 Z 보손은 약한 상호작용을 매개하며, 아직 발견되지 않은 입자인 중력자는 중력 상호작용을 매개한다. 표준 모형이 예측한 히그스 보손은 마침내 2013년에 발견되었다.

기본 입자들은 여러 가지 방법으로 분류된다. 예를 들어, 페르미온과 보손은 각각 반정수와 정수 스핀을 갖는다. 안정한 입자들은 어느 단계에서는 페르미온으로 구성된다. 렙톤, 즉 전자, 뮤온, 타우와 연관된 중성미자들은 진짜 기본적인, 점과 같은 입자라고 믿는다. 강입자는 강력을 통해 상호작용하며, 중간자(정수 스핀)와 중입자(반정수 스핀)의 두 종류로 나뉜다. 중간자는 불안정하며, 유일하게 안정한 자유 중입자는 양성자이지만, 어떤 이론들은 양성자도 불안정하다고 예측한다. 중성자와 양성자는 핵 안에 가두어져 있을 때는 안정하다. 핵자보다 무거운 중입자들은 *하이퍼론*이라고 한다.

물질의 구성요소들은 그림 14.15에 있는 세 가지 간단한 가족으로 설명할 수 있는데, 각 가족은 두 개의 렙톤과 두 개의 쿼크로 이루어진다. 두 개의 렙톤은 대전한 렙톤과 그와 연관된 중성미자이다. 쿼크들은 두 개씩(중간자) 혹은 세 개씩(중입자) 결합하여 강입자가 된다.

중입자수의 보존과 렙톤의 보존에 관한 세 개의 분리된 법칙은 보편적으로 성립하는 듯하다. 대칭 깨짐은 자발적이고 광범위한 것 같다. 예를 들어 다른 일부 보존 법칙은 하나 이상의 상호작용에 대해 성립하나, 모든 상호작용에 대해 성립하지는 않는다. 이런 보존 법칙에는 기묘도, 전하 켤레짓기와 반전성이 있다.

1960년대에 쿼크를 도입하면서 기본 입자 구조를 이해하는 데 비약적인 발전이 있었다. 쿼크는 분수 전기 전하를 가지며 강입자의 구성요소로서만 존재한다. 위, 아래, 기묘, 맵시, 바닥, 꼭대기 등 여섯 가지 쿼크가 있다. 양자색역학(QCD)은 어떻게 쿼크들이 결합하여 기본 입자를 이루는지를 정립했는데, 쿼크와 반쿼크가 결합하는 방식을 이해하려면 *색*이라는 성질이 필요하다.

표준 모형은 전기·약 이론과 QCD 이론들을 결합하며 기본 입자물리학을 아주 성공적으로 설명한다. 중성미자 진동은 태양 중성미자의 비율과 관련한 문제를 해결하였지만, 중성미자가 아주 작은 질량을 가진다는 것을 의미한다. 중성미자 진동을 이해하기 위한 상당한 연구가 이루어지고 있는데, 중성미자 진동은 중성미자 질량, 암흑 물질과 물질·반물질 비대칭성과 연관이 있다. 중성미자 물리학이라는 완전히 새로운 분야가 융성하고 있다. 암흑 에너지와 암흑 물질을 찾는 연구처럼, 반물질에 비해 물질이 압도적으로 많은 것에 관한 연구도 활발하다. *초끈*이나 *엠 이론*으로 불리는 새로운 이론들에 관한 연구가 계속되고 있다.

CERN의 새 LHC 가속기는 현재 입자물리학의 중심에 있다.

질문 _Questions

1. 질량·에너지, 전기 전하, 선운동량, 각운동량, 중입자수, 렙톤 수 보존 법칙의 특징은 무엇인가? 이 보존 법칙들이 자연의 기본 법칙과 어떻게 연관되는지 설명하라.
2. 갈무리 고리들은 왜 고에너지 가속기에 쓸모가 있는가?
3. 입자물리학 실험에서 왜 충돌하는 빔이 쓸모가 있는가?
4. 반중입자가 중간자와 상호작용하여 중입자가 만들어질 수 있는지 말하고 설명하라.
5. $\mu^- + e^- \rightarrow 2\nu$의 반응에서 어떤 종류의 중성미자가 생성

되는지 말하고 설명하라.

6. 두 양전자 사이에는 어떤 매개 입자가 교환되는가? 두 쿼크 사이에서는 어떤가?
7. 어느 입자 가족이 진짜 기본적이라고 여겨지는가?
8. 쿼크 구조를 보고 어떻게 그 입자가 중간자인지 중입자인지 구분하는가?
9. 우주의 총 중입자수는 0으로 나타나는가? 이것은 무엇을 의미하는가?
10. 자석을 사용하여 어떻게 양성자의 에너지 범위를 구분하는지 설명하라. 하나의 에너지를 갖는 양성자 빔을 어떻게 만드는가?
11. 입자가 펄스 가속기의 진동수와 위상이 어긋나면 왜 문제가 되는가?
12. 선형이 아닌 전자 가속기는 왜 반지름이 커야 하는지 설명하라. 그와 같은 종류로 가장 큰 가속기인 CERN의 LHC는 반지름이 4.3 km이다.
13. 다음으로 제안된 가속기는 길이가 수 km인 전자·양전자 충돌형 가속기이다. 그것은 왜 그렇게 길어야 하는가? 공간을 절약하기 위해 원형으로 될 수 없는 이유는 무엇인가?

연습문제 _Problems

참고: 고급 문제는 문제 번호에 파란색 음영으로 표시하였다. 문제 풀이에 유용한 상수, 변환 인자, 상수들의 조합이 부록 7에 제시되어 있다.

14.1 초기의 발견들

1. 정지상태에서 양성자와 반양성자가 서로 소멸하였을 때 생기는 두 광자의 진동수는 얼마인가?
2. 대전한 파이온의 질량이 140 MeV/c^2일 때, 파이온이 중개자인 핵력의 범위를 결정하라.

14.2 기본 상호작용

3. 강한 상호작용은 고에너지 핵자가 핵을 가로질러 가는 시간 안에 일어나야 한다. 적절한 속력과 거리를 사용하여 강한 상호작용이 일어나는 시간을 추정하라.
4. 한 방향의 길이가 D인 새 입자를 탐색하려면, 탐색하는 입자의 파장은 $\lambda \le D$이어야 한다. 자세한 것을 알려면 파장은 훨씬 작아야 해서 아마 $0.10D$ 정도이어야 한다. 중성자의 자세한 부분을 탐색하는 데 필요한 전자와 양성자의 운동에너지를 계산하되, 중성자의 지름은 1.5 fm로 가정하라.
5. 기본 입자들의 어떤 세부는 10^{-18} m만큼 작은 척도의 거리에서 탐색해야 한다. 이렇게 작은 세부를 탐색하는 데 필요한 전자와 양성자의 운동에너지를 계산하라.(힌트: 연습문제 4를 참고하되, 파장을 결정하기 위해 10으로 나눌 필요는 없다.)
6. 오메가 중간자 ω(질량 = 782 MeV/c^2)는 짧은 범위 척력의 매개자로 믿어진다. 이 힘의 범위를 추산하라.
7. 히그스 보손의 질량은 125 GeV/c^2이다. 물리학자들은 이 보손이 새 힘의 매개자라고 믿는데, 질량을 사용하여 그 힘의 범위를 정하라.

14.3 입자들의 분류

8. 다음의 반응 혹은 붕괴에서 빠진 중성미자를 넣어라.
   (a) $\mu^+ \rightarrow e^+ + ?$
   (b) $? + p \rightarrow n + e^+$
   (c) $\pi^- \rightarrow \mu^- + ?$
   (d) $\mathrm{K}^- \rightarrow \mu^- + ?$
   (e) $? + n \rightarrow p + \mu^-$
9. 지구에 있는 중입자의 개략적인 숫자를 추산하라.
10. Ω^- 중입자의 질량은 1672.45 ± 0.29 MeV/c^2인데, 뒤의 숫자는 실험적인 불확실성을 나타낸다. 수명은 8.21×10^{-11} s로 알려져 있다. (a) 수명에 근거하면 공명 폭 Γ의 고유값은 얼마인가? (b) 이 값은 질량·에너지의 실험적인 불확실성과 어떻게 비교되는가?
11. 표 14.4에 있는 J/Ψ와 입실론[Υ(1S)] 중간자의 평균 수명을 사용하여 이 입자들의 온폭 Γ 값을 결정하라. 그 결과를 중간자 중 가장 긴 수명을 가진 대전한 파이온의 Γ 값과 비교하라.

14.4 보존 법칙과 대칭성

12. 다음 두 반응을 생각하라.

$$\mathrm{K}^0 + p \rightarrow \Sigma^+ + \pi^0$$
$$\overline{\mathrm{K}}^0 + p \rightarrow \Sigma^+ + \pi^0$$

이 반응들은 모두 보존 규칙들을 만족하는가? 이것이 K^0가 왜 자기 자신의 반입자가 아닌지 설명해 주는가?

13. 다음 반응이 각각 금지되는 이유를 설명하라.

(a) $p + p \rightarrow p + p + n$

(b) $p + p \rightarrow p + \pi^+ + \gamma$

14. 다음 반응이 각각 금지되는 이유를 설명하라.

(a) $p + \bar{p} \rightarrow \mu^+ + e^-$

(b) $\gamma + p \rightarrow n + \pi^0$

(c) $\gamma \rightarrow \pi^+ + \pi^-$

15. 정지상태의 Σ^0가 $\Lambda + \gamma$로 붕괴될 때, γ선의 에너지를 결정하라.

16. 운동에너지 720 MeV로 비행 중인 π^0가 에너지가 같은 두 γ선으로 붕괴한다. π^0의 입사 방향으로부터 잰 γ선들의 각을 결정하라.

17. 다음 반응을 완성하라.

(a) $\mu^- + p \rightarrow n + ?$

(b) $n + p \rightarrow \Sigma^0 + n + ?$

14.5 쿼크

18. 중성자, Σ^+와 Λ_C^+의 전기 전하, 중입자수와 기묘도가 모두 그것들의 쿼크 짜임새의 합과 같음을 보여라.

19. π^+, K^+와 D^0의 전기 전하, 중입자수와 기묘도가 모두 그것들의 쿼크 짜임새의 합과 같음을 보여라.

20. D^0, D^-, D^+ 맵시 중간자의 쿼크 조성을 결정하라.

21. B^+, B^-, B^0 중간자의 쿼크 조성을 결정하라.

22. $\bar{c}u$ 짜임새로 만들어지면 어떤 종류의 입자가 되리라고 예상하는가?

23. Ω^- 중입자는 주로 $\Omega^- \rightarrow \Lambda^0 + K^-$의 반응으로 붕괴한다. 그다음에 Λ^0와 K^-는 각각 표 14.4의 주요 붕괴 모드 열의 첫 번째 반응으로 붕괴한다. (a) 이것들은 강한 붕괴 상호작용인가 아니면 약한 붕괴 상호작용인가? (b) 각 반응을 입자 기호와 쿼크 조성을 사용하여 써라.

24. 다음의 쿼크 조성으로 된 입자를 생각하여 그것들의 양자수와 입자 이름을 정하라. (a) $c\bar{d}$ (b) uds (c) $\bar{s}\bar{s}\bar{s}$ (d) $\bar{c}d$

14.7 표준 모형을 넘어

25. 양성자의 반감기가 10^{33} y라고 가정하자. 350,000리터의 물을 담은 물탱크에서 1년에 몇 개의 붕괴를 예상하는가? 속박된 양성자도 붕괴한다고 가정하라.

26. 몇몇 GUT 이론에서는 양성자가 불안정하다. 다음의 양성자 붕괴에서 깨지는 보존 법칙은 무엇인가?

(a) $p \rightarrow \pi^+ + \bar{\nu}_e$

(b) $p \rightarrow \mu^+ + \pi^0$

(c) $p \rightarrow e^+ + K^0 + \nu_e$

27. 62 kg인 사람의 질량의 절반이 양성자로 이루어진다고 가정하라. 양성자의 반감기가 10^{33}년이라면 몸에서 하루에 붕괴하는 양성자의 수를 계산하라.

28. 운동에너지 3.6 GeV의 Σ^+ 입자가 거품상자 안에서 만들어진다. 에너지 손실을 무시하면, Σ^+가 검출기 안에서 여행하는 평균 거리는 얼마인가?

14.8 가속기

29. 현대의 충돌형 가속기 실험에서 빔 에너지 K는 정지에너지보다 훨씬 크다($K \gg mc^2$). 질량이 m인 두 입자가 각각 빔 에너지 K를 갖고 정면충돌하면 질량 중심계에서 에너지는 $E_{cm} = 2K$이다. 같은 질량 m을 갖고 각각 빔 에너지 K로 정면충돌하는 두 입자의 질량 중심계에서의 에너지는, 고정 과녁 가속기에서 같은 과녁 입자에 충돌하는 에너지 $K_{\text{lab}} \approx \dfrac{2K^2}{mc^2}$인 같은 입자의 질량 중심계에서의 에너지와 같음을 보여라.

30. CERN은 1971년에 교차 갈무리 고리(Intersecting Storage Rings, ISR)라는 첫 번째 양성자·양성자 충돌형 가속기를 건설했는데, 각 양성자 빔은 31 GeV의 운동에너지를 가졌다. 질량 중심계에서 이용 가능한 에너지와 같은 에너지를 가지려면, 고정 과녁 가속기는 얼마의 에너지가 필요하겠는가?

31. CERN의 LHC에서 만들어지는 7.0 TeV의 양성자의 속력을 계산하라.

32. 양성자를 70 MeV로 가속하는 데 사이클로트론을 사용한다. 이 양성자가 중수소핵(^{2}H)과 삼중수소핵(^{3}H)으로부터 탄성 산란을 한다면, ^{2}H와 ^{3}H의 최대 에너지는 각각 얼마인가?

33. 반양성자를 만들기 위해 고정된 양성자 과녁에서 산란하는 양성자가 가져야 하는 최소 에너지를 계산하라.

34. 사이클로트론에서 1.4 T의 자기장이 10.0 MeV의 양성자를 가속하는 데 쓰인다. (a) 자석의 반지름은 얼마인가? (b) 사이클로트론 진동수는 얼마인가?

35. 입자 에너지가 높을 때 식 (14.8)의 단순한 사이클로트론 진동수는 상대론적 효과에 의해 제한됨을 보여라. 식 (14.9)의 식

$$f = \frac{qB}{2\pi m}\sqrt{1 - \frac{v^2}{c^2}}$$

이 올바른 궤도 진동수임을 보여라.

36. 운동에너지 K를 갖는 질량 m_1인 입자가 질량 m_2인 고정 과녁에 충돌해서 $m_1 + m_2 \rightarrow$ 어떤 것의 반응이 일어날 때,

질량 중심 좌표계에서 이용할 수 있는 에너지의 양에 대한 올바른 상대론적 결과가 식 (14.10)임을 보여라. 이 식이 비상대론적 극한에서는 식 (13.12)로 환원됨을 보여라.

37. $m_1 = m_2 = m$인 고정 과녁 실험에서 다음의 두 극한에서 E_{cm}의 근사식을 유도하라: (a) $K \ll mc^2$, (b) $K \gg mc^2$. 두 경우 모두에 대해 당신의 결과에 대해 논의하라.

38. 스탠퍼드 선형 가속기 센터(SLAC)에서의 50 GeV 빔에 있는 전자의 속도를 계산하라.

39. (a) 12 MeV의 양성자, (b) 120 MeV의 양성자, (c) 1.2 GeV의 양성자에 대해 상대론적으로 계산한 사이클로트론 진동수와 비상대론적으로 계산한 값의 비는 얼마인가?

40. 33 GeV의 양성자가 브룩헤이븐의 교류 기울기 싱크로트론(Alternating Gradient Synchrotron)의 0.8 km 원주를 160,000번 정도 회전하는 데 약 0.5초가 걸린다고 한다. 이 말이 옳은지 확인하라.

일반적인 문제

41. 과학 소설에서 에너지를 얻기 위해 물질과 반물질을 소멸하는 우주선이 등장한다. 15,000 kg의 우주선을 지구 궤도로부터 태양계를 벗어나도록 발사하려면, 얼마나 많은 물질과 반물질이 필요하겠는가? 지구의 중력을 벗어나는 데 필요한 에너지는 무시하고, 물질과 반물질의 양은 같다고 가정하라.

42. 페르미 연구소에 있는 테바트론 가속기는 양성자나 반양성자를 6.3 km의 원주 고리를 따라 움직이게 해서 최대 1.0 TeV로 가속할 수 있었다. (a) 1.0 TeV의 양성자가 고리를 한 바퀴 도는 데 걸리는 시간은 얼마였는가? (b) 양성자와 중성자가 충돌하는 빔 실험에서 이용 가능한 최대 에너지는 얼마였는가? (c) 고정 과녁 실험에서 (b)에서 계산된 에너지와 같은 에너지가 이용 가능해지려면 양성자가 가져야 하는 에너지는 얼마이겠는가?

43. 다음 과정을 나타내는 파인먼 도형을 그려라.

(a) 전자가 광자를 방출한다.

(b) 전자가 광자를 흡수한다.

44. π^+가 양의 뮤온과 중성미자로 붕괴하는 것을 나타내는 파인먼 도형을 그려라. 이 붕괴에서 나타나는 중성미자는 어떤 종류이어야 하는가? π^+를 쿼크로 나타내어 두 번째 파인먼 도형을 그려라.

45. 브룩헤이븐 국립 연구소에 있는 상대론적 중이온 충돌형 가속기(Relativistic Heavy Ion Collider, RHIC)에서 금 이온을 다른 금 이온에 정면충돌시킨다. 금 이온의 에너지는 핵자당 100 GeV이다. (a) 이 충돌의 질량 중심계 에너지는 얼마인가? (b) 금 이온의 속력을 광속으로 나누면 얼마인가?

46. 다음의 각 붕괴를 쿼크 변환을 사용하여 기술하라.

(a) $n \to p + e^-$

(b) $\Lambda^0 \to p + \pi^-$

(c) $K^0 \to \pi^+ + \pi^-$

47. $e^- + e^+ \to \bar{\nu}_e + ?$의 반응을 생각하라. (a) 빠진 입자 혹은 입자들의 양자수(중입자수, 렙톤 수, 전하, 스핀 등)를 결정하라. (b) 이 반응을 완성하기 위해 하나의 입자가 필요한지 둘이 필요한지 생각하라. 가능한 입자들은 무엇인가?

48. 다음 붕괴 중 허용되지 않는 것을 결정하고 그 이유를 설명하라.

(a) $\Xi^0 \to \pi^- + \Sigma^+$

(b) $\Xi^0 \to \pi^- + p$

(c) $\Xi^0 \to K^- + p$

49. $p + p \to p + \Lambda + K^+$의 반응을 생각하라. (a) 두 번째 양성자가 정지한 과녁일 때와 (b) 두 양성자가 정면충돌할 때 이 반응에 필요한 충돌 에너지는 얼마인가?

50. 다음 붕괴 중 허용되지 않는 것을 결정하고 그 이유를 설명하라.

(a) $\pi^+ \to \mu^+ + n$

(b) $\mu^- \to e^- + \gamma$

(c) $\Lambda \to p + \pi^-$

(d) $p \to \pi^+ + \pi^0$

51. 다음 붕괴나 반응 중 허용되지 않는 것을 결정하고 그 이유를 설명하라.

(a) $\bar{p} + p \to \bar{\Lambda} + \Lambda$

(b) $n \to p + e^- + \nu_e$

(c) $\Xi^0 \to n + \pi^0$

(d) $\pi^- + p \to \pi^- + \Sigma^+$

(e) $\pi^+ \to \mu^+ + \nu_\mu$

52. 다음 붕괴나 반응 중 허용되지 않는 것을 결정하고 그 이유를 설명하라.

(a) $p \to e^+ + \pi^0$

(b) $\pi^+ + p \to \Lambda + K^0$

(c) $p + p \to p + p + \pi^0$

(d) $n \to p + e^- + \bar{\nu}_e$

53. 다음 붕괴나 반응 중 허용되지 않는 것을 결정하고 그 이유를 설명하라.

(a) $\Xi^- \to \Lambda + \pi^-$

(b) $\Lambda \to p + \pi^0$

(c) $p + p \to p + \pi^+ + \bar{\Lambda} + \bar{K}^0$

(d) $\Omega^+ \to \Xi^+ + \pi^0$

54. (a) 저에너지 양성자와 (b) 매우 높은 에너지의 양성자에 대해, 드브로이 파장 λ, 질량 m과 운동에너지 K의 관계는 무엇인가?

55. CERN의 LHC 충돌형 가속기에서 가속되는 7.0 TeV의 양성자를 생각하라. (a) 이 양성자가 고정 과녁 실험에서 다른 양성자와 부딪칠 때, 이용 가능한 질량 중심 에너지를 계산하라. (b) (a)의 결과를 충돌하는 빔 실험에서 이용 가능한 질량 중심 에너지와 비교하라.

APPENDIX 1

Fundamental Constants

Quantity	Symbol	Value
Speed of light in vacuum	c	299 792 458 m/s (exact)
Permeability of vacuum (magnetic constant)	μ_0	$1.256\,637\,062\,12(19) \times 10^{-6}\,\mathrm{NA}^{-2}$
Permittivity of vacuum (electric constant)	ϵ_0	$8.854\,187\,813\ldots \times 10^{-12}\,\mathrm{F/m}$
Newtonian gravitational constant	G	$6.674\,30(15) \times 10^{-11}\,\mathrm{m}^3 \cdot \mathrm{kg}^{-1} \cdot \mathrm{s}^{-2}$
Fine structure constant	$\alpha = \dfrac{e^2}{4\pi\varepsilon_0 \hbar c}$	$0.007\,297\,352\,5693(11) \approx \dfrac{1}{137}$
Planck constant	h	$6.626\,070\,15 \times 10^{-34}\,\mathrm{J \cdot s}$
Planck constant $h/2\pi$	$\hbar$	$1.054\,571\,817\ldots \times 10^{-34}\,\mathrm{J \cdot s}$
Elementary charge	e	$1.602\,176\,634 \times 10^{-19}\,\mathrm{C}$
Magnetic flux quantum	$\Phi_0 = \dfrac{h}{2e}$	$2.067\,833\,848\ldots \times 10^{-15}\,\mathrm{T \cdot m^2}$
Josephson constant	$K_\mathrm{J} = 2e/h$	$4.835\,978\,484\ldots \times 10^{14}\,\mathrm{Hz/V}$
Von Klitzing constant	$R_\mathrm{K} = h/e^2$	$25\,812.807\,45\ldots\,\Omega$
Rydberg constant	$R_\infty = \dfrac{\alpha^2 m_e c}{2h}$	$1.097\,373\,156\,8160(21) \times 10^7\,\mathrm{m}^{-1}$
Bohr radius	$a_0 = \dfrac{4\pi\varepsilon_0 \hbar^2}{m_e e^2}$	$0.529\,177\,210\,903(80) \times 10^{-10}\,\mathrm{m}$
Compton wavelength	$\lambda_\mathrm{C} = \dfrac{h}{m_e c}$	$2.426\,310\,238\,67(73) \times 10^{-12}\,\mathrm{m}$
Classical electron radius	$r_e = \alpha^2 a_0$	$2.817\,940\,3262(13) \times 10^{-15}\,\mathrm{m}$
Bohr magneton	$\mu_\mathrm{B} = \dfrac{e\hbar}{2m_e}$	$9.274\,010\,0783(28) \times 10^{-24}\,\mathrm{J/T}$
Nuclear magneton	$\mu_\mathrm{N} = \dfrac{e\hbar}{2m_p}$	$5.050\,783\,7461(15) \times 10^{-27}\,\mathrm{J/T}$
Avogadro constant	N_A	$6.022\,140\,76 \times 10^{23}\,\mathrm{mol}^{-1}$
Molar gas constant	R	$8.314\,462\,618\ldots\,\mathrm{J \cdot mol^{-1} \cdot K^{-1}}$
Boltzmann constant	k	$1.380\,49 \times 10^{-23}\,\mathrm{J/K}$
Stefan-Boltzmann constant	σ	$5.670\,374\,419\ldots \times 10^{-8}\,\mathrm{W \cdot m^{-2} \cdot K^{-4}}$
Wien wavelength displacement law constant	$\lambda_\mathrm{max} T$	$2.897\,771\,955\ldots \times 10^{-3}\,\mathrm{m \cdot K}$
Atomic mass unit	u	$1.660\,539\,066\,60(50) \times 10^{-27}\,\mathrm{kg}$
Electron mass	m_e	$9.109\,383\,7015(28) \times 10^{-31}\,\mathrm{kg}$
Muon mass	m_μ	$1.883\,531\,627(42) \times 10^{-28}\,\mathrm{kg}$
Proton mass	m_p	$1.672\,621\,923\,69(51) \times 10^{-27}\,\mathrm{kg}$
Neutron mass	m_n	$1.674\,927\,498\,04(95) \times 10^{-27}\,\mathrm{kg}$
Deuteron mass	m_d	$3.343\,583\,7724(10) \times 10^{-27}\,\mathrm{kg}$

Note: Digits in parentheses represent one standard deviation uncertainty in the final digits of the given value.The values shown are the CODATA recommended values of the fundamental physical constants (2018) and subsequent updates are available from the National Institute of Standards and Technology, Gaithersburg, MD 20899. URL: http://physics.nist.gov/cuu/Constants/index.html.

APPENDIX 2

Conversion Factors

Length

	m	cm	km	ft	ly	pc
1 meter	1	10^{2}	10^{-3}	3.281	1.057×10^{-16}	3.241×10^{-17}
1 centimeter	10^{-2}	1	10^{-5}	3.281×10^{-2}	1.057×10^{-18}	3.241×10^{-19}
1 kilometer	10^{3}	10^{5}	1	3.281×10^{3}	1.057×10^{-13}	3.241×10^{-14}
1 foot	0.3048	30.48	3.048×10^{-4}	1	3.222×10^{-17}	9.878×10^{-18}
1 lightyear	9.461×10^{15}	9.461×10^{17}	9.461×10^{12}	3.104×10^{16}	1	0.3066
1 parsec	3.086×10^{16}	3.086×10^{18}	3.086×10^{13}	1.012×10^{17}	3.262	1

Mass

	kg	g	slug	u
1 kilogram	1	10^{3}	6.852×10^{-2}	6.022×10^{26}
1 gram	10^{-3}	1	6.852×10^{-5}	6.022×10^{23}
1 slug	14.59	1.459×10^{4}	1	8.789×10^{27}
1 atomic mass unit	1.661×10^{-27}	1.661×10^{-24}	1.138×10^{-28}	1

Time

	s	min	h	d	y
1 second	1	1.667×10^{-2}	2.778×10^{-4}	1.157×10^{-5}	3.169×10^{-8}
1 minute	60	1	1.667×10^{-2}	6.944×10^{-4}	1.901×10^{-6}
1 hour	3600	60	1	4.167×10^{-2}	1.141×10^{-4}
1 day	8.640×10^{4}	1440	24	1	2.738×10^{-3}
1 year	3.156×10^{7}	5.259×10^{5}	8.766×10^{3}	365.24	1

Speed

	m/s	cm/s	ft/s	mi/h	km/h
1 meter/second	1	10^2	3.281	2.237	3.600
1 centimeter/second	10^{-2}	1	3.281×10^{-2}	2.237×10^{-2}	0.036
1 foot/second	0.3048	30.48	1	0.6818	1.097
1 mile/hour	0.4470	44.70	1.467	1	1.609
1 kilometer/hour	0.2778	27.78	0.9113	0.6214	1

Note: 1 mi/min = 60 mi/h = 88 ft/s

Force

	N	dyn	lb
1 newton	1	10^5	0.2248
1 dyne	10^{-5}	1	2.248×10^{-6}
1 pound	4.448	4.448×10^5	1

Work, Energy, Heat

	J	erg	ft · lb
1 joule	1	10^7	0.7376
1 erg	10^{-7}	1	7.376×10^{-8}
1 ft · lb	1.356	1.356×10^7	1
1 eV	1.602×10^{-19}	1.602×10^{-12}	1.182×10^{-19}
1 cal	4.186	4.186×10^7	3.087
1 Btu	1.055×10^3	1.055×10^{10}	7.782×10^2
1 kWh	3.600×10^6	3.600×10^{13}	2.655×10^6

	eV	cal	Btu	kWh
1 joule	6.242×10^{18}	0.2388	9.478×10^{-4}	2.778×10^{-7}
1 erg	6.242×10^{11}	2.388×10^{-8}	9.478×10^{-11}	2.778×10^{-14}
1 ft · lb	8.464×10^{18}	0.3239	1.285×10^{-3}	3.766×10^{-7}
1 eV	1	3.827×10^{-20}	1.519×10^{-22}	4.450×10^{-26}
1 cal	2.613×10^{19}	1	3.968×10^{-3}	1.163×10^{-6}
1 Btu	6.585×10^{21}	2.521×10^2	1	2.931×10^{-4}
1 kWh	2.247×10^{25}	8.601×10^5	3.412×10^3	1

3A Mathematical Relations

APPENDIX

Expansions

$$(1 \pm x)^n = 1 \pm nx + \frac{n\,(n-1)}{2!}\,x^2 \pm \frac{n\,(n-1)(n-2)}{3!}\,x^3 + \cdots \quad |x| < 1$$

$$(1 \pm x)^{1/2} = 1 \pm \tfrac{1}{2}x - \tfrac{1}{8}x^2 \pm \tfrac{1}{16}x^3 - \cdots \quad |x| < 1$$

$$(1 \pm x)^{-1/2} = 1 \mp \tfrac{1}{2}x + \tfrac{3}{8}x^2 \mp \tfrac{5}{16}x^3 + \cdots \quad |x| < 1$$

$$(1 \pm x)^{-1} = 1 \mp x + x^2 \mp x^3 + \cdots \quad |x| < 1$$

$$\sin x = x - \frac{x^3}{3!} + \frac{x^5}{5!} - \frac{x^7}{7!} + \cdots$$

$$\cos x = 1 - \frac{x^2}{2!} + \frac{x^4}{4!} - \frac{x^6}{6!} + \cdots$$

$$\tan x = x + \frac{x^3}{3!} + \frac{2}{15}x^5 + \cdots \quad |x| < \pi/2$$

$$e^x = 1 + x + \frac{x^2}{2!} + \frac{x^3}{3!} + \cdots$$

Functions and Relations

$$\sin(A \pm B) = \sin A \cos B \pm \cos A \sin B$$

$$\cos(A \pm B) = \cos A \cos B \mp \sin A \sin B$$

$$\sinh x = \frac{e^x - e^{-x}}{2}$$

$$\cosh x = \frac{e^x + e^{-x}}{2}$$

Cartesian form: $z = x + iy$

Complex conjugate: $z^* = x - iy,\ i = \sqrt{-1}$

Polar form: $z = |z|\, e^{i\theta}$

$$z^* = |z|\, e^{-i\theta}$$

$$zz^* = |z|^2 = x^2 + y^2$$

Real part of z: $\operatorname{Re} z = \frac{1}{2}(z + z^*) = x$

Imaginary part of z: $\operatorname{Im} z = -\frac{1}{2}(z - z^*) = y$

$$\sin x = \frac{e^{ix} - e^{-ix}}{2i}$$

$$\cos x = \frac{e^{ix} + e^{-ix}}{2}$$

$$e^{ix} = \cos x + i \sin x$$

Integrals

$$\int \sin^2 x\, dx = -\frac{1}{2}\cos x \sin x + \frac{1}{2}x = \frac{1}{2}x - \frac{1}{4}\sin 2x$$

$$\int \sin^3 x\, dx = -\frac{1}{3}\cos x\,(\sin^2 x + 2).$$

$$\int x \sin^2 x\, dx = \frac{x^2}{4} - \frac{x \sin 2x}{4} - \frac{\cos 2x}{8}$$

$$\int x^2 \sin^2 x\, dx = \frac{x^3}{6} - \left(\frac{x^2}{4} - \frac{1}{8}\right)\sin 2x - \frac{x\cos 2x}{4}$$

$$I_n = \int x^n e^{-x/\alpha}\, dx$$

$$I_0 = -\alpha e^{-x/\alpha}$$

$$I_1 = -(\alpha^2 + \alpha x)e^{-x/\alpha}$$

$$I_2 = -(2\alpha^3 + 2\alpha^2 x + \alpha x^2)e^{-x/\alpha}$$

$$I_{n+1} = \alpha^2 \frac{\partial I_n}{\partial \alpha}$$

$$\int x^m e^{bx} dx = e^{bx}\sum_{k=0}^{m}(-1)^k \frac{m!\,x^{m-k}}{(m-k)!\,b^{k+1}}$$

$$\int_0^\infty e^{-x/\alpha}\, dx = \alpha$$

$$\int_0^\infty x e^{-x/\alpha}\, dx = \alpha^2$$

$$\int_0^\infty x^2 e^{-x/\alpha}\, dx = 2\alpha^3$$

$$\int_0^\infty x^n e^{-x/\alpha}\, dx = n!\alpha^{n+1}$$

See **Wolframalpha.com** for a useful Internet site for complex math calculations including integrals.

3B Mean Values and Distributions

APPENDIX

Average values are encountered in several forms. A simple example is an arithmetic mean. If N students take an exam and receive scores S_1, S_2, S_3, and so on, the class average is

$$\text{Average score} = \frac{S_1 + S_2 + S_3 + \cdots + S_N}{N}$$

This calculation is more compact if we group the students receiving a given score S_i. If N_i students receive the score S_i, then the class average becomes

$$\text{Average score} = \frac{N_1 S_1 + N_2 S_2 + N_3 S_3 + \cdots}{N}$$

An example from physics of a *weighted* average brings us closer to the idea of mean value. In mechanics the center of mass of N particles of different mass (m_i) placed at various locations (x_i) along the x axis is

$$x_{\text{cm}} = \frac{m_1 x_1 + m_2 x_2 + \cdots}{m_1 + m_2 + \cdots} = \frac{\sum_i m_i x_i}{\sum_i m_i}$$

We define the mean value just like the weighted average, with the probabilities of the various possible events serving as the weights. Suppose some physical quantity x can have N possible values, which we shall call x_i, with $i = 1,2,3,\ldots,N$. Let P_i be the probability that x has the value x_i. Then the mean value of x is

Mean value

$$\bar{x} = \frac{P_1 x_1 + P_2 x_2 + \cdots}{P_1 + P_2 + \cdots} = \frac{\sum_i P_i x_i}{\sum_i P_i}$$

As usual, it is required that $\Sigma_i P_i = 1$ (the sum of all probabilities is 1), so

$$\bar{x} = \sum P_i x_i \tag{3B.1}$$

The same definition of mean value holds if we are considering a function $f(x)$:

Mean value of a function

$$\overline{f(x)} = \sum P_i f(x_i) \tag{3B.2}$$

For any two functions $f(x)$ and $g(x)$ we have

$$\overline{f(x) + g(x)} = \overline{f(x)} + \overline{g(x)}$$

and

$$\overline{c\,[f(x) + g(x)]} = c\left[\overline{f(x) + g(x)}\right] = c\,\overline{f(x)} + c\,\overline{g(x)}$$

where c is a constant.

In physics we are often interested in how much a particular value differs from the mean value. The difference between a particular value and the mean value is known as the deviation (Δx_i):

Deviation

$$\Delta x_i = x_i - \overline{x}$$

The mean value of all deviations is easily computed:

$$\overline{\Delta x_i} = \overline{x_i - \overline{x}} = \overline{x_i} - \overline{x} = 0$$

This is just as one should expect because the positive and negative deviations will exactly cancel each other. However, we would like to get some idea of how large a typical deviation will be. To this end we define the **standard deviation**:

Standard deviation

$$\sigma_x = \left[\overline{(\Delta x_i)^2}\right]^{1/2} = \left[\sum_i P_i\,(x_i - \overline{x})^2\right]^{1/2} \tag{3B.3}$$

Notice that in Equation (3B.3) the negative deviations have been eliminated by squaring. The standard deviation is an indication of the sharpness of the peak of the probability distribution curve. For a purely random (Gaussian) distribution it can be shown that the width of the probability curve at half of the peak value is slightly more than two standard deviations.

Equation (3B.3) can be rewritten

$$\sigma_x = \left[\sum_i P_i\,(x_i^2 - 2x_i\,\overline{x} + \overline{x}^2)\right]^{1/2}$$

$$= \left[\sum_i P_i x_i^2 - 2\overline{x}\sum_i (P_i x_i + \overline{x}^2)\right]^{1/2}$$

The first sum is simply $\overline{x^2}$, and the second is $\overline{x}$. Thus

$$\sigma_x = [\overline{x^2} - \overline{x}^2]^{1/2} \tag{3B.4}$$

An important feature of many systems is that as N increases, the probability distribution begins to approach a smooth curve. Indeed, it will be to our advantage to think of such a curve as a function, which we shall call a **distribution function**. This will enable us to replace the sums used in this section by integrals, which is clearly a wise thing to do if we want to consider problems in which $N \approx 10^{23}$. The distribution function is not a probability per se, but rather a probability density. For example, if $f(x)$ is the distribution function describing the positions of a large number of particles lying along the x axis, then

$f(x)\,dx$ = the probability of finding a particle between x and $x + dx$

It is necessary to define the distribution function in this way so that we can say [by analogy with Equation (3B.1)]

$$\overline{x} = \int x\,f(x)\,dx$$

$$\overline{x^2} = \int x^2\,f(x)\,dx$$

and so on.

3C Probability Integrals $I_n = \int_0^\infty x^n \exp(-ax^2)\, dx$

APPENDIX

Before proceeding to the calculation of these integrals, we introduce the concept of even and odd functions. An even function is one for which $f(x) = f(-x)$; similarly, for an odd function $f(x) = -f(-x)$. An example of an even function is the integrand of Equation (9.4):

$$\int_{-\infty}^{\infty} g(v_x)\, dv_x = \int_{-\infty}^{\infty} C' \exp\left(-\frac{1}{2}\beta m v_x^2\right) dv_x$$

This even integrand makes it possible to replace $\int_{-\infty}^{\infty}$ with $2\int_0^{\infty}$ because the curve is perfectly symmetric about $x = 0$ (see Figure 9.2).

On the other hand, consider the odd integrand of Equation (9.6):

$$\overline{v}_x = C' \int_{-\infty}^{\infty} v_x \exp\left(-\frac{1}{2}\beta m v_x^2\right) dv_x = 0$$

The odd function is antisymmetric with respect to $x = 0$, and if we divide the integral into two parts ($-\infty$ to 0 and 0 to ∞), those two parts just cancel. The integral of an odd function from $-\infty$ to ∞ (or indeed over any symmetric limits) is therefore zero.

Based on these properties of even and odd functions, it makes sense to define

$$I_n = \int_0^{\infty} x^n \exp(-ax^2)\, dx \tag{3C.1}$$

and say that

$$\int_{-\infty}^{\infty} x^n \exp(-ax^2)\, dx = \begin{cases} 2I_n & \text{for even } n \\ 0 & \text{for odd } n \end{cases} \tag{3C.2}$$

Let us proceed to calculate the I_n, beginning with $n = 0$ [as in Equation (9.4)]. Now

$$I_0 = \int_0^{\infty} \exp(-ax^2)\, dx \tag{3C.3}$$

It is not possible to do this integral by straightforward substitution. Because this is a definite integral, x is a dummy variable. We would obtain the same result with any other variable, say y:

$$I_0 = \int_0^\infty \exp(-ay^2)\, dy \tag{3C.4}$$

Multiplying Equations (3C.3) and (3C.4) yields

$$I_0^2 = \int_0^\infty \int_0^\infty \exp[-a(x^2 + y^2)]\, dx\, dy \tag{3C.5}$$

We now switch to polar coordinates, with $r^2 = x^2 + y^2$ and $dx\, dy = r\, dr\, d\theta$. The limits of integration are 0 to ∞ for r but only 0 to $\pi/2$ for θ, because the limits on x and y restrict us to the first quadrant. Thus

$$I_0^2 = \int_0^\infty \exp(-ar^2)\, r\, dr \int_0^{\pi/2} d\theta \tag{3C.6}$$

The θ integral yields $\pi/2$, and the r integral is easily performed using a standard substitution (say $u = ar^2$):

$$I_0^2 = \left(\frac{\pi}{2}\right)\left(\frac{1}{2}a\right) = \frac{\pi}{4a}$$

$$I_0 = \sqrt{\frac{\pi}{4a}} = \frac{\sqrt{\pi}}{2}a^{-1/2} \tag{3C.7}$$

Notice that Equation (3C.6) actually contains I_1, so we see that

$$I_1 = \int_0^\infty r \exp(-ar^2)\, dr = \frac{1}{2a} \tag{3C.8}$$

To calculate I_2 we return for a moment to I_0. We differentiate Equation (3C.3) with respect to a and find

$$\frac{dI_0}{da} = -\int_0^\infty x^2 \exp(-ax^2)\, dx = -I_2 \tag{3C.9}$$

However, by Equation (3C.7)

$$\frac{dI_0}{da} = -\frac{\sqrt{\pi}}{4}a^{-3/2}$$

and so

$$I_2 = \frac{\sqrt{\pi}}{4}a^{-3/2} \tag{3C.10}$$

In a similar way one may use $\frac{dI_1}{da}$ to calculate I_3, $\frac{dI_2}{da}$ to calculate I_4, and so on, indefinitely. Some useful results are

$$I_3 = \frac{1}{2}a^{-2}$$

$$I_4 = \frac{3\sqrt{\pi}}{8}a^{-5/2}$$

$$I_5 = a^{-3}$$

It can be shown that in general

$$I_n = \frac{[(n-1)/2]!}{2a^{(n+1)/2}} \qquad \text{for } odd\ n$$

$$I_n = \frac{1\cdot 3\cdot 5 \cdots (n-1)}{2^{(n/2)+1} a^{(n/2)}} \sqrt{\frac{\pi}{a}} \qquad \text{for } even\ n$$

Integrals of the Type $\int_0^\infty \frac{x^{n-1}\,dx}{e^x - 1}$

3D

APPENDIX

Evaluation of these integrals introduces us to two special mathematical functions: the gamma function and the Riemann zeta function. A good handbook of integrals (see, for example, *Table of Integrals, Series, and Products* by Gradshteyn and Ryzhik) will give the result

$$\int_0^\infty \frac{x^{n-1}\,dx}{e^x - 1} = \Gamma(n)\,\zeta(n) \tag{3D.1}$$

The **gamma function** is in turn defined by the integral

The gamma function

$$\Gamma(n) = \int_0^\infty e^{-x}x^{n-1}\,dx \tag{3D.2}$$

In many cases the gamma functions we encounter in physics have integer arguments. Then they are easily evaluated using the identity

$$\Gamma\,(n) = (n-1)! \tag{3D.3}$$

When n is not an integer one may use the recursion formula

$$\Gamma\,(n+1) = n\Gamma\,(n) \tag{3D.4}$$

with tabulated values of the gamma function [those tables generally range from $\Gamma\,(1)$ to $\Gamma\,(2)$] to find the desired value. Further, the fact that $\Gamma\,(\frac{3}{2}) = \sqrt{\pi}/2$ is useful, because half-integer powers occur in a number of applications. For other values one may resort to tables or computer packages such as Mathematica, Maple, or Wolfram Alpha.

One may also use the appropriate tables or computer packages to obtain values for the **Riemann zeta function** . It is helpful to know that the zeta function can sometimes be expressed in closed form. For example,

The Riemann zeta function

$$\zeta(2) = \frac{\pi^2}{6} \quad \text{and} \quad \zeta(4) = \frac{\pi^4}{90} \tag{3D.5}$$

One integral of this form is

$$\int_0^\infty \frac{x^3}{e^x - 1}dx$$

which is found in Example 3.7. According to Equation (3D.1) the result is

$$\int_0^\infty \frac{x^3}{e^x - 1}\,dx = \Gamma(4)\,\zeta(4) = 3!\left(\frac{\pi^4}{90}\right) = \frac{\pi^4}{15}$$

This allows us to complete Example 3.7 and obtain the closed form expression for the total radiation emitted by a blackbody at a temperature T:

$$R(T) = \frac{2\pi^5 k^4}{15h^3c^2}T^4$$

In Section 9.7 we encounter an integral with a fractional value of n ($n = \frac{3}{2}$), with the result $\Gamma(\frac{3}{2})\,\zeta(\frac{3}{2})$. As noted previously, $\Gamma(\frac{3}{2}) = \sqrt{\pi}/2$. A numerical evaluation yields $\zeta(\frac{3}{2}) \approx 2.61238$, so that $\Gamma(\frac{3}{2})\,\zeta(\frac{3}{2}) \approx 2.315$, as used in Equation (9.64).

The common thread running through these applications is that they concern collections of bosons. The Bose–Einstein distribution [Equation (9.32)] contains the factor $[B_{\mathrm{BE}} \exp(\beta E) - 1]^{-1}$, which can often be put into the form $e^x - 1$ for the purpose of doing this integral.

APPENDIX 4 Periodic Table of the Elements

	MAIN GROUP METALS	TRANSITION METALS	METALLOIDS	NONMETALS

Uranium / 92 — Atomic number / U — Symbol / 238.0289 — Atomic weight

Period	1A (1)	2A (2)	3B (3)	4B (4)	5B (5)	6B (6)	7B (7)	8B (8)	8B (9)	8B (10)	1B (11)	2B (12)	3A (13)	4A (14)	5A (15)	6A (16)	7A (17)	8A (18)
1	Hydrogen 1 H 1.0079																	Helium 2 He 4.0026
2	Lithium 3 Li 6.941	Beryllium 4 Be 9.0122											Boron 5 B 10.811	Carbon 6 C 12.011	Nitrogen 7 N 14.0067	Oxygen 8 O 15.9994	Fluorine 9 F 18.9984	Neon 10 Ne 20.1797
3	Sodium 11 Na 22.9898	Magnesium 12 Mg 24.3050											Aluminum 13 Al 26.9815	Silicon 14 Si 28.0855	Phosphorus 15 P 30.9738	Sulfur 16 S 32.066	Chlorine 17 Cl 35.4527	Argon 18 Ar 39.948
4	Potassium 19 K 39.0983	Calcium 20 Ca 40.078	Scandium 21 Sc 44.9559	Titanium 22 Ti 47.867	Vanadium 23 V 50.9415	Chromium 24 Cr 51.9961	Manganese 25 Mn 54.9380	Iron 26 Fe 55.845	Cobalt 27 Co 58.9332	Nickel 28 Ni 58.6934	Copper 29 Cu 63.546	Zinc 30 Zn 65.38	Gallium 31 Ga 69.723	Germanium 32 Ge 72.63	Arsenic 33 As 74.9216	Selenium 34 Se 78.96	Bromine 35 Br 79.904	Krypton 36 Kr 83.798
5	Rubidium 37 Rb 85.4678	Strontium 38 Sr 87.62	Yttrium 39 Y 88.9059	Zirconium 40 Zr 91.224	Niobium 41 Nb 92.9064	Molybdenum 42 Mo 95.96	Technetium 43 Tc (97.907)	Ruthenium 44 Ru 101.07	Rhodium 45 Rh 102.9055	Palladium 46 Pd 106.42	Silver 47 Ag 107.8682	Cadmium 48 Cd 112.411	Indium 49 In 114.818	Tin 50 Sn 118.710	Antimony 51 Sb 121.760	Tellurium 52 Te 127.60	Iodine 53 I 126.9045	Xenon 54 Xe 131.293
6	Cesium 55 Cs 132.9055	Barium 56 Ba 137.327	Lanthanum 57 La 138.9055	Hafnium 72 Hf 178.49	Tantalum 73 Ta 180.9479	Tungsten 74 W 183.84	Rhenium 75 Re 186.207	Osmium 76 Os 190.23	Iridium 77 Ir 192.22	Platinum 78 Pt 195.084	Gold 79 Au 196.9666	Mercury 80 Hg 200.59	Thallium 81 Tl 204.3833	Lead 82 Pb 207.2	Bismuth 83 Bi 208.9804	Polonium 84 Po (208.98)	Astatine 85 At (209.99)	Radon 86 Rn (222.02)
7	Francium 87 Fr (223.02)	Radium 88 Ra (226.0254)	Actinium 89 Ac (227.0278)	Rutherfordium 104 Rf (265)	Dubnium 105 Db (268)	Seaborgium 106 Sg (271)	Bohrium 107 Bh (270)	Hassium 108 Hs (277)	Meitnerium 109 Mt (276)	Darmstadtium 110 Ds (281)	Roentgenium 111 Rg (280)	Copernicium 112 Cn (285)	Nihonium 113 Nh (286)	Flerovium 114 Fl (289)	Moscovium 115 Mc (289)	Livermorium 116 Lv (292)	Tennessine 117 Ts (293)	Oganesson 118 Og (294)

Lanthanides	Cerium 58 Ce 140.116	Praseodymium 59 Pr 140.9076	Neodymium 60 Nd 144.242	Promethium 61 Pm (144.91)	Samarium 62 Sm 150.36	Europium 63 Eu 151.964	Gadolinium 64 Gd 157.25	Terbium 65 Tb 158.9254	Dysprosium 66 Dy 162.50	Holmium 67 Ho 164.9303	Erbium 68 Er 167.26	Thulium 69 Tm 168.9342	Ytterbium 70 Yb 173.045	Lutetium 71 Lu 174.9668
Actinides	Thorium 90 Th 232.0381	Protactinium 91 Pa 231.0359	Uranium 92 U 238.0289	Neptunium 93 Np (237.0482)	Plutonium 94 Pu (244.664)	Americium 95 Am (243.061)	Curium 96 Cm (247.07)	Berkelium 97 Bk (247.07)	Californium 98 Cf (251.08)	Einsteinium 99 Es (252.08)	Fermium 100 Fm (257.10)	Mendelevium 101 Md (258.10)	Nobelium 102 No (259.10)	Lawrencium 103 Lr (262.11)

Note: Atomic masses are IUPAC values (up to four decimal places). IUPAC is the International Union of Pure and Applied Chemistry. Numbers in parentheses are atomic masses or mass numbers of the most stable isotope of an element.

5

Atomic Mass Table

APPENDIX

Atomic masses are used in both atomic and nuclear physics calculations. Because of space limitations, we have not included all the known isotopes in this compilation, but we have listed the atomic masses of all known stable isotopes and all those with half-lives greater than 10*s*. In addition, for the light and heavy elements, we have included some additional isotopes.

We have listed the chemical symbol, atomic number Z, mass number A, atomic masses in atomic mass units (u), either the half-life $t_{1/2}$ or natural abundance on Earth, and the decay modes. A few nuclides, for example, ^{40}K and ^{238}U, are unstable but have such a long half-life that they are still found naturally on Earth. In these few cases, we list both the half-life and natural abundance. The most important decay modes are listed with the most likely ones given first. We present below the legend for the various decay modes.

The m listed after a few of the mass numbers means the data are for a metastable state of the particular nuclide, but we have omitted most metastable nuclides for brevity. An *s* listed at the end of the atomic mass value means that the mass is obtained from systematics, not measured. The time units for the half-life are s (seconds), m (minutes), h (hours), d (days), and y (years). In some cases, for very short-lived isotopes of light masses, we have listed the width of the state Γ instead of the half-life. The half-life can be determined from the time τ by using the Heisenberg uncertainty principle.

The data for this appendix were obtained from the website (www.nndc.bnl.gov) of the National Nuclear Data Center (NNDC) at Brookhaven National Laboratory. Look at the website for the latest values. The abundances, half-lives, and decay modes are from J. K. Tuli, *Nuclear Wallet Cards,* 5th ed. (1995). The atomic mass values are from G. Audi and A. H. Wapstra, "The 1995 Update to the Atomic Mass Evaluations," *Nuclear Physics* **A595**, pp. 409–480 (1995). We have rounded off the mass values to the nearest 0.000001 u. Some updates from NNDC have been used. The data for all elements of Z greater than 106 have been obtained from Wikipedia. For example, for meitnerium, see https://en.wikipedia.org/wiki/Isotopes_of_meitnerium.

The legend for the decay modes is clear except for a few cases. We list them all here.

Listed	Decay
β^-	β^-
$2\beta^-$	Double β^-
ϵ	Electron capture and/or β^+
IT	Isomeric transition
α, 2α	α or 2α
SF	Spontaneous fission
β^-n, β^-p, $\beta^-\alpha$, $\beta^-2\alpha$, $\beta^-n\alpha$, $\beta^-3\alpha$	β^- decay followed by subsequent particles decaying
ϵn, ϵp, $\epsilon\alpha$, $\epsilon 2\alpha$, $\epsilon 3\alpha$, ϵSF	Electron capture and/or β^+ followed by other decays
n, p, $p2\alpha$	Neutron, proton, etc.
^{12}C, ^{14}C	^{12}C, ^{14}C

Z	A	Atomic Mass (u)	$t_{1/2}$ or Abundance	Decay Mode
Neutron (n)				
0	1	1.008665	10.4 m	β^-
Hydrogen (H)				
1	1	1.007825	99.988%	
1	2	2.014102	0.012%	
1	3	3.016049	12.33 y	β^-
Helium (He)				
2	3	3.016029	0.000137%	
2	4	4.002603	99.999863%	
2	5	5.012220	0.60 MeV	α, n
2	6	6.018888	806.7 ms	β^-
2	7	7.028030	160 keV	n
2	8	8.033922	119.0 ms	β^-, β^-n
Lithium (Li)				
3	5	5.012540	1.5 MeV	α, p
3	6	6.015122	7.5%	
3	7	7.016004	92.5%	
3	8	8.022487	838 ms	$\beta^-, \beta^-2\alpha$
3	9	9.026789	178.3 ms	β^-, β^-n
3	10	10.035481	1.2 MeV	n
3	11	11.043796	8.5 ms	$\beta^-, \beta^-n\alpha$
Beryllium (Be)				
4	6	6.019726	92 keV	$2p$
4	7	7.016929	53.29 d	ϵ
4	8	8.005305	6.8 eV	2α
4	9	9.012182	100%	
4	10	10.013534	1.51×10^6 y	β^-
4	11	11.021658	13.81 s	$\beta^-, \beta^-\alpha$
4	12	12.026921	23.6 ms	β^-, β^-n
Boron (B)				
5	8	8.024607	770 ms	$\epsilon\alpha, \epsilon, \epsilon2\alpha$
5	9	9.013329	0.54 keV	$2\alpha, p$
5	10	10.012937	19.9%	
5	11	11.009305	80.1%	
5	12	12.014352	20.20 ms	$\beta^-, \beta^-3\alpha$
5	13	13.017780	17.36 ms	β^-
5	14	14.025404	13.8 ms	β^-
5	15	15.031097	10.5 ms	β^-
Carbon (C)				
6	9	9.031040	126.5 ms	$\epsilon, \epsilon p, \epsilon2\alpha$
6	10	10.016853	19.255 s	ϵ

Z	A	Atomic Mass (u)	$t_{1/2}$ or Abundance	Decay Mode
Carbon (C)				
6	11	11.011434	20.39 m	ϵ
6	12	12.000000	98.89%	
6	13	13.003355	1.11%	
6	14	14.003242	5730 y	β^-
6	15	15.010599	2.449 s	β^-
6	16	16.014701	0.747 s	β^-
6	17	17.022584	193 ms	β^-, β^-n
6	18	18.026760	88 ms	β^-
Nitrogen (N)				
7	12	12.018613	11.000 ms	$\epsilon, \epsilon3\alpha$
7	13	13.005739	9.965 m	ϵ
7	14	14.003074	99.63%	
7	15	15.000109	0.37%	
7	16	16.006101	7.13 s	β^-
7	17	17.008450	4.173 s	β^-, β^-n
7	18	18.014082	624 ms	$\beta^-, \beta^-\alpha, \beta^-n$
7	19	19.017027	304 ms	β^-, β^-n
7	20	20.023370	100 ms	β^-, β^-n
7	21	21.027090	95 ms	β^-n, β^-
7	22	22.034440	24 ms	β^-n, β^-
Oxygen (O)				
8	13	13.024810	8.58 ms	ϵ
8	14	14.008595	70.606 s	ϵ
8	15	15.003065	122.24 s	ϵ
8	16	15.994915	99.76%	
8	17	16.999132	0.038%	
8	18	17.999160	0.20%	
8	19	19.003579	26.91 s	β^-
8	20	20.004076	13.51 s	β^-
8	21	21.008655	3.42 s	β^-
8	22	22.009970	2.25 s	β^-
Fluorine (F)				
9	16	16.011466	40 keV	p
9	17	17.002095	64.49 s	ϵ
9	18	18.000938	109.77 m	ϵ
9	19	18.998403	100%	
9	20	19.999981	11.00 s	β^-
9	21	20.999949	4.158 s	β^-
9	22	22.002999	4.23 s	β^-
9	23	23.003570	2.23 s	β^-
9	24	24.008100	340 ms	β^-
Neon (Ne)				
10	17	17.017700	109.2 ms	$\epsilon, \epsilon p$
10	18	18.005697	1.672 s	ϵ

Z	A	Atomic Mass (u)	$t_{1/2}$ or Abundance	Decay Mode
Neon (Ne) *(continued)*				
10	19	19.001880	17.22 s	ϵ
10	20	19.992440	90.48%	
10	21	20.993847	0.27%	
10	22	21.991386	9.25%	
10	23	22.994467	37.24 s	β^-
10	24	23.993615	3.38 m	β^-
10	25	24.997790	602 ms	β^-
10	26	26.000460	230 ms	β^-
Sodium (Na)				
11	20	20.007348	447.9 ms	ϵ
11	21	20.997655	22.49 s	ϵ
11	22	21.994437	2.6019 y	ϵ
11	23	22.989770	100%	
11	24	23.990963	14.9590 h	β^-
11	25	24.989954	59.1 s	β^-
11	26	25.992590	1.072 s	β^-
11	27	26.994010	301 ms	β^-, β^-n
Magnesium (Mg)				
12	20	20.018863	95 ms	$\epsilon, \epsilon p$
12	21	21.011714	122 ms	$\epsilon, \epsilon p$
12	22	21.999574	3.857 s	ϵ
12	23	22.994125	11.317 s	ϵ
12	24	23.985042	78.99%	
12	25	24.985837	10.00%	
12	26	25.982593	11.01%	
12	27	26.984341	9.458 m	β^-
12	28	27.983877	20.91 h	β^-
12	29	28.988550	1.30 s	β^-
12	30	29.990460	335 ms	β^-
12	31	30.996550	230 ms	β^-, β^-n
12	32	31.999150	120 ms	β^-, β^-n
Aluminum (Al)				
13	23	23.007265	0.47 s	$\epsilon, \epsilon p$
13	24	23.999941	2.053 s	$\epsilon, \epsilon\alpha$
13	25	24.990429	7.183 s	ϵ
13	26	25.986892	7.4×10^5 y	ϵ
13	27	26.981538	100%	
13	28	27.981910	2.2414 m	β^-
13	29	28.980445	6.56 m	β^-
13	30	29.982960	3.60 s	β^-
13	31	30.983946	644 ms	β^-
Silicon (Si)				
14	24	24.011546	102 ms	$\epsilon, \epsilon p$
14	25	25.004107	220 ms	$\epsilon, \epsilon p$

Z	A	Atomic Mass (u)	$t_{1/2}$ or Abundance	Decay Mode
Silicon (Si)				
14	26	25.992330	2.234 s	ϵ
14	27	26.986705	4.16 s	ϵ
14	28	27.976927	92.23%	
14	29	28.976495	4.67%	
14	30	29.973770	3.10%	
14	31	30.975363	157.3 m	β^-
14	32	31.974148	172 y	β^-
14	33	32.978001	6.18 s	β^-
14	34	33.978576	2.77 s	β^-
14	35	34.984580	0.78 s	β^-
14	36	35.986690	0.45 s	β^-, β^-n
Phosphorus (P)				
15	27	26.999190	260 ms	$\epsilon, \epsilon p$
15	28	27.992312	270.3 ms	ϵ
15	29	28.981801	4.140 s	ϵ
15	30	29.978314	2.498 m	ϵ
15	31	30.973762	100%	
15	32	31.973907	14.262 d	β^-
15	33	32.971725	25.34 d	β^-
15	34	33.973636	12.43 s	β^-
15	35	34.973314	47.3 s	β^-
15	36	35.978260	5.6 s	β^-
15	37	36.979610	2.31 s	β^-
15	38	37.984470	0.64 s	β^-, β^-n
Sulfur (S)				
16	30	29.984903	1.178 s	ϵ
16	31	30.979554	2.572 s	ϵ
16	32	31.972071	95.02%	
16	33	32.971459	0.75%	
16	34	33.967867	4.21%	
16	35	34.969032	87.51 d	β^-
16	36	35.967081	0.02%	
16	37	36.971126	5.05 m	β^-
16	38	37.971163	170.3 m	β^-
16	39	38.975140	11.5 s	β^-
16	40	39.975470	8.8 s	β^-
Chlorine (Cl)				
17	33	32.977452	2.511 s	ϵ
17	34	33.973762	1.5264 s	ϵ
17	35	34.968853	75.77%	
17	36	35.968307	3.01×10^5 y	β^-, ϵ
17	37	36.965903	24.23%	
17	38	37.968011	37.24 m	β^-
17	39	38.968008	55.6 m	β^-
17	40	39.970420	1.35 m	β^-
17	41	40.970650	38.4 s	β^-

Z	A	Atomic Mass (u)	$t_{1/2}$ or Abundance	Decay Mode
Chlorine (Cl)				
17	42	41.973170	6.8 s	β^-
17	43	42.974200	3.3 s	β^-
Argon (Ar)				
18	35	34.975257	1.775 s	ϵ
18	36	35.967546	0.337%	
18	37	36.966776	35.04 d	ϵ
18	38	37.962732	0.063%	
18	39	38.964313	269 y	β^-
18	40	39.962383	99.600%	
18	41	40.964501	1.822 h	β^-
18	42	41.963050	32.9 y	β^-
18	43	42.965670	5.37 m	β^-
18	44	43.965365	11.87 m	β^-
18	45	44.968090	21.48 s	β^-
18	46	45.968090	8.4 s	β^-
Potassium (K)				
19	37	36.973377	1.226 s	ϵ
19	38	37.969080	7.636 m	ϵ
19	39	38.963707	93.2581%	
19	40	39.963999	1.277×10^9 y 0.0117%	β^-, ϵ
19	41	40.961826	6.7302%	
19	42	41.962403	12.360 h	β^-
19	43	42.960716	22.3 h	β^-
19	44	43.961560	22.13 m	β^-
19	45	44.960700	17.3 m	β^-
19	46	45.961976	105 s	β^-
19	47	46.961678	17.5 s	β^-
19	48	47.965513	6.8 s	β^-
19	49	48.967450	1.26 s	$\beta^-, \beta^- n$
Calcium (Ca)				
20	38	37.976319	440 ms	ϵ
20	39	38.970718	859.6 ms	ϵ
20	40	39.962591	96.941%	
20	41	40.962278	1.03×10^5 y	ϵ
20	42	41.958618	0.647%	
20	43	42.958767	0.135%	
20	44	43.955481	2.086%	
20	45	44.956186	162.6 d	β^-
20	46	45.953693	0.004%	
20	47	46.954546	4.536 d	β^-
20	48	47.952534	0.187%	
20	49	48.955673	8.718 m	β^-
20	50	49.957518	13.9 s	β^-
20	51	50.961470	10.0 s	$\beta^-, \beta^- n$
20	52	51.965100	4.6 s	β^-
Scandium (Sc)				
21	43	42.961151	3.891 h	ϵ
21	44	43.959403	3.927 h	ϵ
21	45	44.955910	100%	
21	46	45.955170	83.79 d	β^-
21	47	46.952408	3.349 d	β^-
21	48	47.952235	43.7 h	β^-
21	49	48.950024	57.2 m	β^-
21	50	49.952187	102.5 s	β^-
21	51	50.953603	12.4 s	β^-
Titanium (Ti)				
22	44	43.959690	49 y	ϵ
22	45	44.958124	184.8 m	ϵ
22	46	45.952630	8.25%	
22	47	46.951764	7.44%	
22	48	47.947947	73.72%	
22	49	48.947871	5.41%	
22	50	49.944792	5.18%	
22	51	50.946616	5.76 m	β^-
22	52	51.946898	1.7 m	β^-
22	53	52.949730	32.7 s	β^-
Vanadium (V)				
23	47	46.954907	32.6 m	ϵ
23	48	47.952255	15.974 d	ϵ
23	49	48.948517	330 d	ϵ
23	50	49.947163	1.4×10^{17} y 0.250%	ϵ, β^-
23	51	50.943964	99.750%	
23	52	51.944780	3.74 m	β^-
23	53	52.944343	1.61 m	β^-
23	54	53.946444	49.8 s	β^-
Chromium (Cr)				
24	48	47.954036	21.56 h	ϵ
24	49	48.951341	42.3 m	ϵ
24	50	49.946050	4.345%	
24	51	50.944772	27.702 d	ϵ
24	52	51.940512	83.79%	
24	53	52.940654	9.50%	
24	54	53.938885	2.365%	
24	55	54.940844	3.497 m	β^-
24	56	55.940645	5.94 m	β^-
24	57	56.943750	21.1 s	β^-
Manganese (Mn)				
25	51	50.948216	46.2 m	ϵ
25	52	51.945570	5.591 d	ϵ

Z	A	Atomic Mass (u)	$t_{1/2}$ or Abundance	Decay Mode
Manganese (Mn) *(continued)*				
25	53	52.941295	3.74×10^6 y	ϵ
25	54	53.940363	312.12 d	ϵ, β^-
25	55	54.938050	100%	
25	56	55.938909	2.5785 h	β^-
25	57	56.938287	85.4 s	β^-
25	58	57.939990	65.3 s	β^-
25	59	58.940450	4.6 s	β^-
25	60	59.943190	51 s	β^-
Iron (Fe)				
26	51	50.956825	305 ms	ϵ
26	52	51.948117	8.275 h	ϵ
26	53	52.945312	8.51 m	ϵ
26	54	53.939615	5.845%	
26	55	54.938298	2.73 y	ϵ
26	56	55.934942	91.754%	
26	57	56.935399	2.119%	
26	58	57.933280	0.282%	
26	59	58.934880	44.503 d	β^-
26	60	59.934077	1.5×10^6 y	β^-
26	61	60.936749	5.98 m	β^-
26	62	61.936770	68 s	β^-
Cobalt (Co)				
27	55	54.942003	17.53 h	ϵ
27	56	55.939844	77.27 d	ϵ
27	57	56.936296	271.79 d	ϵ
27	58	57.935758	70.82 d	ϵ
27	59	58.933200	100%	
27	60	59.933822	5.2714 y	β^-
27	61	60.932479	1.650 h	β^-
27	62	61.934054	1.50 m	β^-
27	63	62.933615	27.4 s	β^-
Nickel (Ni)				
28	56	55.942136	6.08 d	ϵ
28	57	56.939800	35.60 h	ϵ
28	58	57.935348	68.077%	
28	59	58.934352	7.6×10^4 y	ϵ
28	60	59.930791	26.223%	
28	61	60.931060	1.140%	
28	62	61.928349	3.634%	
28	63	62.929673	100.1 y	β^-
28	64	63.927970	0.926%	
28	65	64.930088	2.517 h	β^-
28	66	65.929115	54.6 h	β^-
28	67	66.931570	21 s	β^-
28	68	67.931845	19 s	β^-
28	69	68.935180	11.4 s	β^-

Z	A	Atomic Mass (u)	$t_{1/2}$ or Abundance	Decay Mode
Copper (Cu)				
29	59	58.939504	81.5 s	ϵ
29	60	59.937368	23.7 s	ϵ
29	61	60.933462	3.333 h	ϵ
29	62	61.932587	9.74 m	ϵ
29	63	62.929601	69.17%	
29	64	63.929768	12.700 h	ϵ, β^-
29	65	64.927794	30.83%	
29	66	65.928873	5.088 m	β^-
29	67	66.927750	61.83 h	β^-
29	68	67.929640	31.1 s	β^-
29	69	68.929425	2.85 m	β^-
29	70	69.932409	4.5 s	β^-
29	71	70.932620	19.5 s	β^-
Zinc (Zn)				
30	60	59.941832	2.38 m	ϵ
30	61	60.939514	89.1 s	ϵ
30	62	61.934334	9.186 h	ϵ
30	63	62.933216	38.47 m	ϵ
30	64	63.929147	48.6%	
30	65	64.929245	244.26 d	ϵ
30	66	65.926037	27.9%	
30	67	66.927131	4.1%	
30	68	67.924848	18.8%	
30	69	68.926554	56.4 m	β^-
30	70	69.925325	5×10^{14} y 0.6%	$2\beta^-$
30	71	70.927727	2.45 m	β^-
30	72	71.926861	46.5 h	β^-
30	73	72.929780	23.5 s	β^-
30	74	73.929460	95.6 s	β^-
30	75	74.932940	10.2 s	β^-
Gallium (Ga)				
31	63	62.939140	32.4 s	ϵ
31	64	63.936838	2.630 m	ϵ
31	65	64.932739	15.2 m	ϵ
31	66	65.931592	9.49 h	ϵ
31	67	66.928205	3.2612 d	ϵ
31	68	67.927984	67.629 m	ϵ
31	69	68.925581	60.108%	
31	70	69.926028	21.14 m	β^-, ϵ
31	71	70.924705	39.892%	
31	72	71.926369	14.10 h	β^-
31	73	72.925170	4.86 h	β^-
31	74	73.926940	8.12 m	β^-
31	75	74.926501	126 s	β^-
31	76	75.928930	32.6 s	β^-
31	77	76.929280	13.2 s	β^-

Germanium (Ge)

Z	A	Atomic Mass (u)	$t_{1/2}$ or Abundance	Decay Mode
32	64	63.941570	63.7 s	ϵ
32	65	64.939440	30.9 s	ϵ
32	66	65.933850	2.26 h	ϵ
32	67	66.932738	18.9 m	ϵ
32	68	67.928097	270.82 d	ϵ
32	69	68.927972	39.05 h	ϵ
32	70	69.924250	21.23%	
32	71	70.924954	11.43 d	ϵ
32	72	71.922076	27.66%	
32	73	72.923459	7.73%	
32	74	73.921178	35.94%	
32	75	74.922859	82.78 m	β^-
32	76	75.921403	7.44%	
32	77	76.923548	11.30 h	β^-
32	78	77.922853	88.0 m	β^-
32	79	78.925400	18.98 s	β^-
32	80	79.925445	29.5 s	β^-

Arsenic (As)

Z	A	Atomic Mass (u)	$t_{1/2}$ or Abundance	Decay Mode
33	67	66.939190	42.5 s	ϵ
33	68	67.936790	151.6 s	ϵ
33	69	68.932280	15.2 m	ϵ
33	70	69.930930	52.6 m	ϵ
33	71	70.927115	65.28 h	ϵ
33	72	71.926753	26.0 h	ϵ
33	73	72.923825	80.30 d	ϵ
33	74	73.923929	17.77 d	ϵ, β^-
33	75	74.921596	100%	
33	76	75.922394	26.32 h	β^-
33	77	76.920648	38.83 h	β^-
33	78	77.921829	90.7 m	β^-
33	79	78.920948	9.01 m	β^-
33	80	79.922578	15.2 s	β^-
33	81	80.922133	33.3 s	β^-
33	82	81.924500	19.1 s	β^-
33	83	82.924980	13.4 s	β^-

Selenium (Se)

Z	A	Atomic Mass (u)	$t_{1/2}$ or Abundance	Decay Mode
34	68	67.941870*s*	35.5 s	ϵ
34	69	68.939560	27.4 s	$\epsilon, \epsilon p$
34	70	69.933500*s*	41.1 m	ϵ
34	71	70.932270*s*	4.74 m	ϵ
34	72	71.927112	8.40 d	ϵ
34	73	72.926767	7.15 h	ϵ
34	74	73.922477	0.89%	
34	75	74.922524	119.779 d	ϵ
34	76	75.919214	9.36%	
34	77	76.919915	7.63%	
34	78	77.917310	23.78%	
34	79	78.918500	6.5×10^5 y	β^-
34	80	79.916522	49.61%	
34	81	80.917993	18.45 m	β^-
34	82	81.916700	1.1×10^{20} y 8.73%	$2\beta^-$
34	83	82.919119	22.3 m	β^-
34	84	83.918465	3.1 m	β^-
34	85	84.922240	31.7 s	β^-
34	86	85.924271	15.3 s	β^-

Bromine (Br)

Z	A	Atomic Mass (u)	$t_{1/2}$ or Abundance	Decay Mode
35	71	70.939250*s*	21.4 s	ϵ
35	72	71.936500	78.6 s	ϵ
35	73	72.931790	3.4 m	ϵ
35	74	73.929891	25.4 m	ϵ
35	75	74.925776	96.7 m	ϵ
35	76	75.924542	16.2 h	ϵ
35	77	76.921380	57.036 h	ϵ
35	78	77.921146	6.46 m	ϵ, β^-
35	79	78.918338	50.69%	
35	80	79.918530	17.68 m	β^-, ϵ
35	81	80.916291	49.31%	
35	82	81.916805	35.30 h	β^-
35	83	82.915180	2.40 h	β^-
35	84	83.916504	31.80 m	β^-
35	85	84.915608	2.90 m	β^-
35	86	85.918797	55.1 s	β^-
35	87	86.920711	55.60 s	$\beta^-, \beta^- n$
35	88	87.924070	16.34 s	$\beta^-, \beta^- n$

Krypton (Kr)

Z	A	Atomic Mass (u)	$t_{1/2}$ or Abundance	Decay Mode
36	72	71.941910	17.2 s	ϵ
36	73	72.938930	27.0 s	$\epsilon, \epsilon p$
36	74	73.933260	11.50 m	ϵ
36	75	74.931034	4.3 m	ϵ
36	76	75.925948	14.8 h	ϵ
36	77	76.924668	74.4 m	ϵ
36	78	77.920386	0.35%	
36	79	78.920083	35.04 h	ϵ
36	80	79.916378	2.25%	
36	81	80.916592	2.29×10^5 y	ϵ
36	82	81.913485	11.6%	
36	83	82.914136	11.5%	
36	84	83.911507	57.0%	
36	85	84.912527	10.756 y	β^-
36	86	85.910610	17.3%	
36	87	86.913354	76.3 m	β^-
36	88	87.914447	2.84 h	β^-
36	89	88.917630	3.15 m	β^-
36	90	89.919524	32.32 s	β^-

Z	A	Atomic Mass (u)	$t_{1/2}$ or Abundance	Decay Mode
Rubidium (Rb)				
37	75	74.938569	19.0 s	ϵ
37	76	75.935071	36.5 s	ϵ
37	77	76.930407	3.78 m	ϵ
37	78	77.928141	17.66 m	ϵ
37	79	78.923997	22.9 m	ϵ
37	80	79.922519	33.4 s	ϵ
37	81	80.918994	4.576 h	ϵ
37	82	81.918208	1.273 m	ϵ
37	83	82.915112	86.2 d	ϵ
37	84	83.914385	32.77 d	ϵ, β^-
37	85	84.911789	72.17%	
37	86	85.911167	18.631 d	β^-, ϵ
37	87	86.909184	4.75×10^{10} y 27.83%	β^-
37	88	87.911319	17.78 m	β^-
37	89	88.912280	15.15 m	β^-
37	90	89.914809	158 s	β^-
37	91	90.916534	58.4 s	β^-
Strontium (Sr)				
38	78	77.932179	2.5 m	ϵ
38	79	78.929707	2.25 m	ϵ
38	80	79.924525	106.3 m	ϵ
38	81	80.923213	22.3 m	ϵ
38	82	81.918401	25.55 d	ϵ
38	83	82.917555	32.41 h	ϵ
38	84	83.913425	0.56%	
38	85	84.912933	64.84 d	ϵ
38	86	85.909262	9.86%	
38	87	86.908879	7.00%	
38	88	87.905614	82.58%	
38	89	88.907453	50.53 d	β^-
38	90	89.907738	28.78 y	β^-
38	91	90.910210	9.63 h	β^-
38	92	92.911030	2.71 h	β^-
38	93	92.914022	7.423 m	β^-
38	94	93.915360	75.3 s	β^-
38	95	94.919358	23.90 s	β^-
Yttrium (Y)				
39	80	79.934340*s*	35 s	ϵ
39	81	80.929130	72.4 s	ϵ
39	83	82.922350	7.08 m	ϵ
39	85	84.916427	2.68 h	ϵ
39	86	85.914888	14.74 h	ϵ
39	87	86.910878	79.8 h	ϵ
39	88	87.909503	106.65 d	ϵ
39	89	88.905848	100%	
39	90	89.907151	64.1 h	β^-
Yttrium (Y)				
39	91	90.907303	58.51 d	β^-
39	92	91.908947	3.54 h	β^-
39	93	92.909582	10.18 h	β^-
39	94	93.911594	18.7 m	β^-
39	95	94.912824	10.3 m	β^-
Zirconium (Zr)				
40	81	80.936820	15 s	ϵ, ϵp
40	82	81.931090	32 s	ϵ
40	83	82.928650	44 s	ϵ, ϵp
40	84	83.923250*s*	25.9 m	ϵ
40	85	84.921470	7.86 m	ϵ
40	86	85.916470	16.5 h	ϵ
40	87	86.914817	1.68 h	ϵ
40	88	87.910226	83.4 d	ϵ
40	89	88.908889	78.41 h	ϵ
40	90	89.904704	51.45%	
40	91	90.905645	11.22%	
40	92	91.905040	17.15%	
40	93	92.906476	1.53×10^6 y	β^-
40	94	93.906316	17.38%	
40	95	94.908043	64.02 d	β^-
40	96	95.908276	3.9×10^{19} y 2.80%	$2\beta^-$
40	97	96.910951	16.90 h	β^-
40	98	97.912746	30.7 s	β^-
40	99	98.916511	2.1 s	β^-
Niobium (Nb)				
41	84	83.933570*s*	12 s	ϵ, ϵp
41	85	84.927910	20.9 s	ϵ
41	86	85.925040	88 s	ϵ
41	87	86.920360	2.6 m	ϵ
41	88	87.917960*s*	14.5 m	ϵ
41	89	88.913500	1.18 h	ϵ
41	90	89.911264	14.60 h	ϵ
41	91	90.906991	6.8×10^2 y	ϵ
41	92	91.907193	3.47×10^7 y	ϵ, β^-
41	93	92.906378	100%	
41	93*m*	92.906412	16.13 y	IT
41	94	93.907284	2.03×10^4 y	β^-
41	95	94.906835	34.975 d	β^-
41	96	95.908100	23.35 h	β^-
41	97	96.908097	1.227 h	β^-
41	99	98.911618	15.0 s	β^-
Molybdenum (Mo)				
42	86	85.930700	19.6 s	ϵ
42	87	86.927330	14.5 s	ϵ, ϵp

Z	A	Atomic Mass (u)	$t_{1/2}$ or Abundance	Decay Mode
Molybdenum (Mo)				
42	88	87.921953	8.0 m	ϵ
42	89	88.919481	2.04 m	ϵ
42	90	89.913936	5.67 h	ϵ
42	91	90.911751	15.49 m	ϵ
42	92	91.906810	14.84%	
42	93	92.906812	4.0×10^3 y	ϵ
42	94	93.905088	9.25%	
42	95	94.905842	15.92%	
42	96	95.904679	16.68%	
42	97	96.906021	9.55%	
42	98	97.905408	24.13%	
42	99	98.907712	65.94 h	β^-
42	100	99.907477	1.2×10^{19} y 9.63%	$2\beta^-$
42	101	100.910347	14.61 m	β^-
42	102	101.910297	11.3 m	β^-
42	103	102.913200	67.5 s	β^-
42	104	103.913760	60 s	β^-
42	105	104.916970	35.6 s	β^-
Technetium (Tc)				
43	90	89.923560	8.7 s	ϵ
43	91	90.918430	3.14 m	ϵ
43	92	91.915260	4.23 m	ϵ
43	93	92.910248	2.75 h	ϵ
43	94	93.909656	293 m	ϵ
43	95	94.907656	20.0 h	ϵ
43	96	95.907871	4.28 d	ϵ
43	97	96.906365	2.6×10^6 y	ϵ
43	98	97.907216	4.2×10^6 y	β^-
43	99	98.906255	2.111×10^5 y	β^-
43	99*m*	98.906408	6.01 h	IT, β^-
43	100	99.907658	15.8 s	β^-
43	101	100.907314	14.22 m	β^-
43	103	102.909179	54.2 s	β^-
43	104	103.911440	18.3 m	β^-
43	105	104.911660	7.6 m	β^-
43	106	105.914355	35.6 s	β^-
43	107	106.915080	21.2 s	β^-
Ruthenium (Ru)				
44	92	91.920120*s*	3.65 m	ϵ
44	93	92.917050	59.7 s	ϵ
44	94	93.911360	51.8 m	ϵ
44	95	94.910413	1.643 h	ϵ
44	96	95.907598	5.52%	
44	97	96.907555	2.9 d	ϵ
44	98	97.905287	1.88%	
44	99	98.905939	12.7%	
Ruthenium (Ru)				
44	100	99.904220	12.6%	
44	101	100.905582	17.0%	
44	102	101.904350	31.6%	
44	103	102.906324	39.26 d	β^-
44	104	103.905430	18.7%	
44	105	104.907750	4.44 h	β^-
44	106	105.907327	373.59 d	β^-
44	107	106.909910	3.75 m	β^-
44	108	107.910190	4.55 m	β^-
44	109	108.913200	34.5 s	β^-
44	110	109.913970	14.6 s	β^-
Rhodium (Rh)				
45	95	94.915900	5.02 m	ϵ
45	96	95.914518	9.90 m	ϵ
45	97	96.911340	30.7 m	ϵ
45	98	97.910716	8.7 m	ϵ
45	99	98.908132	16.1 d	ϵ
45	100	99.908117	20.8 h	ϵ
45	101	100.906164	3.3 y	ϵ
45	102	101.906843	207 d	ϵ, β^-
45	102*m*	101.906994	2.9 y	ϵ, IT
45	103	102.905504	100%	
45	104	103.906655	42.3 s	β^-, ϵ
45	105	104.905692	35.36 h	β^-
45	106	105.907285	29.80 s	β^-
45	107	106.906751	21.7 m	β^-
45	109	108.908736	80 s	β^-
45	110	109.910950	3.2 s	β^-
45	111	110.911660*s*	11 s	β^-
Palladium (Pd)				
46	96	95.918220	2.03 m	ϵ
46	97	96.916480	3.1 m	ϵ
46	98	97.912721	17.7 m	ϵ
46	99	98.911768	21.4 m	ϵ
46	100	99.908505	3.63 d	ϵ
46	101	100.908289	8.47 h	ϵ
46	102	101.905608	1.02%	
46	103	102.906087	16.991 d	ϵ
46	104	103.904035	11.14%	
46	105	104.905084	22.33%	
46	106	105.903483	27.33%	
46	107	106.905128	6.5×10^6 y	β^-
46	108	107.903894	26.46%	
46	109	108.905954	13.70 h	β^-
46	110	109.905152	11.72%	
46	111	110.907640	23.4 m	β^-
46	112	111.907313	21.03 h	β^-

Z	A	Atomic Mass (u)	$t_{1/2}$ or Abundance	Decay Mode
Palladium (Pd) *(continued)*				
46	113	112.910150	93 s	β^-
46	114	113.910365	2.42 m	β^-
46	115	114.913680	25 s	β^-
46	116	115.914160	11.8 s	β^-
Silver (Ag)				
47	97	96.924000*s*	19 s	ϵ
47	98	97.921760	46.7 s	ϵ, ϵp
47	99	98.917600	124 s	ϵ
47	100	99.916070	2.01 m	ϵ
47	101	100.912800	11.1 m	ϵ
47	102	101.912000	12.9 m	ϵ
47	103	102.908972	65.7 m	ϵ
47	104	103.908628	69.2 m	ϵ
47	105	104.906528	41.29 d	ϵ
47	106	105.906666	23.96 m	ϵ, β^-
47	107	106.905093	51.839%	
47	108	107.905954	2.37 m	β^-, ϵ
47	108*m*	107.906071	418 y	ϵ, IT
47	109	108.904756	48.161%	
47	110	109.906110	24.6 s	β^-, ϵ
47	110*m*	109.906237	249.79 d	β^-, IT
47	111	110.905295	7.45 d	β^-
47	112	111.907004	3.130 h	β^-
47	113	112.906566	5.37 h	β^-
47	115	114.908760	20.0 m	β^-
47	116	115.911360	2.68 m	β^-
47	117	116.911680	72.8 s	β^-
Cadmium (Cd)				
48	99	98.925010*s*	16 s	ϵ, ϵp, $\epsilon\alpha$
48	100	99.920230	49.1 s	ϵ
48	101	100.918680	1.2 m	ϵ
48	102	101.914780	5.5 m	ϵ
48	103	102.913419	7.3 m	ϵ
48	104	103.909848	57.7 m	ϵ
48	105	104.909468	55.5 m	ϵ
48	106	105.906458	1.25%	
48	107	106.906614	6.50 h	ϵ
48	108	107.904183	0.89%	
48	109	108.904986	462.6 d	ϵ
48	110	109.903006	12.49%	
48	111	110.904182	12.80%	
48	112	111.902757	24.13%	
48	113	112.904401	9.3×10^{15} y 12.22%	β^-
48	113*m*	112.904684	14.1 y	β^-, IT
48	114	113.903358	28.73%	
48	115	114.905431	53.46 h	β^-
Cadmium (Cd)				
48	116	115.904755	7.49%	
48	117	116.907218	2.49 h	β^-
48	118	117.906914	50.3 m	β^-
48	119	118.909920	2.69 m	β^-
48	120	119.909851	50.80 s	β^-
48	121	120.912980	13.5 s	β^-
Indium (In)				
49	101	100.926560*s*	16 s	ϵ, ϵp
49	102	101.924710	24 s	ϵ
49	103	102.919914	65 s	ϵ
49	104	103.918340	1.8 m	ϵ
49	105	104.914673	5.07 m	ϵ
49	106	105.913461	6.2 m	ϵ
49	107	106.910292	32.4 m	ϵ
49	108	107.909720	58.0 m	ϵ
49	109	108.907154	4.2 h	ϵ
49	110	109.907169	4.9 h	ϵ
49	111	110.905111	2.8047 d	ϵ
49	112	111.905533	14.97 m	ϵ, β^-
49	113	112.904061	4.29%	
49	114	113.904917	71.9 s	β^-, ϵ
49	115	114.903878	4.41×10^{14} y 95.71%	β^-
49	116	115.905260	14.10 s	β^-, ϵ
49	117	116.904516	43.2 m	β^-
49	119	118.905846	2.4 m	β^-
49	120	119.907960	3.08 s, 46.2 s, 47.3 s	β^-
49	121	120.907849	23.1 s	β^-
Tin (Sn)				
50	104	103.923190	20.8 s	ϵ
50	105	104.921390	31 s	ϵ, ϵp
50	106	105.916880	115 s	ϵ
50	107	106.915670	2.90 m	ϵ
50	108	107.911970	10.30 m	ϵ
50	109	108.911287	18.0 m	ϵ
50	110	109.907853	4.11 h	ϵ
50	111	110.907735	35.3 m	ϵ
50	112	111.904821	0.97%	
50	113	112.905173	115.09 d	ϵ
50	114	113.902782	0.65%	
50	115	114.903346	0.34%	
50	116	115.901744	14.54%	
50	117	116.902954	7.68%	
50	118	117.901606	24.22%	
50	119	118.903309	8.58%	
50	119*m*	118.903406	293.1 d	IT

Z	A	Atomic Mass (u)	$t_{1/2}$ or Abundance	Decay Mode
Tin (Sn)				
50	120	119.902197	32.59%	
50	121	120.904237	27.06 h	β^-
50	121*m*	120.904243	55 y	IT, β^-
50	122	121.903440	4.63%	
50	123	122.905722	129.2 d	β^-
50	124	123.905275	5.79%	
50	125	124.907785	9.64 d	β^-
50	126	125.907654	1.0×10^5 y	β^-
50	127	126.910351	2.10 h	β^-
50	128	127.910535	59.07 m	β^-
50	129	128.913440	2.23 m	β^-
50	130	129.913850	3.72 m	β^-
50	131	130.916920	56.0 s	β^-
50	132	131.917744	39.7 s	β^-
Antimony (Sb)				
51	109	108.918136	17.0 s	ϵ
51	110	109.916760*s*	23.0 s	ϵ
51	111	110.913210*s*	75 s	ϵ
51	112	111.912395	51.4 s	ϵ
51	113	112.909378	6.67 m	ϵ
51	114	113.909100	3.49 m	ϵ
51	115	114.906599	32.1 m	ϵ
51	116	115.906797	15.8 m	ϵ
51	117	116.904840	2.80 h	ϵ
51	118	117.905532	3.6 m	ϵ
51	119	118.903946	38.19 h	ϵ
51	120	119.905074	15.89 m	ϵ
51	121	120.903818	57.21%	
51	122	121.905175	2.7238 d	β^-, ϵ
51	123	122.904216	42.79%	
51	124	123.905938	60.20 d	β^-
51	125	124.905248	2.7582 y	β^-
51	126	125.907250	12.46 d	β^-
51	127	126.906915	3.85 d	β^-
51	128	127.909167	9.01 h	β^-
51	129	128.909150	4.40 h	β^-
51	130	129.911546	39.5 m	β^-
51	131	130.911950	23.03 m	β^-
51	132	131.914413	2.79 m	β^-
51	133	132.915240	2.5 m	β^-
51	134	133.920550	10.22 s	β^-, $\beta^- n$
Tellurium (Te)				
52	110	109.922410	18.6 s	ϵ, α
52	111	110.921120	19.3 s	ϵ, ϵp
52	112	111.917060	2.0 m	ϵ
52	113	112.915930*s*	1.7 m	ϵ
52	114	113.912060*s*	15.2 m	ϵ
52	115	114.911580	5.8 m	ϵ
52	116	115.908420	2.49 h	ϵ
52	117	116.908634	62 m	ϵ
52	118	117.905825	6.00 d	ϵ
52	119	118.906408	16.03 h	ϵ
52	120	119.904020	0.096%	
52	121	120.904930	16.78 d	ϵ
52	121*m*	120.905245	154 d	IT, ϵ
52	122	121.903047	2.603%	
52	123	122.904273	1.3×10^{13} y	ϵ
			0.908%	
52	123*m*	122.904538	119.7 d	IT
52	124	123.902820	4.816%	
52	125	124.904425	7.139%	
52	126	125.903306	18.952%	
52	127	126.905217	9.35 h	β^-
52	127*m*	126.905312	109 d	IT, β^-
52	128	127.904461	7.7×10^{24} y	$2\beta^-$
			31.687%	
52	129	128.906596	69.6 m	β^-
52	130	129.906223	2.7×10^{21} y	$2\beta^-$
			33.799%	
52	131	130.908522	25.0 m	β^-
52	132	131.908524	3.204 d	β^-
52	133	132.910940	12.5 m	β^-
52	134	133.911540	41.8 m	β^-
52	135	134.916450	19.0 s	β^-
52	136	135.920100	17.5 s	β^-, $\beta^- n$
Iodine (I)				
53	115	114.917920*s*	1.3 m	ϵ
53	117	116.913650	2.22 m	ϵ
53	118	117.913380	13.7 m	ϵ
53	119	118.910180	19.1 m	ϵ
53	120	119.910048	81.0 m	ϵ
53	121	120.907366	2.12 h	ϵ
53	122	121.907592	3.63 m	ϵ
53	123	122.905598	13.27 h	ϵ
53	124	123.906211	4.1760 d	ϵ
53	125	124.904624	59.408 d	ϵ
53	126	125.905619	13.11 d	ϵ, β^-
53	127	126.904468	100%	
53	128	127.905805	24.99 m	β^-, ϵ
53	129	128.904987	1.57×10^7 y	β^-
53	130	129.906674	12.36 h	β^-
53	131	130.906124	8.02070 d	β^-
53	132	131.907995	2.295 h	β^-
53	133	132.907806	20.8 h	β^-
53	134	133.909877	52.5 m	β^-

Z	A	Atomic Mass (u)	$t_{1/2}$ or Abundance	Decay Mode
Iodine (I) *(continued)*				
53	135	134.910050	6.57 h	β^-
53	136	135.914660	83.4 s	β^-
53	137	136.917873	24.5 s	$\beta^-, \beta^- n$
Xenon (Xe)				
54	114	113.928150*s*	10.0 s	ϵ
54	115	114.926540*s*	18 s	$\epsilon\alpha, \epsilon, \epsilon p$
54	116	115.921740*s*	59 s	ϵ
54	117	116.920560	61 s	$\epsilon, \epsilon p$
54	118	117.916570	3.8 m	ϵ
54	119	118.915550	5.8 m	ϵ
54	120	119.912150	40 m	ϵ
54	121	120.911386	40.1 m	ϵ
54	122	121.908550	20.1 h	ϵ
54	123	122.908471	2.08 h	ϵ
54	124	123.905896	0.10%	
54	125	124.906398	16.9 h	ϵ
54	126	125.904269	0.09%	
54	127	126.905180	36.3446 d	ϵ
54	128	127.903530	1.91%	
54	129	128.904780	26.4%	
54	130	129.903508	4.1%	
54	131	130.905082	21.2%	
54	132	131.904154	26.9%	
54	133	132.905906	5.2475 d	β^-
54	134	133.905394	10.4%	
54	135	134.907207	9.14 h	β^-
54	136	135.907220	9.3×10^{19} y	$2\beta^-$
			8.9%	
54	137	136.911563	3.818 m	β^-
54	138	137.913990	14.08 m	$\beta^-, \beta^- n$
54	139	138.918787	39.68 s	β^-
54	140	139.921640	13.60 s	β^-
54	142	141.929710	1.22 s	β^-
Cesium (Cs)				
55	118	117.926555	14 s	$\epsilon, \epsilon p$
55	119	118.922371	43.0 s	ϵ
55	120	119.920678	57 s	$\epsilon, \epsilon p$
			64 s	ϵ
55	121	120.917184	128 s	ϵ
55	122	121.916122	21.2 s	ϵ
55	123	122.912990	5.87 m	ϵ
55	124	123.912246	30.9 s	ϵ
55	125	124.909725	45 m	ϵ
55	126	125.909448	1.63 m	ϵ
55	127	126.907418	6.25 h	ϵ
55	128	127.907748	3.66 m	ϵ
55	129	128.906063	32.06 h	ϵ

Z	A	Atomic Mass (u)	$t_{1/2}$ or Abundance	Decay Mode
Cesium (Cs)				
55	130	129.906706	29.21 m	ϵ, β^-
55	131	130.905460	9.69 d	ϵ
55	132	131.906430	6.479 d	ϵ, β^-
55	133	132.905447	100%	
55	134	133.906713	2.0648 y	β^-, ϵ
55	135	134.905972	2.3×10^6 y	β^-
55	136	135.907306	19 s, 13.16 d	β^-
55	137	136.907084	30.1 y	β^-
55	138	137.911011	32.41 m	β^-
55	139	138.913358	9.27 m	β^-
55	140	139.917277	63.7 s	β^-
55	141	140.920044	24.94 s	$\beta^-, \beta^- n$
Barium (Ba)				
56	120	119.926050	32 s	ϵ
56	121	120.924490	29.5 s	$\epsilon, \epsilon p$
56	122	121.920260*s*	1.95 m	ϵ
56	123	122.918850*s*	2.7 m	ϵ
56	124	123.915088	11.9 m	ϵ
56	125	124.914620	3.5 m	ϵ
56	126	125.911244	100 m	ϵ
56	127	126.911120	12.7 m	ϵ
56	128	127.908309	2.43 d	ϵ
56	129	128.908674	2.23 h	ϵ
56	130	129.906310	0.106%	
56	131	130.906931	11.50 d	ϵ
56	132	131.905056	0.101%	
56	133	132.906002	10.52 y	ϵ
56	134	133.904503	2.417%	
56	135	134.905683	6.592%	
56	136	135.904570	7.854%	
56	137	136.905821	11.23%	
56	138	137.905241	71.70%	
56	139	138.908835	83.06 m	β^-
56	140	139.910599	12.752 d	β^-
56	141	140.914406	18.27 m	β^-
56	142	141.916448	10.6 m	β^-
56	143	142.920617	14.33 s	β^-
56	144	143.922940	11.5 s	$\beta^-, \beta^- n$
Lanthanum (La)				
57	123	122.926240*s*	17 s	ϵ
57	124	123.924530*s*	29 s	ϵ
57	125	124.920670*s*	76 s	ϵ
57	126	125.919370*s*	54 s	ϵ
57	127	126.916160*s*	3.8 m	ϵ
57	128	127.915450	5.0 m	ϵ
57	129	128.912670	11.6 m	ϵ
57	130	129.912320*s*	8.7 m	ϵ

Z	A	Atomic Mass (u)	$t_{1/2}$ or Abundance	Decay Mode
Lanthanum (La)				
57	131	130.910110	59 m	ϵ
57	132	131.910110	4.8 h	ϵ
57	133	132.908400	3.912 h	ϵ
57	134	133.908490	6.45 m	ϵ
57	135	134.906971	19.5 h	ϵ
57	136	135.907650	9.87 m	ϵ
57	137	136.906470	6×10^4 y	ϵ
57	138	137.907107	1.05×10^{11} y 0.0902%	ϵ, β^-
57	139	138.906348	99.9098%	
57	140	139.909473	1.6781 d	β^-
57	141	140.910957	3.92 h	β^-
57	142	141.914074	91.1 m	β^-
57	143	142.916059	14.2 m	β^-
57	144	143.919590	40.8 s	β^-
57	145	144.921640	24.8 s	β^-
Cerium (Ce)				
58	125	124.928540*s*	9.0 s	$\epsilon, \epsilon p$
58	126	125.924100*s*	50 s	ϵ
58	127	126.922750*s*	32 s	ϵ
58	128	127.918870*s*	3 m	ϵ
58	129	128.918090*s*	3.5 m	ϵ
58	130	129.914690*s*	25 m	ϵ
58	131	130.914420	10.2 m	ϵ
58	132	131.911490*s*	3.51 h	ϵ
58	133	132.911550*s*	4.9 h	ϵ
58	134	133.909030	75.9 h	ϵ
58	135	134.909146	17.7 h	ϵ
58	136	135.907140	0.19%	
58	137	136.907780	9.0 h	ϵ
58	138	137.905986	0.25%	
58	139	138.906647	137.640 d	ϵ
58	140	139.905434	88.48%	
58	141	140.908271	32.501 d	β^-
58	142	141.909240	5×10^{16} y 11.08%	$2\beta^-$
58	143	142.912381	33.039 h	β^-
58	144	143.913643	284.893 d	β^-
58	145	144.917230	3.01 m	β^-
58	146	145.918690	13.52 m	β^-
58	147	146.922510	56.4 s	β^-
58	148	147.924390	56 s	β^-
Praseodymium (Pr)				
59	129	128.924860*s*	24 s	ϵ
59	130	129.923380*s*	40.0 s	ϵ
59	131	130.920060	1.53 m	ϵ

Z	A	Atomic Mass (u)	$t_{1/2}$ or Abundance	Decay Mode
Praseodymium (Pr)				
59	132	131.919120*s*	1.6 m	ϵ
59	133	132.916200*s*	6.5 m	ϵ
59	134	133.915670*s*	17 m	ϵ
59	135	134.913140	24 m	ϵ
59	136	135.912650	13.1 m	ϵ
59	137	136.910680	1.28 h	ϵ
59	138	137.910749	1.45 m	ϵ
59	139	138.908932	4.41 h	ϵ
59	140	139.909071	3.39 m	ϵ
59	141	140.907648	100%	
59	142	141.910040	19.12 h	β^-, ϵ
59	143	142.910812	13.57 d	β^-
59	144	143.913301	17.28 m	β^-
59	145	144.914507	5.984 h	β^-
59	146	145.917590	24.15 m	β^-
59	147	146.918980	13.4 m	β^-
59	148	147.922180	2.27 m	β^-
59	149	148.923791	2.26 m	β^-
59	151	150.928230	18.90 s	β^-
Neodymium (Nd)				
60	130	129.928780*s*	28 s	ϵ
60	131	130.927100	27 s	$\epsilon, \epsilon p$
60	132	131.923120*s*	1.75 m	ϵ
60	133	132.922210*s*	70 s	ϵ
60	134	133.918650*s*	8.5 m	ϵ
60	135	134.918240*s*	12.4 m	ϵ
60	136	135.915020	50.65 m	ϵ
60	137	136.914640	38.5 m	ϵ
60	138	137.911930*s*	5.04 h	ϵ
60	139	138.911920	29.7 m	ϵ
60	140	139.909310	3.37 d	ϵ
60	141	140.909605	2.49 h	ϵ
60	142	141.907719	27.13%	
60	143	142.909810	12.18%	
60	144	143.910083	2.29×10^{15} y 23.80%	α
60	145	144.912569	8.30%	
60	146	145.913112	17.19%	
60	147	146.916096	10.98 d	β^-
60	148	147.916889	5.76%	
60	149	148.920144	1.728 h	β^-
60	150	149.920887	1.1×10^{19} y 5.64%	$2\beta^-$
60	151	150.923825	12.44 m	β^-
60	152	151.924680	11.4 m	β^-
60	153	152.927695	28.9 s	β^-
60	154	153.929480	25.9 s	β^-

Z	A	Atomic Mass (u)	$t_{1/2}$ or Abundance	Decay Mode
Promethium (Pm)				
61	133	132.929720*s*	12 s	ϵ
61	134	133.928490*s*	5 s	ϵ
61	135	134.924620*s*	40 s	ϵ
61	136	135.923450	47 s, 107 s	ϵ
61	137	136.920710*s*	2.4 m	ϵ
61	138	137.919450*s*	10 s	ϵ
61	139	138.916760	4.15 m	ϵ
61	141	140.913607	20.90 m	ϵ
61	142	141.912950	40.5 s	ϵ
61	143	142.910928	265 d	ϵ
61	144	143.912586	363 d	ϵ
61	145	144.912744	17.7 y	ϵ, α
61	146	145.914692	5.53 y	ϵ, β^-
61	147	146.915134	2.6234 y	β^-
61	148	147.917468	5.370 d	β^-
61	149	148.918329	53.08 h	β^-
61	150	149.920979	2.68 h	β^-
61	151	150.921203	28.40 h	β^-
61	152	151.923490	4.12 m	β^-
61	153	152.924113	5.4 m	β^-
61	154	153.926550	1.73 m	β^-
61	155	154.928100	41.5 s	β^-
61	156	155.931060	26.70 s	β^-
61	157	156.933200*s*	10.56 s	β^-
Samarium (Sm)				
62	134	133.934020*s*	10 s	ϵ
62	135	134.932350*s*	10 s	$\epsilon, \epsilon p$
62	136	135.928300*s*	47 s	ϵ
62	137	136.927050	45 s	ϵ
62	138	137.923540*s*	3.1 m	ϵ
62	139	138.922302	2.57 m	ϵ
62	140	139.918991	14.82 m	ϵ
62	141	140.918469	10.2 m	ϵ
62	142	141.915193	72.49 m	ϵ
62	143	142.914624	8.83 m	ϵ
62	144	143.911995	3.1%	
62	145	144.913406	340 d	ϵ
62	146	145.913037	10.3×10^7 y	α
62	147	146.914893	1.06×10^{11} y 15.0%	α
62	148	147.914818	7×10^{15} y 11.3%	α
62	149	148.917180	2×10^{15} y 13.8%	α
62	150	149.917271	7.4%	
62	151	150.919928	90 y	β^-
62	152	151.919728	26.7%	
62	153	152.922094	46.27 h	β^-
62	154	153.922205	22.7%	

Z	A	Atomic Mass (u)	$t_{1/2}$ or Abundance	Decay Mode
Samarium (Sm)				
62	155	154.924636	22.3 m	β^-
62	156	155.925526	9.4 h	β^-
62	157	156.928350	482 s	β^-
62	158	157.929990	5.30 m	β^-
62	159	158.933200*s*	11.37 s	β^-
Europium (Eu)				
63	137	136.935210*s*	11 s	ϵ
63	138	137.933450*s*	12.1 s	ϵ
63	139	138.929840*s*	17.9 s	ϵ
63	141	140.924890	41.4 s	ϵ
63	143	142.920287	2.57 m	ϵ
63	144	143.918774	10.2 s	ϵ
63	145	144.916261	5.93 d	ϵ
63	146	145.917200	4.59 d	ϵ
63	147	146.916741	24.1 d	ϵ, α
63	148	147.918154	54.5 d	ϵ, α
63	149	148.917926	93.1 d	ϵ
63	150	149.919698	36.9 y	ϵ
63	151	150.919846	47.8%	
63	152	151.921740	13.537 y	ϵ, β^-
63	153	152.921226	52.2%	
63	154	153.922975	8.593 y	β^-, ϵ
63	155	154.922889	4.7611 y	β^-
63	156	155.924751	15.19 d	β^-
63	157	156.925419	15.18 h	β^-
63	158	157.927840	45.9 m	β^-
63	159	158.929084	18.1 m	β^-
63	160	159.931970*s*	38 s	β^-
63	161	160.933680*s*	26 s	β^-
63	162	161.937040*s*	10.6 s	β^-
Gadolinium (Gd)				
64	140	139.933950*s*	15.8 s	ϵ
64	141	140.932210*s*	14 s	$\epsilon, \epsilon p$
64	142	141.928230*s*	70.2 s	ϵ
64	143	142.926740	39 s	ϵ
64	144	143.922790*s*	4.5 m	ϵ
64	145	144.921690	23.0 m	ϵ
64	146	145.918305	48.27 d	ϵ
64	147	146.919089	38.06 h	ϵ
64	148	147.918110	74.6 y	α
64	149	148.919336	9.28 d	ϵ, α
64	150	149.918655	1.79×10^6 y	α
64	151	150.920344	124 d	ϵ, α
64	152	151.919788	1.08×10^{14} y 0.20%	α
64	153	152.921746	241.6 d	ϵ
64	154	153.920862	2.18%	

Z	A	Atomic Mass (u)	$t_{1/2}$ or Abundance	Decay Mode
Gadolinium (Gd)				
64	155	154.922619	14.80%	
64	156	155.922120	20.47%	
64	157	156.923957	15.65%	
64	158	157.924101	24.84%	
64	159	158.926385	18.479 h	β^-
64	160	159.927051	21.86%	
64	161	160.929666	3.66 m	β^-
64	162	161.930981	8.4 m	β^-
64	163	162.933990*s*	68 s	β^-
64	164	163.935860*s*	45 s	β^-
Terbium (Tb)				
65	143	142.934750*s*	12 s	ϵ
65	145	144.928880*s*	31.6 s	ϵ
65	147	146.924037	1.7 h	ϵ
65	148	147.924300	60 m	ϵ
65	149	148.923242	4.118 h	ϵ, α
65	150	149.923654	3.48 h	ϵ, α
65	151	150.923098	17.609 h	ϵ, α
65	152	151.924070	17.5 h	ϵ, α
65	153	152.923431	2.34 d	ϵ
65	154	153.924690	21.5 h	ϵ, β^-
65	155	154.923500	5.32 d	ϵ
65	156	155.924744	5.35 d	ϵ, β^-
65	157	156.924021	99 y	ϵ
65	158	157.925410	180 y	ϵ, β^-
65	159	158.925343	100%	
65	160	159.927164	72.3 d	β^-
65	161	160.927566	6.88 d	β^-
65	162	161.929480	7.60 m	β^-
65	163	162.930644	19.5 m	β^-
65	164	163.933350	3.0 m	β^-
65	165	164.934880*s*	2.11 m	β^-
Dysprosium (Dy)				
66	145	144.936950*s*	10.5 s	ϵ
66	146	145.932720	33.2 s	ϵ
66	147	146.930880	40 s	$\epsilon, \epsilon p$
66	148	147.927180	3.1 m	ϵ
66	149	148.927334	4.20 m	ϵ
66	150	149.925580	7.17 m	ϵ, α
66	151	150.926180	17.9 m	ϵ, α
66	152	151.924714	2.38 h	ϵ, α
66	153	152.925761	6.4 h	ϵ, α
66	154	153.924422	3.0×10^6 y	α
66	155	154.925749	9.9 h	ϵ
66	156	155.924278	0.06%	
66	157	156.925461	8.14 h	ϵ
66	158	157.924405	0.10%	

Z	A	Atomic Mass (u)	$t_{1/2}$ or Abundance	Decay Mode
Dysprosium (Dy)				
66	159	158.925736	144.4 d	ϵ
66	160	159.925194	2.34%	
66	161	160.926930	18.9%	
66	162	161.926795	25.5%	
66	163	162.928728	24.9%	
66	164	163.929171	28.2%	
66	165	164.931700	2.334 h	β^-
66	166	165.932803	81.6 h	β^-
66	167	166.935650	6.20 m	β^-
66	168	167.937230*s*	8.7 m	β^-
66	169	168.940300	39 s	β^-
Holmium (Ho)				
67	149	148.933790	21.1 s	ϵ
67	150	149.933350*s*	72 s	ϵ
67	151	150.931681	35.2 s	ϵ, α
67	152	151.931740	161.8 s	ϵ, α
67	153	152.930195	2.02 m	ϵ, α
67	154	153.930596	11.76 m	ϵ, α
67	155	154.929079	48 m	α, ϵ
67	156	155.929710*s*	56 m	ϵ
67	157	156.928190	12.6 m	ϵ
67	158	157.928950	11.3 m	ϵ
67	159	158.927709	33.05 m	ϵ
67	160	159.928726	25.6 m	ϵ
67	161	160.927852	2.48 h	ϵ
67	162	161.929092	150.0 m	ϵ
67	163	162.928730	4570 y	ϵ
67	164	163.930231	29 m	ϵ, β^-
67	165	164.930319	100%	
67	166	165.932281	26.763 h	β^-
67	166*m*	165.932287	1.20×10^3 y	β^-
67	167	166.933126	3.1 h	β^-
67	168	167.935500	2.99 m	β^-
67	169	168.936868	4.7 m	β^-
67	170	169.939610	2.76 m	β^-
67	171	170.941460	53 s	β^-
67	172	171.944820*s*	25 s	β^-
Erbium (Er)				
68	149	148.942170*s*	4 s	$\epsilon, \epsilon p$
68	150	149.937760*s*	18.5 s	ϵ
68	151	150.937460*s*	23.5 s	ϵ
68	152	151.935080	10.3 s	α, ϵ
68	153	152.935093	37.1 s	α, ϵ
68	154	153.932777	3.73 m	ϵ, α
68	155	154.933200	5.3 m	ϵ, α
68	156	155.931020	19.5 m	ϵ
68	157	156.931950	18.65 m	ϵ, α

Z	A	Atomic Mass (u)	$t_{1/2}$ or Abundance	Decay Mode
Erbium (Er) *(continued)*				
68	158	157.929910*s*	2.29 h	ϵ
68	159	158.930681	36 m	ϵ
68	160	159.929080	28.58 h	ϵ
68	161	160.930001	3.21 h	ϵ
68	162	161.928775	0.14%	
68	163	162.930029	75.0 m	ϵ
68	164	163.929197	1.61%	
68	165	164.930723	10.36 h	ϵ
68	166	165.930290	33.6%	
68	167	166.932045	22.95%	
68	168	167.932368	26.8%	
68	169	168.934588	9.40 d	β^-
68	170	169.935460	14.9%	
68	171	170.938026	7.516 h	β^-
68	172	171.939352	49.3 h	β^-
68	173	172.942400*s*	1.4 m	β^-
68	174	173.944340*s*	3.3 m	β^-
Thulium (Tm)				
69	155	154.939192	21.6 s	ϵ, α
69	156	155.939010	83.8 s	ϵ, α
69	157	156.936760	3.63 m	ϵ
69	158	157.937000*s*	3.98 m	ϵ
69	159	158.934810	9.13 m	ϵ
69	160	159.935090	9.4 m	ϵ
69	161	160.933400	30.2 m	ϵ
69	162	161.933970	21.70 m	ϵ
69	163	162.932648	1.810 h	ϵ
69	164	163.933451	2.0 m	ϵ
69	164	163.933451	5.1 m	IT, ϵ
69	165	164.932432	30.06 h	ϵ
69	166	165.933553	7.70 h	ϵ
69	167	166.932849	9.25 d	ϵ
69	168	167.934170	93.1 d	ϵ, β^-
69	169	168.934211	100%	
69	170	169.935798	128.6 d	β^-, ϵ
69	171	170.936426	1.92 y	β^-
69	172	171.938396	63.6 h	β^-
69	173	172.939600	8.24 h	β^-
69	174	173.942160	5.4 m	β^-
69	175	174.943830	15.2 m	β^-
69	176	175.946990	1.9 m	β^-
69	177	176.949040*s*	85 s	β^-
Ytterbium (Yb)				
70	156	155.942850	26.1 s	ϵ, α
70	157	156.942660	38.6 s	ϵ, α
70	158	157.939858	1.49 m	ϵ, α
70	159	158.940150	1.58 m	ϵ

Z	A	Atomic Mass (u)	$t_{1/2}$ or Abundance	Decay Mode
Ytterbium (Yb)				
70	160	159.937560*s*	4.8 m	ϵ
70	161	160.937850*s*	4.2 m	ϵ
70	162	161.935750*s*	18.87 m	ϵ
70	163	162.936270	11.05 m	ϵ
70	164	163.934520*s*	75.8 m	ϵ
70	165	164.935398	9.9 m	ϵ
70	166	165.933880	56.7 h	ϵ
70	167	166.934947	17.5 m	ϵ
70	168	167.933894	0.13%	
70	169	168.935187	32.026 d	ϵ
70	170	169.934759	3.05%	
70	171	170.936322	14.3%	
70	172	171.936378	21.9%	
70	173	172.938207	16.12%	
70	174	173.938858	31.8%	
70	175	174.941272	4.185 d	β^-
70	176	175.942568	12.7%	
70	177	176.945257	1.911 h	β^-
70	178	177.946643	74 m	β^-
70	179	178.950170*s*	8.0 m	β^-
70	180	179.952330*s*	2.4 m	β^-
Lutetium (Lu)				
71	158	157.949170*s*	10.4 s	ϵ, α
71	159	158.946620	12.1 s	ϵ, α
71	160	159.946020*s*	36.1 s	ϵ
71	161	160.943540*s*	72 s	ϵ
71	162	161.943220*s*	1.37 m	ϵ
71	163	162.941200	238 s	ϵ
71	164	163.941220*s*	3.14 m	ϵ
71	165	164.939610	12 m	ϵ
71	166	165.939760	2.65 m	ϵ
71	167	166.938310	51.5 m	ϵ
71	168	167.938700	5.5 m	ϵ
71	169	168.937649	34.06 h	ϵ
71	170	169.938472	2.00 d	ϵ
71	171	170.937910	8.24 d	ϵ
71	172	171.939082	6.70 d	ϵ
71	173	172.938927	1.37 y	ϵ
71	174	173.940334	3.31 y	ϵ
71	174*m*	173.940517	142 d	IT, ϵ
71	175	174.940768	97.41%	
71	176	175.942682	3.73×10^{10} y 2.59%	β^-
71	177	176.943755	6.734 d	β^-
71	177*m*	176.944796	160.4 d	β^-, IT
71	178	177.945951	28.4 m	β^-
71	179	178.947324	4.59 h	β^-
71	180	179.949880	5.7 m	β^-
71	181	180.951970*s*	3.5 m	β^-

Z	A	Atomic Mass (u)	$t_{1/2}$ or Abundance	Decay Mode
Lutetium (Lu)				
71	182	181.955210*s*	2.0 m	β^-
71	183	182.957570*s*	58 s	β^-
71	184	183.961170*s*	20 s	β^-
Hafnium (Hf)				
72	160	159.950710	13.0 s	ϵ, α
72	161	160.950330	16.8 s	α, ϵ
72	162	161.947203	37.6 s	ϵ, α
72	163	162.947060*s*	40.0 s	ϵ
72	164	163.944420*s*	111 s	ϵ
72	165	164.944540*s*	76 s	ϵ
72	166	165.942250*s*	6.77 m	ϵ
72	167	166.942600*s*	2.05 m	ϵ
72	168	167.940630*s*	25.95 m	ϵ
72	169	168.941160	3.24 m	ϵ
72	170	169.939650*s*	16.01 h	ϵ
72	171	170.940490*s*	12.1 h	ϵ
72	172	171.939460	1.87 y	ϵ
72	173	172.940650*s*	23.6 h	ϵ
72	174	173.940040	2.0×10^{15} y 0.162%	α
72	175	174.941503	70 d	ϵ
72	176	175.941402	5.206%	
72	177	176.943220	18.606%	
72	178	177.943698	27.297%	
72	178*m*	177.946324	31 y	IT
72	179	178.945815	13.629%	
72	180	179.946549	35.100%	
72	181	180.949099	42.39 d	β^-
72	182	181.950553	9×10^6 y	β^-
72	183	182.953530	1.067 h	β^-
72	184	183.955450	4.12 h	β^-
72	185	184.958780*s*	3.5 m	β^-
Tantalum (Ta)				
73	163	162.954320	11.0 s	ϵ, α
73	164	163.953570*s*	14.2 s	ϵ
73	165	164.950820*s*	31.0 s	ϵ
73	166	165.950470*s*	31.5 s	ϵ
73	167	166.947970*s*	1.33 m	ϵ
73	168	167.947790*s*	2.0 m	ϵ
73	169	168.945920*s*	4.9 m	ϵ
73	170	169.946090*s*	6.76 m	ϵ
73	171	170.944460*s*	23.3 m	ϵ
73	172	171.944740	36.8 m	ϵ
73	173	172.943540*s*	3.14 h	ϵ
73	174	173.944170	1.05 h	ϵ
73	175	174.943650*s*	10.5 h	ϵ
73	176	175.944740	8.09 h	ϵ

Z	A	Atomic Mass (u)	$t_{1/2}$ or Abundance	Decay Mode
Tantalum (Ta)				
73	177	176.944472	56.6 h	ϵ
73	178	177.945750	9.31 m 2.36 h	ϵ ϵ
73	179	178.945934	1.82 y	ϵ
73	180	179.947466	8.152 h	ϵ, β^-
73	180*m*	179.947546	1.2×10^{15} y 0.012%	β^-, ϵ
73	181	180.947996	99.988%	
73	182	181.950152	114.43 d	β^-
73	183	182.951373	5.1 d	β^-
73	184	183.954009	8.7 h	β^-
73	185	184.955559	49.4 m	β^-
73	186	185.958550	10.5 m	β^-
Tungsten (W)				
74	166	165.955020	18.8 s	ϵ, α
74	167	166.954670*s*	19.9 s	α, ϵ
74	168	167.951860*s*	51 s	ϵ, α
74	169	168.951760*s*	80 s	ϵ
74	170	169.949290*s*	2.42 m	ϵ
74	171	170.949460*s*	2.38 m	ϵ
74	172	171.947420*s*	6.6 m	ϵ
74	173	172.947830*s*	7.6 m	ϵ
74	174	173.946160*s*	31 m	ϵ
74	175	174.946770*s*	35.2 m	ϵ
74	176	175.945590*s*	2.5 h	ϵ
74	177	176.946620*s*	135 m	ϵ
74	178	177.945850	21.6 d	ϵ
74	179	178.947072	37.05 m	ϵ
74	180	179.946706	0.12%	
74	181	180.948198	121.2 d	ϵ
74	182	181.948206	26.498%	
74	183	182.950224	1.1×10^{17} y 14.314%	
74	184	183.950933	3×10^{17} y 30.642%	α?
74	185	184.953421	75.1 d	β^-
74	186	185.954362	28.426%	
74	187	186.957158	23.72 h	β^-
74	188	187.958487	69.4 d	β^-
74	189	188.961910	11.5 m	β^-
74	190	189.963180	30.0 m	β^-
Rhenium (Re)				
75	171	170.955550*s*	15.2 s	ϵ
75	172*m*	171.955290*s*	15 s	ϵ
75	173	172.953060*s*	1.98 m	ϵ
75	174	173.953110*s*	2.40 m	ϵ
75	175	174.951390*s*	5.89 m	ϵ

Rhenium (Re) *(continued)*

Z	A	Atomic Mass (u)	$t_{1/2}$ or Abundance	Decay Mode
75	176	175.951570*s*	5.3 m	ϵ
75	177	176.950270*s*	14.0 m	ϵ
75	178	177.950850	13.2 m	ϵ
75	179	178.949980	19.5 m	ϵ
75	180	179.950790	2.44 m	ϵ
75	181	180.950065	19.9 h	ϵ
75	182	181.951210	64.0 h	ϵ
75	183	182.950821	70.0 d	ϵ
75	184	183.952524	38.0 d	ϵ
75	184*m*	183.952726	169 d	IT, ϵ
75	185	184.952956	37.40%	
75	186	185.954987	90 h	β^-, ϵ
75	186*m*	185.955147	2.0×10^5 y	IT, β^-
75	187	186.955751	4.35×10^{10} y 62.60%	β^-, α
75	188	187.958112	17.021 h	β^-
75	189	188.959228	24.3 h	β^-
75	190	189.961820	3.1 m	β^-
75	191	190.963124	9.8 m	β^-
75	192	191.965960*s*	16 s	β^-

Osmium (Os)

Z	A	Atomic Mass (u)	$t_{1/2}$ or Abundance	Decay Mode
76	172	171.960080*s*	19.2 s	ϵ, α
76	173	172.959790*s*	16 s	ϵ, α
76	174	173.957120*s*	44 s	ϵ, α
76	175	174.957080*s*	1.4 m	ϵ
76	176	175.954950*s*	3.6 m	ϵ
76	177	176.955050*s*	2.8 m	ϵ
76	178	177.953350	5.0 m	ϵ
76	179	178.953950*s*	6.5 m	ϵ
76	180	179.952350*s*	21.5 m	ϵ
76	181	180.953270	105 m	ϵ
76	182	181.952186	22.10 h	ϵ
76	183	182.953110*s*	13.0 h	ϵ
76	184	183.952491	5.6×10^{13} y 0.020%	α
76	185	184.954043	93.6 d	ϵ
76	186	185.953838	2.0×10^{15} y 1.58%	α
76	187	186.955748	1.6%	
76	188	187.955836	13.3%	
76	189	188.958145	16.1%	
76	190	189.958445	26.4%	
76	191	190.960928	15.4 d	β^-
76	192	191.961479	41.0%	
76	193	192.964148	30.11 h	β^-
76	194	193.965179	6.0 y	β^-
76	195	194.968120	6.5 m	β^-
76	196	195.969620	34.9 m	β^-

Iridium (Ir)

Z	A	Atomic Mass (u)	$t_{1/2}$ or Abundance	Decay Mode
77	177	176.961170*s*	30 s	ϵ, α
77	178	177.961080*s*	12 s	ϵ
77	179	178.959150*s*	79 s	ϵ
77	180	179.959250*s*	1.5 m	ϵ
77	181	180.957640	4.90 m	ϵ
77	182	181.958130	15 m	ϵ
77	183	182.956810*s*	57 m	ϵ
77	184	183.957390	3.09 h	ϵ
77	185	184.956590*s*	14.4 h	ϵ
77	186	185.957951	16.64 h	ϵ
77	187	186.957361	10.5 h	ϵ
77	188	187.958852	41.5 h	ϵ
77	189	188.958716	13.2 d	ϵ
77	190	189.960590	11.78 d	ϵ
77	191	190.960591	37.3%	
77	192	191.962602	73.830 d	β^-, ϵ
77	192*m*	191.962768	241 y	IT
77	193	192.962924	62.7%	
77	194	193.965076	19.15 h	β^-
77	194*m*	193.965280	171 d	β^-
77	195	194.965977	2.5 h	β^-
77	196	195.968380	52 s	β^-
77	197	196.969636	5.8 m	β^-

Platinum (Pt)

Z	A	Atomic Mass (u)	$t_{1/2}$ or Abundance	Decay Mode
78	177	176.968450*s*	11 s	ϵ, α
78	178	177.965710*s*	21.1 s	ϵ, α
78	179	178.965480*s*	21.2 s	ϵ, α
78	180	179.963220*s*	52 s	ϵ, α
78	181	180.963180*s*	51 s	ϵ, α
78	182	181.961270	2.2 m	ϵ, α
78	183	182.961730*s*	6.5 m	ϵ, α
78	184	183.959900*s*	17.3 m	ϵ, α
78	185	184.960750	70.9 m	ϵ
78	186	185.959430	2.0 h	ϵ, α
78	187	186.960560*s*	2.35 h	ϵ
78	188	187.959396	10.2 d	ϵ, α
78	189	188.960832	10.87 h	ϵ
78	190	189.959930	6.5×10^{11} y 0.01%	α
78	191	190.961685	2.96 d	ϵ
78	192	191.961035	0.79%	
78	193	192.962985	50 y	ϵ
78	194	193.962664	32.9%	
78	195	194.964774	33.8%	
78	196	195.964935	25.3%	
78	197	196.967323	19.8915 h	β^-
78	198	197.967876	7.2%	
78	199	198.970576	30.8 m	β^-
78	200	199.971424	12.5 h	β^-

Z	A	Atomic Mass (u)	$t_{1/2}$ or Abundance	Decay Mode
Platinum (Pt)				
78	201	200.974500	2.5 m	β^-
78	202	201.975740*s*	44 h	β^-
Gold (Au)				
79	181	180.969950*s*	11.4 s	ϵ, α
79	182	181.969620*s*	15.6 s	ϵ, α
79	183	182.967620*s*	42.0 s	ϵ, α
79	184	183.967470*s*	12.0 s	ϵ
79	185	184.965810	4.25 m	ϵ, α
79	186	185.966000	10.7 m	ϵ
79	187	186.964560*s*	8.4 m	ϵ
79	188	187.965090*s*	8.84 m	ϵ
79	189	188.963890*s*	28.7 m	ϵ, α
79	190	189.964699	42.8 m	ϵ, α
79	191	190.963650	3.18 h	ϵ
79	192	191.964810	4.94 h	ϵ
79	193	192.964132	17.65 h	ϵ
79	194	193.965339	38.02 h	ϵ
79	195	194.965018	186.10 d	ϵ
79	196	195.966551	6.183 d	ϵ, β^-
79	197	196.966552	100%	
79	198	197.968225	2.6952 d	β^-
79	199	198.9687848	3.139 d	β^-
79	200	199.970720	48.4 m	β^-
79	201	200.971641	26 m	β^-
79	202	201.973790	28.8 s	β^-
79	203	202.975137	60 s	β^-
79	204	203.977710*s*	39.8 s	β^-
79	205	204.979610*s*	31 s	β^-
Mercury (Hg)				
80	182	181.974750*s*	10.83 s	ϵ, α
80	184	183.971900*s*	30.6 s	ϵ, α
80	185	184.971980*s*	49.1 s	ϵ, α
80	186	185.969460	1.38 m	ϵ, α
80	187	186.969790*s*	2.4 m	ϵ, α
80	188	187.967560*s*	3.25 m	ϵ, α
80	189	188.968130*s*	7.6 m	ϵ, α
80	190	189.966280*s*	20.0 m	ϵ, α
80	191	190.967060	49 m	ϵ
80	192	191.965570*s*	4.85 h	ϵ
80	193	192.966644	3.80 h	ϵ
80	194	193.965382	520 y	ϵ
80	195	194.966640	9.9 h	ϵ
80	196	195.965815	0.15%	
80	197	196.967195	64.14 h	ϵ
Mercury (Hg)				
80	198	197.966752	9.97%	
80	199	198.968262	16.87%	
80	200	199.968309	23.10%	
80	201	200.970285	13.18%	
80	202	201.970626	29.86%	
80	203	202.972857	46.612 d	β^-
80	204	203.973476	6.87%	
80	205	204.976056	5.2 m	β^-
80	206	205.977499	8.15 m	β^-
80	207	206.982580	2.9 m	β^-
80	208	207.985940*s*	42 m	β^-
Thallium (Tl)				
81	184	183.981760*s*	11 s	ϵ, α
81	185	184.979100*s*	19.5 s	ϵ
81	186	185.978550*s*	27.5 s	ϵ, α
81	187	186.976170*s*	51 s	ϵ, α
81	189	188.973690*s*	2.3 m	ϵ
81	193	192.970550*s*	21.6 m	ϵ
81	194	193.971050*s*	33.0 m	ϵ, α
81	195	194.969650*s*	1.16 h	ϵ
81	196	195.970520*s*	1.84 h	ϵ
81	197	196.969540	2.84 h	ϵ
81	198	197.970470	5.3 h	ϵ
81	199	198.969810	7.42 h	ϵ
81	200	199.970945	26.1 h	ϵ
81	201	200.970804	72.912 h	ϵ
81	202	201.972091	12.23 d	ϵ
81	203	202.972329	29.524%	
81	204	203.973849	3.78 y	β^-, ϵ
81	205	204.974412	70.476%	
81	206	205.976095	4.199 m	β^-
81	207	206.977408	4.77 m	β^-
81	208	207.982005	3.053 m	β^-
81	209	208.985349	2.20 m	β^-
81	210	209.990066	1.30 m	$\beta^-, \beta^- n$
Lead (Pb)				
82	183	182.991930*s*	300 ms	α, ϵ
82	184	183.988200*s*	0.55 s	α
82	185	184.987580*s*	4.1 s	α
82	186	185.984300*s*	4.7 s	α
82	188	187.981060*s*	25.5 s	ϵ, α
82	189	188.980880*s*	51 s	ϵ, α
82	190	189.978180	1.2 m	ϵ, α
82	191	190.978200*s*	1.33 m	ϵ, α
82	192	191.975760*s*	3.5 m	ϵ, α
82	194	193.973970*s*	12.0 m	ϵ, α
82	195	194.974470*s*	15 m	ϵ

Lead (Pb) *(continued)*

Z	A	Atomic Mass (u)	$t_{1/2}$ or Abundance	Decay Mode
82	196	195.972710*s*	37 m	ϵ, α
82	197	196.973380*s*	8 m	ϵ
82	198	197.971980*s*	2.40 h	ϵ
82	199	198.972910	90 m	ϵ
82	200	199.971816	21.5 h	ϵ
82	201	200.972850	9.33 h	ϵ
82	202	201.972144	52.5×10^3 y	ϵ, α
82	203	202.973375	51.873 h	ϵ
82	204	203.973029	1.4×10^{17} y 1.4%	α
82	205	204.974467	1.52×10^7 y	ϵ
82	206	205.974449	24.1%	
82	207	206.975881	22.1%	
82	208	207.976636	52.4%	
82	209	208.981075	3.253 h	β^-
82	210	209.984173	22.3 y	β^-, α
82	211	210.988731	36.1 m	β^-
82	212	211.991888	10.64 h	β^-
82	213	212.996500*s*	10.2 m	β^-
82	214	213.999798	26.8 m	β^-

Bismuth (Bi)

Z	A	Atomic Mass (u)	$t_{1/2}$ or Abundance	Decay Mode
83	191	190.986050*s*	12 s	α, ϵ
83	192	191.985370*s*	34.6 s	ϵ, α
83	193	192.983060*s*	67 s	ϵ, α
83	194	193.982750*s*	95 s	ϵ
83	195	194.980750*s*	183 s	ϵ, α
83	196	195.980610*s*	308 s	ϵ, α
83	197	196.978930	9.33 m	ϵ, α
83	198	197.979020	10.3 m	ϵ
83	199	198.977580	27 m	ϵ
83	200	199.978140	36.4 m	ϵ
83	201	200.976970	108 m	ϵ, α
83	202	201.977670	1.72 h	ϵ, α
83	203	202.976868	11.76 h	ϵ, α
83	204	203.977805	11.22 h	ϵ
83	205	204.977375	15.31 d	ϵ
83	206	205.978483	6.243 d	ϵ
83	207	206.978455	31.55 y	ϵ
83	208	207.979727	3.68×10^5 y	ϵ
83	209	208.980399	2.01×10^{19} y 100%	α
83	210	209.984105	5.013 d	β^-, α
83	210*m*	209.984396	3.04×10^6 y	α
83	211	210.987258	2.14 m	α, β^-
83	212	211.991272	60.55 m	$\beta^-, \alpha, \beta^-\alpha$
83	213	212.994375	45.59 m	β^-, α
83	214	213.998699	19.9 m	β^-, α
83	215	215.001830	7.6 m	β^-
83	216	216.006200*s*	3.6 m	β^-

Polonium (Po)

Z	A	Atomic Mass (u)	$t_{1/2}$ or Abundance	Decay Mode
84	194	193.988280	0.392 s	α
84	195	194.988050*s*	4.64 s	α, ϵ
84	196	195.985510*s*	5.8 s	α, ϵ
84	197	196.985570*s*	53.6 s	ϵ, α
84	198	197.983340*s*	1.76 m	α, ϵ
84	199	198.983600*s*	5.48 m	ϵ, α
84	200	199.981740*s*	11.5 m	ϵ, α
84	201	200.98210*s*	15.3 m	ϵ, α
84	202	201.980700*s*	44.7 m	ϵ, α
84	203	202.981410	36.7 m	ϵ, α
84	204	203.980307	3.53 h	ϵ, α
84	205	204.981170	1.66 h	ϵ, α
84	206	205.980465	8.8 d	ϵ, α
84	207	206.981578	5.80 h	ϵ, α
84	208	207.981231	2.898 y	α, ϵ
84	209	208.982416	102 y	α, ϵ
84	210	209.982857	138.376 d	α
84	211	210.986637	0.516 s	α
84	212	211.988852	0.299 μs	α
84	213	212.992843	4.2 μs	α
84	214	213.995186	164.3 μs	α
84	215	214.999415	1.781 ms	α, β^-
84	216	216.001905	0.145 s	α
84	217	217.006250*s*	10 s	α, β^-
84	218	218.008966	3.10 m	α, β^-

Astatine (At)

Z	A	Atomic Mass (u)	$t_{1/2}$ or Abundance	Decay Mode
85	196	195.995700*s*	0.3 s	α
85	197	196.993290*s*	0.35 s	α, ϵ
85	198	197.992750*s*	4.2 s	α, ϵ
85	199	198.990630*s*	7.2 s	α, ϵ
85	200	199.990290*s*	43 s	α, ϵ
85	201	200.988490	89 s	α, ϵ
85	202	201.988450	184 s	ϵ, α
85	203	202.986850	7.4 m	ϵ, α
85	204	203.987260	9.2 m	ϵ, α
85	205	204.986040	26.2 m	ϵ, α
85	206	205.986600	30.0 m	ϵ, α
85	207	206.985776	1.80 h	ϵ, α
85	208	207.986583	1.63 h	ϵ, α
85	209	208.986159	5.41 h	ϵ, α
85	210	209.987131	8.1 h	ϵ, α
85	211	210.987481	7.214 h	ϵ, α
85	212	211.990735	0.314 s	$\alpha, \epsilon, \beta^-$
85	213	212.992921	125 ns	α
85	214	213.996356	558 ns	α
85	215	214.998641	0.10 ms	α
85	216	216.002409	0.30 ms	$\alpha, \epsilon, \beta^-$
85	217	217.004710	32.3 ms	α, β^-
85	218	218.008681	1.6 s	α, β^-

Astatine (At)

Z	A	Atomic Mass (u)	$t_{1/2}$ or Abundance	Decay Mode
85	219	219.011300	56 s	α, β^-
85	220	220.015300*s*	3.71 m	β^-
85	221	221.018140*s*	2.3 m	β^-
85	222	222.022330*s*	54 s	β^-
85	223	223.025340*s*	50 s	β^-

Radon (Rn)

Z	A	Atomic Mass (u)	$t_{1/2}$ or Abundance	Decay Mode
86	199	198.998310*s*	0.62 s	α, ϵ
86	200	199.995680*s*	1.06 s	α, ϵ
86	201	200.995540*s*	7.0 s	α, ϵ
86	202	201.993220*s*	9.85 s	ϵ, α
86	203	202.993320*s*	45 s	α, ϵ
86	204	203.991370*s*	1.24 m	α, ϵ
86	205	204.991670*s*	170 s	ϵ, α
86	206	205.990160*s*	5.67 m	α, ϵ
86	207	206.990730	9.25 m	ϵ, α
86	208	207.989631	24.35 m	α, ϵ
86	209	208.990380	28.5 m	ϵ, α
86	210	209.989680	2.4 h	α, ϵ
86	211	210.990585	14.6 h	ϵ, α
86	212	211.990689	23.9 m	α
86	213	212.993868	25.0 ms	α
86	214	213.995346	0.27 μs	α
86	215	214.998729	2.30 μs	α
86	216	216.000258	45 μs	α
86	217	217.003915	0.54 ms	α
86	218	218.005586	35 ms	α
86	219	219.009475	3.96 s	α
86	220	220.011384	55.6 s	α
86	221	221.015460*s*	25 m	β^-, α
86	222	222.017570	3.8235 d	α
86	223	223.021790*s*	23.2 m	β^-
86	224	224.024090*s*	107 m	β^-
86	225	225.028440*s*	4.5 m	β^-
86	226	226.030890*s*	6.0 m	β^-
86	227	227.035410*s*	22.5 s	β^-
86	228	228.038080*s*	65 s	β^-

Francium (Fr)

Z	A	Atomic Mass (u)	$t_{1/2}$ or Abundance	Decay Mode
87	201	201.003990*s*	48 ms	α, ϵ
87	202	202.003290*s*	0.34 s	α, ϵ
87	203	203.001050*s*	0.55 s	α, ϵ
87	204	204.000590*s*	1.7 s	α, ϵ
87	205	204.998660	3.85 s	α, ϵ
87	206	205.998490	15.9 s	α, ϵ
87	207	206.996860	14.8 s	α, ϵ
87	208	207.997130	59.1 s	α, ϵ
87	209	208.995920	50.0 s	α, ϵ
87	210	209.996398	3.18 m	α, ϵ
87	211	210.995529	3.10 m	α, ϵ
87	212	211.996195	20.0 m	ϵ, α
87	213	212.996175	34.6 s	α, ϵ
87	214	213.998955	5.0 ms	α
87	215	215.000326	86 ns	α
87	216	216.003188	0.70 μs	α, ϵ
87	217	217.004616	16 μs	α
87	218	218.007563	1.0 ms	α
87	219	219.009241	20 ms	α
87	220	220.012313	27.4 s	α, β^-
87	221	221.014246	4.9 m	α, β^-
87	222	222.017544	14.2 m	β^-
87	223	223.019731	22.00 m	β^-, α
87	224	224.023240	3.30 m	β^-
87	225	225.025607	4.0 m	β^-
87	226	226.029340	48 s	β^-
87	227	227.031830	2.47 m	β^-
87	228	228.035720*s*	39 s	β^-
87	229	229.038430*s*	50 s	β^-
87	230	230.042510*s*	19.1 s	β^-
87	231	231.045410*s*	17.5 s	β^-

Radium (Ra)

Z	A	Atomic Mass (u)	$t_{1/2}$ or Abundance	Decay Mode
88	206	206.003780*s*	0.24 s	α
88	207	207.003730*s*	1.3 s	α, ϵ
88	208	208.001780*s*	1.7 s	α, ϵ
88	209	209.001940*s*	4.6 s	α, ϵ
88	210	210.000450*s*	3.7 s	α, ϵ
88	211	211.000890	13 s	α, ϵ
88	212	211.999783	13.0 s	α, ϵ
88	213	213.000350	2.74 m	α, ϵ
88	214	214.000091	2.46 s	α, ϵ
88	215	215.002704	1.59 ms	α
88	216	216.003518	182 ns	α, ϵ
88	217	217.006306	1.7 μs	α
88	218	218.007124	15.6 μs	α
88	219	219.010069	10 ms	α
88	220	220.011015	17 ms	α
88	221	221.013908	28 s	α, ^{14}C
88	222	222.015362	38.0 s	α, ^{14}C
88	223	223.018497	11.435 d	α, ^{14}C
88	224	224.020202	3.66 d	α, ^{12}C
88	225	225.023604	14.9 d	β^-
88	226	226.025403	1600 y	α, ^{14}C
88	227	227.029171	42.2 m	β^-
88	228	228.031064	5.75 y	β^-
88	229	229.034820	4.0 m	β^-
88	230	230.037080	93 m	β^-
88	231	231.041220*s*	1.72 m	β^-
88	232	232.043690*s*	250 s	β^-

Radium (Ra) *(continued)*

Z	A	Atomic Mass (u)	$t_{1/2}$ or Abundance	Decay Mode
88	233	233.048000*s*	30 s	β^-
88	234	234.050550*s*	30 s	β^-

Actinium (Ac)

Z	A	Atomic Mass (u)	$t_{1/2}$ or Abundance	Decay Mode
89	209	209.009570	0.10 s	α, ϵ
89	210	210.009260	0.35 s	α, ϵ
89	211	211.007650	0.25 s	α
89	212	212.007810	0.93 s	α, ϵ
89	213	213.006570	0.80 s	α
89	214	214.006890	8.2 s	α, ϵ
89	215	215.006450	0.17 s	α, ϵ
89	216	216.008721	0.33 ms	α
89	217	217.009333	69 ns	α, ϵ
89	218	218.011630	1.06 μs	α
89	219	219.012400	11.8 μs	α
89	220	220.014750	26.1 ms	α, ϵ
89	221	221.015580	52 ms	α
89	222	222.017829	5.0 s	α, ϵ
89	223	223.019126	2.10 m	α, ϵ
89	224	224.021708	2.9 h	$\epsilon, \alpha, \beta^-$
89	225	225.023221	10.0 d	α
89	226	226.026090	29.4 h	$\beta^-, \epsilon, \alpha$
89	227	227.027747	21.773 y	β^-, α
89	228	228.031015	6.15 h	β^-, α
89	229	229.032930	62.7 m	β^-
89	230	230.036030	122 s	β^-
89	231	231.038550	7.5 m	β^-
89	232	232.042020	119 s	β^-
89	233	233.044550*s*	145 s	β^-
89	234	234.048420*s*	44 s	β^-

Thorium (Th)

Z	A	Atomic Mass (u)	$t_{1/2}$ or Abundance	Decay Mode
90	212	212.012920*s*	30 ms	α, ϵ
90	213	213.012960*s*	140 ms	α
90	214	214.011450*s*	100 ms	α
90	215	215.011730	1.2 s	α
90	216	216.011051	0.028 s	α, ϵ
90	217	217.013070	0.252 ms	α
90	218	218.013268	109 ns	α
90	219	219.015520	1.05 μs	α
90	220	220.015733	9.7 μs	α, ϵ
90	221	221.018171	1.68 ms	α
90	222	222.018454	2.2 ms	α
90	223	223.020795	0.60 s	α
90	224	224.021459	1.05 s	α
90	225	225.023941	8.72 m	α, ϵ
90	226	226.024891	30.6 m	α
90	227	227.027699	18.72 d	α
90	228	228.028731	1.9131 y	α

Thorium (Th)

Z	A	Atomic Mass (u)	$t_{1/2}$ or Abundance	Decay Mode
90	229	229.031755	7880 y	α
90	230	230.033127	7.538×10^4 y	α, SF
90	231	231.036297	25.52 h	β^-, α
90	232	232.038050	1.405×10^{10} y 100%	α, SF
90	233	233.041577	22.3 m	β^-
90	234	234.043595	24.10 d	β^-
90	235	235.047500	7.1 m	β^-
90	236	236.049710*s*	37.5 m	β^-
90	237	237.053890*s*	5.0 m	β^-

Protactinium (Pa)

Z	A	Atomic Mass (u)	$t_{1/2}$ or Abundance	Decay Mode
91	215	215.019100	15 ms	α
91	216	216.019110	105 ms	α, ϵ
91	217	217.018290	3.4 ms	α
91	218	218.020010	0.11 ms	α
91	219	219.019880	53 ns	α
91	220	220.021880	0.78 μs	α
91	221	221.021860	5.9 μs	α
91	222	222.023730*s*	3.3 ms	α
91	223	223.023960	5 ms	α
91	224	224.025610	0.95 s	α, ϵ
91	225	225.026120	1.7 s	α
91	226	226.027933	1.8 m	α, ϵ
91	227	227.028793	38.3 m	α, ϵ
91	228	228.031037	22 h	ϵ, α
91	229	229.032089	1.50 d	ϵ, α
91	230	230.034533	17.4 d	$\epsilon, \beta^-, \alpha$
91	231	231.035879	3.276×10^4 y	α, SF
91	232	232.038582	1.31 d	β^-, ϵ
91	233	233.040240	26.967 d	β^-
91	234	234.043302	6.70 h	β^-
91	235	235.045440	24.5 m	β^-
91	236	236.048680	9.1 m	β^-
91	237	237.051140	8.7 m	β^-
91	238	238.054500	2.3 m	β^-

Uranium (U)

Z	A	Atomic Mass (u)	$t_{1/2}$ or Abundance	Decay Mode
92	225	225.029380	95 ms	α
92	226	226.029340	0.20 s	α
92	227	227.031140	1.1 m	α
92	228	228.031366	9.1 m	α, ϵ
92	229	229.033496	58 m	ϵ, α
92	230	230.033927	20.8 d	α
92	231	231.036289	4.2 d	ϵ, α
92	232	232.037146	68.9 y	α
92	233	233.039628	1.592×10^5 y	α, SF
92	234	234.040946	2.455×10^5 y 0.0055%	α, SF

Z	A	Atomic Mass (u)	$t_{1/2}$ or Abundance	Decay Mode
Uranium (U)				
92	235	235.043923	703.8×10^6 y 0.720%	α, SF
92	236	236.045562	2.342×10^7 y	α, SF
92	237	237.048724	6.75 d	β^-
92	238	238.050783	4.468×10^9 y 99.2745%	α, SF
92	239	239.054288	23.45 m	β^-
92	240	240.056586	14.1 h	β^-, α
92	242	242.062930*s*	16.8 m	β^-
Neptunium (Np)				
93	227	227.034960	0.51 s	α
93	228	228.036180*s*	1.07 m	ϵ, ϵSF
93	229	229.036250	3.85 m	α, ϵ
93	230	230.037810	4.6 m	ϵ, α
93	231	231.038230	48.8 m	ϵ, α
93	232	232.040100*s*	14.7 m	ϵ
93	233	233.040730	36.2 m	ϵ, α
93	234	234.042889	4.4 d	ϵ
93	235	235.044056	396.1 d	ϵ, α
93	236	236.046560	154×10^3 y	ϵ, β^-, α
93	237	237.048167	2.144×10^6 y	α, SF
93	238	238.050940	2.117 d	β^-
93	239	239.052931	2.3565 d	β^-
93	240	240.056169	61.9 m	β^-
93	240*m*	240.056169	7.22 m	β^-, IT
93	241	241.058250	13.9 m	β^-
93	242	242.061640*s*	2.2 m	β^-
			5.5 m	β^-
93	243	243.064270*s*	1.8 m	β^-
93	244	244.067850*s*	2.29 m	
Plutonium (Pu)				
94	230	230.039646	200 s	α
94	232	232.041179	34.1 m	ϵ, α
94	233	233.042990	20.9 m	ϵ, α
94	234	234.043305	8.8 h	ϵ, α
94	235	235.045282	25.3 m	ϵ, α
94	236	236.046048	2.858 y	α, SF
94	237	237.048404	45.2 d	ϵ, α
94	238	238.049553	87.7 y	α, SF
94	239	239.052156	24110 y	α, SF
94	240	240.053808	6564 y	α, SF
94	241	241.056845	14.35 y	β^-, α, SF
94	242	242.058737	3.733×10^5 y	α, SF
94	243	243.061997	4.956 h	β^-
94	244	244.064198	8.08×10^7 y	α, SF
94	245	245.067739	10.5 h	β^-
94	246	246.070198	10.84 d	β^-
94	247	247.074070*s*	2.27 d	β^-

Z	A	Atomic Mass (u)	$t_{1/2}$ or Abundance	Decay Mode
Americium (Am)				
95	232	232.046590*s*	79 s	ϵ, α
95	234	234.047790*s*	2.32 m	α, ϵ
95	237	237.049970	73.0 m	ϵ, α
95	238	238.051980	98 m	ϵ, α
95	239	239.053018	11.9 h	ϵ, α
95	240	240.055288	50.8 h	ϵ, α
95	241	241.056823	432.7 y	α, SF
95	242	242.059543	16.02 h	β^-, ϵ
95	242*m*	242.059596	141 y	IT, α, SF
95	243	243.061373	7370 y	α, SF
95	244	244.064279	10.1 h	β^-
95	245	245.066445	2.05 h	β^-
95	246	246.069768	39 m	β^-
95	247	247.072090*s*	23.0 m	β^-
Curium (Cm)				
96	238	238.053020	2.4 h	ϵ, α
96	239	239.054950*s*	2.9 h	ϵ, α
96	240	240.055519	27 d	α, ϵ, SF
96	241	241.057647	32.8 d	ϵ, α
96	242	242.058829	162.79 d	α, SF
96	243	243.061382	29.1 y	α, ϵ, SF
96	244	244.062746	18.10 y	α, SF
96	245	245.065486	8500 y	α, SF
96	246	246.067218	4730 y	α, SF
96	247	247.070347	1.56×10^7 y	α
96	248	248.072342	3.40×10^5 y	α, SF
96	249	249.075947	64.15 m	β^-
96	250	250.078351	9700 y	SF, α, β^-
96	251	251.082278	16.8 m	β^-
96	252	252.084870*s*	2 d	β^-
Berkelium (Bk)				
97	240	240.059750*s*	4.8 m	ϵ, ϵSF
97	242	242.062050*s*	7.0 m	ϵ
97	243	243.063002	4.5 h	ϵ, α
97	244	244.065168	4.35 h	ϵ, α
97	245	245.066355	4.94 d	ϵ, α
97	246	246.068670	1.80 d	ϵ, α
97	247	247.070299	1380 y	α
97	248	248.073080*s*	23.7 h	β^-, ϵ, α
			>9 y	α
97	249	249.074980	320 d	β^-, α, SF
97	250	250.078311	3.217 h	β^-
97	251	251.080753	55.6 m	β^-, α
Californium (Cf)				
98	240	240.062300*s*	1.06 m	α
98	241	241.063720*s*	3.78 m	ϵ, α

Californium (Cf) *(continued)*

Z	A	Atomic Mass (u)	$t_{1/2}$ or Abundance	Decay Mode
98	242	242.063690	3.49 m	α
98	243	243.065420*s*	10.7 m	ε, α
98	244	244.065990	19.4 m	α
98	245	245.068040*s*	45.0 m	ε, α
98	246	246.068799	35.7 h	α, ε, SF
98	247	247.070992	3.11 h	ε, α
98	248	248.072178	333.5 d	α, SF
98	249	249.074847	351 y	α, SF
98	250	250.076400	13.08 y	α, SF
98	251	251.079580	898 y	α
98	252	252.081620	2.645 y	α, SF
98	253	253.085127	17.81 d	β^-, α
98	254	254.087316	60.5 d	SF, α
98	255	255.091040*s*	85 m	β^-
98	256	256.093440*s*	12.3 m	SF, β^-, α

Einsteinium (Es)

Z	A	Atomic Mass (u)	$t_{1/2}$ or Abundance	Decay Mode
99	243	243.069630*s*	21 s	ε, α
99	244	244.070970*s*	37 s	ε, α
99	245	245.071320*s*	1.1 m	ε, α
99	246	246.072970*s*	7.7 m	ε, α
99	247	247.073650*s*	4.55 m	ε, α
99	248	248.075460*s*	27 m	ε, α
99	249	249.076410*s*	102.2 m	ε, α
99	250	250.078650*s*	8.6 h	ε, α
99	251	251.079984	33 h	ε, α
99	252	252.082970	471.7 d	α, ε, β^-
99	253	253.084818	20.47 d	α, SF
99	254	254.088016	275.7 d	α, ε, SF, β^-
99	255	255.090266	39.8 d	β^-, α, SF
99	256	256.093590*s*	25.4 m	β^-

Fermium (Fm)

Z	A	Atomic Mass (u)	$t_{1/2}$ or Abundance	Decay Mode
100	242	242.073430*s*	0.8 ms	SF
100	243	243.074510*s*	0.18 s	α
100	244	244.074080*s*	3.3 ms	SF
100	245	245.075380*s*	4.2 s	α, SF
100	246	246.075280	1.1 s	α, SF, ε
100	248	248.077184	36 s	α, ε, SF
100	249	249.079020*s*	2.6 m	ε, α
100	250	250.079515	30 m	α, ε, SF
100	251	251.081566	5.30 h	ε, α
100	252	252.082460	25.39 h	α, SF
100	253	253.085176	3.00 d	ε, α
100	254	254.086848	3.240 h	α, SF
100	255	255.089955	20.07 h	α, SF
100	256	256.091767	157.6 m	SF, α
100	257	257.095099	100.5 d	α, SF
100	258	258.097070*s*	370 μs	SF
100	259	259.100590*s*	1.5 s	SF

Mendelevium (Md)

Z	A	Atomic Mass (u)	$t_{1/2}$ or Abundance	Decay Mode
101	247	247.081800*s*	2.9 s	α
101	248	248.082910*s*	7 s	ε, α, SF
101	249	249.083000*s*	24 s	α, ε
101	250	250.084490*s*	52 s	ε, α
101	251	251.084920*s*	4.0 m	ε, α
101	252	252.086630*s*	4.8 m	ε
101	253	253.087280*s*	6 m	ε
101	254	254.089730*s*	28 m	ε
101	255	255.091075	27 m	ε, α, SF
101	256	256.094050	78.1 m	ε, α, SF
101	257	257.095535	5.52 h	ε, α, SF
101	258	258.098425	51.5 d	α, SF
101	258*m*	258.098425	60 m	ε
101	259	259.100500*s*	1.60 h	SF, α
101	260	260.103650*s*	27.8 d	SF, α, ε, β^-

Nobelium (No)

Z	A	Atomic Mass (u)	$t_{1/2}$ or Abundance	Decay Mode
102	250	250.087490*s*	0.25 ms	SF, α
102	251	251.088960*s*	0.8 s	α, ε, SF
102	252	252.088966	2.30 s	α, SF
102	253	253.090650*s*	1.7 m	α, ε
102	254	254.090949	55 s	α, ε, SF
102	255	255.093232	3.1 m	α, ε
102	256	256.094276	2.91 s	α, SF
102	257	257.096850	25 s	α
102	258	258.098200*s*	1.2 ms	SF, α
102	259	259.101020*s*	58 m	α, ε, SF
102	260	260.102640*s*	106 ms	SF

Lawrencium (Lr)

Z	A	Atomic Mass (u)	$t_{1/2}$ or Abundance	Decay Mode
103	252	252.095330*s*	1 s	α, ε, SF
103	253	253.095260*s*	1.3 s	α, SF, ε
103	254	254.096590*s*	13 s	α, ε, SF
103	255	255.096770*s*	22 s	α, ε
103	256	256.098760*s*	28 s	α, ε, SF
103	257	257.099610*s*	0.646 s	α, SF
103	258	258.101880*s*	3.9 s	α, ε, SF
103	259	259.102990*s*	6.1 s	α, SF, ε
103	260	260.105570*s*	180 s	α, ε, SF
103	261	261.106940*s*	39 m	SF
103	262	262.109690*s*	3.6 h	ε, SF

Rutherfordium (Rf)

Z	A	Atomic Mass (u)	$t_{1/2}$ or Abundance	Decay Mode
104	253	253.100680*s*	1.8 s	α, SF
104	254	254.100170*s*	0.5 ms	SF, α
104	255	255.101490*s*	1.5 s	SF, α
104	256	256.101180	6.7 ms	SF, α
104	257	257.103070*s*	4.7 s	α, ε, SF

Z	A	Atomic Mass (u)	$t_{1/2}$ or Abundance	Decay Mode
Rutherfordium (Rf)				
104	258	258.103570*s*	12 ms	SF, α
104	259	259.105630*s*	3.1 s	α, SF, ϵ
104	260	260.106430*s*	20.1 ms	SF, α
104	261	261.108750*s*	65 s	α, ϵ, SF
104	262	262.109920*s*	1.2 s	SF
Dubnium (Db)				
105	255	255.107400*s*	1.6 s	α, SF
105	256	256.108110*s*	2.6 s	α, SF, ϵ
105	257	257.107860*s*	1.3 s	α, SF, ϵ
105	258	258.109440*s*	4.4 s	α, ϵ, SF
105	258	258.109440*s*	20 s	ϵ
105	260	260.111430*s*	1.52 s	α, SF, ϵ
105	261	261.112110*s*	1.8 s	α, SF
105	262	262.114150*s*	34 s	α, SF, ϵ
105	263	263.115080*s*	27 s	SF, α
Seaborgium (Sg)				
106	259	259.114650*s*	0.9 s	α, SF
106	260	260.114440	3.6 ms	α, SF
106	261	261.116200*s*	0.23 s	α, SF
106	263	263.118310*s*	0.8 s	SF, α
106	265	265.121115*s*	16 s	α, SF
106	266	266.121930*s*	20 s	α, SF
Bohrium				
107	267	267.1275*s*	22 s	α
107	270	270.13336*s*	61 s	α
107	272	272.13826*s*	8.8 s	α
107	274	274.14355*s*	0.9 m	α
Hassium				
108	269	269.13375*s*	27 s	α
108	270	270.13429*s*	3.6 s	α
108	271	271.13717*s*	~4*s*	α
Meitnerium				
109	274	274.14725*s*	0.45 s	α
109	276	276.15159*s*	0.72 s	α
109	278	278.15631*s*	7.6 s	α
Darmstadtium				
110	279	279.16010*s*	0.18 s	α, SF
110	281	281.16451*s*	9.6 s	α, SF

Z	A	Atomic Mass (u)	$t_{1/2}$ or Abundance	Decay Mode
Roentgenium				
111	279	279.16272*s*	0.17 s	α
111	280	280.16514*s*	3.6 s	α, ϵ
111	281	281.16636*s*	17 s	SF, α
111	282	282.16912*s*	2.1 m	α
Copernicium				
112	283	283.17327*s*	4 s	α, SF
112	285	285.17712*s*	29 s	α
Nihonium				
113	284	284.17873*s*	0.5 s	α, ϵ
113	285	285.17973*s*	5.5 s	α
113	286	286.18221*s*	19.6 s	α
113	287	287.18339*s*	5.5 s	α
Flerovium				
114	287	287.18678*s*	0.5 s	α
114	288	288.18757*s*	0.8 s	α
114	289	289.19042*s*	2.6 s	α
Moscovium				
115	287	287.19070*s*	32 ms	α
115	288	288.19274*s*	87 ms	α
115	289	289.19363*s*	220 ms	α
115	290	290.19598*s*	16 ms	α
Livermorium				
116	290	290.19864*s*	15 ms	α
116	291	291.20108*s*	6 ms	α
116	292	292.20174*s*	18 ms	α
116	293	293.20449*s*	53 ms	α
Tennessine				
117	293	293.20824*s*	22 ms	α
117	294	294.21046*s*	51 ms	α
Oganesson				
118	294	294.21392*s*	1 ms	α, SF
118	295	295.21624*s*	181 ms	α

APPENDIX 6

Nobel Laureates in Physics

The following list gives the names and short descriptions of award citations * for all the physics laureates and a few chemistry laureates whose work was related to physics (denoted by *C* in front of their name).

Year	Nobel Laureate		Citation for
1901	Wilhelm Konrad Röntgen	1845–1923	Discovery of x rays
1902	Hendrik Antoon Lorentz Pieter Zeeman	1853–1928 1865–1943	Their researches into the influence of magnetism upon radiation phenomena
1903	Antoine Henri Becquerel	1852–1908	His discovery of spontaneous radioactivity
	Pierre Curie Marie Sklowdowska-Curie	1859–1906 1867–1934	Their joint researches on the radiation phenomena discovered by Prof. Henri Becquerel
1904	John William Strutt (Lord Rayleigh)	1842–1919	Investigations of the densities of the most important gases and his discovery of argon
	C Sir William Ramsay	1852–1916	His discovery of the inert gaseous elements in air and his determination of their place in the periodic system
1905	Philipp Eduard Anton von Lenard	1862–1947	His work on cathode rays
1906	Joseph John Thomson	1856–1940	His theoretical and experimental investigations on the conduction of electricity by gases
1907	Albert Abraham Michelson	1852–1931	His optical precision instruments and the spectroscopic and metrological investigations carried out with their aid
1908	Gabriel Lippman	1845–1921	His method of reproducing colors photographically based on the phenomena of interference
	C Ernest Rutherford	1871–1937	His investigations into the disintegration of the elements and the chemistry of radioactive substances

*From the Nobel Foundation website: http://nobelprize.org

Year	Nobel Laureate		Citation for
1909	Guglielmo Marconi Karl Ferdinand Braun	1874–1937 1850–1918	Their contributions to the development of wireless telegraphy
1910	Johannes Diderik van der Waals	1837–1923	His work on the state of equations of gases and liquids
1911	Wilhelm Wien	1864–1928	His discoveries regarding the laws governing the radiation of heat
	C Marie Sklowdowska-Curie	1867–1934	Her services to the advancement of chemistry by the discovery of the elements radium and polonium, and by the isolation of radium and the study of its nature and compounds
1912	Nils Gustaf Dalén	1869–1937	His invention of automatic regulators for use in conjunction with gas accumulators for illuminating lighthouses and buoys
1913	Heike Kamerlingh Onnes	1853–1926	His investigations of the properties of matter at low temperatures, which led, *inter alia,* to the production of liquid helium
1914	Max von Laue	1879–1960	His discovery of the diffraction of x rays by crystals
1915	William Henry Bragg William Lawrence Bragg	1862–1942 1890–1971	Their analysis of crystal structure by means of x rays
1917	Charles Glover Barkla	1877–1944	His discovery of the characteristic x rays of the elements
1918	Max Planck	1858–1947	His discovery of energy quanta
1919	Johannes Stark	1874–1957	His discovery of the Doppler effect in canal rays and of the splitting of spectral lines in electric fields
1920	Charles-Édouard Guillaume	1861–1938	The service he has rendered to precise measurement in physics by his discovery of anomalies in nickel steel alloys
1921	Albert Einstein	1879–1955	His services to Theoretical Physics, and especially for his discovery of the law of the photoelectric effect
	C Frederick Soddy	1877–1956	His contributions to our knowledge of the chemistry of radioactive substances, and his investigations into the origin and nature of isotopes
1922	Niels Bohr	1885–1962	His investigation of the structure of atoms and the radiation emanating from them
	C Francis W. Aston	1877–1945	His discovery, by means of his mass spectrograph, of isotopes in a large number of nonradioactive elements, and for his enunciation of the whole-number rule

Year	Nobel Laureate		Citation for
1923	Robert Andrews Millikan	1868–1953	His work on the elementary charge of electricity and on the photoelectric effect
1924	Karl Manne Georg Siegbahn	1886–1978	His discoveries and researches in the field of x-ray spectroscopy
1925	James Franck Gustav Hertz	1882–1964 1887–1975	Their discovery of the laws governing the impact of an electron upon an atom
1926	Jean Baptiste Perrin	1870–1942	His work on the discontinuous structure of matter, and especially for his discovery of sedimentation equilibrium
1927	Arthur Holly Compton	1892–1962	His discovery of the effect named after him
	Charles Thomson Rees Wilson	1869–1959	His method of making the paths of electrically charged particles visible by condensation of vapor
1928	Owen Willans Richardson	1879–1959	His work on the thermionic phenomenon, and especially for the discovery of the law named after him
1929	Louis-Victor de Broglie	1892–1987	His discovery of the wave nature of electrons
1930	Sir Chandrasekhara Venkata Raman	1888–1970	His work on the scattering of light and for the discovery of the effect named after him
1932	Werner Heisenberg	1901–1976	The creation of quantum mechanics, the application of which has, *inter alia*, led to the discovery of the allotropic forms of hydrogen
1933	Erwin Schrödinger Paul Adrien Maurice Dirac	1887–1961 1902–1984	Their discovery of new productive forms of atomic theory
1934	*C* Harold C. Urey	1893–1981	His discovery of heavy hydrogen
1935	James Chadwick	1891–1974	His discovery of the neutron
	C Frédéric Joliot *C* Irène Joliot-Curie	1900–1958 1897–1956	In recognition of their synthesis of new radioactive elements
1936	Victor Franz Hess	1883–1964	His discovery of cosmic radiation
	Carl David Anderson	1905–1991	His discovery of the positron
	C Peter Debye	1884–1966	His contributions to our knowledge of molecular structure through his investigations on dipole moments and on the diffraction of x rays and electrons in gases
1937	Clinton Joseph Davisson George Paget Thomson	1881–1958 1892–1975	Their experimental discovery of the diffraction of electrons by crystals
1938	Enrico Fermi	1901–1954	His demonstrations of the existence of new radioactive elements produced by neutron irradiation, and for his related discovery of nuclear reactions brought about by slow neutrons

Year	Nobel Laureate		Citation for
1939	Ernest Orlando Lawrence	1901–1958	The invention and development of the cyclotron and for results obtained with it, especially with regard to artificial radioactive elements
1943	Otto Stern	1888–1969	His contributions to the development of the molecular ray method and his discovery of the magnetic moment of the proton
1944	Isidor Isaac Rabi	1898–1988	His resonance method for recording the magnetic properties of atomic nuclei
	C Otto Hahn	1879–1968	His discovery of the fission of heavy nuclei
1945	Wolfgang Pauli	1900–1958	His discovery of the Exclusion Principle, also called the Pauli Principle
1946	Percy Williams Bridgman	1882–1961	The invention of an apparatus to produce extremely high pressures and for the discoveries he made in the field of high-pressure physics
1947	Sir Edward Victor Appleton	1892–1965	His investigations of the physics of the upper atmosphere, especially for the discovery of the Appleton layer
1948	Patrick Maynard Stuart Blackett	1897–1974	His development of the Wilson cloud chamber method and his discoveries therewith in nuclear physics and cosmic radiation
1949	Hideki Yukawa	1907–1981	His prediction of the existence of mesons on the basis of theoretical work on nuclear forces
1950	Cecil Frank Powell	1903–1969	His development of the photographic method of studying nuclear processes and his discoveries regarding mesons made with this method
1951	Sir John Douglas Cockcroft Ernest Thomas Sinton Walton	1897–1967 1903–1995	Their pioneer work on the transmutation of atomic nuclei by artificially accelerated particles
	C Edwin M. McMillan *C* Glenn T. Seaborg	1907–1991 1912–1999	Their discoveries in the chemistry of the transuranium elements
1952	Felix Bloch Edward Mills Purcell	1905–1983 1912–1997	The development of new methods for nuclear magnetic precision measurements and discoveries in connection therewith
1953	Frits Zernike	1888–1966	His demonstration of the phase contrast method, especially for his invention of the phase contrast microscope
1954	Max Born	1882–1970	His fundamental research in quantum mechanics, especially his statistical interpretation of the wave function
	Walther Bothe	1891–1957	The coincidence method and his discoveries made therewith

Year	Nobel Laureate		Citation for
1955	Willis Eugene Lamb, Jr.	1913–2008	His discoveries concerning the fine structure of the hydrogen spectrum
	Polykarp Kusch	1911–1993	His precision determination of the magnetic moment of the electron
1956	William Shockley John Bardeen Walter Houser Brattain	1910–1989 1908–1991 1902–1987	Their investigations on semiconductors and their discovery of the transistor effect
1957	Chen Ning Yang Tsung Dao Lee	1922– 1926–	Their penetrating investigation of the parity laws, which led to important discoveries regarding elementary particles
1958	Pavel Alekseyevich Cherenkov Ilya Mikhaylovich Frank Igor Yevgenyevich Tamm	1904–1990 1908–1990 1895–1971	Their discovery and interpretation of the Cherenkov effect
1959	Emilio Gino Segrè Owen Chamberlain	1905–1989 1920–2006	Their discovery of the antiproton
1960	Donald Arthur Glaser	1926–2013	The invention of the bubble chamber
	C Willard F. Libby	1908–1980	His method to use ^{14}C for age determination in several branches of science
1961	Robert Hofstadter	1915–1990	His pioneering studies of electron scattering in atomic nuclei and for his discoveries concerning the structure of the nucleons achieved thereby
	Rudolf Ludwig Mössbauer	1929–2011	His researches concerning the resonance absorption of γ rays and his discovery in this connection of the effect that bears his name
1962	Lev Davidovich Landau	1908–1968	His pioneering theories of condensed matter, especially liquid helium
1963	Eugene Paul Wigner	1902–1995	His contributions to the theory of the atomic nucleus and the elementary particles, particularly through the discovery and application of fundamental symmetry principles
	Maria Goeppert Mayer J. Hans D. Jensen	1906–1972 1907–1973	Their discoveries concerning nuclear shell structure
1964	Charles H. Townes Nicolay G. Basov Aleksandr M. Prokhorov	1915–2015 1922–2001 1916–2002	Fundamental work in the field of quantum electronics, which has led to the construction of oscillators and amplifiers based on the maser-laser principle

Year	Nobel Laureate		Citation for
1965	Sin-Itiro Tomonaga Julian Schwinger Richard P. Feynman	1906–1979 1918–1994 1918–1988	Their fundamental work in quantum electrodynamics, with profound consequences for the physics of elementary particles
1966	Alfred Kastler	1902–1984	The discovery and development of optical methods for studying Hertzian resonance in atoms
1967	Hans Albrecht Bethe	1906–2005	His contributions to the theory of nuclear reactions, especially his discoveries concerning the energy production in stars
1968	Luis W. Alvarez	1911–1988	His decisive contribution to elementary particle physics, in particular the discovery of a large number of resonance states, made possible through his development of the technique of using the hydrogen bubble chamber and data analysis
1969	Murray Gell-Mann	1929–2019	His contributions and discoveries concerning the classification of elementary particles and their interactions
1970	Hannes Alfvén	1908–1995	Fundamental work and discoveries in magnetohydrodynamics with fruitful applications in different parts of plasma physics
	Louis-Eugène-Félix Néel	1904–2000	Fundamental work and discoveries concerning antiferromagnetism and ferrimagnetism, which have led to important applications in solid state physics
1971	Dennis Gabor	1900–1979	His invention and development of the holographic method
1972	John Bardeen Leon N. Cooper J. Robert Schrieffer	1908–1991 1930– 1931–2019	Their theory of superconductivity, usually called the BCS theory
1973	Leo Esaki	1925–	His discovery of tunneling in semiconductors
	Ivar Giaever	1929–	His discovery of tunneling in superconductors
	Brian D. Josephson	1940–	His theoretical predictions of the properties of a supercurrent through a tunnel barrier
1974	Antony Hewish	1924–	The discovery of pulsars
	Sir Martin Ryle	1918–1984	His observations and inventions in radio astronomy
1975	Aage Bohr Ben R. Mottelson L. James Rainwater	1922–2009 1926– 1917–1986	The discovery of the connection between collective motion and particle motion in atomic nuclei and for the theory of the structure of the atomic nucleus based on this connection

Year	Nobel Laureate		Citation for
1976	Burton Richter Samuel Chao Chung Ting	1931–2018 1936–	Their pioneering work in the discovery of a heavy elementary particle of a new kind
1977	Philip Warren Anderson Nevill Francis Mott John Hasbrouck Van Vleck	1923–2020 1905–1996 1899–1980	Their fundamental theoretical investigations of the electronic structure of magnetic and disordered systems
	Physiology or Medicine: Rosalyn Yalow	1921–2011	For the development of radioimmunoassays of peptide hormones
1978	Pyotr L. Kapitza	1894–1984	His basic inventions and discoveries in the area of low-temperature physics
	Arno A. Penzias Robert Woodrow Wilson	1933– 1936–	Their discovery of cosmic microwave background radiation
1979	Sheldon Lee Glashow Abdus Salam Steven Weinberg	1932– 1926–1996 1933–	Their contributions to the theory of the unified weak and electromagnetic interaction between elementary particles, including, *inter alia*, the prediction of the weak neutral current
1980	James W. Cronin Val L. Fitch	1931–2016 1923–2015	The discovery of violations of fundamental symmetry principles in the decay of neutral K-mesons
1981	Nicolaas Bloembergen Arthur L. Schawlow	1920–2017 1921–1999	Their contributions to the development of laser spectroscopy
	Kai M. Siegbahn	1918–2007	His contribution to the development of high-resolution electron spectroscopy
1982	Kenneth G. Wilson	1936–2013	His theory for critical phenomena in connection with phase transitions
1983	Subrahmanyan Chandrasekhar	1910–1995	His theoretical studies of the physical processes of importance to the structure and evolution of the stars
	William A. Fowler	1911–1995	His theoretical and experimental studies of the nuclear reactions of importance in the formation of the chemical elements in the universe
1984	Carlo Rubbia Simon van der Meer	1934– 1925–2011	Their decisive contributions to the large project, which led to the discovery of the field particles W and Z, communicators of the weak interaction
1985	Klaus von Klitzing	1943–	The discovery of the quantized Hall effect

Year	Nobel Laureate		Citation for
1986	Ernst Ruska	1906–1988	His fundamental work in electron optics and for the design of the first electron microscope
	Gerd Binnig Heinrich Rohrer	1947– 1933–2013	Their design of the scanning tunneling microscope
1987	J. Georg Bednorz K. Alex Müller	1950– 1927–	Their important breakthrough in the discovery of superconductivity in ceramic materials
1988	Leon M. Lederman Melvin Schwartz Jack Steinberger	1922–2018 1932–2006 1921–	The neutrino beam method and the demonstration of the doublet structure of the leptons through the discovery of the muon neutrino
1989	Hans G. Dehmelt Wolfgang Paul	1922–2017 1913–1993	Their development of the ion-trap technique
	Norman F. Ramsey	1915–2011	The invention of the separated oscillatory fields method and its use in the hydrogen maser and other atomic clocks
1990	Jerome I. Friedman Henry W. Kendall Richard E. Taylor	1930– 1926–1999 1929–2018	Their pioneering investigations concerning deep inelastic scattering of electrons on protons and bound neutrons, which have been of essential importance for the development of the quark model in particle physics
1991	Pierre-Gilles de Gennes	1932–2007	His discovering that methods developed for studying order phenomena in simple systems can be generalized to more complex forms of matter, in particular to liquid crystals and polymers
	C Richard R. Ernst	1933–	His contributions to the development of the methodology of high-resolution nuclear magnetic resonance (NMR) spectroscopy
1992	Georges Charpak	1924–2010	His invention and development of particle detectors, particularly multi-wire proportional counters
1993	Russell A. Hulse Joseph H. Taylor Jr.	1950– 1941–	The discovery of a new type of pulsar
1994	Bertram N. Brockhouse	1918–2003	The development of neutron scattering
	Clifford G. Shull	1915–2001	The development of the neutron diffraction technique

Year	Nobel Laureate		Citation for
1995	Martin L. Perl	1927–2014	The discovery of the tau lepton
	Frederick Reines	1918–1998	The detection of the neutrino
1996	David M. Lee Douglas D. Osheroff Robert C. Richardson	1931– 1945– 1937–2013	Their discovery of superfluidity in He-3
1997	Steven Chu Claude Cohen-Tannoudji William D. Phillips	1948– 1933– 1948–	Their development of methods to cool and trap atoms with laser light
1998	Robert B. Laughlin Horst L. Störmer Daniel C. Tsui	1950– 1949– 1939–	Their discovery of a new form of quantum fluid with fractionally charged excitations
	C Walter Kohn	1923–2016	His development of density-functional theory
1999	Gerardus 't Hooft Martinus J. G. Veltman	1946– 1931–	Their elucidating the quantum structure of electroweak interactions in physics
2000	Zhores I. Alferov Herbert Kroemer	1930– 2019 1928–	Their developing semiconductor heterostructures used in high-speed- and opto-electronics
	Jack S. Kilby	1923–2005	His part in the invention of the integrated circuit
2001	Eric A. Cornell Wolfgang Ketterle Carl E. Wieman	1961– 1957– 1951–	Their achievement of Bose–Einstein condensation in dilute gases of alkali atoms, and for early fundamental studies of the properties of the condensates
2002	Raymond Davis Jr. Masatoshi Koshiba	1914–2006 1926–	Their pioneering contributions to astrophysics, in particular for the detection of cosmic neutrinos
	Riccardo Giacconi	1931– 2018	His pioneering contributions to astrophysics, which have led to the discovery of cosmic x-ray sources
2003	Alexei A. Abrikosov Vitaly L. Ginzburg Anthony J. Leggett	1928–2017 1916–2009 1938–	Their pioneering contributions to the theory of superconductors and superfluids
2004	David Gross H. David Politzer Frank Wilczek	1941– 1949– 1951–	Their discovery of asymptotic freedom in the theory of the strong interaction
2005	Roy J. Glauber	1925 –2018	His contribution to the quantum theory of optical coherence
	John L. Hall Theodor W. Hänsch	1935– 1941–	Their contributions to the development of laser-based precision spectroscopy, including the optical frequency comb technique

Year	Nobel Laureate		Citation for
2006	John C. Mather George F. Smoot	1946– 1945–	Their discovery of the blackbody form and anisotropy of the cosmic microwave background radiation
2007	Albert Fert Peter Grünberg	1938– 1939– 2018	Their discovery of giant magnetoresistance
2008	Yoichiro Nambu	1921–2015	His discovery of the mechanism of spontaneous broken symmetry in subatomic physics
	Makoto Kobayashi Toshihide Maskawa	1944– 1940–	Their discovery of the origin of the broken symmetry which predicts the existence of at least three families of quarks in nature
2009	Charles Kuen Kao	1933–2018	His groundbreaking achievements concerning the transmission of light in fibers for optical communication
	Willard S. Boyle George E. Smith	1924–2011 1930–	Their invention of an imaging semiconductor circuit
2010	Andre Geim Konstantin Novoselov	1958– 1974–	Their groundbreaking experiments regarding the two-dimensional material graphene
2011	Saul Perlmutter Brian P. Schmidt Adam G. Riess	1959– 1967– 1969–	Their discovery of the accelerating expansion of the universe through observations of distant supernovae
2012	Serge Haroche David J. Wineland	1944– 1944–	Their ground-breaking experimental methods that enable measuring and manipulation of individual quantum systems
2013	François Englert Peter Higgs	1932– 1929–	Their theoretical discovery of a mechanism that contributes to our understanding of the origin of mass of subatomic particles, and which recently was confirmed through the discovery of the predicted fundamental particles, by the ATLAS and CMS experiments at CERN's Large Hadron Collider
2014	Isamu Akasaki Hiroshi Amano Shuji Nakamura	1929– 1960– 1954–	Their invention of efficient blue light-emitting diodes which has enabled bright and energy-saving white light sources
2015	Takaaki Kajita Arthur B. McDonald	1959– 1943–	Their discovery of neutrino oscillations, which shows that neutrinos have mass
2016	David J. Thouless F. Duncan M. Haldane J. Michael Kosterlitz	1934– 2019 1951– 1943–	Their theoretical discoveries of topological phase transitions and topological phases of matter

Year	Nobel Laureate		Citation for
2017	Rainer Weiss Barry C. Barish Kip S. Thorne	1932– 1936– 1940–	Their decisive contributions to the LIGO detector and the observation of gravitational waves
2018	Arthur Ashkin	1922–	For the optical tweezers and their application to biological systems
	Gérard Mourou Donna Strickland	1944– 1959–	For their method of generating high-intensity, ultra-short optical pulses
2019	James Peebles	1935–	For theoretical discoveries in physical cosmology
	Michel Mayor Didier Queloz	1942– 1966–	For the discovery of an exoplanet orbiting a solar-type star

Fundamental and Combination of Constants; Particle Masses; Conversion Factors

7

APPENDIX

Fundamental Constants

Quantity	Symbol	Value(s)
Elementary charge	e	$1.6022 \times 10^{-19}\,\mathrm{C}$
Speed of light in vacuum	c	$2.9979 \times 10^{8}\,\mathrm{m/s}$
Permeability of vacuum (magnetic constant)	μ_0	$4\pi \times 10^{-7}\,\mathrm{N \cdot A^{-2}}$
Permittivity of vacuum (electric constant)	ϵ_0	$8.8542 \times 10^{-12}\,\mathrm{F \cdot m^{-1}}$
Gravitation constant	G	$6.67430 \times 10^{-11}\,\mathrm{N \cdot m^2 \cdot kg^{-2}}$
Planck constant	h	$6.6261 \times 10^{-34}\,\mathrm{J \cdot s}$
		$4.1357 \times 10^{-15}\,\mathrm{eV \cdot s}$
Avogadro constant	N_A	$6.0221 \times 10^{23}\,\mathrm{mol^{-1}}$
Boltzmann constant	k	$1.3805 \times 10^{-23}\,\mathrm{J \cdot K^{-1}}$
Stefan–Boltzmann constant	σ	$5.6704 \times 10^{-8}\,\mathrm{W \cdot m^{-2} \cdot K^{-4}}$
Atomic mass unit	u	$1.660539067 \times 10^{-27}\,\mathrm{kg}$
		$931.494102\,\mathrm{MeV}/c^2$

Particle Masses

Particle	Mass in units of		
	kg	MeV/c^2	u
Electron	9.1094×10^{-31}	0.51100	5.4858×10^{-4}
Muon	1.8835×10^{-28}	105.66	0.11343
Proton	1.6726×10^{-27}	938.27	1.00728
Neutron	1.6749×10^{-27}	939.57	1.00866
Deuteron	3.3436×10^{-27}	1875.61	2.01355
α particle	6.6447×10^{-27}	3727.38	4.00151

Conversion Factors

$1 \text{y} = 3.154 \times 10^7 \text{ s}$

$1 \text{ lightyear} = 9.461 \times 10^{15} \text{ m}$

$1 \text{ cal} = 4.184 \text{ J}$

$1 \text{ MeV}/c = 5.344 \times 10^{-22} \text{ kg} \cdot \text{m/s}$

$1 \text{ eV} = 1.6022 \times 10^{-19} \text{ J}$

$1 \text{ T} = 10^4 \text{ G}$

$1 \text{ Ci} = 3.7 \times 10^{10} \text{ Bq}$

$1 \text{ barn} = 10^{-28} \text{ m}^2$

$1 \text{ u} = 1.66054 \times 10^{-27} \text{ kg}$

Useful Combinations of Constants

$\hbar = h/2\pi = 1.0546 \times 10^{-34} \text{ J}\cdot\text{s} = 6.5821 \times 10^{-16} \text{ eV}\cdot\text{s}$

$hc = 1.9864 \times 10^{-25} \text{ J}\cdot\text{m} = 1239.8 \text{ eV}\cdot\text{nm}$

$\hbar c = 3.1615 \times 10^{-26} \text{ J}\cdot\text{m} = 197.33 \text{ eV}\cdot\text{nm}$

$\dfrac{1}{4\pi\varepsilon_0} = 8.9876 \times 10^9 \text{ N}\cdot\text{m}^2\cdot\text{C}^{-2}$

Compton wavelength $\lambda_C = \dfrac{h}{m_e c} = 2.4263 \times 10^{-12} \text{ m}$

$\dfrac{e^2}{4\pi\varepsilon_0} = 2.3071 \times 10^{-28} \text{ J}\cdot\text{m} = 1.4400 \times 10^{-9} \text{ eV}\cdot\text{m}$

Fine structure constant $\alpha = \dfrac{e^2}{4\pi\varepsilon_0 \hbar c} = 0.0072974 \approx \dfrac{1}{137}$

Bohr magneton $\mu_B = \dfrac{e\hbar}{2m_e} = 9.2740 \times 10^{-24} \text{ J/T} = 5.7884 \times 10^{-5} \text{ eV/T}$

Nuclear magneton $\mu_N = \dfrac{e\hbar}{2m_p} = 5.0508 \times 10^{-27} \text{ J/T} = 3.1525 \times 10^{-8} \text{ eV/T}$

Bohr radius $a_0 = \dfrac{4\pi\varepsilon_0 \hbar^2}{m_e e^2} = 5.2918 \times 10^{-11} \text{ m}$

Hydrogen ground state $E_0 = \dfrac{e^2}{8\pi\varepsilon_0 a_0} = 13.606 \text{ eV} = 2.1799 \times 10^{-18} \text{ J}$

Rydberg constant $R_\infty = \dfrac{\alpha^2 m_e c}{2h} = 1.09737 \times 10^7 \text{ m}^{-1}$

Hydrogen Rydberg $R_H = 1.09678 \times 10^7 \text{ m}^{-1}$

Gas constant $R = N_A k = 8.3145 \text{ J}\cdot\text{mol}^{-1}\cdot\text{K}^{-1}$

Magnetic flux quantum $\Phi_0 = \dfrac{h}{2e} = 2.0678 \times 10^{-15} \text{ T}\cdot\text{m}^2$

Classical electron radius $r_e = \alpha^2 a_0 = 2.8179 \times 10^{-15} \text{ m}$

$kT = 2.5249 \times 10^{-2} \text{ eV} \approx \dfrac{1}{40} \text{ eV at } T = 293 \text{ K}$

Note: The latest values of the fundamental constants can be found at the National Institute of Standards and Technology website at http://physics.nist.gov/cuu/Constants/index.html.

The Greek Alphabet; Some Prefixes for the Powers of Ten

8

APPENDIX

The Greek Alphabet

Alpha	A	α	Iota	I	ι	Rho	P	ρ
Beta	B	β	Kappa	K	κ	Sigma	Σ	σ
Gamma	Γ	γ	Lambda	Λ	λ	Tau	T	τ
Delta	Δ	δ	Mu	M	μ	Upsilon	Y	υ
Epsilon	E	ϵ	Nu	N	ν	Phi	Φ	φ
Zeta	Z	ζ	Xi	Ξ	ξ	Chi	X	χ
Eta	H	η	Omicron	O	o	Psi	Ψ	ψ
Theta	Θ	θ	Pi	Π	π	Omega	Ω	ω

Some Prefixes for Powers of Ten

Power	Prefix	Abbreviation	Power	Prefix	Abbreviation
10^{-18}	atto	a	10^{1}	deka	da
10^{-15}	femto	f	10^{2}	hecto	h
10^{-12}	pico	p	10^{3}	kilo	k
10^{-9}	nano	n	10^{6}	mega	M
10^{-6}	micro	μ	10^{9}	giga	G
10^{-3}	milli	m	10^{12}	tera	T
10^{-2}	centi	c	10^{15}	peta	P
10^{-1}	deci	d	10^{18}	exa	E

APPENDIX

9 Emission Spectra

Atomic emission line spectra like those shown for mercury, sodium, helium, and hydrogen are obtained when photons are emitted from a low-pressure gas sample that is electrically excited. The name *line spectra* comes from the bright lines that are characteristic of each element. The study of these atomic spectra proved invaluable in the development of atomic physics. The continuous spectrum, with all the colors making up white light, is from an incandescent lamp and is produced by a white-hot sample (solid, liquid, or high-pressure gas).

선택된 홀수번호 문제 해답 ANSWERS

Chapter 2

3. $\theta = \sin^{-1}\left(\frac{v}{c}\right)$

13. K′ travels at a speed $c/2$ in the $-x$ direction.

15. (a) $1 + 3.87 \times 10^{-15}$ (b) $1 + 3.2 \times 10^{-13}$ (c) $1 + 3.1 \times 10^{-12}$ (d) $1 + 3.1 \times 10^{-10}$ (e) 1.10 (f) 3.20

17. (a) 3.86×10^{-8} s (b) $x' = -10.4$ m, $y' = 5$ m, $z' = 10$ m, $t' = 51.0$ ns

19. (a) $0.14c$ (b) 1.2 ms

21. $1.4 \times 10^{-4}c$

23. $4c/5$

25. $\Delta t = 16.7$ ns

27. $\Delta t' = 1.0 \times 10^{-5}$ s

29. 22.1 m

31. (a) $0.96c$ (b) $0.46c$

33. Each sees the other traveling at 62.1 m/s.

35. $0.60c$ and $0.88c$

37. Classical: 15 muons; relativistic: 2710 muons

39. Mary receives signals at a rate f' for t'_1 and a rate f'' for t'_2.
Frank receives signals at a rate f' for t_1 and a rate f'' for t_2.

45. (b) β (d) The lines are not perpendicular.

47. Two events simultaneous in K are not simultaneous in K′.

51. 224 kHz

53. Van 3 receives signals from van 2 at a rate $f' = f_0\sqrt{\frac{1-\beta}{1+\beta}}$, and van 3 receives signals from van 1 at a rate of $f' = \frac{f_0}{1+\sqrt{2\beta}}$

59. 1.42×10^{-25} kg

61. 1.57 T

65. Electrons: $0.999\,999\,9984c$; positrons: $0.999\,999\,986c$

67. (a) $p = 10.22$ keV/c, $K = 102$ eV, $E = 511.1$ keV
(b) $p = 104.3$ keV/c, $K = 10.5$ keV, $E = 521.5$ keV
(c) $p = 1055$ keV/c, $K = 661$ keV, $E = 1172$ keV

69. 2.25×10^{17} m

71. (a) $0.417c$ (b) $0.866c$ (c) $0.996c$

75. 2.55×10^{14} J; 2.55×10^{16} J

79. 28.3 MeV

81. $v = 0.999\,999\,561c$, $p = 1.000938$ TeV/c, $E = 7$ TeV + 928 MeV

83. $v = 0.938c$, $p = 287.05$ MeV/c, $E = 306$ MeV

85. (a) $\Delta E = 17.6$ MeV (b) approximately 0.37% of the initial rest energy

87. 2330 MeV

89. (a) number $= fL/\gamma v$; time $= L/v + L/c$

(b) number $= \frac{fL(1-\beta)}{v}$; time $= L/\gamma v$

(c) $L/v - L/c$; $fL/\gamma v$; $2fL/\gamma v$; Mary's age $2L/\gamma v$

(d) $L/\gamma v$; $\frac{fL}{v}(1+\beta)$; $2fL/v$; Frank's age $2L/v$

91. (a) 56 (b) 9.68 years, 168 (c) Frank 336, Mary 559
(d) Frank 10.75 years, Mary 6.45 years
(e) each one agrees with (d)

93. $u_x = 0.8c$; $u_y = 0.48c$; $u = 0.93c$

95. (a) $(1 - 3.97 \times 10^{-8})c$ (b) $(1 - 8.85 \times 10^{-8})c$

97. (a) $v = 0.36c$ (b) 53.6 years old

99. (a) 7.24×10^{7} m/s (b) 0.124 Hz

101. $v = 2.47 \times 10^{7}$ m/s

103. (a) 228 MeV (b) 209.23 MeV/c in opposite directions

105. (a) 12.4 m/s (b) both redshift and blueshift magnitude 2.3×10^{-5} nm

Chapter 3

3. Nonrelativistically $V = 921$ V; relativistically, $V = 924$ V

9. Lyman 91.2 nm; Balmer 364.7 nm

11. 105 cm between the first and second lines; 227 cm between the second and third lines
13. $\Delta\lambda = 29$ nm
15. (a) Paschen series: $k = 4$, $\lambda = 1875.63$ nm; $k = 5$, $\lambda = 1282.17$ nm; $k = 6$, $\lambda = 1094.12$ nm; $k = 7$, $\lambda = 1005.22$ nm; $k = 8$, $\lambda = 954.86$ nm
(b) The observed spectral lines have been Doppler redshifted. (c) $v = 1.20 \times 10^7$ m/s
17. (a) 0.69 mm (b) 9.89 μm (c) 1.16 μm (d) 0.322 μm
19. (a) 42.7 (b) 1070 K
21. 1.447×10^{-8} m
23. 966 nm
27. 9.35 μm
33. (a) 2.47×10^{29} (b) 7.26×10^{18} (c) 2.81×10^{14}
35. $\lambda = 267.2$ nm $K = 4.64$ eV
37. 1.59×10^{15} Hz
39. $h = 4.40 \times 10^{-15}$ eV · s; $\phi = 4.1$ eV
41. 0.0413 nm
43. 0.0496 nm
45. 17.2 kV
47. 5.41 keV
49. Yes; 1.32 fm; 938 MeV
53. 2.00243 nm, a change of 0.122%
55. (a) 2.04 MeV (b) 1.02 MeV
57. 6900
59. $r = 3.68$ km; 9×10^{12} nuclear arsenals
63. (a) 0.015 photons/s (b) 6.45×10^3 photons/s
65. 1.3×10^{23} photons/s
67. (a) 301 nm (b) 7.51×10^{27} W, about 19 times the value for the sun
69. 10 keV gamma ray: $K = 5$ keV, $v = 4.2 \times 10^7$ m/s; 300 MeV gamma ray: $K = 150$ MeV, $v = 0.999994c$

Chapter 4

5. (a) 1.69×10^{-12} m (b) 1.48×10^{-14} m
7. 36.93
9. (a) 2170 (b) 1347
11. (a) Al: 6.04 MeV, Au: 23.7 MeV
(b) Al: 3.82 MeV, Au: 13.7 MeV
13. (a) 0.013° (b) The results are comparable.
15. (a) $1.75 \times 10^{-4}c = 5.25 \times 10^4$ m/s (b) -14.4 eV
17. Gravitational: 3.6×10^{-47} N;
Electrostatic: 8.2×10^{-8} N; ratio $= 2.3 \times 10^{39}$
21. $hc = 1239.8$ eV · nm; $\dfrac{e^2}{4\pi\epsilon_0} = 1.4400$ eV · nm; $mc^2 = 511.00$ keV; $a_0 = 5.2918 \times 10^{-2}$ nm; $E_0 = 13.606$ eV
23. $n = 2$ and $n = 6$
25. (a) 13.6 eV (b) 54.4 eV (c) 218 eV
27. $E_{1,D} = 13.602$ eV; $E_{1,T} = 13.603$ eV
29. 2.44×10^6
31. (a) 2.84×10^{-13} m (b) 2535 eV
(c) 0.49 nm, 1.96 nm, 4.40 nm
33. (a) $2a_0$ (b) 243 nm
35. The lines nearly match for all even n_u in the He^+ series. Each "matching" pair actually differs by the ratio of the reduced masses, $R_{He^+}/R_H = 1.0004$, or about 0.04%.
37. $R = 4.38889 \times 10^7\ m^{-1}$
39. No, because the K_α lines for Pb and Bi are separated by less than 10^{-12} m.
41. Helium: 122 nm for K_α and 103 nm for K_β; lithium: 30.4 nm for K_α and 25.6 nm for K_β
43. Molybdenum: $\lambda(K_\alpha) = 72.3$ pm; $\lambda(K_\beta) = 61.0$ pm; $\lambda(K_\lambda) = 57.8$ pm; the series limit is 54.2 pm
45. 4.89×10^{-4} eV
47. 4.13×10^{-15} eV · s
49. Magnesium: 1.00 nm for K_α and 31.0 nm for L_α; Iron: 0.194 nm for K_α and 1.90 nm for L_α
51. (a) 0.118 (b) 100.5 and 1.31×10^4
57. 3.6×10^7 m/s
61. (a) K_α: 7.2×10^{-11} m; K_β: 6.1×10^{-11} m (b) Its wavelength 5.5×10^{-10} m does not appear on this graph.

Chapter 5

1. 25.6° and 40.4°
3. 8.92 keV; we can observe up through $n = 4$
5. 9.2×10^{-35} m; no
7. $\lambda = 6.02$ pm for the 40-keV electrons and $\lambda = 3.70$ pm for the 100-keV electrons
9. 1.73×10^{-10} m
11. (a) $hc/\sqrt{K^2 + 2Kmc^2}$ (b) $hc/\sqrt{2mc^2K}$
13. (a) 9.54 keV (b) 89.0 eV (c) 0.048 eV (d) 1.22×10^{-2} eV
15. $K = 3.00$ keV, $E = 514$ keV, $p = 55.4$ keV/c, $\lambda = 22.4$ pm
17. (a) 2.60×10^{-11} m (b) 1.02×10^{-16} m
19. $d = 0.063$ nm, $\lambda = 0.122$ nm, $p = 10.2$ keV/c, $E = 511.102$ keV, $K = 102$ eV
21. 0.457 nm, 0.412 nm, 0.301 nm
23. 1.67 s
25. (a) 0.714 Hz (b) 2.5 cm
27. (a) $\Psi = 0.006 \sin(6.5x - 275t)\cos(0.5x + 25t)$
(b) $v_{ph} = 42.3$ m/s, $u_{gr} = 50$ m/s (c) 2π m (d) 2π
29. v_{ph} is independent of the wavelength
31. $\Psi(x, 0) = -(2A_0/x) \sin(\Delta kx/2) \cos(k_0x)$; width $\Delta x = \pi/\Delta k$; $\Delta k\,\Delta x = \pi$
33. The intensity is higher by a factor of 4 for the double slit.
35. $K = 2.67$ eV
37. 21.3 MeV, 0.539 MeV
39. $\Delta L = \dfrac{\hbar}{(4\pi)}$
41. 2.1×10^5 Hz
43. (a) 3.29×10^{-3} eV (b) 0.185 nm
45. (a) 1.51 eV (b) 2.24×10^{-6} eV; yes
47. 9.03×10^{-34} J

53. $\dfrac{E_2}{E_1} = \left[\dfrac{1 + h^2c^2/(L^2E_0^2)}{1 + h^2c^2/(4L^2E_0^2)}\right]^{1/2}$

$\dfrac{E_3}{E_1} = \left[\dfrac{1 + 9h^2c^2/(4L^2E_0^2)}{1 + h^2c^2/(4L^2E_0^2)}\right]^{1/2}$

$\dfrac{E_4}{E_1} = \left[\dfrac{1 + 4h^2c^2/(L^2E_0^2)}{1 + h^2c^2/(4L^2E_0^2)}\right]^{1/2}$

55. (a) half wavelength (b) 126 MeV (c) 5.19×10^{-15} m. Equation (5.43) is an approximation, but Equation (5.51) is from wave mechanics.

59. (a) 1.0×10^{-16} m (b) gamma ray

61. 3.36×10^{-3} eV

63. (a) 2.43 pm (b) 2.31 pm

65. $\Delta t = 4.0 \times 10^{-24}$ s; $\Delta E = 82$ MeV; $m = 82$ MeV$/c^2$, within a factor of 2 of the actual mass

67. $\hbar < 0.081$ J · s

69. (b) The packet is centered about $x = 0$ but extends to $\pm\infty$ and repeats for every unit along the x axis.

71. (a) $\Delta f = 7.96 \times 10^{12}$ Hz; $\Delta f/f = 0.014$ (b) $\Delta\lambda = 7.5$ nm (c) $\Delta\lambda/\lambda = 0.014$ and $\Delta\lambda/L = 0.0025$

73. (a) 8.9×10^{-20} m; (b) gamma ray

Chapter 6

1. The function is not localized; it does not vanish at $\pm\infty$.

5. $A = 2\alpha^{-3/2}$

7. (a) The wave function does not satisfy condition 3. (b) The wave function is not physically possible. (c) Alter the function near $|x| = 0$ so that its derivative is continuous.

11. $A = \sqrt{2/\pi}$; (a) probability $= 0.091$ (b) probability $= 0.50$

13. $1/L$ (independent of n), in agreement with the classical result

15. (a) $E_1 = 9.40 \times 10^{-8}$ eV; $E_2 = 1.88 \times 10^{-7}$ eV; $E_3 = 2.82 \times 10^{-7}$ eV (b) $n = 134$

17. 0.1955; 0.6090; 0.1955

19. 11.3 GeV

21. 11.5 eV, 9.21 eV, 6.14 eV, 5.37 eV, 3.84 eV, 2.30 eV

23. (a) λ is longer for the finite well. (b) Larger λ implies lower E. (c) When $E > V_0$ there are no bound states.

25. $Ce^{ikL} + De^{-ikL} = Be^{-\alpha L}$ $\quad \dfrac{C}{D} = \dfrac{ik - \alpha}{ik + \alpha} e^{-2ikL}$

27. In general we have

$$\psi(x) = A \sin\left(\frac{n_1 \pi x}{L}\right) \sin\left(\frac{n_2 \pi y}{L}\right) \sin\left(\frac{n_3 \pi z}{L}\right)$$

For $\psi_2(x)$ we can have $(n_1, n_2, n_3) = (1, 1, 2)$ or $(1, 2, 1)$ or $(2, 1, 1)$.
For $\psi_3(x)$ we can have $(n_1, n_2, n_3) = (1, 2, 2)$ or $(2, 2, 1)$ or $(2, 1, 2)$.
For $\psi_4(x)$ we can have $(n_1, n_2, n_3) = (1, 1, 3)$ or $(1, 3, 1)$ or $(3, 1, 1)$.
For $\psi_5(x)$ we can have $(n_1, n_2, n_3) = (2, 2, 2)$.

29. One quantum number is associated with each boundary condition.

31. $E_{gs} = \dfrac{21\pi^2\hbar^2}{32mL^2}$ $\quad E_1 = \dfrac{3\pi^2\hbar^2}{4mL^2}$ $\quad E_2 = \dfrac{29\pi^2\hbar^2}{32mL^2}$

$E_3 = \dfrac{33\pi^2\hbar^2}{32mL^2}$

None of these states are degenerate.

33. $\Delta E = \hbar\omega$ for all n

35. $k = 91.6$ N/m $\quad E = (4.136 \times 10^{-2}\ \text{eV})\left(n + \dfrac{1}{2}\right)$

37. $\langle p \rangle = 0$; $\langle p^2 \rangle = \dfrac{1}{2} m\hbar\omega$

39. (a) $E = \left(n + \dfrac{1}{2}\right)\hbar\omega = \left(n + \dfrac{1}{2}\right)(0.755)$ eV

(b) 1640 nm, 821 nm, 549 nm

41. (a) $p = \sqrt{2m(E - V_0)}$; $\lambda = h/\sqrt{2m(E - V_0)}$
$K = E - V_0$
(b) $p = \sqrt{2m(E + V_0)}$; $\lambda = h/\sqrt{2m(E + V_0)}$
$K = E - V_0$

45. (a) $L = 0.220$ nm or any integer multiple thereof (b) $L = 0.110$ nm or any odd integer multiple thereof

51. Let $E_0 = \pi^2\hbar^2/(2mL^2)$; $E_1 = 13E_0/4$; $E_2 = 4E_0$; $E_3 = 21E_0/4$; $E_4 = 25E_0/4$; $E_5 = 7E_0$; only E_5 is degenerate.

57. 33.6 eV, which is the same order of magnitude as the electron's kinetic energy

59. (a) 6.4×10^{31} (b) 8.9×10^{-18} m (c) 9.4×10^{-34} J

61. (b) $\langle x \rangle = 0$; $\langle x^2 \rangle = 5/(2\alpha)$

63. $V(r) = Da^2(r - r_e)^2$

65. Let $E_0 = \pi^2\hbar^2/(2mL^2)$;
$E_1 = E_0(1^2 + 1^2) = 2E_0$ with $n_1 = 1$, $n_2 = 1$;
$E_2 = E_0(2^2 + 1^2) = 5E_0$ with $n_1 = 2$, $n_2 = 1$ or vice versa;
$E_3 = E_0(2^2 + 2^2) = 8E_0$ with $n_1 = 2$, $n_2 = 2$;
$E_4 = E_0(3^2 + 1^2) = 10E_0$ with $n_1 = 3$, $n_2 = 1$ or vice versa;
$E_5 = E_0(3^2 + 2^2) = 13E_0$ with $n_1 = 3$, $n_2 = 2$ or vice versa;
$E_6 = E_0(4^2 + 1^2) = 17E_0$ with $n_1 = 4$, $n_2 = 1$ or vice versa.

67. 6.51×10^{-6}

69. (a) $E_n = \dfrac{(3Anh)^{2/3}}{2^{5/3}m^{1/3}}$

71. (b) $A = 2/\sqrt{(L_1L_2)}$

Chapter 7

5. $E = -E_0/4$, as predicted by the Bohr model.

9. $\ell = 4$: $m_\ell = 0, \pm1, \pm2, \pm3, \pm4$,
$\ell = 3$: $m_\ell = 0, \pm1, \pm2, \pm3$
$\ell = 2$: $m_\ell = 0, \pm1, \pm2$, $\ell = 1$: $m_\ell = 0, \pm1$, $\ell = 0$: $m_\ell = 0$

11. $\psi_{310} = R_{31}Y_{10}$

$$= \frac{1}{81}\sqrt{\frac{2}{\pi}}\, a_0^{-3/2}\left(6 - \frac{r}{a_0}\right)\left(\frac{r}{a_0}\right)e^{-r/3a_0}\cos\theta$$

$$\psi_{31\pm1} = R_{31}Y_{1\pm1} = \frac{1}{81\sqrt{\pi}}a_0^{-3/2}\left(6 - \frac{r}{a_0}\right)\left(\frac{r}{a_0}\right)e^{-r/3a_0}\sin\theta\, e^{\pm i\phi}$$

13. 36

15. 33

17. $\psi_{21-1} = R_{21}Y_{1-1} = \frac{1}{8}\sqrt{\frac{1}{\pi}}\, a_0^{-3/2}\left(\frac{r}{a_0}\right)e^{-r/2a_0}\sin\theta\, e^{-i\phi}$

$$\psi_{210} = R_{21}Y_{10} = \frac{1}{4\sqrt{2\pi}}a_0^{-3/2}\left(\frac{r}{a_0}\right)e^{-r/2a_0}\cos\theta$$

$$\psi_{32-1} = R_{32}Y_{2-1} = \frac{1}{81\sqrt{\pi}}\, a_0^{-3/2}\left(\frac{r}{a_0}\right)e^{-r/2a_0}\sin\theta\cos\theta\, e^{-i\phi}$$

19. $0, \pm h$

23. 30°

25. Seven states: with $B = 0$, $E = -E_0/25 = -0.544$ eV; with the field on, the levels are changed by $\Delta E = 0$ for $m_\ell = 0$, $\Delta E = \pm 1.74 \times 10^{-4}$ eV for $m_\ell = \pm 1$, $\Delta E = \pm 3.47 \times 10^{-4}$ eV for $m_\ell = \pm 2$, and $\Delta E = \pm 5.21 \times 10^{-4}$ eV for $m_\ell = \pm 3$.

27. The magnet should be designed so that the product of its length squared and its vertical magnetic field gradient is 57 T · m.

29. $n = 4$, $\ell = 3$, $m_\ell = 0, \pm1, \pm2, \pm3$, and $m_s = \pm 1/2$, for a total degeneracy of 14

31. $T = 0.0456$ K

35. $r = (3 \pm \sqrt{5})\ a_0$

37. $r = 2a_0$

39. 0.056

41. $2s$: 1.9×10^{-15} $2p$: 5.0×10^{-26}

43. 0.999 9935

45. $0.24c$

47. $\psi_{100} = \frac{1}{\sqrt{\pi}}\left(\frac{Z}{a_0}\right)^{3/2} e^{-Zr/a_0}$

49. $E_0 = 2.53$ keV

55. (a) $12.5a_0$, compared with the Bohr result $9a_0$ (b) 0.820

Chapter 8

1. The first two electrons are in the $1s$ subshell and have $\ell = 0$, with $m_s = \pm 1/2$. The third electron (in the $2s$ subshell) has $\ell = 0$, with either $m_s = 1/2$ or $-1/2$. With four particles, there are six possible interactions: the nucleus with electrons 1, 2, 3; electron 1 with electron 2; electron 1 with electron 3; or electron 2 with electron 3. In each case it is possible to have a Coulomb interaction and a magnetic moment interaction.

3. 2, 4, 5

5. K: [Ar]$4s^1$, As: [Ar]$4s^2 3d^{10} 4p^3$, Nb: [Kr]$5s^1 4d^4$, Pd: [Kr]$4d^{10}$, Sm: [Xe]$6s^2 4f^6$, Po: [Xe]$6s^2 4f^{14} 6s^2 5d^{10} 6p^4$, U: [Rn]$7s^2 6d^1 5f^3$ where the bracket represents a closed inner shell.

7. $1.14e$

9. (a) F (b) Mg (c) Ar

11. (a) Se (b) Ag (c) Er

13. $5\,^2P_{1/2}$

15. In the $4d$ state $\ell = 2$ and $s = 1/2$, so $j = 5/2$ or $3/2$. As usual $m_\ell = 0, \pm1, \pm2$. The value of m_j ranges from $-j$ to j, so its possible values are $\pm 1/2$, $\pm 3/2$, and $\pm 5/2$. As always $m_s = \pm 1/2$. The two possible term notations are $4D_{5/2}$ and $4D_{3/2}$.

17. $\pm\hbar/2, \pm 3\hbar/2, \pm 5\hbar/2, \pm 7\hbar/2$

21. 7.33×10^{-3} eV; 63.4 T

23. The $2s$ to $1s$ transition is forbidden by the $\Delta L = \pm 1$ selection rule. The two lines result from the transition from the $2p$ level to the $1s$ level.

25. He, Ca, and Sr have single ground states and may have a singlet or triplet excited states; Al has only a doublet.

29. (a) 2.4×10^{-5} eV (b) 4.53×10^{-5} eV

33. (a) 2 (b) 4/3 (c) 6/5

37. 9.26×10^{-5} eV

39. (a) Y^-: $1s^2 2s^2 2p^6 3s^2 3p^6 4s^2 3d^{10} 4p^6 5s^2 4d^2$; Al^-: $1s^2 2s^2 2p^6 3s^2 3p^2$ (b) Y^-: 5^3F_2; Al^-: 3^3P_0

41. $^4F_{9/2}$

Chapter 9

3. (a) $\overline{f} = f_0$

(b) Standard deviation $= \frac{f_0}{c}\sqrt{\frac{kT}{m}}$

(c) 3.66×10^{-6} for H_2 at 293 K; 2.25×10^{-5} for H at 5500 K

5. (a) $\int_c^\infty F(v)\,dv = 4\pi C\int_c^\infty v^2 \exp\left(-\frac{1}{2}\beta m v^2\right)dv$ with $T = 293$ K and $C = \left(\frac{\beta m}{2\pi}\right)^{3/2}$

7. (a) $\bar{v} = 2510$ m/s, $v^* = 2220$ m/s (b) $\bar{v} = 3640$ m/s, $v^* = 3220$ m/s

9. (a) 391 m/s (b) 428 m/s

13. (a) $v_{rms} = 1902$ m/s for H_2, $v_{rms} = 511$ m/s for N_2

15. (a) $\overline{E} = \frac{3}{2}kT$ (b) $\frac{1}{2}m\overline{v^2} = \overline{E} = \frac{3}{2}kT; \frac{1}{2}m\bar{v}^2 = 1.27kT$

17. 9175 K

23. (a) 5.86×10^{28} m^{-3} (b) 5.28×10^4 K (c) 5.28×10^6 K

25. (a) 5.50 eV (b) 1.39×10^6 m/s

27. One conduction electron per atom

29. (a) 1.28×10^6 m/s (b) 2.24×10^6 m/s

35. 147 MeV

37. $E - E_F = 0.032$ eV

39. (a) 0.87 K (b) Neon is not a liquid at that temperature.

49. (a) 440 m/s (b) 0.47

51. 181 m/s

53. 1.20×10^4 m/s

55. 3.0

59. (b) protons 28.3 MeV; neutrons 38.7 MeV

61. $N/V < 1.97 \times 10^{31}\ \text{m}^{-3}$ for the Bose–Einstein condensate; this is about 1 million times the number density of an ideal gas.
63. (a) 0.343 K (b) The temperature in (a) is far below the freezing point.
65. 0.87 K

Chapter 10

1. (a) 9.86×10^{-4} eV (b) 4.93×10^{-3} eV
3. 1.1×10^{-11} m
5. $E_{\text{rot}} = \dfrac{n^2\hbar^2}{2I}$, which is similar to the quantum mechanical result in the limit of large n.
7. 24
9. (a) $1.46 \times 10^{-46}\ \text{kg}\cdot\text{m}^2$ (b) 1.13×10^{-10} m
11. (a) 34.1 eV (b) no
15. (a) $2.4 \times 10^{-47}\ \text{kg}\cdot\text{m}^2$ (b) 478 N/m
17. 0.277 eV, infrared
19. (a) 1.00 W (b) 1.08 μm
21. (a) 7.37×10^{-13} m (b) 1.06×10^{-19} m
23. In a three-level system the population of the upper level must exceed the population of the ground state. This is not necessary in a four-level system.
25. 0.315 nm
27. $\alpha = 4 - \dfrac{4}{\sqrt{2}} - 2 + \dfrac{8}{\sqrt{5}} - \dfrac{4}{\sqrt{8}} + \cdots$
31. (c) $7.4 \times 10^{-6}\ \text{K}^{-1}$
33. $2.58 \times 10^{10}\ \text{N}^{-1}$
35. (b) $9.2 \times 10^{13}\ \text{N/m}^2$
41. $\bar{\mu} \approx \mu$
45. $0.87\,T_c$; $0.71\,T_c$; $0.50\,T_c$
47. ^{201}Hg: $T_c = 4.171$ K; ^{204}Hg: $T_c = 4.140$ K
49. 130 K
51. 4.9×10^{-6} m
53. (a) 527 A (b) 527 A is more than a factor of 200 greater.
55. $2.38\ \text{m/s}^2 \approx g/4$
57. 17.4 TeV
59. (a) 1.5×10^{-3} (b) 4.1×10^{-6} eV
61. (a) 4.5×10^{14} W (b) 3.2×10^{23} photons
63. 0.19 K
65. 2.97×10^{-2} J/K
67. (a) 21.3 A (b) 6.0 A
69. (a) ^{112}Sn: 3.82 K; ^{124}Sn: 3.65 K (b) 1.13 meV (c) 0.87 meV

Chapter 11

1. (a) 236 Ω (b) 610 Ω (c) 5.48×10^{7} Ω
3. The voltmeter reads positive because positive charges will drift to the right.
5. 1.28×10^{-6} V/K
7. 5×10^{-7} V
9. (a) 1850 nm (b) 1130 nm (c) 3440 nm (d) 344 nm
11. -6.0×10^{25}
13. (a) Spring 0.900, winter 0.656, summer 0.999
(b) Spring 0.643, winter 0.292, summer 0.891
(c) Spring 0.500, winter 0.122, summer 0.799
15. (a) 1.99 A (b) 288 mA (c) 6.00 mA
17. 2080 kg/m^3
19. (a) 0.619 nm (b) about 2.6 times higher
23. (a) 52.5 mV (b) −30.4 mV
25. 3.06 eV
27. Si at $T = 0$°C: $F_{\text{FD}} = 5.67 \times 10^{-11}$
Si at $T = 75$°C: $F_{\text{FD}} = 9.16 \times 10^{-9}$
Ge at $T = 0$°C: $F_{\text{FD}} = 6.54 \times 10^{-7}$
Ge at $T = 75$°C: $F_{\text{FD}} = 1.41 \times 10^{-5}$
29. (a) At $T = 77$ K: $I_f/I_r = -1.5 \times 10^{98}$
At $T = 273$ K: $I_f/I_r = -4.9 \times 10^{27}$
At $T = 340$ K: $I_f/I_r = -4.0 \times 10^{21}$
At $T = 500$ K: $I_f/I_r = -4.0 \times 10^{12}$
31. 20,000
33. 4.2×10^{12} bits/m^2
35. 6.3%
37. (a) $1.3 \times 10^{-13}\ \text{m}^2$
39. (a) 642 nm, 892 nm, and 1319 nm (b) 1319 nm

Chapter 12

1. 54.9 MeV
3. In each case the atomic number equals the number of protons (Z), and the atomic charge is Ze.
$^{3}_{2}$He: $Z = 2$, $N = 1$, $A = 3$, $m = 3.02$ u
$^{4}_{2}$He: $Z = 2$, $N = 2$, $A = 4$, $m = 4.00$ u
$^{18}_{8}$O: $Z = 8$, $N = 10$, $A = 18$, $m = 18.00$ u
$^{44}_{20}$Ca: $Z = 20$, $N = 24$, $A = 44$, $m = 43.96$ u
$^{209}_{83}$Bi: $Z = 83$, $N = 126$, $A = 209$, $m = 208.98$ u
$^{235}_{92}$U: $Z = 92$, $N = 143$, $A = 235$, $m = 235.04$ u
5. Isotopes: ^{38}Ca through ^{52}Ca; Isobars: ^{40}S, ^{40}Cl, ^{40}Ar, ^{40}K, and ^{40}Ca; Isotones: ^{32}Mg, ^{34}Si, ^{35}P, ^{36}S, ^{37}Cl, ^{38}Ar, ^{39}K, and ^{40}Ca
7. ^{39}Ar(269 y), ^{41}Ar(1.822 h), ^{42}Ar(32.9 y), ^{43}Ar(5.37 m), ^{44}Ar(11.87 m), ^{45}Ar(21.48 s), ^{46}Ar(8.4 s); ^{250}No(0.25 ms), ^{251}No(0.8 s), ^{252}No(2.30 s), ^{254}No(55 s), ^{256}No(2.91 s), ^{258}No(1.2 ms), ^{259}No(58 m), ^{260}No(106 ms)
9. -1.52×10^{-3}
11. 7.25×10^{-9}; yes
15. $F_g = 6.24 \times 10^{-35}$ N; $F_e = 77.1$ N; the electrostatic force is 50 times weaker than the strong force. The gravitational force is almost 10^{38} times weaker than the strong force.
17. (b) 5.67 MeV; 15.7 MeV; 6.74 MeV
19. 7.27 MeV
21. The electron binding energy is less by a factor of 227.
25. 47.9681 u; 4.468×10^{4} MeV/c^2
27. 1.05 μg
31. 5.6×10^{3} Bq
33. 51 kg
35. Yes
39. 0.09 MeV
41. β^-, β^+, and EC

45. 1.99 atm for He; 0.337 atm for Rn

49. 3.65×10^9 y for $R = 0.76$ and 9.10×10^9 y for $R = 3.1$; no

51. 6.4×10^7 y

53. 7 alpha, 4 beta

55. (a) 51.9 g of Fm and 41.1 g of Cf
(b) 0 g of Fm and between 94 and 95 g of Cf
(d) ^{240}Pu (e) 2.34×10^7 y

57. (a) We expect ^{23}Mg to be less stable.
(b) Electron capture or positron emission

67. (a) The chain that begins with ^{238}U. (c) Four days

69. $^4_2$He, $^{16}_8$O, $^{40}_{20}$Ca, $^{48}_{20}$Ca, $^{208}_{82}$Pb

Chapter 13

1. (a) $^4_2$He (b) $^1_1$He (c) $^{18}_9$F (d) $^{76}_{34}$Se
(e) $^{108}_{48}$Cd (f) $^3_2$He

3. 0.10

5. 0.20

7. (a) ^{16}O$(n, \alpha)^{13}$C (b) ^{16}O$(d, n)\,^{17}$F (c) ^{16}O$(\gamma, p)^{15}$N
(d) ^{16}O$(\alpha, p)^{19}$F (e) ^{16}O$(d, ^3\text{He})^{15}$N
(f) ^{16}O$(^7\text{Li}, p)^{22}$Ne
All the products listed above are stable except the one in part (b).

9. (b) 15.9 MeV (c) 2.34 MeV

11. (a) 4.0 MeV (b) 4.0 MeV

15. 10.3 MeV

17. (a) 4.94×10^{17} (b) 2.06×10^9 Bq (c) Place 1.94 kg of ^{60}Co into the reactor for one week.

19. 9.62 MeV

21. (a) 6.98 MeV (b) 6.51 MeV (c) yes

23. No

25. $d + {}^{21}\text{Ne} \rightarrow {}^{22}\text{Ne} + p$ $\quad d + {}^{22}\text{Ne} \rightarrow {}^{22}\text{Ne} + d$
$d + {}^{23}\text{Na} \rightarrow {}^{22}\text{Ne} + {}^3\text{He}$
$\alpha + {}^{18}\text{O} \rightarrow {}^{22}\text{Ne} + \gamma$ $\quad \alpha + {}^{19}\text{F} \rightarrow {}^{22}\text{Ne} + p$
$\alpha + {}^{21}\text{Ne} \rightarrow {}^{22}\text{Ne} + {}^3\text{He}$ $\quad \alpha + {}^{22}\text{Ne} \rightarrow {}^{22}\text{Ne} + {}^4\text{He}$
$d + {}^{25}\text{Mg} \rightarrow {}^{22}\text{Ne} + {}^5\text{Li}$ $\quad d + {}^{26}\text{Mg} \rightarrow {}^{22}\text{Ne} + {}^6\text{Li}$
$d + {}^{27}\text{Al} \rightarrow {}^{22}\text{Ne} + {}^7\text{Be}$ (and so on)
$\alpha + {}^{23}\text{Ne} \rightarrow {}^{22}\text{Ne} + {}^5\text{Li}$ $\quad \alpha + {}^{24}\text{Mg} \rightarrow {}^{22}\text{Ne} + {}^6\text{Be}$
$\alpha + {}^{27}\text{Al} \rightarrow {}^{22}\text{Ne} + {}^9\text{B}$
(and so on)

27. (a) 550 kg (b) 1.4×10^{27} (c) 3700 Bq
(d) 3.2×10^8

29. $^{236}\text{U} \rightarrow {}^{95}\text{Y} + {}^{138}\text{I} + 3n$ $\quad {}^{236}\text{U} \rightarrow {}^{94}\text{Y} + {}^{140}\text{I} + 2n$
$^{236}\text{U} \rightarrow {}^{97}\text{Y} + {}^{136}\text{I} + 3n$

31. Uranium: 2.30×10^7 kWh; Coal: 8.33 kWh

33. (a) 1.0×10^{22} J (b) 20 y (c) 1.0×10^8 kg

35. 4.16 MeV, 7.55 MeV, 10.05 MeV, 4.97 MeV, total 26.7 MeV

37. (a) The high temperature is necessary so that the two oxygen nuclei can overcome the Coulomb barrier and be close enough for the nuclear force to be effective.
(b) 16.5 MeV, including the energy of the γ ray

39. 1.5×10^{11} K (b) 13.9 MeV, including the energy of the γ ray

41. (b) $K = \frac{3}{2}kT$ (c) 4.64×10^7 K

43. 1.69×10^{10} K

45. (a) 3.88×10^{-2} eV (b) 2720 m/s (c) 1.45×10^{-10} m

47. (b) 1.46 Bq (c) 1.37×10^6 Bq

49. (a) 2.40×10^{-14} A (b) 2.40×10^{-15} A

51. 8.95×10^{11} Bq

53. 11.6 W

55. (b) ^{192}Ir is a gamma emitter; ^{32}P, ^{90}Sr, ^{90}Y, ^{188}Re, ^{99}Tc, and ^{137}Xe are all β^- emitters

57. (a) $n + {}^{235}_{92}\text{U} \rightarrow {}^{101}_{42}\text{Mo} + {}^{132}_{50}\text{Sn} + 3n$ (b) 185 MeV

59. (a) -13.37 MeV (b) 33.979 u

61. 8620 eV (b) 0.607; 0.135; 0.0111

63. 6300 Bq

65. 5.4×10^{-7}

Chapter 14

1. 2.27×10^{23} Hz

3. The range of values is 1.3×10^{-23} s to 5.0×10^{-23} s.

5. 1.24 TeV for both

7. 7.90×10^{-19} m

9. 3.57×10^{51}

11. J/Psi: 9.3×10^4 eV; Upsilon: 5.5×10^4 eV; The full-width of the charged pion is more than 10^{12} times smaller than either of the previous two.

13. In both (a) and (b), baryon number is not conserved.

15. 74.5 MeV

17. (a) ν_μ (b) K$^+$

21. B$^+$: $b\bar{u}$; B$^-$: $b\bar{u}$; B^0: $\bar{b}d$

23. (a) The mean lifetimes indicate weak interactions.
(b) $\Omega^- \rightarrow \Lambda^0 + \text{K}^-$, $sss \rightarrow uds + \bar{u}s$;
$\Lambda^0 \rightarrow p + \pi^-$, $uds \rightarrow uud + \bar{u}d$; $\text{K}^- \rightarrow \mu^- + \bar{\nu}_\mu$,
$\bar{u}s \rightarrow$ no quarks

25. 0.080

27. 3.5×10^{-8}

31. $(1 - 9.0 \times 10^{-9})c$

33. 5630 MeV

37. (a) $2mc^2$ (b) $\sqrt{2Kmc^2}$

39. (a) 1.01 (b) 1.13 (c) 2.28

41. 7.4×10^{-5} kg (of each)

43. (a)
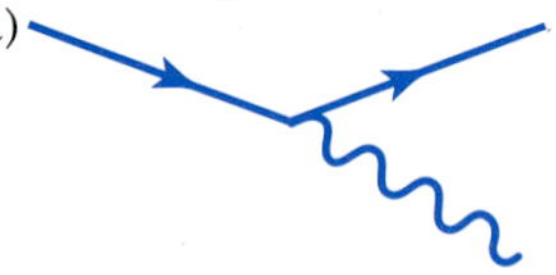
(b)
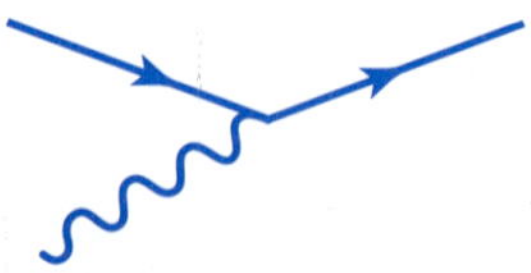

45. (a) 39.4 TeV (b) 0.99996 c

47. (a) Charge = 0, baryon number = 0, charm = 0, strangeness = 0, $L_e = +1$, spin = ½
(b) ν_e satisfies all the requirements

49. (a) 1585 MeV (b) 336 MeV

51. (a) Allowed
(b) ν_e should be $\bar{\nu}_e$ to conserve electron lepton number.
(c) Strangeness is not conserved.
(d) Strangeness is not conserved in a strong interaction.
(e) Allowed

53. (a) Strangeness is not conserved.
(b) Charge is not conserved.
(c) Baryon number is not conserved.
(d) Allowed (strangeness changes by 1 unit)

55. (a) 114.5 GeV (b) For colliding beams the available energy is the sum of the two beam energies, or 14 TeV. This is an improvement over the fixed-target result by a factor of 122.

찾아보기

Index

ㄱ

ㅁ

ㅂ

ㅅ

ㅇ

ㅈ

ㅊ

ㅋ

ㅌ

ㅍ

B

C

D

J

L

M

N

O

P

Q

R

S

T

U

V

W

X

Y

Z

기타